Tabellenbuch Anlagenmechaniker SHK – Handwerk

von
Hans Werner Wagenleiter (Herausgeber)
Hermann Bux
Bertram Hense
Hans-Peter Laß
Karl-Heinz Mertsch
Uwe Wellmann

4., überarbeitete und erweiterte Auflage

Handwerk und Technik – Hamburg

Vorwort

Das vorliegende Tabellenbuch ist ein Nachschlagewerk für alle Anlagemechaniker SHK – Handwerk.
Die aktuelle Auflage des Tabellenbuches Anlagenmechaniker SHK – Handwerk wurde umfangreich überarbeitet.
Dabei wurden alle Kapitel teilweise neugestaltet, überarbeitet, ergänzt und den aktuell geltenden Normen und Regelwerken angepasst.
Das Tabellenbuch ist konzipiert als gestraffte, kompetente und übersichtliche Informationsquelle für die Aus-, Fort- und Weiterbildung.
Ein Einsatz an Meister-, Techniker- und Fachhochschulen sowie in der Werkstatt und auf der Baustelle ist gewährleistet.
Außerdem wurde ein Abgleich mit den Inhalten der Fachbücher **des SHK-Programms** durchgeführt.

Das Tabellenbuch **Anlagenmechaniker SHK – Handwerk HT 3130** orientiert sich in seiner Gliederung an den Fachbereichen der Anlagentechnik in den Kapiteln.

1 Allgemeine Grundlagen
2 Technische Kommunikation
3 Werkstofftechnik
4 Fertigungstechnik
5 Rohrleitungssysteme
6 Sanitärtechnik
7 Gastechnik
8 Heizungstechnik
9 Lüftungstechnik
10 Umwelttechnik
11 Umweltschutz, Arbeitsschutz, Brandschutz, Schallschutz

Die Gliederung und ein ansprechendes Layout auf den Seiten ermöglichen eine rasche und zielsichere Suche nach Daten, Formeln, Zahlentafeln, Übersichten und Tabellen.

Gemeinsames Anliegen von Autoren und Verlag war es, dass vielfältige Wissen so auszuwählen, dass alle zwingend notwendigen Inhalte abgebildet werden.
Gleichzeitig ist die Handhabung des Werkes gewährleistet.
Verlag und Autoren sind aber für Hinweise, Anregungen und Wünsche der Leser dankbar und bemühen sich, diese bei Überarbeitungen zu berücksichtigen.

Das Tabellenbuch **Anlagenmechaniker SHK – Handwerk HT 3130** ist geeignet für den Einsatz in Prüfungen des SHK-Handwerks.

Autoren und Verlag

Autoren und Verlag danken den genannten Firmen, Institutionen und Personen für die Überlassung von Vorlagen bzw. Abdruckgenehmigungen folgender Abbildungen:

ACO Passavant GmbH, Philippsthal: S. 441.1; 460.4, 7
AFRISO-EURO-INDEX GmbH, Güglingen: S. 554.3–4; 555.4–5
Air Liquide Deutschland GmbH, Düsseldorf: S. 184.8; 185.1–4
Aalberts hydronic flow control, Machern OT Gerichshain: S. 288.2; 289.1–2
Aalberts integrated piping systems Deutschland, Gelsenkirchen: S. 284.1–2; 285.1–2; 286.1; 287.1–2; 288.1; 294.1; 295.2–3
Berluto Armaturen–GmbH, Tönisvorst: S. 290.1–2
BWP Bundesverband Wärmepumpe e.V., Berlin: S. 612.3; 613.1–3
Deutscher Wetterdienst Abt. Klima– und Umweltberatung, Hamburg: S. 617.1
Deutscher Wetterdienst Abt. Hydrometeorologie, Offenbach/Main: S. 629.2
DGUV Test, Deutsche Gesetzliche Unfallversicherung (DGUV), Spitzenverband der gewerblichen Berufsgenossenschaften und der Unfallversicherungsträger der öffentlichen Hand, 01109 Dresden: S. 61.1–3
Dueker GmbH & Co. KGaA, Karlstadt: S. 365.5; 366.2, 5; 367.2
Karl Dungs GmbH & Co. KG, Urbach: S. 555.6
DVGW CERT GmbH, Bonn: S. 61.4–6; 62.1–2
ESBE GmbH, Dachau: S. 570.3, 6; 571.5, 8
fischerwerke GmbH & Co. KG, Waldachtal: S. 197.1–19; 198.4–6; 199.1
Future Mindset 2050 GmbH, Gehrden: S. 21.1, 4; 23.4; 84.11; 85.2; 86.1, 6; 87.6-7; 88.7; 89.5-7; 186.1–4; 219.1–4; 220.1–5; 235.2; 246.1; 247.2–5; 248.1–5; 249.1–2; 250.1; 251.1; 330.1; 332.1; 489.3; 490.1–2; 491.1; 498. oben, unten; 499. oben; 507.1–3; 609.1
Gloria GmbH, Wadersloh: S. 651.1
GFR – Gesellschaft für Regelungstechnik und Energieeinsparung mbH, Verl: S. 52.1
Hamburg Wasser, Hamburg: S. 377. unten rechts
Werner Harke, Neustadt an der Weinstrasse/OT Mußbach: S. 55.1
Heco GmbH, Remchingen: S. 291.1–2; 292.1–2; 293.1–2
IMI Heimeier, Erwitte: S. 554.5; 555.1–2; 562.3; 564.1; 566.1–2; 569.1–4
KÄHLER GmbH Armaturen, Burscheid: S. 286.2
© 2012 Mertik Maxitrol, Alle Rechte vorbehalten: S. 494. oben
Minimax Viking GmbH, Bad Oldesloe: S. 649.1–5
Parker Hannifin Corporation: S. 244.1–5; 245.1–4; 246.2–6; 247.1
PRIMAGAS Energie GmbH: S. 508.2; 512. unten
Puteus GmbH, Tönisvorst: S. 296.1–2
Reflex Winkelmann GmbH, Ahlen: S. 401. oben rechts
Schenker Storen GmbH, Ravensburg-Bavendorf: S. 54.2
Daniel Thaler, Stadtwerke Ostfildern, Ostfildern-Nellingen: S. 377. unten links
VDE Prüf- und Zertifizierungsinstitut GmbH/Strategieentwicklung und Information: S. 62.3–6
Viega GmbH & Co. KG, Attendorn: S. 269.1; 294.2–3; 295.1
Viessmann Werke GmbH & Co. KG, Allendorf: S. 546. unten rechts
Max Weishaupt GmbH, Schwendi: S. 545. oben links
WILO SE, Dortmund: S. 575.7
Markus Wölfel, Uhingen: S. 53.1; 54.1

Die Normblattangaben werden wiedergegeben mit Erlaubnis des Deutschen Instituts für Normung e.V. Maßgebend für das Anwenden der Norm ist deren Fassung mit dem neuesten Ausgabedatum, die bei der Beuth GmbH, Burggrafenstr. 6, 10787 Berlin, erhältlich ist.

ISBN 978-3-582-96496-0 Best.-Nr. 3130

Verlag Handwerk und Technik GmbH,
Lademannbogen 135, 22339 Hamburg; Postfach 63 0500, 22331 Hamburg – 2022
E-Mail: info@handwerk-technik.de – Internet: www.handwerk-technik.de

Satz: Reemers Publishing Services GmbH, 47799 Krefeld
Zeichnungen: as-illustration Alexander Schmitt, 97222 Rimpar
Druck und Bindung: Beltz Grafische Betriebe GmbH, 99947 Bad Langensalza

Inhalt

1 Allgemeine Grundlagen

1.1 Größen und Einheiten *quantities and units*

SI[1]-Basiseinheiten

DIN 1301-1 : 2010-10

Physikalische Größe	Formelzeichen (DIN 1304-1)	SI-Einheiten	Einheitenzeichen (DIN 1301-1)	Weitere Einheiten
Länge	l, s	Meter, Zoll*	m	1 Meile = 1609 m, Zoll = 2,54 mm*
Masse	m	Kilogramm	kg	1 t = 1000 kg
Zeit	t	Sekunde	s	1 min = 60 s 1 h = 60 min = 3600 s
elektrische Stromstärke	I	Ampere	A	
Temperatur	T, θ, ϑ	Kelvin	K	0 K = –273,15 °C 0 °C = 273,15 K
Lichtstärke	I_v	Candela	cd	
Stoffmenge	n	Mol	mol	

[1] Système International d'Unités (Internationales Einheitensystem)

Vorsätze von Einheiten (Auswahl)

DIN 1301-1 : 2010-10

Vorsatz	Zeichen	Potenzschreibweise	Bedeutung	Beispiel
Mega	M	10^6	millionenfach	1 Megawatt = 1 MW = 1 000 000 W
Kilo	k	10^3	tausendfach	1 Kilometer = 1 km = 1000 m
Hekto	h	10^2	hundertfach	1 Hektoliter = 1 hl = 100 l
Deka	da	10^1	zehnfach	1 Dekagramm = 10 g
		$10^0 = 1$	einfach	1 Meter
Dezi	d	10^{-1}	Zehntel	1 Dezimeter = 1 dm = 0,1 m
Zenti	c	10^{-2}	Hundertstel	1 Zentimeter = 1 cm = 0,01 m
Milli	m	10^{-3}	Tausendstel	1 Millimeter = 1 mm = 0,001 m

Vielfache und Teile von Einheiten

Längen	Flächen	Raummaße	Massen	Kräfte
1 km = 1000 m	1 ha = 100 a	1 m³ = 1000 dm³	1 t = 1000 kg	1 MN = 1000 kN
1 m = 10 dm	1 a = 100 m²	1 dm³ = 1000 cm³	1 kg = 1000 g	1 kN = 1000 N
1 dm = 10 cm	1 m² = 100 dm²	1 hl = 100 l	1 mg = 0,001 g	1 daN = 10 N
1 cm = 10 mm	1 m² = 10 000 cm²	1 l = 1000 ml	1 g = 1000 mg	
1 mm = 0,001 m	1 cm² = 100 mm²	1 cl = 0,01 l		
1 µm = 0,001 mm		1 ml = 0,001 l		

Griechisches Alphabet *greek alphabet*

Α α alpha	Ζ ζ zeta	Λ λ lambda	Π π pi	Φ φ phi
Β β beta	Η η eta	Μ μ mü	Ρ ϱ, ρ rho	Χ χ chi
Γ γ gamma	Θ θ, ϑ theta	Ν ν nü	Σ σ sigma	Ψ ψ psi
Δ δ delta	Ι ι iota	Ξ ξ xi	Τ τ tau	Ω ω omega
Ε ε epsilon	Κ κ kappa	Ο ο omikron	Υ υ ypsilon	

Abgeleitete SI-Einheiten (Auswahl)

DIN 1301-1 : 2010-10, DIN 1301-2 : 1978-02

Physikalische Größe	Formelzeichen	abgeleitete SI-Einheiten	Einheitenzeichen	Weitere Einheiten
Fläche	*A, S*	Quadratmeter	m^2	
Volumen	*V*	Kubikmeter	m^3	1 Liter = 1 dm^3
Dichte	ϱ	Kilogramm/ Kubikmeter	$\frac{kg}{m^3}$	$1\frac{g}{cm^3}=1\frac{kg}{dm^3}=1\frac{t}{m^3}$
Winkel	$\alpha, \beta, \gamma, \delta$	Grad	°	1 rad (Radiant) $1^\circ = \frac{\pi}{180\ rad}$
Drehzahl	*n*	1 pro Sekunde	$\frac{1}{s}$, s^{-1}	$\frac{1}{min}$, min^{-1}
Winkelgeschwindigkeit	ω	rad pro Sekunde	$\frac{rad}{s}$	
Geschwindigkeit	*v*	Meter pro Sekunde	$\frac{m}{s}$	$1\ \frac{m}{s} = 3{,}6$ km (h)
Beschleunigung	*a*	Meter pro s^2	$\frac{m}{s^2}$	$g = 9{,}81\ \frac{m}{s^2}$ (Erdbeschleunigung)
Kraft	*F*	Newton Kilopond*	N kp*	$1\ N = 1\ kg\ \frac{m}{s^2}$ 1 kp = 9,81 N*
Druck	*p*	Pascal	Pa at = kp/cm^2*	$1\ Pa = 1\frac{N}{m^2}$, $1\ bar = 10\frac{N}{cm^2}$ 1 at = 98,06 kPa* = 0,980 bar*
mechanische Spannung	σ, τ	Newton pro mm^2	$\frac{N}{mm^2}$	
Energie, Wärmemenge, Arbeit	*W, S, E, Q*	Joule, Wattstunde, Wattsekunde	J, Wh, Ws kcal* kpm*	1 J = 1 Nm = 1 Ws 1 kcal = 4186,8 J* 1 kpm = 9,81 J*
Leistung	*P*	Watt	W PS*	$1W = -1\frac{Nm}{s} = 1V \cdot 1A$ 1 PS = 735,5 W*
elektrische Spannung	*U*	Volt	V	$1V = 1\ \frac{W}{A}$
elektrischer Widerstand	*R*	Ohm	Ω	
Wärmedurchgangskoeffizient	*U*	Watt pro m^2 und Kelvin	$\frac{W}{m^2 \cdot K}$	
Wärmeleitfähigkeit	λ	Watt pro m und K	$\frac{W}{m \cdot K}$	

* (nicht mehr anzuwenden)

Formelzeichen

DIN 1304-1 : 1994-03

Zeichen	Physikalische Größe	Einheit
l	Länge	m, mm
h	Tiefe, Höhe	m, mm
b	Breite	m, mm
r	Radius	m, mm
d, D	Durchmesser	m, mm
s	Weglänge, Wanddicke	m, mm

Zeichen	Physikalische Größe	Einheit
A, S	Fläche	m^2, mm^2
S	Querschnittsfläche	m^2, mm^2
α, β, γ	Winkel	°
V	Volumen	m^3, mm^3
t	Zeit	1 h = 60 min = 3600 s
ω	Kreisfrequenz	$\frac{1}{s}$

Formelzeichen (Fortsetzung)

Zeichen	Physikalische Größe	Einheit
n	Umdrehungsfrequenz	$\frac{1}{\text{min}}, \frac{1}{\text{s}}$ $\text{min}^{-1}, \text{s}^{-1}$
v	Geschwindigkeit	$\frac{\text{m}}{\text{s}}, \frac{\text{mm}}{\text{min}}, \frac{\text{km}}{\text{h}}$
a	Beschleunigung	$\frac{\text{m}}{\text{s}^2}$
g	Erdbeschleunigung	$\frac{\text{m}}{\text{s}^2}$
$\dot{V}$	Volumenstrom	$\frac{\text{m}^3}{\text{h}}, \frac{\text{l}}{\text{min}}$
ω, Ω	Winkelgeschwindigkeit	$\frac{\text{rad}}{\text{s}}$
φ	Phasenwinkel	°
m	Masse	t, kg, g
m'	längenbezog. Masse	$\frac{\text{kg}}{\text{m}}$
m''	flächenbezog. Masse	$\frac{\text{kg}}{\text{m}^2}$
ϱ, ρ	Dichte	$\frac{\text{kg}}{\text{dm}^3}$
F	Kraft	N
F_G, G	Gewichtskraft	N
M	Drehmoment	Nm
p	Druck	bar, Pa, $\frac{\text{N}}{\text{mm}^2}$
p_{abs}	absoluter Druck	Pa
p_{amb}	Atmosphärendruck, Umgebungsdruck	Pa
p_e	Überdruck (+, −)	Pa
σ	Zugspannung	$\frac{\text{N}}{\text{mm}^2}$
τ	Schubspannung	$\frac{\text{N}}{\text{mm}^2}$
ε	Dehnung	%
T	Torsionsmoment	Nm
E	Elastizitätsmodul	$\frac{\text{N}}{\text{mm}^2}$
G	Schubmodul	$\frac{\text{N}}{\text{mm}^2}$

* (nicht mehr anzuwenden)

Zeichen	Physikalische Größe	Einheit
W	Widerstandsmoment	m^3
I	Flächenmoment 2. Grades	m^4
μ	Reibungszahl	–
W, A	Arbeit	J, Nm, Ws, kWh
E, W, Q	Energie, Wärmemenge	J, Nm, Ws, kWh
P	Leistung	W, $\frac{\text{Nm}}{\text{s}}, \frac{\text{J}}{\text{s}}$
$\dot{Q}, \Phi_{th}, \Phi$	Wärmestrom, Wärmeleistung	W kcal/h*
η	Wirkungsgrad	
U	elektrische Spannung	V
I	elektrischer Strom	A
R	elektrischer Widerstand	Ω
ϱ, ρ	spezifischer elektrischer Widerstand	$\Omega \cdot \frac{\text{m}^2}{\text{m}}$
N	Windungszahl	–
T, θ	Temperatur, thermodynamische (absolute) Temperatur	K, °C
t, ϑ	Celsiustemperatur	°C
$\Delta T, \Delta\vartheta, \Delta\theta$	Temperaturunterschied	K
Q	Wärmemenge	J
λ	Wärmeleitfähigkeit	$\frac{\text{W}}{(\text{m} \cdot \text{K})}$
α	Längenausdehnungskoeffizient	$\frac{1}{\text{K}}, \text{K}^{-1}$
γ, α_V	Volumenausdehnungskoeffizient	$\frac{1}{\text{K}}, \text{K}^{-1}$
c	spez. Wärmekapazität	$\frac{\text{Wh}}{\text{kg} \cdot \text{K}}, \frac{\text{kJ}}{\text{kg} \cdot \text{K}}$
H_i	spez. Heizwert	$\frac{\text{kWh}}{\text{kg}}, \frac{\text{kWh}}{\text{m}^3}$
H_s	spez. Brennwert	$\frac{\text{kWh}}{\text{kg}}, \frac{\text{kWh}}{\text{m}^3}$

1.2 Berechnungen *calculations*

Dreisatzrechnung *proportions*

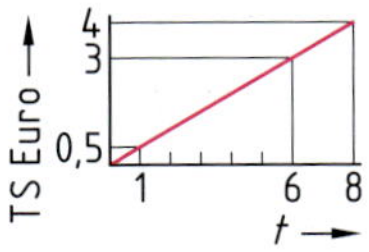	**Gleiches Verhältnis = direkt proportional** 1. Behauptungssatz: 6 t Stahl kosten 3000 € 2. Mittelsatz: 1 t Stahl kostet $\frac{3000}{6}$ € 3. Schlusssatz: 8 t Stahl kosten $\frac{3000 \cdot 8}{6}$ € = 4000 €
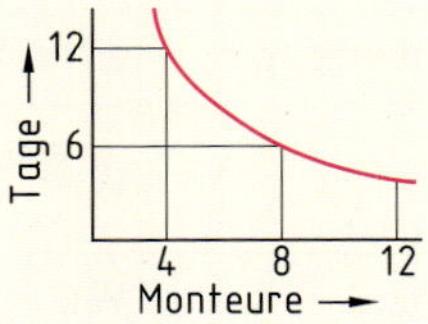	**Umgekehrtes Verhältnis = indirekt proportional** 1. Behauptungssatz: 5 Monteure errichten eine Halle in 20 Tagen 2. Mittelsatz: 1 Monteur errichtet eine Halle in 5 · 20 Tagen = 100 Tagen 3. Schlusssatz: 10 Monteure errichten die Halle in $\frac{20\,\text{Tage} \cdot 5}{10}$ = 10 Tage

Prozentrechnung, Promillerechnung, Zinsrechnung
Percentage and mil calculation, calculation of interest

	Formel	Formelzeichen	Erläuterung	
Prozentrechnung 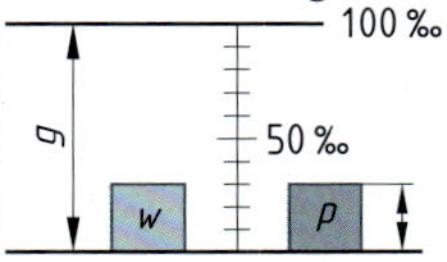	$1\% = \frac{1}{100} = 1$ v.H. (von Hundert) Bei der Prozentrechnung beziehen sich alle Größen auf 100. $\frac{p}{100} = \frac{w}{g} \qquad w = \frac{p \cdot g}{100}$	p w g	Prozentsatz Prozentwert, Teilmenge Grundwert = 100 %	in %
Promillerechnung 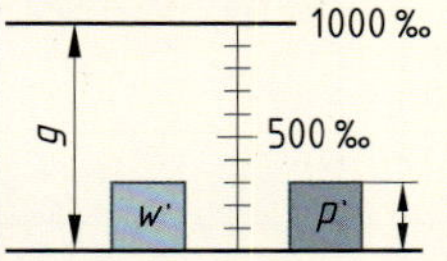	$1‰ = \frac{1}{1000} = 1$ v.T. (von Tausend) Bei der Promillerechnung beziehen sich alle Größen auf 1000. $\frac{p'}{1000} = \frac{w'}{g} \qquad w' = \frac{p' \cdot g}{1000}$	p' w' g	Promillesatz Promillewert, Teilmenge Grundwert = 1000 %	in %
Zinsrechnung 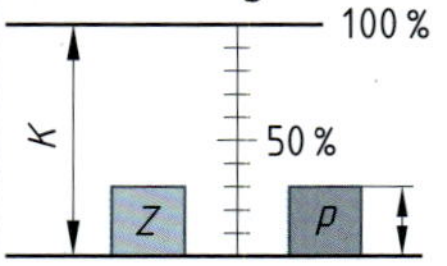	Der Zinssatz p verhält sich zu 100 % wie die Zinsen Z zum eingesetzten. Kapital K $\frac{p}{100} = \frac{Z}{K} \qquad Z = \frac{K \cdot p \cdot t}{100}$	p Z K t	Zinssatz (-fuß) Zinsen Kapital Zeit in Jahren Der Zinseszinseffekt ist nicht berücksichtigt.	in % in € in €

Gefälle *gradient*

	Formel	Formelzeichen	Erläuterung	
Relativgefälle 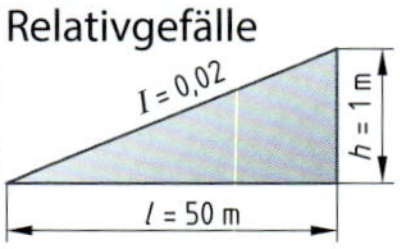	$I = \frac{h}{l}$	I h l	Relativgefälle Höhendifferenz Länge	 in m, mm in m, mm
Prozentgefälle 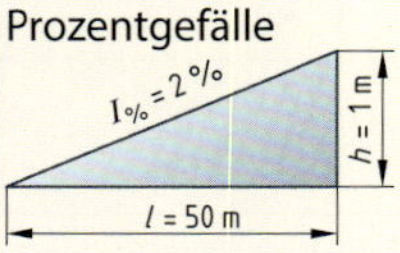	$I_{\%} = \frac{h}{l} \cdot 100\,\%$	$I_{\%}$ h l	Prozentgefälle Höhendifferenz Länge	 in m, mm in m, mm
Neigungsverhältnis 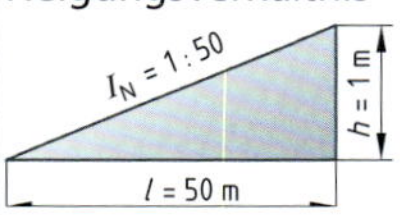	$I_N = \frac{h}{l}$	I_N h l	Neigungsverhältnis Höhendifferenz Länge	 in m, mm in m, mm

1.3 Längen, Flächen, Volumen und Massen

Verschnitt *waste*

	Formel	Formelzeichen	Erläuterung
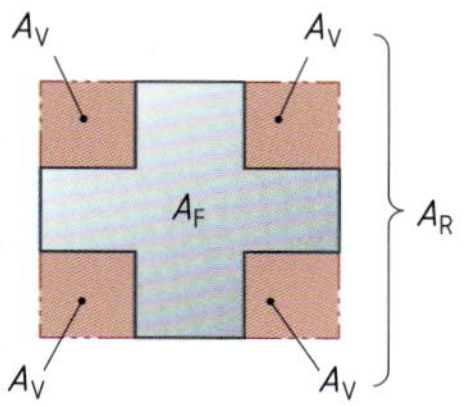	Abschlagberechnung (z. B. in der Fertigung) $A_R = 100\,\%$ $A_V = A_R - A_F$ $A_{V\%} = \frac{A_R - A_F}{A_R} \cdot 100\,\%$ Zuschlagberechnung (z. B. Kalkulation) $A_F = 100\,\%$ $A_R = A_F + A_{Vges}$ $A_{V\%} = \frac{A_F - A_{Vges}}{A_F} \cdot 100\,\%$	A_R A_F A_V A_{Vges} $A_{V\%}$	Blechbedarf in m^2, cm^2 Werkstückfläche (Fertigteil) in m^2, cm^2 Verschnitt in m^2, cm^2 Summe der Verschnittteilflächen in m^2, cm^2 Verschnitt in %

Lehrsatz des Pythagoras *the theorem of Pythagoras*

	Formel	Formelzeichen	Erläuterung
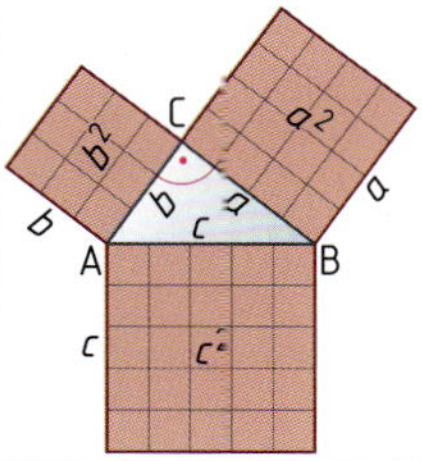	Es gilt: Hypotenusenquadrat = Summe der Kathetenquadrate $c^2 = a^2 + b^2$ $c = \sqrt{a^2 + b^2}$ $a = \sqrt{c^2 - b^2}$ $b = \sqrt{c^2 - a^2}$	c a, b	Hypotenuse z. B. liegt gegenüber dem rechten Winkel in mm Katheten z. B. umfassen den rechten Winkel in mm

Winkelfunktionen im rechtwinkligen Dreieck *trigonometric functions*

	Formel	Formelzeichen	Erläuterung
Winkelfunktionen 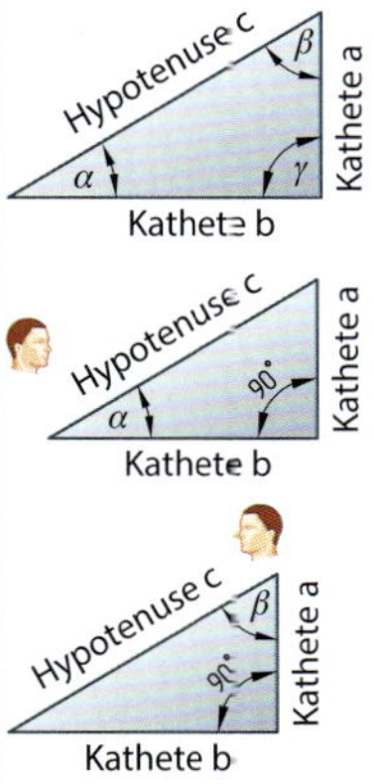	$\text{sinus} = \frac{\text{Gegenkathete}}{\text{Hypotenuse}}$ $\text{cosinus} = \frac{\text{Ankathete}}{\text{Hypotenuse}}$ $\text{tangens} = \frac{\text{Gegenkathete}}{\text{Ankathete}}$ $\sin\alpha = \frac{a}{c}$ $\tan\alpha = \frac{a}{b}$ $\cos\alpha = \frac{b}{c}$ $\cot\alpha = \frac{b}{a}$ $\sin\beta = \frac{b}{c}$ $\tan\beta = \frac{b}{a}$ $\cos\beta = \frac{a}{c}$ $\cot\beta = \frac{a}{b}$	c a, b sin cos tan cot	Hypotenuse Katheten Sinus Cosinus Tangens Cotangens Berechnung der Seiten: $a = b \cdot \tan\alpha$ $a = b \cdot \cot\beta$ $a = c \cdot \sin\alpha$ $a = c \cdot \cos\beta$ $b = \frac{a}{\tan\alpha}$ $b = a \cdot \cot\alpha$ $b = c \cdot \sin\beta$ $b = c \cdot \cos\alpha$ $c = \frac{a}{\sin\alpha}$ $c = \frac{\alpha}{\cos\beta}$ $c = \frac{b}{\cos\alpha}$ $c = \frac{a}{\sin\alpha}$ $c = \frac{b}{\sin\beta}$

Teilungen *devidings*

	Formel	Formelzeichen	Erläuterung	
Teilung von Längen Randabstand = Teilung 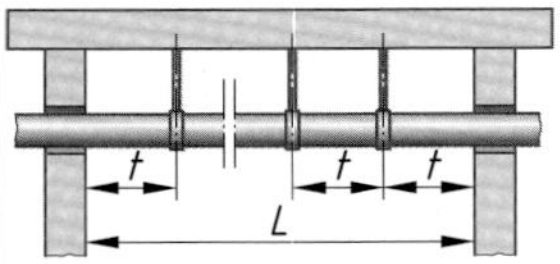 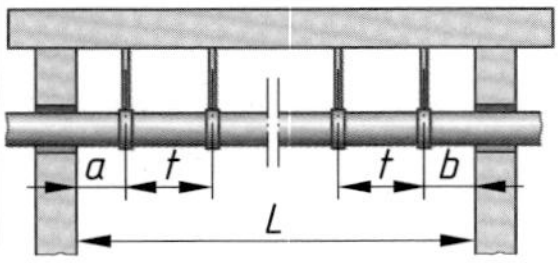	$L = z \cdot t$ $t = \frac{L}{n+1}$ $z = \frac{L}{t}$	t L n z	Teilung (bezogen auf Mittellinien) Gesamtlänge Anzahl der Aufhängungen Anzahl der Teilungen (Felder zwischen den Aufhängungen)	in mm in mm
	$n = z - 1$ $L = z \cdot t + a + b$ $t = \frac{L-(a+b)}{z}$			
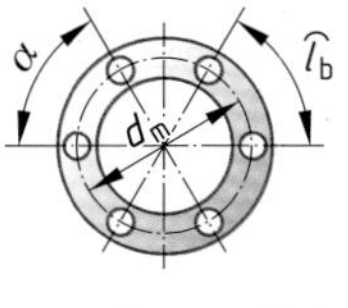	$z = \frac{L-(a+b)}{t}$ $\alpha = \frac{360°}{n}$ $l_b = \frac{d_m \cdot \pi}{n}$	α n l_b	Winkel Anzahl der Bohrungen bezogen auf die Lochteilung Bogenmaß	in ° in mm

Gestreckte Länge *stretched length*

	Formel	Formelzeichen	Erläuterung	
Kreisring 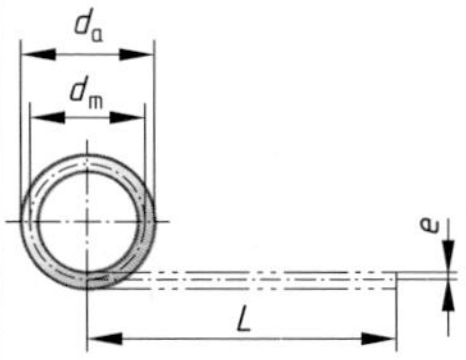	gestreckte Länge L = Länge der Schwerpunktlinie (neutralen Zone) $L = \pi \cdot d_m$ $d_m = d_a - 2 \cdot e$ $d_a = 2 \cdot R$	L d_m e d_a R	gestreckte Länge Durchmesser an der neutralen Zone Abstand d. Schwerpunktlinie von Innenseite Außendurchmesser Biegeradius	in mm in mm in mm in mm in mm
Bruchteil eines Kreises 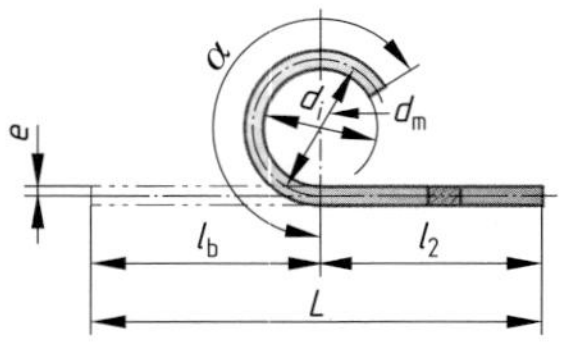	$L = l_b + l_2$ $l_b = \frac{\pi \cdot d_m \cdot \alpha}{360°}$ $d_m = d_i + 2 \cdot e$	L l_b l_2 d_m d_i α e	gestreckte Länge gekrümmtes Teilstück gerades Teilstück Durchmesser an der neutralen Zone Innendurchmesser Biegewinkel Abstand der Schwerpunktlinie	in mm in mm in mm in mm in mm in ° in mm

Flächen *areas*

	Formel	Formelzeichen	Erklärung	
Quadrat 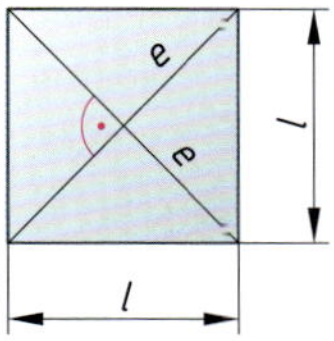	$A = l^2 \quad l = \sqrt{A}$ $A = \frac{e^2}{2} \quad e = l \cdot \sqrt{2}$ $U = 4 \cdot l$	A l e U	Fläche Seitenlänge Diagonale, Eckenmaß Umfang	in mm² in mm in mm in mm
Rechteck 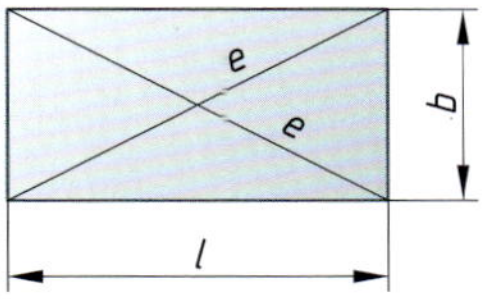	$A = l \cdot b$ $e = \sqrt{l^2 + b^2}$ $U = 2 \cdot (l + b)$	A l b e U	Fläche Seitenlänge Breite Diagonale, Eckenmaß Umfang	in mm² in mm in mm in mm in mm
Parallelogramm allgemein 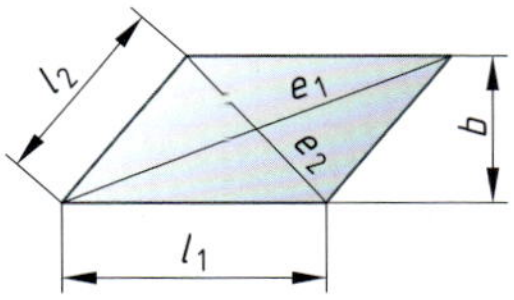 **Raute** 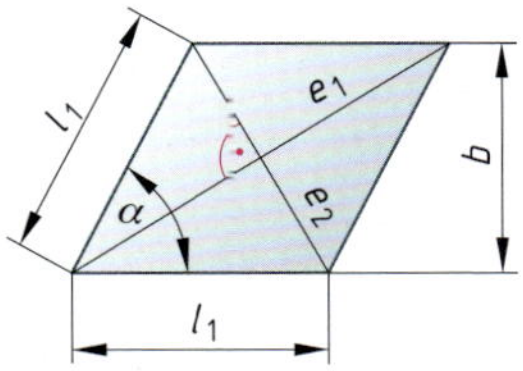	$A = l_1 \cdot b \quad A = l_1 \cdot l_2 \cdot \sin\alpha$ $U = 2 \cdot (l_1 + l_2)$ $A = l_1 \cdot b$ $A = l_1^2 \cdot \sin\alpha$ $U = 4 \cdot l$	A $l_{1,2}$ b $e_{1,2}$ U α	Fläche Seitenlängen Breite Diagonale, Eckenmaß Umfang Eckenwinkel	in mm² in mm in mm in mm in mm in °
Dreieck allgemein 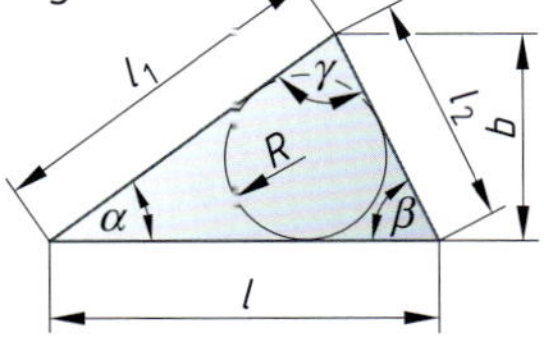 gleichschenkelig $\alpha = \beta$ 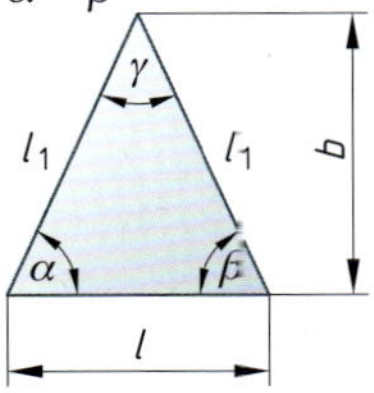 gleichseitig $\alpha = \beta = \gamma$ 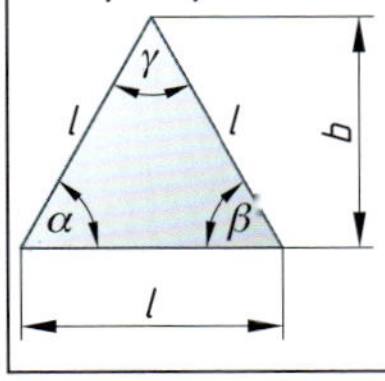	$A = \frac{l \cdot b}{2}$ Wenn $\gamma = 90°$ gilt: $A = \frac{R \cdot U}{2} \quad A = \frac{l_1 + l_2}{2}$ $U = l + l_1 + l_2$ $A = \frac{1}{4}\sqrt{U(U-2l)(U-2l_1)(U-2l_2)}$ $A = \frac{l \cdot b}{2}$ $l_1 = \frac{l}{2} \cdot \sin\frac{\gamma}{2} \quad b = \sqrt{l_1^2 - \frac{l^2}{4}}$ $U = l + 2 \cdot l_1$ $A = \frac{l^2}{2} \cdot \sqrt{3} \approx 0{,}433 \cdot l^2$ $A = \frac{b^2}{\sqrt{3}}$ $b = \frac{l}{2} \cdot \sqrt{3} \approx 0{,}866 \cdot l$ $U = 3 \cdot l$	A l b $l_{1,2}$ U α, β, γ R	Fläche Grundseite Breite Seitenlängen Umfang des Dreiecks Winkel im Dreieck Inkreisradius	in mm² in mm in mm in mm in mm in ° in mm

	Formel	Formelzeichen	Erklärung	
Trapez 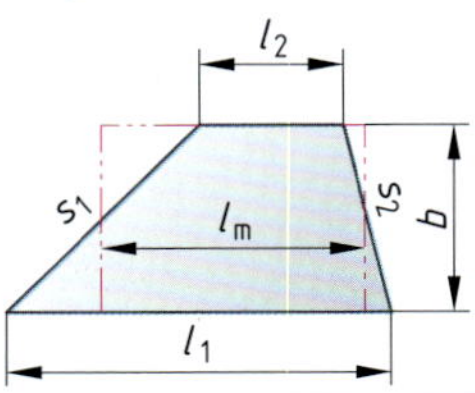	$A = l_m \cdot b$ $A = \frac{l_1 + l_2}{2} \cdot b$ $l_m = \frac{l_1 + l_2}{2}$ $U = l_1 + l_2 + s_1 + s_2$	A b $l_{1,2}$ l_m $s_{1,2}$	Fläche Breite Seitenlängen, parallel mittlere Seitenlänge Seitenlängen, nicht parallel	in mm² in mm in mm in mm in mm
Regelmäßiges Vieleck 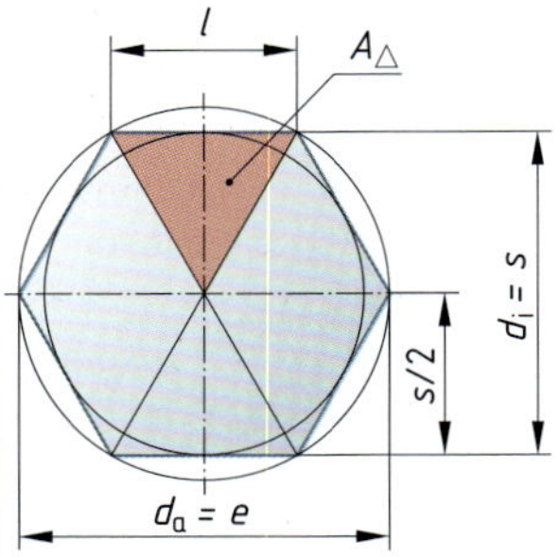	$A = A_\Delta \cdot n$ $A = \frac{n \cdot l \cdot d_i}{4}$ $l = d_a \cdot \sin\left(\frac{180°}{n}\right)$ $U = n \cdot l$	A A_Δ n l d_i d_a e U s	Vieleckfläche Teilfläche Anzahl der Ecken Seitenlänge Inkreisdurchmesser Umkreisdurchmesser Diagonale, Eckenmaß Umfang Schlüsselweite	in mm² in mm² in mm in mm in mm in mm in mm in mm

Eckenzahl	A			s	l
3	$0{,}325 \cdot d_a^2$	$1{,}299 \cdot d_i^2$	$0{,}433 \cdot l^2$	$0{,}500 \cdot e$	$0{,}867 \cdot d_a$
4	$0{,}500 \cdot d_a^2$	$1{,}000 \cdot d_i^2$	$1{,}000 \cdot l^2$	$0{,}707 \cdot e$	$0{,}707 \cdot d_a$
5	$0{,}594 \cdot d_a^2$	$0{,}908 \cdot d_i^2$	$1{,}721 \cdot l^2$	$0{,}809 \cdot e$	$0{,}588 \cdot d_a$
6	$0{,}650 \cdot d_a^2$	$0{,}866 \cdot d_i^2$	$2{,}598 \cdot l^2$	$0{,}866 \cdot e$	$0{,}500 \cdot d_a$
8	$0{,}707 \cdot d_a^2$	$0{,}828 \cdot d_i^2$	$4{,}828 \cdot l^2$	$0{,}924 \cdot e$	$0{,}383 \cdot d_a$
12	$0{,}750 \cdot d_a^2$	$0{,}804 \cdot d_i^2$	$11{,}196 \cdot l^2$	$0{,}966 \cdot e$	$0{,}309 \cdot d_a$
					$0{,}259 \cdot d_a$

	Formel	Formelzeichen	Erklärung	
Drachenviereck 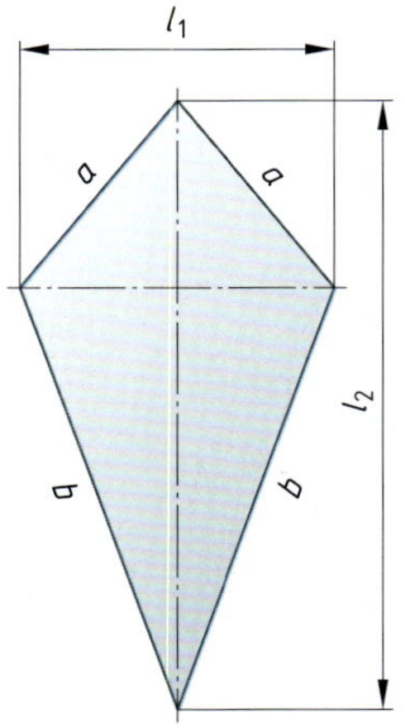	$A = \frac{l_1 \cdot l_2}{2}$ $l_1 = \frac{2 \cdot A}{l_2}$ $l_2 = \frac{2 \cdot A}{l_1}$ $U = 2 \cdot (a + b)$	A $l_{1,2}$ a, b U	Fläche Diagonalen Seitenlängen Umfang	in mm² in mm in mm in mm
Unregelmäßiges Vieleck 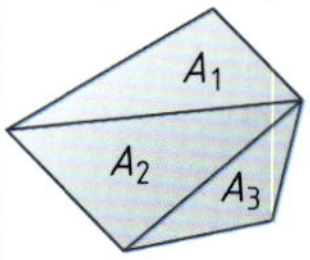	Gesamtfläche gliedern in Dreiecke. Berechnen der Dreiecksfläche $A_{ges} = A_1 + A_2 + A_3 + \ldots$	A_{ges} A_n	Gesamtfläche Teilflächen 1,2, … n	in mm² in mm²

	Formel	Formel-zeichen	Erklärung	
Kreis 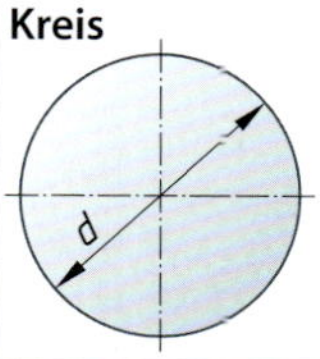	$A=\frac{\pi \cdot d^2}{4}$ $A = 0{,}785 \cdot d^2 \quad d = \sqrt{\frac{4 \cdot A}{\pi}}$ $U = \pi \cdot d$ $U = 2 \cdot \sqrt{\pi \cdot A}$	A d π U	Fläche Durchmesser Konstante $\pi = 3{,}14159\ldots \approx \frac{22}{7}$ Umfang	in mm² in mm in mm
Kreisausschnitt (Sektor) 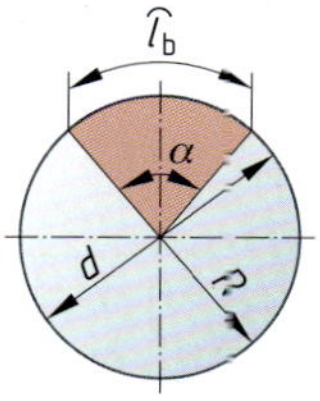	$A=\frac{\pi \cdot d^2}{4} \cdot \frac{\alpha}{360°}$ $A=\frac{\widehat{l}_b \cdot r}{2} \qquad r=\frac{d}{2}$ $\widehat{l}_b=\frac{\pi \cdot d \cdot \alpha}{360°} \qquad \widehat{l}_b=\widehat{\alpha} \cdot \frac{d}{2}$ $U=\widehat{l}_b + d \qquad \widehat{\alpha}=\frac{\pi \cdot \alpha}{180°}$	A d α $\widehat{\alpha}$ l_b r π U	Fläche Durchmesser Zentriwinkel Bogenmaß Bogenlänge Radius Konstante $\pi = 3{,}14159\ldots \approx \frac{22}{7}$ Umfang	in mm² in mm in ° in rad in mm in mm in mm
Kreisring 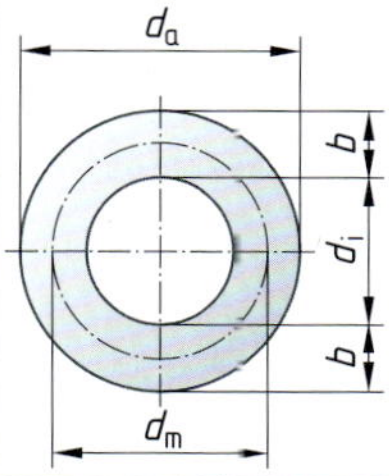	$A=\frac{\pi \cdot d_a^2}{4}-\frac{\pi \cdot d_i^2}{4}=\frac{\pi}{4} \cdot \left(d_a^2-d_i^2\right)$ $d_a=\sqrt{\frac{4 \cdot A}{\pi}+d_i^2}$ $d_i=\sqrt{d_a^2-\frac{4 \cdot A}{\pi}}$ $b=\frac{d_a-d_i}{2} \qquad d_m=\frac{d_a+d_i}{2}$	A d_a d_i d_m π b	Fläche Außendurchmesser Innendurchmesser mittlerer Durchmesser Konstante $\pi = 3{,}14159\ldots \approx \frac{22}{7}$ Ringbreite	in mm² in mm in mm in mm in mm
Kreisringausschnitt 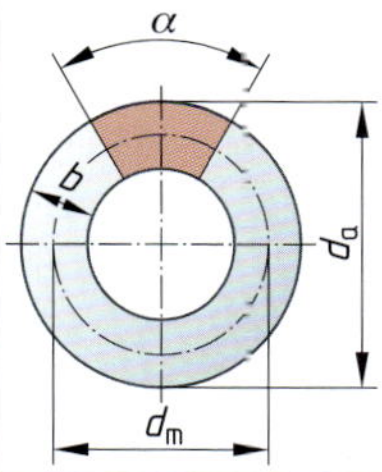	$A=\left(\frac{\pi \cdot d_a^2}{4}-\frac{\pi \cdot d_i^2}{4}\right) \cdot \frac{\alpha}{360°}$ $A=\frac{\pi}{4} \cdot \left(d_a^2-d_i^2\right) \cdot \frac{\alpha}{360°}$ $A = \pi \cdot d_m \cdot b \cdot \frac{\alpha}{360°}$ $b=\frac{d_a-d_i}{2} \qquad d_m=\frac{d_a+d_i}{2}$	A d_a d_i d_m π b α	Fläche Außendurchmesser Innendurchmesser mittlerer Durchmesser Konstante $\pi = 3{,}14159\ldots \approx \frac{22}{7}$ Ringbreite Zentriwinkel	in mm² in mm in mm in mm in mm in °
Kreisabschnitt (Segment) 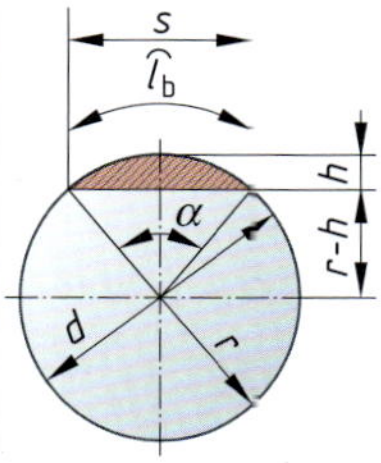	$A=\frac{\widehat{l}_b \cdot r - s \cdot (r-h)}{2} \qquad A \approx \frac{2}{3} \cdot s \cdot h$ $s = d \cdot \sin\frac{\alpha}{2} = 2 \cdot r \cdot \sin\frac{\alpha}{2}$ $s = 2 \cdot \sqrt{h \cdot (2 \cdot r - h)}$ $h=\frac{d}{2} \cdot \left(1-\cos\frac{\alpha}{2}\right) \qquad l_b=\frac{\pi \cdot d \cdot \alpha}{360°}$ $U = \widehat{l}_b + s$	A d α l_b s h r π U	Fläche Durchmesser Zentriwinkel Bogenlänge Sehnenlänge Bogenhöhe Radius Konstante $\pi = 3{,}14159\ldots \approx \frac{22}{7}$ Umfang	in mm² in mm in ° in mm in mm in mm in mm in mm
Ellipse 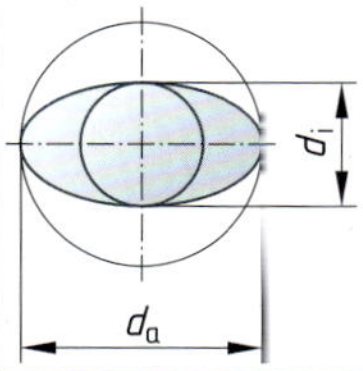	$A=\frac{\pi \cdot d_i \cdot d_a}{4}$ $A \approx 0{,}785 \cdot d_i \cdot d_a$ $U=\pi\sqrt{\frac{d_a^2+d_i^2}{2}}$ $U \approx 1{,}57 \cdot (d_a + d_i)$	A d_a d_i U	Fläche Umkreisdurchmesser (= große Ellipsenachse) Inkreisdurchmesser (= kleine Ellipsenachse) Umfang	in mm² in mm in mm in mm

Körper (Volumen, Mantelfläche) *solids (volumes, circumferential surface)*

	Formel	Formelzeichen	Erklärung	
Würfel 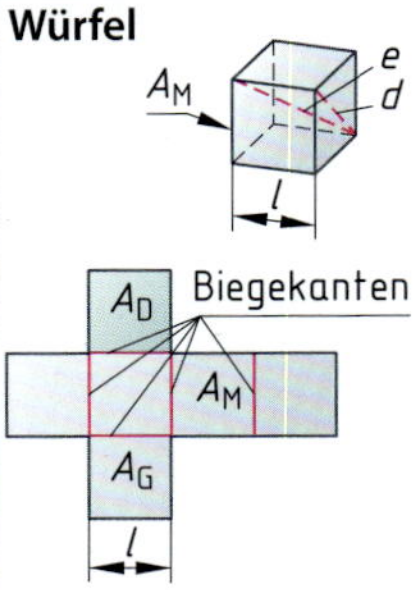	$V = l^3$ $l = \sqrt[3]{V}$ $e = l \cdot \sqrt{3}$ $\quad d = l \cdot \sqrt{2}$ $A_M = 4 \cdot l^2$ $A_O = 6 \cdot l^2$	V l e A_M A_O d	Volumen Seitenlänge Raumdiagonale Mantelfläche Gesamtoberfläche Flächendiagonale	in mm^3 in mm in mm in mm^2 in mm^2 in mm
Rechteckprisma Quader 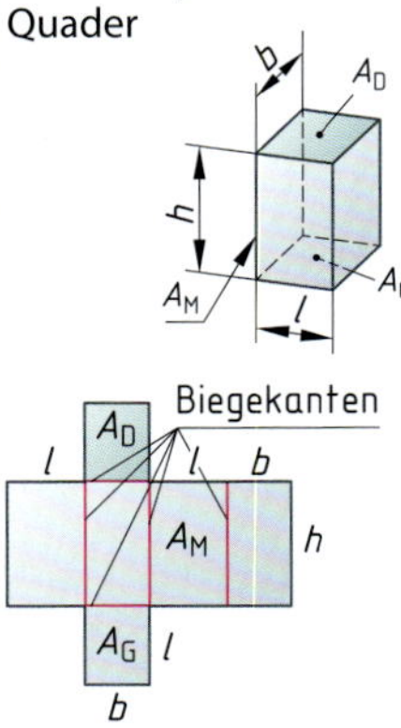	$V = l \cdot b \cdot h$ $\quad h = \frac{V}{l \cdot b}$ $V = A_G \cdot h$ $A_G = A_D = l \cdot b$ $A_M = 2 \cdot (l \cdot h + b \cdot h)$ $A_O = A_G + A_D + A_M$	V l b h A_G A_D A_M A_O	Volumen Länge Breite Höhe Grundfläche Deckfläche Mantelfläche Gesamtoberfläche	in mm^3 in mm in mm in mm in mm^2 in mm^2 in mm^2 in mm^2
Prisma allgemein 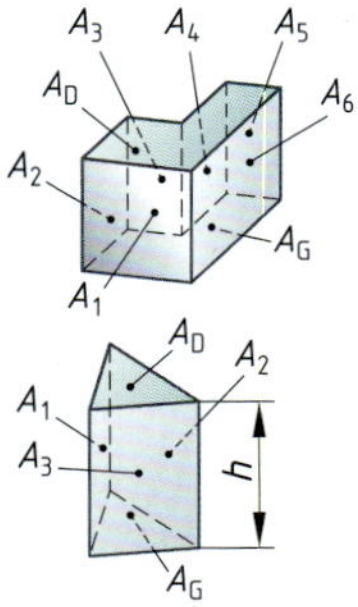	$V = A_G \cdot h$ $\quad A_G = A_D$ $A_M = A_1 + A_2 + A_3 + \dots A_n$ $A_O = A_G + A_D + A_M$	V h $A_{1,2}$ A_G A_D A_M A_O	Volumen Höhe Seitenflächen Grundfläche Deckfläche Mantelfläche Gesamtoberfläche	in mm^3 in mm in mm^2 in mm^2 in mm^2 in mm^2 in mm^2
Zylinder gerade 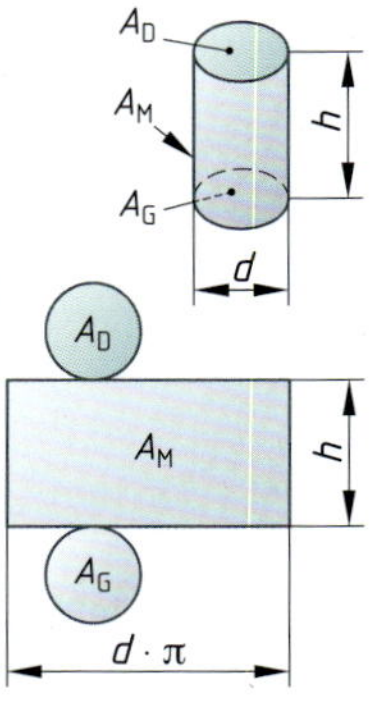	$V = \frac{\pi \cdot d^2}{4} \cdot h$ $V = A_G \cdot h$ $\quad h = \frac{4 \cdot V}{\pi \cdot d^2}$ $A_G = A_D$ $A_M = \pi \cdot d \cdot h$ $\quad d = \sqrt{\frac{4 \cdot V}{\pi \cdot h}}$ $A_O = A_G + A_D + A_M$	V d h A_G A_D A_M A_O	Volumen Durchmesser Höhe Grundfläche Deckfläche Mantelfläche Gesamtoberfläche	in mm^3 in mm in mm in mm^2 in mm^2 in mm^2 in mm^2

	Formel	Formelzeichen	Erklärung
Hohlzylinder 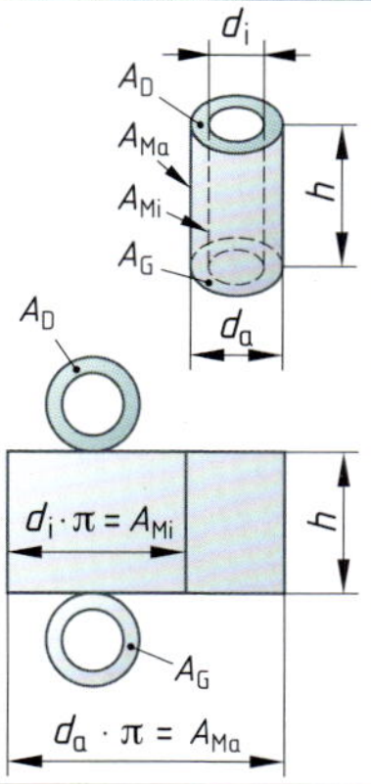	$V = A_G \cdot h$ $A_G = \frac{\pi}{4} \cdot (d_a^2 - d_i^2)$ $A_G = A_D$ $A_M = A_{Mi} + A_{Ma}$ $A_{Mi} = \pi \cdot d_i \cdot h$ $A_{Ma} = \pi \cdot d_a \cdot h$ $A_O = A_{Mi} + A_{Ma} + A_G + A_D$	V d_a d_i h A_G A_D A_M A_{Mi} A_{Ma} A_O	Volumen in mm^3 Außendurchmesser in mm Innendurchmesser in mm Höhe in mm Grundfläche in mm^2 Deckfläche in mm^2 Mantelfläche in mm^2 Mantelfläche innen in mm^2 Mantelfläche außen in mm^2 Gesamtoberfläche in mm^2
Füllvolumen von Rohren 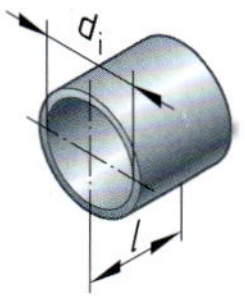	$V = A \cdot l$ $A = d_i^2 \cdot \frac{\pi}{4}$ $V = V' \cdot l$	V V' A l d_i	Volumen z. B. in dm^3; 1 dm^3 = 1 l längenbezogenes Volumen in $\frac{dm^3}{m}$ Rohrinnenfläche z. B. in dm^2 Rohrlänge in mm, cm, dm, m Rohrinnendurchmesser
Kegel 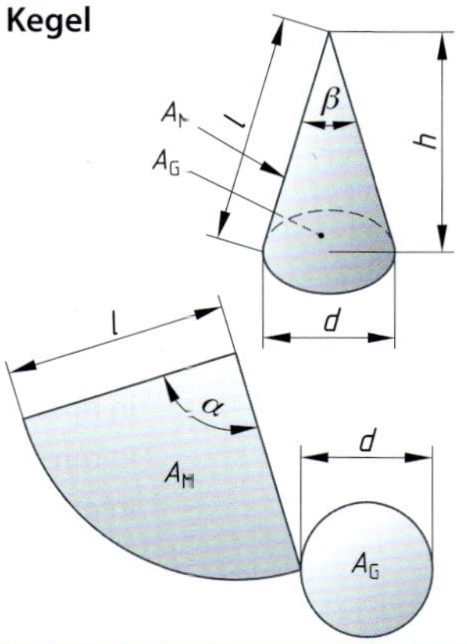	$V = \frac{1}{3} \cdot A_G \cdot h$ $A_G = \frac{\pi \cdot d^2}{4}$ $V = \frac{\pi \cdot d^2 \cdot h}{3 \cdot 4}$ $\frac{d}{2} = l \cdot \sin\frac{\beta}{2}$ $l = \sqrt{h^2 + \frac{d^2}{4}}$ $\alpha = 360° \cdot \frac{d}{2 \cdot l}$ $A_M = \frac{\pi \cdot d \cdot l}{2}$ $A_O = A_G + A_M$	V d h l β α A_G A_M A_O	Volumen in mm^3 Durchmesser in mm Höhe in mm Länge der Mantellinie in mm Kegelwinkel in ° Spitzenwinkel des Kegelmantels in ° Grundfläche in mm^2 Mantelfläche in mm^2 Gesamtoberfläche in mm^2
Kegelstumpf 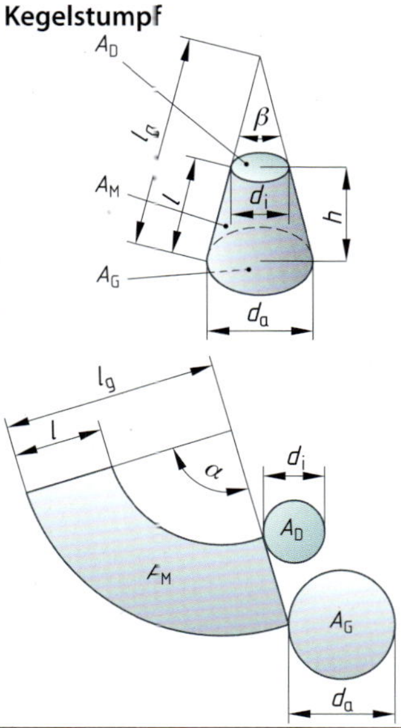	$V = \frac{\pi \cdot h}{12} \cdot (d_G{}^2 + d_D{}^2 + d_G \cdot d_D)$ $V \approx \frac{A_G + A_D}{2} \cdot h = \frac{\pi \cdot h}{8} \cdot (d_G{}^2 + d_D{}^2)$ $A_G = \frac{\pi \cdot d_G{}^2}{4}$ $A_D = \frac{\pi \cdot d_D{}^2}{4}$ $l = \sqrt{h^2 + \left(\frac{d_G - d_D}{2}\right)^2}$ $A_M = \pi \cdot \frac{d_G + d_D}{2} \cdot l$ $A_O = + A_G + A_D + A_M$ $\alpha = 360° \cdot \frac{d_G}{2 \cdot l_g}$	V d_a, d_G d_i, d_D h l β α A_G A_D A_M A_O l_g	Volumen in mm^3 Durchmesser der Grundfläche in mm Durchmesser der Deckfläche in mm Höhe in mm Länge der Mantellinie in mm Kegelwinkel in ° Spitzenwinkel des Kegelmantels in ° Grundfläche in mm^2 Deckfläche in mm^2 Mantelfläche in mm^2 Gesamtoberfläche in mm^2 Mantellinie bis Kegelspitze in mm

	Formel	Formelzeichen	Erklärung	
Pyramide 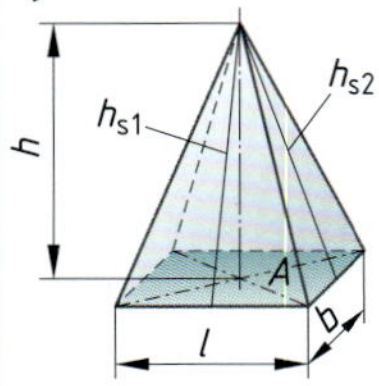	$V = \frac{A \cdot h}{3}$ $V = \frac{l \cdot b \cdot h}{3}$ $h = \frac{3 \cdot V}{A}$ $h_{s1} = \sqrt{h^2 + \frac{b^2}{4}}$ $h_{s2} = \sqrt{h^2 + \frac{l^2}{4}}$ $A_M = l \cdot h_{s1} + b \cdot h_{s2}$ $A_O = l \cdot h_{s1} + b \cdot h_{s2} + l \cdot b$	V A l b h_{s1} h_{s2} h A_M A_O	Volumen Grundfläche Länge Breite Seitenhöhe 1 Seitenhöhe 2 Höhe Mantelfläche Oberfläche	in mm^3 in mm^2 in mm in mm in mm in mm in mm in mm^2 in mm^2
Pyramide 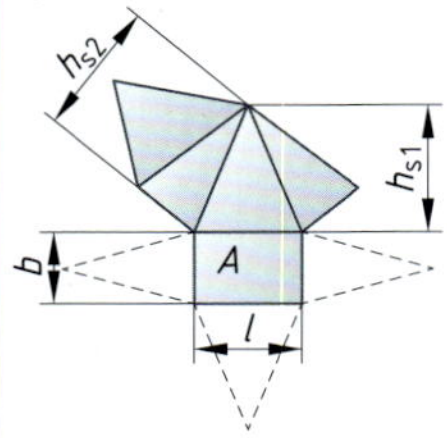	**quadratische Pyramide** 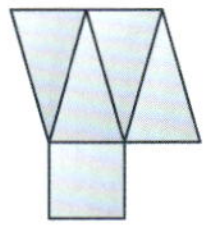		$l = b, h_{s1} = h_{s2}$ $A_M = 2 \cdot h_{s1}$ $A_0 = l^2$	
Pyramidenstumpf 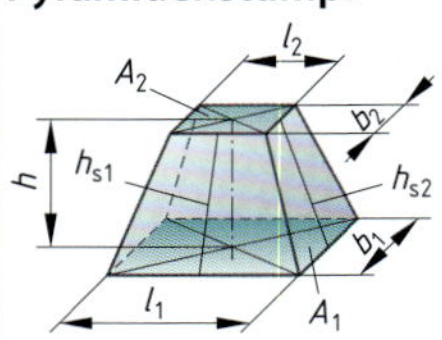	$V = \frac{h}{3} \cdot \left(A_1 + A_2 + \sqrt{A_1 \cdot A_2}\right)$ $A_M = (l_1 + l_2) \cdot h_{s1} + (b_1 + b_2) \cdot h_{s2}$ $h_{s1} = \sqrt{\frac{(b_1 - b_2)^2}{4} + h^2}$ $h_{s2} = \sqrt{\frac{(l_1 - l_2)^2}{4} + h^2}$	V A_1 A_2 h l_1 l_2 b_1 b_2 h_{s1} h_{s2} A_M	Volumen Grundfläche Deckfläche Höhe untere Länge obere Länge untere Breite obere Breite Seitenhöhe 1 Seitenhöhe 2 Mantelfläche	in mm^3 in mm^2 in mm^2 in mm in mm in mm in mm in mm in mm in mm in mm^2
Pyramidenstumpf 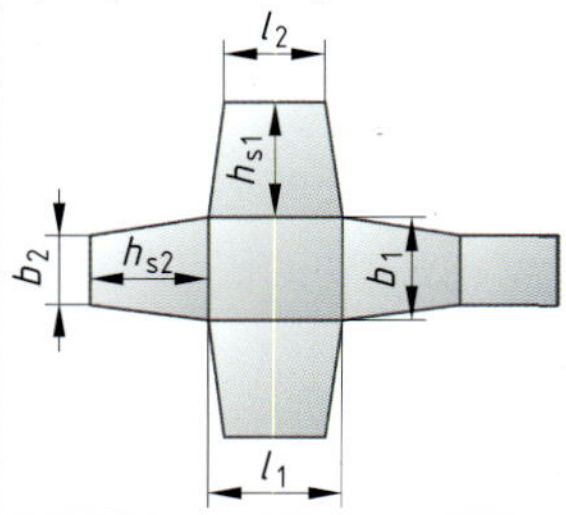	**quadratischer Pyramidenstumpf** 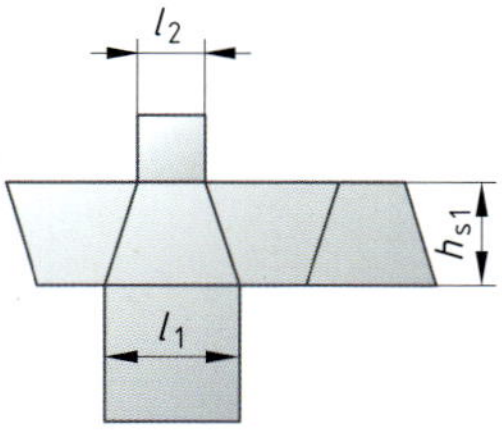		$l_1 = l_2$, $b_1 = b_2$, $h_{s1} = h_{s2}$ $A_M = h_{s1} \cdot (2\,l_1 + 2\,b_1)$	
Kugel 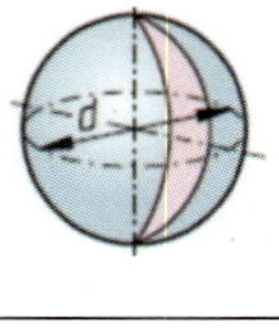	$V = \frac{\pi}{6} \cdot d^3$ $d = \sqrt[3]{\frac{6 \cdot V}{\pi}}$ $d = \sqrt{\frac{A_0}{\pi}}$ $A_0 = \pi \cdot d^2$	V d A_0	Volumen Durchmesser Gesamtoberfläche	in mm^3 in mm in mm^2

Guldin'sche Regel *properties of Guldinus*

	Formel	Formelzeichen	Erklärung	
Guldin'sche Regel 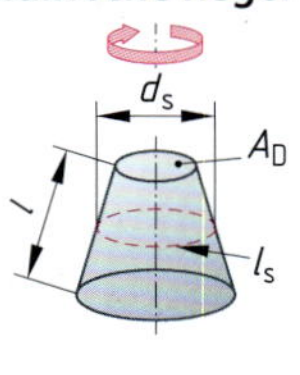	Die um eine Drehachse rotierende Linie l erzeugt eine Mantelfläche A_M, z. B. für einen Kegelstumpf: $A_M = l \cdot l_s$ $A_M = l \cdot \pi \cdot d_s$ Der um eine Drehachse rotierende Umfang U erzeugt eine Oberfläche A_O, z. B. einen Kreistorus:	S l l_s d d_s	Schwerpunkt Mantellinie Schwerpunktweg Durchmesser des Kreistorus Durchmesser des Schwerpunktweges	 in mm in mm in mm in mm

	Formel	Formelzeichen	Erklärung	
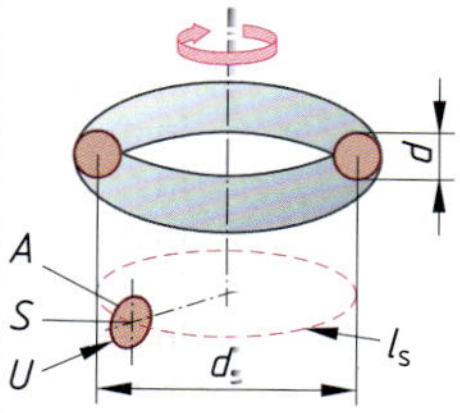	$A_O = U \cdot l_s$ $\quad A_O = U \cdot \pi \cdot d_s$ Die um eine Drehachse rotierende Fläche A erzeugt ein Volumen V, z. B. für einen Kreistorus: $V = A \cdot l$ $\quad V = A \cdot \pi \cdot d_s$	U A_D A_M A_O	Umfang Deckfläche Mantelfläche Gesamtoberfläche	in mm in mm² in mm² in mm²

Dichte *density*

	Formel	Formelzeichen	Erklärung	
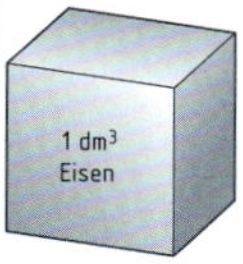	$\varrho = \frac{m}{V}$	ϱ m V	Dichte Masse Volumen	in $\frac{kg}{dm^3}$ in kg in dm³

Massenberechnung *quantity surveying*

	Formel		Formelzeichen	Erklärung	
Massenberechnung mit Dichte und Volumen 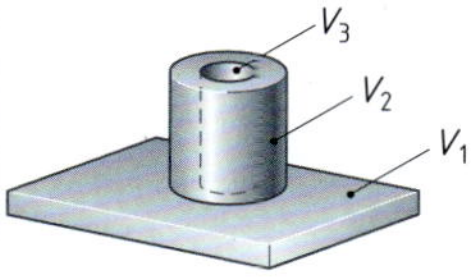	$m = V \cdot \varrho$ $m = (V_1 + V_2 - V_3) \cdot \varrho$		m V $V_{1\,...\,3}$ ϱ	Masse Volumen Teilvolumen Dichte	in kg in dm³ in dm³ in $\frac{kg}{dm^3}$
	Dichte ϱ in $\frac{kg}{dm^3}, \frac{g}{cm^3}, \frac{t}{m^3}$				
	Wasser: 1 Stahl: 7,85 Al: 2,7	Glas: 2,5 PVC: 1,35 Kupfer: 8,9			
Massenberechnung mit Tabellen Profile 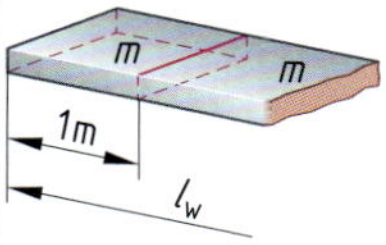 Bleche 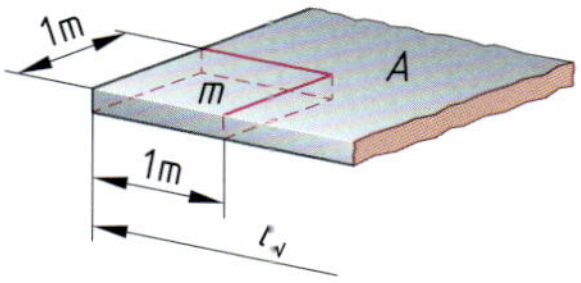	$m = m' \cdot l_W$ $l_W = \frac{m}{m'}$ $\quad m' = \frac{m}{l_w}$ $m = m'' \cdot A$ $\quad m'' = m''_e \cdot t$ $A = \frac{m}{m''}$ m''_e in $\frac{kg}{m^2 \cdot mm}$		m m' m'' m''_e A l_W t d_a s	Masse längenbezogene Masse (siehe Profiltabellen) flächenbezogene Masse (siehe Profiltabellen) flächenbezogene Masse pro 1 mm Blechdicke Werkstückfläche Werkstücklänge Blechdicke Rohraußendurchmesser Wanddicke	in kg in $\frac{kg}{m}$ in $\frac{kg}{m^2}$ in $\frac{kg}{m^2 \cdot mm}$ in m² in m in mm in mm in mm
	Stahl: 7,85 Al: 2,7	PVC: 1,35 Kupfer: 8,9			
Rohre 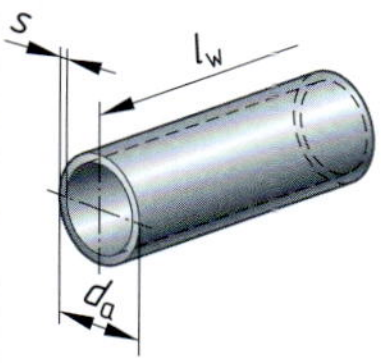	$m = (d_a - s \cdot \pi) \cdot s \cdot k \cdot l_W$ k in $\frac{kg}{m \cdot mm^2}$		k	Materialkonstante	in $\frac{kg}{m \cdot mm^2}$
	Stahl: 0,02466 Al: 0,00848	PVC: 0,00440 Kupfer: 0,02756			

V in	dm³	cm³	m³
ϱ in	$\frac{kg}{dm^3}$	$\frac{g}{cm^3}$	$\frac{t}{m^3}$
m in	kg	g	t

1.4 Kraft, Drehmoment, Arbeit, Leistung, Wirkungsgrad

Kräfte *forces*

	Formel	Formelzeichen	Erklärung
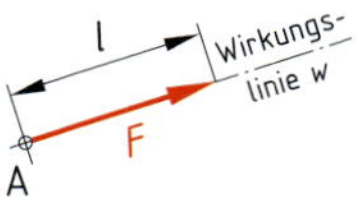	$F = l \cdot \mathrm{KM}$ $\quad l = \frac{F}{\mathrm{KM}}$ Bestimmungsgrößen von Kräften: 1. Angriffspunkt 2. Größe 3. Richtung, Wirkungslinie	F l KM w A	Kraft in N, kN Länge des gezeichneten Pfeils in cm, mm Kräftemaßstab in $\frac{\mathrm{N}}{\mathrm{mm}}, \frac{\mathrm{N}}{\mathrm{cm}}, \frac{\mathrm{kN}}{\mathrm{cm}}$ Wirkungslinie Angriffspunkt
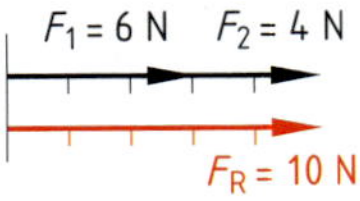	Kräfte mit gemeinsamer Wirkungslinie: Addition $F_R = F_1 + F_2$	$F_{1,2}$ F_R	Einzelkräfte in N Resultierende Kraft in N
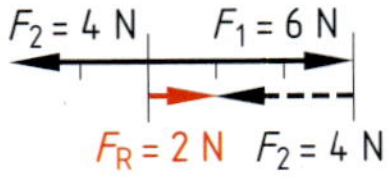	Subtraktion $F_R = F_1 - F_2$		
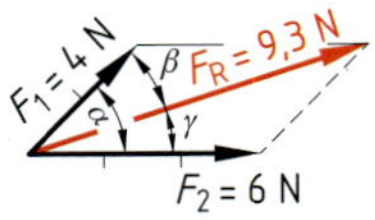	Wirkungslinien schneiden sich in einem Punkt: Zusammensetzen der Teilkräfte $F_1 + F_2$ = Diagonale F_R im Kräfteparallelogramm $F_R = \sqrt{F_1^{\,2} + F_2^{\,2} - 2 \cdot F_1 \cdot F_2 \cdot \cos\alpha}$ $\sin\gamma = \frac{F_1}{F_R} \cdot \sin\alpha$; $\sin\beta = \frac{F_2}{F_R} \cdot \sin\alpha$	α β γ	Winkel zwischen F_1 und F_2 Winkel zwischen F_1 und F_R Winkel zwischen F_2 und F_R
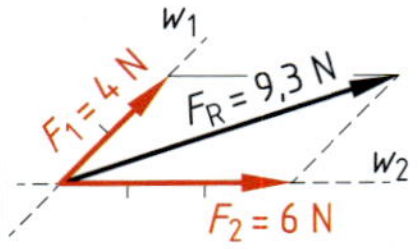	Zerlegen der resultierenden Kraft F_R: Erzeugen der Teilkräfte $F_{1,2}$ durch Parallelverschieben der Wirkungslinien $w_{1,2}$		

Krafteck *polygon of forces*

	Formel	Formelzeichen	Erklärung
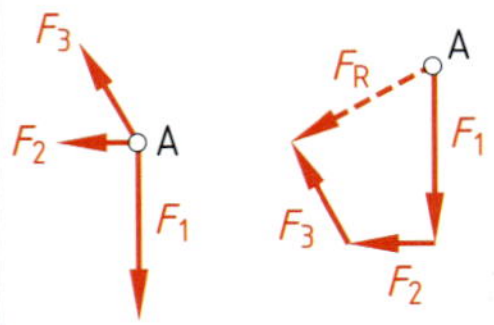	Die Teilkräfte werden maßstabsgerecht jeweils an der Pfeilspitze aneinander gereiht. Die resultierende Kraft F mehrerer Kräfte ist die Verbindung des Angriffspunkts A mit der Pfeilspitze der letzten Kraft.	$F_{1,2,3}$ F_R A	Einzelkräfte in N Resultierende Kraft in N Angriffspunkt

Gewichtskraft *weight*

	Formel	Formelzeichen	Erklärung
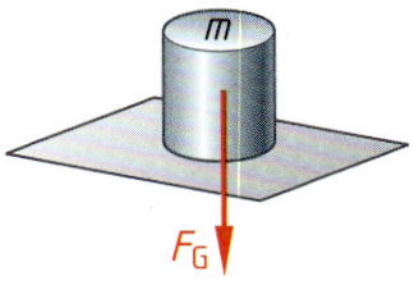	$F_G = m \cdot g$ $\quad g = 9{,}81\ \frac{\mathrm{m}}{\mathrm{s}^2}$ Allgemein: $F = m \cdot a$	F_G m g F a	Gewichtskraft in N Masse in kg Erdbeschleunigung in $\frac{\mathrm{m}}{\mathrm{s}^2}$ bzw. $\frac{\mathrm{N}}{\mathrm{kg}}$ $1\,\mathrm{N} = 1\,\mathrm{kg} \cdot \frac{\mathrm{m}}{\mathrm{s}^2}$ Beschleunigungskraft in N Beschleunigung in $\frac{\mathrm{m}}{\mathrm{s}^2}$ z. B. Pkw: $\approx 3\ \frac{\mathrm{m}}{\mathrm{s}^2}$ Bei Verzögerung ist a negativ

Geschwindigkeit *velocity*

	Formel	Formelzeichen	Erklärung
gleichförmige, geradlinige Geschwindigkeit *uniform rectilinear speed* 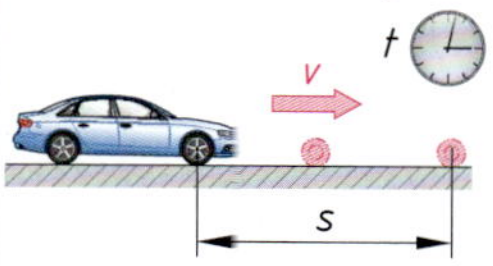	$v = \frac{s}{t}$ $s = v \cdot t$ $t = \frac{s}{v}$	v s t	Geschwindigkeit in $\frac{m}{s}$, $\frac{km}{h}$ Weg in m, km Zeit in s, h $1\,\frac{m}{s} = 3{,}6\,\frac{km}{h}$ $1\,\frac{km}{h} = 0{,}277\,\frac{m}{s}$
gleichförmige, kreisförmige Geschwindigkeit *uniform speed circular* 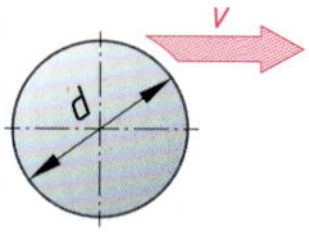	$v = \pi \cdot d \cdot n$ $d = \frac{v}{\pi \cdot n}$ $n = \frac{v}{\pi \cdot d}$ Bei der spanenden Bearbeitung durch Bohren, Drehen, Fräsen ist v die Schnittgeschwindigkeit v_C → Berechnet wird die Drehzahl an der Maschine.	v n d	Umfangsgeschwindigkeit in m/s, m/min Drehzahl, Umdrehungsfrequenz in $\frac{1}{s}$, $\frac{1}{min}$ Durchmesser in m
Winkelgeschwindigkeit *angular velocity* 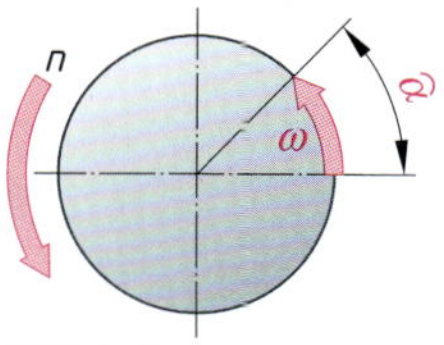	$\omega = 2 \cdot \pi \cdot n$ $n = \frac{\omega}{2 \cdot \pi}$	ω n	Winkelgeschwindigkeit in $\frac{1}{s}$ = Winkel $\widehat{\alpha}$ in $\frac{rad}{s}$, den ein Punkt auf einem Kreis zurücklegt in 1 s Drehzahl, Umdrehungsfrequenz in $\frac{1}{s}$, $\frac{1}{min}$
beschleunigte, geradlinige Bewegung *accelerated movement* 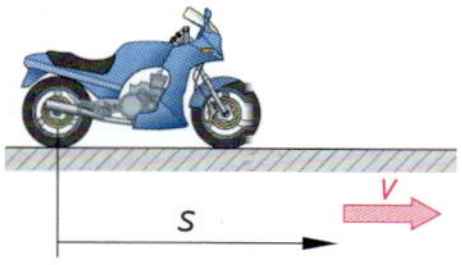	Beschleunigung „aus dem Stand": $v = a \cdot t$ $v = \sqrt{2 \cdot a \cdot s}$ $v = \frac{2 \cdot s}{t}$ $s = \frac{a \cdot t^2}{2}$ $t = \frac{v}{a}$ mit Anfangsgeschwindigkeit v_0: $v = v_0 + a \cdot t$ $v = \sqrt{v_0^2 + 2 \cdot a \cdot a}$ $s = v_0 \cdot t + \frac{a \cdot t^2}{2}$ $t = \frac{v - v_0}{a}$	v s t a v_0	Endgeschwindigkeit in $\frac{m}{s}$ Beschleunigungsweg in m Beschleunigungszeit in s Beschleunigung in $\frac{m}{s^2}$ Für Verzögerungen (= Bremsen) wird a negativ $1\,m/s = 3{,}6\,\frac{km}{h}$ $1\,km/h = 0{,}277\,\frac{m}{s}$ Anfangsgeschwindigkeit in $\frac{m}{s}$
Freier Fall *free fall* 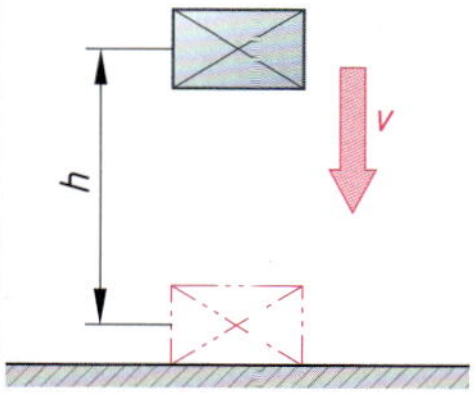	$v = g \cdot t$ $h = \frac{g \cdot t^2}{2}$ $t = \sqrt{\frac{2 \cdot h}{g}}$	v h t g	Endgeschwindigkeit in $\frac{m}{s}$ Fallhöhe in m Fallzeit in s Erdbeschleunigung in $\frac{m}{s}$ $g = 9{,}81\,m/s^2 \approx 10\,m/s^2$

Hebelgesetz *leverage principle*

	Formel	Formelzeichen	Erklärung	
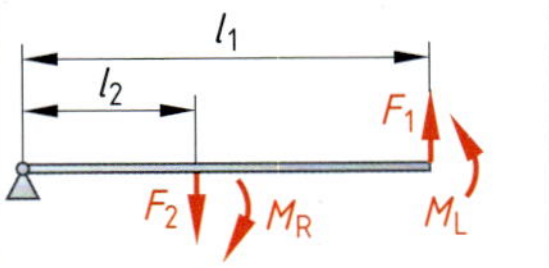	$M_L = M_R$ bzw. $\Sigma M = 0$ Einarmiger Hebel: $F_1 \cdot l_1 = F_2 \cdot l_2$	M_L M_R ΣM $F_1 \dots F_5$ $l_1 \dots l_5$	Drehmoment, linksdrehend Drehmoment, rechtsdrehend Summe aller Drehmomente Kräfte Hebelarme	in Nm in Nm in Nm in N in m
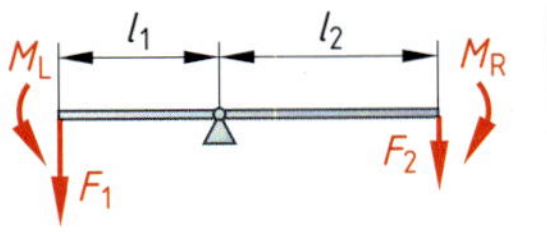	Zweiarmiger Hebel: $F_1 \cdot l_1 = F_2 \cdot l_2$	In der Statik wird das Hebelgesetz zur Berechnung der Auflagerkräfte benutzt. 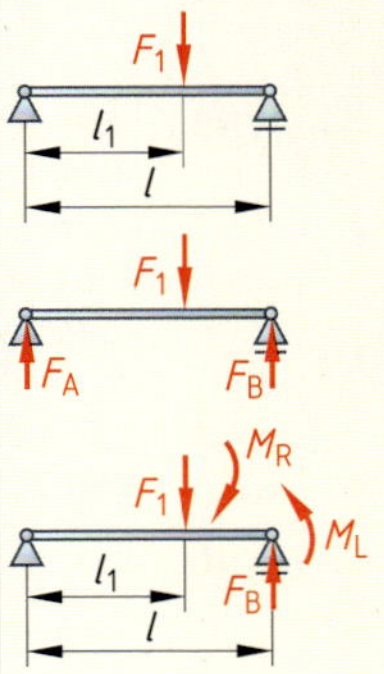 System „Actio = Reactio" $F_1 = F_A + F_B$ $M_L = M_R$ $F_B \cdot l = F_1 \cdot l_1$ $F_B = \frac{F_1 \cdot l_1}{l}$ $F_A = F_1 - F_B$		
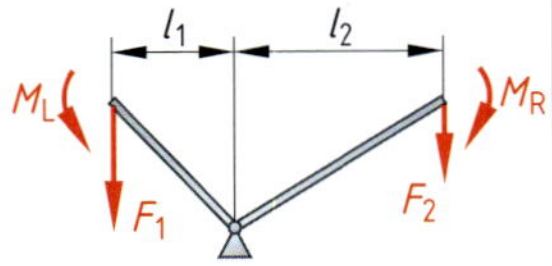	Winkelhebel: $F_1 \cdot l_1 = F_2 \cdot l_2$			
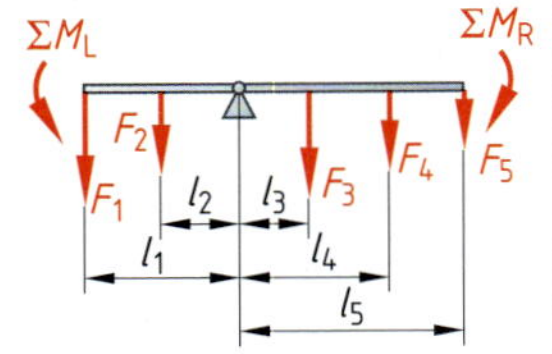	Mehrere Kräfte $\Sigma M_L = \Sigma M_R$ $(F_1 \cdot l_1) + (F_2 \cdot l_2) =$ $(F_3 \cdot l_3) + (F_4 \cdot l_4) + (F_5 \cdot l_5)$			

Drehmoment *torque*

	Formel	Formelzeichen	Erklärung	
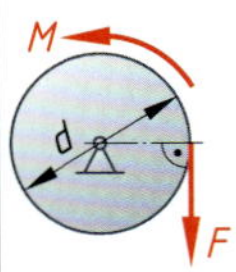	$M = F \cdot \frac{d}{2}$ Hebelarm = senkrechter Abstand zwischen Drehpunkt und Kraft	M F $\frac{d}{2}$	Drehmoment, Kraftmoment Umfangskraft Hebelarm	in Nm in N in m
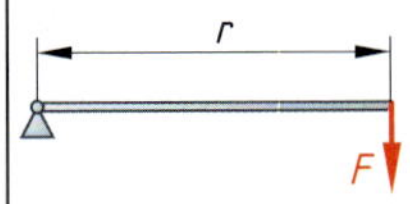	$M = F \cdot r$ Kraft **wirkt senkrecht** zum Hebelarm	r F	Radius Kraft	in m in N
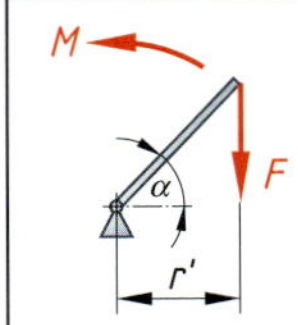	$M = F \cdot r'$ $r' = r \cdot \cos\alpha$ bzw. $M = F' \cdot r$ $F' = F \cdot \cos\alpha$ } $M = F \cdot r \cdot \cos\alpha$	r r' α	Hebelarm wirksamer Hebelarm bezüglich F Neigungswinkel	in m in m in °
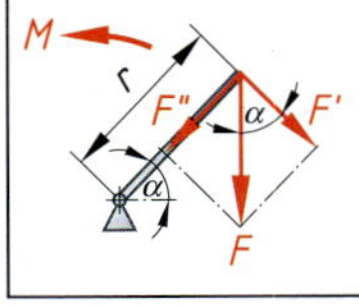	Kraft wirkt **nicht senkrecht** zum Hebelarm	r F, F', F'' α	wirksamer Hebelarm bezüglich F' Kraft bzw. Kraftkomponenten Neigungswinkel	in m in N in °

Auflagerkräfte *supporting force*

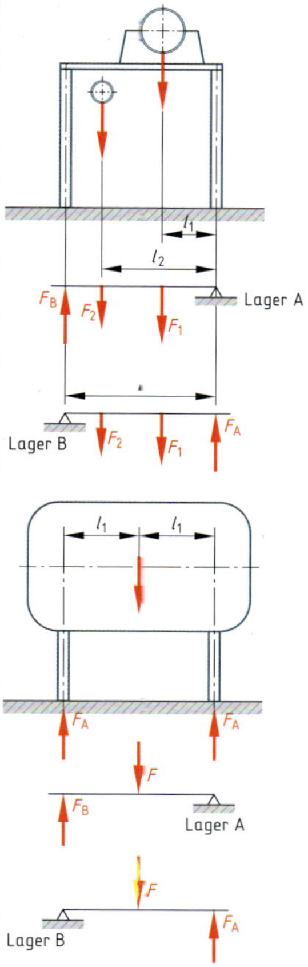

Formel	Formelzeichen	Erklärung	
$\Sigma M_l = \Sigma M_r$	Σ	Summenzeichen	
$F_A + F_B = F_1 + F_2 + \ldots$	M_l	Linksdrehendes Kraftmoment	in N
	M_r	Rechtsdrehendes Kraftmoment	in N
	F_A	Lagerkraft im Lager A	in N
	F_B	Lagerkraft im Lager B	in N
	l	Lagerabstand	in mm
Zur Berechnung von Lagerkraft F_B: $F_B \cdot l = F_1 \cdot l_1 + F_2 \cdot l_2$	$l_{1,2}$	Hebelarmlängen der Einzelkräfte	in mm
$F_B = \dfrac{F_1 \cdot l_1 + F_2 \cdot l_2}{l}$			
Zur Berechnung von Lagerkraft F_A: $F_A \cdot l = F_1 \cdot (l - l_1) + F_2 \cdot (l - l_2)$			
$F_A = \dfrac{F_1 \cdot (l - l_1) + F_2 \cdot (l - l_2)}{l}$			

Schiefe Ebene *inclined plane*

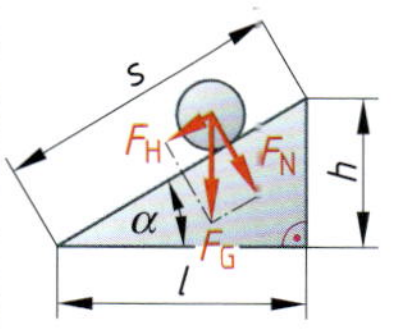

Formel	Formelzeichen	Erklärung	
$\dfrac{F_H}{F_G} = \dfrac{h}{s}; \quad \dfrac{F_N}{F_G} = \dfrac{l}{s}$	F_H	Hangabtriebskraft	in N
$F_H = F_G \cdot \sin \alpha$	F_N	Normalkraft	in N
$F_N = F_G \cdot \cos \alpha$	F_G	Gewichtskraft	in N
Reibung nicht berücksichtigt	l	horizontale Länge	in m
	h	Höhenunterschied	in m
	s	Weg	in m
	α	Neigungswinkel	in °

Stellkeil *tightening wedge*

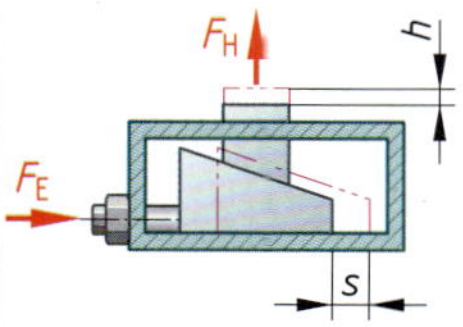

Formel	Formelzeichen	Erklärung	
$F_E \cdot s = F_H \cdot h$	F_E	Eintreibkraft	in N
Reibung nicht berücksichtigt	F_H	Hubkraft	in N
	h	Hubhöhe	in m, mm
		horizontale Länge	in m
		Höhenunterschied	in m
	s	Weg	in m, mm

Seilkraft *forces in the rope*

	Formel	Formelzeichen	Erklärung	
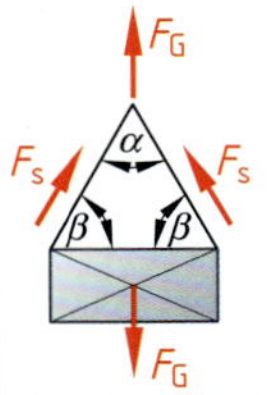	$F_s = \frac{F_G}{2 \cdot \sin\beta}$ $\quad \beta = 90° - \frac{\alpha}{2}$ $F_s = \frac{F_G}{2 \cdot \cos\frac{\alpha}{2}}$	F_s F_G β α	Kraft in einem Seilstrang Gewichtskraft Basiswinkel Anschlagwinkel	in N in N in ° in °

Schraube, Kräfte im Gewinde *screw, forces in the thread*

	Formel	Formelzeichen	Erklärung	
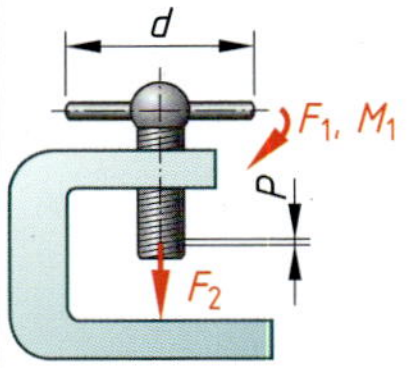	$F_2 \cdot P = F_1 \cdot \pi \cdot d$ $F_2 = \frac{F_1 \cdot \pi \cdot d}{P}$ $\quad F_2 = \frac{M_1 \cdot 1000 \cdot \pi}{P}$ $F_1 = \frac{F_2 \cdot P}{\pi \cdot d}$ Flankenreibung im Gewinde nicht berücksichtigt	F_1 F_2 d P M_1	Drehkraft Kraft in der Spindel Knebellänge Gewindesteigung Anzugsdrehmoment	in N in N in mm in mm in Nm

Flaschenzug *pulley*

	Formel	Formelzeichen	Erklärung	
Feste Rolle 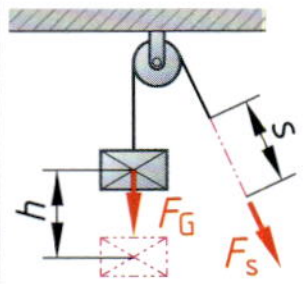	$F_G = F_s$ $\quad$ mit Reibung: $s = h$ $\quad F_s = \frac{F_G}{\eta}$ Gewichtskraft wird umgelenkt	F_s F_G s h η	Kraft in einem Seilstrang Gewichtskraft Kraftweg Hubhöhe Wirkungsgrad ($\eta < 1$ bzw. < 100 %)	in N in N in m in m
Lose Rolle 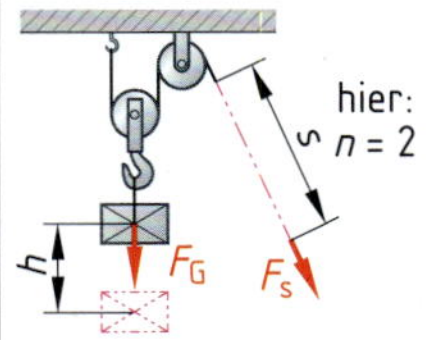	$F_G \cdot h = F_s \cdot s$ $\quad$ mit Reibung: $s = 2 \cdot h$ $F_s = \frac{F_G}{n}$ $\quad F_s = \frac{F_G}{n \cdot \eta}$ Gewichtskraft wird halbiert Seilweg s wird „verdoppelt"	F_s F_G s h n η	Kraft in einem Seilstrang Gewichtskraft Kraftweg Hubhöhe Anzahl der Rollen Wirkungsgrad ($\eta < 1$ bzw. < 100 %)	in N in N in m in m
Flaschenzug 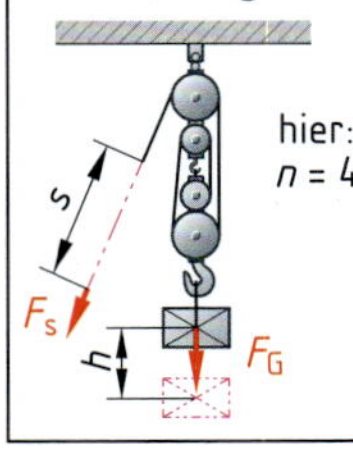	$F_G \cdot h = F_s \cdot s$ $\quad$ mit Reibung: $s = n \cdot h$ $F_s = \frac{F_G}{n}$ $\quad F_s = \frac{F_G}{n \cdot \eta}$	F_s F_G s h η n	Kraft in einem Seilstrang Gewichtskraft Kraftweg Hubhöhe Wirkungsgrad ($\eta < 1$ bzw. < 100 %) Anzahl der Rollen	in N in N in m in m

Räderwinde *jack*

	Formel	Formelzeichen	Erklärung	
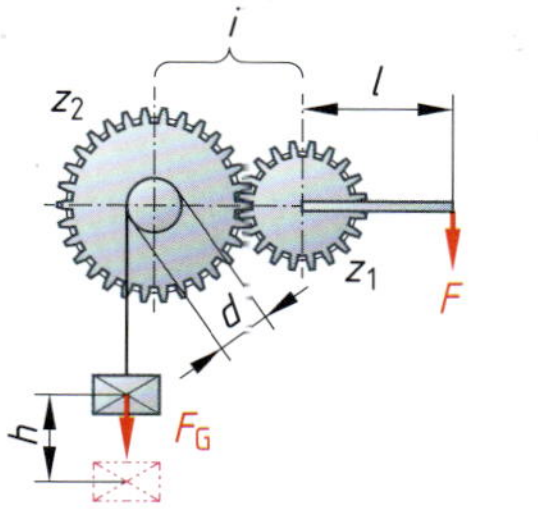	$F = \frac{F_G \cdot d}{2 \cdot i \cdot l}$ $\quad F = \frac{F_G \cdot d \cdot z_1}{2 \cdot l \cdot z_2}$ $h = \frac{\pi \cdot d \cdot n}{i}$ $\quad h = \frac{\pi \cdot d \cdot n \cdot z_1}{z_2}$ $\eta = \frac{h \cdot i}{\pi \cdot d}$	F F_G l d h n i z_1, z_2 η	Kraft an der Handkurbel Gewichtskraft Hebelarm Durchmesser: Seiltrommel Hubhöhe Zahl der Kurbelumdrehungen Übersetzung des Zahntriebs Zähnezahlen Wirkungsgrad (η< 1 bzw. < 100 %)	in N in N in N in m in m

Reibung *friction*

	Formel	Formelzeichen	Erklärung	
Reibungskraft Haft- und Gleitreibung 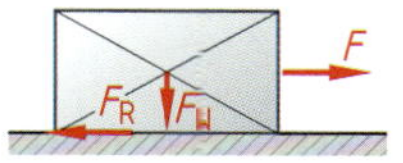Haftreibung (Ruhe) $F < F_R$ Gleitreibung (Bewegung) $F > F_R$	Haftreibung: $F_R \leq \mu_0 \cdot F_N$ Gleitreibung: $F_R = \mu \cdot F_N$ $\quad F_N = \frac{F_R}{\mu}$	F F_R F_N μ_0 μ	Kraft Reibkraft Normalkraft Haftreibungszahl Gleitreibungszahl	in N in N in N

Reibzahlen (Auswahl)

Werkstoffpaarung	Haftreibung μ_0		Gleitreibung μ	
	trocken	geschmiert	trocken	geschmiert
Stahl auf Stahl	0,15 – 0,30	0,10 – 0,12	0,10 – 0,12	0,04 – 0,10
Stahl auf Gusseisen	0,18 – 0,24	0,10 – 0,20	0,15 – 0,24	0,05 – 0,20
Stahl auf Cu-Sn-Legierung	0,18 – 0,20	0,10 – 0,20	0,10 – 0,20	0,04 – 0,10
Stahl auf Polyamid	0,30 – 0,40	0,10 – 0,20	0,32 – 0,45	0,05 – 0,10
Gusseisen auf Cu-Sn-Legierung	0,3	0,2	0,2	0,08
Gusseisen auf Stahl	0,33	–	0,22	0,11
Gusseisen auf Cu-Zn-Legierung	–	0,18	0,18 – 0,20	0,15 – 0,18

Arbeit, Energie, Leistung *work, energy, performance*

	Formel	Formelzeichen	Erklärung	
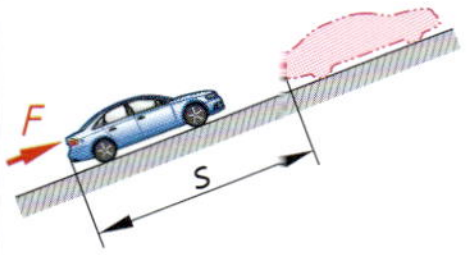	$W = F \cdot s$ $1\,\text{Nm} = 1\,\text{J} = 1\,\text{Ws} = 1\frac{\text{kg} \cdot \text{m}^2}{\text{s}^2}$	W F s	Arbeit Kraft Kraftweg Übliche Einheiten: – mech. Arbeit – Wärmearbeit – elektr. Arbeit	in Nm in N in m in Nm, J in J in Ws

Potentielle Energie *potential energy*

	Formel	Formelzeichen	Erklärung
(Lage-Energie) 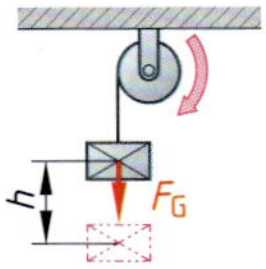	$W_p = F_G \cdot h$ $\quad F_G = m \cdot g$ $W_p = m \cdot g \cdot h$ $\quad g = 9{,}81\ \frac{m}{s^2}$	W_p m h F_G g	potentielle Energie in Nm Masse in kg Hubhöhe in m Gewichtskraft in N Erdbeschleunigung in $\frac{m}{s^2}$

Kinetische Energie *kinetic energy*

	Formel	Formelzeichen	Erklärung
(Bewegungs-Energie) 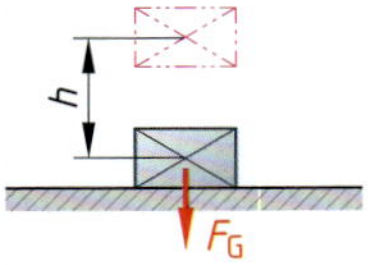	$W_k = \frac{1}{2} \cdot m \cdot v^2$ $1\frac{m}{s} = 3{,}6\frac{km}{h}$ $1\frac{km}{h} = 0{,}277\frac{m}{s}$	W_k m v	kinetische Energie in Nm Masse in kg Geschwindigkeit in $\frac{m}{s}$

Energieerhaltungssatz *energy principle*

	Formel	Formelzeichen	Erklärung
Goldene Regel der Mechanik 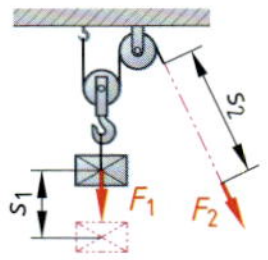	$W_1 = W_2$ $F_1 \cdot s_1 = F_2 \cdot s_2$	W_1, W_2 F_1, F_2 s_1, s_2	Arbeit in Nm Kräfte in N Wege in m

Mechanische Arbeit *mechanical work*

	Formel	Formelzeichen	Erklärung
	$W = F_G \cdot s$ $1\ Nm = 1\ J = 1\ Ws = \frac{1\ kg\ m^2}{s^2}$	W F_G s	Arbeit in Nm Gewichtskraft in N Wege in m

Mechanische Leistung (Hub-, Zug-, Pumpenleistung) *mechanical performance*

	Formel	Formelzeichen	Erklärung
Hubleistung 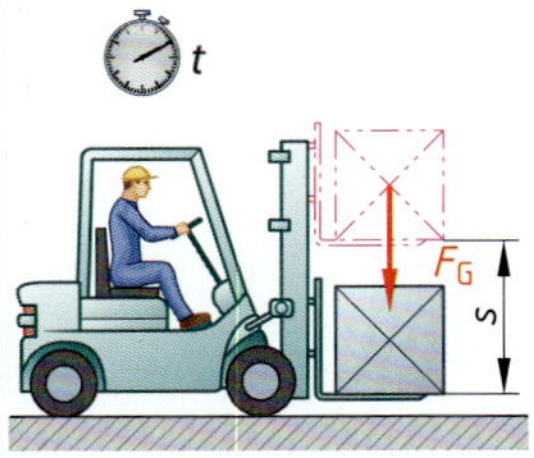	$P = \frac{W}{t}$ $P = \frac{F_G \cdot s}{t}$ $\quad v = \frac{s}{t}$ $P = \frac{m \cdot g \cdot s}{t}$ ⇕ $P = F_G \cdot v$	P W t v F_G m s g	Leistung in $\frac{Nm}{s} = W$ Arbeit in Nm = Ws Zeit in s Hubgeschwindigkeit in m/s Gewichtskraft in N Masse in kg Weg in m Erdbeschleunigung $g = \frac{9{,}81 m}{s^2} \approx 10\frac{m}{s^2}$

	Formel	Formelzeichen	Erklärung
Leistung bei einer Beschleunigung 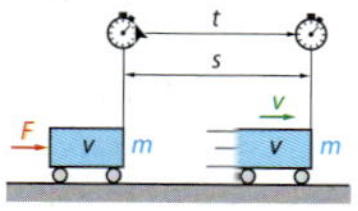	$P = \frac{F \cdot s}{t}$ $P = F \cdot v$	P F s t v	Leistung in $\frac{Nm}{s} = W$ Kraft in N Weg in m Zeit in s Endgeschwindigkeit in $\frac{m}{s}$
Pumpenleistung 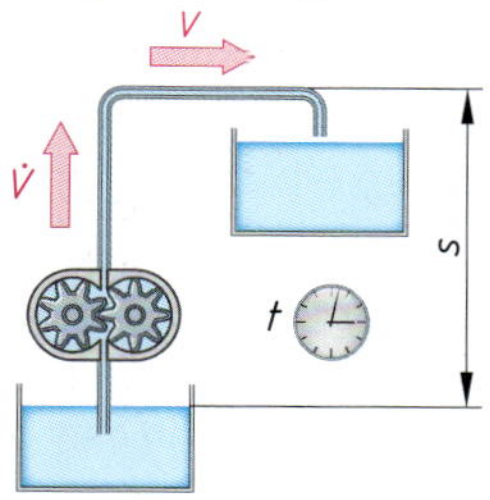	$P = \dot m \cdot g \cdot s$ $P = \dot V \cdot \varrho \cdot g \cdot s$ $\dot m = \frac{m}{t}$ $\dot V = \frac{V}{t}$ $P = \dot V \cdot \Delta p$ $P = \frac{V \cdot \Delta p}{t}$ $1\ \text{bar} = 10\ \frac{N}{cm^2} = 100\,000\ \frac{N}{m^2}$ 1 bar ≈ 10 m Wassersäule (ohne Reibungsverluste in den Rohren)	P $\dot m$ g s $\dot V$ m ϱ Δp t V	Pumpenleistung in $\frac{Nm}{s} = W$ Fördermenge in $\frac{kg}{s}$ Erdbeschleunigung ≈ $\frac{10\ m}{s^2}$ Förderhöhe in m Volumenstrom in $\frac{dm^3}{s}$ Masse in kg Dichte in $\frac{kg}{dm^3}$ Druckdifferenz in $\frac{N}{m^2}$ Zeit in s Fördervolumen in dm^3

Wirkungsgrad *efficiency*

	Formel	Formelzeichen	Erklärung
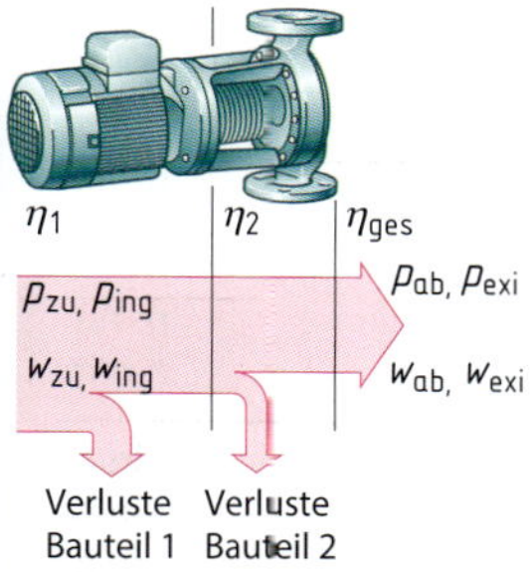Bauteil 1: E-Motor Bauteil 2: Pumpe	$\eta = \frac{P_{ab}}{P_{zu}} = \frac{P_{exi}}{P_{zu}} < 1$ $P_{ab} = \eta \cdot P_{zu}$ $P_{exi} = \eta \cdot P_{ing}$ $\eta_{ges} = \eta_1 \cdot \eta_2 \cdot \ldots$ $P_{zu} = \frac{P_{ab}}{\eta}$ $P_{ing} = \frac{P_{exi}}{\eta}$ $\eta = \frac{W_{ab}}{W_{zu}} = \frac{W_{exi}}{W_{ing}} < 1$ Pumpenleistung: $P_{zu} = \frac{\dot V \cdot \Delta p}{\eta}$	 η_1, η_2 η_{ges} P_{ab}, P_{exi} P_{zu}, P_{ing} W_{ab}, W_{exi} W_{zu}, W_{ing} η $\dot V$ Δp	exi ⇒ exit ing ⇒ in going Teilwirkungsgrade Gesamtwirkungsgrad abgegebene Leistung in W zugeführte Leistung in W abgegebene Arbeit in Nm zugeführte Arbeit in Nm Wirkungsgrad Volumenstrom in $\frac{m^2}{s}$ Pumpendruck in $P_a \frac{N}{m^2}$

Pumpenauswahl in Heizungsanlagen

	Formel	Formelzeichen	Erklärung
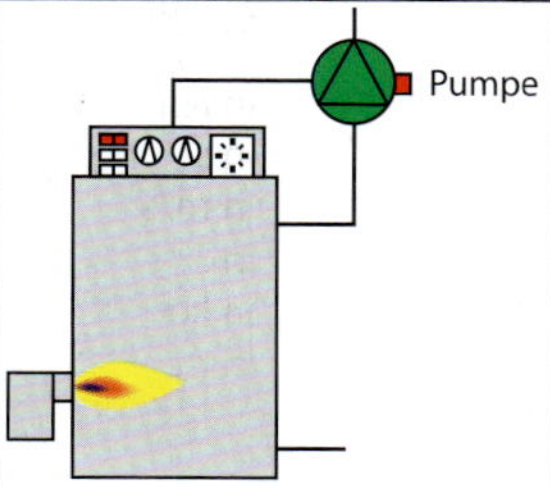	$\dot V = \frac{\Phi_{HL}}{c \cdot \rho \cdot \Delta\theta}$ $\Phi_{HL} = q_{max} \cdot A$	$\dot V$ Φ_{HL} q A c ρ $\Delta\theta$	Volumenstrom in $\frac{m^3}{s}$ Normheizlast in W spezifische Heizlast in $\frac{W}{m^2}$ Wohnfläche in m^2 spezifische Wärmekapazität in $\frac{Wh}{kg}$ Dichte in $\frac{kg}{m^3}$ Temperaturdifferenz in K

1.5 Festigkeitslehre *strength of materials*

	Formel	Formel-zeichen	Erklärung
Zug 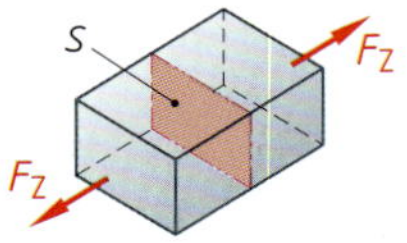	$\sigma_z = \frac{F_z}{S}$ $\sigma_z = \varepsilon \cdot E$ $\Delta l = \frac{F_z \cdot l}{S \cdot E}$ $E_{St} = 210\,000\ \frac{N}{mm^2}$ $\varepsilon_{\%} = \frac{\Delta l}{l} \cdot 100$ $E_{Al} \approx 60\,000\ \frac{N}{mm^2}$ $E_{Holz} \approx 10\,000\ \frac{N}{mm^2}$	σ_z F_z S l Δl E ε $\varepsilon_{\%}$	Zugspannung in $\frac{N}{mm^2}$ Zugkraft in N Querschnittsfläche in mm^2 Bauteillänge in mm Bauteildehnung in mm Elastizitätsmodul in $\frac{N}{mm^2}$ Dehnung Dehnung in %
Druck 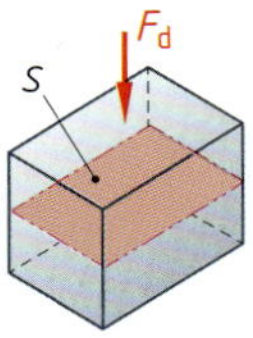	$\sigma_d = \frac{F_d}{S}$ $\sigma_d = \varepsilon \cdot E$ Bauteilhöhe muss klein sein im Verhältnis zur Querschnittsfläche, ansonsten Knickung $\Delta l = \frac{F_d \cdot l}{S \cdot E}$ $\varepsilon = \frac{\Delta l}{l}$	σ_d F_d S l Δl E ε	Druckspannung in $\frac{N}{mm^2}$ Druckkraft in N Querschnittsfläche in mm^2 Bauteillänge in mm Bauteilverkürzung in mm Elastizitätsmodul in $\frac{N}{mm^2}$ Dehnung
Biegung 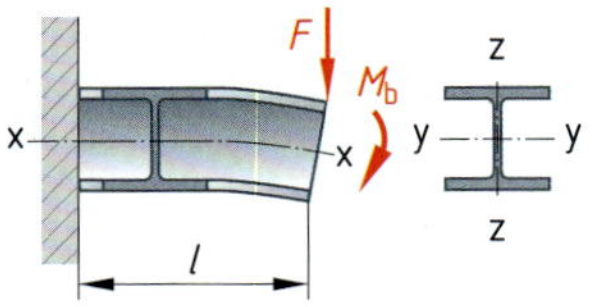	$\sigma_b = \frac{M_b}{W}$ $M_b = F \cdot l$ starke Achse schwache Achse $\sigma_b = \frac{M_b}{W_y}$ $\sigma_b = \frac{M_b}{W_z}$	σ_b M_b W W_y W_z F l	Biegespannung in $\frac{N}{mm^2}$ Biegemoment in $\frac{N}{mm^2}$ Widerstandsmoment in mm^2 Widerstandsmoment y-Achse Widerstandsmoment z-Achse Kraft in N Abstand/Hebelarm innen Berechnung von *M*: Seite 17
Schub, Scherung einschnittig 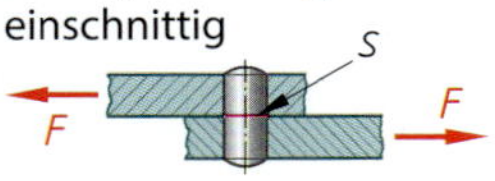zweischnittig 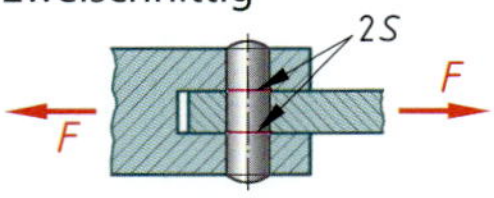	ein tragender Querschnitt $\tau = \frac{F}{S}$ $S = \frac{\pi \cdot d^2}{4}$ zwei tragende Querschnitte $\tau = \frac{F}{2 \cdot S}$ $S = \frac{\pi \cdot d^2}{4}$	τ F S d	Schubspannung in $\frac{N}{mm^2}$ Querkraft in N Querschnittsfläche in mm^2 Durchmesser in mm
Abscheren (Trennen) 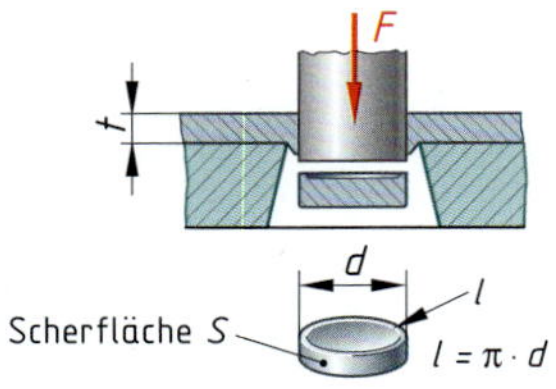	$F \geq S \cdot \tau_{aB}$ $S = l \cdot t$ τ_{aB} in N/ mm^2 S235 : $\tau_{aB} \approx 300\ \frac{N}{mm^2}$ S255 : $\tau_{aB} \approx 400\ \frac{N}{mm^2}$	F S τ_{aB} R_m l t	Scherkraft in N Scherfläche in mm^2 Scherfestigkeit in $\frac{N}{mm^2}$ $\tau_{aB} \approx 0{,}8 \cdot R_m$ Zugfestigkeit in $\frac{N}{mm^2}$ Schnittkantenlänge in mm Blechdicke in mm
Flächenpressung 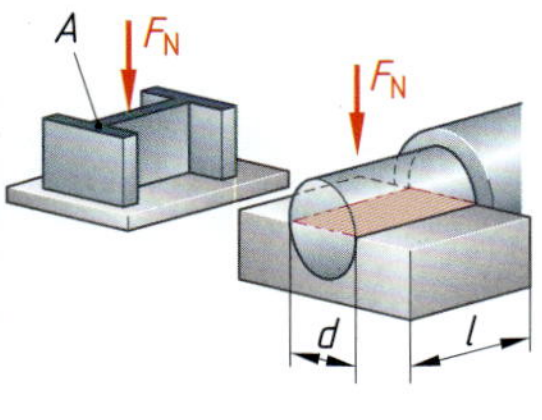	Ebene Berührflächen: $p_m = \frac{F_N}{A}$ gewölbte Berührflächen: $p_m = \frac{F_N}{l \cdot d}$ Berührflächen von Profilen: *A* siehe Profiltabellen	p_m F A l d	Flächenpressung in $\frac{N}{mm^2}$ Normalkraft in N Berührfläche in mm^2 Länge Lagerzapfen in mm Durchmesser Lagerzapfen in mm

1.6 Druck in Flüssigkeiten und Gasen

Druckskalen

	Formel	Formelzeichen	Erklärung
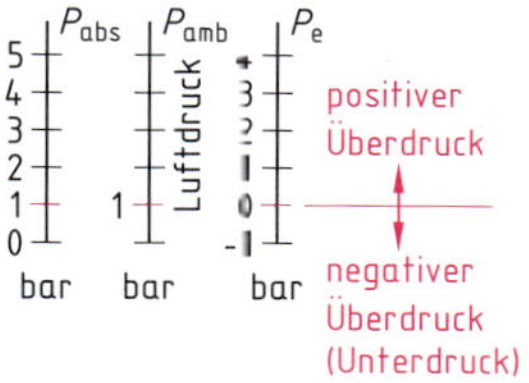	$p_e = p_{abs} - p_{amb}$ $p_{abs} = p_{amb} + p_e$ $p_{abs} < p_{amb} \Rightarrow$ Unterdruck $p_{abs} > p_{amb} \Rightarrow$ Überdruck	p_e p_{abs} p_{amb}	atmosph. Druckdifferenz in bar absoluter Druck in bar Luftdruck in bar = Atmosphärendruck ≈ 1 bar = Umgebungsdruck $1\ \text{bar} = 10\ \frac{\text{N}}{\text{cm}^2} = 1000\ \text{hPa}$ $= 100\ \text{kPa} = 100\,000\ \text{Pa} \approx 1 \frac{\text{kg}}{\text{cm}^2}$ Unterdruck = negativer Überdruck

Druck *pressure*

	Formel	Formelzeichen	Erklärung
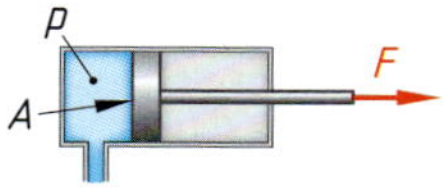	Allgemein: $p = \frac{F}{A}$ $F = p \cdot A$ mit Reibung: $p = \frac{F}{A \cdot \eta}$ $F = p \cdot A \cdot \eta$	p F A η	Druck in $\frac{\text{N}}{\text{cm}^2}$ Kolbenkraft in N Kolbenfläche in cm^2 Wirkungsgrad (η< 1 bzw. < 100 %)

Hydrostatischer Druck *hydrostatic pressure*

	Formel	Formelzeichen	Erklärung
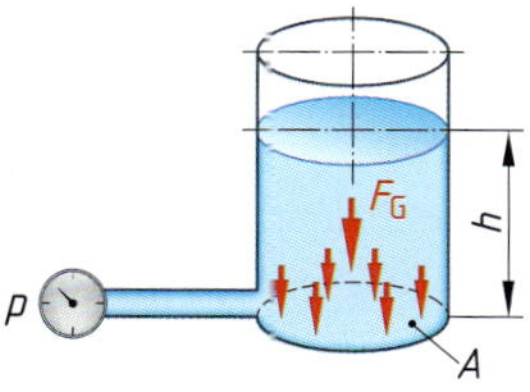	$p_{hydr} = \frac{F_G}{A} \rightarrow p_{hydr} = \frac{m \cdot g}{A} \rightarrow$ $p_{hydr} = \frac{V \cdot \rho \cdot g}{A} \rightarrow$ $p_{hydr} = \frac{A \cdot h \cdot \rho \cdot g}{A}$ $1\ \text{Pa} = 1\ \frac{\text{N}}{\text{m}^2}$ $1\ \text{bar} = 10\ \frac{\text{N}}{\text{cm}^2} = 100\,000\ \frac{\text{N}}{\text{m}^2}$	p_{hydr} F_G A ϱ g h	hydrostatischer Druck = Boden-, Seitendruck in Pa Gewichtskraft der Flüssigkeit in N Fläche in cm^2 Dichte in $\frac{\text{kg}}{\text{dm}^3}$ Erdbeschleunigung in $\frac{\text{m}}{\text{s}^2}$ $g \approx 10\ \frac{\text{m}}{\text{s}^2}$ Höhe der Flüssigkeitssäule in m

Statischer und dynamischer Druck

	Formel	Formelzeichen	Erklärung
Druckanteile bei einer strömenden Flüssigkeit 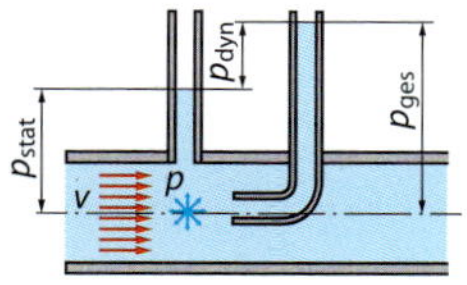	$p_{dyn} = \frac{\rho \cdot v^2}{2}$ $p_{ges} = p_{stat} + p_{dyn}$	p p_{dyn} p_{stat} v ρ p_{ges}	Druck in Pa, bar dynamischer Druck in Pa, bar statischer Druck in Pa, bar Fließgeschwindigkeit in $\frac{\text{m}}{\text{s}}$ Dichte des strömenden Mediums in $\frac{\text{kg}}{\text{m}^3}$ Gesamtdruck in Pa, mbar

	Formel	Formelzeichen	Erklärung	
Druckverteilung bei Querschnittsveränderung 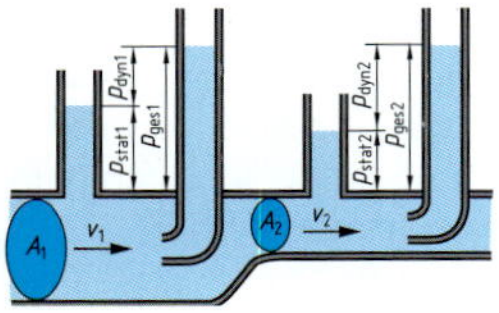	Bernoulli-Gleichung (Durchflussgleichung) $p_{ges1} = p_{ges2}$ $p_{stat1} + p_{dyn1} = p_{stat2} + p_{dyn2}$ $\dot{V}_1 = \dot{V}_2$ $A_1 \cdot v_1 = A_2 \cdot v_2$ $p_{stat1} + \frac{v_1^2}{2} = p_{stat2} + \frac{v_2^2}{2}$	p_{ges1}, p_{ges2} p_{stat1}, p_{stat2} p_{dyn1}, p_{dyn2} $\dot{V}_1 = \dot{V}_2$ v_1, v_2 A_1, A_2	Gesamtdruck statitscher Druck dynamischer Druck Volumenstrom Strömungsgeschwindigkeit Fläche	in Pa, mbar in Pa, bar in Pa, bar in $\frac{dm^3}{s}$ in $\frac{m}{s}$ in cm^2
Druckverteilung in einer Rohrstrecke 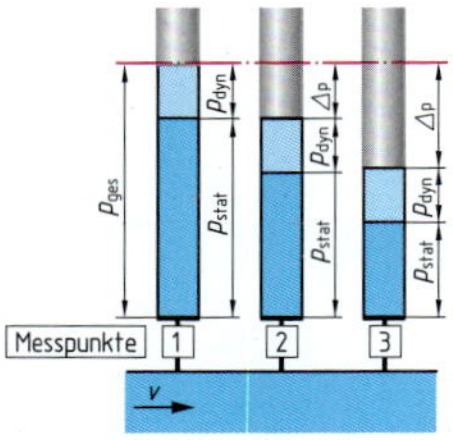	$p_{ges} = p_{stat} + p_{dyn} + \Delta p$ Die Berechnung des Druckverlustes ist von folgenden Größen abhängig: • Innendurchmesser des Rohres • Länge des Rohres • Volumenstrom • Rauheit der Innenwandung Die Berechnung erfolgt über die Colebrook-White-Gleichung, die nur iterativ (wiederholend) zu lösen ist.	Δp p_{stat} v	Druckverlust statischer Druck Fließgeschwindigkeit	in Pa, mbar in Pa, bar in $\frac{m}{s}$

Prinzip hydraulische Presse *hydraulic press*

	Formel	Formelzeichen	Erklärung	
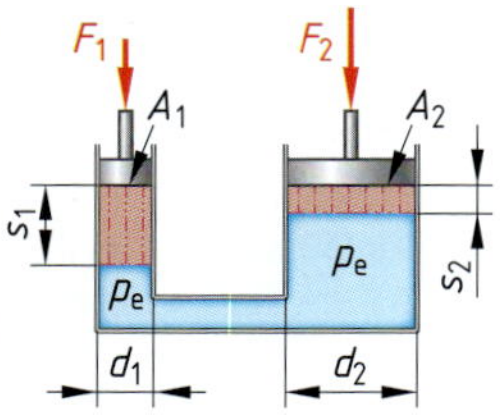	$\frac{F_1}{F_2} = \frac{A_1}{A_2}$ $\frac{F_1}{A_1} = \frac{F_2}{A_2}$ $\frac{F_1}{F_2} = \frac{d_1^2}{d_2^2}$ $F_1 \cdot s_1 = F_2 \cdot s_2$ $i = \frac{F_1}{F_2} = \frac{A_1}{A_2} = \frac{s_2}{s_1} = \frac{d_1^2}{d_2^2}$	$F_{1,2}$ $A_{1,2}$ $d_{1,2}$ $s_{1,2}$ p_e i	Kolbenkräfte Kolbenflächen Kolbendurchmesser Kolbenhübe Druck im Medium Übersetzungsverhältnis	in N in cm^2 in cm in cm in $\frac{N}{cm^2}$

Auftrieb *buoyancy*

	Formel	Formelzeichen	Erklärung	
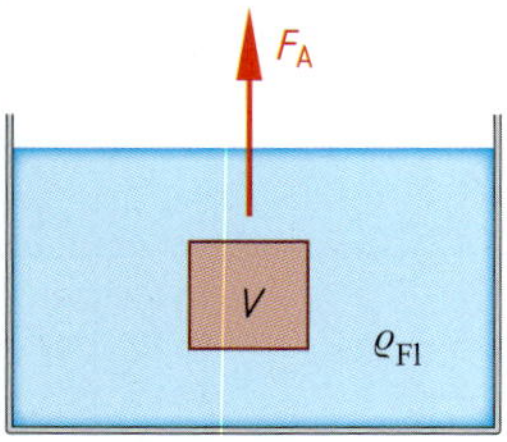	Auftrieb, den ein Körper erfährt = Gewicht der verdrängten Flüssigkeitsmenge $F_A = V \cdot \varrho_{Fl} \cdot g$ $F_A > F_g$: Körper schwimmt $F_A = F_g$: Körper schwebt $F_A < F_g$: Körper sinkt	F_A F_g V ϱ_{Fl} g	Auftriebskraft Gewichtskraft der Flüssigkeit Volumen der verdrängten Flüssigkeit Dichte der Flüssigkeit Erdbeschleunigung $g \approx \frac{10\ m}{s^2}$	in N in N in dm^3 in $\frac{kg}{dm^3}$ in $\frac{m}{s^2}$

1.7 Wärmelehre

Temperatur *temperature*

	Formel	Formelzeichen	Erklärung
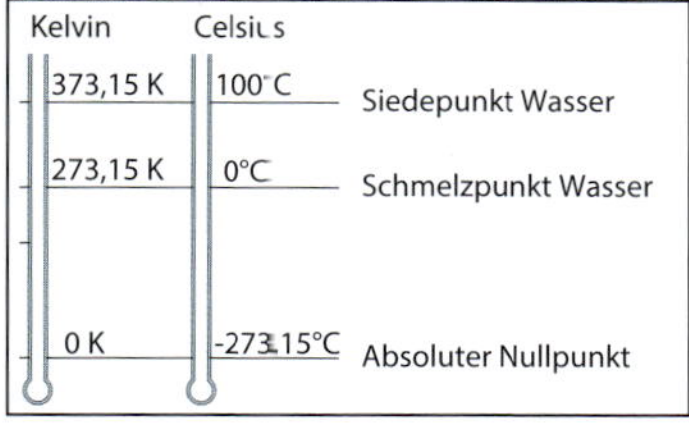	$T = \theta + 273$ $T = \vartheta + 273$ $\theta = T - 273$ $\vartheta = T - 273$	T θ, ϑ	Thermodynamische Temperatur in K Temperatur in °C

Ausdehnungen bei Temperaturänderung *expansion*

Längenänderung *elongation*

	Formel	Formelzeichen	Erklärung
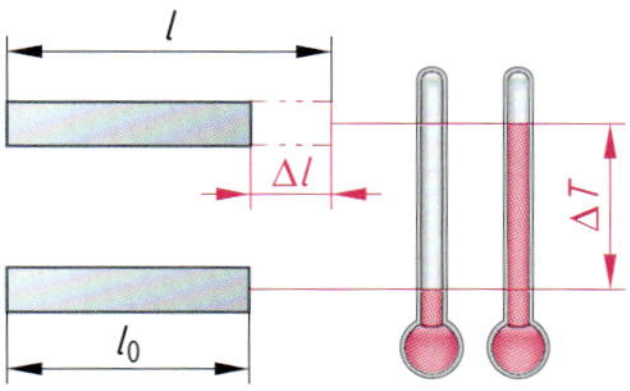	$\Delta l = l_0 \cdot \alpha_1 \cdot \Delta T$[1] $= l_0 \cdot \alpha_1 \cdot \theta$ $l = l_0 \pm \Delta l$ $l = l_0 \cdot (1 \pm \alpha_1 \cdot \Delta T)$ „+" bei Erwärmung „–" bei Abkühlung $\Delta d = d_0 \cdot \alpha_1 \cdot \Delta T$ [1] $\Delta T = \Delta\theta$	$\Delta l, \Delta d$ l_0, d_0 α_1 l $\Delta T, \Delta\theta$ Δd	Längenausdehnung in mm Länge bzw. Durchmesser **vor** Temperaturerhöhung in mm Längenausdehnungskoeffizient in $\frac{1}{K}$ Länge **nach** Temperaturerhöhung in mm Temperaturdifferenz in K Durchmesserausdehnung in mm

Volumenänderung *volume dilatation*

	Formel	Formelzeichen	Erklärung
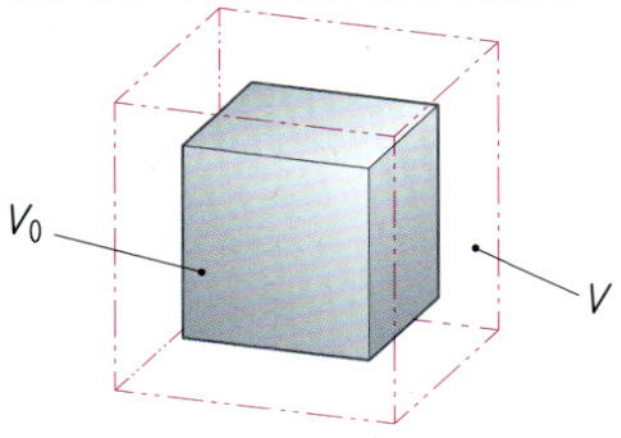	feste Stoffe, Flüssigkeiten $\Delta V = V_0 \cdot \gamma \cdot \Delta T = V_0 \cdot 3\alpha_1 \cdot \Delta\theta$ $V = V_0 \pm \Delta T$ $V = V_0 \cdot (1 \pm \gamma \cdot \Delta T)$ „+" bei Erwärmung „–" bei Abkühlung $\gamma \approx 3 \cdot \alpha_1$ Gase: $\Delta V = V_0 \cdot \frac{1}{273} \cdot \Delta T$	ΔV γ, α_V V_0 V $\Delta T, \Delta\theta$ α_1	Volumenzunahme in cm^3 Volumenausdehnungskoeffizient in $\frac{1}{K}$ Volumen **vor** Temperaturerhöhung in cm^3 Volumen **nach** Temperaturerhöhung in cm^3 Temperaturdifferenz in K Längenausdehnungskoeffizient in $\frac{1}{K}$

Volumenänderung von Wasser

	Formel	Formelzeichen	Erklärung
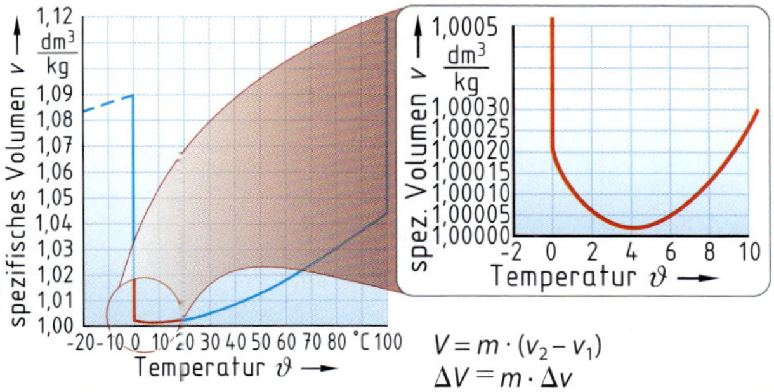	$V = m \cdot (v_2 - v_1)$ $\Delta V = m \cdot \Delta v$	V ΔV m v_1 v_2 Δv	Volumen des Wassers in dm^3 Volumenänderung des Wassers in dm^3 Masse des Wassers in kg spezifisches Volumen bei der Anfangstemperatur in $\frac{dm^3}{kg}$ spezifisches Volumen bei der Endtemperatur in $\frac{m^3}{kg}$ Differenz der spezifischen Volumen in $\frac{dm^3}{kg}$

Wärmemenge *quantity of heat*

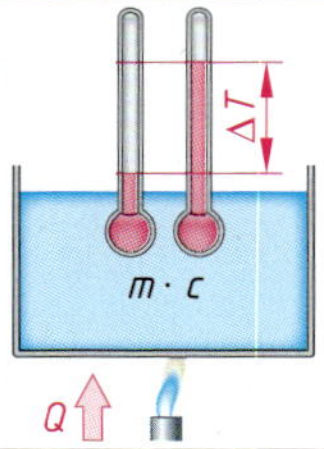

Formel	Formelzeichen	Erklärung	
$Q = m \cdot c \cdot \Delta T$	Q	Wärmemenge	in J, Wh
oder	m	Masse	in kg
$Q = m \cdot c \cdot \Delta\theta$	c	spezifische Wärmekapazität	in J/(kg · K), Wh/(kg · K)
$\Delta\theta = \theta_2 - \theta_1$			
$\Delta T = \Delta\theta$	ΔT	Temperaturdifferenz	in K
		Werte für *c* siehe Seite 144, 145	

Wärmemenge zum Schmelzen und Verdampfen von Wasser

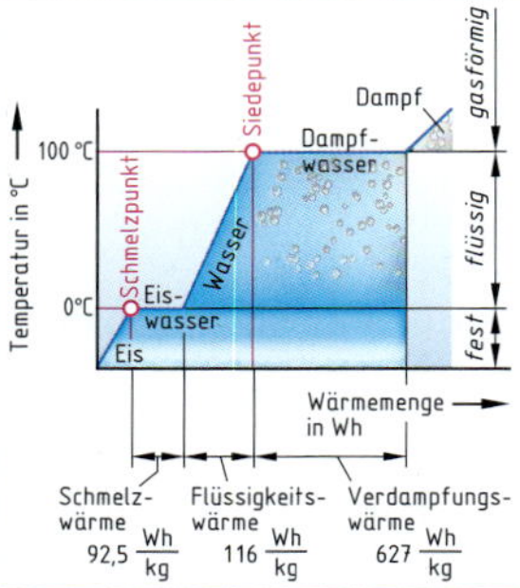

Formel	Formelzeichen	Erklärung	
Schmelzen:	Q_s	Schmelzwärme	in J, Wh
$Q_s = m \cdot s$	Q_v	Verdampfungswärme	in J, Wh
	m	Masse des Stoffes	in kg
Verdampfen:	s	spezifische Schmelzwärme	in $\frac{\text{Wh}}{\text{kg}}$
$Q_v = m \cdot r$			
1 Wh = 3600 J = 3,6 kJ	r	spezifische Verdampfungswärme Seite 141	in $\frac{\text{Wh}}{\text{kg}}$

Verbrennungswärme *combustion heat*

Formel

	Brennwertnutzung	Heizwertnutzung
Feste und flüssige Brennstoffe	$Q = m_B \cdot H_i$	$Q = m_B \cdot H$
Gasförmige Brennstoffe	$Q = V_B \cdot H_S$	$Q = V_B \cdot H_i$

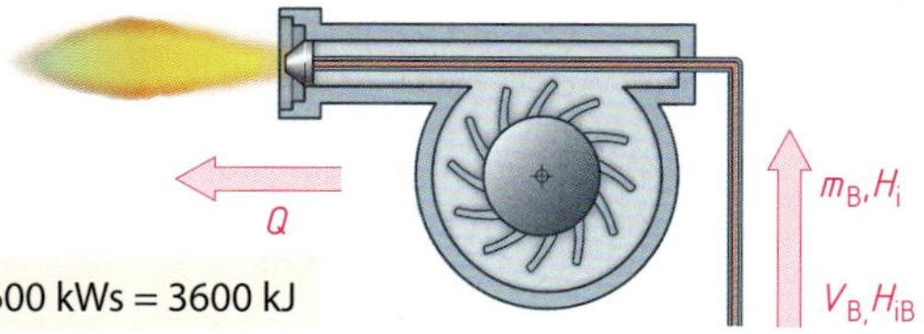

1 kWh = 3600 kWs = 3600 kJ

Formelzeichen	Erklärung	
Q	Wärmemenge	in J, Wh
m_B	Masse des Brennstoffs	in kg
V_B	Volumen des Brennstoffs	in m^3
H_i	Heizwert	in $\frac{\text{kWh}}{\text{kg}}$ oder $\frac{\text{kWh}}{\text{m}^3}$
H_{iB}	Betriebsheizwert $H_{iB} = 0{,}90\,H_i \ldots 0{,}96\,H_i$	in $\frac{\text{kWh}}{\text{kg}}$
H_S	Brennwert	in $\frac{\text{kWh}}{\text{kg}}$ oder $\frac{\text{kWh}}{\text{m}^3}$

Wärmeleistung *heat capacity*

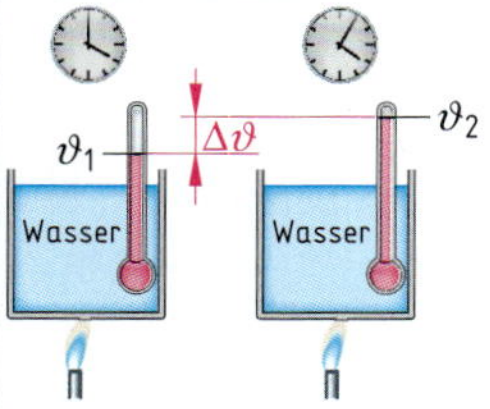

Formel	Formelzeichen	Erklärung	
$\Phi = \frac{Q}{t}$ oder $\dot{Q} = \frac{Q}{t}$	$\Phi, \dot{Q}$	Wärmeleistung	in kW
	Q	Wärmemenge	in Wh
$\Phi = \dot{m} \cdot c \cdot \Delta\vartheta$ oder	t	Zeit	in h
$\dot{Q} = \dot{m} \cdot c \cdot \Delta\vartheta$	$\Delta\vartheta / \Delta\theta$	Temperaturdifferenz	in K
$\Phi = \dot{m} \cdot c \cdot \Delta\vartheta$ oder	$\dot{m}$	Massenstrom	in kg/h
$\dot{Q} = \frac{m \cdot c \cdot \Delta\vartheta}{t}$	c	spezifische Wärmekapazität in	$\frac{\text{Wh}}{\text{kg} \cdot \text{K}}$

Wärmeleistung aus elektrischer Arbeit

	Formel	Formelzeichen	Erklärung	
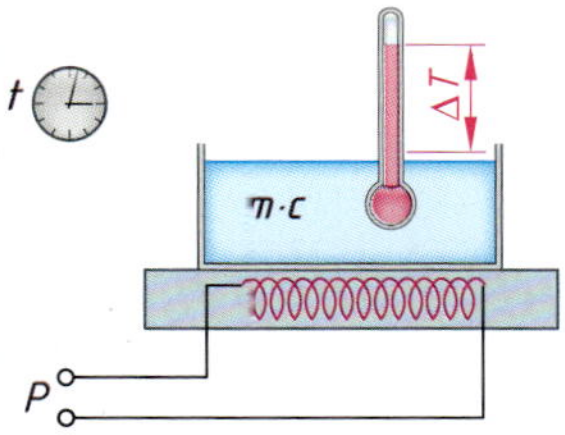	$P = \frac{m \cdot c \cdot \Delta T}{t \cdot \eta}$	W	elektrische Arbeit	in J, Wh
		P	elektrische Leistung	in W
	$P = U \cdot I$	η	Wirkungsgrad $\eta < 1$ bzw. $\eta < 100\ \%$	
		Q	(erzeugte) Wärmemenge	in J, Wh
	$Q = W$	t	Zeit	in s
	$m \cdot c \cdot \Delta T = P \cdot t \cdot \eta$	m	Masse	in kg
		U	Spannung	in V
		I	Stromstärke	in A
	$\Delta T = \Delta\theta$	$\Delta T, \Delta\theta$	Temperaturdifferenz	

Wärmedurchgang, Wärmeleitung *heat transmittance, heat conduction*

	Formel	Formelzeichen	Erklärung	
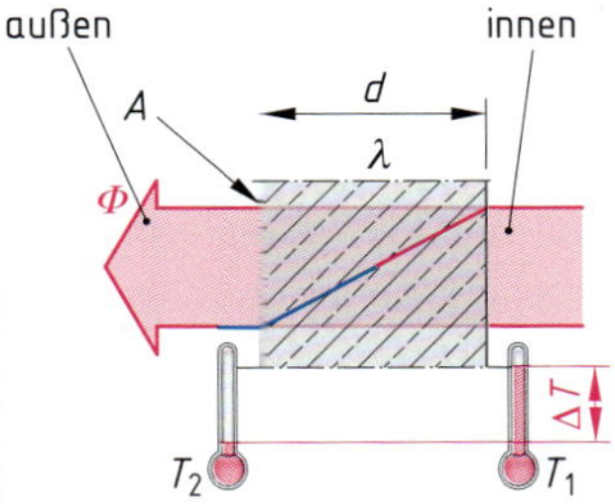	$\Phi = A \cdot U \cdot \Delta T$ oder $\dot{Q} = A \cdot U \cdot \Delta\theta$	$\Phi, \dot{Q}$	Wärmestrom	in W
		λ	Wärmeleitfähigkeit	in $\frac{\text{W}}{\text{m} \cdot \text{K}}$
	$\Phi = A \cdot \frac{\lambda}{d} \cdot \Delta T$	d	Bauteildicke	in m
		A	Bauteilfläche	in m²
		$\Delta\theta, \Delta T, \Delta\vartheta$	Temperaturdifferenz	in K
	$\dot{Q} = A \cdot \frac{\lambda}{d} \cdot \Delta\vartheta$	U	Wärmedurchgangs-koeffizient	in $\frac{\text{W}}{\text{m}^2 \cdot \text{K}}$
	$R = \frac{d}{\lambda}$	R	Wärmedurchlass-widerstand	in $\frac{\text{W}}{\text{m}^2 \cdot \text{K}}$
	Der Wärmestrom „fließt" immer zum Bereich mit niedrigerer Temperatur		Siehe Kap. *8.1.7*	

Aufheizzeit von Wasser, Warmwasserzapfleistung, Temperaturdifferenz

	Formel	Formelzeichen	Erklärung	
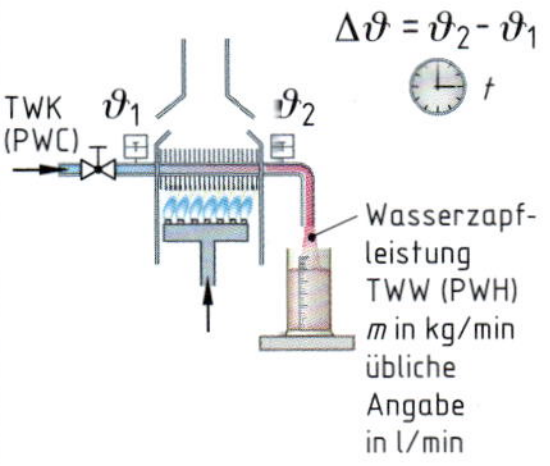	Aufheizzeit	$\dot{Q}, \Phi$	Wärmeleistung	in W
	$t = \frac{Q}{\dot{Q}}$ oder $t = \frac{m \cdot c \cdot \Delta\theta}{\dot{Q}}$	Q	Wärmemenge	in J oder Wh
		t	Aufheizzeit	in s oder h
		m	Masse	in kg
	Wasserzapfleistung	c	spezifische Wärmekapazität	in $\frac{\text{Wh}}{\text{kg} \cdot \text{K}}$
	$\dot{m} = \frac{\dot{Q}}{c \cdot \Delta\theta}$	$\Delta\theta, \Delta\vartheta$	Temperaturdifferenz	in K
Nach DIN EN 806-1 entspricht: Trinkwasser (TW) = PW Trinkwasser, kalt = PWC Trinkwasser, warm = PWH	Temperaturdifferenz	$\dot{m}$	Massenstrom	in $\frac{\text{kg}}{\text{h}}$
	$\Delta\theta = \frac{\dot{Q}}{\dot{m} \cdot c}$		(Volumenstrom	in $\frac{l}{\text{min}}$)

1

Wärmemischung

	Formel	Formelzeichen	Erklärung
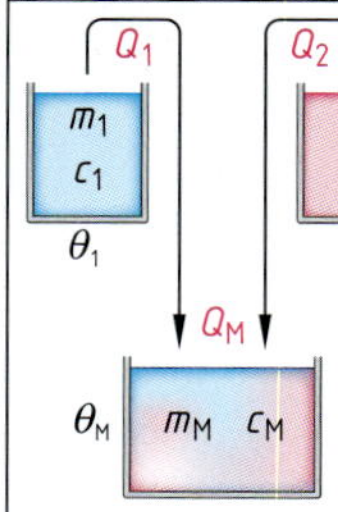 gültig für gleiche Aggregatzustände	allgemein $Q_1 + Q_2 = Q_M$ $(m_1 \cdot c_1 \cdot T_1) + (m_2 \cdot c_2 \cdot T_2) =$ $= (m_1 \cdot c_1 + m_2 \cdot c_2) \cdot T_M$ $T_M = \frac{m_1 \cdot c_1 \cdot T_1 + m_2 \cdot c_2 \cdot T_2}{m_1 \cdot c_1 + m_2 \cdot c_2}$ Mischung gleicher Stoffe: $T_M = \frac{m_1 \cdot T_1 + m_2 \cdot T_2}{m_1 + m_2}$ für Wasser	Q_1 Q_2 Q_M $m_{1,2}$ $c_{1,2}$ $T_{1,2}$ m_M T_M	Wärmemenge Stoff 1 in J Wärmemenge Stoff 2 in J Wärmemenge Mischung in J Masse von Stoff 1, 2 in kg spezif. Wärmekapazität Stoff 1, 2 in $\frac{J}{kg \cdot K}$ Temperatur Stoff 1, 2 in K Masse der Mischung in kg Temperatur der Mischung in K
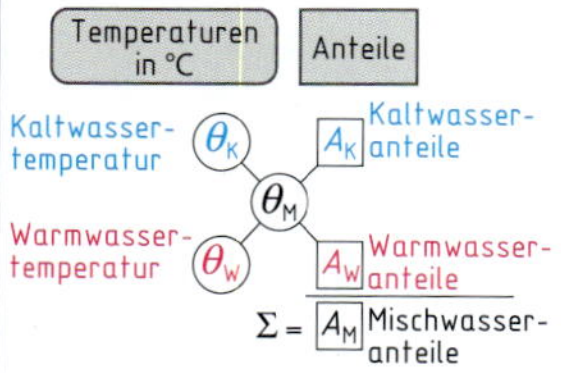 Bei Berechnungen mit dem Mischungskreuz werden keine Einheiten verwendet!	**Mischwassergrundgleichung** $m_M \cdot \theta_M = m_K \cdot \theta_K + m_W \cdot \theta_W$ **Temperatur des Mischwassers** $\vartheta_M = \frac{m_K \cdot \theta_K + m_W \cdot \theta_W}{m_M}$ **Temperatur des Kaltwassers** $\vartheta_K = \frac{m_M \cdot \theta_M - m_W \cdot \theta_W}{m_K}$ **Temperatur des Warmwassers** $\vartheta_W = \frac{m_M \cdot \theta_M - m_K \cdot \theta_K}{m_W}$ **Masse des Warmwassers** $m_W = m_K \cdot \left(\frac{\theta_M - \theta_K}{\theta_W - \theta_M}\right)$ oder $m_W = m_M \cdot \left(\frac{\theta_M - \theta_K}{\theta_W - \theta_K}\right)$ **Masse des Kaltwassers** $m_K = m_W \cdot \left(\frac{\theta_W - \theta_M}{\theta_M - \theta_K}\right)$ oder $m_K = m_M \cdot \left(\frac{\theta_W - \theta_M}{\theta_W - \theta_K}\right)$ **Mischungskreuz** $A_K = \theta_W - \theta_M$ $A_W = \theta_M - \theta_K$ $A_M = A_W + A_K$ $m_K = m_M \cdot \left(\frac{A_K}{A_M}\right)$ $m_W = m_M \cdot \left(\frac{A_W}{A_M}\right)$	m_M m_K m_W θ_M, ϑ_M θ_K, ϑ_K θ_W, ϑ_W A_M A_K A_W	Mischwassermasse in kg Kaltwassermasse in kg Warmwassermasse in kg Temperatur Mischwasser in °C Temperatur Kaltwasser in °C Temperatur Warmwasser in °C Mischwasseranteile – Kaltwasseranteile – Warmwasseranteile –

1.8 Strömungslehre

Volumenstrom *volumetric flow rate*

	Formel	Formelzeichen	Erklärung	
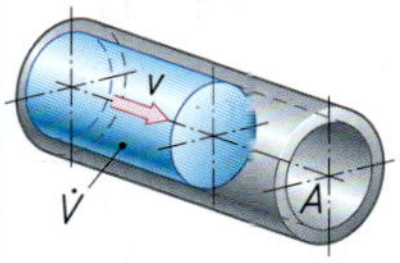	$\dot{V} = A \cdot v \quad V = \dot{V} \cdot t \quad V = A \cdot v \cdot t$	$\dot{V}$	Volumenstrom	in $\frac{m^3}{s}$
	$\dot{V} = \frac{V}{t}; \quad \dot{V} = A \cdot \frac{s}{t}$	V	Fördervolumen	in m^3
		A	Strömungsquerschnitt	in m^2
		v	Strömungsgeschwindigkeit	in $\frac{m}{s}$
		s	Weg	in m
		t	Zeit	in s

Kontinuitätsgesetz *continuity equation*

	Formel	Formelzeichen	Erklärung	
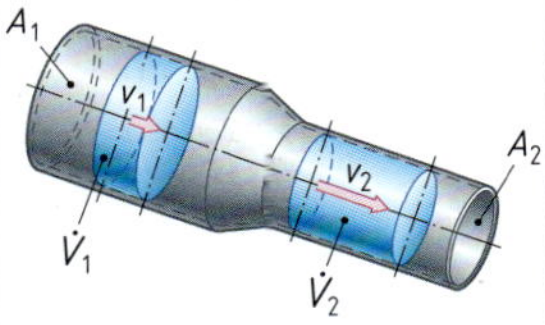	Flüssigkeiten (inkompressibel)	$\dot{V}_1$	Volumenstrom 1	in $\frac{m^3}{s}$
	$\dot{V}_1 = \dot{V}_2$	$\dot{V}_2$	Volumenstrom 2	in $\frac{m^3}{s}$
	$A_1 \cdot v_1 = A_2 \cdot v_2$ = Konstant	A_1	Strömungsquerschnitt 1	in m^2
	$\frac{A_1}{A_2} = \frac{v_2}{v_1}$	A_2	Strömungsquerschnitt 2	in m^2
	$v_2 = \frac{A_1}{A_2} \cdot v_1; \quad v_2 = \frac{d_1^2}{d_2^2} \cdot v_1$	v_1	Strömungsgeschwindigkeit 1	in $\frac{m}{s}$
	$v_1 = \frac{A_2}{A_1} \cdot v_2$	v_2	Strömungsgeschwindigkeit 2	in $\frac{m}{s}$
	Gase (kompressibel)	$\dot{m}_{1,2}$	Massenstrom	in $\frac{kg}{s}$
	$\dot{m}_1 = \dot{m}_2$	$\varrho_{1,2}$	Dichte	in $\frac{kg}{m^3}$
	$A_1 \cdot v_1 \cdot \varrho_1 = A_2 \cdot v_2 \cdot \varrho_2$	d_1	Durchmesser 1	in mm
		d_2	Durchmesser 2	in mm

Ausflussvolumen

	Formel	Formelzeichen	Erklärung	
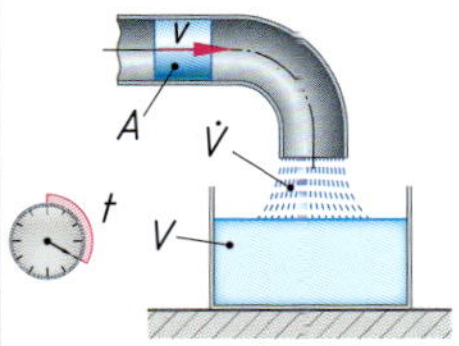	$V = A \cdot v \cdot t$	V	Ausflussvolumen	in m^3
	$\dot{V} = \frac{V}{t}$	t	Zeit	in s
		A	Strömungsquerschnitt	in m^2
		v	Strömungsgeschwindigkeit	in $\frac{m}{s}$
		$\dot{V}$	Volumenstrom	in $\frac{m^3}{s}$

1.9 Gasgesetze *ideal gas law*

Allgemeine Gasgleichung *perfect gas equation*

	Formel	Formelzeichen	Erklärung	
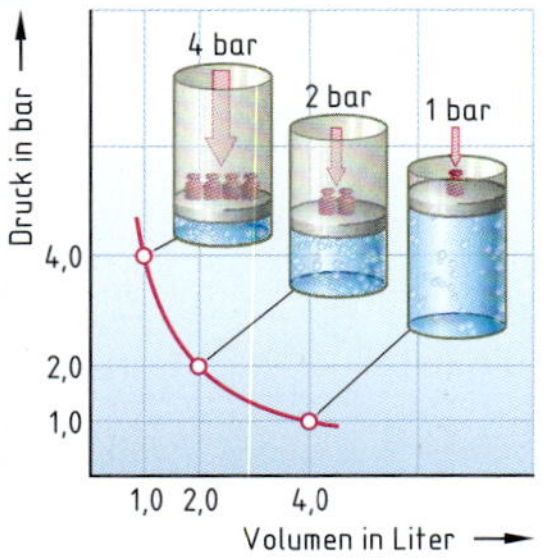 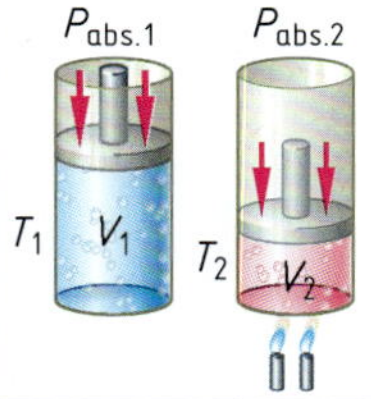	$\frac{p_{abs,1}\cdot V_1}{T_1}=\frac{p_{abs,2}\cdot V_2}{T_2}$ (Gesetz von Boyle-Mariotte) 100 000 Pa = 1000 mbar	p_{abs} $p_{abs,1}$ $p_{abs,2}$ V, V_1, V_2 T, T_1, T_2	Absoluter Druck z. B. Gasvolumen z. B. Thermodynamische Temperatur	in bar in dm^3 in K

Gasgleichung bei konstantem Druck (isobar)

	Formel	Formelzeichen	Erklärung	
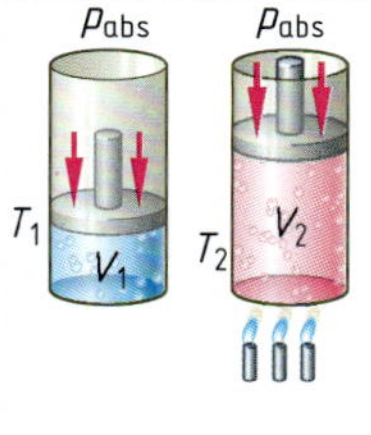	$\frac{V}{T}=$ konstant $\frac{V_1}{T_1}=\frac{V_2}{T_2}$ Fur $p=$ konst gilt $\Delta V=V_0\cdot\frac{1}{273\cdot K}\cdot\Delta\theta$	V, V_1, V_2 T, T_1, T_2 V_0 ΔV $\Delta\theta$	Gasvolumen thermodynamische Temperatur Volumen bei 0°C Volumenänderung Temperaturdifferenz	in m^3 in K in m^3 in m^3 in K

Gasgleichung bei konstanter Temperatur (isotherm)

	Formel	Formelzeichen	Erklärung	
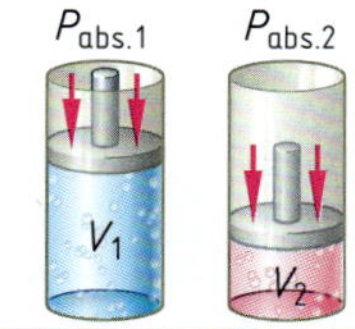	$p_{abs}\cdot V=$ konstant $p_{abs,1}\cdot V_1=p_{abs,2}\cdot V_2$	p_{abs}, $p_{abs,1}$, $p_{abs,2}$ V, V_1, V_2	absoluter Druck Gasvolumen	in bar in m^3

Gasgleichung bei konstantem Volumen (isochor)

	Formel	Formelzeichen	Erklärung	
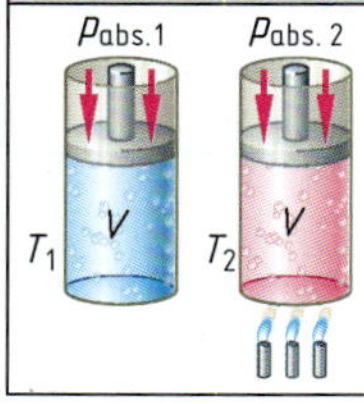	$\frac{p_{abs}}{T}=$ konstant $\frac{p_{abs,1}}{T_1}=\frac{p_{abs,2}}{T_2}$	p_{abs} $p_{abs,1}$, $p_{abs,2}$ T, T_1, T_2	absoluter Druck thermodynamische Temperatur	in bar in K

1.10 Elektrotechnik *electrical engineering*

1.10.1 Elektrische Größen und Schaltungen elektrischer Widerstände

	Formel	Formelzeichen	Erläuterung
Messen der Stromstärke *current* 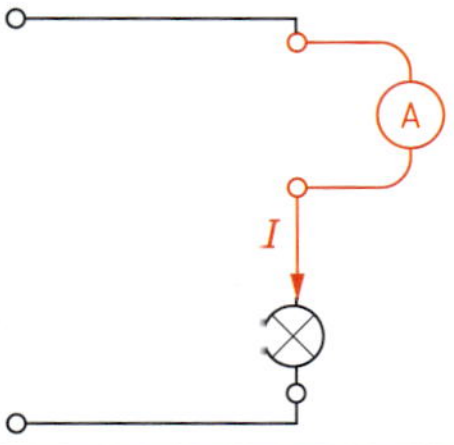	Stromstärke I wird in den Leitungen gemessen (Reihenschaltung)	 I	Einbau des Messgerätes in den zu messenden Stromkreis (Reihenschaltung) Stromstärke in A (Ampere)
Messen der Spannung *voltage* 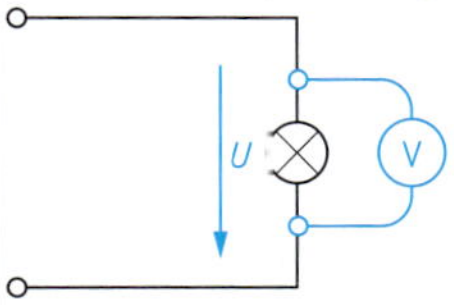	Spannung wird zwischen Eingang und Ausgang eines Bauteils gemessen (Parallelschaltung)	 U	Anschluss des Messgerätes an Eingang und Ausgang eines Bauteils Spannung in V (Volt)
Ohmsches Gesetz *Ohm's law* 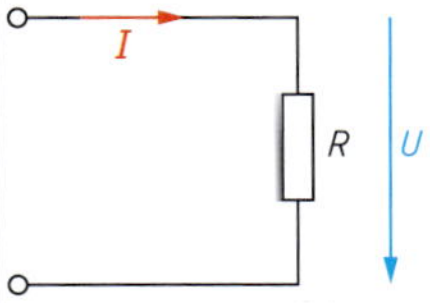	$I = \frac{U}{R}$ $U = I \cdot R$ $R = \frac{U}{I}$	I U R	Stromstärke in A Spannung in V Widerstand in Ω
Leiterwiderstand *conductor resistance* 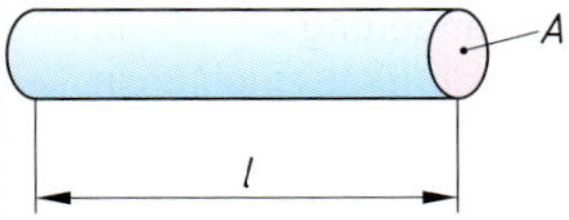	$R = \frac{\varrho \cdot l}{A}$ **spezifischer Widerstand ϱ in $\Omega \cdot \frac{mm^2}{m}$** Silber 0,016 — Eisen 0,1 Elektro-Kupfer 0,0175 — Chrom-Nickel-Stahl 1,1 Aluminium 0,0278 — Kohle 65	R ϱ, ρ l A	Widerstand in Ω spezifischer Widerstand in $\frac{\Omega \cdot mm^2}{m}$ Leiterlänge in m Leiterquerschnitt in mm²
Reihenschaltung von Widerständen *series connection* 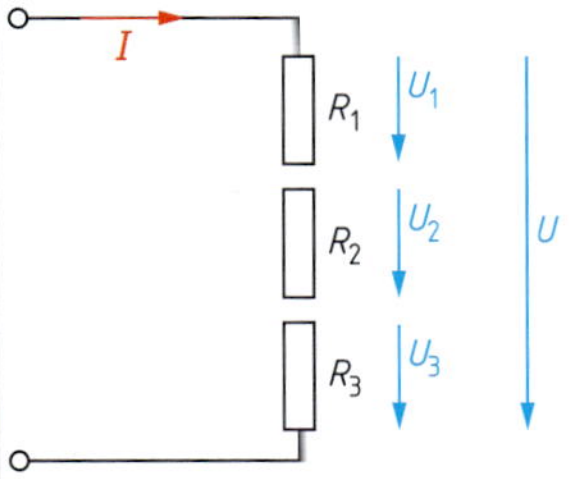	$R = R_1 + R_2 + R_3 + \ldots$ $U = U_1 + U_2 + U_3 + \ldots$ Durch alle Widerstände fließt die gleiche Stromstärke. bei 2 Widerständen: $\frac{U_1}{U_2} = \frac{R_1}{R_2}$	R $R_{1,2,3}$ I U $U_{1,2,3}$	Gesamt-Widerstand in Ω Einzel-Widerstände in Ω Stromstärke in A Gesamtspannung in V Teil-Spannungen in V

	Formel	Formel-zeichen	Erläuterung	
Parallelschaltung von Widerständen *parallel connection* 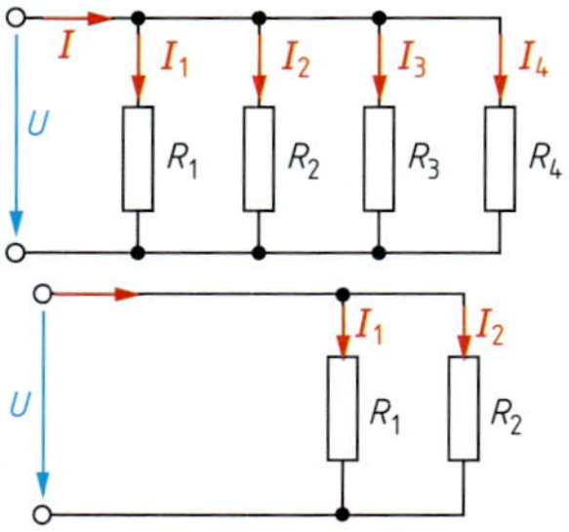	$\frac{1}{R}=\frac{1}{R_1}+\frac{1}{R_2}+\frac{1}{R_3}+\dots$ $I = I_1 + I_2 + I_3 + \dots$ An allen Widerständen herrscht die gleiche Spannung. Bei 2 Widerständen: $\frac{I_1}{I_2}=\frac{R_2}{R_1}$ $R=\frac{R_1 \cdot R_2}{R_1+R_2}$	R $R_{1,2,3,4}$ I $I_{1,2,3,4}$ U	Gesamt-Widerstand Einzel-Widerstände Gesamt-Stromstärke Teil-Stromstärken Spannung	in Ω in Ω in A in A in V
Transformator *transformer* 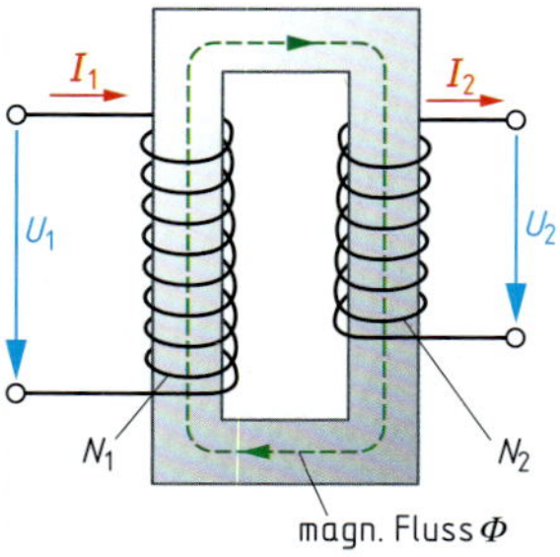	$\frac{U_1}{U_2}=\frac{N_1}{N_2}$ $\frac{I_1}{I_2}=\frac{N_2}{N_1}$ $ü=\frac{N_1}{N_2}$ $I_2=\frac{N_1 \cdot N_1}{N_2}$ $P_B=\frac{U_1-U_2}{U_1}\cdot P_D$ $P_D = U_2 \cdot I_2$	U_1 U_2 I_1 I_2 N_1 N_2 P_B P_D $ü$	Primär-Spannung Sekundär-Spannung Primär-Stromstärke Sekundär-Stromstärke Windungen: Primärspule Windungen: Sekundärspule Bauleistung Durchgangsleistung Übersetzungsverhältnis	in V in V in A in A in V · A in V · A
Elektrische Leistung bei Ohmschen Widerständen *electric power* (Gleich- und Wechselstrom) 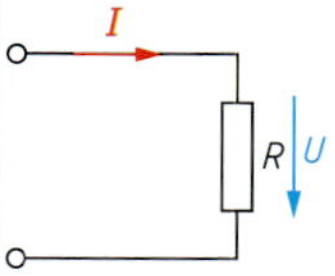 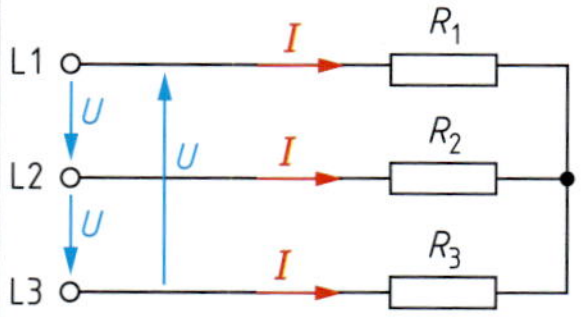	Gleich- und einphasige Wechselspannung $P = U \cdot I$ $P = I^2 \cdot R$ $P=\frac{U^2}{R}$ Öffentliches Netz: $\sim : U = 230\,V$ Drehstrom $P = \sqrt{3} \cdot U \cdot I$ Öffentliches Netz: $3\sim : U = 400\,V$	P U I R $\sqrt{3}$ $\sim$ $3\sim$	elektr. Leistung Spannung Stromstärke Widerstand Verkettungsfaktor Wechselspannung, einphasig Wechselspannung, 3einphasig	in W in V in A in Ω
Drehstrom 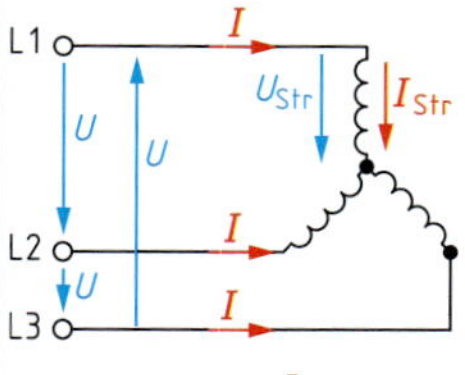 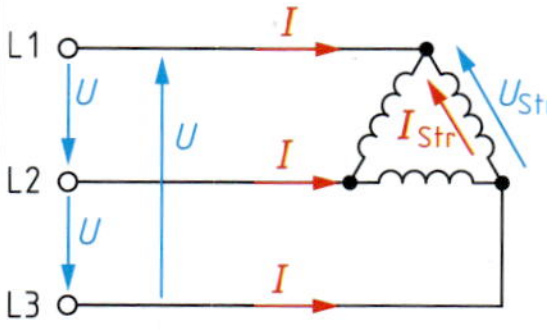	Dreiphasige Wechselspannung $P = \sqrt{3} \cdot U \cdot I \cdot \cos\varphi$ $P = 3 \cdot U_{Str} \cdot I_{Str} \cdot \cos\varphi$ Bei Sternschaltung: $U_{Str} = 230\,V$ $P = \sqrt{3} \cdot U \cdot I \cdot \cos\varphi$ $P = 3 \cdot U_{Str} \cdot I_{Str} \cdot \cos\varphi$ Bei Dreieckschaltung: $U_{Str} = 230\,V$	P U I $\cos\varphi$ $\sqrt{3}$ I_{Str} U_{Str}	Wirkleistung Leiterspannung Leiterstrom Leistungsfaktor Verkettungsfaktor Strangstrom Strangspannung	in W in V in A in A in V

	Formel	Formelzeichen	Erläuterung	
Elektrische Arbeit *electric work* 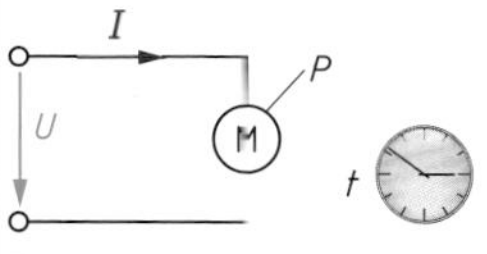	$W = P \cdot t$ $W = U \cdot I \cdot t$	W P U I t	elektrische Arbeit 1 kWh = 3 600 000 Ws elektrische Leistung Spannung Stromstärke Zeit	in Ws in W in V in A in s

1.10.2 Elektroinstallation

Wichtige Begriffe der Installationstechnik

Außenleiter sind Leiter, die Stromquellen mit Verbrauchsmitteln verbinden, z. B. die Leiter L1, L2, L3 im Drehstromnetz, aber nicht Leiter, die vom Mittel- oder Sternpunkt ausgehen.
Die **Berührungsspannung** ist Teil einer Fehlerspannung, die von Menschen überbrückt werden kann.
Betriebserdung ist die Erdung eines Punkts des Betriebstromkreises, wie Mittelpunkt, Sternpunkt, Neutralleiter oder Außenleiter. Die Erdung leitfähiger Teile sorgt für einen Potenzialausgleich.
Betriebsmittel sind alle Gegenstände, die dem Anwenden elektrischer Energie dienen, z. B. Schalter, Motoren, Leitungen usw.
Leitungen sind aufgrund ihrer Beschaffenheit nur zur Verlegung in Gebäuden geeignet.
Kabel sind auch für die Erdverlegung geeignet.
VDE ist die Abkürzung für „Verband Deutscher Elektrotechniker e.V." und ist gleichzeitig Prüf- und Zertifizierungsinstitut für Normen im Bereich der Elektrotechnik.

Einteilung der Netzspannungsbereiche

Spannungsbereich	Technische Netzspannungen	Wechselstrom	Gleichstrom
Niederspannungsbereich	Schutzkleinspannung (Schutzklasse III) SELV (Safety Extra Low Voltage) PELV (Protective Extra Low Voltage)	bis 50 V	bis 120 V
	Kleinspannung (Schwachstrom*)	bis 50 V	bis 120 V
	Niederspannung (Starkstrom*)	bis 1000 V	bis 1500 V
Hochspannungsbereich	Mittelspannung	bis 30 000 V	
	Hochspannung	bis 110 000 S	
	Höchstspannung	bis 1 150 000 V	

* umgangssprachliche Bezeichnungen

Aufbau der öffentlichen Stromversorgungsnetze

DIN VDE 0100-100 : 2009-06
DIN VDE 0100-410 : 2007-06

Internationale Kennzeichnung (Auswahl)

Bedeutung der Kurzzeichen:

Beispiel: **T N - S**

Erdung des öffentlichen Netzes	Erdung der Gebäudeinstallation	Anordnung von Neutral- und Schutzleiter
T (franz. terre) Betriebserder (Erdung des Neutralleiters der Stromquelle) **I** (franz. isolation) keine Erdung	**T** (franz. terre) Anlagen- oder Schutzerder (direkte Erdung z. B. Fundamenterder im Gebäude) **N** Erdung über eine Schutzleiterverbindung zum Betriebserder.	**S** (engl. separated) Neutral- und (N) Schutzleiter (PE) sind getrennte Leitungen. **C** (engl. combined) Neutral- und Schutzleiter sind in einer Leitung kombiniert.

Heute üblicher Standard

TN-S-Netz mit Überstrom-Schutzeinrichtung und getrenntem Neutralleiter und Schutzleiter im gesamten Netz

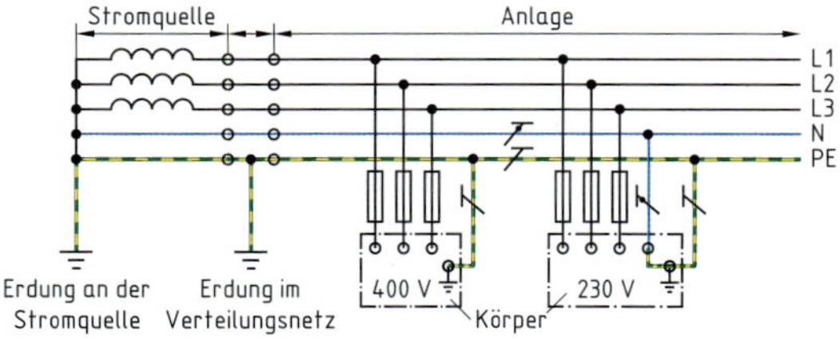

Veraltet

TN-C-Netz mit Überstrom-Schutzeinrichtung, Neutralleiter- und Schutzleiterfunktionen im gesamten Netz im PEN-Leiter zusammengefasst

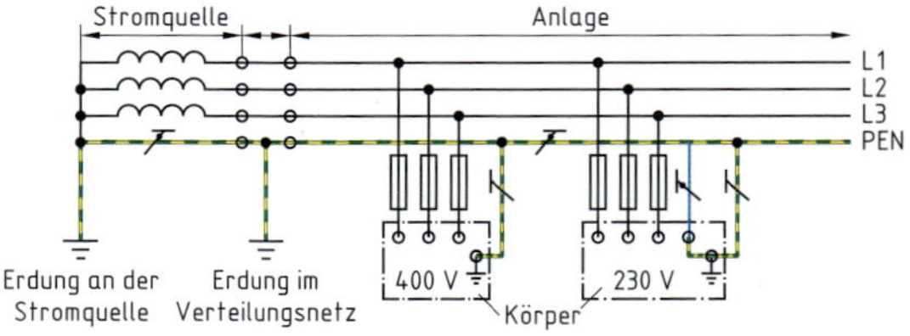

Spannungen im öffentlichen Niederspannungsnetz (Drehstromnetz):

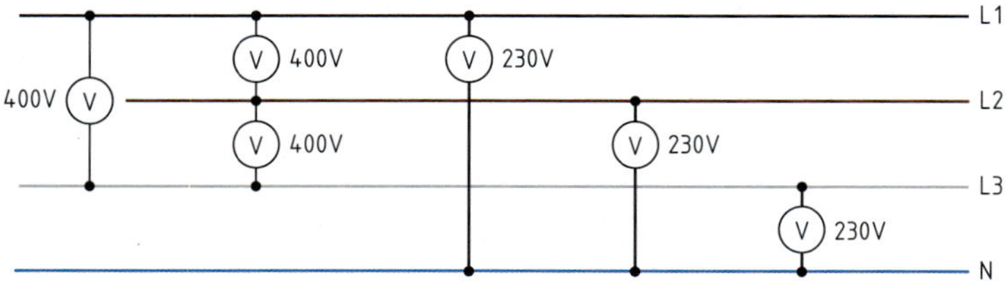

Klemmenbezeichnung und Lage der Brücken im Motorklemmkasten (Drehstrom-Asynchronmotor)

Sternschaltung	Dreieckschaltung
Sternschaltung 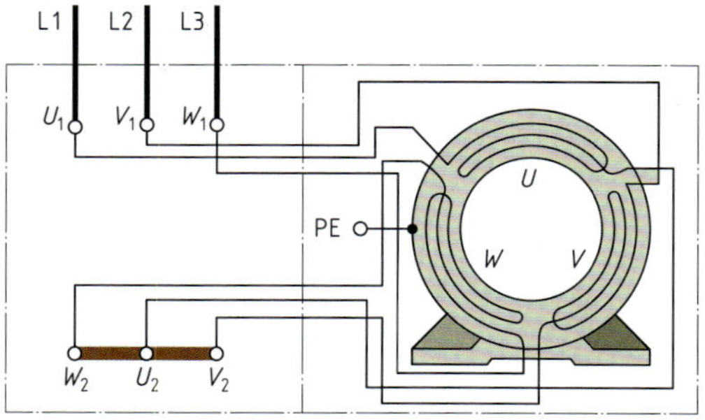	Dreieckschaltung 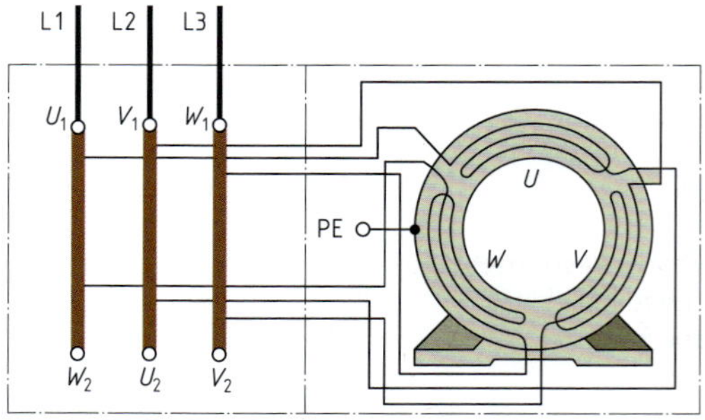

Leiterkennzeichnung von Kabeln und Leitungen

DIN EN 60445; VDE 0197 : 2018-02

Art des Leiters		Bezeichnung	Farbe	deutsch	englisch	
Wechselstrom-netz	Außenleiter 1	L1	schwarz	SW[1]	BK[1]	black
	Außenleiter 2	L2	braun	BR[1]	BN[1]	brown
	Außenleiter 3	L3	grau	GR[1]	GY[1]	grey
	Neutralleiter	N	blau	BL	BU	blue
Schutzleiter		PE, PEN[2] ⏚	grün-gelb	GN GE	GN YE	green, yellow
Gleichstrom-anschlüsse	Positiv	L+	Keine Empfehlung notwendig			
	Negativ	L-				

[1] Empfehlung (Farbe ist nicht festgelegt, grün-gelb darf jedoch nicht verwendet werden)
[2] PEN-Leiter (PE +N , Schutzleiter mit Neutralleiterfunktion)

Kurzzeichen für Leitungen

Harmonisierte Leitungen
DIN VDE 0292 : 2021-08

Beispiel:

Kennzeichnung	H	07	V	V		-F	5	G	2,5

Bestimmung	
harmonisiert	H
nationaler Typ	A
Nennspannung U_0/U*	
300/300	03
300/500	05
450/750	07
Leiterisolierung	
PVC	V
Natur- und/oder Styrol-Butadienkautschuk	R
Silikonkautschuk	S
Ethylenpropylen-Kautschuk	B
Mantel	
PVC	V
PVC, erhöht temperaturbeständig	V2
PVC, für niedrige Temperaturen	V3
Natur- und/oder Styrol-Butadienkautschuk	R
Polychloroprenkautschuk	N
Glasfasergeflecht	J
Textilgeflecht	T
Polyrethan	Q
Aufbau – Besonderheiten	
flache teilbare Leitung	H
flache nicht teilbare Leitung	H2
Leiter	
eindrähtig	-U
mehrdrähtig	-R
feindrähtig für feste Verlegung	-K
feindrähtig für flexible Verlegung	-F
feinstdrähtig für flexible Verlegung	-H
Lahnlitze	-Y
Aderzahl	n
mit Schutzleiter grüngelb	G
ohne Schutzleiter	X
Nennquerschnitt	nn

Note: in the printed diagram the first table above is laid out across the Bestimmung–Nennspannung rows: 03 sits on the heading line "Nennspannung U_0/U*", 04 on the 300/300 line, 05 on 300/500 and 07 on 450/750.

* U_0 Effektivwert der Spannung zwischen Außenleiter und Erde
U Effektivwert der Spannung zwischen Außenleiter und Außenleiter

Bezeichnungsbeispiel:
H05-VV-U 3G1,5
PVC-Mantelleitung mit Schutzleiter, dreiadrig, Leiterquerschnitt 1,5 mm²

nicht harmonisiert (Auszug) alte Typisierung
DIN VDE 0250-204 : 2000-12

Beispiel:

Kennzeichnung	NY	M	HY	-J	5x2,5

Normleitung	N			
Normleitung mit PVC-Isolation	NY			
Ader		A	A	
Bleimantel umhüllt		BU		
Fassungsader		F		
flexibel			F	
Gummiisolierung, -mantel		G	G	
Handlampenleitung			H	
leitende Hülle		H		
Stegleitung		IF		
Illuminations-Flachleitung		IFL		
leichte Beanspruchung		L		
Leuchtröhrenleitung		L		
mittlere Beanspruchung		M		
Mantelleitung		M		
Pendelschnur		PL		
Rohrdraht, umhüllt		RU		
schwere Beanspruchung		S		
sehr schwere Beanspruchung		SS		
Sonderleitung		S		
Leitungstrosse		T		
PVC-Isolierung, PVC-Mantel			Y	
Zugentlastung			Z	
Zinkband			Z	
Zwillingsleitung		Z		
ölfest, wetterfest				ÖU
mit Schutzleiter				-J
ohne Schutzleiter				-O
Aderzahl				n
Nennquerschnitt				x n

Bezeichnungsbeispiel:
NYM-J 3X1,5
PVC-Mantelleitung mit Schutzleiter, dreiadrig, Leiterquerschnitt 1,5 mm²

Installationszonen und Vorzugsmaße

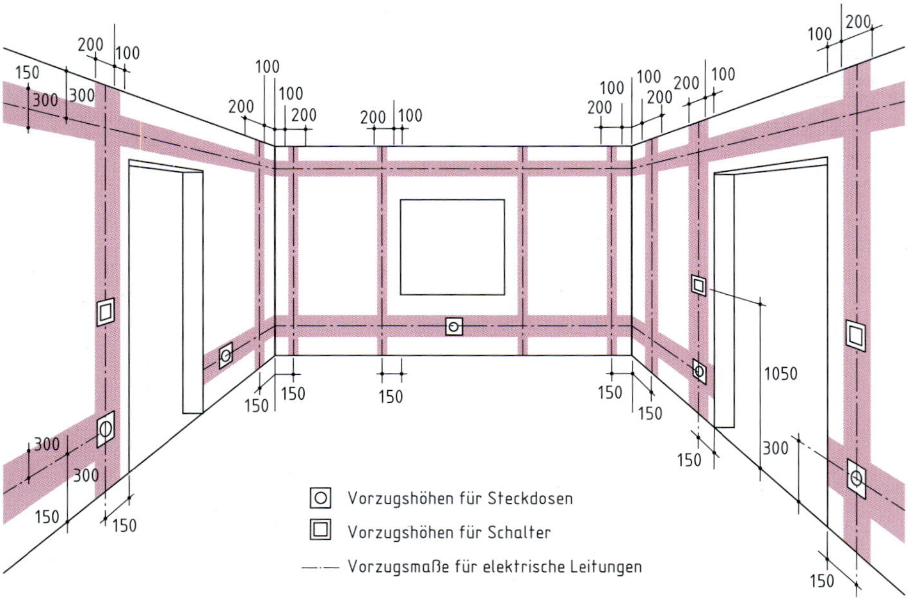

Installations- und Geräteanschlussleitungen

Installationsleitungen (Auswahl) für feste Verlegung						
Kurzzeichen	**Abbildung**	**Bezeichnung/ Nennspannung U_0/U**	**Nennspannung**	**Aderzahl**	**Leiter-Querschnitt (mm²)**	**Verwendung**
H05V-U/K		PVC-Aderleitung	500/300	1	0,5…1	In trockenen Räumen, Verdrahtungsleitungen in Geräten und Gehäusen.
H07V-U/K		PVC-Aderleitung	750	1	1,5…10	In trockenen Räumen, Verlegung in Rohren, in Gehäusen und Schaltanlagen.
H05SJ-K		Silikon-Aderleitungen	500/300	1	0,5…16	Für Temperaturen bis 180 °C, in Leuchten und Wärmegeräten.
NYIF		Stegleitung	500/300	2…5	1,5…10	In trockenen Räumen, für feste Verlegung im und unter Putz.
NYM		Mantelleitung	500/300	1…5	1,5…10	In trockenen und nassen Räumen, für feste Verlegung auf, im und unter Putz.
Geräte-Anschlussleitungen (Auswahl)/flexible Leitungen						
H05VV-F		PVC- Schlauchleitung, flexibel	500/300	2…5	0,75…4	In trockenen Räumen, für Elektrogeräte mit mittlerer mechanischer Beanspruchung (Haus- und Küchengeräte).
H07RRF		leichte Gummi-Schlauchleitung	300/500	2/5	0,75…2,5	In trockenen Räumen, für leichte Hand- und Elektrowärmegeräte.
H07RNF		Schwere Gummi-Schlauchleitung	450/700	2/5	1…25	In trockenen und nassen Räumen sowie auf Baustellen, mit mittlerer mechanischer Beanspruchung.

Grundschaltungen der Elektroinstallation

Installationsschaltungen	Stromlaufplan in aufgelöster Darstellung	Stromlaufplan in zusammenhängender Darstellung	Übersichtsschaltplan
Ausschaltung	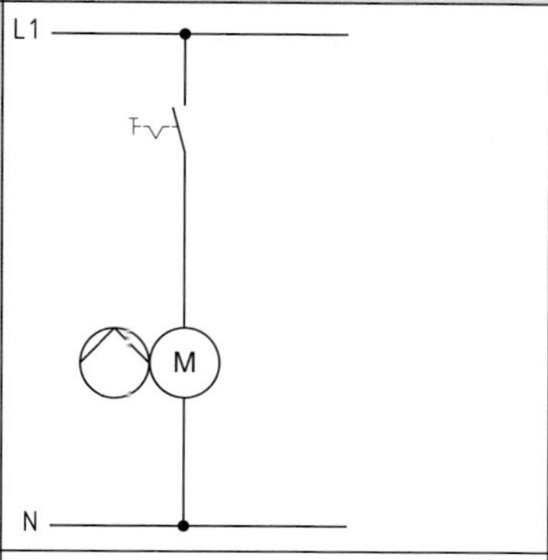	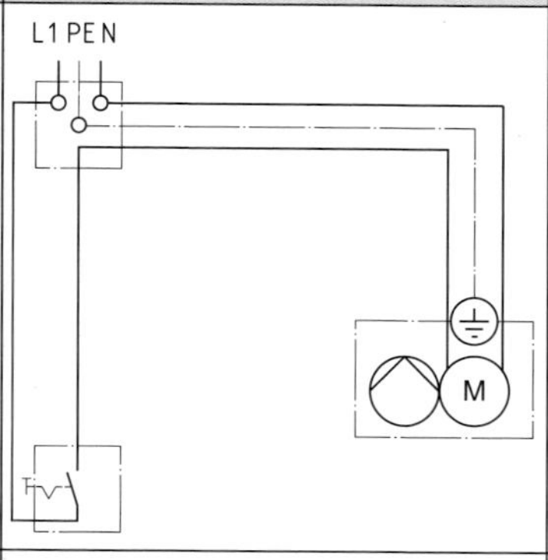	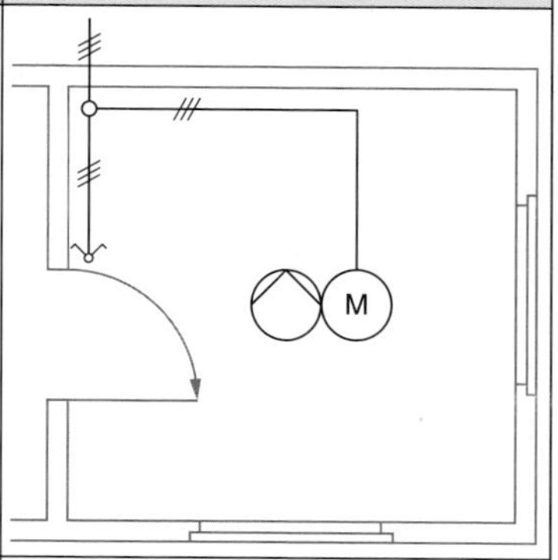
Serienschaltung	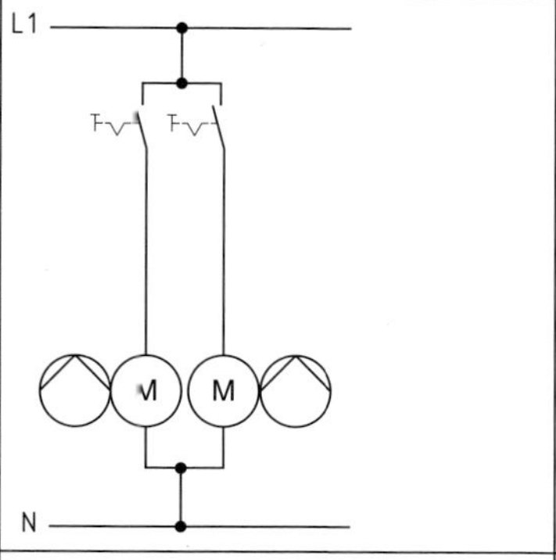	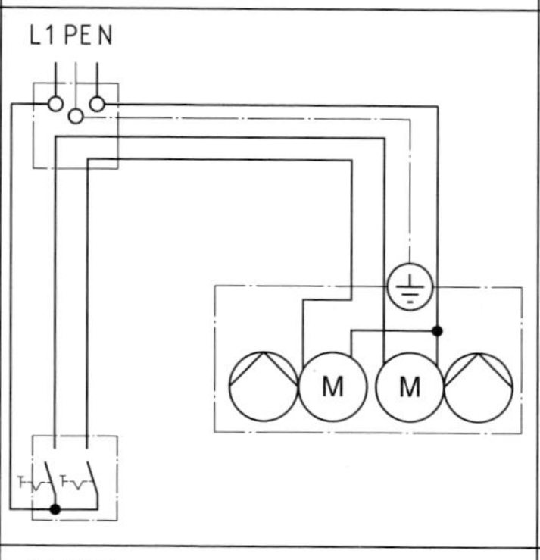	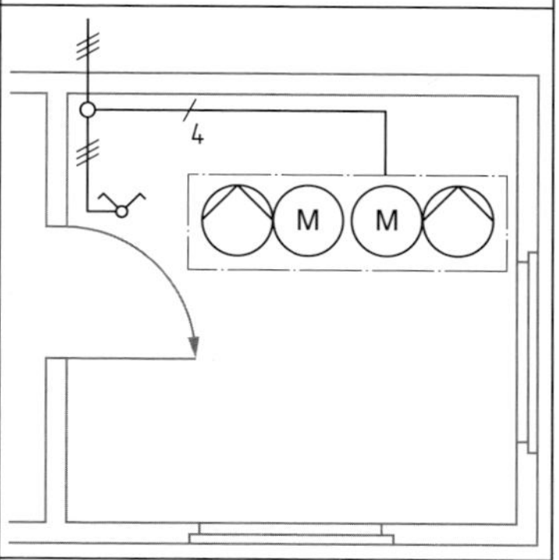
Wechselschaltung	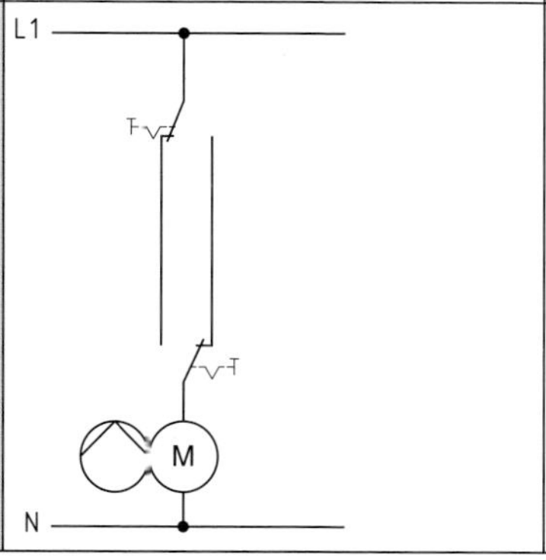	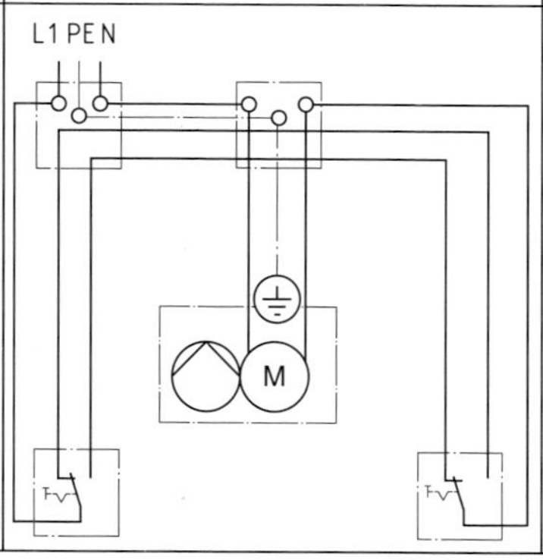	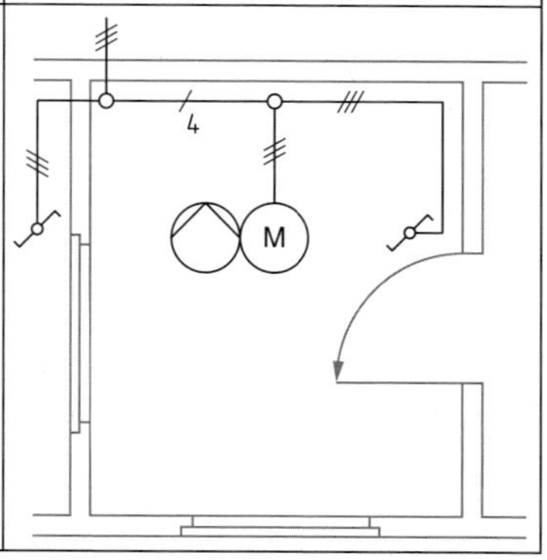

Verlegevorschriften

DIN EN 50565-1 (VDE 0298-565-1) : 2015-02

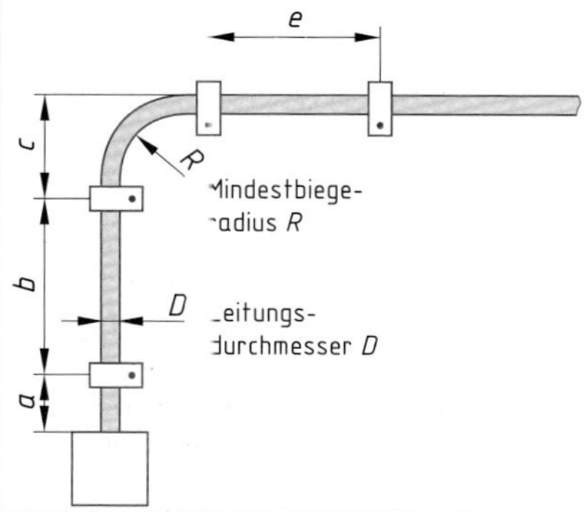

Richtwerte für Leitungsbefestigung				
***D* in mm**	**Schellenabstände**			
	***a* in mm**	***b* in mm**	***c* in mm**	***e* in mm**
bis 9	80	400	$R + 80$	250
9 … 15	80 … 100	400	$R + 80$	300
15 … 20	80 … 100	450	$R + 80$	350
20 … 40	100 … 150	550	$R + 100$	400

R muss mindestens $4 \cdot D$ sein
Für Elektroinstallationsrohre gilt:
$b \leq 800$ mm, $e \leq 800$ mm

1

Schutz elektrischer Leitungen

Auslegung von Leitungen nach Verlegeart und Strombelastbarkeit
DIN VDE 0100-430 : 2010-10, DIN VDE 0100-520 : 2003-06 und DIN VDE 0298-4 : 2013-06

Nennstrom der Sicherung I_n in A	Kennfarbe der Sicherung	Mindestquerschnitt in mm² für Cu-Leitungen bei Verlegeart							
		A1		B1		B2		C	
		und Anzahl der belasteten Adern							
		2	3	3	3	2	3	2	3
10 (13)	rot	1,5	1,5	1,5	1,5	1,5	1,5	1,5	1,5
16	grau	1,5	2,5	1,5	1,5	1,5	1,5	1,5	1,5
20	blau	2,5	2,5	2,5	2,5	2,5	2,5	1,5	2,5
25	gelb	4	4	2,5	4	4	4	2,5	2,5
35	schwarz	6	6	6	6	6	6	4	4
50	weiß	10	16	10	10	10	10	10	10

A1	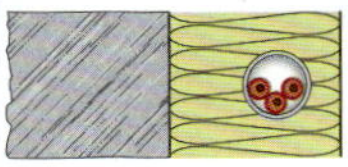	Verlegung in wärmegedämmten Wänden, im Elektroinstallationsrohr
B1	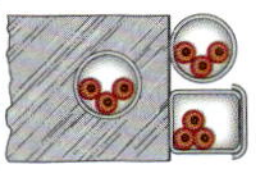	Verlegung im Elektroinstallationsrohr auf oder in der Wand oder im Installationskanal
B2	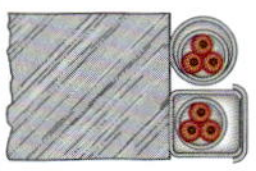	Verlegung im Elektroinstallationsrohr auf oder in der Wand, im Installationskanal oder hinter Sockelleisten
C	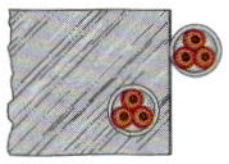	Verlegung direkt auf oder in der Wand

Geräteschutzsicherungen (Feinsicherungen)

DIN EN 60127-1 (VDE 0820-1) : 2015-12

Kurzzeichen	Verhalten	Abschaltzeit bei 10fachem Nennstrom
FF	superflink	2 … 6 ms
F	flink	< 20 ms
M	mittelträge	50 … 90 ms
T	träge	100 … 300 ms
TT	superträge	100 … 3000 ms

Wirkungen des elektrischen Stromes im menschlichen Körper

Wirkungen in den Bereichen

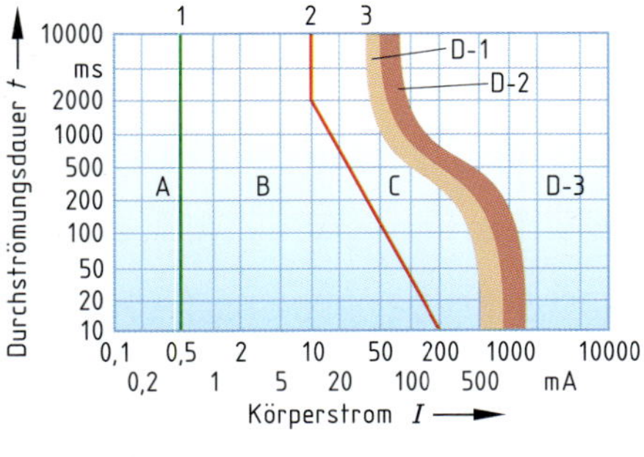

A keine Einwirkungen wahrnehmbar
B keine schädigenden physiologischen Wirkungen
C Blutdrucksteigerung, Muskelverkrampfungen, reversible Herzrhythmusstörungen, geringe Gefahr des Herzkammerflimmerns
D pathophysiologische Wirkungen, z. B. Herz- und Atemstillstand
D – 1 Gefahr des Herzkammerflimmerns bei max. 5% der Verunfallten
D – 2 Gefahr des Herzkammerflimmerns noch unter 40%
D – 3 Gefahr des Herzkammerflimmerns bei über 50%

Schwellen, die die Bereiche begrenzen

1. *Wahrnehmbarkeitsschwelle*
   Kleinstwert des Stromes, der von der durchströmten Person noch wahrgenommen wird.
2. *Loslassschwelle*
   Größtwert des Stromes, bei dem eine Person die spannungsführenden Teile noch loslassen kann.
3. *Schwelle des Herzkammerflimmerns*
   Kleinstwert des Stromes, der Herzkammerflimmern bewirkt.

Schutzmaßnahmen gegen gefährliche Körperströme

Durch direktes oder indirektes Berühren spannungsführender Anlagenteile DIN VDE 0100-410 : 2007-06

- **Direktes Berühren:** Körperkontakt mit spannungsführenden Teilen der Anlage (z. B. Motorwicklung).
- **Indirektes Berühren:** Körperkontakt mit leitfähigen Teilen der Anlage (z. B. Metallgehäuse), die fehlerhaft unter Spannung stehen.

Schutzmaßnahmen, die ein direktes Berühren verhindern

Schutz durch Isolierung aktiver Teile

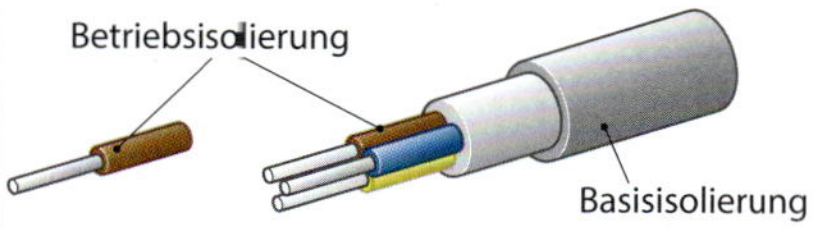

Schutz durch Abdeckungen und Umhüllungen

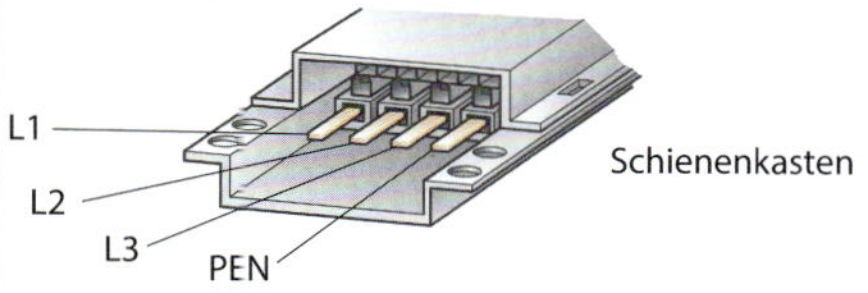

Schutz durch Hindernisse

z. B. Barrieren, Schranken

Schutz durch Abstand

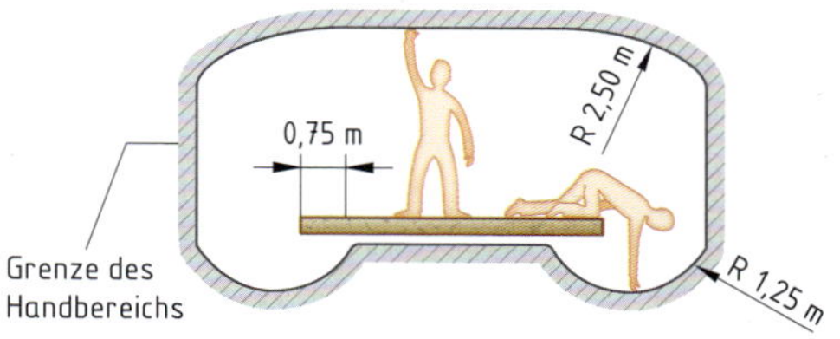

Zusätzlicher Schutz durch RCD ($I_{\Delta N} \leq 30$ mA)

Schutzmaßnahmen, die bei direktem und indirektem Berühren gefährliche Körperströme verhindern

Schutzkleinspannung SELV[1]	Funktionskleinspannung PELV[2]
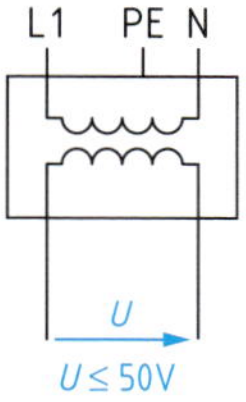	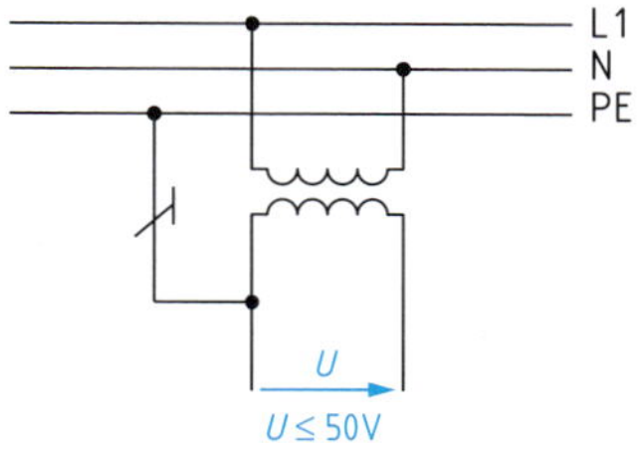
Keine Verbindung mit Erde, Schutzleiter oder aktiven Teilen anderer Stromkreise, **sichere Trennung**	Erdung und Verbindung mit Schutzleiter anderer Stromkreise zulässig. PELV: **sichere Trennung**

[1] = Safety Extra Low Volltage
[2] = Protective Extra Low Volltage

Schutzmaßnahmen, die bei indirektem Berühren gefährliche Körperströme verhindern

Schutzmaßnahmen, die eine automatische Abschaltung bewirken		Schutzisolierung
Überstromschutzeinrichtungen (Schmelzsicherung, Leitungsschutzschalter)	Fehlerstromschutzeinrichtung (RCD-Schalter)	
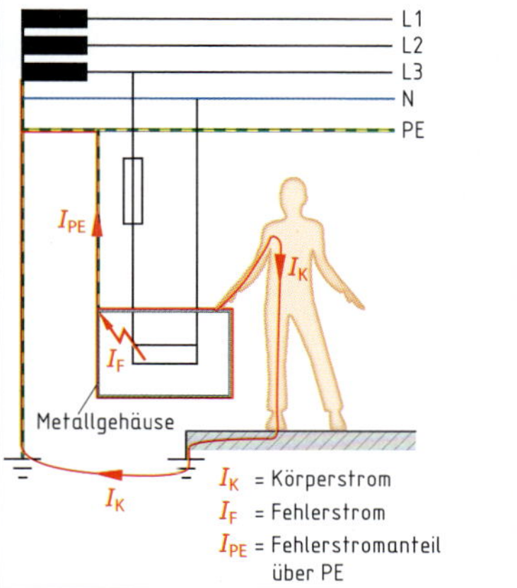	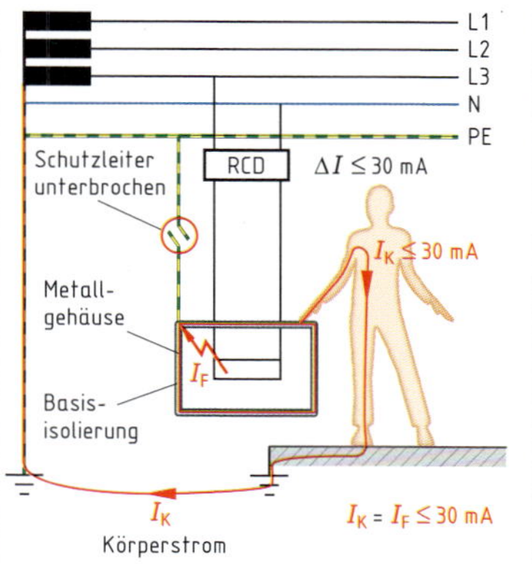	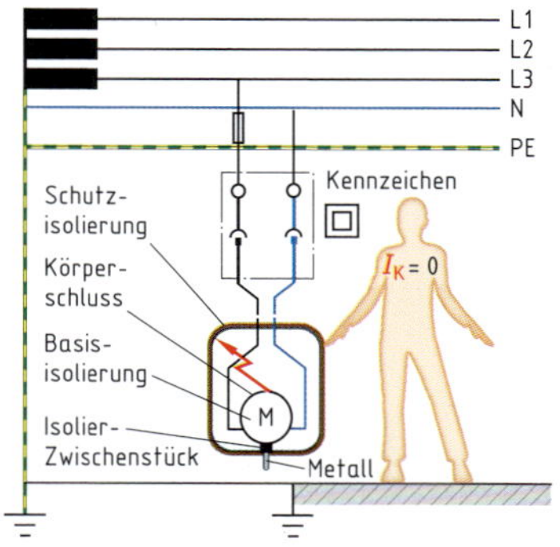

Schutztrennung

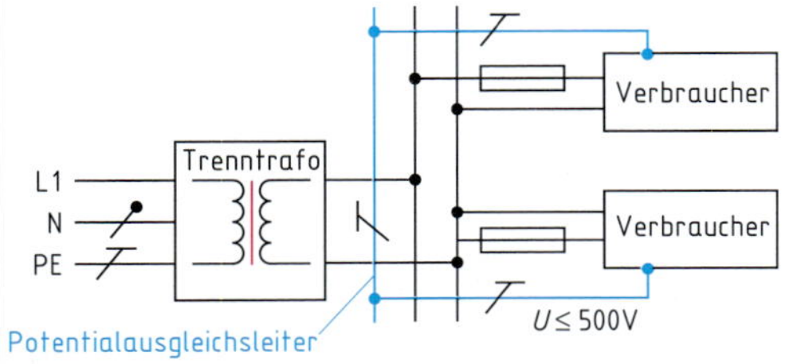

Schutztrennung mit mehreren Verbrauchern

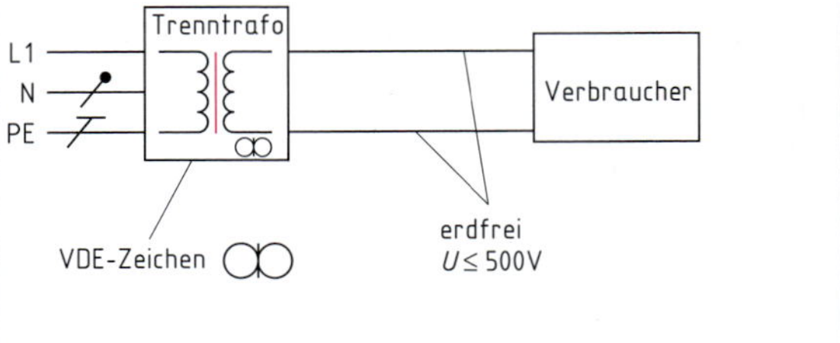

Schutztrennung mit einem Verbraucher

Schutz elektrischer Betriebsmittel

Schutzklassen elektrischer Betriebsmittel IEC 60417 : 2002-10

Schutzklasse I		Schutzklasse II		Schutzklasse III	
	Geräte mit Schutzleiteranschluss		Geräte mit Schutzisolierung		Geräte mit Schutzkleinspannung

Schutzarten durch Gehäuse (vgl. DIN EN 60529 (VDE 0470-1) : 2014-09)

Codebuchstaben für Internationale Sicherheit (**I**nternational **P**rotection)

IP	2	3	C	M

Kennziffer	1. Kennziffer		
	Schutz gegen Fremdkörper		Schutz vor Berührung mit
0	kein Schutz		kein Schutz
1	größer 50 mm		Handrücken
2	größer 12,5 mm		Finger
3	größer 2,5 mm		Werkzeug
4	größer 1 mm		Draht
5	staubgeschützt		Draht
6	staubdicht		Draht

Kennziffer	1. Kennziffer	
	Schutz gegen Wasser	Symbol
0	nicht geschützt	
1	Tropfwasser bei senkrechtem Gehäuse	
2	Tropfwasser bei bis zu 15° Gehäuseneigung	
3	Sprühwasser (Winkel bis 60°)	
4	Spritzwasser	
5	Strahlwasser	
6	starkes Strahlwasser	
7	zeitweiliges Untertauchen	
8	dauerhaftes Untertauchen	… bar

Zusätzlicher Buchstabe für Personenschutz	
A	Handrücken
B	Finger
C	Werkzeug
D	Draht

Ergänzender Buchstabe	
H	Hochspannungsgerät
M	geprüft bei laufender Maschine
S	geprüft bei Stillstand der Maschine
W	Schutz unter bestimmten Wetterbedingungen

Schutz- und Sicherheitszeichen für elektrische Geräte

Zeichen	Benennung	Bedeutung	Zeichen	Benennung	Bedeutung
CE	CE-Prüfzeichen „Communauté Eruopéennne“ (Europäische Gemeinschaft)	Elektromagnetische Verträglichkeit, Störfestigkeit erfüllt diverse Sicherheitskriterien		VDE-Prüfzeichen Verband der Elektrotechnik Elektronik Informationstechnik e.V.	Entspricht den VDE-Bestimmungen. Sicherheit hinsichtlich elektrischer, mechanischer, thermischer, toxischer, radiologischer und sonstiger Gefährdung.
GS	GS-Prüfzeichen „Geprüfte Sicherheit“ (TÜV, VDE usw.)	Entspricht den sicherheitstechnischen Anforderungen des Gesetzes für technische Arbeitsmittel (GTA)		Funkschutzzeichen (VDE)	Funkentstört. G Grob N Normal K Kleinststörgrad O Funkstörfrei
	Prüfzeichen für regelmäßige Überprüfung	Gerät wurde einer Sicherheitsprüfung unterzogen	Ex	Explosionsschutz für Betriebsmittel	Für Einsatz in explosionsgefährdeten Bereichen geeignet

Sicherheitsregeln nach DIN VDE 0105-100 : 2015-10

1. Freischalten	Der Anlagenteil muss allpolig und allseitig abgeschaltet werden. LS-Schalter abstellen, Schmelzsicherung oder NH-Sicherung entfernen
2. Gegen Wiedereinschalten sichern	LS-Schalter mit Klebeband absichern, Sicherungseinsatz mitnehmen, Schaltschrank abschließen. Verbotsschild anbringen. Nur die Person, die an der Anlage arbeitet, darf den Anlagenteil wieder in Betrieb nehmen 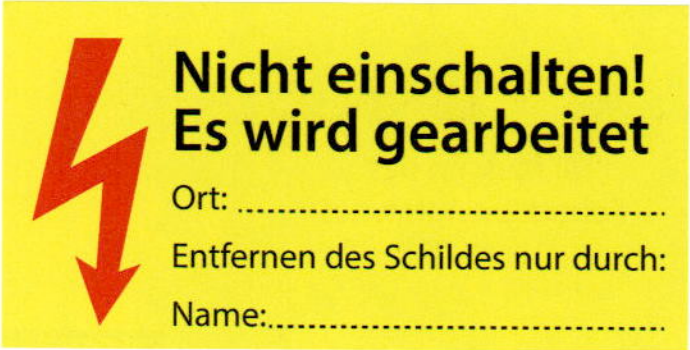
3. Spannungsfreiheit feststellen	Spannungsfreiheit mit zweipoligem Spannungsprüfer allpolig feststellen.
4. Erden und Kurzschließen	Zuerst immer erden, dann mit den kurzzuschließenden aktiven Teilen verbinden (muss von der Arbeitsstelle aus sichtbar sein). Diese Regel entfällt bei Anlagen unter 1000 V ausgenommen, Freileitungen.
5. Benachbarte, unter Spannung stehende Teile abdecken und abschranken	Bei Anlagen unter 1000 V genügen zum Abdecken isolierende Tücher, über 1000 V sind zusätzlich Absperrtafeln, Seile, Warntafeln erforderlich.
Das Aufheben der Sicherheitsregeln geschieht in umgekehrter Reihenfolge.	

Verhaltensregeln bei elektrischen Unfällen

1. Strom abschalten, wenn nicht sofort möglich, den Verunglückten von Leitungsteilen entfernen. Hierbei Gummihandschuhe anlegen oder Holzstangen, trockenes Brett usw. benutzen.
2. Kontrolle des Bewusstseins, der Atmung und des Pulses.
3. Notruf absetzen.
4. Bei Bewusstlosigkeit in stabile Seitenlage bringen.
   Bei Atemstillstand sofort mit künstlicher Beatmung beginnen.
   Bei Herzstillstand Herzmassagen und Beatmung im Wechsel durchführen.

Prüfung elektrischer Geräte (Betriebsmittel)

vergl.: DIN VDE 0701-0702 : 2008-06

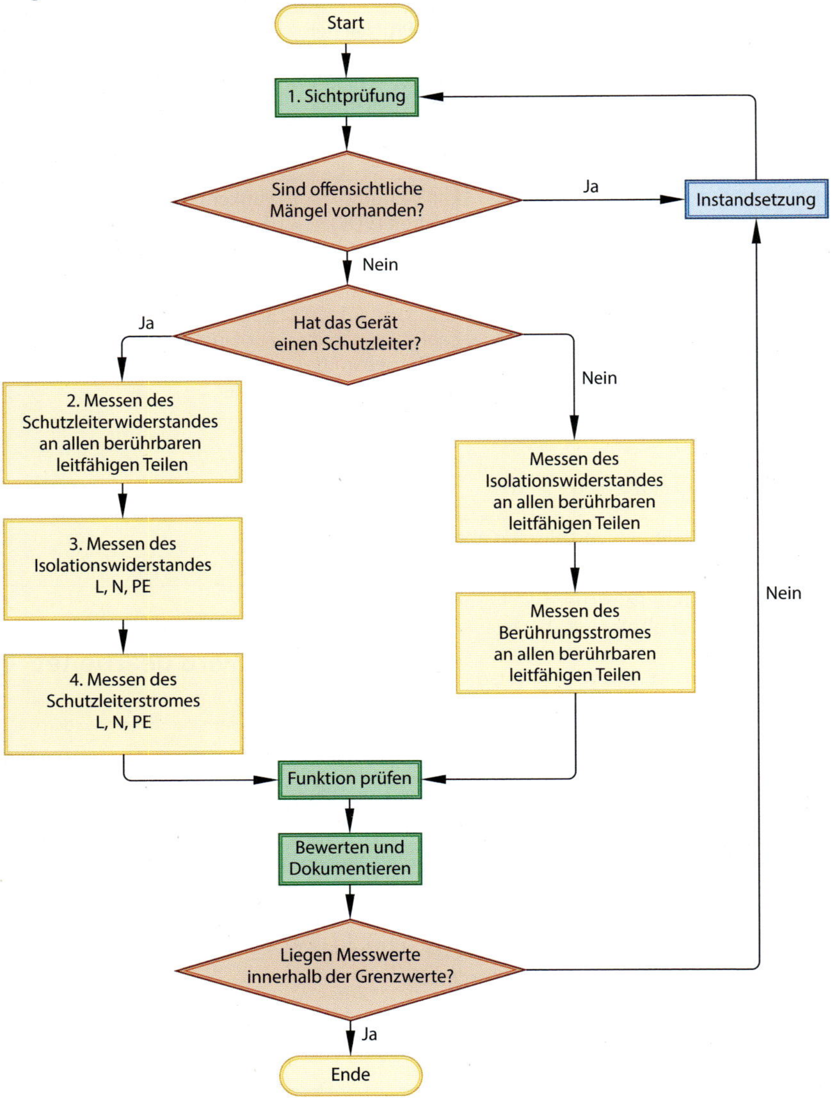

Messungen zur Prüfung elektrischer Geräte nach DIN VDE 0701-0702 : 2008-06

DIN VDE 0701 – vorgeschrieben Messungen Prüfung elektrischer Geräte **nach einer Reparatur**	**DIN VDE 0702 – vorgeschrieben Messungen** **Wiederholungsprüfung** an elektrischen Geräten, die durch eine Steckvorrichtung von der elektrischen Anlage getrennt werden können **Prüffristen** (Richtwerte): 6 Monate, auf Baustellen 3 Monate.
• **Schutzleiterwiderstand (R_{SL}, R_{PE})**	• **Schutzleiterwiderstand (R_{SL}, R_{PE})**
• **Isolationswiderstand (R_{ISO}) (Schutzklassen I, II, III)**	• **Isolationswiderstand (R_{ISO})**
• **Schutzleiterstrom (I_{SL})** **ersatzweise** **Differenzstrom (I_{DI}) oder Ersatzableitstrom (I_{EA})**	• **Schutzleiterstrom (I_{SL})** **oder** • **Differenzstrom (I_{DI})**
• **Berührungsstrom (I_{GA}) (Schutzklasse II)** **ersatzweise** **Differenzstrom (I_{DI}) oder Ersatzableitstrom (I_{EA})**	• **Berührungsstrom (I_{GA}) (Schutzklasse II)** **oder** • **Differenzstrom (I_{DI})**

Grenzwerte nach DIN VDE 0701 - 0702 : 2008-06

Schutzleiterwiderstand (R_{SL}, R_{PE})

bei Anschlussleitung bis 5 m	≤ 0,3 Ω
bei über 5 m zusätzlich	0,1 Ω pro 7,5 m
Maximalwert	1 Ω

Prüfstrom > 200 mA,
auch bei handgeführten Elektrowerkzeugen;
sinnvoll in beiden Polaritäten

Isolationswiderstand (R_{ISO}) alle Stromkreise sind einzuschalten!

Schutzklasse I	0,3 MΩ	bei Heizelementen	Messung zwischen L + N und PE
	≥ 1 MΩ	alle übrigen Geräte	
Schutzklasse II	≥ 2,0 MΩ	Messung zwischen L + N und berührbare, leitfähige Teile	
Schutzklasse III	≥ 0,25 MΩ	Messung zwischen L + N und berührbare, leitfähige Teile	

Prüfspannung
≥ 500 V an 0,5 MΩ

Werden nicht alle durch Netzspannung beanspruchte Isolierungen erfasst (praktisch alle Prüflinge, ohne elektrisch betätigte allpolige Relais), muss eine Schutzleiter- oder Berührstrommessung durchgeführt werden.

Schutzleiterstrom (I_{SL})

Notwendig bei allen Prüflingen der **Schutzklasse I**, bei denen der Isolationswiderstand nicht gemessen wird. Werden ungepolte Netzstecker verwendet, muss die Prüfung in beiden Positionen des Netzsteckers erfolgen.

1. Methode: (I_{SL}):	**Schutzleiterstrom**	Direkte Messung, wenn der Prüfling isoliert aufgestellt ist.		
2. Methode: (I_{DI}):	**Differenzstrom**			
3. Methode: (I_{EA}):	**Ersatzableitstrom**	Nur nach Instandsetzung bzw. Änderung (VDE 0701). Nur anwendbar bei vorheriger Isolationswiderstandsmessung.		
	Grenzwerte	I_{SL}, I_{DI}, I_{EA}	1 mA/kW	Bei Prüflingen mit Heizelementen u. einer Anschlussleist. > 3,5 kW.
		I_{DI}	≤ 3,5 mA~	Alle anderen Prüflinge.

Berührungsstrom (I_{GA})

Notwendig bei allen Prüflingen, bei denen der Isolationswiderstand nicht gemessen werden kann, durchzuführen an allen berührbaren leitfähigen Teilen von Geräten der **Schutzklasse II** und berührbaren Teilen von Geräten der **Schutzklasse I, die nicht mit dem Schutzleiter verbunden sind**. Werden ungepolte Netzstecker verwendet, muss die Prüfung in beiden Positionen des Netzsteckers erfolgen.

1. Methode: (I_{GA}):	**Berührungsstrom** (Geräteableitstrom)	Direkte Messung bei Netzspannung, wenn der Prüfling isoliert aufgestellt ist.		
2. Methode: (I_{DI}):	**Differenzstrom**			
3. Methode: (I_{EA}):	**Ersatzableitstrom**	Nur nach Instandsetzung bzw. Änderung (VDE 0701). Nur anwendbar bei vorheriger Isolationswiderstandsmessung.		
	Grenzwert	I_{GA}, I_{DI}, I_{EA}	≤ 0,5 mA	

Reparatur-Abnahmeprotokoll für elektrische Geräte ▶ siehe Kap_1.pdf

1.11 Steuerungs- und Regelungstechnik

1.11.1 Vergleich zwischen Steuerung und Regelung

Steuerung der Innentemperatur eines Raumes	Regelung der Innentemperatur eines Raumes
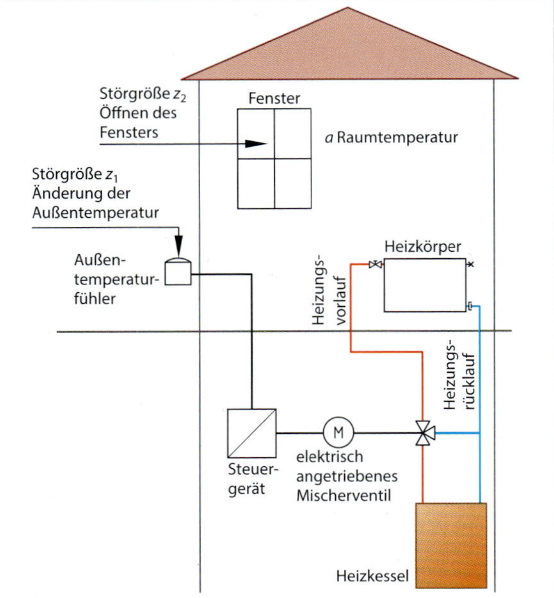	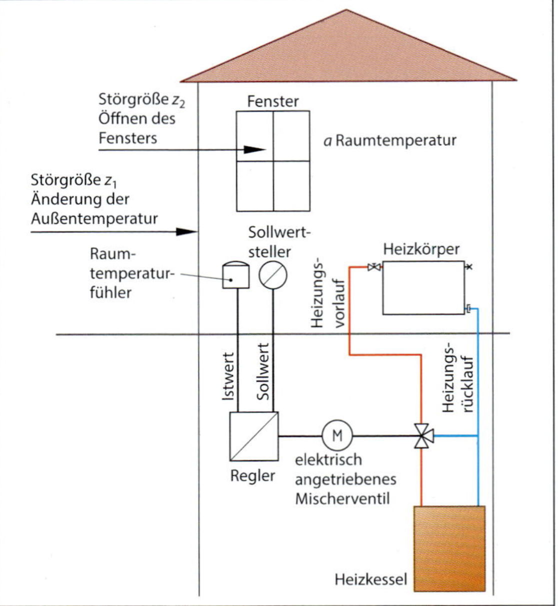
Raumtemperatur**steuerung** Wird eine **Außentemperatur** erreicht z. B. 20 °C, so ist ein Heizen des Raumes nicht mehr nötig. Die Wärmezufuhr wird abgeschaltet.	Raumtemperatur**regelung** Wird eine **Raumtemperatur** von 20 °C erreicht, so ist ein Heizen des Raumes nicht mehr nötig. Die Wärmezufuhr wird abgeschaltet.
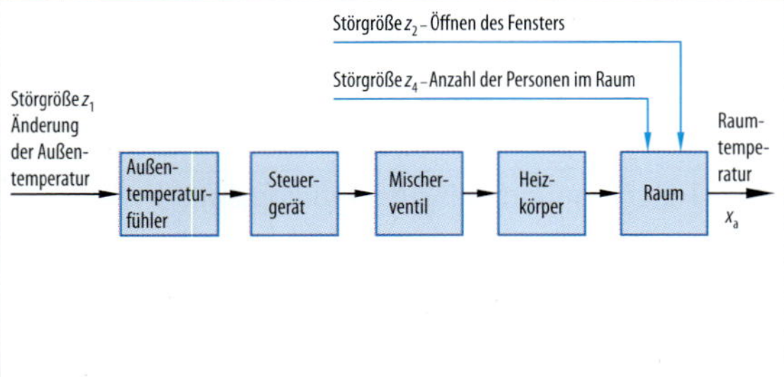	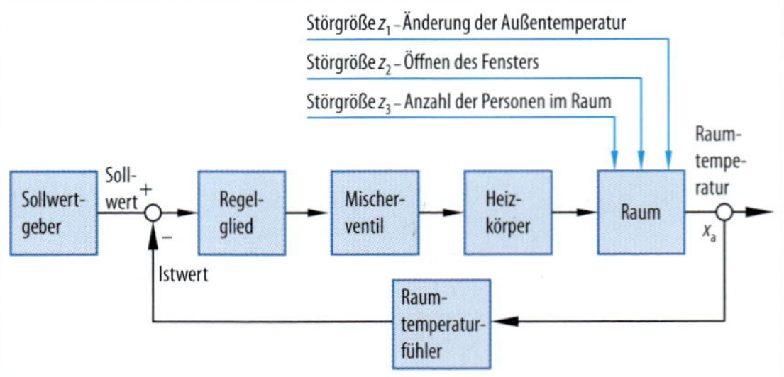
Blockschaltbild der Steuerung der Innentemperatur eines Raumes	Blockschaltbild der Regelung der Innentemperatur eines Raumes

Allgemeiner Wirkungsplan eines Steuerungssystems

Eine Steuerung ist ein System, in dem die Ausgangsgröße (Istwert der Steuergröße) durch die Gesetzmäßigkeiten des Systems direkt von der Eingangsgröße (Sollwert der Steuergröße) abhängig ist. Es besteht ein **offener Wirkungskreis** der Informationsverarbeitung, daher können Störeinflüsse nicht selbsttätig ausgeglichen werden. Steuervorgänge bestehen aus Reihen- oder Parallelstrukturen.

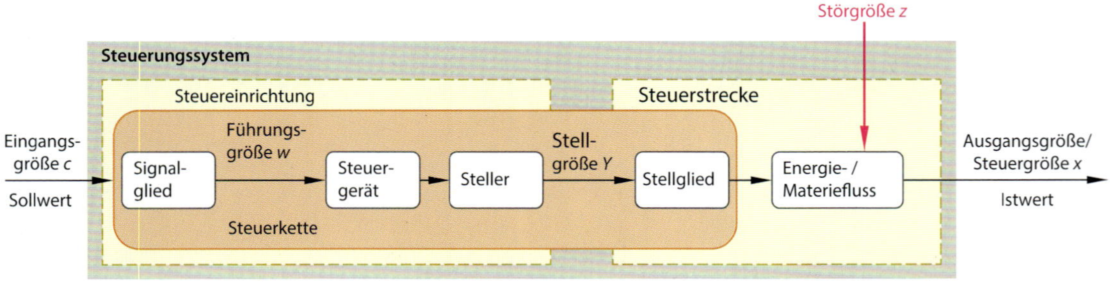

Allgemeiner Wirkungsplan eines Regelungssystems

Eine Regelung ist ein System, in dem die Regelstrecke (Istwert der Regelgröße) durch das System ständig überwacht und bei Abweichung an die Führungsgröße (Sollwert der Regelgröße) angepasst wird. Es besteht ein **geschlossener Wirkungskreis** der Informationsverarbeitung, daher werden Störeinflüsse selbsttätig ausgeglichen. Regelvorgänge bestehen aus Kreisstrukturen.

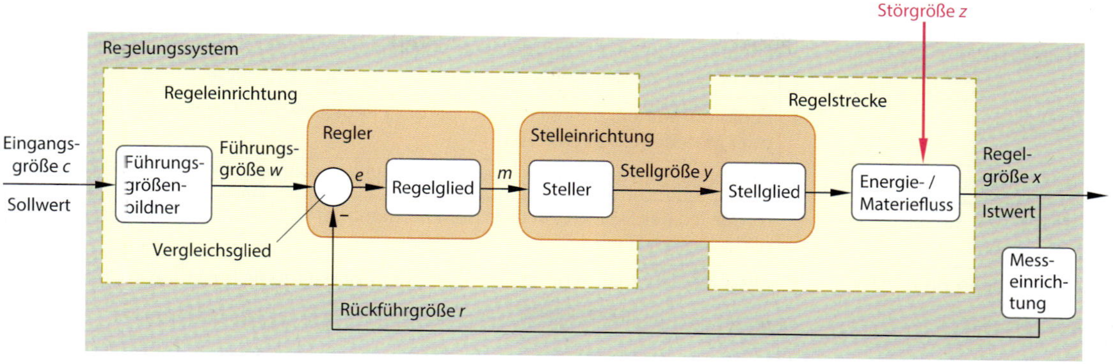

1.11.2 Grundbegriffe der Regelungs- und Steuerungstechnik

Prozessgrößen		Erklärung
	Eingangsgröße	Allgemeine Bezeichnung für eine Größe, die von außen auf ein System oder Teilsystem einwirkt.
	Ausgangsgröße	Allgemeine Bezeichnung für eine von dem System oder Teilsystem erzeugte Größe, die nach außen wirkt und von einer Eingangsgröße beeinflusst wird.
	Sollwert	Gewünschter (vorgewählter) Wert einer Eingangs- oder Ausgangsgröße
	Istwert	Tatsächlicher (gemessener) Wert einer Eingangs- oder Ausgangsgröße
c	Zielgröße	Eingangsgröße eines Steuerungs- oder Regelungssystem, aus der der Sollwert für die Regelgröße gebildet wird. Häufig sind Ziel- und Führungsgröße identisch.
e	Regeldifferenz	Abweichung zwischen Führungsgröße (Sollwert) und Rückführgröße (Istwert) $e = w - r$
m	Reglerausgangsgröße	Ausgangsgröße des Reglers bzw. Regelgliedes, die aus der Regeldifferenz gebildet wird und die Eingansgröße des Stellers ist.
q	Aufgabengröße	Ausgangsgröße eines Steuerungs- oder Regelungssystems ist mit der Regelgröße wirkungsmäßig verknüpft. Kann sie unmittelbar gemessen werden, ist sie identisch mit der Regelgröße.
r	Rückführgröße	Wird aus der Regelgröße durch die Messeinrichtung gebildet und wird zum Vergleichsglied zurückgeführt. Sie stellt den **Istwert der Regelgröße** dar.
w	Führungsgröße	Wird aus der Zielgröße gebildet und stellt **den Sollwert der Regelgröße** dar.
x	Regelgröße	Ausgangsgröße der Regelstrecke, die durch die Stellgröße beeinflusst wird. Sie wird ständig gemessen und an die Führungsgröße angepasst.
y	Stellgröße	Ausgangsgröße des Stellers und Eingangsgröße der Regel- bzw. Steuerstrecke.
z	Störgröße	Unerwünschte, meistens nicht vorhersehbare Eingangsgröße, die von außen auf die Regel- bzw. Steuerstrecke einwirkt.
	Hysterese	Verzögertes Verhalten einer Eingangs- oder Ausgangsgröße zwischen steigenden und fallenden Werten derselben Größe

Funktionseinheiten	Erklärung
Signalglied/Führungsgrößen-bildender/Sensor	Funktionseinheit, die externe Eingangsgrößen in intern verarbeitbare Signale umwandelt.
Steuergerät	Bildet aus der Führungsgröße nach einer vorgegebenen Gesetzmäßigkeit die Stellgröße.
Steller/Aktor	Funktionseinheit, die aus der Reglerausgangsgröße die erforderliche Stellgröße zur Betätigung des Stellgliedes bildet.
Stellglied	Funktionseinheit, die Teil der Steuer- oder Regelstrecke ist und den Energie- oder Materiefluss beeinflusst.
Stelleinrichtung	Aus Steller und Stellglied bestehende Funktionseinheit
Steuer- bzw. Regelstrecke	Ist der Teil des Systems, in dem der Energie- oder Materiefluss durch das Stellglied verändert wird.
Messeinrichtung	Misst die Regelgröße und bildet daraus ein Signal für die Rückführgröße.
Vergleichsglied	Bildet die Regeldifferenz zwischen Führungsgröße und Rückführgröße.
Regelglied	Bildet aus der Regeldifferenz eine Reglerausgangsgröße so, dass eine schnelle und genaue Anpassung der Regelgröße – auch beim Auftreten von Störgrößen – erfolgen kann.
Regler	Besteht aus Vergleichsglied und Regelglied.
Regeleinrichtung/ Steuereinrichtung	Gesamtheit aller Funktionseinheiten, die notwendig sind, die Strecke entsprechend der Regelungs- oder Steueraufgabe zu beeinflussen.
Steuerkette	Anordnung der Übertragungsglieder, die in Reihenstruktur aufeinander einwirken.

Vor- und Nachteile von Steuerung und Regelung

	Steuerung	Regelung
Anwendung	• Wenn keine oder nur eine Störgröße vorhanden ist.	• Wenn mehrere wesentliche und messbare Störgrößen vorhanden sind. • Wenn Störgrößen messtechnisch nicht oder schlecht erfassbar sind. • Wenn unvorhersehbare Störgrößen auftreten können.
Vorteile	• Geringerer Realisierungsaufwand • Wegen des offenen Wirkungsablaufs keine Stabilitätsprobleme	• Störgrößen werden erfasst und ausgeregelt. • Der vorgegebene Wert (Sollwert) wird genauer eingehalten.
Nachteile	• Auftretende Störgrößen werden nicht automatisch erfasst. • Für jede zu kompensierende Störgröße ist eine Messung erforderlich. • Um das Steuergerät optimal auszulegen, müssen alle Zusammenhänge der zu steuernden Strecke bekannt sein.	• Der Geräteaufwand ist höher als bei der Steuerung. • Es wird immer eine Messung benötigt.

1.11.3 Steuerungstechnik *control engineering*

Grundformen von Steuerungen

Unterscheidung nach Programmstruktur		
Benennung	**Beschreibung**	**Beispiel**
Prozessabhängige Ablaufsteuerung	Im Prozessablauf gebildete Eingangssignale werden in Reihe schrittweise zu Ausgangssignalen verarbeitet *(Reihenstruktur)*.	Temperaturabhängige oder druckabhängige Steuerung

Unterscheidung nach Programmstruktur		
Benennung	**Beschreibung**	**Beispiel**
Zeitabhängige Ablaufsteuerung (Reihenstruktur)	Durch Schaltzeiten gebildete Eingangssignale werden in Reihe schrittweise zu Ausgangssignalen verarbeitet *(Reihenstruktur)*.	Zeitschaltuhr
Asynchrone Steuerung (Verknüpfungssteuerung)	Mehrere parallele Eingangssignale werden zu einem Ausgangssignal verarbeitet *(Parallelstruktur)*.	Speichervorrangschaltung Rollladensteuerung
Unterscheidung nach Programmiertechnik		
Benennung	**Beschreibung**	**Beispiel**
Speicherprogrammierte Steuerung (SPS)	Der logische Ablauf der Steuerung ist in einem Programmspeicher abgelegt und über ein Bedienfeld veränderbar.	Speicherprogrammierbare Kleinsteuerungen (z. B. LOGO, EASY)
Verbindungsprogrammierte Steuerung (VPS)	Der logische Ablauf der Steuerung ist durch die Art der verwendeten Bauteile und deren gegenseitigen Verbindungen bestimmt.	Logische Verdrahtung mehrer Schalter (z. B. Wechselschaltung, Verriegelung, Sicherheitsabschaltung)

Schaltglieder von Ablauf- und Verknüpfungssteuerungen

IEC 60050-351 : 2013-11

Binäre Verknüpfungsglieder			
	EN 60617-12 : 1999-4		**Elektrisches Schaltbild**
	Schaltzeichen/Gleichung	**Schalttabelle**	
UND (AND)	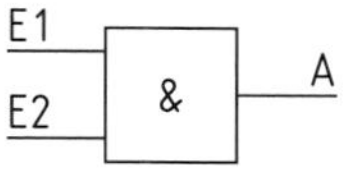 A = E1 ∧ E2	E1 E2 A: 0 0 **0**; 0 1 **0**; 1 0 **0**; 1 1 **1**	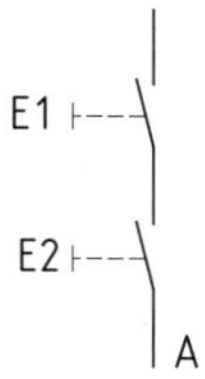
ODER (OR)	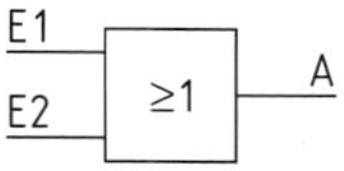 A = E1 ∨ E2	E1 E2 A: 0 0 **0**; 0 1 **1**; 1 0 **1**; 1 1 **1**	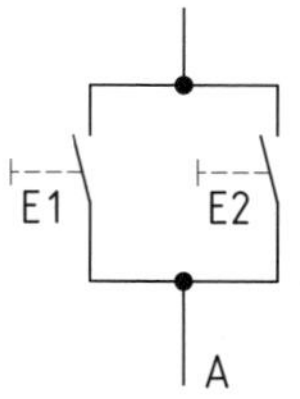
NICHT (NOT)	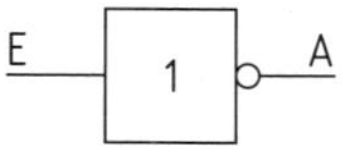 $A = \bar{E}$	E1 A: 0 **1**; 1 **0**	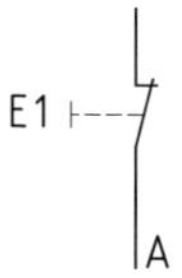
UND-NICHT (NAND)	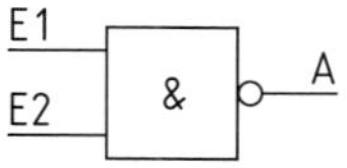 $A = \overline{E1 \wedge E2}$	E1 E2 A: 0 0 **1**; 0 1 **1**; 1 0 **1**; 1 1 **0**	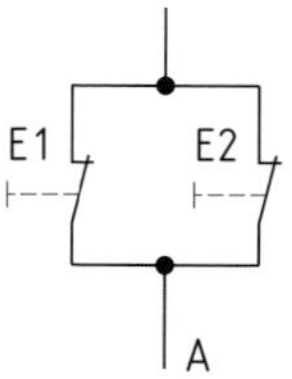

<table>
<tr><th colspan="4">Binäre Verknüpfungsglieder</th></tr>
<tr><th rowspan="2"></th><th colspan="2">EN 60617-12 : 1999-4</th><th rowspan="2">Elektrisches Schaltbild</th></tr>
<tr><th>Schaltzeichen/Gleichung</th><th>Schalttabelle</th></tr>
<tr><td>ODER-NICHT
(NOR)</td><td>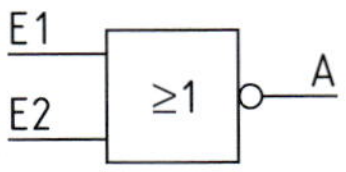
$A = \overline{E1 \vee E2}$</td><td><table><tr><th>E1</th><th>E2</th><th>A</th></tr><tr><td>0</td><td>0</td><td>1</td></tr><tr><td>0</td><td>1</td><td>0</td></tr><tr><td>1</td><td>0</td><td>0</td></tr><tr><td>1</td><td>1</td><td>0</td></tr></table></td><td>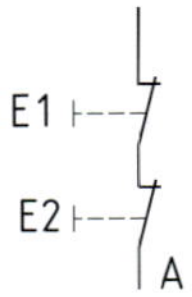</td></tr>
<tr><td>exklusiv
ODER
(XOR)
(Entweder-Oder/
Wechselschaltung</td><td>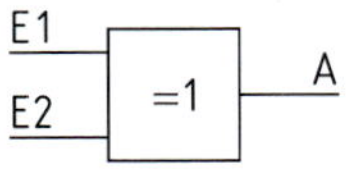
$A = (\overline{E1} \wedge E2) \vee$
$(E1 \wedge \overline{E2})$</td><td><table><tr><th>E1</th><th>E2</th><th>A</th></tr><tr><td>0</td><td>0</td><td>0</td></tr><tr><td>0</td><td>1</td><td>1</td></tr><tr><td>1</td><td>0</td><td>1</td></tr><tr><td>1</td><td>1</td><td>0</td></tr></table></td><td>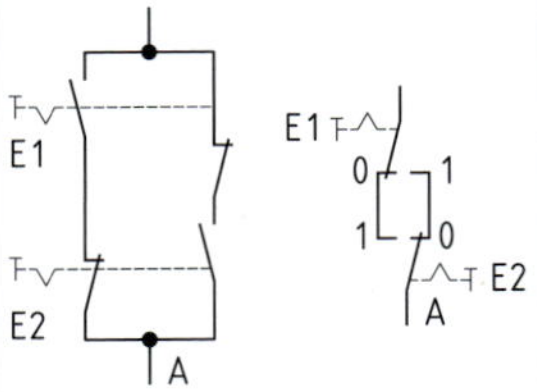</td></tr>
<tr><th colspan="4">Speicherglied (Storage element)</th></tr>
<tr><td></td><td>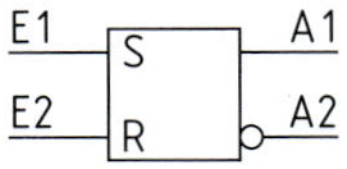
S Setzen
R Rücksetzen</td><td><table><tr><th>E1</th><th>E2</th><th>A1</th><th>A2</th></tr><tr><td>0</td><td>0</td><td>•</td><td>•</td></tr><tr><td>1</td><td>0</td><td>0</td><td>1</td></tr><tr><td>0</td><td>1</td><td>1</td><td>0</td></tr><tr><td>1</td><td>1</td><td>□</td><td>□</td></tr></table>• Zustand unverändert
□ Zustand unbestimmt</td><td>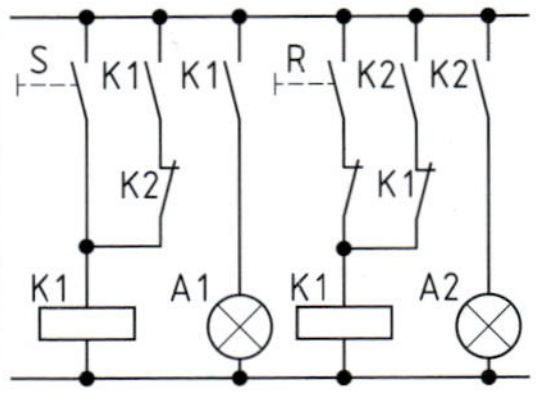</td></tr>
</table>

1.11.4 Regelungstechnik *automatic control engineering*

(vgl. IEC 60050-351 : 2009-06 und DIN 19227-2 : 1991-02)

Regelverhalten

Regelkreise reagieren auf unterschiedliche Arten von Einflüssen:

<table>
<tr><th>Einfluss</th><th colspan="2">Sprungantwort des Regelkreises</th><th>Beispiel</th><th>Erläuterung</th></tr>
<tr><td>Führungsverhalten</td><td>Verhalten der Regelgröße x bei Änderungen der Führungsgröße</td><td>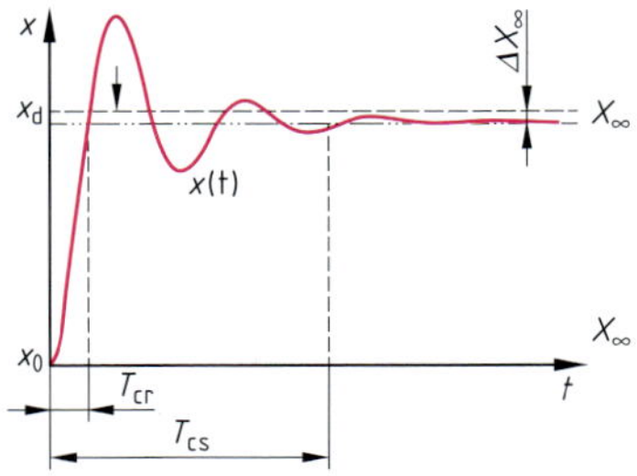</td><td>Sollfüllstand (Führungsgröße w) ändert sich z. B. in Abhängigkeit von der Tageszeit.</td><td>X_0 Regelgröße im Beharrungszustand vor und nach dem Sprung
ΔX_∞ Abweichung im Beharrungszustand
X_d Sollwert
T_{cr} Anregelzeit
T_{cs} Ausregelzeit</td></tr>
</table>

Einfluss	Sprungantwort des Regelkreises	Beispiel	Erläuterung
Störverhalten	Verhalten der Regelgröße x unter Einfluss einer Störgröße 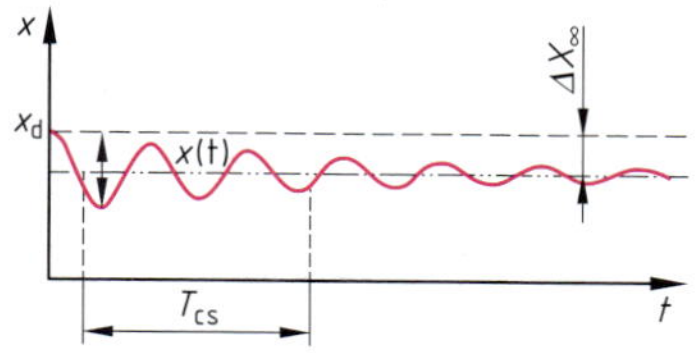	Der Wasserzulauf (Störgröße z) unterliegt Schwankungen.	X_d: Sollwert T_{cs}: Ausregelzeit ΔX_{∞}: Beharrungszustand
Hysterese	Verhalten der Regelgröße durch eine verzögerte Wirkungsänderung. 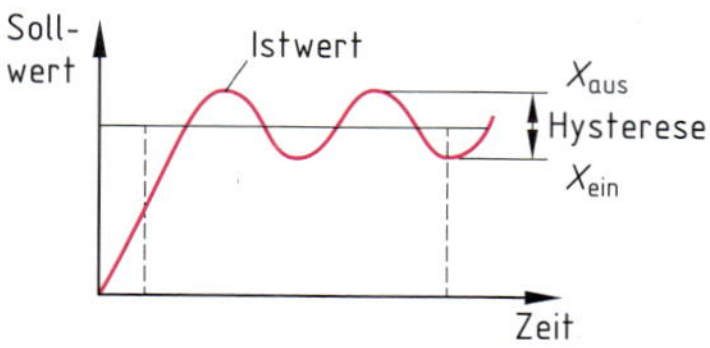	Wird bei einer Zweipunktregelung der Sollwert erreicht, müsste er idealerweise ständig ein- und ausschalten, was zu technischen Problemen führt. Zweitpunktregler brauchen daher einen unterschiedlichen Einschalt- und Ausschaltzeitpunkt. Die Schaltdifferenz nennt man Hysterese.	X_{ein}: Einschaltwert X_{aus}: Ausschaltwert

Schaltende (unstetige) Regler

Regelart	Beispiel Füllstandsregelung	Sprungantwort	Blockdarstellung Sinnbild	Bemerkungen
Zweipunktregler *on-off controller*	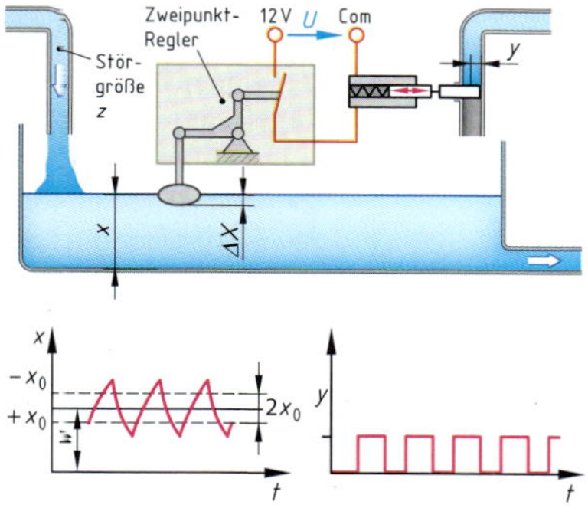	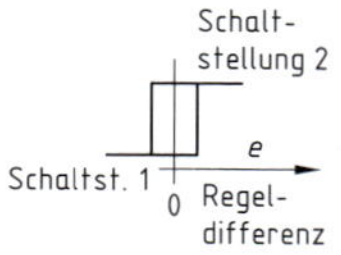	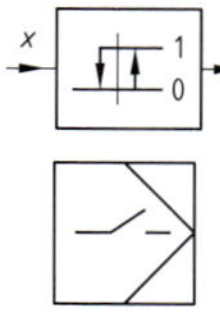	Stellgröße y hat nur die Zustände 0 oder 1, bzw. auf oder zu. Der Abstand zwischen Einschalt- und Ausschaltzeitpunkt ist die Schaltdifferenz (Hysterese). Vorteile: • einfache Bauweise • kostengünstig Nachteile: • Schwankungen um den Sollwert • neigt zu instabilem Verhalten
Dreipunktregler *three-position controller*	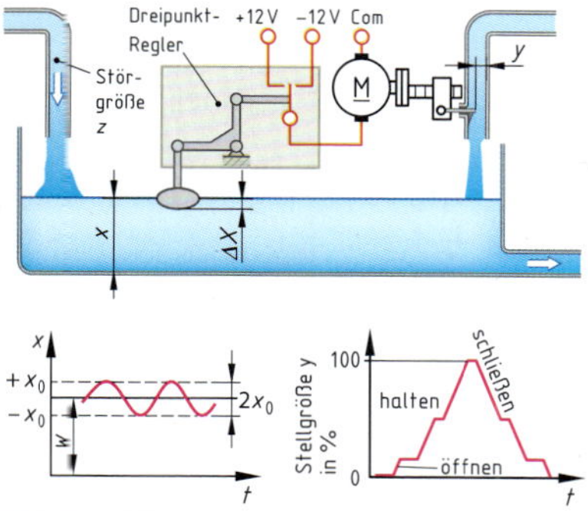	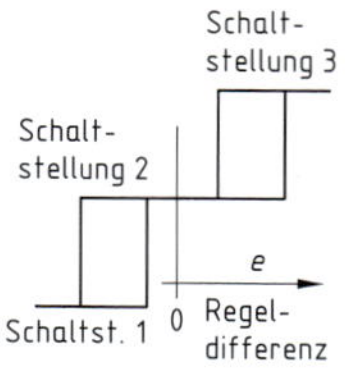	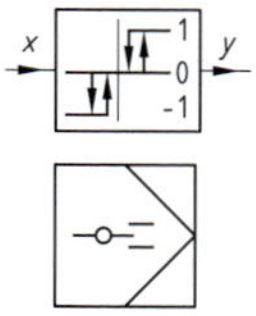	Stellgröße y hat drei verschiedene Schaltzustände, z. B. Öffnen, Halten, Schließen. Vorteile: • geringere Schwankung um den Sollwert • stabiles Regelverhalten Nachteile: • aufwändigere Bauweise

Analoge (stetige) Regler

<table>
<tr><th rowspan="2">Regelart</th><th rowspan="2">Beispiel</th><th colspan="2">Übergangsverhalten
—— ideal —— real</th><th rowspan="2">Bemerkungen</th></tr>
<tr><th>Sprungantwort des Reglers</th><th>Blockdarstellung Sinnbild</th></tr>
<tr>
<td>P-Regler
proportional controller
Proportional wirkender Regler</td>
<td>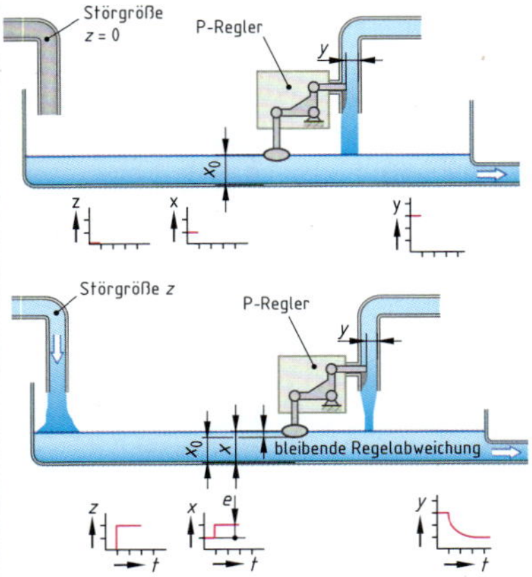
</td>
<td>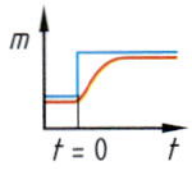

e: Regeldifferenz
m: Reglerausgangsgröße
w: Führungsgröße
x: Regelgröße
y: Stellgröße
z: Störgröße</td>
<td>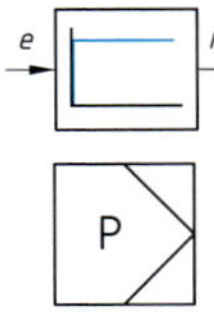
</td>
<td>Je größer die Regeldifferenz e ist, desto größer bzw. kleiner ist die Stellgröße y.
Vorteil:
• einfache Bauweise ohne Fremdenergie möglich
• schnelle Reaktion
Nachteile:
• bleibende Regelabweichung (Regeldifferenz)
• neigt zu instabilem Verhalten
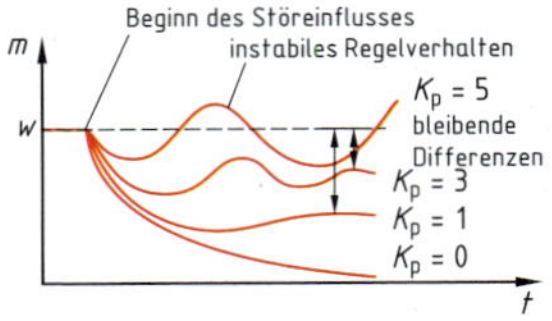
</td>
</tr>
<tr>
<td>I-Regler
integral action controller
Integral wirkender Regler</td>
<td>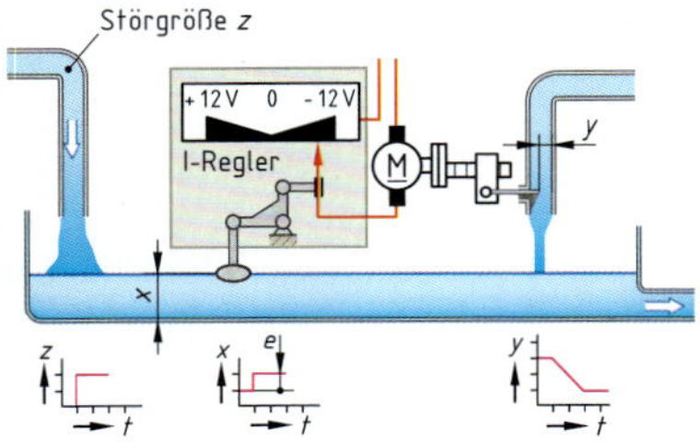
</td>
<td>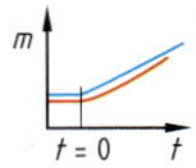

e: Regeldifferenz
m: Reglerausgangsgröße
w: Führungsgröße
x: Regelgröße
y: Stellgröße
z: Störgröße</td>
<td>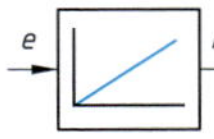
</td>
<td>Je größer die Regeldifferenz e ist, desto schneller verändert sich die Stellgröße y.
Vorteil:
• keine bleibende Regelabweichung (Regeldifferenz)
• stabiles Verhalten
Nachteile
• langsame Reaktion
• Fremdenergie notwendig
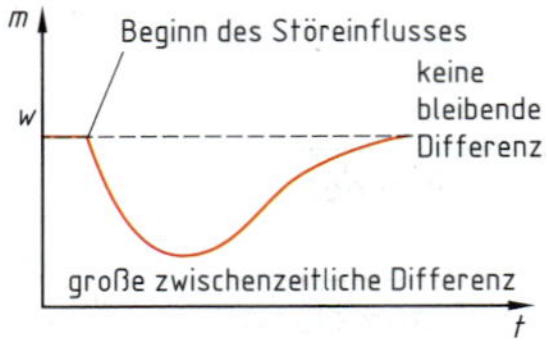
</td>
</tr>
<tr>
<td>PI-Regler
proportional plus integral controller
Proportional-integral wirkender Regler</td>
<td>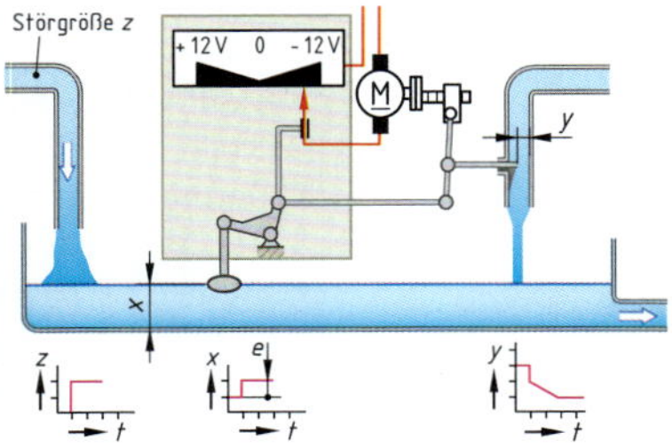

Parallelschaltung eines P- und eines I-Regelgliedes</td>
<td>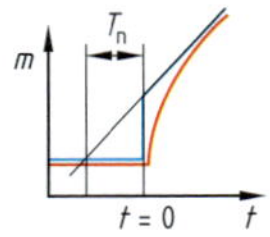

e: Regeldifferenz
m: Reglerausgangsgröße
T_n: Zeitkonstante
x: Regelgröße
y: Stellgröße
z: Störgröße</td>
<td>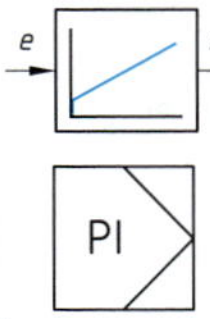
</td>
<td>Vorteil:
• Der P-Anteil sorgt für eine schnelle Reaktion, während der I-Anteil eine bleibende Regelabweichung verhindert.
Nachteil:
• Aufwändige Bauweise</td>
</tr>
<tr>
<td>D-Regler
derivative controller
Differenzierend wirkender Regler</td>
<td>Reine D-Regler werden in der Praxis nicht eingesetzt, da sie zu instabilem Verhalten (Überschwingen) neigen. D-Regelglieder werden mit P- oder PI-Regelgliedern kombiniert.</td>
<td>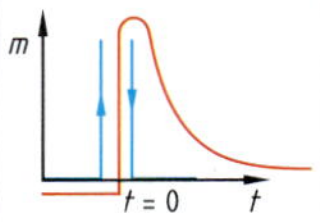

e: Regeldifferenz
m: Reglerausgangsgröße</td>
<td>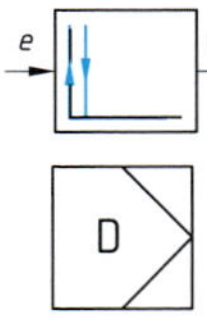
</td>
<td>Je schneller sich die Regeldifferenz e ändert, desto größer bzw. kleiner ist die Stellgröße y.
Bei gleichbleibender Regeldifferenz e ist die Stellgröße $y = 0$</td>
</tr>
</table>

Regelart	Beispiel	Übergangsverhalten —— ideal —— real		Bemerkungen
		Sprungantwort des Reglers	Blockdarstellung Sinnbild	
PID-Regler ***proportional plus integral plus derivative contoller*** Proportional-integral differenzierend wirkender Regler	Parallelschaltung eines P-, I- und D-Regelgliedes. Der D-Anteil bewirkt zunächst eine große Änderung der Stellgröße *y*. Danach wird deren Wert auf die Größe des P-Anteils verringert. Der I-Anteil gleicht anschließend die bleibende Regelabweichung des P-Anteils aus.	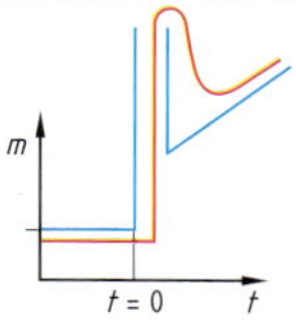 *e*: Regeldifferenz *m*: Reglerausgangsgröße	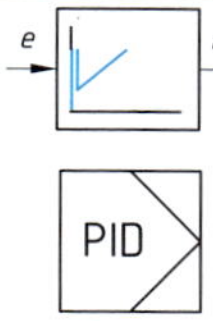	Der PID zeigt zunächst eine sehr schnelle Reaktion. Um ein Überschwingen zu verhindern, wird danach die Stellgröße auf den P-Anteil zurückgesetzt und die Regeldifferenz vollständig ausgeglichen. Vorteil: • Schnelle Reaktion bei stabilem Regelverhalten Nachteil: • sehr aufwändige Bauweise

Arten der Regelung

Kaskadenregelung	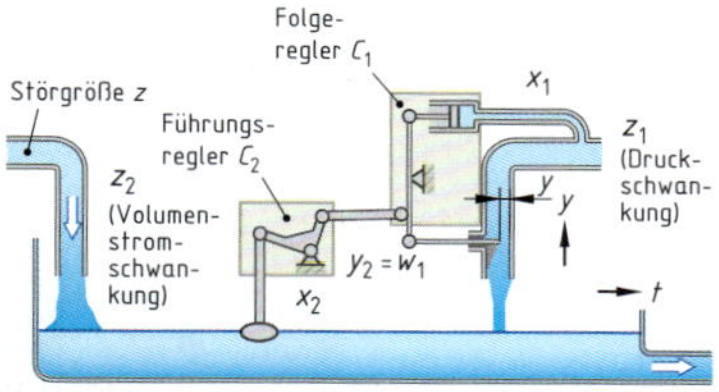 System mit zwei Störgrößen (z_1 Volumenstrom-, z_2 Druckschwankung). Die Stellgröße y_1 des Führungsreglers C_2 bildet die Führungsgröße w_1 für den Folgeregler C_1.	Sind mehrere Störgrößen vorhanden, werden Systeme mit nur einem Regler leicht instabil. Bei der Kaskadenregelung werden die einzelnen Störgrößen durch eigene Regelkreise ausgeregelt. Bei der Kaskadenregelung handelt es sich um eine Ineinanderschachtelung mehrerer Regelkreise. Vorteil: • Schnelle Reaktion bei stabilem Regelverhalten Nachteil: • Sehr aufwändige Bauweise
Festwertregelung	Druckminderventil	Regelung, bei der die Führungsgröße *w* fest eingestellt ist.
Zeitplanregelung	Absenkung der Vorlauftemperatur bei Heizungsanlagen in Abhängigkeit von der Tageszeit	Regelung, bei der die Führungsgröße *w* nach einem Zeitplan geändert wird.
Folgeregelung	Vorlauftemperatur bei Heizungsanlagen in Abhängigkeit von der Außentemperatur	Regelung, bei der sich die Führungsgröße *w* in Abhängigkeit von anderen variablen Größen im Laufe der Zeit ändert, ihr Verlauf aber vorher nicht bekannt ist.
Begrenzungsregelung	Vorlauftemperaturbegrenzung bei Fußbodenheizungen	Zusätzliche Regelung, die nur in Funktion tritt, wenn eine gegebene variable Größe ihre vorbestimmten Grenzwerte erreicht.
Fuzzyregelung	Raumtemperatur bei Klimaanlagen	Das Regelverhalten wird durch Fuzzylogik formuliert. Fuzzy-Regler arbeiten mit sogenannten „linguistischen Variablen", welche sich auf „unscharfe Mengenangaben" beziehen, wie zum Beispiel hoch, mittel und niedrig.

1.11.5 Automatisierungs- und Leittechnik

Die **Automatisierungstechnik** ist ein Teilgebiet des Anlagenbaus. Sie wird eingesetzt, um technische Vorgänge in Maschinen, Anlagen oder technischen Systemen zu automatisieren.
Die **Leittechnik** fasst die Datenströme der Automation wie zum Beispiel Signale der Mess-, Steuer- und Regelungstechnik zusammen, um dadurch eine Anlage oder einen Prozess zu steuern und zu überwachen.
Die Grundbegriffe der Leittechnik sind in der DIN IEC 60050-351: Internationales Elektrotechnisches Wörterbuch – Teil 351: Leittechnik festgelegt.

Begriffe und Anwendungsgebiete

Begriff	Anwendungsbereich
Prozessleittechnik	Verfahrenstechnik
Netzleittechnik	Versorgungsnetze für Strom / Gas / Wasser / Fernwärme
Betriebsleittechnik	Schienenverkehr
Gebäudeleittechnik	Gebäudeautomation
Fertigungsleittechnik	Fertigungstechnik

1.11.5.1 Gebäudeautomation

Unter **Gebäudeautomation** (GA) / Direct-Digital-Control-Gebäudeautomation (DDC-GA) versteht man die automatische Steuerung und Regelung von Gebäudefunktionen, wie Heizung, Klima und Lüftung sowie Beleuchtung und Beschattung.

Ebenen der Gebäudeautomation

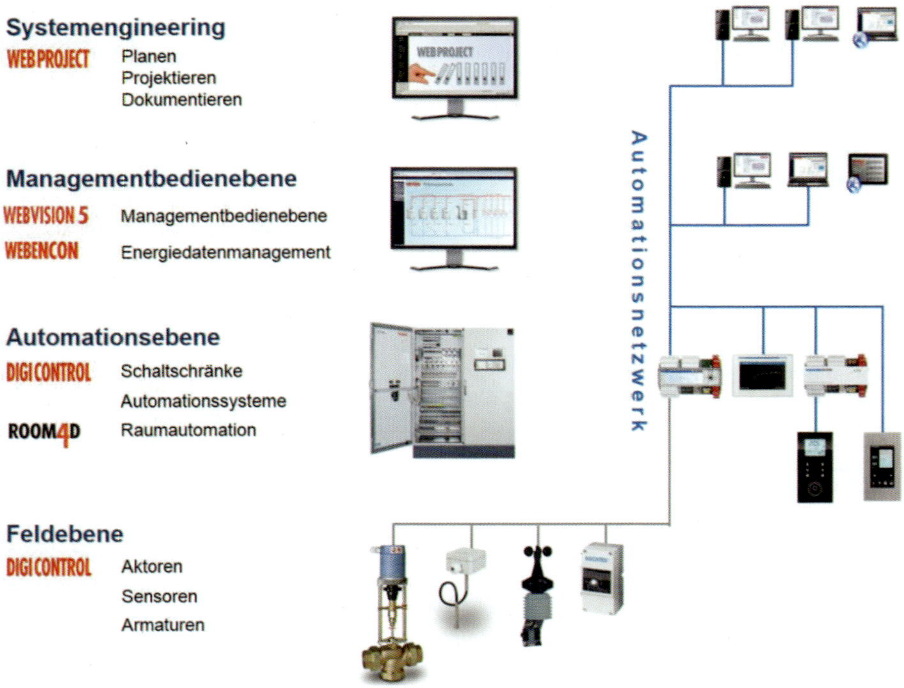

Managementbedienebene

Hier erfolgt die übergeordnete Bedienung und die Beobachtung der automatisierten Prozesse ab, aber auch die Alarmierung bei Störungen. Als **Gebäudeleittechnik** bezeichnet man die Software, mit der das Gebäude überwacht und gesteuert wird.

Automationsebene

Die Automationsebene hat die Aufgabe die gebäudetechnischen Anlagen zu steuern und zu regeln. Regel- und Steuereinheiten (Controller) vergleichen die Soll-Werte der Managementebene mit den von der Feldebene gelieferten Ist-Werten der Sensoren. Durch ein Regelungsprogramm werden die Daten ausgewertet und entsprechende Stell-Werte an die Aktoren der Feldebene ausgegeben.

Feldebene

Die Feldebene umfasst den Betrieb der technischen Anlagen des Gebäudes (z. B. für die Beleuchtungs-, Heizungs-, Klima- und Lüftungsanlage). Sensoren liefern Ist-Werte an die Automatisierungsebene und Aktoren erhalten Stell-Werte von der Automatisierungsebene. Sensoren und Aktoren werden als Feldgeräte bezeichnet.

Feldbus-Systeme

Ein Feldbus ist ein Bussystem, das in einer Anlage Feldgeräte wie Messfühler (Sensoren) und Stellglieder (Aktoren) zwecks Kommunikation mit einem Controller in der Automatisierungsebene verbindet. Auf derselben Leitung senden die Sensoren ihre Ist-Werte und die Aktoren empfangen ihre Stell-Werte. Daher wird in einem Übertragungsprotokoll die Reihenfolge der Übertragung und die Adressierung von Sender und Empfänger festlegt. Die Informationen selbst werden als sogenannte Telegramme übertragen.

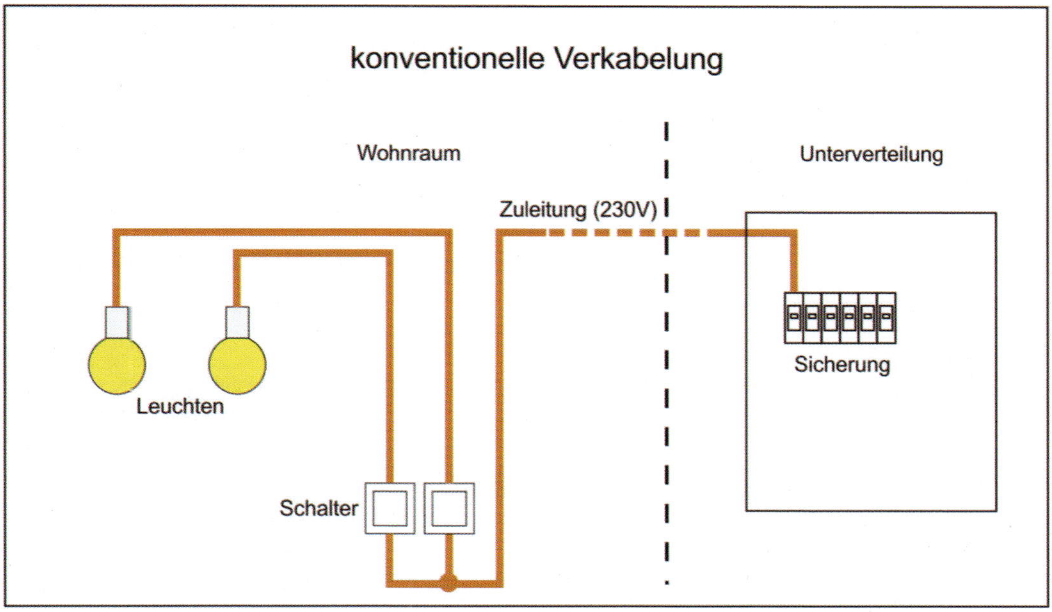

Busverkabelung

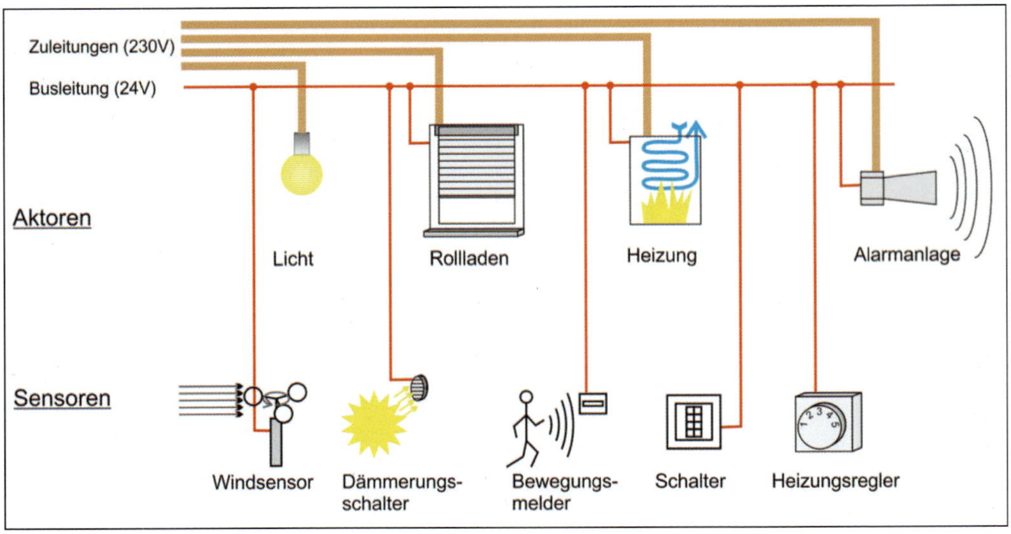

Im Gegensatz zur konventionellen Installation (verbindungsprogrammiert) gibt es bei einem Bussystem einen zusätzlichen Stromkreis, in dem die Steuer- und Regelinformationen getrennt von der reinen Stromversorgung übertragen werden. Neben kabelgebundenen Systemen gibt es auch funkbasierte Systeme.
Neben vielen herstellerspezifischen Feldbus-Varianten *gibt es offene Feldbussyteme*, die herstellerübergreifend arbeiten.

KNX-Bus

KNX ist der in der Gebäudeautomation am meisten verwendete offene Feldbus.
Es ist der Nachfolger der Feldbusse Europäischer Installationsbus (EIB), BatiBus und European Home Systems (EHS).
KNX wird auch zunehmend in Wohngebäuden und insbesondere Einfamilienbauten angewendet.
Das KNX-System ist dezentral aufgebaut.
Die Intelligenz des Systems ist also verteilt auf die einzelnen Teilnehmer, jedes Systemgerät besitzt somit einen eigenen Mikroprozessor.

Funktionsprinzip Steuerungssystem KNX

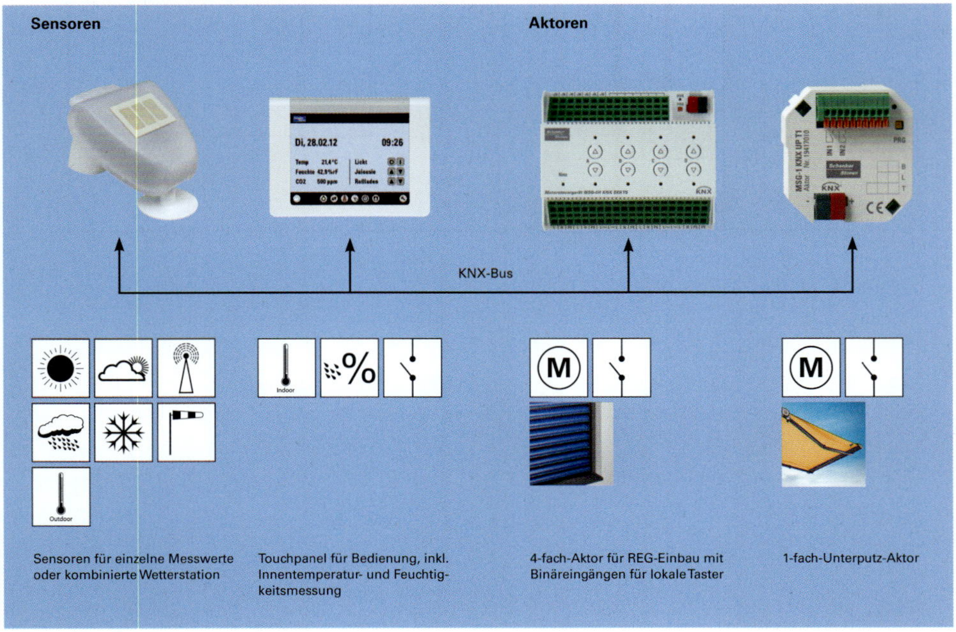

Herstellerbezogene Lösungen der Gebäudeautomation

Hausautomatisierung (Smart home)

Die Bezeichnung ‚Smart-Home' umfasst verschiedene Automationsverfahren zur Vernetzung von technischen Geräten aller Art (Haustechnik, Haushaltsgeräte, Dienstleistungen). Alternativ werden zum Teil die verwandten Begriffe Smart Living, connected Home, Hausautomation oder eHome verwendet.

Gebäudemanagementsysteme

Ein Gebäudemanagementsystem (GMS) übernimmt Steuerungsaufgaben der Kommunikations-, Haustechnik- und Gefahrenmeldeanlagen und zentralisiert die Bedienung und Betreuung dieser Anlagen.

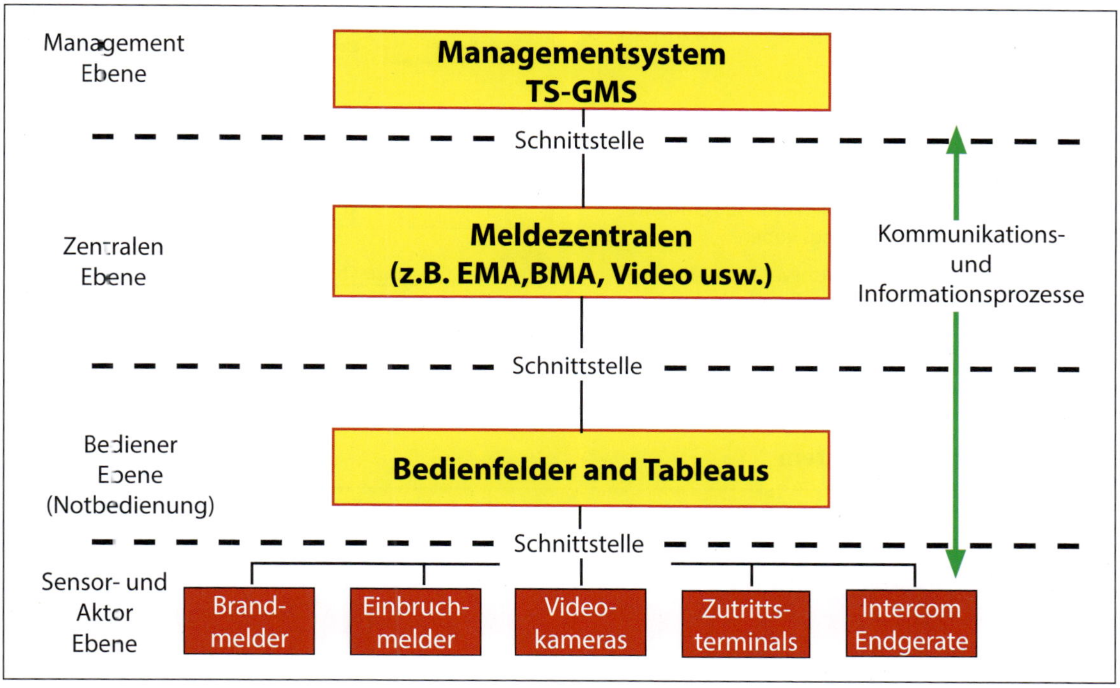

1.11.5.2 Prozessautomation

Die Prozessautomation bezieht sich auf die Verarbeitung von Stoffen und Materialien in einem verfahrenstechnischen Prozess. Automatisierung in der Prozessindustrie bedeutet, Stoff- und Energieströme gezielt zu beeinflussen. Als **Prozessleittechnik** bezeichnet man Mittel und Verfahren, die dem Steuern, Regeln und Sichern verfahrenstechnischer Anlagen dienen. Zentrale Mittel sind dabei das Prozessleitsystem und die Speicherprogrammierbare Steuerung. Daneben gibt es noch die Verbindungsprogrammierte Steuerung, die für kompliziertere Anwendungen allerdings sehr aufwändig ist.

System und Prozess

DIN EN 81346 : 2010-05

Technisches System

Technische Anordnung, in der Prozesse ablaufen, in denen die Eingangsgrößen aufgrund von Gesetzmäßigkeiten Ausgangsgrößen erzeugen.

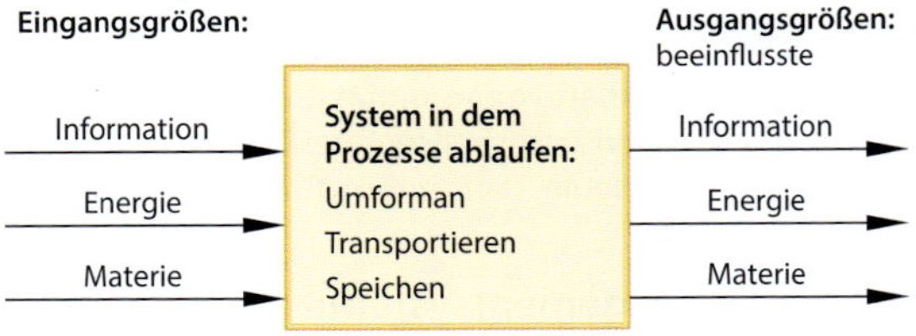

Technischer Prozess

Ein Prozess ist eine Gesamteinheit von aufeinander einwirkenden Vorgängen in einem System, durch die Materie, Energie oder Informationen umgeformt, transportiert oder gespeichert werden.

Informationsverarbeitende Systeme

Die Arbeitsweise informationsverarbeitender Systeme erfolgt nach dem Prinzip Dateneingabe – -verarbeitung – -ausgabe. Informationen werden erfasst, verarbeitet und in anderer Form wieder ausgegeben.

Eine Steuerung ist ein informationsverarbeitendes System, das Materie- oder Energiefluss beeinflusst.

Prozess der Informationsverarbeitung

EVA-Prinzip

Prozess bei Steuerungsabläufen

Signalarten in einem System

Signalart	Beschreibung	Darstellung
binäre Signale	**Sprungverlauf:** Sie besitzen nur zwei Werte und können nur den Zustand „vorhanden" oder „nicht vorhanden" einnehmen. Signal vorhanden = "1" - Kein Signal = "0"	Werte: 6 oder 0 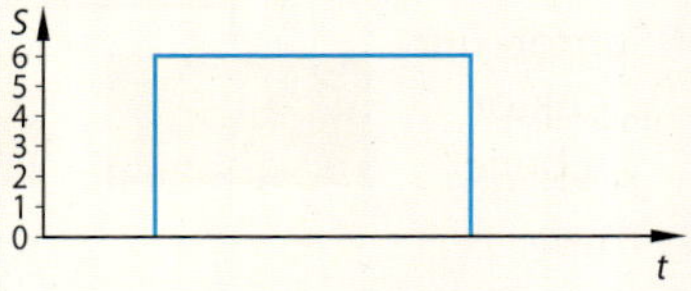
digitale Signale	**Stufiger Verlauf:** Sie besitzen nur eine begrenzte Anzahl von Werten und können sich nur stufenweise um einen bestimmten Wert verändern.	Wertereihe: Zahlen 0, 1, 2, 3, 4, 5, 6 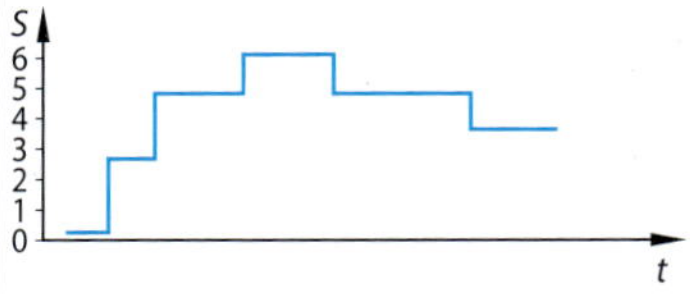
analoge Signale	**Stufenloser Verlauf:** Sie können einen beliebigen Wert annehmen und verändern sich dadurch kontinuierlich	Kurve: Bereich 0 bis 6 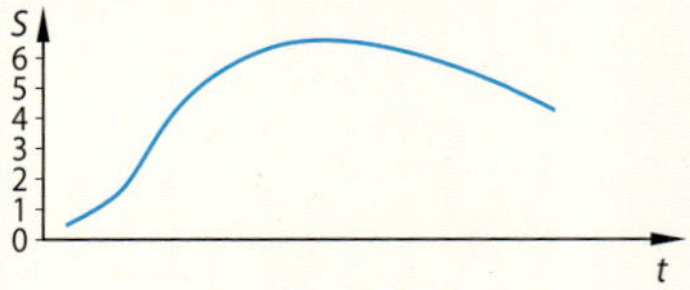

1.12 Bearbeiten von Kundenaufträgen *customer's orders*

1.12.1 Arbeitsaufteilung in einem Handwerksbetrieb

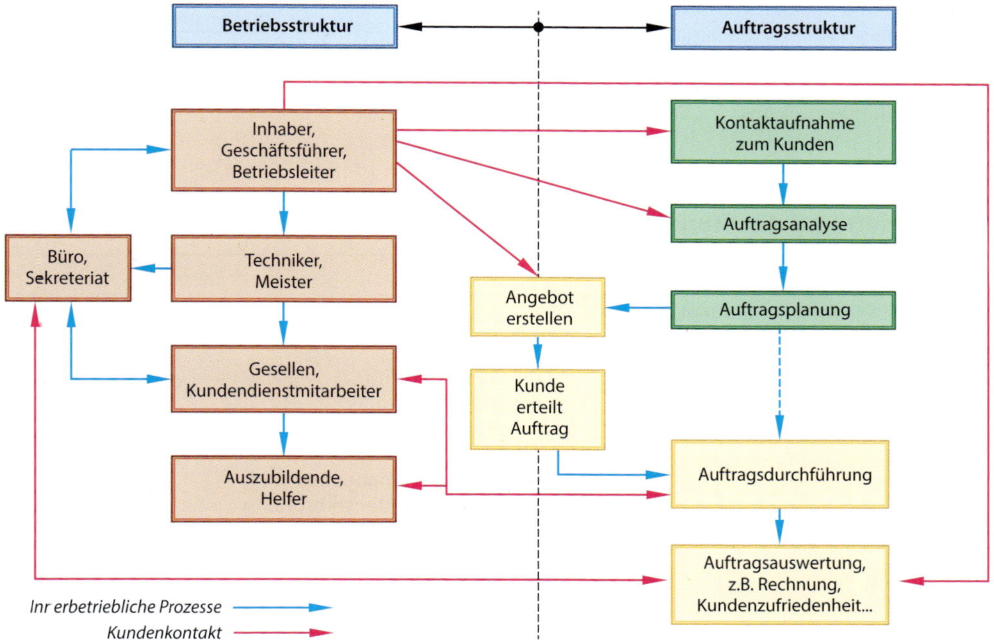

1.12.2 Phasen des Kundenauftrags

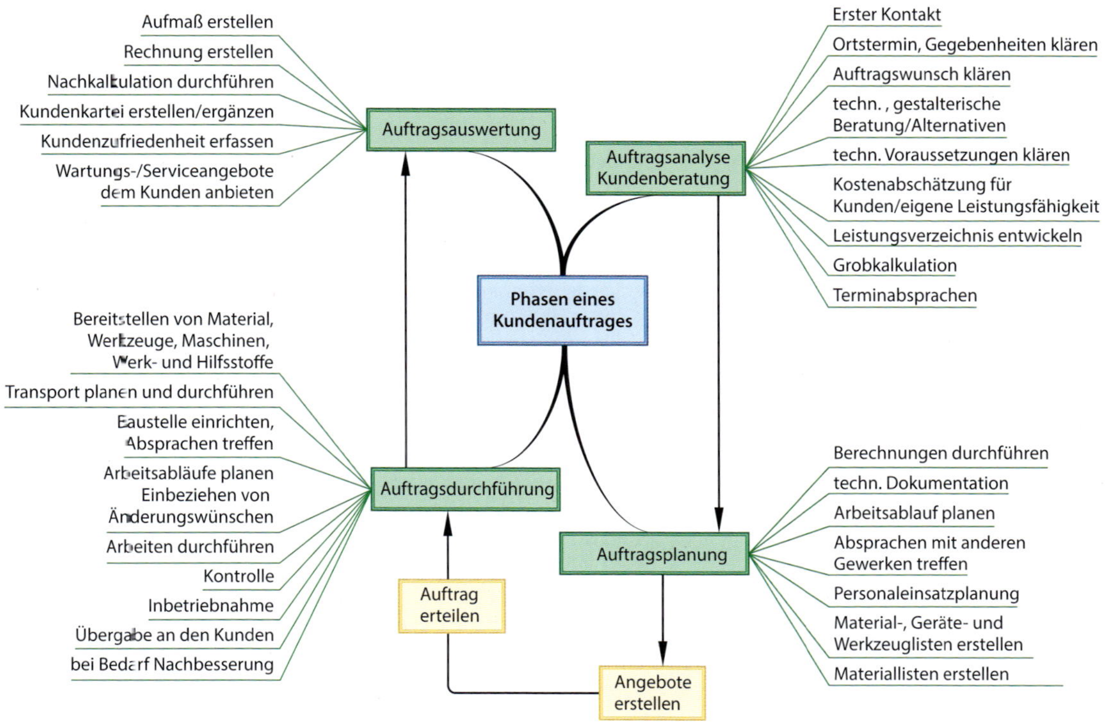

1.12.3 Auftragsarten in einem Handwerksbetrieb

Unterschiedliche Auftragsarten erfordern jeweils einen spezifischen Zeit-, Material- und Arbeitsaufwand. Einfache Reparaturarbeiten und Standardwartungen beinhalten in der Regel geringe Anteile für Analyse, Planung und Auswertung. Komplexe Modernisierungs- bzw. Sanierungsarbeiten und Neuinstallationen benötigen zumeist das gesamte Spektrum der Phasen eines Kundenauftrags.

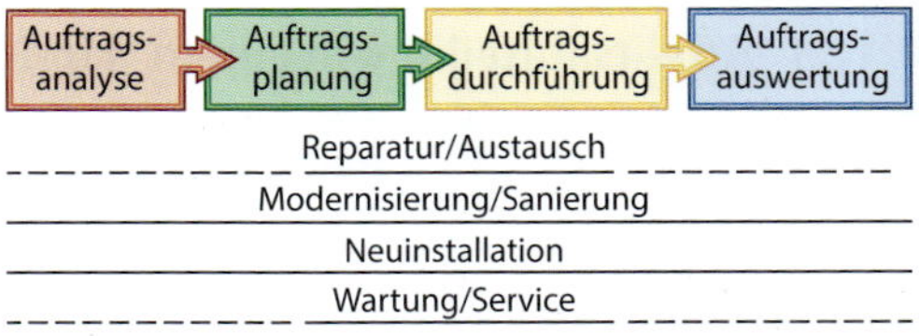

1.12.4 Kalkulation *cost accounting*

Muster zur Ermittlung des Stundenverrechnungssatzes[1)]

Bruttolohn Facharbeiter je Stunde (100 %) z. B.		19,00 €
Prozentale Zuschläge auf den Stundenlohn		
Gesetzliche Sozialaufwendungen ca. 40 %	Arbeitgeberanteile: • Krankenversicherung • Rentenversicherung • Arbeitslosenversicherung • Konkursausfallgeld • Schwerbehindertenabgabe • Abgabe Arbeitsstättenverordnung Lohnfortzahlung Krankheit: • Berufsgenossenschaftsumlage • Arbeitsmedizinischer Dienst • Arbeitssicherheitsgesetz Feiertage z. B. Ostern, Weihnachten	7,60 €
Tarifliche Sozialaufwendungen ca. 42 %	• Urlaub • Urlaubsgeld • Weihnachtsgeld • Ausfalltage z. B. Umzug … • Auslösungen	8,06 €
Sonstige Sozialaufwendungen ca. 10 %	• Schutzkleidung • Fahrtkosten • Betriebl. Aktivitäten	1,90 €
Betriebliche Gemeinkosten 85 %	• Gehälter für Büroangestellte, Arbeitsvorbereitung, Hausmeister, Lager, Porto, Telefon, Büromaterial • Werbung • Heizung, Strom, Gas, Wasser • Betriebliche Steuern • Versicherungen, Beiträge, Gebühren • Instandhaltung an Gebäuden und Maschinen • Raumkosten, Mieten für Lagerhaltung, • KFZ-Kosten • betriebliche, nicht verrechenbare Zeiten • Steuer- und Rechtsberatungskosten • Kapitaldienst/Zinsen	16,15 €
Kalkulatorische Gemeinkosten 30 %	• Unternehmerlohn • Verzinsung des eingesetzten Kapitals • Kalkulatorische Miete • Kalkulatorische Abschreibungen	5,70 €
Zuschlag Unternehmerrisiko und Gewinn z. B. 5 %		0,95 €
Stundenverrechnungssatz je verrechenbare Stunde (Deckung der betrieblichen Kosten, Erhaltung der Betriebsbereitschaft, Sicherung der Existenz des Betriebes und der Arbeitsplätze)		59,36 €
Mehrwertsteuer 19 %		11,28 €
Endrechnungsbetrag		70,64 €

1) Zahlenwerte sind angenommene Werte und müssen auf die betriebl. Situation und die gesetzlichen Vorgaben gegebenenfalls angepasst werden.

Angebotskalkulation für einen Auftrag[1)]

Beispiel Kalkulation ohne Verrechnungsstundensatz („industrielle Kalkulation“)

Materialeinzelkosten MEK	50 000,00 €	100 %
+ Materialgemeinkosten	12 500,00 €	25 %
Summe Materialkosten MK	62 500,00 €	
Fertigungslohnkosten FL	30 000,00 €	100 %
+ Fertigungsgemeinkosten FGK	49 500,00 €	165 %
+ Sondereinzelkosten der Fertigung SEF	500,00 €	
Summe Fertigungskosten FK = FL + FGK + SEF	80 000,00 €	
Summe Herstellkosten HK = MK + FK	142 500,00 €	100 %
+ Verwaltungsgemeinkosten VwGK	49 857,50 €	3,5 %
+ Vertriebsgemeinkosten VtGK	2 850,00 €	2 %
Selbstkosten SK = HK + VwGK + VtGK	192 207,50 €	100 %
Gewinnaufschlag G	19 220,75 €	10 %
Angebotspreis Netto = SK + G	214 728,25 €	100 %
Mehrwertsteuer	40 798,37 €	19 %
Angebotspreis Brutto	255 526,62 €	

Beispiel Kalkulation **mit** Verrechnungsstundensatz („handwerkliche Kalkulation“)

Materialeinzelkosten MEK	5 000,00 €	100 %
+ Materialgemeinkosten	500,00 €	10 %
Summe Materialkosten MK	5 500,00 €	
Fertigungskosten FK = 40,65 €/h Verrechnungsstundensatz · 100 Arbeitsstunden	4 065,00 €	
Selbstkosten SK = MK + FK	95 650,00 €	100 %
Gewinnzuschlag	956,50 €	10 %
Angebotspreis Netto	10 521,50 €	100 %
Mehrwertsteuer	1 999,08 €	19 %
Angebotspreis Brutto	12 520,58 €	

1.12.5 Qualitätsmanagement *quality management*

DIN EN ISO 9001 : 2005-12; DIN EN ISO 9004 : 2009-12

Als Qualitätsmanagement werden alle organisatorischen Maßnahmen bezeichnet, die der Verbesserung von Produkten, Dienstleistungen und Arbeitsabläufen dienen. Es ist gleichermaßen im Handwerk und in der Industrie notwendig.

Die acht Grundsätze des Qualitätsmanagements:

Nr.	Grundsatz	Ziele
1	Kundenorientierung	Höhere Einnahmen; größere Marktanteile, flexible und schnelle Reaktion auf den Markt; höhere Kundenzufriedenheit, Kundenbindung
2	Führung	Mitarbeiter kennen und verstehen die Organisation; größere Motivation; einheitliche Evaluation, Minderung von Kommunikationsfehlern
3	Einbeziehung der Mitarbeiter	Verbesserte Motivation, Engagement, Innovation, Kreativität; Mitarbeiter „denken und leben den Betrieb“

1) Alle Werte sind beispielhaft und können je nach Betrieb und gesetzlichen Vorgaben gegebenenfalls abweichen

Nr.	Grundsatz	Ziele
4	Prozessorientierter Ansatz	Geringere Kosten, kürzere Durchlaufzeiten durch die wirksame Nutzung der Ressourcen, bessere und vorhersagbare Ergebnisse.
5	Systemorientierter Management-ansatz	Ausrichtung der Prozesse, Konzentration auf Schlüsselprozesse, Vertrauensbildung.
6	Ständige Verbesserung	Leistungsvorsprung, Ausrichtung der Verbesserungsmaßnahmen auf allen Ebenen auf das Ziel, Flexibilität.
7	Sachbezogener Ansatz zur Entscheidungsfindung	Fundierte Entscheidungen, Wirksamkeit früherer Entscheidungen durch Bezugnahme auf die Aufzeichnungen von Fakten aufzuzeigen, verbesserte Fähigkeit, Meinungen und Entscheidungen zu bewerten.
8	Lieferantenbeziehungen zum gegenseitigen Nutzen	Verbesserte Wertschöpfung für beide Partner, verbesserte Reaktion auf veränderte Markt- oder Kundenerfordernisse und -erwartungen, Kosten- und Ressourcenverbesserung.

Qualitätsregelkreis

Kundenreaktionsmodell

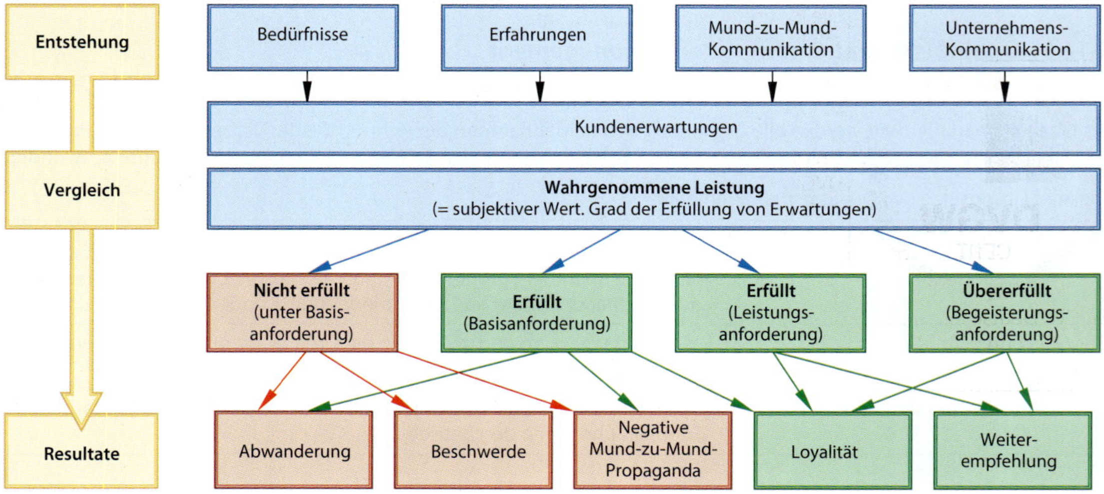

1.12.6 Prüf- und Zertifizierungszeichen

<table>
<tr><th>Symbol</th><th>Bedeutung</th></tr>
<tr><td>DGUV Test
IFA
Sicherheit geprüft
tested safety</td><td>Als eine der Prüfstellen im Rahmen des DGUV Test vergibt das IFA das DGUV Test-Zeichen für sicherheitsrelevante Bauteile und Baugruppen, wenn sie den zurzeit geltenden Sicherheits- und Gesundheitsanforderungen in der Bundesrepublik Deutschland entsprechen und nur dem Baumuster entsprechende Produkte in Verkehr gebracht werden.

DGUV: Deutsche Gesetzliche Unfallversicherung
IFA: Institut für Arbeitsschutz</td></tr>
<tr><td>Gefahrstoffmessung
IFA
Institut der DGUV
Eignung geprüft Nr.: IFA XXXX*)</td><td>Für Mess- und Probenahmegeräte zur Ermittlung der Gefahrstoffkonzentration am Arbeitsplatz wird ein eigenes IFA-Zeichen für Probenahmesysteme und direkt anzeigende Messsysteme vergeben. Bei den Probenahmesystemen prüft das IFA pumpenbasierte Sammelröhrchensysteme und Diffusionssammler auf Aktivkohle- und Silikagelbasis, während als direkt anzeigende Messsysteme Prüfröhrchensysteme und auf elektronischer Basis arbeitende Messsysteme zertifiziert werden.</td></tr>
<tr><td>DGUV Test
GS
geprüfte Sicherheit</td><td>Mit dem GS-Zeichen („Geprüfte Sicherheit“) dürfen technische Produkte versehen werden, wenn
• eine zugelassene, unabhängige Prüf- und Zertifizierungsstelle eine Baumusterprüfung durchführt und bestätigt, dass das Baumuster den sicherheitstechnischen Anforderungen des ProdSG entspricht und
• die Prüf- und Zertifizierungsstelle kontrolliert, dass die in Verkehr gebrachten Serienprodukte mit dem geprüften Baumuster übereinstimmen.</td></tr>
<tr><td>CE</td><td>Die CE-Kennzeichnung an einem Produkt erklärt gegenüber den Behörden
• dass das Produkt allen geltenden europäischen Vorschriften entspricht und
• es den vorgeschriebenen Konformitätsbewertungsverfahren unterzogen wurde.</td></tr>
<tr><td colspan="2">Ab 01.01.1996 werden Gasgeräte im gesamten Bereich der Europäischen Union nach gleichen Maßstäben bewertet. Mit dem CE-Zeichen wird dokumentiert, dass das Gerät den in der Gasgeräterichtlinie festgeschriebenen Standard erfüllt.
Dieser Standard entspricht naturgemäß nicht den höchsten nationalen Sicherheits-und Qualitätsanforderungen, sondern stellt ein von allen Ländern akzeptiertes mittleres Niveau dar.</td></tr>
<tr><td>CE 0085</td><td>Zur eindeutigen Identifizierung und Rückverfolgbarkeit werden von allen benannten Stellen einheitlich aufgebaute Identnummern festgelegt.

CE - 0085 AP 0285
0285 – laufende Nummer
AP – codierte Jahreszahl
0085 – Kennnummer der Zertifizierungsstelle

Die Identnummer wird von der benannten Stelle als zusätzliche Angabe auf dem Typenschild empfohlen.</td></tr>
<tr><td>DVGW
CERT

DVGW: Deutscher Verein des Gas- und Wasserfaches</td><td>Im Gas- und Wasserfach liegen nicht für alle Produkte und Einrichtungen anwendbare europäische Richtlinien vor. Neben den gesamten wasserfachlichen Produkten fallen beispielsweise Gasarmaturen, Rohrleitungen und Druckregelgeräte noch nicht in den Geltungsbereich einer EG-Richtlinie. Für sie bleiben auch weiterhin die nationalen DVGW- oder DIN-DVGW-Zertifizierungen nach DVGW-Regelwerk ein verlässlicher Nachweis für die Einhaltung der anerkannten Regeln der Technik.</td></tr>
</table>

Symbol	Bedeutung
	• Für Produkte und Einrichtungen ohne anwendbare europäische Richtlinien • z. B. Gasarmaturen, Rohrleitungen, Dichtungswerkstoffe • Anwendung nationaler Normen und Regeln • Berücksichtigung nationaler Installations- und Nutzergewohnheiten
	Wer Produkte mit dem DIN-DVGW- oder DVGW-Zertifzierungszeichen verwendet – sei es als Versorgungsunternehmen, als Händler, Fachhandwerker oder Verbraucher –, dem kann in einem Schadensfall in aller Regel kein Vorwurf schuldhaften Verhaltens gemacht werden.
VDE:Verband der Elektrotechnik Elektronik Informationstechnik	Für elektrotechnische Erzeugnisse, auch Produkte im Sinne des Produktsicherheitsgesetzes (ProdSG)
	Für technische Arbeitsmittel und verwendungsfertige Gebrauchsgegenstände im Sinne des Produktsicherheitsgesetzes (ProdSG)
	Für Erzeugnisse nach harmonisierten Zertifizierungsverfahren. Für die Prüfung gelten die im **ENEC-Abkommen** aufgeführten europäischen Normen. Eine Genehmigung einer weiteren, am europäischen Zertifizierungsverfahren beteiligten Stelle, ist nicht erforderlich.
	Für Geräte, die den Normen für elektromagnetische Verträglichkeit entsprechen.

2 Technische Kommunikation

2.1 Grundlagen *basics*

Gerade
Gerade g ist eine unbegrenzte Linie ohne Richtungsänderung.

Strecke
Strecke $\overline{AB}$ ist die kürzeste Verbindung der Punkte A und B.

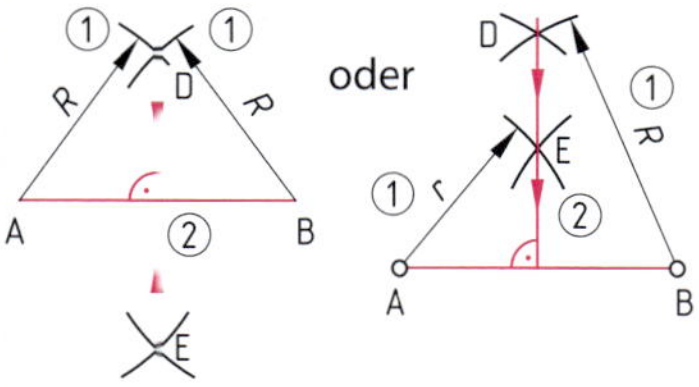

Halbieren einer Strecke $\overline{AB}$ und Errichten ihrer Mittelsenkrechten

① Kreisbögen um A und B mit beliebigen Radius R ergeben Schnittpunkte D und E.
② Die Verbindung der Punkte D mit E teilt die Strecke in gleiche Teile und steht senkrecht auf der Strecke $\overline{AB}$
oder
① Kreisbögen um A und B mit den Radien R und r ergeben Schnittpunkte D und E.
② Verlängerung der Strecke $\overline{DE}$ teilt die Strecke in gleiche Teile und steht senkrecht auf der Strecke $\overline{AB}$.

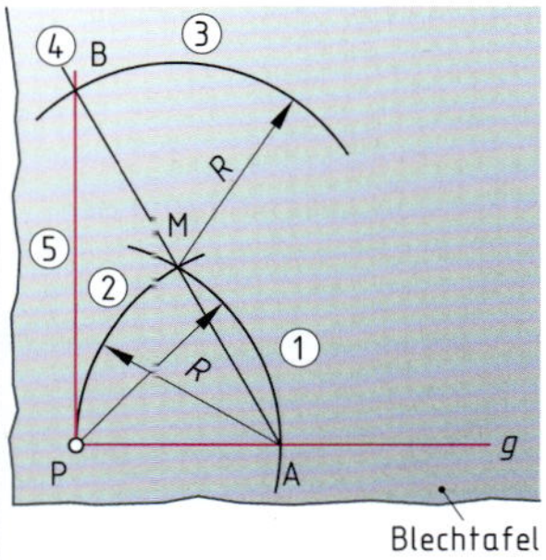

Errichten einer Senkrechten im Endpunkt P einer Geraden g

Weg 1
① Kreisbogen um P mit beliebigem Radius R ergibt Schnittpunkt A auf g.
② Kreisbogen um A mit Radius R ergibt Schnittpunkt M.
③ Kreisbogen um M mit Radius R.
④ Strahl von A durch M ergibt Schnittpunkt B.
⑤ Strahl von P durch B ergibt Senkrechte auf g im Punkt P.

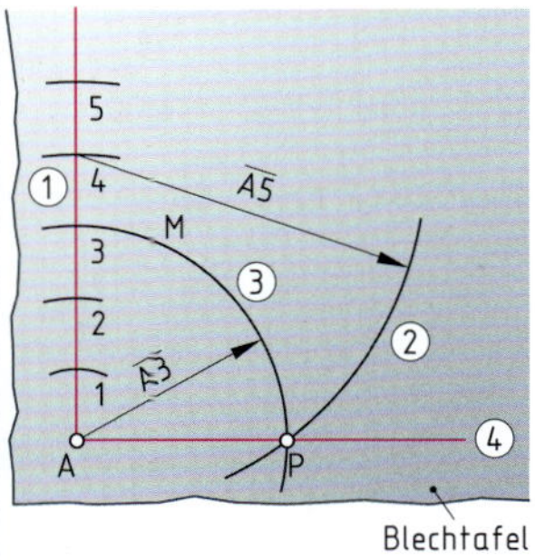

Weg 2
① Abtragen von 5 gleichen Teilen auf dem Strahl vom Punkt A und bezeichnen der Punkte 1–5
② Im Punkt 4 Kreisbogen mit dem Radius A5.
③ Kreisbogen um A mit Radius A3.
④ Die Verbindungslinie A mit dem Schnittpunkt P ist die gesuchte Senkrechte (Prinzip „Goldener Schnitt"; dieser beruht auf dem Lehrsatz des Pythagoras).

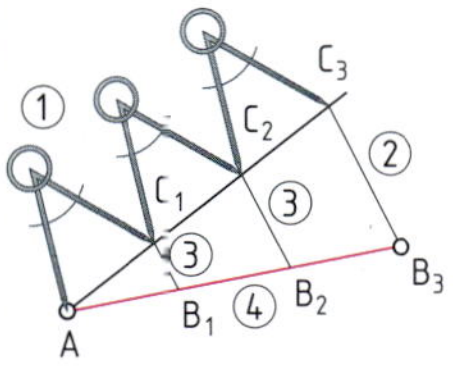

$n = 3$

Teilen der Strecke $\overline{AB}$ in n ($n = 3$) gleiche Teile
① Auf dem Hilfsstrahl von A (Winkel a beliebig) n gleich große Strecken mit dem Zirkel abtragen. Teilpunkte $C_1 - C_3$ benennen.
② Verbinden von Punkt B mit dem letzten Teilungspunkt C_n.
③ Strecke $\overline{BC}$ parallel verschieben durch die Teilungspunkte C_1, C_2, C_3 ergibt die Schnittpunkte B_3, B_2, B_1.
④ Die Schnittpunkte B_1, B_2, B_3 teilen die Strecke $\overline{AB}$ in n gleiche Teile.

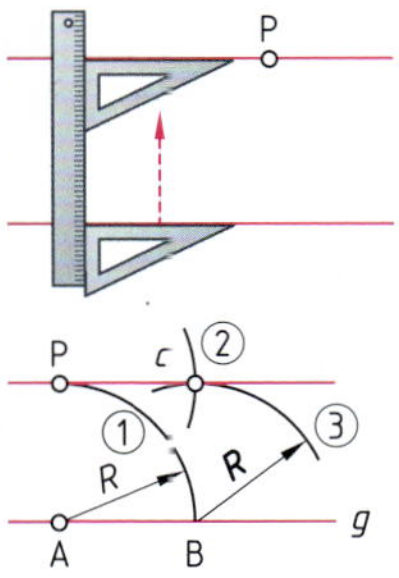

Parallele zu einer Geraden g durch einen Punkt P konstruieren
① Parallelverschieben mit Zeichendreiecken.

② Parallele konstruieren mit dem Zirkel
  ① Kreisbogen um beliebig gewählten Punkt A mit dem Radius R schneidet Gerade g in Punkt B.
  ② Kreisbogen um Punkt P mit Radius R.
  ③ Kreisbogen um Punkt B mit Radius R schneidet Radius um Punkt P in Punkt C.
  Die Verbindung $\overline{PC}$ ist parallel zu g.

Winkel *angles*

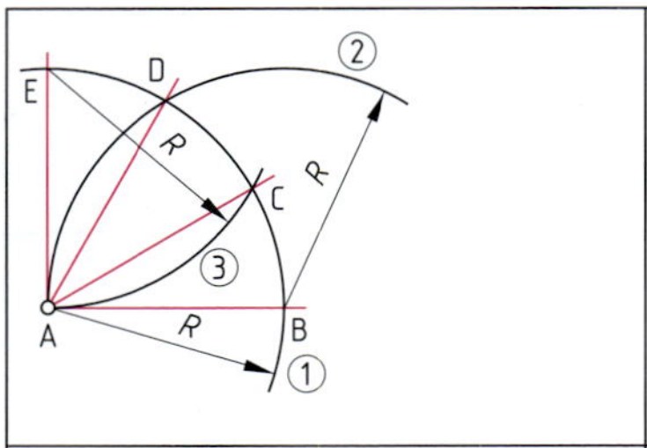

Rechten Winkel in drei gleiche Teile teilen

① Kreisbogen um Punkt A mit beliebigem Radius schneidet die Schenkel in den Punkten B und E.
② Kreisbogen um Punkt B schneidet den Kreisbogen um Punkt A im Punkt D.
③ Kreisbogen um Punkt E schneidet den Kreisbogen um Punkt A in Punkt C.
④ Die Verbindungslinien $\overline{AC}$ und $\overline{AD}$ teilen den rechten Winkel in drei gleiche Teile.

Hinweis:
Das Verfahren ist **nur** für rechte Winkel geeignet.

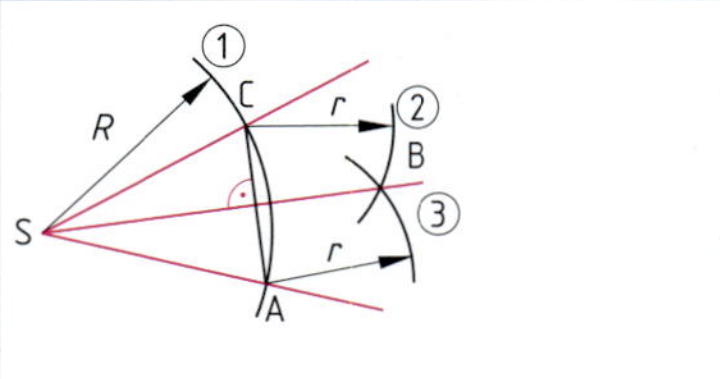

Halbieren eines Winkels

① Kreisbogen um Punkt S mit Radius *R* schneidet die Schenkel des Winkels in den Punkten A und C.
② Kreisbögen um Punkte A und C mit dem Radius *r* schneiden sich in Punkt B.
③ Die Verbindungslinie $\overline{SB}$ ist die Winkelhalbierende und Mittelsenkrechte auf $\overline{AC}$.

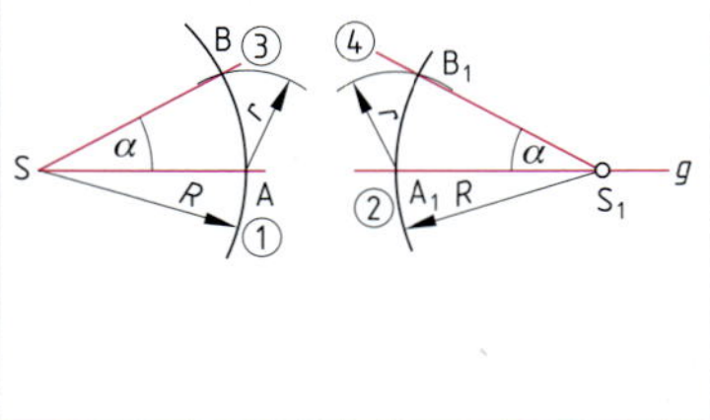

Winkel α an Gerade *g* übertragen

① Kreisbogen um Punkt S mit Radius *R* schneidet die Schenkel des Winkels in den Punkten A und B.
② Kreisbogen um Punkt S_1 mit Radius *R* ergibt Punkt A_1.
③ Die Sehne $\overline{AB}$ ergibt den Radius *r*.
④ Kreisbogen um Punkt A_1 mit Radius *r* schneidet Kreisbogen mit Radius *R* in Punkt B_1. Die Verbindungslinie $\overline{B_1S_1}$ ergibt den zu übertragenden Winkel *a*.

Kreise *circles*

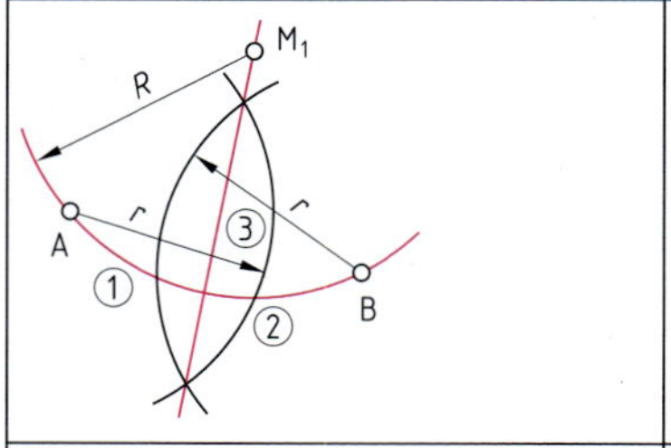

Kreisbogen durch die Punkte A und B zeichnen

① ② ③ Konstruktion der Mittelsenkrechten auf $\overline{AB}$ → siehe Beschreibung Seite 63.
Alle Punkte auf der Mittelsenkrechten sind Mittelpunkte für Kreise durch die Punkte A und B.

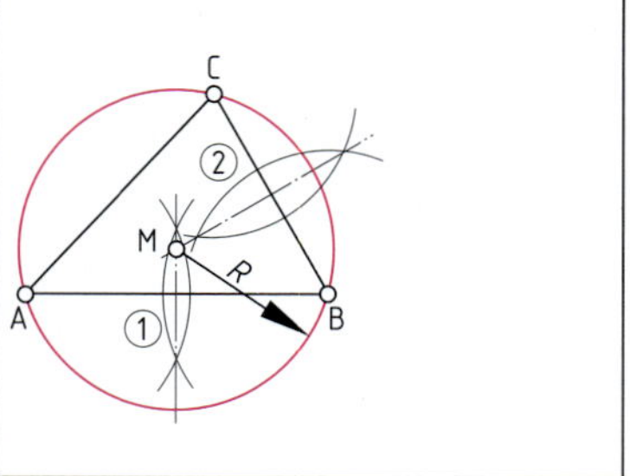

Umkreis eines Dreiecks konstruieren

① + ② Mittelsenkrechten auf den Strecken $\overline{AB}$ und $\overline{BC}$ errichten → siehe Beschreibung Seite 63.
Die Mittelsenkrechten schneiden sich im Punkt M; M ist der Mittelpunkt des Umkreises.

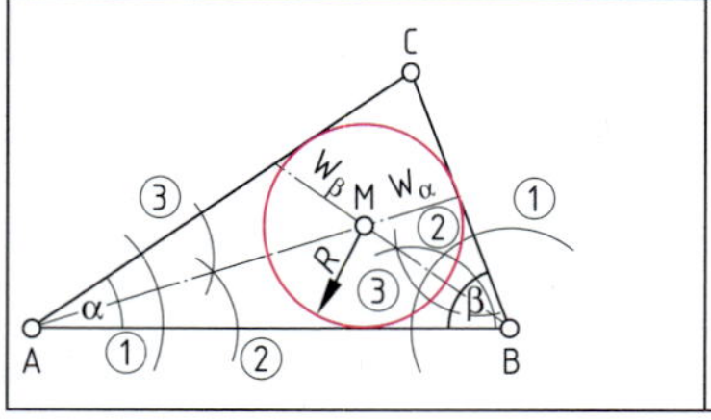

Inkreis eines Dreiecks konstruieren

① + ② + ③ Winkelhalbierende W_α und W_β konstruieren → siehe oben.
Die Winkelhalbierenden W_α und W_β schneiden sich im Mittelpunkt M des Inkreises.

Kreise (Fortsetzung)

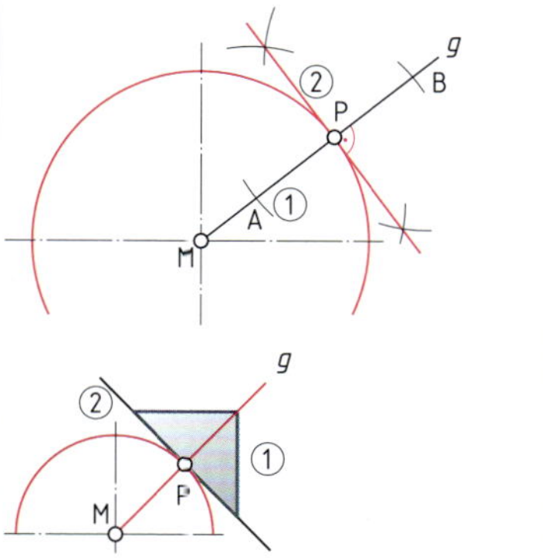

Konstruktion der Senkrechten von *g* im Punkt P (Tangente im Punkt P an Kreis konstruieren)

① Auf der Verlängerung der Strecke MP erzeugt Kreisbogen um Punkt P die Punkte A und B.
② Mittelsenkrechte auf der Strecke AB errichten → siehe Beschreibung Seite 63.
Die Mittelsenkrechte ist die Tangente im Punkt P am Kreis.
oder
① Geodreieck im Punkt P auf *g* anlegen.
② Zeichnen der Senkrechten.

Kreisanschlüsse *circular connections*

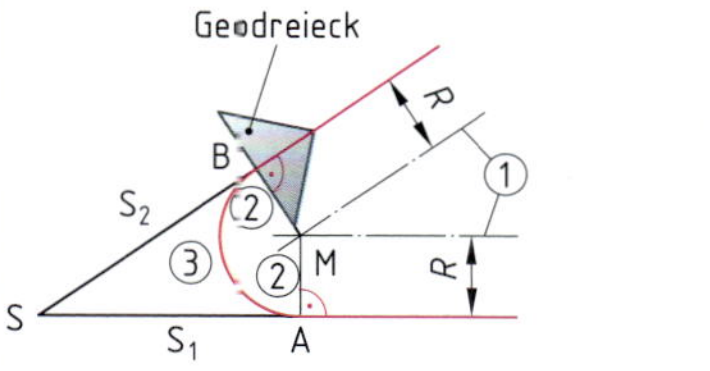

Kreisanschluss mit Radius *R* im Winkel konstruieren – Ecke abrunden

① Parallelen im Abstand *R* zu den Schenkeln S_1 und S_2 schneiden sich im Punkt M → siehe Beschreibung Seite 64.
② Senkrechte auf S_1 und S_2 durch Punkt M ergeben die Punkte A und B → Geometriedreieck.
③ Kreisbogen um M mit dem Radius $\overline{MA}$ zeichnen.

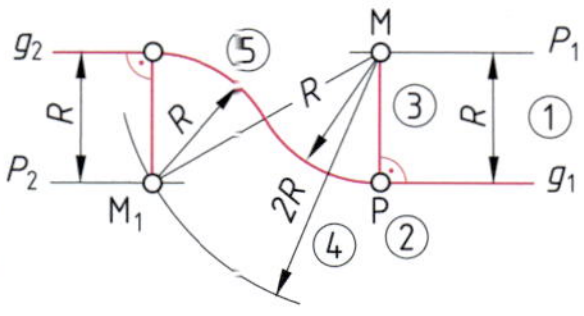

Kreisbogenübergang mit dem Radius *R* zwischen zwei Parallelen konstruieren

① Erzeugen der Parallelen p_1 und p_2 im Abstand *R*
→ siehe Beschreibung Seite 64.
② Festlegen des Punktes P.
③ Senkrechte im Punkt P schneidet die Parallele p_1 im Punkt M.
④ Kreisbogen um M mit Radius 2 *R* schneidet Parallele p_2 in M_1.
⑤ Kreisbögen um die Punkte M und M_1 mit dem Radius *R* verbinden die Geraden g_1 und g_2. Sie schneiden sich auf der Strecke $\overline{MM_1}$.

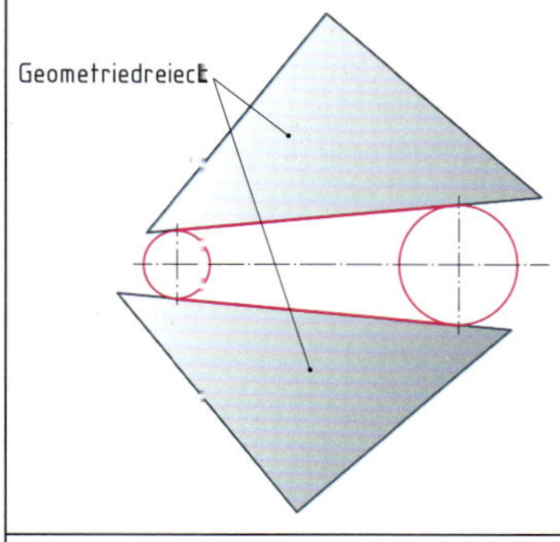

Zwei Kreise mit äußeren Tangenten verbinden
(Näherungskonstruktion)
Anlegen eines Geometriedreiecks an die Kreise von oben und unten.

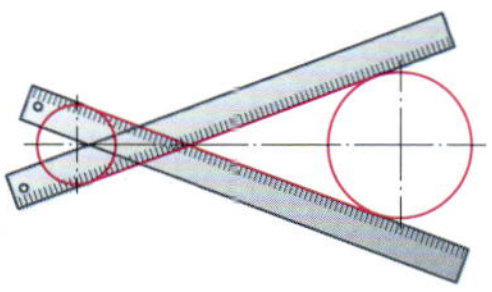

Zwei Kreise mit inneren Tangenten verbinden
(Näherungskonstruktion)
Lineal am großen Kreis von außen und am inneren Kreis von innen anlegen.

Regelmäßige Teilungen

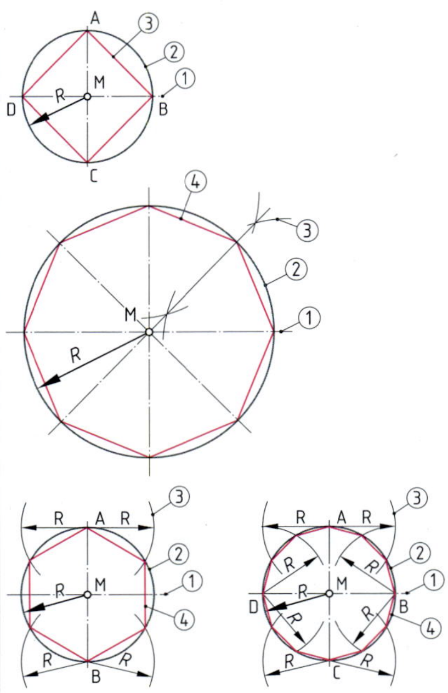

Quadrat konstruieren
① Achsenkreuz zeichnen.
② Kreis um M mit Radius *R* zeichnen.
③ Schnittpunkte A – D verbinden.

Achteck konstruieren
① Achsenkreuz zeichnen.
② Kreis um M mit Radius *R* zeichnen.
③ Winkelhalbierende konstruieren → siehe Beschreibung Seite 64.
④ Ecken verbinden.

Sechseck konstruieren
① Achsenkreuz zeichnen.
② Kreis um M mit Radius *R* zeichnen.
③ Kreisbögen mit Radius *R* um Punkte A und B zeichnen.
④ Ecken verbinden.

12-Eck konstruieren
① Achsenkreuz zeichnen.
② Kreis um M mit Radius *R* zeichnen.
③ Kreisbögen mit Radius *R* um Punkte A, B, C, D zeichnen.
④ Ecken verbinden.
Hinweis:
Für Abwicklungen Konstruktionen für 6- oder 12-Eck verwenden.
Beachte:
Formel Seite 8

2.2 Abwicklungen

Schnitte an Grundkörpern und deren Abwicklung

Bestimmung von wahren Längen

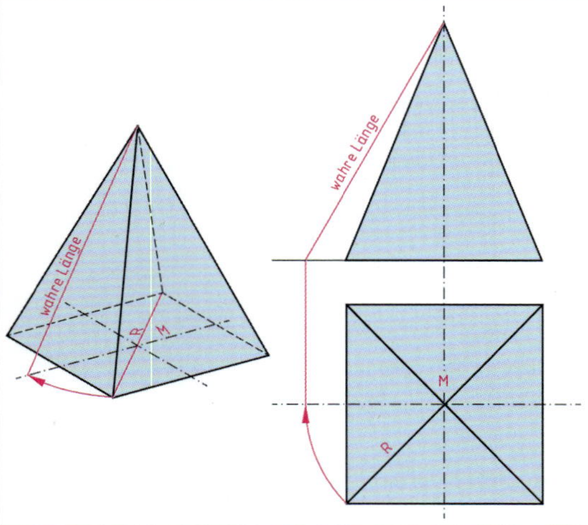

Eine Strecke bildet sich in **wahrer Länge** ab, wenn sie parallel zur Projektionsebene liegt.
① Kreisbogen um M mit Radius R bis zum Schnittpunkt mit der Mittellinie.
② Projektion auf die Verlängerung der Basisfläche.
③ Verbindung des Schnittpunkts mit der Spitze ist die „wahre Länge“ der Pyramidenkante.

Schnitte an Grundkörpern und deren Abwicklung (Fortsetzung)

Schnitte an **Pyramiden** mit Abwicklung und wahrer Schnittfläche

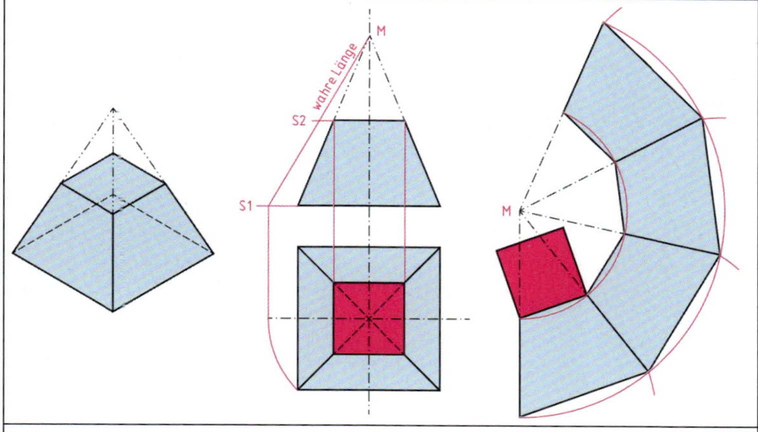

Waagerechte Schnittebene

① Zeichnen von Vorderansicht und Draufsicht.
② Bestimmen der wahren Längen
③ Zeichnen von Kreisbögen mit den Radien $\overline{MS1}$ und $\overline{MS2}$ um M
④ 4 × Abtragen der Kantenlänge auf dem Kreisbogen.
⑤ Verbinden der Schnittpunkte.
⑥ Zeichnen der wahren Schnittfläche.

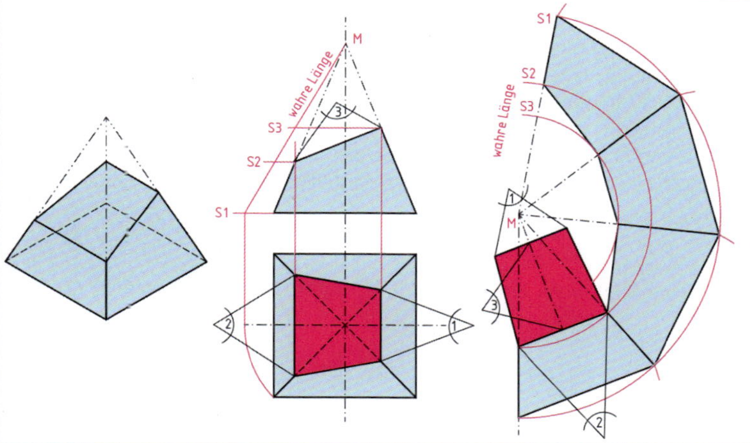

Schiefe Schnittebene

① Zeichnen von Vorderansicht und Draufsicht.
② Bestimmen der wahren Längen.
③ Zeichnen von Kreisbögen um M mit den Radien $\overline{MS1}$, $\overline{MS2}$ und $\overline{MS3}$
④ 4 × Abtragen der Kantenlänge.
⑤ Verbinden der Schnittpunkte.
⑥ Zeichnen der wahren Schnittfläche durch Abgreifen mit dem Zirkel.

Schnitte an **Kegeln** mit Abwicklung und wahrer Schnittfläche

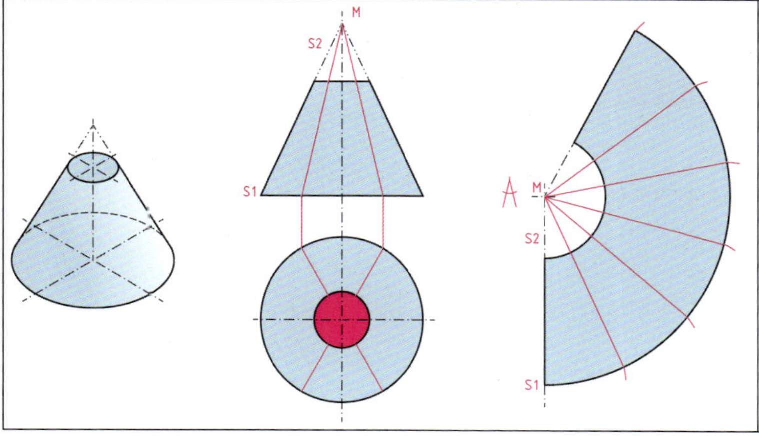

Waagerechte Schnittlage (mit 6er-Teilung)

① Notwendig: Vorderansicht und Draufsicht.
② Draufsicht in 6 gleiche Teile teilen, Mantellinien eintragen und in die Vorderansicht übertragen.
③ Kreisbogen um M mit den Radien $\overline{MS1}$ und $\overline{MS2}$; 6er-Teilung auf den Kreisbögen abtragen.
④ Letzte Teilung mit M verbinden.

Schnitte an Grundkörpern und deren Abwicklung (Fortsetzung)

Senkrechte Schnittlage (mit 12er-Teilung)

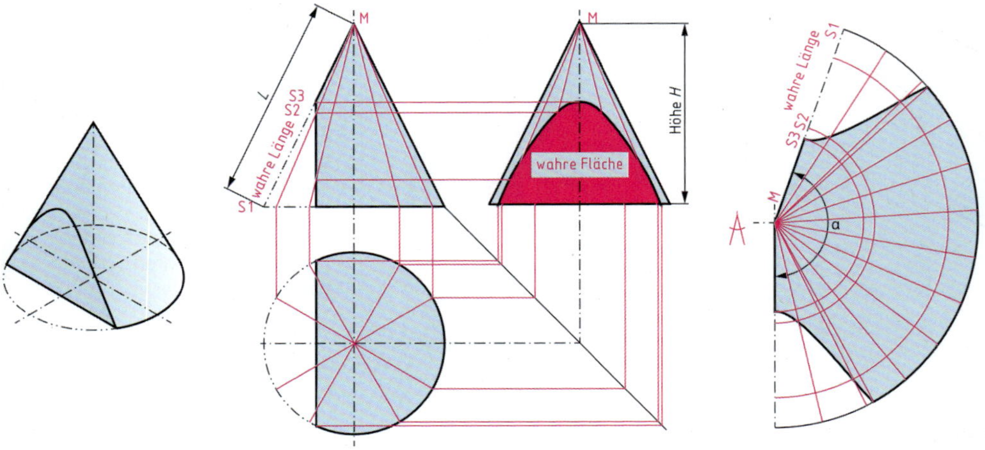

① Notwendig: Vorder-, Seiten- und Draufsicht. Schnitt senkrecht zur Grundfläche in Vorder- und Draufsicht.
② Draufsicht in 12 gleiche Teile teilen und Mantellinien in den drei Ansichten eintragen.
③ Schnittpunkte der Mantellinien mit Körperschnittlinie von der Vorderansicht in die Seitenansicht übertragen; Schnittpunkte verbinden. Es bildet sich die wahre Schnittfläche ab.
④ Kreisbögen um M mit den Radien $\overline{MS1}$, $\overline{MS2}$ und $\overline{MS3}$ zeichnen; Kantenlänge des 12-Ecks auf dem äußeren Kreisbogen 12-mal abtragen und Mantellinien zeichnen. Schnittpunkte der Mantellinien mit den Kreisbögen ergeben die Abwicklung.

Berechnungen:

Länge *L* der Mantellinie

$$L=\sqrt{\left(\frac{D^2}{2}\right)+H^2}$$

Zentriwinkel α in der Abwicklung

$$\alpha=\frac{D}{L}\cdot 180°$$

Schnittlage parallel zur Mantellinie (Parabelschnitt mit 12er-Teilung)

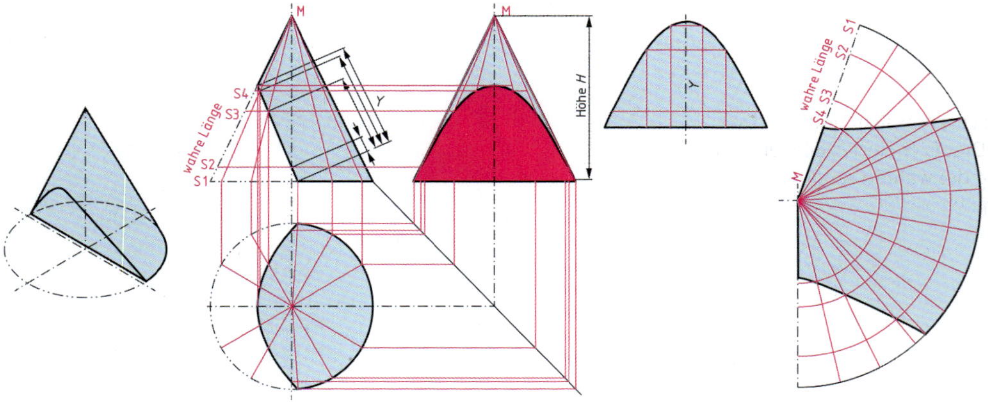

① Notwendig: Vorder-, Seiten- und Draufsicht; Schnitt parallel zur Mantellinie.
② 12er-Teilung in drei Ansichten einzeichnen; Mantellinien einzeichnen.
③ Schnittpunkte des Schnittes mit den Mantellinien in Draufsicht und Seitenansicht übertragen; Schnittpunkte miteinander verbinden.
④ Kreisbogen um M mit Radius $\overline{MS1}$ zeichnen; auf dem Kreisbogen 12er-Teilung abtragen.
⑤ Kreisbögen um M mit den Radien $\overline{MS2}$, $\overline{MS3}$, $\overline{MS4}$ zeichnen; Schnittpunkte der Kreisbögen mit den Mantellinien ergeben die Schnittkante.
⑥ Wahre Schnittfläche zeichnen durch Abtragen der wahren Längen Y u.a. sowie wahre Breiten aus der Seitenansicht.

Abwicklung pyramidenförmiger Hohlkörper

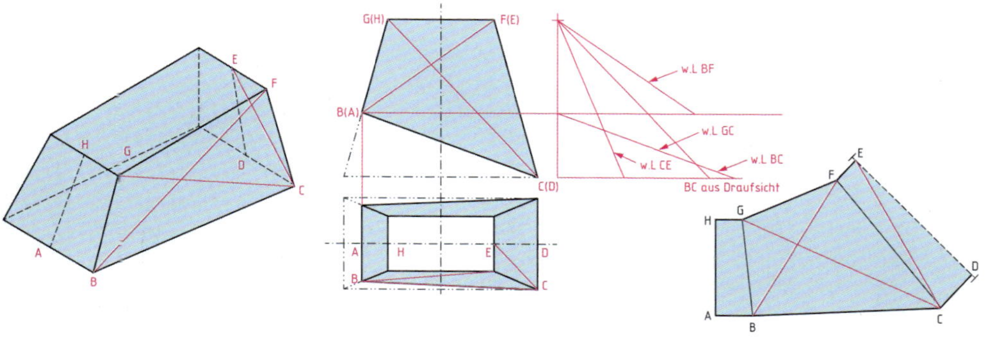

① Notwendig: Vorderansicht und Draufsicht, Schnitt in beiden Ansichten einzeichnen.
② Schnitt für die Abwicklung festlegen: Keine Schnittlinie an Ecken und möglichst kurze Verbindungslinie.
③ Wahre Längen mit Hilfskonstruktion bestimmen.
④ Abwicklung durch 3-Ecke zusammensetzen.

Übergangskörper

quadratisch auf rund

Abwicklung erstellen nach dem Dreiecksverfahren

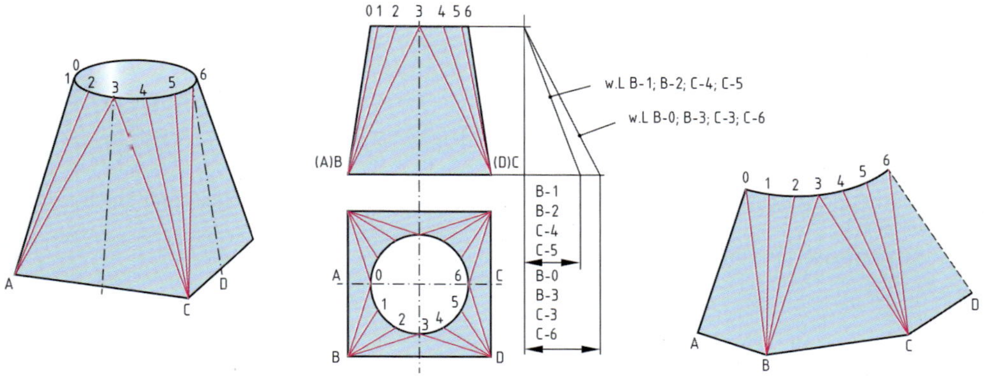

① Notwendig: Vorderansicht und Draufsicht.
② Kreis in der Draufsicht in 12 Teile teilen; Mantellinien von A, B, C und D auf die Teilung zeichnen.
③ Bestimmung der wahren Längen.
④ Abwicklung über die Dreiecke AB0, . . . zusammensetzen.

Hosenrohr

(schiefe Kegel)

Dreiecksverfahren

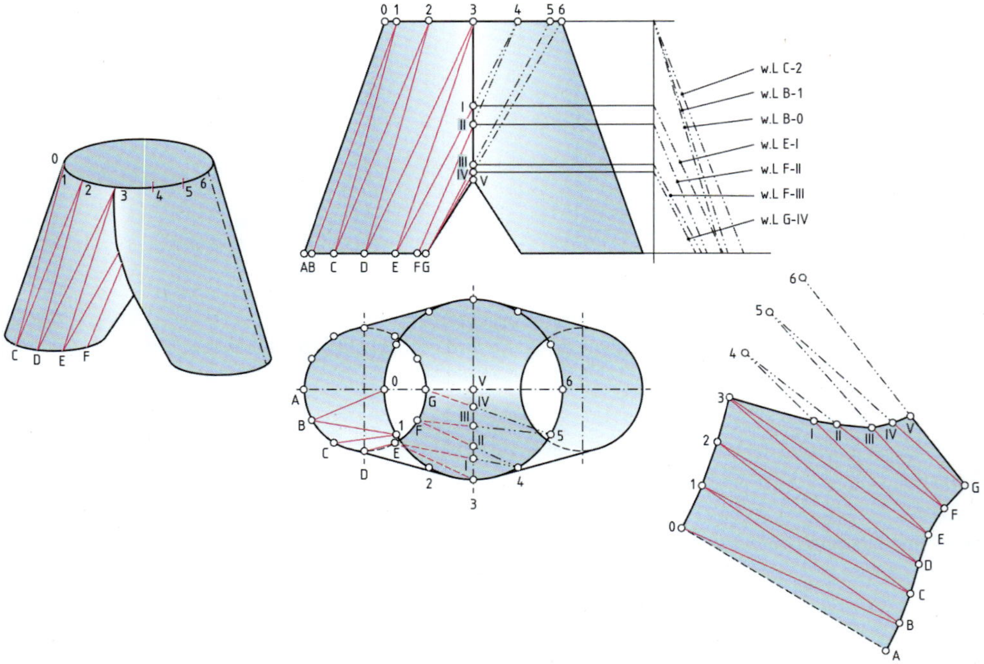

① Zeichnen von Vorderansicht und Draufsicht, 12er-Teilung zeichnen und mit Buchstaben A . . . G kennzeichnen, 6er-Teilung zeichnen und mit Ziffern 0 . . . 6 kennzeichnen.

② Mittellinien in Draufsicht und Vorderansicht zeichnen; Schnittpunkte der Mantellinien mit Kegelschnitt mit Buchstaben V . . . z kennzeichnen.

③ Abwicklung über zusammensetzen von Teildreiecken konstruieren.

2.3 Darstellen von technischen Daten

Pläne *plans*

DIN 199-1 : 2002-03

- **Technische Zeichnungen**
  - Zusammenbauzeichnungen → Erläutern den Zusammenbau von Systemen
  - Einzelteilzeichnungen → Zeichnung eines Bauteils mit kompletter Bemaßung
  - Gruppenzeichnungen → Darstellung aller zusammengebauten Einzelteile
  - Fertigungszeichnungen → Darstellung von Einzelteilen mit Festlegung der Fertigungsbedingungen
  - Sammelzeichnungen → Zeichnung mehrerer gleicher Teile mit Größenangabe, Ausführungsvorgaben und Identifizierungsnummer
  - Anordnungsplan → Räumliche Anordnung von Bauteilen
- **Skizze** → Freihand erstellte Zeichnung als Entwurf oder Werkstückaufnahme vor Ort
- **Rohrleitungsplan** → Meist räumlich dargestellte Rohrleitungsverläufe
- **Bauzeichnungen**
  - Vorentwurfzeichnungen → Meist freihand erstellte Zeichnungen zur ersten zeichnerischen Umsetzung von Ideen
  - Entwurfzeichnung → Maßstäblich oder freihand erstellte Zeichnungen
  - Zeichnungen für Bauvorlagen → Maßstäbliche Zeichnungen (1 : 100) für Baugenehmigungen
  - Ausführungszeichnungen → Maßstäbliche Zeichnung (1 : 50) für die Fertigung von Gebäuden
  - Lagepläne → Maßstäbliche Zeichnung (1 : 500), die die Lage in öffentlichen Verkehrsflächen darstellt
  - Bauaufnahmen → Bestandsaufnahmen in unterschiedlichen Maßstäben
  - Teilzeichnungen → Maßstäblich Darstellung (1 : 20 bis 1 : 1) von speziellen Ausschnitten eines Baukörpers
  - Sonderzeichnungen → Maßstäbliche oder unmaßstäbliche Zeichnungen für Installation von Heizungen, Sanitäreinrichtungen, elektrischer Versorgung und Fliesenordnung
  - Aufmaßzeichnungen → Maßstäbliche oder unmaßstäbliche Zeichnung zur Erstellung einer Abrechnung

Diagramme *diagrams*

DIN 461 : 1973-03

Ebenes kartesiches Koordinatensystem

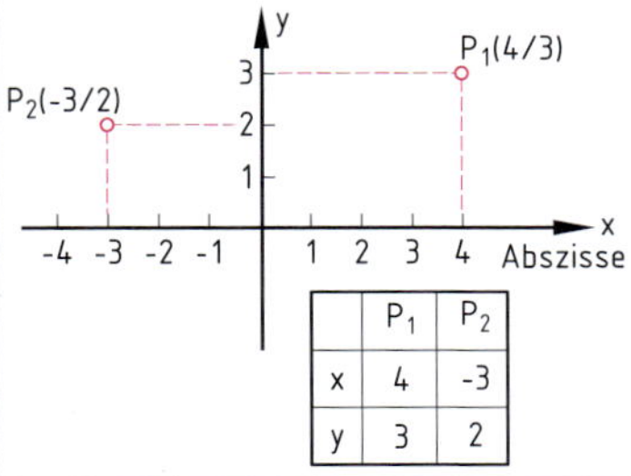

	P_1	P_2
x	4	-3
y	3	2

① Wertetabelle für Punkt P erstellen.
② Zeichnen eines rechtwinkligen Koordinatensystems.
Waagerechte Achse → Abszissenachse → x-Achse.
Senkrechte Achse → Ordinatenachse → y-Achse.
③ Abtragen von 4 Einheiten auf der Abszissenachse für P_1.
④ Abtragen von 3 Einheiten auf der Ordinatenachse für Punkt P.
⑤ Konstruktion und Bezeichnen des Punktes P_1 → beachte Kapitel Bemaßung.

Polarkoordinaten

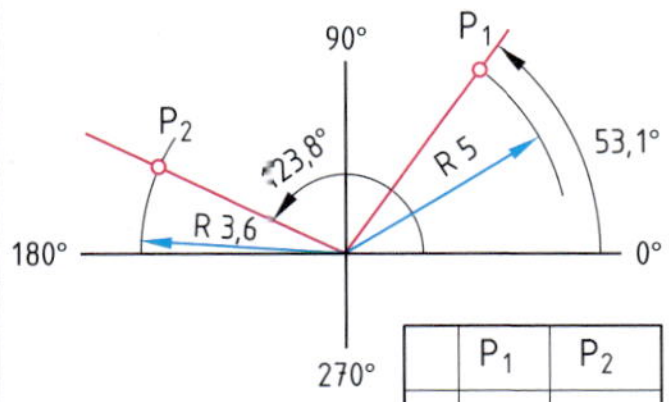

	P_1	P_2
R	5	3,6
α	53,1°	123,8°

① Wertetabelle für Punkt P_1 und P_2 erstellen.
② Zeichnen eines rechtwinkligen Koordinatensystems. Bezeichnen der Achsen gegen den Uhrzeigersinn.
Konstruktion von Punkt P_1.
③ Kreisbogen um den Nullpunkt mit dem Radius $R = 5$ mm zeichnen.
④ Zeichnen eines Strahls im Winkel von 53,1° gegen den Uhrzeigersinn.
⑤ Schnittpunkt mit P_1 bezeichnen.

Diagramme (Fortsetzung) DIN 461 : 1973-03

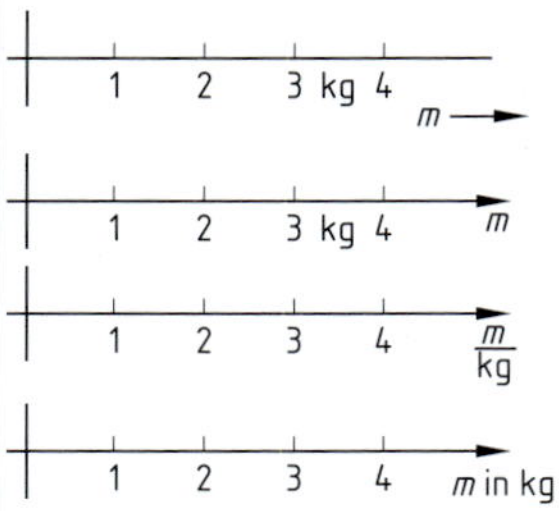

Weitere Eintragungsmöglichkeiten von Pfeilspitzen, Einheiten und Formelzeichen, z. B. Masse m in kg.

Nomogramm

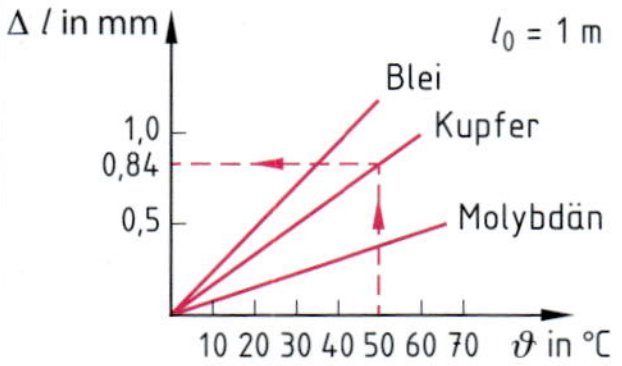

Mit den Nomogrammen können Werte graphisch bestimmt werden, z. B. die Längenänderung Δl eines Kupferstabes von $l_0 = 1$ m bei einer Temperatursteigerung von $\Delta\vartheta = 50$ °C.

① Bestimmen von $\Delta\vartheta = 50$ °C auf der Abszisse.
② Projizieren auf den Graphen von Kupfer.
③ Projizieren des Schnittpunktes auf die Ordinatenachse.
④ Ablesen der Längenänderung $\Delta l = 0{,}84$ mm.

Funktionsgraphen

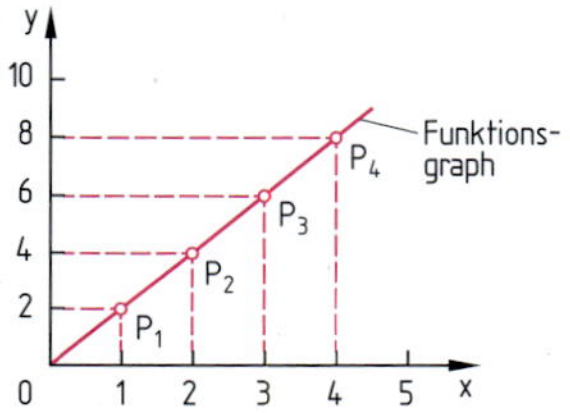

① Erstellen einer Wertetabelle.
② Zeichnen eines Achsenkreuzes, bezeichnen der Achsen mit x und y, einteilen der Achsen.
③ Eintragen der Punkte der Wertetabelle.
④ Verbinden der Punkte.

	x	y
P_1	1	2
P_2	2	4
P_3	3	6
P_4	4	8

Das Hartlot B-Ag67ZnCuCd635-720 (früher L-Ag67Cd) setzt sich aus den Legierungsbestandteilen Silber (67 %), Kupfer (11 %), Cadmium (10 %) und Zinn (12 %) zusammen. Diagramme stellen die Zusammensetzung des Lotes anschaulich dar. Eine Auswahl häufig verwendeter Diagrammarten sind nachfolgend dargestellt.

Liniendiagramm
Zusammensetzung von B-Ag67ZnCuCd635-720
(früher L-Ag67Cd)

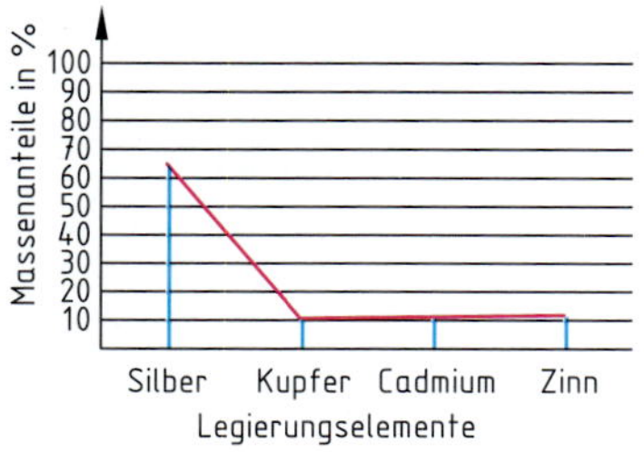

Kreisdiagramm
Zusammensetzung von B-Ag67ZnCuCd635-720
(früher L-Ag67Cd)

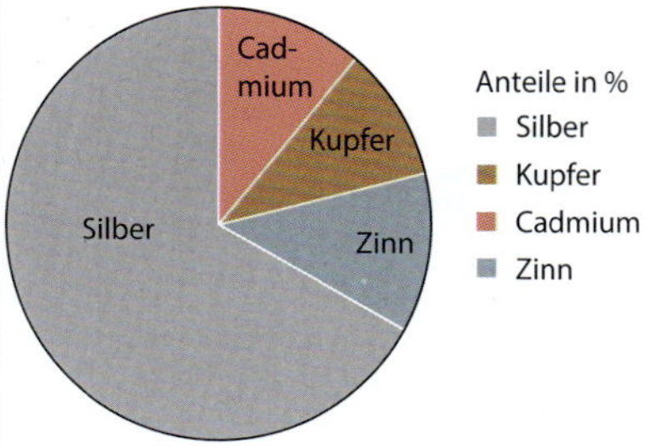

Diagramme (Fortsetzung)

DIN 461 : 1973-03

Flächendiagramme

Säulendiagramm

Zusammensetzung von B-Ag67ZnCuCd635-720
(früher L-Ag67Cd)

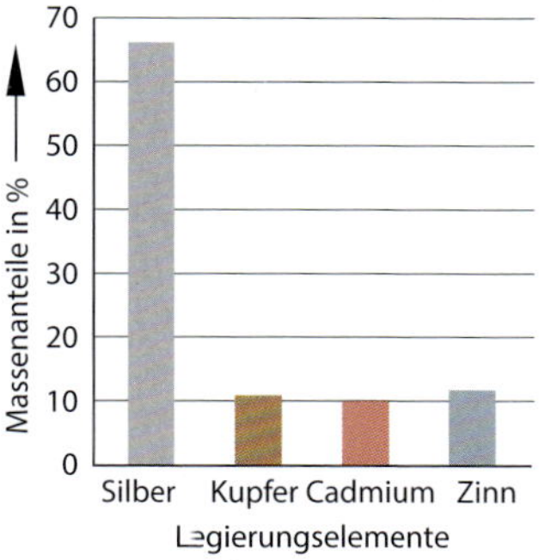

flächige Darstellung

Zusammensetzung von B-Ag67ZnCuCd635-720

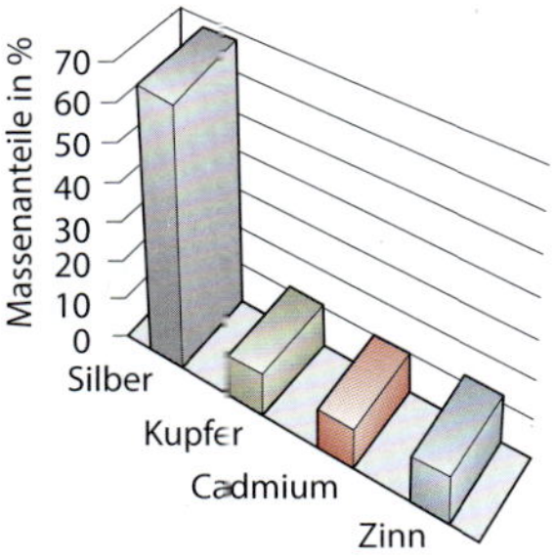

räumliche Darstellung

Zusammensetzung von B-Ag67ZnCuCd635-720

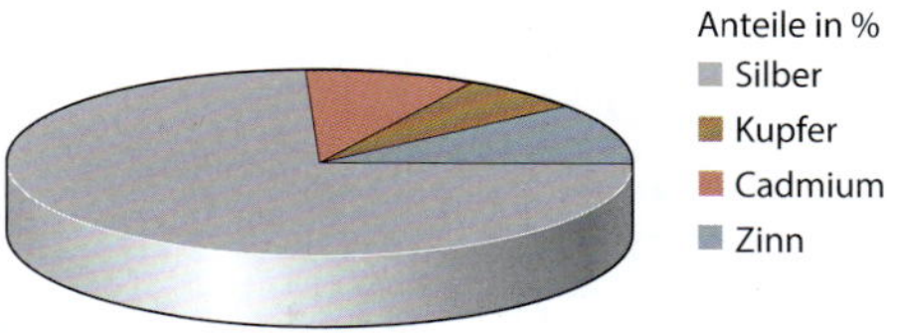

räumliche Darstellung

Sankey-Diagramm

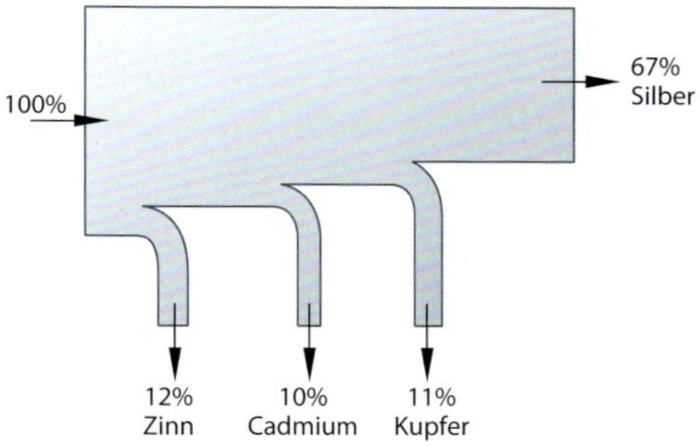

2.4 Grundlagen zur Erstellung technischer Zeichnungen

Normschrift *standard lettering* DIN EN ISO 3098-1 : 2015-06

In der Regel wird zur Beschriftung technischer Zeichnungen die Schriftform B, vertikal eingesetzt.

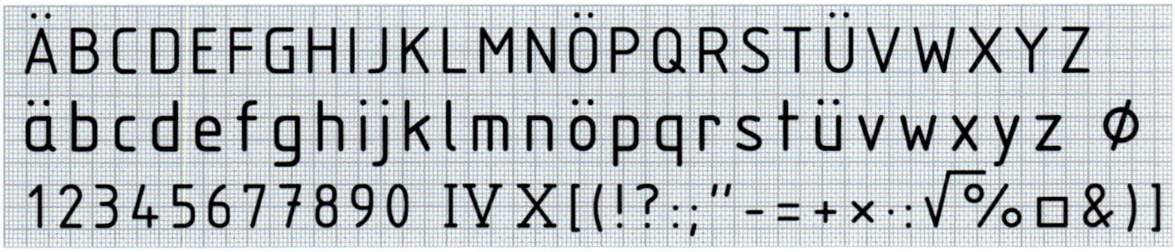

Die Höhe der Großbuchstaben orientiert sich an den vorgeschriebenen Schrifthöhen.
* Bei Texten mit Groß- und Kleinbuchstaben sollte die Mindestschrifthöhe *h* = 3,5 mm betragen.
Schrifthöhe *h* = 10 · Linienbreite

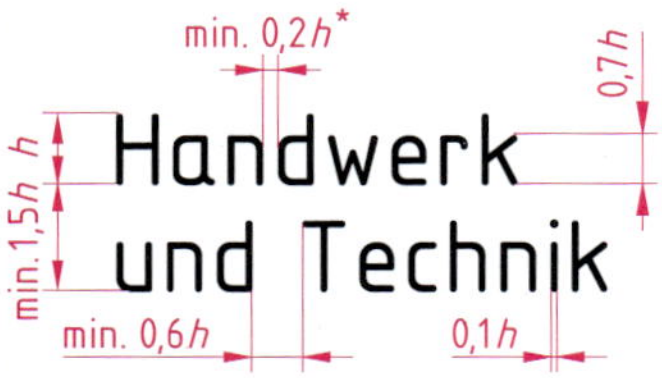

Schrifthöhe *h* in mm	2,5	3,5	5	7	10	14	20

Maßstäbe DIN ISO 5455 : 1979-12

Verkleinerung	Natürliche Größe	Vergrößerung	
1 : 2 1 : 5 1 : 10 1 : 20 1 : 50 1 : 100	1 : 1	2 : 1 5 : 1 10 : 1 20 : 1 50 : 1 100 : 1	Gewählten Maßstab in das Schriftfeld eintragen. Abweichende Maßstäbe direkt in der Zeichnung an Positionsnummern oder Teilzeichnungen angeben.

Schablonen im Maßstab 1 : 1 werden als Naturgrößen bezeichnet.

Papierformate/Faltung für Ablage DIN EN ISO 5457 : 2010-11/DIN 824 : 1981-02

Ausgangsfläche $A_0 = 1\ m^2$
Seitenverhältnis $1 : \sqrt{2}$
Alle kleineren Formate ergeben sich durch Falten.

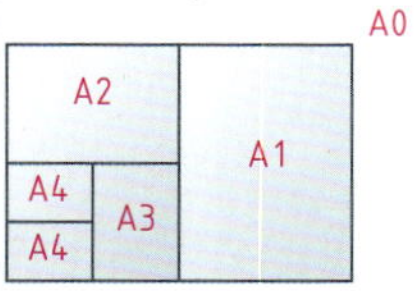

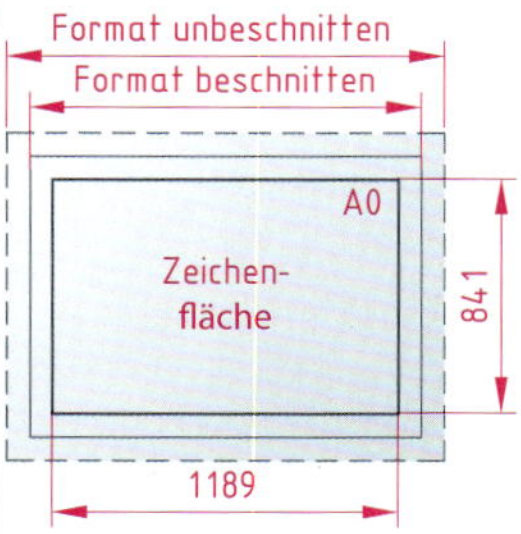

Kurzzeichen	Maße		
	unbeschnitten	beschnitten	Zeichenfläche
A0	880 × 1230	841 × 1189	821 × 1159
A1	625 × 880	594 × 841	574 × 811
A2	450 × 625	420 × 594	400 × 564
A3	330 × 450	297 × 420	277 × 390
A4	240 × 330	210 × 297	180 × 277

Faltung nach Form A mit ausgefaltetem Heftrand

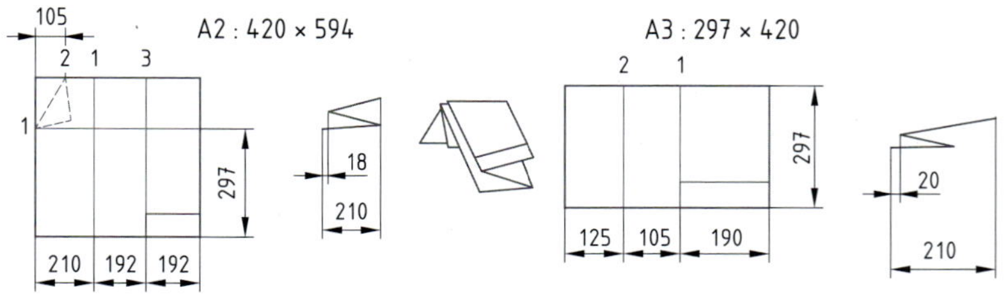

Weitere Faltungsarten:
Form B: mit zusätzlichen angebrachten Heftrand
Form C: ohne Heftrand

Hinweis:
Das Schriftfeld liegt auf der Deckseite in Leserichtung und in der unteren rechten Ecke.

Schraffuren *hatchings*

DIN ISO 128-50 : 2002-05

Schraffuren zur Kennzeichnung von Werkstoffen

Bei Baueinheiten aus gleichem Werktstoff erhalten die Schnittflächen eine einfache Schraffur. Sehr dünne Querschnitte werden voll geschwärzt. Lichtkante zwischen geschwärzten Querschnitten zweier Profile belassen.

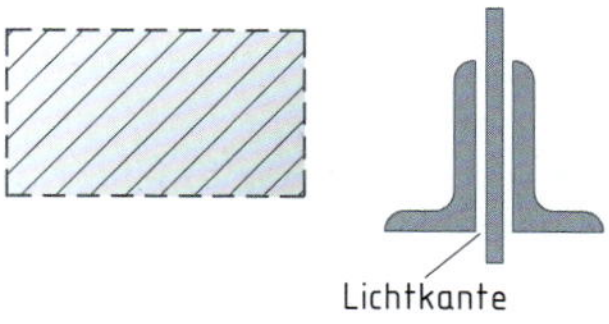

Bei Baueinheiten mit unterschiedlichen Werkstoffen gelten folgende Schraffuren:

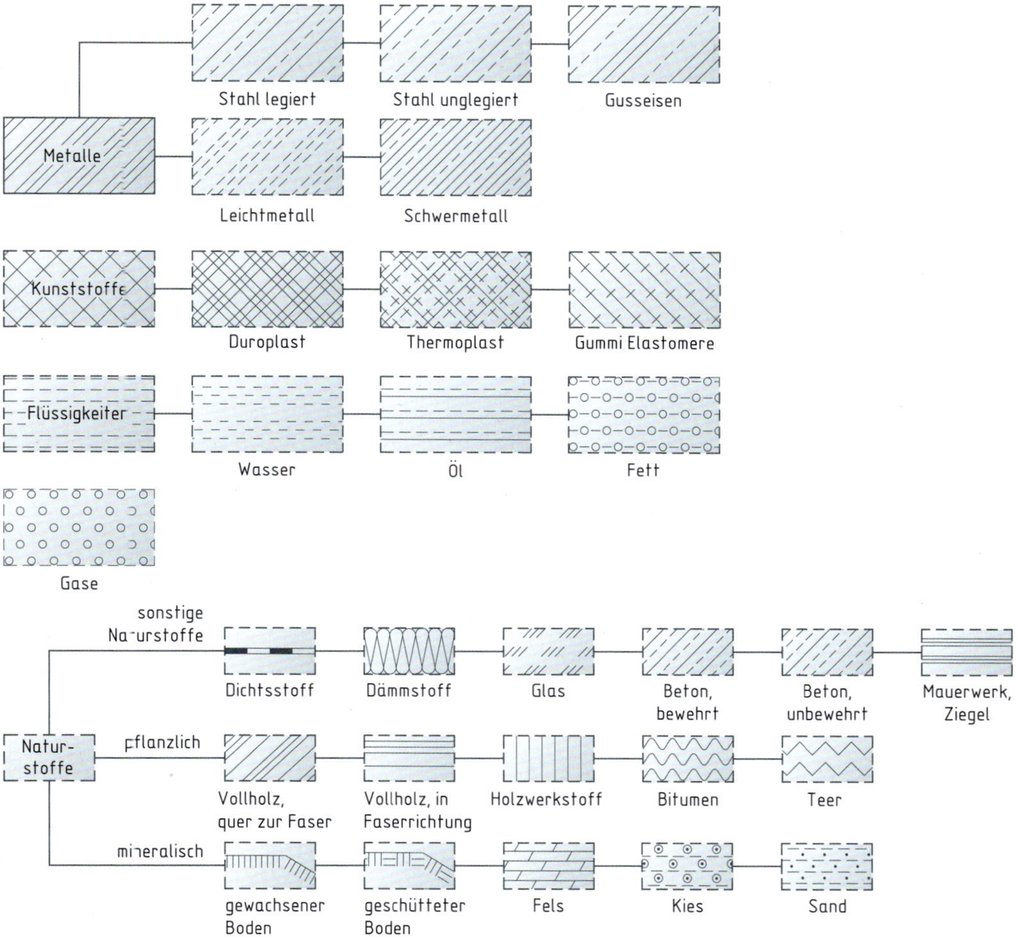

Auswahl von Schraffuren für Stoffe in Bauzeichnungen (Beispiel)

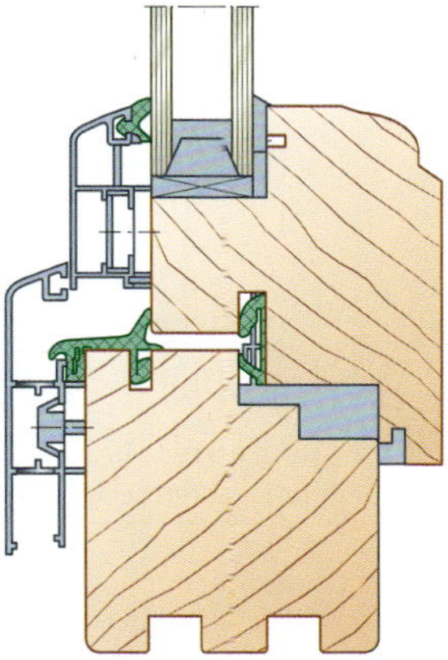

Das Bild zeigt einen Schnitt durch einen Fensterrahmen.
Es werden die Werkstoffe Holz, Aluminium und Kunststoff für die Dichtung verwendet.
Die Werkstoffe werden durch unterschiedliche Schraffuren gekennzeichnet.

Schriftfeld *title block* DIN EN ISO 7200 : 2004-05

Datenfelder in Schriftfeldern und Dokumentenstammdaten

Die Position von Schriftfeldern in technischen Zeichnungen legt ISO 5457 fest. Für Textdokumente liegen keine ISO-Vorgaben vor.
Die Schriftfeldgesamtbreite von 180 mm passt auf eine A4-Seite und soll in gleicher Form für alle anderen Papiergrößen verwendet werden.

Beispiel für die Ausgestaltung von Schriftfeldern

Kompaktform

<table>
<tr><td>Verantwort. Abt.
ABC 2</td><td>Technische Referenz</td><td>Dokumentenart
Teil-Zusammenbauzeichnung</td><td colspan="4">Dokumentenstatus
freigegeben</td></tr>
<tr><td rowspan="3">Gesetzlicher
Eigentümer</td><td>Erstellt durch:
H. W. Wagenleiter</td><td rowspan="3">Titel, zusätzlicher Titel
Grundplatte
Komplett mit Haltern</td><td colspan="4">3195-K12</td></tr>
<tr><td rowspan="2">Genehmigt von:
R. Lange</td><td>Änd.</td><td>Ausgabedatum</td><td>Spr.</td><td>Blatt</td></tr>
<tr><td>A</td><td>2021-07-31</td><td>de</td><td>1/5</td></tr>
</table>

180

Erweiterte Form

<table>
<tr><td>Verantwortl. Abt.
ABC 2</td><td>Technische Referenz</td><td>Erstellt durch:
H. W. Wagenleiter</td><td colspan="4">Genehmigt von:
R. Lange</td></tr>
<tr><td colspan="2" rowspan="4">Gesetzlicher Eigentümer</td><td>Dokumentenart
Teil-Zusammenbauzeichnung</td><td colspan="4">Dokumentenstatus
freigegeben</td></tr>
<tr><td rowspan="3">Titel, zusätzlicher Titel
Grundplatte
Komplett mit Haltern</td><td colspan="4">3195-K12</td></tr>
<tr><td>Änd.</td><td>Ausgabedatum</td><td>Spr.</td><td>Blatt</td></tr>
<tr><td>A</td><td>2021-07-31</td><td>de</td><td>1/5</td></tr>
</table>

180

Schriftfeld mit angebundener Stückliste (beispielhaft)

<table>
<tr><td></td><td></td><td></td><td></td><td></td><td></td></tr>
<tr><td>Pos.-Nr.</td><td>Stück</td><td>Benennung</td><td>Normblatt</td><td>Werkstoff</td><td>Halbzeug (nach Materialbereitstellungsliste)</td></tr>
</table>

<table>
<tr><td rowspan="4">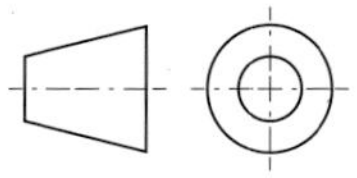</td><td></td><td rowspan="4"></td><td></td></tr>
<tr><td rowspan="2">Maßstab
———</td><td>Blatt :</td></tr>
<tr><td>Lfd.-Nr. :</td></tr>
<tr><td></td><td></td></tr>
</table>

Linienarten *types of lines*

DIN EN ISO 128-20 : 2002-12, DIN ISO 128-24 : 1999-12

Linie Benennung Darstellung	Linienbreiten für Liniengruppe			Anwendung
	0,35	0,5	0,7	
Volllinie breit	0,35	0,5	0,7	Sichtbare Kanten Sichtbare Umrisse Gewindespitzen Grenze der nutzbaren Gewindelänge Hauptdarstellungen in Diagrammen, Karten, Fließbildern Systemlinien in Metallbau-Konstruktionen Formteilungslinien in Ansichten
Volllinie schmal	0,18	0,25	0,35	Lichtkanten bei Durchdringungen Maßlinien Maßhilfslinien Hinweis- und Bezugslinien Schraffuren Umrisse eingeklappter Schnitte Kurze Mittellinien Gewindegrund Maßlinienbegrenzung Diagonalkreuze zur Kennzeichnung ebener Flächen Biegelinien an Roh- und bearbeiteten Teilen Umrahmungen von Einzelheiten Kennzeichnung sich wiederholender Einzelheiten Zuordnungslinien an konischen Formelementen Lagerichtung von Schichtungen Projektionslinien Rasterlinien
Freihandlinie schmal	0,18	0,25	0,35	Von Hand dargestellte Begrenzung von Teil- oder unterbrochenen Ansichten und Schnitten. Symmetrie- oder Mittellinien sind vorrangig zu zeichnen.
Zickzacklinie schmal	0,18	0,25	0,35	Mit Zeichenautomaten dargestellte Begrenzung von Teil- oder unterbrochenen Ansichten und Schnitten. Symmetrie- oder Mittellinien sind vorrangig zu zeichnen.
Strichlinie schmal	0,18	0,25	0,35	verdeckte Kanten verdeckte Umrisse
Strichlinie breit	0,35	0,5	0,7	Kennzeichnung zulässiger Oberflächenbehandlung
Strich-Punktlinie schmal	0,18	0,25	0,35	Mittellinien Symmetrielinien Teilkreise von Verzahnungen Teilkreise für Löcher
Strich-Punktlinie breit	0,35	0,5	0,7	Kennzeichnung begrenzter Bereiche, z. B. Wärmebehandlung Kennzeichnung von Schnittebenen Formteilungslinien in Schnitten
Strich-Zweipunktlinie schmal	0,18	0,25	0,35	Umrisse benachbarter Teile Endstellungen beweglicher Teile Schwerpunktlinien Umrisse vor der Formgebung Teile vor der Schnittebene Umrisse alternativer Ausführungen Umrisse von Fertigteilen in Rohteilen Umrahmung besonderer Bereiche oder Felder Projizierte Toleranzzone

Projektionen *projections*

Isometrische Projektion *isometric projection*

DIN ISO 5456-3 : 1998-04

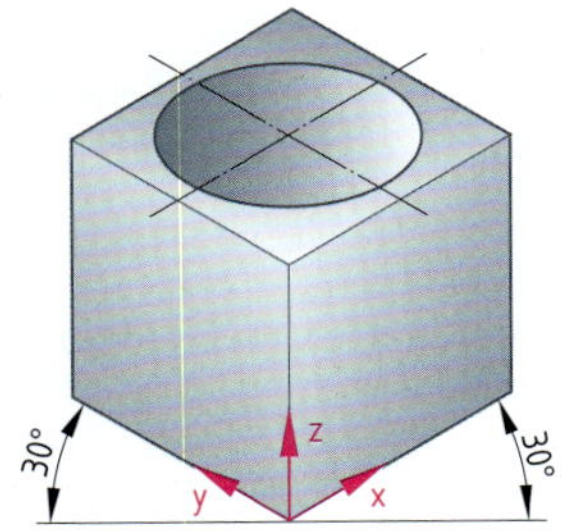

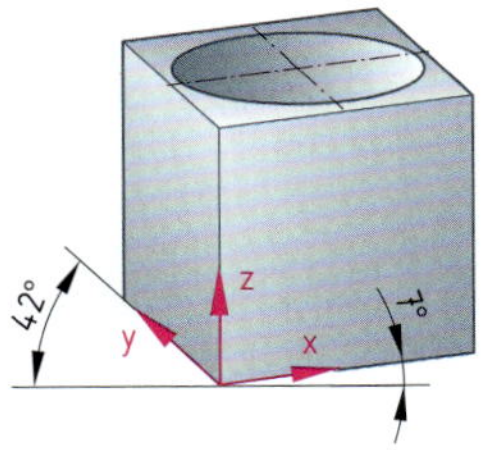

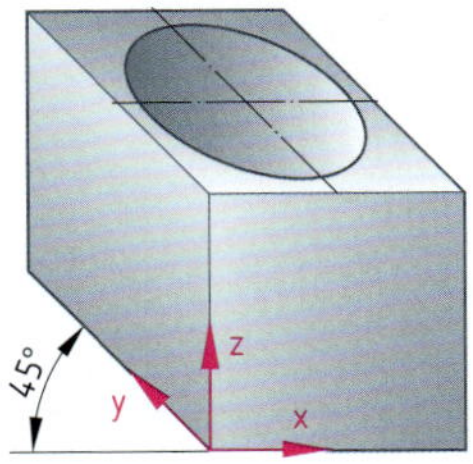

Isometrie	Dimetrie	Kavalierperspektive
Seitenverhältnis $x:y:z = 1:1:1$	Seitenverhältnis $x:y:z = 1:2:1$	Seitenverhältnis $x:y:z = 1:1:1$

Die Isometrie ermöglicht einen gleichermaßen guten Blick auf alle 3 Seiten des Körpers, daher wird die Isometrie bevorzugt für Raumbilder verwendet. Durch die Projektion der Längssegmente entsteht eine Verkürzung mit dem Faktor 0,816. In der Zeichnung wird die Verkürzung vernachlässigt und die Längssegmente werden im Maßstab 1:1:1 gezeichnet. Kreise werden als Ellipse mit speziellen Schablonen gezeichnet.

Beispiele

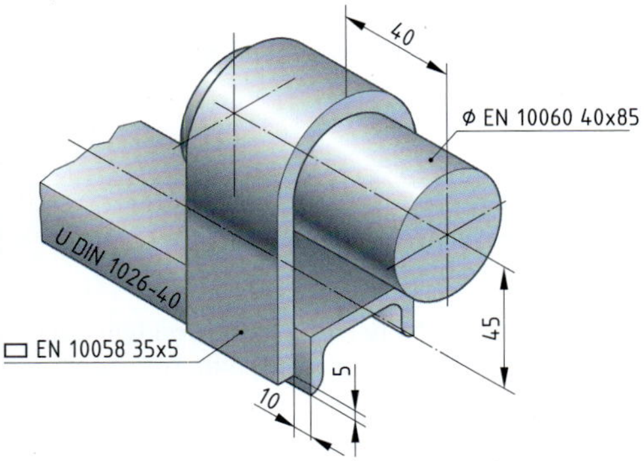

Metallbau

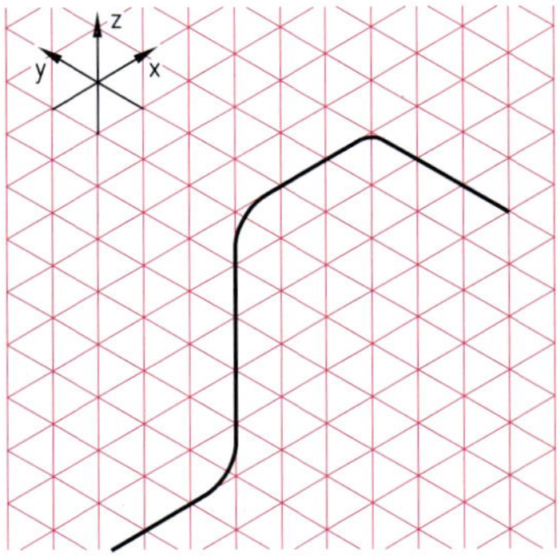

Rohrleitungsbau

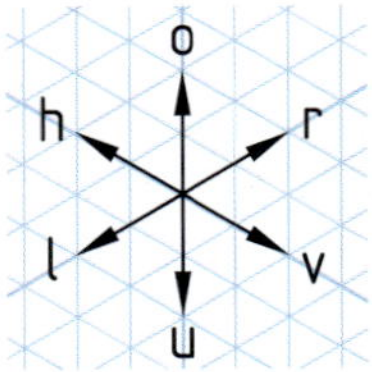

Angabe der Richtungen

Darstellung in Ansichten *views*

DIN ISO 5456-2 : 1998-04

Werkstücke werden zu Fertigungszwecken meist in der orthogonalen Darstellung gezeichnet. Zur vollständigen Darstellung von Werkstücken sind je nach Wichtigkeit folgende Ansichten zu zeichnen.

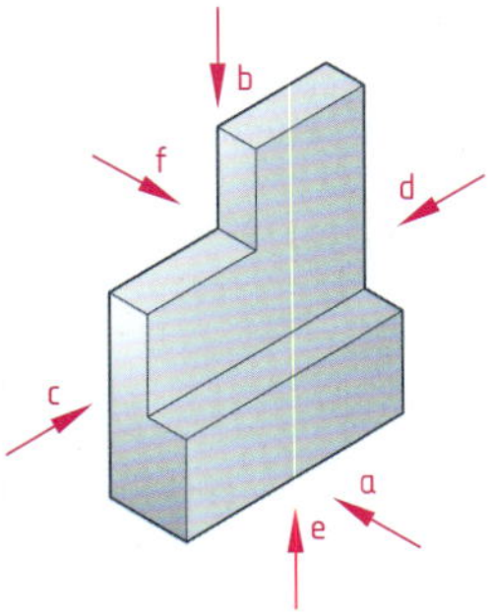

Betrachtungsrichtung		Bezeichnung der Ansicht	
Ansicht in Richtung	**Ansicht von**	**DIN ISO 5456-2**	**DIN 6 (alt)**
a	vorn	A	Vorderansicht
b	oben	B	Draufsicht
c	links	C	Seitenansicht von links
d	rechts	D	Seitenansicht von rechts
e	unten	E	Unteransicht
f	hinten	F	Rückansicht

DIN ISO 5456-2 definiert die Projektionsmethoden 1 und 3 sowie die Pfeilmethode. In Deutschland wird die Projektionsmethode 1 bevorzugt.

Projektionsmethode 1

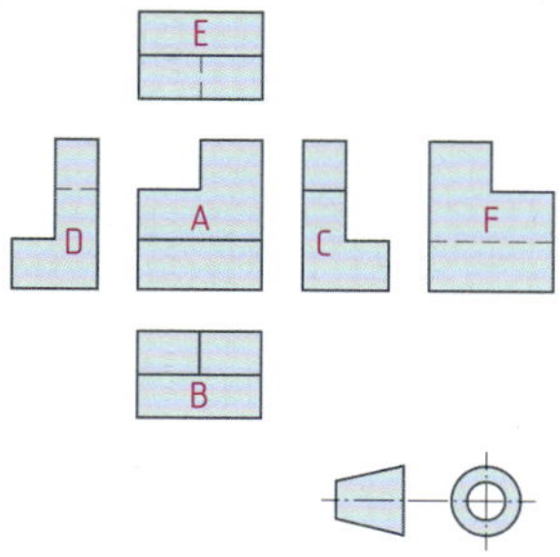

bervorzugte Ansichten:
A: Vorderansicht
B: Draufsicht
C: Seitenansicht von links

Projektionsmethode 3

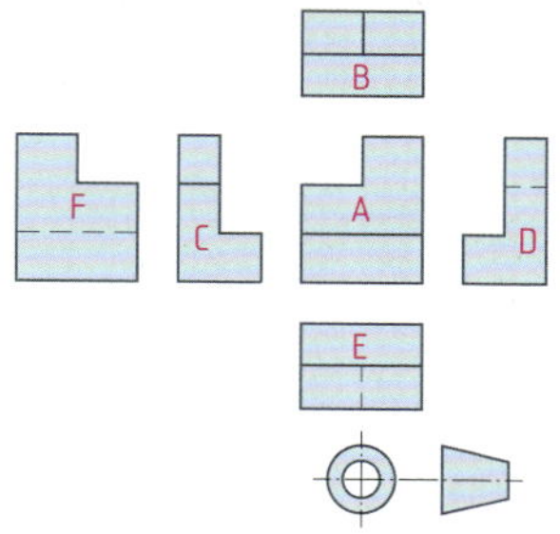

Pfeilmethode

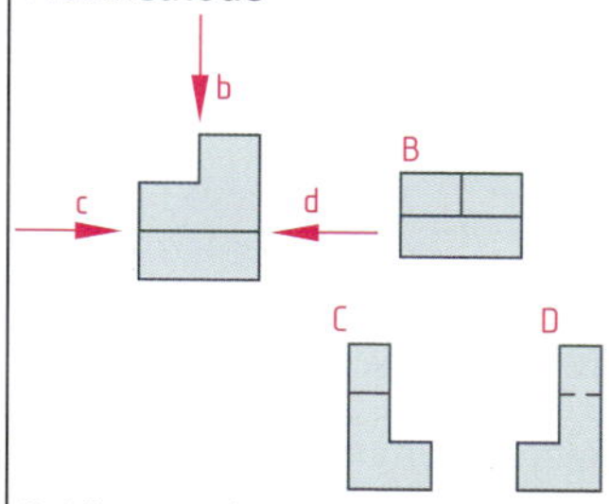

① Alle Ansichten mit Buchstaben kennzeichnen (ohne Hauptansicht).
② Blickrichtungen durch Pfeil und Buchstaben kennzeichnen.
③ Lage der gekennzeichneten Ansichten frei wählbar.

Regeln:
① Die gewählte Projektionsmethode wird durch das entsprechende Symbol im oder in der Nähe des Schriftfeldes angegeben.
② Die aussagefähigste Ansicht vom Körper als Hauptansicht (Vorderansicht) wählen.
③ Es sind soviel Ansichten zu zeichnen, wie zur eindeutigen Darstellung des Bauteils notwendig sind.
④ Gebrauchs- oder Einbaulage legen die Lage der Hauptansicht fest.
⑤ Verdeckte Umrisse oder Kanten können in die Ansicht eingezeichnet werden, wenn sie zu Verdeutlichung des Werkstückes beitragen, ohne die Lesbarkeit der Zeichnung zu beeinträchtigen.

Besondere Ansichten

DIN ISO 128-24 : 1999-12, DIN ISO 128-30 : 2002-05

Pfeilmethode A

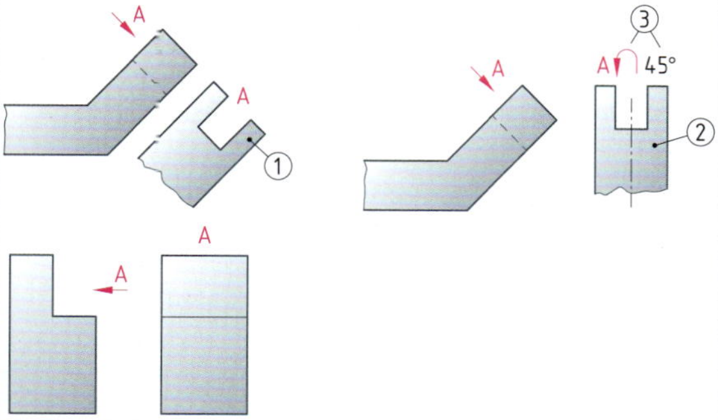

Die Pfeilmethode wird angewendet, wenn Projektionen Formverzerrungen verursachen.
① Projektionsgerechte Anordnung der Ansicht (Regelfall).
② Weitere mögliche Lage der Ansicht.
③ Die gedrehte Ansicht wird mit einem Großbuchstaben, Drehsymbol und Drehwinkel gekennzeichnet.

Pfeile kennzeichnen Ansichten, die in ihrer Lage von den Projektionsregeln abweichen.

Teilansichten

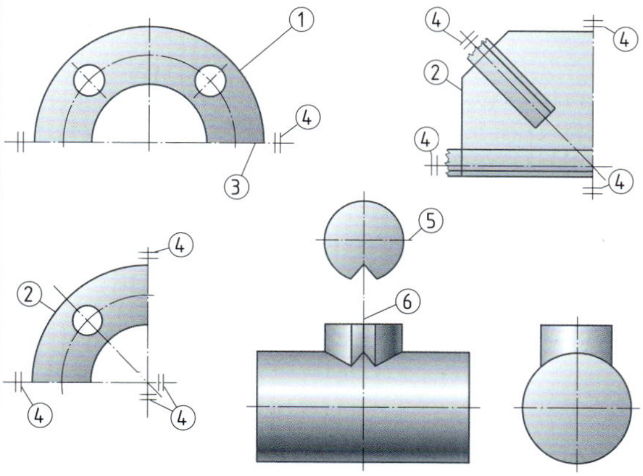

Bei symmetrischen Werkstücken ist eine Darstellung in Teilen zulässig.
① Darstellung als halbe Ansicht.
② Darstellung als Viertelansicht.
③ Mittellinien zeichnen, wenn sie auf Bruchkanten liegen.
④ Die Enden der Mittellinien erhalten zwei rechtwinklig angeordnete kurze Volllinien (schmale Strichstärke).
⑤ Teilansichten mit breiten Volllinien zeichnen.
⑥ Die Teilansichten mit der Hauptansicht durch eine Strich-Punktlinie verbinden.

Teilansichten (Fortsetzung) 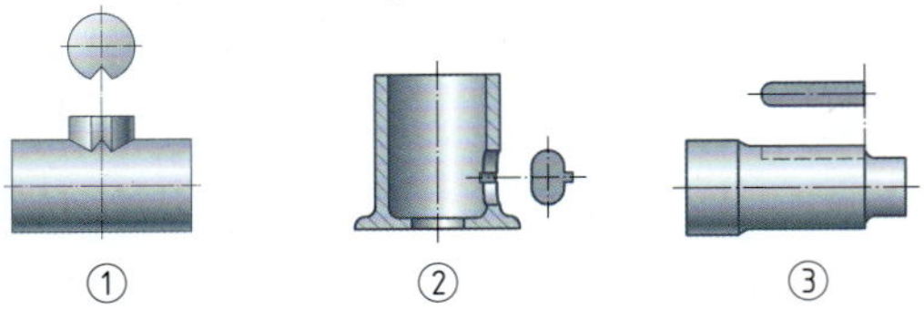	Ist eine Teilansicht eindeutig, kann auf die Darstellung einer Gesamtansicht verzichtet werden. ① Teilansicht eines Achszapfens ② Teilansicht eines Loches ③ Teilansicht eines Schlitzes

Darstellungselemente[1]

Lichtkanten (gerundete Kanten) 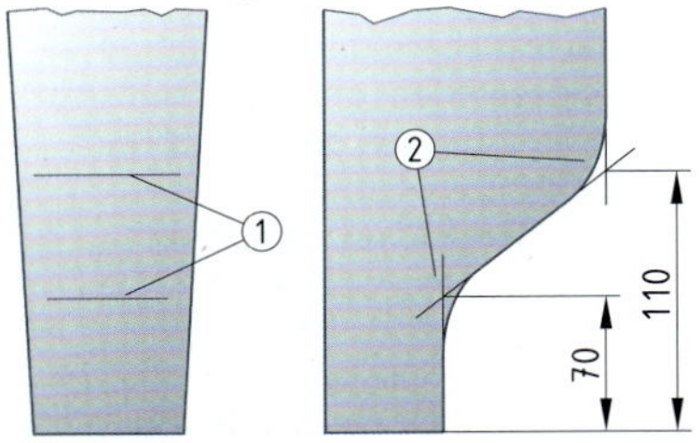	① Gerundete Übergänge durch Lichtkanten (schmale Volllinie) darstellen. Lichtkanten enden kurz vor Umrisslinien oder Körperkanten. ② Die Bemaßung von Lichtkanten erfolgt an den Schnittpunkten der verlängerten Umrisslinien oder Körperkanten. Hinweis: Der Zwischenraum zwischen geschwärzt dargestellten Profilen heißt im Stahlbau ebenfalls Lichtkante. 
Symmetrische Formen 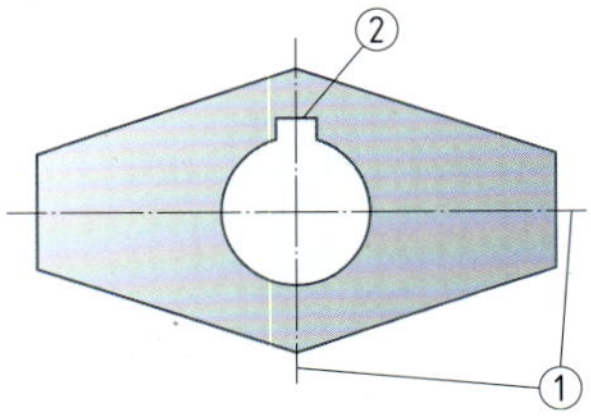	① Symmetrische Werkstücke durch Symmetrielinien (schmale Strich-Punkt-Linie) kennzeichnen. ② Geringfügige Symmetrieabweichungen sind zulässig.
Bruchlinien 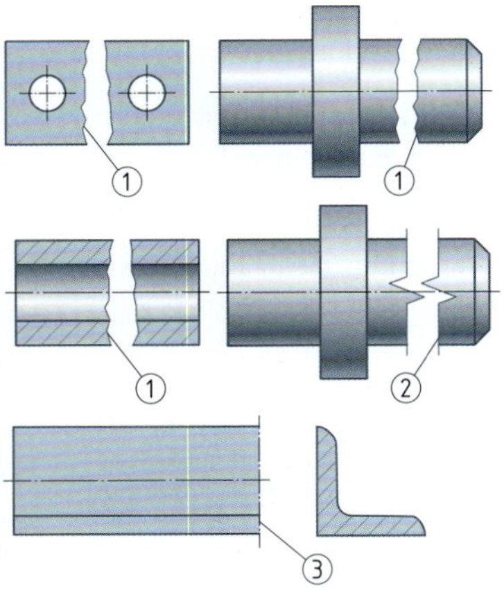	Formelemente dürfen abgebrochen oder unterbrochen dargestellt werden. ① Die Bruchlinie ist eine schmale Freihandlinie (auch bei Drehteilen in Ansicht und im Schnitt). ② Die Bruchlinie kann als eine Zickzacklinie gezeichnet werden. ③ Im Metallbau ist eine Symmetrielinie als Bruchlinie zugelassen.
Einzelheiten 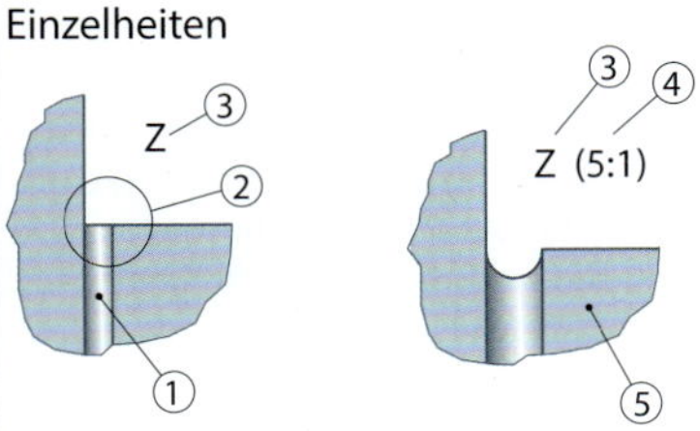	① Nicht eindeutig darstellbare Werkstückbereiche als Einzelheit zeichnen. ② Die darzustellende Einzelheit mit einer schmalen Volllinie einrahmen (Kreis, Ellipse, Rechteck). ③ Die Einzelheit mit einem Großbuchstaben kennzeichnen (vorzugsweise Z, Y, X...). ④ Der Vergrößerungsmaßstab in der Einzelheit an den Großbuchstaben in Klammern schreiben. ⑤ Bruchlinien, umlaufende Kanten entfallen.

[1] ehemals DIN 6-1 : 1986-12

Darstellungselemente (Fortsetzung)

Angrenzende Teile, Grenzstellungen, ursprüngliche Formen, gestreckte Längen 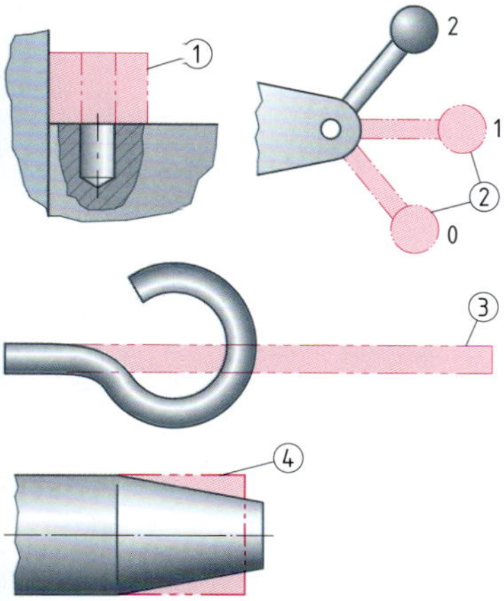	① Angrenzende Teile, ② Grenzstellungen, ③ gestreckte Längen, ④ ursprüngliche Formen in einer schmalen Strich-Zweipunktlinie zeichnen
Oberflächenstrukturen 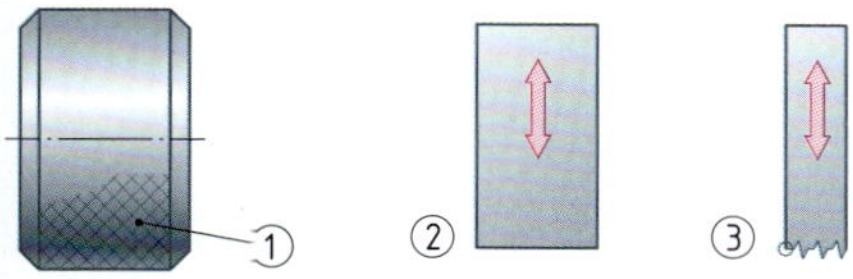	① Oberflächenstrukturen z. B. Kordel mit breiten Volllinien darstellen. ② Faserrichtung und ③ Walzrichtung werden mit einem Doppelpfeil dargestellt.
Biegelinien 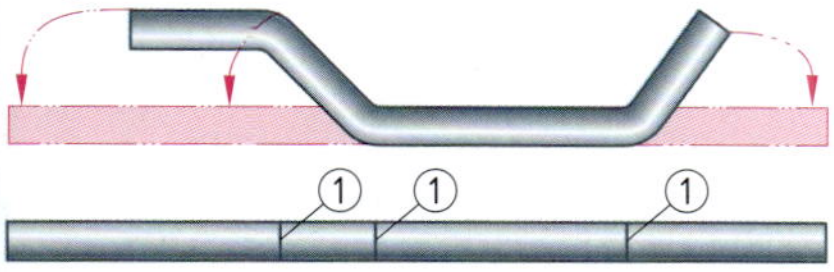	① Biegelinien als schmale Volllinien zeichnen.
Ebene Flächen, unterbrochene Ansicht 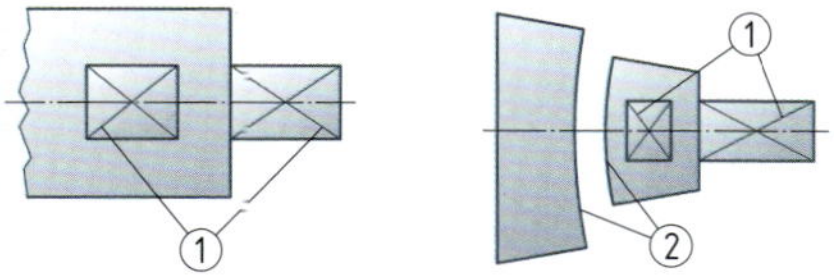	① Ebene Flächen durch ein Diagonalkreuz aus schmalen Volllinien kennzeichnen. ② Um Platz zu sparen, kann das Bauteil unterbrochen und zusammengeschoben werden. Es wird eine Freihandlinie oder Zickzacklinie als Bruchkante gezeichnet.

Vereinfachte Darstellungen

Sich wiederholende Formelemente 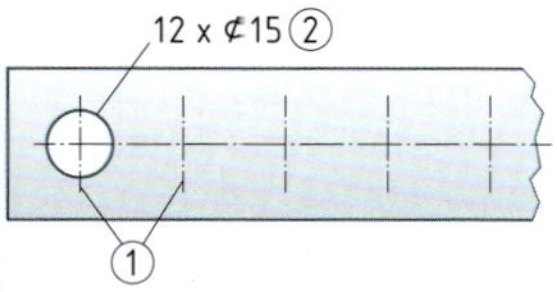	① Sich wiederholende Formelemente, z. B. Bohrungen, Nuten nur einmal komplett darstellen. ② Die Anzahl der Wiederholungen in die Zeichnung eintragen, z. B. 12 Bohrungen mit ∅ 15 mm.
Neigungen 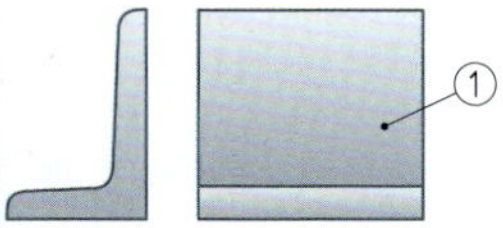	① Geringe Neigungen entfallen in anderen Ansichten, z. B. an gewalzten Profilen.

Vereinfachte Darstellungen (Fortsetzung)

Durchdringungen

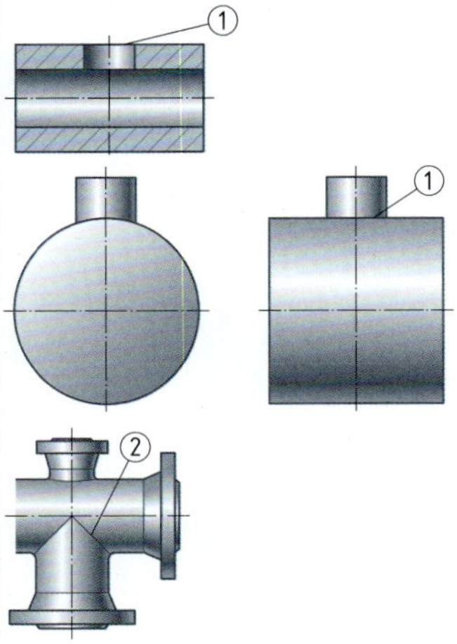

① Flache Durchdringungskurven gerade zeichnen oder ganz weglassen.
② Durchdringen an Gussteilen werden durch Lichtkanten (schmale Volllinie) gekennzeichnet.

geradliniger Verlauf

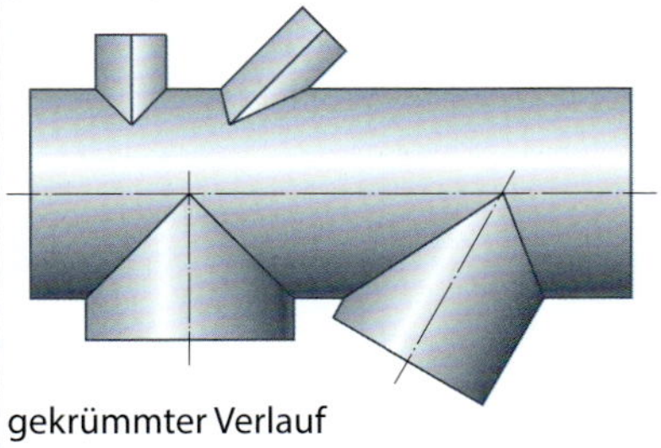

gekrümmter Verlauf

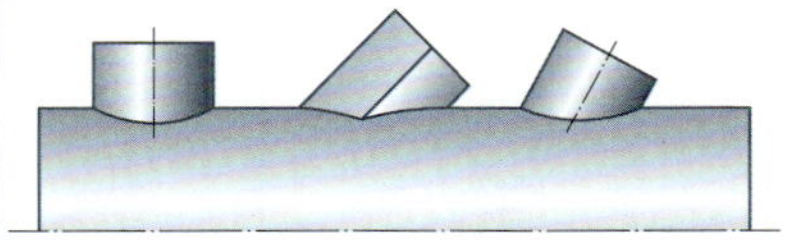

Konstruktion einer Durchdringungskurve

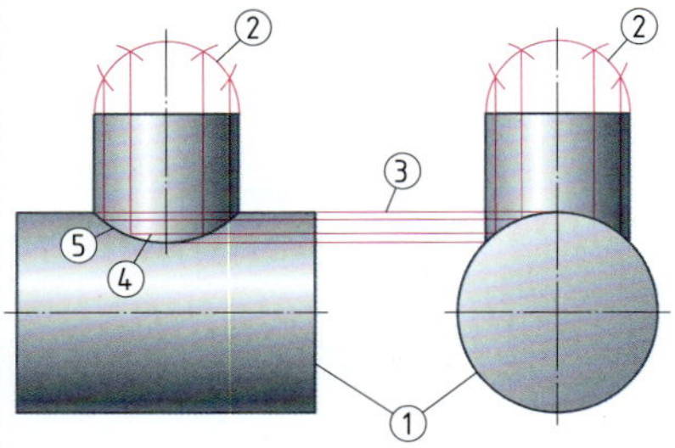

① Zeichnen von Ansicht A (Vorderansicht) und Ansicht C (Seitenansicht von links).
② Teilen des senkrechten Zylinders in 12 gleiche Teile und Einzeichnen der Mantellinien in beiden Ansichten.
③ Projizieren der Schnittpunkte der Mantellinien des senkrechten Zylinders aus Ansicht C (Seitenansicht) in Ansicht A (Vorderansicht).
④ Projektionslinien schneiden die Mantellinien in Ansicht A (Vorderansicht).
⑤ Verbindungslinie der Schnittpunkte ergibt die Durchdringungskurve.

Schnitte *cuts*

DIN ISO 128-40, -44 : 2002-05

Schnitt

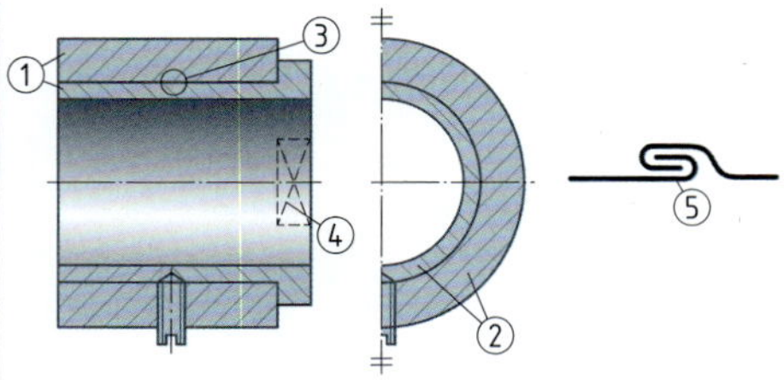

Halbschnitt

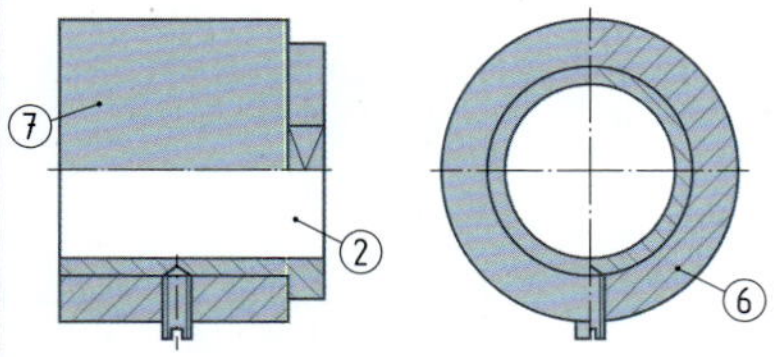

Teilschnitt

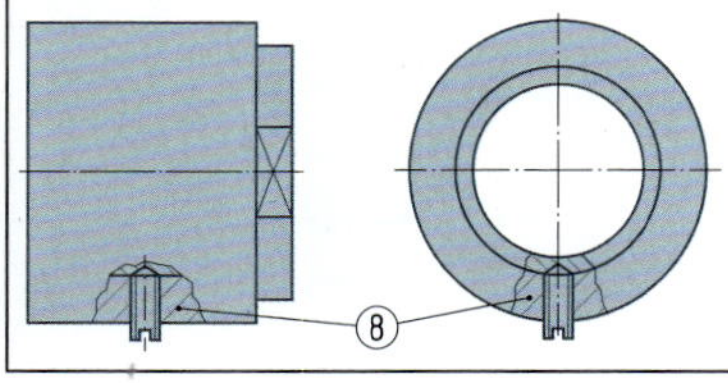

Werkstücke werden im
- Schnitt
- Halbschnitt
- Teilschnitt

gezeichnet.

① Schnittflächen im Winkel von 45° zu den Hauptumrissen oder zur Symmetrieachse schraffieren.
② Schraffurabstand an die Größe der Schnittfläche anpassen.
③ Geschnittene angrenzende Teile in unterschiedliche Richtungen schraffieren.
④ Hinter der Schnittebene liegende Einzelheiten mit einer schmalen Strichlinie zeichnen; davor liegende Einzelheiten mit einer schmalen Strich-Zweipunktlinie zeichnen.
⑤ Schmale Schnittflächen schwärzen; nebeneinander liegende geschwärzte Schnittflächen im Abstand von 0,5 mm zeichnen.
⑥ Bei Halbschnitten die untere bzw. rechte Hälfte geschnitten darstellen.
⑦ Verdeckte Kanten oder Umrisse können entfallen, wenn sie zur eindeutigen Darstellung des Werkstückes nicht notwendig sind.
⑧ Teilschnitte bzw. Ausbrüche durch eine schmale Freihandlinie begrenzen.

Schnitte (Fortsetzung)

DIN ISO 128-40, -44 : 2002-05

Nicht zu schneidende Teile oder Teilbereiche 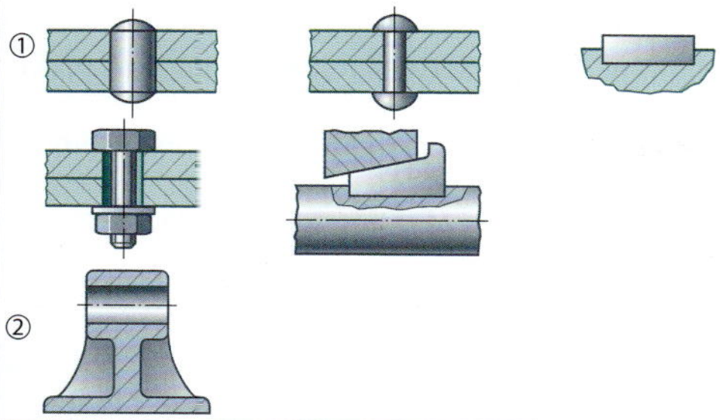 	① Nicht geschnitten werden Bolzen, Stifte, Nieten, Schrauben, Passfedern, Keile, Wellen. ② Rippen, Speichen und Stege nicht schneiden, wenn sie sich von der Grundform abheben sollen.
Anordnung und Angabe der Schnittebenen 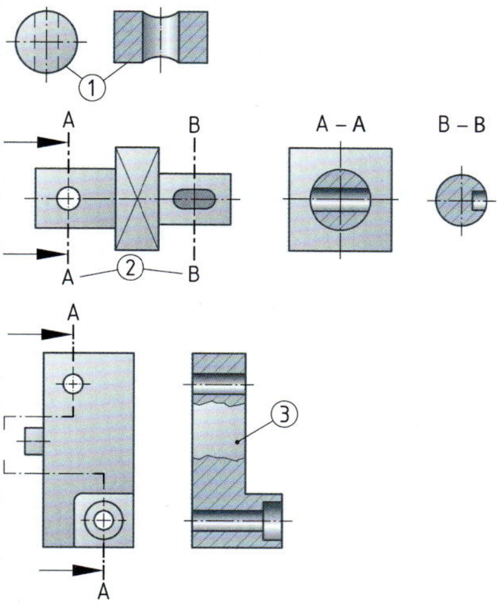 	① Eindeutige Schnittlagen nicht gesondert kennzeichnen. ② Nicht eindeutige Schnittlagen kennzeichnen durch: • breite Strichpunktlinie • zwei Pfeile für die Blickrichtung und • gegebenenfalls mit Großbuchstaben. ③ Schnittübergänge mit Bruchlinien zeichnen.
Winklig zueinander liegende Schnittebenen 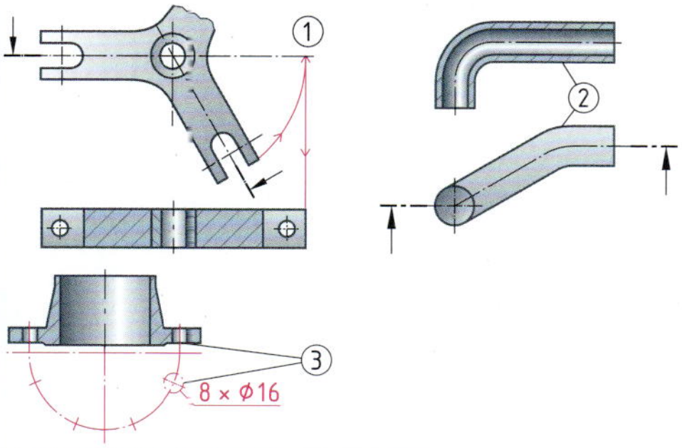 	① Winklig zueinander liegende Schnittebenen so darstellen, als lägen sie in einer Ebene. Projektionsverkürzungen vermeiden. ② Schräg verlaufende Schnittebenen als Projektion zeichnen, wenn sie zwischen zwei parallelen Schnittebenen liegen. ③ Löcher in die Schnittebene drehen, wenn ihre genaue Lage durch eine zusätzliche Darstellung festgelegt wird.
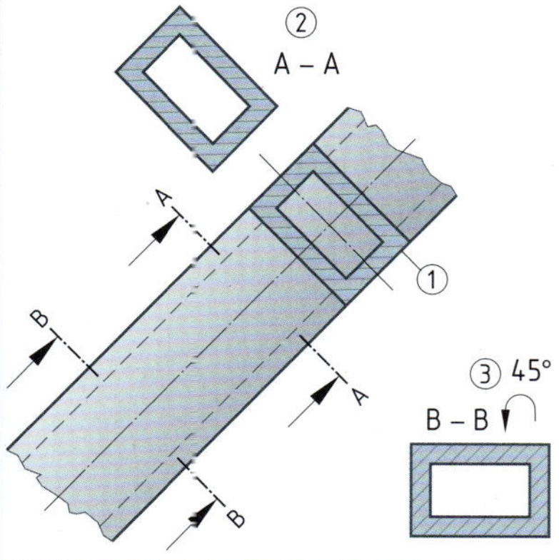 	Profilschnitte ① in das Werkstück, ② projektionsgerecht neben das Werkstück oder ③ unter Angabe des Drehwinkels nicht projektionsgerecht neben das Werkstück zeichnen.

Positionsnummern

DIN EN ISO 6433 : 2012-12

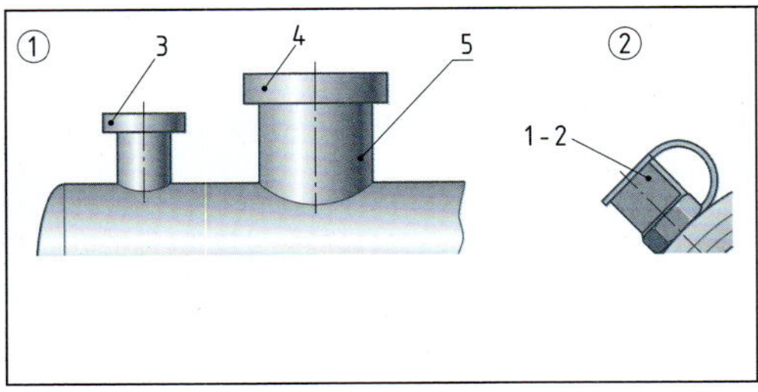

① Die Positionsnummer wird deutlich größer geschrieben und zeigt auf das gekennzeichnete Bauteil. Sie kann auch eingekreist werden.
② Zusammengehörige Bauteile können mit einer gemeinsamen Bezugslinie gekennzeichnet werden.
Die Positionsnummern sollen alle auf einer gemeinsamen Umrisslinie angeordnet werden.
Die Nummerierung erfolgt in der Montagereihenfolge oder Wichtigkeit der Bauteile.

Bemaßung *dimensioning*

DIN EN ISO 129-1 : 2022-02

Arten der Maßeintragung

Maßlinien

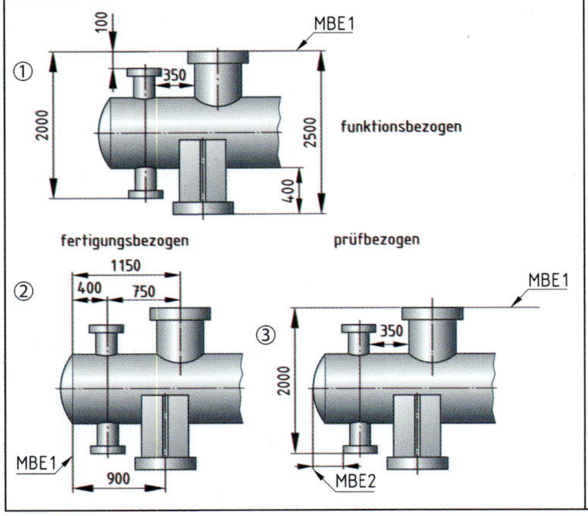

Der Zweck der Zeichnung bestimmt die Art der Bemaßung:
① Der Behälter ist funktionsbezogen bemaßt. Durch Einhalten der Maße, kann der Behälter in das Rohrsystem eingebaut werden. Die Anschlüsse „passen".
② Der Behälter ist fertigungsbezogen (nach Bezugsebene) bemaßt. Durch diese Bemaßungsanlage ist es dem Facharbeiter leicht möglich, den Anriss für die Anschlüsse und die Stütze durchzuführen.
③ Der Behälter ist prüfbezogen bemaßt. Durch die Maßanlage können gemessene Istmaße sofort mit den Sollmaßen ohne Berechnungen verglichen werden.
MBE: Maßbezugsebene

Elemente der Maßeintragung

Maßlinien

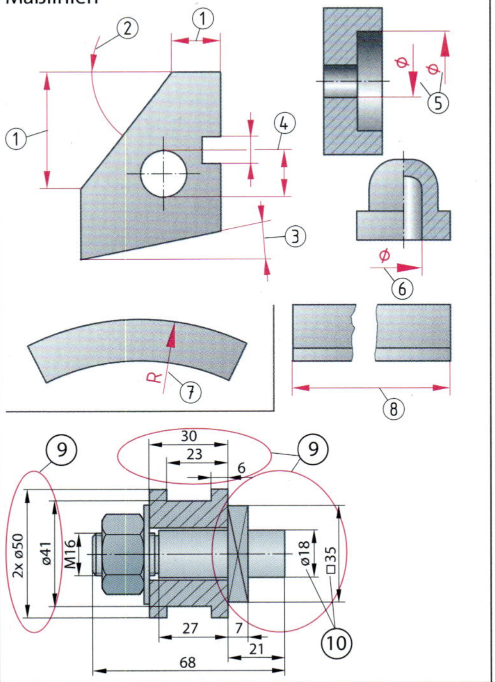

① Maßlinien parallel zu der zu bemaßenden Länge zeichnen.
② Winkel- und Bogenmaße als Kreisbogen um den Scheitelpunkt des Winkels oder dem Bogenmittelpunkt zeichnen.
③ Bei Winkelmaßen bis 30° kann die Maßlinie gerade sein. Sie steht senkrecht auf der Winkelhalbierenden.
④ Maßlinien sollen sich und andere Linien nicht schneiden, wenn es möglich ist.
Maßlinien abgebrochen zeichnen, bei
– Durchmessermaßen ⑤,
– Hälften eines symmetrischen Bauelements in Ansicht oder Schnitt ⑥,
– Mittelpunkten, die außerhalb der Zeichenebene liegen. ⑦
⑧ Die Maßlinie durchziehen bei verkürzt dargestellten Bauelementen.
⑨ Bei der Bemaßung von Baugruppen sind die Maße der einzelnen Bauteile zu gruppieren.
⑩ Symbole für Eigenschaften des Maßes → siehe Seite 91

Elemente der Maßeintragung (Fortsetzung)

DIN EN ISO 129-1 : 2022-02

Maßhilfslinien

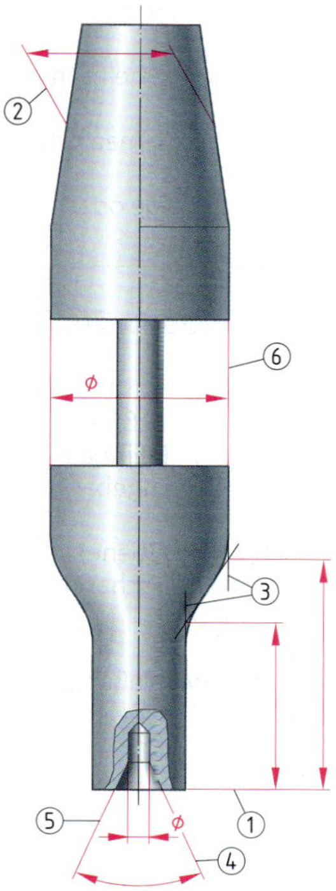

① Maßhilfslinien verlaufen in der Regel senkrecht zur Körperkante.
② Bei Unübersichtlichkeiten verlaufen die Maßhilfslinien vorzugsweise unter 60°.
③ Bei Übergängen ohne scharfe Kanten die Maßhilfslinie am Schnittpunkt der Projektionslinien zeichnen.
④ Projektionslinien dürfen unterbrochen werden, wenn der weitere Verlauf klar erkennbar ist.
⑤ Bei Winkelbemaßungen sind die Maßhilfslinien die Verlängerungen der Winkelschenkel.
⑥ Bauelemente mit gleichen Maßen mit einer gemeinsamen Maßhilfslinie bemaßen.

Maßlinienbegrenzung

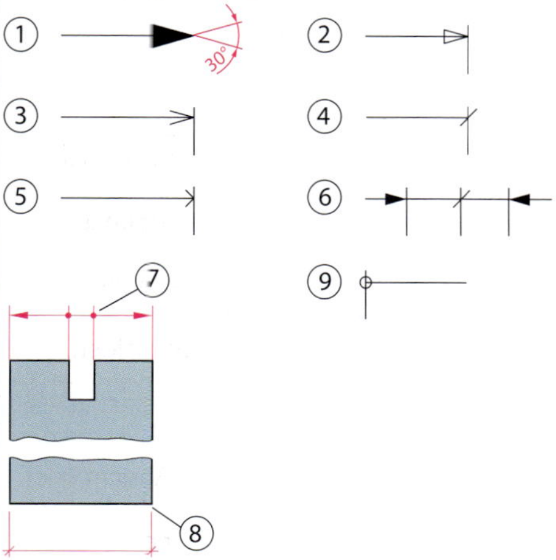

① geschlossen, 30°, gefüllt
② geschlossen, 30°, nicht gefüllt
③ offen, 30°
④ Schrägstrich 45°
⑤ offen, 90°
⑥ Schrägstrich 45°, zwischen Pfeilen bei Platzmangel
⑦ Punkt gefüllt zwischen den Pfeilen
⑧ Der Schrägstrich ist in fachbezogenen Zeichnungen üblich, z. B. in
- Bauzeichnungen
- Metallbauzeichnungen
- Stahlbauzeichnungen.

⑨ Ursprungssymbol, ein oder mehrere Maße beginnen

Hinweislinien

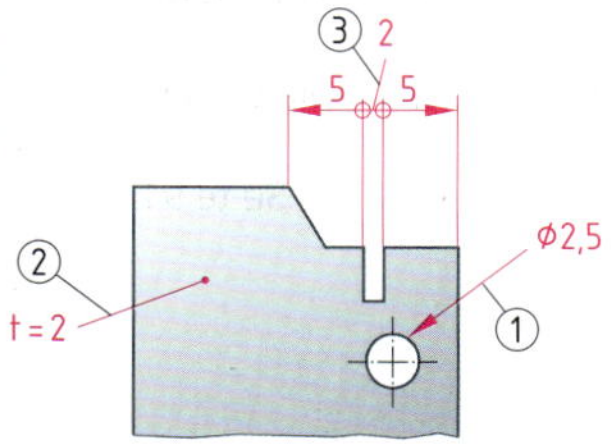

① Hinweislinien enden mit einem Pfeil.
② Hinweislinien enden mit einem Punkt auf einer Fläche.
③ Hinweislinien enden ohne Begrenzung, wenn sie an anderen Linien enden.

Maßeintragung in Zeichnungen

DIN EN ISO 129-1 : 2022-02

Anordnung von Maßzahlen *dimensional figures*

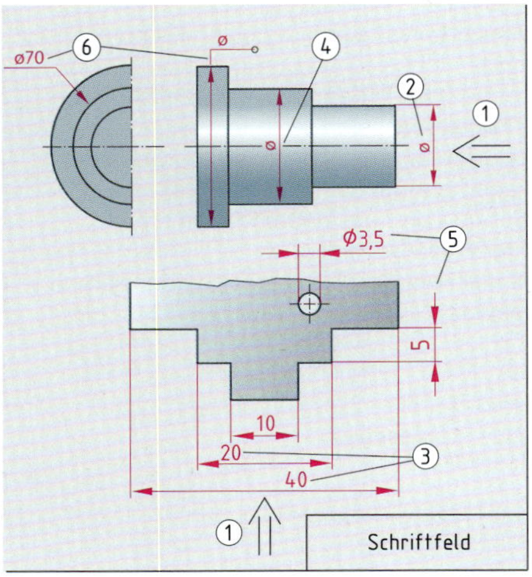

① Maßzahlen, Wortangaben und Symbole so eintragen, dass sie bezogen auf die Zeichnungslage von unten und rechts lesbar sind.
② Die Maßzahlen stehen über der Maßlinie und sind möglichst mittig anzuordnen.
③ Mehrere übereinanderstehende Maßzahlen gegeneinander versetzt eintragen.
④ Für Maßzahlen Schraffuren, Maßhilfslinien und Maßlinien unterbrechen.
⑤ Bei Platzmangel die Maßzahl an der Verlängerung der Maßhilfslinie oder an einer Bezugslinie eintragen.
⑥ Maßlinie oder die Hinweislinie verlängert und auf einer horizontalen Hinweislinie Maße eintragen.

Bemaßung von Schrägen und Winkeln

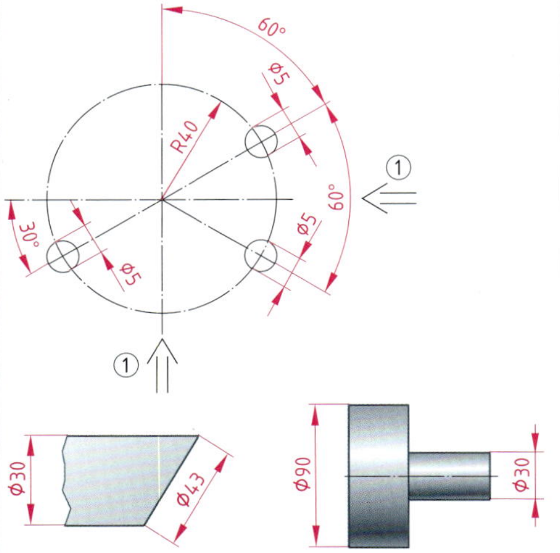

① Maßzahlen so eintragen, dass sie bezogen auf die Zeichnungslage von unten und rechts lesbar sind.

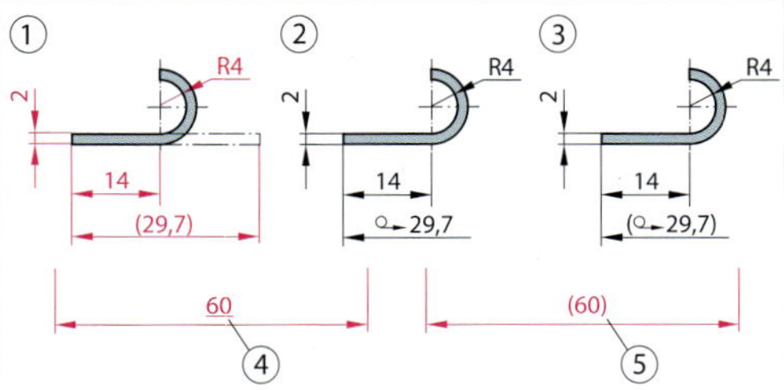

① Darstellung vor dem Biegen mit dünner 2 Punkt -Strichlinie
②, ③ Das Symbol ⌒ wird der Maßzahl vorangestellt, wenn die entwickelte Länge nicht dargestellt wird.
④ Maßzahlen von nicht maßstäblich gezeichneten Teilen unterstreichen. Dies gilt nicht für unterbrochene Teile.
⑤ Eingeklammerte Maße sind **Hilfsmaße**; sie werden für die geometrische Bestimmung nicht benötigt. Die Allgemeintoleranzen gelten für diese Maße nicht.

Maßeintragung in Zeichnungen (Fortsetzung) DIN EN ISO 129-1 : 2022-02

Durchmesser *diameter* 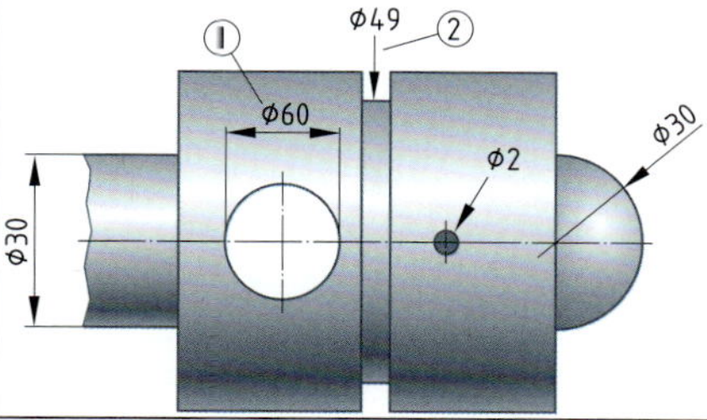	① Das Symbol ∅ bei jeder Durchmesserbemaßung vor die Maßzahl schreiben. ② Bei Platzmangel den Durchmesser an einer Hinweislinie bemaßen.
Kugeln *balls* 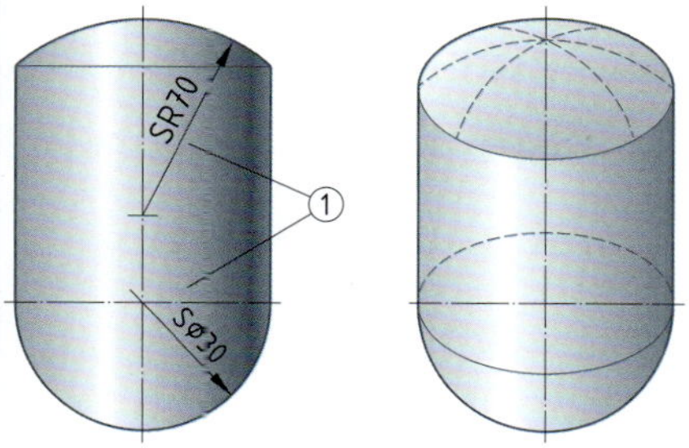	① Bei Kugeln groß S vor die Durchmesser- oder Radiusangabe schreiben. S = sphärisch = kugelig
Radien *radiuses* 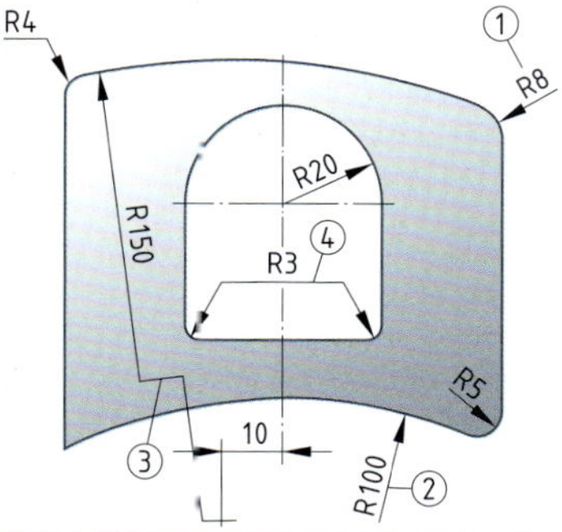	① Bei Radien groß *R* vor die Maßzahl schreiben. ② Die Maßlinie ist auf den Mittelpunkt des Radius ausgerichtet. ③ Die Maßlinie kann abgeknickt werden, um die Mittelpunktslage zu bemaßen. ④ Radienbemaßungen können zusammengefasst werden.
Bögen *arcs* 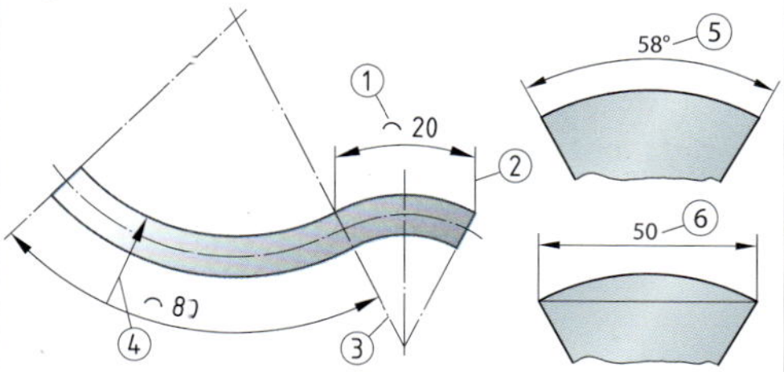	① Das Symbol ⌒ steht vor der Maßzahl; bei von Hand erstellten Zeichnungen kann es auch auf der Maßzahl stehen. ② Bei Bogenwinkeln < 90° verlaufen die Maßhilfslinien parallel zur Winkelhalbierenden. ③ Bei Bogenwinkeln > 90° die Maßlinie an die Schenkel des Winkels anbinden. ④ Ein Bezugspfeil kann bei Bedarf die Zuordnung zwischen Maßlinie und Formelement verdeutlichen. ⑤ Maßhilfslinien verlaufen in Verlängerung der Körperkanten. Die Maßlinie als Kreisbogen zeichnen. ⑥ Maßlinien verlaufen senkrecht zur Sehne.
Quadrate *squares* 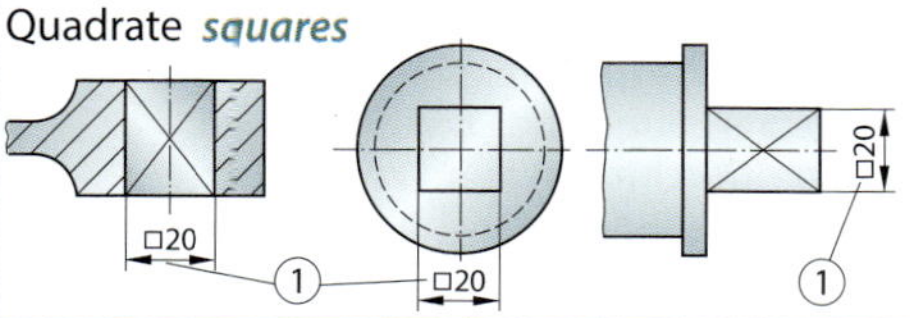	① Das Zeichen □ vor die Maßzahl setzen, in die Fläche ein Diagonalkreuz einzeichnen.
Schlüsselweiten *wrench sizes across flats* 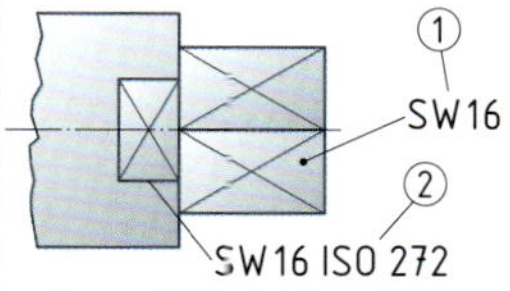	① Die Großbuchstaben SW vor die Maßzahl schreiben, wenn die Schlüsselweite nicht direkt bemaßt werden kann, z. B. SW16. ② Die Maßzahl um die entsprechende Norm erweitern, z. B. SW 23 ISO 272.

Maßeintragung in Zeichnungen (Fortsetzung) DIN EN ISO 129-1 : 2022-02

Rechtecke *rectangles* 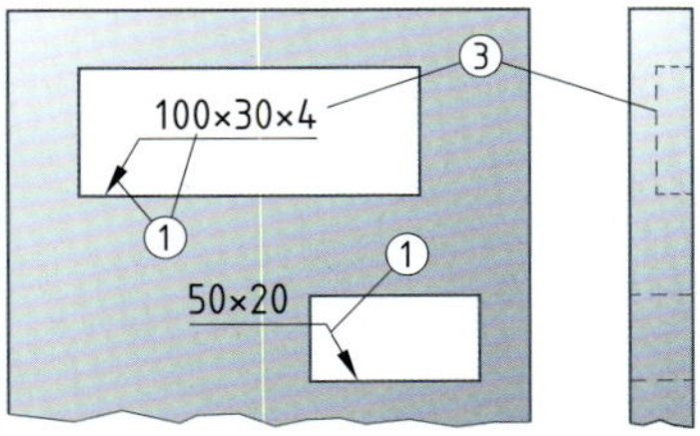	① Rechtecke können mit abgeknickten Hinweislinien bemaßt werden. ② Die Pfeillinie zeigt auf den Bauteil mit dem zuerst genannten Maß. ③ Eine zusätzliche Tiefenangabe ist zulässig, wenn eine zusätzliche Ansicht gezeichnet wird.
Neigungen nicht mehr genormt *descending gradients* 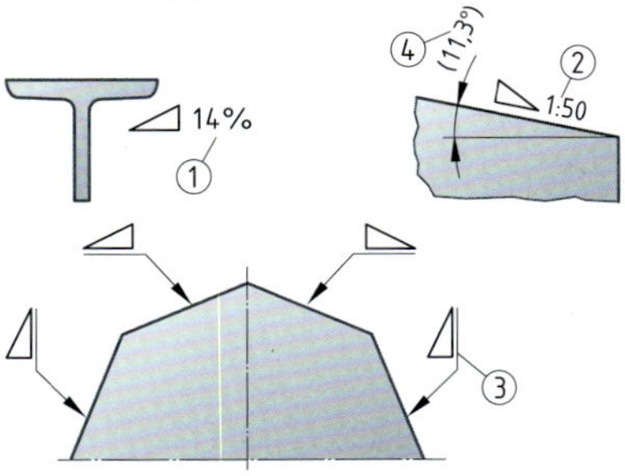	Das Zeichen ⊿ steht immer vor der ① Maßzahl der Neigung in Prozent, z. B. ⊿ 14 %. ② Verhältniszahl der Neigung, z. B. ⊿ 1: 5. ③ Das Zeichen ⊿ wird meist auf der abgeknickten Hinweislinie eingetragen. ④ Der Neigungswinkel darf ergänzend eingetragen werden, z. B. (11,3°).
Neigungen im Metallbau nach DIN ISO 5261 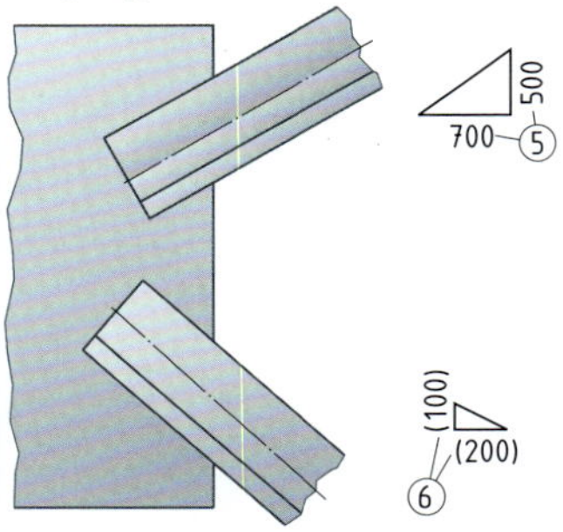	Im Metallbau werden die Neigungen der Profile ⑤ durch kleine rechtwinklige Dreiecke und Koordinaten (Katheten) in natürlicher Größe bemaßt. ⑥ mit Koordinaten bezogen auf 100 bemaßt; sie sind in Klammern zu setzen.
Verjüngungen *taper ratios* 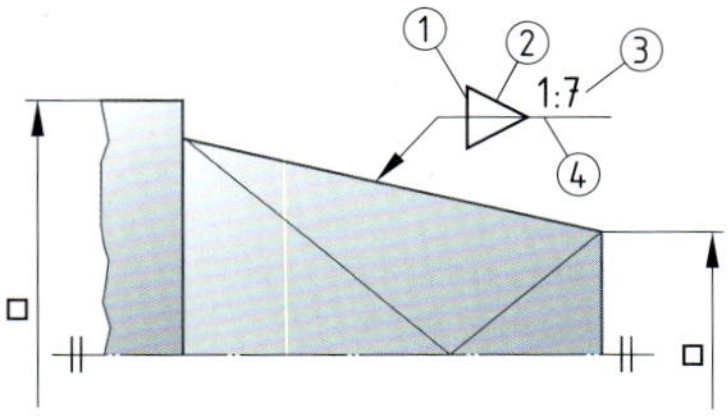	① Das Zeichen ▷ zeigt in die Verjüngungsrichtung. ② Das Zeichen ▷ steht vor der Maßzahl. ③ Die Bemaßung kann als Verhältniszahl oder Prozentzahl erfolgen. ④ Das Zeichen ▷ wird meist auf der abgeknickten Hinweislinie eingetragen.

Kegel DIN EN ISO 3040 : 2016-12

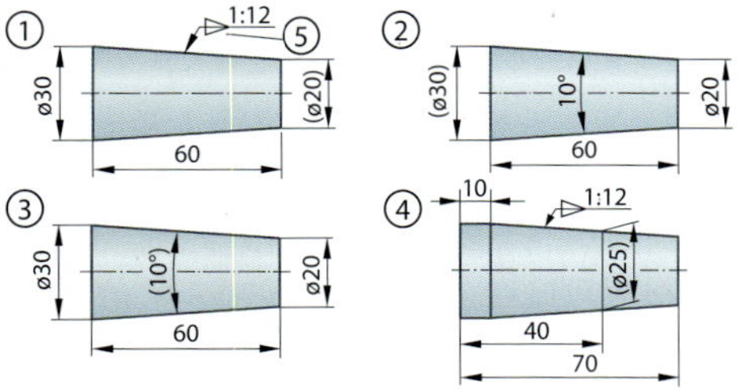	① Angabe Durchmesser, Länge und Steigung ②, ③ Angabe Durchmesser Länge und Öffnungswinkel ④ Festlegung von Länge, Durchmesser und Verjüngung ⑤ Das Zeichen zeigt in die Verjüngungsrichtung. Das ▷Zeichen steht vor der Maßzahl. Die Bemaßung kann als Verhältniszahl oder Prozentzahl erfolgen. Das Zeichen wird ▷ meist auf der abgeknickten Hinweislinie eingetragen.

Maßeintragung in Zeichnungen (Fortsetzung)

DIN EN ISO 129-1 : 2022-02

Fasen, Senkungen *chamters, countersinkings*

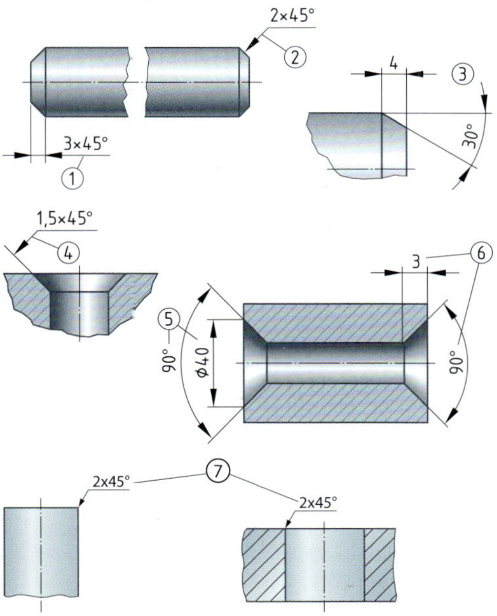

① 45°-Fasen vereinfacht mit Fasenbreite 2 × 45° angeben.
② Dargestellte oder nicht dargestellte Fasen mit 45° können auch mit Hinweislinien bemaßt werden.
③ Fasen ≠ 45° mit Fasenbreite und Winkelangabe bemaßen. Kegelige 90°-Senkungen durch
④ Hinweislinien auf der verlängerten Fase,
⑤ Durchmesser und Winkel,
⑥ Senkungstiefe und Winkel bemaßen.
⑦ Die Maße der Senkung werden an die Kante mit einer Bezugslinie eingetragen.

Wiederholende Elemente

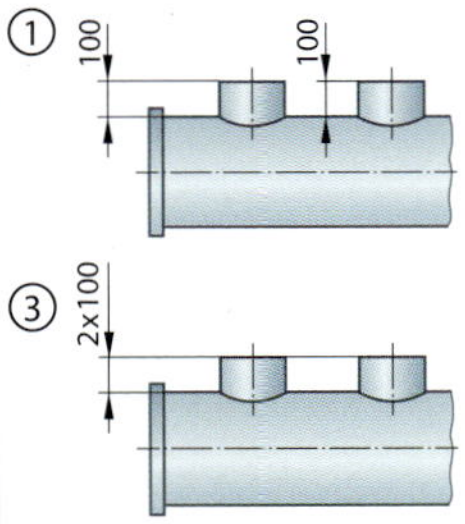

Teilung

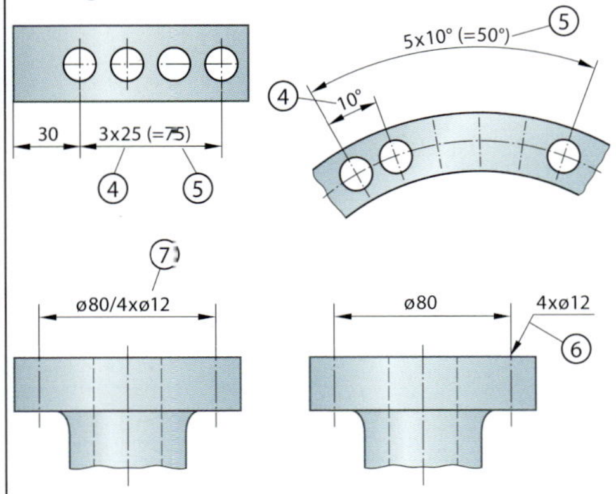

Sich wiederholende Elemente
① als Einzelmaße oder
② mit gemeinsamer Linie oder
③ mit "nx" bemaßt.
④ Gleiche Formelemente in gleichen Abständen vereinfacht durch Anzahl und Abstand des Formelementes bemaßen.
⑤ Das Gesamtmaß in Klammern ergänzen. Gleiche Formelemente auf einem zylindrischen Umfang bei gleichmäßiger Verteilung durch
⑥ Hinweislinien mit Bezugspfeilen oder
⑦ Angaben auf dem Teilkreisdurchmesser bemaßen (Anzahl × Maß des Formelements).

Parallelbemaßung

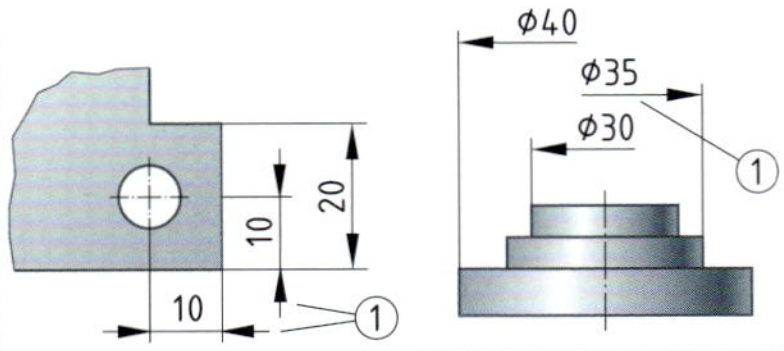

① Maßlinien parallel in eine, zwei oder drei senkrecht zueinander stehenden Richtungen eintragen.

Maßeintragung in Zeichnungen (Fortsetzung) DIN EN ISO 129-1 : 2022-02

Gewinde *threads*
Außengewinde (Bolzengewinde) *extermal threads*
Ansicht

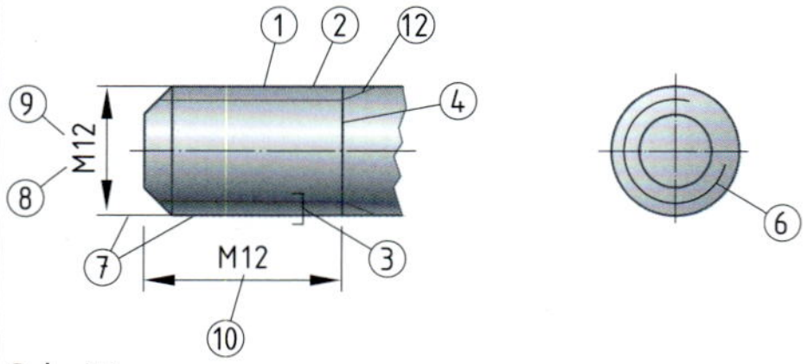

Schnitt

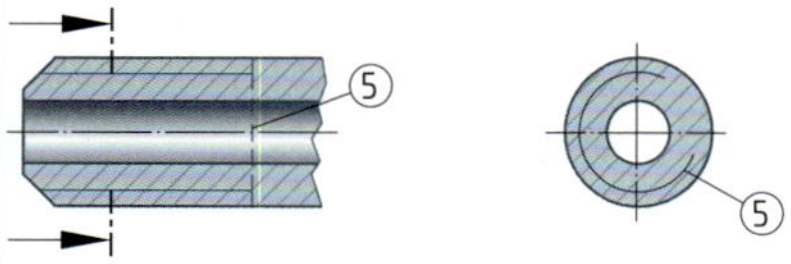

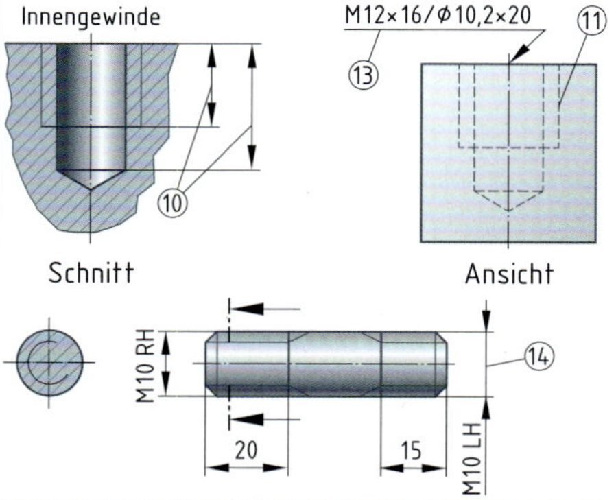

Gewinde werden vereinfacht dargestellt.
① Gewindespitzen mit breiter Volllinie.
② Gewindegrund mit schmaler Volllinie.
③ Der Abstand zwischen den Linien ① und ② ≥ 0, 7 mm oder Gewindetiefe.
④ Die sichtbare Gewindebegrenzung in breiter Volllinie zeichnen.
⑤ Die nicht sichtbare Gewindebegrenzung bei Bedarf mit schmaler Strichlinie zeichnen.
⑥ Die Lage des ¾-Kreises ist beliebig; wird überwiegend wie dargestellt gezeichnet.
⑦ Das Gewinde am Nenndurchmesser bemaßen.
Die Gewindebemaßung setzt sich
⑧ aus dem Kurzzeichen für das Gewinde, z. B. M = metrisches Gewinde, und
⑨ dem Nenndurchmesser, z. B. 12 mm, zusammen.
⑩ Die Gewindelänge bemaßen, z. B. 30 mm. Zusätzlich Lochtiefe bei Gewindegrundlöchern bemaßen.
⑪ Verdeckte Gewinde in schmaler Strichlinie darstellen.
⑫ Gewindeausläufe nur bei funktionaler Notwendigkeit als schmale, schräg verlaufende Volllinie zeichnen.
⑬ Vereinfachte Bemaßung von Gewinde- und Gewindegrundloch möglich, z. B. Metrisches Gewinde ∅12 mm und 16 mm tief, Grundloch ∅10,2 mm und 20 tief.
⑭ Gewinderichtung durch
LH[1] = Linksgewinde
RH[2] = Rechtsgewinde
kennzeichnen, wenn beide Gewinderichtungen auftreten.

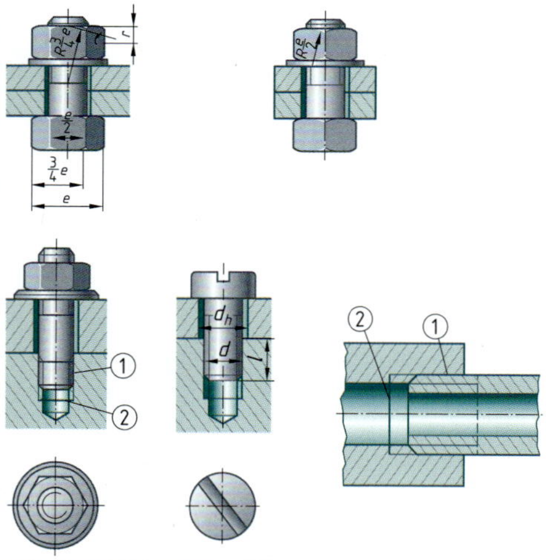

① Außengewinde verdeckt Innengewinde.
② Begrenzung des Innengewindes mit breiter Volllinie zeichnen.
„Vereinfachte Darstellung von Verbindungselementen nach DIN ISO 5845-1 : 1997-04"

[1] LH = Left Hand [2] RH = Right Hand

Maßeintragung in Zeichnungen (Fortsetzung) DIN EN ISO 129-1 : 2022-02, DIN ISO 6410-1,-3 : 1993-12

Steigende Bemaßung

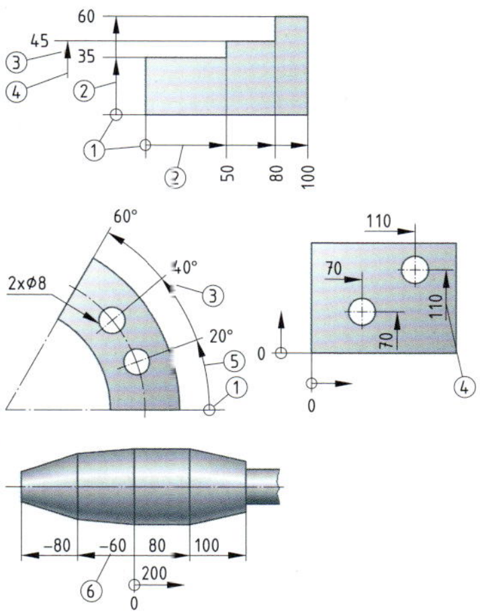

① Den Ursprung mit einem offenen Kreis festlegen.
② Vom Ursprung ausgehend meist nur eine Maßlinie einzeichnen.
③ Die Maßlinie mit einer Maßlinienbegrenzung abschließen.
④ Maßlinien können abgebrochen dargestellt werden.
⑤ Maßlinien verlaufen parallel zu gebogenen Körperkanten.
⑥ Bei steigender Bemaßung in zwei Richtungen erhält die Gegenrichtung ein negatives Vorzeichen.

Vereinfachte Darstellung und Bemaßung von Bohrungen DIN 6780 : 2000-10

simplified representation and dimensioning of holes

<table>
<tr><th>Vollständige Darstellung und Bemaßung nach DIN 406-11</th><th>Vollständige Darstellung und vereinfachte Bemaßung</th><th>Vereinfachte Darstellung und vereinfachte Bemaßung</th></tr>
<tr><td rowspan="2">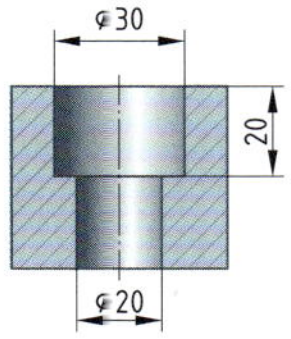

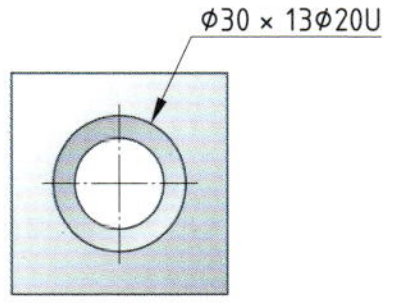
</td><td>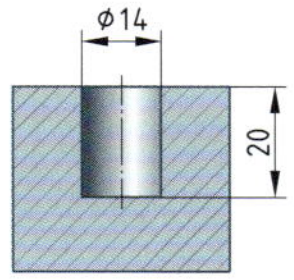
</td><td>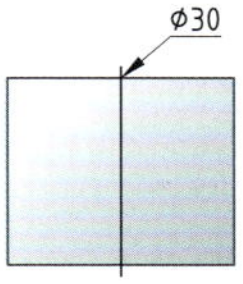
</td></tr>
<tr><td>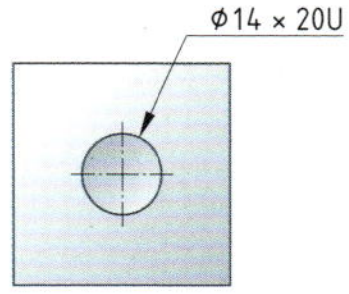
</td><td>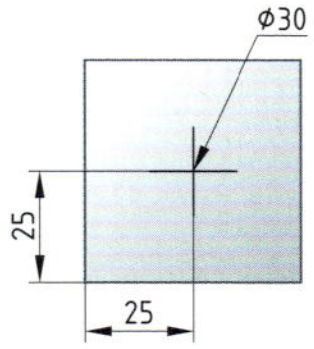
</td></tr>
</table>

Aufbau der vereinfachten Bemaßung

Graphische Symbole		
Symbol	**Benennung**	**Beispiel**
∅	Durchmesser	∅ 16
□	Quadrat, Vierkant	□ 16
×	Trennzeichen für Nennmaß und Tiefen- bzw. Winkelangabe oder Anzahl für Formelemente/Gruppen	M16 × 30
/	Trennzeichen für Tiefenangaben, z. B. Gewindelänge und Grundlochtiefe	M16 × 30/35
U	Zylindrische Senkung, flacher Lochgrund	∅ 16 × 35 U
V	Werkstoffabhängige Bohrerspitze (Spitzenwinkel des Lochgrundes)	∅ 16 × 35 V
W	Wendeschneidplattenbohrerspitze	∅ 16 × 35 W
$\underline{V}$	Maßangabe bis zur Bohrerspitze	∅ 16 × 35 $\underline{V}$
B-	Von der Rückseite gefertigt	B-∅ 16 × 35V

Maßtoleranzen *general dimensional tolerances* DIN ISO 2768-1, -2 : 1991-06, -04

Allgemeintoleranzen für Längenmaße								
Genauigkeitsgrad	**Nennmaßbereich in mm**							
	ab 0,5 bis 3	**über 3 bis 6**	**über 6 bis 30**	**über 30 bis 120**	**über 120 bis 400**	**über 400 bis 1000**	**über 1000 bis 2000**	**über 2000 bis 4000**
	obere und untere Abmaße für Längenmaße in mm							
f (fein)	± 0,05	± 0,05	± 0,1	± 0,15	± 0,2	± 0,3	± 0,5	–
m (mittel)	± 0,1	± 0,1	± 0,2	± 0,3	± 0,5	± 0,8	± 1,2	± 2
c (grob)	± 0,2	± 0,3	± 0,5	± 0,8	± 1,2	± 2	± 3	± 4
v (sehr grob)	–	± 0,5	± 1	± 1,5	± 2,5	± 4	± 6	± 8

Eintragebeispiel in Zeichnungen: ISO 2768-c

Allgemeintoleranzen für Winkelmaße					
Genauigkeitsgrad	**Nennmaßbereich für kürzeren Schenkel in mm**				
	bis 10	**über 10 bis 50**	**über 50 bis 120**	**über 120 bis 400**	**über 400**
	obere und untere Abmaße in Grad und Minuten				
f (fein) **m** (mittel)	± 1°	± 30′	± 20′	± 10′	± 5′
c (grob)	± 1° 30′	± 1°	± 30′	± 15′	± 10′
v (sehr grob)	± 3°	± 2°	± 1°	± 30′	± 20′

Eintragebeispiel in Zeichnungen: ISO 2768-c

Hinweis: In älteren Zeichnungen können die Allgmeintoleranzen noch nach DIN 7168 toleriert sein; in Neukonstruktionen ist ausschließlich DIN ISO 2768 anzuwenden.

Maßtoleranzen in Zeichnungen

DIN ISO 286-1 : 2019-09, DIN 406-12 : 1992-12

Eintragung von Maßtoleranzen in Zeichnungen

Toleranzklassen 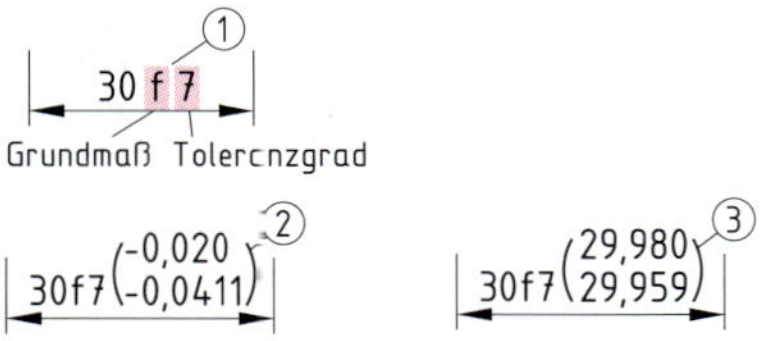 	① Das Kurzzeichen der Toleranzklasse wird hinter das Nennmaß geschrieben. Das Kurzzeichen setzt sich aus dem Grundabmaß f und dem Toleranzgrad 7 zusammen. ② Die Abmaße können zusätzlich ergänzt werden. ③ Die Grenzmaße können zusätzlich ergänzt werden.
Abmaße, Grenzabmaße 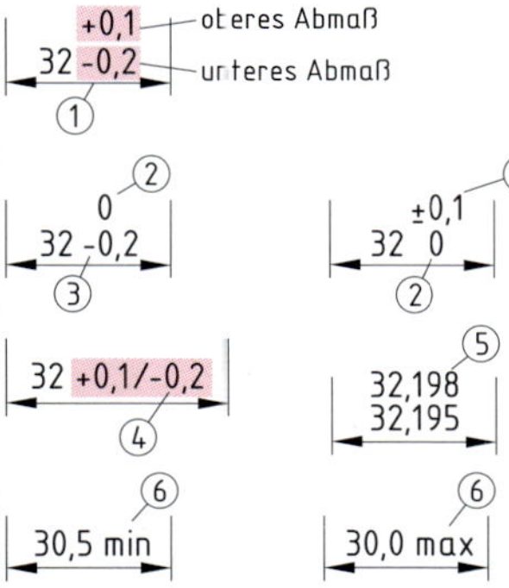 	① Die Abmaße werden hinter das Nennmaß geschrieben. Das obere Abmaß steht über dem unteren Abmaß. ② Fällt eines der Abmaße mit dem Nennmaß zusammen, wird die Zahl 0 eingetragen. ③ Bei gleichen Abmaßen wird das Zeichen ± vor den Wert geschrieben, z. B. ± 0,1 ④ Die Abmaße können auch hintereinander geschrieben werden; sie sind durch einen Schrägstrich zu trennen, z. B. −0,1/− 0,2 ⑤ Grenzmaße werden als Höchstmaß und Mindestmaß eingetragen, z. B. 32,198 32,195 ⑥ Einseitige Grenzmaße werden durch die Abkürzungen min. oder max. gekennzeichnet, z. B. 30,5 min.
Gefügte Bauteile 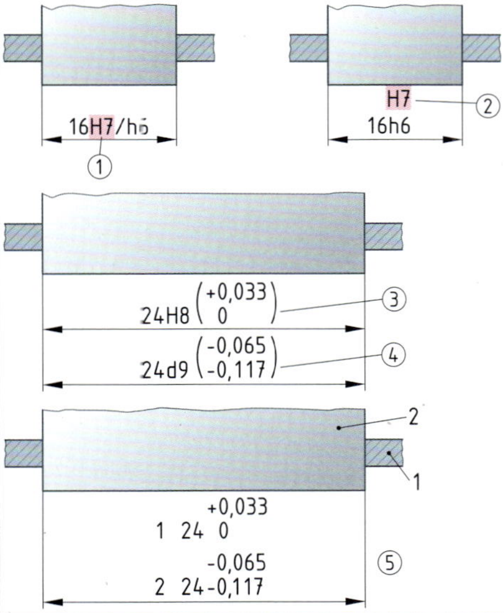 	In Zusammenbauzeichnungen wird die Toleranzklasse des äußeren Bauteils ① vor oder ② über die Toleranzklasse des inneren Bauteils geschrieben. Sollen die Abmaße eingetragen werden steht das Abmaß für ③ das äußere Bauteil oben und ④ für das innere Bauteil unten jeweils auf einer eigenen Maßlinie. ⑤ Die Eintragung ist vereinfacht auf einer Maßlinie möglich, wenn zusätzlich die Positionsnummern der Bauteile vor die Bemaßung geschrieben wird.
Toleranzen für Winkelmaße 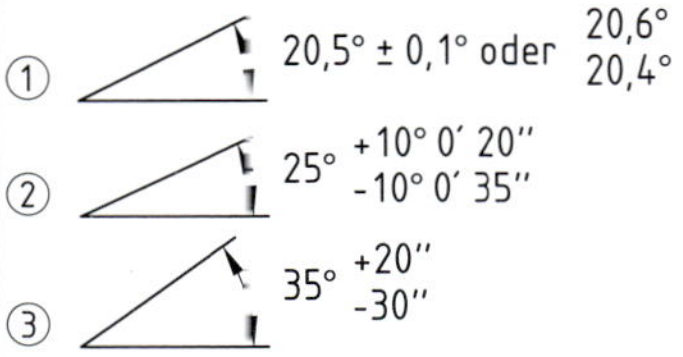 	① Die Regeln der Längentoleranzen sind sinngemäß auf Winkelmaße übertragbar. ② Die Einheiten der Winkelmaße sind anzugeben. ③ Zur Vereinfachung dürfen die Nullen vor den Zahlenwerten weggelassen werden, wenn die Einheiten Winkelminuten oder -sekunden sind.

2.5 Toleranzen

Allgemeintoleranzen für Schweißkonstruktionen

DIN EN ISO 13920 : 1996-11

general weldment tolerances

Allgemeintoleranzen für Längenmaße								
Genauig-keitsgrad	Nennmaßbereich in mm							
	ab 2 bis 30	über 30 bis 120	über 120 bis 400	über 400 bis 1000	über 1000 bis 2000	über 2000 bis 4000	über 4000 bis 8000	über 8000 bis 12 000
	obere und untere Abmaße für Längenmaße in mm							
A	± 1	± 1	± 1	± 2	± 3	± 4	± 5	± 6
B	± 1	± 2	± 2	± 3	± 4	± 6	± 8	± 10
C	± 1	± 3	± 4	± 6	± 8	± 11	± 14	± 18
D	± 1	± 4	± 7	± 9	± 12	± 16	± 21	± 27

Allgemeintoleranzen für Schweißkonstruktionen (Fortsetzung)

Allgemeintoleranzen für Längenmaße						
Genauig-keitsgrad	Nennmaßbereich in mm für die Länge des kürzeren Schenkels			Nennmaßbereich in mm für die Länge des kürzeren Schenkels		
	bis 400	über 400 bis 1000	über 1000	bis 400	über 400 bis 1000	über 1000
	obere und untere Abmaße für Winkelmaße in Grad und Minuten			obere und untere Abmaße für Winkelmaße als Tangenswert der Allgemeintoleranz in mm je 1 m des kürzeren Schenkels*		
A	± 20′	± 15′	± 10′	± 6	± 4,5	± 3
B	± 45′	± 30′	± 20′	± 13	± 9	± 6
C	± 1°	± 45′	± 30′	± 18	± 13	± 9
D	± 1° 30′	± 1° 15′	± 1°	± 26	± 22	± 18

Zeichnungseintragung z. B. für Genauigkeitsgrad C: EN ISO 13 920-C

* Werte gerundet

Allgemeintoleranzen für Form und Lage							
Genauig-keitsgrad	Nennmaßbereich in mm für größere Seitenlänge der Fläche						
	über 30 bis 120	über 120 bis 400	über 400 bis 1000	über 1000 bis 2000	über 2000 bis 4000	über 4000 bis 8000	über 8000 bis 12 000
	Genauigkeit für Geradheit, Ebenheit, Parallelität in mm						
E	0,5	1	1,5	2	3	4	5
F	1	1,5	3	4,5	6	8	10
G	1,5	3	5,5	9	11	16	20
H	2,5	5	9	14	18	26	32

Zeichnungseintragung z. B. für Genauigkeitsgrad „G“: EN ISO 13920-G kombiniert mit Genauigkeitsgrad B für Länge: EN ISO 13920-BG

Maßtoleranzen für thermische Schnitte

DIN EN ISO 9013: 2017-05

dimensional tolerances, jet cuts

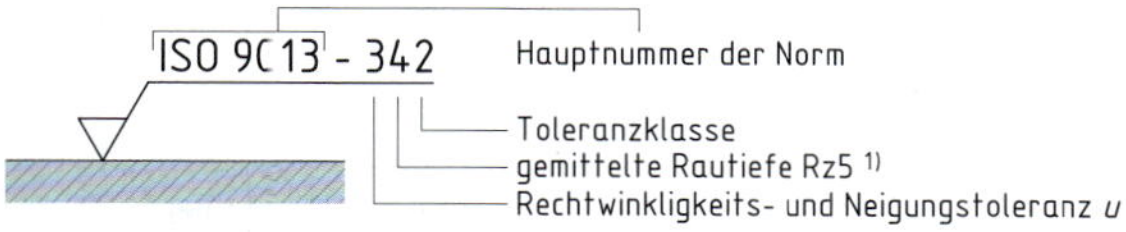

Hinweis:

Es wird in dieser Norm nur noch die Qualität der thermischen Schnitte unabhängig vom Schneidprozess (autogenes Brennschneiden, Plasmaschneiden, Laserstrahlschneiden) berücksichtigt; Brennschnitte an Aluminium, Titan, Magnesium und ihren Legierungen sowie Messing lassen sich nicht bzw. nur bedingt nach dieser Norm bewerten. Es sind in der Regel höhere Werte zu erwarten.

Bereich (Güteklassen)	Rechtwinkligkeits- und Neigungstoleranz *u* in mm 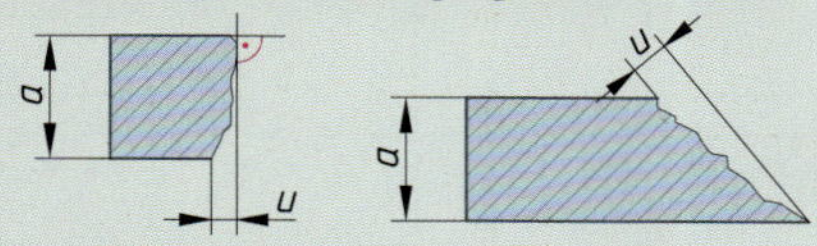 Senkrechtschnitt Fasenschnitt	Rautiefe Rz 5[1)] in µm 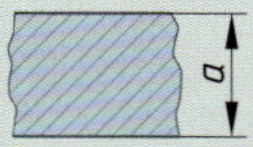
1	$u \le 0{,}005 + 0{,}003\,a$	$Rz \le 10 + (0{,}6a : \text{mm})$
2	$u \le 0{,}15 + 0{,}007\,a$	$Rz \le 40 + (0{,}8a : \text{mm})$
3	$u \le 0{,}4 + 0{,}01\,a$	$Rz \le 70 + (1{,}2a : \text{mm})$
4	$u \le 0{,}8 + 0{,}02\,a$	$Rz \le 110 + (1{,}8a : \text{mm})$
5	$u \le 1{,}2 + 0{,}035\,a$	–

[1)] Rz5 berechnet sich als arithmetisches Mittel aus den Rautiefen von 5 aneinandergrenzenden Einzelmessstrecken

Werkstück-dicke in mm	Grenzabmaße für Nennmaße in mm								Toleranz-klasse
	0... < 3	3... < 10	10... < 35	35... < 125	125... < 315	315... < 1000	1000... < 2000	2000... < 4000	
0...1	±0,04	±0,1	±0,1	±0,2	±0,2	±0,3	±0,3	±0,3	1 (früher Klasse A für autogenes Brennschneiden)
> 1...3,15	±0,10	±0,2	±0,2	±0,3	±0,3	±0,4	±0,4	±0,4	
> 3,15...6,3	±0,30	±0,3	±0,4	±0,4	±0,5	±0,5	±0,5	±0,6	
> 6,3...10		±0,5	±0,6	±0,6	±0,7	±0,7	±0,7	±0,8	
> 10...50		±0,6	±0,6	±0,4	±0,8	±1,0	±1,6	±2,5	
> 50...100			±1,3	±1,3	±1,4	±1,7	±2,2	±3,1	
> 100...150			±1,9	±2,0	±2,1	±2,3	±2,9	±3,8	
> 150...200			±2,6	±2,7	±2,7	±3,0	±3,6	±4,5	
> 200...250						±3,7	±4,2	±5,2	
> 250...300						±4,4	±4,9	±5,9	
0...1	±0,1	±0,3	±0,4	±0,5	±0,7	±0,8	±0,9	±0,9	2 (früher Klasse B für autogenes Brennschneiden)
> 1...3,15	±0,2	±0,4	±0,5	±0,7	±0,8	±0,9	±1,0	±1,1	
> 3,15...6,3	±0,5	±0,7	±0,8	±0,9	±1,1	±1,2	±1,3	±1,3	
> 6,3...10		±1,0	±1,1	±1,3	±1,4	±1,5	±1,6	±1,7	
> 10...50		±1,8	±1,8	±1,8	±1,9	±2,3	±3,0	±4,2	
> 50...100			±2,5	±2,5	±2,6	±3,0	±3,7	±4,9	
> 100...150			±3,2	±3,3	±3,4	±3,7	±4,4	±5,7	
> 150...200			±4,0	±4,0	±4,1	±4,5	±5,2	±6,4	
> 200...250						±5,2	±5,9	±7,2	
> 250...300						±6,0	±6,7	±7,9	

Bauteile erhalten eine Bearbeitungszugabe, um die Fertigteil-Nennmaße einzuhalten, wenn eine Nachbearbeitung erfolgt.

Schnittdicke *a* in mm	Bearbeitungszugabe B_z für jede Schnittfläche in mm
2...20	2
> 20...50	3
> 50...80	5
> 80	7

Beispieleintragung in eine technische Zeichnung **Thermischer Schnitt ISO 9013-132**

Toleranzen im Hochbau

DIN 18202:2019-07

dimensional tolerances for building construction

Grenzmaße

Bezug	Grenzabmaße in mm bei Nennmaßen in m				
	bis 3	über 3 bis 6	über 6 bis 15	über 15 bis 30	über 30
Maße im Grundriss, z. B. Längen, Breiten, Achs- und Rastermaße	± 12	± 16	± 20	± 24	± 30
Maße im Aufriss, z. B. Höhen von Geschossen, Podesten sowie Abstände von Aufstandflächen und Konsolen	± 16	± 16	± 20	± 30	± 30
Lichte Maße im Grundriss, z. B. Abstände zwischen Stützen, Pfeilern usw.	± 16	± 20	± 24	± 30	–
Lichte Maße im Aufriss, z. B. unter Decken und Unterzügen	± 20	± 20	± 30	–	–
Öffnungen für Fenster, Türen, Einbauelemente usw.	± 12	± 16	–	–	–
Öffnungen mit oberflächenfertigen Leibungen	± 10	± 12	–	–	–

Winkeltoleranzen im Hochbau

Bezug	Stichmaß als Grenzwerte in mm bei Nennmaßen in m					
	bis 1	von 1 bis 3	über 3 bis 6	über 6 bis 15	über 15 bis 30	über 30
alle Flächen	6	8	12	16	20	30

Vorgefertigte Teile aus Stahl

Grenzabmaße in mm bei Nennmaß in mm					
< 2000	über 2000 bis 4000	über 4000 bis 8000	über 8000 bis 12 000	über 12 000 bis 16 000	> 16 000
± 1	± 2	± 3	± 4	± 5	± 6

Toleranzübersicht

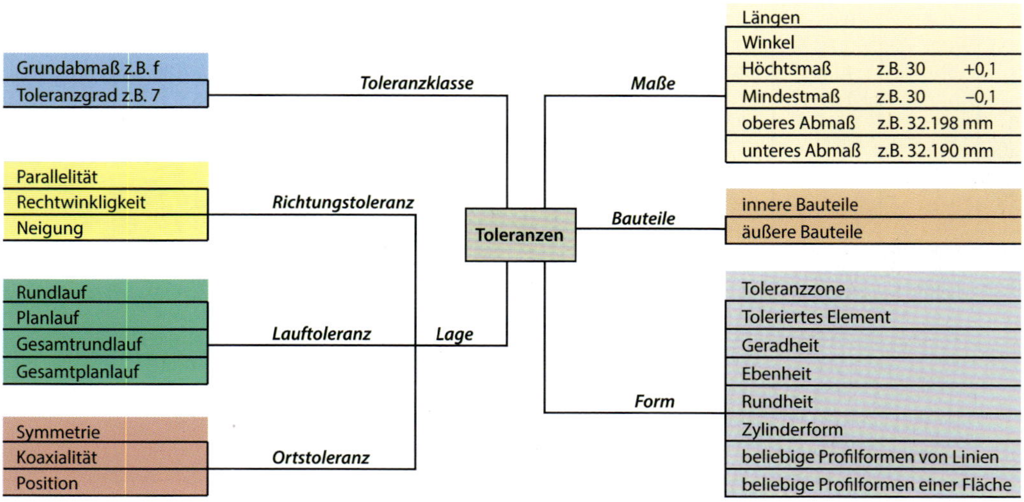

2.6 Passungen

Passungen, Begriffe *fits*

DIN EN ISO 286-1:2019-09

Begriffe	Bedeutung
Nulllinie	Linie, die das Nennmaß darstellt.
Grenzmaße oberes Abmaß (*ES*, *es*) unteres Abmaß (*EI*, *ei*)	 Größtes zugelassenes Istmaß. Kleinstes zugelassenes Istmaß.
Maßtoleranz (*T*, *t*)	Differenz zwischen oberen und unterem Abmaß $T = G_S - G_I = ES - EI$, $t = G_s - G_i = es - ei$
Grundtoleranz	Eine Toleranz in µm, die einem Toleranzgrad (z. B. IT7) und einem Nennmaßbereich (z. B. 10…18 mm) zugeordnet ist.
Toleranzgrad	Zahl für einen Grundtoleranzgrad
Toleranzklasse	Benennung für eine Kombination aus einem Grundabmaß mit einem Toleranzgrad, z. B. H7
Höchstmaß	Bohrung: $G_S = N + ES$, Welle: $G_s = N + es$
Mindestmaß	Bohrung: $G_I = N + EI$, Welle: $G_i = N + ei$
Passung	Differenz zwischen den Maßen zweier zu fügender Bauteile

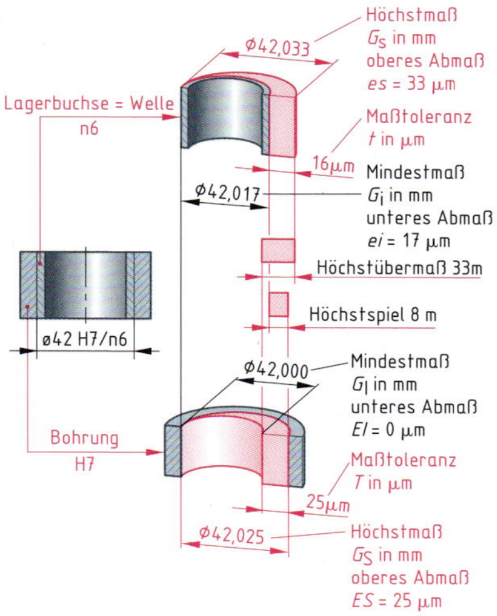

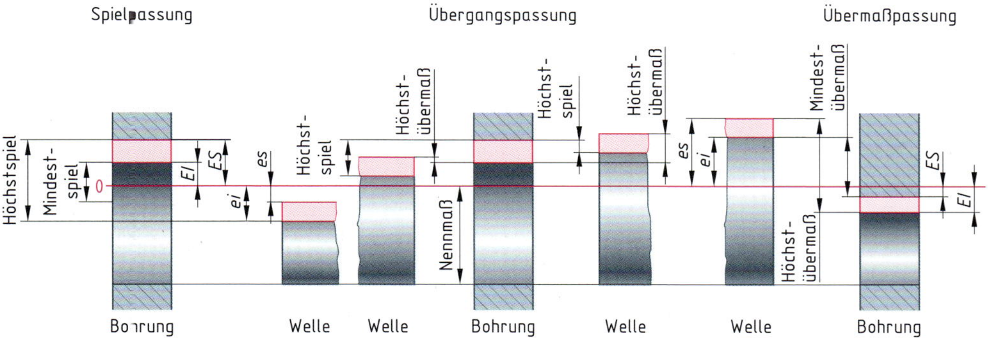

Passungssysteme *systems of fits*

Einheitsbohrung

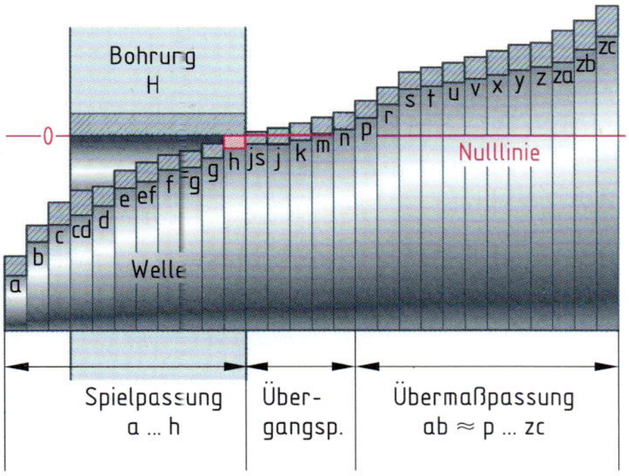

Bohrungen haben immer H.
Die H-Toleranz „sitzt" auf der Nullinie

Einheitswelle

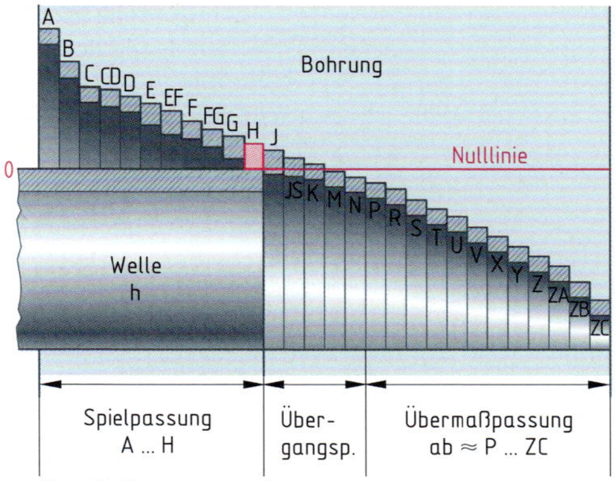

Wellen haben immer h.
Die h-Toleranz „hängt" an der Nullinie

Grundtoleranzen in µm *basic allowance*

DIN EN ISO 286-1:2019-09

Nennmaß in mm	Toleranzgrade																			
	IT 01	IT 0	IT 1	IT 2	IT 3	IT 4	IT 5	IT 6	IT 7	IT 8	IT 9	IT 10	IT 11	IT 12	IT 13	IT 14*	IT 15*	IT 16*	IT 17*	IT 18*
bis **3**	0,3	0,5	0,8	1,2	2	3	4	6	10	14	25	40	60	100	140	250	400	600	1000	1400
über **3** bis **6**	0,4	0,6	1	1,5	2,5	4	5	8	12	18	30	48	75	120	180	300	480	750	1200	1800
über **6** bis **10**	0,4	0,6	1	1,5	2,5	4	6	9	15	22	36	58	90	150	220	360	580	900	1500	2200
über **10** bis **18**	0,5	0,8	1,2	2	3	5	8	11	18	27	43	70	110	180	270	430	700	1100	1800	2700
über **18** bis **30**	0,6	1	1,5	2,5	4	6	9	13	21	33	52	84	130	210	330	520	840	1300	2100	3300
über **30** bis **50**	0,6	1	1,5	2,5	4	7	11	16	25	39	62	100	160	250	390	620	1000	1600	2500	3900
über **50** bis **80**	0,8	1,2	2	3	5	8	13	19	30	46	74	120	190	300	460	740	1200	1900	3000	4600
über **80** bis **120**	1	1,5	2,5	4	6	10	15	22	35	54	87	140	220	350	540	870	1400	2200	3500	5400
über **120** bis **180**	1,2	2	3,5	5	8	12	18	25	40	63	100	160	250	400	630	1000	1600	2500	4000	6300
über **180** bis **250**	2	3	4,5	7	10	14	20	29	46	72	115	185	290	460	720	1150	1850	2900	4600	7200
über **250** bis **315**	2,5	4	6	8	12	16	23	32	52	81	130	210	320	520	810	1300	2100	3200	5200	8100
über **315** bis **400**	3	5	7	9	13	18	25	36	57	89	140	230	360	570	890	1400	2300	3600	5700	8900
über **400** bis **500**	4	6	8	10	15	20	27	40	63	97	155	250	400	630	970	1550	2500	4000	6300	9700
Qualität	sehr fein						fein			mittel			grob		sehr grob					

* Toleranzgrenze IT 14 bis IT18 sind für die Nennmaße bis 1 mm nicht anzuwenden

Passungsauswahl *types of fitting options*

Passungsempfehlung

Aus der Reihe 1	H8/x8	H8/u8	H7/r6	H7/n6	H7/h6	H8/h9	H7/f7	F8/h6	H8/f7	F8/h9	E9/h9	D10/h9	C11/h9
Aus der Reihe 1 und 2	H7/s6	H7/k6	H7/j6	H11/h9	G7/h6	H7/g6	H8/e8	H8/d9	D10/h11	C11/h11			
Aus der Reihe 2	H11/h11	H11/d9	H11/c11	A11/h11	H11/a11								

System Einheitsbohrung (blau)
System Einheitswelle (gelb)

	Einheitsbohrung	Darstellung	Beschreibung	Darstellung	Einheitswelle
Übermaßpassung	H7/x8 (H8/u8)	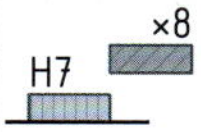	Übermaß Fügen der Bauteile nur Schrumpfen oder Dehnen mit/ohne Druck möglich; z. B. Räder/Kupplungen auf Achsen, Zapfen, Buchsen. Bauteile müssen gegen Verdrehen nicht gesichert werden.		
	H7/r6	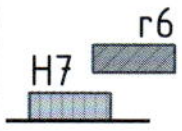			
Übergangspassung	H7/n6	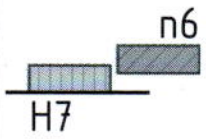	Eher Übermaß zu erwarten als Spiel. Fügen der Bauteile unter geringem Druck möglich; z. B. Kupplungen, Buchsen in Gehäusen, Ritzel auf Wellenenden. Sicherung gegen Verdrehen notwendig.		
	H6/j6	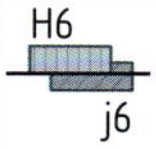	Eher Spiel zu erwarten als Übermaß. Fügen der Bauteile mit leichten Hammerschlägen; sichern gegen Verdrehen, z. B. Handräder, Riemenscheiben, Wechselräder.		
Spielpassung	H7/h6 H8/h9	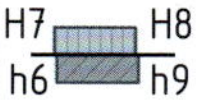	Bauteile noch gleitfähig, Verschieben mit Hand möglich z. B. Riemenscheiben, Handräder, Dichtungsringe.		H7/h6 H8/h9
	H8/f7	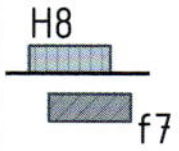	Bauteile haben kleines Spiel und sind leicht gegeneinander verschiebbar. Einsatz für alle Lagerungen auf Wellen, z. B. Wechselräder, Kupplungen, Steuerkolben.	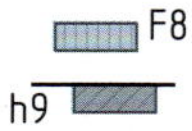	F8/h9
	H8/d9 (H11/d9)	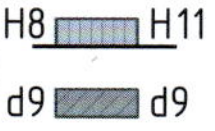	Bauteile mit reichlichem Spiel für grobe Passungen, z. B. Lager für Kranantriebe, Leerlaufscheiben, Achsbuchsen im Landmaschinenbau.	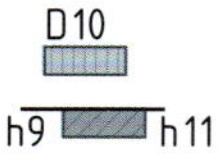	D10/h9 (D10/h11)

ISO-Passungen für Einheitsbohrung

DIN EN ISO 286-1:2019-09

Nennmaßbereich in mm	Grenzabmaße in µm																	
	Bohrg. H7	Welle									Bohrg. H8	Welle						
		s6	r6	n6	m6	k6	j6	h6	g6	f7		x8	u8	s8	h9	f7	e8	d9
von 1 bis 3	+10 0	+20 +14	+16 +10	+10 +4	+8 +2	+6 0	+4 −2	0 −6	−2 −8	−6 −16	+14 0	+34 +20	–	+28 +14	0 −25	−6 −16	−14 −28	−20 −45
über 3 bis 6	+12 0	+27 +19	+23 +15	+16 +8	+12 +4	+9 +1	+6 −2	0 −8	−4 −12	−10 −22	+18 0	+46 +28	–	+37 +19	0 −30	−10 −22	−20 −38	−30 −60
über 6 bis 10	+15 0	+32 +23	+28 +19	+19 +10	+15 +6	+10 +1	+7 −2	0 −9	−5 −14	−13 −28	+22 0	+56 +34	–	+45 +23	0 −36	−13 −28	−25 −47	−40 −76
über 10 bis 14	+18	+39	+34	+23	+18	+12	+8	0	−6	−16	+27	+67 +40	–	+55	0	−16	−32	−50
über 14 bis 18	0	+28	+23	+12	+7	+1	−3	−11	−17	−34	0	+72 +45		+28	−43	−34	−59	−93
über 18 bis 24	+21	+48	+41	+28	+21	+15	+9	0	−7	−20	+33	+87 +54	–	+68	0	20	−40	−65
über 24 bis 30	0	+35	+28	+15	+8	+2	−4	−13	−20	−41	0	+97 +64	+81 +48	+35	−52	−41	−73	−117
über 30 bis 40	+25	+59	+50	+33	+25	+18	+11	0	−9	−25	+39	+119 +80	+99 +60	+82	0	−25	−50	−80
über 40 bis 50	0	+43	+34	+17	+9	+2	−5	−16	−25	−50	0	+136 +97	+109 +70	+43	−62	−50	−89	−142
über 50 bis 65	+30	+72 +53	+60 +41	+39	+30	+21	+12	0	−10	−30	+46	+168 +122	+133 +87	+99 +53	0	−30	−60	−100
über 65 bis 80	0	+78 +59	+62 +43	+20	+11	+2	−7	−19	−29	−60	0	+192 +146	+148 +102	+105 +59	−74	−60	−106	−174
über 80 bis 100	+35	+93 +71	+73 +51	+45	+35	+25	+13	0	−12	−36	+54	+232 +178	+178 +124	+125 +71	0	−36	−72	−120
über 100 bis 120	0	+101 +79	+76 +54	+23	+13	+3	−9	−22	−34	−71	0	+264 +210	+198 +144	+133 +79	−87	−71	−126	−207
über 120 bis 140		+117 +92	+88 +63									+311 +248	+233 +170	+155 +92				
über 140 bis 160	+40 0	+125 +100	+90 +65	+52 +27	+40 +15	+28 +3	+14 −11	0 −25	−14 −39	−43 −83	+63 0	+343 +280	+253 +190	+163 +100	0 −100	−43 −83	−85 −148	−145 −245
über 160 bis 180		+133 +108	+93 +68									+373 +310	+273 +210	+171 +108				
über 180 bis 200		+151 +122	+106 +77									+422 +350	+308 +236	+194 +122				
über 200 bis 225	+46 0	+159 +130	+109 +80	+60 +31	+46 +17	+33 +4	+16 −13	0 −29	−15 −44	−50 −96	+72 0	+457 +385	+330 +258	+202 +130	0 −115	−50 −96	−100 −172	−170 −285
über 225 bis 250		+169 +140	+113 +84									+497 +425	+356 +284	+212 +140				
über 250 bis 280	+52	+190 +158	+126 +94	+66	+52	+36	+16	0	−17	−56	+81	+556 +475	+396 +315	+239 +158	0	−56	−110	−190
über 280 bis 315	0	+202 +170	+130 +98	+34	+20	+4	−16	−32	−49	−108	0	+606 +525	+431 +350	+251 +170	−130	−108	−191	−320
über 315 bis 355	+57	+226 +190	+144 +108	+73	+57	+40	+18	0	−18	−62	+89	+679 +590	+479 +390	+279 +190	0	−62	−125	−210
über 355 bis 400	0	+244 +208	+150 +114	+37	+21	+4	−18	−36	−54	−119	0	–	+524 +435	+297 +208	−140	−119	−214	−350
über 400 bis 450	+63	+272 +232	+166 +126	+80	+63	+45	+20	0	−20	−68	+97	–	+587 +490	+329 +232	0	−68	−135	−230
über 450 bis 500	0	+292 +252	+172 +132	+40	+23	+5	−20	−40	−60	−131	0		+637 +540	+349 +252	−155	−131	−232	−385

Grundabmaße von Wellen und Bohrungen

DIN EN ISO 286-1:2019-09

Grundabmaße von Wellen in µm											Nennmaßbereich in mm	Grundabmaße von Bohrungen in µm							
d	e	f	h	j[1]	k[1]	n	r	s	u	x		E	F	H	J[2]	K[3]	N[3]	R	S
– 20	– 14	– 6	0	– 2	0	+ 4	+ 10	+ 14	+ 18	+ 20	bis 3	+ 14	+ 6	0	+ 4	0	– 4	– 10	– 14
– 30	– 20	– 10	0	– 2	+ 1	+ 8	+ 15	+ 19	+ 23	+ 28	über 3 bis 6	+ 20	+ 10	0	+ 6	+ 5	– 2	– 15	– 19
– 40	– 25	– 13	0	– 2	+ 1	+ 10	+ 19	+ 23	+ 28	+ 34	über 6 bis 10	+ 25	+ 13	0	+ 8	+ 6	– 3	– 19	– 23
– 50	– 32	– 16	0	– 3	+ 1	+ 12	+ 23	+ 28	+ 33	+ 40	über 10 bis 14	+ 32	+ 16	0	+ 10	+ 8	– 3	– 23	– 28
										+ 45	über 14 bis 18								
– 65	– 40	– 20	0	– 4	+ 2	+ 15	+ 28	+ 35	+ 41	+ 54	über 18 bis 24	+ 40	+ 20	0	+ 12	+ 10	– 3	– 28	– 35
									+ 48	+ 64	über 24 bis 30								
– 80	– 50	– 25	0	– 5	+ 2	+ 17	+ 34	+ 43	+ 60	+ 80	über 30 bis 40	+ 50	+ 25	0	+ 14	+ 12	– 3	– 34	– 43
									+ 70	+ 97	über 40 bis 50								
– 100	– 60	– 30	0	– 7	+ 2	+ 20	+ 41	+ 53	+ 87	+ 122	über 50 bis 65	+ 60	+ 30	0	+ 18	+ 14	– 4	– 41	– 53
							+ 43	+ 59	+ 102	+ 146	über 65 bis 80							– 43	– 59
– 120	– 72	– 36	0	– 9	+ 3	+ 23	+ 51	+ 71	+ 124	+ 178	über 80 bis 100	+ 72	+ 36	0	+ 22	+ 16	– 4	– 51	– 71
							+ 54	+ 79	+ 144	+ 210	über 100 bis 120							– 54	– 79
– 145	– 85	– 43	0	– 11	+ 3	+ 27	+ 63	+ 92	+ 170	+ 248	über 120 bis 140	+ 85	+ 43	0	+ 26	+ 20	– 4	– 63	– 92
							+ 65	+ 100	+ 190	+ 280	über 140 bis 160							– 65	– 100
							+ 68	+ 108	+ 210	+ 310	über 160 bis 180							– 68	– 108
– 170	– 100	– 50	0	– 13	+ 4	+ 31	+ 77	+ 122	+ 236	+ 350	über 180 bis 200	+ 100	+ 50	0	+ 30	+ 22	– 5	– 77	– 122
							+ 80	+ 130	+ 258	+ 385	über 200 bis 225							– 80	– 130
							+ 84	+ 140	+ 284	+ 425	über 225 bis 250							– 84	– 140
– 190	– 110	– 56	0	– 16	+ 4	+ 34	+ 94	+ 158	+ 315	+ 475	über 250 bis 280	+ 110	+ 56	0	+ 36	+ 25	– 5	– 94	– 158
							+ 98	+ 170	+ 350	+ 525	über 280 bis 315							– 98	– 170
– 210	– 125	– 62	0	– 18	+ 4	+ 37	+ 108	+ 190	+ 390	+ 590	über 315 bis 355	+ 125	+ 62	0	+ 39	+ 28	– 5	– 108	– 190
							+ 114	+ 208	+ 435	+ 660	über 355 bis 400							– 114	– 208
– 230	– 135	– 68	0	– 20	+ 5	+ 40	+ 126	+ 232	+ 490	+ 740	über 400 bis 450	+ 135	+ 68	0	+ 43	+ 29	– 6	– 126	– 232

[1] für IT6, [2] für IT7 7, [3] bis IT 8

2.7 Oberflächenbeschaffenheit

Oberflächenangaben

Auszug DIN EN ISO 1302: 2002-06

Angabe der Oberflächenbeschaffenheit am Symbol

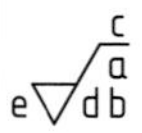	*a* = Oberflächenbeschaffenheit z. B. Ra 0,7 oder Rz 11 *b* = zweite mögliche Anforderung an die Oberflächenbeschaffenheit, wenn unter Pos. *a* eine erste Anforderung beschrieben ist. *c* = Fertigungsverfahren z. B. gedreht *d* = Oberflächenrillen und Oberflächenausrichtung z. B. „M" *e* = Bearbeitungszugabe in mm

Symbolmaße

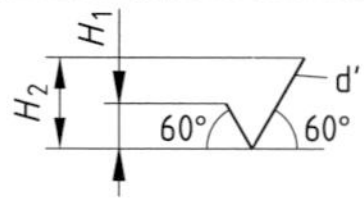	Größe der Ziffern und Großbuchstaben *h*	3,5	5	7
	Linienbreite *d'*	0,35	0,5	0,7
	Höhe H_1	5	7	10
	Höhe H_2	10	14	20

Bedeutung der Symbole

Symbol	Erklärung	ISO 1302 (alt 1992)	ISO 1302 (neu 2002)	Beispiele
Grundsymbol	Das Grundsymbol ist mit weiteren Angaben zu ergänzen.	Ra3,2	Ra 3,2	Der Rauheitswert *Ra* = 3,2 µm darf nicht überschritten werden. Die Fertigung kann spanlos (z. B. Druckgießen) oder spanend (z. B. Fräsen) erfolgen.
Grundsymbol mit Querlinie	Die Oberfläche wird spanend hergestellt.	Ra3,2 Ra3,2	Ra 3,2	Nur *Ra* (Beachte: „16 %-Regel"[1]) Der Rauheitswert *Ra* = 3,2 µm darf nicht überschritten werden. Die Fertigung erfolgt spanend, z. B. Fräsen.
Grundsymbol mit Querlinie	Die Oberfläche wird spanend hergestellt.	Ry4,2 Ry4,2 Ry 4,2	Rz 4,2	Andere Kenngröße als nur *Ra* (Beachte: „16 %-Regel"), z. B. *Rz* 4,2.
Grundsymbol mit Querlinie	Die Oberfläche wird spanend hergestellt.	Ramax1,6	Ramax 1,6	Die Rauheit darf 1,6 µm nicht überschreiten: „max-Regel".
Grundsymbol mit Querlinie	Die Oberfläche wird spanend hergestellt.	Ra3,2 2,5	-2,5 / Ra 3,2	Die Rauheit *Ra* 3,2 wird bezogen auf die Einzelmessstrecke von 2,5 mm.
Grundsymbol mit Querlinie	Die Oberfläche wird spanend hergestellt.	Ra1,6 Ry4,2	-2,5 / Ra 3,2	Die Rauheit *Ra* 1,6 wird mit einer weiteren Rauheitskenngröße z. B. *Rz* 4,2 kombiniert.
Grundsymbol mit Querlinie	Die Oberfläche wird spanend hergestellt.	Ra3,2 Ra1,6	U Ra 3,2 L Ra 1,6 L Ra 1,6 U = upper = ober L = lower = niedrig	Für die vorhandene Rauheit R_t gilt: U *Ra* = 3,2 µm ≤ *Rt* ≤ L *Ra* = 1,6 µm Die Fertigung erfolgt spanend, z. B. durch Fräsen. Die Buchstaben U und L können bei eindeutiger Angabe weggelassen werden. Die vorhandene Rauheit *Rt* darf den unteren Grenzwert 1,6 µm nicht unterschreiten.
Grundsymbol mit Kreis	Die Oberfläche darf nicht spanend bearbeitet werden oder ist im vorgefertigten Zustand zu belassen.	Ra25	Ra 25	Der Rauheitswert *Ra* = 25 µm darf nicht überschritten werden. Die Fertigung erfolgt spanlos, z. B. durch Gießen.
Grundsymbol mit waagerechter Linie ergänzt	Auf der waagerecht verlaufenden Linie warden Fertigungsverfahren, Oberflächenbehandlungen oder Überzüge vorgeschrieben.	geschliffen Ra0,8	geschliffen Ra 0,8	Der Rauheitswert *Ra* = 0,8 µm darf nicht überschritten werden. Das Fertigungsverfahren ist Schleifen.
Grundsymbol mit waagerechter Linie und Kreis ergänzt	Die Vorgaben der Oberflächenbeschaffenheit werden auf alle Oberflächen des Werkstückes erweitert.	Ra0,8	Ra 0,8	Der Rauheitswert *Ra* = 0,8 µm darf auf allen Oberflächen des Werkstückes nicht überschritten werden. Die Fertigung erfolgt spanend, z. B. durch Schleifen.

[1] Definition 16 %-Regel:
Eine Oberfläche gilt als annehmbar, wenn nicht mehr als 16% der gemessenen Werte den oberen bzw. unteren Grenzwert überschreiten bzw. unterschreiten, bezogen auf den in Zeichnungen oder Produktdokumentationen festgelegten Wert.

Oberflächenangaben in Zeichnungen

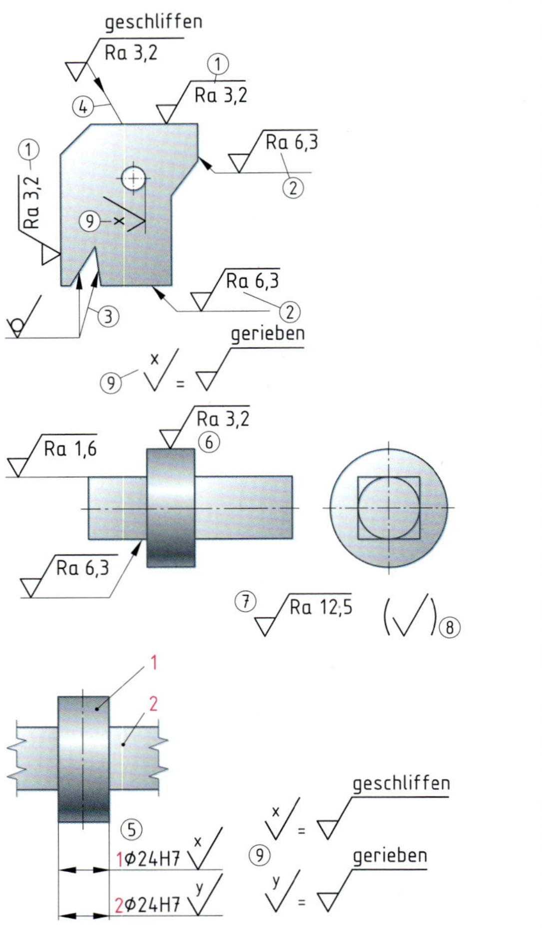

① Das Oberflächensymbol und ergänzende Eintragungen sind von unten oder rechts lesbar.

② Das Oberflächensymbol kann beliebig eingezeichnet werden, wenn der Rauheitswert von unten oder rechts lesbar ist.

Bei Bedarf können das Symbol und ergänzende Angaben auf eine Hinweislinie mit Pfeil eingetragen werden.

③ Der Pfeil zeigt auf die Oberfläche.

④ Die Verlängerung des Pfeils zeigt auf die Oberfläche.

⑤ Zur Vermeidung von Missverständnissen können die Positionsnummern den Oberflächenangaben vorangestellt werden.

⑥ Jede Oberfläche wird nur einmal in einer Zeichnung mit Oberflächenangaben versehen. Gleiches gilt für zylindrische oder prismatische Oberflächen.

⑦ Eine Oberflächenangabe außerhalb des Werkstückes bezieht sich auf alle Oberflächen.

⑧ Abweichungen zu einer für alle Oberflächen geltenden Angabe werden in Klammern gesetzt und in die Zeichnung eingetragen.

⑨ Umfangreiche oder sich wiederholende Angaben können verschlüsselt werden und in einer Legende in der Nähe des Schriftfeldes erläutert werden.

Zeichnungseintragung	Erläuterung	
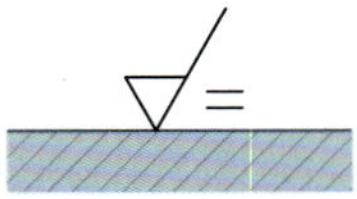	Rillenrichtung parallel zur Projektionsebene	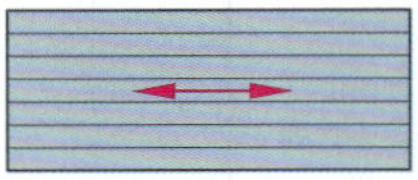
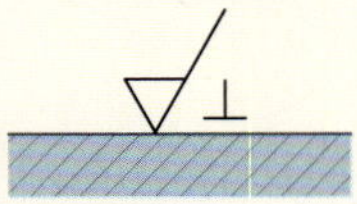	Rillenrichtung senkrecht zur Projektionsebene	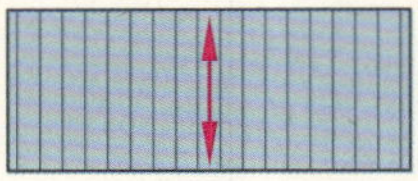
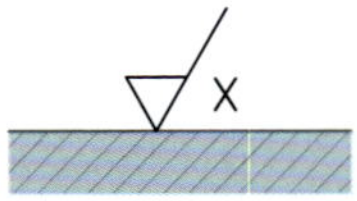	Rillenrichtung gekreuzt in zwei schrägen Richtungen	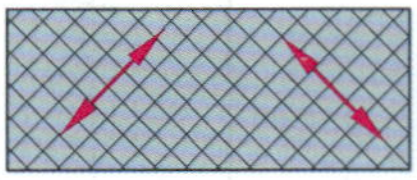
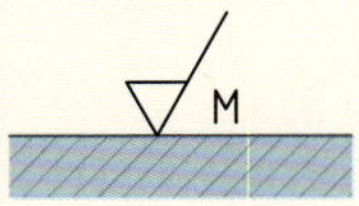	Rillenrichtung in viele Richtungen	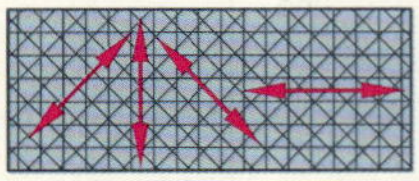
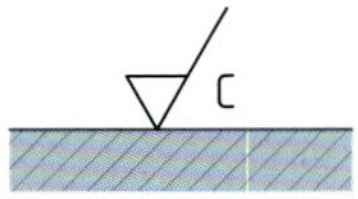	Rillenrichtung annähernd zentrisch zum Mittelpunkt der Oberfläche	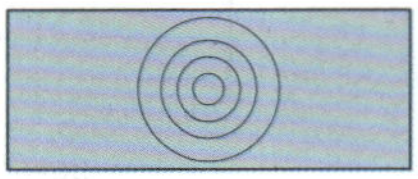

Oberflächenangaben in Zeichnungen (Fortsetzung)

Zeichnungseintragung	Erläuterung	
R	Rillenrichtung annähernd radial zum Mittelpunkt der Oberfläche	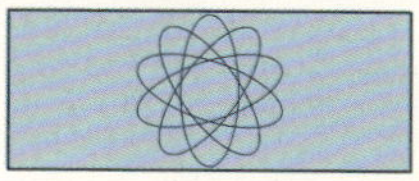
P	Nichtrillige Oberfläche, ungerichtet oder muldig	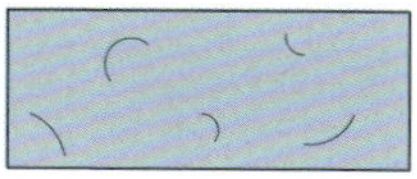
gehämmert	Oberfläche durch Hämmern gestaltet	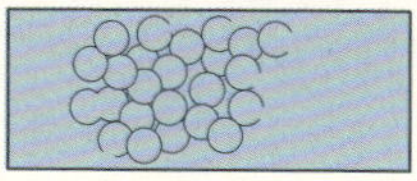
Mit Walzhaut	Textangabe in der Nähe des Schriftfeldes. Die Walzhaut nicht entfernen	

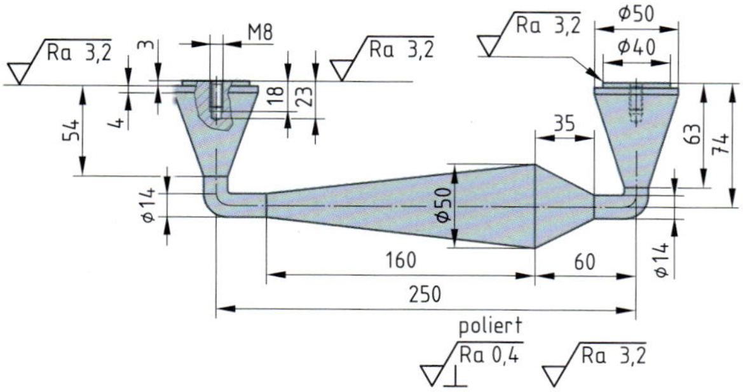

Eintragungsbeispiel für Oberflächenangaben

Fertigungsverfahren und Oberflächenbeschaffenheit[1)]

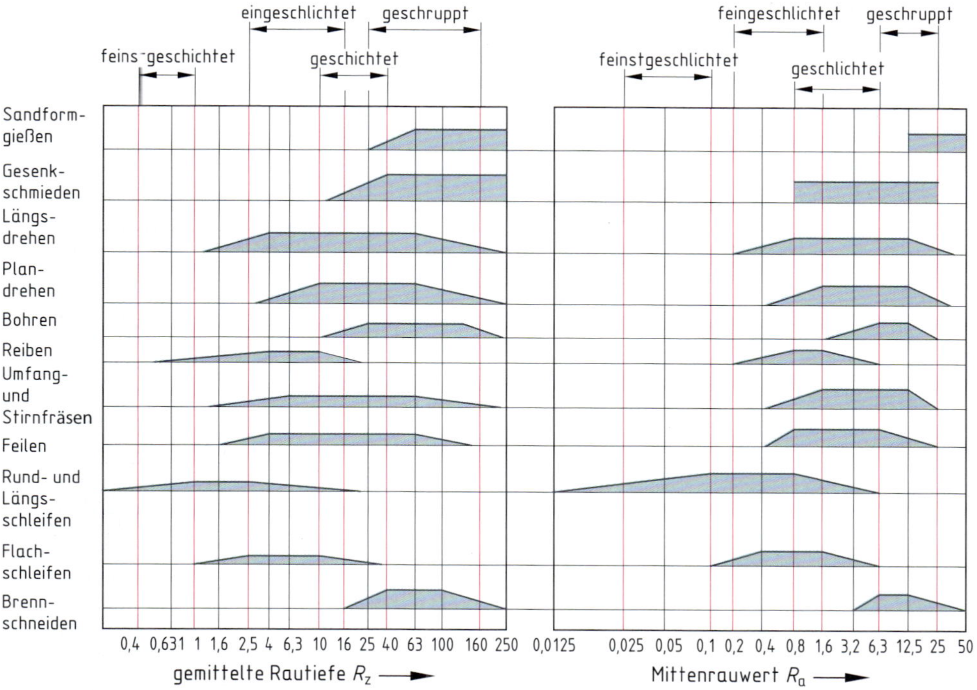

1) Anhaltswerte nach zurückgezogener DIN 4766

2.8 Schweißen und Löten

Stoßarten von Schweiß- und Lötnähten

DIN EN ISO 2553 : 2014-04

Stumpfstoß	Parallelstoß	Überlappstoß	T-Stoß
		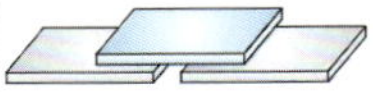	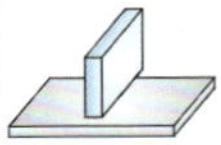
Doppel-T-Stoß	**Schrägstoß**	**Eckstoß**	**Mehrfachstoß**
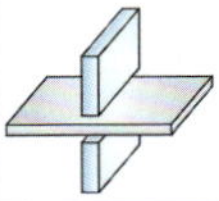	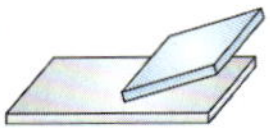	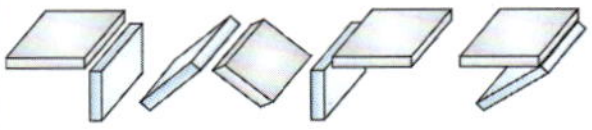	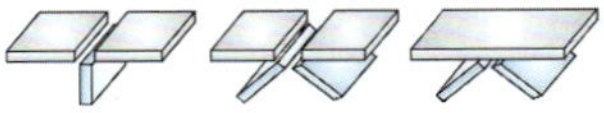

Symbolische Darstellung von Schweißverbindungen

DIN EN ISO 2553 : 2014-04

Die Norm teilt die Darstellung der Schweißverbindungen in das **System A** und das **System B** ein. Das **System A** (Symbol mit doppelter Bezugslinie) wird im **europäischen** Raum angewendet; das System B (Symbol mit einfacher Bezugslinie) wird im pazifischen Raum verwendet. Die Systeme dürfen nicht miteinander vermischt werden.

In diesem Tabellenbuch wird nur das **System A** verwendet.

Grundsymbol	Geschlossene Gabel	
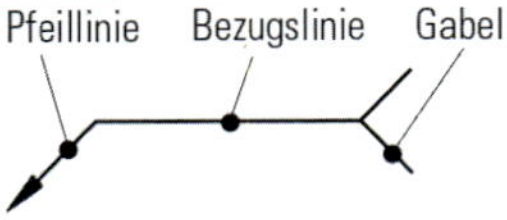		A1: z. B. Schweißanweisung, Qualifizierung eines Schweißverfahrens etc.

Beispiel für ein umfassendes Symbol

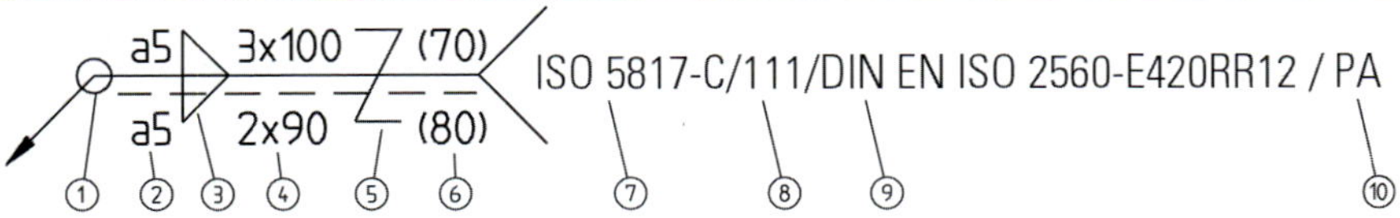

① Ergänzungssymbol
② Nahtdicken „*a*" oder „*z*" (bzw. Nahtdicke „*s*")
③ Nahtsymbol
④ Anzahl der Nähte × Nahtlänge
⑤ Zeichen für Nahtversatz
⑥ Nahtabstand
⑦ Bewertungsgruppe für Schweißnahtgüte
⑧ Kennzahl für Schweiß-/Lötverfahren
⑨ Zusatzwerkstoff/Hilfsstoff
⑩ Schweißposition

Grundsymbole für Schweißnahtformen

Symbol Name	Darstellung	Symboldarstellung
 I-Naht	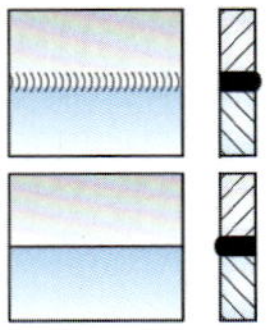	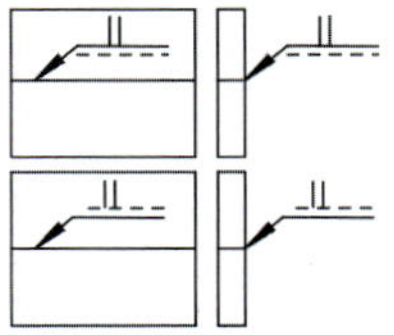
 V-Naht	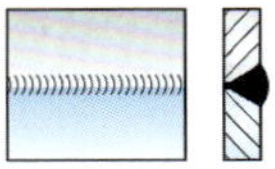	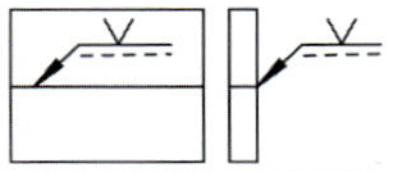
 Y-Naht	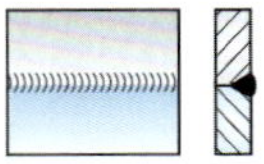	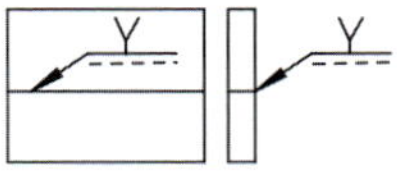
 HV-Naht	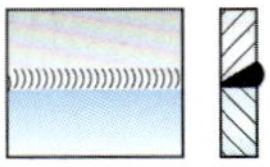	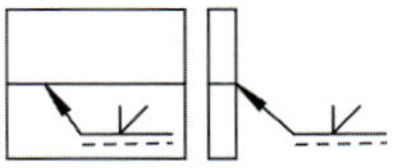

Symbol Name	Darstellung	Symboldarstellung
 HY-Naht	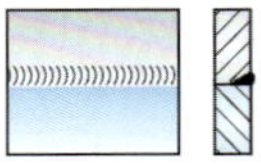	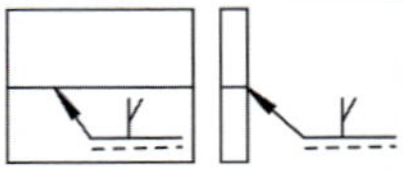
 U-Naht	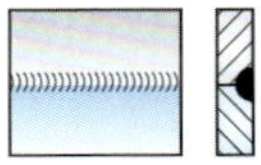	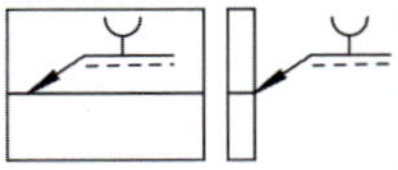
 HU-Naht	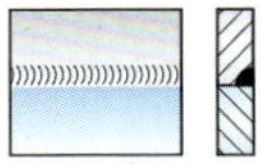	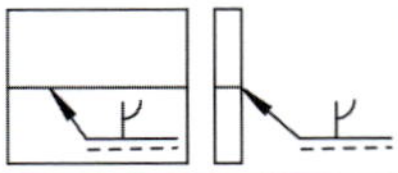
 widerstandsgeschweißte Punktnaht	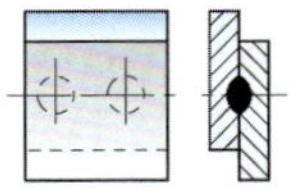	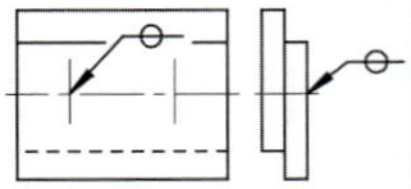

Grundsymbole für Schweißnahtformen (Fortsetzung)

Symbol Name	Darstellung	Symboldarstellung
schmelzgeschweißte Punktnaht	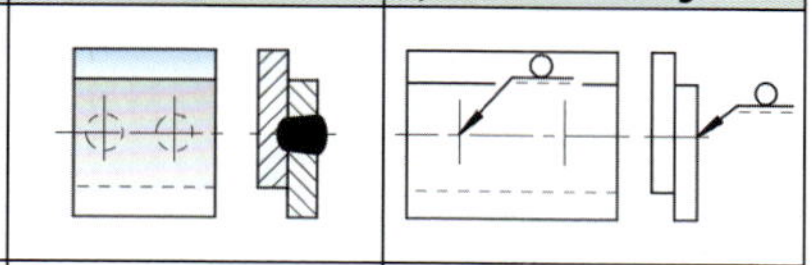	
Widerstandsrollenschweißnaht	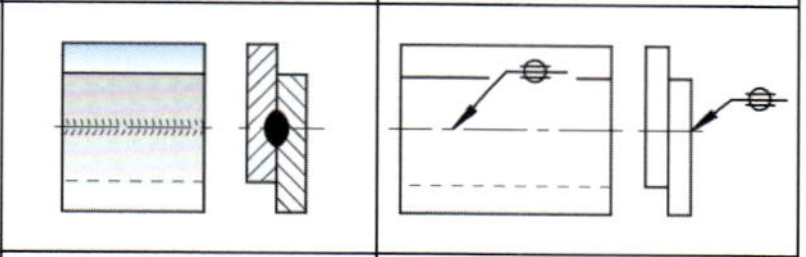	
Liniennaht	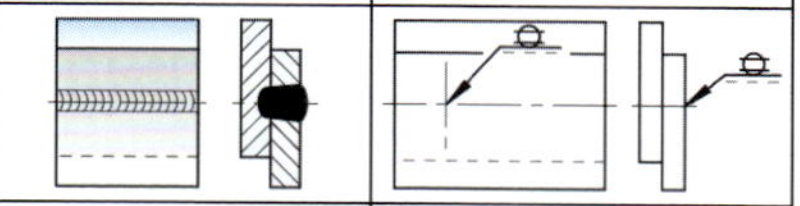	
Bolzenschweißverbindung	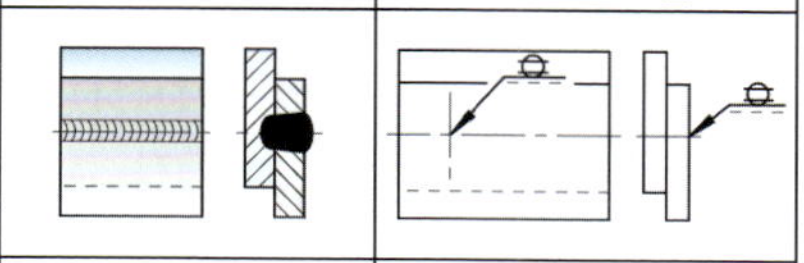	
Steilflankennaht	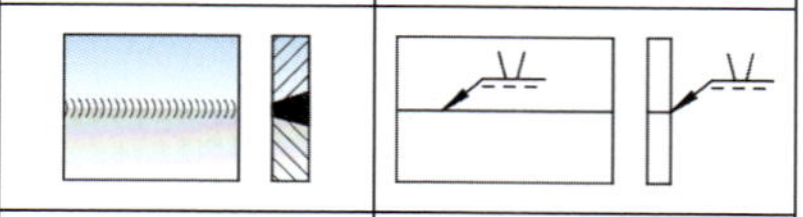	
Halbsteilflankennaht	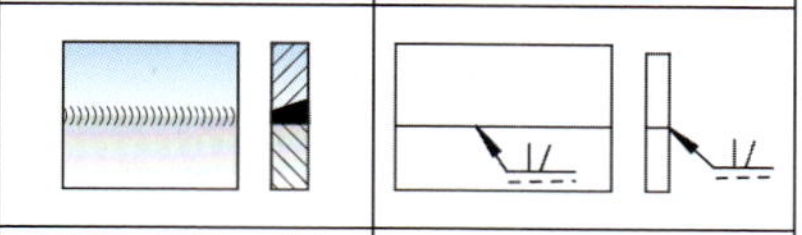	
aufgeweitete Y-Naht	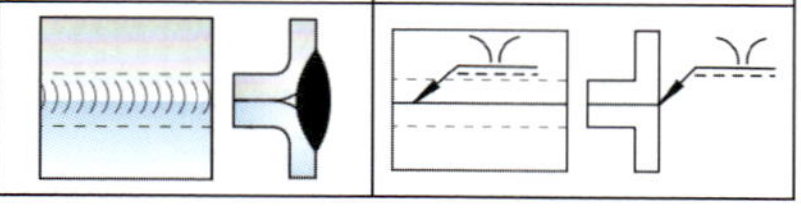	

Symbol Name	Darstellung	Symboldarstellung
aufgeweitete HY-Naht	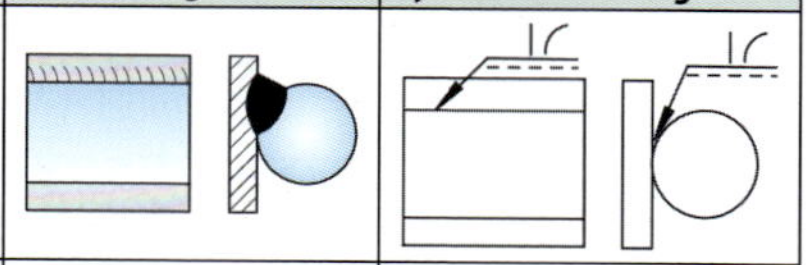	
Kehlnaht	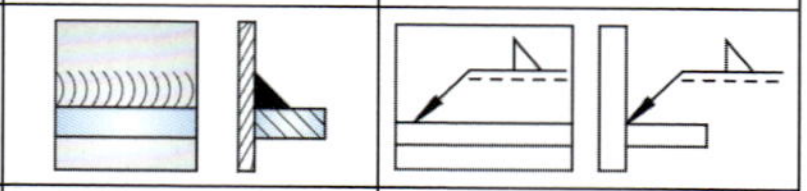	
Lochnaht	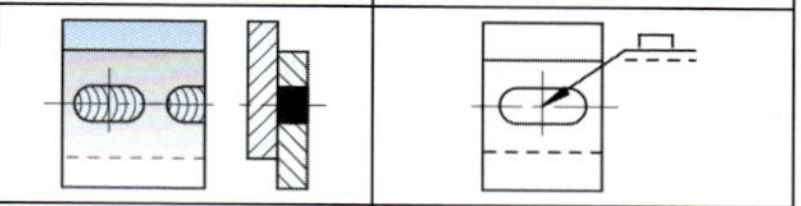	
Stirnnaht	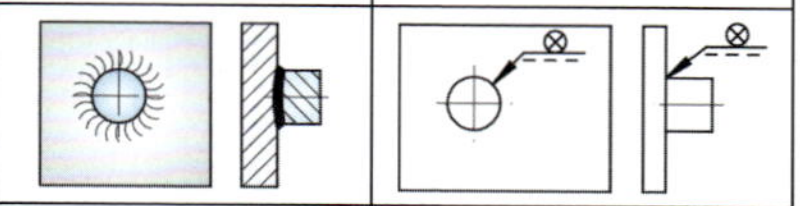	
Bördelnaht	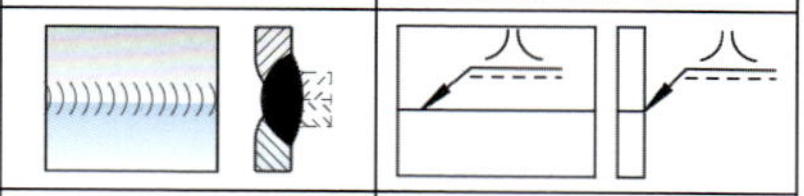	
Auftragsschweißung	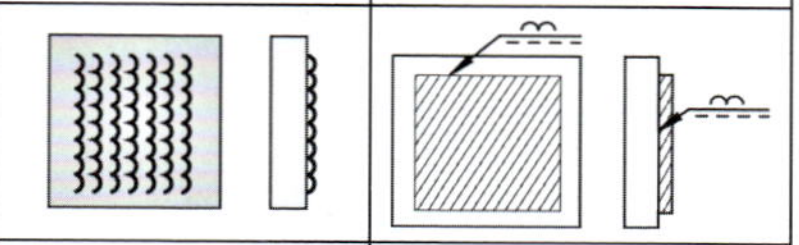	
Stichnaht	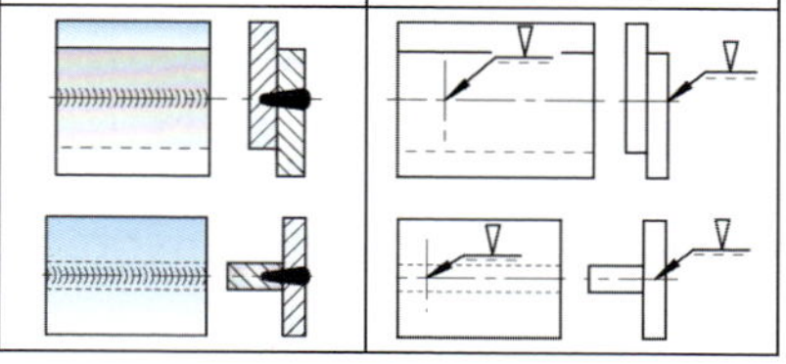	

Kombinierte Grundsymbole

Doppel-HV-Naht		Doppel-HV-Naht		Doppel-HV-Naht mit Kehlnaht	
erläuternd	symbolhaft	erläuternd	symbolhaft	erläuternd	symbolhaft
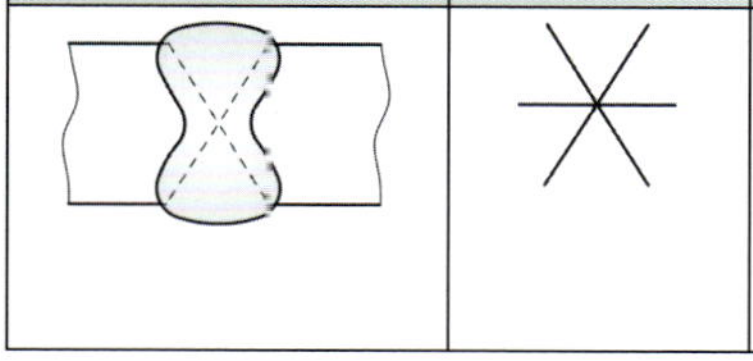		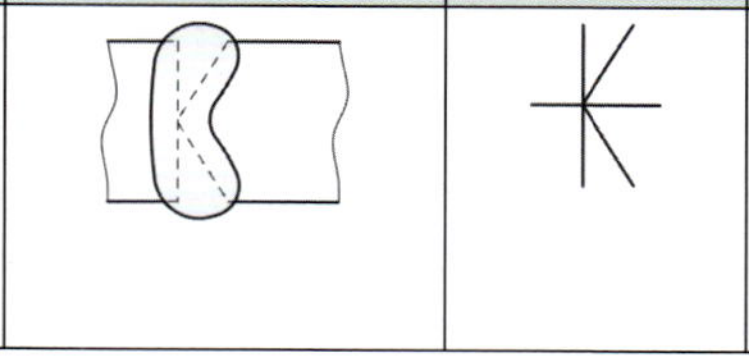		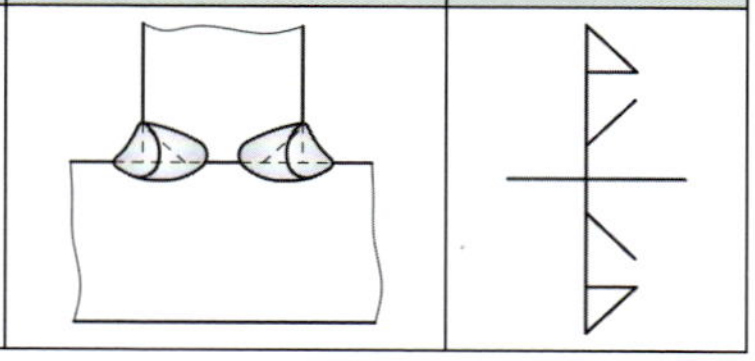	

Zusatzsymbole

Name	Symbol	Name	Symbol	Name	Symbol	Name	Symbol
Flach nachbearbeitet Beispiel: V-Naht flach	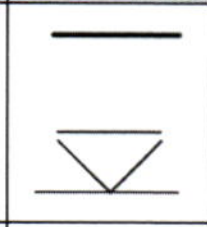	Konvex (gewölbt) Beispiel: HV-Naht gewölbt	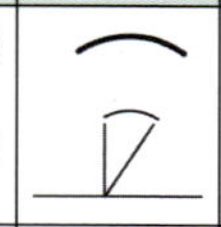	Konkav (hohl) Beispiel: Kehlnaht hohl	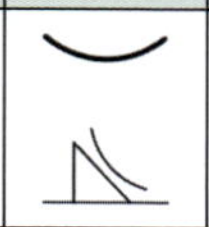	Nahtübergänge kerbfrei Beispiel: Kehlnaht kerbfreie	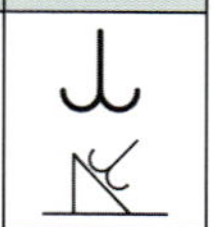
Gegenlage Beispiel: V-Naht mit Gegenlage	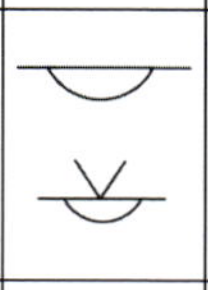	Wurzelüberhöhung Beispiel: Gewölbte I-Naht	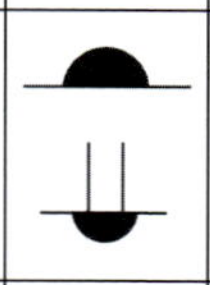	Schweißbadsicherung (allgemein) Beispiel: nicht festgelegt	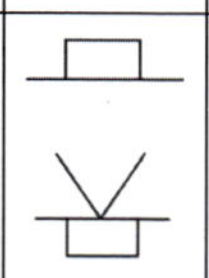	Schweißbadsicherung (verbleibend) Beispiel: V-Naht	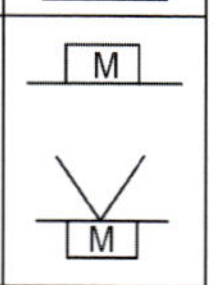
Schweißbadsicherung (entfernt) Beispiel: V-Naht	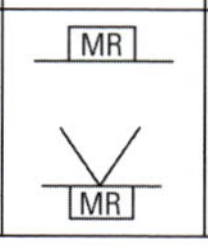	Abstandhalter Beispiel: Doppel-V-Naht	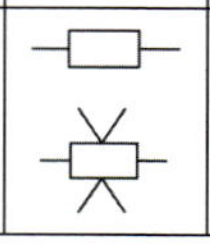	Einlage (aufschmelzbar) Beispiel: V-Naht	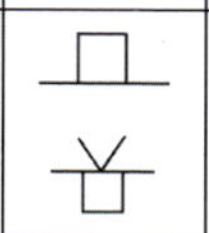	Naht zwischen 2 Punkten	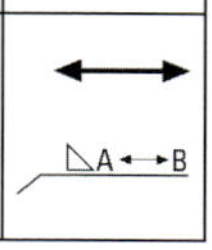

Stirnnähte an Bördelstumpf- und -eckstößen

Bördelnähte	Darstellung	Symbol
Nicht durchgeschweißte Naht	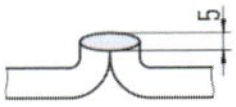	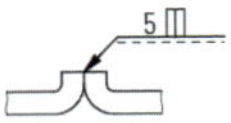
Durchgeschweißte Naht		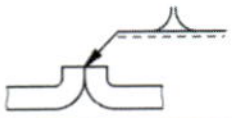
Bördelecknähte		
Naht teilweise durchgeschweißt	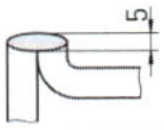	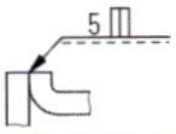
Naht voll durchgeschweißt	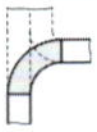	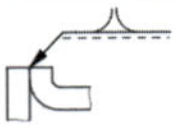

Abknickende Pfeillinien

Darstellung	Symbol	Darstellung	Symbol
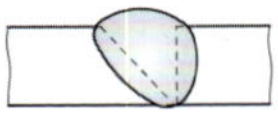	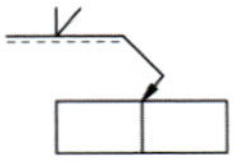	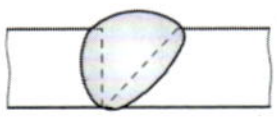	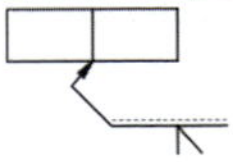
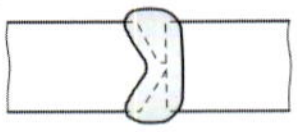	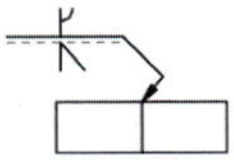	mehrere Pfeillinien 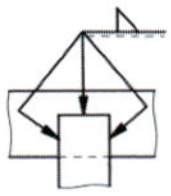	mehrere Bezugslinien 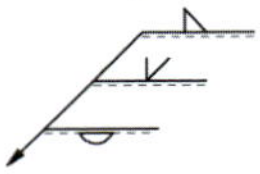

Bemaßung von Schweißnähten (Auswahl)

Darstellung	Symboldarstellung
durchgehend geschweißte I-Naht	
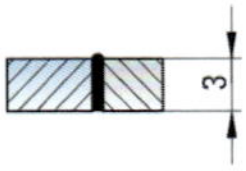	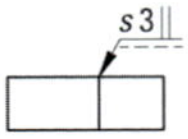
nicht durchgeschweißte I-Naht	
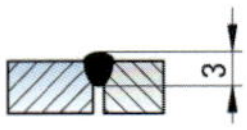	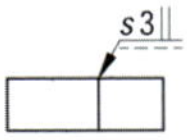
Mindestmaß der Nahtdicke $s = 3$ mm	
durchgehende Kehlnaht	
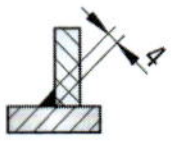	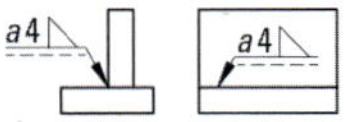
Höhe vom gleichschenkligen Dreieck $a = 4$ mm	
Naht zwischen A nach B	
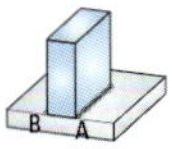	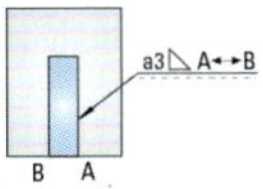
durchgehende Kehlnaht	
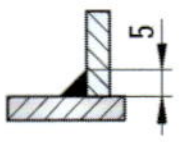	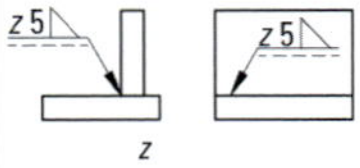
Höhe vom gleichschenkligen Dreieck $z = 5$ mm	

Darstellung	Symboldarstellung
unterbrochene I-Naht ohne Vormaß	
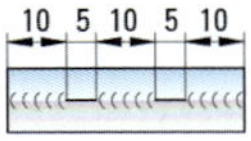	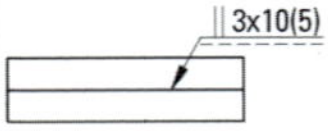
Anzahl der Einzelnähte $n = 3$ mm Länge der Einzelnähte $l = 10$ mm Länge der Zwischenräume $e = 5$ mm	
I-Naht mit Vormaß	
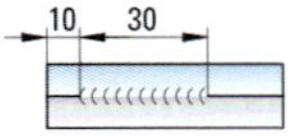	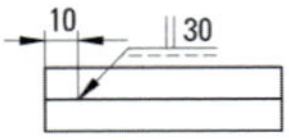
Vormaß $v = 10$ mm, Nahtlänge $l = 30$ mm	
unterbrochene I-Naht mit Vormaß	
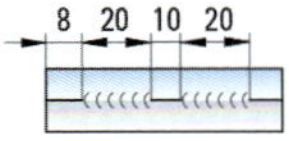	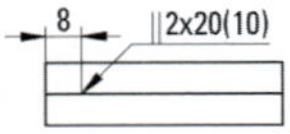
unterbrochene Doppelkehlnaht, ohne Vormaß	
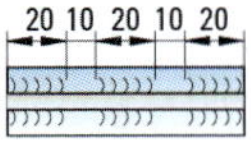	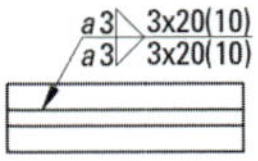
unterbrochene Doppelkehlnaht,versetzt	
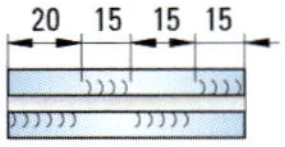	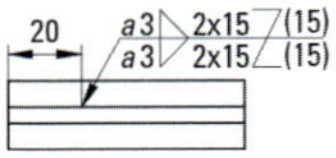
Z für unterbrochene, versetzte Doppelnähte	

2.9 Rohrleitungen in technischen Zeichnungen

Kennzeichnung von Wasserversorgungsanlagen

DIN 2403 : 2018-10

Leitung	Kennbuchstaben	Farbe des Kurzzeichens/ der Linie
Trinkwasser	PW	PW – grün
Kaltwasser	PWC	Trinkwasser kalt – grün
Warmwasser	PWH	PWH – rot
Zirkulation	PWH-C	Trinkwasser Zirkulation warm – violett
Nichttrinkwasserleitung	NPW	NPW, NPW Betriebswasser – schwarz

Farbkennzeichnung von Rohrleitungen nach dem Durchflussstoff

DIN 2403 : 2018-10

Stoff	Gruppe	Farbe/Zusatzfarbe	Schrift	Aufkleber (Beispiel)
Wasser – Abwasser, Feuerlöschwasser, Frischwasser, Heizung, Kühlmittel, Meerwasser, Schmutzwasser, Trinkwasser, Warmwasser	1	grün (RAL 6032)	weiß (RAL 9003)	Vorlauf
Wasserdampf – Abdampf, Fernwärme; Heißdampf	2	rot (RAL 3001)	weiß (RAL 9003)	Wasserdampf
Luft – Abluft, Belüftung, Druckluft, Frischluft, Kühlluft	3	grau (RAL 7004)	schwarz (RAL 9004)	Druckluft HD
Brennbare Gase – Abgas, Erdgas, Azetylen, Methan, Methanol, Propan, Rauchgas, Schutzgas	4	gelb (RAL 1003)/ rot (RAL 3001)	schwarz (RAL 9004)	Wasserstoff
Nichtbrennbare Gase – Argon, CO_2 Gas, Helium, Kohlendioxid, Stickstoff, Ozon	5	gelb (RAL 1003)/ schwarz (RAL 9004)	schwarz (RAL 9004)	Ozon
Säuren – Elektrolyt, Essigsäure, Kohlensäure, Salzsäure, Schwefelsäure, Zitronensäure	6	orange (RAL 2010)	schwarz (RAL 9004)	Chromsäure
Laugen – Alkalische Abwasser, Ammoniak, Kalilauge, Kalkmilch, Natronlauge, Salmiakgeist, Soda	7	violett (RAL 4008)	weiß (RAL 9003)	Natronlauge
Brennbare Flüssigkeiten – Alkohol, Benzin, Diesel, Ethanol, Heizöl, Schmieröl, Terpentin	8	braun (RAL 8002)/ rot (RAL 3001)	weiß (RAL 9003)	Diesel
Nichtbrennbare Flüssigkeiten – Bremsflüssigkeit, Emulsion, Glysantin	9	braun (RAL 8002)/ schwarz (RAL 9004)	weiß (RAL 9003)	Kalkwasser
Sauerstoff – Ozon	0	blau (RAL 5005)	weiß (RAL 9003)	Sauerstoff

Zuordnung von Farben und Kennzahlen zur Stoffgattung (Auswahl)

Kennzahl	Stoffgattung
Gruppe 1	Wasser (Gruppenfarbe **Grün**)
1.0	Trinkwasser
1.1	Rohwasser
1.2	Brauchwasser, Reinwasser
1.3	Aufbereitetes Wasser
1.4	Destilliertes Wasser, Kondensat
1.5	Presswasser, Sperrwasser
1.6	Kreislaufwasser
1.7	Schweres Wasser
1.8	frei für Ergänzungen
1.9	Abwasser

Kennzahl	Stoffgattung
Gruppe 2	Wasserdampf (Gruppenfarbe **Rot**)
2.0	N. D.-Dampf bis $p_e = 1{,}5$ bar
2.1	H. D.-Sattdampf
2.2	H. D.-Heißdampf
2.3	Entnahme, Gegendruckdampf
2.4	Brüdendampf
2.5	Vakuumdampf
2.6	Kreislaufdampf
2.7	frei für Ergänzungen
2.8	frei für Ergänzungen
2.9	Abdampf

Rohrleitungen in Isometrie (30° Raster)

Verlaufsarten

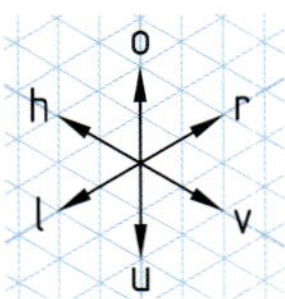	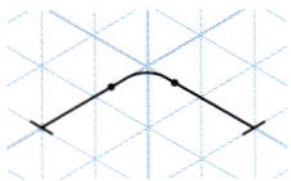	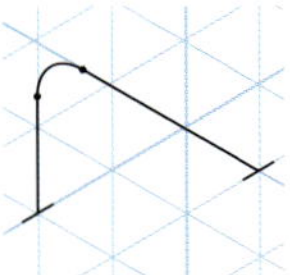	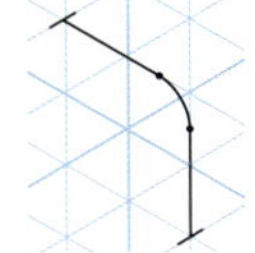	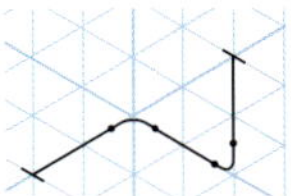	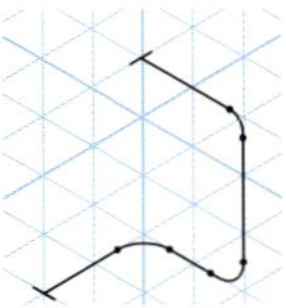	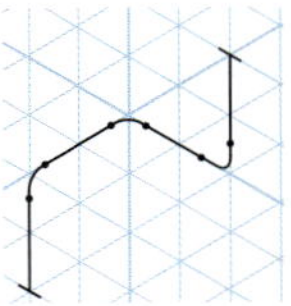
Angabe der Richtungen	Verlauf: von links ⇒ nach rechts ⇒ nach vorn	Verlauf: von unten ⇒ nach oben ⇒ nach vorn	Verlauf: von hinten ⇒ nach vorn ⇒ nach unten	Verlauf: von links ⇒ nach rechts ⇒ nach vorn ⇒ nach oben	Verlauf: von links ⇒ nach rechts ⇒ nach vorn ⇒ nach oben ⇒ nach hinten	Verlauf: von unten ⇒ nach oben ⇒ nach rechts ⇒ nach vorn ⇒ nach oben

Regeln zur isometrische Darstellung von Rohrleitungen

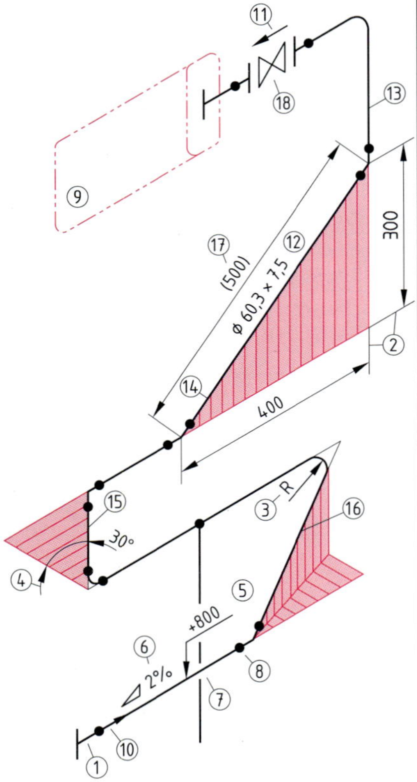

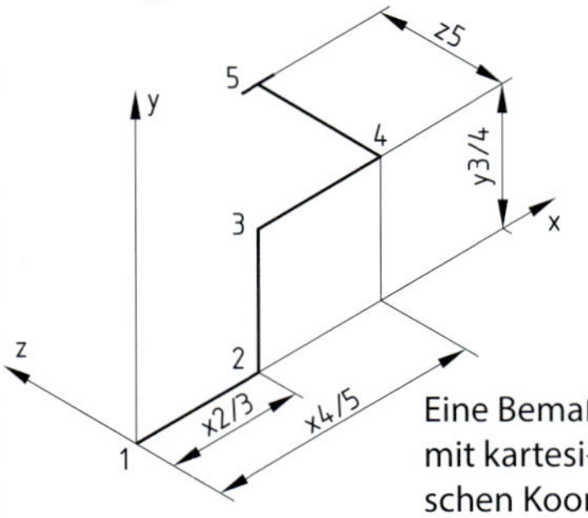

Eine Bemaßung mit kartesischen Koordinaten ist möglich.

Rohrleitungen werden meist nach den Regeln der Isometrie gezeichnet, da das Wesentliche klarer als bei der orthogonalen Darstellung zu erkennen ist.

① Rohrleitungen als breite Volllinie darstellen.
② Rohre und Bögen über die Mittellinien bemaßen.
③ Radien an der breiten Volllinie bemaßen.
④ Winkel funktionsgerecht bemaßen.
⑤ Höhenangaben mit einer Hilfslinie, die auf die Rohrleitung oder deren Verlängerung zeigt, bemaßen.
⑥ Neigungen von Rohren mit einem der Neigung entsprechenden Neigungsdreieck und einer Zahlenangabe festlegen. Die Zahlenangabe erfolgt über:
- eine Prozentangabe, z. B. 2 %,
- einen Bruch, z. B. 1/500,
- das Neigungsverhältnis, z. B. 1: 500,
- einen Winkel, z. B. 3°.

⑦ Die Fließlinie wird bei Leitungskreuzungen ohne Verbindung in der Regel nicht unterbrochen. Zur Verdeutlichung der Rohrleitungsanlagen zueinander ist eine Unterbrechung der Fließlinie zulässig.
⑧ Unlösbare Rohrleitungsverbindungen durch einen Punkt kennzeichnen.
⑨ Angrenzende Bauteile, z. B. Behälter, durch eine Strich-Zweipunktlinie kennzeichnen.
⑩ Pfeil auf der Rohrleitung bestimmt die Fließrichtung.
⑪ Fließrichtung an Absperrorganen durch einen Pfeil in Symbolnähe bestimmen.
⑫ Rohrabmessungen mit einer Hilfslinie oder direkt an der Volllinie eintragen.
⑬ Rohrleitungen, die parallel zu Koordinatenachsen verlaufen.

Rohrleitungen, die nicht parallel zu Koordinatenachsen verlaufen, mittels Hilfsprojektionsebenen und Schraffuren darstellen, z. B.
⑭ Rohre auf einer vertikalen Ebene,
⑮ Rohre auf einer horizontalen Ebene,
⑯ Rohre, die nicht parallel zu Koordinatenachsen verlaufen.
⑰ Bei Doppelbemaßungen (zur Vereinfachung der Fertigung) ein Maß in Klammern setzen.
⑱ Graphische Symbole für z. B. Ventile isometrisch darstellen.

Pos.	Koordinaten		
	X	Y	Z
1	0	0	0
2	+10	0	0
3	+10	+20	0
4	+30	+20	0
5	+30	+20	+20

Vereinfachte isometrische Darstellung von Zubehörteilen

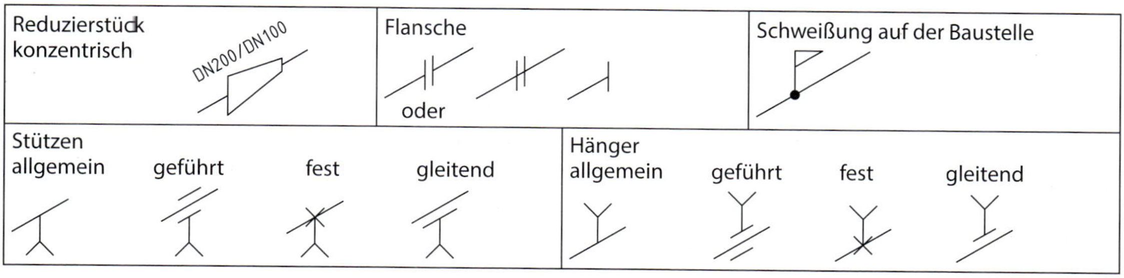

Beispiel: Rohrleitung Industrie

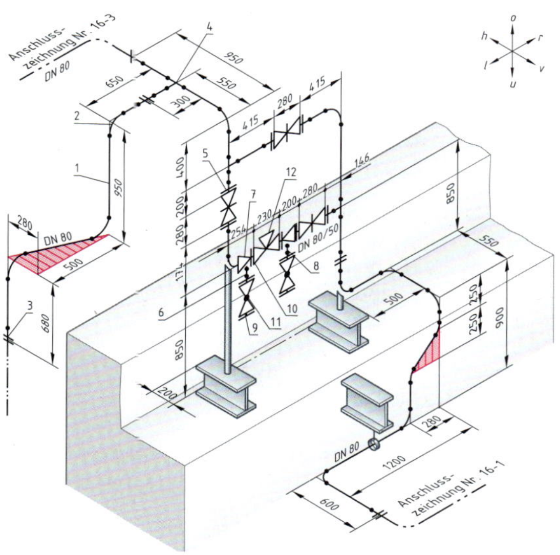

Beispiel: Kalt- und Warmwasseranschlüsse

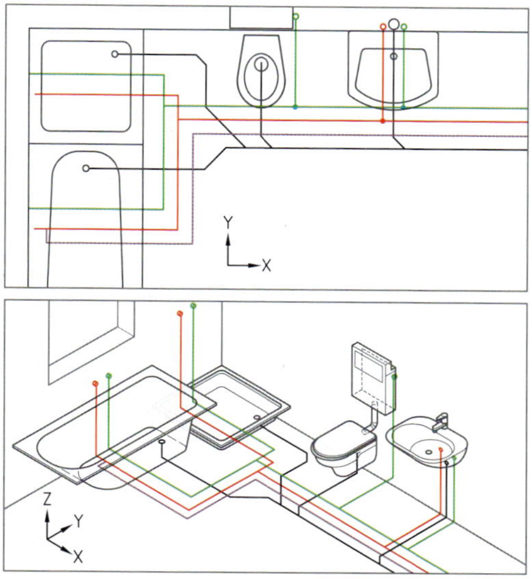

Einrohrheizung

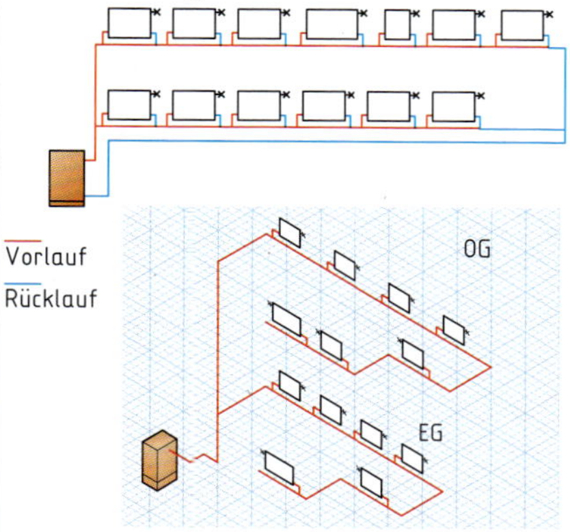

Rohrführung nach Tichelmann

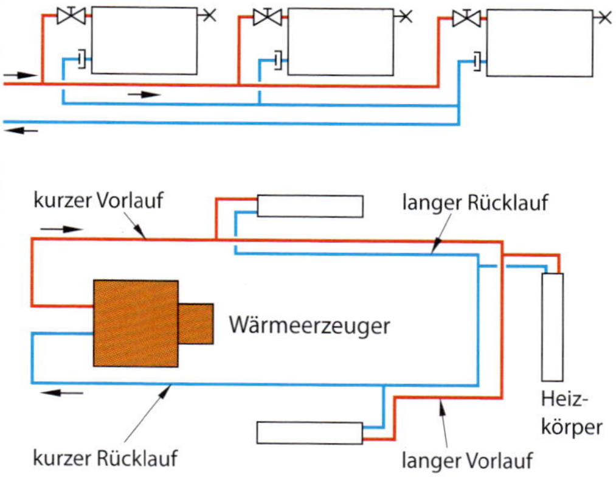

2.10 Bauzeichnen

Arten und Inhalte von Bauzeichnungen (Auswahl) *structural drawings*

Art	Maßstab	Erläuterung	
1	Vorentwurfszeichnungen	1 : 200, 1 : 500	Darstellung eines Planungskonzeptes mit wesentlichen Abmaßen
2	Entwurfszeichnungen	1 : 100, 1 : 200	Alle Größenangaben und technische Ausstattung des Gebäudes
3	Bauvorlagezeichnungen	1 : 100	Enthalten alle für die Genehmigung notwendigen Angaben (Ländervorgaben sind zu beachten)
4	Ausführungszeichnungen	1 : 100, 1 : 50, 1: 10, 1:1	Enthalten alle notwendigen Angaben für die Erstellung des Bauvorhabens, z. B. Detailzeichnungen
5	Baubestandszeichnungen	1 : 100, 1 : 50	Enthalten alle Angaben für bestehende Baukörper
6	Rohbauzeichnungen	1 : 50	Enthalten alle Angaben für die Rohbauausführungen
7	Fertigteilzeichnungen	1 : 20	Enthalten alle Angaben für Fertigung von Fertigbauteilen oder den Baukörper vor Ort

Bauzeichnungen für ein Einfamilienhaus (Ansichten, Schnitte und Grundrisse)

Nordansicht

Ostansicht

Südansicht

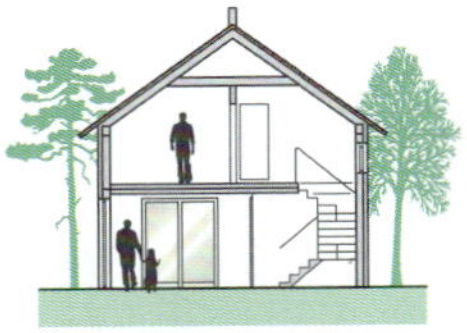
Gebäudeschnitt

Grundriss Erdgeschoss

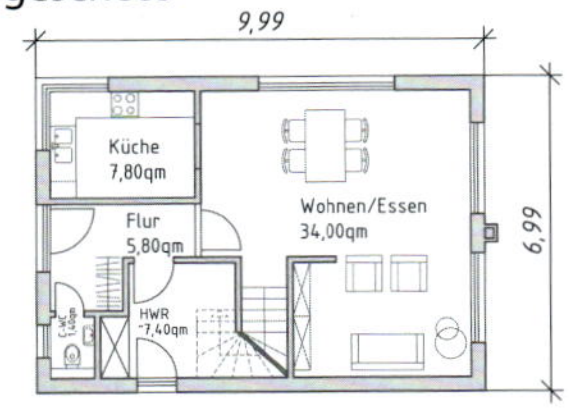

Grundriss Obergeschoss

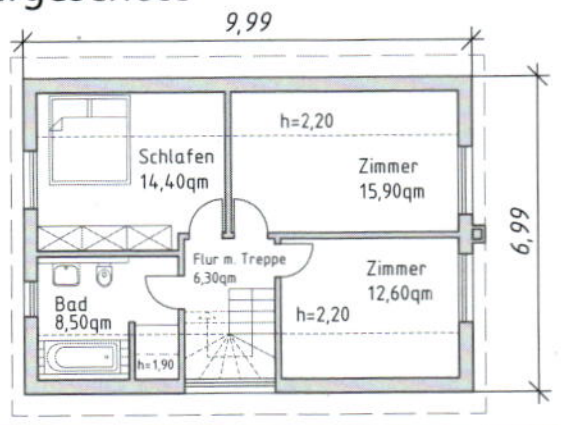

Beispiel für einen Grundriss mit kompletter Bemaßung

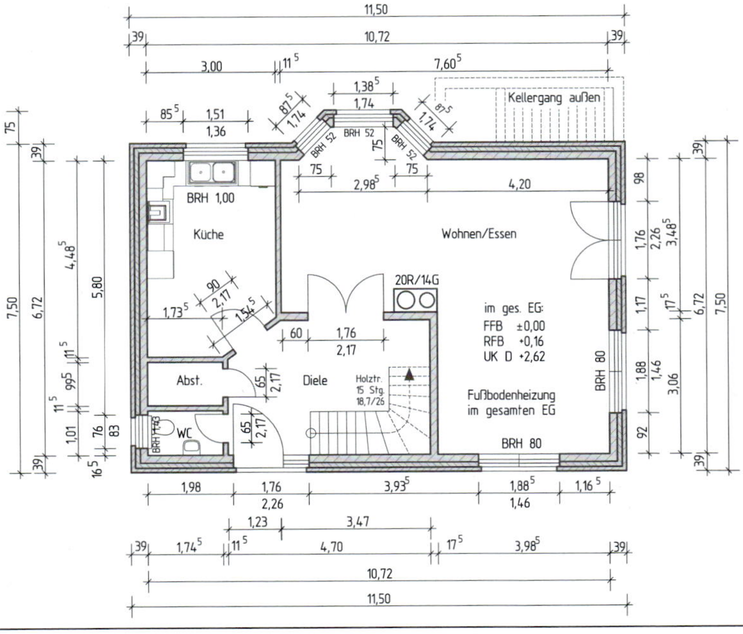

Regeln für die Darstellung und Maßeintragung in Bauzeichnungen

Skizze	Erläuterung

Grundriss

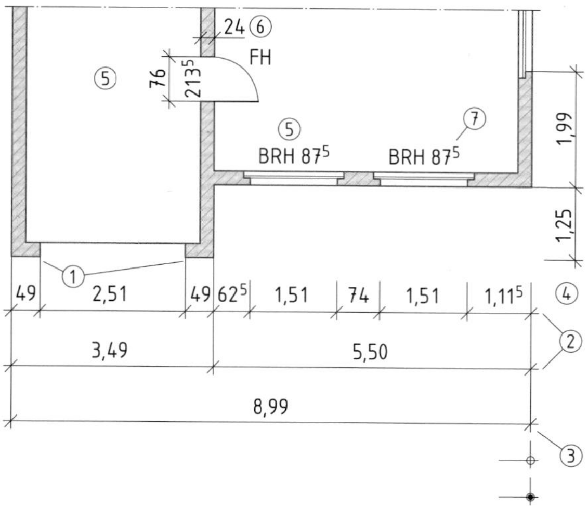

Allgemeine Grundsätze:

- eingetragen werden Rohbaumaße
- Art und Umfang der Maßeintragung hängen vom Zweck und Art der Zeichnung ab.

Darstellung:

① Abstand zwischen Maßhilfslinie und Mauerkante lassen
② Maßlinien ragen über die Maßhilfslinien hinaus
③ Maßlinien sind durch Schrägstriche, Punkte oder Kreise begrenzt
④ Kettenmaße sind üblich, sie sind von innen nach außen zu ordnen in:
- Pfeiler bzw. Öffnungen,
- Wände bzw. Räume,
- Gesamtmaß

⑤ Bei Wandöffnungen, z. B. Fenster oder Türen, wird die Breite über, die Höhe unter der Maßlinie eingetragen, die Brüstungshöhe BRH an die Öffnung
⑥ Maße < 1 m werden in cm, Maße > 1 m werden in m angegeben
⑦ Bruchteile von cm werden hochgestellt

Aufriss

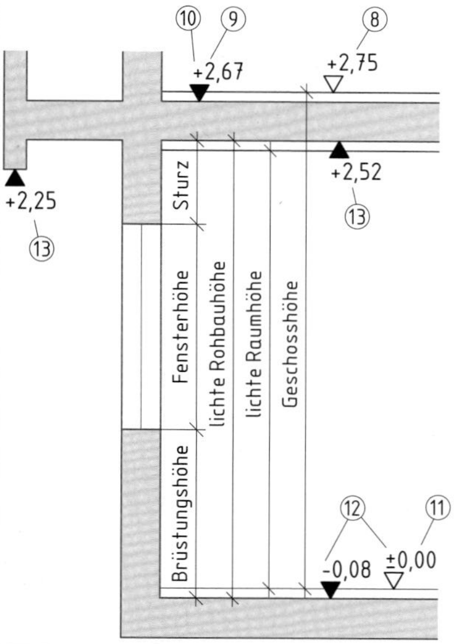

Darstellung:
Die Höhenlage von Bauteilen wird mit kleinen Dreiecken und der Höhenangabe festgelegt:

⑧ weißes Dreieck auf der Spitze stehend: Oberkante Fertigfußboden
⑨ schwarzes Dreieck auf der Spitze stehend: Oberkante Rohdecke
⑩ das Höhenmaß steht neben oder über dem Höhendreieck
⑪ das Höhenmaß wird in der Regel auf die Oberkante Fertigfußboden Erdgeschoss bezogen
⑫ Höhen darüber erhalten ein „+"-Zeichen, Höhen darunter ein „–"-Zeichen
⑬ Schwarzes Dreieck mit Spitze nach oben: Unterhöhe (Durchgang, lichte Höhe)

Nennmaße von Mauerlängen

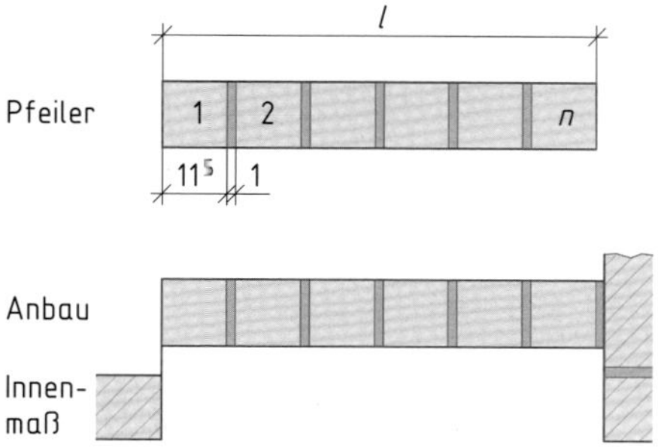

Wandstärken, Mauerlängen und die Breite und Tiefe von Aussparungen richten sich nach

- Wärmeschutzverordnung,
- Rohbaurichtmaßen,
- DIN 18100,
- Maßordnung im Hochbau.

Baunormzahl bzw. Rohbaurichtmaß ist
1/8 m = 12,5 cm

1/8 m = 1 · Breite Normalformatstein (NF) + 1 · Fuge
1/8 m = 1 · 11,5 cm + 1 · 1 cm
Wandstärken: 36 cm, 30 cm, 24 cm, 11,5 cm
Wandlängen *l* (n = Anzahl der NF-Steine)
Pfeiler: $l = n \cdot 11{,}5$ cm + $(n-1) \cdot$ Fugenbreite 1 cm
Anbauten: $l = n \cdot 11{,}5$ cm + $n \cdot$ Fugenbreite 1 cm
Innenmaße: $l = n \cdot 11{,}5$ cm + $(n+1) \cdot$ Fugenbreite 1 cm

Regeln für die Darstellung und Maßeintragung in Bauzeichnungen (Fortsetzung)

<table>
<tr><th>Skizze</th><th>Erläuterung</th></tr>
<tr><td>Aussparungen und Durchbrüche in Wänden
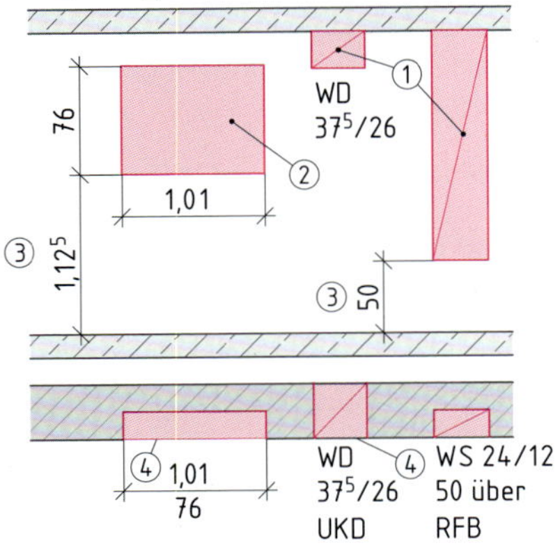
</td><td>Aussparungen und Durchbrüche müssen der Maßordnung im Hochbau entsprechen.

Darstellung:
① Im Aufriss kennzeichnet man Schlitze und Durchbrüche mit einer Diagonale in schmaler Volllinie, Maße werden angegeben in der Reihenfolge: Breite/Höhe
② Nischen werden im Aufriss wie Fenster dargestellt und bemaßt
③ Zusätzlich gibt man die Höhe der Unterkante von Nischen und Schlitzen an
④ Im Grundriss gibt der raumseitige Abschluss den Endzustand an
• schmale Volllinie: Schlitz bleibt offen
• breite Volllinie: Schlitz wird zugemauert.</td></tr>
<tr><td>Aussparungen und Durchbrüche in Decken
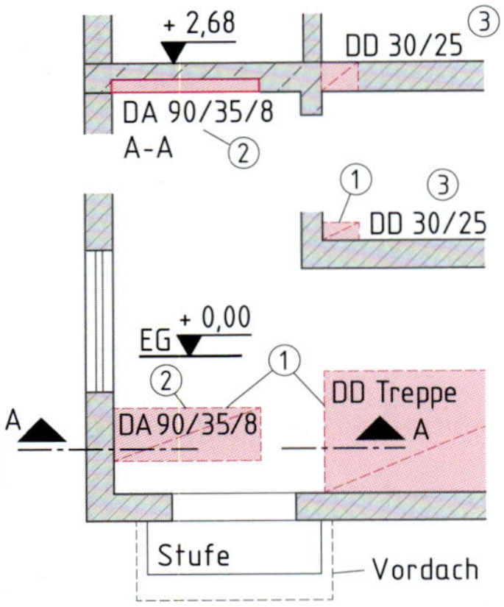
</td><td>In Decken werden Aussparungen (= DA) und Durchbrüche (= DD) immer in den Grundriss des darunter liegenden Geschosses gezeichnet.

Darstellung:
① Strichlinien kennzeichnen die Umrisse von Deckenaussparungen und Deckendurchbrüchen, sie liegen über der Schnittebene und gelten als verdeckte bzw. projizierte Körperkanten
② Maßangaben für Aussparungen in der Reihenfolge: Länge/Breite/Tiefe
③ Maßangabe für Durchbrüche in der Reihenfolge: Länge/Breite.</td></tr>
</table>

Zulässige Schlitze und Aussparungen in tragenden Wänden, ohne Nachweis[1]

Dicke des Mauerwerks in mm	horizontale und schräge Schlitze[2] (nachträglich)		vertikale Schlitze und Aussparungen nachträglich hergestellt			vertikale Schlitze und Aussparungen im gemauerten Verbund			
	Schlitzlänge		Tiefe[5]	Einzelschlitzbreite[6]	Abstand von Öffnungen	Breite[7]	Restwanddicke	Mindestabstände	
	unbeschränkt	≤ 1,25 m lang[3]						von Öffnungen	untereinander
	Tiefe[4]	Tiefe							
≥ 115	–	–	≤ 10	≤ 100	≥ 115	–	–	2 flache Schlitzbreiten bzw. ≥ 365	≥ Breite des Schlitzes
≥ 175	0	≤ 25	≤ 30	≤ 100	≥ 115	≤ 260	≥ 115		
≥ 240	≤ 15	≤ 25	≤ 30	≤ 150	≥ 115	≤ 385	≥ 115		
≥ 300	≤ 20	≤ 30	≤ 30	≤ 200	≥ 115	≤ 385	≥ 175		
≥ 365	≤ 20	≤ 30	≤ 30	≤ 200	≥ 115	≤ 385	≥ 240		

[1] Vertik. Schlitze und Aussparungen sind auch ohne Nachweis zulässig, wenn Querschnittsschwächung (bezogen auf 1 m Wandlänge) nicht mehr als 6 % beträgt; die Restwanddicken müssen jedoch eingehalten werden.
[2] Zulässig: ≤ 0,4 m ober- oder unterhalb Rohdecke sowie jeweils an der Wandseite; nicht zul. bei Langlochziegeln.
[3] Mind.-Abstand in Längsricht. von Öffn. ≥ 490 mm vom nächsten Horiz.-Schlitz ≥ zweifache Schlitzlänge.
[4] Tiefe darf um 10 mm erhöht werden, wenn Tiefe durch Werkzeuge exakt eingehalten werden kann, dann können auch in Wänden ≥ 240 mm gegenüberliegende Schlitze mit jeweils 10 mm Tiefe ausgeführt werden.
[5] Schlitze, die bis max. 1 m über Fußboden reichen, dürfen bei Wanddicke ≥ 240 mm mit 80 mm Tiefe und 120 mm Breite ausgeführt werden.
[6] [7] Schlitzbreite nach [6] und [7] darf je 2 m Wandlänge die Maße in [7] nicht überschreiten. Bei geringeren Wandlängen als 2 m sind die Maße nach [7] proportional zur Wandlänge zu verringern.

zulässige Abstände	von Öffnungen	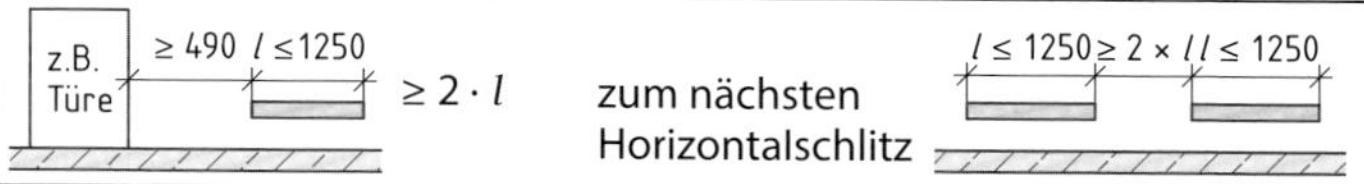
Abb. zu 3) nur an einer Seite der Wand	**Schlitztiefe (gefräst) Schlitzlänge unbeschränkt**	**Maximale Breiten und Tiefen (Beispiel Wanddicke 24, 30 und 36 cm)**
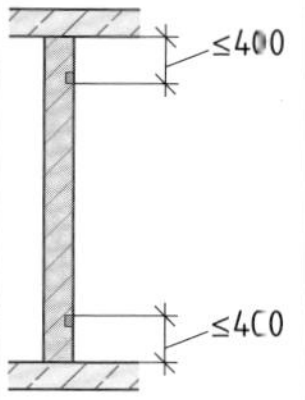	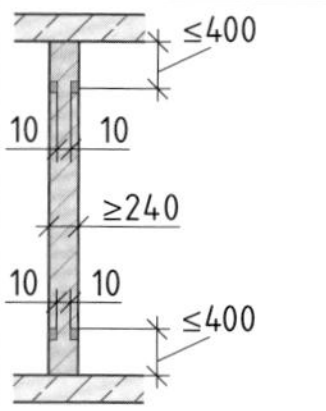	im Verband gemauerte Aussparungen gefräste Schlitze 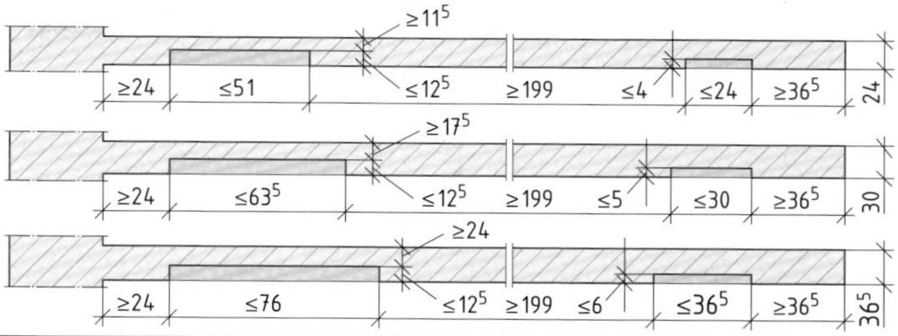

Darstellungen von Aussparungen (Beispiele)

Grundriss	Ansicht (Aufriss)	Beispiele	Grundriss	Ansicht (Aufriss)	Beispiele
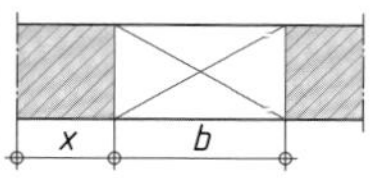	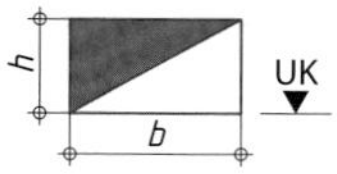	Wanddurchbruch WD z. B. 26/26	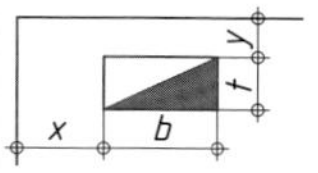	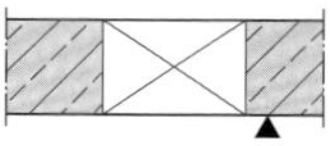	Deckendurchbruch DD z. B. 60/25
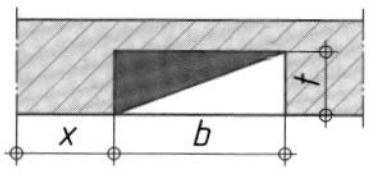	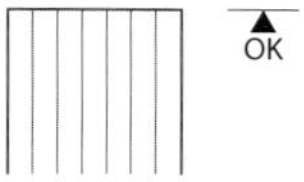	Wandschlitz vertikal z. B. $38^5/12^5$	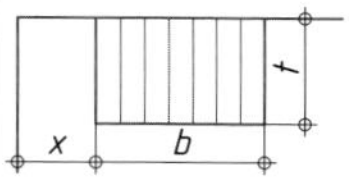	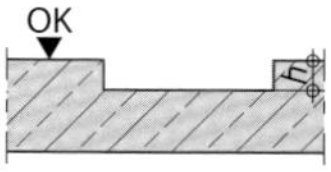	Deckenschlitz DS (Überseite)
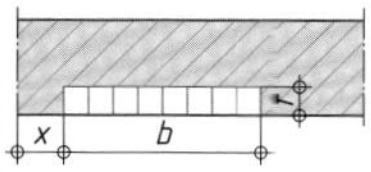	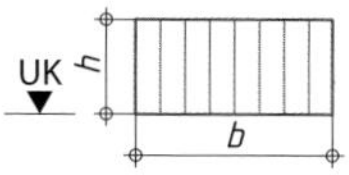	Wandschlitz horizontal z. B. 80/5/12	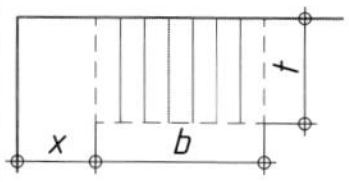	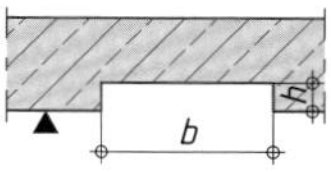	Deckenschlitz DS (Unterseite)
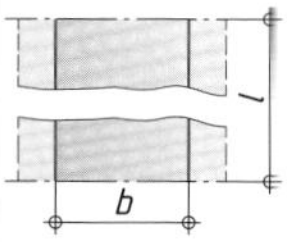	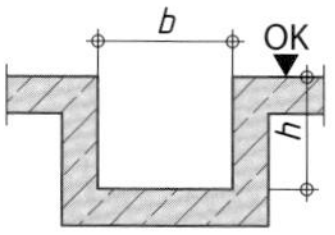	Bodenkanal BK (*l* Länge) z. B. 40/100/35 (*b* × *l* × *h*)	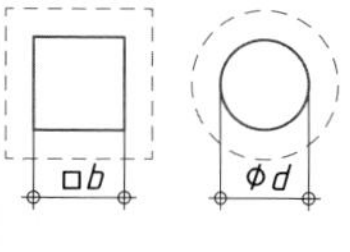		Schacht quadratisch rund

Hinweis: Bezugsmaße *x*, *y* im Grundriss angeben. Durchgehende senkrechte Schlitze erhalten keine Längen- und Höhenangabe. Im Geschoss beginnenden Schlitz UK oder ▼ bemaßen. Im Geschoss endende Schlitze mit OK oder ▲ bemaßen.

Abkürzungen in Bauzeichnungen (Auswahl) – Kennzeichnung von Aussparungen

KG	Kellergeschoss	**FFB**	Fertigfußboden	**HKN**	Heizkörpernische	**Fh**	feuerhemmend
EG	Erdgeschoss	**mNN**	m über Normalnull	**WD**	Wanddurchbruch	**Fb**	feuerbeständig
OG	Obergeschoss	**UK**	Unterkante	**WS**	Wandschlitz	**RH**	Rohrhülse Ø
DG	Dachgeschoss	**OK**	Oberkante	**DD**	Deckendurchbruch	**DO**	Deckeloberkante
RFB	Rohfußboden	**BR**	Brüstung	**DA**	Dachaussparung	**UZ**	Unterzug

Aussparungen sind meist Kombinationen aus drei Buchstaben:
a) Nutzungszweck: S Sanitär, H Heizung, L Lüftung, G Gas, E Elektro; z. B. LWD, SWS, UKD
b) Bauteil: B Boden, D Decke, W Wand, F Fundament; z. B. SFS Fundamentschlitz für Sanitär
c) Aussparungsart: D Durchbruch, S Schlitz, K Kanal; z. B. EDS, SBK, LDD
d) Bemaßung: Breite *b* × Tiefe *t* × Höhe *h*; bei WD: *b* bei DD: *b* × *t*; statt OK, UK auch Höhenkoten ▼ ▲

Schraffuren und Sinnbilder in Bauzeichnungen

DIN 1356-1 : 1995-02, DIN ISO 128-50 : 2002-05

Symbol	Erläuterung	Symbol	Erläuterung
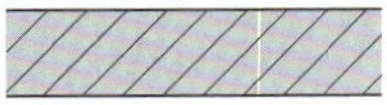	Mauerwerk		Boden
	Beton, unbewehrt	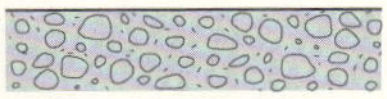	Kies
	Beton, bewehrt		Sand
	Betonfertigelement		Sperrschicht gegen Feuchte
	Putz, Mörtel		Dichtstoff
	Dämmstoff		Metall (z. B. Bewehrung, Träger)

Darstellung von Fenstern und Türen

Darstellung von Fenstern in Schnitten

stumpf, mit Isolierverglasung	Anschlag von innen, Einfachverglasung	Anschlag von außen, Dreischeiben-Isolierverglasung
	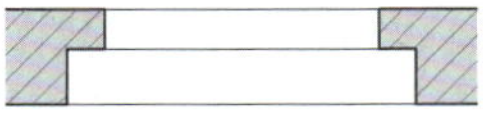	

Darstellung von Türen in Schnitten

DIN links beidseitiger Schwelle	DIN rechts, Schwelle an der Öffnungsseite	DIN rechts, ohne Schwelle
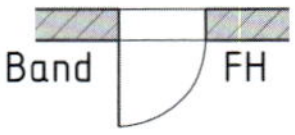	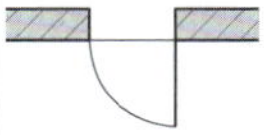	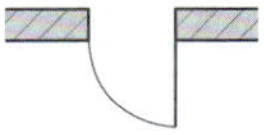

Treppen

DIN 18360 : 2012-09, DIN 18065 : 2015-03

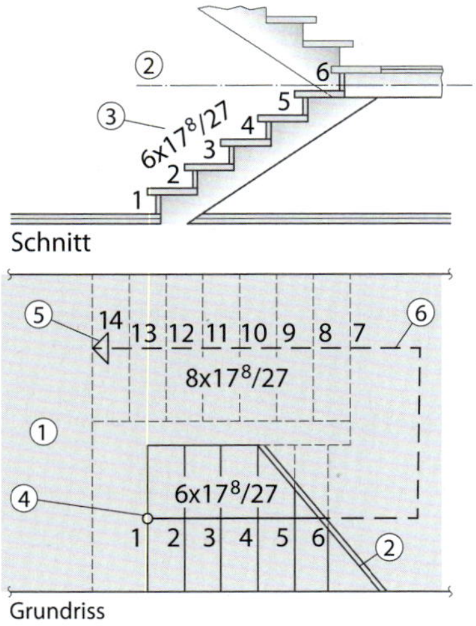

Darstellung:
① Treppenform ist am Grundriss erkennbar
② Schnittebene = 1 m über OKFFB
③ parallel zum Treppenlauf trägt man ein:
Anzahl der Tritte · Steigungshöhe/Auftrittsbreite
④ Kreis markiert den Treppenanfang
⑤ Pfeil markiert das Treppenende
⑥ schmale Volllinie markiert die Ganglinie; diese liegt innerhalb des Gangbereiches

2.11 Hausinstallation *domestic installation*

Abmessungen für Hausanschlussräume – Anordnung von Anschlussleitungen

DIN 18012 : 2018-04

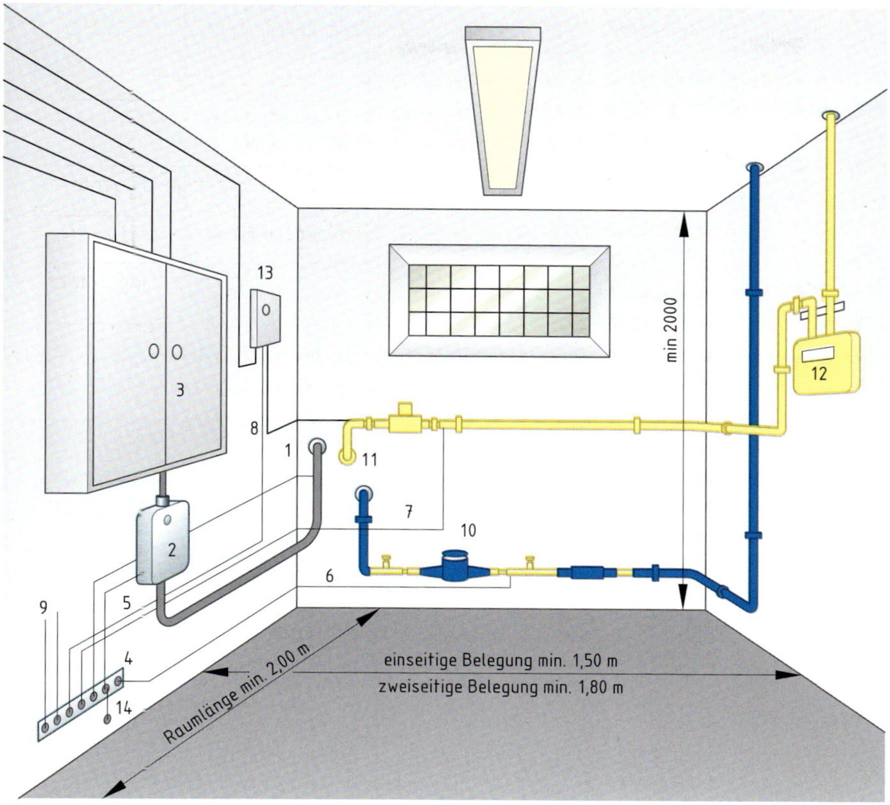

1 Hauseinführung oder Wanddurchführung
2 Stromhausanschluss
3 Zählerschrank
4 Haupterdungsschiene
5 Potenzialausgleichsleiter zum Hausanschluss
6 Potenzialausgleichsleiter zur Wasserleitung
7 Potenzialausgleichsleiter zur Gasleitung
8 Potenzialausgleichsleiter zur Telekommunikationsanlage
9 Potenzialausgleichsleiter zu weiteren Anlagen
10 Wasserhausanschluss mit Zähler
11 Gashausanschluss mit oder ohne Regler
12 Gaszähler
13 Telekommunikationsanschlüsse
14 Fundamenterder

Wasserleitungen *water pipes*

DIN EN 806-1 : 2001-12

Benennung	Symbol
Wasserleitung	——*—— Der Stern wird ersetzt durch: PW Trinkwasserleitung (portable water) PWC Trinkwasserleitung, kalt PWH Trinkwasserleitung, warm PWH-C Trinkwasserleitung, warm, Zirkulation NPW Nichttrinkwasser TI Wärmedämmung
Trinkwasserleitung, kalt, Nennweite 80	PWC 80
Trinkwasserleitung, warm, Nennweite 50 und Wärmedämmung	PWC 50-TI

Benennung	Symbol
Trinkwasserleitung, warm, Zirkulation, Nennweite 40	PWC-C40
Leitungskreuz	
Abzweig, einseitig	
Abzweig, beidseitig	
Schlauchleitung	
Trinkwasser, kalt, Schlauchleitung, Nennweite 15	PWC 15 
Übergang in der Nennweite z. B. von DN 50 auf DN 40	50 • 40

Benennung	Symbol
Übergang des höchsten Systembetriebsdruckes (MDP) z. B. von 1,0 MPa auf 0,6 MPa	1,0 MPa • 0,6 MPa
Übergang im Werkstoff z. B. von Stahl auf Kupfer	St • Cu
Rohrleitung in Grundrissdarstellung	○
Rohrleitung aufwärts verlaufend	
Rohrleitung abwärts verlaufend	
Rohrleitung hindurchgehend	
Fließrichtung nach oben	

Wasserleitungen (Fortsetzung)

Benennung	Symbol
Fließrichtung von oben	
Fließrichtung nach unten	
Fließrichtung von unten	
Abzweig, einseitig, nach oben und unten führend	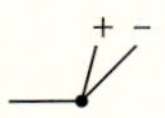
Elektrische Trennung, Isolierstück	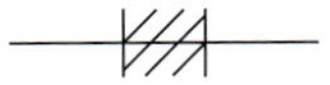

Benennung	Symbol
Potentialausgleich, Erdung	
Dehnungsbogen	
Stopfbuchsen-kompensator	
Leitungsfestpunkt	
Leitungsbefestigung mit Gleitführung	
Wand- oder Deckendurchführung mit Schutzrohr	

Benennung	Symbol
Wand oder Decken-durchführung mit Schutzrohr und Abdichtung (Mantel-rohr)	
Leitungsabschluss	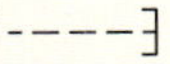
Leitungsgefälle, Leitungssteigung, nach rechts	
Leitungsgefälle nach links, 5 %	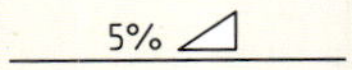

Unlösbare und lösbare Rohrverbindungen

DIN EN 806 : 2001-12/ISO 14617-8 : 2002-09

pipe connections

Benennung	Symbol
Rohrverbindung	– – – ● – – –
Art der Rohr-verbindung Der Stern wird ersetzt durch: BR Hartlötver-bindung CP Klemmver-bindung SC Gewindever-bindung SL Weichlötver-bindung AD Klebverbindung WE Schweißver-bindung	– – – ●* – – –

Benennung	Symbol
Art der Rohrverbin-dung (Fortsetzung) CR Pressfitting-verbindung FL Flanschver-bindung CFL Klemmflansch-verbindung QC Schnellkupplung QCF Schnellkupplung mit Befesti-gungsgewinde QCI Schnellkupplung mit zwei glei-chen Teilen PF Steckverbindung	

Benennung	Symbol
Gewindeverbindung	
Flanschverbindung	——‖——
Geschweißte, hart-gelötete oder weich-gelötete Rohrver-bindung	
Schnellkupplung	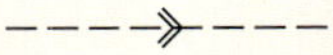
Schnellkupplung mit zwei gleichen Kupp-lungsteilen	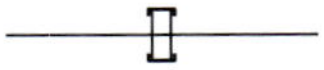

Absperr- und Drosselarmaturen *shut-off- and throttle valves*

ISO 14617-8 : 2002-09 (E)

Benennung	Symbol
Absperrarmatur	
Eckventil	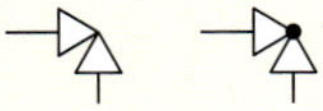
Dreiwegehahn / Dreiwegeventil	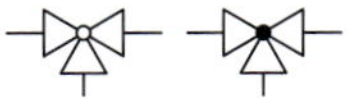
Vierwegehahn / Vierwegeventil	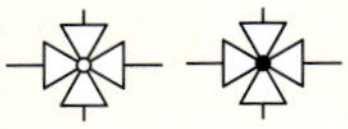
Geradsitzventil	
Kugelhahn	
Kolbenschieber	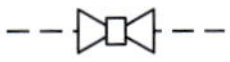
Schieber	

Benennung	Symbol
Nadelventil	
Absperrklappe	
Druckminderer	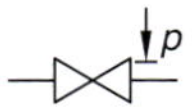
Anschlussvorrichtung	
Ventilanbohrschelle	
Kükenhahn	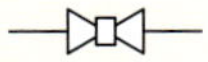
Membranventil	
Rückschlagventil (Rückfluss-verhinderer)	

Benennung	Symbol
KFR-Ventil **K**ombiniertes **Frei**-stromventil mit **R**ückflussverhinderer	
Rückschlagklappe (Rückfluss-verhinderer)	
Schrägsitzventil mit Entleerung	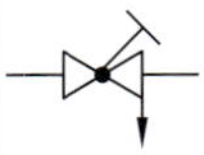
Thermostatventil	
Kappenventil	

Entnahmestellen *tapping points* und Zubehörteile

DIN EN 806-1 : 2001-12

Benennung	Symbol
Auslaufventil, Entleerungsventil	
Standauslaufventil	
Wandauslaufventil	
Mischbatterie	
Standmischbatterie	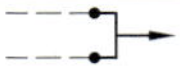
Wandmischbatterie	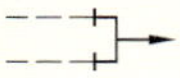

Benennung	Symbol
Selbstschlussarmatur SC selbstschließend	
Brause	
Schlauchbrause	
Druckspüler mit Rohrunterbrecher	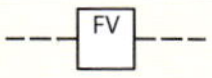
Spülkasten	

Benennung	Symbol
Auslaufventil mit Schnellkupplung und Schlauchverschraubung	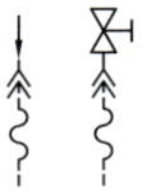
Auslaufventil mit Sicherungsarmatur, Schnellkupplung und Schlauchverschraubung	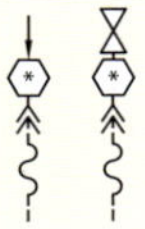
Ablauftrichter	

Sicherungs- und Sicherheitsarmaturen *safety fittings*

DIN EN 1717 : 2011-08, DIN EN 806-1 : 2001-12

Benennung	Symbol
Sicherungsarmatur allgemein	 * Art der Sicherung
Freier Auslauf, Systemtrennung	
Rohrunterbrecher	
Rohrbelüfter Rohrentlüfter	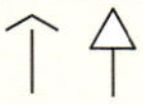
Rückflussverhinderer	

Benennung	Symbol
Kombination Rohrbe- und Rohrentlüfter (Schwimmentlüfter)	
Rohrtrenner	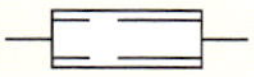
Rückflussverhinderer mit kontrollierbaren Druckzonen	
Rohrbruchsicherung	

Benennung	Symbol
Sicherheitsventil, federbelastet (Eckform)	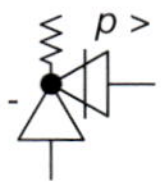
Sicherheitsventil, Temperaturablassventil	
Sicherheitsventil, Temperatur- und Druckablassventil	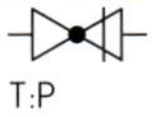

* Art der Sicherung
- AA: Ungehinderter Freier Auslauf
- AB: Freier Auslauf mit nicht kreisförmigem Überlauf (uneingeschränkt)
- AC: Freier Auslauf mit belüftetem Tauchrohr und Überlauf
- AD: Freier Auslauf mit Injektor
- AF: Freier Auslauf mit kreisförmigem Überlauf (eingeschränkt)
- AG: Freier Auslauf mit Überlauf durch Versuch mit Unterdruckprüfung bestätigt
- BA: Rohrtrenner mit kontrollierbarer Mitteldruckzone
- CA: Rohrtrenner mit unterschiedlichen, nicht kontrollierbaren Druckzonen
- DA: Rohrbelüfter in Durchgangsform
- DB: Rohrunterbrecher Typ A2 mit beweglichen Teilen
- DC: Rohrunterbrecher Typ A1 mit ständiger Verbindung zur Atmosphäre
- EA: Kontrollierbarer Rückflussverhinderer
- EB: Nicht kontrollierbarer Rückflussverhinderer
- EC: Kontrollierbarer Doppelrückflussverhinderer
- ED: Nicht kontrollierbarer Doppelrückflussverhinderer
- GA: Rohrtrenner, nicht durchflussgesteuert
- GB: Rohrtrenner, durchflussgesteuert
- HA: Schlauchanschluss mit Rückflussverhinderer
- HB: Rohrbelüfter für Schlauchanschlüsse
- HC: Automatischer Umsteller
- HD: Rohrbelüfter für Schlauchanschlüsse, kombiniert mit Rückflussverhinderer
- LA: Druckbeaufschlagter Belüfter
- LB: Druckbeaufschlagter Belüfter, kombiniert mit nachgeschaltetem Rückflussverhinderer

Wasserbehandlungsanlagen *water treatment systems*

DIN EN 806-1 : 2001-12

Benennung	Symbol
Dosiergerät	
Enthärtungsanlage	
Nitratentfernungsanlage	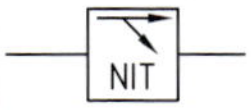
Elektrolytisches Gerät	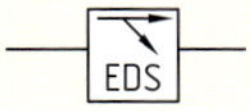

Benennung	Symbol
Aufhärtungsanlage	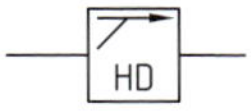
Umkehrosmoseanlage	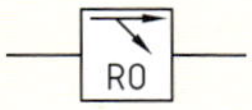
Desinfektionsanlage mit UV	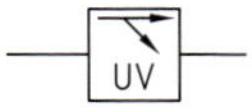
Mischfilteranlage	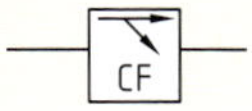

Benennung	Symbol
Aktivkohlefilter	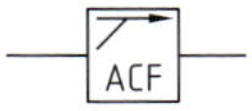
Mechanischer Filter	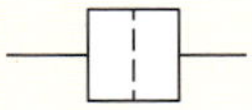

Einrichtungen mit/ohne rotierende Teile

DIN EN 806-1 : 2001-12

Benennung	Symbol
Einrichtung mit rotierenden Teilen	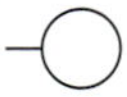
Flüssigkeitspumpe mit mechanischem Antrieb	

Benennung	Symbol
Druckerhöhungsanlage mit 2 Pumpen und Angaben der Förderleistung und des Druckes	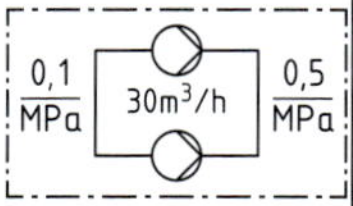
Waschmaschine	

Benennung	Symbol
Geschirrspüler	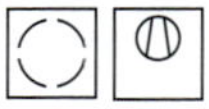
Klimagerät	
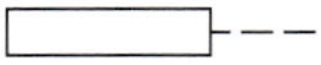	Einrichtung ohne rotierende Teile
Kompensator	

Mess- und Regeleinrichtungen

DIN EN 806-1 : 2001-12

Benennung	Symbol
Messgerät mit Anzeige	
Registriergerät	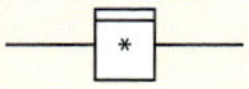
Messgerät mit Integriervorrichtung	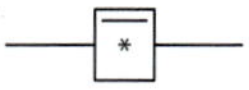
Thermometer	

Benennung	Symbol
Manometer	
Durchflussmessgerät	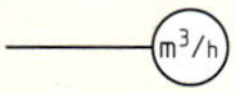
Durchflussschreiber	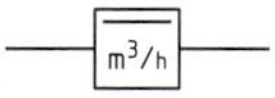
Wasserzähler	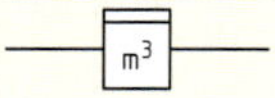

Benennung	Symbol
Wärmemessgerät	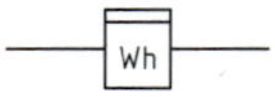
Steuerleitung	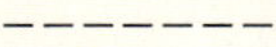
Anschlussstelle für Mess- oder Regeleinrichtung	
Regler allgemein	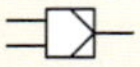
Steuergerät allgemein	

Antriebe für Armaturen *drives for fittings*

DIN EN 806-1 : 2001-12

Benennung	Symbol
Hydraulischer Antrieb, einfach wirkend	
Antrieb durch Membrane, einfach wirkend	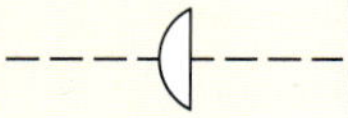
Antrieb durch Fluide, einfach wirkend	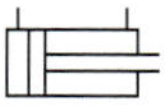

Benennung	Symbol
Antrieb durch Schwimmer	
Antrieb durch Gewichtsbelastung	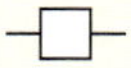
Antrieb durch Federbelastung	

Benennung	Symbol
Antrieb durch Hand	
Antrieb durch Elektromotor	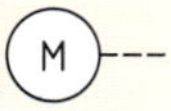
Antrieb durch Elektromagnet	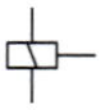

Behälter und Trinkwassererwärmer *vessels and potable water heating systems*

DIN EN 806-1 : 2001-12

Benennung	Symbol
Trinkwasserbehälter	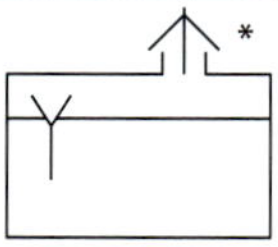
Druck- oder Vakuumbehälter	

Benennung	Symbol
Speichertrinkwassererwärmer, direkt beheizt Der Stern darf ersetzt werden durch: O Öl befeuert G Gas befeuert C Feststoff befeuert D Fernwärme beheizt	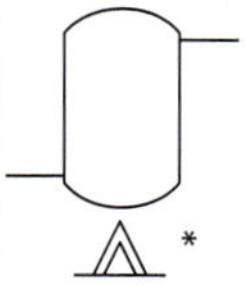

Benennung	Symbol
Speichertrinkwassererwärmer, indirekt beheizt, mit zwei Heizsystemen	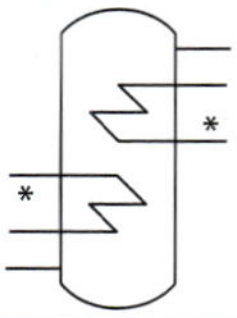
Durchlauferhitzer	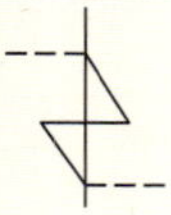

Behälter und Trinkwassererwärmer (Fortsetzung)

Benennung	Symbol
Druckbehälter mit Luftpolster	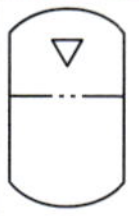
Membrandruckgefäß, -behälter	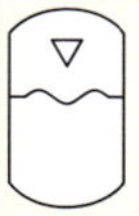

[1] Der Stern ist zu ersetzen durch:
HW Heizwasser
HW-S Heizwasser-Zulauf
HW-R Heizwasser-Rücklauf
HW-C Heizwasser-Kreislauf
HW-PS Heizwasser-Primärzulauf
HW-PR Heizwasser-Primärrücklauf
HW-SS Heizwasser-Sekundärzulauf
HW-SR Heizwasser-Sekundärrücklauf
DHW Fernheizwasser
DHW-S Fernheizwasser-Zulauf
DHW-R Fernheizwasser-Rücklauf

Benennung	Symbol
Speichertrinkwassererwärmer, solar beheizt	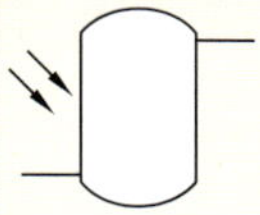
Speichertrinkwassererwärmer, elektrisch beheizt	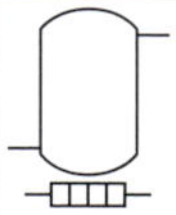
Speichertrinkwassererwärmer, indirekt beheizt, z. B. Fernwärme[1]	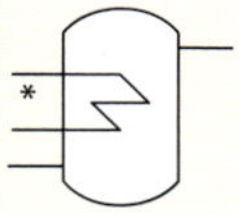

Benennung	Symbol
Durchlauferhitzer, direkt beheizt	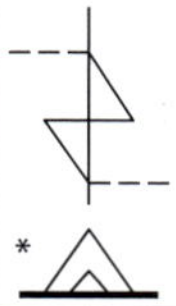
Durchlauferhitzer, solar beheizt	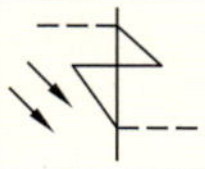
Durchlauferhitzer, elektrisch beheizt	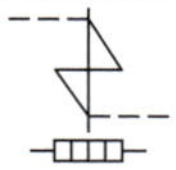

Brandschutzanlagen *fire protection systems*

DIN EN 806-1 : 2001-12

Benennung	Symbol
Feuerlöschleitung	
Der Stern ist zu ersetzen durch: FW Feuerlöschleitung FW-D Feuerlöschleitung, trocken FW-W Feuerlöschleitung, nass FW-S Feuerlöschleitung, Steigleitung	

Benennung	Symbol
Sprinkler	
Wasservorhang	
Wandhydrant	

Benennung	Symbol
Wandhydrant mit Feuerlöschschlauchleitung	
Unterflurhydrant	
Überflurhydrant	

Sinnbilder für Gasinstallation *gas installation*

DVGW-TRGI : 2018-10

Benennung	Symbol (Kurzzeichen)
Nennweitenübergang, Stahlrohr in DN, andere in d_a	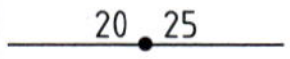
Übergang Systembetriebsdruck	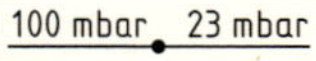
Werkstoffübergang	
Elektrische Trennung Isolierstück	
EX-Trennfunkenstrecke	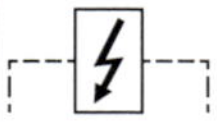
Potenzialausgleich Erdung	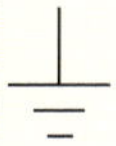

Benennung	Symbol (Kurzzeichen)
Gaszähler (Einstutzen)	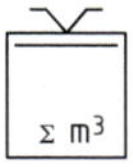
Gaszähler (Zweistutzen)	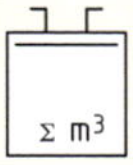
Druckmessgerät	
Sicherheits-Gassteckdose * ersetzen durch AP = Aufputzsteckdose UP = Unterputzsteckdose	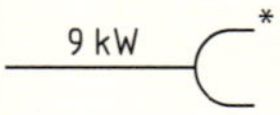
Gas-Druckregelgerät mit kombiniertem GS	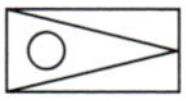
Gas-Strömungswächter (**GS**) Typ K mit TAE kombiniert	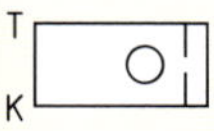

Benennung	Symbol (Kurzzeichen)
Gas-Warmlufterzeuger (**WLE**)	
Gasherd (**H**)	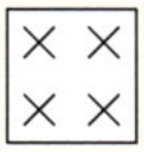
Gas-Heizherd (**HH**)	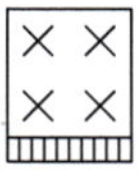
Gas-Kühlschrank (**KS**)	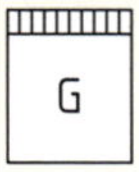
Gas-Wärmepumpe (**WP**)	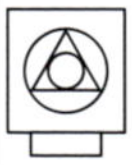
Gas-Saunaofen (**SO**)	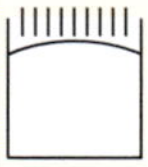

Sinnbilder für Gasinstallation (Fortsetzung)

Benennung	Symbol (Kurzzeichen)	Benennung	Symbol (Kurzzeichen)	Benennung	Symbol (Kurzzeichen)
Lösbare Verbindung /Verschraubung	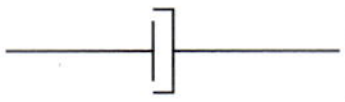	Gassicherheitsverteiler (**GS**) Typ K mit TAE kombiniert	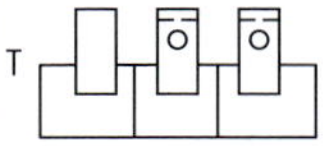	Gas-Wäschetrockner (**WT**)	
Wand- oder Deckendurchführung mit Schutzrohr und Abdichtung (Mantelrohr)		Gas-Durchlaufwasserheizer (**DHW**)		Sicherheits-Gasschlauchleitung	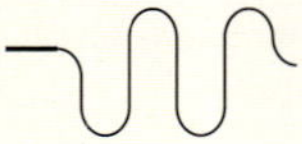
Wand- oder Deckendurchführung mit Schutzrohr und Brandschutzmanschette	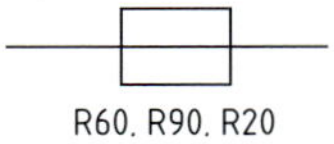	Gas-Vorratswasserheizer (**VWH**)		Absperreinrichtung (**AE**)	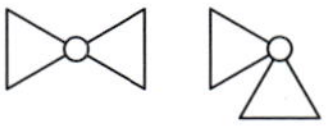
Leitungsabschluss		Gas-Heizkessel (**HK**)	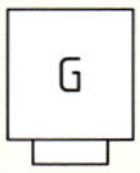	Magnetventil	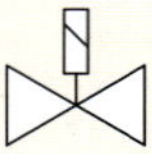
Rohrverbindung		Gas-Heizstrahler (**HS**)		Anbohrschelle	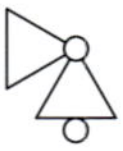
Gas-Druckregelgerät (**GR**)	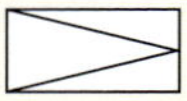	Gas-Raumheizer (**RH**)	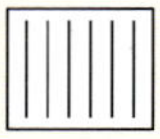	Thermische Absperreinrichtung (**TAE**)	
Absperreinrichtung mit kombinierter TAE	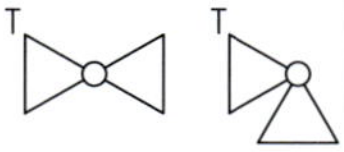	Gas-Terrassenstrahler (**TS**)		Gaslaterne (Gasleuchte oder Gasfackel) (**L**)	
Gasströmungswächter (**GS**)		Gas-Blockheizkraftwerk (**BHKW**)		Dekorative Gasfeuer für offene Kamine (**DF**)	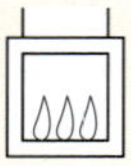
Absperreinrichtung mit kombiniertem GS	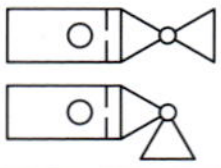	Erdgas-Kleintankstelle (**ETS**)	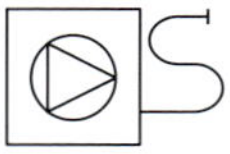	Gas-Klimagerät (**KG**)	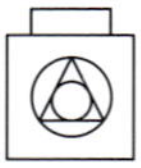
Gas-Grill (**G**)	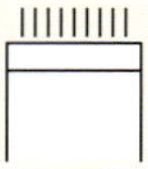	Brennstoffzellenheizgerät (**BZ**)	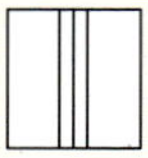		

[1] hier: von Stahl auf Kupfer – weitere Rohrwerkstoffe
NRS = nichtrostender Stahl
MKV = Metall-Kunststoff-Verbundrohr
PE-X = PE-X-Kunststoffrohr

* ersetzen durch

BR = Hartlötverbindung	CP = Klemmverbindung
SC = Gewindeverbindung	WE = Schweißverbindung
CR = Pressfittingverbindung	FL = Flanschverbindung

Vorstehende Verbindungen können auch durch eigene Symbole dargestellt werden.

Sinnbilder für Heizungen (teilweise genormt, Herstellerunterlagen) DIN 28000-4 : 2014-07

heating systems

Benennung	Symbol	Benennung	Symbol	Benennung	Symbol
Wärmeerzeuger	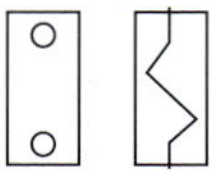	Solar-Flachkollektor	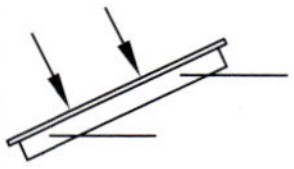	Kondensatableiter	
Vorlauf, Rücklauf	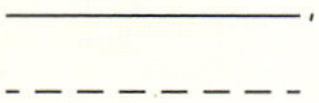	Umwälzpumpe	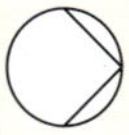	Fußbodenh.-Verteiler	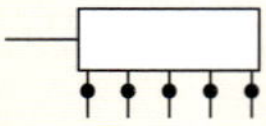
Wärmeverbraucher	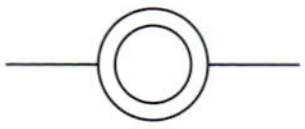	Raumheizkörper		Luftheizgerät	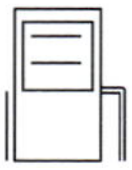

Sinnbilder für Heizungen (teilweise genormt, Herstellerunterlagen) (Fortsetzung)

Benennung	Symbol	Benennung	Symbol	Benennung	Symbol
Rohrregister	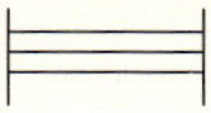	Konvektor	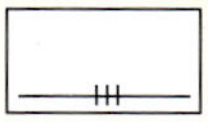	Öl/Gasbrenner	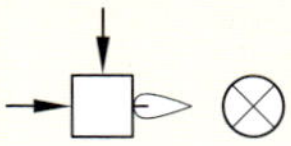
Heizkessel		Rohrschlangen	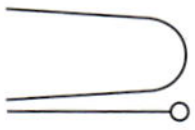	Membranausdehnungsgefäß	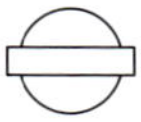
Sicherheitsstandrohr		Sicherheitsventil, gewichtsbelastet	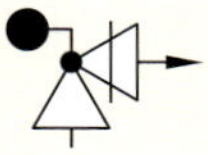	Offenes Ausdehnungsgefäß	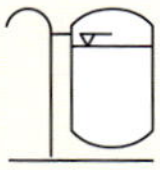
Wärmeübertrager, Wärmetauscher	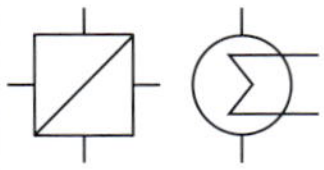	Manueller Stellantrieb, gesichert	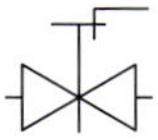	Sicherheitsventil, federbelastet[1]	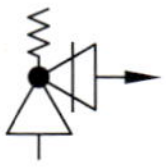
Gegenstromapparat	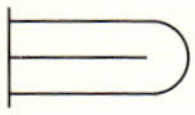	Wärmezähler mit Leitung	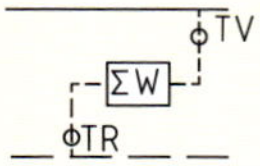	Schmutzfänger	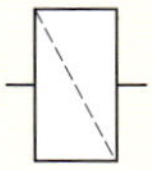

* Weitere Sinnbilder finden Sie auf S. 346.

Abwasser- und Lüftungsleitungen *sewage- and ventilation pipes* DIN 1986-100 : 2016-09

Benennung	Symbol	Benennung	Symbol	Benennung	Symbol
Mischwasserleitung		Schmutzwasserleitung Druckleitung wird mit DS gekennzeichnet	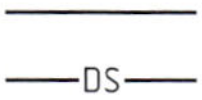	Reinigungsrohr mit runder oder rechteckiger Öffnung	
Lüftungsleitung Richtungshinweise: a) hindurchgehend b) beginnend und abwärts verlaufend c) von oben kommend und endend d) beginnend und aufwärts verlaufend	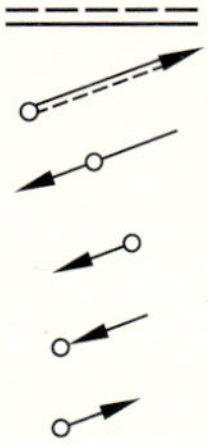	Regenwasserleitung Druckleitung wird mit DR gekennzeichnet	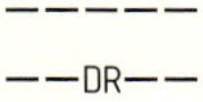	Reinigungsverschluss	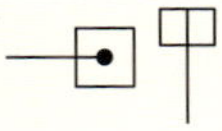
		Fallleitung		Rohrendverschluss	
		Nennweitenänderung	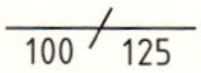	Geruchverschluss	
		Werkstoffwechsel	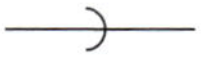	Belüftungsventil	

Abläufe, Abscheider, Abwasserhebeanlagen, Schächte DIN 1986-100 : 2016-09

Benennung	Symbol	Benennung	Symbol	Benennung	Symbol
Ablauf oder Entwässerungsrinne ohne Geruchverschluss	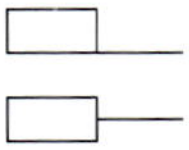	Probenahmeschacht	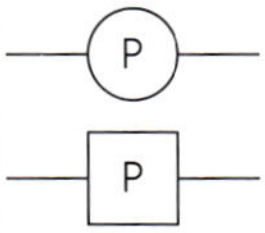	Abwasserhebeanlage für fäkalienhaltiges Abwasser	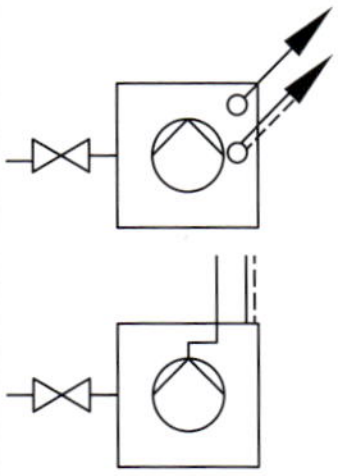
Ablauf oder Entwässerungsrinne mit Geruchverschluss	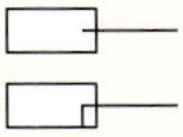	Heizölsperre	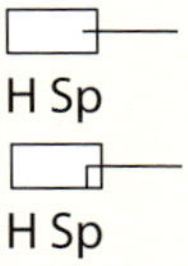		
Ablauf mit Rückstauverschluss für fäkalienfreies Abwasser	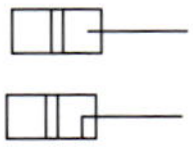	Heizölsperre mit Rückstauverschluss	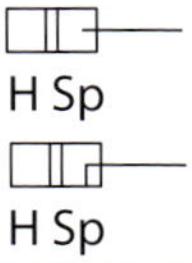		
Schlammfang	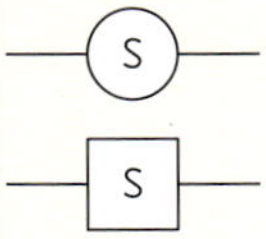				

Abläufe, Abscheider, Abwasserhebeanlagen, Schächte (Fortsetzung)

Benennung	Symbol
Fettabscheider	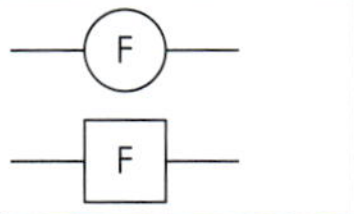
Stärkeabscheider	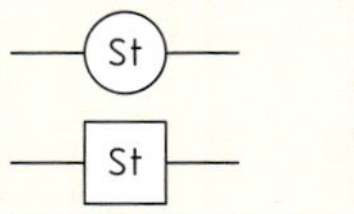
Abscheider für Leichtflüssigkeiten	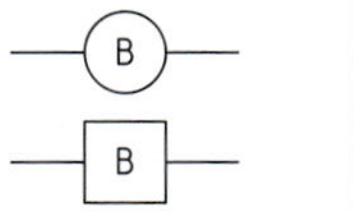
Heizölabscheider	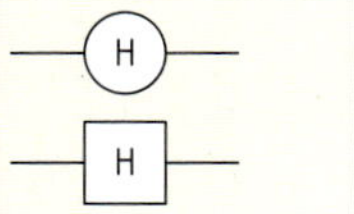

Benennung	Symbol
Rückstauverschluss für fäkalienfreies Abwasser	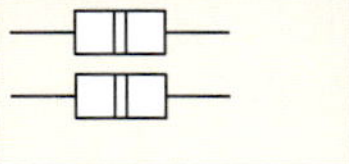
Rückstauverschluss für fäkalienhaltiges Abwasser	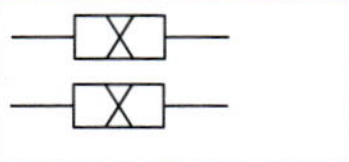
Abwasserhebeanlage für fäkalienfreies Abwasser	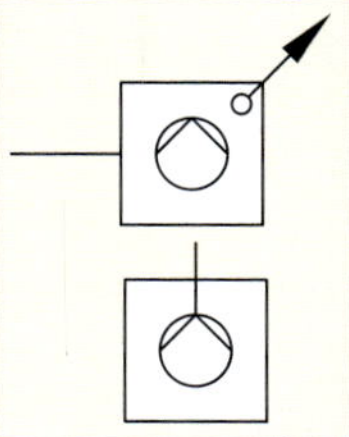

Benennung	Symbol
Abwasserhebeanlage zur begrenzten Verwendung	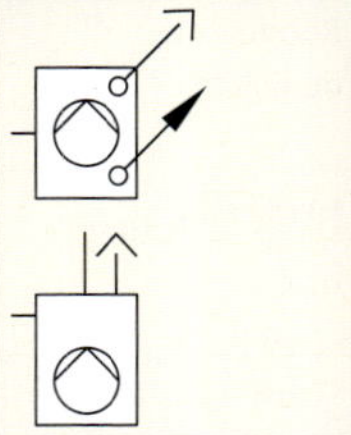
Schacht mit offenem Durchfluss (dargestellt mit Schmutzwasserleitung)	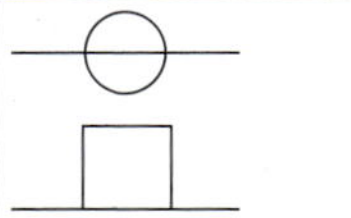
Schacht mit geschlossenem Durchfluss	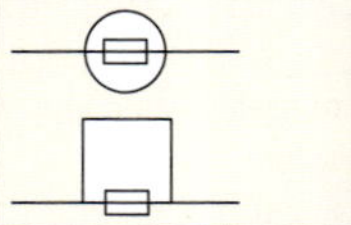

Hinweis: Die zweite Abbildung gibt die Darstellung für den Grundriss wieder.

Sanitär- und Ausstattungsgegenstände

DIN 1986-100 : 2016-09

Benennung	Symbol
Badewanne	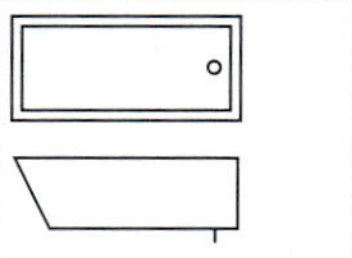
Duschwanne	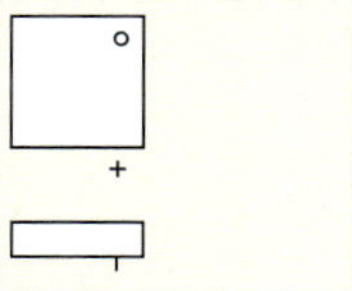
Waschtisch, Handwaschbecken	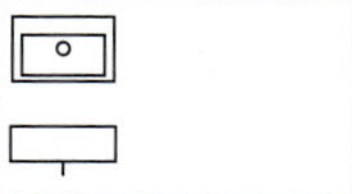
Sitzwaschbecken	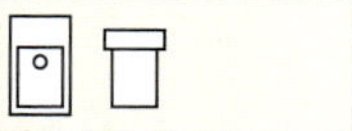

Benennung	Symbol
Urinalbecken	
Urinalbecken mit automatischer Spülung	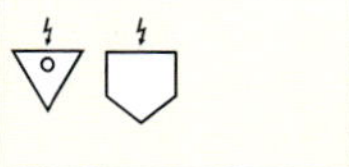
Klosettbecken	
Ausgussbecken	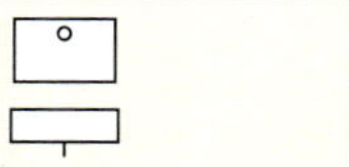
Spülbecken, einfach	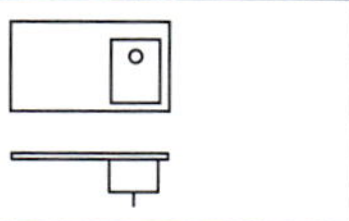

Benennung	Symbol
Spülbecken, doppelt	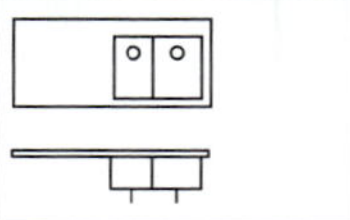
Geschirrspülmaschine	
Waschmaschine	
Wäschetrockner	
Klimagerät	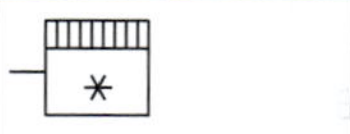

Hinweis: Die z.T. zweite Abbildung gibt die Darstellung im Aufriss wieder.

Anwendungsbeispiel:

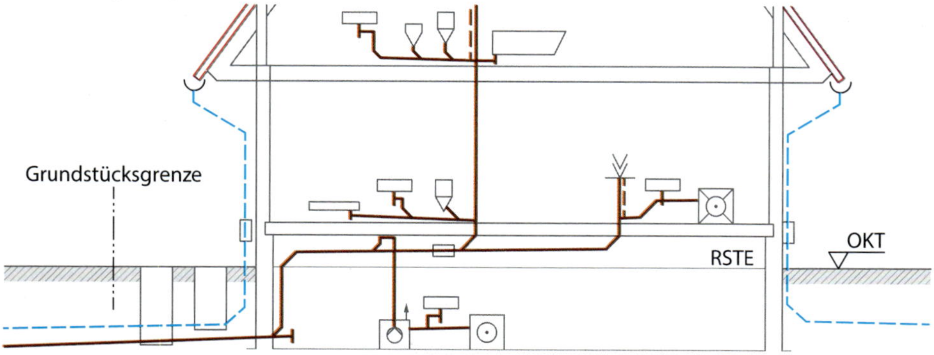

Sinnbilder für Raumlufttechnik

DIN EN 12792 : 2004-01

Benennung	Symbol
a) Zuluft-, b) Abluftdurchlass	
starre Luftleitungen oval rund rechteckig	oval ϕ a × b
starre Luftleitungen mit Wärmedämmung außen innen	XXXX XXXX
starre Luftleitungen mit Schalldämmung außen innen	
Symbole zur Regelung und für Geräte	
a) Rauchschutzklappe, b) Brandschutzklappe, c) Kombination	a) b) c)
Regler für a) konstanten, b) variablen Luftvolumenstrom	a) b)
Beipassklappe	
Ventilator a) allgemein, b) radial, c) axial	a) b) c)

Benennung	Symbol
flexible Luftleitungen	
Bogen 90°, 45° …, Abzweig	
Übergang a) plötzlich, b) gleichmäßig	a) b)
Drosselklappe, Drosselklappe luftdicht	
Schalldämpfer	
Verteilungselement Aufteil-Umschaltklappe	
Luftfilter	
Jalousieklappe	
Wetterschutzgitter	
Strömungsgleichrichter	
Symbole für Luftbehandlung	
Mischkammer mit a) konstantem, b) geregeltem Luftvolumenstrom	a) b)

Benennung	Symbol
Rückschlagklappe	
Überströmklappe	
Symbole zur Regelung und für Geräte	
Messfühler	
Regler	
Stellantrieb	
a) Lufterwärmer, b) Luftkühler	a) b)
Luftbefeuchter	
Luftmischkammer	
Ventilator-Konvektor	
Induktionsgerät	

Beispiele

Kesselanschluss

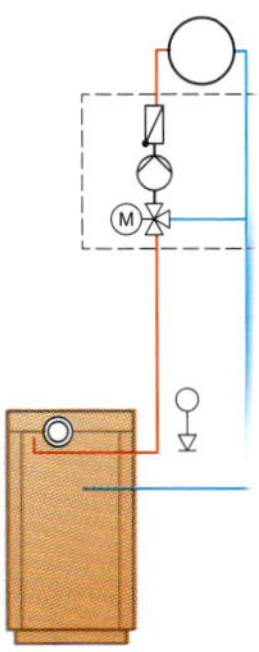

Verteilerstation Heizung

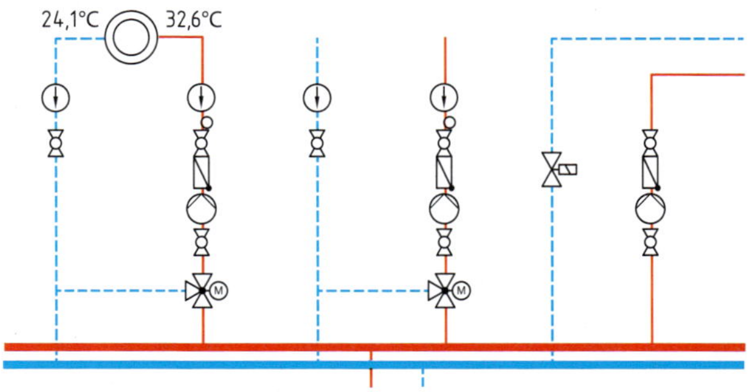

Klimaanlage

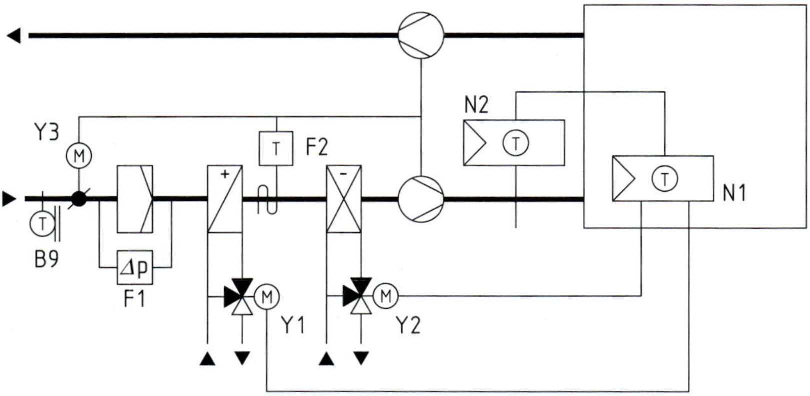

Hinweisschilder DIN 4066 : 1997-07, DIN 4067 : 1975-11, DIN 4068 : 1975-11, DIN 4069 : 1974-01

Hinweisschild für	**Hydrant**	**Wasserversorgung/ Abwasser**	**Gas**	**Fernwärme**
Schild		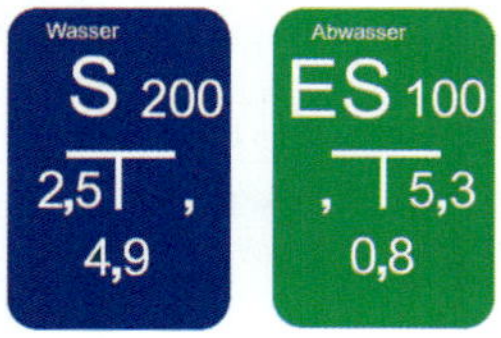	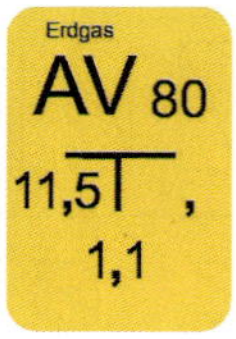	

Systematik Beispiel Hydrant	**Bereich**	**Beschreibung**
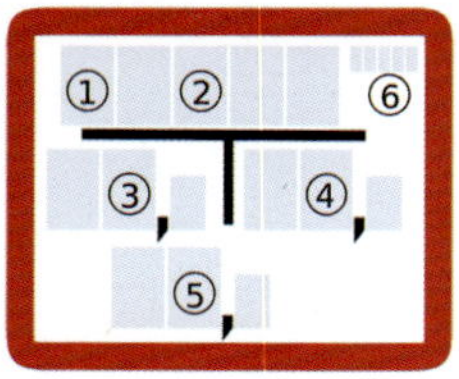	1	Die ersten zwei Felder sind für die Bezeichnung der Straßeneinbauarmatur vorgesehen. Beispiele für die Kennzeichnung des Leitungsbauteils: S = Schieber ES = Entleerungsschieber HS = Hochwasserschieber LS = Lüftungsschieber K = Absperrklappe AH = Absperrhahn der Anschlussleitung AV = Absperrventil der Anschlussleitung LV = Lüftungsventil VS = Schieber in der Vorlaufleitung RS = Schieber in der Rücklaufleitung u. a.m.
	2	Nenngröße der Leitung, z. B.: üblich „50" oder „80" bis zu mittleren Transportleitungen „100", „150", „200", „250" oder großen Transportleitungen „300" oder „400". Alle Angaben entsprechen dabei der DIN und stellen den Innendurchmesser der Leitung in Millimetern dar.
	3	Diese drei Felder geben den Abstand zwischen Schild und Schieberkasten *vom Schild nach links weg gemessen* an. Angabe in Meter, Dezimeter
	4	Diese drei Felder geben den Abstand zwischen Schild und Schieberkasten *vom Schild nach rechts weg gemessen* an. Angabe in Meter, Dezimeter
	5	Diese drei Felder geben den Abstand zwischen Schild und Schieberkasten *vom Schild gerade weg gemessen* an. Angabe in Meter, Dezimeter

2.12 Elektrotechnische Schaltpläne DIN EN 61082-1 (VDE 0040-1) : 2015-10

2.12.1 Dokumentenarten der Elektrotechnik

Schaltpläne einer elektrischen Anlage können deren Funktionsweise, räumliche Anordnung oder deren Verdrahtung zeigen.

Wichtige Schaltplanarten

Übersichtsschaltplan *functional circuit diagram* (Einstrich-Netzschema, Blockschaltplan)	Wesentliche Bestandteile der Anlage werden mit ihren wichtigsten Zusammenhängen dargestellt. Vereinfachte einpolige Darstellung	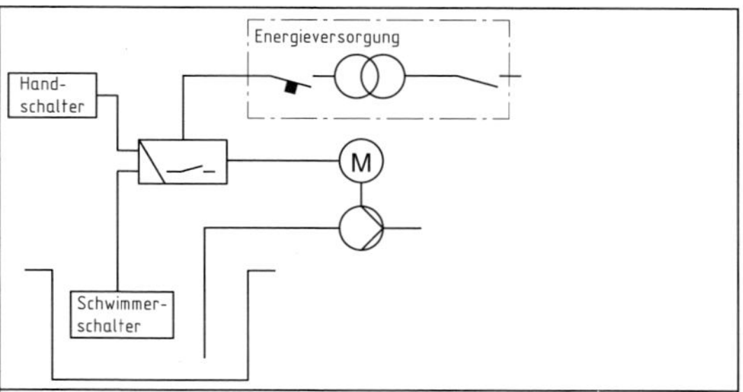
Funktionsschaltplan	Funktionszusammenhänge und Verhalten der Anlage	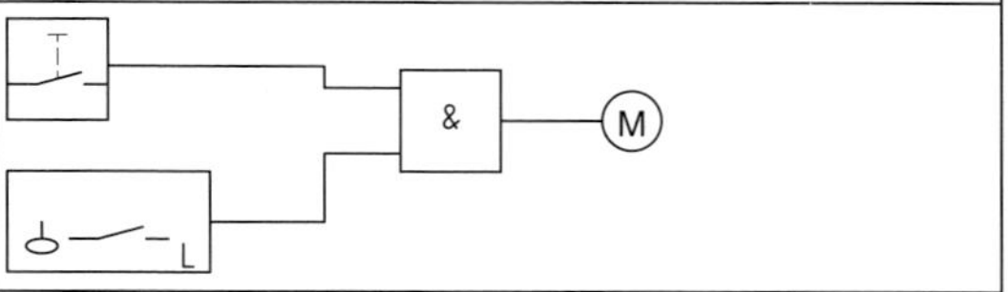
Logikfunktionsschaltplan *logic diagram*	Informationsverarbeitung und Signalverknüpfungen in der Anlage	
Stromlaufplan *electric circuit diagram*	Funktionszusammenhänge und Verhalten der Stromkreise der Anlage	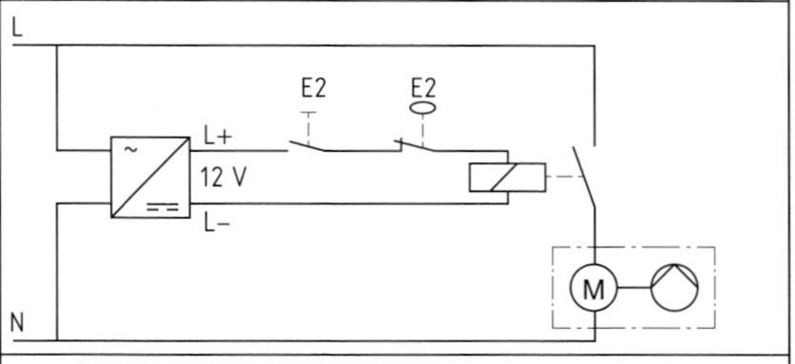
Verbindungsschaltplan (Anschlussplan, Geräteverdrahtungsplan)	Verdrahtung der einzelnen Baugruppen und Komponenten der Anlage	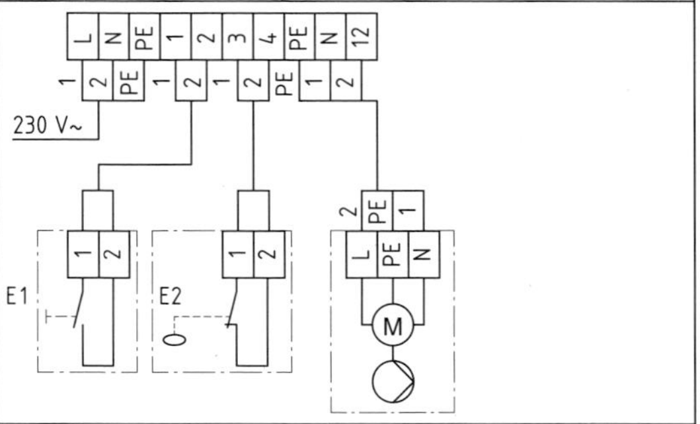
Anordnungsplan (Lageplan, Installationsplan, Installationszeichnung, Gebäudezeichnung)	Räumliche Anordnung der Baugruppen und Komponenten der Anlage	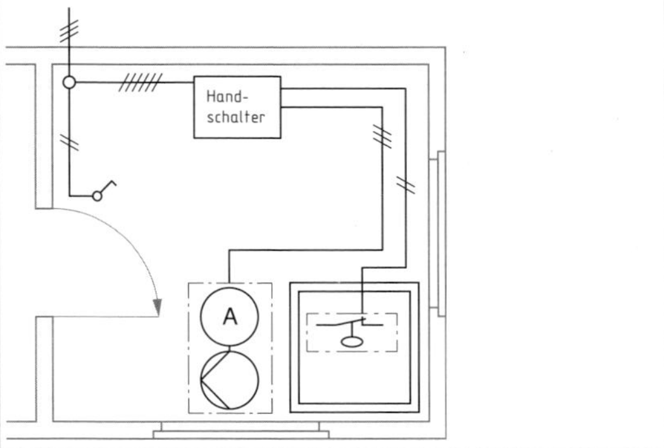

2.12.2 Sinnbilder der Elektrotechnik

Symbolelemente und Schaltzeichen für allgemeine Anwendungen DIN EN 60617-2 : 1997-08

Schaltzeichen/Symbol	Beschreibung
Konturen und Umhüllungen	
Form 1 Form 2 Form 3	Objekt, zum Beispiel Betriebsmittel, Gerät, Funktionseinheit Ergänzungen zur Kennzeichnung des Objekttyps
Form 1 Form 2	Hülle (Kolben oder Kessel) Gehäuse
Begrenzung Jede Kombination von kurzen und langen Strichen darf angewendet werden.	
	Schirm Abschirmung
Arten von Strömen und Spannungen	
	Gleichstrom
Ergänzung: Spannung rechts, Systemart links vom Schaltzeichen Beispiel: 2/M 220/110 V	
~ ~ 10...60 kHz 3/N~400/230 V	Wechselstrom Wechselstrom mit Frequenzbereich Angabe der Spannung und Systemart
~ ≈	Wechselstrom verschiedener Frequenzbereiche
	Gleichgerichteter Strom mit Wechselstromanteil
+	positive Polarität
–	negative Polarität
N	Neutralleiter
M	Mittelleiter
Einstellbarkeit, Veränderbarkeit und automatische Steuerung	
	Einstellbarkeit, allgemein
	Einstellbarkeit, nicht linear
	Veränderbarkeit, allgemein
	Einstellbarkeit, trimmbar
	stufige Funktion

Schaltzeichen/Symbol	Beschreibung
Einstellbarkeit, Veränderbarkeit und automatische Steuerung	
5	stufenweise Einstellbarkeit, 5 Stufen
	stetige Funktion Beispiel: Einstellbarkeit, stetig
G	Regelung oder automatische Steuerung Beispiel: Verstärker
Arten von Wirkungen oder Abhängigkeiten	
	thermische Wirkung
	elektromagnetische Wirkung
	Magnetfeld-Wirkung oder -Abhängigkeit
	Verzögerung
	Halbleiter-Effekt
Strahlung	
	elektromagnetische Strahlung, nicht ionisierend, z. B. Radiowellen oder sichtbares Licht
	kohärente Strahlung, nicht ionisierend
Mechanische und andere Stellteile	
	Wirkverbindung, z. B. mechanisch, pneumatisch Wirkverbindung mit Angabe der Drehrichtung
	verzögerte Wirkung bei Bewegung vom Bogen zu dessen Mittelpunkt
	selbsttätiger Rückgang
	Raste, kein selbsttätiger Rückgang, nicht eingerastet eingerastet
	Sperre, nicht verklinkt verklinkt
	mechanische Verriegelung zweier Geräte
	mechanische Kupplung
M	Bremse Elektromotor mit gelöster Bremse

Symbolelemente und Schaltzeichen für allgemeine Anwendungen (Fortsetzung)

Schaltzeichen/Symbol	Beschreibung
Steller, durch äußere Kräfte betätigt	
	Handbetrieb, allgemein
	Betätigung durch Ziehen
	Betätigung durch Drücken
	Betätigung durch Drehen
	Betätigung durch Annähern
	Notschalter Typ „Pilzschalter"
	Betätigung durch Hebel
	Betätigung durch Schlüssel
	Betätigung durch Rolle
	Betätigung durch Nocken
	Kraftantrieb, allgemein
	Auslösung durch pneumatische oder hydraulische Kraft
	Auslösung durch elektromagnetischen Effekt
	Auslösung durch elektromagnetisches Gerät, z. B Überstromschutz
	Betätigung durch thermisches Gerät, z. B. Überstromschutz
M	Betätigung durch Motor
	Auslösung durch Flüssigkeits-Pegel
	Auslösung durch einen Zähler
	Auslösung durch Strömung
% H_2O	Auslösung durch relative Feuchte
Erde und Masseanschlüsse, Potenzialausgleich	
	Erde, allgemein
	Schutzerde, Schutzleiteranschluss
	Masse, Gehäuse
	Äquipotenzial
Verschiedenes	
	Fehler, Fehlerort
	Überschlag, Isolationsfehler
	Dauermagnet
	bewegbarer Kontakt z. B. Schleifkontakt
	Umsetzer, Umformer, Umrichter allgemein
	analog
	digital

Schaltzeichen für Leiter und Verbinder

DIN EN 60617-3 : 1997-08

Schaltzeichen/Symbol	Beschreibung
Verbindungen	
Form 1 Form 2 3 110 Volt 2 × 120 mm² Al	Verbindungen Beispiele: Leiter, Kabel, Leitung, Übertragungsweg – drei Verbindungen – Zusatzinformationen: Stromart, Netzart, Frequenz, Spannung, Anzahl der Leiter, Querschnitt und Material der Leiter
	Verbindung, bewegbar
	Verbindung, verdrillt
	Leiter, geschirmt
	Leiter in einem Kabel
	Leiter, koaxial
	Leiter, koaxial, geschirmt
	Leitung oder Kabel, nicht angeschlossen
	Leitung oder Kabel, nicht angeschlossen, besonders isoliert

Schaltzeichen für Leiter und Verbinder (Fortsetzung)

Schaltzeichen/Symbol	Beschreibung
Anschlüsse und Leiterverbindungen	
•	Kreuzungspunkt Verbindung
o	Anschluss, z. B. Klemme
Form 1 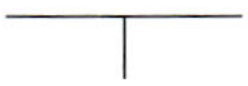 Form 2 	T-Verbindung
Form 1 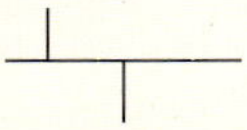 Form 2 	Doppelabzweig von Leitern
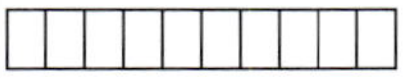	Anschlussleiste
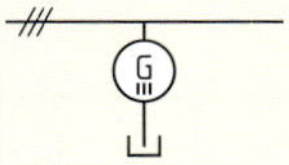	Neutralpunkt z. B. Drehstrom-Synchrongenerator

Schaltzeichen/Symbol	Beschreibung
Verbinder	
	Buchse von einer Steckdose oder -verbindung
	Stecker für eine Steckdose oder -verbindung
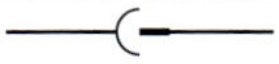	Buchse mit Stecker
	Buchse mit Stecker, sechspolig
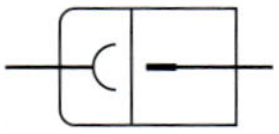	Steckverbindung Steckerseite fest, Buchsenseite beweglich
	Steckverbindung mit Adapter
Kabelverbinder	
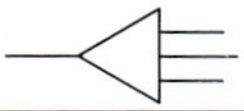	Kabelendverschluss mit dreiadrigem Kabel

Symbole Bauteile, Geräte und Maschinen

DIN EN 60617-4/-6 : 1997-08

Bauelemente	
	Widerstand, konstanter Wert
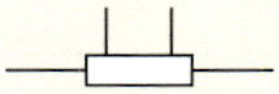	Widerstand mit Anzapfungen
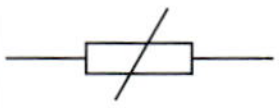	Widerstand Wert verändert sich linear
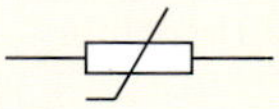	Widerstand Wert verändert sich nichtlinear
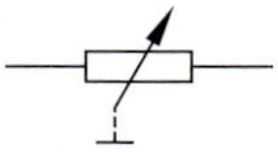	Widerstand einstellbar
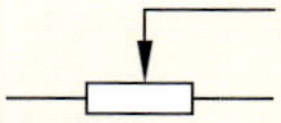	Widerstand, einstellbar, mit beweglichem Kontakt (Potentiometer)
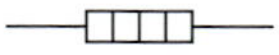	Heizelement
	Kondensator
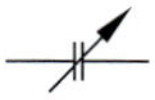	Kondensator, einstellbar
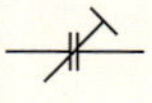	Kondensator, trimmbar (mit Werkzeug einstellbar)
	Spule/Drossel
	Spule mit Magnetkern
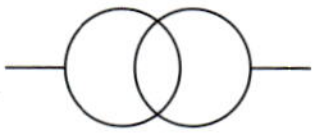	Transformator Form 1
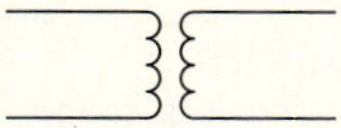	Transformator Form 2

Bauelemente	
	Drosselspule Form 1
	Drosselspule Form 2
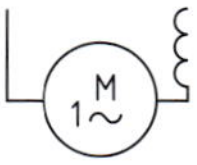	Reihenschlussmotor, einpolig (Handbohrmaschine)
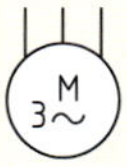	Drehstrom-Asynchronmotor
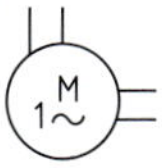	Asynchronmotor, einphasig Enden für eine Anlaufwicklung herausgeführt
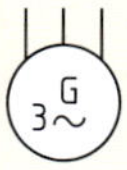	Drehstrom-Asynchrongenerator
	Batterie
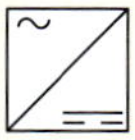	Gleichrichter
	Wechselrichter
	Regler *Reglerverhalten: P/PI/PID

Schaltzeichen für Halbleiter

DIN EN 60617-5 : 1997-08

Schaltzeichen/Symbol	Beschreibung	Schaltzeichen/Symbol	Beschreibung
	Halbleiterdiode, allgemein		Leuchtdiode (LED) allgemein
	Diode mit Nutzung der Temperaturabhängigkeit		
	Kaltleiter (PTC)		Heißleiter (NTC)
	Fotowiderstand		Fotodiode

Schaltzeichen/Symbol	Beschreibung	Schaltzeichen/Symbol	Beschreibung
	Fotozelle		Fototransistor
	PNP-Transistor		
	NPN-Transistor, bei dem der Kollektor mit dem Gehäuse verbunden ist		
	NPN-Avalanche-Transistor		

Schaltzeichen für Schalt- und Schutzeinrichtungen

DIN EN 60617-7 : 1997-08

Schaltzeichen/Symbol	Beschreibung		
Kennzeichen			
(	Schützfunktion		
○	Lasttrennschalter-Funktion		
×	Leistungsschalter-Funktion		
▽	Endschalter-Funktion		
—	Trennschalter-Funktion		
■	Selbsttätige Ausschaltung durch eingebaute Messrelais		
◁	Funktion „selbsttätiger Rückgang“		
○	Funktion „nicht selbsttätiger Rückgang“		
Kontakte mit zwei oder drei Schaltstellungen			
Form 1 / Form 2	Schließer, allgemein auch Schalter		Öffner
	Wechsler mit Unterbrechung		Wechsler mit Mittelstellung „Aus“
Form 1 / Form 2	Wechsler ohne Unterbrechung Folgeumschaltglied		Zwillingsschließer

Schaltzeichen/Symbol	Beschreibung	Schaltzeichen/Symbol	Beschreibung
Verzögerte Kontakte			
	anzugsverzögerter Schließer		abfallverzögerter Schließer
	anzugsverzögerter Öffner		abfallverzögerter Öffner
	anzugs- und abfallverzögerter Schließer		Beispiel eines Kontaktsatzes
Kontakte mit selbsttätigem und nicht selbsttätigem Rückgang			
	Schließer mit selbsttätigem Rückgang		Schließer mit nicht-selbsttätigem Rückgang
	Öffner mit selbsttätigem Rückgang		Zweiwegschalter mit Aus-Stellung in der Mitte

Schaltzeichen für Schalt- und Schutzeinrichtungen (Fortsetzung)

Schaltzeichen/Symbol	Beschreibung
Handbetätigte Schalter	
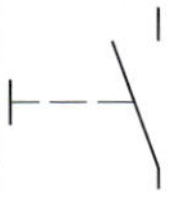	handbetätigter Schalter, allgemein
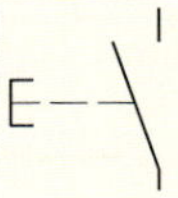	Druckschalter, Schließer mit selbsttätigem Rückgang (zusätzliches Kennzeichen nicht erforderlich)
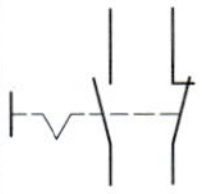	Einrastender Schalter mit 1 Schließer und 1 Öffner
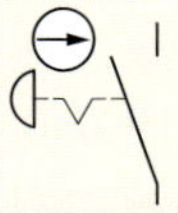	Pilz-Notdrucktaster mit zwangsläufiger Betätigung und Selbsthaltung
Schalter	
	Endschalter, Schließer
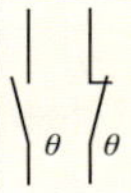	Schließer/Öffner temperaturabhängig
	Öffner mit selbsttätiger thermischer Betätigung, Thermokontakt
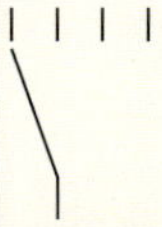	Mehrstellungsschalter, nur bei wenigen Schalterstellungen

Schaltgeräte			
	Schütz, Leistungskontakt, im ausgeschalteten Zustand geöffnet		Schütz, Leistungskontakt, im ausgeschalteten Zustand geschlossen
	Leistungsschalter		Trennschalter
	Lasttrennschalter mit selbsttätiger Auslösung durch eingebautes Messrelais		

Schaltzeichen/Symbol	Beschreibung
Schaltgeräte	
	Trennschalter mit Blockiereinrichtung, handbetätigt
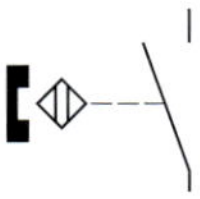 näherungsempfindlicher Schließer, betätigt durch Näherung eines Magneten	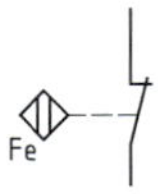 näherungsempfindlicher Öffner, betätigt durch Näherung von Eisen
Elektromechanische Antriebe	
Form 1 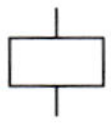 Form 2 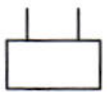	elektromechanischer Antrieb, Relaisspule allgemein
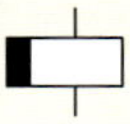	elektromechanischer Antrieb mit Rückfallverzögerung
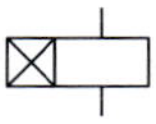	elektromechanischer Antrieb mit Ansprechverzögerung
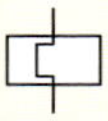	elektromechanischer Antrieb eines Thermorelais
Sicherungen und Sicherungsschalter	
	Sicherung, allgemein
	Sicherungsautomat (Leistungsschutzschalter)
	Sicherungsschalter
	Leitungsschutzschalter LS
	Vierpoliger Fehlerstromschutzschalter FI/RCD
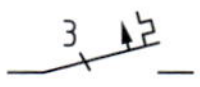	Dreipoliger (Motor-)Schutzschalter mit thermischer und magnetischer Überstromauslösung

Symbole für Elektroinstallationspläne

DIN EN 60617-11 : 1997-08

Schaltzeichen/Symbol	Beschreibung		
Installation in Gebäuden – Kennzeichen für besondere Leiter			
	Neutralleiter (N) Mittelleiter (M)		
	Schutzleiter (PE)		
	Neutralleiter mit Schutzfunktion (PEN)		
	Beispiel: 3 Leiter, 1 Neutralleiter, 1 Schutzleiter		
Einspeisungen			
	Leitung, führt nach oben		
	Leitung, führt nach unten		
	Dose, allgemein Leerdose		Anschlussdose Verbindungsdose
	Hausanschlusskasten mit Anschlüssen		Verteiler mit fünf Anschlüssen
Steckdosen			
	Steckdose, allgemein		
3	Mehrfachsteckdose (Dreifachsteckdose)		
	Schutzkontaktsteckdose		
	Steckdose mit Abdeckung		
	Steckdose, abschaltbar		
	Steckdose mit verriegeltem Schalter		
	Steckdose mit Trenntransformator		
	Fernmeldesteckdose, allgemein Ergänzung z. B. durch TP = Telefon TV = Fernsehen TX = Telefax		

Schaltzeichen/Symbol		Beschreibung	
Schalter			
	Schalter, allgemein		Schalter mit Kontrollleuchte
t	Zeitschalter, einpolig		Schalter, zweipolig
	Serienschalter, einpolig		Wechselschalter, einpolig
Kreuzschalter	Darstellung im Stromlaufplan		
	Dimmer		Taster
	Taster mit Leuchte		
t Zeitrelais		Schaltuhr	
	Schlüsselschalter, Wächtermelder		
Auslässe und Installationen für Leuchten			
	Leuchtenauslass mit Leitung		
	Leuchtenauslass auf Putz		
	Leuchte, allgemein		
5	Leuchte, für Leuchtstofflampen, allgemein mit fünf Leuchtstofflampen		
	Scheinwerfer, allgemein		
	Punktleuchte		
	Flutlichtleuchte		
	Vorschaltgerät für Entladungslampen, von Leuchte getrennt		
	Sicherheitsleuchte, Notleuchte mit getrenntem Stromkreis		
	Sicherheitsleuchte mit eingebauter Stromversorgung		

Symbole für Elektroinstallationspläne (Fortsetzung)

Schaltzeichen/Symbol	Beschreibung
Verschiedene Geräte	
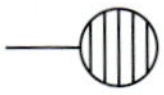	Heißwassergerät mit Leitung
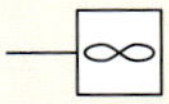	Ventilator mit Leitung
Fertigteile für Kabel-Verteilsysteme	
	Elektro-Installationskanal, allgemein
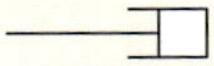	Endabdeckung
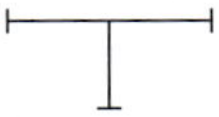	T-Abzweig

Schaltzeichen/Symbol	Beschreibung
Fertigteile für Kabel-Verteilsysteme	
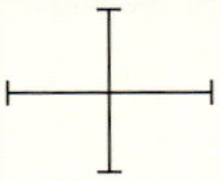	Kreuzung von zwei Verteilsystemen ohne Verbindung, z. B. auf zwei Ebenen
	flexibler Elektro-Installationskanal
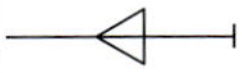	Endeinspeisung (Einspeisung von links)
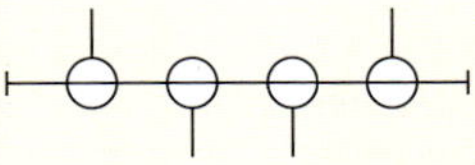	Gerader Elektro-Installationskanal mit mehreren Abzweigen
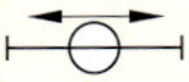	Gerader Elektro-Installationskanal mit beweglichem Abzweig

Schaltzeichen für Mess-, Melde- und Signaleinrichtungen

DIN EN 60617-8 : 1997-08

Schaltzeichen/Symbol	Beschreibung		
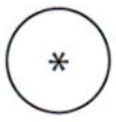	Messgerät, anzeigend Stern ersetzen durch • Einheitenzeichen • chemisches Zeichen • grafische Kennzeichen		
	Messgerät, aufzeichnend	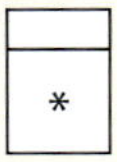	Messgerät, integrierend z. B. Elektrizitätszähler
	Spannungsmessgerät, anzeigend		Stromstärkemessgerät, anzeigend
	Frequenzmessgerät		Oszilloskop
	Solekonzentrationsmessgerät		Kurvenschreiber
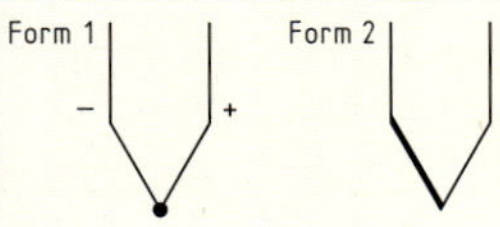	Thermoelement (negativer Pol mit der breiteren Linie dargestellt)		

Schaltzeichen/Symbol	Beschreibung		
Elektrische Uhren			
	Uhr, allgemein		
	Uhr mit Kontaktgeber		
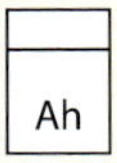	Amperestundenzähler		Wattstundenzähler
	Lampe, allgemein Leuchtmelder, allgemein		
	Leuchtmelder, blinkend		
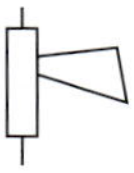	Horn, Hupe		Wecker, Klingel
	Sirene		
	Schnarre, Summer		

2.13 Darstellung von Mess-, Steuer- und Regelaufgaben (Prozessleittechnik)

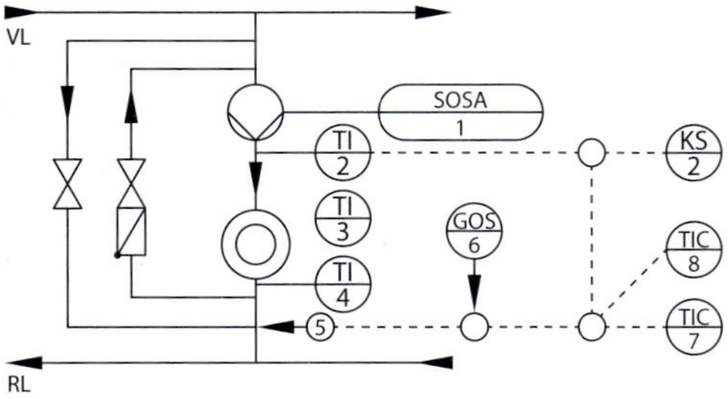

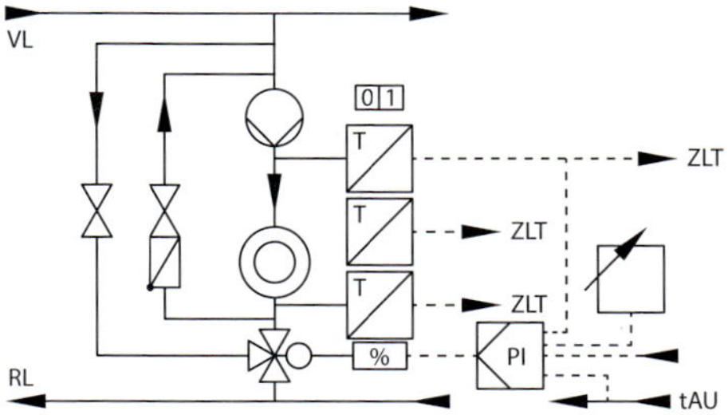

2.13.1 Begriffe und Abkürzungen der Prozessleittechnik DIN EN 62424 : 2017-12

Begriff	Deutsche Benennung	Englische Benennung
CCR	Zentraler Leitstand	*central control room*
Leiteinrichtung	Einrichtungen der Prozessleittechnik; Gesamtheit aller für die Aufgabe des Leitens notwendigen Geräte	*process control equipment*
Leitfunktion	Verarbeitungsfunktion für Prozessgrößen, die aus leittechnischen Grundfunktionen zusammengesetzt ist.	*process control function*
Verarbeitungs-funktion	Funktion in einem Prozess (Steuer- und Regelfunktionen)	*processing function*
PCE	Ingenieurtechnische Auslegung der Prozessleittechnik.	*process control engineering*
PCE-Kategorie	Kennbuchstabe, der die Art der Aufgabe an die Prozessleittechnik kennzeichnet.	*PCE category*
PCE-Aufgabe	Aufgabe an die Prozessleittechnik	*PCE request*
PCS	Prozessleitsystem	*process control system*
R&I/P&ID	Rohrleitungs- und Instrumentenfließbild	*piping and instrumentation diagram*

2.13.2 Graphische Darstellung von Aufgaben der Prozessleittechnik (PCE)

Darstellung von PCE-Aufgaben in einem RI-Fließbild

Das Rohrleitungs- und Instrumenten (RI)-Fließbild bildet die strukturellen Zusammenhänge der Anlage und deren Energie- und Materieflüsse ab. Die zur Funktionsfähigkeit der Anlage notwendigen Mess-, Regel- und Steuerungsvorgänge stellen in ihrer Gesamtheit die Aufgaben der Prozessleittechnik (PCE-Aufgaben) dar.
Die PCE-Aufgaben werden im Rohrleitungs- und Instrumenten (RI)-Fließbild mit grafischen Symbolen dargestellt.

Graphische Darstellung einer PCE-Aufgabe in einem RI-Fließbild

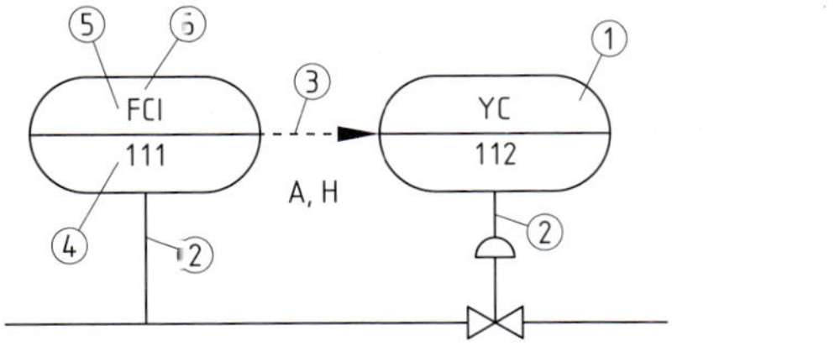

* Die Folgebuchstaben A, H und L werden außerhalb der Umrandung angegeben.

①	Bedienung über eine lokale Bedienoberfläche
	Bedienung über ein lokales Schaltpult
	Bedienung über einen zentralen Leitstand
U.....	Prozessrechner für PCE-Leitfunktionen
② ————	Prozessverbindungslinie
③ - - - - - - - - -	Signalverbindung
④ XXXX	Nummerierung
⑤ Erstbuchstabe	PCE-Kategorie (Art der Aufgabe)
⑥ Folgebuchstaben	Prozessverarbeitungsfunktion (Inhalt der Aufgabe)

Graphische Darstellung von Aufgaben der Prozessleittechnik (PCE) (Fortsetzung)

Erstbuchstabe	PCE-Kategorie	Folgebuchstaben	PCE-Verarbeitungsfunktion
A	Analyse	A*	Alarm, Meldung
B	Flammenüberwachung (**B**urner)	B	Beschränkung, Begrenzung
C	Kann vom Anwender definiert warden	C	Regelung (**C**ontrol)
D	Dichte (**D**ensity)	D	Differenz
E	Elektrische Spannung (**E**lectric voltage)	E	–
F	Durchfluss (**F**low)	F	Verhältnis
G	Abstand, Länge, Stellung (**G**ap)	G	–
H	Handeingabe, Handeingriff (hiermit sind alle Eingriffe und Eingaben durch den Menschen zu kennzeichnen)	H*	oberer Grenzwert, an, offen
I	Elektrischer Strom	I	Analoganzeige (**I**ndication)
J	Elektrische Leistung	J	–
K	Zeitbasierte Funktionen	K	–
L	Füllstand (**L**evel)	L*	unterer Grenzwert, AUS. GESCHLOSSEN
M	Feuchte (**M**oisture)	M	–
N	Motor / Stellmotor	N	–
O	Kann vom Anwender definiert werden	O	Lokale oder PCS-Statusanzeige von Binärsignalen
P	Druck (**P**ressure)	P	–
Q	Menge oder Anzahl (**Q**uantity)	Q	Integral oder Summe
R	Strahlungsgrößen (**R**adiation)	R	Werte aufzeichnen (**R**ecording)
S	Geschwindigkeit, Drehzahl, Frequenz (**S**peed)	S	Binäre Steuerungsfunktion oder Schaltfunktion (nicht sicherheitsrelevant)
T	Temperatur	T	–
U	Leitfunktion (**S**ignalverknüpung)	U	–
V	Schwingung (**V**ibrantion)	V	–
W	Gewicht, Masse, Kraft (**V**ibrantion)	W	–
X	Nicht klassifiziert	X	Nicht klassifiziert
Y	Stellventil (**w**enn nicht motorgesteuert (N))	Y	Rechenfunktion
Z	Kann vom Anwender definiert werden	Z	Binäre Steuerungsfunktion oder Schaltfunktion (sicherheitsrelevant)

Reihenfolge bei mehreren Buchstaben		1.	2.	3.	4.
	1.	F	D	Y	C
	2.	B	Q	X	

Kennzeichnung von PCE-Aufgaben

PCE-Kennzeichnungen für Mess-, Regel- und Alarmeinrichtungen

Messgröße (PCE-Kategorie)	Messeinrichtung (PCE-Verarbeitungsfunktion)				Regeleinrichtung (PCE-Verarbeitungsfunktion)			Alarmeinrichtung (PCE-Verarbeitungsfunktion)	
	blind	anzeigend I	schreibend R	zählend Q	blind C	anzeigend IC	schreibend RC	oberer Grenzwert H	unterer Grenzwert L
Durchfluss	F	FI	FR	FQ	FC	FIC	FRC	AH (wird außerhalb des Symboles angegeben)	AL (wird außerhalb des Symboles angegeben)
Füllstand	L	LI	LR	LQ	LC	LIC	LRC		
Feuchte	M	MI	MR	MQ	MC	MIC	MRC		
Druck	P	PI	PR	PQ	PC	PIC	PRC		
Temperatur	T	TI	TR	TQ	TC	TIC	TRC		

PCE-Kennzeichnungen für Stelleinrichtungen

Stellglied	Stelleinrichtung		mit Alarmfunktion	
	schaltend S	Kontinuierlich C	oberer Grenzwert H	unterer Grenzwert L
Handeingabe	HS	HC	AH	AL
Stellventil	YS	YC		
Stellmotor	NS	NC		

Die PCE-Verarbeitungsfunktionen müssen für Aktoren und Sensoren in gleicher Weise verwendet werden. Einige Beispiele werden auf der Folgeseite gezeigt.

PCE-Bezeichnungen für gebräuchliche Aktoren (Stellglieder) und Sensoren (Signalglieder)

Aktoren		Sensoren	
Bezeichnung	**Bedeutung**	**Bezeichnung**	**Bedeutung**
YS	Auf/Zu-Ventil	TI	Thermometer
YC	Stellarmatur, gesteuert	PI	Manometer
YCS	Stellarmatur, gesteuert mit Auf/Zu-Funktion	FI	Durchflussanzeige
YZ	Auf/Zu-Ventil (sicherheitsrelevant)	LI	Füllstandsanzeige
YIC	Stellarmatur mit kontinuierlicher Stellungsanzeige		
NS	An/Aus-Motor		
NC	Motorsteuerung		

Der Antrieb des Stellventils, z.B. elektrisch, pneumatisch oder hydraulisch, wird im Oval des RI-Fließbildes **nicht** dargestellt.

2.13.3 Beispiele für die graphische Darstellung von PCE-Aufgaben

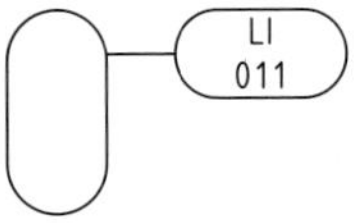

Lokale Füllstandsanzeige, ein Prozessanschluss

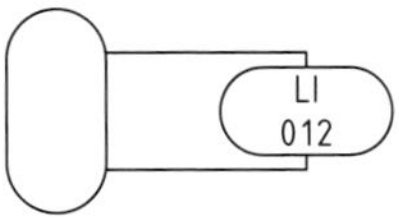

Lokale Füllstandsanzeige, zwei Prozessanschlüsse

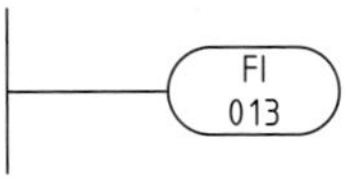

Lokale Durchflussanzeige

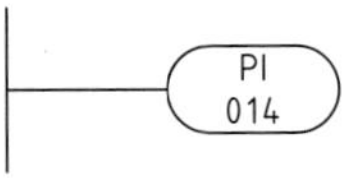

Lokale Druckanzeige

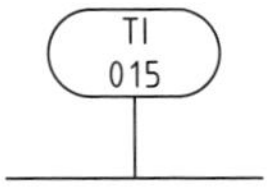

Lokale Temperaturanzeige

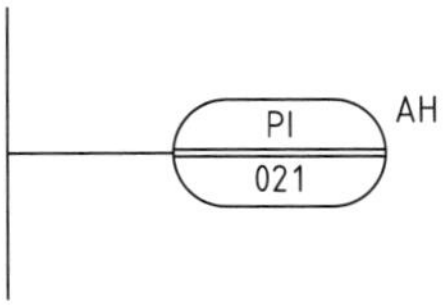

Lokales Schaltpult mit Druckanzeige und Hoch-Alarm

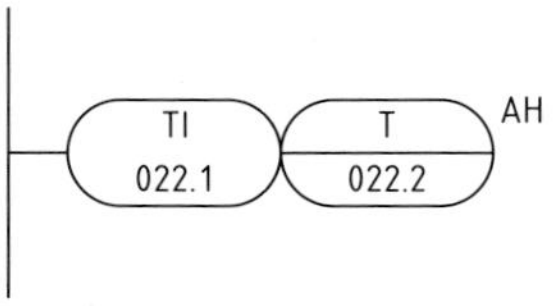

Lokale Temperaturanzeige und Hoch-Alarm mit Schaltung und Anzeige in einem zentralen Leitstand

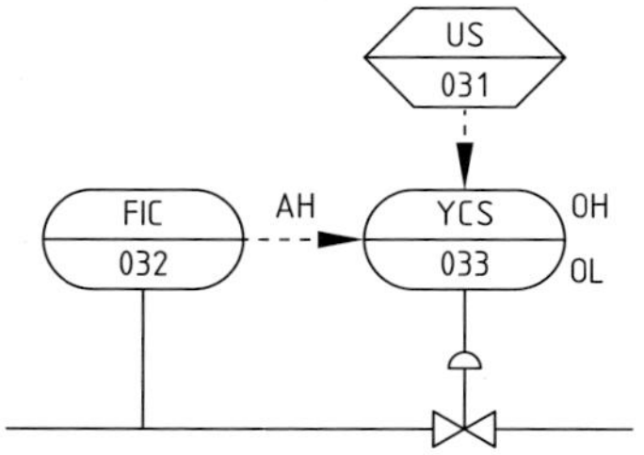

Durchflussanzeige mit Hoch-Alarm, Durchflussregelung, Stellarmatur mit Auf/Zu-Funktion und Auf/Zu-Anzeige in einem zentralen Leitstand, verknüpft mit einer PCE-Leitfunktion (z. B. Verriegelung)

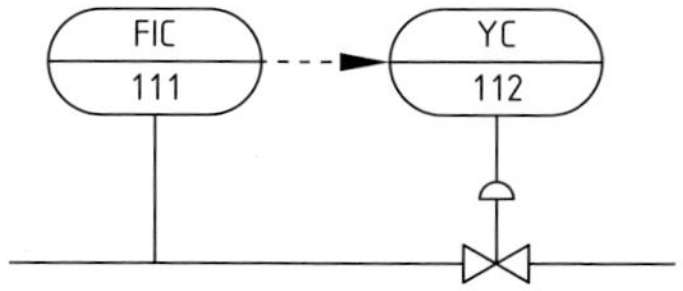

Durchfluss-Regler (einfacher PID-Algorithmus) und Stellarmatur in einem zentralen Leitstand

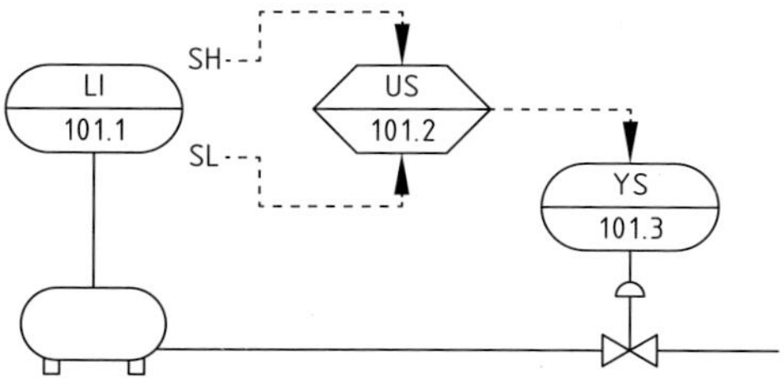

Zweipunkt-Füllstandsregler mit einer Auf/Zu-Armatur

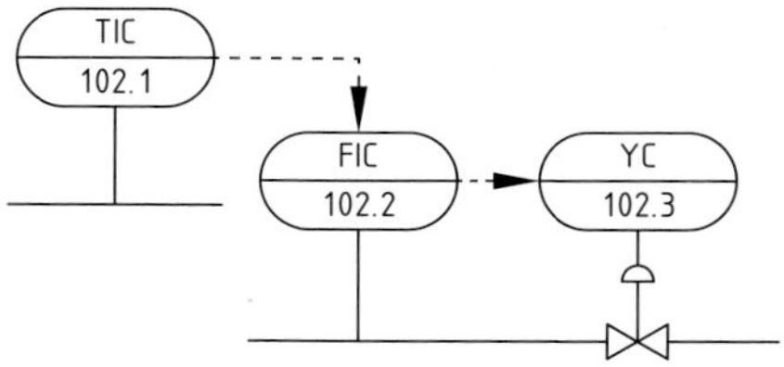

Kaskadenregelung mit einem Temperaturregler als Führungsregler einer unterlagerten Durchfluss-Regelung und Stellarmatur

Lösungsbezogene Darstellung der Prozessleittechnik

DIN 19227-2 : 1991-02

Grafische Symbole zur Darstellung von Einzelheiten

Die Symbole dienen der detaillierten Darstellung der PCE-Aufgaben nach DIN EN 62424 : 2010-01 für die Herstellung und Montage sowie den Betrieb von Einrichtungen der Prozessleittechnik.

Symbol	Bedeutung
Durchfluss	
F	Aufnehmer für Durchfluss, allgemein
F	Venturirohr
F	Venturidüse
F	Blende, Normblende
F	Schwebekörper-Durchflussaufnehmer
F	Turbinen-Durchflussaufnehmer
F	Induktiver Durchflussaufnehmer
FQ	Aufnehmer für Volumen, Masse, allgemein
FQ	Ovalradzähler Verdrängerprinzip
Temperatur	
T	Aufnehmer für Temperatur, allgemein
T	Thermoelement
T	Widerstandsthermometer
Druck	
P	Aufnehmer für Druck, allgemein
P	Widerstandsaufnehmer für Druck
P	Membranaufnehmer für Druck
Niveau	
L	Aufnehmer für Stand, allgemein
L	Kapazitiver Aufnehmer für Stand
L	Aufnehmer für Stand mit Verdrängerkörper

Symbol	Bedeutung
L	Aufnehmer für Stand mit Schwimmer
L	Aufnehmer für Stand, Sender mit radioaktivem Strahler
L	Aufnehmer für Stand, Empfänger für radioaktive Strahlung
L	Aufnehmer für Stand, Sender mit Lichtquelle
L	Aufnehmer für Stand, Empfänger für Licht
L	Aufnehmer für Stand, akustisch
L	Membranaufnehmer für Stand
L	Widerstandsaufnehmer für Stand
Qualitätsgröße (Stoffeigenschaft, Analyse)	
Q	Aufnehmer für Qualitätsgröße (Analyse, Stoffeigenschaft), allgemein
CO_2 Q	Aufnehmer für CO_2-Gehalt
Q	Aufnehmer für pH-Wert
Q	Aufnehmer für Leitfähigkeit
R	Aufnehmer für Strahlung, allgemein
W	Aufnehmer für Gewichtskraft, Masse, allgemein
S	Aufnehmer für Geschwindigkeit, Drehzahl, Frequenz, allgemein
G	Aufnehmer für Abstand, Länge, Stellung, allgemein
X	Aufnehmer für Variable zur freien Verfügung durch den Anwender
Signalumformer	
* *	Signal- oder Messumformer, allgemein

Symbol	Bedeutung
* *	Signal- oder Messumformer mit galvanischer Trennung
* *	Signal- oder Messumformer mit galvanischer Trennung, in Zündschutzart „Eigensicherheit" EExi auf der Seite mit eingeschriebenem Winkel.
* *	wie vorher, jedoch Eingang **und** Ausgang in Zündschutzart „Eigensicherheit" und galvanischer Trennung
∩ #	Analog-Digital-Umsetzer
E A	Umsetzer für elektrisches Einheitssignal in pneumatisches Einheitssignal
Signalverstärker	
▷	Verstärker
	Basissymbol Anzeiger, allgemein
∩	Anzeiger, analog
#	Anzeiger, digital
▽ ▽	Grenzsignalgeber für unteren und oberen Grenzwert ▽ links: unterer ▽ rechts: oberer ▽ oben: oberer ▽ unten: unterer
Ausgabeeinheit	
	Zähler
	Registriergerät, allgemein
6 ∩	Schreiber, analog Anzahl der Kanäle als Ziffer, z. B. 6
#	Schreiber, digital

Grafische Symbole zur Darstellung von Einzelheiten (Fortsetzung)

Symbol	Bedeutung
	Drucker
	Bildschirm
Regler	
	Regler, allgemein
PID	PID-Regler mit steigendem Ausgangssignal bei steigendem Eingangssignal
PI	PI-Regler mit fallendem Ausgangssignal bei steigendem Eingangssignal
PD	Zweipunktregler mit schaltendem Ausgang
	Dreipunktregler mit schaltendem Ausgang
Stellgeräte	
	Steuergerät
	Stellantrieb, allgemein
	Membran-Stellantrieb
	Kolben-Stellantrieb
M	Motor-Stellantrieb

Symbol	Bedeutung
	Magnet-Stellantrieb
M	Feder-Stellantrieb
	Ventilstellglied
	Klappenstellglied
	Stellgerät, allgemein
Bediengeräte	
	Einsteller, allgemein
E	Signaleinsteller für elektrisches Einheitssignal mit Anzeiger
	Schaltgerät allgemein
	Automatischer Messstellenabfrageschalter
	Zur Einstellung der Führungsgröße
	Für Umschalter „Hand-Autom."
H	Für Stellgeräteinsteller
	Öffner
	Schließer

Symbol	Bedeutung
12	Wahlschalter für 12 Stellen, z. B. 12 Messstellen
Leitungen/Signale	
	Rohrleitung, Linienbreite ≥ 1 mm
	EMSR-Leitung, allgemein, Linienbreite vorzugsweise 0,25 mm
E	Einheitssignalleitung, elektrisch
A	Einheitssignalleitung, pneumatisch
L	hydraulische Leitung
×	Kapillarleitung
	Lichtwellenleiter
	Geschirmte Leitung
	Koaxialleitung
- - - - - - - - -	Wirkungslinie
E	Einheitssignal, elektrisch
A	Einheitssignal, pneumatisch
∩	Analogsignal
#	Digitalsignal
	Binärsignal
	Impulsgeber
	Kreuzung ohne Verbindung
	Leitungsverbindung, allgemein Verbindungsstelle

3 Werkstofftechnik

3.1 Stoffwerte *material characteristics*

Element	Kurzzeichen	Ordnungszahl	Dichte ϱ in g/cm³ bei Gasen: in mg/cm³	Schmelzpunkt in °C	Siedepunkt in °C	Spez. Wärmekapazität c in $\frac{J}{kg \cdot K}$	Spez. Schmelzwärme q in $\frac{kJ}{kg}$	Längenausdehnungskoeffizient α in $\frac{1}{10^6 \cdot K}$	Stoffart [1)]
Feste Stoffe									
Aluminium	Al	13	2,7	660	2200	900	398	23,9	Metall
Antimon	Sb	51	6,69	630	1635	210	165	10,8	
Barium	Ba	56	3,7	726	1696	–	–	–	Metall
Beryllium	Be	4	1,85	1285	2970	1880	1400	12,3	Metall
Bismut	Bi	83	9,8	271,5	1560	120	55	13,5	Metall
Blei	Pb	82	11,30	327	1750	130	24	29	Metall
Bor	B	5	2,3	2050	2550	950	–	8,5	H-Metall
Cadmium	Cd	48	8,64	321	767	230	54	29,5	Metall
Calcium	Ca	20	1,55	845	1420	630	300	22,5	Metall
Chrom	Cr	24	7,2	1903	2500	455	315	8,5	Metall
Cobalt	Co	27	8,9	1492	2900	437	243	13	Metall
Eisen (rein)	Fe	26	7,86	1539	3070	470	275	12	Metall
Gold	Au	79	19,3	1063	2950	130	67	14,3	E-Metall
Jod	I	53	4,93	113,7	184,5	225	62	–	N-Metall
Iridium	Ir	77	22,45	2454	4527	130	117	6,6	E-Metall
Kohlenstoff	C	6	3,5	3700	–	510	–	–	N-Metall
Kupfer	Cu	29	8,96	1083	2350	385	205	16,8	Metall
Lanthan	La	57	6,2	920	3470	180	81	–	Metall
Lithium	Li	3	0,5	179	1340	–	670	5,8	Metall
Magnesium	Mg	12	1,74	650	1105	950	370	26,3	Metall
Mangan	Mn	25	7,43	1244	2095	480	265	23	Metall
Molybdän	Mo	42	10,22	2650	5500	265	280	5,5	Metall
Natrium	Na	11	0,97	97,8	881,3	1250	113	71	Metall
Nickel	Ni	28	8,9	1453	2910	445	305	13	Metall
Niob	Nb	41	8,55	2415	5100	275	290	7,1	Metall
Phosphor	P	15	1,82	44,5	280	760	21	–	N-Metall
Platin	Pt	78	21,4	1769	3830	130	110	9	E-Metall
Schwefel	S	16	2,07	119	444,6	705	42	–	N-Metall
Silber	Ag	47	10,5	960,5	2200	235	105	19,5	E-Metall
Silicium	Si	14	2,33	1423	2630	740	141,5	7,6	H-Metall
Strontium	Sr	38	2,54	771	1385	74	135	–	Metall
Tantal	Ta	73	16,6	2990	6100	139	173	6,5	Metall
Thallium	Tl	81	11,86	302,5	1457	–	–	–	Metall
Thorium	Th	90	11,7	1827	4600	115	67	11,5	Metall
Titan	Ti	22	4,5	1668	3262	580	89	8,5	Metall
Uran	U	92	18,8	1132	3930	120	350	–	Metall
Vanadium	V	23	6,12	1890	3000	500	340	8,3	Metall
Wolfram	W	74	19,3	3410	5400	140	195	4,5	Metall
Zink	Zn	30	7,14	419,5	908,5	398	105	29	Metall
Zinn	Sn	50	7,29	231,9	2730	230	59	27	Metall
Zirkonium	Zr	40	6,5	1855	4750	260	215	4,8	Metall
Flüssige Stoffe									
Brom	Br	35	3,20	–7,3	58,8	–	–	1150	H-Metall
Quecksilber	Hg	80	13,53	–38,84	356,6	140	11,5	1,83	Metall

3.1 Stoffwerte (Fortsetzung)

Element	Kurzzeichen	Ordnungszahl	Dichte ϱ in g/cm³ bei Gasen: in mg/cm³	Schmelzpunkt in °C	Siedepunkt in °C	Spez. Wärmekapazität c in $\frac{J}{kg \cdot K}$	Spez. Schmelzwärme q in $\frac{kJ}{kg}$	Längenausdehnungskoeffizient α in $\frac{1}{10^6 \cdot K}$	Stoffart [1]
Gasförmige Stoffe									
Argon	Ar	18	1,78	−189,4	−186	–	–	–	Gas
Chlor	Cl	17	1,56	−102,4	−34	450	–	–	Gas
Fluor	F	9	1,69	−227,6	−188,1	820	–	–	Gas
Helium	He	2	0,18	−272,1	−269	5200	–	–	Edelgas
Krypton	Kr	36	3,7	−157,2	−152,9	–	–	–	Edelgas
Neon	Ne	10	0,9	−248,6	−246	–	–	–	Edelgas
Sauerstoff	O_2	8	1,43	−219	−183	920	–	–	Gas
Wasserstoff	H_2	1	0,09	−259	−253	14450	–	–	Gas

[1] E-Metall: Edelmetall, H-Metall: Halbmetall, N-Metall: Nichtmetall
[2] bei Raumtemperatur Hinweis: spez. elektr. Widerstand

3.1.1 Wassertemperatur, Dichte, spezifisches Volumen

Wassertemperatur ϑ in °C, temperaturbezogene Dichte ϱ in kg/m³, spezifisches Volumen v in dm³/kg

ϑ °C	ϱ kg/m³	v dm³/kg	ϑ °C	ϱ kg/m³	v dm³/kg	ϑ °C	ϱ kg/m³	v dm³/kg	ϑ °C	ϱ kg/m³	v dm³/kg
Eis			**26**	996,8	1,0032	**56**	985,2	1,0150	**86**	967,8	1,0333
−50	890,0	1,1236	**27**	996,6	1,0034	**57**	984,6	1,0156	**87**	967,1	1,0340
±0	917,0	1,0905	**28**	996,3	1,0037	**58**	984,2	1,0161	**88**	966,5	1,0347
Wasser			**29**	996,0	1,0040	**59**	983,7	1,0166	**89**	965,8	1,0354
±0	999,8	1,0002	**30**	995,7	1,0043	**60**	983,2	1,0171	**90**	965,2	1,0361
1	999,9	1,0001	**31**	995,4	1,0046	**61**	982,6	1,0177	**91**	964,4	1,0369
2	999,9	1,0001	**32**	995,1	1,0049	**62**	982,1	1,0182	**92**	963,8	1,0376
3	999,9	1,0001	**33**	994,7	1,0053	**63**	981,5	1,0188	**93**	963,0	1,0384
4	**1000**	**1,0000**	**34**	994,4	1,0056	**64**	981,0	1,0193	**94**	962,4	1,0391
5	1000	1,0000	**35**	994,0	1,0060	**65**	980,5	1,0199	**95**	961,6	1,0399
6	1000	1,0000	**36**	993,7	1,0063	**66**	979,9	1,0205	**96**	961,0	1,0406
7	999,9	1,0001	**37**	993,3	1,0067	**67**	979,2	1,0211	**97**	960,2	1,0414
8	999,9	1,0001	**38**	993,0	1,0070	**68**	978,8	1,0217	**98**	965,6	1,0421
9	999,8	1,0002	**39**	992,7	1,0074	**69**	978,2	1,0223	**99**	958,9	1,0429
10	999,7	1,0003	**40**	992,3	1,0078	**70**	977,7	1,0228	**100**	958,1	1,0437
11	999,7	1,0003	**41**	991,9	1,0082	**71**	977,0	1,0235	**105**	954,5	1,0477
12	999,6	1,0004	**42**	991,5	1,0086	**72**	976,5	1,0241	**110**	950,7	1,0519
13	999,4	1,0006	**43**	991,1	1,0090	**73**	975,9	1,0247	**115**	946,8	1,0562
14	999,3	1,0007	**44**	990,7	1,0094	**74**	975,3	1,0253	**120**	942,9	1,0606
15	999,2	1,0008	**45**	990,2	1,0099	**75**	974,8	1,0259	**130**	934,6	1,0700
16	999,0	1,0010	**46**	989,9	1,0103	**76**	974,1	1,0266	**140**	925,8	1,0801
17	998,8	1,0012	**47**	989,4	1,0107	**77**	973,5	1,0272	**150**	916,8	1,0908
18	998,7	1,0013	**48**	988,9	1,0112	**78**	972,9	1,0279	**160**	907,3	1,1022
19	998,5	1,0015	**49**	988,4	1,0117	**79**	972,3	1,0285	**170**	897,3	1,1145
20	998,3	1,0017	**50**	988,0	1,0121	**80**	971,6	1,0292	**180**	886,9	1,1275
21	998,1	1,0019	**51**	987,6	1,0126	**81**	971,0	1,0299	**190**	876,0	1,1415
22	997,8	1,0022	**52**	987,1	1,0131	**82**	970,4	1,0305	**200**	864,7	1,1565
23	997,6	1,0024	**53**	986,6	1,0136	**83**	969,7	1,0312	**220**	840,3	1,1900
24	997,4	1,0026	**54**	986,2	1,0140	**84**	969,1	1,0319	**250**	799,2	1,2513
25	997,1	1,0029	**55**	985,7	1,0145	**85**	968,4	1,0326	**300**	712,2	1,4041

3.1.1.1 Zustandsgrößen von Wasser

p_{abs}:	absoluter Druck	in bar
p_e:	Überdruck	in bar
ϑ_s:	Siedetemperatur des Wassers	in °C
v':	spezifisches Volumen des Wassers	in dm³/kg
v'':	spezifisches Volumen des Dampfes	in dm³/kg
ϱ'':	Dichte des Dampfes	in kg/m³
h':	Wärmeenthalpie (Wärmeinhalt) des Wassers	in kJ/kg; Wh/kg
h'':	Wärmeenthalpie des Dampfes	in kJ/kg; Wh/kg
r:	Verdampfungswärme	in Wh/kg

p_{abs} in bar	p_e in bar	ϑ_s in °C	v' in dm³/kg	v'' in dm³/kg	ϱ'' kg/m³	h'		h''		r
						kJ/kg	Wh/kg	kJ/kg	Wh/kg	Wh/kg
0,01	–0,99	6,98	1,0001	129200	0,00774	29,340	8,1500	2514,4	698,444	690,278
0,05	–0,95	32,9	1,0052	28 190	0,03547	137,77	38,269	2561,6	711,555	673,278
0,1	–0,9	45,8	1,0102	14 670	0,06814	191,83	53,286	2584,8	718,000	664,694
0,2	–0,8	60,1	1,0172	7 650	0,1307	251,45	69,847	2609,9	724,972	655,111
0,3	–0,7	69,1	1,0223	5 229	0,1912	289,30	80,361	2625,4	729,278	648,917
0,5	–0,5	81,3	1,0301	3 240	0,3086	340,56	94,600	2646,0	735,000	640,389
0,7	–0,3	90,0	1,0361	2 365	0,4229	376,77	104,658	2660,1	738,917	634,250
0,9	–0,1	96,7	1,0412	1 869	0,5350	405,21	112,558	2670,9	741,917	629,333
1,0	0	99,6	1,0434	1 694	0,5904	417,51	115,975	2675,4	743,167	627,194
1,013	**0,013**	**100**	**1,0437**	**1673**	**0,5977**	**419,06**	**116,405**	**2676,0**	**743,333**	**629,917**
1,1	0,1	102,3	1,0455	1 549	0,6455	426,43	118,454	2678,3	743,959	625,470
1,2	0,2	104,8	1,0476	1 428	0,7002	436,94	121,373	2682,0	745,006	623,609
1,3	0,3	107,1	1,0495	1 325	0,7547	446,74	124,094	2685,8	746,052	621,981
1,4	0,4	109,3	1,0513	1 236	0,8088	455,95	126,652	2688,7	746,866	620,237
1,5	0,5	111,4	1,0530	1 159	0,8628	467,13	129,758	2693,4	748,167	618,389
1,6	0,6	113,3	1,0547	1 091	0,9165	472,82	131,338	2694,9	748,611	617,214
1,7	0,7	115,2	1,0562	1 013	0,9700	480,60	133,501	2697,9	749,424	615,935
1,8	0,8	116,9	1,0579	977	1,0230	488,09	135,582	2700,4	750,122	614,539
1,9	0,9	118,6	1,0597	929	1,076	495,21	137,559	2702,9	750,819	613,261
2,0	1,0	120,2	1,0608	885,4	1,129	504,70	140,194	2706,3	751,750	611,556
2,5	1,5	127,4	1,0675	718,4	1,392	535,34	148,705	2716,4	754,555	605,833
3,0	2,0	133,5	1,0735	605,6	1,651	561,43	155,952	2724,7	756,861	600,889
3,5	2,5	138,9	1,0789	524	1,908	584,27	162,297	2731,6	758,778	596,500
4,0	3,0	143,6	1,0839	462,2	2,163	604,67	167,963	2737,6	760,444	592,500
4,5	3,5	147,9	1,0885	413,8	2,417	623,16	173,100	2742,9	761,916	588,805
5,0	4,0	151,8	1,0928	374,7	2,669	640,12	177,811	2747,5	763,194	585,389
6,0	5,0	158,8	1,1009	315,5	3,170	670,42	186,227	2755,5	765,416	579,167
7,0	6,0	165,0	1,1082	272,7	3,667	697,06	193,627	2762,0	767,222	573,583
8,0	7,0	170,4	1,1150	240,3	4,162	720,94	200,261	2767,5	768,750	568,472
9,0	8,0	175,4	1,1213	214,8	4,655	742,64	206,288	2772,1	770,027	563,750
10,0	9,0	179,9	1,1274	194,3	5,147	762,61	211,836	2776,2	771,166	559,333
11,0	10,0	184,1	1,1331	177,4	5,637	781,13	216,980	2779,7	772,139	555,139
12,0	11,0	188,0	1,1386	163,2	6,127	798,43	221,786	2782,7	772,972	551,194
13,0	12,0	191,6	1,1438	151,1	6,617	814,70	226,305	2785,4	773,722	547,417
14,0	13,0	195,0	1,1489	140,7	7,106	830,08	230,577	2787,8	774,389	543,805
15,0	14,0	198,3	1,1539	131,7	7,596	844,67	234,630	2789,9	774,972	540,333
16,0	15,0	201,4	1,1586	123,7	8,085	858,56	238,488	2791,7	775,472	537,000
17,0	16,0	204,3	1,1633	116,6	8,575	871,84	242,177	2793,4	775,944	533,750
18,0	17,0	207,1	1,1678	110,3	9,065	884,58	245,716	2794,8	776,333	530,639
19,0	18,0	209,8	1,1723	104,7	9,555	896,81	249,113	2796,1	776,694	527,583
20,0	19,0	212,4	1,1766	99,54	10,05	908,59	252,386	2792,2	775,611	524,611
25,0	24,0	223,9	1,1972	79,91	12,51	961,96	267,211	2800,9	778,028	510,833
30,0	29,0	233,8	1,2163	66,63	15,01	1008,4	280,111	2802,3	778,416	498,305
40,0	39,0	250,3	1,2521	49,75	20,10	1087,4	302,055	2800,3	777,861	475,805
50,0	49,0	263,9	1,2858	39,43	25,36	1154,5	320,694	2794,2	776,166	455,472
60,0	59,0	275,6	1,3187	32,44	30,83	1213,7	337,139	2785,0	773,611	436,472
80,0	79,0	295,0	1,3842	23,53	42,51	1317,1	365,861	2759,9	766,639	400,778
100,0	99,0	311,0	1,4526	18,04	55,43	1408,0	391,111	2727,7	757,694	366,583
150,0	149,0	342,1	1,6579	10,34	96,71	1611,0	447,500	2615,0	726,389	278,889
200,0	199,0	365,7	2,0370	5,88	170,2	1826,5	507,361	2418,4	671,778	164,417
221,2	220,2	374,2	3,17	3,17	315,5	2107,4	585,389	2107,4	585,389	0

3.1.1.2 Wasserhärte (in °dH) *water hardness*

1 mmol/l = 5,6 °dH 0,178 mmol/l = 1 °dH	Internationale Maßeinheit für die Härte des Wasser (Summe der Erdalkalien in mmol/l); früher Angabe in Grad deutscher Härte (°dH)

Wasserhärtekarte für Deutschland

Hinweis: Die Karte gibt einen groben Überblick; genaue Werte müssen bei den örtlichen Wasserversorgern erfragt werden.

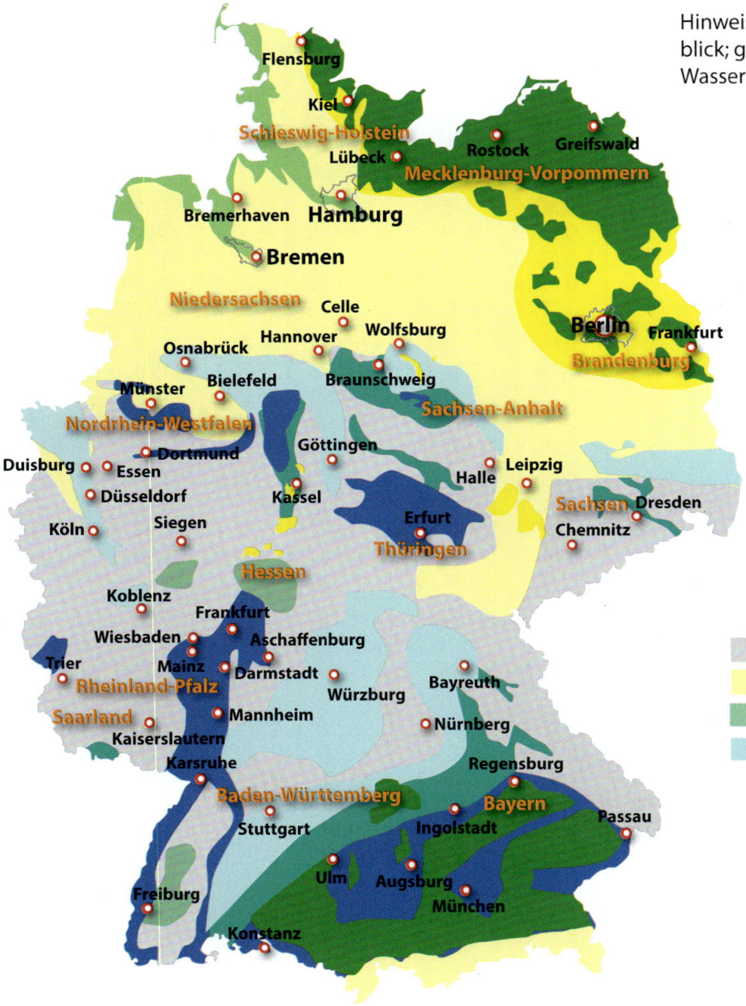

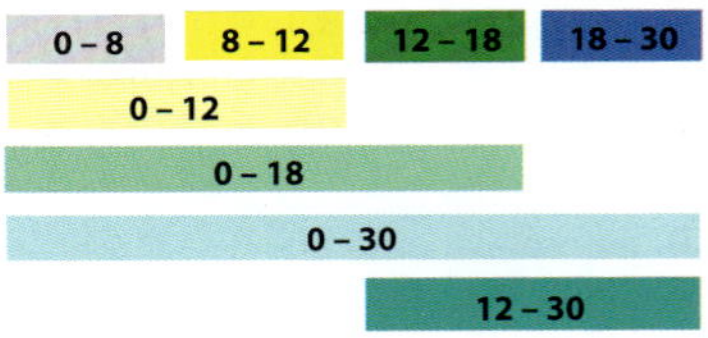

Härtebereiche nach Waschmittelgesetz

Waschmittelgesetz von 2007		
Härtebereich	**Millimol Calciumcarbonat je Liter**	**°dH**
weich	weniger als 1,5	weniger als 8,4 °dH
mittel	1,5 bis 2,5	8,4 bis 14 °dH
hart	mehr als 2,5	mehr als 14 °dH

3.1.2 Wichtige chemische Stoffe

Name	Techn. Bezeichnung	Chem. Formel	Erklärung, Verwendung, Eigenschaften
Aceton	Propanon	$(CH_3)_2CO$	Aceton ist eine farblose Flüssigkeit und findet Verwendung als Lösungsmittel.
Acetylen	Ethin	C_2H_2	**Acetylen** ist ein farbloses brennbares Gas.
Borax	Natriumtetraborat	$Na_2B_4O_7 \cdot 10H_2O$	Verwendung als Flussmittel beim Hartlöten von Edelmetallen.
Butan	Butan	C_4H_{10}	Butan ist ein farbloses brennbares Gas.
Ethan	Ethan	C_2H_6	Ethan ist ein farbloses Gas und wird mit dem Erdgas zu Heizzwecken in Feuerungsanlagen verbrannt.
Kalkstein	Calciumcarbonat	$CaCO_3$	Calciumcarbonat ist eine der am weitesten verbreiteten Verbindungen auf der Erde, vor allem in Form von Sedimentgesteinen (gelöst in H_2O).
Calciumhydrogen-carbonat	Calciumhydrogen-carbonat	$Ca(HCO_3)_2$	Calciumhydrogencarbonat bildet sich bei der Verwitterung von Kalkstein, der im Wesentlichen aus Calciumcarbonat besteht, durch die Einwirkung von Wasser und Kohlenstoffdioxid.
Gips	Calziumsulfat	$CaSO_4 \cdot 2H_2O$	**Gips** ist ein sehr häufig vorkommendes Mineral.
Kochsalz	Natriumchlorid	$NaCl$	**Natriumchlorid (Kochsalz)** ist das Natriumsalz der Salzsäure.
Kohlensäure	Kohlensäure	H_2CO_3	Existiert nur gelöst.
Kohlenstoffdioxid	Kohlenstoffdioxid	CO_2	Farbloses, geruchloses Gas
Kohlenstoff-monoxid	Kohlenstoff-monoxid	CO	Farb- und geruchloses Gas; Kohlenstoffmonoxid ist ein gefährliches Atemgift.
Lötwasser	Zinkchlorid	$ZnCl_2$	Graue, stechend riechende Flüssigkeit, Lösungsmittel zum Löten
Magnesium-carbonat	Magnesium-carbonat	$MgCO_3$	Magnesiumcarbonat ist zusammen mit Calciumcarbonat (Kalk) hauptsächlich für die Entstehung der Wasserhärte verantwortlich.
Magnesiumhydro-gencarbonat	Magnesiumhydro-gencarbonat	$Mg(HCO_3)_2$	Beeinflusst die Wasserhärte.
Magnesiumsulfat	Magnesiumsulfat	$MgSO_4$	Magnesiumsulfat ist ein farbloser, geruchloser, stark hygroskopischer Feststoff.
Methan	Methan	CH_4	Methan (auch Methylwasserstoff genannt) ist ein farbloses und geruchloses Gas, dient zur Wärmeerzeugung.
Natriumacetat	Natriumacetat	CH_3COONa	**Natriumacetat** ist ein farbloses, schwach nach Essig riechendes Salz.
Propan	Propan	C_3H_8	**Propan** ist ein farbloses Gas Es dient verflüssigt als Brenn- und Heizgas.
Salzsäure	Salzsäure	HCl	Salzsäure ist eine starke, anorganische Säure.
Schwefeldioxid	Schwefeldioxid	SO_2	Schwefeldioxid ist ein farbloses, schleimhautreizendes, stechend riechendes und sauer schmeckendes, giftiges Gas.
Schwefelsäure	Schwefelsäure	H_2SO_4	Schwefelsäure ist eine der stärksten Säuren und wirkt stark ätzend.
Schweflige Säure	Schweflige Säure	H_2SO_3	**Schweflige Säure** ist eine unbeständige, nur in wässriger Lösung existierende, schwache Säure (Mitverursacher des sauren Regens).
Stickstoffdioxid	Stickstoffdioxid	NO_2	**Stickstoffdioxid** ist ein rotbraunes, giftiges, stechend chlorähnlich riechendes Gas.
Tri	Trichlorethen	C_2HCl_3	**Trichlorethen** ist eine farblose, klare Flüssigkeit, sie wirkt als starkes Lösungsmittel.

3.1.3 Stoffwerte gasförmiger Stoffe (bei 0 °C; p_{abs} = 1,013 bar) *gaseous substances*

Stoff	chemische Formel	Dichte ϱ_n in $\frac{kg}{m^3}$	Siedetemperatur ϑ_G in °C	spezifische Wärmekapazität (p konstant) c_p in $\frac{Wh}{kgK}$	spezifische Wärmekapazität (V konstant) c_v in $\frac{Wh}{kgK}$
Acetylen	C_2H_2	1,17	–84	0,4198	0,3372
Argon	Ar	1,78	–185,7	0,1454	0,0884
Butan	C_4H_{10}	2,708	–0,5	1,599	1,457
Erdgas	–	≈ 0,7	–	–	–
Ethan	C_2H_6	1,356	–98	0,7292	1,4445
Helium	He	0,18	–268,93	1,4538	0,8780
Kohlenstoffdioxid	CO_2	1,98	–78,5	0,2279	0,1744
Kohlenstoffmonoxid	CO	1,250	–191,55	0,2896	0,2070
Luft (trocken)	–	1,293	–191,4	0,2791	0,1989
Methan	CH_4	0,72	–161,5	0,6001	0,4547
Propan	C_3H_8	2,011	–42,0	1,549	1,36
Sauerstoff	O_2	1,429	–182,9	0,2547	0,1826
Schwefeldioxid	SO_2	2,93	–10	0,1686	0,1326
Stickstoff	N_2	1,251	–195,8	0,2884	0,2059
Wasserdampf	–	–	–	0,58	–
Wasserstoff	H_2	0,0899	–252,8	3,9542	2,8086

3.1.4 Stoffwerte flüssiger Stoffe (bei 20 °C; p_{abs} = 1,013 bar) *fluidly substances*

Stoff	chemische Formel	Dichte ϱ_n in $\frac{kg}{dm^3}$	Schmelztemperatur ϑ_F in °C	Siedetemperatur ϑ_G in °C	Zündtemperatur ϑ_Z in °C	spezifische Wärmekapazität c in $\frac{Wh}{kgK}$
Aceton	C_3H_6O	0,80	–94,3	56,1	450	0,599
Alkohol (Ethanol)	C_2H_5OH	0,79	–114	78	–	0,65
Benzin	–	0,72 … 0,78	ca. –45	25 … 210	ca. 200 … 300	0,581
Dieselkraftstoff/ Heizöl EL	–	0,8 … 0,85	<–30	150 … 350	220	0,57
Maschinenöl	–	0,91	–20	380 … 400	400	0,58
Petroleum	–	0,81	–70	150 … 300	550	0,597
Schwefelsäure (100 %)	H_2SO_4	1,84	–	325	–	0,384
Spiritus (95 %)	C_2H_5OH	0,82	–114	78	520	0,675
Wasser	H_2O	1,00	0	100	–	1,163

3.1.4.1 ph-Werte verschiedener Flüssigkeiten *pH values*

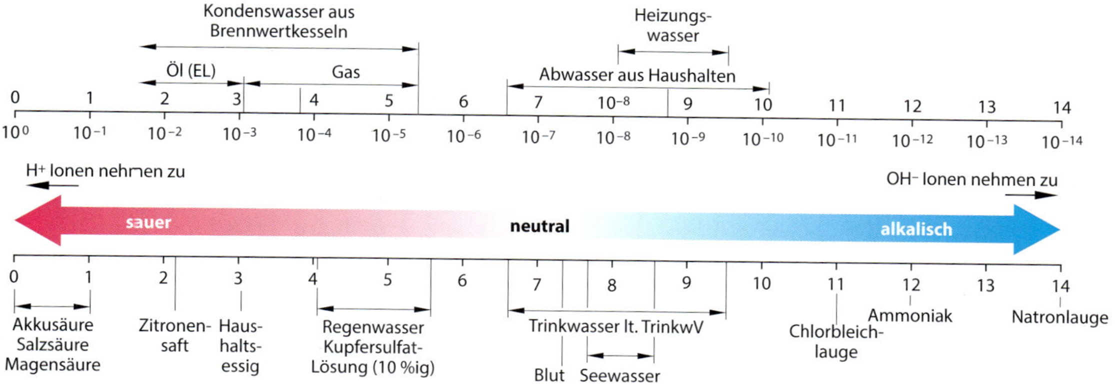

3.1.5 Stoffwerte fester Stoffe *solid substances*

Metalle

Bezeichnung	Kurzzeichen	Dichte ϱ in $\frac{kg}{dm^3}$	*E*-Modul $E \cdot 10^4$ in $\frac{N}{mm^2}$	Zugfestigkeit R_m in $\frac{N}{mm^2}$	Längenausdehnungskoeffizient $\alpha \cdot 10^{-6}$ in $\frac{1}{K}$	Spez. Wärmekapazität c in $\frac{kJ}{kg \cdot K}$	Schmelzpunkt in °C	Wärmeleitfähigkeit λ in $\frac{W}{m \cdot K}$
Aluminium	Al	2,7	7,2	40 … 100	23,9	0,899	660	238
Al-Knet-legierung	EN AW-6060 (AlMgSi0,5)	2,7	7,2	190	23,0	1,04	658	186
Al-Guss-legierung	G-AlSi12	2,64	7,2	150 … 200	21,0	–	ca. 570	155
Blei	Pb	11,35	1,7	11 … 13	29	0,13	327	35
Chrom	Cr	7,1	25,0	200 … 300	8,5	0,46	1900	69
Eisen	Fe	7,85	21		12	0,466	1535	75,5
Unleg. Stahl	S235JR	7,85	21	370	12	0,49	1500	48 … 75
hochleg. Stahl	X12CrNi18-10	7,92	–	500 … 700	16	–	ca.1450	16
Grauguss	EN-GJL-250	7,52		250 … 350	11	0,25	ca.1150	55
Gold	Au	19,3	8,1	100 … 140	14,3	0,13	1063	310
Hartmetall	K20	14,8	–	–	48	0,80	–	80
Kupfer	Cu	8,93	12,6	210 … 240	16,8	0,39	1083	364
Messing	CuZn40	8,40	–	350 … 480	20	0,38	ca. 900	117
Bronze	CuSn	ca. 8,0	–	350 … 480	18	0,38	ca. 900	120
Magnesium	Mg	1,74	4,5	160 … 200	26	0,924	650	157
Mangan	Mn	7,45	20,0	–	15	0,504	1244	29,7
Molybdän	Mo	10,22	–	–	5,2	0,26	2620	145
Nickel	Ni	8,9	22,5	350 … 520	13	0,441	1452	59
Platin	Pt	21,37	17,3	120 … 220	9	0,134	1769	70
Silber	Ag	10,5	8,1	130 … 160	19,7	0,235	960	407
Titan	Ti	4,4	11,1	350 … 560	8,2	0,63	1660	15,5
Vanadium	V	6,1	13,0	350 … 560	8,3	0,504	1900	31,4
Wolfram	W	19,3	41,5	400 … 1200	4,5	0,143	3380	130
Zink	Zn	7,14	10,0	120 … 150	29	0,395	419	113
Zinn	Sn	7,28	4,5	15 … 30	27	0,228	232	64

Nichtmetalle

Bezeichnung	Kurzzeichen	Dichte ϱ in $\frac{kg}{dm^3}$	Zugfestigkeit R_m in $\frac{N}{mm^2}$	Längenausdehnungskoeffizient $\alpha \cdot 10^{-6}$ in $\frac{1}{K}$	Spez. Wärmekapazität c in $\frac{kJ}{kg \cdot K}$	Schmelzpunkt in °C	Wärmeleitfähigkeit λ in $\frac{W}{m \cdot K}$
Acrylglas	PMMA	1,18	–	70	1,3	80	0,16
Alkohol	C_2H_5OH	0,79	–	110	2,34	–114	
Asbest		2,1 … 2,6	–		0,80	1300	–
Beton		2,0 … 2,8	5 … 60	12	0,88	–	–
Eis	H_2O	0,92	–	–	0,57	–	2,21
Glas		2,5	50 … 200	8	0,6 - 0,8	ca.1100	0,8
Holz	z. B. Fichte	0,5	–	4	1,35	–	0,1
Kork		0,1 … 0,3	–	–	1,88	–	0,05
Porzellan		2,4	–	30	0,80	–	0,7 … 1,6
PVC		1,43	20 … 50	70	–	ca. 60	0,16
Styropor		0,02	–	60	0,07	85	0,025
Wasser	H_2O	1,0	–	18	4,19	0	–
Kohlendioxid (Kohlensäure)	CO_2 ($H_2CO_3 + H_2O$)		–	–	–		
Petroleum	–	0,81	–	–	0,55	–70	–
Glycerin	–	1,3	–	–	2,39	–18	–
Maschinenöl*	–	0,91	–5	–	1,67	≈ 5	–

* Mineralöl

3.1.6 Spezifische Stoffwerte von Wasser

Spezifische Wärmekapazität Eis/Wasser/Dampf

Spezifische Wärmekapazität *c* in	Eis	Wasser	Dampf
kJ/(kg · K)	2,093	4,180	2,010
Wh/(kg · K)	0,582	1,163	0,559

3.1.7 Kältemittel *refrigerants*

<table>
<tr><th>Ursprüngliche Kältemittel</th><th colspan="2">Übergangs-/Service-Kältemittel</th><th colspan="4">Kältemittel für neue Anlagen und Geräte</th></tr>
<tr><td rowspan="2">FCKW
(chlorhaltig, halogeniert)</td><td colspan="2">HFCKW/HFKW
(teilweise chlorhaltig)</td><td colspan="2">FKW/HFKW
(chlorfrei)</td><td colspan="2">natürlich</td></tr>
<tr><td>Einstoff-Kältemittel</td><td>Gemische (Blends)</td><td>Einstoff-Kältemittel</td><td>Gemische (Blends)</td><td>Einstoff-Kältemittel</td><td>Gemische (Blends)</td></tr>
<tr><td>z. B.
R11
R12
R502
R13B1</td><td>z. B.
R22</td><td>Überwiegend R22-haltig
R401A (MP 39)
R402A (HP80)
R402B (HP81)</td><td>z. B. GWP[1)]
R134A 1300
R125 3200</td><td>z. B. GWP[1)]
R404A 3800
R407A 1900
R407C 1600
R410A 1900
R417A 1950
R413A 1770
Isceon 29 2230
Isceon 79 2530</td><td>z. B.
R717 (NH₃)
R290 Propan
R1270 Propylen
R600a Isobutan
R170 Ethan
R744 (CO₂)
R718 (H₂O)</td><td>z. B.
R290/R600a
R600a
R290/R170</td></tr>
<tr><td>Bestehende Anlagen dürfen weiter betrieben, aber nicht mehr nachbefüllt werden. Für Anlagen mit mehr als 3 kg Kältemittel: Meldepflicht, Wartungsheft und Dichtigkeitsprüfung.</td><td colspan="2">Ab Januar 2015 europaweit verboten. Das Verwendungsverbot umfasst auch das Nachfüllen mit gebrauchtem Kältemittel und alle Instandhaltungs- und Wartungsarbeiten, bei denen in den Kältekreislauf eingegriffen werden muss. Ziel: Schutz der Ozonschicht</td><td colspan="2">Bewilligungspflicht für Neuanlagen, Erweiterungen und Umbauten; Voraussetzung für eine Bewilligung: fehlende Alternativen mit natürlichen Kältemitteln.
Für Anlagen mit mehr als 3 kg Kältemittel: Meldepflicht, Wartungsheft und Dichtigkeitsprüfung.</td><td colspan="2">Natürliche Kältemittel sind für Neuanlagen, Erweiterungen und Umbauten anzustreben. Nach Stoffverordnung keine Bewilligungspflicht und keine Meldepflicht für natürliche Kältemittel.
Für Anlagen mit mehr als 3 kg Kältemittel: Wartungsheft.</td></tr>
</table>

1) GWP: Global Warming Potential
- Vergleichswert zur Ermittlung des Treibhauspotenzials der verschiedenen Kältemittel
- Basis: $CO_2 = 1$ (Zeithorizont von 100 Jahren)

Zusammensetzung und Verwendungsmöglichkeiten siehe Herstellerunterlagen.

3.1.8 Wärmedurchgangskoeffizient *U* (Anhaltswerte) *thermal transmission coefficient*

Wärmedurchgang von → durch → an	*U* in $\frac{W}{m^2 \cdot K}$
Wasser → Stahl → Wasser	300 … 500[1]
Wasser → Kupfer → Wasser	350 … 550[1]
Dampf → Stahl → Wasser	930 … 1390
Dampf → Kupfer → Wasser	1160 … 2910
Wasser → Metall → Luft[2]	10 … 29

Wärmedurchgang von → durch → an	*U* in $\frac{W}{m^2 \cdot K}$
Luft[3] → Stahl → Luft	10 … 16
Luft[3] → Kupfer → Luft	8 … 17
Luft[3] → Schamottesteine → Luft	5 … 7
Rauchgas[3] → Stahl → Wasser	9 … 10
Rauchgas[3] → Stahl → Dampf	11 … 14

[1] Je nach Wasserführung und Geschwindigkeit kann der *U*-Wert wesentlich höher sein.
[2] Heizkörper 8 … 15 W/(m² · K).
[3] Gilt auch für Heizgas.

3.1.9 Wärmeübergangszahlen *h* (früher *α*) für vertikale ebene Wände/vertikale Heizplatten

Wärmeübergangszahlen *h* für vertikale ebene Wände

Luftgeschwindigkeit ≤ 5 m/s

v	0,1	0,5	1,0	1,5	2,0	2,5	3,0	3,5	4,0	4,5
h	6,6	8,3	10,4	12,5	14,6	16,7	18,8	20,9	23	25,1

Luftgeschwindigkeit > 5m/s

v	6	7	8	9	10	12	14	16	18	20
h	31,9	38	40,1	44,1	48	55,5	62,8	69,8	76,7	83,5

v: Luftgeschwindigkeit in m/s
h: Wärmeübergangszahl in W/(m²K)

Wärmeübergangszahlen *h* für vertikale Heizplatten in unbeeinflusster Umgebungsluft

ϑ_H \ ϑ_L	15	18	20	22	24	28
75	6,19	5,64	5,56	5,48	5,39	5,23
70	5,59	5,47	5,38	5,30	5,21	5,03
65	5,41	5,28	5,19	5,11	5,02	4,83
60	5,23	5,09	4,99	4,90	4,80	4,60
55	5,03	4,88	4,78	4,68	4,57	4,34
50	4,81	4,65	4,54	4,43	4,31	4,06

ϑ_L: Lufttemperatur in °C
ϑ_H: Heizplattentemperatur in °C
α: Wärmeübergangszahl in W/(m²K)

3.2 Werkstoffnormung

3.2.1 Einteilung der Stähle

DIN EN 10020 : 2000-07

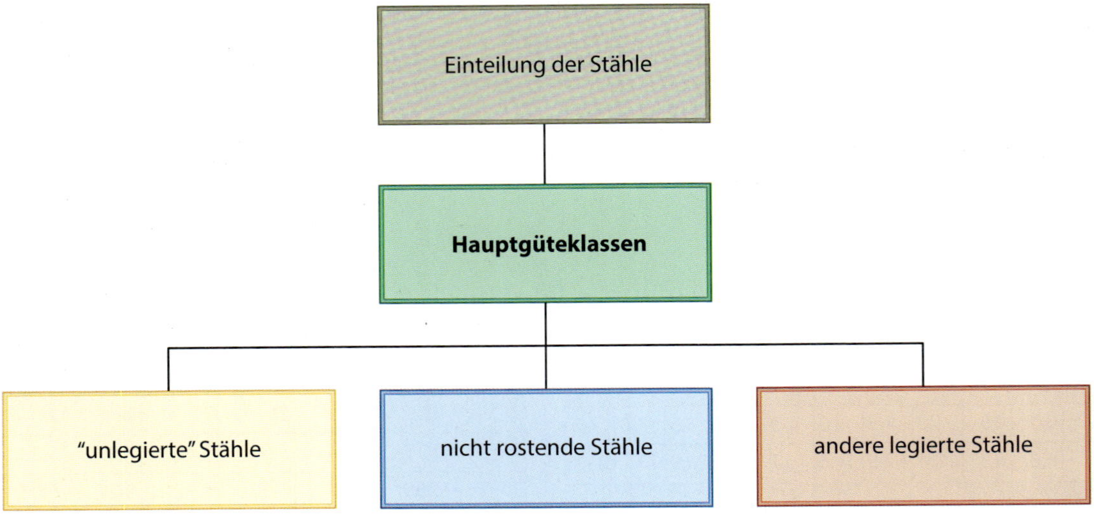

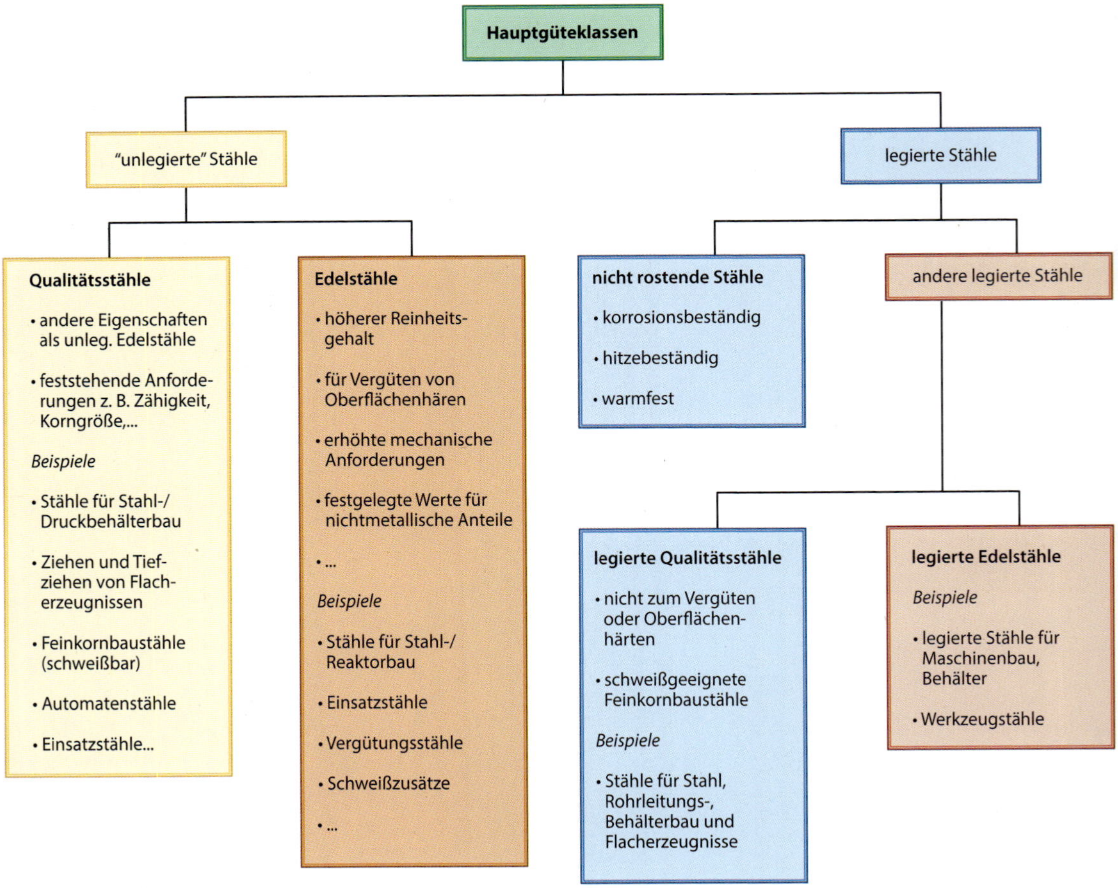

Anmerkung:
Unlegierte Stähle enthalten als Hauptlegierungselement im wesentlichen Kohlenstoff; weitere Legierungselemente wie Chrom, Kupfer, Nickel, Blei, Mangan oder Silizium können in geringen Mengen enthalten sein.
Legierte Stähle weisen mehr als 10,5 % Legierungselemente wie Chrom, Nickel u. a.m. auf.

3.2.2 Bezeichnungssystem für Eisenwerkstoffe

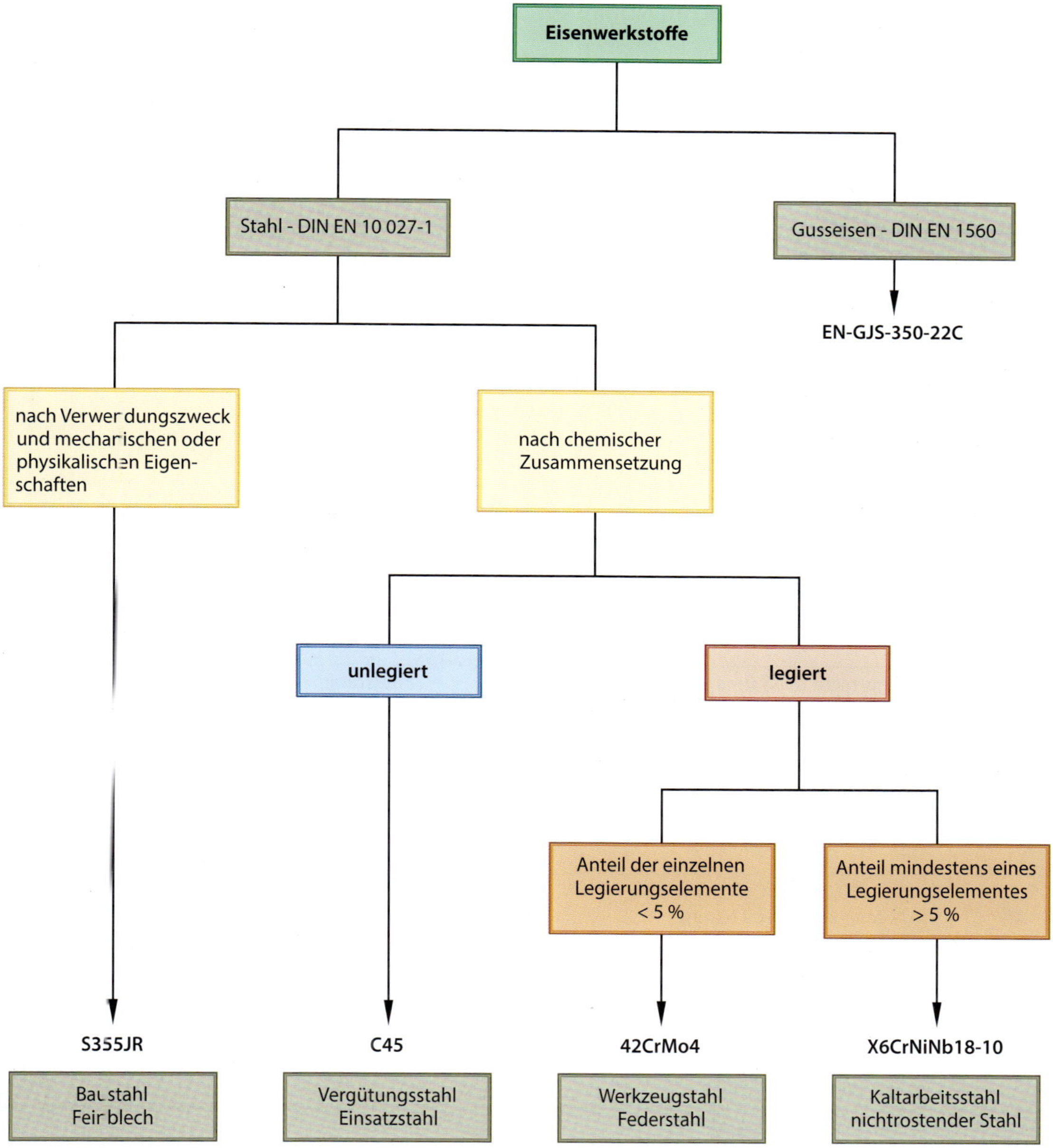

3.2.3 Bezeichnungssystem für Stähle

DIN EN 10027-1 : 2017-01

Bezeichnungssystem für Stähle mit Nummern

DIN EN 10027-2 : 2015-07

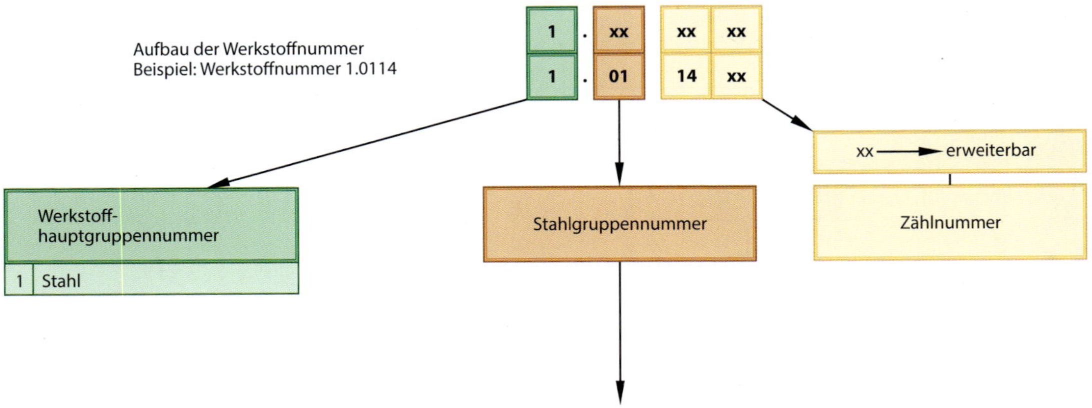

Stahlgruppennummern

Unlegierte Stähle		**Legierte Stähle**	
00, 90	**Grundstähle**		**Qualitätsstähle**
	Qualitätsstähle	**08, 98**	Stähle mit bes. phys. Eigenschaften
01, 91	Allg. Baustähle, R_m < 500 N/mm²	**09, 99**	Stähle für verschiedene Anwendungsbereiche
02, 92	Sonstige, nicht für Wärmebehandlung vorgesehene Baustähle, R_m < 500 N/mm²		**Edelstähle**
		20 … 28	Werkzeugstähle
03, 93	Stähle mit C < 0,12 %, R_m < 400 N/mm²	**29**	Frei
04, 94	Stähle mit 0,12 % ≤ C < 0,25 % oder 400 N/mm² ≤ R_m < 500 N/mm²	**30, 31**	Frei
		32	Schnellarbeitsstähle mit Co
05, 95	Stähle mit 0,25 % ≤ C < 0,55 % oder 500 N/mm² ≤ R_m < 700 N/mm²	**33**	Schnellarbeitsstähle ohne Co
06, 96	Stähle mit C ≥ 0,55 %, R_m ≥ 700 N/mm²	**34**	Frei
07, 97	Stähle mit höherem P- oder S-Gehalt	**35**	Walzlagerstähle
	Edelstähle	**36, 37**	Stähle mit bes. magnetischen Eigenschaften
10	Stähle mit besonderen physikalischen Eigenschaften	**38, 39**	Stähle mit bes. physikalischen Eigenschaften
11	Bau-, Maschinen-, Behälterstähle mit C < 0,5 %	**40 … 45**	Nichtrostende Stähle
12	Maschinenbaustähle mit C ≥ 0,5 %	**46**	Chem. beständige und hochwarmfeste Ni-Leg.
13	Bau-, Maschinen-, Behälterstähle mit bes. Anforderungen	**47, 48**	Hitzebeständige Stähle
14	Frei	**49**	Hochwarmfeste Werkstoffe
15 … 18	Werkzeugstähle	**50 … 84**	Bau-, Maschinen-, Behälterstähle Geordnet nach Legierungselementen
19	Frei	**85**	Nitrierstähle
		86	Frei
		87 … 89	Nicht für Wärmebehandlung bestimmte Stähle, hochfeste schweißgeeignete Stähle

Bezeichnungssystem für Stähle mit Kurznamen

DIN EN 10027-1: 2017-01

Hauptsymbole

Bezeichnung nach dem Verwendungszweck

Einsatzgebiet	Buchst.	Eigenschaften
Stahlbau	S	R_e in N/mm²
	Bsp.: S235 JR	
Maschinenbau	E	R_e in N/mm²
	Bsp.: E355	
Leitungsrohre	L	R_e in N/mm²
	Bsp.: L210GA	
Druckbehälterstähle	P	R_e in N/mm²
	Bsp.: P235GH	

Bezeichnung nach dem C-Gehalt

Einsatzgebiet	Buchst.	Kohlenstoffgehalt
Unlegierte Stähle Mn-Gehalt < 1 % (außer Automatenstähle)	C	100 × C-Gehalt
	Bsp.: C35R	

Bezeichnung durch chem. Kurzzeichen der Leg.-elemente

Einsatzgebiet	Buchst.	Kohlenstoffgehalt
Unlegierte Stähle Mn-Gehalt < 1 % Legierte Stähle Gehalt einzelner Legierungselemente < 5 %	---	100 × C-Gehalt
	Bsp.:	27MnCrB5-2 42 CrMO 4
	G	Stahlguss
	Bsp.:	G20Mo5
Legierte Stähle Gehalt einzelner Legierungselemente > 5 %	X	100 × C-Gehalt
	Bsp.:	X38CrMoNb16
	G	Stahlguss
	Bsp.:	GX 7 CrNiMo 12-1

Zusatzsymbole für Stähle

Gruppe 1 | Gruppe 2

Kerbschlagarbeit (Gruppe 1)

ϑ_{Pror} in °C	27 J	40 J	60 J
+20	JR	KR	LR
0	J0	K0	L0
−20	J2	K2	L2
−30	J3	K3	L3
−40	J4	K4	L4
−50	J5	K5	L5
−60	J6	K6	L6

Verwendung

X	Q vergütet N normalgeglüht A ausscheidungshärtend M thermomechanisch gewalzt G weitere Merkmale GH für hohe Temperaturen

(Gruppe 2)

Z	C besondere Kaltumformbarkeit D Schmelztauchüberzüge E Emaillierung F zum Schmieden H Hohlprofile L tiefe Temperaturen M thermomechanisch gewalzt N normalgeglüht P Spundbohlen Q vergütet S für Schiffbau T für Rohre W wetterfest

Zusatzsymbole für Stahlerzeugnisse

Anforderungen

"+H = Härtbarkeit ...

Überzug

"+Z = feuerverzinkt
...

Behandlungszustand

"+A = weichgeglüht
"+C = kaltverfestigt
...

Multiplikatoren für Legierungselement

Elemente	Faktor
Cr, Co, Mn, Ni, Si, W	Faktor 4
Al, Bc, Cu, Mo, Nb, Pb, Ta, Ti, V, Zr	Faktor 10
C, Cc, N, P, S	Faktor 100
B	Faktor 1000

3

3.2.4 Übliche Stahlsorten

Baustähle für warmgewalzte Erzeugnisse *unalloyed structural steels* DIN EN 10025-1, -2 : 2011-04, 2019-10

Kurzzeichen nach DIN EN 10025	Werkstoff-nummer	Stahlart	C-Gehalt in %	Streckgrenze R_e in N/mm²	Zugfestigkeit R_m in N/mm²	Bruchdehnung in %	Eigenschaften und Verwendung
S235JR	1.0038	QS	0,17	235	330 … 510	15 … 21	Allg. Baustahl, gute Schweißeignung
S235JO	1.0114	QS	0,17	235	380 … 580		Geschweißte Rohre, Stahlbau – gute Schweißeignung
S235J2	1.0117	QS	0,17	235	450 … 680		

Stähle für Stahlrohre für Gas und Öl DIN EN ISO 3183 : 2018-09

Kurzzeichen und Eigenschaften	Norm
L245, L290, L320, L360, L390, L415, L450, L485, L455 Eigenschaften z. B. für L245: R_e = 245 N/mm², R_m = 415 N/mm², Bruchdehnung: 24 %	ISO 3181-1
L245NB, L290NB, L360NB, L415NB, L245MB, … L555MB Eigenschaften z. B. für L245NB: R_e = 245 … 440, R_m = 415 N/mm², Bruchdehnung: 24 %	ISO 3183-2
L245NC[1] / L245NCS, L290NC / L290NCS, L360NC / L360NCS L290MC[2] / L290MCS, L360MC / L360MCS, … L555MC Eigenschaften z. B. für L245NC: R_e = 245 … 440, R_m = 415 N/mm², Bruchdehnung: 24 %	ISO 3183-3

[1] NB = normalisierend gewalzt [2] MC = thermomechanisch gewalzt

Stähle für Stahlrohre für Wasser DIN EN 10255 : 2015-05

Kurzname	Werkstoffnr.	C-Gehalt in %	Streckgrenze R_e in N/mm²	Zugfestigkeit R_m in N/mm²	Bruchdehnung in %
L235	1.0252	0,16	225 … 235	360 … 500	23 … 25
L275	1.0260	0,20	265 … 275	430 … 570	19 … 21
L355	1.0419	0,22	345 … 355	500 … 560	19 … 21

C-Stähle für Heizungsrohre DIN EN 10305-3 : 2016-08

Kurzname	Werkstoffnr.	C-Gehalt in %	Streckgrenze R_e in N/mm²	Zugfestigkeit R_m in N/mm²	Bruchdehnung in %
E195	1.0034	0,15	195	330 … 440	29
E220	1.0215	0,14	220	310	23

Korrosionsschutz unbedingt erforderlich; verzinkt oder ummantelt.

Stähle für Druckbehälter *steels for pressure vessels* DIN EN 10028-2 : 2017-10

Kurzzeichen nach DIN EN 10025	Werkstoffnummer	Kurzzeichen alt	Stahlart	C-Gehalt in %	Streckgrenze R_e in N/mm²	Zugfestigkeit R_m in N/mm²	Bruchdehnung in %	Eigenschaften und Verwendung
P235GH*	1.0345	HI	QS	0,16	≈ 200	350 … 480	24	Druckbehälterbau, Dampfkesselbau
P265GH*	1.0425	HII	QS	0,2	≈ 240	400 … 530	22	
P295GH*	1.0481	17 Mn 4	QS	0,2	≈ 250	440 … 580	21	Industriemotor, Hermetikmotor, Reaktorbauteil
P355GH*	1.0473	19 Mn 6	QS	0,22	≈ 330	480 … 650	20	Druckbehälterbau, Dampfkesselbau

* geeignet für hohe Temperaturen

Stahlsorten für Präzisionsstahlrohre *precision steel pipes* DIN EN 10305-1/-2 : 2016-08

Kurzzeichen nach DIN EN 10025	Werkstoffnummer	Kurzzeichen alt	Stahlart	C-Gehalt in %	Streckgrenze R_e in N/mm²	Zugfestigkeit R_m in N/mm²	Bruchdehnung in %	Eigenschaften und Verwendung
E215	1.0212	St 44-2	QS	0,10	215	290 … 430	30	Präzisionsstahlrohre, Behandlungszustand normalisiert
E235	1.0308	St 35	QS	0,17	235	340 … 480	22	
E255	1.0408	EStE 255	QS	0,21	255	440 … 570	21	
E365	1.0580	St 52	QS	0,22	365	490 … 630	22	
26Mn5	1.1161	–	–	0,2 … 0,3	–	–	–	

Nichtrostende Stähle – Edelstahl Rostfrei® *stainless steels* DIN EN 10088 : 2014-12

Ferritische Stähle (korrosionsbeständig)

Stahlsorte		B[1)]	Dicke d mm	Härte HB	Dehngrenze $R_{p0,2}$ N/mm²	Zugfestigkeit R_m N/mm²	Bruchdehnung A %	Eigenschaften und Verwendung
Kurzname	Werkstoffnummer							
X2CrNi12	1.4003	+A	≤ 100	200	260	450 … 600	20	chemisch beständig, verschleißfest, gut verformbar u. schweißbar – Apparatebau
X6Cr13	1.4000	+A	≤ 25	200	230	400 … 630	20	chemisch beständig, säurebeständig, hitzebeständig – Haushaltsgeräte
X6Cr17	1.4046	+A	≤ 100	200	240	400 … 630	20	chemisch beständig, nicht rostend, tiefziehbar, korrosionsbeständig, hochfest, gut verformbar, gut schweißbar – Spültischauskleidung
X6CrMoS17	1.4105	+A	≤ 100	200	250	430 … 630	20	sehr gut zerspanbar – Verbindungselemente
X6CrMo17-1	1.4113	+A	≤ 100	200	280	440 … 660	16	rost- und säurebeständig, tiefziehbar – Fensterrahmen, Kühlerverkleidung

1) Behandlungszustand

3

Martensitische Stähle (korrosionsbeständig) *martensitic steels (corrosion resistant)*

Stahlsorte		B[1]	Dicke d mm	Härte HB	Dehngrenze $R_{p0,2}$ N/mm²	Zugfestigkeit R_m N/mm²	Bruchdehnung A %	Eigenschaften und Verwendung
Kurzname	Werkstoffnummer							
X12Cr13	1.4006	+A	–	220	–	≤ 730	–	chemisch beständig, nichtrostend – Konstruktionsteil in Wasser und Dampf, nichtrostende Schraube, nichtrostende Mutter
		+QT	≤ 160	–	450	650 … 850	15	
X20Cr13	1.4021	+A	–	230	–	≤ 760	–	säurebeständig, vergütbar – Pumpenelemente
		+QT	≤ 160	–	500	700 … 850	13	
X30Cr13	1.4028	+A	–	245	–	≤ 800	–	säurebeständig, härtbar – Federn, Schrauben
		+QT	≤ 160	–	650	850 … 1000	13	
X39Cr13	1.4031	+A	–	245	–	≤ 800	–	säurebeständig, härtbar – Federn, Schrauben, Messerklinge, Wälzlagerkugel
X39CrMo17-1	1.4122	+A	–	280	–	≤ 900	–	rost- und säurebeständig, gute Korrosionsbeständigkeit, bedingt schweißbar, bedingt spanbar – Armatur bis 600 °C
		+QT	≤ 60	–	550	750 … 950	20	
X50CrMoV15	1.4116	+A	–	280	–	≤ 900	–	rost- und säurebeständig, härtbar – für höherwertige Schneidwaren, chirurgische Instrumente

Austenistische Stähle (korrosionsbeständig) *austenitic steels (corrosion resistant)*

Stahlsorte		B[1]	Dicke d mm	Härte HB	Dehngrenze $R_{p0,2}$ N/mm²	Zugfestigkeit R_m N/mm²	Bruchdehnung A %	Eigenschaften und Verwendung
Kurzname	Werkstoffnummer							
X5CrNi18-10	1.4301	+AT	≤160	215	190	500 … 700	45	säurebeständig, gute Korrosionsbeständigkeit, sehr gute Schweißbarkeit, tiefziehbar, verschleißfest, gut polierbar
X10CrNi18-8	1.4310	+AT	≤ 40	230	195	500 … 750	40	Apparate und Geräte der Nahrungsmittelindustrie, Lebensmittelindustrie, Verbindungselement, Chemieanlagenbau, Molkereiindustrie
X2CrNi18-9	1.4307	+AT	≤160	215	175	450 … 680	45	gute Korrosionsbeständigkeit, gute Schmiedbarkeit, sehr gute Schweißbarkeit, mittlere Spanbarkeit, warmfest, kaltzäh – Chemische Industrie, Kücheneinrichtung, Lebensmittelindustrie
X2CrNi19-11	1.4306	+AT	≤160	215	180	460 … 680	45	warmfest, kaltzäh, gute Korrosionsbeständigkeit, sehr gut schmiedbar, sehr gut schweißbar – Apparatebau, Behälterbau Lebensmittelindustrie
X6CrNiTi18-10	1.4541	+AT	≤160	215	190	500 … 700	40	hochfest, austenitisch, gut verformbar, gut schweißbar – Schornstein, nahtloses Rohr, Druckbehälter
X2CrNiMo18-15-4	1.4438	+AT	≤160	215	220	500 … 700	40	säurebeständig, sehr lochfraßbeständig – Transportbehälter für Chemikalien

[1] Behandlungszustand

Austenitische Stähle (korrosionsbeständig) (Fortsetzung)

Stahlsorte		$B^{1)}$	Dicke *d* mm	Härte *HB*	Dehngrenze $R_{p0,2}$ N/mm²	Zugfestigkeit R_m N/mm²	Bruchdehnung *A* %	Eigenschaften und Verwendung
Kurzname	Werkstoffnummer							
X6CrNiMoTi17-12-2	1.4571	+AT	≤ 35	315		700 … 900	20	chemische Industrie, chem. Apparatebau, Schornstein, Druckbehälter, Schraube, Mutter
X2CrNiMo17-12-2	1.4404	+AT		215	200	500 … 700	≥ 40	gut schweißbar, gut spanbar, gut umformbar – Armaturen- und Anlagenbau, Lebensmittelindustrie, Offshore
X3CrNiMo17-13-3	1.4436	+AT	≤ 75	315	400	530 … 570	20	chemisch beständiger, nichtrostend
X2CrNiMo18-14-3	1.4435	+AT			190 … 400	490 … 1100	20 … 40	nahtloses Rohr, nichtrostende – Schraube, nichtrostende Mutter, Eckventil
X2CrNiMoN17-13-5	1.4439	+AT		250 … 350	280	580 … 780	20 … 35	beständig gegen interkristalline Korrosion
X1NiCrMo-Cu25-20-5	1.4539	+AT		230	220 … 240	530 … 730	35	besonders gut beständig gegenüber stark angreifenden Medien wie Phosphor-, Schwefel- und Salzsäuremedien – Schornstein, Druckbehälter, nahtloses Rohr
X1NiCrMo-CuN25-20-7	1.4529	+AT		250	300	650 … 850	35	hochkorrosionsbeständig, besonders bei oxidierenden und reduzierenden Säuren – Zulassung für Druckbehälter mit Temperaturen zwischen –196 und 400 °C; Brackwasserleitung, Wärmetauscher, Verdampfer, Tank in der chemischen Industrie, Kondensatorrohr von Kraftwerk, nichtrostende Schraube, nichtrostende Mutter, Druckwasserbehälter

Hinweis: Alle gemachten Angaben sind für bestimmte Lieferbedingungen und Anwendungsbereiche festgelegt. Daher sind diese Angaben für jeden speziellen Anwendungsfall zu überprüfen.

3.3 Gusseisen *cast iron*

3.3.1 Bezeichnungssystem für Gusseisenwerkstoffe nach Kurzzeichen DIN EN 1560 : 2011-05

Position und Beispiele

[1)] Nur für Temperguss

Position 1		Position 2	Position 3	Position 4		Position 5		Position 6
EN nur für genormte Werkstoffe		**GJ:** G → Guss J → Eisen	Graphitstruktur	Mikro- oder Makro-struktur		mechanische Eigenschaften oder chemische Zusammen-setzung		Zusätzliche Anforderungen
EN	–	**GJ**	**L**		–	**150 C**	–	
EN	–	**GJ**	**S**		–	**450-18-RT**	–	
EN	–	**GJ**	**S**		–	**320SiMo45-10**	–	
EN	–	**GJ**	**N**		–	**X300CrNiSi9-5-2**	–	
EN	–	**GJ**	**M**	**W**	–	**360-12S**	–	**W**

Graphitstruktur	Mikro- und Makrostruktur	Mechanische Eigenschaften	Chemische Eigenschaften	Zusätzliche Anforderungen
L Lamellengraphit S Kugelgraphit M Temperkohle V Vermikulargraphit N graphitfrei Y Sonderstruktur	A Austenit F Ferrit P Martenist L Lederburit Q abgeschreckt T vergütet B nichtkohlend geglüht[1)] W entkohlend geglüht[1)]	Zugfestigkeit in N/mm² Dehnung in % Schlagzähigkeit Härte RT Raumtemeratur LT Tieftemperatur Angaben sind durch Bindestrich zu trennen	X vorgestellt → C-Gehalt X100*, dann folgend alle chemischen Symbole nach Gehalt absteigend geordnet	D Rohgussstück U Wärmebehandeltes Gussstück W Schweißeignung für Verbindungs-schweißen Z zusätzliche Anfor-derungen

3.3.2 Übliche Gusseisenwerkstoffe

Kurzzeichen nach DIN EN 1560	W.Nr. DIN EN 1563	R_m in N/mm²	$R_{p0,1}$ in N/mm²	$R_{p0,2}$ in N/mm²	*A* in %	Härte nach Brinell	Eigenschaften und Verwendung
Gusseisen mit Lamellengraphit nach DIN EN 1561 : 2012-01							
EN-GJL-150	EN-JL1020	150 … 250	98 … 165	–	0,3 … 0,8	160 … 190	Ferritisch und perlitisch – Getriebe- u. Kompressoren-gehäuse
EN-GJL-200	EN-JL1030	200 … 300	130 … 195	–	0,3 … 0,8	180 … 220	Perlitisch, Handrad-Motorengehäuse, Getrie-be- u. Kompressorenge-häuse, Laufbuchse, Ventil
EN-GJL-250	EN-JL1040	250 … 350	165 … 228	–	0,3 … 0,8	190 … 230	
Gusseisen mit Kugelgraphit nach DIN EN 1563 : 2012-03							
EN-GJS-400-18-LT	EN-JS 1025	400	–	240	18,0	120 … 160	Schlag- und stoßfest, begrenzt umformbar, schweißbar – erdverlegte Gas- und Wasserleitungen, Kupplungen, Gehäuse
EN-GJS-500-7	EN-JS 1050	500	–	320	7,0	140 … 190	
EN-GJS-600-3	EN-JS 1060	600	–	370	3,0	200 … 250	
EN-GJS-400-18-LT	EN-JS 1025	400	–	240	18,0	120 … 160	
Temperguss nicht entkohlend geglüht (schwarz) nach DIN EN 1562 : 2012-05							
EN-GJMB-350-10	EN-JM1130	350	–	200	10	bis 150	Gut zerspanbar, zäh – Druckgeräte, Fitting, Schie-bergehäuse, Deckel
EN-GJMB-450-06	EN-JM1140	450	–	270	6	150 … 200	
EN-GJMB-550-04	EN-JM1160	550	–	300	5	165 … 215	
Temperguss entkohlend geglüht (weiß)							
EN-GJMW-400-05	EN-JM1030	400	–	220	7	220	zäh, gut zerspanbar – Fittings

3.4 Kupfer *copper*

3.4.1 Bezeichnungssystem für Kupfer

Bezeichnungssystem für Kupferwerkstoffe

DIN EN 1412 : 2017-01, DIN EN 1173 : 2008-08

Symbol für Kupfer — C W 612 N R360 □ — zusätzliche Behandlung, z.B. spannungsarmgeglüht

Symbol für Erzeugungsart	
B	Werkstoffe in Blockform
C	Gusserzeugnisse
F	Schweißzusatzwerkstoffe und Hartlote
M	Vorlegierungen
R	raffiniertes Kupfer in Rohform
S	Werkstoffe in Form von Schrott
W	Knetwerkstoff
X	nicht genormte Werkstoffe

Kennzahlen und Symbole für die Werkstoffgruppen — DIN EN 1412 : 1995-12

Kennzahl	Werkstoffgruppe	Symbole für die Werkstoffgruppe
000 … 999	Kupfer	A oder B
	Niedriglegierte Cu-Legierungen (Legierungselemente < 5%)	C oder D
	Kupfersonderlegierungen (Legierungselemente < 5 %)	E oder F
(000 … 799:	Kupfer - Aluminium - Legierungen	G
genormte	Kupfer - Nickel - Legierungen	H
Werkstoffe,	Kupfer - Nickel - Zink - Legierungen	J
	Kupfer - Zink - Blei - Legierungen	K
800 … 999:	Kupfer - Zink - Legierungen (Zweistofflegierungen)	L oder M
nicht genormte	Kupfer - Zinn - Legierungen	N oder P
Werkstoffe)	Kupfer - Zink - Legierungen (Mehrstofflegierungen)	R oder S

Symbole für verbindliche Eigenschaften und zusätzliche Behandlungen — DIN EN 1173 : 1995-12

Symbol	verbindliche Eigenschaft	Beispiel
A	Bruchdehnung in %	… – A007
B	Federbiegegrenze in N/mm²	… – B410
D	gezogen, ohne vorgeschriebene mechanische Eigenschaften	… – D
G	Korngröße	… – G020
H	Härte (HB oder HV)	… – H150
M	wie hergestellt, ohne vorgeschriebene mechanische Eigenschaften	… – M
R	Zugfestigkeit in N/mm²	… – R500
Y	0,2 %-Dehngrenze in N/mm²	… – Y460

3.4.2 Übliche Kupferwerkstoffe

ISO 1190-1 : 1982-11, DIN EN 1173 : 2008-08

Werkst.-Nr.	Kurzzeichen nach ISO 1190-1/ DIN EN 1173	Alte Bezeichnung	Streckgrenze R_e in N/mm²	Zugfestigkeit R_m in N/mm²	Bruchdehnung A in %	Eigenschaften und Verwendung
Kupferwerkstoffe aus reinem Kupfer						
CW024A	Cu-DHP-R 220 Cu-DHP-R 250 Cu-DHP-R 290	SF-Cu	≤ 140 ≥ 150 ≥ 250	220 … 270 250 … 300 ≥ 290	40 20 6	Ausgezeichnete Umformbarkeit, sehr gute Schweißbarkeit, sehr gute Lötbarkeit – Rohrleitungen (Gas, Wasser, Heizung, Klima), Dach- und Wandbekleidungen und im Apparatebau
Kupfergusslegierungen						
CC332G	CuAl10Ni3Fe2-C	G-CuAl9Ni	180 … 250	500 … 600	18 … 20	Meerwasserbeständig, säurebeständig – Armaturen
CC333G	CuAl10Fe5Ni5-C	G-CuAl10Ni	250 … 280	600 … 650	7 … 13	Hohe Korrosionsbeständigkeit, hoch belastbar, gut schweißbar – Teile im Apparatebau, Pumpengehäuse
CC483K	CuSn11Pb2-C	G-CuSn12Pb	130 … 150	240 … 280	5	Hohe Härte, verschleißfest, meerwasserfest, zerspanbar – Armaturen, Pumpengehäuse
CC484K	CuSn12Ni2-C	G-CuSn12Ni	160	280	8	
CC491K	CuSn5Zn5Pb5-C	G-CuSn5ZnPb	90	200	13	

3.4.2 Übliche Kupferwerkstoffe (Fortsetzung) ISO 1190-1 : 1982-11, DIN EN 11173 : 2008-08

Werkst.-Nr.	Kurzzeichen nach ISO 1190-1/ DIN EN 1173	Alte Bezeichnung	Streckgrenze R_e in N/mm²	Zugfestigkeit R_m in N/mm²	Bruchdehnung A in %	Eigenschaften und Verwendung
Kupferknetlegierungen						
CW008A-R220-H040	Cu-0F	OF-Cu	≤ 140	≥ 220	5 … 42	Gut schweißbar – Schraube, Mutter
CW114C H080	CuSP	–	≈ 200	≈ 250	5 … 7	Schraube, Mutter, Niete, Düse für Schweißbrenner, Düse für Schneidbrenner, Erodierelektrode, Gewinderohrverschraubung, Fitting
CW303G	CuAl8Fe3	–				Temperaturbeständig ≤ 300 °C, korrosionsbeständig – Apparatebau
CW501L-R240 H050	CuZn10	Ms90	≤ 140	≥ 240	35	Sehr gut weich- und hartlötbar; Trägerwerkstoff für Thermoschalter
CW612N R360 H090	CuZn39Pb2	Ms58	< 270	≥ 360	8 … 40	Sehr gut spanbar, sehr gut warmumformbar, gut beständig gegen organische Stoffe – Rohrboden, Kondensator, Wärmeaustauscher, meerwasserführende Leitung
CW501L	CuZn10	Ms90	60 … 420	230 … 460	35	Gut lötbar
Kupfer-Knetlegierungen: Messing (bleihaltig)						
CW608N	CuZn38Pb2	CuZn38Pb1	110 … 520	340 … 570	8 … 35	Sehr gut spanbar, sehr gut warmumformbar – zum Biegen, Rohrboden, Kondensator, Wärmeaustauscher
CW617N	CuZn40Pb2	Ms58	140 … 570	350 … 610	5 … 25	Sehr gut spanbar – Armatur für Heizung, Industriearmatur, Armatur für Sanitär
CW620N	CuZn41Pb1Al	–	150 … 290	370 … 440	35	Rohre, Fittings
Kupferknetlegierung: Sondermessing						
CW702R	CuZn20Al2As	CuZn20Al2	90 … 240	300 … 390	25 … 55	Gut kaltumformbar – Rohr für Kondensator, Rohr für Wärmetauscher
CW706R	CuZn28Sn1As	CuZn28Sn1	100 … 580	320 … 630	45 … 55	Gut kaltumformbar, sehr gute Korrosionsbeständigkeit – Rohrboden für Kondensator, Rohrboden für Wärmetauscher, Kondensatorrohr
CW710R	CuZn35Ni3Mn2AlPb	CuZn35Ni2	180 … 500	440 … 650	8 … 20	Gut warmumformbar, sehr gut korrosionsbeständig, sehr witterungsbeständig – Apparatebau
Rotguss						
CC491K / 2.1096.01	CuSn5Zn5Pb5-C/Alt:	G-CuSn5ZnPb	90 … 150	200 … 300	6 … 28	Gut gießbar, optimale Spanbarkeit, hohe Festigkeit, weich- und bedingt hartlötbar, auch für erhöhte Betriebstemperaturen, gute korrosionsbeständig (auch in Meerwasser) – Wasserarmaturengehäuse, Dampfarmaturengehäuse, Pumpenlaufrad, …
Zinnbronze						
CC480K/ 2.1050.01	CuSn10-C/	G-CuSn10, G-SnBz10	130	250	10	Besonders gut geeignet für Armaturen- und Pumpengehäuse, Leit-, Lauf- und Schaufelräder für Pumpen und Wasserturbinen

3.5 Kunststoffe *plastics*

3.5.1 Einteilung der Kunststoffe

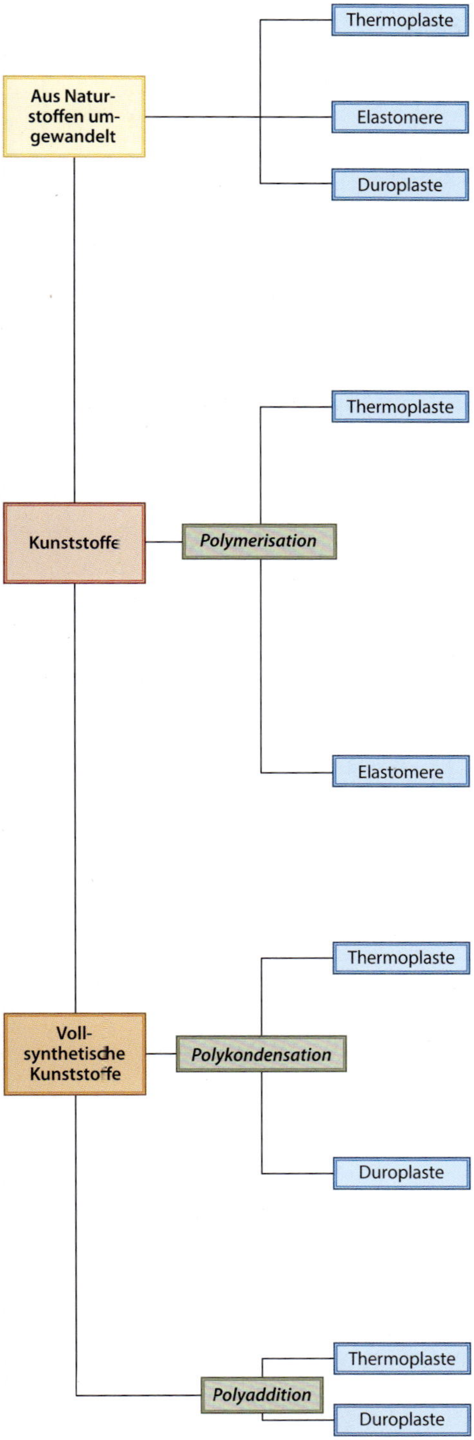

Cellulosenitrat	Nitrolacke, plastische Massen, Celluloid, Klebstoffe, Explosivstoffe
Celluloseacetat	Fotofilme, Textilfasern, Gebrauchsartikel
Chloroprenkautschuk	Schläuche, Kabelummantelungen, Keilriemen, Dichtungen, Dachfolien
Celluloseacetatbutyrat	Filme, Folien, Isolierlacke, Schmelztauchmassen
Naturkautschuk	Autoreifen, Klebebänder, Gummifeder, Handschuhe, Transportbänder, Dichtungen, Schuhsohlen
Vulkanfiber	Koffer, Zahnräder, Bremsklötze, Isoliermaterialien
Casein-Formaldehyd-Kondensat	Knöpfe, Messergriffe
Polyethylen	Haushaltsartikel, Folien, Spielzeug, Kabelisolierungen
Polypropylen	Haushaltsartikel, Färbespulen, Koffer, Apparatebau, Schmelzspinnfasern, Folien
Polyisobutylen	Schmieradditive, Dichtungsmassen, Dachfolien, Klebebänder, Kaugummi-Grundmasse
Polyvinylchlorid	Rohrleitungen, Apparatebau, Innenausbau, Fahrzeug- und Möbelbau, Bodenbeläge, Dichtungen, Kunstleder
Polyvinylidenchlorid	Schrumpffolien für Lebensmittel, Lackrohstoff, Verbundwerkstoffe
Polystyrol	Gehäuseteile für Fernseh-, Film- und Küchengeräte, Einweggeschirr, Bügel, Kleinmöbel, Verpackungen, Spielwaren, Elektrotechnik, Schaumstoffe
Polymethylmethacrylat	Acrylglas (Fahrzeugbau), Bedienungsknöpfe, Oberlichter, sanitäre Installationsteile, Brillengläser, optische Linsen, Zahnersatz
Polyoxymethylen (Polyformaldehyd)	Zahnräder, Federn, Lager, Rollen, Präzisionsteile, Fahrzeugtanks
Polytetrafluorethylen	Folien, Platten, Fasern, Beschichtung und Auskleidung im Apparatebau, Laborgeräte, Antihaft-Überzüge, Raumfahrt
Polyamide	Textilfasern, Zahnräder, Folien
Acrylester Butadien-Kautschuk **Butadienkautschuk** **Chloroprenkautschuk** **Isobutylen-Isopren-Copolymere (Butylkautschuk)** **synth. Isoprenkautschuk** **Acrylnitril-Butadien-Copolymere (Nitrilkautschuk)** **Styrol-Butadien-Kautschuke**	Reifen, Kleb- und Dichtstoffe, Riemen, Schläuche
Polyamide	Reifen, Kleb- und Dichtstoffe, Riemen, Schläuche
Polycarbonat	Stecker, Schalter, Leiterplatten, CD, optische Linsen, Gehäuse, Ventilatoren, mikrowellenfestes Geschirr, Oberlichter, Helme
Polyethylenterephthalat	Flaschen, Formmassen, Folien (Tonträger), Lebensmittelverpackungen (Wursthüllen)
Polyphenylenoxid	Schaltergehäuse, Formteile für Wasch-, Geschirrspül- und Büromaschinen
Phenolformaldehydharze	Holzwerkstoffe, Isoliermassen, Formmassen, Laminate, Lacke, Schleifmittel
Harnstoff Formaldehydharz	Bindemittel (Sperrholz), Lackharze, Schaumstoffe, Klebstoffe
Melaminformaldehydharze	Formteile, Isolatoren, Leime, Klebstoffe
Ungesättigte Polyesterharze	Leiterplatten, Fassadenelemente, Industriebehälter, Schaltschränke, Rettungswesten, Bojen, Verkehrsschilder
Polymid	Isolatoren (Luft- und Raumfahrt), kugelsichere Westen
Silicone	Dämpfungsmittel, Hydrauliköl, wasserabweisende Überzüge, Schmiermittel, Poliermitteladditive, Dichtungspasten
Polyurethane	Klebstoffe, Lacke, Rollen
Epxoidharze	Bauteile für Motoren, Isolatoren, Lacke, Beschichtungen, Kleber für Kunststoff, Metall und Betonelemente, Behälterauskleidungen, Formmassen

3.5.2 Bezeichnungssystem von Kunststoffen

Bezeichnungssystem für Kunststoffe (Polymere) DIN EN ISO 1043 : 2016-09

PVC → **Symbole für Kunststoffe (Polymere Auswahl)**

HI → **Kennbuchstaben für besondere Eigenschaften**

Symbol	Kunststoff	Kunststoffart[1)]
ABS	Acrylnitril-Butadien-Styrol	T
AMMA	Acrylnitril-Methylmethacrylat	T
ASA	Acrylnitril-Styrol-Acrylester	T
CA	Celluloseacetat	T
IIR	Butylkautschuk (Isobutylen-Isopren-Kautschuk)	E
EP	Epoxyd	D
EPDM	Ethylen-Propylen-Dien-Kautschuk	E
FKM	Fluorkautschuk	E
MC	Metylcellulose	D
MF	Melamin-Formaldehyd	D
PA	Polyamid	T
PAN	Polyacrylnitril	T
PB	Polybutylen (Polybuten)	T
PC	Polycarbonat	T
PE	Polyethylen	T
PIB	Polyisobutylen	T
PMMA	Polymethylmethacrylat	T
PP	Polypropylen	T
PS	Polystryrol	T
PTFE	Polytetrafluorethylen (Polyetrafluorethen)	T
PUR	Polyurethan	D,T
PVAC	Polyvinylacetat	T
PVC	Polyvynilchlorid	T
PVDF	Polyvynilidenfluorid	T
SAN	Styrol-Acrylnitril	T
SI	Silikon	E
SP	Polyester, gesättigt	D
UF	Harnstoff-Formaldehyd	D
UP	Polyester, ungesättigt	D

Symbol	Eigenschaft
C	chloriert, kristallin, isotaktisch
D	Dichte
E	verschäumt, verschäumbar, epoxidiert
F	flexibel, fluoriert, flüssig
H	hoch
I	schlagzäh
L	linear, niedrig
M	Masse, mittel, molekular
N	normal
P	weichmacherhaltig, thermoplastisch
R	erhöht, random, Resol, hart
U	ultra, weichmacherfrei, ungesättigt
V	sehr
W	Gewicht
X	vernetzt, vernetzbar

[1)] T = Thermoplast
E = Elastomer
D = Duroplast

3.5.3 Eigenschaften und Verwendung von Kunststoffen

(Normenübersicht ▶ siehe Kap_3.pdf)

Kurzzeichen	Bezeichnung	Handelsnamen	ϱ kg/dm³	R_m N/mm²	α 1/K	λ W/(m · K)	ϑ_{zul} °C	Verwendung
Thermoplaste								
ABS	Acrylnitril-Butadien-Styrol	Novodur, Terluran	1,06	40 … 50	0,00008	0,15	+100	HT-Abwasserrohr
ASA	Acrylnitril-Styrol-Acrylat	Luran	1,06	45 … 60	bis 0,000011	0,17	bis +100	HT-Abwasserrohr
PVC-U	Polyvinylchlorid-hart	Hostalit, Vestolit	1,38	50	0,00008	0,16	+70	Dachrinne, Behälter, Rohr
PVC-P	-weich	Tivolen	1,30	8 … 25	0,00020	0,17	+60	Abdichtungsbahn, Profil, Folie
PVC-C	-chloriert	PVCC	1,40	50	0,00008	–	+95	Kalt- und Warmwasser
PVDF	Polyvinylidenfluorid	Sygef	1,78	57	0,00012	0,13	–40 … +40	Rohr, Folie
PE-HD	Polyethylen -hoher Dichte	Hostalen, Lupolen	0,95	20	0,00016	0,42	–60	Gas-, Trink-, Abwasserrohr
PE-LD	-niedriger Dichte	Vestolen	0,92	11 … 20	0,00022	0,35	bis +60	Öltank, Folie
PE-X	-vernetzt	Lupolen	0,94	18	0,00018	0,43	+95	Heizung, TW (PW) und TWW (PWC)
PS	Polystyrol	Hostyren	1,05	40 … 50	0,00008	0,15	+70	Gehäuse, Schauglas, Verpackung
PS-E	-Hartschaum	Exporit, Styropor	bis 0,05	22 … 34	–	0,041	–200 … +70	Schaumstoff, Wärmedämmung
PA	Polyamid	Durethan, Ultramid	1,13	35 … 75	0,00010	0,26	+100	Schlauch, Rohr, Textilfaser
PA6	Polyamid	Nylon	1,12 … 1,16	55 … 130	0,00007 … 0,00011	0,21 … 0,23	80 … 100	Rohr, Textilfaser
PMMA	Polymethylmethacrylat	Plexiglas, Resatglas	1,18	70	0,00008	0,19	+68	Verglasung, Formmasse
PB	Polybutylen	Duraflex	0,93	17	0,00015	0,21	+95	Heizungs-, WW-Rohr
PIB	Polyisobuten	Oppanol, Rhepanol	0,93	3	0,00010	0,28	–30 … +70	Fugenmasse, Dichtungsband
PP	Polypropylen	Hostalen, Novolen	0,91	33	0,00010	0,28	+95	HT-Abwasserrohr, Verpackung
PP-C	PP-Copolymerisat	Hostalen	0,91	21	0,00018	0,24	+60	Fußbodenheizung
Duroplaste								
UP-Harz	ungesättigter Polyesterh.	Palatal, Vestopal	1,3 … 1,6	80 … 140	0,000025	0,21	–50 … +130	Kunstharz-Beton, Klebstoff
EP	Expoxidharz	Avaldit	1,15 … 1,2	ähnlich wie UP-Harz				Industrieboden
PUR-Sch.	Polyurethan-Hartschaum	Moltopren, Contipren	0,015 0,050	0,2 … 2	–	0,035	–40 bis +90	Wärmedämmung, Polstermaterial
UF-Sch.	Harnstoffharz-Schaum	Iso-Schaum	bis 0,015	–	–	0,041	+100	Schaumstoff, Bindemittel

Elastomere

Kurzzeichen	chemische Bezeichnung	Dichte ϱ in kg/dm³	Festigkeit in N/mm²	obere Gebrauchstemperatur ϑ_{zul} in °C
CIIR	Butil	1,11	13	110
	Sehr gut beständig bei Alterung, Laugen und Säuren, auch in Verbindung mit hohen Temperaturen. Ozon- u. hitzebeständig, mit sehr guter Gas- u. Luftundurchlässigkeit			
CR z. B. CR-SBR 50	Chloroprene, Neopren	1,25	6	70
	Witterungs- u. ozonwiderstandsfähige beständige Qualitäten. Auch in Verbindung mit Öl, Säure u. Laugen. für mittlere oder hohe Beanspruchungen			
CSM z. B. Hypalon 65	Hypalon	1,53	4,5	100
	Sehr gut beständig gegen Benzin, Öl, Säuren und Laugen, auch bei hoher Beanspruchung und in Verbindung mit hohen Temperaturen, ozon- und hitzebeständig mit sehr guten mechanischen Eigenschaften			
EPDM z. B. EPDM-SBR 60	Äthylenkautschuk	1,28	5	100
	Witterungs- und ozonwiderstandsfähig sowie beständig mittlere bis hohe Beanspruchungen Einsatz in Verbindung mit Laugen u. Säuren **nicht** für Benzin, Lösungsmittel, Mineralöle			
NBR z. B. NBR-SBR 50	Nitrilkautschuk	1,25	5	70
	Öl-, fett- sowie kraftstoffwiderstandsfähig sowie beständig mittlere bis hohe Beanspruchungen **nicht** beständig gegen Ester und Ketone			

3.6 Glas *plastics*

DIN EN 572-1/2 : 2016-06/2012-11

Glas wird unterschieden in seinen Herstellungsformen, z. B. Floatglas, Drahtglas, Flachglas …
Bezeichnungsbeispiel für Floatglas:

Floatglas – EN 572-2 – klar 3 mm, 6000 mm × 3210 mm

→ Abmaße (Dicke × Länge × Breite)
→ Färbung oder klar
→ Norm
→ Art

3.7 Korrosion *corrosion*

3.7.1 Korrosionsarten

DIN EN ISO 8044 : 2015-12

Wichtige Normen zu Korrosion in der Anlagentechnik:
DIN EN ISO 8044: beschreibt und definiert wichtige Korrosionsbegriffe
DIN EN 12 503: beschreibt die Bewertung der Korrosionswahrscheinlichkeit bei metallischen Materialien in Wasserleitungssystemen aufgrund von interner Korrosion bzgl.

- Werkstoffeigenschaften
- Wasserbeschaffenheit
- Planung und Verarbeitung von Wasserleitungssystemen
- Dichtheitsprüfung und Inbetriebnahme von Wasserleitungssystemen
- Betriebsbedingungen
- Bewertung der Korrosionswahrscheinlichkeit
- …

DIN 50930-6: beschreibt die Trinkwasserbeschaffenheit im Inneren von Rohrleitungen, Behältern und Apparaten bei Korrosionsbelastung
DIN 1988-7: benennt Maßnahmen, die bei der Errichtung und dem Betrieb von Trinkwasser-Installationen getroffen werden können, um die Korrosionswahrscheinlichkeit der Werkstoffe und die Steinbildung in den Rohrleitungen und Apparaten gering zu halten.
DIN EN 14868: benennte Einflussfaktoren der durch Innenkorrosion bedingten Korrosionswahrscheinlichkeit metallischer Bauteile (Rohre, Behälter, Kessel, Wärmeaustauscher, Pumpen usw.) in Wasser-Rezirkulationssystemen in Gebäuden.
…
VDI 2035: beschreibt in

- Teil 1: Steinbildung in Trinkwassererwärmungs- und Warmwasser-Heizungsanlagen
- Teil 2: Wasserseitige Korrosion
- Teil 3: Abgasseitige Korrosion

Arten	Darstellung	Ursachen
Gleichmäßige Flächenkorrosion	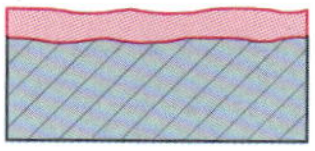	Luft, Wasser, Säuren, Verunreinigungen auf der Oberfläche
Lochkorrosion	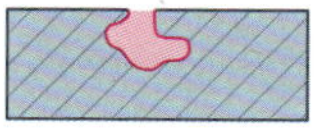	örtliche Korrosion durch elektrochemischen Angriff oder durch punktuelle Einwirkungen, z. B. von Säuren
Kontaktkorrosion	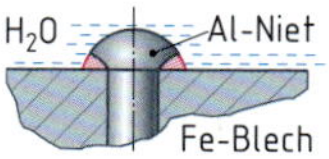	direkte Berührung von Werkstoffen mit unterschiedlichem Potential sowie einem Elektrolyten
Selektive Korrosion	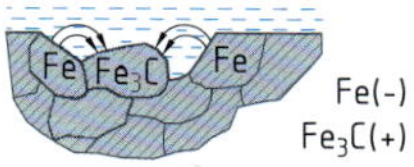	innerhalb des Werkstücks durch unterschiedliche Potentiale der Legierungsbestandteile
Interkristalline Korrosion	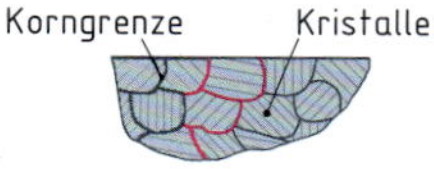	innerhalb des Werkstücks durch elektrochemische Zersetzung an den Korngrenzen
Transkristalline Korrosion	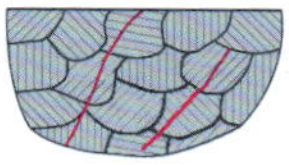	Innerhalb des Werkstücks durch Wechselbeanspruchung und daraus resultierende Risse

3.7.2 Spannungsreihe

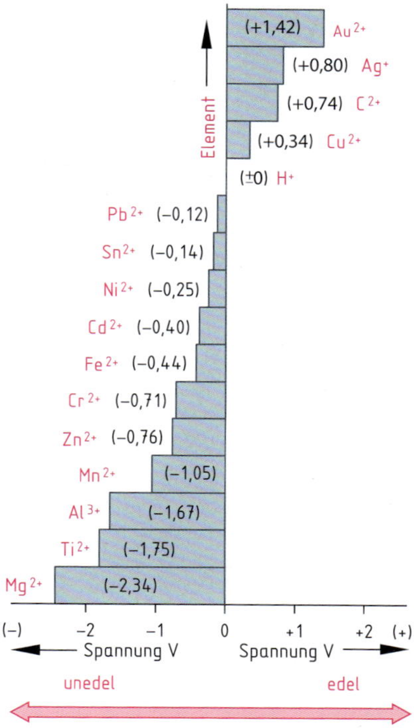

3.7.3 Methoden des Korrosionsschutzes

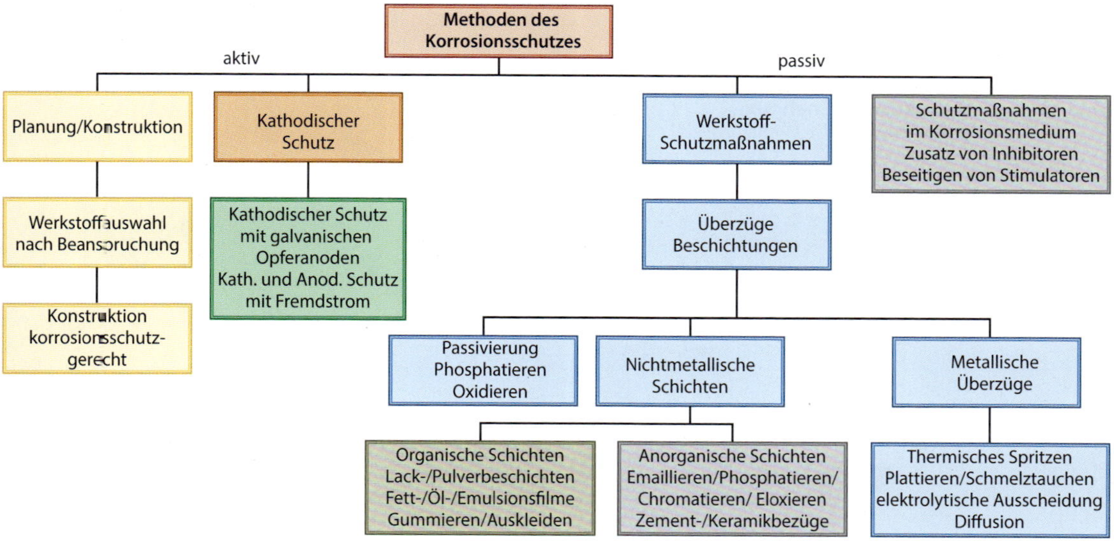

Aktiver Korrosionsschutz beinhaltet Maßnahmen, welche die Korrosionsreaktionen unmittelbar beeinflussen und greift in den chemischen Prozess der Rostbildung ein. Aktiver Korrosionsschutz geht einen offensiven Weg.

Passiver Korrosionsschutz zielt darauf ab, durch Isolation (Beschichtung, Überzug, konstruktive Maßnahmen) des metallischen Bauteils dieses gegen „korrosive Medien" wie Wasser abzuschirmen.

Permanenter Korrosionsschutz schützt Güter am Verwendungsort durch Verzinnen, Galvanisieren, Lackieren, Emaillieren und Verkupfern.

Temporärer Korrosionsschutz schützt Güter während des Transports oder kurzfristiger Lagerung durch Schutzschichten z. B. Folien, Trockenmittel z. B. Tonerde (Absorbieren von Feuchtigkeit) oder die VCI-Methode (Volatile Corrosion Inhibitor) bei der Hemmstoffe chemische Reaktionen hemmen oder ganz verhindern.

3.7.4 Korrosionsschutzgerechte Gestaltung

DIN EN ISO 12 944-3 : 2018-04

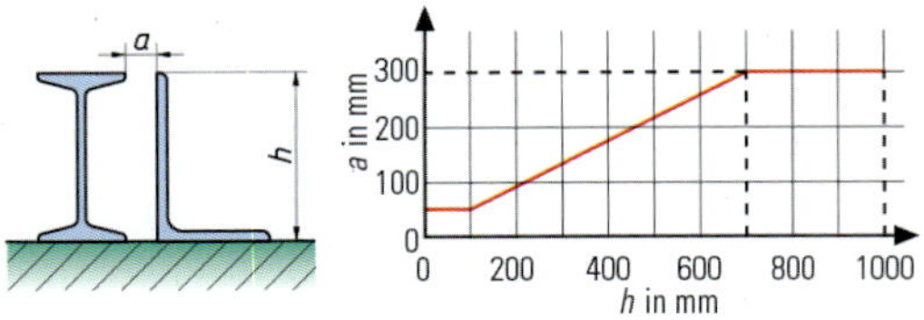

Zulässiger Mindestabstand *a* zwischen zwei Bauteilen in Abhängigkeit von der Höhe *h*

Zulässiger Mindestabstand *a* zwischen einem Bauteil und einer angrenzenden Fläche in Abhängigkeit von der Höhe *h* der Bauteile (bei *h* > 1000 mm sollte *a* ≥ 800 mm sein)

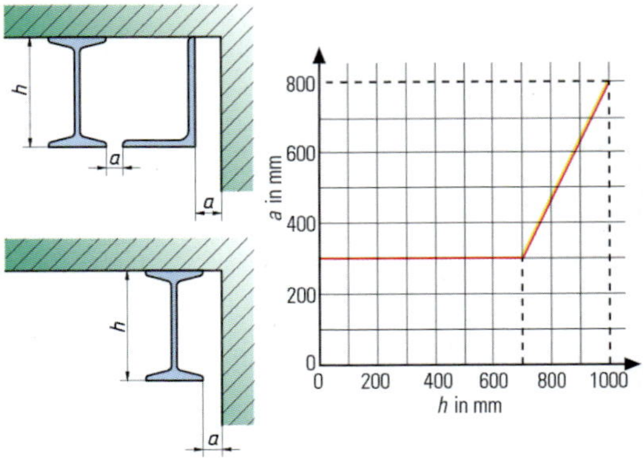

Grundregeln zur korrosionsgerechten Gestaltung

Profilauswahl

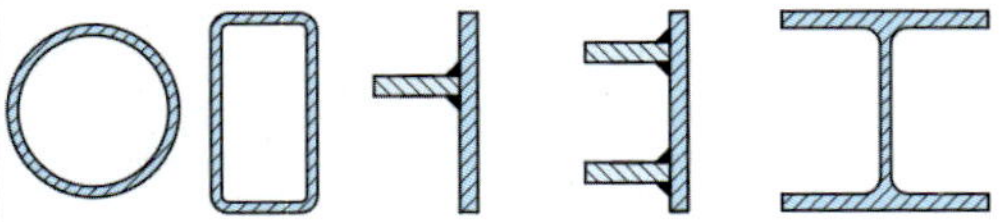

Möglichst einteilige Profile verwenden

Profilanordnung

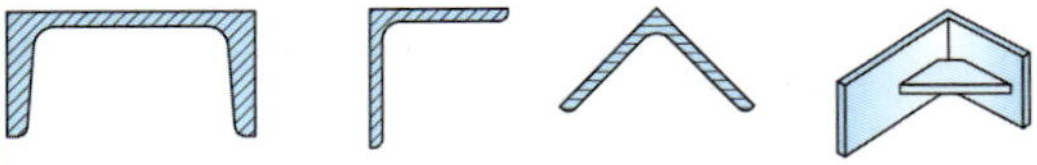

Profilöffnungen nach unten legen; Ablauföffnungen in den Ecken vorsehen

Profilauswahl

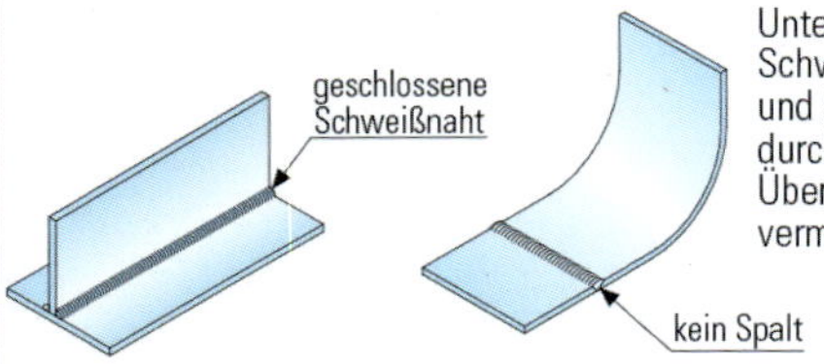

Unterbrochene Schweißnähte und Spalten durch Überlappung vermeiden

Profilanordnung

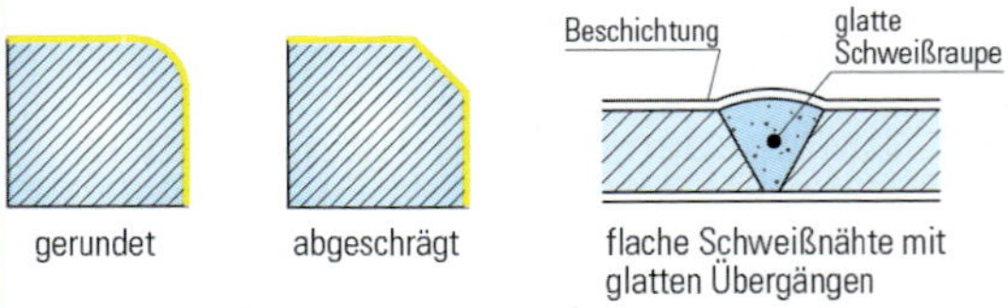

Allgemeine konstruktive Maßnahmen

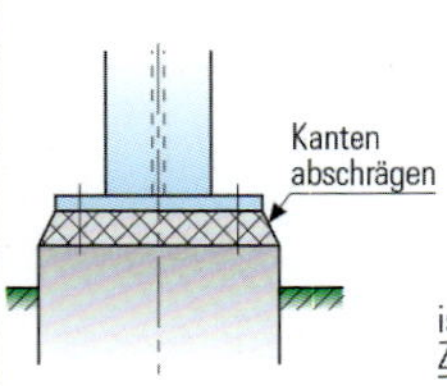

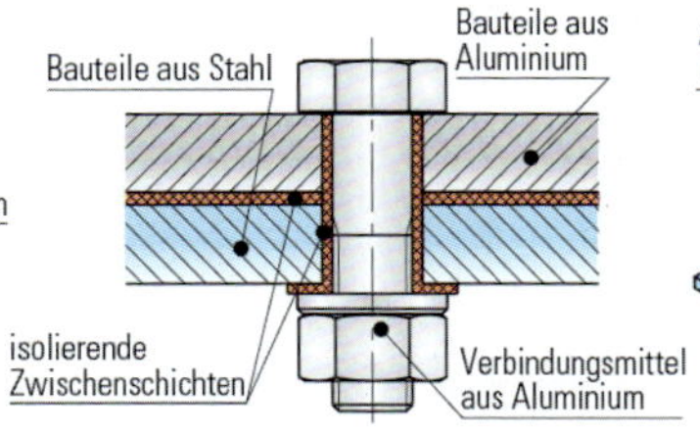

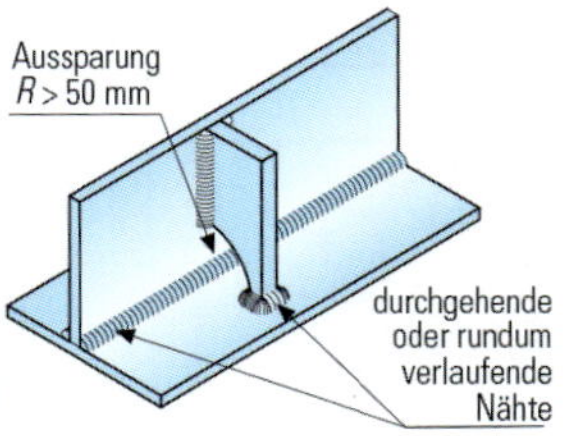

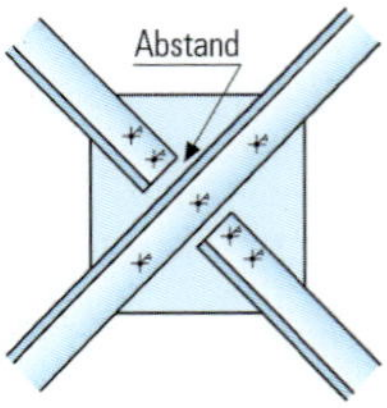

3.8 Warmgewalzte Stahlprofile

3.8.1 Warmgewalzte rundkantige U-Profile

DIN 1026-1 : 2009-04

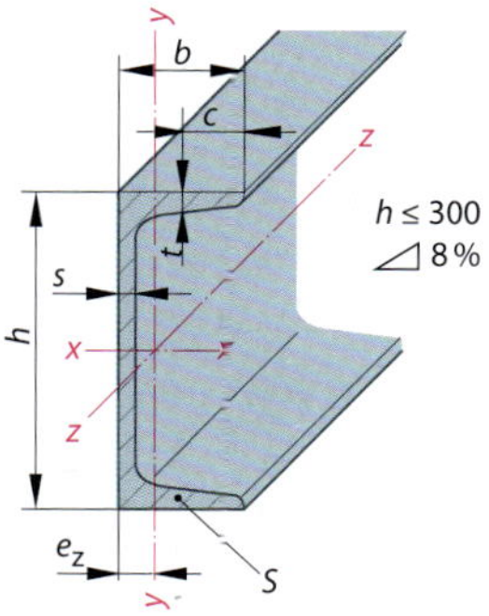

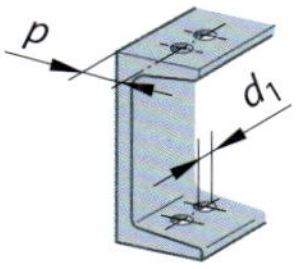

Kurzzeichen	Anreißmaße[1]	
U	*p* in mm	Ø-Schraube[2] in mm
30	–	–
40	–	–
50	–	–
60	–	–
80	–	–
100	–	–
120	–	–
160	34 … 42	M12
200	39 … 46	M16

Kurzzeichen	Abmessungen[1]					Statische Kennwerte					Längenbezogene	
						„starke" Achse *x – x*		„schwache" Achse *y – y*			Masse	Oberfläche
U	*h* in mm	*b* in mm	*s* in mm	*t* in mm	Querschnittsfläche *S* in cm^2	I_x in cm^4	W_x in cm^3	I_y in cm^4	W_y in cm^3	Abstand Schwerachse *z – z* e_z in cm	m' in $\frac{kg}{m}$	A_o' in $\frac{m^2}{m}$
30	30	33	5	7	5,44	6,39	4,26	5,33	2,68	1,31	4,27	0,174
40	40	35	5	7	6,21	14,1	7,05	6,68	3,08	1,33	4,87	0,199
50	50	38	5	7	7,12	26,4	10,6	9,12	3,75	1,37	5,59	0,232
60	60	30	6	6	6,46	31,6	10,5	4,51	2,16	0,91	5,07	0,215
80	80	45	6	8	11,0	106	26,5	19,4	6,36	1,45	8,64	0,312
100	100	50	6	8,5	13,5	206	41,1	29,3	8,49	1,55	10,6	0,372
120	120	55	7	9	17,0	364	60,7	43,2	11,1	1,60	13,4	0,434
160	160	65	7,5	10,5	24,0	925	116	85,3	18,3	1,84	16,0	0,546
200	200	75	8,5	11,5	32,2	1 910	191	148	27	2,01	25,3	0,661

I: Flächenmoment, *W*: Widerstandsmoment
Bezeichnungsbeispiel: U-Profil DIN 1026 – U 100 – S235JR

[1] Hinweis: DIN 997 Anreißmaße wurde ersatzlos zurückgezogen. Vom Bauforum Stahl werden die Abmaße für Anreißlinien von Stangenprofilen in Tabellen bereitgestellt. Sie entsprechen den Vorgaben nach Eurocode 3 (Rand- und Lochabstände)

[2] Der Bohrungsdurchmesser ergibt sich aus der Schraubenauswahl z.B. Sechskantschraube M12 ⇨ ϕ13,5 mm (mittel), Passschraube M12 ⇨ ϕ13 H11

3.8.2 Schmale I-Profile mit schrägen Flanschen

DIN 1025-1 : 2009-04

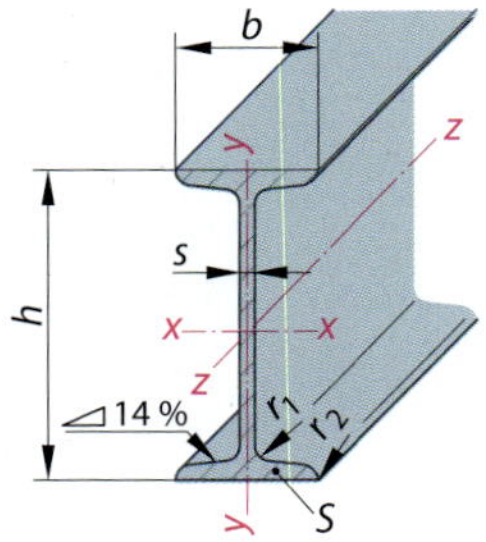

Kurzzeichen	Abmessungen[1]					Statische Kennwerte				Längenbezogene	
						„starke" Achse $x - x$		„schwache" Achse $y - y$		Masse m' in $\frac{kg}{m}$	Oberfläche A_o' in $\frac{m^2}{m}$
I	h in mm	b in mm	s in mm	t in mm	Querschnittsfläche S in cm^2	I_x in cm^4	W_x in cm^3	I_y in cm^4	W_y in cm^3		
80	80	42	3,9	5,9	7,57	77,8	19,5	6,29	3,00	5,94	0,304
100	100	50	4,5	6,8	10,6	171	34,2	12,2	4,88	8,34	0,370
120	120	58	5,1	7,7	14,2	328	54,7	21,5	7,41	11,1	0,439
140	140	66	5,7	8,6	18,2	573	81,9	35,2	10,7	14,3	0,502
160	160	74	6,3	9,5	22,8	935	117	54,7	14,8	17,9	0,575
180	180	82	6,9	10,4	27,9	1 444	160	81,2	19,8	21,9	0,640
200	200	90	7,5	11,3	33,4	2 140	214	117	26,0	26,2	0,709

Bezeichnungsbeispiel: I-Profil DIN 1025 – S235JR – I 100

3.8.3 Mittelbreite I-Profile mit parallelen Flanschen

DIN 1025-5 : 1994-03

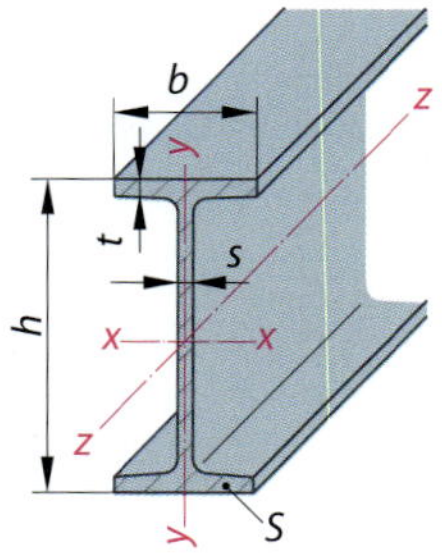

Kurzzeichen	Abmessungen[1]					Statische Kennwerte				Längenbezogene	
						„starke" Achse $x - x$		„schwache" Achse $y - y$		Masse m' in $\frac{kg}{m}$	Oberfläche A_o' in $\frac{m^2}{m}$
IPE	h in mm	b in mm	s in mm	t in mm	Querschnittsfläche S in cm^2	I_x in cm^4	W_x in cm^3	I_y in cm^4	W_y in cm^3		
80	80	46	3,8	5,2	7,64	80,1	20,0	8,49	3,69	6,0	0,328
100	100	55	4,1	5,7	10,3	171	34,2	15,9	5,79	8,1	0,400
120	120	64	4,4	6,3	13,2	318	53,0	27,7	8,65	10,4	0,475
140	140	73	4,7	6,9	16,40	541	77,3	44,9	12,3	12,9	0,551
160	160	82	5,0	7,4	20,1	869	109	68,3	16,7	15,8	0,623
180	180	91	5,3	8,0	23,9	1 320	146	101	22,2	18,8	0,698
200	200	100	5,6	8,5	28,5	1 940	194	142	28,5	22,4	0,768

Bezeichnungsbeispiel: IPE-Profil DIN 1025 – S235JR – IPE 100

3.8.4 Breite I-Profile mit parallelen Flanschen

DIN 1025-2 : 1995-11

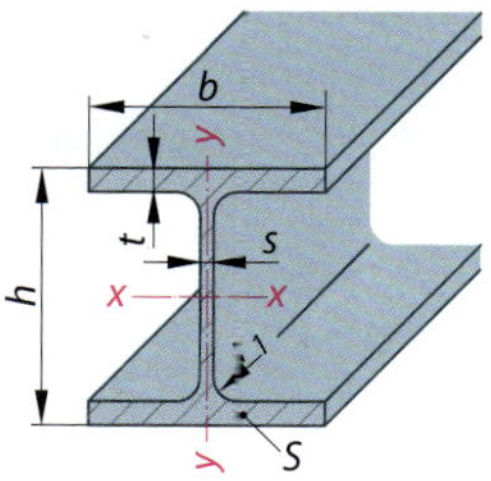

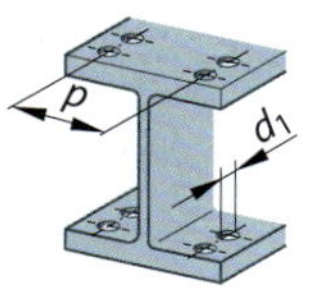

Kurzzeichen	Anreißmaße[1]	
IPB bzw. HE-B	*p* in mm	Ø-Schraube[2] in mm
100	56 … 58	M10
120	60 … 68	M12
140	66 … 76	M16
160	80 … 84	M20
180	86 … 92	M24
200	100	M27

Kurzzeichen	Abmessungen[1]					Statische Kennwerte				Längenbezogene	
						„starke" Achse *x – x*		„schwache" Achse *y – y*			
IPB bzw. HE-B	*h* in mm	*b* in mm	*s* in mm	*t* in mm	Querschnittsfläche *S* in cm²	I_x in cm⁴	W_x in cm³	I_y in cm⁴	W_y in cm³	Masse *m'* in kg/m	Oberfläche A_o' in m²/m
100	100	100	6	10	26,0	450	89,9	167	33,5	20,4	0,567
120	120	120	6,5	11	34,0	864	144	318	52,9	26,7	0,686
140	140	140	7	12	43,0	1 510	216	550	78,5	33,7	0,805
160	160	160	8	13	54,3	2 490	311	889	111	42,3	0,918
180	180	180	8,5	14	65,3	3 830	426	1 360	151	51,2	1,04
200	200	200	9	15	78,10	5 700	570	2 000	200	61,3	1,15

Bezeichnungsbeispiel: IPB-Profil DIN 1025 – S235JR – IPB 100

[1] Hinweis: DIN 997 Anreißmaße wurde ersatzlos zurückgezogen. Vom Bauforum Stahl werden die Abmaße für Anreißlinien von Stangenprofilen in Tabellen bereitgestellt. Sie entsprechen den Vorgaben nach Eurocode 3 (Rand- und Lochabstände).

[2] Der Bohrungsdurchmesser ergibt sich aus der Schraubenauswahl z.B. Sechskantschraube M12
⇨ ϕ13,5 mm (mittel), Passschraube M12 ⇨ ϕ13 H11

3.8.5 Warmgewalzte gleichschenklige rundkantige T-Profile

DIN EN 10055 : 1995-12

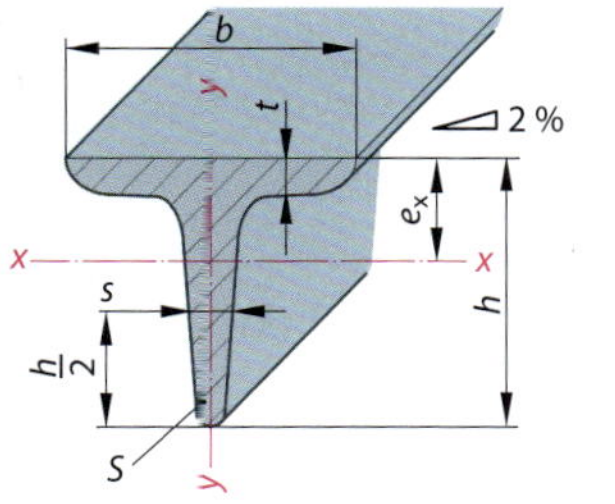

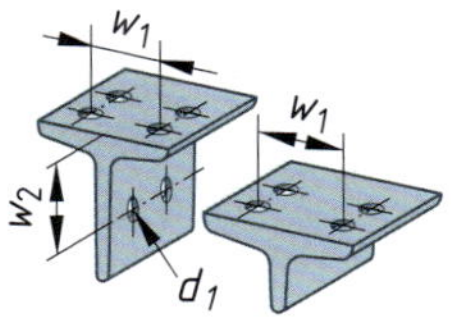

Kurzzeichen	Anreißmaße[1]		
T	w_1 in mm	w_2 in mm	d_1 in mm
40	21	22	6,4
50	30	30	6,4
60	34	35	8,4
70	38	40	11
80	45	45	11
100	60	60	13
120	70	70	17
140	80	80	21

Kurzzeichen	Abmessungen[1]				Statische Kennwerte					Längenbezogene	
					„starke" Achse *x – x*		„schwache" Achse *y – y*				
T	*h* in mm	*b* in mm	*s* = *t* in mm	Querschnittsfläche *S* in cm²	I_x in cm⁴	W_x in cm³	I_y in cm⁴	W_y in cm³	Abstand Schwerachse $z - z\ e_z$ in cm	Masse *m'* in kg/m	Oberfläche A_o' in m²/m
40	40	40	5	3,77	5,28	1,84	2,58	1,29	1,12	2,96	0,153
50	50	50	6	5,66	12,1	3,36	6,06	2,42	1,39	4,44	0,191
60	60	60	7	7,94	23,8	5,48	12,2	4,07	1,66	6,23	0,229
70	70	70	8	10,6	44,5	8,79	22,2	6,32	1,94	8,32	0,268
80	80	80	9	13,6	73,7	12,8	37	9,25	2,22	10,7	0,307
100	100	100	11	20,9	179	24,6	88,3	17,7	2,74	16,9	0,383
120	120	120	13	29,6	366	42,0	178,0	29,7	3,28	23,2	0,459
140	140	140	15	39,9	660	64,7	330,0	47,2	3,80	31,3	0,537

Bezeichnungsbeispiel: T-Profil EN 10055 – T100 – S235JR

3.8.6 Warmgewalzte ungleichschenklige rundkantige L-Profile DIN EN 10056-1 : 2017-06

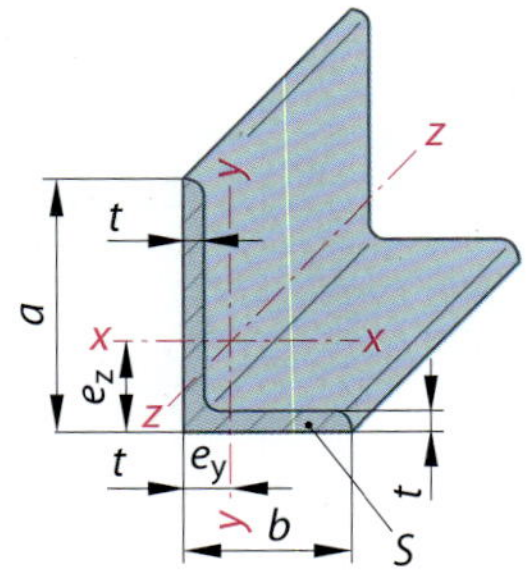

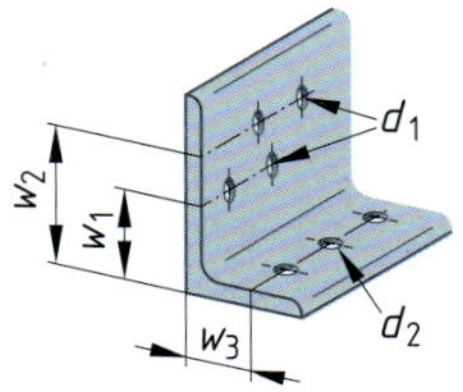

Kurzzeichen	Anreißmaße[1]				
L	w_1 in mm	w_2 in mm	w_3 in mm	d_1 max.	d_2 max.
30 × 20 × 3					
40 × 20 × 3					
50 × 30 × 5*	35			11	
60 × 40 × 5	36			13	
80 × 40 × 6	46			25	
100 × 50 × 8	53			28	
120 × 80 × 10	60		47	28	21
150 × 75 × 9	53	113	47	25	21

Kurzzeichen	Abmessungen[1]						Statische Kennwerte				Längenbezogene	
							„starke" Achse		„schwache" Achse			
L	*a* in mm	*b* in mm	*t* in mm	Querschnittsfläche *S* in cm^2	Abstand e_z in cm	Abstand e_y in cm	I_x in cm^4	W_x in cm^3	I_y in cm^4	W_y in cm^3	Masse *m'* in $\frac{kg}{m}$	Oberfläche A_o' in $\frac{m^2}{m}$
30 × 20 × 3	30	20	3	1,43	1,0	0,5	1,25	0,62	0,44	0,29	1,12	0,097
40 × 20 × 4			4	2,26	1,47	0,48	3,59	1,42	0,60	0,39	1,77	0,118
50 × 30 × 5*	50	30	5	3,78	1,73	0,74	9,63	2,86	2,51	1,11	2,96	0,163
60 × 40 × 5	60	40	5	4,79	1,96	0,97	17,2	4,25	6,11	2,02	3,76	0,195
80 × 40 × 6	80	40	6	6,89	2,85	0,88	44,9	8,73	7,59	2,44	5,41	0,234
100 × 50 × 8	100	50	8	11,43	3,59	1,13	116	18,2	19,5	5,04	8,97	0,292
120 × 80 × 10	120	80	10	19,1	3,92	1,95	276	34,1	98,1	16,2	15,0	0,391
150 × 75 × 9	150	75	9	19,6	5,28	1,57	455	46,7	77,9	13,1	15,4	0,582

Bezeichnungsbeispiel: L-Profil EN 10056-1 – 100 × 50 × 8 – S235JR

[1] Die Werte können verwendet werden, wenn sie nicht Eurocode 3 (Rand- und Lochabstände) widersprechen.

3.8.7 Warmgewalzte gleichschenklige rundkantige L-Profile DIN EN 10056-1 : 2017-06

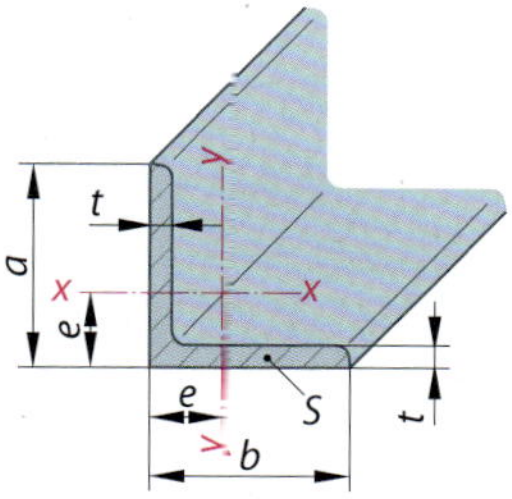

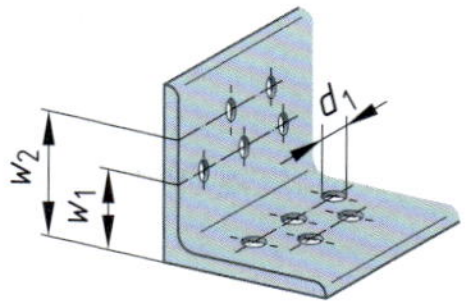

Kurzzeichen	Anreißmaße[1]		
L	w_1 in mm	w_2 in mm	d_1 max.
20 × 20 × 3	–	–	–
30 × 30 × 3	–	–	–
35 × 35 × 4	–	–	–
40 × 40 × 4	–	–	–
50 × 50 × 5	35	–	11
60 × 60 × 6	36	–	13
70 × 70 × 7	42	–	21
80 × 80 × 8	50		25
90 × 90 × 9	55		28
100 × 100 × 10	57	–	28

Kurzzeichen	Abmessungen[1]				Statische Kennwerte		Längenbezogene	
L	a in mm	t in mm	Querschnittsfläche S in cm^2	Abstand $e_z = e_y$ in cm	$I_y = I_z$ in cm^4	$W_y = W_z$ in cm^3	Masse m' in $\frac{kg}{m}$	Oberfläche $A_o{}'$ in $\frac{m^2}{m}$
20 × 20 × 3	20	3	1,12	0,6	0,39	0,28	0,88	0,077
30 × 30 × 3	30	3	1,74	0,84	1,40	0,65	1,36	0,116
35 × 35 × 4	35	4	2,67	1,0	2,96	1,18	2,09	0,136
40 × 40 × 4	40	4	3,08	1,12	4,48	1,56	2,42	0,155
50 × 50 × 5	50	5	4,8	1,4	11	3,05	3,77	0,194
60 × 60 × 5	60	5	5,82	1,64	19,4	4,45	4,57	0,233
70 × 70 × 7	70	7	9,4	1,97	42,4	8,43	7,38	0,272
80 × 80 × 8	80	8	12,3	2,26	72,3	12,6	9,63	0,311
90 × 90 × 9	90	9	15,5	2,54	116	18	12,1	0,357
100 × 100 × 10*		10	19,2	2,82	177	24,7	15,04	0,390

Bezeichnungsbeispiel: L-Profil EN 10056-1 – 100 × 100 × 10 – S235JR

[1] DIN 997 für Anreißmaße wurde ersatzlos zurückgezogen. Die genannten Anreißmaße ergeben sich aus Berechnungen für zulässige Rand- und Lochabstände.

4 Fertigungstechnik

4.1 Übersicht der Fertigungsverfahren (DIN 8580)

Einteilung der Fertigungsverfahren nach DIN 8580

Hauptgruppe 1 Urformen	Hauptgruppe 2 Umformen DIN 8582	Hauptgruppe 3 Trennen	Hauptgruppe 4 Fügen DIN 8593-0	Hauptgruppe 5 Beschichten	Hauptgruppe 6 Stoffeigenschaft ändern
Merkmal: Erzeugen der Form, wobei Zusammenhalt geschaffen wird	Merkmal: Ändern der Form, wobei der Zusammenhalt beibehalten wird.	Merkmal: Erzeugen der Form, wobei Zusammenhalt vermindert wird	Merkmal: Erzeugen der Form, wobei Zusammenhalt vermehrt wird	Merkmal: Erzeugen der Form, wobei Zusammenhalt vermehrt wird	Merkmal: Ändern der Werkstoffeigenschaften
Gruppe 1.1 Urformen aus dem flüssigen Zustand	Gruppe 2.1 Druckumformen DIN 8583-1	Gruppe 3.1 Zerteilen DIN 8588	Gruppe 4.1 Zusammensetzen DIN 8593-1	Gruppe 5.1 Beschichten aus dem flüssigen Zustand	Gruppe 6.1 Verfestigen durch Umformen
Gruppe 1.2 Urformen aus dem plastischen Zustand	Gruppe 2.2 Zugdruckumformen DIN 8584-1	Gruppe 3.2 Spanen mit geometrisch bestimmten Schneiden DIN 8589-0	Gruppe 4.2 Füllen DIN 8593-2	Gruppe 5.2 Beschichten aus dem plastischen Zustand	Gruppe 6.2 Wärmebehandeln DIN EN 10052
Gruppe 1.3 Urformen aus dem breiigen Zustand	Gruppe 2.3 Zugumformen DIN 8585-1	Gruppe 3.3 Spanen mit geometrisch unbestimmten Schneiden DIN 8589-0	Gruppe 4.3 An- und Einpressen DIN 8593-3	Gruppe 5.3 Beschichten aus dem breiigen Zustand	Gruppe 6.3 Thermomechanisches Behandeln
Gruppe 1.4 Urformen aus den körnigen oder pulverförmigen Zustand	Gruppe 2.4 Biegeumformen DIN 8586	Gruppe 3.4 Abtragen DIN 8590	Gruppe 4.4 Fügen durch Urformen DIN 8593-4	Gruppe 5.4 Beschichten aus dem körnigen oder pulverförmigen Zustand	Gruppe 6.4 Sintern Brennen
Gruppe 1.5 Urformen aus den span- oder faserförmigen Zustand	Gruppe 2.5 Schubumformen DIN 8587	Gruppe 3.5 Zerlegen DIN 8591	Gruppe 4.5 Fügen durch Umformen DIN 8593-5	Gruppe 5.6 Beschichten durch Schweißen	Gruppe 6.5 Magnetisieren
Gruppe 1.8 Urformen aus dem gas- oder dampfförmigen Zustand		Gruppe 3.6 Reinigen DIN 8592	Gruppe 4.6 Fügen durch Schweißen DIN 8593-6	Gruppe 5.7 Beschichten durch Löten	Gruppe 6.6 Bestrahlen
Gruppe 1.9 Urformen aus dem ionisierten Zustand			Gruppe 4.7 Fügen durch Löten DIN 8593-7	Gruppe 5.8 Beschichten aus den gas- oder dampfförmigen Zustand (Vakuumbeschichten)	Gruppe 6.7 Photochemische Verfahren
			Gruppe 4.8 Kleben DIN 8593-8	Gruppe 5.9 Beschichten aus dem ionisierten Zustand	
			Gruppe 4.9 Textiles Fügen		

4.2 Fügen durch Schrauben

4.2.1 Gewindearten – Übersicht *thread types*

DIN 202 : 1999-11

Benennung	**Gewindeprofil**	**Kennbuchstabe**	**Kurzzeichen (Beispiel)**	**Gewinde-∅, Rohrnennweite**	**Norm**	**Anwendungsbeispiel**
Metrisches ISO-Gewinde	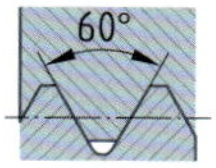	M	M16	1 … 68 mm	DIN 13-1	Allg. Regelgewinde
			M12 × 1	1 … 1000 mm	DIN 13-2 … 11	Allg. Feingewinde
Metrisches Gewinde mit großem Spiel	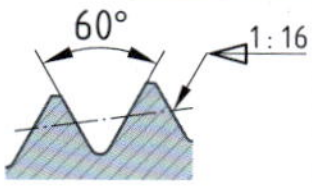		M36	12 … 180 mm	DIN 2510	Schrauben mit Dehnschaft
Metrisches kegeliges Außengewinde			M36 × 2	6 … 60 mm	DIN 158-1, 2	Verschlussschrauben, Schmiernippel
Zylindrisches Rohrgewinde (**nicht** im Gewinde **dichtend**)	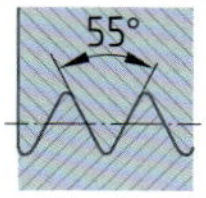	G	G 1 1/2	1/8 … 6 inch	DIN EN ISO 228-1, 2	Rohrgewinde (innen und außen) für Rohrverbindungen
Zylindrisches Rohrgewinde (im Gewinde **dichtend**)	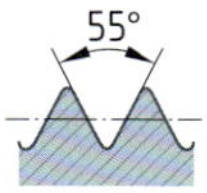	R_p	R_p 3/8	1/16 … 6 inch	DIN EN 10226-1	
Zylindrisches Innengewinde und kegeliges Außengewinde	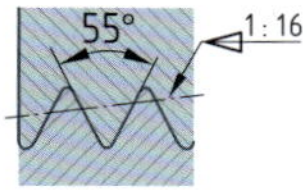		R_p 1/2	1/8 … 1 1/2 inch	DIN 3858[1]	Rohrgewinde (im Gewinde **dichtend**) für Rohrgewindeverbindung (mittelschwere Gewinderohre nach DIN EN 10255), Gewinderohre, Fittings
Kegeliges Rohrgewinde (im Gewinde **dichtend**)	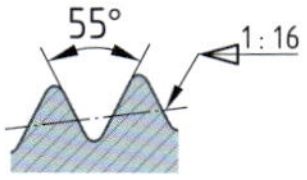	R	R 3/4	1/16 … 6 inch	DIN EN 10226-1	
			R_p 1/2	1/8 … 1 1/2 inch	DIN 3858[2]	
Blechschraubengewinde	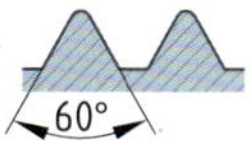	ST	ST 3,5	1,5 … 9,5 mm	DIN EN ISO 1478	Blechschrauben z. B. für Blechgehäuse und -kanäle
Metrisches ISO-Trapezgewinde	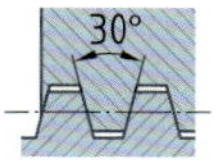	Tr	TR 36 × 6	8 … 300 mm	DIN 103-1 … 8	Bewegungsgewinde, z. B. Spindeln für Schraubstock, Drehmaschine
Zylindrisches Rundgewinde	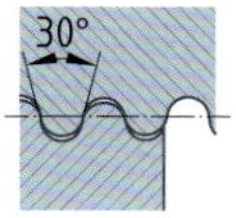	Rd	Rd 40 × 1/6	8 … 200 mm	DIN 405-1 … 3	Allgemein, z. B. Rohrstützen, Armaturen
			Rd 40 × 5	10 … 300 mm	DIN 20400	Rundgewinde mit großer Tragtiefe, z. B. Kranhaken
Metrisches Sägengewinde	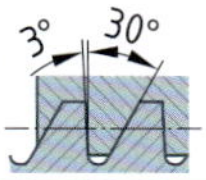	S	S 48 × 8	10 … 640 mm	DIN 513-1 … 3	einseitiges Bewegungsgewinde

[1] Für Rohrverschraubungen
[2] ((wie 1))

Metrisches ISO-Gewinde (Regelgewinde)

DIN 13-1 : 1999-11

ISO metric screw thread (standard thread)

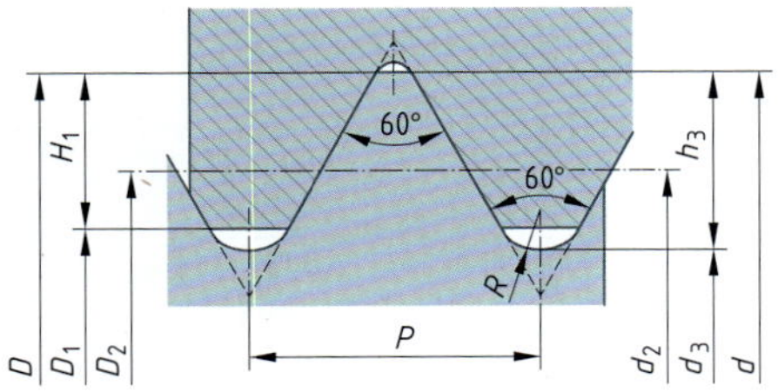

Nenndurchmesser	$d = D$
Steigung	P
Flankenwinkel	60°
Gewindetiefe: Bolzen	$h_3 = 0{,}6134 \cdot P$
Mutter	$H_1 = 0{,}5413 \cdot P$
Flankendurchmesser	$d_2 = D_2 = d - 0{,}6495 \cdot P$
Kerndurchmesser: Bolzen	$d_3 = d - 1{,}2269 \cdot P$
Mutter	$D_1 = d - 1{,}0825 \cdot P$
Rundung	$R = 0{,}1443 \cdot P$
Höhe des Profildreiecks	$H = 0{,}8660 \cdot P = \frac{\sqrt{3}}{2} \cdot P$
Kernlochdurchmesser	$= d - P$
Spannungsquerschnitt	$S = \frac{\pi}{4} \cdot \left(\frac{d_2 + d_3}{2}\right)^2$

Gewindebezeichnung $D = d$ Reihe 1	**Steigung *P***	**Kern-Ø**		**Kernloch-Ø**	**Spannungsquerschnitt *S***	**Schlüsselweite SW**
		Bolzen d_3	**Mutter D_1**			
M3	0,5	2,378	2,459	2,5	5,03	6
M4	0,7	2,764	2,850	3,2	6,78	7
M5	0,8	4,019	4,134	4,2	14,2	8
M6	1	4,773	4,914	5	20,1	10
M8	1,25	6,466	6,647	6,8	36,6	13
M10	1,5	8,160	8,376	8,5	58	16
M12	1,75	9,853	1,106	10,2	84,3	18
M16	2	13,546	13,835	14	157	24
M20	2,5	16,933	17,294	17,5	245	30
M24	3	20,319	20,752	21	353	36
M30	3,5	25,706	26,211	26,5	561	46

Metrisches ISO-Gewinde (Feingewinde)

DIN 13-2 : 1999-11

metric screw thread (fine-pitch thread)

Gewindebezeichnung $d \times P$	**Kern-Ø**		**Gewindebezeichnung $d \times P$**	**Kern-Ø**		**Gewindebezeichnung $d \times P$**	**Kern-Ø**	
	Bolzen d_3	**Mutter D_1**		**Bolzen d_3**	**Mutter D_1**		**Bolzen d_3**	**Mutter D_1**
M3 × 0,35	2,571	2,621	**M24 × 1,5**	22,160	22,376	**M72 × 2**	69,546	69,835
M4 × 0,5	3,387	3,549	**M24 × 2**	21,564	21,835	**M72 × 3**	68,319	68,752
M5 × 0,5	4,387	4,459	**M30 × 1,5**	28,160	28,376	**M80 × 2**	77,546	77,835
M6 × 0,75	5,080	5,188	**M30 × 2**	27,546	27,835	**M80 × 4**	75,093	75,670
M8 × 1	6,773	6,917	**M36 × 1,5**	34,160	34,376	**M90 × 2**	87,546	87,835
M10 × 0,75	9,080	9,188	**M36 × 2**	33,546	33,835	**M90 × 4**	85,093	85,670
M10 × 1	8,773	8,917	**M42 × 1,5**	40,160	40,376	**M100 × 2**	97,546	97,835
M12 × 1	10,773	10,917	**M42 × 2**	39,546	39,835	**M100 × 4**	95,093	95,670
M12 × 1,25	10,466	10,647	**M48 × 2**	45,546	45,835	**M110 × 4**	105,09	105,67
M14 × 1,5	12,160	12,376	**M48 × 3**	44,319	44,852	**M125 × 4**	120,09	120,67
M16 × 1	14,773	14,917	**M56 × 2**	53,546	53,835	**M140 × 4**	135,09	135,67
M16 × 1,5	14,160	14,376	**M56 × 3**	52,319	52,752	**M160 × 6**	152,64	153,51
M20 × 1	18,773	18,917	**M64 × 2**	61,546	61,835	**M180 × 6**	172,64	173,51
M20 × 1,5	18,160	18,376	**M64 × 3**	60,319	60,752	**M200 × 6**	192,64	193,51

Whitworth-Rohrgewinde für im Gewinde dichtende und nicht dichtende Rohrgewinde
British Standard pipe threads DIN EN 10226-1 : 2004-10, DIN EN ISO 228-1 : 2003-05

(im Gewinde dichtende Verbindungen)

Kegeliges Außengewinde (Kurzzeichen R)

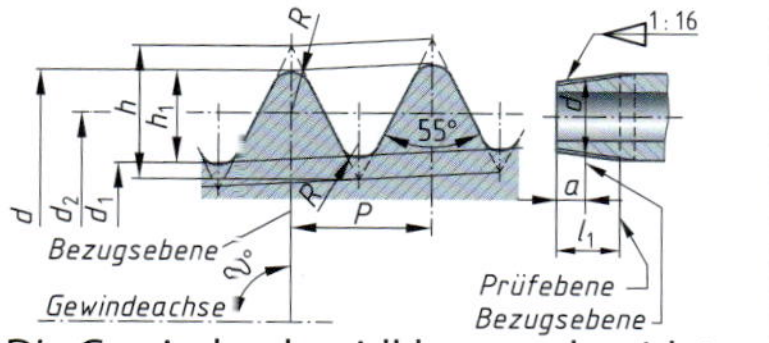

Die Gewindeschneidkluppe schneidet die Steigung von 1/16 von selbst

Zylindrisches Innengewinde (Kurzzeichen Rp)

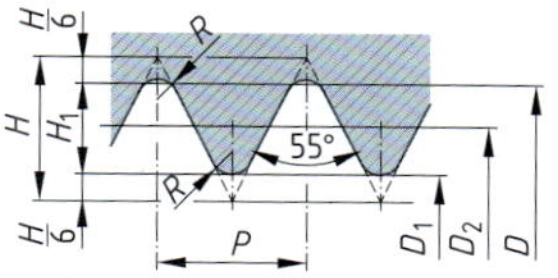

Rohrgewinde nicht dichtend ISO 228-1
Innen- und Außengewinde zylindrisch (Kurzzeichen G)

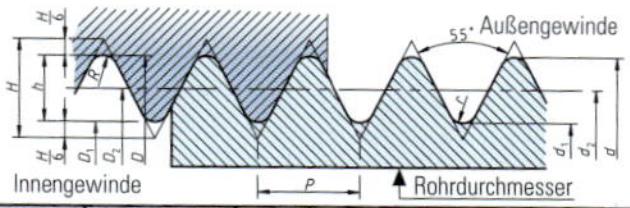

Gewindedurchmesser	$d = D$
Gangzahl auf 25,4 mm	Z
Steigung	$P = \dfrac{25{,}4\,\text{mm}}{Z}$
Flankendurchmesser	$D_2 = d_2 = d - h_1$
Kerndurchmesser	$D_1 = d_1 = d - 2 \cdot h_1$
Gewindetiefe	$H_1 = h_1 = 0{,}640327 \cdot P$
Flankenwinkel	55°
Rundung	$R = r = 0{,}137329 \cdot P$

Gewindebezeichnung DIN EN 10226-1 ISO 228-1	Außengewinde	Innengewinde	Gangzahl Z	Steigung P	Außen-Ø $D = d$	Kern-Ø $D_1 = d_1$	Nennweite der Rohre DN (≈ Innen-Ø des Rohres)	Abstand der Bezugsebene a	Nutzbare Gewindelänge l_1
G 1/16	**R 1/16**	**Rp 1/16**	28	0,907	7,723	6,561	3	4,0	6,5
G 1/8	**R 1/8**	**Rp 1/8**	28	0,907	9,728	8,566	6	4,0	6,5
G 1/4	**R 1/4**	**Rp 1/4**	19	1,337	13,157	11,445	8	6,0	9,7
G 3/8	**R 3/8**	**Rp 3/8**	19	1,337	16,662	14,950	10	6,4	10,1
G 1/2	**R 1/2**	**Rp 1/2**	14	1,814	20,955	18,631	15	8,2	13,2
G 3/4	**R 3/4**	**Rp 3/4**	14	1,814	26,441	24,117	20	9,5	14,5
G 1	**R 1**	**Rp 1**	11	2,309	33,249	30,291	25	10,4	16,8
G 1 1/4	**R 1 1/4**	**Rp 1 1/4**	11	2,309	41,910	38,952	32	12,7	19,1
G 1 1/2	**R 1 1/2**	**Rp 1 1/2**	11	2,309	47,803	44,845	40	12,7	19,1
G 2	**R 2**	**Rp 2**	11	2,309	59,614	56,656	50	15,9	23,4
G 2 1/2	**R 2 1/2**	**Rp 2 1/2**	11	2,309	75,184	72,226	65	17,5	26,7
G 3	**R 3**	**Rp 3**	11	2,309	87,884	84,926	80	20,6	29,8
G 4	**R 4**	**Rp 4**	11	2,309	113,030	110,072	100	25,4	35,8
G 5	**R 5**	**Rp 5**	11	2,309	138,430	135,472	125	28,6	40,1
G 6	**R 6**	**Rp 6**	11	2,309	163,830	160,872	150	28,6	40,1

Rundgewinde *knuckle thread*

DIN EN 10226-1 : 2004-10, DIN 405-1,-2 : 1997-11

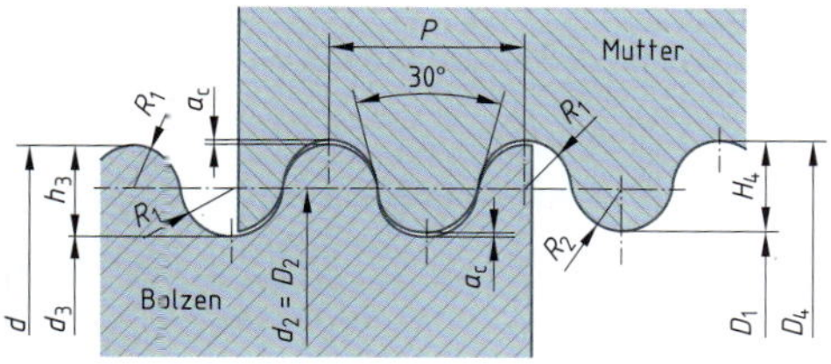

Nenn-Ø	d
Flanken-Ø	$d_2 = D_2 = d - 0{,}5 \cdot P$
Kern-Ø: Bolzen	$d_3 = d - P$
Mutter	$D_1 = d - 0{,}9 \cdot P$
Außen-Ø der Mutter	$D_4 = d + 0{,}1 \cdot P$
Steigung eingängig	P
Steigung mehrgängig	P_h
Anzahl der Gewindeanfänge	$n = \dfrac{P_h}{P}$
Flankenwinkel	30°
Spitzenspiel	$a_c = 0{,}05 \cdot P$
Gewindetiefe	$h_3 = H_4 = 0{,}5 \cdot P$
Rundungen	R_1, R_2, R_3

Bezeichnung $d \times P$ in mm × 25,4 mm	Flanken-Ø $d_2 = D_2$ in mm	Kern-Ø Bolzen d_3 in mm	Kern-Ø Mutter D_1 in mm	Außen-Ø Mutter D_1 in mm	Anzahl der Teilungen auf 25,4 mm
Rd8 × 1/10	6,730	5,460	5,714	8,254	10
Rd10 × 1/10	8,730	7,460	7,714	10,254	10
Rd12 × 1/10	10,730	9,460	9,714	12,254	10
Rd16 × 1/8	14,412	12,825	13,142	16,318	8
Rd20 × 1/8	18,412	16,825	17,142	20,318	8
Rd24 × 1/8	22,412	20,825	21,142	24,318	8
Rd30 × 1/8	28,412	26,825	27,142	30,318	8
Rd36 × 1/8	34,412	32,825	33,142	36,318	8

Anzahl der Teilungen auf 25,4 mm	Steigung P in mm	Spitzenspiel a_c in mm	Gewindetiefe $h_3 = H_3$ in mm	Rundung R_1 in mm	Rundung R_2 in mm	Rundung R_3 in mm
10	2,540	0,127	1,270	0,606	0,650	0,561
8	3,175	0,159	1,588	0,757	0,813	0,702

Trapezgewinde *trapezoidal thread*

DIN 103-1,-2,-4 : 1977-04

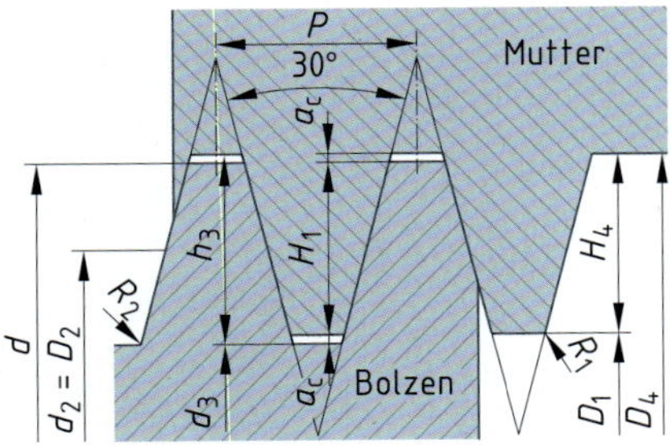

Nenn-Ø	d
Steigung eingängig	P
Steigung mehrgängig	$P_h = n \cdot P$
Gangzahl	n
Flankenwinkel	30°
Gewindetiefe	$h_3 = H_4 = 0{,}5 \cdot P + a_c$
Tragtiefe	$H_1 = 0{,}5 \cdot P$
Flanken-Ø	$d_2 = D_2 = d - 0{,}5 \cdot P$
Kern-Ø: Bolzen	$d_3 = d - (P + 2 \cdot a_c)$
Mutter	$D_1 = d - P$
Außen-Ø der Mutter	$D_4 = d + 2 \cdot a_c$
Spitzenspiel	a_c
Rundungen	R_1, R_2

Maße in mm

Steigung *P*	1,5	2…5	6…12	14…44
Spitzenspiel a_c	0,15	0,25	0,5	1
Rundung R_1	0,075	0,125	0,25	0,5
Rundung R_2	0,15	0,25	0,5	

Bezeichnung $d \times P$ **in mm**	**Flanken-Ø** $d_2 = D_2$ **in mm**	**Kern-Ø**		**Außen-Ø Mutter** D_4 **in mm**
		Bolzen d_3 **in mm**	**Mutter** D_1 **in mm**	
Tr8 × 1,5	7,25	6,2	6,5	8,3
Tr10 × 2	9,0	7,5	8,0	10,5
Tr12 × 3	10,5	8,5	9,0	12,5
Tr14 × 3	12,5	10,5	11,0	14,5
Tr16 × 4	14,0	11,5	12,0	16,5
Tr18 × 4	16,0	13,5	14,0	18,5
Tr20 × 4	18,0	15,5	16,0	20,5
Tr22 × 5	19,5	16,5	17,0	22,5
Tr24 × 5	21,5	18,5	19,0	24,5
Tr26 × 5	23,5	20,5	21,0	26,5
Tr28 × 5	25,5	22,5	23,0	28,5
Tr30 × 6	27,0	23,0	24,0	31,0
Tr32 × 6	29,0	25,0	26,0	33,0
Tr34 × 6	31,0	27,0	28,0	35,0
Tr36 × 6	33,0	29,0	30,0	37,0
Tr38 × 7	34,5	30,0	31,0	39,0
Tr40 × 7	36,5	32,0	33,0	41,0
Tr42 × 7	38,5	34,0	35,0	43,0
Tr44 × 7	40,5	36,0	37,0	45,0
Tr46 × 8	42,0	37,0	38,0	47,0
Tr48 × 8	44,0	39,0	40,0	49,0
Tr50 × 8	46,0	41,0	42,0	51,0
Tr52 × 8	48,0	43,0	44,0	53,0
Tr60 × 9	55,5	50,0	51,0	61,0

Passung der Gewindedurchmesser von Mutter und Bolzen: 7H/7e
Wird ein anders Toleranzfeld verlangt, so muss dieses angegeben werden, z.B. **Tr30 × 6 – 8H/8d.**

4.2.2 Mechanische Eigenschaften von Schrauben aus nichtrostendem Stahl

DIN EN ISO 3506-1 : 2010-04

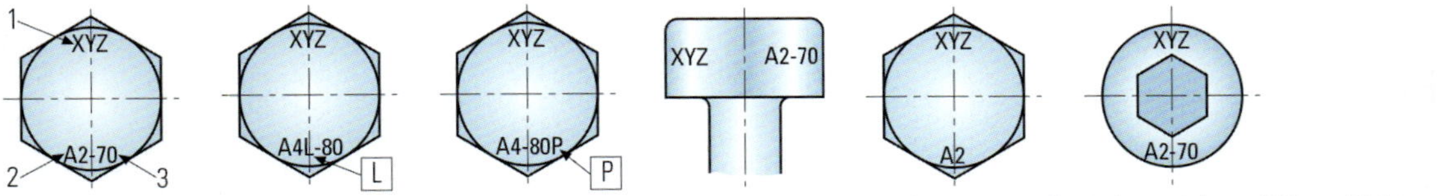

Schrauben, die aufgrund ihrer Geometrie die Anforderungen an die Zug- oder Torsionsfestigkeit nicht erfüllen, dürfen mit der Stahlsorte gekennzeichnet werden, jedoch nicht mit der Festigkeitsklasse.

1: Herstellerzeichen — L = Austenitischer Stahl mit C ≤ 0,3%
2: Stahlsorte — P = Passivierte Schrauben
3: Festigkeitsklasse

Stahlgruppe	Stahlsorte	Festigkeits-klasse *e*	Behandlung/Herstellung	Zugfestigkeit in N/mm²	0,2% Dehngrenze in N/mm²	Bruchdehnung *A* in %
Austenitisch	A1, A2, A3, A4, A5	50	weich	500	210	0,6 · *d*
		70	kaltverfestigt	700	450	0,4 · *d*
		80	stark kaltverfestigt	800	600	0,3 · *d*
Martensitisch	C1	50	weich	500	250	0,2 · *d*
		70	vergütet	700	410	0,2 · *d*
		110	vergütet	1100	820	0,2 · *d*
	C3	80	vergütet	800	640	0,2 · *d*
	C4	50	weich	500	250	0,2 · *d*
		70	vergütet	700	410	0,2 · *d*
Ferritisch	F1	45	weich	450	250	0,2 · *d*
		60	kalverfestigt	600	410	0,2 · *d*

4.2.3 Festigkeitsklassen von Schrauben

property classes of screws

DIN EN ISO 898-1 : 2013-05

Festigkeitsklassen für Schrauben

Erste Ziffer · 100
= Zugfestigkeit R_m in N/mm²

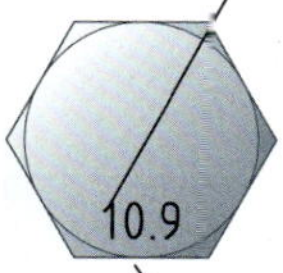

Erste Ziffer · zweite Ziffer · 10
= Streckgrenze in N/mm²

Festigkeitsklasse	4.6	4.8	5.6	5.8	6.8	8.8	9.8	10.9	12.9
Zugfestigkeit in N/mm²	400		500		600	800	900	1000	1200
untere Streckgrenze in N/mm²	240	–	300	–	–	–	–	–	–
0,2 Dehngrenze $R_{p\,0,2}$ in N/mm²	–	–	–	–	–	640	720	900	1080
Bruchdehnung *A* in %	22	–	20	–	–	12	10	9	8

Festigkeitsklassen bei Edelstahlschrauben und Edelstahlmuttern

DIN EN ISO 3506-1 : 2010-04

A	**Kennzeichen Werkstoffgruppe** A = Austenitischer Edelstahl (Chrom-Nickel-Stahl)			
2	**Kennzeichen Stahlgruppe** 1 = Automatenstahl 2 = Kaltstauchstahl legiert mit Chrom und Nickel (klassischer Edelstahl) 3 = Kaltstauchstahl mit Chrom und Nickel legiert und gehärtet mit Titan, Niob und Tantal 4 = Kaltstauchstahl mit Chrom, Nickel und Molybdän (hochsäurebeständig) 5 = Kaltstauchstahl mit Chrom, Nickel und Molybdän (hochsäurebeständig) und gehärtet mit Titan, Niob und Tantal			
70	**Stahlsorte**	**Zugfestigkeit R_m** in N/mm²	**0,2 % Dehngrenze $R_{p0,2}$** in N/mm²	**Bruchverlängerung *A***
	50 A1 70 A2, A4 (Standard) 80A4-80, A5	500 700 800	210 450 600	0,6 d 0,4 d 0,3 d

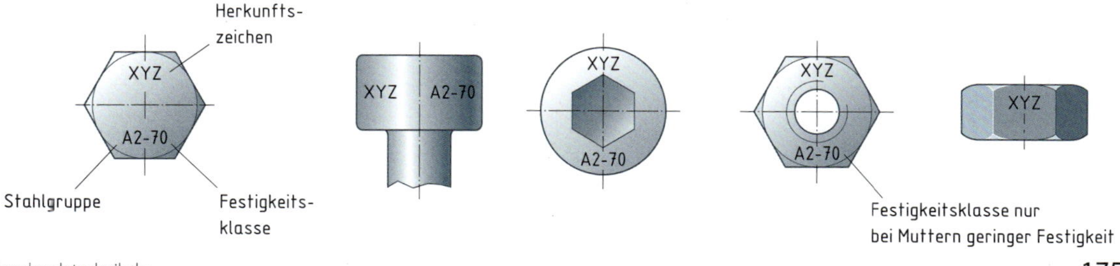

4.2.4 Festigkeitsklassen von Muttern mit Regelgewinde und zugehörende Schrauben aus Stahl

DIN EN ISO 898-2 : 2012-08

Mutterart	Flache Mutter Typ 0 ($0{,}45\ d \leq m_{min} < 0{,}8\ d$)		Normale Mutter Typ 1 ($m_{min} \geq 0{,}8\ d$)			Hohe Mutter Typ 2 ($m_{min} \approx 0{,}9\ d$ oder $m_{min} > 0{,}9\ d$)			
Festigkeitsklasse	04	05	5 ... 8	10	12	8	9	10	12
Gewindebereich	$M5 \leq d \leq M39$, $M8 \times 1 \leq d \leq 39 \times 3$		$M5 \leq d \leq M39$, $M8 \times 1 \leq d \leq M39 \times 3$	$M5 \leq d \leq M39$, $M8 \times 1 \leq d \leq M16 \times 1{,}5$	$M5 \leq d \leq M16$	$M5 \leq d \leq M39$, $M8 \times 1 \leq d \leq M39 \times 3$	$M5 \leq d \leq M39$	$M5 \leq d \leq M39$, $M8 \times 1 \leq d \leq M39 \times 3$	$M5 \leq d \leq M39$, $M8 \times 1 \leq d \leq M16 \times 1{,}5$
Zugehörige Schraube für Muttern Typ 1,2	**Festigkeitsklasse Mutter**			5	6	8	9	10	12
	Festigkeitsklasse Paarungsschraube			≤ 5.8	≤ 6.8	≤ 8.8	≤ 9.8	≤ 10.9	≤ 12.9

Festigkeitsklassen für Muttern aus nichtrostendem Stahl

DIN EN ISO 3506-2 : 2010-04

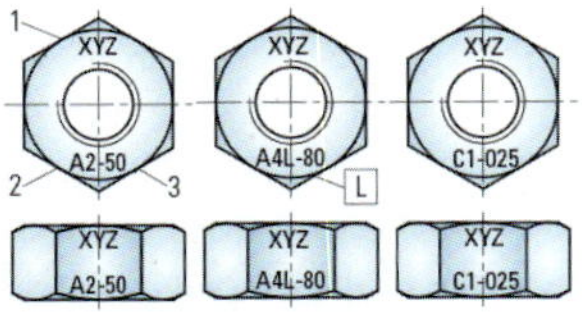

1 Herstellerzeichen
2 Stahlsorte
3 Festigkeitsklasse

L = Austenitischer Stahl mit C ≤ 0,3%
P = Passivierte Schrauben

Stahlgruppe	**Stahlsorte**	**Festigkeitsklasse**		**Behandlung/Herstellung**	**Gewindebereich**
		Muttern Typ 1 Mutterhöhe $m \geq 0{,}8 \cdot d$	**Niedrige Muttern $0{,}5 \cdot d \leq m \leq 0{,}8 \cdot d$**		
Austenitisch	A1, A2, A3, A4, A5	50	025	weich	≤ M39
		70	035	kaltverfestigt	
		80	040	stark kaltverfestigt	
Martensitisch	C1	50	025	weich	≤ M39
		70	035	vergütet	
		110	055	vergütet	
	C3	80	040	vergütet	
	C4	50	025	weich	
		70	035	vergütet	
Ferritisch	F1	45	020	weich	≤ M24
		60	030	kaltverfestigt	

4.2.5 Durchgangslöcher für Schrauben

clearance holesfor screws

DIN EN ISO 20273 : 1992-02

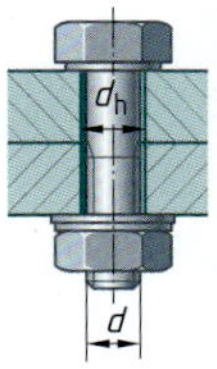

Gewinde-Ø	**Durchgangsloch d_h**			**Gewinde-Ø**	**Durchgangsloch d_h**		
d	**fein**	**mittel**	**grob**	***d***	**fein**	**mittel**	**grob**
M3	3,2	3,4	3,6	M12	13	13,5	14,5
M4	4,3	4,5	4,8	M16	17	17,5	18,5
M5	5,3	5,5	5,8	M20	21	22	24
M6	6,4	6,6	7	M24	25	26	28
M8	8,4	9	10	M30	31	33	35
M10	10,5	11	12				

4.2.6 Mindesteinschraubtiefen l_e für Grundlochgewinde

Empfohlene Richtwerte, bei Feingewinde 25 % Zuschlag

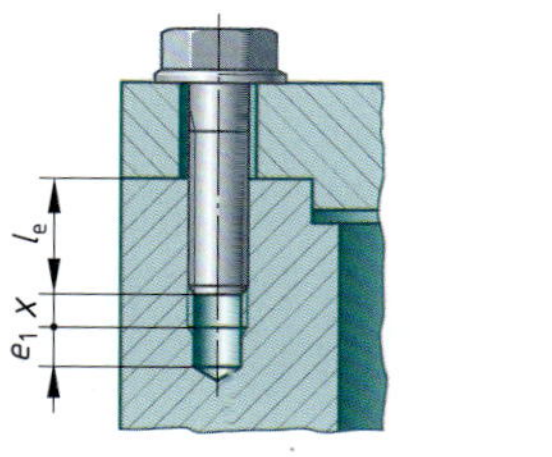

Festigkeitsklasse	3.6; 4.6	4.8 … 6.8	8.8	10.9
Stahl bis 400 N/mm²	0,8 · d	1,2 · d	–	–
Stahl bis 600 N/mm²	0,8 · d	1,0 · d	1,2 · d	1,4 · d
Stahl bis 800 N/mm²	0,8 · d	1,0 · d	1,2 · d	1,2 · d
Grauguss	1,3 · d	1,5 · d	1,5 · d	–
Kupferlegierungen	1,3 · d	1,3 · d	–	–
Aluminiumlegierungen	1,2 · d	1,4 · d	–	–
Kunststoffe	2,5 · d	–	–	–
$x \approx 3 \cdot P$; $e_1 \approx 4 \ldots 6 \cdot P$; Bohrlochtiefe = $l_e + x + e_1$				

4.2.7 Sechskantschrauben *Hexagon head bolts*

DIN EN ISO 4014 : 2011-06, 4017 : 2015-05, 8765 : 2011-06, 8676 : 2011-07

DIN EN **ISO 4014:** mit **Schaft**, metrisches **Regelgewinde**

DIN EN **ISO 8756:** mit **Schaft**, metrisches **Feingewinde**

DIN EN **ISO 4017: Gewinde** bis zum **Kopf**, metrisches **Regelgewinde**
DIN EN **ISO 8676: Gewinde** bis zum **Kopf**, metrisches **Feingewinde**

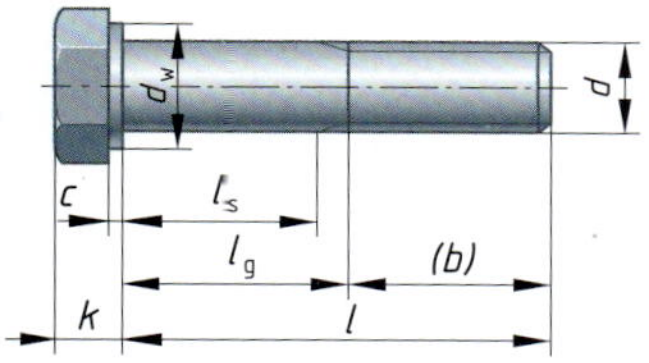

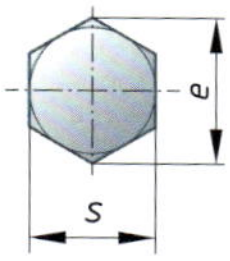

$l_g = l - b$
$l_g = l_g - 5\,P$
l_g = Mindest-Klemmlänge

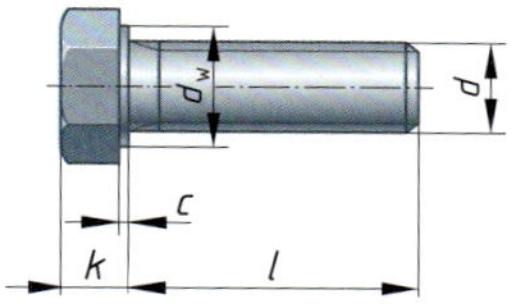

Normale Längen l: 8, 10, 12, 16, 20, 25 bis 70 mm je 5 mm gestuft, dann bis 200 mm je 10 mm, darüber je 20 mm gestuft, Festigkeitsklassen: 5.6, 8.8, 10.9
Nichtrostender Stahl A2-70 (≤ M20); A2-50 (> M20)
Bezeichnungsbeispiel:

Sechskantschraube ISO 4014 – M12 × 60 – 8.8

Sechskantschraube mit Schaft und metr. Regelgewinde — Gewindedurchmesser — Gewindelänge — Festigkeitsklasse

ISO	Produktklasse A											Produkt-Klasse B
4014; 4017; 8756; 8676	Gewinde d Gewinde $d \times P$		M4	M5	M6	M8	M10	M12	M16	M20	M24	M30
	d_w min.		5,88	6,88	8,88	11,63	14,63	16,63	22,49	28,19	33,61	42,75
	e min.		7,66	8,79	11,05	14,38	17,77	20,03	26,75	33,53	39,98	50,85
	k	Nennmaß	2,8	3,5	4	5,3	6,4	7,5	10	12,5	15	18,7
		min.	2,675	3,35	3,85	5,15	6,22	7,32	9,82	12,285	14,785	18,28
	c max		0,40	0,50	0,50	0,60	0,60	0,60	0,8	0,8	0,8	0,8
	s	Nennmaß	7,00	8,00	10,00	13,00	16,00	18,00	24,00	30,00	36,00	46
		min.	6,87	7,78	9,78	12,73	15,73	17,73	23,67	29,67	35,38	45
4014; 8765;	b		14	16	18	22	26	30	38	46	54	66
4014;	l		25 … 40	25 … 50	30 … 60	40 … 80	45 … 100	50 … 120	65 … 160	80 … 200	90 … 240	110 … 300
4017;	l		8 … 40	10 … 50	12 … 60	16 … 80	20 … 100	25 … 120	30 … 150	40 … 150	50 … 150	60 … 200
8765;	l					40 … 80	45 … 100	50 … 120	65 … 160	80 … 200	100 … 240	120 … 300
8676;	l					16 … 80	20 … 80	25 … 120	35 … 160	40 … 200	40 … 200	40 … 200

Senkschrauben mit Innensechskant

DIN EN ISO 10642 : 2013-04

Hexagon socket countersunk head screws

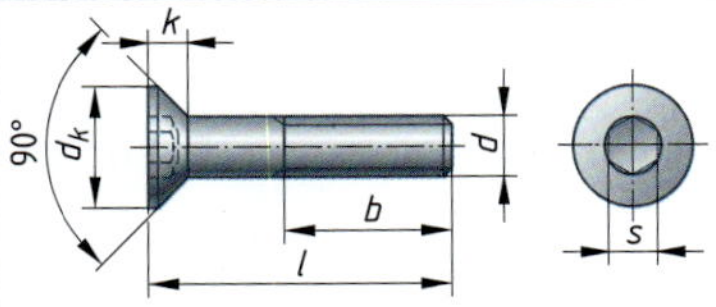

wenn l < b, dann Gewinde bis Kopf

Gewinde *d*	M4	M5	M6	M8	M10	M12	M16	M20
b	20	22	24	28	32	36	44	52
d_k	8,9	11,2	13,4	17,9	22,4	26,8	33,6	40,3
k	2,5	3,1	3,7	5,0	6,2	7,4	8,8	10,2
s	2,5	3	4	5	6	8	10	12
l von	8	8	8	10	12	20	30	35
bis	40	50	60	90	100	100	100	100

Normale Längen: 8, 10, 12, 16, 20, 25, 30, 35, 40, 50, 60, 70, 80, 90, 100 mm
Festigkeitsklassen: 8.8; 10.9; 12.9
Bezeichnungsbeispiel: Senkschraube ISO 10642 – M10 × 50 – 8.8
Senkschraube mit Innensechskant, Gewinde M10, Länge 50 mm, Festigkeitsklasse 8.8

4

Senkschrauben und Linsensenkschrauben

countersunk screws and raised countersunk head screws

mit Schlitz *slotted*
mit Kreuzschlitz *recessed*

DIN EN ISO 2009, 2010 : 2011-12
DIN EN ISO 7046-1, 7047 : 2011-12

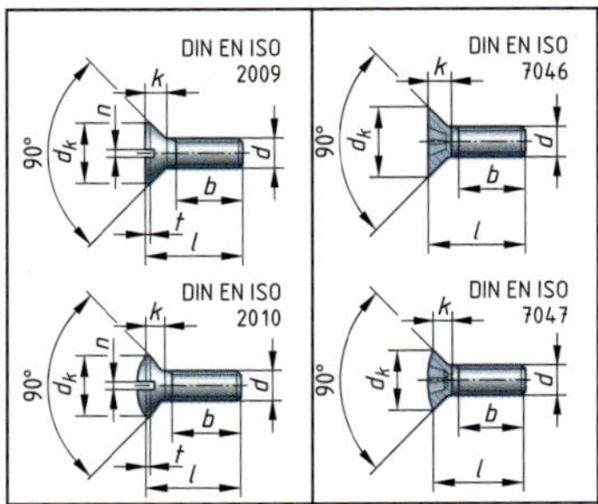

Kreuzschlitzformen

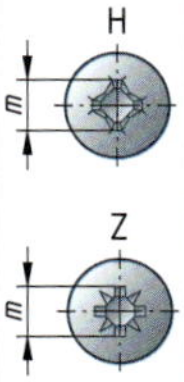

Gewinde *d*		M2	M2,5	M3	M4	M5	M6	M8	M10
d_K		3,8	4,7	5,5	8,4	9,3	11,3	15,8	18,3
k		1,2	1,5	1,65	2,7	2,7	3,3	4,65	5
n		0,5	0,6	0,8	1,2	1,2	1,6	2	2,5
f		0,5	0,6	0,7	1	1,2	1,4	2	2,3
t ISO 2009		0,6	0,8	0,9	1,3	1,4	1,6	2,3	2,6
t ISO 2010		0,8	1	1,2	1,6	2	2,4	3,2	3,8
Kreuzschlitzgröße		0	1		2		3	4	
b		–	–	–	–	38	38	38	38
ISO 2009 u. 2010	*l* von	3	4	5	6	8	8	10	12
	bis	20	25	30	40	50	60	80	80
ISO 7046-1 7047	*l* von	3	3	4	5	6	8	10	12
	bis	20	25	30	40	50	60	60	60

Festigkeitsklassen (ISO 2009, 2010): 4.8 und 5.8 Nichtrostender Stahl A2-70; A2-50

Festigkeitsklassen (ISO 7046, 7047): 4.8 Nichtrostender Stahl A2-70; A2-50

Normale Längen: 3, 4, 5, 6, 8, 10, 12, 16, 20, 25, 30, 35, 40, 45, 50, 55, 60 mm

Für ISO 2009 u. 2010 auch 70, 80 mm

Bezeichnungsbeispiel: Senkschraube ISO 7046-1 – M6 × 50 – 4.8 – Z
Senkschraube mit Gewinde M6, Länge 50 mm, Festigkeitsklasse 4.8, Kreuzschlitzform Z

Zylinderschrauben mit Innensechskant und Schlüsselführung

DIN 6912 : 2009-06

niedriger Kopf mit Schlüsselführung

Maße in mm

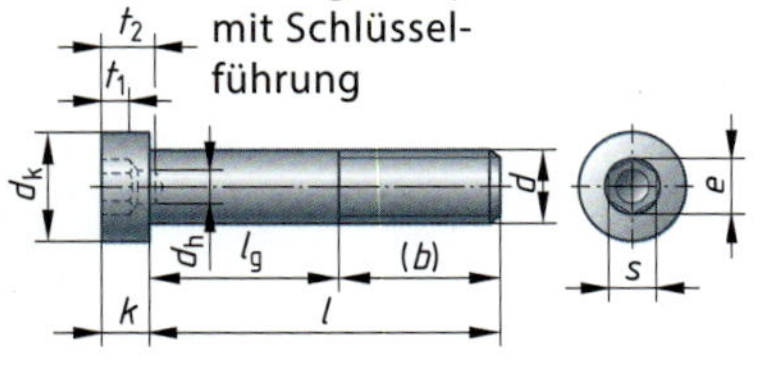

d	M4	M5	M6	M8	M10	M12	M12	M20
b	14	16	18	22	26	30	38	46
d_h	2	2,5	3	4	5	6	8	10
k	2,8	3,5	4	5	6,5	7,5	10	12
t_1	1,5	1,9	2,4	2,9	3,4	3,9	5,4	6
t_2	3,3	4	5	6,5	7,5	9	11,5	14
***l* von**	10	10	10	12	16	16	20	30
bis	50	60	70	80	90	100	140	180

d_k, *e* und *s* wie DIN EN ISO 4762
Mindestklemmlänge $l_g = l - b$
Bezeichnungsbeispiel mit Gewinde M10, Länge l = 50 mm und Festigkeitsklasse 8.8:
Zylinderschraube DIN 6912 – M10 × 50 – 8.8

Normale Längen l: 10, 12, 16, 20, 25, 30, 35, 40, 50, 60, 70, 80, 90, 100, 120, 140, 160, 180 mm.

Produktklasse: A
Werkstoff: Stahl 8.8, CuZn, nichtrostender Stahl A2-70, A4-70

Zylinderschrauben mit Innensechskant *Hexagon socket head cap screws*

DIN EN ISO 4762 : 2004-06, DIN 7984 : 2009-06

DIN EN ISO 4762

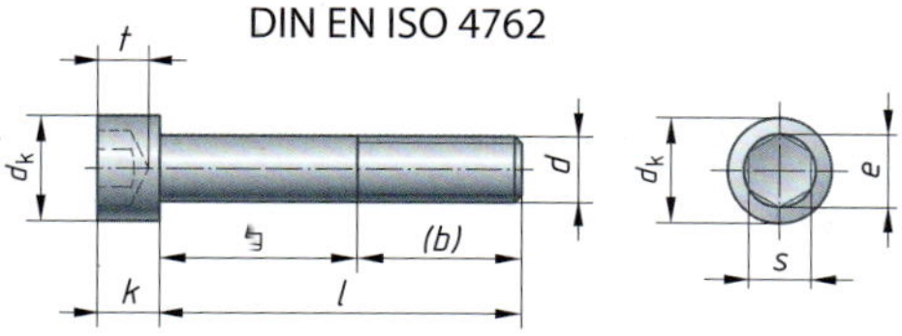

DIN 7984

mit niedrigem Kopf
nicht mit Feingewinde

Bezeichnungsbeispiel mit Gewinde M12, Länge l = 60 mm, nach DIN EN ISO 4762 und Festigkeitsklasse 8.8:
Zylinderschraube ISO 4762 – M12 × 60 – 8.8

Mindestklemmlänge $l_g = l - b$
Produktklasse: A
Werkstoff: Stahl 8.8, 10.9, 12.9, nichtrostender Stahl A2-70, A4-70, Cu, Zn

Maße in mm	*d*	M4 —	M5 —	M6 —	M8 M8 × 1	M10 M10 × 1,25	M12 M12 × 1,25	M14 M14 × 1,5	M16 M16 × 1,5	M20 M20 × 1,5	M24 M24 × 2	M30 M30 × 2
DIN EN ISO 4762	d_k	7	8,5	10	13	16	18	21	24	30	36	45
	k	4	5	6	8	10	12	14	16	20	24	30
	s	3	4	5	6	8	10	12	14	17	19	22
	e	3,4	4,6	5,7	6,9	9,1	11,4	13,7	16	19,4	21,7	25,2
	t	2	2,5	3	4	5	6	7	8	10	12	15,5
	b	20	22	24	28	32	36	40	44	52	60	72
	l von	6	8	10	12	16	20	25	25	30	40	45
	bis	40	50	60	80	100	120	140	160	200	200	200
DIN 7984	*k*	2,8	3,5	4	5	6	7	8	9	11	13	—
	s	2,5	3	4	5	7	8	10	12	14	17	—
	e	2,9	3,6	4,7	5,9	8,1	9,4	11,7	14	16,3	19,8	—
	t	2,3	2,7	3	4,2	4,8	5,3	5,5	5,5	7,5	8	—
	b	14	16	18	22	26	30	34	38	46	54	—
	l von	6	8	10	12	16	20	30	30	40	50	—
	bis	25	30	40	60	70	80	80	80	100	100	

Normale Längen l: 5, 6, 8, 10, 12, 16, 20, 25 bis 70 mm je 5 mm gestuft, dann bis 160 mm je 10 mm, darüber je 20 mm.

Stiftschrauben *Stud bolts*

DIN 835 : 2010-07, DIN 938, DIN 939 : 2012-12

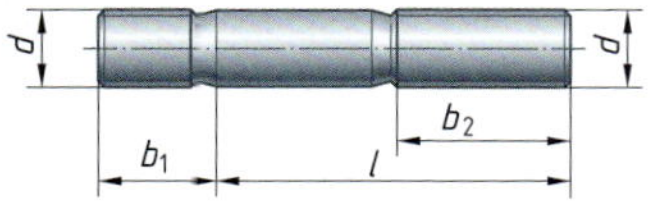

Maße in mm

d	M6 —	M8 M8 × 1	M10 M10 × 1,25	M12 M12 × 1,25	M16 M16 × 1.5	M20 M20 × 1,5	M24 M24 × 2
l von	25	30	35	40	50	60	70
bis	60	80	100	120	160	200	200

$b_2 = 2d + 6$ mm für $l \leq 125$ mm; $b_2 = 2d + 12$ mm für $l > 125$ mm

Bezeichnungsbeispiel mit Gewinde M10, Länge l = 50 mm, Festigkeitsklasse 8.8 und für das Einschrauben in Stahl:
Stiftschraube DIN 938 – M10 × 50 – 8.8

DIN 938: $b_1 \approx d$ Einschrauben in Stahl
DIN 939: $b_1 \approx 1{,}25d$ Einschrauben in Gusseisen
DIN 835: $b_1 \approx 2d$ Einschrauben in Al-Legierung
Produktklasse A Festigkeitsklasse normal: 5.6, 8.8 oder 10.9

Stockschrauben *Hanger bolts*

Stockschrauben werden verzinkt oder aus Edelstahl geliefert

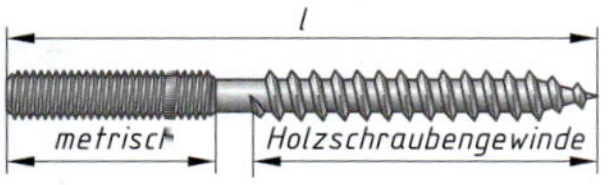

Stockschrauben verzinkt

Durchmesser *d* in mm	Länge in mm	Länge metr. Gewinde in mm	Länge Holzschraubengewinde in mm
4	40	10	24
5	50	20	15
6	50	18	30
8	50, 60, 80, 100, 120, 150, 160	18, 20, 32, 40, 58, 50, 55	30, 30, 38, 38, 50, 50, 50
10	80, 100, 120, 160, 180, 200, 240, 250	30, 40, 45, 50, 40, 80, 50, 50	38, 47, 47 60, 57, 60, 60, 60
12	160, 180, 200, 250, 300	40, 50, 60, 60, 60	57, 65, 60, 60, 60

Stockschrauben *Hanger bolts* (Fortsetzung)

Stockschrauben aus A2 Edelstahl

Durchmesser *d* in mm	Länge in mm	Länge metr. Gewinde in mm	Länge Holzschraubengewinde in mm
8	60, 80, 90, 100, 120	20, 30, 40, 40, 50	37, 37, 37, 47, 47
10	140, 180, 200, 250	alle 50	alle 47
12	200, 250		

4.2.8 Sechskantmuttern mit metrischem Regelgewinde *hexagon nuts*

DIN EN ISO 4032, 4033, 4034, 4035, 4036, 8674, 8675 : 2013-04

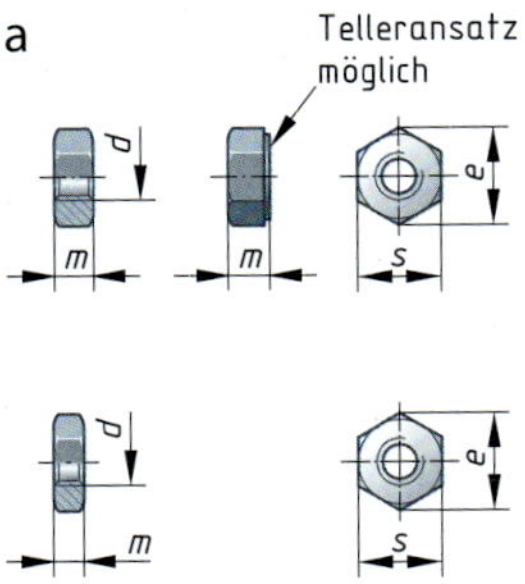

Regelgewinde:
DIN EN ISO 4032
DIN EN ISO 4033

Feingewinde:
DIN EN ISO 8673
DIN EN ISO 8674

Regelgewinde:
DIN EN ISO 4034

Regelgewinde:
DIN EN ISO 4035

Feingewinde:
DIN EN ISO 8675

Regelgewinde:
DIN EN ISO 4036

Sechskantmuttern mit Regelgewinde												
ISO	**Gewinde *d***	**M3**	**M4**	**M5**	**M6**	**M8**	**M10**	**M12**	**M16**	**M20**	**M24**	**M30**
	s	5,5	7	8	10	13	16	18	24	30	36	46
	e	6	7,7	8,8	11,1	14,4	17,7	20	26,8	33	39,6	50,9
4032 1) 5)	*m*	2,4	3,2	4,7	5,2	6,8	8,4	10,8	14,8	18	21,5	25,6
4033 2)		–	–	5,1	5,7	7,5	9,3	12	16,4	20,3	23,9	28,6
4034 3)		–	–	5,6	6,1	7,9	9,5	12,2	15,9	19	22,3	26,4
4035 4) 6)		1,8	2,2	2,7	3,2	4	5	6	8	10	12	15
4036 4)		1,8	2,2	2,7	3,2	4	5	–	–	–	–	–

Sechskantmuttern mit Feingewinde								
ISO	**Gewinde *d* × *P***	**M8 × 1**	**M10 × 1**	**M12 × 1,5**	**M16 × 1,5**	**M20 × 1,5**	**M24 × 2**	**M30 × 2**
	s	13	16	18	24	30	36	46
	e	14,4	17,7	20	26,8	33	39,6	50,9
8673 1) 5)	*m*	6,8	8,4	10,8	14,8	18	21,5	25,6
8674 8)		7,5	9,3	12	16,4	20,3	23,9	28,6
8675 1) 6)		4	5	6	8	10	12	15

Festigkeitsklassen:
1) 6; 8; 10
2) 9; 12
3) 4 (≤ M16); 4; 5
4) 04; 05
5) Nichtrostende Stähle A2-70, A4-70 (≤ M24); A2-50, A4-50 (> M24)
6) Nichtrostende Stähle: A2-035, A4-035 (≤ M24) A2-025, A4-025 (≥ M24);
7) Mindesthärte 110 HV30
8) 8; 12 (≤ M16); 10 (≤ M36)

Bezeichnungsbeispiel: Sechskantmutter ISO 4032 M16-8

Sechskantmutter mit metrischem Gewinde — Gewindegröße — Festigkeitsklasse

4.2.9 Flache Scheiben mit und ohne Fase *Washers*

DIN EN ISO 7089, 7090 : 2000-11

ISO 7089 ISO 7090

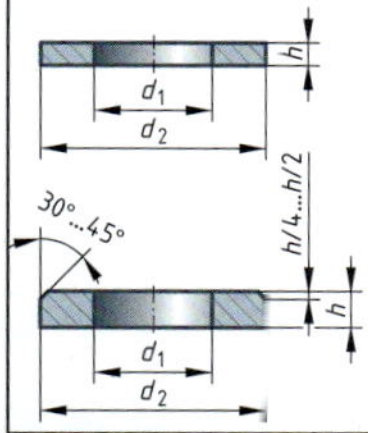

Bezeichnungsbeispiel:
Scheibe ISO 7089-12-200 HV
Scheibe mit Nenngröße 12 für Sechskantmutter(-schraube) M12, Härteklasse 200 HV

Werkstoffe	**Härteklasse**	**Härtebereich**
Stahl	200 HV	200–300 HV
	300 HV	300–400 HV
nicht rostender Stahl (A2, A4, F1, C1, C4)	200 HV	200–300 HV
Härteklasse 200 HV	für Schraubenfestigkeit ≤ 8:8	
Härteklasse 300 HV (vergütet)	für Schraubenfestigkeit ≤ 10:9	

Nenngröße	**3**	**4**	**5**	**6**	**8**	**10**	**12**	**16**	**20**	**24**	**30**
Innendurchmesser d_1	**3,2**	**4,3**	**5,3**	**6,4**	**8,4**	**10,5**	**13**	**17**	**21**	**25**	**31**
Für Gewinde	**M 3**	**M 4**	**M 5**	**M 6**	**M 8**	**M 10**	**M 12**	**M 16**	**M 20**	**M 24**	**M 30**
d_2	7	9	10	12	16	20	24	30	37	44	56
h	0,5	0,8	1	1,6	1,6	2	2,5	3	3	4	4

4.2.10 Blechschrauben *Tapping screws*

mit Schlitz *slotted* DIN ISO 1481, 1482, 1483 : 2011-10
mit Kreuzschlitz *recessed* DIN ISO 7049, 7050, 7051 : 2011-11

Flachkopf-Blechschraube ISO 1481

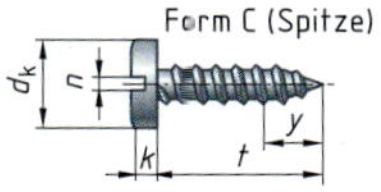

Linsenkopf-Blechschraube mit Kreuzschlitz ISO 7049

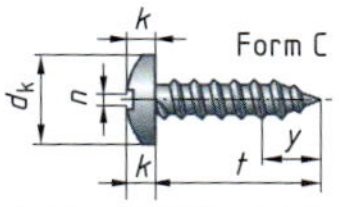

Senk-Blechschraube mit Schlitz ISO 1482

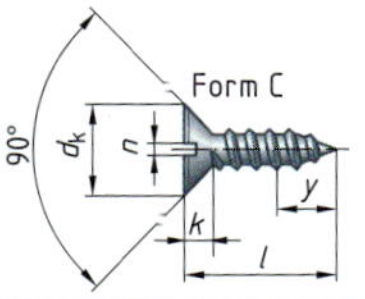

Senk-Blechschraube mit Kreuzschlitz ISO 7050

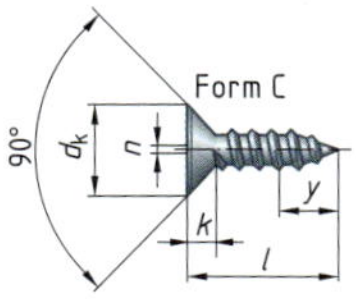

Linsen-Blechschraube mit Schlitz ISO 1483

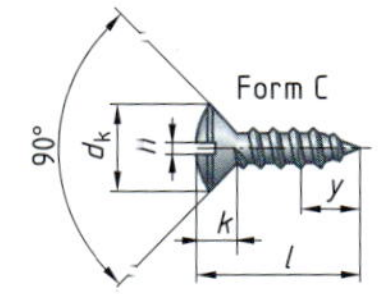

Linsen-Blechschraube mit Kreuzschlitz ISO 1483

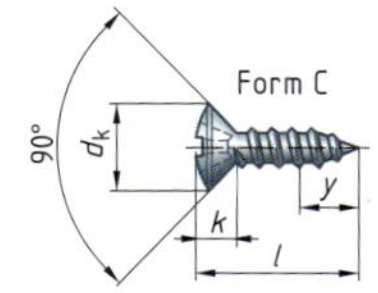

Form F (Zapfen)

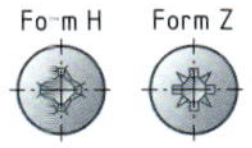

Kreuzschlitz

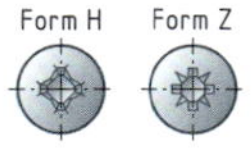

DIN ISO	**Gewinde**		**ST2,2**	**ST2,9**	**ST3,5**	**ST4,2**	**ST4,8**	**ST5,5**	**ST6,3**
1482, 1483 7050, 7051	d_k		3,8	5,5	7,3	8,4	9,3	10,3	11,3
1481, 7049			4	5,6	7	8	9,5	11	12
1481	k		1,3	1,8	2,1	2,4	3	3,2	3,6
7049			1,6	2,4	2,6	3,1	3,7	4	4,6
1482, 1483 7050, 7051			1,1	1,7	2,35	2,6	2,8	3	3,15
1481, 1482, 1483	n		0,5	0,8	1	1,2	1,2	1,6	1,6
7049, 7050, 7051	Kreuzschlitzgröße		0	1	2			3	
Alle Blechschrauben	Form C		2	2,6	3,2	3,7	4,3	5	6
	Form F		1,6	2,1	2,5	2,8	3,2	3,6	3,6
1481	l	von bis	4,5 16	6,5 19	6,5 22	9,5 25	9,5 32	13 32	13 38
1483		von bis			9,5 22				
1482, 7050, 7051		von bis			9,5 25	9,5 32		13 38	
7049		von bis			9,5 25		9,5 38		

Normale Längen: 4, 5, 6,5, 9,5, 13, 16, 19, 22, 25, 32, 38 mm
Werkstoff: Stahl

Bezeichnungsbeispiel:
Blechschraube ISO 7050 – ST3,5 × 22-C-Z

Senkblechschraube — Gewindeart — Schaftlänge — Art Gewindeende — Form Kreuzschlitz

4.2.11 Bohrschrauben *Drilling screws*

DIN EN ISO 10666 : 2000-02

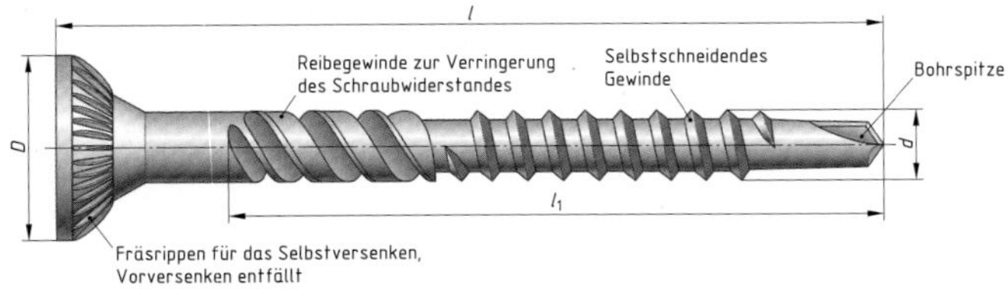

Abm. mm		Antrieb	
d	*l*	l_1	*T*
6,0	60	40	30
6,0	80	40	30
6,0	100	50	30
6,0	120	80	30
6,0	140	80	30
6,0	160	80	30
6,0	180	80	30
6,0	200	80	30
6,0	220	80	30
6,0	240	80	30
6,0	260	80	30
6,0	280	80	30
6,0	300	80	30
8,0	80	–	40
8,0	100	80	40

Artikel- Abm. mm Antrieb Kopf- Inhalt WG x
Nr. *d l* l_1 T Ø Stück/VPE/Pal. **100St.**
verpackt in Kartons; VPE = 8 Kartons

Abm. mm			Antrieb
d	*l*	l_1	*Torxx*, Bitgröße
8,0	120	80	40
8,0	140	80	40
8,0	160	80	40
8,0	180	80	40
8,0	200	80	40
8,0	220	80	40
8,0	240	80	40
8,0	260	80	40
8,0	280	80	40
8,0	300	80	40
8,0	320	80	40
8,0	340	80	40
8,0	360	80	40
8,0	380	80	40
8,0	400	80	40
8,0	440	80	40

4.2.12 Spanplattenschrauben *Clipboard screws*

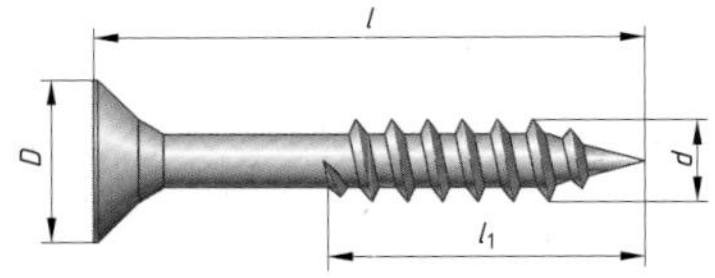

Durchmesser *d* in mm	Länge *l* in mm	Länge l_1 in mm	Antrieb Torxx in mm
3	20, 25, 30, 40	16, 18, 18, 18	10
3,5	25, 30, 35, 40, 50	17, 24, 24, 24, 30	15
4	25, 30, 35, 40, 50, 60, 70	24, 24, 24, 24, 30, 40, 40	20

Durchmesser *d* in mm	Länge *l* in mm	Länge l_1 in mm	Antrieb Torxx in mm
4,5	40, 45, 50, 60, 70, 80	24, 30, 30, 40, 40, 40	20
5,0	40, 50, 60, 70, 80	24, 30, 30, 40, 40, 40	25
6,0	60, 80, 100…300	40, 40, 50, Rest 80	30

4.2.13 Schraubenantriebe *Screw drives*

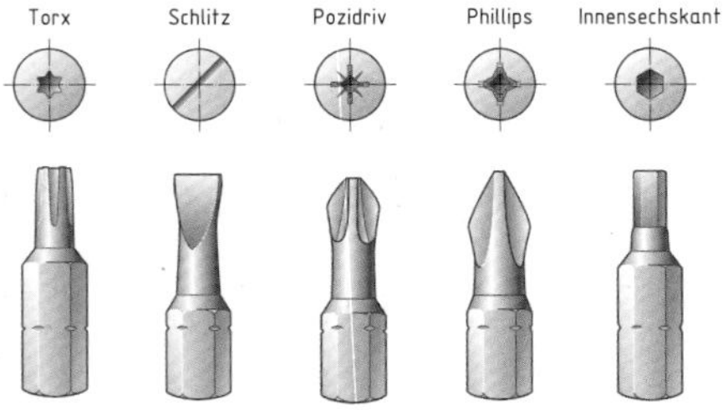

Hinweis: Die Schraubenkopfgröße bestimmt die Größe des Schraubenantriebes. Entsprechend den Anforderungen an das Gewinde bestimmt sich die Größe des Schraubenkopfes und des Schraubenantriebs.

Hinweis: Die Kreuzschlitze für Pozidriv und Phillips sind nach DIN EN ISO 4757 genormt.

4.3 Technische Gase

4.3.1 Lieferformen von Schutzgasflaschen

Flaschenvolumen in l	Fülldruck in bar	Gasinhalt in m³
10	200/300	2,2/3,1
20		4,4/6,2
50		10,7/15,2

4.3.2 Farbkennzeichnung von Gasflaschen DIN EN 1089-3 : 2011-10

Die einzig verbindliche Kennzeichnung des Gasinhaltes erfolgt auf dem Gefahrzettel (Gefahrgutaufkleber).

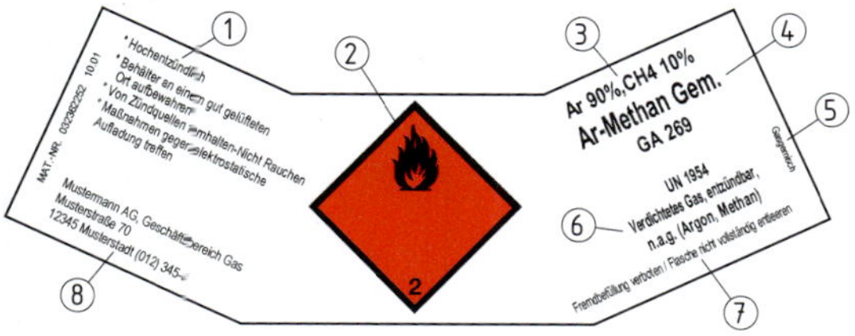

① Risiko und Sicherheitssätze
② Gefahrzeichen
③ Zusammensetzung des Gases bzw. des Gasgemisches
④ Produktbezeichnung des Herstellers
⑤ EWG-Nummer bei Einzelstoffen oder das Wort „Gasgemisch"
⑥ Vollständige Gasbenennung nach GGVS
⑦ Herstellerhinweis
⑧ Name, Anschrift und Telefonnummer des Herstellers

Die **Farbkennzeichnung** dient als zusätzliche Information über die Eigenschaften der Gase (brennbar, giftig, oxidierend). Sie ist nur für die Flaschenschulter vorgeschrieben. Die Farbe des zylindrischen Flaschenkörpers ist nicht festgelegt. Der Großbuchstabe „N" weist auf die Farbkennzeichnung nach der neuen Norm hin.

Gasart	Kennfarbe nach DIN 4664		Kennfarbe nach DIN EN 1089-3[1)]		Anschlussgewinde	Flaschenvolumen in l	Fülldruck in bar	Füllmenge	
								in kg	in l
Acetylen C_2H_2		gelb gelb und roter Ring		kastanienbraun kastanienbraun (schwarz, gelb)	Spannbügel	20 40 50	19 19 19	3,2 6,3 10	6 000
Argon Ar		grau	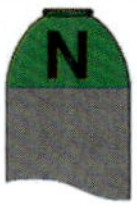	dunkelgrün grau (dunkelgrün)	W21, 80 × 1/14" W21, 80 × 1/14"	10 50	200/300 200/300	– –	2 000/ 3 100 10 000/ 15 300
Helium He		grau		braun grau	W21, 80 × 1/14" W21, 80 × 1/14"	10 50	200/300 200/300	– –	2 000/ 2 600 10 000/ 13 200
Kohlen dioxid CO_2		grau		grau grau	W21, 80 × 1/14" W21, 80 × 1/14"	10 50	58 58	7,5 20	580 2 900
Sauerstoff O_2		blau		Weiß blau (grau)	R3/4"	10 50	200/300 200/300	– –	2 000/ 3 100 10 000/ 15 200

4.3.2 Farbkennzeichnung von Gasflaschen (Fortsetzung)

Gasart	Kennfarbe nach DIN 4664	Kennfarbe nach DIN EN 1089-3[1]	Anschluss-gewinde	Flaschen-volumen in l	Fülldruck in bar	Füllmenge in kg	Füllmenge in l
Stickstoff N_2	 grün	 schwarz grau (dunkelgrün, schwarz)	W24, 32 × 1/14″ W24, 32 × 1/14″	10 50	200/300 200/300	– –	2 000/ 2 600 10 000/ 13 200
Wasserstoff H_2	 rot	 rot rot	W21, 80 × 1/14″ W21, 80 × 1/14″	10 50	200/300 200/300	– –	2 000/ 2 500 1 800/ 12600
Mischgase CO_2 + Ar in verschiedenen Mischungsverhältnissen	 grau	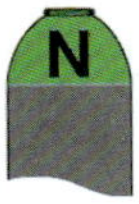 leuchtendgrün grau	W24, 32 × 1/14″ W24, 32 × 1/14″	10 20 50	200 200 200	– – –	2 000 4 000 10000
Propan C_3H_8	 rot	Norm gilt nicht für Flüssiggase	W21, 80 × 1/14″ W21, 80 × 1/14″	10 50	8,3 8,3	4,2 21	– –

Hinweis: Die einzig verbindliche Kennzeichnung des Gasinhaltes erfolgt über den Gefahrgutaufkleber siehe Seite 143.

[1]) Die Farbumstellung ist bis zum 1. Juli 2006 durch die Hersteller abzuschließen.

4.3.3 Zuordnung Schutzgase zu Werkstoffen

Verfahren	Grundwerkstoffe	Schutzgas	Komponenten und Volumenprozent (Herstellerangaben)						Qualitative Merkmale				
			Ar	He	CO_2	H_2	O_2	N_2	Spritzer	Einbrand	Nahtaussehen Oxidation	Porenunempfindlichkeit	Lichtbogenstabilität
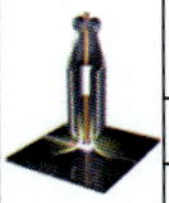 MAG Metall-Aktiv-Gas-Schweißen	Unlegierte und niedriglegierte Baustähle	M21	R		18								
	Allgemeine Baustähle	M20	R		8								
	Feinkornbaustähle	M14	R		3		1						
	Stähle für Druckbehälter	M21	R	5	10								
	Rohrstähle	M23	R		5		4						
	Warmfeste Stähle	C			100								
	Einsatz-Vergütungsstähle	M20			8								
	MAG-Hochleistungsschweißen	M24	R	26,5	8		0,5						
	Hochlegierte, korrosionsbeständige CrNi-Stähle	M12	R		2								
	Hitzebeständige, warmfeste Stähle	M12	R	18	1								
	Kaltzähe, LC und ELC Stähle	M13	R				2						
	Austenite, Vollaustenite, Duplexstähle (N_2-legierte CrNi-Stähle)	Z	R	5	1,8			1,7					
	Nickel, Nickel-Basis-Legierungen	Z	R		0,11	5							
	Ferritische Stähle	Z	R	20	0,11								
	MSG-Löten beschichteter Stähle	M11	R		0,5	1							

Verfahren	Grundwerkstoffe	Schutzgas	Komponenten und Volumenprozent (Herstellerangaben)						Qualitative Merkmale				
			Ar	He	CO_2	H_2	O_2	N_2	Spritzer	Einbrand	Nahtaussehen Oxidation	Porenunempfindlichkeit	Lichtbogenstabilität
MIG Metall-Inert-Gas-Schweißen	Aluminium, Aluminium-Legierungen	I1	100						durchschnittlich	gut	sehr gut	gut	gut
	Kupfer, Kupfer-Legierungen	I3	R	20					durchschnittlich	sehr gut	sehr gut	sehr gut	gut
	Nickel, Nickel-Basis-Legierungen	I3	30	R					durchschnittlich	sehr gut	sehr gut	sehr gut	gut
		I3	R	50					durchschnittlich	sehr gut	sehr gut	sehr gut	gut
 WIG Wolfram-Inert-Gas-Schweißen	Unlegierte und niedriglegierte Baustähle	I1	100						durchschnittlich	gut	sehr gut	sehr gut	gut
	Hochlegierte, korrosionsbeständige CrNi-Stähle Nickel, Nickel-Basis-Legierungen	R1	R	20		5			durchschnittlich	sehr gut	sehr gut	sehr gut	sehr gut
		R1	R			2,4			durchschnittlich	sehr gut	sehr gut	sehr gut	gut
		R1	R			5			durchschnittlich	sehr gut	sehr gut	sehr gut	gut
	Austenite, Vollaustenite, Duplexstähle (N2-legierte CrNi-Stähle)	N2	R	10				2	durchschnittlich	sehr gut	sehr gut	sehr gut	sehr gut
	Aluminium, Aluminium-Legierungen Kupfer, Kupfer-Legierungen	I1	100						durchschnittlich	sehr gut	sehr gut	sehr gut	gut
		I3	R	20					durchschnittlich	sehr gut	sehr gut	sehr gut	gut
		I3	30	R					durchschnittlich	sehr gut	sehr gut	sehr gut	gut
		I3	R	50					durchschnittlich	sehr gut	sehr gut	sehr gut	gut
	Gasempfindliche Metalle wie: Titan, Molybdän, Niob	I1	100						durchschnittlich	gut	sehr gut	sehr gut	gut
	Mechanisiertes Minus-Pol-Schweißen	I2		100					durchschnittlich	sehr gut	sehr gut	sehr gut	sehr gut
 Plasma-Schweißen	Unlegierte und niedriglegierte Baustähle	I1	100						durchschnittlich	gut	sehr gut	sehr gut	gut
	Hochlegierte und austenitische Stähle	I1	100						durchschnittlich	gut	sehr gut	sehr gut	gut
	Nickel, Nickel-Legierungen	R1	R			5			durchschnittlich	sehr gut	sehr gut	sehr gut	gut
	Aluminium, Aluminium-Legierungen	I1	100						durchschnittlich	sehr gut	sehr gut	sehr gut	gut
	Kupfer, Kupfer-Legierungen	I3	R	20					durchschnittlich	sehr gut	sehr gut	sehr gut	gut
 Plasma-Schneiden	Hochlegierte Stähle, CrNi-Stähle	R1	R			5			durchschnittlich	durchschnittlich	sehr gut	durchschnittlich	durchschnittlich
		R2	R			35			durchschnittlich	durchschnittlich	sehr gut	durchschnittlich	durchschnittlich
	Aluminium, Aluminium-Legierungen Kupfer, Kupfer-Legierungen Unlegierte und niedriglegierte Baustähle	R1	R			5			durchschnittlich	durchschnittlich	sehr gut	durchschnittlich	durchschnittlich
		I1	100						durchschnittlich	durchschnittlich	sehr gut	durchschnittlich	durchschnittlich
		I3	R	20					durchschnittlich	durchschnittlich	sehr gut	durchschnittlich	durchschnittlich
		N1						100	durchschnittlich	durchschnittlich	sehr gut	durchschnittlich	durchschnittlich
		O1					100		durchschnittlich	durchschnittlich	durchschnittlich	durchschnittlich	durchschnittlich
 Formieren Wurzelschutz	Anwendung bei allen MSG-Verfahren Unlegierte, niedriglegierte und hochlegierte Stähle Austenitische CrNi-Stähle	N5				5		R	durchschnittlich	durchschnittlich	sehr gut	durchschnittlich	durchschnittlich
		N5				10		R	durchschnittlich	durchschnittlich	sehr gut	durchschnittlich	durchschnittlich
		R1	R			5			durchschnittlich	durchschnittlich	sehr gut	durchschnittlich	durchschnittlich
		N1						100	durchschnittlich	durchschnittlich	gut	durchschnittlich	durchschnittlich
	Gasempfindliche Metalle	I1	100						durchschnittlich	durchschnittlich	sehr gut	durchschnittlich	durchschnittlich

R = Balancegase/Rest; sehr gut; gut; durchschnittlich; kein Einfluss

4.4 Fügen durch Schweißen

4.4.1 Übersicht über Schweißverfahren im Handwerk

Schweißverfahren Kennzahl nach DIN EN ISO 4063	Verfahrensbild	Kurzbeschreibung	Werkstoffe
Gasschmelzschweißen 311	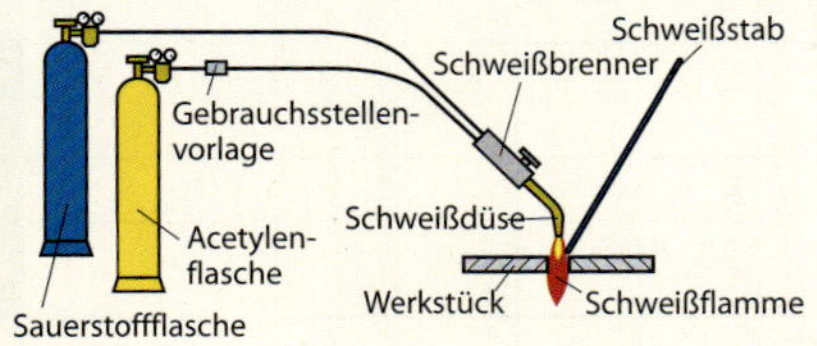	Die Schweißstelle wird mit einer Flamme aus Brenngas und Sauerstoff bis zum flüssigen Zustand erwärmt und die Bauteile miteinander verbunden.	niedriglegierte Stähle, NE-Metalle, Gusseisen Bleche und Rohre <6mm Heizungs-, Rohrleitungsbau alle Schweißpositionen ohne Fallnaht
Lichtbogen-handschweißen 111	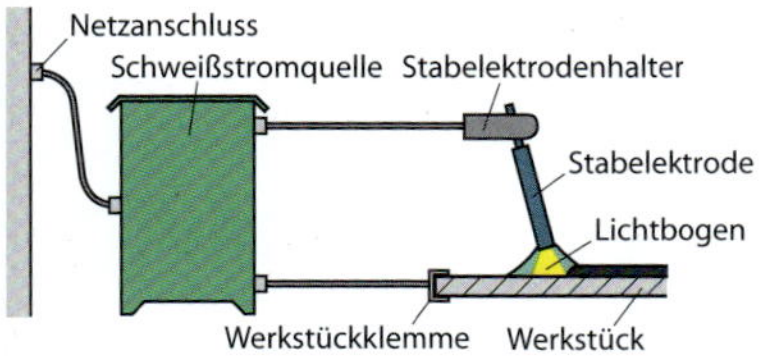	Das Werkstück und die Elektrode als Zusatzwerkstoff, werden durch die Wärmewirkung eines Lichtbogens aufgeschmolzen und verschmelzen miteinander.	Bleche und Rohre aus Baustahl und Druckbehälterstahl alle Schweißpositionen Stahl-, Maschinen- und Apparatebau
Metall-Aktivgas-schweißen (MAG) 135	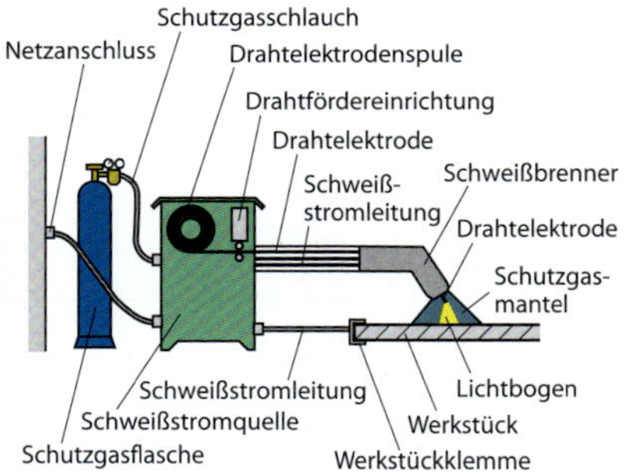	Das Werkstück und die Elektrode als Zusatzwerkstoff, werden durch die Wärmewirkung eines Lichtbogens aufgeschmolzen und verschmelzen miteinander. Die Schutzgashülle ist ein aktives Gas z.B. CO_2 ggfls. mit Argonzusatz	Niedrig- bis hochlegierte Stähle Stumpf- und Kehlnähte alle Schweißpositionen Stahl-, Behälter- und Brückenbau Blechdicke > 0,5mm
Metall-Intergas-schweißen (MIG) 131		Das Werkstück und die Elektrode als Zusatzwerkstoff, werden durch die Wärmewirkung eines Lichtbogens aufgeschmolzen und verschmelzen miteinander. Die Schutzgashülle ist ein inertes Gas z.B. Argon.	hochlegierte Stähle, NE-Metalle Stumpf- und Kehlnähte alle Schweißpositionen Stahl-, Behälter- und Brückenbau Blechdicke > 0,5mm
Wolfram-Inertgas-schweißen 141	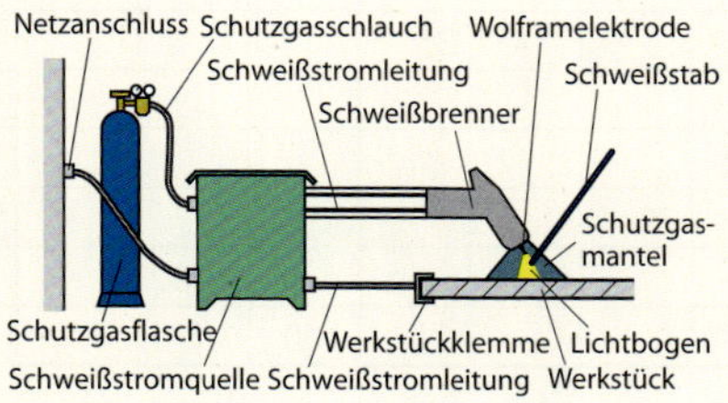	Ein Schweißzusatz und der Grundwerkstoff werden in einem Lichtbogen aufgeschmolzen und verschmelzen. Die Wolframelektrode schmilzt nicht ab. Die Schutzgashülle ist ein inertes Gas z.B. Argon.	fast alle Metalle schweißbar alle Schweißpositionen Blechdicke < 6mm Stumpf- und Kehlnähte

4.4.2 Schweißverhalten und Klassenkennzeichnung von Gasschweißstäben

DIN EN ISO 20378 : 2018-12

Schweißstabklasse nach DIN EN 12536	**O I (G I)**	**O II (G II)**	**O III (G III)**	**O IV (G IV)**	**O V (GV)**	**O VI (G VI)**	**– (G VII)[1]**
Fließverhalten	dünnfließend	weniger dünnfließend	zäh fließend				
Spritzer	viel	wenig	keine				
Porenneigung	ja	ja	nein				gering
Einprägung	I	II	III	IV	V	VI	VII
Farbe	–	Grau	Gold	Rot	Gelb	Grün	Silber
Lieferform	Stabdurchmesser: 1,5; 2,0; 2,5; 3,0; 4,0; 5,0 und 6,0 mm Stablängen: 1000 mm, verkupfert (Korrosionsschutz)						

[1]) Bezeichnungen in Klammern nach zurückgezogener DIN 8554. Der Schweißstab GVII wird in DIN EN 12536 nicht aufgenommen.

4.4.3 Zuordnung von Schweißstäben – Stahlsorte

Gasschweißen								
Werkstoffbenennung			**Geeignete Schweißstabklasse DIN EN ISO 20378**					
Stahlart	**Norm**	**Stahlsorte Bezeichnung**	**O I (G I)**	**O II (G II)**	**O III (G III)**	**O IV (G IV)**	**O V (G V)**	**O VI (G VI)**
Allgemeine Baustähle	DIN EN 10025	S185	×	×	×	×		
		S235JR		×	×	×		
		S235J0			×	×		
		S275JR		×	×	×		
		S275J0			×	×		
		E295	×	×	×	×		
		S355J0			×	×		
Stahlrohre	DIN EN 10208		×	×	×	×		
	DIN EN 10217-1				×	×		
Rohre	DIN EN 10216-2				×	×		
Warmfeste Rohre	DIN EN 10217-2				×	×		
Bleche Bänder	DIN EN 10028	P235GH P265GH			× ×	× ×		
Bleche Bänder Rohre	DIN EN 10028 DIN EN 10216-2	P295GH 13CrMo 4-5 10CrMo 9-10				×	× (13CrMo 4-5)	× (10CrMo 9-10)

4.5 Fügen durch Löten *soldering*

Weichlote *soft solders*

DIN EN ISO 9453 : 2014-12

	Legierungsgruppe	Legierungs-Nr.	Legierungskurzzeichen nach ISO 3677	Schmelztemperatur in °C		Verwendung
				untere [1]	obere [2]	
bleihaltig	Zinn-Blei	101	Sn63Pb37	183		Universallot für alle Lötarbeiten, „Sickerlot"
		103	Sn60Pb40	183	190	Verzinnen, Edelstahl
	Blei-Zinn Solidustemperatur 183°C	111	Pb50Sn50	183	215	Verzinnen, E-Technik
		113	Pb55Sn45	183	226	Feinblecharbeiten, Klempnerarbeiten
		114	Pb60Sn40	183	238	
		115	Pb65Sn35	183	245	
		116	Pb70Sn30	183	255	
		117	Pb80Sn20	183	280	
	Zinn-Blei-Antimon	131	Sn63Pb37Sb	183		Feinwerktechnik, Feinlöten, Verzinnen, Feinblecharbeiten, Klempnerarbeiten, Bleilötungen, Kühlerbau, Schmierlot, Karosseriebau
		132	Sn60Pb40Sb	183	190	
		133	Pb50Sn50Sb	183	216	
		134	Pb58Sn40Sb2	185	231	
		135	Pb69Sn30Sb1	185	250	
		136	Pb74Sn25Sb1	185	263	
		137	Pb78Sn20Sb2	185	270	
	Zinn-Blei-Bismit	141	Sn60Pb38Bi2	180	185	Feinlötungen
		142	Pb49Sn48Bi3	178	205	
	Zinn-Blei Kupfer	161	Sn60Pb39Cu	183	190	Feinwerktechnik, Kupferrohrinstallation Elektrogeräte
		162	Sn50Pb49Cu1	183	215	
	Zinn-Blei-Silber	171	Sn62Pb36Ag2	179		Elektrogeräte, Elektronik
bleifrei	Zinn-Antimon	201	Sn95Sb5	235	240	Kältetechnik Niedertemperaturlötungen Kupferrohrinstallation, Edelstahl, E-Technik Gedruckte Schaltungen für hohe Betriebstemperaturen, Elektrogeräte Weichlöten bei Gasleitungen nicht zulässig
	Bismut-Zinn	301	Bi58Sn42	139		
	Zinn-Kupfer	401	Sn99,3Cu0,7	227		
		402	Sn97Cu3	227	310	
	Zinn-Kupfer-Silber	501	Sn99Cu0,7Ag0,3	217	227	
		502	Sn95Cu4Ag1	217	353	
		503	Sn92Cu6Ag2	217	380	
	Zinn-Silber	702	Sn97Ag3	221	224	
	Zinn-Silber-Kupfer	711	Sn96,5Ag3Cu0,5	217	220	
		712	Sn95,8Ag3,8Cu0,7	217	218	

Bezeichnungsbeispiel: Weichlot ISO 9453 S-Sn63Pb37

- ISO 9453: Normblattnummer
- S: Kurzzeichen für Weichlot (kann entfallen)
- Sn63Pb37: Zusammensetzung, 63 % Sn und 37 % Pb

Hinweis: Bleihaltige Lote nicht in Anlagen der Lebensmitteltechnik einsetzen.

[1]) untere Schmelztemperatur entspricht Solidustemperatur
[2]) obere Schmelztemperatur entspricht Liquidustemperatur

Flussmittel zum Weichlöten *fluxes for soft soldering* DIN EN ISO 9454-1 : 2016-07

Bezeichnungsbeispiel: Flussmittel ISO 9454-2-123

Normblattnummer

Flussmitteltyp	Flussmittelbasis	Flussmittelaktivator	Halogenidanteil Massenanteil in %
1 Harz	1 Kolophonium 2 Harz	1 ohne Aktivator 2 mit Halogeniden aktiviert 3 ohne Halogenide aktiviert	1 < 0,01 2 < 0,15 3 0,15 bis 2,0 4 0 > 2,0
2 organisch (wenig oder kein Harz)	1 wasserlöslich 2 nicht wasserlöslich		
3 anorganisch	1 Salze in wässriger Lösung 2 Salze in organischer Verbindung	1 mit Ammoniumchlorid 2 ohne Ammoniumchlorid	
	2 Säuren	1 mit Phosphorsäure 2 ohne Phosphorsäure	
	3 Alkalis	1 Amine u./o. Ammoniak	

ISO-Code	Beschreibung des Flussmittels	Halogenidanteil Massenanteil in %	Anwendungsbereiche
1111	auf Kolophoniumbasis ohne Aktivator	< 0,01	Elektronik, Elektrotechnik
1122 1123 1124	auf Kolophoniumbasis mit organischem, halogenidhaltigem Aktivator (z. B. Glutaminsäurehydrochlorid)	< 0,15 0,15 bis 2,0 > 2,0	Elektronik, Elektrotechnik, Elektrogerätebau, Metallwaren
2111	auf Basis von Aminen, Diaminen und/oder Harnstoff	< 0,01	Elektronik, Präzisionslöten
2123 2124	auf Basis mit organischen, halogenidhaltigen Aktivatoren (z. B. Glutaminsäurehydrochlorid)	0,15 bis 2,0 > 2,0	Elektronik, Elektrotechnik, Metallwaren
2131	auf Basis organischer Aktivatoren (z. B. Amine und/oder Diamine)	< 0,01	Aluminium
2211	auf Basis von organischen Aktivatoren mit Aminen, Diaminen und/oder Harnstoff ohne halogenidhaltige Aktivatoren	< 0,01	Metallwaren, Präzisionslöten, Elektrotechnik
2223 2224	auf Basis von organischen halogenidhaltigen Aktivatoren	0,15 bis 2,0 > 2,0	Metallwaren, Präzisionslöten, Elektrotechnik
3114	auf Basis von Zink- und/oder Metallchloriden und/oder Ammoniumchlorid, aber ohne freie Säure	> 2,0	Wärmetauscher, Metallwaren, Metallhandwerk
3124	auf Basis von Zink- und/oder Metallchloriden ohne freie Säuren in wässriger Lösung		
3214	auf Basis von Zink- und/oder anderen Metallchloriden und Ammoniumchlorid in organischer Verbindung		Metallhandwerk, Armaturen, Kupferrohrinstallationen
3224	wie 3124 in organischer Verbindung		wie 3124
3314	auf Basis von Phosphorsäure oder Derivaten		Metallwaren aus Kupfer Kupferaktivatoren

Zuordnung von Grundwerkstoff – Weichlot – Flussmittel

Weichlot nach DIN EN ISO 9453 (DIN 1707 zurückgezogen) \ Werkstoff	Stahl chromfrei	Stahl hochlegiert	GG, GT	Hartmetall, HSS	Kupfer	CuZn-Legierung	CuSn-Legierung	Cu-Ni-Zn-Legierung	Aluminium	Sn, Sn-Legierung	Zn, Zn-Legierung	Druckguss
S-Cd80Zn20									×			
S-Cd73Zn22Ag5									×			
S-Sn97Cu3 (L-SnCu3)								×				
S-Sn97Ag3								×				
S-Sn96Ag4								×				
S-Sn95Sb5 (L-SnSb5)					×	×						
S-Sn63Pb37 (L-Sn63)	×	×	×	×								
S-Sn60Pb40 (L-Sn60, L-Sn60Pb)	×	×	×	×	×	×						
S-Sn50In50 (L-SnIn50)							×			×		
S-Pb50Sn50 (L-SnPbCd18)			×		×							
S-Pb60Sn40 (L-PbSn40)				×		×						
Flussmittel, Weichlöten nach DIN EN ISO 9454-1												
3.2.2. (F-SW11) anorganische Säure	×	×	×	×	×	×	×		×		×	×
3.1.1. (F-SW12) anorganisches Salz mit Ammoniumchlorid	×	×	×	×			×					
3.2.1. (F-SW13) Phosphorsäure	×	×	×	×			×					
3.1.1. (F-SW12) anorganisches Salz mit Ammoniumchlorid						×	×					
3.1.2. (F-SW22) anorganisches Salz ohne Ammoniumchlorid								×				
2.1.2. (F-SW25) organisches, wasserlösliches Flussmittel mit Halogenen aktiviert					×					×		
1.1.1. (F-SW31) Kolophonium									×			
3.1.1. (F-SW12) anorganisches Salz mit Ammoniumchlorid									×			
2.1.3. (F-LW3) organisches, wasserlösliches Flussmittel ohne Halogenen aktiviert												

Hartlote für Schwermetalle *brazing solders for heavy metals* DIN EN ISO 17672 : 2017-01, (DIN EN 1044 : 2002-10 alt), DIN EN ISO 3677 : 2016-12, (DIN 8513-1 : 1979-10 alt)

Kurzzeichen nach ISO 17672 (DIN EN 1044)	ISO-Kurzzeichen (Kurzzeichen nach zurückgezogener DIN 8513-1 bis DIN 8513-5)	Schmelztemperatur in °C		Arbeitstemperatur in °C	Verarbeitungshinweise		
		untere[1])	obere[2])		Grundwerkstoff	Form der Lötstelle	Art der Lotzuführung
Gruppe CU: Kupferhartlote							
Cu 141 (CU 104)	B-Cu100-1085 (L-SFCu)	1083		1100	unlegierter Stahl	Spalt	eingelegt
Cu 925 (CU 202)	B-Cu88Sn(P)-825/990 (L-CuSn12)	825	990	990	St, Ni	Spalt	eingelegt
Cu 470a (CU 301)	B-Cu60Zn(Si)-875/900 (L-CuZn40)	875	900	900	St, GT, Cu, Cu-Leg., Ni, Ni-Leg.	Spalt, Fuge	eingelegt, angesetzt
	B-Cu54Zn-880/890 (L-CuZn46)	880	890	890	St, GT, Cu, Cu-Leg.	Spalt	eingelegt
	B-Zn58Cu-835/845 (L-ZnCu42)	835	845	845	vorwiegend Neusilber	Spalt	eingelegt
Cu 773 (CU 305)	B-Cu48ZnNi(Si)-890/920 (L-CuNi10Zn42)	890	920	910	St, GT, Ni, Ni-Leg., Gusseisen	Spalt, Fuge Fuge	eingelegt, angesetzt
Gruppe CP: Kupfer-Phosphorhartlote							
CuP 182 (CP 201)	B-Cu92P-710/770 (L-CuP8)	710	770	720	Cu, Rotguss, Cu-Zn-Leg., Cu-Sn-Leg.	Spalt	eingelegt angesetzt
CuP 284 (CP 102)	B-Cu80AgP-645/800 (L-Ag15P)	645	800	700	Cu, Rotguss, Cu-Zn-Leg., Cu-Sn-Leg	Spalt	angesetzt, eingelegt
CuP 281a (CP 104)	B-Cu89PAg-645/815 (L-Ag5P)	645	815	710		Spalt, Fuge	angesetzt, eingelegt
CuP 279 (CP 105)	B-Cu92PAg-645/825 (L-Ag2P)	645	825	740			
Gruppe AG: Silberhartlote							
	B-Cu50ZnAgCd-620/825 (L-Ag12Cd)	620	825	800	St, GT, Cu, Cu-Leg., Ni, Ni-Leg.	Spalt, Fuge	angesetzt
AG 212 (AG 207)	B-Cu48ZnAg(Si)-800/830 (L-Ag12)	800	830	830		Spalt	angesetzt, eingelegt
AG 205 (AG 208)	B-Cu55ZnAg(Si)-820/870 (L-Ag5)	820	870	860		Spalt, Fuge	angesetzt, eingelegt
	B-Ag67ZnCuCd-635-720 (L-Ag67Cd)	635	720	710	nur für Edelmetalle	Spalt	angesetzt, eingelegt
AG 330 (AG 306)	B-Ag30CuCdZn-600/690 (L-Ag30Cd)	600	690	680	St, GT, Cu, Cu-Leg., Ni, Ni-Leg.	Spalt	angesetzt, eingelegt
AG 145 (AG 104)	B-Ag45CuZnSn-640/680 (L-Ag45Sn)	640	680	670			
AG 220 (AG 206)	B-Cu44ZnAg(Si)-690/810 (L-Ag20)	690	810	810		Spalt, Fuge	
AG 485 (AG 501)	B-Ag85Mn-960/970 (L-Ag85)	960	970	960	St, Ni, Ni-Leg.	Spalt	
AG 449 (AG 502)	B-Ag49ZnCuMnNi-680/705 (L-Ag49)	680	705	690	Hartmetall auf Stahl, W-Leg., Mo-Leg.	Spalt	

[1]) untere Schmelztemperatur entspricht Solidustemperatur
[2]) obere Schmelztemperatur entspricht Liquidustemperatur

Kurzzeichen nach ISO 17672 (DIN EN 1044)	ISO-Kurzzeichen (Kurzzeichen nach zurückgezogener DIN 8513-1 bis DIN 8513-5)	Schmelztemperatur in °C		Arbeits-temperatur in °C	Verarbeitungshinweise		
		untere[1])	obere[2])		Grundwerkstoff	Form der Lötstelle	Art der Lotzuführung
Gruppe AL: Aluminiumhartlote							
Al 107 (AL 102)	B-Al92Si-575/615 (L-AlSi7,5)	575	630	605…615	Lochplattiertes Blech (Kernwerkstoff vorzugsweise Legierungen des Typs AlMn)		
Al 110 (AL 103)	B-Al90Si-575/595 (L-AlSi10)	575	590	595…605	Lochplattiertes Blech (Kernwerkstoff vorzugsweise Legierungen des Typs AlMn)		
Al 112 (AL 104)	B-Al88Si-575/590 (L-AlSi12)	575	585	590…660	angesetzt, eingelegt		
Gruppe NI: Nickelhartlote							
Ni 620 (NI 102)	B-Ni82CrSiBFe-970/1000 (L-Ni2)	970	1000		Stahl (niedrig- und hochlegiert), Ni, Co, Co-Legierung	Spalt	angelegt, eingelegt
Ni 630 (NI 103)	B-Ni92SiB-980/1040 (L-Ni3)	980	1040				

Bezeichnungsbeispiel: Lotzusatz ISO 17672 – AL104

- Benennung: Lotzusatz
- Normblattnummer: ISO 17672
- Kurzzeichen für Lotzusatz: AL104

Lotzusatz ISO 17672 – B – Al88Si 575/585

- Benennung: Lotzusatz
- Normblattnummer: ISO 17672
- Kurzzeichen für Hartlöten: B
- Legierungsbestandteile: Al88Si
- ungefährer Schmelzbereich: 575/585

[1]) untere Schmelztemperatur entspricht Solidustemperatur
[2]) obere Schmelztemperatur entspricht Liquidustemperatur

Flussmittel zum Hartlöten *fluxes for hard soldering* DIN EN ISO 18496 : 2021-12

	Typ	Schmelztemperatur in °C		Arbeits-temperatur in °C	Wirkbestandteile	Verarbeitungshinweise	
		untere	obere			Werkstoffe	Korrosion
Schwermetalle	FH10	550	800	600	Borverbindungen, komplexe Fluoride	Vielzweckflussmittel	• Korrodierend • Rückstände durch Beizen oder Waschen entfernen
	FH11	550	800	600	Borverbindungen, komplexe Fluoride, Chloride	Cu-Al-Legierungen	
	FH12	550	850	600	Borverbindungen, elementares Bor, einfache und komplexe Fluoride	rostfreie Stähle, hochlegierte Stähle, Hartmetalle	
	FH20	700	1000	> 750	Borverbindungen, Fluoride	Vielzweckflussmittel	
	FH21	750	1100	> 800	Borverbindungen	Vielzweckflussmittel	• Im Allgemeinen nicht korrosiv • mechanisch oder durch Beizen entfernen
	FH30			> 1000	Borverbindungen, Phosphate, Silikate	für Kupfer- und Nickellote	
	FH40	600	1000		Chloride, Fluoride	alle borfreien Anwendungen	• Korrodierend • Rückstände durch Beizen oder Waschen entfernen
Leichtmetalle	FL10			> 550	hygroskopische Chloride, Lithiumverbindungen	Al, Al-Legierungen	
	FL20				nicht hygroskopische Fluoride		• Im Allgemeinen nicht korrosiv • können auf dem Werkstück verbleiben

Bezeichnungsbeispiel: Flussmittel EN 1045-FH10

Normblattnummer — EN 1045
Flussmittel — F
Hartlöten — H
Typ — 10

Zuordnung von Grundwerkstoff – Hartlot

Hartlot[1]) nach DIN EN ISO 17672 DIN EN ISO 3677	(DIN 8513 alt)	Werkstoff									
		Stahl chromfrei	Stahl hochlegiert	Hartmetall, HSS	Cu	Cu-Zn-Legierung	Cu-Sn-Legierung	Cu-Ni-Zn-Legierung	Cu-Ni-Sn-Legierung	Aluminium	Löttemperatur mind. in °C
CU 101		×	×	×							1100
CU 104 B-CU100-1085	(L-SFCu)	×	×	×							1100
CU 301 B-Cu60Zn(Si)-875/900	(L-CuZn40)	×		×	×	×		×			900
– B-Zn58Cu-835/845	(L-ZnCu42)	×			×				×		845
– B-Cu54Zn-830/890	(L-ZnCu46)	×			×	×			×		890
CU 305 B-Cu48ZnNi(Si)-920/980	(L-CuNi10Zn42)	×		×	×				×		950
CP 201 B-Cu92P-710/770	(L-CuP8)					×	×	×	×		720
AG 208 B-Cu55ZnAg(Si)-820/870	(L-Ag5)	×	×		×	×			×		860
AG 207 B-Cu48ZnAg-800/830	(L-Ag12)	×			×	×					830
– B-Cu50ZnAgCd-620/825	(L-Ag12Cd)	×			×	×			×		800
CP 102 B-Cu80AgP-645/800	(L-Ag15P)		×			×			×		710
AG 502 B-Ag49ZnCuMnNi-680/705	(L-Ag49)	×		×		×					690

[1]) Nicht alle Hartlote werden durch DIN EN ISO 17672, DIN EN ISO 3677 bzw. DIN 8513-1 bis DIN 8513-5 erfasst

Zulässige Betriebsdrücke in bar der Lötstellen in Rohrleitungen DIN EN 1254-1 : 1998-03

Weichlote	ϑ_0 in °C	Rohraußendurchmesser in mm			Hartlote	ϑ_0 in °C	Rohraußendurchmesser in mm		
		≤ 34	≤ 54	≤ 108			≤ 28	≤ 54	≤ 108
S-Sn97Cu3 und S-Sn97Ag3	30	25	25	16	CP 203	30	25	25	16
	65	25	16	16	CP 105	65	25	16	10
	110	16	10	10	AG 104	110	16	10	10

4.6 Fügen durch Kleben *adhesive bonding*

Klebstoffe

Klebstoffart	Abkürzung	Basisstoffe des Klebers	Merkmale	Anwendungsgebiete
Dispersions-Klebstoffe	DK	Polyvinylacetat (PVAC) Polyacrylsäureester (PASE) Synthesekautschuk (BR)	in Wasser gelöste kleinste Klebstofftropfen	Baustoffe, Fliesenstoffe, Holzstoffe
Lösungsmittel-Klebstoffe	LK	Gelöster Nitrolack Gelöstes Celluloseacetat	Bestandteile: Klebstofflösung oder Lösungsmittel	Papier, Pappe, PVC, PS
Kontakt-Klebstoffe	KK	Polyisobutylen (PIB) Chloroprenkautschuk (CR) Nitrilkautschuk (NR)	kautschukartiger Klebstoff mit kleinen Lösungsmittelanteilen	Kunststoff – Kunststoff Kunststoff – Metall
Zweikomponenten-Reaktionsklebstoffe	ZK	Ungesättigtes Polyesterharz Epoxidharz Polyurethanharz	Binder und Härter vor Gebrauch mischen	Metall – Metall Metall – Keramik Universalkleber
Einkomponenten-Reaktionsklebstoffe	EK	Cyanacrylat (CY) Cyanacrylsäureester	Lösungsmittel verdunstet durch Luftfeuchtigkeit und härtet damit aus.	Kunststoffe Keramik Metalle
Schmelz-Klebstoffe	SK	Polyvinylbutyral (PVB) Polyiobutylen (PIB) Epoxidharz (EP)	Kleber wird zur Verarbeitung durch Erhitzen verflüssigt (Klebstoffpistole)	Universalkleber Kunststoffe

Zuordnung Werkstoffpaarung – Kleber

<table>
<tr><th colspan="2" rowspan="2">Werkstoff 1 / Werkstoff 2</th><th colspan="3">Metalle</th><th colspan="3">Kunststoffe</th><th colspan="5">andere Werkstoffe</th></tr>
<tr><th>Stahl: roh, grundiert, verzinkt</th><th>Aluminium: unbehandelt, eloxiert</th><th>Kupfer</th><th>PVC-hart</th><th>Acryl, Polycarbonatglas</th><th>Pressmassen</th><th>Glas, Keramik</th><th>Beton, Mauerwerk</th><th>Holz</th><th>Papier</th><th>Textil</th></tr>
<tr><th rowspan="3">Metalle</th><td>Stahl: roh, grundiert, verzinkt</td><td colspan="3" rowspan="3">ZK (EP, UP, PUR)
oder
EK (CY) und KK (CR)</td><td colspan="2" rowspan="3">EK (CY)
KK (CR, NR, BR)</td><td rowspan="3">ZK (EP, PUR, UP)
KK (CR)</td><td colspan="3" rowspan="3">KK (CR, BR, NR)
und
DK (PVAC, PASE)</td><td colspan="2" rowspan="3">KK (CR, BR, NR)</td></tr>
<tr><td>Aluminium: unbehandelt, eloxiert</td></tr>
<tr><td>Kupfer</td></tr>
<tr><th rowspan="3">Kunststoffe</th><td>PVC-hart</td><td colspan="3" rowspan="2">EK (CY)
KK (Cr, NR, BR)</td><td>PVC, Spezialkleber</td><td colspan="2">ZK (EP, PUR)
EK (CY)</td><td colspan="5">ZK (EP, PUR)</td></tr>
<tr><td>Acryl, Poly carbonatglas</td><td rowspan="2">ZK (EP, PUR)
EK (CY)</td><td colspan="7">ZK (EP, PUR), KK (CR), EK (CY)</td></tr>
<tr><td>Pressmassen</td><td colspan="3">ZK (EP, KK (CR) PUR, UP)</td><td colspan="7">ZK (EP, PUR, UP)</td></tr>
<tr><th rowspan="5">andere Werkstoffe</th><td>Glas, Keramik</td><td colspan="3" rowspan="3">KK (CR, BR, NR)
und
DK (PVAC, PASE)</td><td rowspan="5">ZK (EP, PUR)</td><td rowspan="5">ZK (EP, UR), KK (CR), EK (CY)</td><td rowspan="5">ZK (EP, PUR, UP)</td><td>ZK, EK</td><td>DK</td><td colspan="3" rowspan="2">KK, ZK (BR, (EP), CR, NR)</td></tr>
<tr><td>Beton, Mauerwerk</td><td>DK</td><td>DK</td></tr>
<tr><td>Holz</td><td colspan="2" rowspan="3">KK, ZK (BR, (EP) CR, NR)</td><td>DK, LK</td><td>LK</td><td>KK</td></tr>
<tr><td>Papier</td><td colspan="3" rowspan="2">KK (CR, BR, NR)</td><td>LK</td><td>LK</td><td>KK</td></tr>
<tr><td>Textil</td><td>KK</td><td>KK</td><td>KK</td></tr>
</table>

Erläuterung ZK (EP, UP, PUR)

Kleberart: ZK — Basisstoffe: EP, UP, PUR

Leitlinien für die Oberflächenvorbereitung von Metallen und Kunststoffen vor dem Kleben (Auswahl)

DIN EN 13887 : 2003-11

Werkstoff	Verfahren	Bemerkungen
Aluminium und seine Legierungen	**Verfahren 1:** – Öl- oder Fettverunreinigungen entfernen – Aufrauen durch Schleifen oder Strahlen mit Korund – Kleben ≤ 4h **Verfahren 2:** – Öl- oder Fettverunreinigungen entfernen – Aufrauen mit Korund; zusätzlich Haftvermittler – Kleben ≤ 4h **Verfahren 3:** – Öl- oder Fettverunreinigungen entfernen – Aufrauen mit Korund; zusätzlich Ätzen (chromfreie Ätzmittel verwenden) – Kleben ≤ 4h **Verfahren 4:** – Öl- oder Fettverunreinigungen entfernen – Aufrauen durch Schleifen oder Strahlen mit Korund – Vorwärmen auf 80 ± 2 °C – Ätzen (temperierte Lösung 80 ± 2 °C) für 60 ± 10 s – sorgfältig spülen – Wasserfilmriss-Versuch[1]) durchführen – Wasser ablaufen lassen (15 min) – mit Heißluft (sauber, ölfrei) ca. 10 min trocknen ($T \leq 60$ °C) – Kleben ≤ 4h	Es wird davon ausgegangen, dass Verfahren 4 das dauerhafteste ist. Haftvermittler auf Basis von Silanen können ähnliche Dauerhaftigkeit bewirken.
Kupfer- und Kupferlegierungen	– Öl- oder Fettverunreinigungen entfernen – Aufrauen mit Schleifmittel auf Aluminiumoxidbasis oder Ätzen bei Raumtemperatur – Spülen in kaltem destillierten oder voll entsalztem Wasser – Trocknen mit Druckluft – Kleben ≤ 4	Ätzlösungen: – Ammoniumpersulfat Tauchdauer ca. 1 min – Eisen-III-chlorid Tauchdauer ca. 1–2 min – Salpetersäure Tauchdauer ca. 30 s
Stahl (weich, legiert)	**Verfahren 1:** – Öl- oder Fettverunreinigungen entfernen – Schleifen und Strahlen – Kleben ≤ 4h **Verfahren 2:** – Öl- oder Fettverunreinigungen entfernen – Aufrauen und zusätzlich Ätzen – Kleben ≤ 4h **Verfahren 3:** – Öl- oder Fettverunreinigungen entfernen – Aufrauen und zusätzlich Haftvermittler – Kleben ≤ 4h **Verfahren 4:** – Öl- oder Fettverunreinigungen entfernen – Schleifen oder Strahlen – Ätzen ca. 10 min ($T = 60 \pm 2$ °C) – Abbürsten von schwarzen Niederschlägen mit Nylon-Bürste unter Wasser – mit in Propan-2-ol getränktem Lappen abwischen und trocknen lassen – Erwärmen 1 h bei 120 ± 3 °C – Kleben ≤ 4h	Haftvermittler können verwendet werden, was als das vorzugsweise anzuwendende Verfahren gilt.

[1]) Wasserfilmriss-Versuch: Wasserfilm muss nach dem Eintauchen auf dem Objekt 30 s gleichmäßig und durchgehend bestehen bleiben; dann kann von einer reinen Oberfläche ausgegangen werden.

Werkstoff	Verfahren	Bemerkungen
Stahl nichtrostend	**Verfahren 1:** – Öl- oder Fettverunreinigungen entfernen – Schleifen oder Strahlen mit Korund – Kleben ≤ 4h **Verfahren 2:** – Öl- oder Fettverunreinigungen entfernen – Aufrauen mit Gritstein auf Tonerde; Haftvermittler aufbringen – Kleben ≤ 4h **Verfahren 3:** – Öl- oder Fettverunreinigungen entfernen – Schleifen oder Strahlen mit Korund – Waschen mit basischer Reinigungsmittellösung für 10 min bei 75 ± 5 °C – Abspülen mit destilliertem oder entsalztem Wasser – Ätzen in Oxalsäure-Ätzlösung für 5–10 min bei 62 ± 2 °C – Abbürsten von schwarzen Niederschlägen mit Nylon-Bürste unter Wasser – Trocknen für 10 min bei ≤ 95 °C – Kleben ≤ 4h	
ABS-Kunststoff	– Öl- oder Fettverunreinigungen entfernen – Schleifen nach Herstellerangabe mit silanbeschichteten Schleifmitteln – Kleben nach Herstellerangaben	Meist ohne Vorbehandlung klebbar mit Klebstoffen auf Acryl- oder Lösungsmittelbasis
PA-Kunststoff	– Öl- oder Fettverunreinigungen entfernen – Ätzen für 8 ± 2 s in Ätzlösung (Ethylacetat/Resorcinol 91/9 % Massenanteile) – Lüften bei 23 ± 2 °C bis 30 min – Kleben ≤ 4h	
Thermoplaste	Diese Kunststoffe können schwierig zu kleben sein, selbst bei Anwendung von auf Acryl basierenden Klebstoffen.	Herstellerangaben erfragen und beachten
Duroplaste	Meist genügt ein Reinigen und Aufrauen vor dem Kleben	Herstellerangaben erfragen und beachten

Hinweis: Für besondere Klebeaufgaben Hersteller befragen

Konstruktionsbeispiele für Klebeverbindungen

Blechverbindungen			
Gute Festigkeit. Für dünne Querschnitte	Gute Festigkeit. Dicke Querschnitte	Gute Festigkeit nur bei großen Blechdicken	Hohe Festigkeit. Keine ebene Verbindung
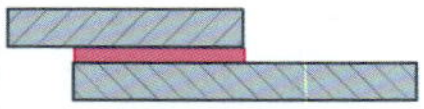	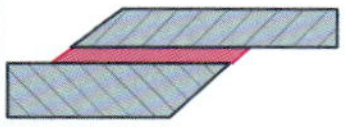		
Eckverbindungen			
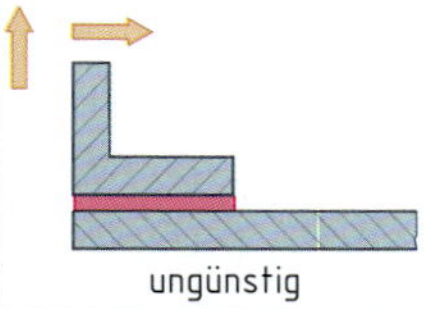	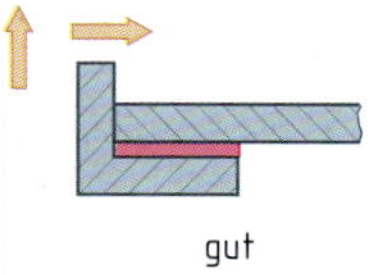	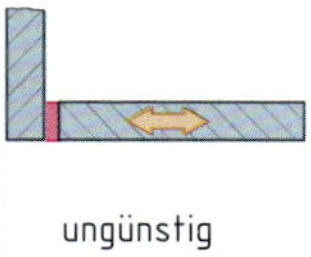	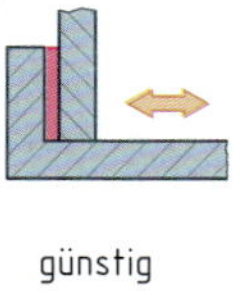
Rohrverbindungen			
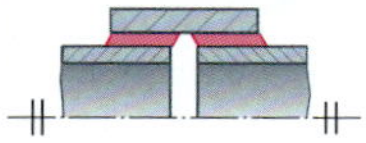	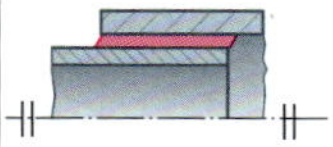	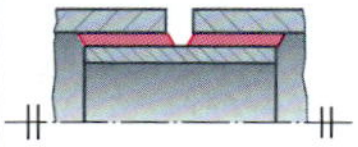	

Die Konstruktion soll so ausgelegt sein, dass die Klebefläche möglichst groß wird.

4.7 Fügen mit Dübeln *dowels*

Dübel und Anker bei verschiedenen Befestigungsuntergründen

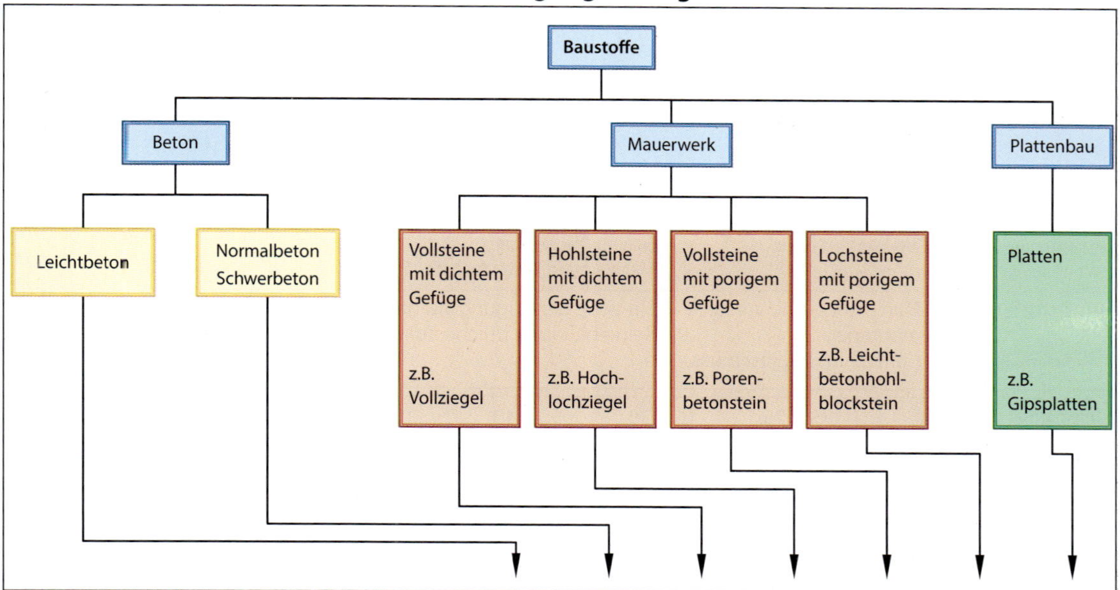

	Leichtbeton	Normalbeton/Schwerbeton	Vollsteine mit dichtem Gefüge	Hohlsteine mit dichtem Gefüge	Vollsteine mit porigem Gefüge	Lochsteine mit porigem Gefüge	Platten
Kunststoffdübel							
Spreizdübel	●	●	●	○	●	○	
Nageldübel	●	●	●	○	●	○	
Gasbetondübel					●		
Dübel für Gipsplatten							●
Hohlraumdübel			○	●	○	●	●
Universaldübel	●	●	●	●	●	●	●
Metalldübel							
Spreizdübel	●	●	●	●	●	●	
Messingdübel	●	●	●				
Porenbetondübel					●		
Dübel für Gipsplatten							●
Hohlraumdübel							●
Kippdübel							●
Federklappdübel							●
Anker							
Injektionsanker	●	●	●	●	●	●	
Verbundanker		●					
Deckennagel		●					
Spreizanker		●					
Einschlaganker		●					
Hinterschnittanker		●					

● geeignet ○ bedingt geeignet

Montagearten

Vorsteckmontage	Durchsteckmontage	Abstandsmontage
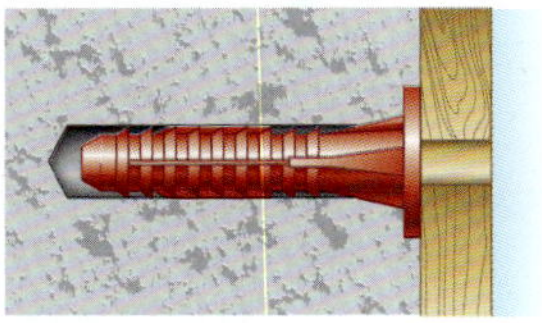	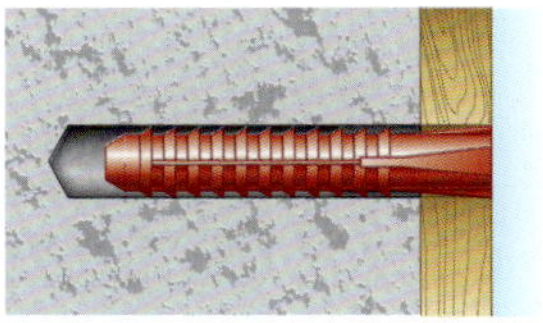	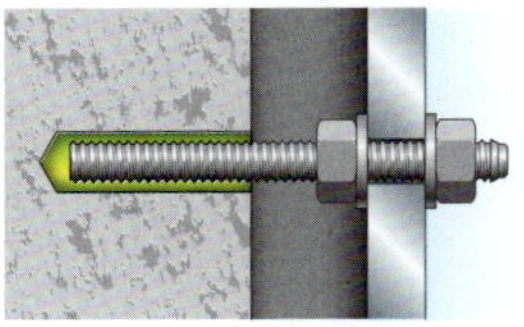

Bezeichnung/Art	**Werkstoffe/System**	**Eignung/Verwendung Abmessungen/Lastaufnahme**
Kunststoffdübel 	Durchsteck- und Vorsteck-montage Kraftschluss/Reibschluss	Einfache Befestigungsaufgaben in Beton, Ziegelmauern, Platten… Keine bauaufsichtliche Zulassung

Dübelgröße $d \times l$ in mm	5 × 25	6 × 30	8 × 40	10 × 50	12 × 60	16 × 80
Schrauben-Ø in mm Bohrtiefe in mm	3,5 … 4 35	4,5… 5 40	4,5… 6	6… 8 70	8 …12 90	12 100
Last F in kN						
Beton ≥ C 16/20	0,3	0,65	0,7	1,2	1,7	2,6
Kalksandvollst. ≥ KS12	0,3	0,5	0,6	1,2	1,7	2,6
Porenbeton ≥ G2	0,03	0,03	0,04	0,09	0,14	0,14

Durchsteckanker 	Durchsteckmontage, Kraftschluss	**Geeignet** für Stahlkonstruktionen, Geländer, Konsolen, Leitern, Kabeltrassen, Maschinen, Treppen, Tore, Fassaden, Fensterelemente **Auch geeignet für** Beton C12/15, Naturstein mit dichtem Gefüge, Vollziegel, Kalksand-Vollstein **Zugelassen für** gerissenen und ungerissenen Beton C20/25 bis C50/60.

Dübelgröße $d \times l$ in mm, Gewinde	12 × 50 M8	12 × 60 M8	12 × 80 M8	14 × 80 M10	14 × 100 M10	18 × 100 M12
Bohrer-Ø in mm Verankerungstiefe in mm	12 40	4,5…5 50	4,5…6 50	6…8 60	8…12 60	12 80
Last F in kN						
Gerissener Beton C 20/25	2,38	4,28	4,28	5,71	5,71	
Ungerissener Beton C 20/25	3,57	5,71		9,52		14,29

Schwerlastanker 	Durchsteckmontage, Kraftschluss	**Geeignet für** Stahlkonstruktionen, Handläufe, Konsolen, Leitern, Kabeltrassen, Maschinen, Treppen, Tore, Fassaden, Fensterelemente, Abstandskonstruktionen, Parkbänke, Mülleimer **Auch geeignet für** Beton C12/15, Naturstein mit dichtem Gefüge **Zugelassen für u**ngerissenen Beton C20/25 bis C50/60.

Dübelgröße	M6	M8	M10	M12
Bohrer-Ø in mm Dübellänge in mm	10 49	12 56	15 69	18 86
Last F in kN				
Ungerissener Beton C 20/25	3,57	5,71	9,48	11,88

Bezeichnung/Art	Werkstoffe/System	Eignung/Verwendung Abmessungen/Lastaufnahme
Injektionsanker 	Gewindestange mit Außengewinde, Scheibe und Mutter, Verbundpatrone mit Füllung aus Reaktionsharz und Quarzsand, Durchsteckmontage, Stoffschluss	**Geeignet für** Stahlkonstruktionen allgemein, Stützen, Schienen, Fuß- und Kopfplatten, Hochregale, Konsolen, Geländer, Fenster, Gerüste, Maschinen, Fassaden **Zugelassen in Verbindung mit Injektions-Mörtel** Beton ≥ C20/25 bis ≤ C50/60 (B25 - B55) **Geeignet in Verbindung mit Injektions-Mörtel auch für** Beton = B15. (Herstellerangaben beachten)

Dübelgröße	M6 × 85	M8 × 110	M10 × 130	M12 × 140	M16 × 200	M24 × 380
Bohrer-Ø in mm Min. Verankerungstiefe in mm	8 75	10 75	12 75	14 75	18 75	28 75
Last F in kN						
Beton C20/25	3,4	7,0	11,0	15,8	25,5	51,7

Hinweis: Alle Angaben sind Herstellerangaben und können bei verschiedenen Herstellern abweichen; weiterhin sind die Montagevorschriften unbedingt einzuhalten

4.8 Mechanisches Trennen *machining*

4.8.1 Bohren *drilling*

Bohrer, Arten und Einsatz DIN 1414-1 : 2006-11, -2 : 1998-06

Bohrertyp	Spitzenwinkel σ	Seitenspanwinkel γ_f	Werkstoff
Typ H 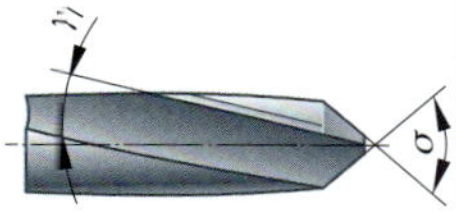	80°	10° ... 13°	Hartgummi, Kohle, Marmor, Schichtpressstoffe
	118°		weiche Kupfer-Zink-Legierung
	140°		austenitische Stähle, Magnesium-Legierungen
Typ N 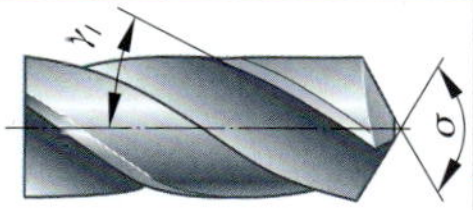	118°	16° ... 30°	Stahl und Stahlguss mit $R_m \leq 700$ N/mm², Grauguss, Temperguss, Legierungen aus Kupfer-Zink und Kupfer-Nickel-Zink, Nickel
	130°		Stahl und Stahlguss mit $R_m > 700$ N/mm²
	140°		nicht rostender Stahl, Aluminium-Legierungen (spröde), Kupfer mit $d > 30$ mm, nicht geschichtete Kunststoffe
Typ W 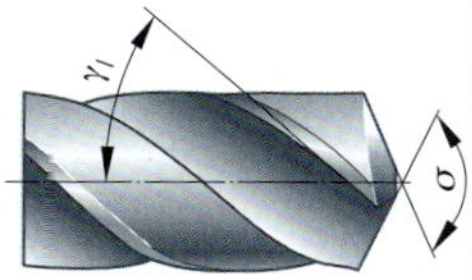	80°	35° ... 40°	Pressstoffe, Duroplaste
	118°		Zink-Legierung, Lagermetalle
	130°		Al, weiche Al-Legierungen, Kupfer $d \leq 30$ mm

Richtwerte für das Bohren mit beschichteten Voll-Hartmetallbohrern

Werkstoff	v_c in $\frac{m}{min}$	f in mm bei Bohrerdurchmesser d in mm							Kühl-Schmierstoff	Hartmetallsorte
		2,5	3,5	5	8	10	12	16		
S185 (St 33) S235 (St 37) S355 (St 52)	100 100 85	0,08 0,05	0,12 0,08	0,15 0,11	0,25 0,18	0,28 0,2	0,35 0,25	0,38 0,27	Emulsion	P40
X5CrNi18 9	40	0,03	0,04	0,06	0,1	0,11	0,13	0,15	Emulsion, Öl	P40
Al Mg Si 1	63	0,08	0,11	0,15	0,24	0,28	0,31	0,35	Emulsion	K 10, K 20
Cu Zn 40	100	0,06	0,09	0,13	0,2	0,23	0,26	0,3	Emulsion	K 10, K 20

Schnittwerte für Bohren mit Schnellarbeitsstahl (HSS)

Werkstoff	v_c in $\frac{m}{min}$	*f* in mm bei Bohrerdurchmesser *d* in mm							Kühl-Schmierstoff
		2,5	3,5	5	8	10	12	16	
S185 (St 33) S235 (St 37) S355 (St 52)	25…35	0,03	0,05	0,08	0,1	0,12	0,14	0,25	Kühlschmier-Emulsion
X5CrNi18-9	≈ 10	0,03	0,04	0,06	0,08	0,09	0,1	0,13	
AlMgSi1	40…50	0,07	0,09	0,16	0,22	0,28	0,32	0,42	
CuZn40	30…60	0,06	0,1	0,16	0,2	0,22	0,25	0,3	Trocken (Druckluft)
PVC, Acrylglas	20…40	0,06	0,08	0,12	0,18	0,22	0,25	0,34	
Holz	30…60	Vorschub von Hand							

Hinweis: Die genannten Werte sind einem Herstellerkatalog entnommen und können nur als Richtwerte betrachtet werden, da die Werte bei unterschiedlichen Herstellern abweichen. Für Bohren in Beton Hinweise auf Bohrmaschinen beachten.

4.8.1.1 Schnittgeschwindigkeiten beim Trennen durch Spanen

	Formel		Formelzeichen	Erklärung	
Schnittgeschwindigkeit Bohren, Drehen, Fräsen, Sägen 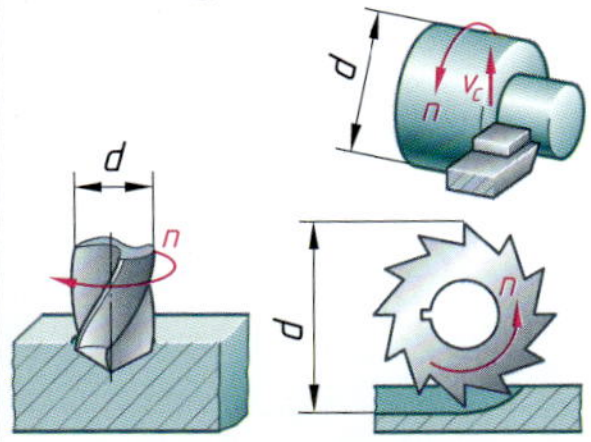	Allgemein $v_c = \pi \cdot d \cdot n$ $n = \frac{v_c}{\pi \cdot d}$ $d = \frac{v_c}{\pi \cdot n}$	bei Beachtung der Einheiten $n = \frac{1000 \cdot v_c}{\pi \cdot d}$ $d = \frac{1000 \cdot v_c}{\pi \cdot n}$	v_c d n	Schnittgeschwindigkeit Durchmesser Drehzahl, Umdrehungsfrequenz	in m/min in mm in min^{-1}
Schnittgeschwindigkeit Schleifen 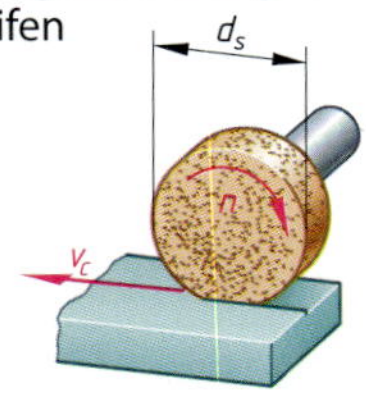	Allgemein $v_c = \pi \cdot d_s \cdot n$ $n = \frac{v_c}{\pi \cdot d_s}$ $d_{smax} = \frac{v_{max}}{\pi \cdot n}$	bei Beachtung der Einheiten $n = \frac{1000 \cdot v_c}{\pi \cdot d_s}$	v_C d_s n d_{smax} v_{max}	Schnittgeschwindigkeit Durchmesser der Schleifscheibe Drehzahl maximal (zulässiger) Durchmesser der Schleifscheibe maximal (zulässige) Umfangsgeschwindigkeit der Schleifscheibe	in m/s in mm in min^{-1} in mm in min^{-1}
Auftragszeit Hauptnutzungszeit: Bohren 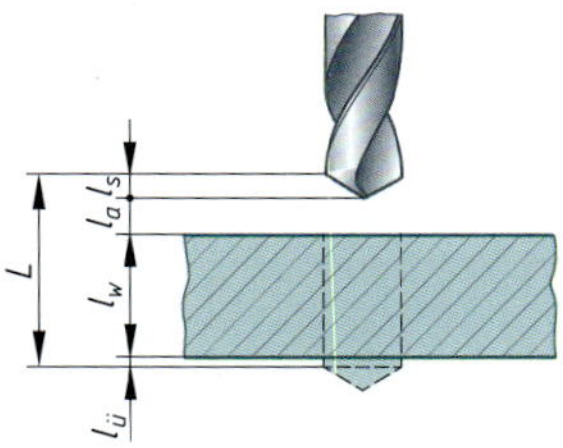	$T = t_r + t_a$ $t_a = m \cdot t_e$ vereinfacht: $t_e = t_{tu}$[1]) $t_{tu} = t_h$ $\quad t_h = \frac{L \cdot i}{f \cdot n}$ $L = l_w + l_s + l_a + l_ü$ Sackloch: $l_ü = 0$ Senken (Flach): $l_ü = 0$; $l_s = 0$ α: 80° / 118° / 130° / 140° l_s: $0{,}6 \cdot d$ / $0{,}3 \cdot d$ / $0{,}2 \cdot d$ / $0{,}18 \cdot d$		T t_r t_a t_e t_{tu} t_h m f l n L l_w f l_s l_a $l_ü$ α	Auftragszeit Rüstzeit Ausführungszeit Zeit pro Stück unbeeinflussbare Zeit Hauptnutzungszeit Stückzahl Vorschub Anzahl der Bohrungen Drehzahl Bearbeitungsweg Werkstückdicke Vorschub Spitzenlänge Anlaufweg ca. 2 mm Überlaufweg ca. 2 mm Spitzenwinkel des Bohrers	in min in min in min in min in min in min in mm in min^{-1} in mm in mm in mm in mm in °

[1]) In der Praxis kommen hier noch Zuschläge für Ein-/Ausspannen und für Verteilzeiten

4.8.1.2 Umdrehungsfrequenzdiagramme (früher: Drehzahldiagramme)

Lineare Teilung

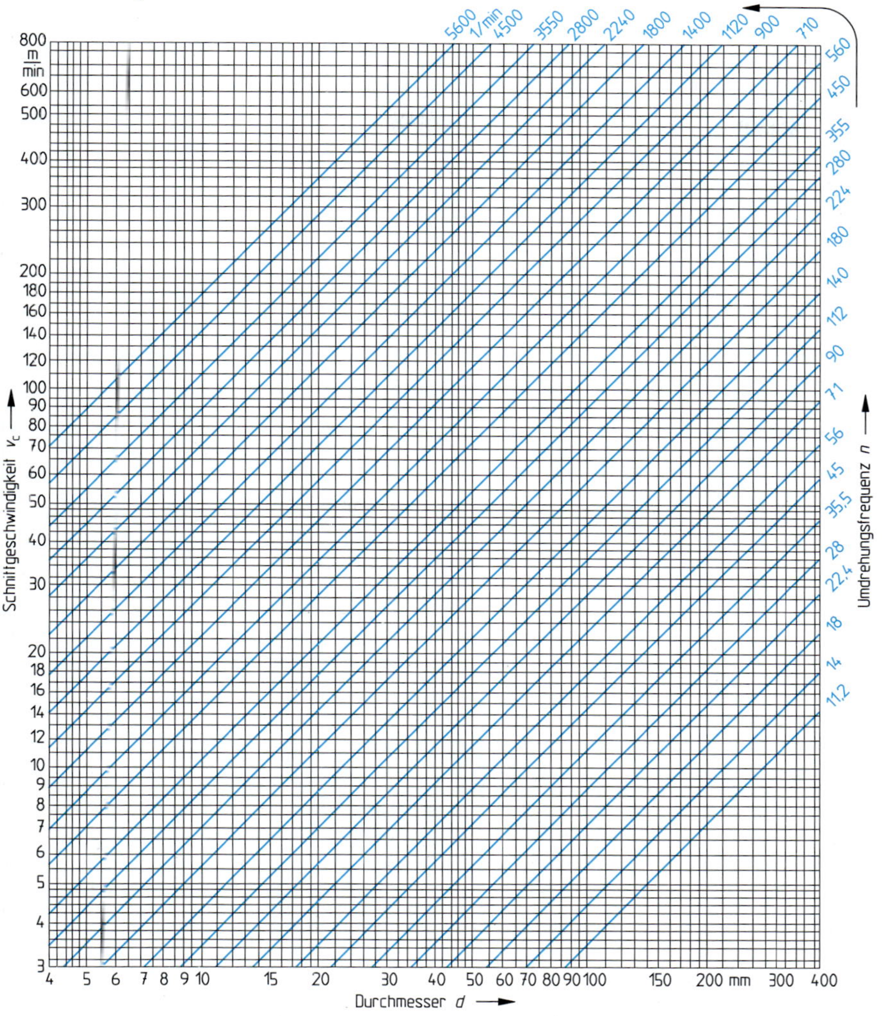

Logarithmische Teilung

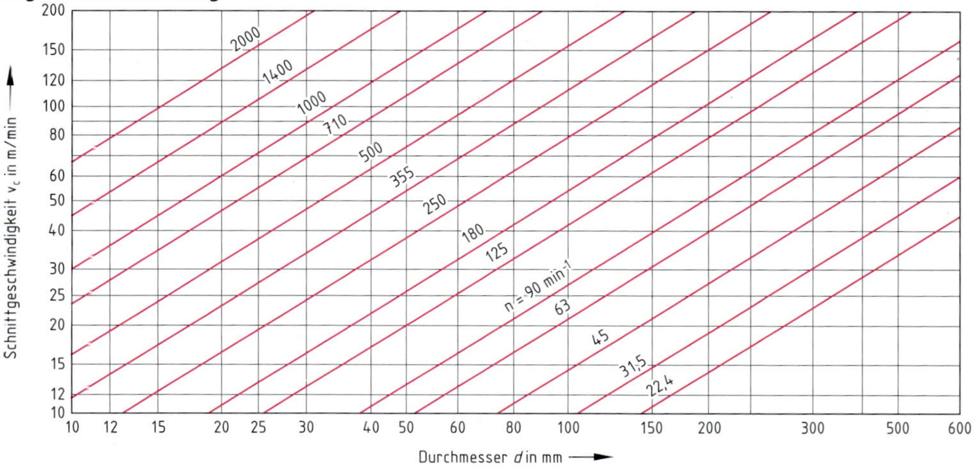

4.8.2 Sägen *Sawing*

Zerspanungsrichtwerte beim Sägen

Werkstoff	Festigkeit R_m in $\frac{N}{mm^2}$	Schnittgeschwindigkeit v_c in $\frac{m}{min}$	Spanwinkel γ und Freiwinkel α in °
S185, S235, 9 S 20 K, S275, E295, C15, C22, C45	330...450 450...600	25...35 19...24	15...18/12
E335, E360, C45, C60, 14 Cr 5	600...850, 500...700	15...19	15...18/8...12
16MnCr5, 20MnCr5, 37MnSi5	600...800		15/18
50CrV4, 14NiCr5, 35CrNiMo6	600...900	10...12	15/6
22NiCr14, 35NiCr18	700...900	12...15	15/6
Nichtrostende Stähle	500...700	7...17	10...12/6
Walzprofile DIN 1024/25/26	340...450	19...35	18/8
Stahlrohre S235 (St 35) dünnwandig, normal und dickwandig	350...400 500...600	35...70 24...35	15...18/8
Kupfer Bronze Messing Zink-Legierungen Alpaka-Neusilber Al-Legierungen	bis 600	60...400 40...120 400...600 100...200 20...75 500...2000	18...20/8...10 5...10/10 12/10 25/10 20/10 20...23/10

Zahnformen von Sägeblättern für das Sägen von Metall DIN 1840 : 1970-08

Benennung	Bild	Kurzzeichen	Spanwinkel für Werkzeugtyp			Anwendung
			N ±2°	H ±2°	W ±2°	
Winkelzahn	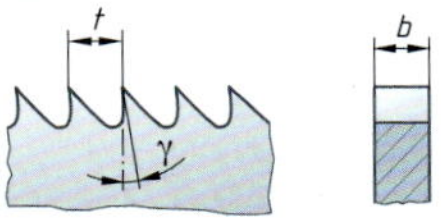	A	5°	0°	10°	DIN 1837 Regelausführung
Winkelzahn mit wechselseitiger Abkantung	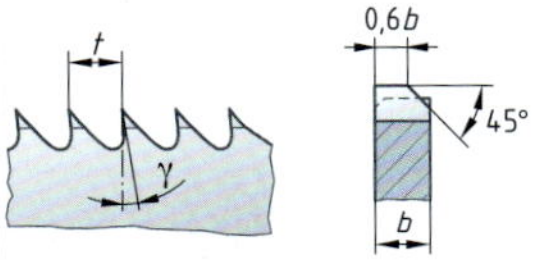	Aw				DIN 1837 Sonderausführung
Bogenzahn	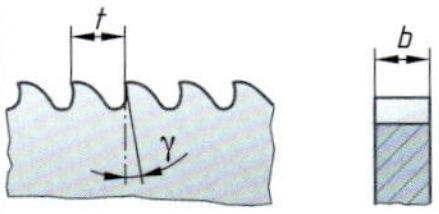	B				DIN 1838 Regelausführung DIN 1837 bei $t \geq 3{,}15$ mm Sonderausführung
Bogenzahn mit wechselseitiger Abkantung	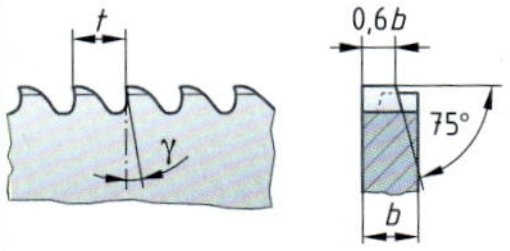	Bw	15°	8°	25°	DIN 1837 bei $t \geq 3{,}15$ mm und $b \geq 2$ mm Sonderausführung DIN 1838 bei $b \geq 2$ mm Sonderausführung
Bogenzahn mit Vor- und Nachschneider	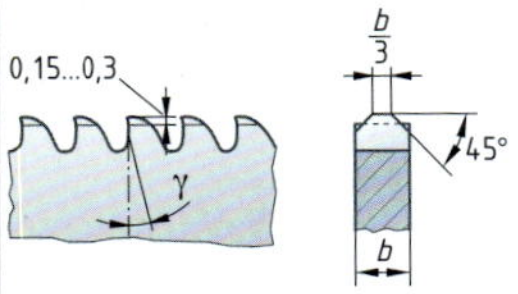	C				DIN 1837 bei $t \geq 3{,}15$ mm und $b \geq 2$ mm Sonderausführung DIN 1838 bei $b \geq 2$ mm Sonderausführung

Richtwerte für das Sägen mit Bandsägen (Vollmaterial)[1]

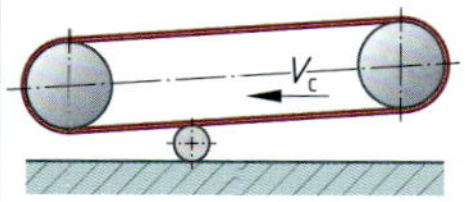

Werkstoff	Dicke t in mm	Schnittgeschwindigkeit v_c in $\frac{m}{min}$	Vorschub in $\frac{mm}{min}$	Zerspanleistung g in $\frac{cm^2}{min}$	Kühlung
Baustahl weich	$0 > t \leq 20$	80 ... 100	115 ... 190	23 ... 38	Emulsion 20 %
Baustahl hart	$0 > t \leq 20$	60 ... 75	90 ... 140	18 ... 28	Emulsion 15 %
Stahl rostfrei	$0 > t \leq 20$	25 ... 40	40 ... 50	8 ... 10	Emulsion 5 %
Alu + NE-Metalle	$0 > t \leq 20$	100 ... 2000	115 ... 190	–	Sprühöl, Emulsion 20 %

[1]) Angaben sind Richtwerte, Herstellerangaben beachten.

Metallkreissägeblätter, grobgezahnt (Auswahl) — DIN 1838 : 1970-08

$d_{1\,H5}$	50		63		80		100		125		160		200	
$d_{2\,H7}$	13		16		22		22		22		32		32	
$d_{3\,H8}$	25		32		36		40		40		63		80	
	Sägeblattteilung t und Zähnezahl z													
$b_{1\,H}$	$t \approx$	z	$t \approx$	z	$t \approx$	z	$t \approx$	z	$t \approx$	z	$t \approx$	z	$t \approx$	z
0,5	3,15	48	3,15	64										
0,6	3,15	48	4	48	4	64	4	80						
0,8	4	40	4	48	4	64	5	64	5	80				
1	4	40	4	48	5	48	5	64	5	80	6,3	80		
1,2	4	40	5	40	5	48	5	64	6,3	64	6,3	80	6,3	100
1,6	5	32	5	40	5	48	6,3	48	6,3	64	6,3	80	8	80
2	5	32	5	40	6,3	40	6,3	48	6,3	64	8	64	8	80
2,5	5	32	6,3	32	6,3	40	6,3	48	8	48	8	64	8	80
3	6,3	24	6,3	32	6,3	40	8	40	8	48	8	64	10	64
4	6,3	24	6,3	32	8	32	8	40	8	48	10	48	10	64

Bezeichnungsbeispiel:

Kreissägeblatt 160 × 3 BN DIN 1838-HSS
- d in mm
- b in mm
- Zahnform
- Werkzeugtyp
- Werkstoff

Kreissägeblatt 100 × 2 AN DIN 1837-SS
- d in mm
- b in mm
- Zahnform
- Werkzeugtyp
- Werkstoff

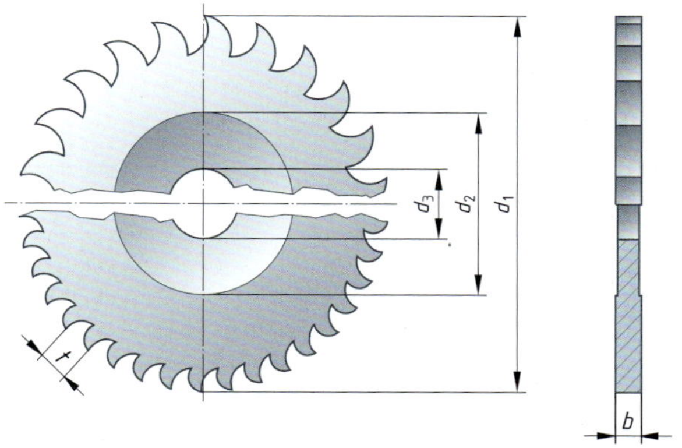

Metallkreissägeblätter, feingezahnt

DIN 1837 : 1970-08

$d_{1\,H5}$	**20**		**25**		**32**		**40**		**50**		**100**		**200**	
$d_{2\,H7}$	5		8		8		10		13		22		32	
$d_{3\,H8}$	10		12		14		18		25		40		63	
	Teilung *t* und Zähnezahl *z*													
$b_{1\,H}$	$t \approx$	*z*	$t \approx$	*z*	$t \approx$	*z*	$t \approx$	*z*	$t \approx$	*z*	$t \approx$	*z*	$t \approx$	*z*
0,2	0,8	80	1	80	1	100	1	128	1,25	128				
0,4	1	64	1,25	64	1,25	80	1,25	100	1,6	100				
0,5	1,25	48	1,25	64	1,25	80	1,6	80	1,6	100	2	160		
0,8	1,25	48	1,6	48	1,6	64	1,6	80	2	80	2,5	128		
1	1,6	40	1,6	48	1,6	64	2	64	2	80	2,5	128	3,15	200
1,6	1,6	40	2	40	2	48	2	64	2,5	64	3,15	100	4	160
2	2	32	2	40	2	48	2,5	48	2,5	64	3,15	100	4	160
2,5	2	32	2	40	2,5	40	2,5	48	2,5	64	3,15	100	4	160
3	2	32	2,5	32	2,5	40	2,5	48	3,15	48	4	80	5	128
4	2,5	24	2,5	32	2,5	40	3,15	40	3,15	48	4	80	5	128
5	2,5	24	2,5	32	3,15	32	3,15	40	3,15	48	4	80	5	128

Langsägeblätter für Metallhandsägen

DIN 6494 : 1999-10

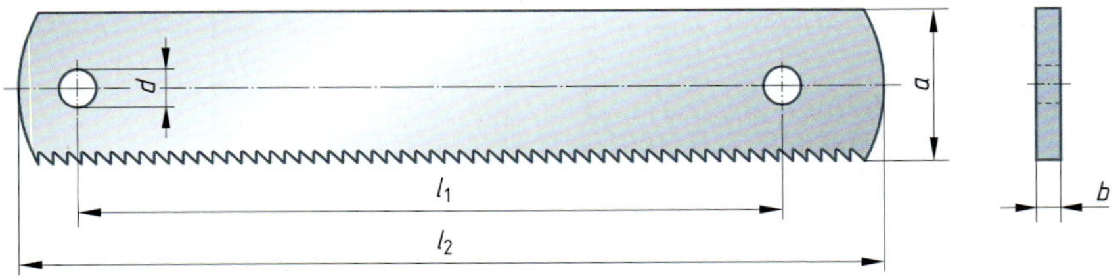

l_1 in mm ± 2	*a* in mm	*b*	Zahnung		l_2 in mm max.	*d* in mm H14
			Steigung in mm	Zähnezahl auf 25 mm Länge		
300	12,5	0,63	0,8; 1; 1,4	32; 24; 18	315	4

Bezeichnungsbeispiel: Sägeblatt DIN 6494 300 x 12,5 x 0,63 x 1,0

Sägeblattlänge (300) – Sägeblattbreite (12,5) – Sägeblattdicke (0,63) – Steigung (1,0)

Sägeblätter für Bügelsägemaschinen

DIN 6495 : 1999-10

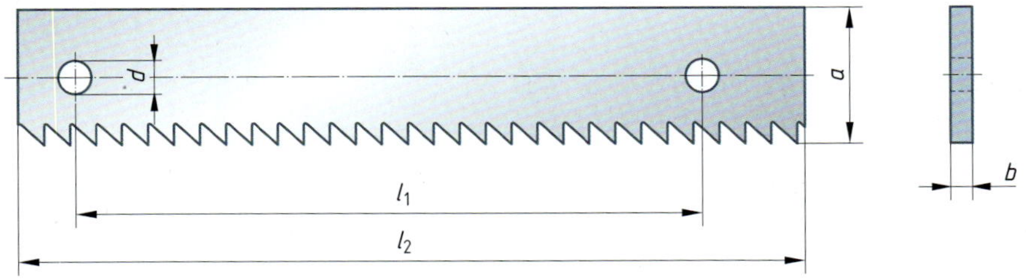

l_1 in mm	a in mm	b	Zahnung		l_2 in mm max.	d in mm
			Steigung in mm	Zähnezahl auf 25 mm Länge		
300	25	1,25	1,8; 2,5	14; 10	330	8
	25	1,5	1,8; 2,5	14; 2,5		
350	25	1,25	1,8; 2,5	14; 10	380	8
	25	1,5	1,8; 2,5	14; 10		
	30	1,5	1,8; 2,5; 3,2; 4	14; 10; 8; 6		
	30	2	2,5; 3,2; 4	10; 8; 6		
400	30	1,5	1,8; 2,5; 3,2; 4	14; 10; 8; 6	430	8
	30	2	1,8; 2,5; 3,2; 4; 6,3	14; 10; 8; 6; 4		
	40	2	4; 6,3	6; 4	435	10
450	30	2	2,5; 4	10; 6	485	10
	40	2	2,5; 3,2; 4; 6,3	10; 8; 6; 4		
500	40	2	4; 6,3	6; 4	535	10
600	50	2,5	4; 6,3	6; 4	640	12,5
700	50	2,5	6,3	4	740	12,5

Bezeichnungsbeispiel: Sägeblatt DIN 6495 300 × 25 × 1,25 × 1,8

4.8.3 Schleifen *grinding*

Schleifmittel, Zuordnung Werkstoff – Schleifmittel DIN ISO 525 : 2015-02, DIN EN 12413 : 2019-12

Werkstoff	Schleifmittel	chemische Zusammensetzung in Masse %	Bezeichnung
nichtrostender Stahl	Zirkonkorund	$Al_2O_3 + ZrO_2$	Z
unlegierter + ungehärteter Stahl, Stahlguss, Temperguss	Normalkorund	Al_2O_3 + Beimengung	A
legierter + gehärteter Stahl, Titan, Glas	Edelkorund	Al_2O_3 in kristalliner Form	
Cu, Al, Kunststoffe, Gusseisen, Hartguss, Hartmetall, Gestein, Glas	Siliciumkarbid	SiC in kristalliner Form	C
Werkzeugstahl > 60 HRC, HSS	Bornitrid	BN in kirstalliner Form	CBN
lose Schleifmittel zum Läppen von Hartmetall	Borkarbid	BK	BK
Hartmetall, Glas, Gusseisen, Abrichten von Schleifscheiben, Keramik	Diamant	C in kristalliner Form	D

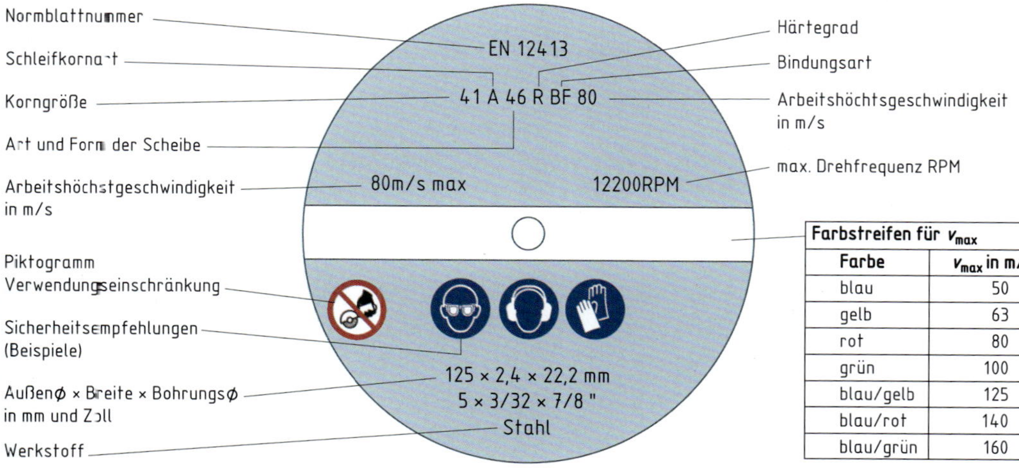

Farbstreifen für v_{max}	
Farbe	v_{max} in m/s
blau	50
gelb	63
rot	80
grün	100
blau/gelb	125
blau/rot	140
blau/grün	160

Körnung		**Härtegrad**		**Gefüge**		**Bindung**		**Arbeitshöchstgeschwindigkeit v_{cmax} in $\frac{m}{s}$**
Körnungsnummer	**Bezeichnung**	**Kennbuchstabe**	**Bezeichnung**	**Art**	**Ziffer**	**Kennbuchstabe**	**Art**	
4...24	grob	A, B, C, D	äußerst weich	geschlossen	0...4	V	Keramisch	16, 20, 25, 32, 40, 50, 63, 80, 100, 125, 140, 160
30...60	mittel	E, F, G	sehr weich	normal	5...7	R	Gummi	
70...220	fein	H, I, J, K	weich	offen	8...11	RF	Gummi, faser verstärkt	
240...1200	sehr fein	L, M, N, O	mittel	sehr offen	12...14	B	Kunstharz	
		P, Q, R, S	hart			BF	Kunstharz, faserverstärkt	
		T, U, V, W	sehr hart			E	Schellack	
		X, Y, Z	äußerst hart			Mg	Magnesit	
						PL	Plastikbindung	

4.8.4 Drehen *turning*

Richtwerte für das Drehen für Drehmeißel aus HSS oder mit Wendeschneidplatten aus Hartmetall

	Drehmeißel aus HSS 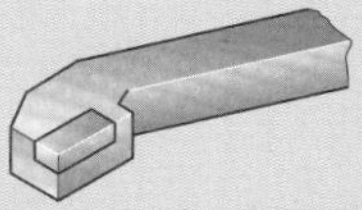					
Werkstoff	**Zugfestigkeit** R_m **in** $\frac{N}{mm^2}$	**Schnittgeschwindigkeit** v_c **in** $\frac{m}{min}$	**Vorschub** f **in mm**	**Schnitttiefe** a_p **in mm**	**Schneidwerkstoff**	**Standzeit in min**
unlegierter Stahl	< 500	65 ... 250	0,1 ... 0,5	3	S10-4-3-10	60
		50 ... 40	0,2 ... 1	6	S18-1-2-10	
leg. Stahl, Einsatzstahl	500 ... 900	70 ... 50	0,1 ... 0,5	3	S10-4-3-10	
		50 ... 40	0,2 ... 1	6	S18-1-2-10	
Vergütungsstahl	700	70 ... 40	0,5 ... 1	3 ... 6	S18-1-2-10	
		50 ... 20	0,1 ... 0,5	3 ... 6	S10-4-3-10	
Al-Legierungen	–	180 ... 120	0,1 ... 0,6	3 ... 6	S10-4-3-10	240
Cu-Zn-Legierungen	–	–	–	–	–	–
Messing		120 ... 80	0,1 ... 0,3	6	S10-4-3-10	120
Bronze		150 ... 100	0,1 ... 0,6	3	S10-4-3-10	
Kunststoffe	–	–	–	–	–	–
Thermoplaste		400 ... 200	0,1 ... 0,25	3	S14-1-4-5	≤ 8h
Duroplaste o. Füllstoff		250 ... 150	0,1 ... 0,25	3	S14-1-4-5	

	Drehmeißel mit Wendeschneidplatten aus Hartmetall 						
Werkstoff	**Vorschub** f **in mm**	**Schnittgeschwindigkeit** v_c **in** $\frac{m}{min}$					
		Hartmetall beschichtet			**Hartmetall unbeschichtet**		
		P15C	**P25C**	**P35C**	**P10**	**P40**	**K10**
unlegierter Stahl	0,1 ... 0,5	260 ... 230	200 ... 170	160 ... 130	170 ... 150	115 ... 95	–
	0,5 ... 1,5	230 ... 190	170 ... 140	130 ... 95	150 ... 120	95 ... 80	–
leg. Stahl, Einsatzstahl	0,1 ... 0,5	270 ... 220	240 ... 200	170 ... 140	160 ... 140	95 ... 80	–
	0,1 ... 1,5	220 ... 200	200 ... 170	140 ... 110	140 ... 115	80 ... 65	–
Vergütungsstahl	0,1 ... 0,5	230 ... 205	180 ... 150	140 ... 120	125 ... 110	90 ... 70	–
	0,5 ... 1,5	205 ... 180	150 ... 130	120 ... 90	110 ... 90	70 ... 60	–
Al-Legierungen	0,1 ... 0,6	600 ... 400	–	–	–	–	600 ... 200
Cu-Zn-Legierungen	0,1 ... 0,6	–	–	–	–	–	500 ... 200
Messing	–	–	–	–	–	–	–
Bronze	–	–	–	–	–	–	–

4.8.5 Fräsen *milling*

Schneidbedingungen für das Fräsen mit Schnellarbeitsstählen (HSS)

Werkstoff des Werkstückes	R_m in $\frac{N}{mm^2}$	Walzenfräser 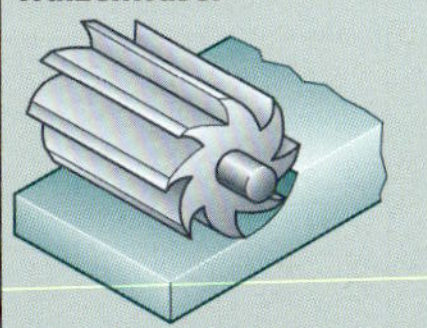				Walzenstirnfräser 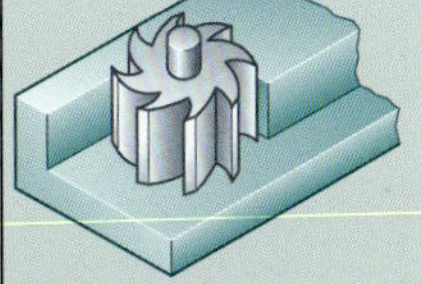				Schaftfräser (Zweischneider) 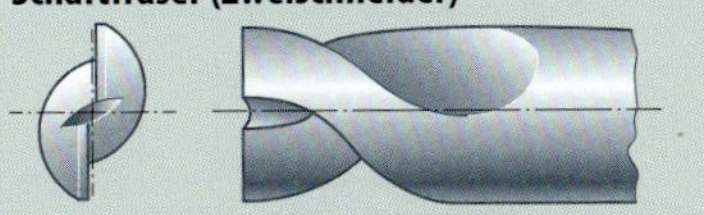				Schaftfräser (Dreischneider) 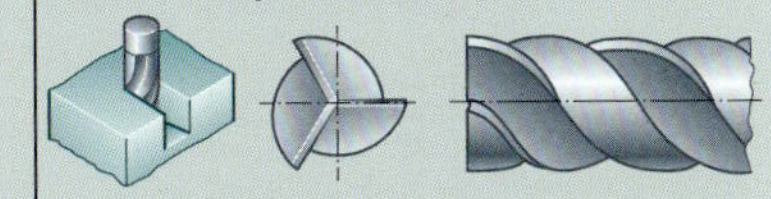			
		f_z in $\frac{mm}{Zahn}$	a_p in mm: 1	4	8	f_z in $\frac{mm}{Zahn}$	a_p in mm: 1	4	8	Durchmesser *d* in mm: ≤20		>20		Durchmesser *d* in mm: ≤20		>20	
			v_c in $\frac{m}{min}$				v_c in $\frac{m}{min}$			f_z in $\frac{mm}{Zahn}$	v_c in $\frac{m}{min}$	f_z in $\frac{mm}{Zahn}$	v_c in $\frac{m}{min}$	f_z in $\frac{mm}{Zahn}$	v_c in $\frac{m}{min}$	f_z in $\frac{mm}{Zahn}$	v^c in $\frac{m}{min}$
unlegierter Stahl	< 500	0,25	28	22	20	0,2	26	22	20	0,01 … 0,09	45 … 90	0,09	35 … 90	0,05	25	0,08	19
		0,1	36	30	25	0,1	34	30	27						30	0,05	23
	500 … 700	0,16	22	18	15	0,15	20	18	16	0,02	35	0,09	60	0,03	20	0,05	15
		0,08	30	22	20	0,08	26	23	21	0,05	65	0,08	35	0,01	25	0,03	18
Vergütungsstahl	700	0,18	28	22	19	0,16	26	22	21	0,02	25	0,01	15 … 20	0,03	22	0,05	18
		0,1	36	30	25	0,08	34	30	27	0,06	40			0,01	27	0,03	20
Cu-Zn-Leg. Messing		0,22	60	50	42	0,2	60	50	46	0,01	150	0,1	200	0,05	60	0,08	45
		0,11	80	64	55	0,1	80	68	60	0,05	220	0,09	140	0,02	74	0,05	55
Bronze		0,18	55	44	38	0,16	55	48	44	0,01	40	0,09	50	0,04	55	0,06	40
		0,09	72	58	50	0,08	72	63	58	0,05	60	0,08	35	0,02	66	0,04	52
Al-Leg. zäh		0,12	300	240	200	0,12	360	250	230	0,01	150	0,1	200	0,03	300	0,05	220
		0,06	390	300	270	0,06	390	330	310	0,05	220	0,09	140	0,01	360	0,03	280
spröde		0,14	220	175	150	0,14	230	190	170	0,01	150	0,1	200	0,03	220	0,05	170
		0,07	280	230	200	0,07	280	246	230	0,05	220	0,09	140	0,01	270	0,03	200

R_m = Zugfestigkeit
f_z = Vorschub pro Zahn
a_p = Schnitttiefe bzw. Eingriffsgröße
v_c = Schnittgeschwindigkeit

Beachte: Genannte Werte sind Richtwerte, besondere Herstellerangaben sind zu beachten.

Schneidbedingungen für das Fräsen mit Hartmetallschneiden

Werkstoff des Werkstückes	R_m [1]) in $\frac{N}{mm^2}$	f_z [2]) in $\frac{mm}{Zahn}$	a_p [3]) in mm	v_c [4]) in $\frac{m}{min}$	Schneidwerkstoff
Stahl unlegiert	< 500	0,1	17	145 ... 116	P40
			15	110 ... 88	
		0,3	5	145 ... 116	
			10	110 ... 88	
		0,8	5	115 ... 92	
			10	85 ... 68	
Stahl unlegiert legiert	500 ... 900	0,1	3	130 ... 104	P30
			7	110 ... 8	
		0,2	3	120 ... 96	
			7	100 ... 0	
		0,5	1	120 ... 96	
			5	95 ... 76	
Stahl, rost- und säurebeständig	≤ 700	0,1	0,5	75 ... 60	
			3	55 ... 44	
		0,3	0,5	60 ... 48	
			3	45 ... 36	
Aluminium-Legierungen	–	0,05 ... 0,3	frei wählbar	1000 ... 300	K20
		0,01 ... 0,15		2000 ... 1000	M10

[1]) R_m = Zugfestigkeit, [2]) f_z = Vorschub pro Zahn,
[3]) a_p = Schnitttiefe bzw. Eingriffsgröße, [4]) v_c = Schnittgeschwindigkeit

Zähnezahl *z* von Fräswerkzeugen bezogen auf den Fräserdurchmesser

Werkzeug – Anwendungsgruppe N

Werkzeug	Werkzeug – Werkstoff HSS Fräserdurchmesser *d* in mm				
	≤20	30	40	50	63
Scheibenfräser	–	–	–	12 o. 16	12 o. 16
Schaftfräser	4	6	6	8	8
Walzenstirnfräser	–	–	6	8	8
Nutfräser (extra kurz)	2	2 o. 6	2 o. 8	8	–
T-Nutenfräser	6	8	10	10	10

Beachte: Zähnezahl kann je nach Hersteller abweichen

4.8.6 Schneidstoff-Anwendungsgruppen zum Zerspanen DIN 1836 : 1984-01

Werkzeuge aus Schnellarbeitsstahl (HSS) werden überwiegend für Bohren, Gewindeschneiden, Fräsen und Reiben eingesetzt. Sie sind sehr zäh, leicht zu bearbeiten und preiswert.

Zu bearbeitender Werkstoff		Zugfestigkeit R_m in $\frac{N}{mm^2}$ bzw. Brinellhärte in HB	Schneidstoff-Anwendungsgruppe ×: Regelfall, ○ : Sonderfall, –: ungeeignet		
			Werkstoffeigenschaften		
			N normale Festigkeit und Zähigkeit	H hart, zähhart und/oder kurzspanend	W weich, zäh und/oder langspanend
Allgemeiner Baustahl		≤ 600 500 ... 900	× ×	– –	○ –
Automatenstahl		370 ... 600 550 ... 1000	× ×	– ○	○ –
Einsatzstahl	unlegiert legiert	≤ 600 500 ... 800	× ×	– –	○ –
Nichtrostender Stahl		450 ... 950	×	–	–
Nitrierstahl	weichgeglüht vergütet	700 ... 900 800 ... 1250	× ×	– ○	– –
Vergütungsstahl	weich- o. normalgeglüht unlegiert, vergütet legiert, vergütet legiert, vergütet	500 ... 750 700 ... 1000 700 ... 1000 900 ... 1250	× × × ×	– – – ○	– – – –
Werkzeugstahl	legiert, vergütet unlegiert oder legiert weichgeglüht hochgekohlt und/oder legiert, weichgeglüht	900 ... 1250 180 ... 240 HB 220 ... 300	× × ○	– – ×	– – –
Stahlguss		400 ... 1100	×	–	–
Gusseisen	mit Lamellengraphit mit Kugelgraphit	100 ... 230 HB 240 ... 320 HB 100 ... 230 HB 240 ... 320 HB	× ○ × ○	– × – ×	– – – –
Temperguss		110 ... 270	×	–	–
Al-Knet- und Gusslegierungen (Si ≤ 10 %) **Al-Gusslegierungen** (Si > 10 %)		≤ 180 150 ... 250	○ ×	– –	× ○
Kupfer		200 ... 400	○	–	×
Kupferlegierungen	hoher Cu-Gehalt, hohe Festigkeit	200 ... 550 250 ... 850	○ ×	– –	× ○
Holz		möglich, Spezialwerkzeuge für Holz beachten			
Beton		möglich, Bohrerspitze mit Hartmetall bestückt			
Glas		möglich			

4.8.7 Anwendung harter Schneidstoffe (Hartmetalle, Schneidkeramiken) zur Zerspanung

DIN ISO 513 : 2014-05

Zuordnung Werkstoff zum Anwendungsbereich

Hauptanwendungsgruppen		Anwendungsgruppen				Hauptanwendungsgruppen		Anwendungsgruppen			
Werkstück-Werkstoff	Kennbuchstabe/ Kennfarbe	Harte Schneidstoffe				Werkstück-Werkstoff	Kennbuchstabe/ Kennfarbe	Harte Schneidstoffe			
Stahl: Alle Arten von Stahl und Stahlguss, ausgenommen nichtrostender Stahl mit austenitischem Gefüge	**P blau**	P01 P10 P20 P30 P40 P50	P05 P15 P25 P35 P45	↑	↓	**Nichteisenmetalle:** Aluminium und andere Nichteisenmetalle, Nichtmetallwerkstoffe	**N grün**	N01 N10 N20 N30	N05 N15 N25	↑	↓
Nichtrostender Stahl: Nichtrostender austenitischer und austenitisch-ferritischer Stahl und Stahlguss	**M gelb**	M01 M10 M20 M30 M40	M05 M15 M25 M35	↑	↓	**Speziallegierungen und Titan:** Hochwarmfeste Speziallegierungen auf der Basis von Eisen, Nickel und Cobalt, Titan und Titanlegierungen	**S braun**	S01 S10 S20 S30	S05 S15 S25	↑	↓
Gusseisen: Gusseisen mit Lamellengraphit, Gusseisen mit Kugelgraphit, Temperguss	**K rot**	K01 K10 K20 K30 K40	K05 K15 K25 K35	↑	↓	**Harte Werkstoffe:** Gehärteter Stahl, gehärtete Gusseisenwerkstoffe, Gusseisen für Kokillenguss	**H grau**	H01 H10 H20 H30	H05 H15 H25	↑	↓
↑ Zunehmende Schnittgeschwindigkeit, zunehmende Verschleißfestigkeit des Schneidstoffes						↓ Zunehmender Vorschub, zunehmende Zähigkeit des Schneidstoffes					

Hartmetalle

DIN ISO 513 : 2014-05

Kennbuchstabe	Hartmetall	Bindemittel
HW	Wolframcarbid (WC), Korngröße ½ ≥ 1 µm	Co
HT, Cermets[1]	Karbide und Nitride von Titan, unbeschichtet	Ni, Co, Mo
HC	wie HW und HT, beschichtet	
HF	Wolframcarbid (WC), Korngröße < 1 µm	Co

[1] **cer**amics + **met**als

Einteilung und Eigenschaften von Schneidkeramiken

DIN ISO 513 : 2014-05

Schneidkeramik	Eigenschaften	Einsatz	Beispiele
Oxidkeramik **CA** (Oxide)	vorwiegend Al_2O_3, verschleißfest, hochtemperaturbeständig	Drehen von Grauguss, Einsatz- und Vergütungsstahl	Aluminiumoxid Al_2O_3, Zirkonoxid ZrO_2, Titanate TiO_2, oxidische Mischkeramik Al_2O_3-ZrO_2
Mischkeramik **CM** (Oxide + Nichtoxide)	vorwiegend Al_2O_3 + anderen Oxidbestandteilen, sehr verschleißfest, gut temeperaturbeständig	Drehen und Fräsen von Hartguss und hartem Stahl	Aluminiumoxid-Titancarbid Al_2O_3-TiC Aluminiumoxid-Siliciumcarbid Al_2O_3-SiC
Nichtoxidkeramik Nichtoxide	Vorwiegend Si_3N_4, temperaturbeständig, sehr zäh	Drehen und Fräsen von Guss	Bornitrid **BN**, Siliciumnitrid **CN** (Si_3N_4), Siliciumcarbid SiC, beschichtete Schneidkeramik **CC**

4.9 Thermisches Trennen *thermal cutting*

Brennschneiden *flame cutting*

Einfluss der Legierungselemente auf die Brennschneideignung von Stahl (thermisches Trennen mit der Acetylen-Sauerstoffflamme)

Legierungselement		Ohne Vorwärmung brennschneidbar bei Anteilen in %	Ausnahmen
Kohlenstoff	C	0,3	Bei einem C-Gehalt von 0,3 bis 1,6 % kann nach Vorwärmung brenngeschnitten werden.
Silicium	Si	2,5	Bei einem Si-Gehalt von 2,5 bis 4 % kann nach Vorwärmung brenngeschnitten werden.
Mangan	Mn	13	Mit Vorwärmung brennschneidbar, wenn der Mn-Gehalt < 18 % und der C-Gehalt < 1,3 %.
Chrom	Cr	1,5	Bei einem Cr-Gehalt von 1,5 ... 3 % vorwärmen auf 600 °C.
Wolfram	W	10	Dabei dürfen die folgenden Grenzwerte für Cr ≤ 0,5 %, Ni ≤ 0,2 % Ni und C ≤ 0,8 % nicht überschritten werden.
Nickel	Ni	7	Wenn der C-Gehalt <0,3 % beträgt, darf der Ni-Gehalt bis 35 % betragen.
Molybdän	Mo	0,8	Bei einem Mo-Gehalt >0,8 % geringere Brennschneidgeschwindigkeit; über 2,5 % ist der Werkstoff nicht mehr schneidbar.

Schneidparameter für Autogenes Brennschneiden von Stahl

Schnittdicke in mm	Düsengröße in mm	Düsenabstand in mm	Fugenbreite in mm		Heiz-Sauerstoff-Verbrauch in $\frac{m^3}{h}$		Heizgase Verbrauch in $\frac{m^3}{h}$			Heizgase Druck in bar			Schneidsauerstoff Verbrauch in $\frac{m^3}{h}$		Schneidsauerstoff Druck in bar	Schneidgeschwindigkeit in $\frac{m}{min}$	
			A[1])	P[2]), E[3])	A	P, E	A	P	E	O[4])	A	P, E	A	P, E	A, P, E	A	P, E
3	3 ... 10	3 ... 4	1,5	1,4	0,39	1,3	0,3	0,33	0,8	2	0,5	0,2	1,3	1,3	2	730	660
5																690	630
8		4 ... 5		1,6									1,5	1,7	2,5	640	580
10				1,8									1,7		3	600	550
10	>10 ... 25	5 ... 7	1,8	1,9	0,46	1,5	0,35	0,38	0,9	2,5			2,3	2,8	4	620	560
15													2,5	3	4,3	520	490
20				2									2,6	3,1	4,5	450	440
25													2,8	3,4	5	410	400
25	>25 ... 40		2	2,2									2,3	2,8	4	410	400
30													2,5	3	4,3	380	370
35													2,6	3,1	4,5	360	350
40													2,8	3,4	5	340	340

[1]) A = Acetylen
[2]) P = Propan
[3]) E = Erdgas, vorwiegend zum Abwracken
[4]) O = Sauerstoff

Schneidparameter für Plasmaschmelzschneiden

Werkstoff	Blechdicke in mm	Stromstärke in A	Schneidgasverbrauch in $\frac{m^3}{h}$		Schnittgeschwindigkeit in $\frac{m}{min}$	
			Luft	Ar/H_2	Luft	Ar/H_2
unlegierter Stahl	1 2 4 6	40 40 70 80	0,7 0,7 – 0,7	– – – –	6 6 – 2,4	– – – –
hochlegierter Stahl	1 2 4 6 10 20 40	40 60 70 120 120 200 250	0,7 0,7 – – – – –	– – 0,6 0,9 1,5 1,5 1,7	5 2 – – – – –	– – 1,4 1,3 0,9 0,7 0,3
Aluminium	2 4 6 8 10 12	30 45 60 80 90 90	1,0 – – – – –	– 1,0 1,2 1,3 1,4 1,5	2,0 – – – – –	– 5 4 3 2 1,4

Hinweis: Alle Werte sind Circa-Angaben und abhängig vom Durchmesser der Düsen; die Bedienungsanleitung der Hersteller ist unbedingt zu beachten.

4.10 Kühlschmierstoffe *cooling lubricants*

Kühlschmierstoffe, Benennung, Kurzzeichen, Eigenschaften DIN 51385 : 2013-12

Kennbuchstabe	Bearbeitungsmedien für die Zerspanung	Anwendung
SC	Kühlschmierstoff	Bearbeitungsmedium für die spanende Bearbeitung
SCN	Nicht wassermischbarer Kühlschmierstoff	Kühlschmierstoff, der für die Anwendung nicht mit Wasser gemischt wird und mit guter Schmierwirkung
SCE	Wassermischbarer Kühlschmierstoff	Kühlschmierstoff, der vor seiner Anwendung üblicherweise mit Wasser gemischt wird und mit guter Wärmeabfuhr aber geringer Schmierwirkung
SCEM	Emulgierbarer Kühlschmierstoff	Wassermischbarer Kühlschmierstoff, der bei Mischung mit Wasser eine Öl-in-Wasser-Emulsion bildet
SCEMW	Kühlschmierstoff-Emulsion	Mit Wasser gemischter emulgierbarer Kühlschmierstoff (gebrauchsfertige Öl-im-Wasser-Emulsion)
SCES	Wasserlöslicher Kühlschmierstoff	Wassermischbarer Kühlschmierstoff, der bei Mischung mit Wasser eine kolloidale oder echte Lösung ergibt
SCESW	Kühlschmierstoff-Lösung	Mit Wasser gemischter wasserlöslicher Kühlschmierstoff (gebrauchsfertige Lösung)

Anwendung von Kühlschmierstoffen

Fertigungsverfahren	Stahl		Al, Al-Legierungen	Cu, Cu-Legierungen
	normal zerspanbar	schwer zerspanbar		
Bohren	E2 % ... E5 %	E10 %, SN4	E5 %, SN1, SN2	trocken, E5 % ... E10 %
Drehen	E2 % ... E5 %	E10 %, SN4	E5 %, SW2, SN1	trocken, SW2, SN1, SN2
Fräsen	E5 % ... E10 % SW2, SN2	E10 %, SN4, SN5	E5 %, SN2, SN3	trocken, E5 %, SN1, SN2
Sägen	E10 %, SW2	E20 %, SW2	E5 %, SN2, SN3	E5 %, SN2, SN3
Schleifen	E2 % ... E5 %, SW2	E5 %, SW2	E2 % ... E5 %	E2 %, SW2

Schmierstoffe, Übersicht

DIN 51502 : 1990-08

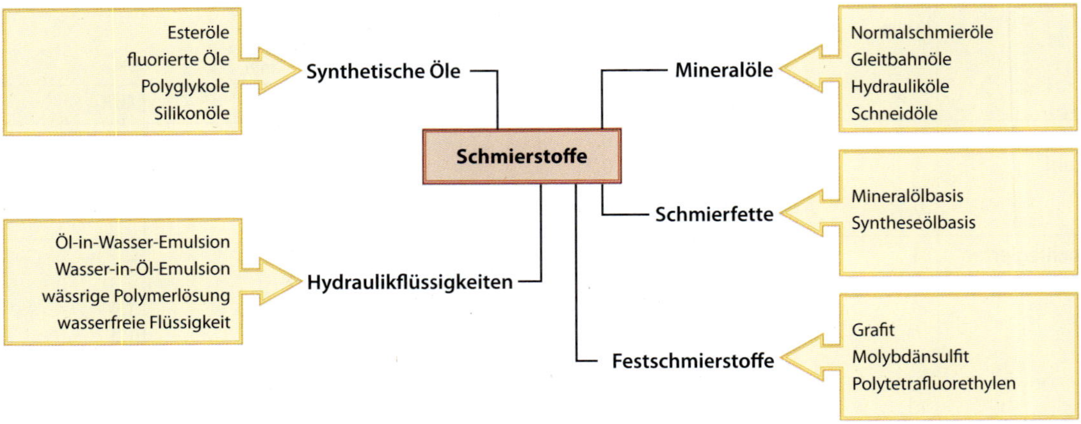

4.11 Umformen durch Biegen von Rohren und Blechen

Biegeradien für das Kaltbiegen von Rohren

DIN 25570 : 2004-02

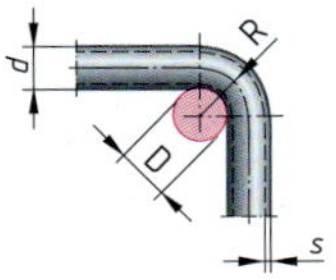

Rohre aus Stahl nach DIN EN 10220, z. B. P235TR1

$d \times s$ in mm	Biegeradius R in mm (R_{min} in mm)	Ungefährer Biegedorn-Ø in mm	$d \times s$ in mm	Biegeradius R in mm (R_{min} in mm)	Ungefährer Biegedorn-Ø in mm	$d \times s$ in mm	Biegeradius R in mm (R_{min} in mm)	Ungefährer Biegedorn-Ø in mm
21,3 × 2,6	55 (45)	90 (70)	38,0 × 4,0	100 (80)	160 (145)	60,3 × 3,6	180 (140)	300 (220)
25,0 × 2,0	65 (55)	105 (90)	42,4 × 3,2	110 (90)	140	60,3 × 4,5	180 (125)	300 (190)
26,9 × 3,2	70 (55)	115 (85)	42,4 × 4,0			70,0 × 2,9	200 (200)	330
30,0 × 2,6	80 (80)	130	44,5 × 2,6	100 (100)	150	76,1 × 2,9	250 (250)	440
30,0 × 5,0			48,3 × 2,6	125 (125)	200	88,9 × 3,2	350 (350)	610
31,8 × 2,6			48,3 × 3,2	125 (100)		108,0 × 3,6	400 (400)	690
31,8 × 4,0			48,3 × 4,0			108,0 × 5,0	400 (350)	690 (590)
38,0 × 2,6	100 (80)	160 (145)	60,3 × 2,9	200 (140)	340(220)	114,3 × 3,6	450 (400)	785 (685)

Nichtrostende Biegeradien für Stahlrohre nach DIN EN ISO 1127, z.B. X5CrNi 18-10

$d \times s$ in mm	Biegeradius R in mm (R_{min} in mm)	Ungefährer Biegedorn-Ø in mm	$d \times s$ in mm	Biegeradius R in mm (R_{min} in mm)	Ungefährer Biegedorn-Ø in mm	$d \times s$ in mm	Biegeradius R in mm (R_{min} in mm)	Ungefährer Biegedorn-Ø in mm
6,0 × 1,0	25 (20)	44 (34)	12,0 × 1,0	32,5 (25)	53 (38)	22,0 × 1,6	65 (50)	108 (78)
8,0 × 1,0		42 (32)	12,0 × 1,6			25,0 × 2,0	65 (55)	105 (85)
10,0 × 1,0		40 (30)	16,0 × 1,6	40 (35)	64 (54)	26,4 × 3,2		104 (84)
10,0 × 1,6			18,0 × 1,6	45 (40)	72 (62)	42,4 × 1,6	110 (100)	178 (158)

Anwärmlänge für das Warmbiegen

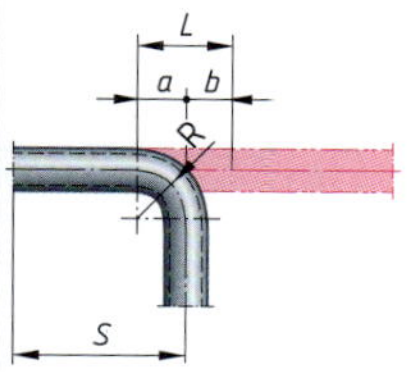

L Anwärmlänge (Biegelänge) in mm
R Biegeradius in mm
S Stichmaß in mm (Höhe des Rohrbogens)
a Länge des Maßschenkels in mm
b Länge des Biegeschenkels in mm
R_{min} $= 3 \cdot d_a$ für Stahlrohre
R_{min} $= 4 \cdot d_a$ für Kupferrohre

$$a = \frac{2}{3} \cdot L$$

$$b = \frac{1}{3} \cdot L$$

$$L = \frac{2 \cdot R \cdot \pi \cdot 90°}{360°}$$

Faustformel
$L = 1{,}5 \cdot R$

Biegen von Kupferrohr

Kupferrohre Festigkeitszustand R220 (weich): Biegeradius $R = 6 \ldots 8 \cdot$ Rohraußendurchmesser d_a

Kupferstangenrohre

Rohr-Außendurchmesser d_a in mm	Radius der neutralen Achse in mm	
	Hart R 290	Halbhart R 250
8	35	35
10	40	40
12	45	45
15	55	55
18	70	70
22	–	77
28	–	114

Warmbiegen mit Sandfüllung

Herstellung Rohrbogen 90°
$R = 4 \cdot d_a$
$a = 4 \cdot d_a \cdot 1{,}5$

Beispiel:
Rohr 35 × 1,5 (hart)
Rohrzuschnitt 600 mm

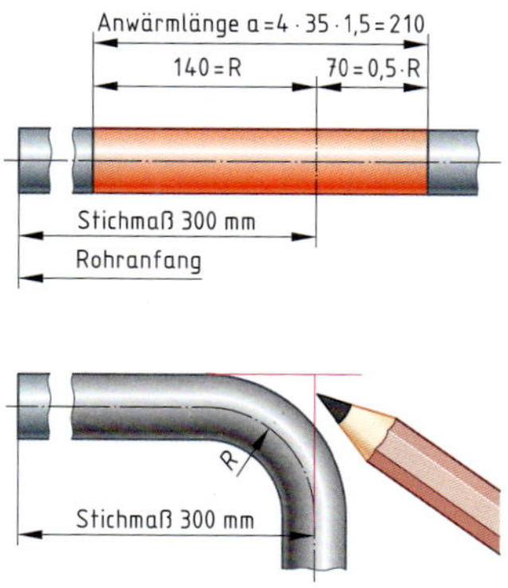

Werkstattregel: Die praktische Anwärmlänge ist an beiden Seiten um 10 mm gräßer als die berechnete Anwärmlänge

Biegeradien und Anwärmlänge

R in mm	*L* in mm	*a* in mm	*B* in mm
60	93	62	31
80	126	84	42
90	141	94	47

R in mm	*L* in mm	*a* in mm	*B* in mm
100	157	105	52
120	188	125	63
140	220	147	73

R in mm	*L* in mm	*a* in mm	*B* in mm
160	251	167	84
200	314	209	105
250	393	262	131

Biegen von Kunststoffrohr (PE-X)

Außendurchmesser d_a in mm	10	12	15	16	18	20	22	25	28
Kaltbiegung R in mm	45	60	75	80	90	100	110	125	140
Warmbiegung R in mm	20	25	34	36	40	45	48	51	62

Umformen durch Biegen und Kanten

	Formel	Formelzeichen	Erklärung
Zuschnittlänge für das Biegen und Kanten 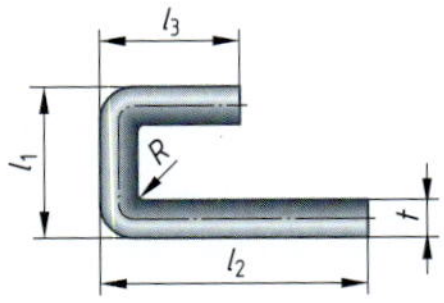	$L = l_1 + l_2 + l_3 + \ldots - n \cdot v$ v berechnen oder aus Tabellen	L $l_{1,2,3}$ n v R t α v_{90} β	gestreckte Länge in mm = Länge der neutralen Faser Außenmaße in mm Anzahl der Kantungen Verkürzung Biegeradius in mm Blechdicke in mm Biegewinkel in ° Verkürzung für 90° Biegewinkel Öffnungswinkel
Verkürzung für $\alpha = 90°;\ \beta = 90°$ 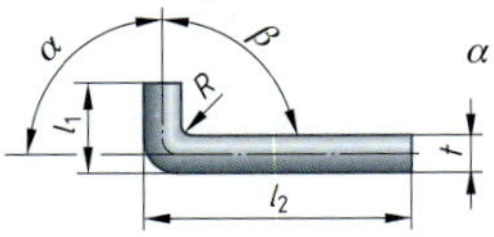	$L = l_1 + l_2 - v_{90}$ $v = 0{,}43 \cdot R + 1{,}48 \cdot t$		
$\alpha > 90°;\ \beta < 90°$ 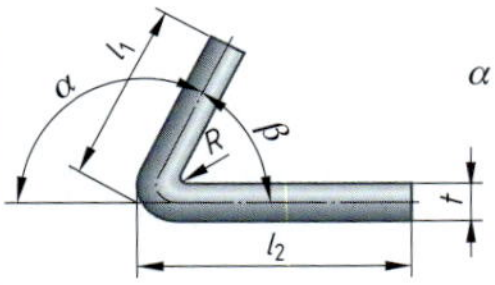	$L = l_1 + l_2 - v$ $v = 2 \cdot (R + t) - \pi \cdot \left(R + \frac{t}{3}\right) \cdot \left(\frac{180° - \beta}{180°}\right)$ v wird negativ bei großen Biegeradien.	**Bogenlänge und Verkürzung aus Fluchtlinientafel:**	
$\alpha \leq 30°;\ 90° < \beta \leq 150°$ 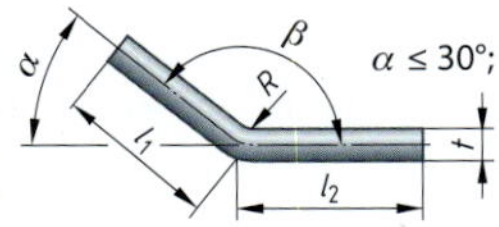	$L = l_1 + l_2 - v$ $v = \frac{2 \cdot (R + t)}{\tan \frac{\alpha}{2}} - \pi \cdot \left(R + \frac{t}{3}\right) \cdot \left(\frac{180° - \beta}{180°}\right)$	**Bogenlänge b_w in mm** 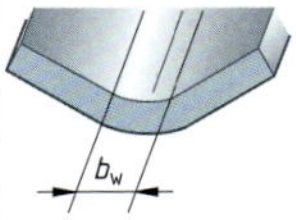	
$\alpha \approx 0°;\ 150° < \beta \leq 180°$ 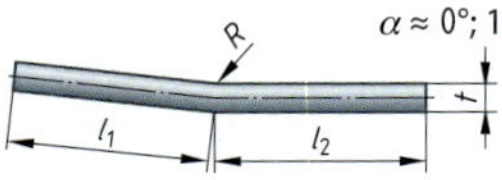	$L \approx l_1 + l_2$ $v \approx 0$ (keine Verkürzung)	Fluchtlinientafel 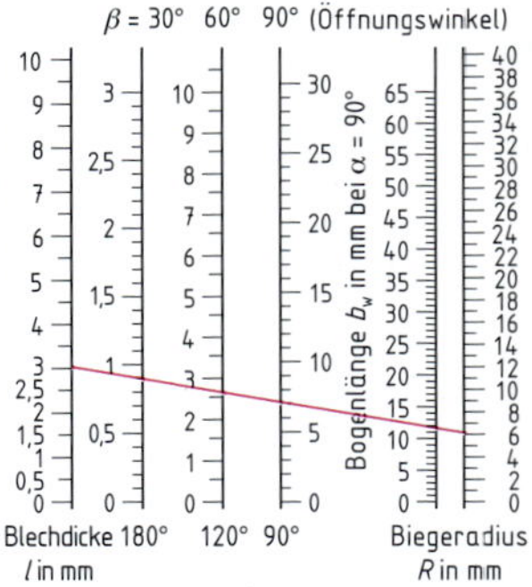	
Zuschnittlänge (Bemaßung: Schenkellängen) 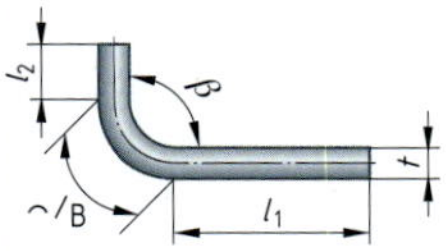	$L = l_1 + l_b + l_2$ $l_b = \pi \cdot \frac{\beta}{180°} \left(R + e \cdot \frac{t}{2}\right)$ für Biegewinkel $\beta = 90°$ $l_b = 1{,}57 \left(R + e \cdot \frac{t}{2}\right)$		
Biegekraft, Biegearbeit 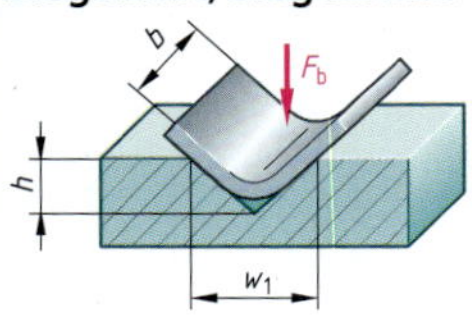	$F_b = 1{,}2 \cdot b \cdot t \cdot \frac{R_m}{W}$ $W = \frac{1}{3} \cdot F_b \cdot h$	F_b b h R_m W w	Biegekraft in N Werkstücklänge in mm Einschnitttiefe im Gesenk in m Bruchgrenze in N/mm² Biegekraft in Nm Gesenkweite $w \approx 5 \cdot R$ für $R = 2 \ldots 5\ t$ $w \approx 7\ R$ für $R \leq 2\ t$

Kleinster zulässiger Biegehalbmesser r in mm: Kaltbiegen von Flacherzeugnissen (Werkstattrichtwerte)

R_m in $\frac{N}{mm^2}$	Flachzeugdicke *t* in mm	≤ 1	≤ 1,5	≤ 2,5	≤ 3	≤ 4	≤ 5	≤ 6	≤ 8	≤ 10	≤ 12	≤ 16	≤ 18	≤ 20
bis 390		1	1,6	2,5	3	5	6	8	12	16	20	28	36	40
390 ... 490		1,2	2	3	4	5	8	10	16	20	25	32	40	45
490 ... 640		1,6	2,5	4	5	6	8	10	16	20	25	36	45	50

Die Werte gelten für Biegen quer zur Walzrichtung und für einen Biegewinkel ≤ 120°. Beim Biegen parallel zur Walzrichtung und für Biegewinkel >120° ist der Wert für die nächsthöhere Blechdicke zu wählen.

Bevorzugte Biegehalbmesser *r*: 1 – 1,6 – 2,5 – 4 – 6 – 10 – 16 – 20 – 25 – 32 – 40 – 50 – 63 – 80 – 100

Tabellen für Verkürzungsfaktor *v* für Öffnungswinkel *β* (Werkstattrichtwerte)

Dicke	Biegeradius													
t	1,0	1,6	2,5	4	6	10	16	20	25	32	40	50	63	80
1	0,9	0,9	1,0	1,1	1,3	1,7	2,3	2,8	3,3	4,4	4,9	6,0	7,4	9,2
1,5		1,4	1,4	1,5	1,6	2,0	2,7	3,1	3,6	4,7	5,2	6,3	7,7	9,6
2			1,8	1,9	2,0	2,3	3,0	3,4	3,9	5,0	5,6	6,6	8,0	9,9
2,5			2,3	2,3	2,4	2,7	3,3	3,7	4,3	5,3	5,9	6,9	8,3	10,2
3				2,8	2,9	3,1	3,6	4,0	4,6	6,0	6,2	7,3	8,7	10,5
4					3,7	3,9	4,3	4,7	5,2	6,6	6,8	7,9	9,3	11,1
5	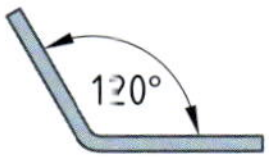				4,6	4,8	5,1	5,4	5,8	7,2	7,5	8,7	9,9	11,8
6						5,6	5,9	6,2	6,6	8,7	8,1	9,2	10,6	12,4
8							7,6	7,8	8,2		9,3	10,4	11,8	13,6
1	1,9	2,1	2,4	3,0	3,8	5,5	8,1	9,8	11,9	15,0	18,4	22,7	28,3	35,6
1,5		2,9	3,2	3,7	4,5	6,1	8,7	10,4	12,6	15,6	19,0	23,3	28,9	36,2
2			4,0	4,5	5,2	6,7	9,3	11,0	13,2	16,2	19,6	23,9	29,5	36,8
2,5			4,8	5,2	5,9	7,4	9,9	11,6	13,8	16,8	20,2	24,5	30,1	37,4
3				6,0	6,7	8,1	10,5	12,2	14,4	17,4	20,8	25,1	30,7	38,0
4					8,3	9,6	11,9	13,4	15,6	18,6	22,0	26,3	31,9	39,2
5	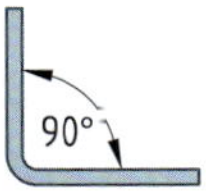				9,9	11,2	13,3	14,9	16,8	19,8	23,2	27,5	33,1	40,4
6							14,8	16,3	18,2	21,0	24,5	28,8	34,3	41,6
8							17,8	19,3	21,1	23,8	26,9	31,2	36,8	44,1
1	0,9	0,5	0,1	–0,6	–1,3	–2,7	–4,9	–6,3	–8,1	–10,6	–13,4	–17,0	–21,6	–27,7
1,5		1,3	0,8	0,1	–0,8	–2,3	–4,5	–5,9	–7,7	–10,2	–13,0	–16,6	–21,2	–27,3
2			1,5	0,7	–0,2	–1,9	–4,1	–5,5	–7,3	–9,8	–12,6	–16,2	–20,8	–26,9
2,5			2,2	1,4	0,4	–1,4	–3,6	–5,1	–6,9	–9,3	–12,2	–15,8	–20,4	–26,4
3				2,1	1,0	–0,8	–3,2	–4,7	–6,4	–8,9	–11,8	–15,3	–20,0	–26,0
4					2,4	–0,4	–2,2	–3,8	–5,6	–8,1	–11,0	–14,5	–19,2	–25,2
5	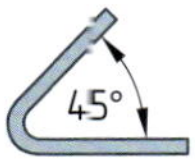				3,8	1,7	–1,0	–2,7	–4,8	–7,3	–10,1	–13,7	–18,3	–24,4
6						3,1	0,2	–1,6	–3,7	–6,5	–9,3	–12,9	–17,5	–23,6
8							2,8	0,9	–1,4	–4,4	–7,7	–11,2	–15,9	–22,0

Das – Zeichen vor einer Zahl bedeutet: Verlängerung des Zuschnitts

4.12 Kunststoffschweißen

4.12.1 Richtwerte für das Heizelementstumpfschweißen von Rohren und Rohrleitungsteilen nach DVS 2207-1: 2015-08, DVS 2207-11: 2020-05

Formelzeichen	Erklärung
s	Wanddicke
h	Wulsthöhe am Ende der Angleichzeit
t_A	Anwärmzeit
t_U	Umstellzeit
t_F	Fügedruckaufbauzeit
t_K	Abkühlzeit unter Fügedruck

4

	PE (Oberbegriff der Thermoplastgruppe, einschließlich PE 63, PE 80 und PE 100)						
	Angleichen[1]	**Anwärmen**[2]	**Umstellen**	**Fügen**[3]			
s	h	t_A	t_U	t_F	t_K		
					bis 15°C	15°C -25°C	25°C – 40°C
mm	**mm**	**s**	**s**	**s**	**min**	**min**	**min**
bis 4,5	0,5	bis 45	5	5	4	5	6,5
4,5–7	1,0	45–70	5–6	5–6	4–6	5–7,5	6,5–9,5
7–12	1,5	70–120	6–8	6–8	6–9,5	7,5–12	9,5–15,5
12–19	2,0	120–190	8–10	8–11	9,5–14	12–18	15,5–24
19–26	2,5	190–260	10–12	11–14	14–19	18–24	24–32
26–37	3,0	260–370	12–16	14–19	19–27	24–34	32–45
37–50	3,5	370–500	16–20	19–25	27–36	34–46	45–61
50–70	4,0	500–700	20–25	25–35	36–50	46–64	61–85

	PP						
	Angleichen[4]	**Anwärmen**[5]	**Umstellen**	**Fügen**[6]			
s	h	t_A	t_U	t_F	t_K		
					bis 15°C	15°C – 25°C	25°C – 40°C
mm	**mm**	**s**	**s**	**s**	**min**	**min**	**min**
bis 4,5	0,5	bis 53	5	6	4,0	5,0	6,5
4,5–7	0,5	53–81	5–6	6–7	4,0–6,0	5,0–7,5	6,5–9,5
7–12	1,0	81–135	6–7	7–11	6,0–9,5	7,5–12	9,5–15,5
12–19	1,0	135–206	7–9	11–17	9,5–14	12–18	15,5–24
19–26	1,5	206–271	9–11	17–22	14–19	18–24	24–32
26–37	2,0	271–362	11–14	22–32	19–27	24–34	32–45
37–50	2,5	362–450	14–17	32–43	27–36	34–46	45–61
50–70	3,0	450–546	17–22	43	36–50	46–64	61–85

[1] $p = 0{,}15 \pm 0{,}01$ N/mm², Heizelementtemperatur 220 ± 10°C
[2] $p \leq 0{,}01$ N/mm², Anwärmzeit = 10 x Wanddicke
[3] $p = 0{,}15 \pm 0{,}01$ N/mm²
[4] $p = 0{,}10$ N/mm², Heizelementtemperatur 210 ± 10°C
[5] $p \leq 0{,}01$ N/mm²
[6] $p = 0{,}10$ N/mm²

Prinzip des Heizelementstumpfschweißens

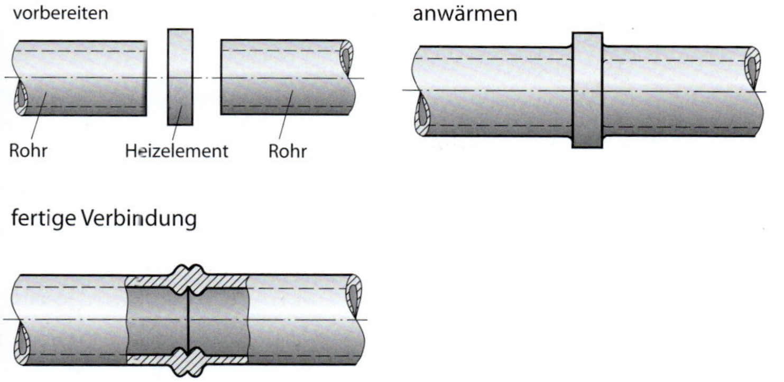

Verfahrensschritte beim Heizelementstumpfschweißen

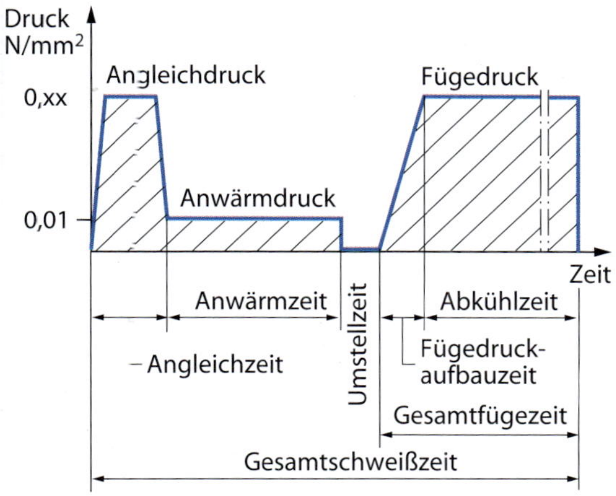

Hinweis:

pXX = 0,15 N/mm² **für PE**; 0,10 N/mm2 **für PP**

4.12.2 Richtwerte für das Heizelementmuffenschweißen von Rohren und Rohrleitungsteilen nach DVS 2207-1: 2015-08, DVS 2207-11: 2020-05

d Rohraußendurchmesser *b* Rohrfase				*l* Einstecktiefe mit mechanischer Bearbeitung t_A Anwärmzeit						t_U Umstellzeit t_{Kf} Abkühlzeit fixiert t_K Abkühlzeit gesamt				
	PE (Oberbegriff der Thermoplastgruppe, einschließlich PE 63, PE 80 und PE 100)							**PP**						
			Anwärmen[1]		**Um-stellen**	**Abkühlen**				**Anwärmen**[2]		**Um-stellen**	**Abkühlen**	
d	*b*	*l*	t_A		t_U	t_{Kf}	t_K	*b*	*l*	t_A		t_U	t_{Kf}	t_K
			SDR[3] 11, SDR 7,4, SDR 6	SDR 17, SDR 17,6		fixiert	gesamt			SDR 11, SDR 7,4, SDR 6	SDR 17, SDR 17,6		fixiert	gesamt
mm	**mm**	**mm**	**s**	**s**	**s**	**s**	**min**	**mm**	**mm**	**s**	**s**	**s**	**s**	**min**
16	2	13	5	[4])	4	6	2	2	13	5	[4])	4	6	2
20	2	14	5		4	6	2	2	14	5		4	6	2
25	2	16	7		4	10	2	2	16	7		4	10	2
32	2	18	8		6	10	4	2	18	8		6	10	4
40	2	20	12		6	20	4	2	20	12		6	20	4
50	2	23	18		6	20	4	2	23	18		6	20	4
63	3	27	24		8	30	6	3	27	24	10	8	30	6
75	3	31	30	18	8	30	6	3	31	30	15	8	30	6
90	3	35	40	26	8	40	6	3	35	40	22	8	40	6
110	3	41	50	36	10	50	8	3	41	50	30	10	50	8
125	3	46	60	46	10	60	8	3	46	60	35	10	60	8

[1] Heizelementtemperatur 250 bis 270°C
[2] Heizelementtemperatur 250 bis 270°C
[3] Standard Dimension Ratio – d/s (Verhältnis Außenwand/Wanddicke)
[4] Aufgrund zu geringer Wanddicke ist das Schweißverfahren nicht empfehlenswert

Prinzip des Heizelementmuffenschweißens

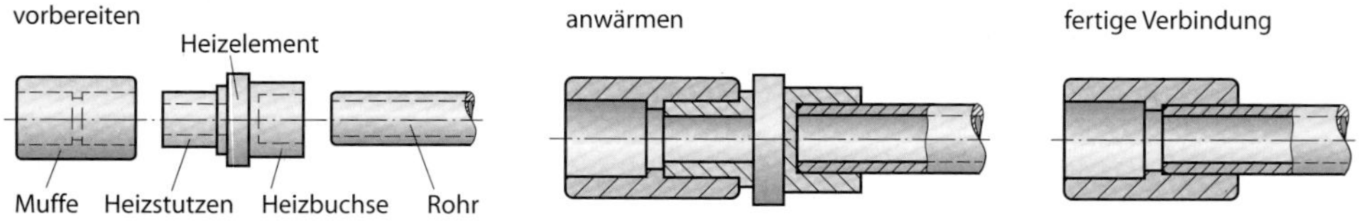

4.12.3 Heizwendelschweißen von Formstücken und Sattelformstücken nach DVS 2207-1: 2015-08, DVS 2207-11: 2020-05

Prinzip des Heizwendelschweißens

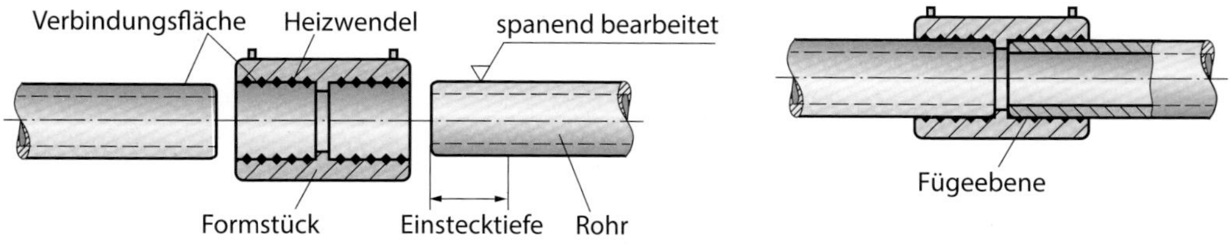

Verarbeitungsanleitung	
1. Zulässige Arbeitsbedingungen schaffen, z. B. Schweißzelt. 2. Schweißgerät an das Netz oder den Wechselstromgenerator anschließen (Funktion kontrollieren). 3. Rechtwinklig abgetrenntes Rohrende außen entgraten. 4. Rundheit der Rohre durch Runddrückklemmen gewährleisten, zulässige Unrundheit ≤ 1,5 %, max. 3 mm. 5. Fügeflächen über den Schweißbereich hinaus mit einem Reinigungsmittel (nach DVGW VP 603) mit unbenutztem, saugfähigem, nicht faserndem und nicht eingefärbtem Papier reinigen. Rohroberfläche im Schweißbereich mechanisch bearbeiten, möglichst mit Rotationsschälgerät und Wanddickenabtrag von ca. 0,2 mm. Späne ohne Berührungen der Rohroberfläche entfernen. 6. Bearbeitete Rohroberfläche – sofern nachträglich verunreinigt – und gegebenenfalls nach Herstellerangabe auch Formstück innen mit einem Reinigungsmittel mit unbenutztem, saugfähigem, nicht faserndem und nicht eingefärbtem Papier reinigen und ablüften lassen.	7. Rohre in Formstück einschieben und Einstecktiefe durch Markierung oder geeignete Vorrichtung kontrollieren. Sattelformstück auf dem Rohr befestigen. Auf spannungsarme Montage achten. Rohr gegen Lageveränderung sichern. 8. Kabel am Formstück gewichtsentlastet anschließen. 9. Schweißdaten, z. B. mittels Barcode-Lesestift, eingeben, Anzeigen am Gerät überprüfen und Schweißprozess starten. 10. Korrekten Schweißablauf am Schweißgerät prüfen, z. B. durch Kontrolle der Displayanzeige und wenn vorhanden, der Schweißindikatoren. Fehlermeldungen beachten. 11. Kabel vom Formstück lösen. 12. Ausspannen der geschweißten Teile nach Ablauf der Abkühlzeit gemäß Herstellerangabe. Verwendete Haltevorrichtungen entfernen. 13. Schweißprotokoll vervollständigen, sofern nicht automatisch protokolliert wurde.

Schweißprotokollvorlagen nach DVS 2207 ▶ siehe Kap_4.pdf

5 Rohrleitungssyteme

5.1 Stahl-Rohrleitungssysteme

5.1.1 Übersicht der Rohre aus Stahl (Normenübersicht ▶ siehe Kap_5.pdf)

5.1.2 Rohrkenngrößen

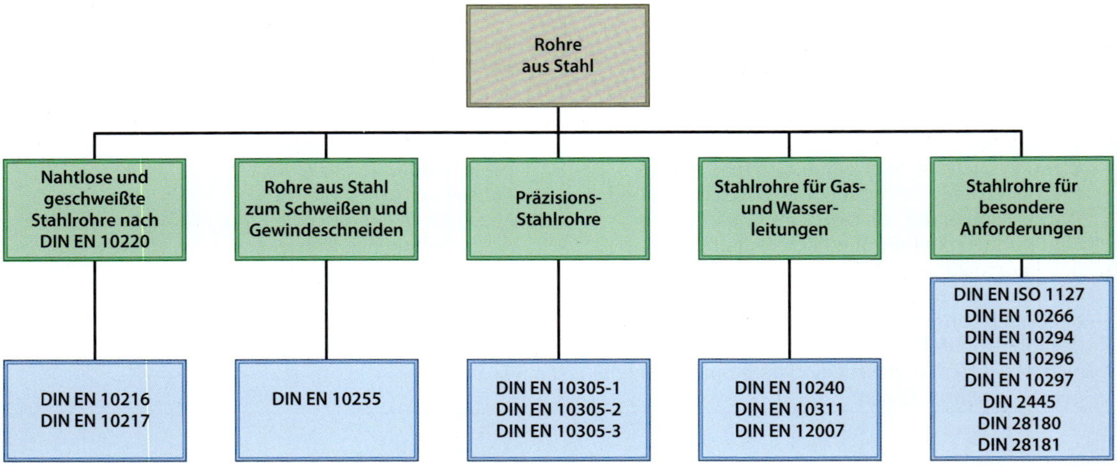

Nennweiten von Rohrleitungen *sizes of pipes* DIN EN ISO 6708 : 1995-09

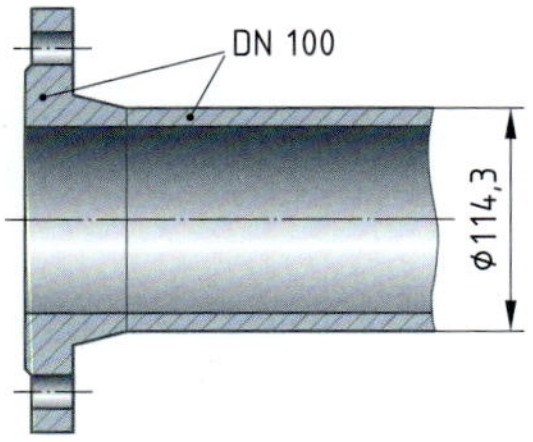

Die Nennweite **DN** ist eine numerische Kenngröße für Rohre, Rohrverbindungen, Armaturen und Formstücken die zueinander passen.
Die Nennweite wird ohne Einheit geschrieben und steht indirekt mit dem Außendurchmesser in Beziehung.

DN-Stufen												
6[1]	8[1]	10	12[1]	15	16[1]	20	25	32	40	50	56[2]	60[2]
65	70[2]	80	90[2]	100	125	150	…[3]	500	…[4]	1600	…[5]	4000

[1] Nicht in der DIN EN ISO 6708 enthalten, für kleinere Abstufung bei Rohrverschraubungen und Fittingen
[2] Nicht in der DIN EN ISO 6708 enthalten, für Abwasserrohre
[3] Bis DN 500 in Sprüngen von 50
[4] Bis DN 1600 in Sprüngen von 100
[5] Bis DN 4000 in Sprüngen von 200

PN-Stufen *pn stages* DIN EN 1333 : 2006-06

PN ist eine alphanumerische Kenngröße für Referenzzwecke, bezogen auf eine Kombination von mechanischen und maßlichen Eigenschaften eines Bauteils eines Rohrleitungssystems.
Sie umfasst die Buchstaben PN gefolgt von einer dimensionslosen Zahl.
- Die Zahl ist kein messbarer Wert und gibt den zulässigen Betriebsüberdruck an.
- Der maximal zulässige Druck eines Rohrleitungsteiles hängt von der PN-Stufe, dem Werkstoff und der Auslegung des Bauteils, der zulässigen maximalen Temperatur usw. ab.

Alle Bauteile mit gleichen PN- und DN-Stufen sollen gleiche Anschlussmaße für kompatible Flanschtypen haben.

PN-Stufen											
2,5	6	10	16	25	40	63	100	160	250	320	400

Druck-, Temperatur- und Volumenangaben

pressure, temperature and volume data

DIN EN 764-1 : 2016-12

Druckangaben		Temperaturangaben		Volumenangaben	
p_{abs}	Absolutdruck *absolute pressure*	ϑ, T	Absolute Temperatur *absolute temperature*	V	Inneres Volumen eines Druckraumes einschließlich der Anschlüsse bis zur ersten Verbindung
Δp	Differenzdruck *differential pressure*	$\Delta\vartheta$ 1)	Temperaturdifferenz *temperature difference*	ΔV 1)	Volumenänderung
p_0	Arbeitsdruck *working pressure*	ϑ_0, T_0	Arbeitstemperatur *working temperature*	V_B 1)	Betriebsvolumen
p_S, p_{max}	maximal zulässiger Druck *maximum permissible pressure*	ϑ_{max}, ϑ_{min}, TS_{min}, TS_{max}	zulässige maximale/minimale Temperatur *permissible maximum/ minimum temperature*	V_{max} 1), V_{min}	Zulässig maximale/ minimale Volumen
p_D	Auslegungsdruck *design pressure*	ϑ_D, TD, TR	Auslegungstemperatur		
p_C	Berechnungsdruck *calculation of pressure*	ϑ_C, TC	Berechnungstemperatur		
p_T	Prüfdruck *test pressure*	ϑ_T, TT	Prüftemperatur *test temperature*		
p_{Szul}	zeitweilige Drucküberschreitung während eine Sicherheitseinrichtung in Betrieb ist	ϑ_{zul} 1)	Zeitweilige Temperaturüberschreitung während eine Sicherheitseinrichtung in Betrieb ist		

1) Nicht in DIN EN 764 enthalten

Prüfbescheinigungen *certificates*

DIN EN 10204 : 2005-01

Arten der Prüfbescheinigung		Inhalt der Bescheinigung	Bestätigung der Bescheinigung durch
2.1	Werksbescheinigung	Bestätigung der Übereinstimmung mit der Bestellung	den Hersteller
2.2	Werkszeugnis	Bestätigung der Übereinstimmung mit der Bestellung unter Angabe von Ergebnissen nichtspezifischer Prüfung	den Hersteller
3.1	Abnahmeprüfzeugnis 3.1	Bestätigung der Übereinstimmung mit der Bestellung unter Angabe von Ergebnissen spezifischer Prüfung	den von der Fertigungsabteilung unabhängigen Abnahmebeauftragten des Herstellers
3.2	Abnahmeprüfzeugnis 3.2		den von der Fertigungsabteilung unabhängigen Abnahmebeauftragten des Herstellers **und** den vom Besteller beauftragten Abnahmebeauftragten oder den in den amtlichen Vorschriften genannten Abnahmebeauftragten

5.1.3 Rohre aus Stahl (Auswahl)

5.1.3.1 Nahtlose und geschweißte Stahlrohre
seamless and welded steel pipes

DIN EN 10220 : 2014-03, DIN EN 10216 : 2014-03 und DIN EN 10217 : 2019-08

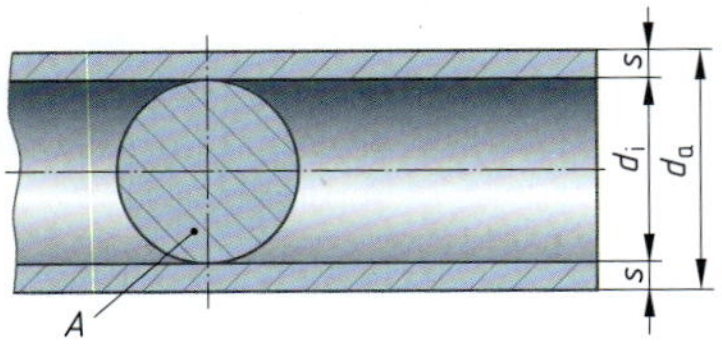

d_a:	Außendurchmesser	in mm
s:	Wanddicke	in mm
d_i:	Innendurchmesser	in mm
A:	freie Querschnittsfläche	in cm²
A_O':	längenbezogene Rohroberfläche	in m²/m
V':	längenbezogener Rohrinhalt	in dm³/m
m':	längenbezogene Rohrmasse	in kg/m

DIN EN 10220, Reihe 1 nach ISO 4200 für Neukonstruktionen			**Nahtlose Stahlrohre (S) nach DIN EN 10216** *seamless steel pipes*					**Geschweißte Stahlrohre (W) nach DIN EN 10217** *welded steel pipes*				
DN	**d_a mm**	**A_o' m²/m**	**s mm**	**d_i mm**	**A cm²**	**V' dm³/m**	**m' kg/m**	**s mm**	**d_i mm**	**A cm²**	**V' dm³/m**	**m' kg/m**
6	10,2	0,032	2,0	6,2	0,30	0,03	0,40	1,6	7,0	0,38	0,04	0,34
8	13,5	0,042	2,0	9,5	0,71	0,07	0,57	1,6	10,3	0,83	0,08	0,47
10	17,2	0,054	2,3	12,6	1,25	0,12	0,85	1,8	13,6	1,45	0,15	0,68
15	21,3	0,067	2,3	16,7	2,19	0,22	1,08	1,8	17,7	2,46	0,25	0,87
20	26,9	0,085	2,3	22,3	3,91	0,39	1,40	1,8	23,3	4,26	0,43	1,11
25	33,7	0,106	2,6	28,5	6,38	0,64	1,99	2,0	29,7	6,93	0,69	1,48
32	42,4	0,133	2,6	37,2	10,87	1,09	2,55	2,0	38,4	11,58	1,16	1,99
40	48,3	0,152	2,6	43,1	14,59	1,46	2,93	2,3	43,7	15,00	1,50	2,61
50	60,3	0,189	2,9	54,5	23,33	2,33	4,11	2,3	55,7	24,37	2,44	3,29
65	76,1	0,239	2,9	70,3	38,82	3,88	5,24	2,6	70,9	39,48	3,95	4,71
80	88,9	0,279	3,2	82,5	53,46	5,35	6,76	2,9	83,1	54,24	5,42	6,15
100	114,3	0,359	3,6	107,1	90,09	9,01	9,83	3,2	107,9	91,44	9,14	8,77
125	139,7	0,439	4,0	131,7	136,23	13,62	13,40	3,6	132,5	137,89	13,79	12,10
150	168,3	0,529	4,5	159,3	199,31	19,93	18,20	4,0	160,3	201,82	20,18	16,20
200	219,1	0,688	6,3	206,5	334,91	33,49	33,10	4,5	210,1	346,69	34,67	23,80
250	273,0	0,858	6,3	260,4	532,56	53,26	41,40	5,0	263,0	543,25	54,33	33,00
300	323,9	1,018	7,1	309,7	753,31	75,33	55,50	5,6	312,7	767,97	76,80	44,00
350	355,6	1,117	7,1	341,4	915,41	91,54	61,00	5,6	344,4	931,57	93,16	48,30
400	406,4	1,277	8,8	388,8	1187,30	118,73	86,30	6,3	393,8	1217,98	121,80	62,20
450	457,0	1,436	8,8	439,4	1516,39	151,64	97,30	6,3	444,4	1551,09	155,11	70,00
500	508,0	1,596	10,0	488,0	1870,38	187,04	123,00	7,1	493,8	1915,10	191,51	87,80
600	610,0	1,916	12,5	585,0	2687,83	268,78	184,00	7,1	595,8	2787,99	278,80	106,00

Lieferlängen	Hersteller- und Genaulängen mit Toleranzen $l \leq 6$ m (+ 10 mm), $6 < l \leq 12$ m (+ 15 mm), $l > 12$ m nach Vereinbarung	**Güte**	TR1 TR2

Werkstoffe	**DIN EN 10216 nahtlos (S)**	**DIN EN 10217 geschweißt (W)**
aus unlegierten Stählen	Teil 1	Teil 1
aus unlegierten und legierten warmfesten Stählen	Teil 2	Teil 2 und 5
aus legierten Feinkornstählen	Teil 3	Teil 3
aus unlegierten und legierten kaltfesten Stahlen	Teil 4	Teil 4 und 6
aus nichtrostenden Stählen	Teil 5	Teil 7

Ausführung	Oberfläche schwarz oder nach Vereinbarung

Optionen S (Auszug DIN EN 10216-1)		**Optionen W (Auszug DIN EN 10217-1)**	
1	Lieferzustand normalgeglüht oder normalisiert umgeformt	1	Herstellungsverfahren und/oder Fertigungsverfahren
5	Verfahren Dichtheitsprüfung	2	Lieferzustand
7	Endenvorbereitung	6	Verfahren Dichtheitsprüfung
8	Genaulängen	7	Endenvorbereitung
10	Art der Prüfbescheinigung	8	Genaulängen
14	Oberflächenschutz	9	Art der Prüfbescheinigung
		15	Oberflächenschutz

Bestellbeispiel:

Menge Rohr m/kg/Anzahl	**Maße**		**Norm**		**Werkstoff**		**Option**
50 t S-Rohr	114,3 × 3,6	–	EN 10216-1	–	P265TR2	–	Optionen 8: 10 m, 10: 2.2

Bestellung: 50 t nahtlose Stahlrohre mit einem Außendurchmesser von 114,3 mm und einer Wandstärke von 3,6 mm nach DIN EN 10216-1 aus der Stahlsorte P265TR2 in 10 m – Längen mit Werkszeugnis nach DIN EN 10204

5.1.3.2 Rohre aus Stahl zum Schweißen und Gewindeschneiden DIN EN 10255 : 2007-07 und DIN 2442 : 1963-08

steel pipes for welding and threading

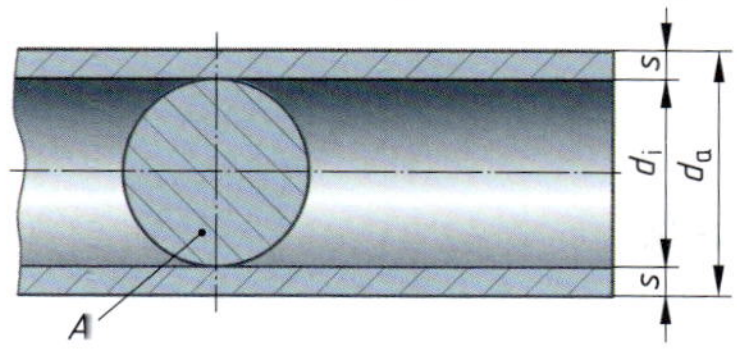

R:	Whitworth-Rohrgewinde	
d_a:	Außendurchmesser	in mm
s:	Wanddicke	in mm
d_i:	Innendurchmesser	in mm
A:	freie Querschnittsfläche	in cm^2
A_O':	längenbezogene Rohroberfläche	in m^2/m
V':	längenbezogener Rohrinhalt	in dm^3/m
m':	längenbezogene Rohrmasse	in kg/m

Gewinderohre nach DIN EN 10255 mit glatten Enden				Reihe M (mittelschwer)					Reihe H (schwer)				
DN	R	d_a mm	A_0' m^2/m	s mm	d_i mm	A cm^2	V' dm^3/m	m' kg/m	s mm	d_i mm	A cm^2	V' dm^3/m	m' kg/m
6	⅛	10,2	0,032	2,0	6,2	0,30	0,03	0,40	2,6	5,0	0,20	0,02	0,49
8	¼	13,5	0,042	2,3	8,9	0,62	0,06	0,64	2,9	7,7	0,47	0,05	0,77
10	⅜	17,2	0,054	2,3	12,6	1,25	0,12	0,84	2,9	11,4	1,02	0,10	1,02
15	½	21,3	0,067	2,6	16,1	2,04	0,20	1,21	3,2	14,9	1,74	0,17	1,44
20	¾	26,9	0,085	2,6	21,7	3,70	0,37	1,56	3,2	20,5	3,30	0,33	1,87
25	1	33,7	0,106	3,2	27,3	5,85	0,59	2,41	4,0	25,7	5,19	0,52	2,93
32	1 ¼	42,4	0,133	3,2	36,0	10,18	1,02	3,10	4,0	34,4	9,29	0,93	3,79
40	1 ½	48,3	0,152	3,2	41,9	13,79	1,38	3,56	4,0	40,3	12,76	1,28	4,37
50	2	60,3	0,189	3,6	53,1	22,15	2,21	5,03	4,5	51,3	20,67	2,07	6,19
65	2 ½	76,1	0,239	3,6	68,9	37,28	3,73	6,42	4,5	67,1	35,36	3,54	7,93
80	3	88,9	0,279	4,0	80,9	51,40	5,14	8,36	5,0	78,9	48,89	4,89	10,30
100	4	114,3	0,359	4,5	105,3	87,09	8,71	12,20	5,4	103,5	84,13	8,41	14,50
125	5	139,7	0,439	5,0	129,7	132,10	13,20	16,60	5,4	128,9	130,50	13,05	17,90
150	6	165,1	0,519	5,0	155,1	188,90	18,90	19,80	5,4	154,3	187,00	18,70	21,30

Auch als **schmelztauchverzinkte Rohre** nach DIN EN 10240 lieferbar. Je nach Trinkwasserqualität mit Schichtdicke der Verzinkung nach DIN 50930-6 ≥ 45 µm bzw. ≥ 55 µm).

Auch mit verminderten Wanddicken L (grün), L1 (weiß) und L2 (braun) lieferbar.

Fertigungsverfahren	nahtlos S oder geschweißt W	**Lieferlängen**	Standard: 6 oder 6,4 m Hersteller: 4 bis 16 m Genaulängen: nach Vereinbarung
Rohrreihe/ Farbcode	mittlere M (blau) und schwere Reihe H (rot)	**Werkstoff**	S195T nach DIN EN 10208-1
Gewinde	Whitworth-Rohrgewinde nach DIN EN 10266	**Optionen** **1** **2** **3** **4** **5** **6** **7** **8** **9** **10** **11** **12**	Rohrenden: • konisches Außengewinde • je eine Muffe • festgelegter Muffentyp • Verschluss (Kappe, Stopfen) • Gewindeschutz Eignung zu: • Schmelztauchverzinken A.2, A.3 • Schmelztauchverzinken A.1 • verzinkt nach DIN EN 1461 • verzinkt nach DIN EN 10240 • Lieferlänge • Prüfbescheinigung nach DIN EN 10204 2.1 (Werksbescheinigung) • temporärer Oberflächenschutz

Bestellbeispiel:

Menge …m/kg/Anzahl	**Rohr**		**Maße**		**Norm**		**Option**
50 Stück	W-Rohr	–	48,3 × 3,2	–	EN 10255	–	Optionen 1,5,9: A.1, 10: 6 m

Bestellung: 50 Stück geschweißtes Stahlrohr nach DIN EN 10255, d_a = 48,3 mm, s = 3,2, mit konischem Außengewinde, mit Gewindekonservierung, schmelztauchverzinkt nach DIN EN 10240 – Überzugsqualität A.1, in Standardlänge von 6 m

<table>
<tr><th colspan="15">Gewinderohr mit Gütevorschrift nach DIN 2442 – Wandstärke s in mm</th></tr>
<tr><td>DN</td><td>6</td><td>8</td><td>10</td><td>15</td><td>20</td><td>25</td><td>32</td><td>40</td><td>50</td><td>65</td><td>80</td><td>100</td><td>125</td><td>150</td></tr>
<tr><td>PN 50</td><td rowspan="3">2,6</td><td rowspan="3">2,9</td><td rowspan="3">2,9</td><td rowspan="3">3,2</td><td rowspan="3">3,2</td><td rowspan="3">4,0</td><td rowspan="3">4,0</td><td rowspan="3">4,5</td><td rowspan="3">4,5</td><td rowspan="3">4,5</td><td rowspan="3">5,0</td><td rowspan="2">5,4</td><td>5,4</td><td>5,4</td></tr>
<tr><td>PN 80</td><td>7,1</td><td>8,0</td></tr>
<tr><td>PN 100</td><td>6,3</td><td>8,0</td><td>8,8</td></tr>
<tr><td colspan="15">Werkstoff: P235TR1</td></tr>
<tr><td colspan="15">Gewinde- (R) und Außendurchmesser (d_a) entsprechen DIN EN 10255</td></tr>
</table>

5.1.3.3 Präzisionsstahlrohr für Pressfitting-Systeme

DIN EN 10305 : 2016-08

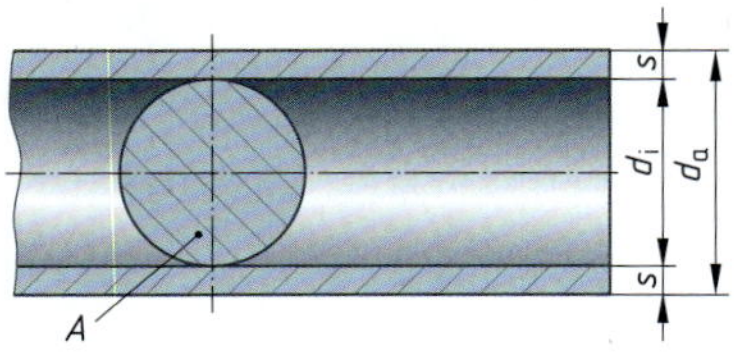

d_a:	Außendurchmesser	in mm
s:	Wanddicke	in mm
d_i:	Innendurchmesser	in mm
A:	freie Querschnittsfläche	in cm^2
A_o':	längenbezogene Rohroberfläche	in m^2/m
V':	längenbezogener Rohrinhalt	in dm^3/m
m':	längenbezogene Rohrmasse	in kg/m

Präzisionsstahlrohr nahtlos, kaltgezogen DIN EN 10305-1[1)] Präzisionsstahlrohr geschweißt, kaltgezogen DIN EN 10305-2[2)]						**Präzisionsstahlrohr geschweißt, maßgewalzt DIN EN 10305-3[3)]**					
$d_a \times s$ **mm**	d_i **mm**	A_o' m^2/m	A cm^2	V' dm^3/m	m' **kg/m**	$d_a \times s$ **mm**	d_i **mm**	A_o' m^2/m	A cm^2	V' dm^3/m	m' **kg/m**
8 × 1,5	5,0	0,025	0,196	0,020	0,240	8 × 1	6,0	0,025	0,283	0,028	0,173
10 × 1,5	7,0	0,031	0,385	0,039	0,314	10 × 1	8,0	0,031	0,503	0,050	0,222
12 × 1,5	9,0	0,038	0,636	0,064	0,388	12 × 1,2	9,6	0,038	0,723	0,072	0,338
15 × 1,5	12,0	0,047	1,131	0,113	0,499	15 × 1,2	12,6	0,047	1,246	0,125	0,434
18 × 1,5	15,0	0,057	1,767	0,177	0,610	18 × 1,2	15,6	0,057	1,911	0,191	0,536
20 × 1,5	17,0	0,063	2,269	0,227	0,684	20 × 1,2	17,6	0,063	2,433	0,243	0,556
22 × 2,0	18,0	0,069	2,545	0,255	0,986	22 × 1,5	19,0	0,069	2,835	0,284	0,824
28 × 2,0	24,0	0,088	4,524	0,452	1,282	28 × 1,5	25,0	0,088	4,910	0,491	1,052
30 × 2,0	26,0	0,094	5,309	0,531	1,380	30 × 1,5	27,0	0,094	5,726	0,573	1,054
35 × 2,0	31,0	0,110	7,548	0,755	1,628	35 × 1,5	32,0	0,110	8,042	0,804	1,320
42 × 2,0	38,0	0,132	11,341	1,134	1,973	42 × 1,5	39,0	0,132	11,950	1,195	1,620
50 × 2,5	45,0	0,157	15,904	1,590	2,929	50 × 2,0	46,0	0,157	16,619	1,662	2,368
60 × 2,5	55,0	0,188	23,758	2,376	3,545	60 × 2,0	56,0	0,188	22,902	2,290	4,217

1) DIN EN 10305-1 bis d_a = 380 mm
2) DIN EN 10305-2 bis d_a = 150 mm
3) DIN EN 10305-3 bis d_a = 193,7 mm

Lieferzustand DIN EN 10305-1 bzw. 10305-2			**Lieferzustand DIN EN 10305-3**		
Symbol	**Bezeichnung**	**Beschreibung**	**Symbol**	**Bezeichnung**	**Beschreibung**
+C	zugblank/hart	Ohne abschließende Wärmebehandlung nach dem letzten Kaltziehen.	+CR1	geschweißt und maßgewalzt	Üblicherweise nicht wärmebehandelt, aber für Schlussglühung geeignet
+LC	zugblank/weich	Nach der abschließenden Wärmebehandlung folgt in geeigneter Weise ein Kaltziehen (mit begrenzter Querschnittsreduzierung).	+CR2	geschweißt und maßgewalzt	Wärmebehandlung nach dem Schweißen und Maßwalzen nicht vorgesehen
+SR	zugblank und spannungsarmgeglüht	Nach dem letzten Kaltziehen wird unter kontrollierter Atmosphäre spannungsarmgeglüht.	+A	weichgeglüht	Nach dem Schweißen und Maßwalzen werden die Rohre unter kontrollierter Atmosphäre geglüht.
+A	weichgeglüht	Nach dem letzten Kaltziehen werden die Rohre unter kontrollierter Atmosphäre geglüht.	+N	normalgeglüht	Nach dem Schweißen und Maßwalzen werden die Rohre unter kontrollierter Atmosphäre normalgeglüht.
+N	normalgeglüht	Nach dem letzten Kaltziehen werden die Rohre unter kontrollierter Atmosphäre normalgeglüht			

Werkstoffe nach DIN EN 10305-1 bzw. 10305-2		Werkstoffe nach DIN EN 10305-3
E215, E235, E355	E155, E195, E235, E275, E355	E155, E190, E220, E235, E260, E275, E320, E370, E420, E500, E600, E700
Prüfbescheinigungen nach DIN EN 10204	• Ohne Vorgabe mit Werkszeugnis 2.2 • sonst mit Abnahmeprüfung 3.1 oder 3.2	
Lieferlängen	• Herstelllängen 3 … 8 m	
Oberflächenschutz		
Rohr blank oder verzinkt		S1: rohschwarz, S2: gebeizt, S3: kaltgewalzt, S4: Überzug nach Vereinbarung

Bestellbeispiel:

Menge … m/kg/Anzahl	**Rohr**	**Maße**	**Norm**	**Werkstoff + Lieferzustand**	**Oberfläche**	**Zeugnis**
80 m	W-Rohr –	42 × 1,5 –	EN 10305-3-	E235 + A –	S1	3.1
80 m geschweißtes, maßgewalztes Rohr mit einem Außendurchmesser von $d_a = 42$ mm und einer Wanddicke von $s = 1{,}5$ mm nach DIN EN 10305-3 aus der Stahlsorte E235 weichgeglüht, rohschwarz mit Abnahmezeugnis nach DIN EN 10204.						

5.1.3.4 Nichtrostende Stahlrohre für Pressfitting-Systeme DIN EN ISO 1127 : 2019-03 (Auswahl)

precision steel pipes for press-fitting systems

Präzisionsstahlrohr für Pressfitting-Systeme (Gas-, Heizungs-, Solar- und Trinkwasserinstallation)											
$d_a \times s$ mm Reihe 1 … 3	d_i mm	A_0' m²/m	A cm²	V' dm³/m	m' kg/m	$d_a \times s$ mm	d_i mm	A_0' m²/m	A cm²	V' dm³/m	m' kg/m
10,2 × 1,0	8,2	0,032	0,528	0,053	0,230	42 × 2,0	38,0	0,132	11,341	1,134	1,973
13,5 × 1,0	11,5	0,042	1,039	0,104	0,313	54 × 2,0	50,0	0,170	22,902	2,290	2,520
15 × 1.0	13,0	0,047	1,327	0,133	0,345	64 × 2,0	60,0	0,201	28,274	2,827	3,030
18 × 1,6	14,8	0,057	1,720	0,172	0,637	76,1 × 2,0	72,1	0,239	40,828	4,083	3,700
22 × 2,0	18,0	0,069	2,545	0,255	0,971	88,9 × 2,0	84,9	0,279	56,612	5,661	4,350
28 × 2,0	24,0	0,088	4,524	0,452	1,280	108 × 2,0	104,0	0,339	84,950	8,495	5,310
35 × 2,0	31,0	0,110	9,621	0,962	1,610	139,7 × 2,6	134,5	0,439	142,080	14,208	8,791
Werkstoffe: E195[1], X5CrNi18-10[2], X5CrNiMo17-12-2[3], X6CrNiMoTi17-12-2[2]											
Lieferlänge: Stangen 6 m											
Oberfläche: Innen und außen blank											

[1] Heizung
[2] Druckluft, Heizöl
[3] Gas-, Solar- und Trinkwasseranlagen

5.1.4 Stahlrohr-Verbindungsteile

5.1.4.1 Gewindefittings aus Temperguss DIN EN 10242 : 2003-06 (Auswahl, Herstellerangaben)

Gewindefittings													
Gewinde	**R** und **Rp**, DIN EN 10266-1												
Werkstoffe	EN-GJMW-400-5, EN-GJMW-350-4 (weißer Temperguss)												
Oberfläche	Schwarz (**S**) oder verzinkt (**V**) lieferbar												
Design-Symbol	**A** (in Deutschland nach DVGW/TRGI zugelassen) **B, C und D** (in Deutschland nicht zugelassen)												
Anwendungsbereich	$p_S \leq 20$ bar und $-20° \leq \vartheta_S \leq +300$ °C $p_S \leq 25$ bar und $-20° \leq \vartheta_S + 120$ °C												
Bestellbeispiel	Bogen 45° mit Innen- und Außengewinde der Größe 1, Ausführung schwarz, Design-Symbol A												
	Typ		**Norm**		**Kurzzeichen**			**Größe**		**Oberfläche**		**Design-Symbol**	
	Bogen		DIN EN 10242		G4/45°			1		Fe		A	
Fittinggröße	⅛	¼	⅜	½	¾	1	1 ¼	1 ½	2	2 ½	3	4	5	6
Nennweite DN	6	8	10	15	20	25	32	40	50	65	80	100	125	150
Hinweise: St: Diese Fittings werden in Stahl gefertigt und sind für die Trinkwasserinstallation nicht zugelassen, R-L Rechts-und Linksgewinde, U ½ + UA ½ flach dichtend, U11/12 + UA11/12 keglig dichtend, G: zylindrisches Innenbefestigungsgewinde der Überwurfmutter nach ISO 228													

Typ	Winkel 90°
Kurzz.	A1 A4

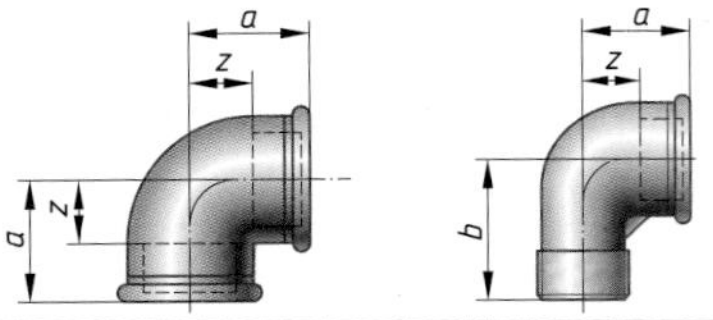

R, Rp inch	a mm	b mm	z mm
1/8	19	25	12
1/4	21	28	11
3/8	25	32	15
1/2	28	37	15
3/4	33	43	18
1	38	52	21
1 1/4	45	60	26
1 1/2	50	65	31
2	58	74	34
2 1/2	69	88	42
3	78	98	48
4	96	118	60

Typ	Winkel 90° reduziert
Kurzz.	A1

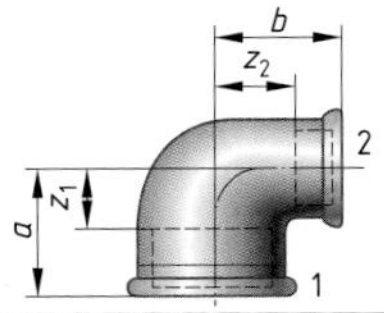

Rp (1–2) inch	a mm	b mm	z_1 mm	z_2 mm
1/4–1/8	20	20	10	13
3/8–1/4	23	23	13	13
1/2–1/4	24	24	11	14
1/4–3/8	26	26	13	16
3/4–3/8	28	28	13	18
3/4–1/2	30	31	15	18
1–3/8	32	34	15	24
1–1/2	32	34	15	21
1–3/4	35	36	18	21
1 1/4–1/2	35	38	16	25
1 1/4–3/4	36	41	17	26
1 1/4–1	40	42	21	25
1 1/2–3/4	38	44	19	29
1 1/2–1	42	46	23	29
1 1/2–1 1/4	46	48	27	29
2–1	44	52	20	35
2–1 1/4	48	54	24	35
2–1 1/2	52	55	28	36
2 1/2–2	61	66	34	42

Typ	Winkel 90° reduziert *angle of 90° reduced*
Kurzz.	A4

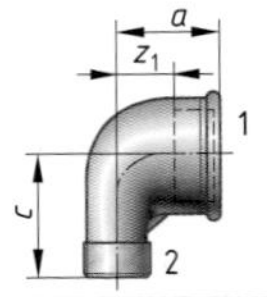

R, Rp (1–2) inch	a mm	b mm	z_1 mm
1/2–3/8	26	33	13
3/4–1/2	30	40	15
1–1/2	32	46	15
1–3/4	35	46	18
1 3/4–3/4	44	51	17
1 1/4–1	40	56	21
1 1/2–1	47	62	28
1 1/2–1 1/4	52	64	33

Typ	Winkel 45° *angle of 45°*
Kurzz.	A1 A4

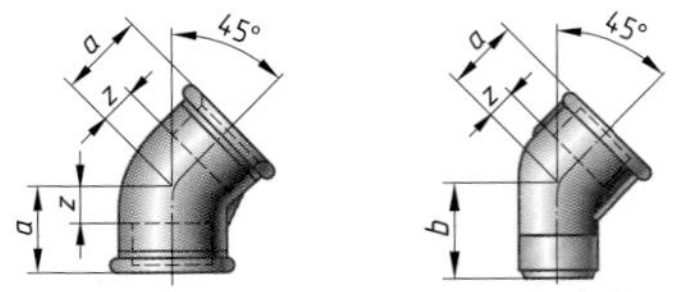

R, Rp inch	a mm	b mm	z mm
3/8	20	25	10
1/2	22	28	9
3/4	25	32	10
1	28	37	11
1 1/4	33	43	14
1 1/2	36	46	17
2	43	55	19
2 1/2	46	54	19
3	52	61	22

Typ	T-Stück *tee*
Kurzz.	B1

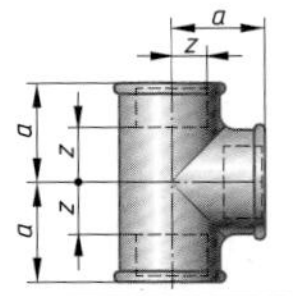

Rp inch	a mm	z mm
1/8	19	12
1/4	21	11
3/8	25	15
1/2	28	15
3/4	33	18
1	38	21
1 1/4	45	26
1 1/2	50	31
2	58	34
2 1/2	69	42
3	78	48
4	96	60

Typ: T-Stück reduziert oder vergrößert

Kurzz.: B1

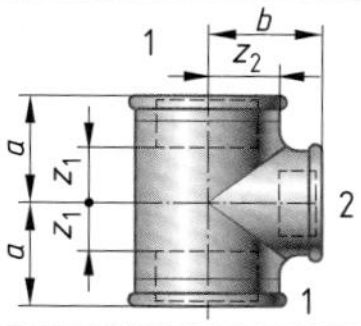

Rp (1–2) inch	*a* mm	*b* mm	z_1 mm	z_2 mm
3/8-1/4	23	23	13	13
3/8-1/2	26	26	16	13
1/2-1/4	24	24	11	14
1/2-3/8	26	26	13	16
1/2-3/4	31	30	18	15
1/2-1	34	32	21	15
3/4-1/4	26	27	11	17
3/4-3/8	28	28	13	18
3/4-1/2	30	31	15	18
3/4-[illegible]	36	35	21	18
1-1/4	28	31	11	21
1-3/8	30	32	13	22
1-1/2	32	34	15	21
1-3/4	35	36	18	21
1-1 1/4	42	40	25	21
1-1 1/2	46	42	29	23
1 1/4-3/8	32	36	13	26
1 1/4-1/2	34	38	15	25
1 1/4-3/4	36	41	17	26
1 1/4-1	40	42	21	25
1 1/4-1 1/2	48	46	29	27
1 1/4-2	54	48	35	24
1 1/2-3/8	33	38	14	28
1 1/2-1/2	36	42	17	29
1 1/2-3/4	38	44	19	29
1 1/2-1	42	46	23	29
1 1/2-1 1/4	46	48	27	29
1 1/2-2	55	52	36	28
2-1/2	38	48	14	35
2-3/4	40	50	16	35
2-1	44	52	20	35
2-1 1/4	48	54	24	35
2-1 1/2	52	55	28	36
2-2 1/2	66	61	42	34
2 1/2-1/2	41	56	14	43
2 1/2-3/4	45	59	18	44
2 1/2-1	47	60	20	43
2 1/2-1 1/4	52	62	25	43
2 1/2-1 1/2	55	63	28	44
2 1/2-2	61	66	34	42
3-1/2	46	63	15	50
3-3/4	48	66	18	51
3-1	51	67	21	50
3-1 1/4	55	70	25	51
3-1 1/2	58	71	28	52
3-2	64	73	34	49
3-2 1/2	72	76	42	49
4-1	56	80	20	63
4-1 1/2	64	84	28	65
4-2	70	86	34	62
4-2 1/2	77	89	41	62
4-3	84	92	48	62

Typ: T-Stück reduziert oder vergrößert, Durchgang reduziert

Kurzz.: B1

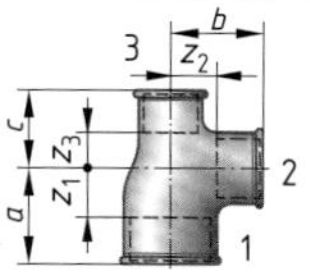

Rp (1–2–3) inch	*a* mm	*b* mm	*c* mm	z_1 mm	z_2 mm	z_3 mm
1/2-3/8-3/8	26	26	25	13	16	15
1/2-1/2-3/8	28	28	26	15	15	16
3/4-3/8-1/2	28	28	26	13	18	13
3/4-1/2-3/8	30	31	26	15	18	16
3/4-1/2-1/2	30	31	28	15	18	15
3/4-3/4-3/8	33	33	28	18	18	18
3/4-3/4-1/2	33	33	31	18	18	18
3/4-1-1/2	36	35	34	21	18	21
1-1/2-1/2	32	34	28	15	21	15
1-1/2-3/4	32	34	30	15	21	15
1-3/4-1/2	35	36	31	18	21	18
1-3/4-3/4	35	36	33	18	21	18
1-1-3/8	38	38	32	21	21	22
1-1-1/2	38	38	34	21	21	21
1-1-3/4	38	38	36	21	21	21
1-1 1/4-3/4	42	40	41	25	21	26
1 1/4-1/2-1	34	38	32	15	25	15
1 1/4-3/4-3/8	36	41	33	17	26	18
1 1/4-3/4-1	36	41	35	17	26	18
1 1/4-1-3/4	40	42	36	21	25	21
1 1/4-1-1	40	42	38	21	25	21
1 1/4-1 1/4-1/2	45	45	38	26	26	25
1 1/4-1 1/4-3/4	45	45	41	26	26	26
1 1/4-1 1/4-1	45	45	42	26	26	25
1 1/4-1 1/2-1	48	46	46	29	27	29
1 1/2-1/2-1 1/4	36	42	34	17	29	15
1 1/2-3/4-1 1/4	38	44	36	19	29	17
1 1/2-1-1	42	46	38	23	29	21
1 1/2-1-1 1/4	42	46	38	23	29	21
1 1/2-1 1/4-1	46	48	42	27	29	25
1 1/2-1 1/4-1 1/4	46	48	45	27	29	26
1 1/2-1 1/2-1/2	50	50	42	31	31	29
1 1/2-1 1/2-3/4	50	50	44	31	31	29
1 1/2-1 1/2-1	50	50	46	31	31	29
1 1/2-1 1/2-1 1/4	50	50	48	31	31	29
1 1/2-2-1 1/4	56	54	56	37	30	37
2-1/2-1 1/2	38	48	38	14	35	19
2-3/4-1 1/2	40	50	38	16	35	19
2-1-1 1/2	44	52	42	20	35	23
2-1 1/4-1 1/4	48	54	45	24	35	26
2-1 1/4-1 1/2	48	54	46	24	35	27
2-1 1/2-1 1/2	52	55	50	28	36	31
2-2-1/2	58	58	48	34	34	35
2-2-3/4	58	58	50	34	34	35
2-2-1	58	58	52	34	34	35
2-2-1 1/4	58	58	54	34	34	35
2-2-1 1/2	58	58	55	34	34	36
2 1/2-2-2	67	72	62	40	48	38
2 1/2-2 1/2-1	71	71	71	44	44	54
2 1/2-2 1/2-1 1/2	69	69	64	42	42	45
2 1/2-2 1/2-2	73	73	68	46	46	34
3-2-2	64	73	60	34	49	36
3-3-2	78	79	72	48	49	48

Typ	Kreuz *cross*
Kurzz.	C1

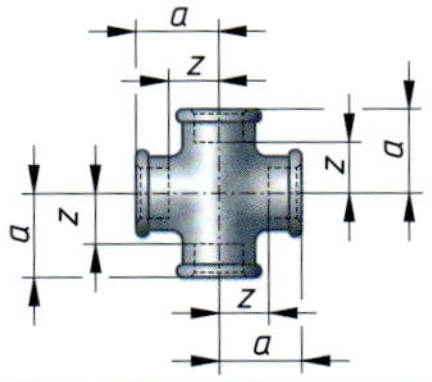

Rp inch	***a* mm**	***z* mm**
¼	21	11
⅜	25	15
½	28	15
¾	33	18
1	38	21
1 ¼	45	26
1 ½	50	31
2	58	34
2 ½	69	42
3	78	48
4	96	60

Typ	Kreuz, reduziert
Kurzz.	C1

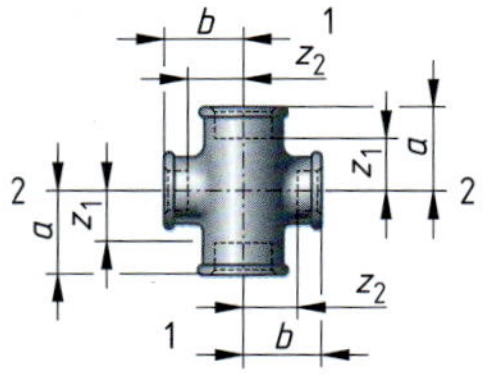

Rp (1–2) inch	***a* mm**	***b* mm**	**z_1 mm**	**z_2 mm**
¾–½	30	31	15	18
1–½	32	34	15	21
1–¾	35	36	18	21
1 ¼–1	40	42	21	25
1 ½–1	42	46	23	29
2–1	44	52	20	35

Typ	Bogen 15 ° *arc*	
Kurzz.	G1	G4

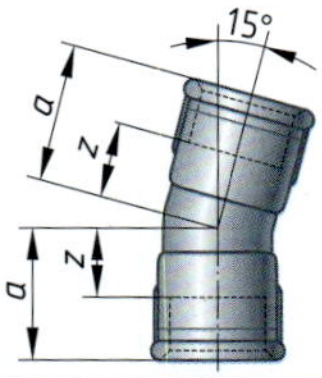

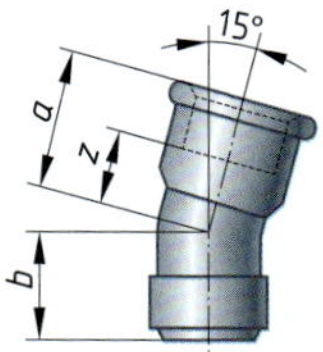

R, Rp inch	***a* mm**	***b* mm**	***z* mm**
½	28	21	15
¾	33	25	18
1	37	29	20
1 ¼	43	34	24
1 ½	45	35	26
2	51	41	27
2 ½	62	52	35

Typ	Bogen 30°	
Kurzz.	G1	G4

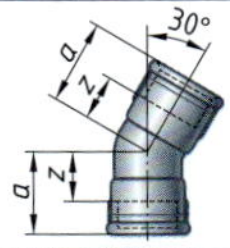

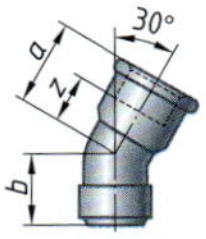

R, Rp inch	***a* mm**	***b* mm**	***z* mm**
½	30	24	17
¾	36	30	21
1	44	36	27
1 ¼	52	44	33
1 ½	56	46	37
2	66	54	42
2 ½	80	66	53
3	92	77	62
4	114	100	78

Typ	Bogen 45 °, lang	
Kurzz.	G1	G4

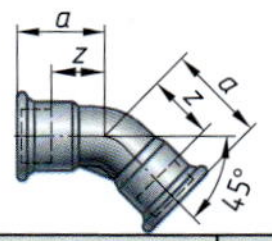

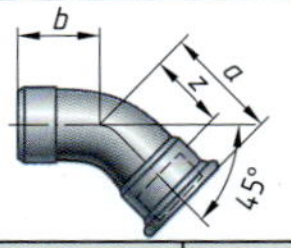

R, Rp inch	***a* mm**	***b* mm**	***z* mm**
¼	26	21	16
⅜	30	24	20
½	36	30	23
¾	43	36	28
1	51	42	34
1 ¼	64	54	45
1 ½	68	58	49
2	81	70	57
2 ½	99	86	72
3	113	100	83
4	141	130	105

Typ	Bogen 90 °, lang	
Kurzz.	G1	G4

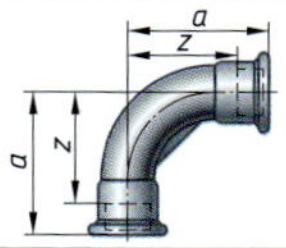

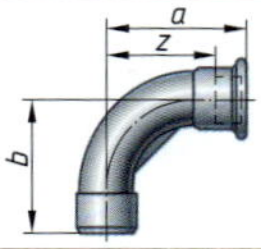

Typ	Bogen 90 °, kurz	
Kurzz.	D1	D4

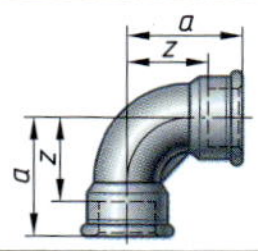

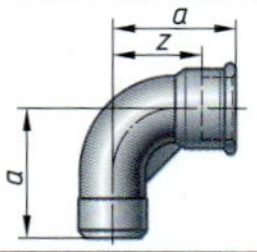

R, Rp inch	***a** mm**		***b* mm**	***z** mm**	
⅛	35	–	32	28	–
¼	40	30	36	30	20
⅜	48	36	42	38	26
½	55	45	48	42	32
¾	69	50	60	54	35
1	85	63	75	68	46
1 ¼	105	76	95	86	57

Typ	Bogen 90 °, kurz (Fortsetzung)				
Kurzz.	D1		D4		
	R, Rp inch	***a**** **mm**		***b*** **mm**	***z**** **mm**
	1 ½	116	85	105	97	66
	2	140	102	130	116	78
	2 ½	176	115	165	149	88
	3	205	127	190	175	97
	4	260	165	245	224	129

* In der 2. Reihe sind die Werte für den Bogen 90°, kurz aufgeführt.

Typ	Muffe *sleeve*			
Kurzz.	M2	M2R-L (⅜ … 2 inch)		

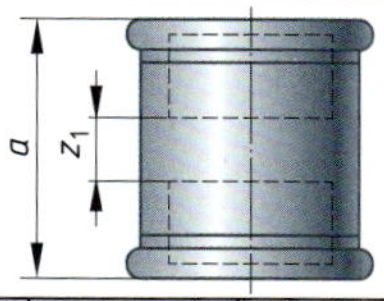

	Rp inch	***a*** **mm**	**SW mm**	**z_1 mm**
	⅛ St	25	17	11
	¼ St	27	19	7
	⅜	30		10
	½	36		10
	¾	39		9
	1	45		11
	1 ¼	50		12
	1 ½	55		17
	2	65		17
	2 ½	74		20
	3	80		20
	4	94		22

Typ	Muffe, reduziert			
Kurzz.	M2			

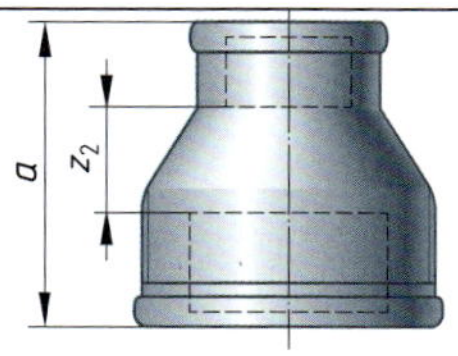

	Rp (1–2) inch	***a*** **mm**	**SW mm**	**z_2 mm**
	¼–⅛ St	27	17	10
	⅜–⅛ St	30	22	13
	⅜–¼ St	30	22	10
	½–¼	36		13
	½–⅜	36		13
	¾–¼	39		14
	¾–⅜	39		14
	¾–½	39		11
	1–⅜	45		18
	1–½	45		15
	1–¾	45		13
	1 ¼–⅜	50		21
	1 ¼–½	50		18
	1 ¼–¾	50		16
	1 ¼–1	50		14
	1 ½–½	55		23
	1 ½–¾	55		21
	1 ½–1	55		19

Typ	Muffe, reduziert (Fortsetzung)			
Kurzz.	M2			
	Rp (1–2) inch	***a*** **mm**	**SW mm**	**z_2 mm**
	1 ½–1 ¼	55		17
	2–½	65		28
	2–¾	65		26
	2–1	65		24
	2–1 ¼	65		22
	2–1 ½	65		22
	2 ½–1	74		30
	2 ½–1 ¼	74		28
	2 ½–1 ½	74		28
	2 ½–2	74		23
	3–1 ½	80		31
	3–2	80		26
	3–2 ½	80		23
	4–2	94		34
	4–2 ½	94		31
	4–3	94		28

Typ	Reduziernippel Form I-III *reducing*					
Kurzz.	N4					

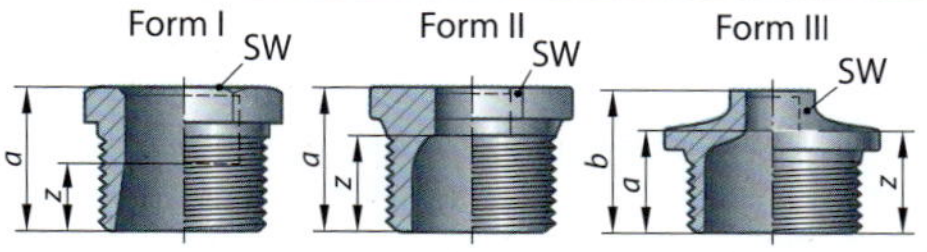

	R, Rp (1–2) inch	**Form**	***a*** **mm**	***b*** **mm**	***z*** **mm**	**SW mm**
	¼–⅛ St	I	20		13	17
	⅜–⅛ St	I	20		13	19
	⅜–¼ St	I	20		10	19
	½–⅛	II	24		17	23
	½–¼	I	24		14	23
	½–⅜	I	24		14	23
	¾–¼	II	26		16	30
	¾–⅜	II	27		16	30
	¾–½	I	26		13	30
	1–¼	II	29		19	36
	1–⅜	II	29		19	36
	1–½	II	29		16	36
	1–¾	II	29		14	36
	1 ¼–⅜	II	31		21	46
	1 ¼–½	II	31		18	46
	1 ¼–¾	II	31		16	46
	1 ¼–1	II	31		14	46
	1 ½–⅜	II	31		21	50
	1 ¼–½	II	31		18	50
	1 ½–¾	II	31		16	50
	1 ½–1	II	31		14	50
	1 ½–1 ¼	I	33		12	50
	2–½	III	35	48	35	65
	2–¾	III	35	48	33	65
	2–1	II	37		20	65
	2–1 ¼	II	37		18	65
	2–1 ½	II	37		18	65
	2 ½–1	III	40	54	37	80
	2 ½–1 ¼	III	40	54	37	80
	2 ½–1 ½	II	40		21	80
	2 ½–2	II	40		16	80

Typ	Reduziernippel Form I-III (Fortsetzung)
Kurzz.	N4

Rp (1–2) inch	Form	a mm	b mm	z mm	SW mm
3–1	III	44	59	42	95
3–1 ¼	III	44	59	40	95
3–1 ½	III	44	59	40	95
3–2	II	44		20	95
3–2 ½	II	44		17	96
4–2	III	51	69	45	120
4–2 ½	III	51	69	42	120
4–3	II	51		21	120

Typ	Doppelnippel *double nipple*	
Kurzz.	N8	N8R-L (⅜ … 2 inch)

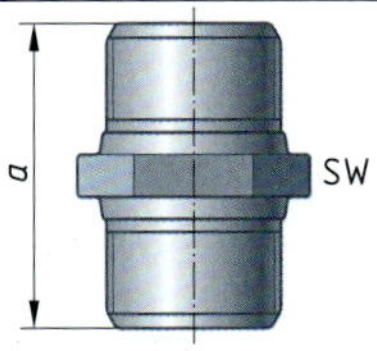

R inch	a mm	SW mm
⅛ St	29	17
¼ St	36	19
⅜	38	22
½	44	28
¾	47	33
1	53	42
1 ¼	57	50
1 ½	59	55
2	68	70
2 ½	75	85
3	83	100
4	95	131

Typ	Doppelnippel, reduziert
Kurzz.	N8

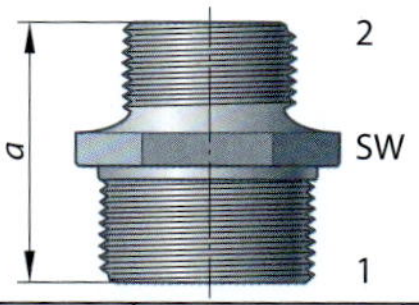

R (1–2) inch	a mm	SW mm
¼ – ⅛ St	35	17
¾ – ⅛ St	34	19
⅜ – ¼ St	38	19
½ – ¼	44	27
½ – ⅜	44	22
⅜ – ¼	43	30
¾ – ⅜	47	30
¾ – ½	47	31
1 – ½	53	36

Typ	Doppelnippel, reduziert (Fortsetzung)
Kurzz.	N8

Rp (1–2) inch	a mm	SW mm
1– ¾	53	36
1 ¼– ½	57	46
1 ¼– ¾	57	46
1 ¼– 1	57	46
1 ½– ¾	59	50
1 ½–1	59	50
1 ½–1 ¼	59	50
2–1	68	65
2–1 ½	68	65
2 ½–1 ½	75	80
2 ½–2	75	80
3–2	83	95
3–2 ½	83	95
4–3	93	120

Typ	Gegenmuttern *against native*
Kurzz.	P4

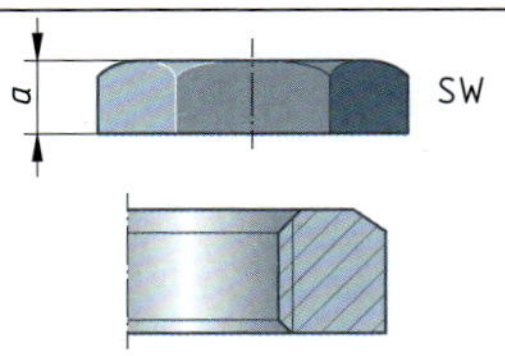

Rp inch	a mm	SW mm
⅛ St	7,0	19
¼ St	7,5	22
⅜ St	8,0	27
½	9,0	32
¾	10,0	36
1	11,5	46
1 ¼	13,0	56
1 ½	14,0	60
2	16,0	73
2 ½	19,0	95
3	22,0	105

Typ	Kappe *closing cap*
Kurzz.	T1

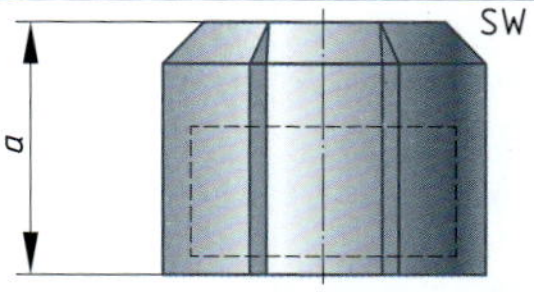

Rp inch	a mm	SW mm	
⅛ St	14	14	6-Kant
¼ St	17	17	6-Kant
⅜ St	18	22	6-Kant
½	24	26	6-Kant
¾	26	32	6-Kant
1	29	38	8-Kant

Typ	Kappe (Fortsetzung)			
Kurzz.	T1			
	Rp **inch**	***a*** **mm**	**SW** **mm**	
	1 ¼	36	47	8-Kant
	1 ½	36	53	8-Kant
	2	39	68	8-Kant
	2 ½	44	86	8-Kant
	3	50	96	8-Kant
	4	52	128	8-Kant

Typ	Stopfen ohne Rand		
Kurzz.	T8		

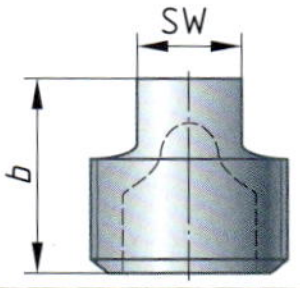

	R **inch**	***b*** **mm**	**SW** **mm**
	⅛ St	16,0	7
	¼ St	18,0	8
	⅜ St	20,0	10
	½	24,0	11
	¾	25,5	17
	1	33,0	19
	1 ½	36,0	22
	2 ½	37,0	22
	2	44,0	27
	2 ½	52,0	32
	4	66,0	41

Typ	Stopfen mit Rand		
Kurzz.	T9		

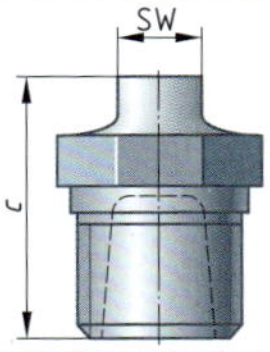

	R **inch**	***c*** **mm**	**SW** **mm**
	⅛ St	20	7
	¼ St	24	8
	⅜	28	10
	½	32	11
	¾	37	17
	1	41	19
	1 ¼	47	22
	1 ½	47	22
	2	54	27
	2 ½	64	32
	3	71	36
	4	81	41

Typ	Stopfen mit Innen-4-/6-Kant			
Kurzz.	T11			

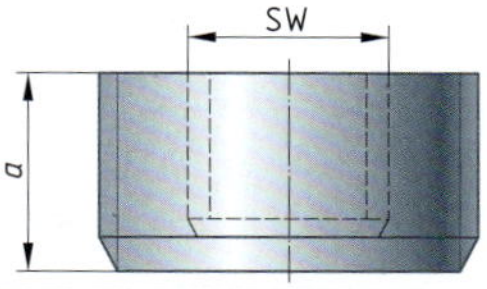

	R **inch**	***a*** **mm**	**SW** **mm**	
	⅛ St	8	5	6-Kant
	¼ St	10	7	6-Kant
	⅜ St	10	8	6-Kant
	½	15	10	4-Kant
	¾	17	12	4-Kant
	1	19	16	4-Kant
	1 ¼	22	22	4-Kant
	1 ½	22	22	4-Kant
	2	27	27	4-Kant

Typ	Verschraubung mit Flachdichtung						
Kurzz.	U1						

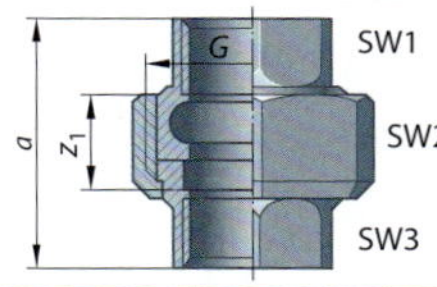

	Rp **inch**	***G*** **inch**	***a*** **mm**	z_1 **mm**	**SW1** **mm**	**SW2** **mm**	**SW3** **mm**
	¼	⅝	42	22	19	28	10
	⅜	⅜	47	27	22	32	12
	½	1	48	22	26	41	26
	¾	1 ¼	52	22	31	48	31
	1	1 ½	59	25	38	55	38
	1 ½	2	65	27	48	67	48
	1 ½	2 ¼	70	32	54	74	54
	2	2 ¾	80	32	66	90	67
	2 ½	3 ½	85	31	85	111	85
	3	4	96	36	96	130	96
	4	5	111	39	120	151	122

Kurzz.	U2 Flachdichtung – Innen-/Außengewinde						

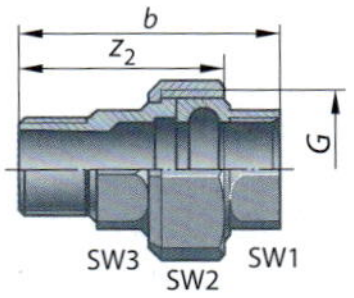

	R, Rp **inch**	***G*** **inch**	***b*** **mm**	z_2 **mm**	**SW1** **mm**	**SW2** **mm**	**SW3** **mm**
	¼	⅝	55	45	19	28	15
	⅜	¾	58	48	22	32	19
	½	1	66	53	26	41	23
	¾	1 ¼	72	57	31	48	30

Typ: Verschraubung (Fortsetzung)

Kurzz.: U2

Rp inch	G inch	b mm	z_2 mm	SW1 mm	SW2 mm	SW3 mm
1	1 1/2	80	63	38	55	36
1 1/4	2	90	71	48	67	48
1 1/2	2 1/4	95	76	54	74	54
2	2 3/4	107	83	66	90	66
2 1/2	3 1/2	118	91	85	111	85
3	4	131	101	96	130	95

Kurzz.: U11 mit Konus dichtend

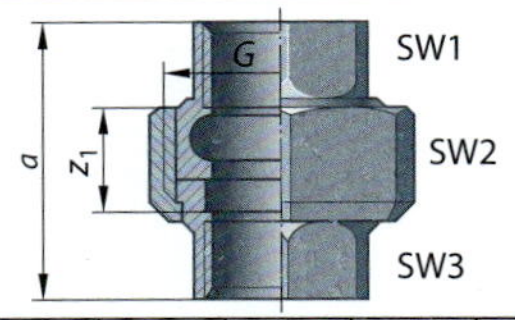

Rp inch	G inch	a mm	z_1 mm	SW1 mm	SW2 mm	SW3 mm
1/8	1/2	38	24	15	26	15
1/4	5/8	42	22	19	28	*10
5/8	3/4	48	28	22	32	*12
1/2	1	48	22	26	41	25
1/2	1 1/8	48	22	26	44	26
3/4	1 1/4	52	22	31	48	32
1	1 1/2	58	24	38	55	38
1 1/4	2	65	27	48	67	48
1 1/2	2 1/4	70	32	54	74	54
2	2 3/4	78	30	66	90	66
2 1/2	3 1/2	90	36	85	111	85
3	4	101	41	96	130	96
4	5	114	42	120	151	120

Kurzz.: U12 mit Konus - Innen/Außengewinde

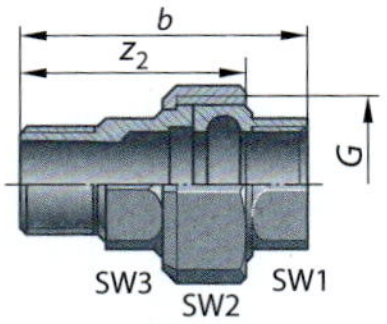

R, Rp inch	G inch	b mm	z_2 mm	SW1 mm	SW2 mm	SW3 mm
1/4	5/8	55	45	19	28	15
3/8	3/4	59	49	22	32	20
1/2	1	66	53	26	41	23
3/4	1 1/4	72	57	31	48	30
1	1 1/2	80	63	38	55	36
1 1/4	2	90	71	48	67	48
1 1/2	2 1/4	96	77	54	74	54
2	2 3/4	106	82	66	90	66
2 1/2	3 1/2	122	95	85	111	85
3	4	134	104	96	130	95
4	5	153	117	120	151	120

Typ: Winkelverschraubung *elbow*

Kurzz.: UA1 Flachdichtung

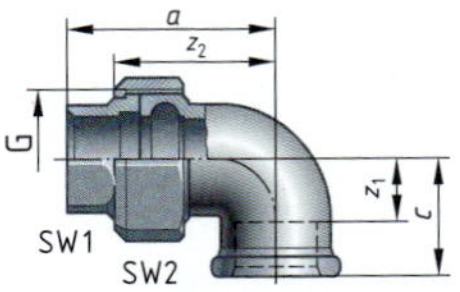

Rp inch	G inch	a mm	c mm	z_1 mm	z_2 mm	SW1 mm	SW2 mm
5/8	3/4	52	25	15	42	*12	32
1/2	1	58	28	15	45	26	41
3/4	1 1/4	62	33	18	47	31	48
1	1 1/2	72	38	21	55	38	55
1 1/4	2	82	45	26	63	48	67
1 1/2	2 1/4	90	50	31	71	54	74
2	2 3/4	100	58	34	76	67	90

Kurzz.: UA2 Flachdichtung

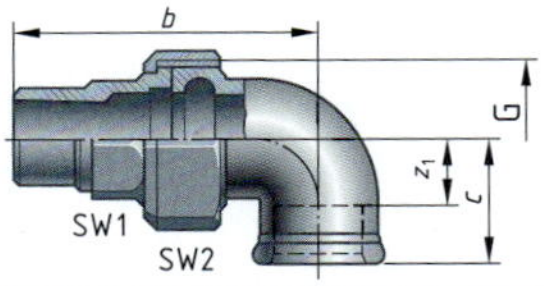

R, Rp inch	G inch	b mm	c mm	z_1 mm	SW1 mm	SW2 mm
3/8	3/4	65	25	15	19	32
1/2	1	76	28	15	25	41
3/8	1 1/4	82	33	18	32	48
1	1 1/2	93	38	21	39	55
1 1/4	2	107	45	26	48	67
1 1/2	2 1/4	115	50	31	54	74
2	2 3/4	128	58	34	66	90

Kurzz.: UA11 mit Konus - Innengewinde

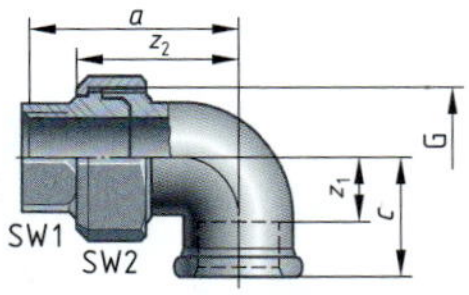

Rp inch	G inch	a mm	c mm	z_1 mm	z_2 mm	SW1 mm	SW2 mm
1/4	5/8	48	21	11	38	*10	28
3/8	3/4	52	25	15	42	*12	32
1/2	1	58	28	15	45	25	41
3/4	1 1/4	62	33	18	47	32	48
1	1 1/2	72	38	21	55	38	55
1 1/4	2	82	45	26	63	48	67
1 1/2	2 1/4	90	50	31	71	54	74
2	2 3/4	100	58	34	76	66	90
2 1/2	3 1/2	130	72	45	103	85	111
3	4	134	79	49	104	96	131

Typ	Winkelverschraubung *elbow*
Kurzz.	UA12 mit Konus dichtend

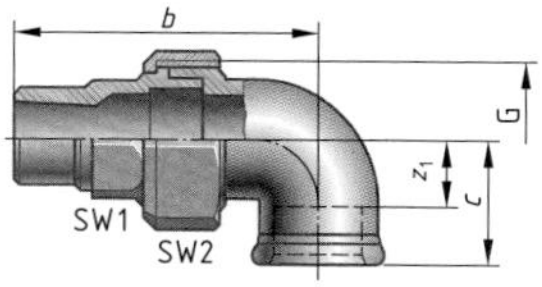

R, Rp inch	G inch	b mm	c mm	z_1 mm	SW1 mm	SW2 mm	Rp inch	G inch	b mm	c mm	z_1 mm	SW1 mm	SW2 mm
1/4	5/8	61	21	11	15	28	1 1/4	2	107	45	26	48	67
3/8	3/4	65	25	15	20	32	1 1/2	2 1/4	115	50	31	54	74
1/2	1	76	28	15	25	41	2	2 3/4	128	58	34	67	90
3/4	1 1/4	82	33	18	32	48	2 1/2	3 1/2	164	72	45	85	111
1	1 1/2	94	38	21	38	55	3	4	167	79	49	95	131

Typ	Gewindeflansch
Kurzz.	ohne

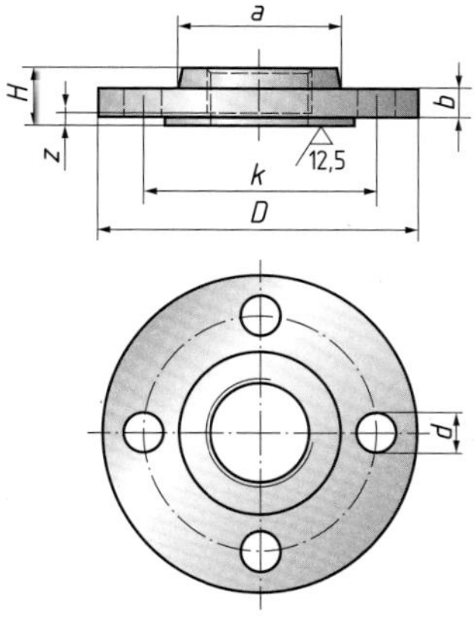

Dim. inch	PN	a mm	b mm	d mm	k mm	z mm	H mm	D mm
3/4	PN 16	45	16	14	75	9	24	105
1	PN 16	52	17	14	85	7	24	115
1	PN 16	52	17	14	85	7	24	115
1 1/4	PN 16	60	17	19	100	7	26	140
1 1/4	PN 16	60	17	19	100	7	26	140
1 1/2	PN 16	72	13	19	110	8	26	150
1 1/2	PN 16	72	13	19	110	8	26	150
2	PN 16	87	16	19	125	5	29	165
2	PN 16	87	16	19	125	5	29	165
2 1/2	PN 16	100	16	19	145	5	32	185
2 1/2	PN 16	100	16	19	145	5	32	185
3	PN 10	115	18	19	160	6	36	200
3	PN 10	115	18	19	160	6	36	200
*3	PN 16	115	18	19	160	6	36	200
3	PN 16	115	18	19	160	6	36	200
4	PN 16	140	20	19	180	2	38	220
*4	PN 16	140	20	19	180	2	38	220

* 8 Loch Ausführung

5.1.4.2 Pressfittings aus Stahl

DIN EN 10305: 2016-08 und DIN EN ISO 1127: 2019-03

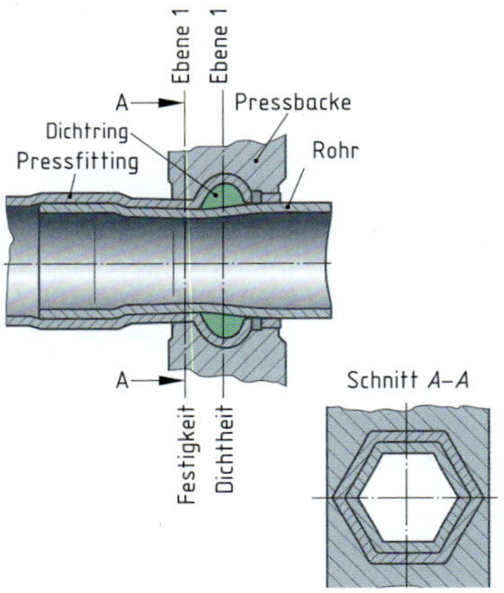

Einsatzgebiete	**S:** Trinkwasser (TW) **G:** Gas	
	H: Heizung SL: Solar **L:** Druckluft	
Einsatzbedingungen	**G**	$p_S \leq 5$ bar
	S, H, SL, L	$p_S \leq 16$ bar
Werkstoffe	S 195 (H)	
	X5CrNi18-10 X5CrNiMo17-12-2 X6CrNiMoTi17-12-2	
Außendurchmesser (mm)	**S, G**	15 … 108
	SL, L, H	15 … 54
Lieferlänge	$L = 6$ m (Stange)	
Dichtung (Rohr)	**S, L, H**	CIIR-schwarz
	SL	FPM-grün
	G	NBR-gelb-braun

Pressfittings aus unlegiertem und nichtrostendem Stahl – Auswahl (Herstellerangaben)

Bogen 90 °

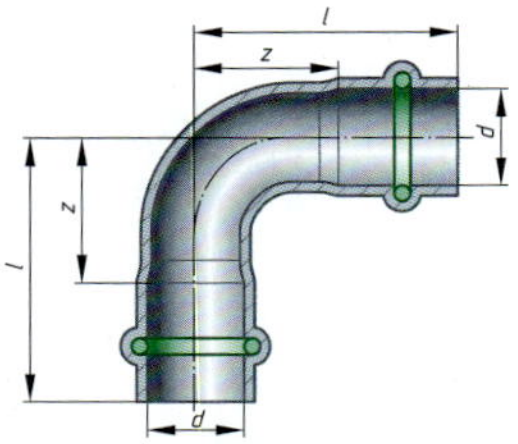

d mm	*l* mm	*z* mm
15	48	26
18	58	36
22	67	44
28	72	48
35	86	60
42	107	71
54	132	92
64,0	127	84
76,1	149	99
88,9	165	115
106,0	198	138

Bogen 90 ° AG

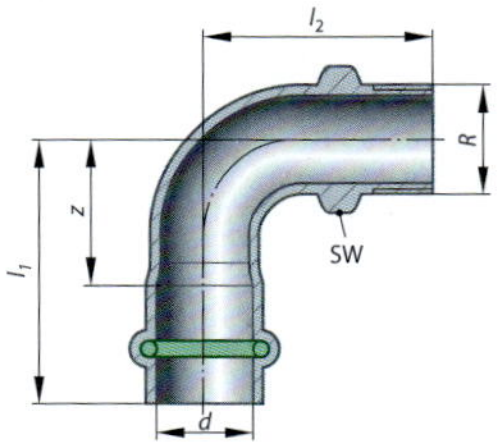

d mm	R inch	l_1 mm	l_2 mm	*z* mm	SW mm
15	1/2	48	45	26	22
18	1/2	52	49	30	22
18	3/4	52	52	30	27
22	3/4	60	61	37	27
28	1	72	77	48	36
35	1 1/4	86	91	60	45
42	1 1/2	107	102	71	51
54	2	132	123	92	64

Bogen 90 ° IG

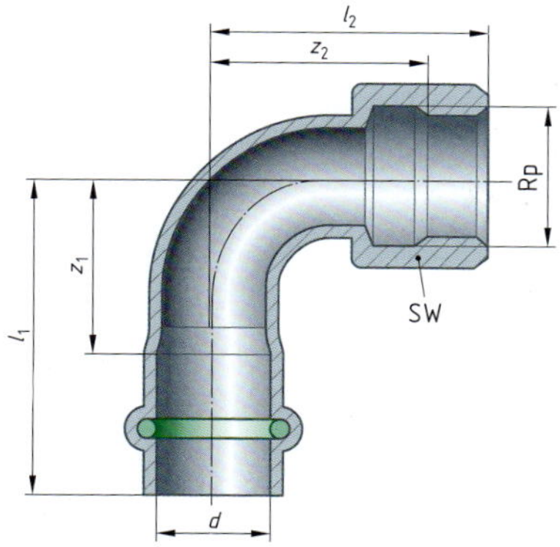

d mm	Rp inch	l_1 mm	l_2 mm	z_1 mm	z_2 mm	SW
15	1/2	48	41	26	28	24
18	3/4	52	48	30	33	30
22	3/4	60	55	37	40	30
26	1	72	72	48	55	38
35	1 1/4	86	83	60	64	46

Bogen 45 °

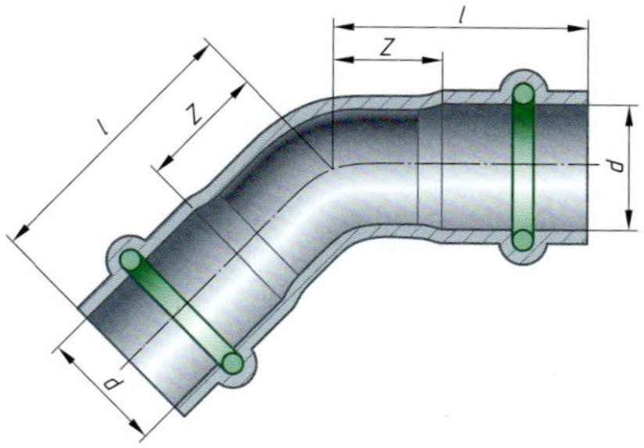

d mm	l mm	z mm
15	35	13
18	40	18
22	45	22
28	45	21
35	54	28
42	69	33
54	84	44
64,0	82	39
76,1	96	46
88,9	102	52
108,0	121	61

Bogen 90 ° E

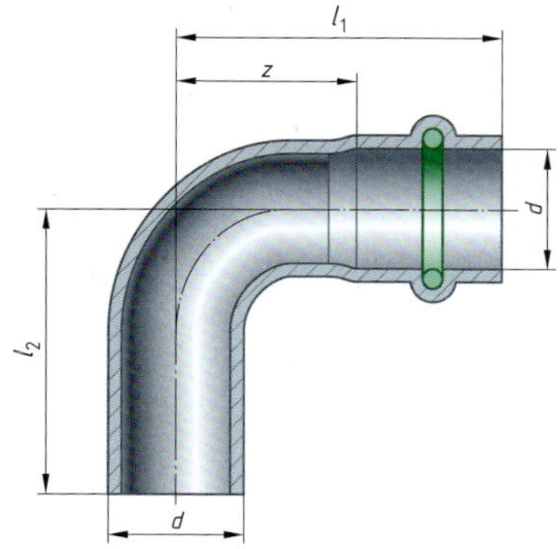

d mm	l_1 mm	l_2 mm	z mm
15	48	53	26
18	52	63	30
22	60	77	37
28	72	82	48
35	86	96	60
42	107	117	71
54	132	142	92
64,0	127	127	84
76,1	149	147	99
88,9	165	162	115
108,0	198	195	138

Bogen 45 ° E

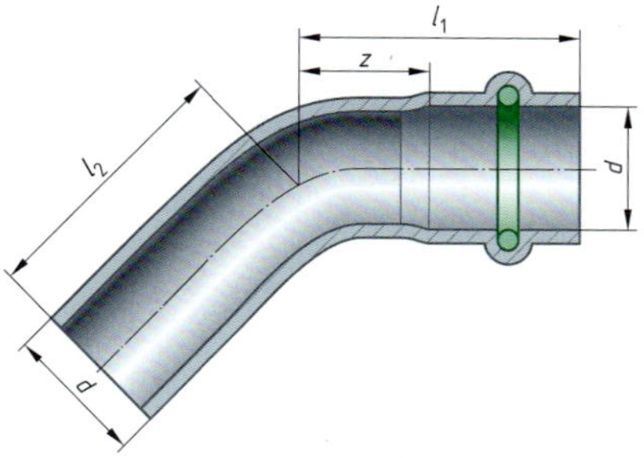

d mm	l_1 mm	l_2 mm	z mm
15	35	39	13
18	37	47	15
22	40	58	17
28	45	55	21
35	54	64	28
42	69	79	33
54	84	94	44
64,0	82	82	39
76,1	93	96	46
88,9	99	102	52
108,0	119	121	61

Rohrbogen 15 ° *pipe-arch*

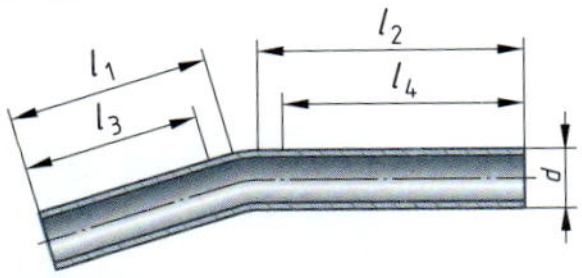

d mm	DN	l_1 mm	l_2 mm	l_3 mm	l_4 mm
15	12	80	134	48	102
18	15	90	132	57	99
22	20	100	129	66	95
28	25	110	133	74	97
25	32	130	162	90	122
42	40	170	206	114	150
54	50	220	246	155	181
64	60	290	303	161	161
76,1	65	359	359	210	210
88,9	80	415	415	275	275
108,0	100	483	483	205	205

Rohrbogen 30 °

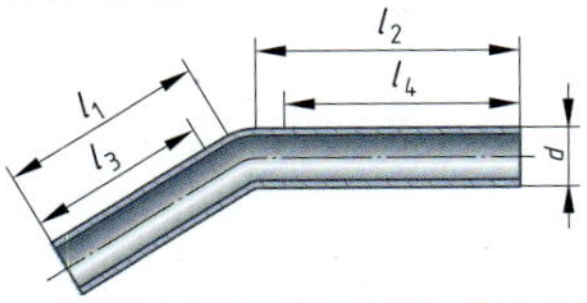

d mm	DN	l_1 mm	l_2 mm	l_3 mm	l_4 mm
15	12	80	135	44	99
18	15	90	133	52	95
22	20	100	130	60	90
26	25	110	134	67	91
25	32	130	164	81	115
42	40	170	209	102	141
54	50	220	249	141	170
64	60	290	305	161	161
76,01	65	360	360	195	195
88,9	80	416	416	260	260
108,0	100	484	484	175	175

Winkel IG

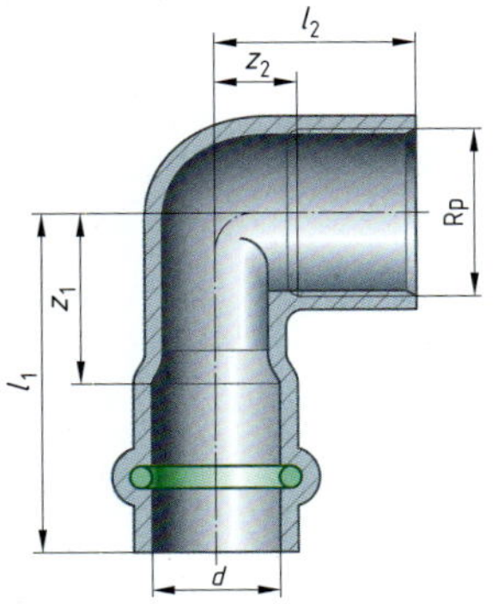

d mm	Rp inch	l_1 mm	l_2 mm	z_1 mm	z_2 mm
15	½	45	26	23	11
15	¾	47	28	25	11
18	½	44	26	22	11
18	¾	47	28	25	11
22	½	46	28	23	13
22	¾	49	30	26	13

Winkel IG (Fortsetzung)

d mm	Rp inch	l_1 mm	l_2 mm	z_1 mm	z_2 mm
22	½	53	33	30	13
28	1	54	36	30	16
35	1 ¼	62	42	36	20
42	1 ½	77	45	41	24
54	2	89	55	49	29

Einsteckwinkel

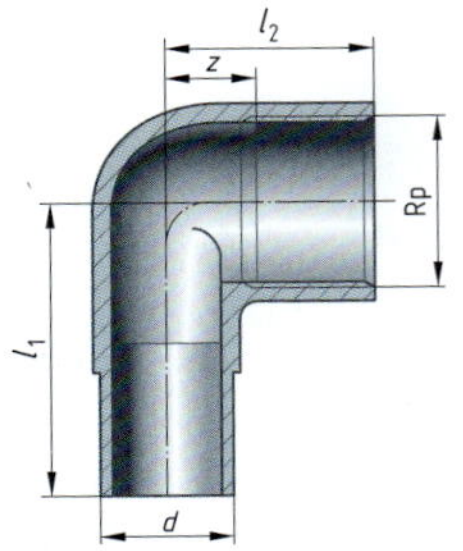

d mm	Rp inch	l_1 mm	l_2 mm	*z* mm
15	½	46	26	13

Rohrbogen 45 °

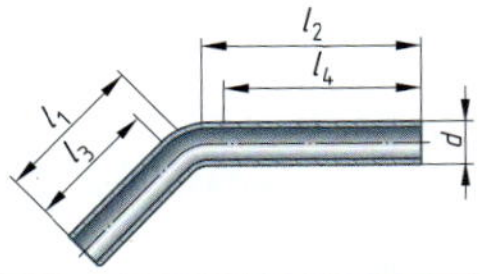

d mm	DN	l_1 mm	l_2 mm	l_3 mm	l_4 mm
15	12	80	137	39	96
18	15	90	135	47	92
22	20	100	132	53	85
28	25	110	137	58	85
25	32	130	168	71	109
42	40	170	213	90	133
54	50	220	254	125	159
64	60	292	309	120	120
76,1	65	363	363	175	175
88,9	80	419	419	225	225
108,0	100	488	488	145	145

Rohrbogen 60 °

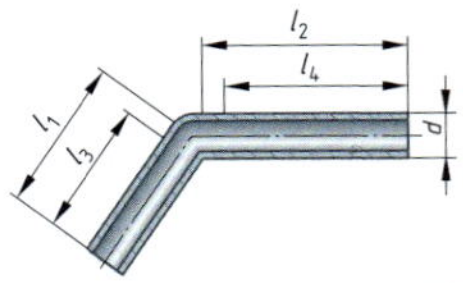

d mm	DN	l_1 mm	l_2 mm	l_3 mm	l_4 mm
15	12	80	139	34	93
18	15	90	138	41	89
22	20	100	135	46	81
28	25	110	141	49	80
25	32	130	174	59	103
42	40	170	220	76	126
54	50	220	263	107	150
64	60	293	317	100	100
76,1	65	370	370	130	130
88,9	80	426	426	185	185
106,0	100	497	497	120	120

Rohrbogen 75°

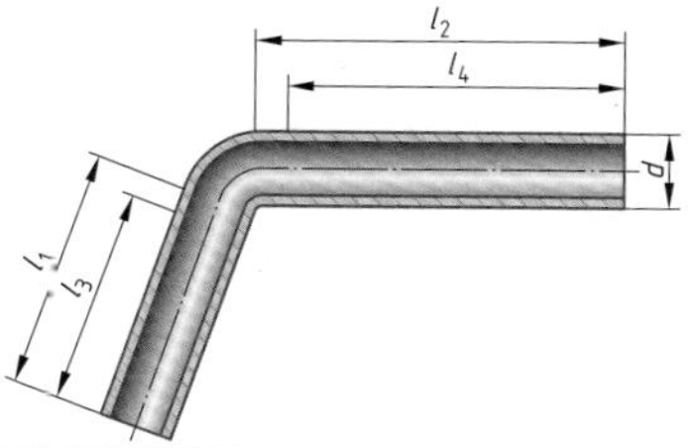

d mm	DN	l_1 mm	l_2 mm	l_3 mm	l_4 mm
15	12	80	143	29	92
18	15	90	143	34	87
22	20	100	140	38	78
28	25	110	148	39	77
25	32	130	184	46	100
42	40	170	231	60	121
54	50	220	277	87	144
64	60	302	329	80	80
76,1	65	381	381	90	90
88,9	80	439	439	155	155
106,0	100	513	513	90	90

Rohrbogen 90°

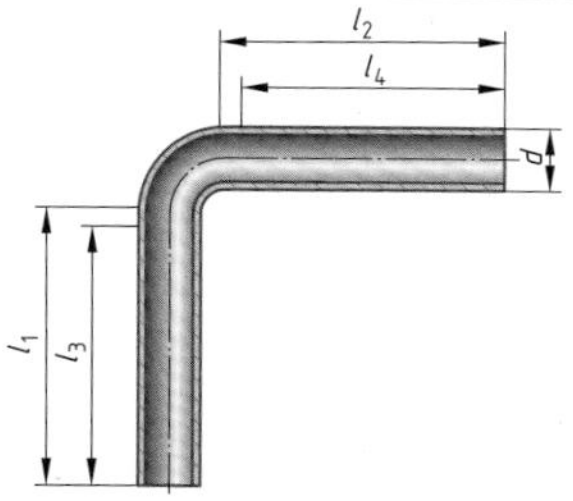

d mm	DN	l_1 mm	l_2 mm	l_3 mm	l_4 mm
15	12	80	150	22	92
18	15	90	150	26	86
22	20	100	150	28	78
28	25	110	160	26	76
25	32	130	200	30	100
42	40	170	250	41	121
54	50	220	300	62	142
64	60	292	309	69	60
76,1	65	363	363	80	105
88,9	80	462	462	105	105
106,0	100	540	540	65	65

Überbogen *crossover*

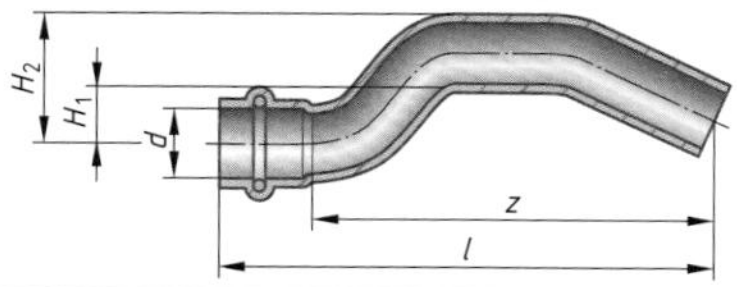

d mm	*l* mm	*z* mm	H_1 mm	H_2 mm
15	122	100	13	28
18	129	107	13	31
22	150	127	15	37

Einsteckstück AG

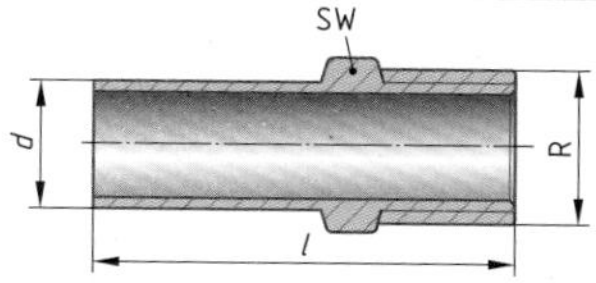

d mm	R inch	*l* mm	SW mm
15	½	50	22
18	½	50	22
18	¾	53	27
22	½	54	22
22	¾	56	27
28	1	64	36
35	1 ¼	70	45
42	1 ½	75	51
54	2	89	64

Einsteckstück IG

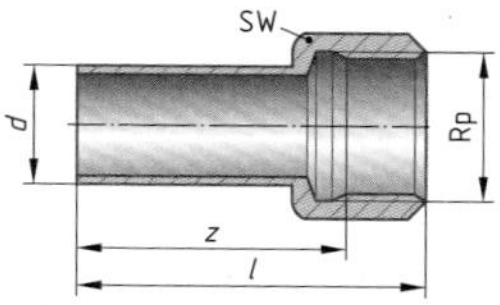

d mm	Rp inch	*l* mm	*z* mm	SW mm
15	½	46	33	24
18	½	46	33	24
18	¾	49	34	30
22	½	46	33	24
22	¾	50	35	30
28	¾	47	32	30
26	1	53	36	38
35	1 ¼	61	42	46
42	1 ½	71	52	55
54	2	80	56	65

Reduzierstück E

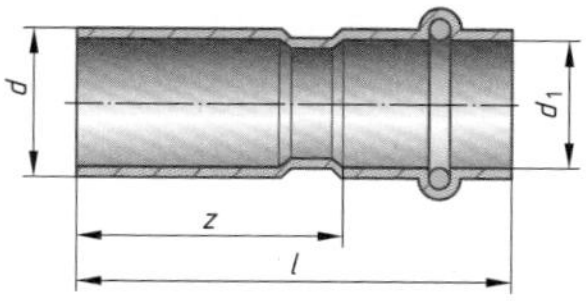

d mm	d_1 mm	*l* mm	*z* mm
18	15	58	36
22	15	63	40
22	18	60	38
28	15	70	48
28	18	65	43
28	22	64	41
35	18	76	54
35	22	72	49
35	28	72	48
42	22	90	67
42	28	90	66
42	35	82	56
54	26	102	78
54	35	98	72
54	42	103	67
64,0	54	110	61
76,1	54	124	84

Reduzierstück E (Fortsetzung)

d mm	d_1 mm	*l* mm	*z* mm
76,1	64	126	83
88,9	54	131	91
88,9	64	132	89
88,9	76,1	132	82
108,0	54	150	110
108,0	64	152	109
108,0	76,1	152	102
108,0	88,9	145	95

Muffe

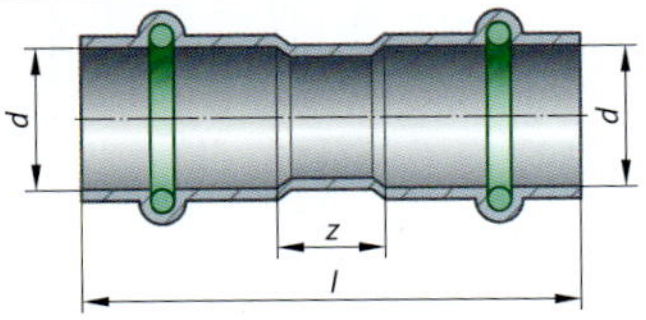

d mm	*l* mm	*z* mm
15	57	13
18	57	13
22	61	15
28	60	12
35	65	13
42	84	12
54	92	12
64,0	110	24
76,1	125	25
88,9	125	25
108,0	145	25

Schiebemuffe *sliding sleeve*

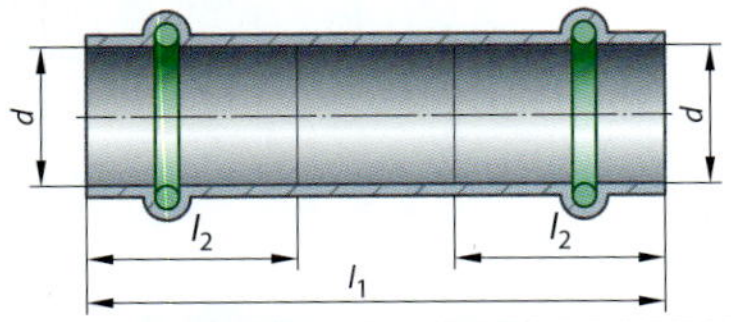

d mm	l_1 mm	l_2 mm
15	80	22
18	80	22
22	80	23
28	95	24
35	105	26
42	120	36
54	135	40
64,0	110	43
76,1	125	50
88,9	125	50
108,0	145	60

Übergangsstück AG *transition piece*

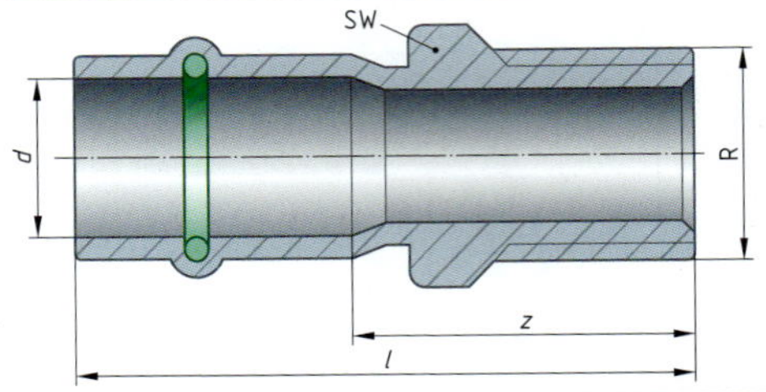

d mm	R inch	*l* mm	*z* mm	SW mm
15	½	49	27	22
15	¾	52	30	27
18	½	49	27	22
18	¾	52	30	27
22	½	54	31	22
22	¾	56	33	27
22	1	59	36	36
28	5/4	56	32	30
28	1	61	37	36
35	1	64	38	36
35	1 ¼	68	42	45
42	1 ½	81	45	51
54	2	91	51	64
64,0	2 ½	109	65	80
76,1	2 ½	115	65	80
88,9	3	119	69	90
108,0	4	135	75	114

Übergansstück IG

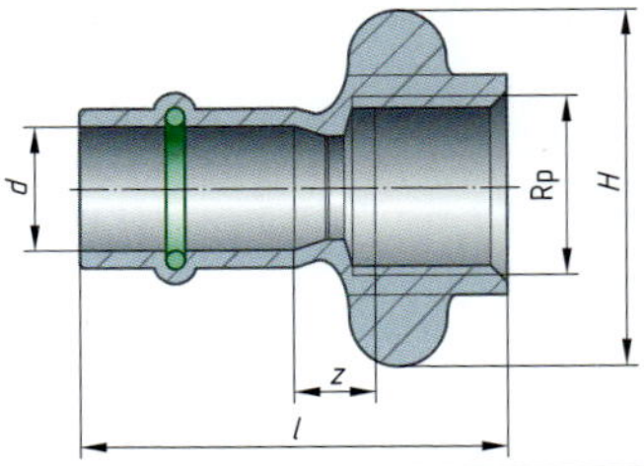

d mm	Rp inch	*l* mm	*z* mm	*H* mm
15	½	48	11	41
15	½	45	23	24
15	1 ¼	47	25	30
18	½	44	22	24
18	1 ¼	47	25	30
22	½	48	25	24
22	1 ¼	49	26	30
22	1	54	31	38
28	1 ¼	50	26	30
28	1	55	31	38
35	1 ¼	60	34	46
42	1 ½	72	36	55
54	2	82	42	65

Verschraubung, flachdichtend

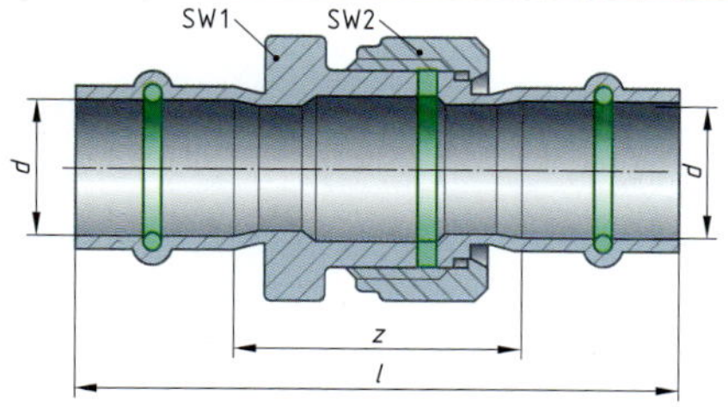

d mm	*l* mm	*z* mm	SW1 mm	SW2 mm
15	82	38	30	30
18	83	39	27	30
22	93	47	36	37
28	100	52	46	46
35	110	58	50	53
42	138	66	55	60
54	151	71	70	78

Verschraubung AG, flachdichtend

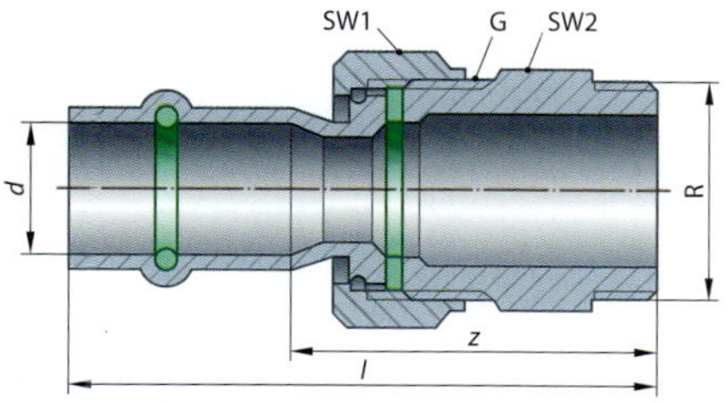

d mm	R inch	G	*l* mm	*z* mm	SW1 mm	SW2 mm
15	½	5/4	64	42	30	27
15	1 ¼	5/4	66	44	30	27
18	½	5/4	66	44	30	27
18	1 ¼	5/4	67	45	30	27
22	½	5/4	75	52	30	27
22	1 ¼	5/4	74	51	30	27
22	1	1	76	53	37	34
26	1 ¼	1	84	60	37	34
28	1	1	84	60	37	34
35	1 ¼	1 ¼	88	62	53	50
42	1 ½	1 ¼	100	64	60	55
54	2	3 ¼	117	77	78	72

Verschraubung IG, flachdichtend

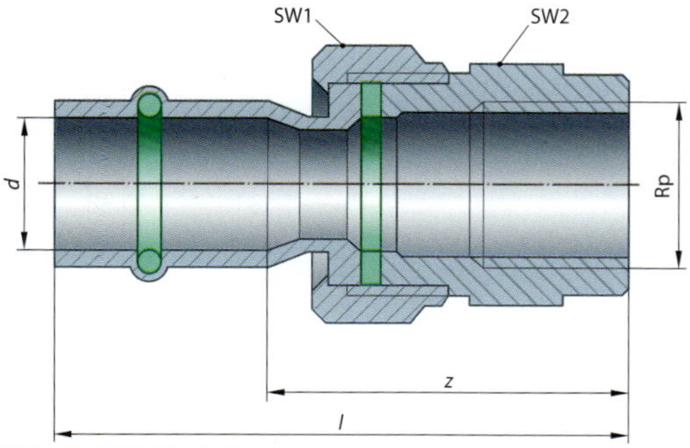

d mm	Rp inch	*l* mm	*z* mm	SW1 mm	SW2 mm
15	½	62	27	30	27
15	1 ¼	68	31	30	31
18	½	64	29	30	27

Verschraubung IG, flachdichtend (Fortsetzung)

d mm	Rp inch	*l* mm	*z* mm	SW1 mm	SW2 mm
18	1 ¼	69	32	30	31
22	½	71	35	37	27
22	1 ¼	76	38	37	31
22	1	81	41	37	40
28	1 ¼	85	46	37	34
28	1	89	48	37	40
35	1 ¼	82	37	53	50
42	1 ½	95	40	60	55
54	2	95	31	78	68

Winkelverschraubung IG, flachdichtend

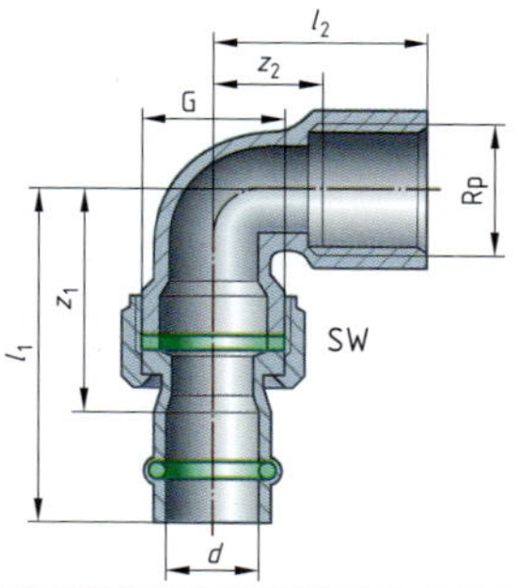

d mm	Rp inch	G	l_1 mm	l_2 mm	z_1 mm	z_2 mm	SW mm
15	½	1 ¼	60	33	38	20	25
18	½	1 ¼	61	33	39	20	25
18	1 ¼	1	66	39	44	24	36
22	1 ¼	1	70	39	47	24	37
22	1	1	73	44	50	27	37
28	1	1 ¼	80	47	56	30	46
35	1 ¼	1 ½	85	57	59	38	53
42	1 ½	2 ¼	107	59	71	40	60
54	2	3 ¼	124	69	84	45	78

T-Stück

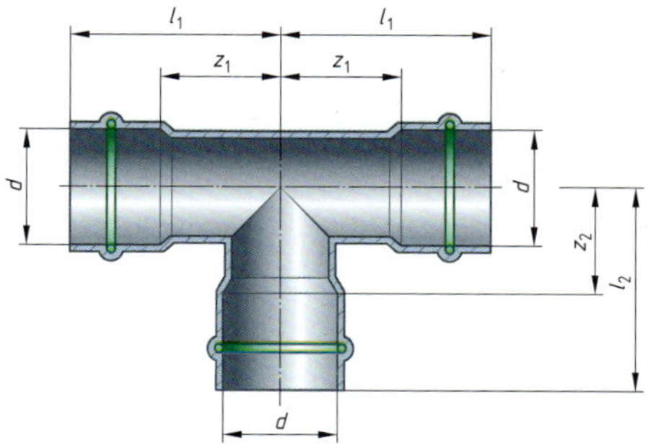

d mm	l_1 mm	l_2 mm	z_1 mm	z_2 mm
15	41	43	19	21
18	43	44	21	22
22	47	49	24	26
28	52	53	28	29
35	60	60	34	34
42	68	68	32	32
54	79	79	39	39
64,0	89	90	46	47
76,1	101	103	51	53
88,9	107	109	57	59
108,0	127	129	67	69

T-Stück AG

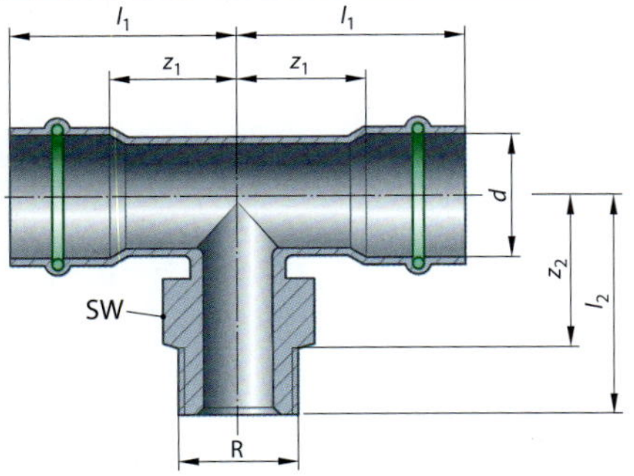

d mm	R inch	l_1 mm	l_2 mm	z_1 mm	z_2 mm	SW mm
18	1 ¼	43	38	21	23	27
22	1 ¼	45	39	22	24	27
28	1 ¼	45	42	21	27	27
35	1 ¼	47	46	21	31	27
42	1 ¼	55	49	19	34	27
54	1 ¼	58	55	18	40	27
54	1	61	58	21	43	36
54	1 ¼	69	63	29	46	44

T-Stück IG

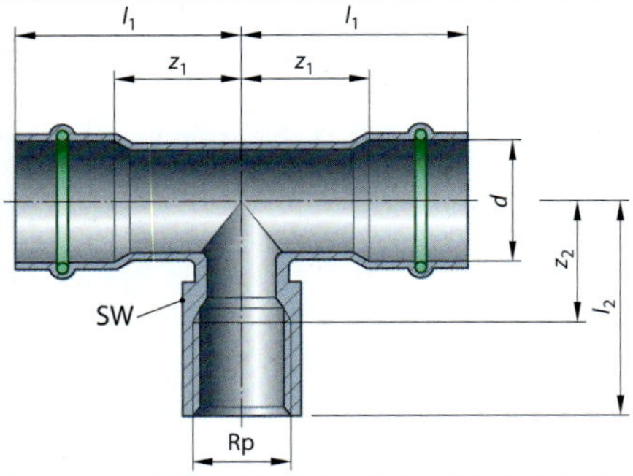

d mm	Rp inch	l_1 mm	l_2 mm	z_1 mm	z_2 mm	SW mm
15	½	43	35	21	22	24
18	½	43	36	21	21	24
18	1 ¼	46	36	24	20	30
22	½	45	32	22	19	24
22	1 ¼	47	33	24	18	30
28	½	45	35	21	22	24
28	1 ¼	52	36	28	21	30
28	1	52	41	28	25	38
35	½	45	39	19	26	24
42	½	55	42	19	29	24
54	½	58	48	18	35	24
64,0	1 ¼	70	57	27	45	
64,0	2	75	61	32	49	
76,1	1 ¼	72	65	22	50	
76,1	2	90	73	40	49	
88,9	1 ¼	72	71	22	56	
88,9	2	90	79	40	55	
108,0	1 ¼	82	81	22	76	
108,0	2	100	89	40	65	

T-Stück, reduziert

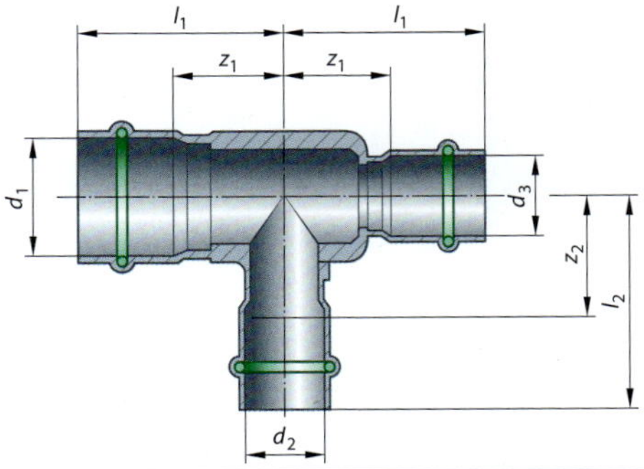

d_1 mm	d_2 mm	d_3 mm	l_1 mm	l_2 mm	l_3 mm	z_1 mm	z_2 mm	z_3 mm
18	15	15	43	44	43	21	22	21
18	15	18	43	44	43	21	22	21
22	15	15	43	47	43	20	25	21
22	15	22	45	47	45	22	22	22
22	18	18	44	47	44	21	25	22
22	18	22	45	46	45	22	24	22
22	22	15	47	47	47	24	24	25
28	15	28	45	50	45	21	26	21
28	18	28	45	50	45	25	28	25
28	22	22	46	52	46	22	29	23
28	22	28	47	53	47	23	26	23
35	15	35	45	54	45	19	32	19
35	18	35	45	54	45	19	35	19
35	22	35	47	56	47	21	33	21
25	28	35	53	56	53	27	32	27
42	18	42	55	56	55	19	34	19
42	22	42	55	59	55	19	36	19
42	28	42	61	59	61	25	35	25
42	35	42	61	63	61	25	37	25
54	22	54	58	65	58	18	42	18
54	28	54	61	65	61	21	41	21
54	35	54	65	69	65	25	43	25
54	42	54	69	74	69	29	38	29
64,0	22	68	63	25	40			
64,0	28	70	64	27	40			
64,0	35	75	69	32	43			
64,0	42	78	80	35	44			
64,0	54	84	84	41	44			
76,1	22	73	69	24	46			
76,1	28	77	70	27	46			
76,1	35	80	73	30	47			
76,1	42	84	85	34	49			
76,1	54	90	90	40	50			
88,9	22	74	76	24	53			
88,9	28	77	77	27	53			
88,9	35	80	80	30	54			
88,9	42	84	92	34	56			
88,9	54	90	97	40	57			
88,9	76,1	101	109	51	59			
108,0	22	84	85	24	62			
108,0	28	87	86	27	62			
108,0	35	90	89	30	63			
108,0	42	94	101	34	65			
108,0	54	100	106	40	66			
108,0	76,1	111	119	51	69			
108,0	88,9	117	119	57	69			

Wandscheibe IG *wall disk*

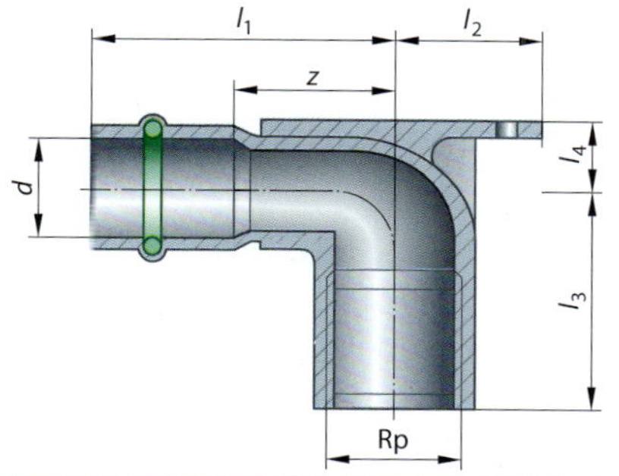

d mm	Rp inch	l_1 mm	l_2 mm	l_3 mm	l_4 mm	*z* mm
15	½	45	13	26	12	22
18	½	44	13	26	14	22
22	½	46	13	28	17	23
22	1 ¼	48	15	30	17	25
28	1	55	19	36	21	31

Flansch PN 16 *flange*

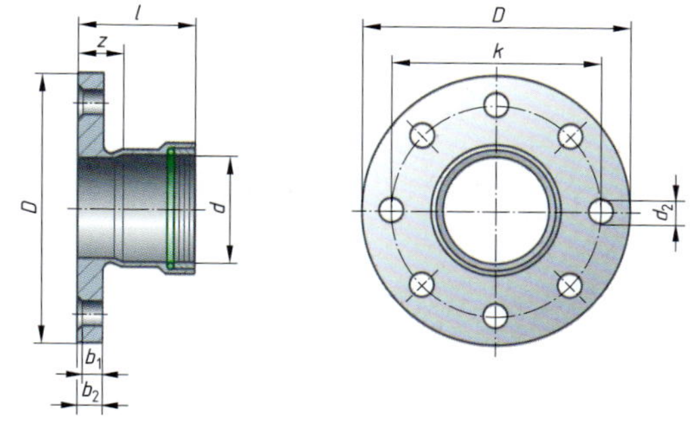

d mm	*l* mm	*z* mm	b_1 mm	b_2 mm	*d* mm	*k* mm	*D* mm	*n*
64,0	74	30	16	18	165	125	180	4
64,0	74	30	16	18	185	145	180	4
76,1	80	30	16	18	185	145	180	4
88,9	82	32	18	20	200	160	180	8
108,0	92	32	18	20	200	160	180	8

Verschlusskappe *sealing cap*

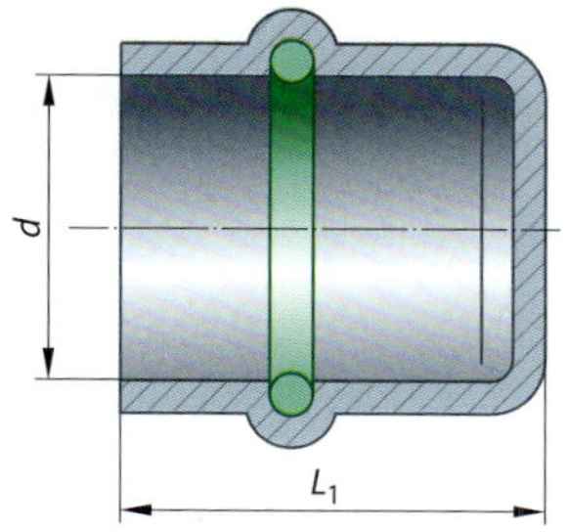

d mm	*l* mm
15	26
18	26
22	27
28	28
35	31
42	41
54	44

Dichtungen (AFM) für Flansch PN 16 *seals*

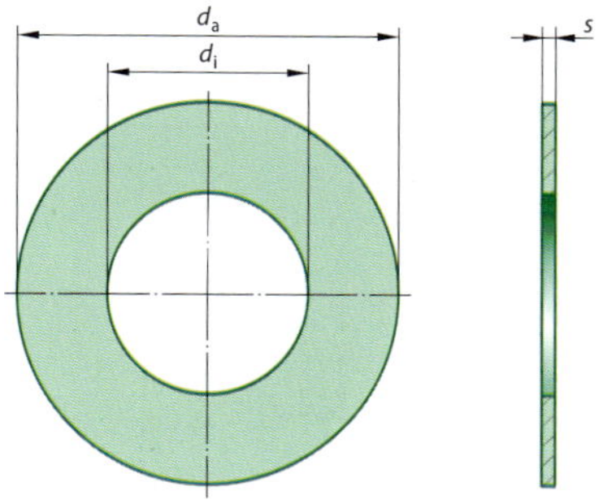

für *d* mm	d_a mm	d_i mm	*s* mm
15	40	14	3
18	45	17	3
22	58	21	3
28	68	27	3
35	78	35	3
42	88	41	3
54	102	53	3

5.1.4.3 Fittings für Schneidringverschraubungen

DIN 2353 : 2010–11 (Herstellerangaben)

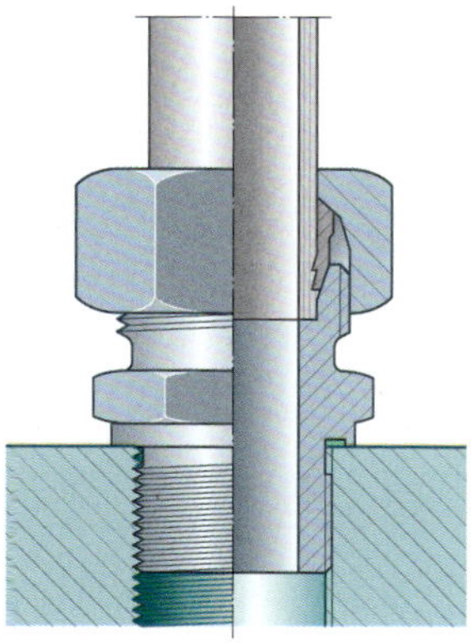

Werkstoffe

X6CrNiMoTi17-12-2
Für erhöhte Beständigkeit gegen Korrosion und Lochfraß.

Einsatzgebiete: Apparate und Bauteile der chemischen Industrie, Textilindustrie, Zelluloseherstellung, Färbereien, sowie in der Foto-, Farben-, Kunstharz- und Gummiindustrie.

Reihe	Rohr A-Ø	PN (max.)
L (leicht)	6 – 18	315 bar
	22 – 42	160 bar
S (schwer)	6 – 14	630 bar
	16 – 25	400 bar
	30 – 38	250 bar

5.1.4.3.1 Schneidringfittings (Herstellerangaben)

Gerade Verschraubung

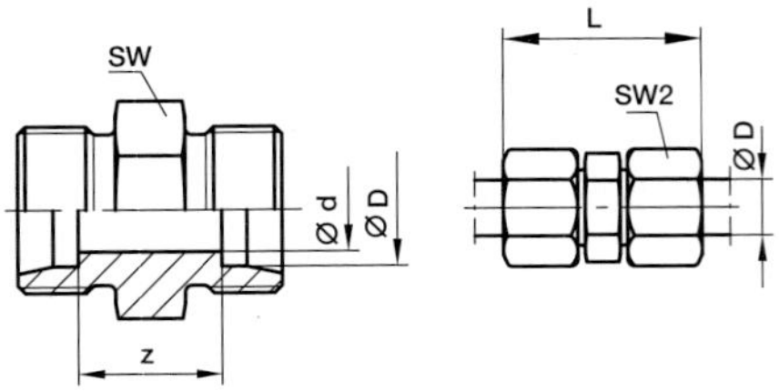

D	PN	d	L	z	SW	SW2
6	350	4,0	39	10	12	14
8	315	6,0	40	11	14	17
10	315	8,0	42	13	17	19
12	315	10,0	49	14	19	22
15	315	12,0	46	16	24	27
18	315	15,0	48	16	27	32
22	160	19,0	52	20	32	36
28	160	24,0	54	21	41	41
35	160	30,0	63	20	46	50
42	160	36,0	66	21	55	60

Winkelverschraubung

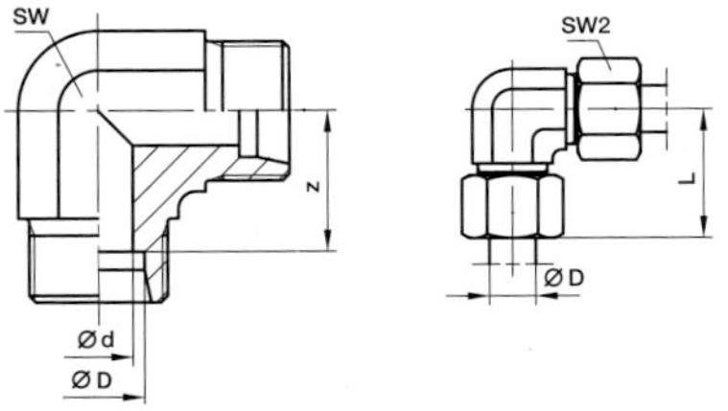

D	PN	d	L	z	SW	SW2
6	315	4,0	27	12,0	12	14
8	315	6,0	29	14,0	14	17
10	315	8,0	30	15,0	17	19
12	315	10,0	32	17,0	19	22
15	315	12,0	36	21,1	19	27
18	315	15,0	40	23,5	24	32
22	160	19,0	44	27,5	27	36
28	160	24,0	47	30,5	36	41
35	160	30,0	56	34,5	41	50
42	160	36,0	63	40,0	50	60

Winkeleinschraub-Verschraubung (Dichtkante Form B)

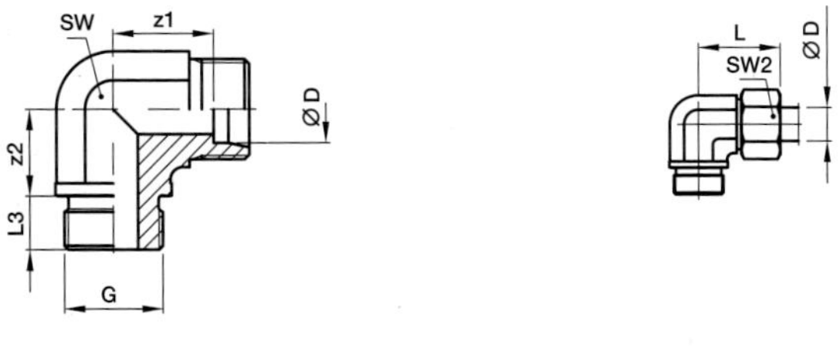

G	D	PN	L	z1	L3	z2	SW	SW2
¾″	22	160	44,0	27,5	16	26,0	27	36
¾″	28	160	48,5	31,0	16	43,5	36	41
1″	28	160	47,0	30,5	18	30,0	36	41
1 ¼	35	160	51,5	34,5	20	34,0	41	50
1 ¼	42	160	63,0	40,0	20	39,0	50	60
1 ½	35	160	50,5	40,0	22	39,0	50	50
1 ½	42	160	63,0	40,0	22	39,0	50	60
¾″	20	400	48,0	26,5	16	26,0	27	36
¾″	25	400	54,0	30,0	16	32,5	35	40
1″	25	400	54,0	30,0	18	30,0	36	46
1″	30	400	65,0	37,0	18	40,0	41	50
1 ¼	30	400	62,0	35,5	20	34,0	41	50
1 ½	38	250	72,0	41,0	22	39,0	50	60

Einstellbare Winkelverschraubung mit Schaft

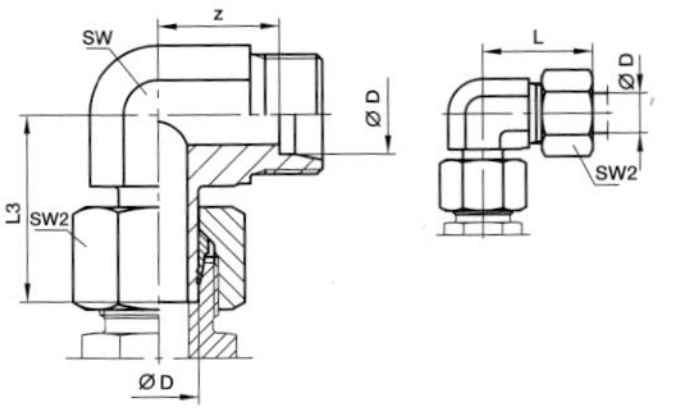

D	PN	L	z	L3	SW	SW2
6	315	27,0	12,0	28,0	12	14
8	315	29,0	14,0	27,5	12	17
10	315	30,0	15,0	28,0	14	19
12	315	32,0	17,0	31,5	17	22
15	315	36,0	21,1	36,0	19	27
18	315	40,0	23,5	38,0	24	32
22	160	46,0	27,5	47,0	27	36
28	160	48,0	30,5	50,5	36	41
35	160	56,0	34,5	57,0	41	50
42	160	63,0	40,0	63,5	50	60

Einstellbare Winkelverschraubung mit Einschraubgewinde

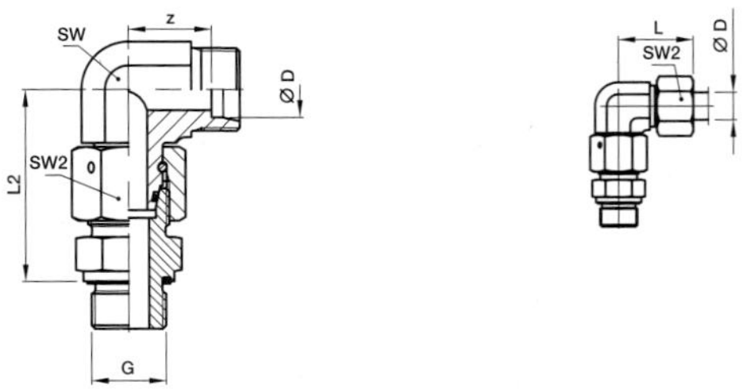

D	G	PN	L	z	L2	SW	SW2
6	⅛″	315			12,0	12	14
28	1″	160	47,0	31,0	44,0	36	41
42	1 ½	160	63,0	40,0	75,5	50	60

T – Verschraubung

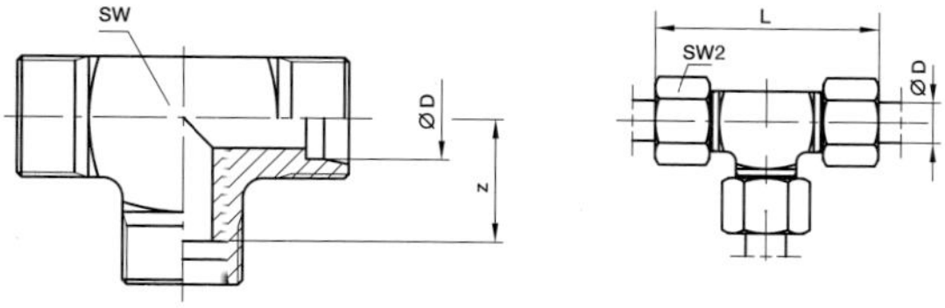

D	PN	d	L	z	SW	SW2
6	315	4,0	54	12,0	12	14
8	315	6,0	58	14,0	14	19
10	315	8,0	60	15,0	14	19
12	315	10,0	64	17,0	17	22
15	315	12,0	72	21,0	19	27
18	315	15,0	80	23,5	24	32
22	160	19,0	88	27,5	27	26
28	160	24,0	94	30,5	36	41
35	160	30,0	112	34,5	41	50
42	160	36,0	126	40,0	50	60

T – Reduzierverschraubung

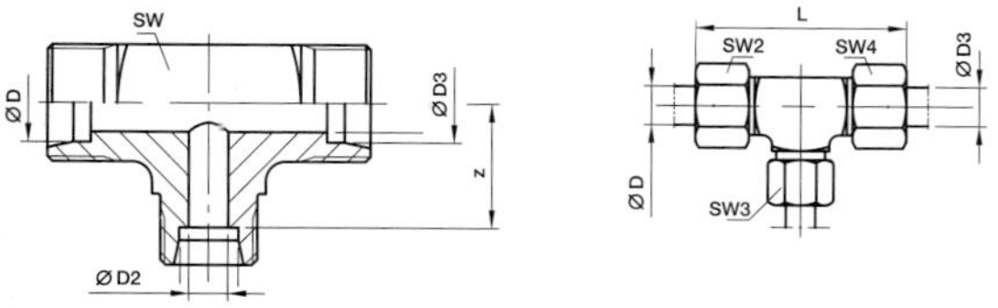

D	D2	D3	L	z	SW	SW2	SW3	SW4
6	10	6	85	15,0	14	14	19	14
8	6	8	85	15,5	12	17	14	17
8	8	12	65	18,5	17	17	17	22
8	12	8	63	17,5	17	17	22	17
10	6	6	62	14,5	14	19	14	14
10	6	10	59	15,5	14	19	14	19
10	8	10	60	15,5	14	19	17	19
10	15	10	71	21,0	19	19	27	19
12	6	12	64	17,5	17	22	14	22
12	8	12	64	18,0	17	22	17	22
12	10	10	64	18,0	17	22	19	19
12	10	12	64	17,5	17	22	19	22
12	12	8	65	17,5	17	22	22	17
12	12	10	64	16,5	17	22	22	19
15	10	10	71	21,5	19	27	19	19
15	10	15	72	21,5	19	27	19	27
15	12	12	73	21,5	19	27	22	22
15	12	15	72	21,0	19	27	22	27
15	15	10	72	21,0	19	27	27	19
18	10	18	81	26,0	24	32	19	32
18	12	18	81	25,5	24	32	22	32
18	15	18	80	23,5	24	32	27	32
18	18	10	79	23,5	24	32	32	19
18	18	12	77	23,5	24	32	32	22
18	22	18	88	27,0	27	32	36	32
22	12	22	89	28,0	27	36	22	36
22	15	15	87	26,5	27	36	27	27
22	15	22	89	28,0	27	36	27	36
22	18	18	89	28,0	27	36	32	32

T – Reduzierverschraubung (Fortsetzung)

D	D2	D3	L	z	SW	SW2	SW3	SW4
22	18	22	88	27,5	27	36	32	36
22	22	15	90	28,0	27	36	36	27
22	22	18	90	28,0	27	36	36	32
28	18	28	95	30,5	36	36	32	41
28	22	22	95	31,0	36	36	36	36
28	22	28	94	27,5	36	36	36	41
28	28	22	94	30,5	36	36	41	36
28	35	28	107	36,0	41	41	50	41
35	28	28	108	36,5	41	50	41	41
35	28	35	110	32,5	41	50	41	50

T – Einschraubverschraubung (Dichtkante Form B)

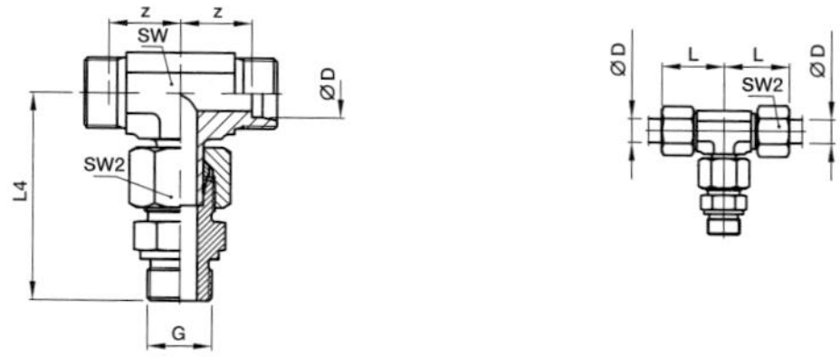

G	GD	PN	L	z	L4	SW	SW2
¾″	22	160	44,0	27,5	42,0	27	36
1″	28	160	47,0	30,5	48,0	36	41
1 ¼″	35	160	51,5	34,5	54,0	41	50
1 ½″	42	160	63,0	40,0	61,0	50	60

T – Einschraubverschraubung (Kegelgewinde)

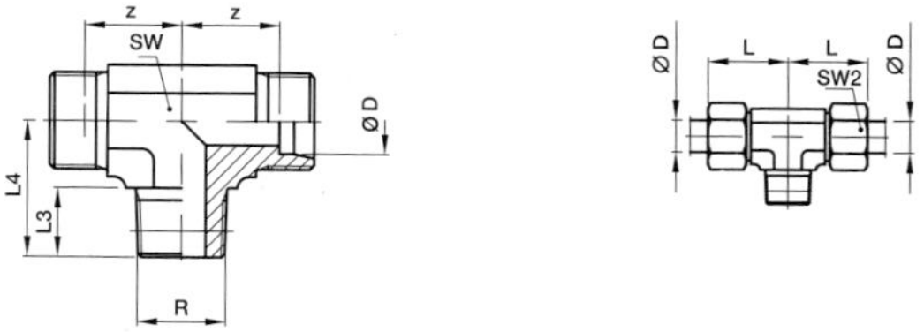

R	D	PN	L	z	L3	L4	SW	SW2
⅛″	6	315	27,0	12,0	8,0	20,0	12	14
¼″	6	315	27,0	12,0	12,0	26,5	12	14
¼″	8	315	29,0	14,0	12,0	26,0	12	17
¼″	10	315	30,0	15,0	12,0	27,0	14	19
¼″	12	315	32,0	17,0	12,0	27,0	19	22
¼″	18	315	40,0	23,5	12,0	30,0	24	32
⅜″	8	315	30,0	15,0	12,0	28,0	19	17
⅜″	10	315	30,0	15,0	12,0	27,0	14	19
⅜″	12	315	32,0	17,0	12,0	28,0	17	22
⅜″	15	315	36,0	21,0	12,0	28,0	19	27
⅜″	18	315	40,0	23,5	12,0	30,0	24	32
½″	8	315	36,0	21,0	14,0	32,0	17	17
½″	10	315	41,0	27,0	14,0	32,0	24	19
½″	12	315	36,0	21,0	14,0	34,0	19	22
½″	15	315	36,0	21,0	14,0	34,0	19	27
½″	18	315	40,0	23,5	14,0	36,0	24	32

L – Einschraubverschraubung (Dichtkante Form B)

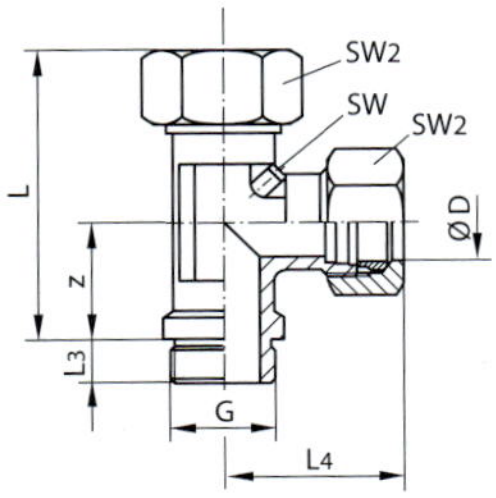

G	GD	PN	L	z	L3	SW	SW2
¾″	22	160	53,5	26,0	44,0	27	36
1″	28	160	60,5	30,0	47,0	36	41
1 ¼″	35	160	68,5	34,0	51,5	41	50
1 ½″	42	160	79,0	39,0	63,0	50	60

Einstellbare T – Verschraubung mit Schaft

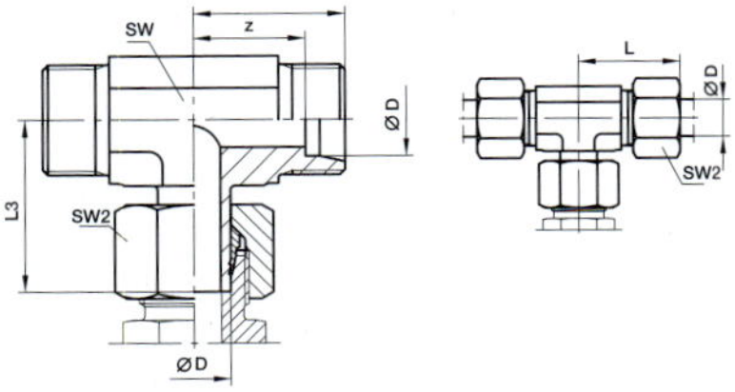

D	PN	L	z	L3	SW	SW2
6	315	27,0	12,0	26,0	12	14
8	315	29,0	14,0	28,0	12	17
10	315	30,0	15,0	29,0	14	19
12	315	32,0	17,0	32,0	17	22
15	315	36,0	21,0	35,0	19	27
18	315	40,0	23,5	37,5	24	32
22	160	44,0	27,5	43,0	27	36
28	160	47,0	30,5	43,5	36	41
35	160	56,0	34,5	56,5	41	50
42	160	63,0	40,0	59,0	50	60

Kreuzverschraubung

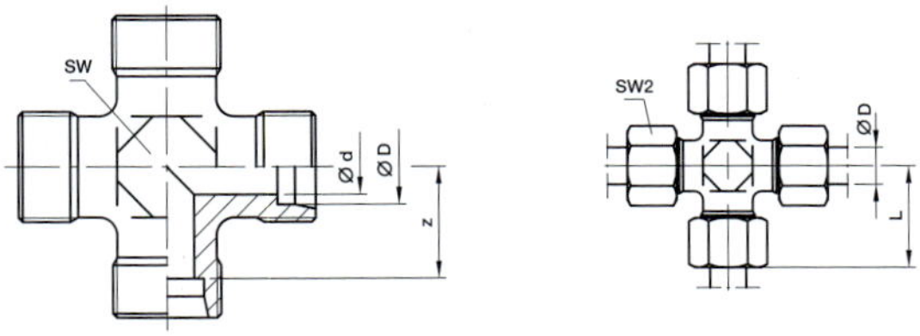

D	PN	d	L	z	SW	SW2
6	315	4,0	27	12,0	12	14
8	315	6,0	29	14,0	12	17
10	315	8,0	30	15,0	14	19
12	315	10,0	32	17,0	17	22
15	315	12,0	36	21,0	19	27
18	315	15,0	40	23,5	24	32
22	160	19,0	44	27,5	27	36

Kreuzverschraubung (Fortsetzung)

D	PN	d	L	z	SW	SW2
28	160	24,0	47	30,5	36	41
35	160	30,0	56	34,5	41	50
42	160	36,0	63	40,0	50	60

Manometerverschraubung

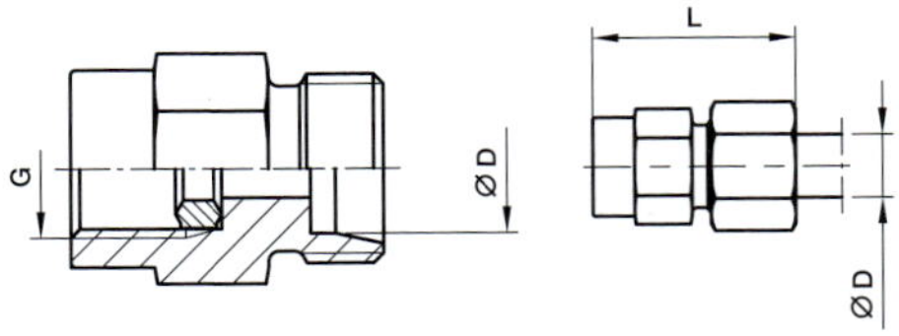

Gew.	G	D	PN	L
G	¼″	8	315	37
G	¼″	10	315	38
G	¼″	12	315	47
G	½″	6	315	45
G	½″	10	315	46
G	½″	12	315	47

Überwurfmutter für Schneidring

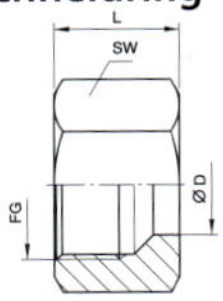

FG	D	PN	L	SW
M 12 × 1,5	6	315	15,3	14
M 14 × 1,5	8	315	15,3	17
M 16 × 1,5	10	315	16,0	19
M 18 × 1,5	12	315	16,0	22
M 22 × 1,5	15	315	17,5	27
M 26 × 1,5	18	315	18,5	32
M 30 × 2	22	160	20,0	36
M 36 × 2	28	160	21,0	41
M 45 × 1,5	35	160	24,0	50
M 52 × 2	42	160	24,0	60

2 – Kanten Schneidring

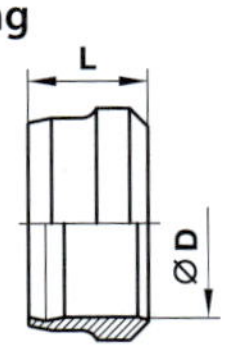

D	PN	L
15	315	10,2
18	315	10,2
22	160	11,5
28	160	11,0
35	160	13,5
42	160	13,5

Verschlussstopfen mit Innensechskant (metrisches Gewinde)

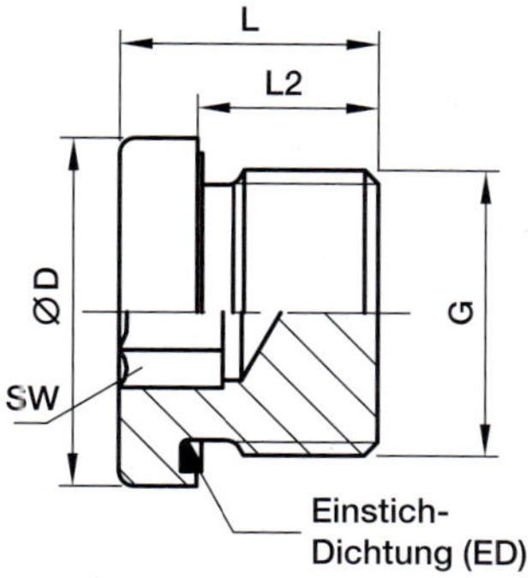

FG	D	L	L2	SW	ED
M 10 × 1	14	12,0	8	5	Viton
M 12 × 1,5	17	14,0	12	6	Viton
M 14 × 1,5	19	17,0	12	6	Viton
M 16 × 1,5	22	17,0	12	8	Viton
M 18 × 1,5	24	17,0	12	8	Viton
M 20 × 1,5	26	13,5	10	10	Viton
M 22 × 1,5	27	19,0	14	10	Viton
M 26 × 1,5	32	21,0	16	12	Viton
M 27 × 2	32	21,0	16	12	Viton
M 33 × 2	40	23,0	16	17	Viton
M 42 × 2	50	23,0	16	22	Viton
M 48 × 2	55	23,0	16	24	Viton

5.1.4.3.2 Standardrohrschellen für Schneidringverbindungen (Herstellerangaben)

DIN 3015-1: 1999-01

Baugröße 0

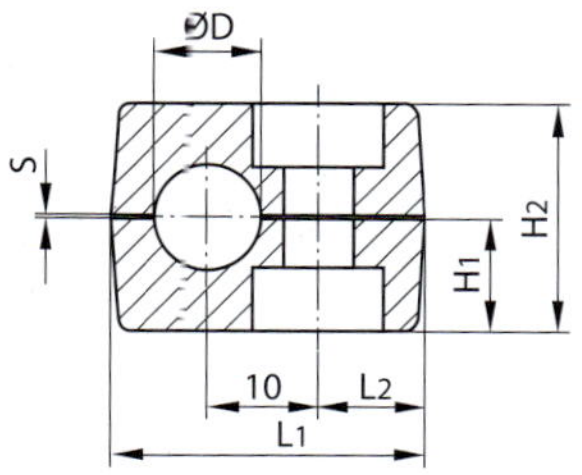

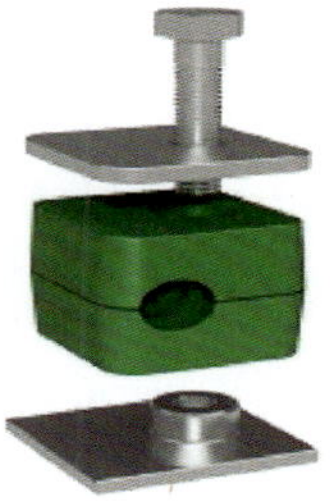

Baugröße 1–7

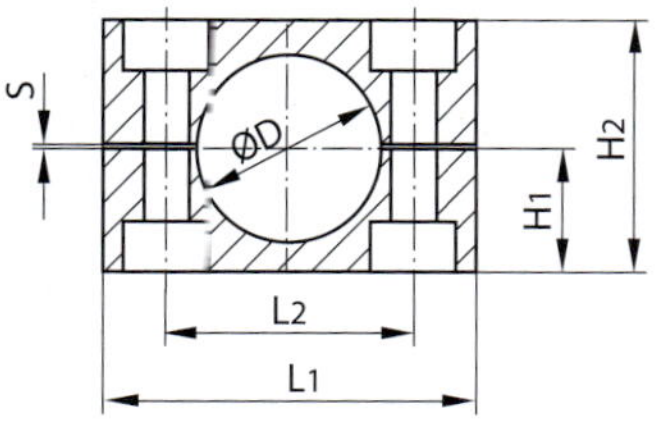

Anschweißplatten

Baugröße 0

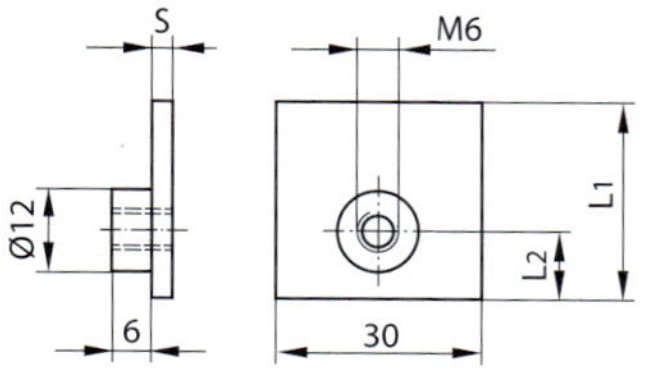

Baugröße 1–7

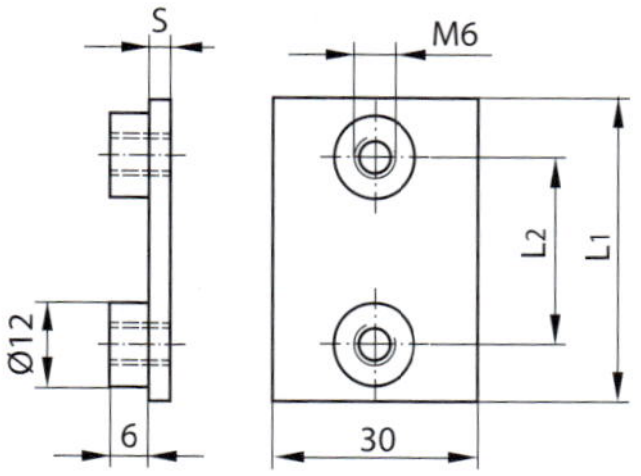

Baugröße	Rohr Ø	L1	L2	H1	H2	S (min)
0	6/6,4/8/9,5/10/12	31,5	9,5	16,5	37	0,4
1	6/6,4/8/9,5/10/12	36	20	16,5	37	0,4
2	12,7/13,5/14/15/ 16/17,2/18	42	26	19,5	43	0,6
3	19/20/21,3/22/23/ 25/25,4	50	33	21	46	0,6
4	26,9/28/30	60	40	24	52	0,6
5	32/33,7/35/38/ 40/42	71	52	32	68	0,8
6	44,5/48,3/50,8	88	66	36	76	0,8
7	57,2/60,3/63,5/ 70/73	122	94	51,5	107	0,8

Baugröße	Rohr Ø	L1	L2	S (min)
0	6/6,4/8/9,5/10/12	31,5	9,5	0,4
1	6/6,4/8/9,5/10/12	36	20	0,4
2	12,7/13,5/14/15/ 16/17,2/18	42	26	0,6
3	19/20/21,3/22/ 23/25/25,4	50	33	0,6
4	26,9/28/30	60	40	0,6
5	32/33,7/35/38/40/42	71	52	0,8
6	44,5/48,3/50,8	88	66	0,8
7	57,2/60,3/63,5/70/73	122	94	0,8

Deckplatten

Baugröße 0

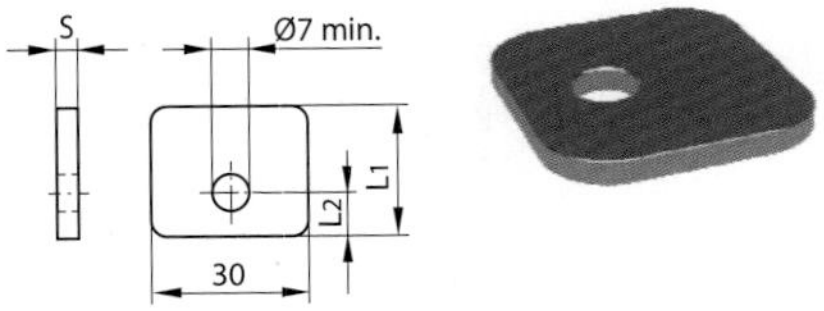

Baugröße 1–7

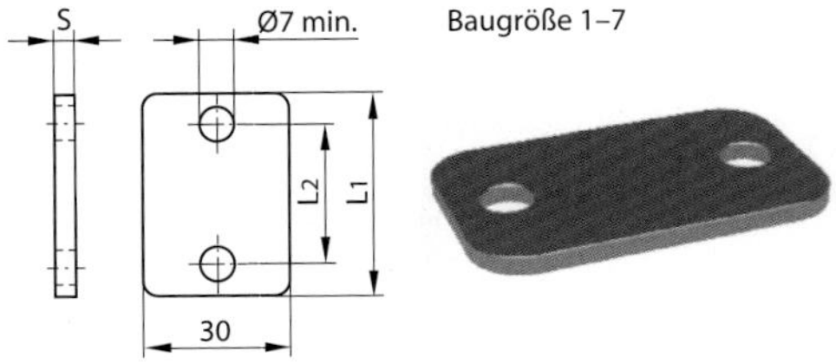

Baugröße	Rohr Ø	L1	L2	S (min)
0	6/6,4/8/9,5/10/12	28	9,5	3
1	6/6,4/8/9,5/10/12	34	20	3
2	12,7/13,5/14/15/ 16/17,2/18	40	26	3
3	19/20/21,3/22/ 23/25/25,4	48	33	3
4	26,9/28/30	57	40	3
5	32/33,7/35/38/40/42	70	52	3
6	44,5/48,3/50,8	86	66	3
7	57,2/60,3/63,5/70/73	118	94	5

Sechskantschrauben für Standardrohrschellen

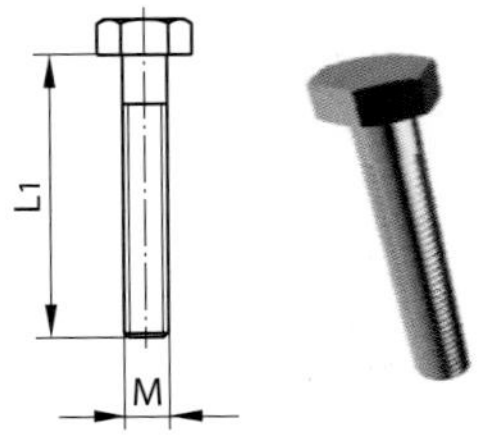

Baugröße	Rohr Ø	MxL1
0	6/6,4/8/9,5/10/12	M6 × 20
1	6/6,4/8/9,5/10/12	M6 × 20
2	12,7/13,5/14/15/16/17,2/18	M6 × 25
3	19/20/21,3/22/23/25/25,4	M6 × 30
4	26,9/28/30	M6 × 35
5	32/33,7/35/38/40/42	M6 × 50
6	44,5/48,3/50,8	M6 × 60
7	57,2/60,3/63,5/70/73	M6 × 80

5.1.4.3.3 Standarddoppelrohrschellen für Schneidringverbindungen (Herstellerangaben)

DIN 3015-3: 1999-01

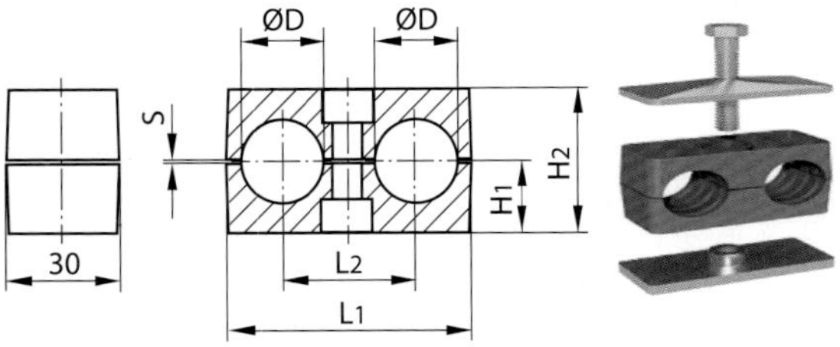

Baugröße	Rohr Ø	L1	L2	H1	H2	S (min)
1	6/6,4/8/9,5/ 10/12	37	20	16,5	41	0,6
2	12,7/13,5/14/15/ 16/17,2/18	55	29	18,5	44,5	0,7
3	19/20/21,3/22/23/ 25/25,4	70	36	23,5	54,5	0,7
4	26,9/28/30	85	45	25,5	58,5	0,7
5	32/33,7/35/38/ 40/42	110	56	32	71,5	0,7

Anschweißplatten für Doppelrohrschellen

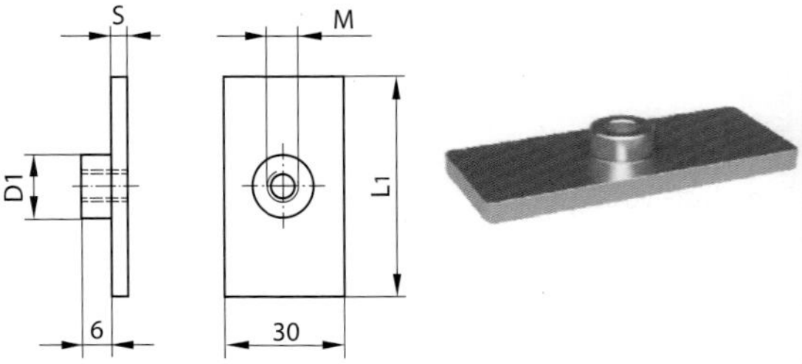

Baugröße	Rohr Ø	L1	D1	S	M
1	6/6,4/8/9,5/10/12	37	12	3	M6
2	12,7/13,5/14/15/16/17,2/18	55	14	5	M8
3	19/20/21,3/22/23/25/25,4	70	14	5	M8
4	26,9/28/30	85	14	5	M8
5	32/33,7/35/38/40/42	110	14	3	M8

Deckplatten für Doppelrohrschellen

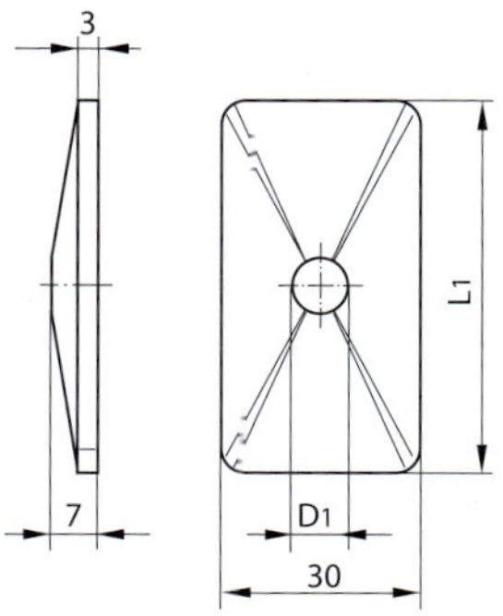

Baugröße	Rohr Ø	L1	D1
1	6/6,4/8/9,5/10/12	34	7
2	12,7/13,5/14/15/16/17,2/18	52	9
3	19/20/21,3/22/23/25/25,4	65	9
4	26,9/28/30	79	9
5	32/33,7/35/38/40/42	102	9

Sechskantschrauben für Standarddoppelrohrschellen

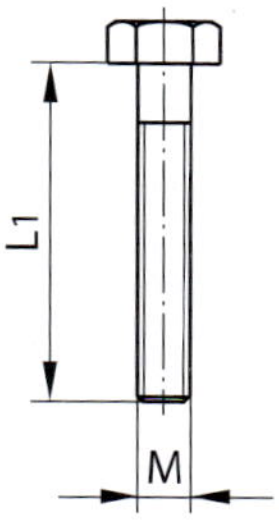

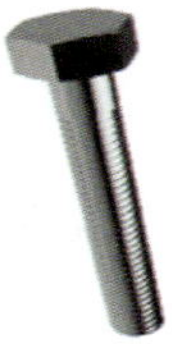

Baugröße	Rohr Ø	MxL1
1	6/6,4/8/9,5/10/12	M6 × 35
2	12,7/13,5/14/15/16/17,2/18	M8 × 25
3	19/20/21,3/22/23/25/25,4	M8 × 45
4	26,9/28/30	M8 × 50
5	32/33,7/35/38/40/42	M8 × 60

5.1.5 Stahlflansche und Dichtungen

5.1.5.1 Flanschausführungen – Übersicht

Flanschausführungen-Übersicht DIN EN 1092-1 : 2018-12

Flanschausführung/Bund- oder Bördeltyp	DN	PN	Typ/Bild	Flanschausführung/Bund- oder Bördeltyp	DN	PN	Typ/Bild
glatter Flansch zum Schweißen	10 … 2000	2,5 … 100	Typ 01 	Gewindeflansch glatt/oval (DIN 2558) oval/mit Ansatz (DIN 2561)	10 … 100	6 … 16	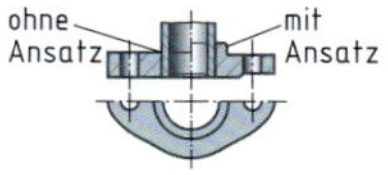
loser Flansch für glatten Bund Ausf.-Typ 32	10 … 600	6 … 40	Typ 02 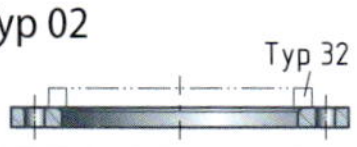	Vorschweißflansch	10 … 1000	2,5 … 25	Typ 11 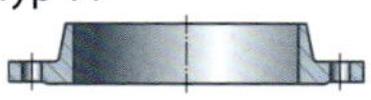
loser Flansch für gebördeltes Rohrende Ausf.-Typ 33	10 … 600	2,5 … 16	Typ 02 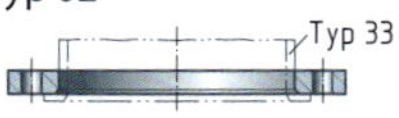	Überschiebeschweißflansch mit Ansatz	10 … 350	6 … 100	Typ 12 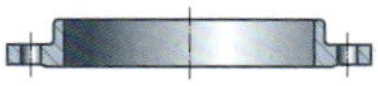
loser Flansch für Vorschweißbund Ausf.-Typ 34	10 … 600	10 … 40	Typ 04 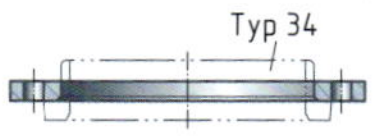	Gewindeflansch mit Ansatz	10 … 350	6 … 100	Typ 13 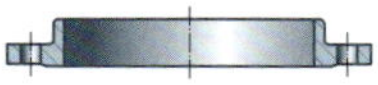
Blindflansch	10 … 350	2,5 … 100	Typ 05 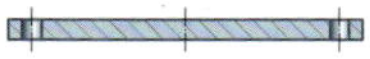	Integralflansch	10 … 350	2,5 … 100	Typ 21 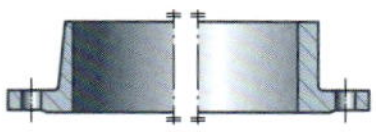

5.1.5.2 Glatter Flansch (Typ 01)

DIN 3015-3: 1999-01

Glatte Flansche (Typ 01)

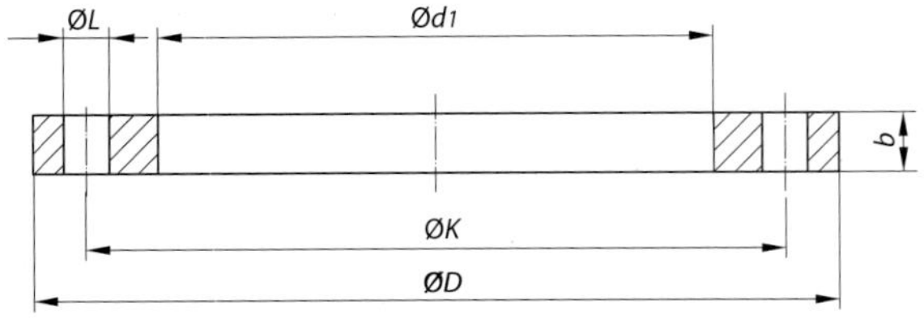

Werkstoffe:	z.B.: P245GH, 13CrMo4-5, X5CrNi18-10 nach DIN EN 1092-1, EN 10222
Dichtungen:	nach DIN EN 1514-1
Druck:	$p_s \leq$ PN einsetzbar von – 10°C … 50°C, ansonsten Druck/Temperaturzuordnung nach EN 1092-1

Flanschmaße:

D: Außendurchmesser	in mm
d_1: Innendurchmesser	in mm
K: Lochkreisdurchmesser	in mm
L: Lochdurchmesser	in mm
b: Flanschdicke	in mm

Bezeichnungsbeispiel:
Bezeichnung eines Glatten Flansches nach DIN EN 1092-1, Nennweite DN 600, mit Innendurchmesser 616,5 mm, PN 16, aus dem Werkstoff P265GH

Flansch EN 1092-1 / 01 / DN 600 / 616,5 / PN 16 / P265GH

Glatte Flansche aus Stahl (Typ 01) PN 6 (Auszug)

Rohr-Anschluss		Flansch			Schrauben			Masse
DN	d1	D	b	K	Anzahl	Gewinde	L	(7,85 kg/dm³) [kg]
10	18,0	75	12	50	4	M10	11	0,50
15	22,0	80	12	55	4	M10	11	0,50
20	27,5	90	14	65	4	M10	11	0,50
25	34,5	100	14	75	4	M10	11	0,50
32	43,5	120	16	90	4	M12	14	1,00
40	49,5	130	16	100	4	M12	14	1,50
50	61,5	140	16	110	4	M12	14	1,50
65	77,5	160	16	130	4	M12	14	2,00
80	90,5	190	18	150	4	M16	18	3,00
100	116,0	210	18	170	4	M16	18	3,50
125	141,5	240	20	200	8	M16	18	4,50
150	170,5	265	20	225	8	M16	18	5,00
200	221,5	320	22	280	8	M16	18	7,00
250	276,5	375	24	335	12	M16	18	9,00
300	327,5	440	24	395	12	M20	22	12,00
350	359,5	490	26	445	12	M20	22	17,00
400	411,0	540	28	495	16	M20	22	20,00
450	462,0	595	30	550	16	M20	22	24,50
500	513,5	645	30	600	20	M20	22	26,50
600	616,5	755	32	705	20	M24	26	35,00

Glatte Flansche aus Stahl (Typ 01) PN 16 (Auszug)

Rohr-Anschluss		Flansch			Schrauben			Masse
DN	d1	D	b	K	Anzahl	Gewinde	L	(7,85 kg/dm³) [kg]
10	18,0	90	14	60	4	M12	14	0,50
15	22,0	95	14	65	4	M12	14	0,50
20	27,5	105	16	75	4	M12	14	1,00
25	34,5	115	16	85	4	M12	14	1,00
32	43,5	140	18	100	4	M16	18	2,00
40	49,5	150	18	110	4	M16	18	2,00
50	61,5	165	19	125	4	M16	18	2,60
65	77,5	185	20	145	8[a)]	M16	18	3,00
80	90,5	200	20	160	8	M16	18	3,50
100	116,0	220	22	180	8	M16	18	4,50
125	141,5	250	22	210	8	M16	18	5,50
150	170,5	285	24	240	8	M20	22	7,00
200	221,5	340	26	295	12	M20	22	9,50
250	276,5	405	29	355	12	M24	26	14,00
300	327,5	460	32	410	12	M24	26	19,00
350	359,0	520	35	470	16	M24	26	28,00
400	411,0	580	38	525	16	M27	30	36,00
450	462,0	640	42	585	20	M27	30	46,00
500	513,5	715	46	650	20	M30	33	64,00
600	616,5	840	52	770	20	M33	36	96,00

[a] Nach EN 1092-2 Gusseisenflansche und EN 1092-3 (Flansche aus Kupferlegierungen) dürfen Flansche mit diesem PN und DN mit 4 Löchern geliefert werden. Sind Stahlflansche mit 4 Löchern erforderlich, dürfen diese nach Absprache zwischen Hersteller und Besteller geliefert werden.

5.1.5.3 Blindflansch (Typ 05)

DIN EN 1092: 2014-08

Blindflansch (Typ 05)

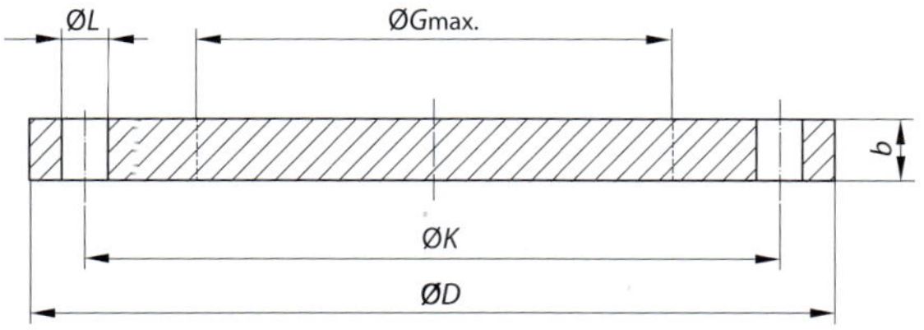

Werkstoffe: z.B.: P245GH, 13CrMo4-5, X5CrNi18-10 nach DIN EN 1092-1, EN 10222

Dichtungen: nach DIN EN 1514-1

Druck: $p_s \leq$ PN einsetzbar von – 10°C ... 50°C, ansonsten Druck/Temperaturzuordnung nach EN 1092-1

Flanschmaße:

D: Außendurchmesser in mm
K: Lochkreisdurchmesser in mm
L: Lochdurchmesser in mm
b: Flanschdicke in mm
G_{max}: Wölbung in mm

Bezeichnungsbeispiel:
Bezeichnung eines Blindflansches nach DIN EN 1092-1, Flanschtyp 05, Nennweite DN 400, Flanschdicke 22 mm, Druckstufe PN 6 aus dem Werkstoff mit dem Kurznamen 13CrMo4-5

Flansch EN 1092-1 / 05 / DN 400 x 22 / PN 6 / 13CrMo4-5

Blindflansche aus Stahl (Typ 05) PN 6 (Auszug)

Rohr-Anschluss	Flansch				Schrauben			Masse
DN	D	b	K	$G_{max.}$	Anzahl	Gewinde	L	(7,85 kg/dm³) [kg]
10	75	12	50	–	4	M10	11	0,50
15	80	12	55	–	4	M10	11	0,50
20	90	14	65	–	4	M10	11	0,50
25	100	14	75	–	4	M10	11	1,00
32	120	14	90	–	4	M12	14	1,00
40	130	14	100	–	4	M12	14	1,00
50	140	14	110	–	4	M12	14	1,50
65	160	14	130	55	4	M12	14	2,00
80	190	16	150	70	4	M16	18	3,50
100	210	16	170	90	4	M16	18	4,00
125	240	18	200	115	8	M16	18	6,00
150	265	18	225	140	8	M16	18	7,50
200	320	20	280	190	8	M16	18	12,50
250	375	22	335	235	12	M16	18	18,50
300	440	22	395	285	12	M20	22	25,50
350	490	22	445	330	12	M20	22	32,00
400	540	22	495	380	16	M20	22	38,50
450	595	24	550	425	16	M20	22	51,00
500	645	24	600	475	20	M20	22	60,00
600	755	30	705	575	20	M24	26	103,00
700	860	40	810	670	24	M24	26	178,50
800	975	44	920	770	24	M27	30	252,00
900	1075	48	1020	860	24	M27	30	335,50
1000	1175	52	1120	960	28	M27	30	434,50
1200	1405	60	1340	1160	32	M30	33	717,50
1400	1630	68	1560	1346	36	M33	36	1094,50
1600	1830	76	1760	1546	40	M33	36	1545,00
1800	2045	84	1970	1746	44	M36	39	2131,00
2000	2265	92	2180	1950	48	M39	42	2862,00

Anmerkung: Das Maß G_{max} (Durchmesser der Wölbung) muss den angegebenen Werten nicht entsprechen, nur ein Höchstwert ist angegeben. Der Mittelteil der Dichtfläche eines Flansches Typ 05 muss nicht bearbeitet werden, vorausgesetzt, der Durchmesser des unbearbeiteten Abschnittes ist nicht größer als der empfohlene Durchmesser G_{max}.

Blindflansche aus Stahl (Typ 05) PN 16 (Auszug)

Rohr-Anschluss	Flansch				Schrauben			Masse
DN	D	b	K	$G_{max.}$	Anzahl	Gewinde	L	(7,85 kg/dm³) [kg]
10	90	16	60	–	4	M12	14	1,00
15	95	16	65	–	4	M12	14	1,00
20	105	18	75	–	4	M12	14	1.00
25	115	18	85	–	4	M12	14	1,50
32	140	18	100	–	4	M16	18	2,00
40	150	18	110	–	4	M16	18	2,50
50	165	18	125	–	4	M16	18	2,90
65	185	18	145	55	8[a)]	M16	18	3,50
80	200	20	160	70	8	M16	18	4,50
100	220	20	180	90	8	M16	18	5,50
125	250	22	210	115	8	M16	18	8,00
150	285	22	240	140	8	M20	22	10,50
200	340	24	295	190	12	M20	22	16,50
250	405	26	355	235	12	M24	26	25,00
300	460	28	410	285	12	M24	26	35,00
350	520	30	470	330	16	M24	26	48,00
400	580	32	525	380	16	M27	30	63,50
450	640	40	585	425	20	M27	30	96,50
500	715	44	650	475	20	M30	33	133,00
600	840	54	770	575	20	M33	36	226,50
700	910	48	840	670	24	M33	36	236,00
800	1025	52	950	770	24	M36	39	325,00
900	1125	58	1050	860	28	M36	39	437,50
1000	1255	64	1170	960	28	M39	42	602,00
1200	1485	76	1390	1160	32	M45	48	999,00

[a] Nach EN 1092-2 Gusseisenflansche und EN 1092-3 (Flansche aus Kupferlegierungen) dürfen Flansche mit diesem PN und DN mit 4 Löchern geliefert werden. Sind Stahlflansche mit 4 Löchern erforderlich, dürfen diese nach Absprache zwischen Hersteller und Besteller geliefert werden.

Anmerkung Das Maß G_{max} (Durchmesser der Wölbung) muss den angegebenen Werten nicht entsprechen, nur ein Höchstwert ist angegeben. Der Mittelteil der Dichtfläche eines Flansches Typ 05 muss nicht bearbeitet werden, vorausgesetzt, der Durchmesser des unbearbeiteten Abschnittes ist nicht größer als der empfohlene Durchmesser G_{max}.

5.1.5.4 Vorschweißflansche (Typ 11)

welding neck flanges

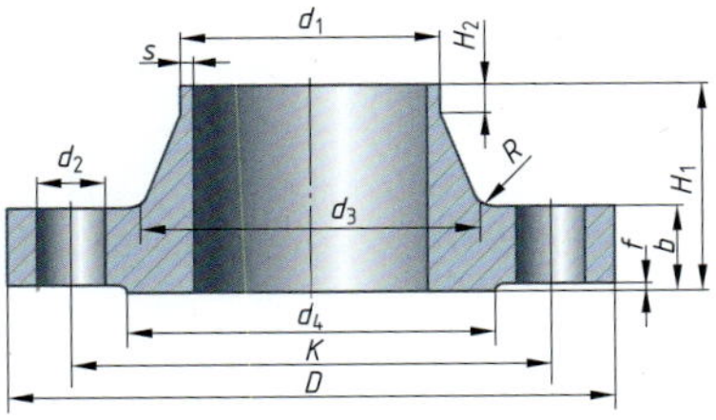

Dichtung Form IBC

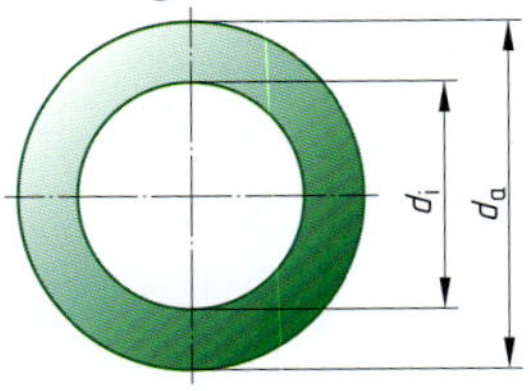

Werkstoffe: z. B.: S235JR, C21, P245GH, X2CrNi18-9 und andere nach DIN EN 1092- 1

Dichtungen:
- Auswahl und Maßangaben siehe Seite 257 ff.
- Dichtflächenform siehe Seite 256

Druck: p_s (zul. Druck) ≤ PN, Flansche einsetzbar von −10 °C … 50 °C, ansonsten Druck/Temperaturzuordnung nach DIN EN 1092-1 einhalten.

Flanschmaße in mm:

A: Lichte Querschnittsfläche siehe S. 224 ff.
D: Außen-Ø in mm
K: Lochkreis-Ø in mm
d_4: Dichtleisten-Ø in mm
d_2: Loch-Ø in mm
H_1: Flanschhöhe in mm
n: Schraubenanzahl
d_1: Rohranschluss-Ø in mm
s: Wanddicke in mm
b: Flanschdicke in mm
Stahlrohre siehe S. 224

Bezeichnungsbeispiel:

Bezeichnung eines Vorschweißflansches, Flanschtyp 11, mit der Dichtleistenform B1, der Nennweite DN 32, für einen
Rohranschlussdurchmesser von 42,4 mm und einer Druckstufe von PN16 aus dem Werkstoff P245GH

Benennung /Dichtleistenform/Nennweite × d_1[1)]/Druckstufe/Werkstoff[2)]
Flansch EN 1092-1 /11/ B1 /DN 32 × 42,4 /PN 16 /P245GH

[1)] Wenn erforderlich die Wärmebehandlung und Werkstoffbescheinigung angeben
[2)] Bei Verwendung von Rohren der Reihe 2 und 3 immer d_1 mit angeben

Vorschweißflansche (Typ11) mit Schraubenabmessungen nach DIN EN 1092-1 : 2018-12
Vorschweißflansche aus Stahl (Typ11) PN6 (Auszug)

DN	Anschlussmaße														Masse
	d_1 mm	*D* mm	*K* mm	d_2 mm	Schrauben[1)] Abmessung	Anzahl	*s* mm	R mm	d_3 mm	*b* mm	H_1 mm	*f*[2)] mm	d_4 mm	H_2 mm	*m* in kg
10	17,2	75	50	11	M10 × 40	4	2,0	4	26	12	28	2	35	6	0,353
15	21,3	80	55	11	M10 × 40	4	2,0	4	30	12	30	2	40	6	0,408
20	26,9	90	65	11	M10 × 40	4	2,3	4	38	14	32	2	50	6	0,621
25	33,7	100	75	11	M10 × 40	4	2,6	4	42	14	35	2	60	6	0,762
32	42,4	120	90	14	M12 × 45	4	2,6	6	55	14	35	2	70	6	1,11
40	48,3	130	100	14	M12 × 45	4	2,6	6	62	14	38	3	80	7	1,26
50	60,3	140	110	14	M12 × 45	4	2,9	6	74	14	38	3	90	8	1,43
65	76,1	160	130	14	M12 × 45	4	2,9	6	88	14	38	3	110	9	1,77
80	88,9	190	150	18	M16 × 55	4	3,2	8	102	16	42	3	128	10	2,88
100	114,3	210	170	18	M16 × 55	4	3,6	8	130	16	45	3	148	10	3,41
125	139,7	240	200	18	M16 × 60	8	4,0	8	155	18	48	3	178	10	4,65
150	168,3	265	225	18	M16 × 60	8	4,5	10	184	18	48	3	202	12	5,50
200	219,1	320	280	18	M16 × 60	8	6,3	10	236	20	55	3	258	15	8,60
250	273,0	375	335	18	M16 × 60	12	6,3	12	290	22	60	3	312	15	11,70
300	323,9	440	395	22	M20 × 65	12	7,1	12	342	22	62	4	365	15	15,30

[1)] Schraubenlänge liegt in Verbindung mit einer 2 mm dicken Dichtung vor
[2)] für Dichtleiste B1 u. B2

Vorschweißflansche aus Stahl (Typ11) PN16 (Auszug)

DN	Anschlussmaße														Masse m in kg
	d_1 mm	D mm	K mm	d_2 mm	Schrauben[2] Abmessung	Anzahl	s mm	R mm	d_3 mm	b mm	H_1 mm	f mm	d_4 mm	H_2 mm	
10	17,2	90	60	14	M12 × 45	4	2,0	4	28	16	35	2	40	6	0,678
15	21,3	95	65	14	M12 × 45	4	2,0	4	32	16	38	2	45	6	0,768
20	26,9	105	75	14	M12 × 50	4	2,3	4	40	18	40	2	58	6	1,09
25	33,7	115	85	14	M12 × 50	4	2,6	4	46	18	40	2	68	6	1,30
32	42,2	140	100	18	M16 × 55	4	2,6	6	56	18	42	2	78	6	1,91
40	48,3	150	110	18	M16 × 55	4	2,6	6	64	18	45	3	88	7	2,15
50	60,3	165	125	18	M16 × 60	4	2,9	6	74	18	45	3	102	8	2,53
65	76,1	185	145	18	M16 × 60	8[1]	2,9	6	92	18	45	3	122	10	3,03[3]
80	88,9	200	160	18	M16 × 60	8	3,2	6	105	20	50	3	138	10	3,92
100	114,3	220	180	18	M16 × 65	8	3,6	8	131	20	52	3	158	12	4,62
125	139,7	250	210	18	M16 × 70	8	4,0	8	156	22	55	3	188	12	6,30
150	168,3	285	240	22	M20 × 70	8	4,5	10	184	22	55	3	212	12	7,81
200	219,1	340	295	22	M20 × 80	12[4]	6,3	10	235[4]	24	62	3	268	16	11,50
250	273,0	405	355	26	M24 × 85	12	6,3	12	292	26	70	3	320	16	16,70
300	323,9	460	410	26	M24 × 90	12	7,1	12	344	28	78	4	378	16	22,10

[1] Nach Absprache mit Flanschhersteller auch mit 4 Löchern lieferbar
[2] Schraubenlänge liegt in Verbindung mit einer 2 mm dicken Dichtung vor
[3] Flansch mit 3 Löchern
[4] Abmessungen gelten auch für PN10 bis DN200 (Einschränkung bei DN200 und PN10: Schraubenanzahl = 8, d_3 = 234 mm)

5.1.5.5 Gewindeflansch (Typ 13)

DIN EN 1092-1 : 2018-12

Gewindeflansche (Typ 13)

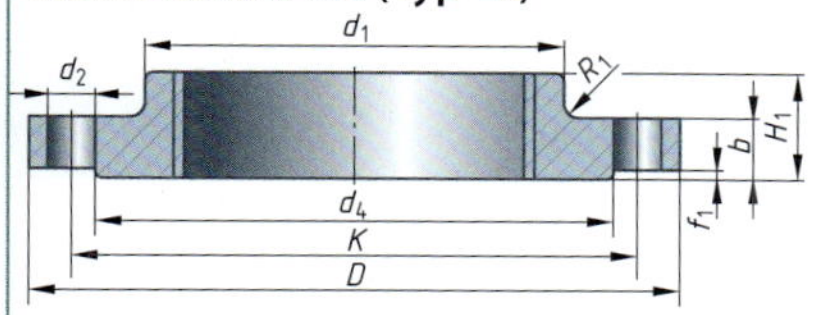

Werkstoffe: z. B.: P245GH, 13CrMo4-5, X5CrNi18-10 nach nach DIN EN 1092-1, EN 10222
Dichtungen: nach DIN EN 1514-1
Druck: $p_s \leq$ PN einsetzbar von −10 °C … 50 °C, ansonsten Druck/Temperaturzuordnung nach EN 1092-1

Flanschmaße:

R:	Gewindeanschlussmaß	in inch	H_1:	Flanschhöhe	in mm
D:	Außendurchmesser	in mm	d_4:	Dichtleistendurchmesser	in mm
K:	Lochkreisdurchmesser	in mm	f_1:	für Dichtleiste B1 und B2	in mm
d_2:	Lochdurchmesser	in mm	d_1:	Ansatzdurchmesser	in mm
b:	Flanschdicke	in mm	R_1:	Ansatzradius	in mm

Bezeichnungsbeispiel:

Bezeichnung eines Gewindeflansches nach DIN EN 1092-1, Flanschtyp 13, mit der Dichtleistenform B1, Nennweite DN 100, für einen Rohranschlussdurchmesser von 114,3 mm (R 4), Druckstufe PN 16 aus dem Werkstoff mit dem Kurznamen P245GH

Flansch EN 1092-1/13/B1/DN 100 3 20/PN 16/P245GH

Gewindeflansche aus Stahl (Typ 13) PN 6 (Auszug)													
Anschlussmaße					Schrauben		Flansch		Dichtleiste		Ansatz		Masse
DN	R	*D*	*K*	d_2	Anzahl	Größe	*b*	H_1	d_4	f_1	d_1	R_1	m
10	R 3/8	75	50	11	4	M10	12	20	35	2	25	4	0,5
15	R 1/2	80	55	11	4	M10	12	20	40	2	30	4	0,5
20	R 3/4	90	65	11	4	M10	14	24	50	2	40	4	0,5
25	R 1	100	75	11	4	M10	14	24	60	2	50	4	1,0
32	R 1 1/4	120	90	14	4	M12	14	26	70	2	60	6	1,0
40	R 1 1/2	130	100	14	4	M12	14	26	80	2	70	6	1,5
50	R 2	140	110	14	4	M12	14	28	90	2	80	6	1,5
65	R 2 1/2	160	130	14	4	M12	14	32	110	2	100	6	2,0
80	R 3	190	150	18	4	M16	16	34	128	2	110	8	3,0
100	R 4	210	170	18	4	M16	16	40	148	2	130	8	3,0
125	R 5	240	200	18	8	M16	18	44	178	2	160	8	4,5
150	R 6	265	225	18	8	M16	18	44	202	2	185	10	5,0
Gewindeflansche aus Stahl (Typ 13) PN 16 (Auszug)													
10	R 3/8	90	60	14	4	M12	16	22	40	2	30	4	0,5
15	R 1/2	95	65	14	4	M12	16	22	45	2	35	4	0,5
20	R 3/4	105	75	14	4	M12	18	26	58	2	45	4	1,0
25	R 1	115	85	14	4	M12	18	28	68	2	52	4	1,0
32	R 1 1/4	140	100	18	4	M16	18	30	78	2	60	6	2,0
40	R 1 1/2	150	110	18	4	M16	18	32	88	2	70	6	2,0
50	R 2	165	125	18	4	M16	18	28	102	2	84	6	3,0
65	R 2 1/2	185	145	18	8	M16	18	32	122	2	104	6	3,0
80	R 3	200	160	18	8	M16	20	34	138	2	118	6	4,0
100	R 4	220	180	18	8	M16	20	40	158	2	140	8	4,5
125	R 5	250	210	18	8	M16	22	44	188	2	168	8	6,5
150	R 6	285	240	22	8	M20	22	44	212	2	195	10	7,5

5.1.5.6 Flanschwerkstoffe und Schrauben

DIN EN 1092-1 : 2018-12, DIN EN 1515-1 : 2000-01, -2 : 2002-03

Werkstoff-gruppe	Werkstoff	Betriebstemperatur	Festigkeitsklasse[1]: Schraube, (Mutter)	Anziehmomente in Nm[2], Festigkeitsklassen (FK) Schraubenauswahl			
1E0	C21	–10 °C … 100 °C	4.6 (5)	FK	4.6	5.6	8.8
1E1	S235JR	–10 °C … 300 °C	5.6 (5) 6.8 (6) 8.8 (8)	M10	17	22	49
2E0	GP240GR	… 350 °C/400 °C		M12	29	39	85
3E0	P265GH	… 400 °C		M16	71	95	210
				M20	138	184	425

[1] Einschränkungen nach DIN EN 1515-2 Festigkeitsklassifizierung (niedrig, normal, hoch) beachten
[2] Anziehmomente sind Richtwerte

5.1.5.7 Dichtflächenformen

Dichtflächenformen von Flanschen *flange faces of flanges*

DIN EN 1092-1 : 2018-12[1)]

Dichtflächenform/ Benennung	Kurzzeichen der Dichtungsform	Flachdichtung nach DIN 1514	PN	DN
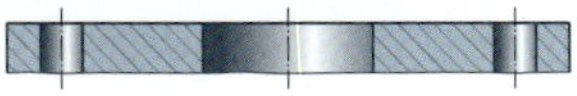 glatte Dichtfläche	A	FF	2,5; 6; 40 10; 16; 25	10 … 600 10 … 2000
		IBC	2,5; 6; 10 16; 25 40; 63	10 … 3000[2)] 10 … 2000 10 … 400[3)]
 mit Dichtleiste	B1 und B2	FF	wie zuvor FF	wie zuvor FF
		IBC	wie zuvor IBC	wie zuvor IBC

Dichtflächenform/ Benennung	Kurzzeichen der Dichtungsform	Flachdichtung nach DIN 1514	PN	DN
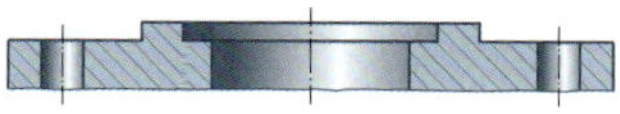 mit Feder	C	TG	10; 16; 25 40	10 … 1000 10 … 600
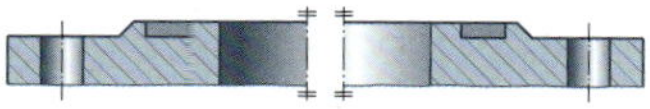 mit Nut	D	TG		
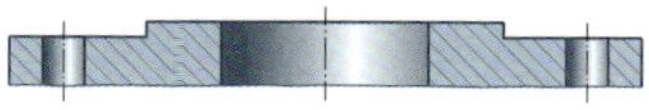 mit Vorsprung	E	SR	10; 16; 25 40	10 … 1000 10 … 600
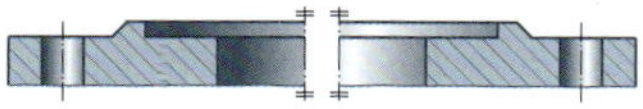 mit Rücksprung	F	SR		
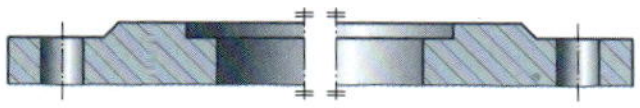 mit O-Ring-Vorsprung	G	O-Ring	——	——
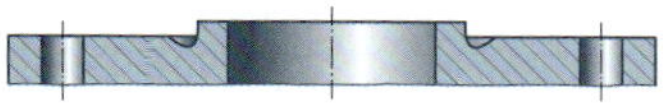 mit O-Ring-Rücksprung	H	O-Ring	——	——

[1] die Oberflächenbeschaffenheit der Dichtflächen hergestellt durch Drehen für A, B1, E, F beträgt Rz = 12,5 …50 µ (Ra = 3,2 … 12,5 µ m), für B2, C, D, G, H beträgt Rz = 3,2 … 12,5 µm (Ra = 0,8 … 3,2 µm)

[2] PN2,5 … 4000 und PN6 …3600

[3] PN40 … 600

5.1.5.8 Flanschdichtungen

Flachdichtungen DIN EN 1514-1 : 1997-08 **Flanschdichtflächen mit Flachdichtung** DIN EN 1092-1 : 2018-12

Form: FF	IBC, TG, SR	Form: A	Form: B	Form: C/D	Form: E/F
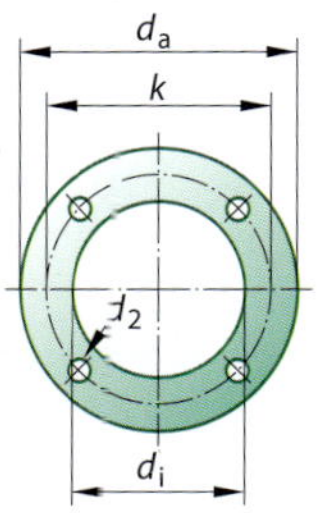	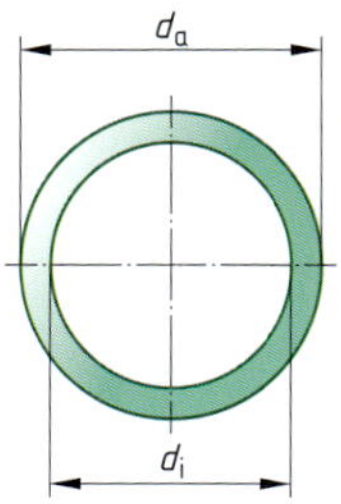	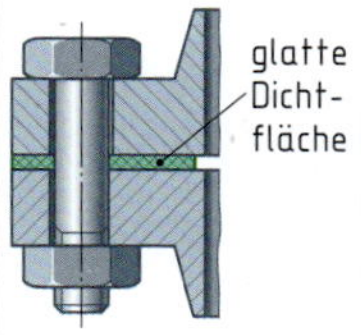	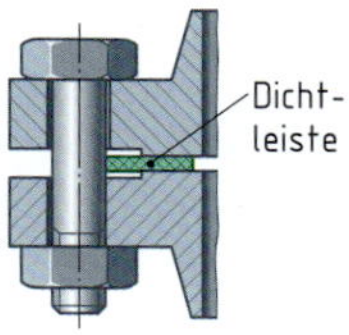	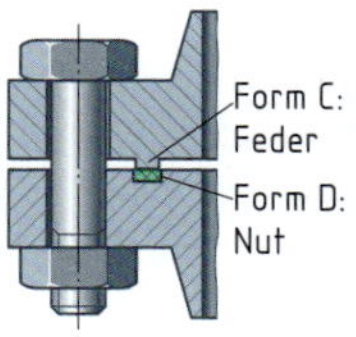	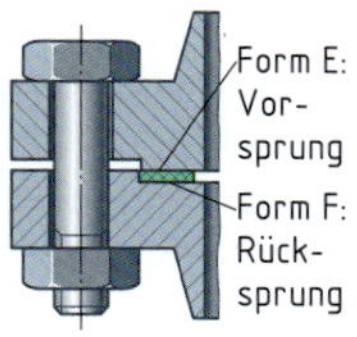

Dichtungsarten: Übersicht und Einsatzbereich

Dichtungsart[5]	Form	Bezeichnung/Norm	Dichtungswerkstoff	Einsatzbereiche
Weichstoff-dichtung		Flachdichtung DIN EN 1514-1	Gummi ohne Einlage/ mit Metalleinlage/mit Gewebe- oder Drahtgewebeeinlage; expandierter Grafit mit Einlage; Pressfaser[1] mit Bindemittel; Pflanzenfaser; auf Korkbasis; Kunststoffe	Allgemeiner Rohrleitungs- und Apparatebau ohne erhöhte Anforderungen. Medium z. B.: Wasser, Dampf; Gase
		Weichstoff-Flachdichtung mit Metalleinfassung DIN EN 1514-3		
		PTFE mit weicher oder Metalleinlage[2]		Bei $p = 40$ bar und $\vartheta = 200$ °C[6]
Metall-Weichstoffdichtung		Weichstoff-Flachdichtung mit Metallummantelung DIN EN 1514-3		Im Anlagenbau bei höheren Temperaturen.
		Spiraldichtung[3] DIN EN 1514-2	CrNi- Stahl mit Grafit, PTFE[1] oder Faserstofffüllung	Wenn hohe Rückfederung erforderlich.
	 Ausführung: SC	Metallummantelte Dichtung DIN EN 1514-7[3]	z. B.: Monel 400 mit Glimmer	Allg. chemische Industrie
			Inconel 600 mit PTFE[2]	für $< p$ und $>$ °C
		Welldichtung mit Metallwellband und Auflage DIN EN 1514-4[3]	Al; Cu; Messing (Ms); weicher Stahl	Chemische Prozesstechnik, höhere Anforderungen
Metall-dichtung	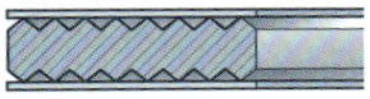	Kammprofildichtung DIN EN 1514- 6[3]	unlegierter Stahl; CrNi- Stahl; Ti	Höhere Anforderungen Kraftwerk- und Reaktorbau
	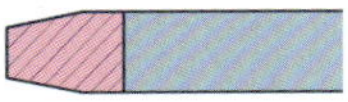	Linsendichtung DIN 2696[4]	Unlegierter Stahl; CrNi-Stahl	Hohe Belastungen durch hohe Drücke
		Flachdichtung aus Metall EN 1514-4	Al; Cu; Weicheisen; unlegierter Baustahl; CrNi-Stahl	Rohrleitungs,- Apparate- und Behälterbau mit erhöhten Anforderungen

[1] asbesthaltige Faserstoffe sind aus gesundheitlichen Gründen verboten
[2] PTFE ist für Kaliumhydroxid-Lösung ungeeignet
[3] metallummantelte Dichtungen sind hinsichtlich Metallband und Füllstoff farblich gekennzeichnet
[4] Flansch mit Eindrehung für Linsendichtung erforderlich
[5] Rücksprache mit Hersteller, wenn besondere Anforderungen vorliegen (z. B. Medium, Betriebsbedingungen, Belastungen)
[6] lt. Herstellerangaben

Bezeichnungsbeispiel:
Normnummer, Dichtungsform, Nenndurchmesser, Nenndruck, Dichtungsdicke, Dichtungswerkstoff

EN 1514-1, Form IBC, DN 200, PN 16, 2 mm, expandierter Grafit

Nennweitenbereich von Flachdichtungen

PN	Dichtungsform			
	Form FF	Form IBC	Form SR	Form TG
	Nennweite DN			
2,5	10 … 600	10 … 4000	–	–
6	10 … 600	10 … 3600	–	–
10	10 … 2000	10 … 3000	10 … 1000	10 … 1000
16	10 … 2000	10 … 2000	10 … 1000	10 … 1000
25	10 … 2000	10 … 2000	10 … 1000	10 … 1000
40	10 … 600	10 … 600	10 … 600	10 … 600
63	–	10 … 400	–	–

Maße von Flachdichtungen für Flansche PN6

DIN EN 1514-1 : 1997-08[1)]

DN	d_i mm	Form FF d_a mm	Schraubenlöcher Anzahl	Schraubenlöcher d_2 mm	Lochkreis-Ø K mm	Form IBC d_a mm
10	18	75	4	11	50	39
15	22	80	4	11	55	44
20	27	90	4	11	65	54
25	34	100	4	11	75	64
32	43	120	4	14	90	76
40	49	130	4	14	100	86
50	61	140	4	14	110	96
65	77	160	4	14	130	116
80	89	190	4	18	150	132
100	115	210	4	18	170	152
125	141	240	8	18	200	182
150	169	265	8	18	225	207
200	220	320	8	18	280	262
250	273	375	12	18	335	317

1) Standarddicke beträgt 2 mm, andere Dicken nach Herstellerrücksprache, d_i gilt für alle Dichtungsformen außer für die Form TG.

Maße von Flachdichtungen für Flansche PN16

DIN EN 1514-1 : 1997-08[2)]

DN	d_i mm	Form FF d_a mm	Schraubenlöcher Anzahl	Schraubenlöcher d_2 mm	Lochkreis-Ø K mm	Form IBC d_a mm	Form TG d_i mm	Form TG d_a mm	Form SR d_a mm
10	18	90	4	14	60	46	24	34	34
15	22	95	4	14	65	51	29	39	39
20	27	105	4	14	75	61	36	50	50
25	34	115	4	14	85	71	43	57	57
32	43	140	4	18	100	82	51	65	65
40	49	150	4	18	110	92	61	75	75
50	61	165	4	18	125	107	73	87	87
65	77	185	8	18	145	127	95	109	109
80	89	200	8	18	160	142	106	120	120
100	115	220	8	18	180	162	129	149	149
125	141	250	8	18	210	192	155	175	175
150	169	285	8	22	240	218	183	203	203
200	220	340	12	22	295	273	239	259	259
250	273	405	12	26	355	329	292	312	312

2) Standarddicke beträgt 2 mm, andere Dicken nach Herstellerrücksprache, d_i gilt für alle Dichtungsformen außer für die Form TG.

5.2 Kupfer-Rohrleitungssysteme *copper pipes*

5.2.1 Kupferrohre für Sanitärinstallationen, Heizungsbau und Gasleitungen

DIN EN 1057 : 2010-06, GW 392

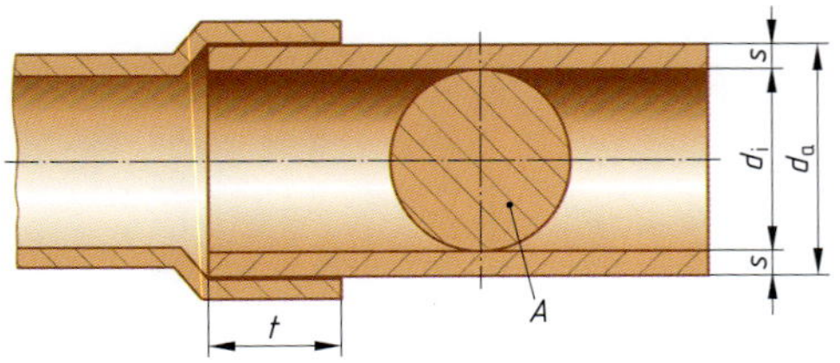

d_a: Außendurchmesser in mm
d_i: Innendurchmesser in mm
s: Wanddicke in mm
t: Mindesteinstecktiefe in mm
A: lichter Rohrquerschnitt in mm^2
m': längenbezogene Masse in kg/m
V': längenbezogener Rohrvolumeninhalt in dm^3/m
A_O': längenbezogene Rohroberfläche in m^2/m

Lieferform	**d_a mm**	**Lieferlänge m**	**Rohrinnenoberfläche**	**Zustand (nach DIN EN 1173)**
Gerade Längen	6 … 267	3 oder 5	blank	R 250 (halbhart) R 290 (hart)
	12 … 108	5	verzinnt[1)]	R 290 (hart)
Ringe	6 … 28	25 oder 50	blank	R 220 (weich)
	12 … 22	25	verzinnt[1)]	R 220 (weich)
Werkstoff: Cu-DHP (Werkstoff- Nr.: CW024A, gut schweißbar)				

[1)] Einsatz bei Trinkwasser mit pH-Wert< 7,4 oder wenn bei pH-Werten zwischen pH 7,0 und pH 7,4 der TOC-Wert 1,5 mg/l überschritten wird

5.2.2 Einsatz- und Verarbeitung von CU-Rohr

Einsatz, Verarbeitung / CU-Rohr Ausführungen	**Anwendungsbereiche**									**Verarbeitung**						
	Sanitär	**Heizungswasser**	**Gas**	**Flüssiggas**	**Öl**	**Regenwasser**	**Solar**	**Sprinkler**	**Löschwasser**	**Kältetechnik[1)]**	**Weichlöten**	**Hartlöten**	**Pressen**	**Schweißen**	**Klemmen**	**Stecken**
nahtloses blankes CU-Rohr	×	×	×	×	×	×	×	×	×	–	×	×	×	×	×	×
flexibles dünnwandiges CU-Rohr mit PE-Mantel	×	×	–	–		×	–	–	–	–	–	–	×	–	–	–
kunststoffummanteltes CU-Rohr (WICU)	×	×	×	×	×	×	–	×	×	–	×	×	×	–	×	×
mit PUR-Mantel wärmegedämmtes CU-Rohr (GEG 100% u. 50 %)	×	×	–	–	–	–	–	–	–	–	×	×	×	–	×	×
schallgedämmtes CU-Rohr	×	×	–	–	–	–	–	–	–	–	×	×	×	–	×	×
ummanteltes CU-Rohr für Klimatechnik (metrisch)	–	–	–	–	–	–	–	–	–	×	–	×	–	–	–	–

Einsatz, Verarbeitung / CU-Rohr Ausführungen	Anwendungsbereiche									Verarbeitung						
	Sanitär	Heizungswasser	Gas	Flüssiggas	Öl	Regenwasser	Solar	Sprinkler	Löschwasser	Kältetechnik[1]	Weichlöten	Hartlöten	Pressen	Schweißen	Klemmen	Stecken
ummanteltes CU-Rohr für Klimatechnik (Zollanschluss)	–	–	–	–	–	–	–	–	–	×	–	×	–	–	–	–
innenverzinntes CU-Rohr	×	×	×	–	–	×	×	×	×	–	×	–	×	–	×	×
Wandheizungs-system aus CU-Rohr	–	×	–	–	–	–	–	–	–	–	×	×	×	–	×	×
Flächen- bzw. Fußboden-Heizung aus CU-Rohr	–	×	–	–	–	–	–	–	–	–	–	×	×	–	–	–

[1] weitere Hinweise vgl. DIN EN 12735

5.2.3 Nahtlose Kupferrohre für Gas- und Wasserleitungen von Sanitärinstallation und Heizungsbau *seamless copper pipes*

DIN EN 1057 : 2010- 06

Kupferrohre für Wasser- und Gasleitungen[2][3][5]							
DN	$d_a \times s$ mm	d_i mm	A cm²	m' kg/m	V' dm³/m	A_o' m²/m	t[4] mm
4	6 × 1	4	0,13	0,140	0,013	0,019	5,8
6	8 × 1	6	0,28	0,196	0,028	0,025	6,8
8	10 × 1	8	0,50	0,252	0,050	0,031	7,8
10	12 × 1	10	0,79	0,308	0,079	0,038	8,6
12	15 × 1	13	1,33	0,391	0,133	0,047	10,6
15	18 × 1	16	2,01	0,475	0,201	0,057	12,6
20	22 × 1	20	3,14	0,587	0,314	0,069	15,4
25	28 × 1[7]	26	5,31	0,757	0,531	0,088	18,4
25	28 × 1,5	25	4,91	1,111	0,491	0,088	18,4
32	35 × 1,2[7]	32,6	8,35	1,138	0,835	0,110	23,0
32	35 × 1,5	32	8,04	1,405	0,804	0,110	23,0
40	42 × 1,2[7]	39,6	12,32	1,374	1,232	0,132	27,0
40	42 × 1,5	39	11,95	1,699	1,195	0,132	27,0
50	54 × 1,5[7]	51	20,43	2,209	2,043	0,170	32,0
50	54 × 2	50	19,63	2,908	1,963	0,170	32,0
–	64 × 2	60	28,27	3,467	2,827	0,201	32,5
65	76,1 × 2	72,1	40,83	4,144	4,083	0,239	33,5
80	88,9 × 2	84,9	56,61	4,859	5,661	0,279	37,5
100	108 × 2,5	103	83,32	7,374	8,332	0,339	47,5

Kupferrohre für Heizungsleitungen[6]				
$d_a \times s$ mm	d_i mm	A cm²	m' kg/m	V' dm³/m
6 × 0,6	4,8	0,18	0,091	0,018
8 × 0,6	6,8	0,36	0,124	0,036
10 × 0,6	8,8	0,61	0,158	0,061
12 × 0,7	10,4	0,85	0,274	0,085
15 × 0,8	13,4	1,41	0,314	0,141
18 × 0,8	16,4	2,11	0,385	0,211
22 × 0,9	20,2	3,20	0,531	0,320
28 × 1,0	26,0	5,31	0,755	0,531
35 × 1,0	33,0	8,55	0,951	0,855
42 × 1,0	40,0	12,57	1,146	1,257
54 × 1,2	51,6	20,91	1,768	2,091
–	–	–	–	–
76,1 × 1,5	73,1	41,97	3,124	4,197

[2] Bis d_a = 108 für Kapillarlötung geeignet
[3] Alle Gasleitungen schweißen, mit Kapillarfitting hartlöten oder Pressen, Heizölleitungen hartlöten
[4] Mindesteinstecklänge für Kapillarlötfittings nach DIN EN 1254-1
[5] Der Schutzmantel innen verzinnter Rohre ist lichtgrau, B2 nach DIN 4102
[6] Der Schutzmantel für Fußbodenheizungsrohre ist gelb-orange, B2 nach DIN 4102
[7] einsetzbar für Trinkwasser- und Gasinstallation lt. GW 392: 2009

Bezeichnungsbeispiel:

Rohr aus Kupfer, Zustand R220 (weich), Außendurchmesser 22 mm, Wanddicke 1,0 mm, muss wie folgt bezeichnet werden

Benennung	Norm		Zustand		Nennmaß	Lieferform
Kupferrohr	**EN 1057**	–	**R220**	–	**22 × 1,0**	**gerade Längen**

Kennzeichnung: Hersteller – DIN EN 1057– $d_a \times s$ – Zustand (R…) – Herstelldatum – DVGW-Prüfzeichen

5.2.4 Wärmegedämmte Kupferrohre

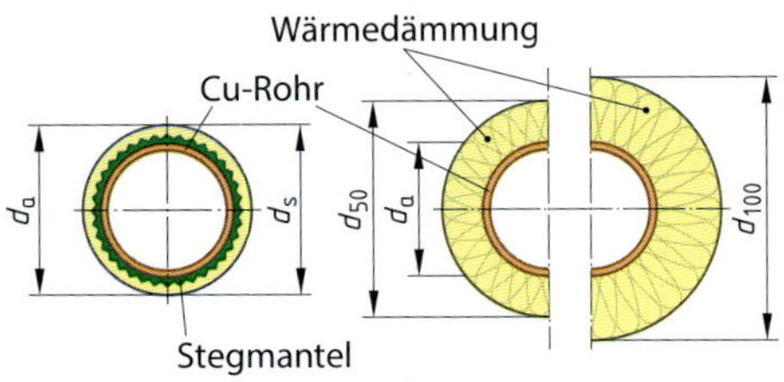

d_a:	Rohraußendurchmesser	in mm
s:	Wanddicke	in mm
d_s:	Stegmanteldurchmesser	in mm
d_{50}:	Außendurchmesser mit 50 % Dämmung nach GEG	in mm
d_{100}:	Außendurchmesser mit 100 % Dämmung nach GEG	in mm
l_a:	Abmantelungslünge	in mm

Abmessungen wärmegedämmter Kupferrohre

	Stange			**Ring**		
$d_a \times s$ **mm**	d_{100} **mm**	d_{50} **mm**	d_s **mm**	d_{50} **mm**	d_s **mm**	l_a **mm**
12×1	32	24	16	24	16	120
15×1	36	27	19	27	19	150
18×1	40	30	23	30	23	180
22×1	45	34	27	34	27	120
28×1,5	63	–	33	–	–	160
35×1,5	71	–	40	–	–	160
42×1,5	90	–	48	–	–	200
54×2	113	–	60	–	–	200

5.2.5 Dünnwandige Kupferrohre mit kraftschlüssiger PE-Ummantelung für Heizen, Kühlen, Trink- und Regenwasser

	$d_a \times s$ **mm**	s_{cu} **mm**	d_i **mm**	A **cm²**	V' **dm³/m**	**m′ kg/m**	A_o **cm²**
CU-Rohr mit festhaftender Ummantelung[1) 2) 4)] 	14×2	0,30	10	0,79	0,079	0,147	0,044
	16×2	0,35	12	1,13	0,113	0,189	0,050
	18×2[3)]	0,35	14	1,54	0,154	0,215	0,057
	20×2	0,50	16	2,01	0,201	0,311	0,063
	26×3[3)]	0,50	20	3,14	0,314	0,451	0,082

[1)] CU-Rohrwanddicken: s = 0,30 mm für d_a = 14 mm, s = 0,35 mm für d_a = 16 u. 18 mm, s = 0,50 mm für d_a = 20 u. 26 mm Rohrdurchmesser, Verbindungstechnik: Pressen
[2)] Rohr 14 × 2,16 × 2 und 20 × 2 mit Wärmedämmung (PE geschäumt) ≤ 0,040 W/m · K lt. Hersteller
[3)] Ohne DVGW-Prüfzeichen
[4)] Einsetzbar lt. Hersteller für Fußboden- und Wandheizung

5.2.6 Lötfittings für Kupferrohre

Betriebsbedingungen für Lötfittings DIN EN 1254-1 : 2021-10

Hartlote	**max. ϑ_s °C**[1)]	**p_s (bar)**[1)]			**Weichlote**	**max. ϑ_s °C**[1)]	**p_s (bar)**[1)]		
		$d_a \le 28$ **mm**	$d_a \le 54$ **mm**	$d_a \le 108$ **mm**			$d_a \le 34$ **mm**	$d_a \le 54$ **mm**	$d_a \le 108$ **mm**
CP 203,	30	25	25	16	S-Sn97Cu3	30	25	25	16
CP 105 oder	65	25	16	10	oder	65	25	16	16
AG 106	110	16	10	10	S-Sn97Ag3	110	16	10	10

[1)] max. ϑ_s = maximal zulässige Betriebstemperatur, p_s = maximal zulässiger Betriebsdruck

Lötfittings – Auswahl DIN EN 1254- 1 : 2021-10 – Auswahl –[1)]

Bestellnummeraufbau: 5_ _ _ _ Kupferlötfittings
4_ _ _ _ Rotgusslötfittings (geringe Maßabweichungen, Werkstoff: CuSn5Zn5Pb5-C (Rotguss))

Typ: Bogen 90°
Bestellnummer: 5001 a (I + – A)

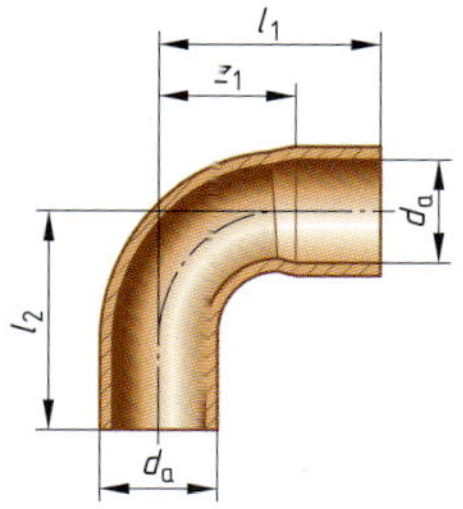

Bogen 90°
5002 a (I + – I)

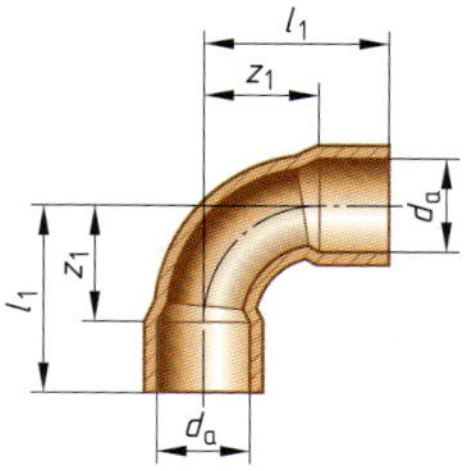

Bogen 45°
5040 (I + – A)

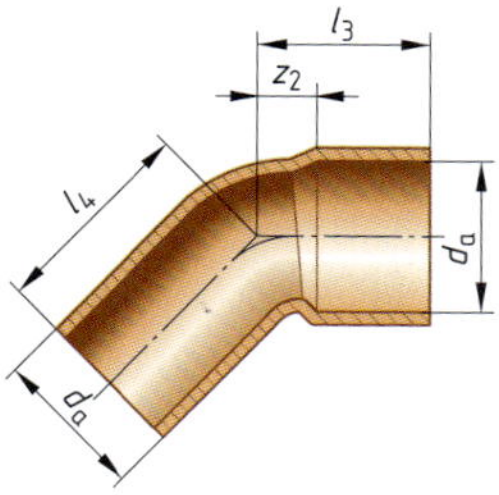

Bogen 45°
5041 (I + – I)

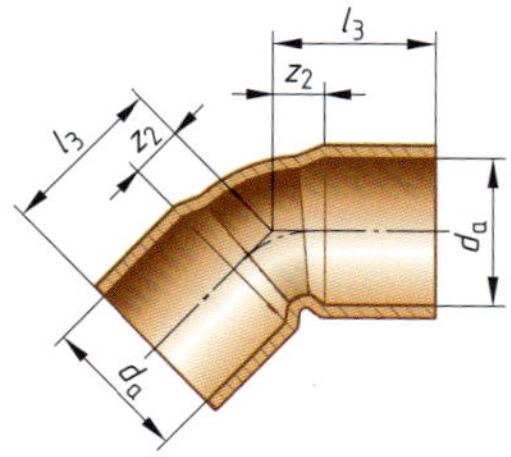

[1] Abmessungen und Bestellnummern nach Herstellerangaben. Abweichungen zu anderen Herstellern möglich. Unterschiedliche Angaben der Maße in *a* und *b* bzw. z_1 und l_2 sind möglich.

DN	d_a mm	l_1 mm	z_1 mm	l_2 mm	l_3 mm	z_2 mm	l_4 mm
6	8	17	10	18	–	–	–
8	10	22	14	24	14	4	16
10	12	23	14	25	15	5	16
12	15	29	18	31	17	6	19
15	18	32	19	37	21	8	23
20	22	42	26	43	25	9	27
25	28	52	33	55	31	12	33
32	35	65	42	67	38	15	40
40	42	77	50	79	44	17	46
50	54	97	65	98	54	22	56
–	64,0	116	83	111	64	32	66
65	76,1	134	100	128	71	38	74
80	88,9	150	112	148	82	44	85
100	108,0	225	177	–	–	–	–

Typ: Bogen 180°
Bestellnummer: 5060

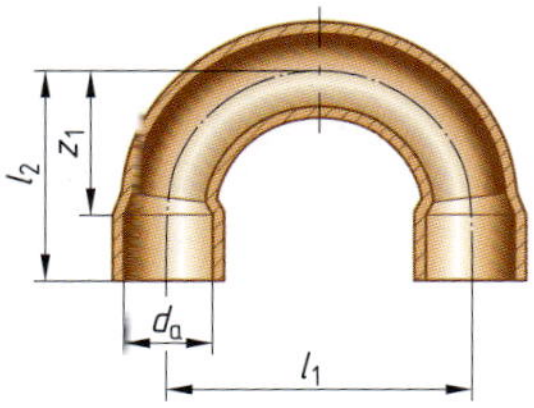

Typ: U-Bogen
Bestellnummer: 5870

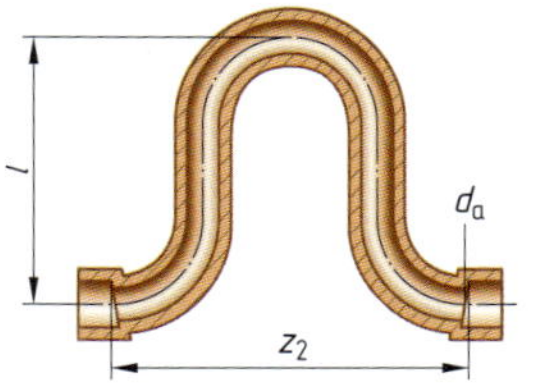

DN	d_a mm	l_1 mm	l_2 mm	z_1 mm	l mm	z_2 mm	Δl[1] mm
8	10	30	25	17	–	–	–
10	12	34	27	18	87	72	4
12	15	45	34	23	113	90	6
15	18	54	40	27	135	105	6
20	22	66	48	32	166	131	6
25	28	84	60	41	208	167	8
32	35	104	92	52	266	209	12
40	42	126	111	63	315	253	12
50	54	216	167	108	–	–	–

[1] Δl: Dehnungsaufnahme

Typ: Überbogen
Bestellnummer: 5085

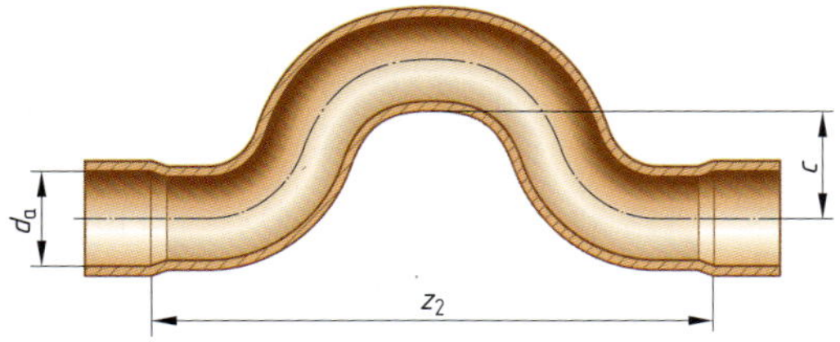

Typ: Überbogen
Bestellnummer: 5086

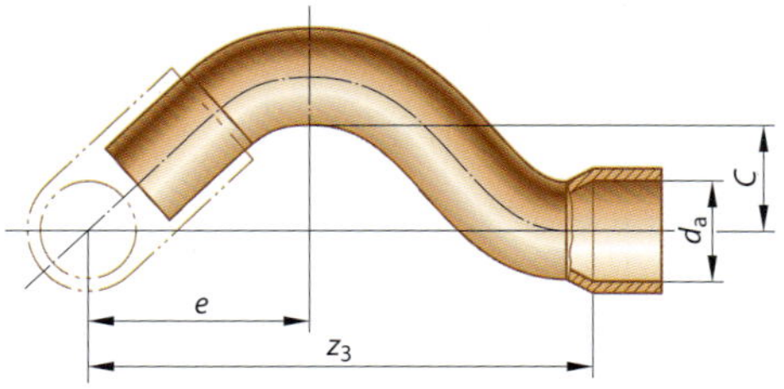

DN	d_a in mm	z_2 in mm	z_3 in mm	e in mm	c in mm
10	12	80	73	33	20
12	15	90	81	36	20
15	18	102	88	40	20
20	22	115	100	44	23

Typ: T-Stück
gleiche Durchmesser
Best.-Nr.: 5130

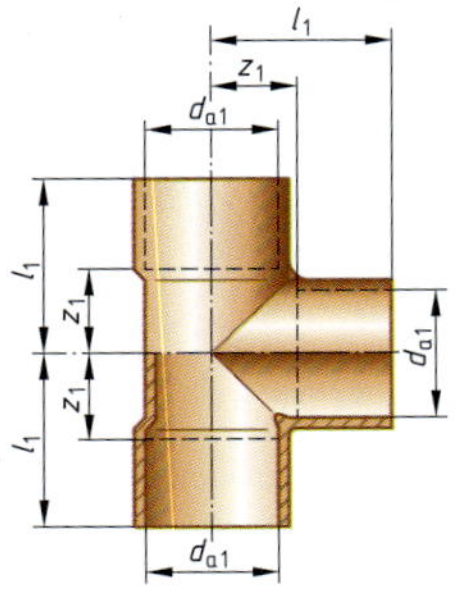

T-Stück
reduziert und erweitert
Best.-Nr.: 5130 R

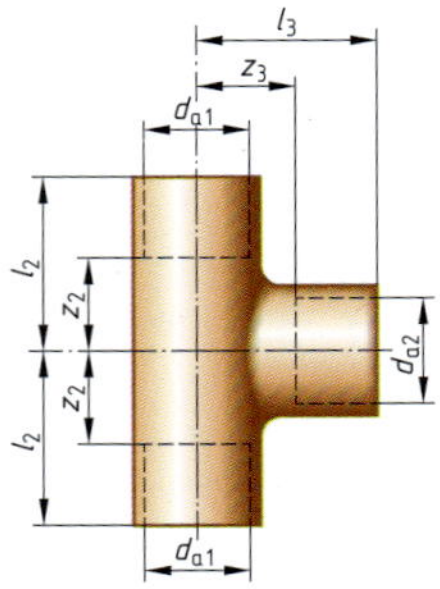

T-Stück
durchgehend reduziert
Best.-Nr.: 5130 R

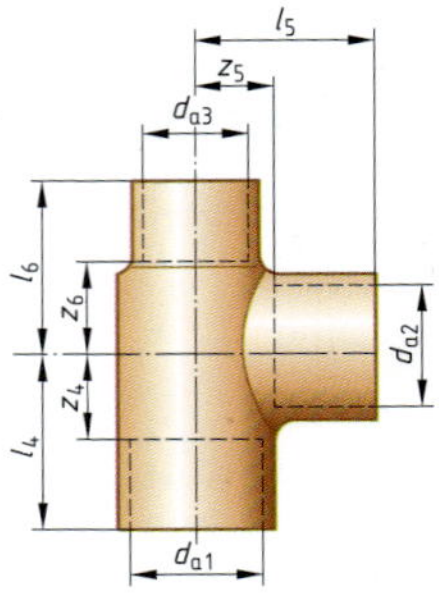

d_{a1} mm	l_1 mm	z_1 mm	$d_{a1} \times d_{a2}$	l_2	z_3	l_3	z_3	$d_{a1} \times d_{a2} \times d_{a3}$	l_4	z_4	l_5	z_5	l_6	z_6
10	14	6	12 × 10	15	6	15	7	15 × 12 × 12	18	7	18	9	18	9
12	16	7	12 × 15	18	9	18	7	15 × 15 × 12	19	8	19	8	19	10
15	19	8	15 × 10	17	6	17	9	18 × 15 × 15	22	9	21	10	22	11
18	23	10	15 × 10	18	7	18	9	18 × 18 × 12	23	10	23	10	21	12
22	28	12	15 × 18	21	10	22	9	18 × 18 × 15	23	10	23	10	23	12
28	34	15	18 × 12	21	8	19	10	22 × 15 × 15	25	9	23	12	24	13
35	42	19	18 × 15	21	8	21	10	22 × 15 × 18	25	9	24	12	25	12
42	50	23	22 × 12	23	7	21	12	22 × 18 × 18	27	11	25	12	26	13
54	61	29	22 × 15	25	9	23	12	22 × 22 × 15	28	12	28	12	25	14
64	73	40	22 × 18	27	11	25	12	22 × 22 × 18	28	12	28	12	27	14
76,1	80	46	22 × 28	32	16	32	13	28 × 28 × 22	34	15	34	15	35	19
89,9	92	54	28 × 15	28	9	26	15	35 × 22 × 22	37	14	36	16	43	31
108	112	64	28 × 18	29	10	28	15	35 × 22 × 28	37	14	36	16	42	33

Typ: Reduziermuffe
Best.-Nr.: 5240

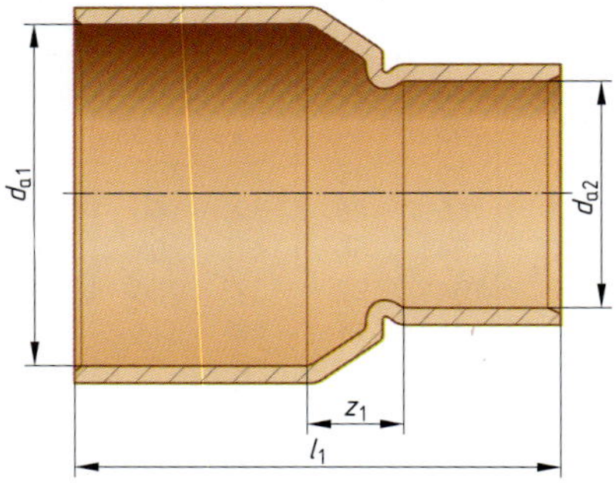

Reduziernippel
Best.-Nr.: 5243

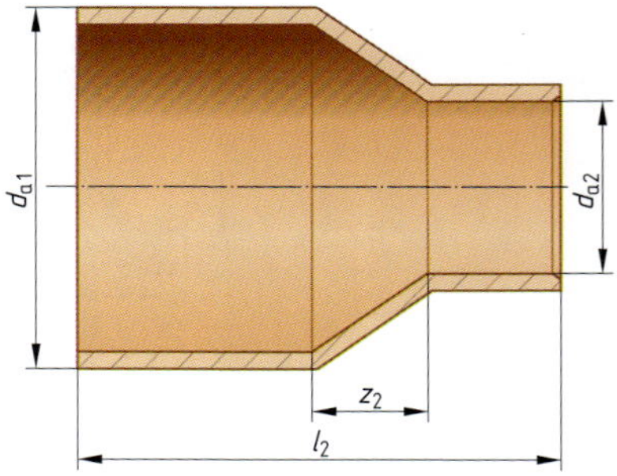

	Reduziermuffe		Reduziernippel	
$d_{a1} \times d_{a2}$	z_1 in mm	l_1 in mm	z_2 in mm	l_2 in mm
8 × 6	5	17	–	–
10 × 6	2	16	2	18
10 × 8	2	19	1	19
12 × 8	5	24	3	23
12 × 10	4	20	1	19
15 × 10	5	23	6	27
15 × 12	5	26	3	24
18 × 12	7	29	4	27
18 × 15	4	27	4	29
22 × 12	9	36	7	33
22 × 15	7	37	6	37
22 × 18	6	35	5	35
28 × 15	12	44	8	39
28 × 18	7	42	6	39

	Reduziermuffe		Reduziernippel	
$d_{a1} \times d_{a2}$	z_1 in mm	l_1 in mm	z_2 in mm	l_2 in mm
28 × 22	5	43	6	42
35 × 22	11	50	10	53
35 × 28	9	52	9	52
42 × 22	23	67	14	60
42 × 28	13	59	9	56
42 × 35	10	60	5	57
54 × 28	24	77	25	78
54 × 35	14	69	14	73
54 × 42	11	70	8	69
64 × 54	12	77	7	75
76,1 × 54	25	90	13	82
76,1 × 64	14	80	10	79
88,9 × 76,1	15	86	12	87
108 × 88,9	20	105	15	103

Typ: Muffe
Best.-Nr.: 5270

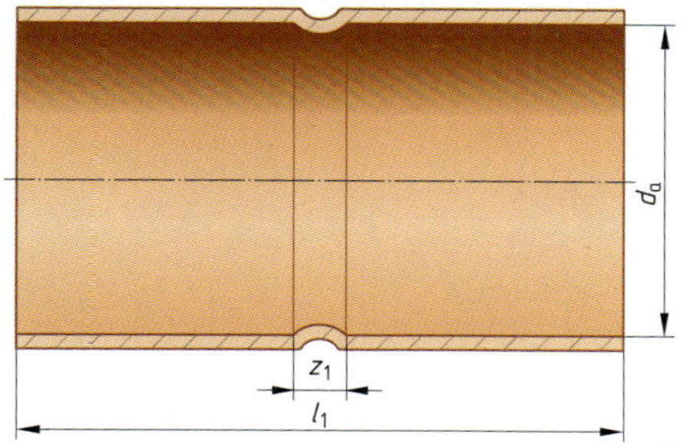

DN	d_a	z_1	l_1
4	6	1	13
6	8	1	15
8	10	1	17
10	12	2	19
12	15	2	23
15	18	2	27
20	22	2	32
25	28	2	38
32	35	2	48
40	42	2	56
50	54	2	66
–	64	5	70
65	76,1	4	72
80	88,9	5	80
100	108	4	100

Typ: Lötflansch
Best.-Nr.: 7552

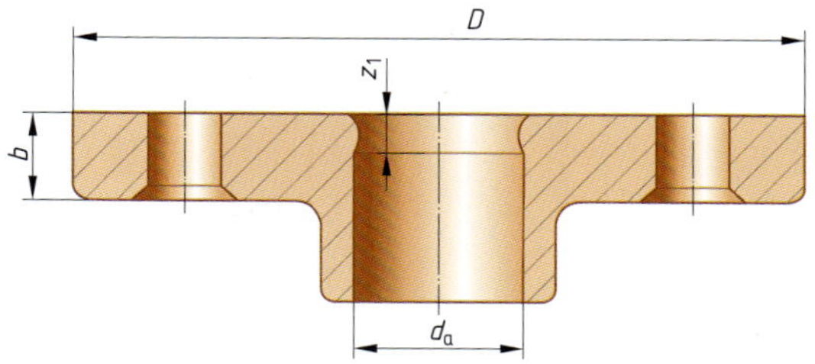

DN	d_a	z_1	D	b
8	10	9	90	12
10	12	9	90	12
12	15	8	95	12
15	18	8	95	12
20	22	6	105	14
25	28	5	115	14
32	35	5	140	18
42	42	5	150	18
50	54	4	165	18
65	76,1	4	185	18
80	88,9	8	200	18
100	108	8	220	18

Typ: Winkel Rp
Best.-Nr.: 4090g

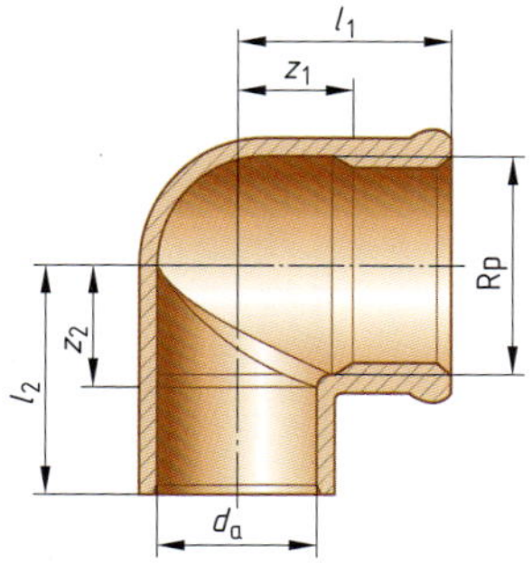

DN	$d_a \times Rp$ $d_a \times R$ mm × inch	l_1 mm	z_1 mm	l_2 mm	z_2 mm	l_3 mm	l_4 mm	z_4 mm
10	12 × ⅜	16	9	20	11	23	18	9
10	12 × ½	19	10	21	12	26	19	10
12	15 × ½	22	12	23	12	28	21	10
12	15 × ¾	23	12	28	17	–	–	–
15	18 × ½	23	14	25	12	30	32	18
15	18 × ¾	24	13	29	16	31	27	14

Winkel R
Best.-Nr.: 4092g

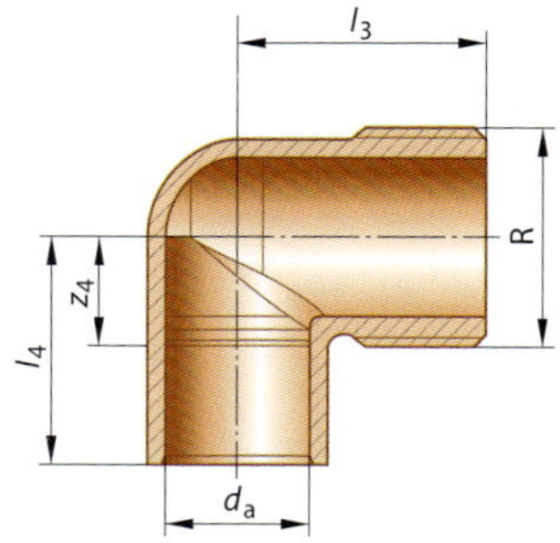

DN	$d_a \times Rp$ $d_a \times R$ mm × inch	l_1 mm	z_1 mm	l_2 mm	z_2 mm	l_3 mm	l_4 mm	z_4 mm
20	22 × ½	23	19	27	11	33	27	11
20	22 × ¾	26	16	32	16	33	29	14
25	28 × 1	32	19	40	21	46	38	19
32	35 × 1 ¼	40	19	47	23	45	45	22
40	42 × 1 ½	45	24	53	26	–	–	–
50	54 × 2	55	29	64	32	–	–	–

Typ: Übergangsnippel
Best.-Nr.: 4243g

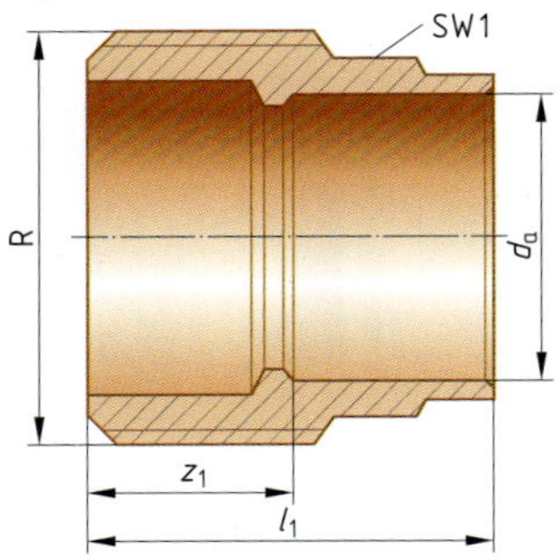

Übergangsmuffe
Best.-Nr.: 4270g

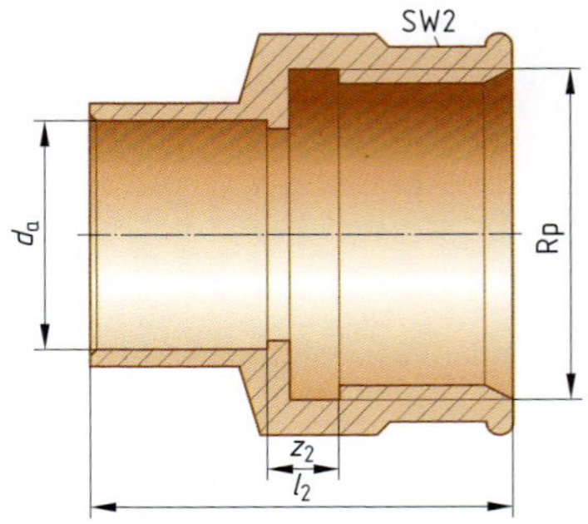

DN	$d_a \times$ Rp $d_a \times$ R mm × inch	l_1 mm	z_1 mm	SW1 mm	l_2 mm	z_2 mm	SW2 mm
8	10 × 3/8	19	11	13	21	5	21
8	10 × 1/2	23	15	14	25	5	25
10	12 × 3/8	21	12	16	22	5	21
10	12 × 1/2	23	14	16	25	5	25
12	15 × 1/2	26	15	18	28	5	25
12	15 × 3/4	27	16	19	29	5	30
15	18 × 1/2	28	15	21	30	5	25
15	18 × 3/2	26	13	21	31	5	30
20	22 × 1/2	33	17	26	33	1	25
20	22 × 3/4	32	16	26	34	5	30
20	22 × 1	32	16	26	36	5	38
25	28 × 3/4	37	18	32	37	1	30
25	28 × 1	37	18	32	40	5	38
25	28 × 1 1/4	40	19	32	48	15	50
32	35 × 1	45	22	39	43	8	40
32	35 × 1 1/4	44	21	42	51	13	48
40	42 × 1 1/2	48	21	48	56	15	56
50	54 × 2	62	30	61	64	15	68

Typ: T- Stück-Rp
Best.-Nr.: 4130g

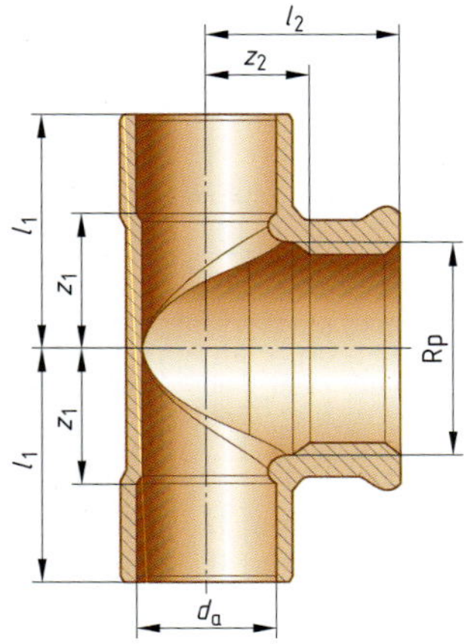

Wandscheibe
Best.-Nr.: 4472g

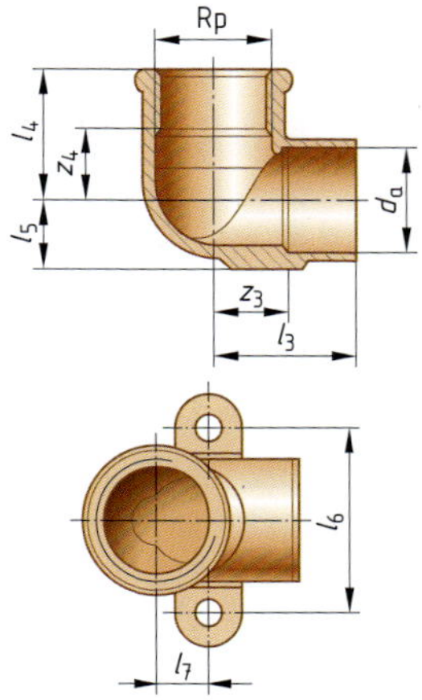

DN	d_a × Rp mm × inch	l_1 mm	z_1 mm	l_2 mm	z_2 mm	l_3 mm	z_3 mm	l_4 mm	z_4 mm	l_5 mm	l_6 mm	l_7 mm
10	12 × ⅜	–	–	–	–	20	11	16	9	8	33	9
10	12 × ½	22	13	22	7	22	13	20	11	9	33	9
12	15 × ⅜	21	10	18	10	21	10	18	6	11	34	9
12	15 × ½	23	12	23	14	23	12	22	12	10	33	9
15	18 × ½	25	12	23	14	26	13	23	13	12	33	9
15	18 × ¾	30	17	25	13	–	–	–	–	–	–	–
20	22 × ¾	32	17	27	16	33	17	27	16	14	42	12
25	28 × 1	39	20	32	20	–	–	–	–	–	–	–

Typ: Durchgangsverschraubung-Rp
Best.-Nr.: 4340

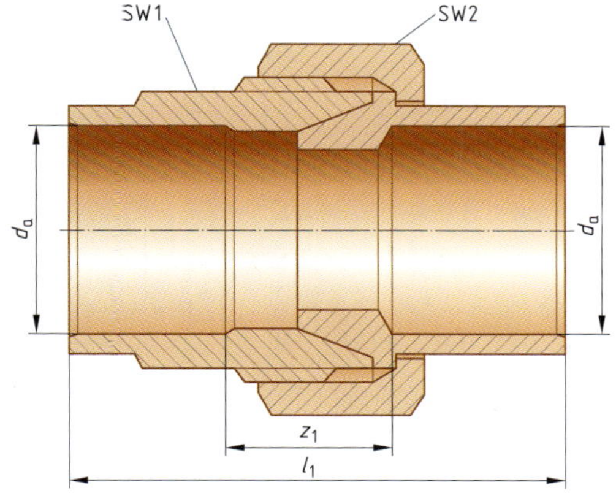

Winkelverschraubung
Best.-Nr.: 4096

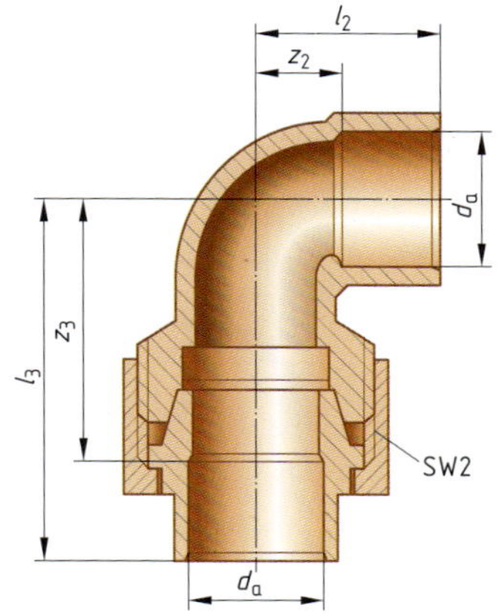

DN	d_a mm	l_1 mm	z_1 mm	l_2 mm	z_2 mm	l_3 mm	z_3 mm	SW1 mm	SW2 mm
8	10	10	13	–	–	–	–	13	19
10	12	10	12	–	–	–	–	16	23
12	15	35	13	20	9	41	30	19	29
15	18	40	14	25	12	45	32	22	29
20	22	45	13	30	14	52	36	26	36
25	28	54	17	37	18	60	42	32	46
32	35	66	20	–	–	–	–	40	52
40	42	76	21	–	–	–	–	49	59
50	54	91	27	–	–	–	–	61	75

Typ: Durchgangsverschraubung-R
Best.-Nr.: 4341g

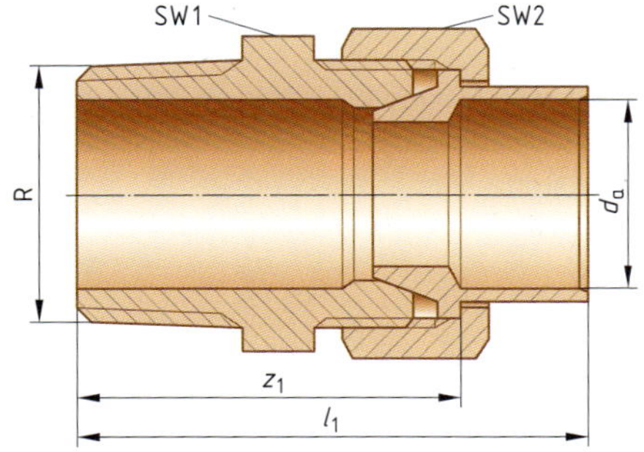

Durchgangsverschraubung-Rp
Best.-Nr.: 4340g

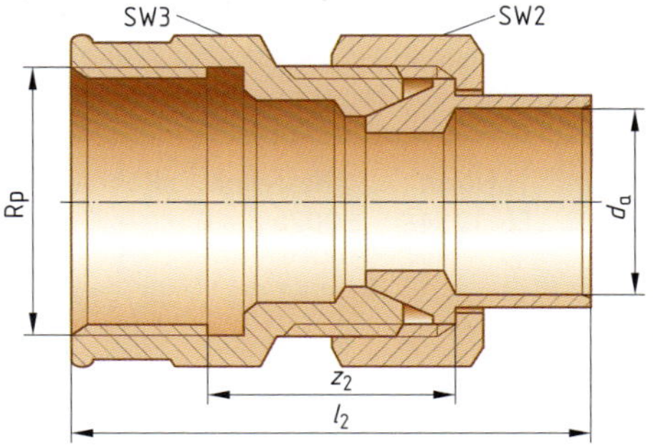

DN	$d_a \times$ Rp $d_a \times$ R mm × inch	l_1 mm	z_1 mm	l_2 mm	z_2 mm	SW1 mm	SW2 mm	SW3 mm
10	12 × ⅜	38	29	37	16	22	23	22
10	12 × ½	42	33	41	21	23	23	25
12	15 × ½	46	35	47	21	27	29	27
12	15 × ¾	50	39	47	23	28	29	31
15	18 × ½	48	35	49	21	27	29	27
15	18 × ¾	52	39	49	23	28	29	31
20	22 × ¾	55	40	53	21	34	36	34
20	22 × 1	57	41	61	26	34	36	40
25	28 × 1	63	44	58	20	44	46	44
32	35 × 1 ¼	75	53	70	25	50	52	50
40	42 × 1 ½	82	54	72	23	55	59	55
50	54 × 2	95	63	81	23	71	75	67

Typ: Winkelverschraubung-Rp
Best.-Nr.: 4096g

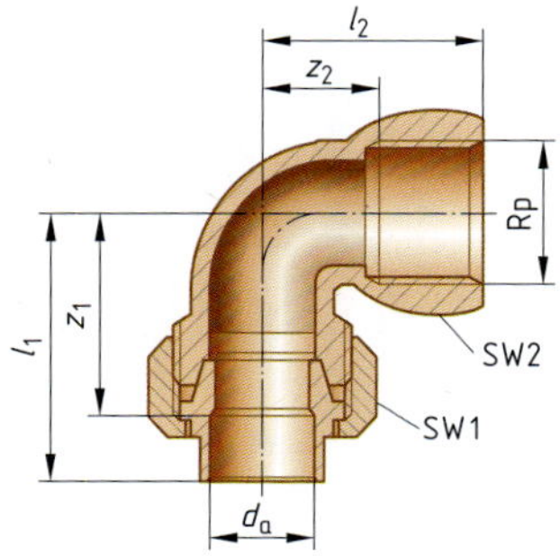

Winkelverschraubung-R
Best.-Nr.: 4098g

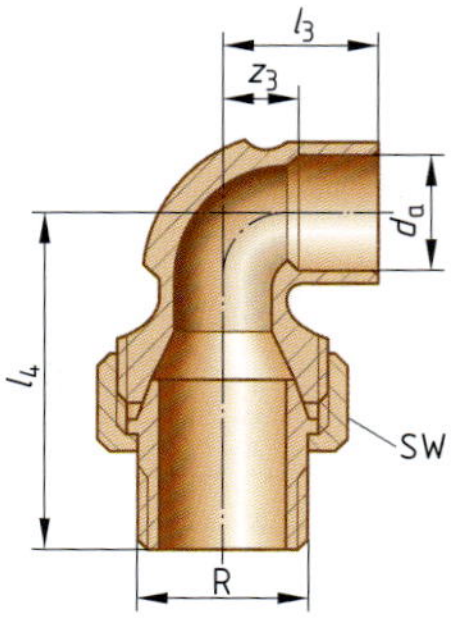

DN	$d_a \times$ Rp $d_a \times$ R mm × inch	l_1 mm	z_1 mm	l_2 mm	z_2 mm	l_3 mm	z_3 mm	l_4 mm	SW1 mm	SW2 mm
8	10 × ¼	–	–	–	–	17	9	39	18	–
10	12 × ⅜	37	28	26	14	18	9	43	23	22
10	12 × ½	–	–	–	–	18	9	49	29	–
12	15 × ½	42	31	33	18	20	9	49	29	28
15	18 × ½	44	31	33	21	25	12	51	29	28
15	18 × ¾	52	39	39	23	25	12	59	36	33
20	22 × ¾	53	37	39	23	30	14	59	36	33
25	28 × 1	63	44	47	28	37	18	68	46	39
32	35 × 1 ¼	73	50	57	35	45	22	76	52	48
40	42 × 1 ½	86	58	59	34	51	24	85	59	55
50	54 × 2	101	68	69	43	60	28	100	74	69

Bezeichnungsbeispiel:
Bezeichnung eines 90°-Bogens nach DIN EN 1254-1 mit der Bestellnummer 5002a und beidseitigem Lötmuffenanschluss für d_a = 15 mm aus Kupfer

Lötfitting	Norm	Bestellnr.	Rohraußendurchmesser	Werkstoff
Bogen 90°	**EN 1254-1**	**5002a** (l + l)	**15**	**Cu-DHP**

5.2.7 Pressfittings für Kupferrohre *press fittings for copper pipe*

DIN EN 1254-1 : 2021-10
Herstellerangaben)

Werkstoffe:
1. Kupfer (CU-DHP / CW024A)
2. Rotguss (CC499K / CuSn5Zn5Pb2-C)
3. Siliziumbronze (CC246E / CuSi4Zn9MnP)

Einsatzbereich:
Trinkwasser-Installation
Heizungs-Installation / Heizkörperanbindung
Gas-/Flüssiggas-Installation
Heizöl-Installation
Solaranlagen
Druckluftanlagen / Inertgase
Kühlwasseranlagen
Regenwasseranlagen
Löschwasser- / Sprinkleranlagen

Kennzeichnung für Gas-Pressverbinder:
Gas: für Gas-Installation
MOP5: Betriebsdruck bis 0,5 MPa (5 bar)
GT/1: für höhere thermische Belastung (HTB) von 650 °C / 30 Minuten max. 0,1 MPa (1 bar)

Anwendungsbereiche und Einsatzbedingungen von Dichtwerkstoffen (Herstellerangaben)
resistant plant materials

Einsatz von EPDM-Dichtelementen (schwarz glänzend, Lebensmittelgüte vorhanden)[1]				
Einsatzbereich	**Anwendungsbereiche**	**max. ϑ_s °C**	**max. p_s bar**	**Bemerkungen**
Trinkwasser	Trinkwasser warm/kalt, Zirkulation	85	≤ 16	nach Trinkwasser-Verordnung und DIN 50930-6
Heizungsanlagen	Pumpenwasserheizungen, Heizkörperanbindung	95	3	nach DIN 4751-3
Regenwasser	Regenwassernutzungsanlagen	20	10	nach DIN 1989 u. DVGW-A.-Bl.: W555
Solaranlagen	Solarkreislauf	–	6	für Flachkollektoren
Wasserlöschanlagen	Löschwasserleitungen nass und nass/trocken	20	10	für Löschwasserleitungen trocken Rotguss/austenitischer Stahl
Sprinkleranlagen	ortsfeste Nassanlagen	20	10	für Rohraußendurchmesser 22 … 54 mm
Druckluft	alle Leitungsteile	20	10	max. Ölkonzentration 25 mg/m³
Vakuum	alle Leitungsteile	20	–0,8	–
Technische Gase	alle Leitungsteile	–	–	Werkstoffbeständigkeit nach Herstelleranfrage
FKM-Dichtelemente (schwarz matt)[2]				
Fernwärme	Fernwärmeanlagen nach der Hauseinführung	140	16	wenn Zusatzstoffe im Trägermedium, dann Rücksprache mit Hersteller
Dampf	Niederdruckdampfanlagen	120	<1	–
Solaranlagen	Solarkreislauf	–	6	für Vakuumröhrenkollektoren
HNBR-Dichtelemente (gelb)[3]				
Gas	Erdgas und Gase nach DVGW-A.-Blatt G260	70	5	nach TRGI 86/96, bei HTB-Anforderungen bis p_s = 1 bar
Flüssiggas	Flüssiggas in der Gasphase	70	5	bei HTB-Anforderung bis p_s = 1 bar[4]
Heizöl, Diesel	als Heizöl- und Dieselkraftstoffleitung	40	5	einsetzbar als Saugleitung bis –0,5 bar
Druckluft	alle Leitungsteile	20	10	Ölkonzentration > 25 mg/m³

[1] Ethylen-Propylen-Dien-Kautschuk
[2] Fluorkautschuk
[3] Acrylnitril-Butadien-Kautschuk
[4] für Gas höhere thermische Belastbarkeit (HTB) mit Beständigkeitsanforderung von 650 °C über mindestens 30 min

Auswahl bevorzugter Kupferrohrabmessungen nach DIN EN 1057 für Pressfitting-Verbindungen

Heizung/ Fernwärme	$d_a \times s$ mm	12 × 0,7	15 × 0,8	18 × 0,8	22 × 0,9	28 × 1	35 × 1,2	42 × 1,2	54 × 1,5
Trinkwasser/ Öl/ Gas	$d_a \times s$ mm	12 × 1	15 × 1	18 × 1	22 × 1	28 × 1,5	35 × 1,5	42 × 1,5	54 × 2

Pressfittings aus Messing bzw. Rotguss – Auswahl

Ausführung: Bogen 90° (I + I)(Kupfer)

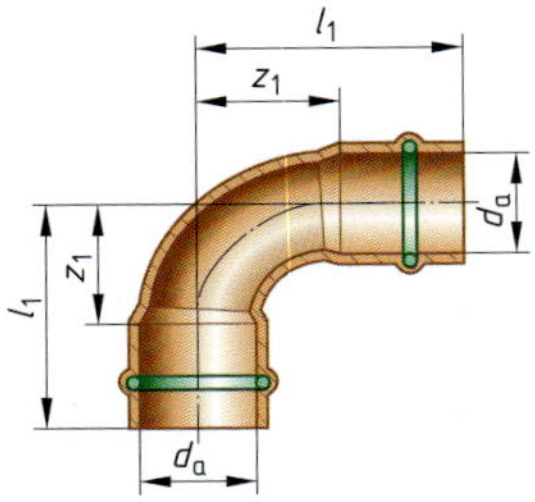

Bogen 90° (I + A) (Kupfer)

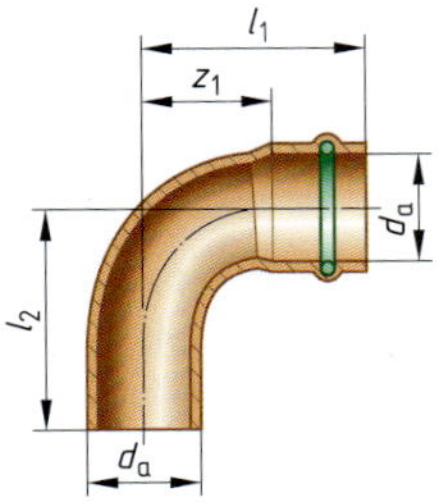

Bogen 45° (I + I) (Kupfer)

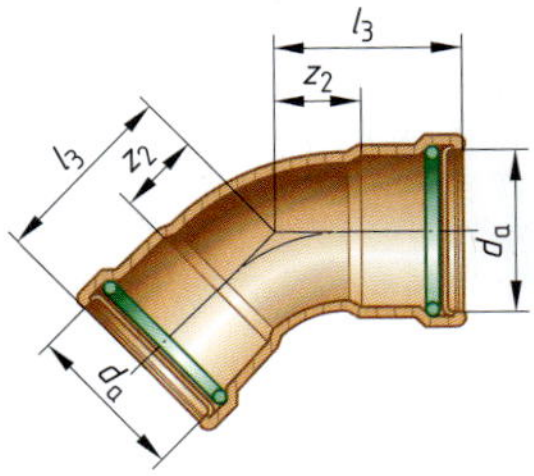

Bogen 45° (I + A) (Kupfer)

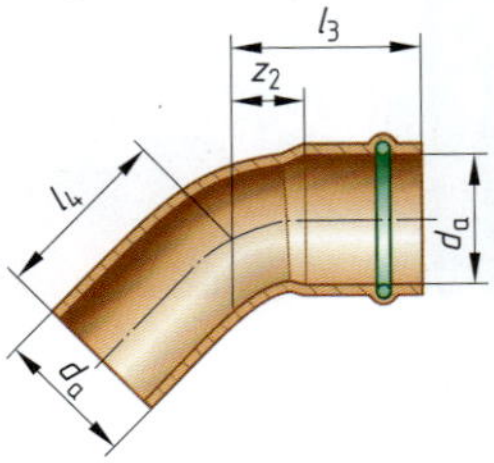

DN	d_a mm	l_1 mm	z_1 mm	l_2 mm	l_3 mm	z_2 mm	l_4 mm
10	12	32	14	34	24	6	26
12	15	40	18	42	30	8	32
15	18	44	22	46	31	9	33
20	22	49	26	51	34	11	36
25	28	58	34	60	38	14	40
32	35	68	42	70	43	17	45
40	42	86	50	88	57	21	63
50	54	105	65	107	67	27	74

Ausführung: Übergangswinkel 90°-Rp Rotguss

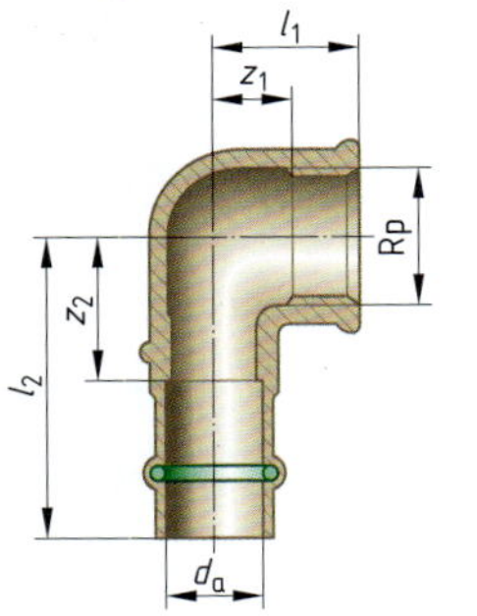

Übergangsbogen 90°-R Rotguss

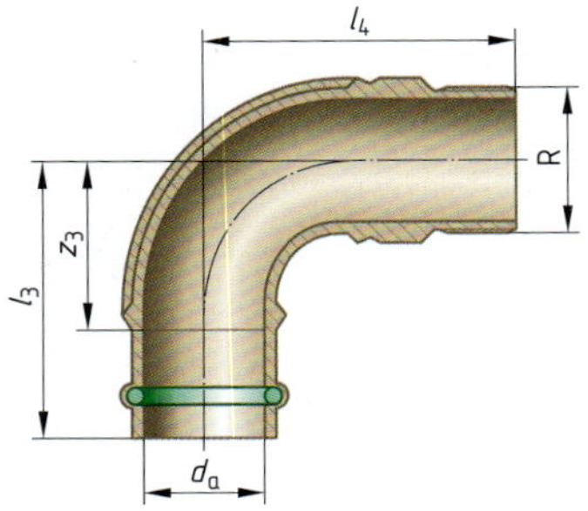

DN	$d_a \times$ Rp / $d_a \times$ R mm × inch	l_1 mm	l_2 mm	l_3 mm	l_4 mm	z_1 mm	z_2 mm	z_3 mm
10	12 × ⅜	17	38	37	40	9	21	19
10	12 × ½	20	40	37	44	10	23	19
12	15 × ⅜	19	46	45	47	11	24	23
12	15 × ½	22	46	45	43	12	24	23
12	15 × ¾	25	50	51	59	14	28	29
15	18 × ½	22	46	46	50	12	24	24
15	18 × ¾	24	50	46	55	13	28	24
20	22 × ½	26	52	–	–	16	29	–
20	22 × ¾	27	52	51	59	15	29	28
20	22 × 1	29	59	–	–	17	36	–
25	28 × ½	32	56	–	–	18	33	–
25	28 × ¾	27	58	–	–	16	35	–
25	28 × 1	33	59	58	72	20	36	34
32	35 × 1 ¼	39	66	74	88	24	41	48
40	42 × 1 ½	43	77	92	98	29	41	56
50	54 × 2	55	97	110	120	37	57	70

Ausführung: T- Stück gleiche Durchmesser Kupfer

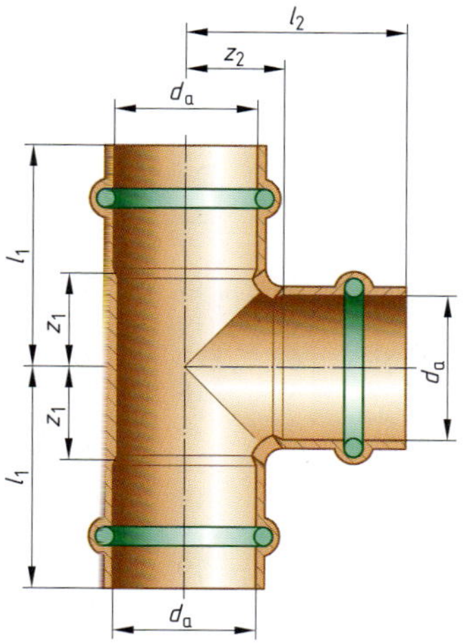

DN	d_a mm	l_1 mm	l_2 mm	z_1 mm	z_2 mm
10	12	36	27	12	9
12	15	41	33	19	11
15	18	42	35	20	13
20	22	45	38	22	15
25	28	48	43	24	19
32	35	52	48	26	22
40	42	65	65	29	29
50	54	75	75	35	35

Ausführung: T-Stück mit Außengewinde Rotguss

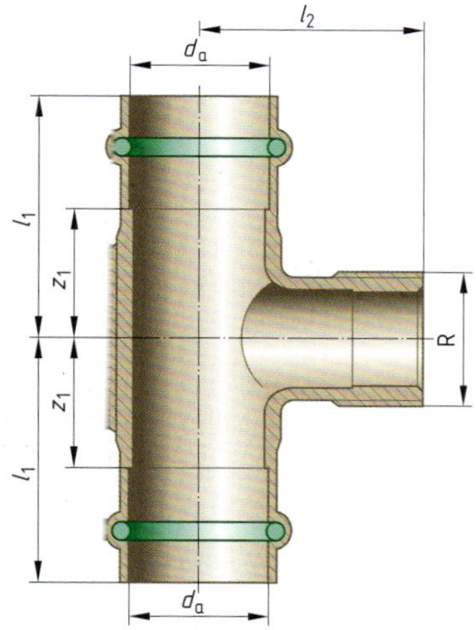

$d_a \times R \times d_a$ mm × inch × mm	l_1 mm	l_2 mm	z_1 mm
18 × ¾ × 18	45	40	23
22 × ¾ × 22	50	42	27
28 × ¾ × 28	50	45	27
35 × ¾ × 35	50	45	24
42 × ¾ × 42	55	50	19
54 × ¾ × 54	66	55	26
54 × 1 × 54	69	63	29
54 × 1 ¼ × 54	72	66	32

Ausführung: T-Stück mit Innengewinde Rotguss

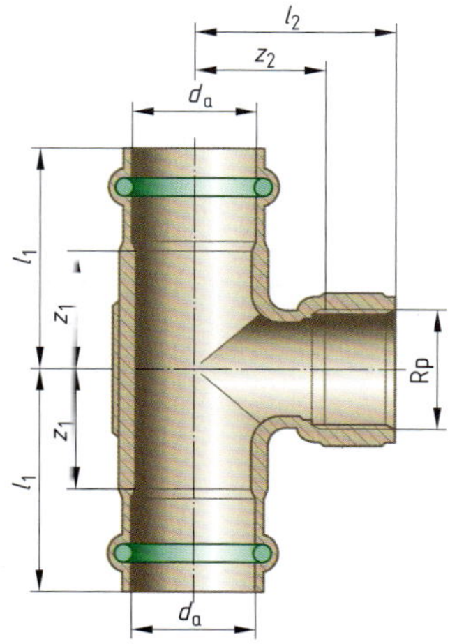

$d_a \times R \times d_a$ mm × inch × mm	l_1 mm	l_2 mm	z_1 mm	z_2 mm
12 × ½ × 12	40	35	22	20
15 × ⅜ × 15	43	35	21	22
15 × ½ × 15	45	21	22	9
18 × ½ × 18	45	40	23	25
22 × ½ × 22	49	43	25	28
22 × ¾ × 22	49	45	25	29
28 × ½ × 28	49	46	25	31
28 × ¾ × 28	53	50	29	34
35 × ½ × 35	49	49	23	34
35 × 1 × 35	60	55	35	36
42 × ½ × 42	55	50	19	35
42 × 1 × 42	65	59	29	40
54 × ½ × 54	66	55	26	40
54 × 1 × 54	70	66	30	47

Ausführung: T-Stück reduziert Kupfer

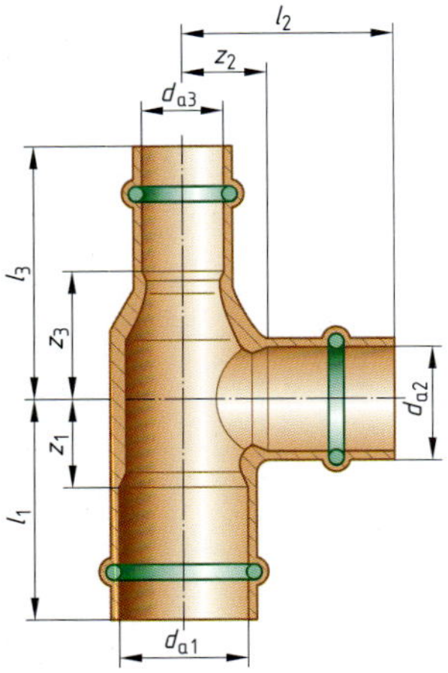

$d_{a1} \times d_{a2} \times d_{a3}$ mm	l_1 mm	l_2 mm	l_3 mm	z_1 mm	z_2 mm	z_3 mm
12 × 15 × 12	38	32	38	20	10	20
15 × 12 × 12	39	30	39	17	12	21
15 × 12 × 15	39	30	39	17	12	17
15 × 15 × 12	41	33	41	19	11	23
15 × 18 × 15	42	35	42	20	13	20
15 × 22 × 15	45	38	45	23	15	23
18 × 12 × 18	39	31	39	17	13	17
18 × 15 × 15	41	35	45	19	13	23
18 × 15 × 18	41	35	41	19	13	19
18 × 18 × 15	42	35	47	20	13	25
22 × 15 × 15	41	37	47	18	15	25
22 × 15 × 18	41	37	44	18	15	22
22 × 15 × 22	41	37	41	18	15	18
22 × 18 × 15	42	37	50	19	15	28
22 × 18 × 18	42	37	47	19	15	25
22 × 18 × 22	42	37	42	19	15	29
22 × 22 × 15	45	38	51	22	15	29
22 × 22 × 18	45	38	51	22	15	19
28 × 15 × 28	41	41	41	17	19	17
28 × 18 × 22	42	41	47	18	19	24
28 × 18 × 28	42	41	42	18	19	18
28 × 22 × 22	45	42	50	21	19	27
28 × 22 × 28	45	42	45	21	19	21
28 × 28 × 22	48	43	53	24	19	30
35 × 15 × 35	44	44	44	18	22	18
35 × 22 × 28	46	45	53	20	22	29
35 × 22 × 35	46	45	46	20	22	20
35 × 28 × 35	49	46	49	23	22	23
42 × 22 × 42	53	52	53	17	29	17
42 × 28 × 42	55	53	55	19	29	19
42 × 35 × 42	58	55	58	22	29	22
54 × 22 × 54	60	58	60	22	35	20
54 × 28 × 54	63	59	63	23	35	23
54 × 35 × 54	68	61	68	28	35	28
54 × 42 × 54	69	71	69	29	35	29

Ausführung: Übergangsstück mit Außengewinde Rotguss

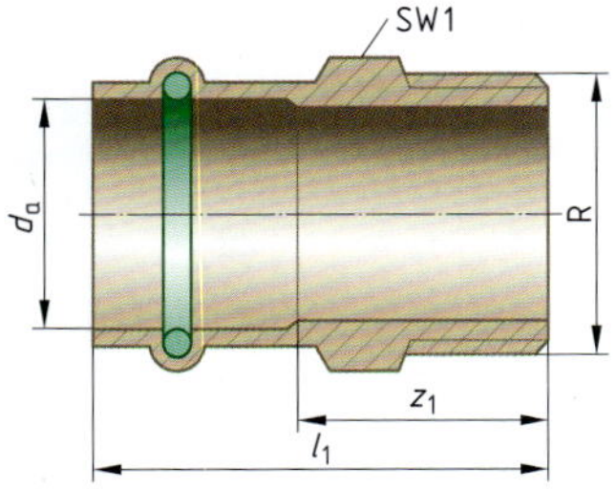

Übergangsstück mit Innengewinde Rotguss

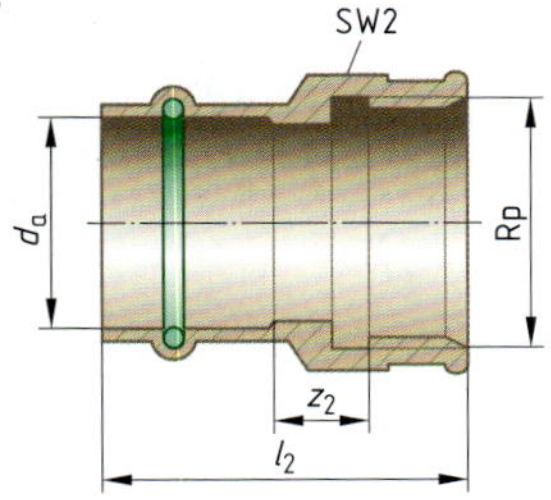

DN	$d_a \times$ R $d_a \times$ Rp mm × inch	l_1 mm	z_1 mm	SW1 mm	l_2 mm	z_2 mm	SW2 mm
10	12 × ⅜	34	17	17	32	7	21
10	12 × ½	38	20	22	39	7	26
12	15 × ⅜	39	17	19	–	–	–
12	15 × ½	44	22	22	44	7	26
15	15 × ¾	48	16	27	45	11	31
15	18 × ½	43	21	22	44	6	26
15	18 × ¾	47	25	27	45	11	31
20	22 × ½	45	22	27	44	7	26
20	22 × ¾	50	27	27	47	11	31
20	22 × 1	55	32	34	52	15	38
25	28 × ¾	52	28	33	–	–	–
25	28 × 1	55	32	34	52	15	38
25	28 × 1 ½	62	38	42	–	–	–
32	35 × 1	53	27	40	–	–	–
32	35 × 1 ¼	59	36	43	54	13	47
32	35 × 1 ½	60	35	50	–	–	–
40	42 × 1 ¼	65	29	48	–	–	–
40	42 × 1 ½	67	31	50	69	10	53
50	54 × 1 ½	78	38	68	–	–	–
50	54 × 2	79	39	68	80	20	70

Ausführung: Muffe Kupfer

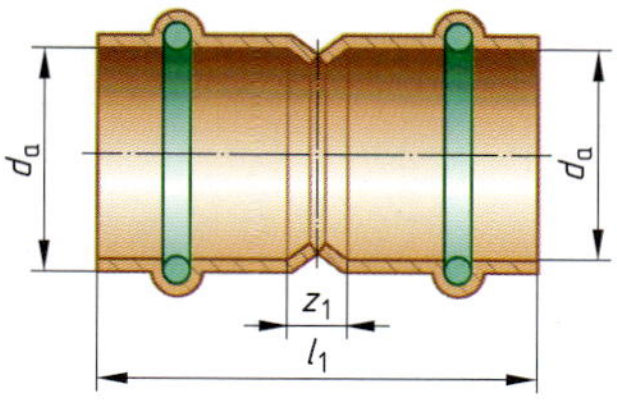

Schiebemuffe[1)] Rotguss

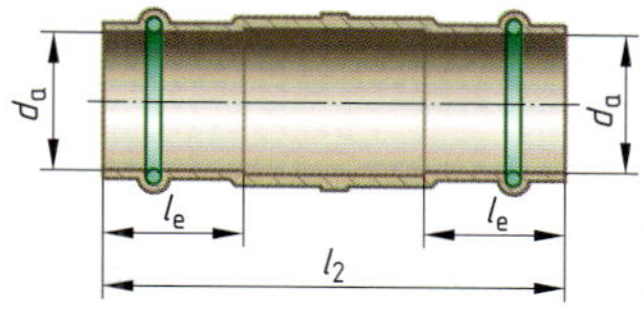

DN	d_a mm	l_1 mm	z_1 mm	l_2 mm	l_e mm
10	12	42	6	–	–
12	15	50	6	80	22
15	18	54	10	80	22
20	22	56	10	85	24
25	28	58	10	95	24
32	35	62	10	105	26
40	42	84	12	120	42
50	54	92	12	135	48

1) l_e: Mindesteinstecktiefe des Rohres, z-Maß für Schiebemuffe = $l_2 - 2 \times l_e$

Ausführung: Reduziermuffe Kupfer

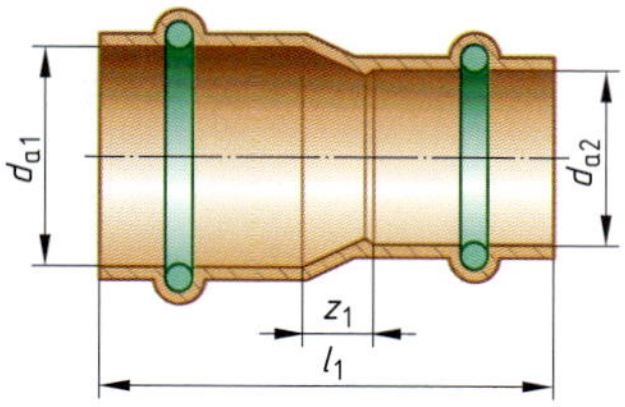

Verschlusskappe Kupfer

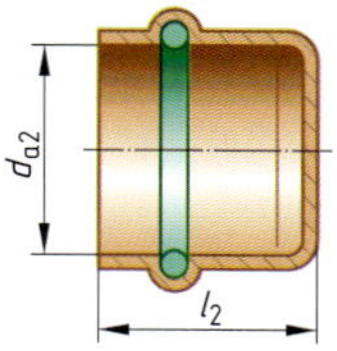

d_{a1} mm	d_{a2} mm	l_1 mm	z_1 mm	l_2 mm
15	12	48	8	23
18	15	53	9	26
22	15	56	11	–
22	18	54	9	27
28	22	58	11	27
35	28	63	13	29
42	35	75	13	34
54	42	95	19	41
–	54	–	–	46

Ausführung: Verschraubung flachdichtend Rotguss

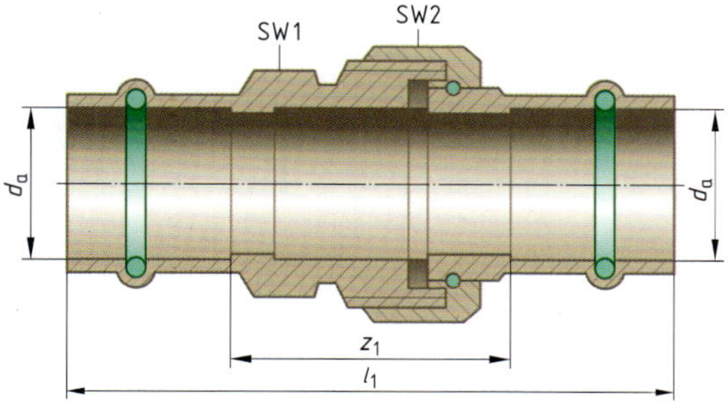

Wandscheibe Rotguss

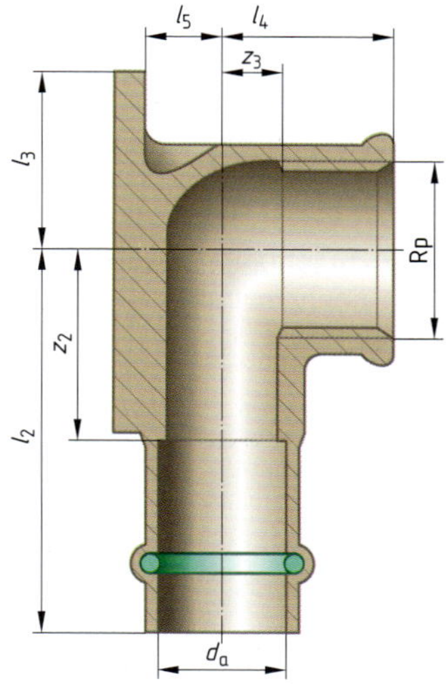

DN	d_a mm	l_1 mm	z_1 mm	SW1 mm	SW2 mm
10	12	65	30	25	30
12	15	77	33	25	30
15	18	80	36	24	30
20	22	89	42	31	37
25	28	95	48	40	46
32	35	100	49	45	53
40	42	121	49	50	60
50	54	133	53	70	78

DN	$d_a \times$ Rp mm × inch	l_2 mm	z_2 mm	l_3 mm	z_3 mm	l_4	l_5 mm
10	12 × ½	40	23	21	10	20	11
12	15 × ½	46	24	21	12	22	13
15	18 × ½	46	24	21	12	22	15
15	18 × ¾	50	28	21	13	24	16
20	22 × ½	52	29	21	14	24	20
20	22 × ¾	50	27	21	16	27	19
–	–	–	–	–	–	–	–
–	–	–	–	–	–	–	–

Ausführung: Winkelverschraubung flachdichtend Rotguss

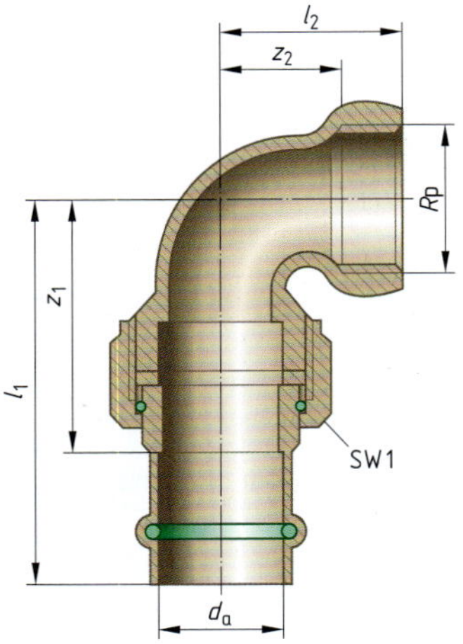

DN	$d_a \times$ Rp mm × inch	l_1 mm	z_1 mm	l_2 mm	z_2 mm	SW1 mm
10	12 × ½	53	36	33	18	30
12	15 × ½	60	38	33	18	30
15	18 × ½	63	41	33	18	30
15	18 × ¾	65	43	39	23	36
20	22 × ¾	71	47	39	23	37
20	22 × 1	74	50	44	25	37
25	28 × 1	81	57	47	28	46
32	35 × 1 ¼	85	60	57	35	53
40	42 × 1 ½	108	72	59	38	60
50	54 × 2	114	74	69	43	78

Ausführung: Verschraubung flachdichtend mit Außengewinde; Rotguss

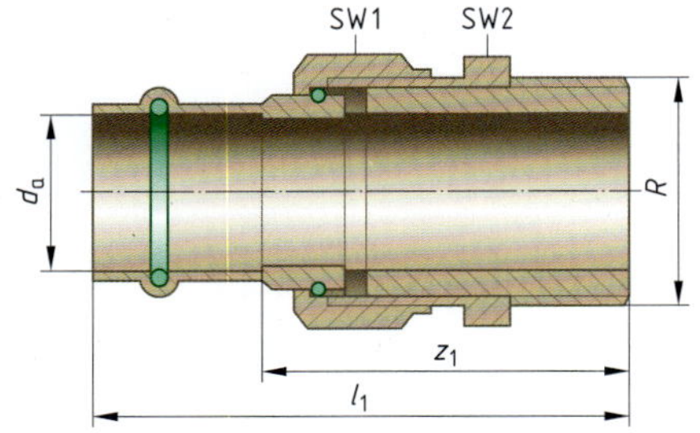

Verschraubung flachdichtend mit Innengewinde Rotguss

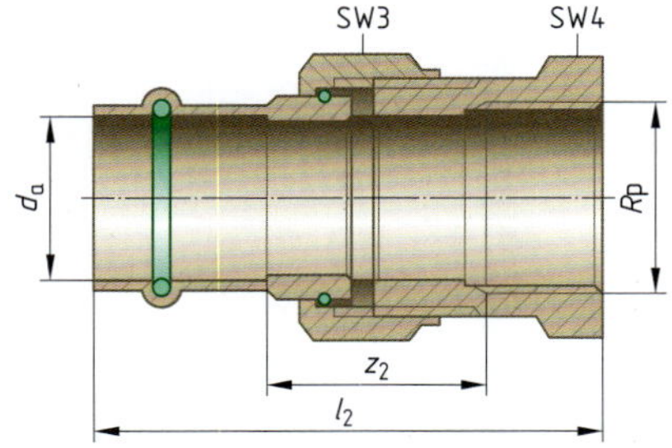

DN	$d_a \times$ R $d_a \times$ Rp mm × inch	l_1 mm	z_1 mm	SW1 mm	SW2 mm	l_2 mm	z_2 mm	SW3 mm	SW4 mm
10	12 × ⅜	55	37	30	27	56	23	30	27
10	12 × ½	58	40	30	27	–	–	–	–
12	15 × ½	65	43	30	27	63	26	30	27
12	15 × ¾	67	45	30	28	66	31	30	31
15	18 × ½	67	45	30	27	65	28	30	27
15	18 × ¾	69	47	30	28	68	33	30	31
20	22 × ½	69	46	37	34	–	–	–	–
20	22 × ¾	74	50	37	34	72	32	37	34
20	22 × 1	75	51	37	34	81	39	37	40
25	28 × ¾	79	55	46	44	63	23	46	32
25	28 × 1	78	54	46	44	76	33	46	44
32	35 × 1 ¼	89	63	53	50	83	36	53	50
40	42 × 1 ½	101	65	60	55	96	38	60	56
50	54 × 2	107	67	78	70	85	28	78	68

5.2.8 Steckfittings für Kupfer-, Stahl- und Edelstahlrohr (nach Herstellerangaben) *plug fittings*

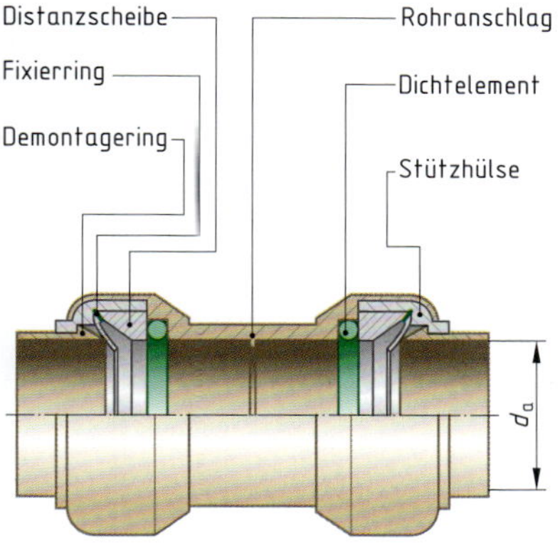

Einsatz	für Heizung, Sanitär u. Industrie – **nicht für Gas und Solar**
Steckverbindungsart	formschlüssige, dauerhaft dichte Rohrverbindung (DVGW W534)
Werkstoff	Entzinkungsbeständiges Messing CW 602N, Rotguss (Rg 5, CC 491K)
Dichtungselement	EPMD, einsetzbar unter Putz
Betriebstemperatur	–20 °C … +90 °C für Heizung und Sanitär
Betriebsdruck	10 bar bei 114 °C und 16 bar bei max. 30 °C
Demontierbar und wiederverwendbar; geeignet für CU-Rohr R220, R250, R290 und Kalibrieren erforderlich, ein Stützring aber nicht.	

Ausführung:

Winkel 90 ° i + i

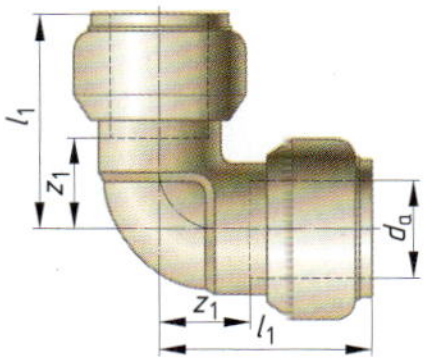

Winkel 90° i + a

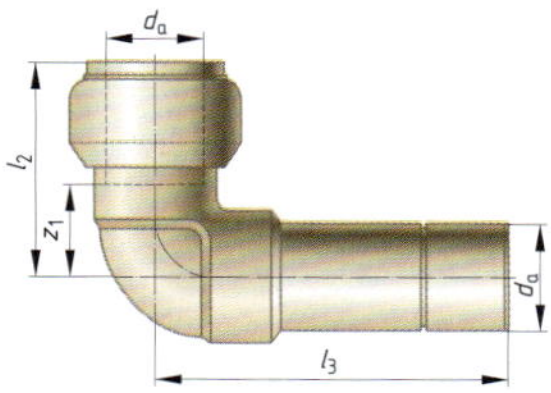

Winkel 45° i + i

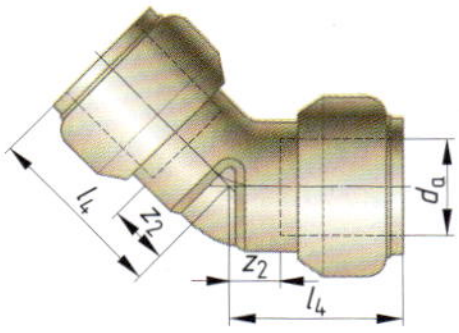

Winkel 45° i + a

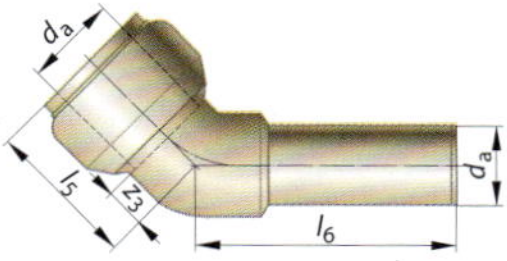

DN	d_a mm	l_1 mm	z_1 mm	l_2 mm	l_3 mm	l_4 mm	z_2 mm	l_5 mm	l_6 mm	z_3 mm
10	12	31	7	31	42	33	5	33	36	5
15	15	33	9	33	44	33	5	33	37	5
15	18	34	10	34	48	34	5	34	38	5
20	22	40	12	41	48	41	6	41	42	6
25	28	49	17	49	57	49	7	49	48	7
32	35	76	19	–	–	77	20	66	93	9
40	42	85	23	–	–	85	23	75	106	13
50	54	98	29	–	–	98	29	83	114	14

Ausführung:

T-Stück

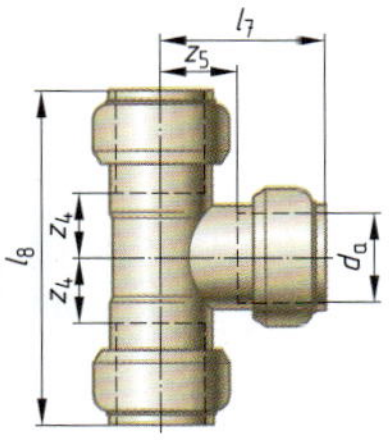

Muffen

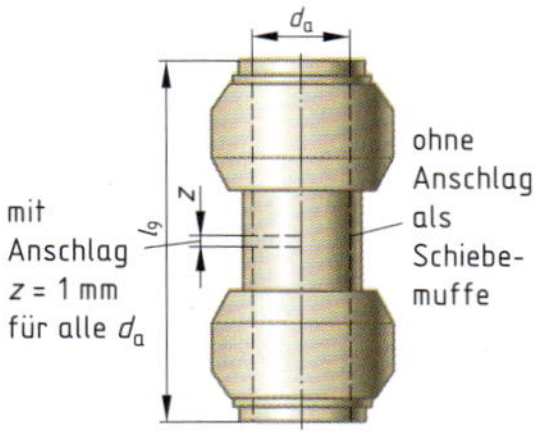

Kappe

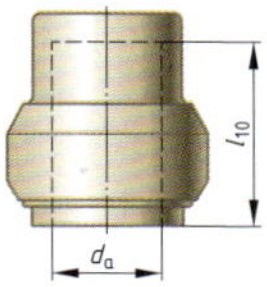

Kappe mit Entlüftung

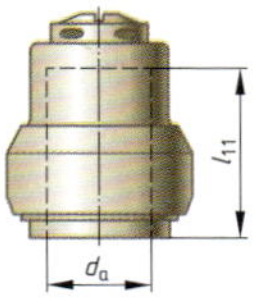

DN	d_a mm	l_7 mm	l_8 mm	z_4 mm	z_5 mm	l_9 mm	l_{10} mm	l_{11} mm
10	12	31	62	7	7	49	24	24
15	15	34	65	9	10	49	24	24
15	18	34	68	10	10	49	24	24
20	22	41	81	12	12	59	29	29
25	28	49	97	16	15	65	32	32
32	35	77	154	20	20	115	57	–
40	42	85	170	23	23	126	62	–
50	54	98	196	29	29	139	69	–

Ausführung: Reduziernippel

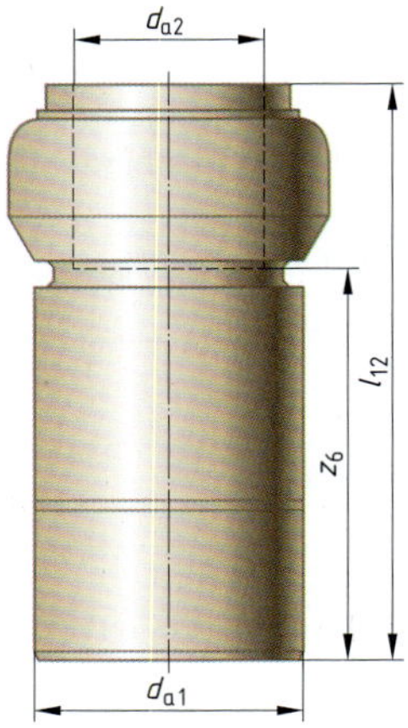

Reduziermuffe

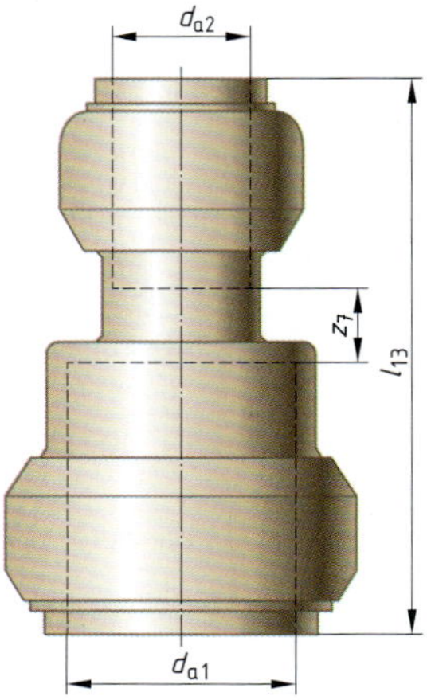

$d_{a1} \times d_{a2}$ mm	l_{12} mm	z_6 mm	l_{13} mm	z_7 mm
15 × 12	46	22	–	–
18 × 15	46	22	**49**	**1**
22 × 12	52	28	–	–
22 × 15	52	28	–	–
22 × 18	52	28	**54**	**1**
28 × 15	55	31	–	–
28 × 18	55	31	–	–
28 × 22	56	27	**62**	**1**
35 × 22	83	55,5		
35 × 28	87	55,5		
42 × 22	87	59,5		
42 × 28	91,5	58,5		
42 × 35	116	61		
54 × 35	124	67		
54 × 42	129	68		

Ausführung: T-Stück mit Abgang Rp

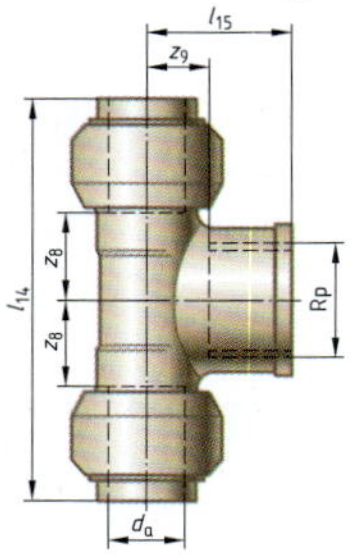

Übergangswinkel mit Abgang Rp

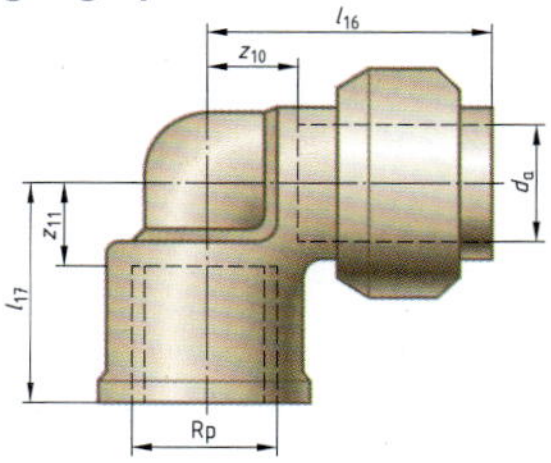

Übergangswinkel mit Abgang R

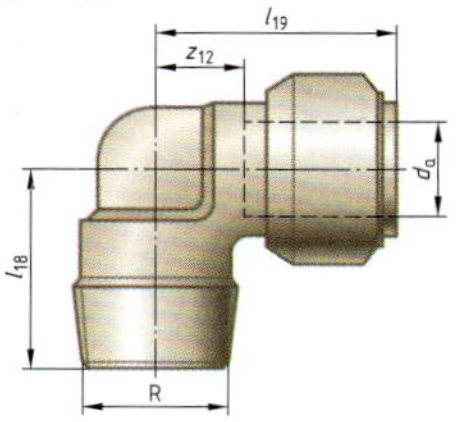

Deckenwinkel mit Abgang Rp

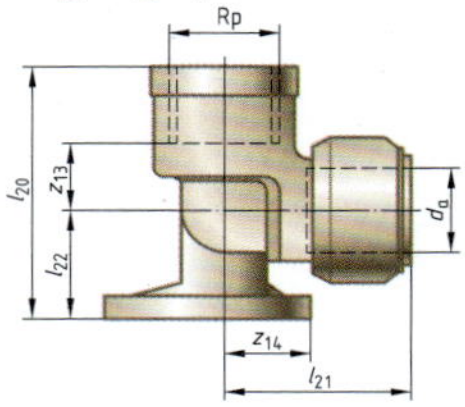

$d_a \times$ R $d_a \times$ Rp mm × inch	l_{14} mm	z_8 mm	l_{15} mm	z_9 mm	l_{16} mm	z_{10} mm	l_{17} mm	z_{11} mm	l_{18} mm	l_{19} mm	z_{12} mm	l_{20} mm	l_{21} mm	l_{22} mm	z_{13} mm	z_{14} mm
12 × ½	–	–	–	–	34	10	25	11	29	33	7	45	34	20	11	11
15 × ½	69	11	25	11	34	10	25	11	29	33	9	45	35	20	11	11
18 × ½	70	13	27,5	12	36	12	25	11	29	34	10	45	34	20	13	11
18 × ¾	–	–	–	–	40	16	33	18	36	34	10	51	40	20	9	11
22 × ½	78	10	27	14	–	–	–	–	–	–	–	–	–	–	–	–
22 × ¾	78	13	30	12	42	13	33	18	34	41	12	54	40	21	18	12
28 × 1	–	–	–	–	49	17	37	21	42	49	17	–	–	–	–	–
35 × ½	136	11	48,5	20	–	–	–	–	–	–	–	–	–	–	–	–
42 × ½	147	11	52	23	–	–	–	–	–	–	–	–	–	–	–	–

Ausführung: Übergangsnippel

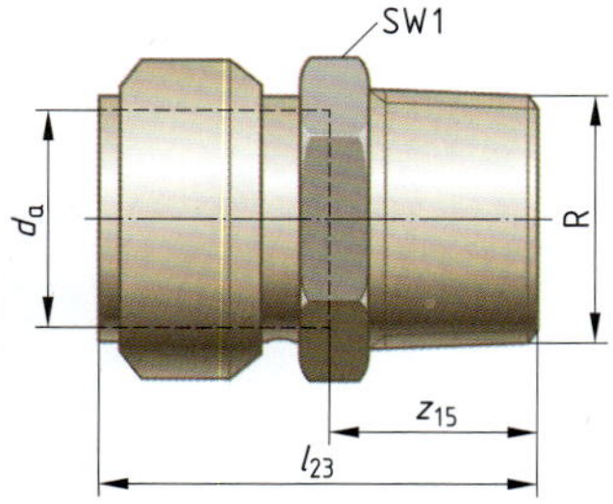

Übergangsmuffe

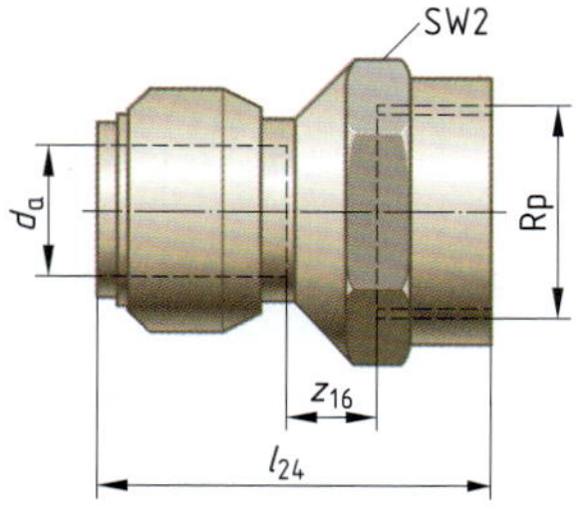

$d_a \times$ R $d_a \times$ Rp mm × inch	l_{23} mm	z_{15} mm	SW1 mm	l_{24} mm	z_{16} mm	SW2 mm
12 × ⅜	39	15	20	39	2	25
12 × ½	40	16	25	40	2	25
15 × ⅜	39	16	20	39	2	22
15 × ½	40	16	22	40	3	25
18 × ½	43	19	24	40	3	25
18 × ¾	43	19	28	43	3	32
22 × ½	44	16	28	45	2	32
22 × ¾	46	18	28	47	3	32

Ausführung: T-Stück reduziert

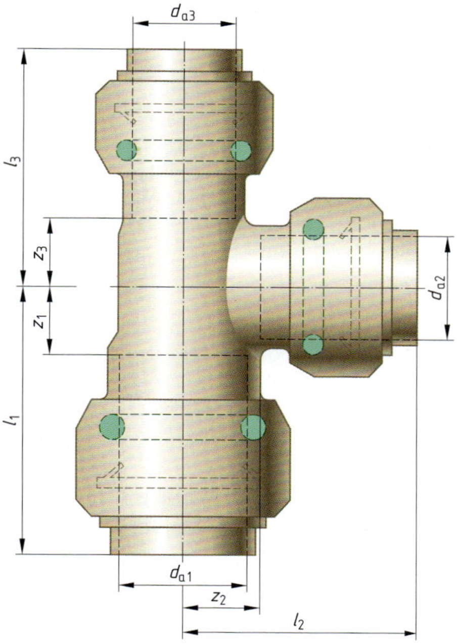

$d_{a1} \times d_{a2} \times d_{a3}$ mm	l_1 mm	l_2 mm	l_3 mm	z_1 mm	z_2 mm	z_3 mm
15 × 12 × 15	30,2	31,5	30,2	7,2	8,5	7,2
22 × 15 × 15	35,5	35,2	35,2	8,5	12,2	12,2
22 × 15 × 22	35,7	35,2	35,7	8,7	12,2	8,7
22 × 18 × 18	35,5	35,2	33,0	8,5	12,2	10,0
22 × 18 × 22	37,5	35,2	37,5	10,5	12,2	10,5
22 × 22 × 15	39,2	39,2	35,2	12,2	12,2	12,2
22 × 22 × 18	39,2	39,2	35,2	12,2	12,2	12,2
28 × 15 × 28	39,7	38,5	39,7	8,7	15,5	8,7
28 × 18 × 18	41,0	38,2	41,0	10,2	15,2	10,2
28 × 18 × 28	41,4	39,8	33,2	10,4	16,8	10,2
28 × 22 × 22	46,2	42,5	42,5	15,2	15,5	15,5
28 × 22 × 28	43,2	42,5	43,2	12,2	15,5	12,2
28 × 28 × 15	46,2	46,2	38,5	15,2	15,2	15,5
28 × 28 × 18	46,2	46,2	38,2	15,2	15,2	15,2
28 × 28 × 22	46,2	46,2	38,5	15,2	15,2	15,5
35 × 15 × 35	68,3	62,7	68,3	11,3	39,7	11,3
35 × 22 × 35	74,2	72,9	74,2	17,2	45,9	17,2
35 × 28 × 35	74,2	75,9	74,2	17,2	44,9	17,2
42 × 22 × 42	79,4	76,4	79,4	17,4	49,4	17,4
42 × 28 × 42	79,4	79,4	79,4	17,4	48,4	17,4
54 × 22 × 54	87,8	77,3	87,8	19,0	50,0	19,0
54 × 28 × 54	87,8	85,3	87,8	18,8	54,3	18,8
54 × 35 × 54	88,8	86,0	88,8	19,8	29,0	19,8

5

5.3 Mehrschicht-Verbundrohrsysteme

(Herstellerangaben)

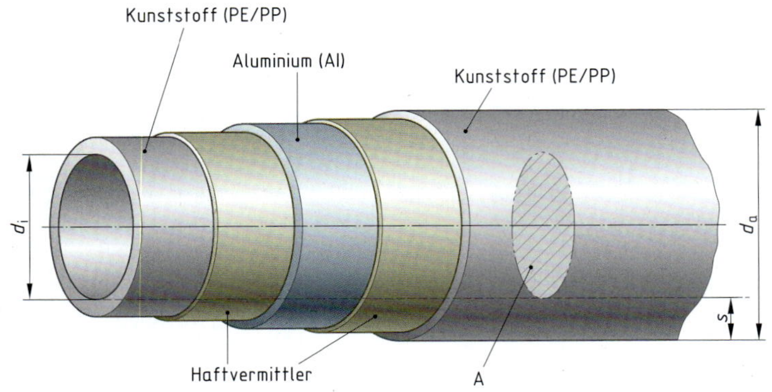

Rohrabmaße:

d_a: Außendurchmesser in mm
d_i: Innendurchmesser in mm
s: Wanddicke mm
A: lichter Querschnitt in cm^2
m': längenbezogene Masse g/m
V': längenbezogener Rohrinhalt in dm^3/m

Anwendung:

- Trinkwasser (warm und kalt)
- Heizung, Flächenheizung
- Druckluft

5.3.1 Mehrschichtverbundrohre für Trinkwasser-, Heizungs- und Druckluftanlagen[1)]

Ausführung:				PE-Xc/Al/PE-Xc (PN 10)			PE-X/Al/PE-HD (PN 20)						PP/Al/PP (PN 25)					
Lieferform: Stange				$l = 5$m für $d_a = 16 \dots 63$ mm			$l = 5$m für $d_a = 16 \dots 63$ mm						$l = 4$m für $d_a = 16 \dots 100$ mm					
Ringbund				$l = 50 \dots 200$ mm für $d_a = 16 \dots 25$ mm			$l = 50/100$ für $d_a = 16 \dots 26$ mm						$l = 100$ m für $d_a = 16$ mm					
Biegeradius:				$R \geq 5 \times d_a$			$R \geq 5 \times d_a$						$R \geq 6 \times d_a$					
Längenausdehnungs-koeffizient:				$\alpha = 0{,}025 \frac{mm}{m \cdot K}$			$\alpha = 0{,}026 \frac{mm}{m \cdot K}$						$\alpha = 0{,}03 \frac{mm}{m \cdot K}$					
zul. Druck				≤ 10 bar			≤ 6 bar			≤ 10 bar			≤ 7,17 bar			≤ 12,7 bar		
zul. Temperatur				≤ 70 °C			≤ 95 °C			≤ 70 °C			≤ 90°			≤ 60°		
DN	**d_a mm**	**s mm**	**d_i mm**	**A cm^2**	**V' dm^3/m**	**m' g/m**	**d_a mm**	**s mm**	**d_i mm**	**A cm^2**	**V' dm^3/m**	**m' g/m**	**d_a mm**	**s mm**	**d_i mm**	**A cm^2**	**V' dm^3/m**	**m' g/m**
10	16	2,2	11,6	1,06	0,106	112,8	16	2,0	12	1,13	0,11	130	16	2,7	10,6	0,85	0,085	185
15	20	2,8	14,4	1,63	0,163	173,8	20	2,5	15	1,76	0,18	190	20	3,4	13,2	1,37	0,137	212
20	25	2,7	19,6	3,02	0,305	245,0	26	3,0	20	3,14	0,31	300	25	4,2	16,6	2,16	0,216	326
25	32	3,2	25,6	5,14	0,522	380,0	32	3,0	26	5,31	0,53	420	32	5,4	21,2	3,53	0,353	506
32	40	3,5	33,0	8,55	0,855	525,0	40	3,5	33	8,55	0,86	600	40	6,7	26,6	5,56	0,556	759
40	50	4,0	42,0	13,85	1,385	735,0	50	4,0	42	13,9	1,39	840	50	8,4	33,2	8,66	0,866	1,148
50	63	4,5	52,0	21,23	2,255	1090	63	4,5	54	22,9	2,29	1200	63	10,5	42,0	13,85	1,385	1,752

1) Herstellerangaben nicht immer übertragbar, auf DVGW Zulassung achten.

5.3.2 Auswahlkriterien für Rohrleitungssysteme in der Gebäudetechnik

Anwendung	Regelwerk	Betriebs-temperatur	Betriebsdruck	Rohrwerkstoff	Elastomer[6]
Gashausanschluss-leitungen	DVGW G 459-1	– 20 °C bis 20 °C [1]	bis 10 bar	PE / PE-X	NBR
Wasserhausanschluss-leitungen	DVGW W 400-1 bis 3	bis 20 °C	bis 16 bar	PE / PE-X	NBR
Gasinstallation	DVGW-G 600 TRGI 2018	– 20 °C bis 70 °C	bis 5 bar (HTB / GT 5) bis 5 bar (HTB / GT 1)	Edelstahl Kupfer	HNBR
Flüssiggasinstallation	TRF 2021[2]	– 20 °C bis 70 °C	≤ 100 mbar (GT 1) > 100 mbar (GT 5)	Kupfer Edelstahl	HNBR
Heizölinstallationen	TRbF 50[3]	bis 40 °C	– 0,5 bar bis 5 bar	Kupfer Edelstahl	HNBR
Flächentemperierung	DIN EN 1264	bis 50 °C	bis 6 bar	Polybutylen PE-X	EPDM
Trinkwasseranlagen	DIN 1988 VDI 6023	60 °C (85 °C)	bis 10 bar (DEA bis 16 bar)	Edelstahl Kupfer PE-X; PE-X/AL/PE-X	EPDM
Trinkwasser-erwarmungsanlagen (therm. Desinfektion)	DIN 1988 DVGW W291 / W551 / W553	bis 60 °C (≥ 70 °C)	10 bar 6 bar (geschl. TWE)	Edelstahl Kupfer PE-X; PE-X/AL/PE-X	EPDM
Trinkwasser-erwärmungsanlagen (heizungsseitig)	DIN 1988 DIN 4753-1	≤ 95 °C (TWE geschl.) > 95 °C (TWE mittelbar)	10 bar 6 bar (geschl. TWE)	Edelstahl Kupfer	EPDM
Heizungsanlagen (NT-PWWH)	DIN EN 12 828	bis 70 °C	bis 6 bar	Kupfer Stahl (S235JR) PE-X/AL/PE-X	EPDM
Nahwärme (Erdreich)	AGFW	bis 95 °C	bis 10 bar	PE-X; PE-X/AL/PE-X	EPDM
Heizungsanlagen (gewerblich) WRG	DIN EN 12 828	bis 110 °C	bis 6 bar	Kupfer Stahl (S235JR)	EPDM
Solaranlagen (Flachkollektoren)	DIN EN 12 975 DIN EN 12 976	bis 200 °C[4]	bis 6 bar	Edelstahl Kupfer	EPDM
Fernwärmeanlagen	Techn. Anschluss-beding. TAB Fern-wärmeversorger[5]	bis 140 °C	bis 16 bar	Edelstahl Kupfer	FKM
Solaranlagen (Vakuumkollektoren)	DIN EN 12 975 DIN EN 12 976	bis 280 °C[4]	bis 6 bar	Edelstahl Kupfer	FKM

1) – 20 °C Prüfkriterium für Einsatz in Gasleitungen
2) in Anlehnung an DVGW-Arbeitsblatt G 600 TRGI 2018
3) In Verbindung mit den bauaufsichtlichen Zulassungen
4) Stillstandtemperaturen von bis zu 200 °C möglich, bei Vakuumröhrenkollektoren bis zu 280 °C (DIN EN 12977-1)
5) die Anforderungen der TAB der einzelnen Versorger können differenzieren
6) Kurzbezeichnung für anwendungsspezifische Compounds mit den erforderlichen Zulassungen

5.3.3 Pressfittings für Mehrschichtverbundrohr (Radialpressen)

Ausführung: P-Winkel 90°

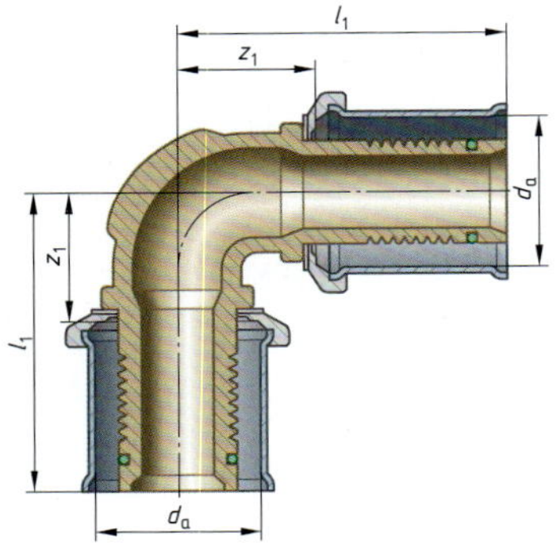

P-Winkel 45°

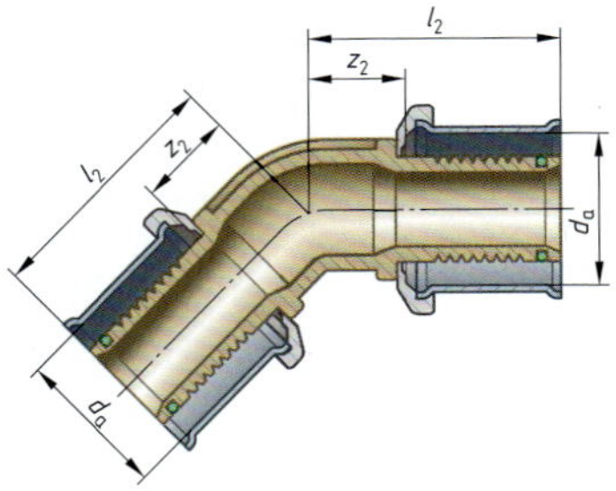

DN	d_a mm	l_1 mm	z_1 mm	l_2 mm	z_2 mm
10	16	37	17	–	–
15	20	41	19	–	–
20	25	45	21	43	19
25	32	52	24	48	21
32	40	65	35	58	29
40	50	76	40	66	33
50	63	89	47	75	33

Ausführung: P-T-Stück, egal und reduziert

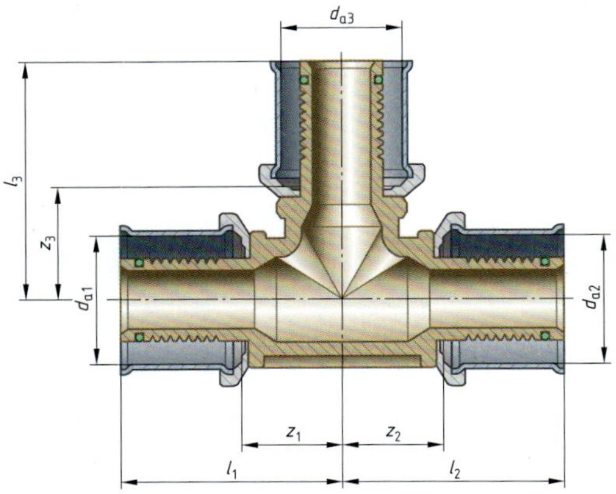

d_{a1} mm	d_{a3} mm	d_{a2} mm	l_1 mm	l_2 mm	l_3 mm	z_1 mm	z_2 mm	z_3 mm
16	16	16	37	37	37	17	17	17
16	20	16	40	40	41	20	20	19
20	16	16	41	40	39	19	20	19
20	16	20	39	39	39	17	17	19
20	20	16	41	40	41	19	20	19
20	20	20	40	40	40	19	19	19
25	16	16	45	41	41	21	21	21
25	16	20	45	43	41	21	21	21
25	16	25	45	45	41	21	21	21
25	20	20	45	43	43	21	21	21
25	20	25	45	45	43	21	21	21
25	25	16	45	41	45	25	21	21
25	25	25	45	45	45	21	21	21
32	16	25	48	44	43	20	20	23
32	16	32	48	48	43	20	20	23
32	20	20	48	44	45	20	22	23
32	20	32	48	48	43	20	20	22
32	25	25	52	48	48	24	24	24
32	25	32	52	52	48	24	24	24
32	32	32	52	52	52	24	24	24
40	20	40	55	55	49	25	25	27
40	25	32	55	53	51	25	25	27
40	25	40	55	55	51	25	25	27
40	32	32	58	56	56	28	28	28
40	32	40	58	58	56	28	28	29
40	40	40	62	62	62	32	32	31
50	25	50	65	65	56	29	29	25
50	32	50	65	65	60	29	29	29
50	40	50	70	70	65	34	34	35
50	50	50	75	75	75	39	39	36
63	25	63	74	74	64	32	32	40
63	32	63	74	75	68	32	32	40
63	40	63	77	77	73	35	35	43
63	50	63	83	83	80	40	40	44
63	63	63	87	87	87	45	45	43

Ausführung: F-Kupplung

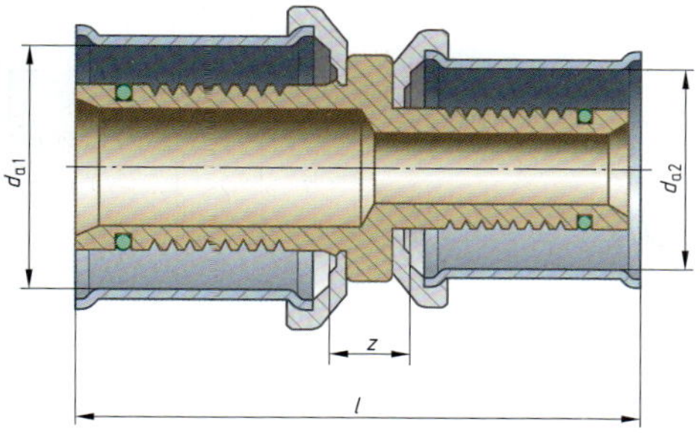

d_{a1} mm	d_{a2} mm	l mm	z mm
16	16	49	8
20	20	52	8
20	16	50	9
25	25	59	10
25	16	54	10
25	20	56	10
32	32	68	10
32	20	60	10
32	25	63	10
40	40	71	11
40	32	69	10
50	50	82	11
50	40	77	11
63	63	95	10
63	50	89	11

Ausführung: P-Verschraubung (G)

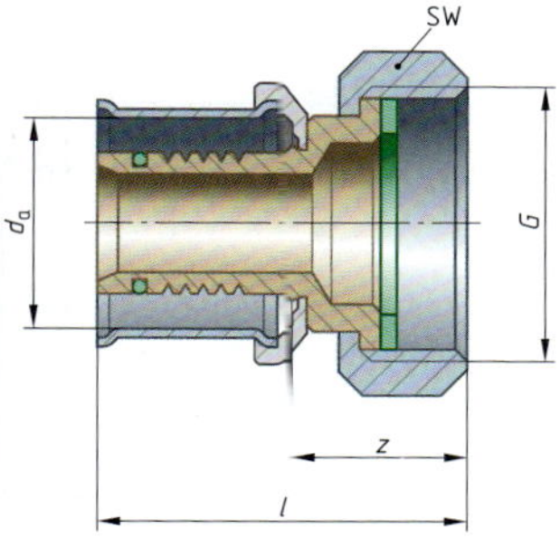

d_a mm	G inch	l mm	z mm	SW mm
16	½	38	19	23
16	¾	42	23	30
20	½	47	26	24
20	¾	43	23	30
25	1	46	22	36
25	1 ¼	51	26	50
25	1 ½	55	30	52
32	1	57	37	37
32	1 ¼	55	25	50
32	1 ½	58	28	52
40	1 ¼	67	36	46
40	1 ½	56	25	52
50	1 ¾	63	27	59
50	2 ½	75	30	66
63	2 ½	75	28	70

Ausführung: P-Bogen 90° (R)

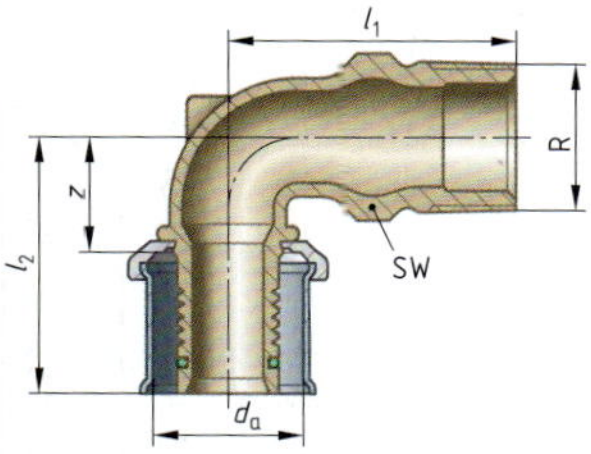

P-Winkel 90° (Rp)

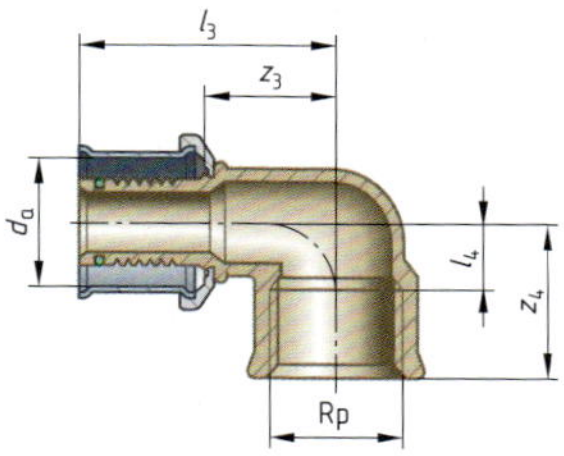

d_a mm	R/Rp inch	l_1 mm	l_2 mm	l_3 mm	l_4 mm	z mm	z_3 mm	z_4 mm	SW mm
16	½	45	37	44	28	16	26	20	21
16	¾	45	37	–	–	17	–	–	19
20	½	36	40	45	32	19	31	23	19
20	¾	36	40	47	37	19	33	26	19
25	1	56	48	–	–	24	–	–	32
25	¾	49	45	55	39	21	36	29	27
32	1	58	52	59	45	24	40	33	32
40	1 ¼	72	65	–	–	35	–	–	41
50	1 ½	77	76	–	–	40	–	–	41
50	1 ¼	75	76	–	–	40	–	–	48
63	2	90	89	–	–	46	–	–	59

Ausführung: P-Übergangsstück (R) *transition piece*

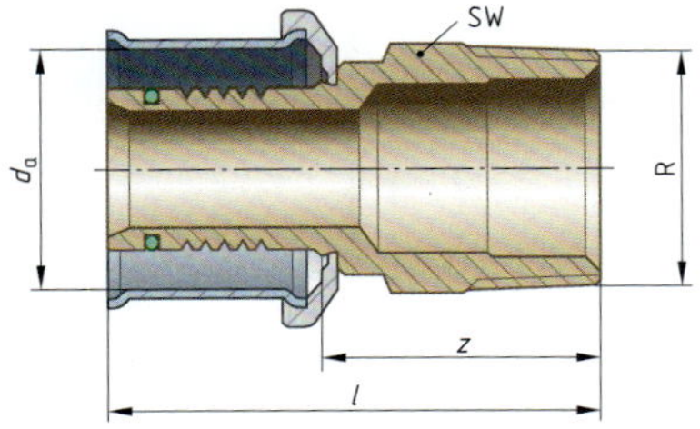

d_a mm	R inch	l mm	z mm	SW mm
16	½	49	29	22
16	¾	42	32	27
20	½	50	29	22
20	¾	51	30	27
25	¾	60	36	27
25	1	64	25	34
32	1	68	40	34
32	1 ¼	71	43	43
40	1 ¾	71	41	43
50	1 ¼	79	43	47
50	1 ½	79	43	50
63	2	91	48	68

P-Übergangsstück (Rp)

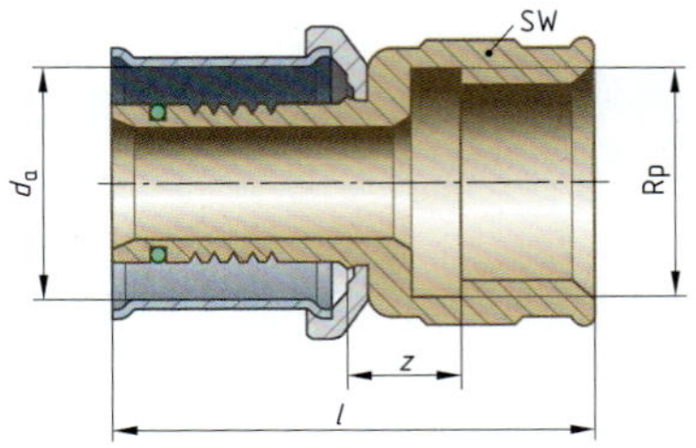

d_a mm	Rp inch	l mm	z mm	SW mm
16	½	41	9	25
16	¾	43	10	30
20	½	41	9	25
20	¾	43	9	31
25	¾	47	9	31
25	1	50	11	37
32	1	54	11	38
40	1 ¼	59	13	47
50	1 ½	66	14	63
63	2	77	13	70

Ausführung: P-T-Stück (Rp)

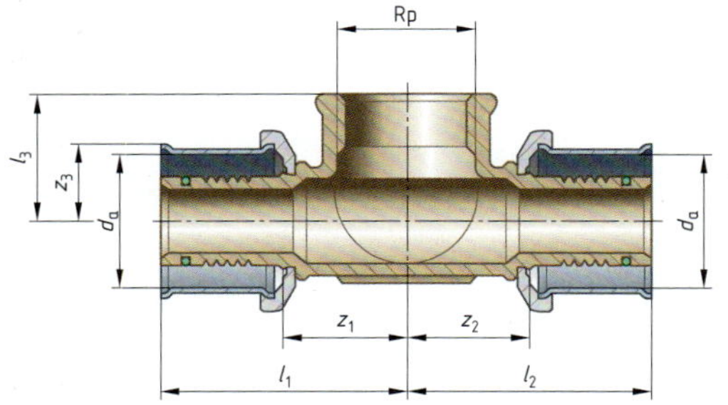

d_a mm	Rp inch	l_1 mm	l_2 mm	l_3 mm	z_1 mm	z_2 mm	z_3 mm
16	½	43	43	23	23	23	13
20	½	46	46	24	26	26	14
25	½	46	46	21	22	22	12
25	¾	51	51	24	26	26	14
32	¾	54	54	24	26	26	13
32	1	55	55	29	27	27	18
40	¾	60	60	30	30	30	20
40	1	60	60	32	30	30	21
50	¾	70	70	35	34	34	25
50	1	65	65	36	29	29	25
63	1	73	73	41	31	31	30

Ausführung: P-Wandscheibe *wall washer*

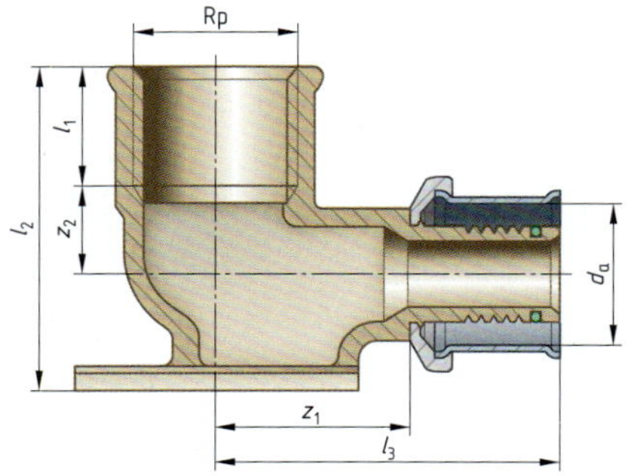

d_a mm	Rp inch	l_1 mm	l_2 mm	l_3 mm	z_1 mm	z_2 mm
16	½	15	46	47	27	15
20	½	15	48	48	28	15
20	¾	17	47	51	31	14

P-Doppelwandscheibe *double-wall disc*

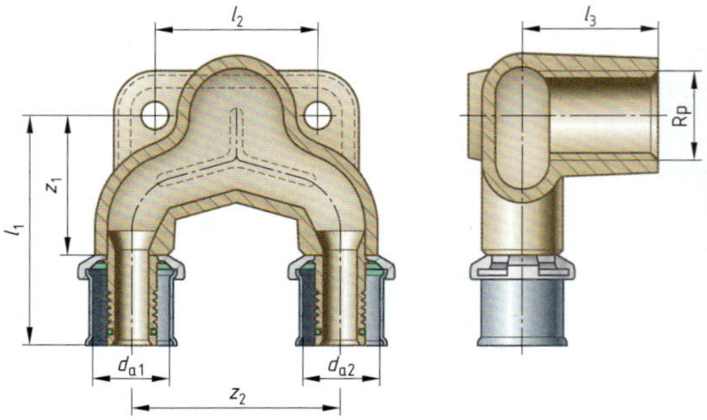

d_{a1} mm	d_{a2} mm	Rp inch	l_1 mm	l_2 mm	l_3 mm	z_1 mm	z_2 mm
16	16	½	55	40	32	50	36
16	20	½	57	40	32	50	35
20	20	½	55	40	32	50	35

Ausführung: P-Wanddurchführung 90°
wall by implementing

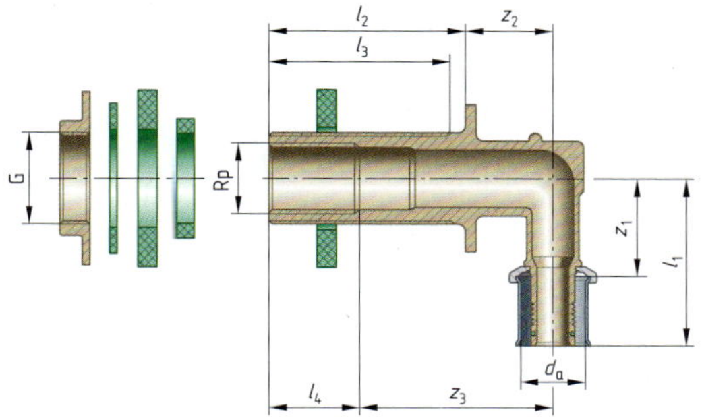

d_a mm	Rp inch	G inch	l_1 mm	l_2 mm	l_3 mm	l_4 mm	z_1 mm	z_2 mm	z_3 mm
16	½	¾	50	18	15	15	27	25	28
16	½	¾	47	25	21	15	27	25	35
16	½	¾	47	35	31	25	27	25	35
16	½	¾	47	55	51	30	27	25	50

P-Doppelwanddurchführung
double-wall by implementing

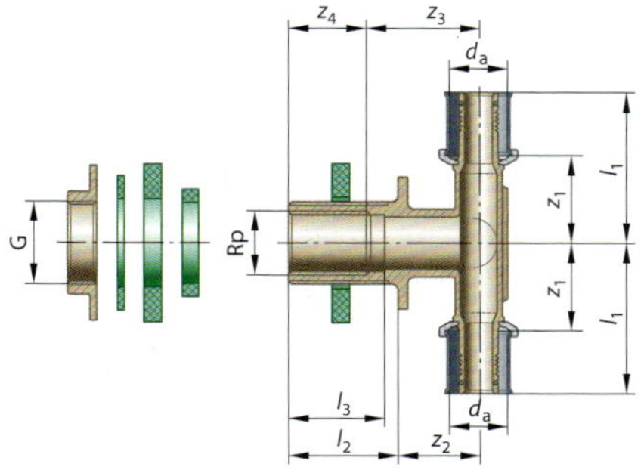

d_a mm	Rp inch	G inch	l_1 mm	l_2 mm	l_3 mm	z_1 mm	z_2 mm	z_3 mm	z_4 mm
16	½	¾	47	18	16	27	25	28	15
16	½	¾	47	25	21	27	25	35	15
16	½	¾	47	35	31	27	25	35	25

Ausführung: Wanddurchführung

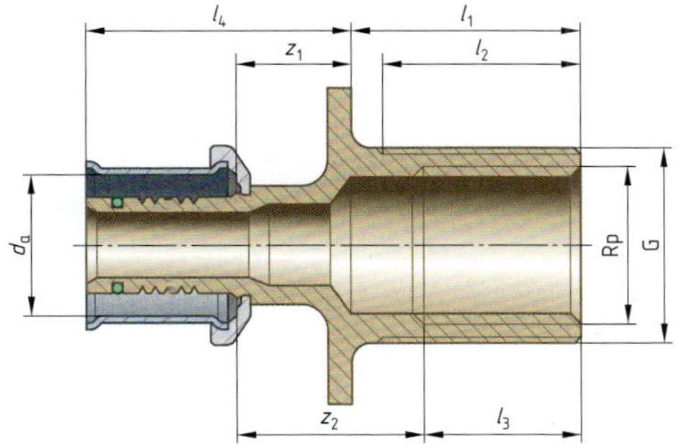

d_a mm	Rp inch	G inch	l_1 mm	l_2 mm	l_3 mm	l_4 mm	z_1 mm	z_2 mm
16	½	¾	30	25	20	34	15	25

P-Verteiler (4-fach)

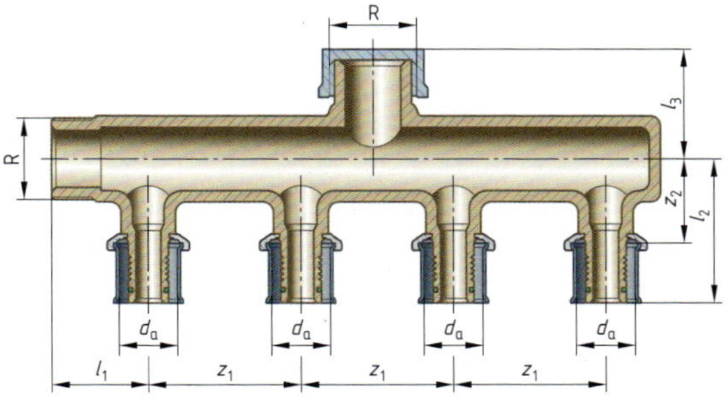

d_a mm	R inch	l_1 mm	l_2 mm	l_3 mm	z_1 mm	z_2 mm
16	¾	32	47	32	50	27

5.4 Rohrarmaturen aus Metall

5.4.1 Armaturen für Gewindeverbindungen

Merkmal/ Armatur	Baulänge	Bauhöhe	Strömungs-Widerstand	Öffnungs- bzw. Schließzeit	Eignung für Stell-vorgänge	Molchung	Einsatzgrenzen
Ventil	groß	mittel	groß	mittel	sehr gut	nein	Mittlere DN, höchste PN
Schieber	klein	groß	klein	lang	schlecht	möglich	Größte DN, mittlere PN
Hahn	mittel	klein	klein	kurz	schlecht	möglich	Mittlere DN, mittlere PN
Klappe	klein	klein	mittel	kurz	mäßig	nein	Größte DN, kleine PN

5.4.1.1 Armaturen aus Messing (Herstellerangaben)

Freistromventile mit (ohne) Entleerung – Innengewinde (DIN – DVGW)

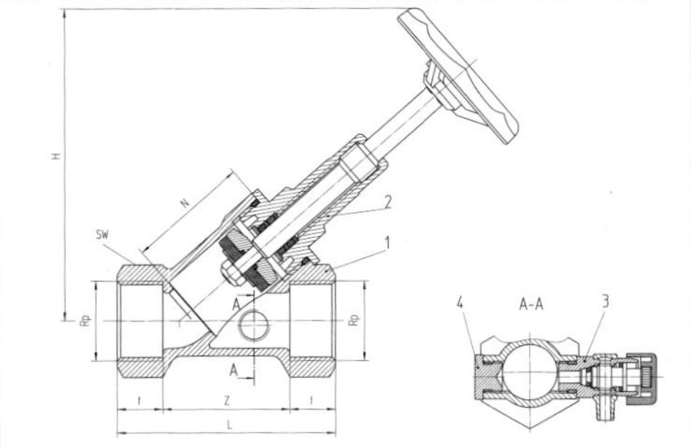

Druckbereich	PN16
Nennweiten	DN 15 ……. 50
Temperaturbeständigkeit	90 °C
Werkstoff	CuZn40Pb2
Gehäuseausführung	Nockengehäuse

Nennweite	Anschlussgewinde Rp	Maße in mm					
		L	*H*	*N*	*t*	*Z*	*SW 6-kt/8 kt**
15	½	67	90	34,5	15	37	27
20	¾	77	104	42,5	16,3	44	32
25	1	92	130	51,0	19,1	54	41
32	1 ¼	112	158	62,0	21,4	69	50*
40	1 ½	122	170	70,5	21,4	79	55*
50	2	152	205	87,5	25,7	100	70*

Gradsitzventil – Innengewinde (DIN – DVGW)

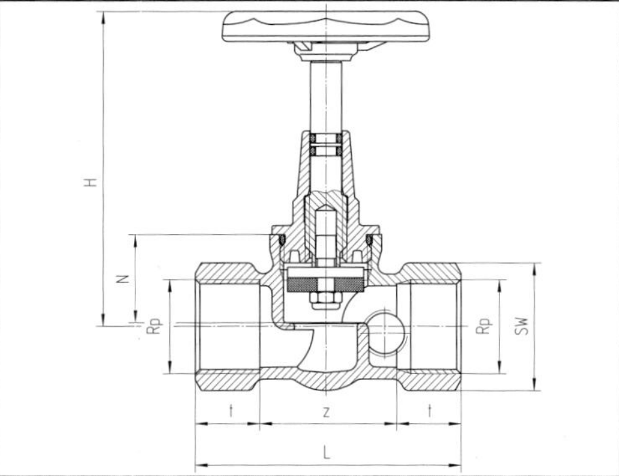

Druckbereich	PN20
Nennweiten	DN 15 …… 50
Temperaturbeständigkeit	90 °C
Werkstoff	CuZn40Pb2
Gehäuseausführung	Innengewinde

Nennweite	Anschlussgewinde Rp	Maße (mm)					
		L	*H*	*t*	*Z*	*N*	SW 6-kt/8-kt*
15	½	64	71	13,2	37,6	22	25
20	¾	73,5	91	14,5	44,5	25	32
25	1	91,5	110	16,8	57,9	31	41

Nennweite	Anschlussgewinde Rp	Maße (mm)					
		L	*H*	*t*	*Z*	*N*	SW 6-kt/8-kt*
32	1 ¼	110	132	21,4	67,2	36	50*
40	1 ½	120	139	23	74	41,5	56*
50	2	150	156	25,7	98,6	48	70*

Kesselfüll- und Entleerungsventil – Innen-/Außengewinde (DIN – DVGW)

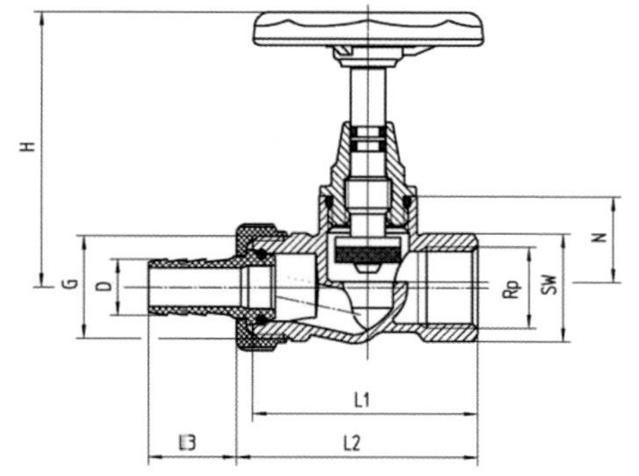

Druckbereich	PN20
Nennweiten	DN 15 50
Temperaturbeständigkeit	90 °C
Werkstoff	CuZn40Pb2
Gehäuseausführung	Innengewinde

Nennweite	Anschlussgewinde G	Maße (mm)						
		L1	*L2*	*L3*	*H*	*D*	*N*	*SW*
15	¾	58,5	62,5	22,5	70	14,4	22	25
20	1	68	76	24,5	89	20,4	25	32

Kolbenschieber – Innengewinde (DIN – DVGW)

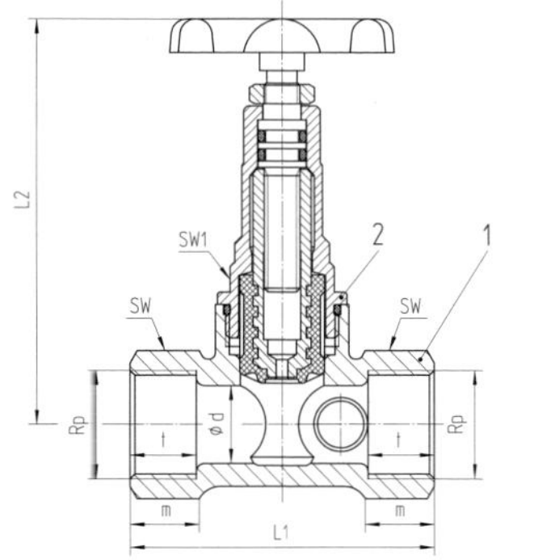

Druckbereich	PN10
Nennweiten	DN 15 50
Temperaturbeständigkeit	90 °C
Werkstoff	CuZn40Pb2
Gehäuseausführung	Innengewinde

Nennweite	Anschlussgewinde Rp	Maße (mm)						
		L1	*L2*	*t*	*d*	*m*	*SW 6-kt/8 kt**	*SW 1*
15	½	65	98	15	14	15	27	24
20	¾	75	100	16,3	19	17	32	24
25	1	90	124	19,1	24	20	41	32
32	1 ¼	110	153	21,4	30	22	50*	42
40	1 ½	120	170	21,4	38	22	55*	49
50	2	150	203	25,7	47	26	70*	60

Kugelhahn – Innengewinde (DIN – DVGW)

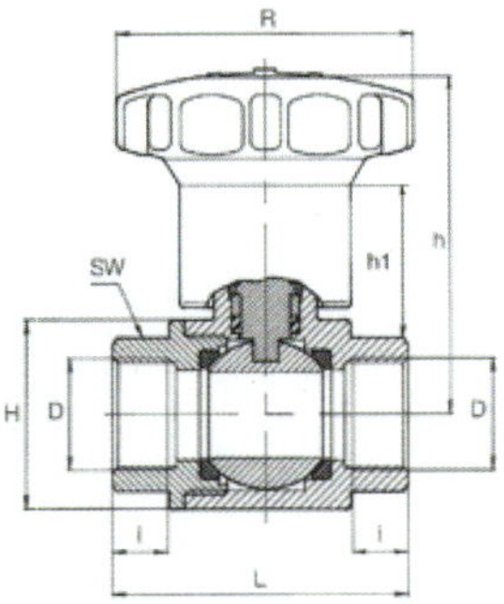

Druckbereich	PN25 …….. 64
Nennweiten	DN8 ………. 50
Temperaturbeständigkeit	–30 °C – 160 °C
Werkstoff (Gehäuse/Kugel) / Dichtungen	CuZn40Pb2 / PTFE
Gehäuseausführung	Innengewinde

Nennweite	Anschlussgewinde D (Rp)	Druckbereich (bar)	Maße (mm)						
			L	h	H	h1	R	i	SW
8	¼	64	52	68	28	25	80	11	22
10	3/8	64	52	68	28	25	80	11	22
15	½	64	64	72	35	25	80	16	27
20	¾	40	40	82	44	35	80	19	33
25	1	40	40	88	53	35	80	19	41
32	1 ¼	25	25	108	63	35	112	20	50
40	1 ½	25	25	118	78	40	112	21	55
50	2	25	25	130	94	50	115	26	70

Kugelhahn – Innengewinde (DIN – DVGW)

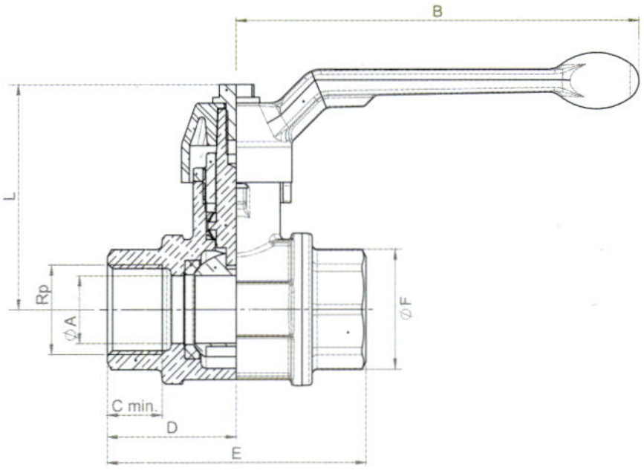

Druckbereich	PN 80*/100
Nennweiten	DN6 ……… 50
Temperaturbeständigkeit	–20°C – 130°C
Werkstoff (Gehäuse/Kugel)/ Dichtung	CW617N / PTFE
Gehäuseausführung	Innengewinde/Innengewinde

DN	Rp	Maße (mm)							
		øA	B	C	D	E	øF	L	SW
6	1/8″	8	75	10,0	24,0	48,0	23,0	52,0	19
8	¼″	8	75	12,0	24,5	51,0	23,0	52,0	22
10	3/8″	10	100	12,0	27,1	54,3	29,0	60,8	22
15	½″	15	100	15,0	34,5	69,0	36,0	63,8	27
20	¾″	20	120	16,3	38,5	77,0	44,5	75,6	33
25	1″	25	120	19,1	44,5	89,3	53,3	79,4	41
32	1 ¼″	32	150	21,4	51,5	103,0	65,0	97,6	50
40	1 ½″	40	150	22,0	57,0	114,0	79,0	104,0	55
50*	2″	50	200	25,7	67,0	134,0	96,0	117,5	70

Rückflussverhinderer – Innengewinde (DIN – DVGW)

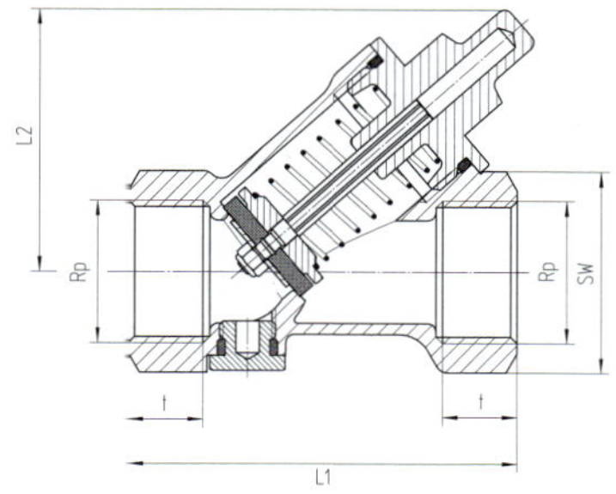

Druckbereich	PN16
Nennweiten	DN15 50
Temperaturbeständigkeit	90 °C
Werkstoff	CuZn40Pb2
Gehäuseausführung	Nockengehäuse

Nennweite	Anschlussgewinde R / Rp	Maße (mm)			
		L1	*L2*	*t*	*SW 6-kt/8-kt**
15	½	66,5	40	13,2	27
20	¾	76,5	50	14,8	32
25	1	91,5	61	17,5	41
32	1 ¼	111,5	70	21,4	50*
40	1 ½	121,5	90	21,4	55*
50	2	152	111	25,7	70*

Wasserzähler – Einbaugarnitur (DIN – DVGW)

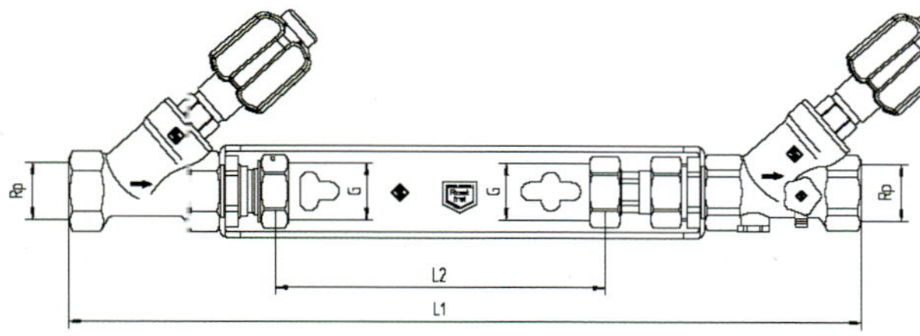

Druckbereich	PN16
Nennweiten	DN25 50
Temperaturbeständigkeit	90 °C
Werkstoff (Gehäuse/Kugel)/ Dichtung	CuZn40Pb2/X5CrNi18-10 CuZn21Si3P/X5CrNi18-10

Nennweite	Anschlussgewinde Rp	Anschlussgewinde G	Maße (mm)			
			L1	L2	Wandabstand fest	Wandabstand verstellbar
25-Q_3 4	1	1	466	190+10	85	100 – 140
32-Q_3 4	1 ¼	1	507	190+10	85	100 – 140
32-Q_3 10	1 ¼	1 ¼	584	260+10	91	100 – 145
40-Q_3 10	1 ½	1 ½	615	260+10	91	100 – 145
50-Q_3 16	2	2	721	300+10	–	152 – 200

5.4.1.2 Armaturen aus Rotguss (Herstellerangaben)

Freistromventil – Außengewinde (DIN – DVGW)

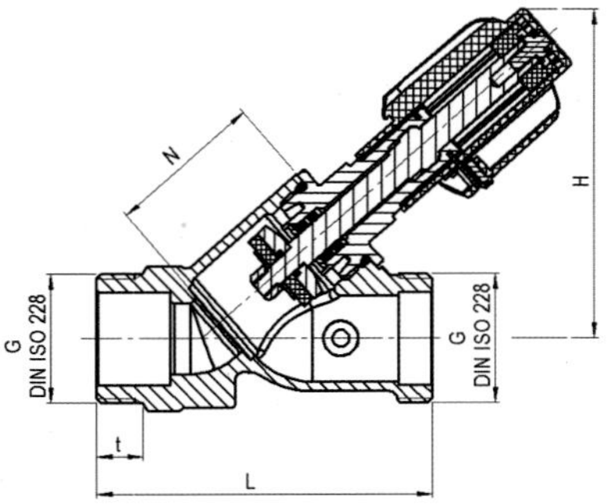

Druckbereich	PN16
Nennweiten	DN15 50
Temperaturbeständigkeit	90 °C
Werkstoff	CuSn5ZnPb2
Gehäuseausführung	Außengewinde/Innengewinde

		Maße (mm)			
Nennweite	**Anschlussgewinde G**	***L***	***H***	***t***	***N***
15	¾	77	81	12	34,5
20	1	94	92	14	42,5
25	1 ¼	110	107	15	51
32	1 ½	126	132	16	62
40	1 ¾	140	138	17	71
50	2 3/8	167	176	21	88

Kolbenventil – Innengewinde (DIN – DVGW)

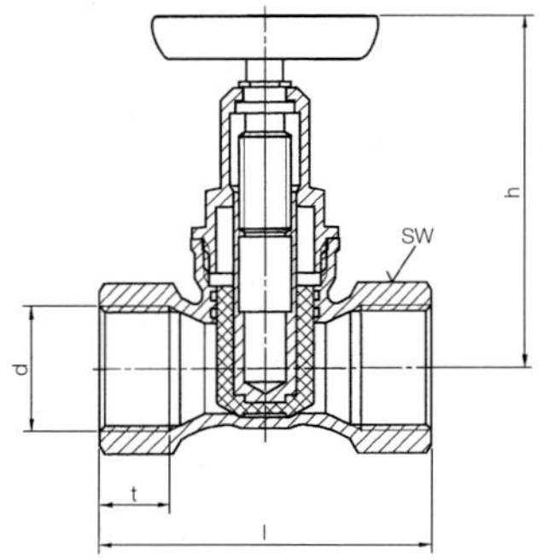

Druckbereich	PN10
Nennweiten	DN15 50
Temperaturbeständigkeit	90 °C
Werkstoff (Gehäuse)	CuSn5ZnPb2
Gehäuseausführung	Innengewinde (mit/ohne Entleerung)

		Maße (mm)			
Nennweite	**Anschlussgewinde d (Rp)**	***l***	***h***	***t***	***SW***
15	½	65	70	15,0	27
20	¾	75	85	16,3	32
25	1	90	95	19,1	41
32	1 ¼	110	110	21,4	50
40	1 ½	120	130	21,4	55
50	2	150	150	25,7	70

Kolbenventil – Außengewinde (DIN – DVGW)

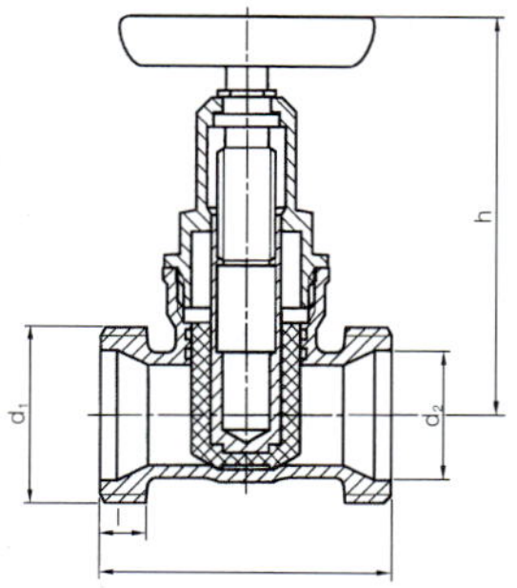

Druckbereich	PN10
Nennweiten	DN15 50
Temperaturbeständigkeit	90 °C
Werkstoff (Gehäuse)	CuSn5ZnPb2
Gehäuseausführung	Außengewinde (mit/ohne Entleerung)

Nennweite	Anschlussgewinde (d1) G	Maße (mm)			
		l_1	*h*	l_2	d_2
15	¾	60	70	8,0	18
20	1	65	85	9,5	24
25	1 ¼	70	95	11,0	31
32	1 ½	90	110	13,0	37
40	1 ¾	100	130	13,0	43
50	2	120	150	15,0	57

Rückflussverhinderer – Überwurfmutter und Innengewinde (DIN – DVGW)

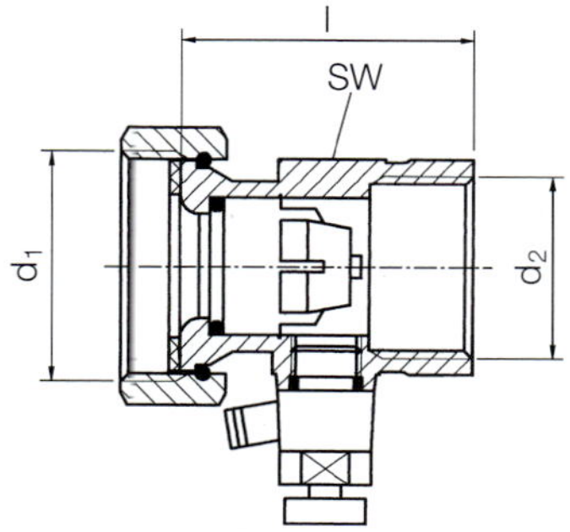

Druckbereich **Öffnungsdruck (Rückfluss-verhinderer)**	PN10 ≥ 10 mbar
Nennweiten	DN15 50
Temperaturbeständigkeit	90 °C
Werkstoff (Gehäuse)	CuSn5ZnPb2
Gehäuseausführung	Überwurfmutter und Innengewinde (mit/ohne Entleerung)

Nennweite	Anschlussgewinde (d_1) G	Maße (mm)		
		Anschlussgewinde (d_2) Rp	*l*	SW 6kt/8kt*
15	¾	½	50	27
20	1	¾	53	32
25	1 ¼	1	55	38*
32	1 ½	1 ¼	65	48*
40	1 ¾	1 ½	75	55*
50	2 3/8	2	75	70*

Druckminderer – Außengewinde DN 15 – 32 (DIN – DVGW)

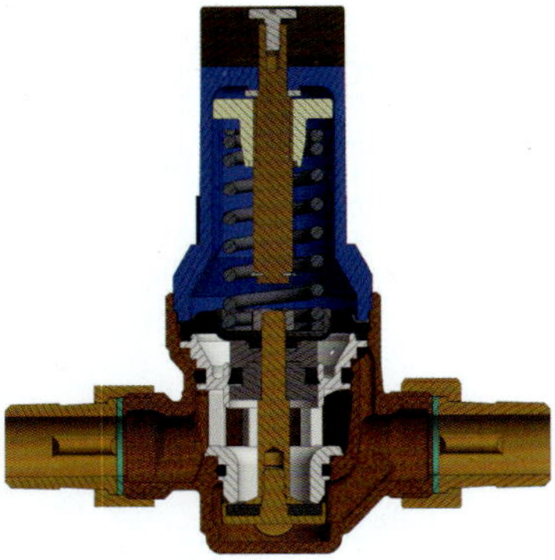

Druckbereich	PN 16
Nennweiten	DN15 32
Temperaturbeständigkeit	–30 °C – 190 °C (optional)
Gehäusewerkstoff (Membran, Dichtungen)	CuSn5ZnPb (NBR, NBR)
Gehäuseausführung	Außengewinde

Nennweite	Anschlussgewinde R	Maße (mm)			
		b_2	h_1	b_1	h_2
15	½	137	104	78	27
20	¾	141	109	78	27
25	1	161	107	90	29
32	1 ¼	177	109	100	43

Druckminderer – Außengewinde DN 40 – 65 (DIN – DVGW)

Druckbereich	PN 40
Nennweiten	DN40 65
Temperaturbeständigkeit	–30 °C – 190 °C (optional)
Gehäusewerkstoff (Membran, Dichtungen)	CuSn5ZnPb (NBR, NBR)
Gehäuseausführung	Außengewinde

Nennweite	Anschlussgewinde R	Maße (mm)			
		b_2	h_1	b_1	h_2
40	1 ½	210	242	125	51
50	2	210	242	125	53
65	2 ½	273	256	150	68

5.4.1.3 Armaturen aus Stahl (Herstellerangaben)

Muffenventil – Innengewinde

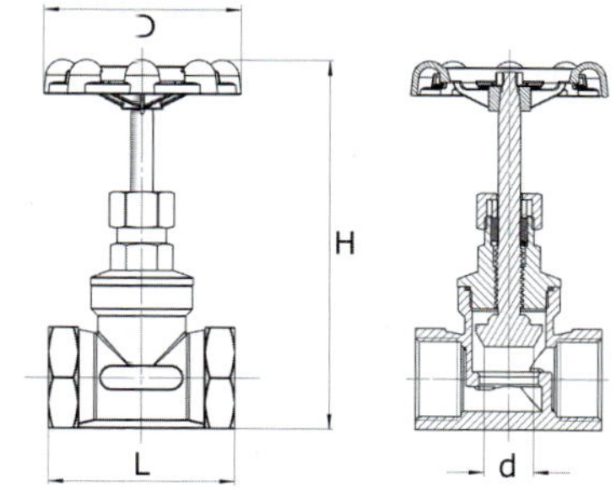

Druckbereich	PN 16
Nennweiten	DN8 50
Temperaturbeständigkeit	–20°C – 180°C
Gehäusewerkstoff (Membran, Dichtungen)	X5CrNiMo17-12-2, PTFE
Gehäuseausführung	Innengewinde

Nennweite	Anschlussgewinde G	Maße (mm)			
		l	H	D	d
15	½	52	106	70	15
20	¾	66	114	80	20
25	1	76	127	80	25
32	1 ¼	86	150	90	32
40	1 ½	94	154	100	40
50	2	118	170	100	50

Muffenschrägsitzventil – Innengewinde

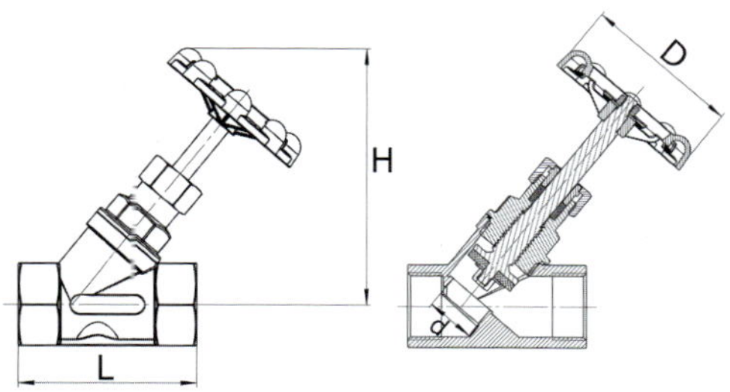

Druckbereich	PN40
Nennweiten	DN8 50
Temperaturbeständigkeit	0 °C – 180 °C
Gehäusewerkstoff (Membran, Dichtungen)	X5CrNiMo17-12-2, PTFE
Gehäuseausführung	Innengewinde

Nennweite	Anschlussgewinde G	Maße (mm)			
		l	*H*	*D*	*d*
15	½	65,5	97	62	12,5
20	¾	75,5	110	62	18,0
25	1	90,5	117	83	23,5
32	1 ¼	111,0	138	83	31,4
40	1 ½	121,0	150	114	35,7
50	2	151,0	168	114	45,5

Muffenschieber – Innengewinde

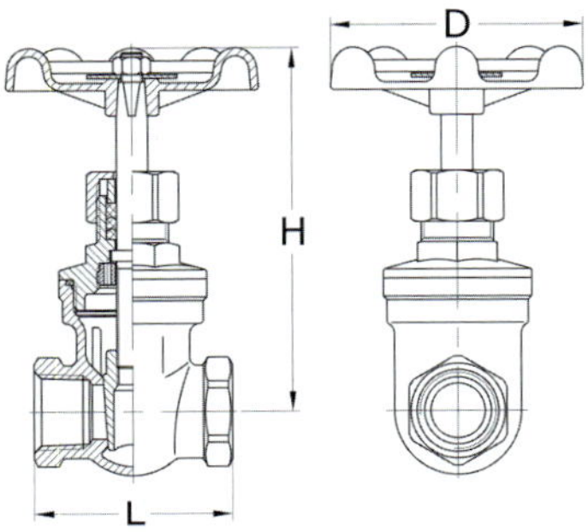

Druckbereich	PN16
Nennweiten	DN15 65
Temperaturbeständigkeit	–20 °C – 180 °C
Werkstoff (Gehäuse), Dichtungen	X5CrNiMo17-12-2, PTFE
Gehäuseausführung	Innengewinde

Nennweite	Anschlussgewinde G	Maße (mm)		
		L	*H*	*D*
15	½	55	100	70
20	¾	60	107	70
25	1	65	110	80
32	1 ¼	75	130	80
40	1 ½	85	147	90
50	2	95	170	100

Kugelhahn – Innengewinde

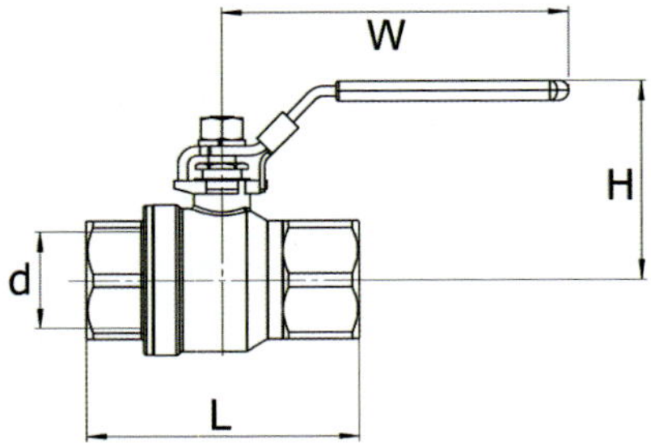

Druckbereich	PN64, PN130
Nennweiten	DN8 80
Temperaturbereich	–20 °C – 180 °C
Werkstoff (Gehäuse), Dichtungen	X5CrNiMo17-12-2, PTFE
Gehäuseausführung	Innengewinde

Nennweite	Anschlussgewinde G	Maße (mm)			
		L	*H*	*W*	*d*
15	½	75	55	93	15,0
20	¾	80	68	113	20,0
25	1	90	79	139	25,0
32	1 ¼	110	84	139	32,0
40	1 ½	120	97	163	38,0
50	2	140	100	167	50,0

Rückschlagventil – Innengewinde

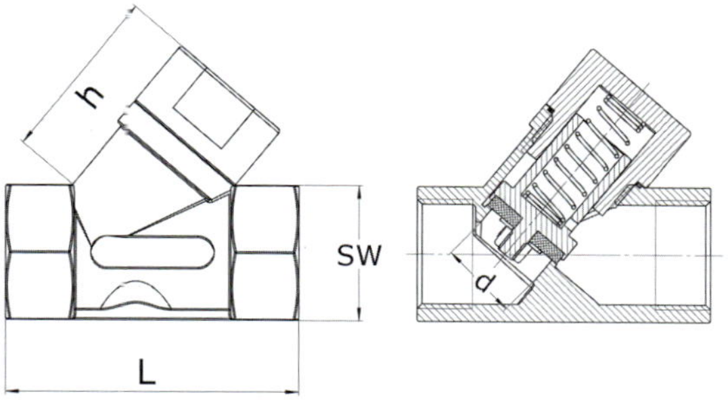

Druckbereich	PN 40
Nennweiten	DN8 65
Temperaturbeständigkeit	–20 °C – 180 °C
Werkstoff (Gehäuse), Dichtungen	X5CrNiMo17-12-2, PTFE
Gehäuseausführung	Innengewinde

Nennweite	Anschlussgewinde G	Maße (mm)			
		L	*h*	*d*	*SW*
15	½	66	34	12,5	27
20	¾	76	45	18,0	32
25	1	90	57	23,5	41
32	1 ¼	111	64	31,4	50
40	1 ½	121	76	35,7	56
50	2	151	87	45,5	70

Kugelrückschlagventil – Innengewinde

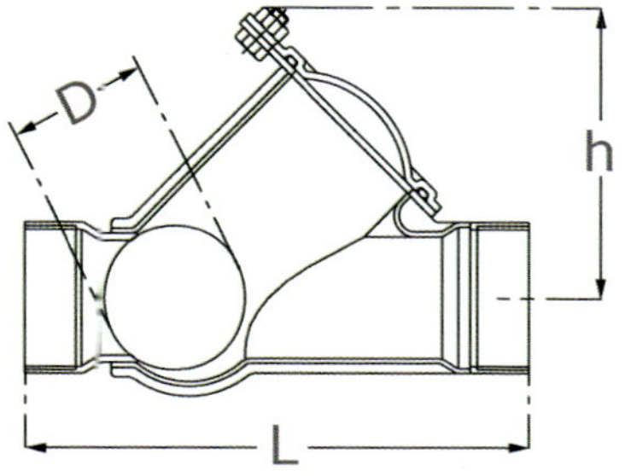

Druckbereich	PN 16
Nennweiten	DN32 50
Temperaturbeständigkeit	–20 °C – 180 °C
Werkstoff (Gehäuse), Dichtungen	X5CrNiMo17-12-2, NBR
Gehäuseausführung	Innengewinde

Nennweite	Anschlussgewinde G	Maße (mm)		
		L	*h*	*D*
32	1 ¼	175	99	50
40	1 ½	190	99	50
50	2	210	112	60

5.4.2 Armaturen für Pressverbindungen (Herstellerangaben)

Freistromventile mit (ohne) Entleerung – Pressausführung (DIN – DVGW)

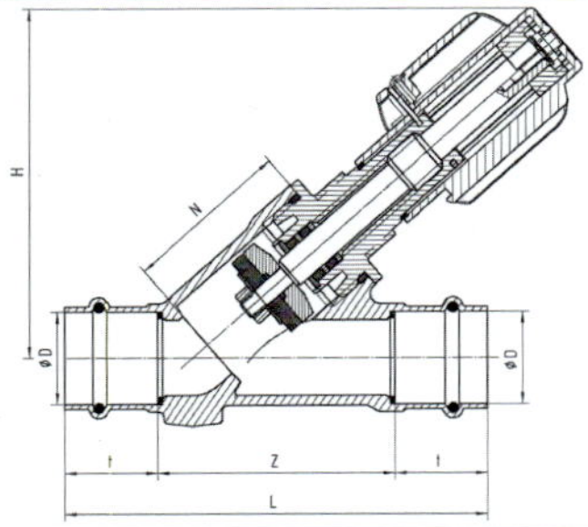

Druckbereich	PN16
Nennweiten	15 – 54 mm
Temperaturbeständigkeit	90 °C
Werkstoff	CuZn33Pb1,5AlAs
Gehäuseausführung	Pressanschluss

Nennweite	Maße (mm)					
	D	*L*	*H*	*t*	*Z*	*N*
15	15	110	80	26,5	57	34,5
18	18	123	90	28,5	66	42,5
22	22	123	90	28,5	66	42,5
28	28	130	106	28,5	73	51
35	35	148	132	32,5	83	62
42	42	178	140	36,5	105	70,5
54	54	208	177	46,5	115	87,5

Schrägsitzventil /
KFR-Schrägsitzventil

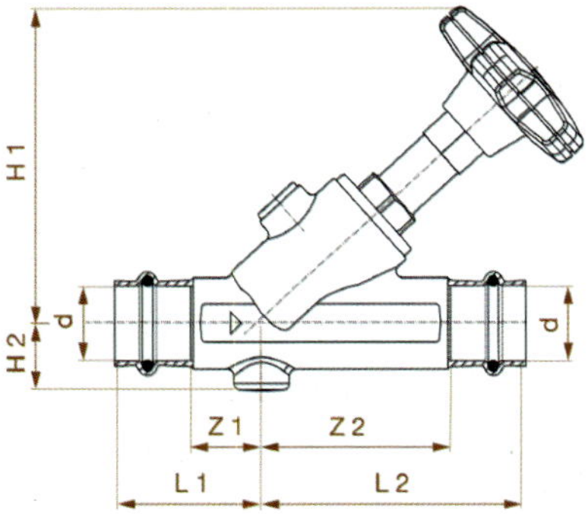

Druckbereich				PN10			
Nennweiten				DN15 50			
Werkstoff (Gehäuse)				Rotguss			
DN	d	Z1	Z2	L1	L2	H1	H2
15	15	17	44	105	22	85	19
20	22	20	54	120	25	98	21
25	28	22	66	135	31	115	25
32	35	24	80	155	32	131	27
40	42	28	84	161	41	154	31
50	54	30	105	188	43	178	37

Rückflussverhinderer

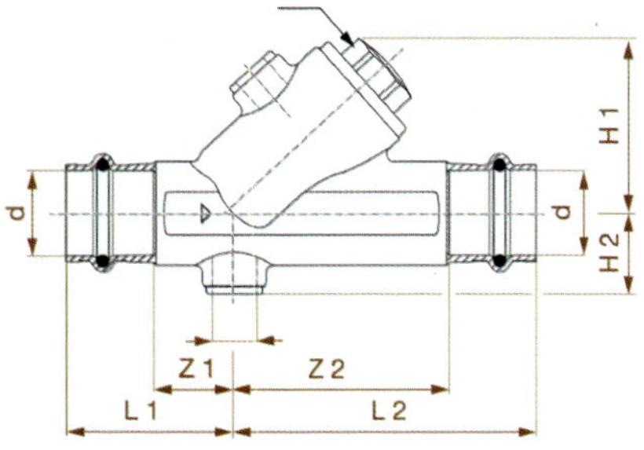

Druckbereich				PN10			
Nennweiten				DN15 50			
Werkstoff (Gehäuse)				Rotguss			
DN	d	Z1	Z2	L1	L2	H1	H2
15	15	17	44	39	66	42	20
20	22	20	54	43	77	47	22
25	28	22	66	46	89	59	26
32	35	24	80	50	105	67	28
40	42	28	84	65	120	78	32
50	54	30	105	70	145	90	38

Kugelhahn

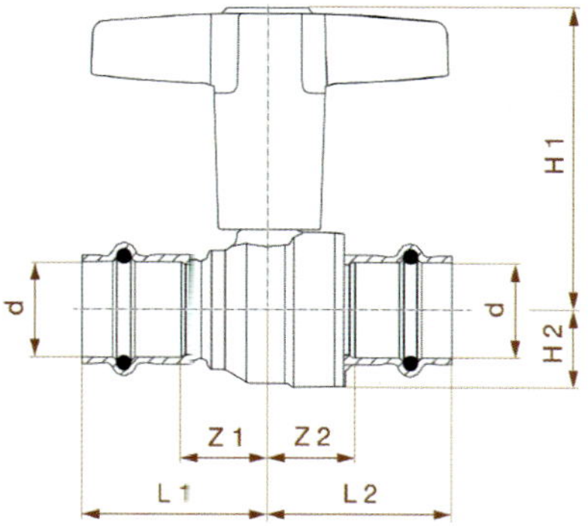

Druckbereich				PN10			
Nennweiten				DN15 50			
Werkstoff (Gehäuse)				Rotguss			
DN	d	Z1	Z2	L1	L2	H1	H2
15	15	20	20	42	42	69	15
20	22	21	20	44	43	72	18
25	28	26	26	49	50	91	22
32	35	30	26	55	52	97	34
40	42	37	32	73	68	119	28
50	54	44	38	84	78	127	41

5.4.3 Armaturen für Lötmuffenverbindungen (Herstellerangaben)

Schrägsitzventil mit Entleerung

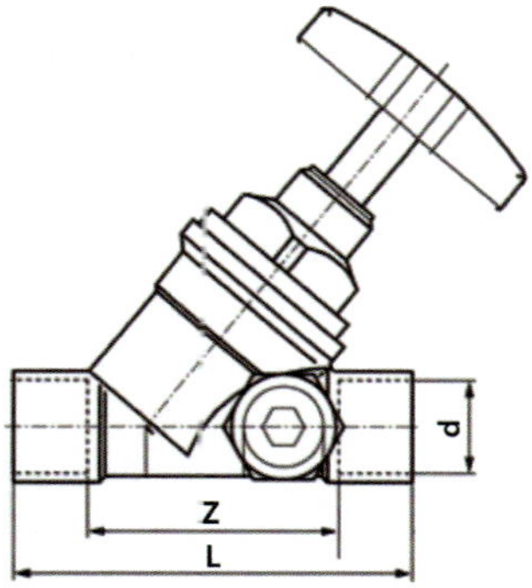

Druckbereich		PN10	
Nennweiten		DN10 50	
Werkstoff		Messing	
DN	d	Z	L
10	12	37	55
12	15	43	65
15	18	44	70
20	22	45	77
25	28	60	96
50	54	146	210

Schrägsitzventil mit Verschraubung und Entleerung

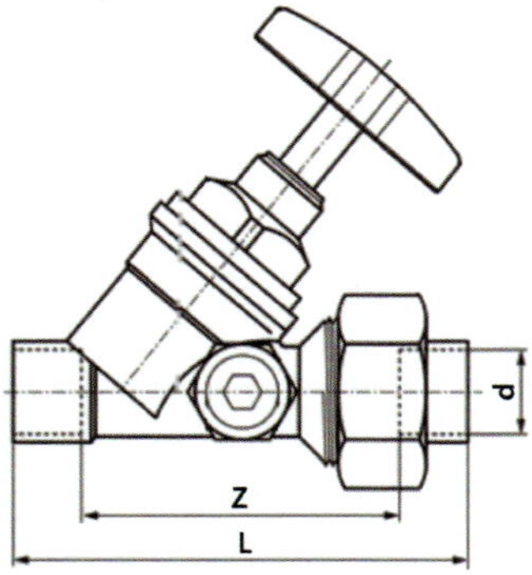

Druckbereich		PN10	
Nennweiten		DN10 25	
Werkstoff		Messing	
DN	d	Z	L
10	12	42	60
12	15	46	68
15	18	51	77
20	22	52	84
25	28	65	103

Kugelhahn

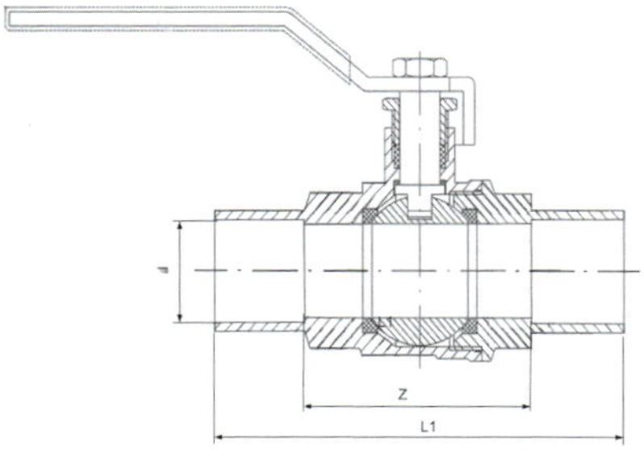

Druckbereich		PN10	
Nennweiten		DN10 25	
Werkstoff		Messings	
DN	d	Z	L1
12	15	38	69
15	18	40	72
20	22	45	81
25	28	52	95

Muffenschieber

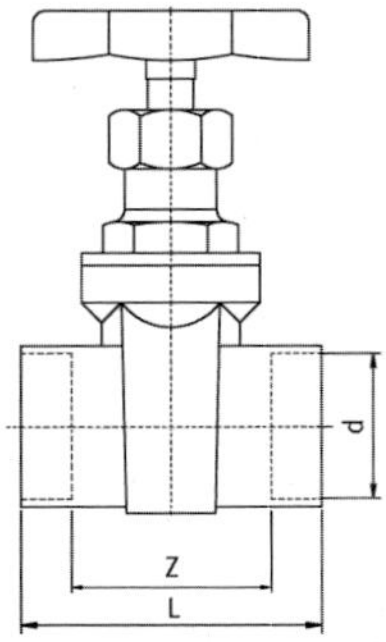

Druckbereich		PN10	
Nennweiten		DN10 25	
Werkstoff		Messings	
DN	d	Z	L
10	12	15	35
12	15	16	40
15	18	17	47
20	22	19	52
25	28	23	63

Rückflussverhinderer

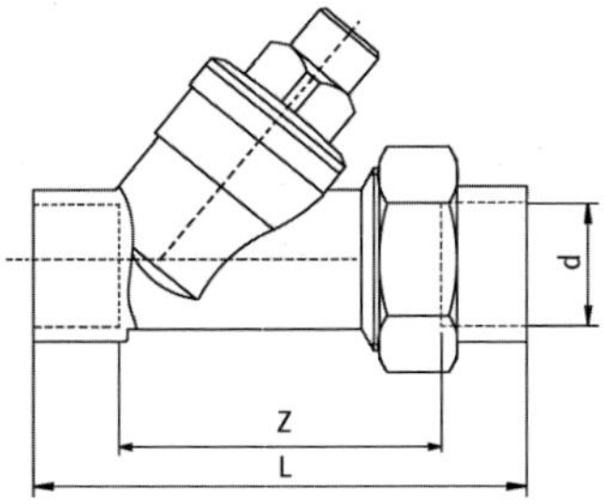

Druckbereich		PN10	
Nennweiten		DN10 25	
Werkstoff		Messings	
DN	d	Z	L
10	12	37	57
12	15	45	68
15	18	46	76
20	22	51	84
25	28	63	103

5.4.4 Armaturen für Flanschverbindungen

5.4.4.1 Absperrarmaturen *shut-off valves*

Merkmal/ Armatur	Baulänge	Bauhöhe	Strömungs-Widerstand	Öffnungs- bzw. Schließzeit	Eignung für Stell-vorgänge	Molchung	Einsatzgrenzen
Ventil	groß	mittel	groß	mittel	sehr gut	nein	Mittlere DN, höchste PN
Schieber	klein	groß	klein	lang	schlecht	möglich	Größte DN, mittlere PN
Hahn	mittel	klein	klein	kurz	schlecht	möglich	Mittlere DN, mittlere PN
Klappe	klein	klein	kittel	kurz	mäßig	nein	Größte DN, kleine PN

Ventile (Herstellerangaben) nach DIN EN 13709 : 2010-10 (Auswahl)

Absperrventil in Durchgangsform mit Flanschen und Stopfbuchsabdichtung
shut-off valve in straight through with flanges and gland seal

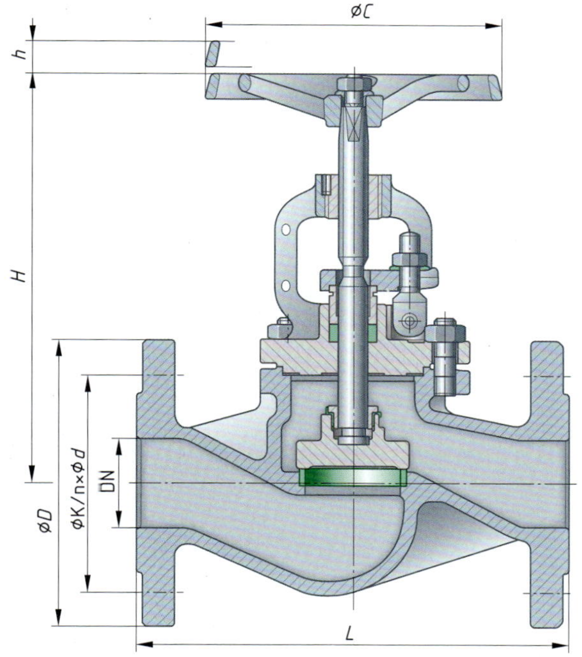

K: Lochkreisdurchmesser
n: Anzahl der Löcher
d: Durchmesser der Löcher

Druckbereiche	PN 16, PN 25, PN 40
Nennweiten	DN 15…500
Werkstoffe	EN-JL 1040 EN-JS 1049 **1.0619 + N** 1.0460 1.4408
Einsatzgebiete (Auszug)	Anlagenbau, Industrie, Kraftwerkstechnik, Schiffbau
Medien (Auszug)	Dämpfe, Gase, Flüssigkeiten

Abmessungen

		DN													
		15	**20**	**25**	**32**	**40**	**50**	**65**	**80**	**100**	**125**	**150**	**200**	**250**	**300**
L	mm	130	150	160	180	200	230	290	310	350	400	480	600	730	850
H	mm	185	185	205	205	230	230	270	305	355	395	450	570	685	770
Ø *C*	mm	120	120	140	140	160	160	180	200	225	250	400	520	520	520
Hub *h*	mm	9	9	13	13	21	19	28	32	36	52	56	73	80	110
Masse PN 25	kg	4,4	5,4	6,3	7	10,5	13,8	21	27,5	40	61	84	160	265	377
Masse PN 40	kg	4,8	5,4	7,1	8	11,5	13,5	23,5	28	39,5	61	84	170	283	414

Absperrventile in Eckform mit Flanschen und Stopfbuchsabdichtung
shut-off valves angle pattern with flanges and gland seal

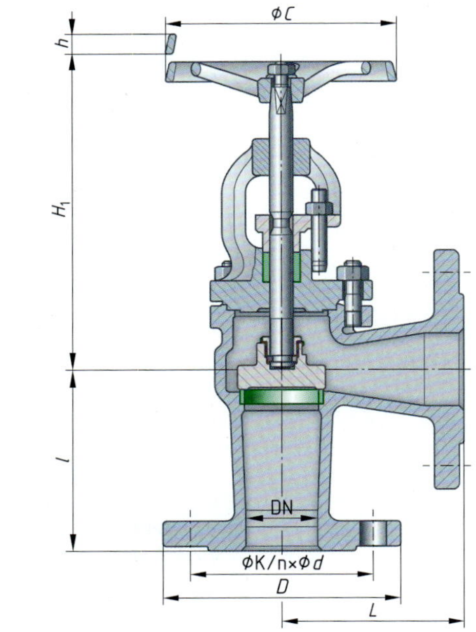

Druckbereiche	PN 16, PN 25, PN 40
Nennweiten	DN 15… 500
Werkstoffe	EN-JL 1040 EN-JS 1049 **1.0619 + N** 1.0460 1.4408
Einsatzgebiete (Auszug)	Anlagenbau, Industrie, Kraftwerkstechnik, Schiffbau
Medien (Auszug)	Dämpfe, Gase, Flüssigkeiten

Abmessungen

DN		15	20	25	32	40	50	65	80	100	125	150	200	250	300
l	mm	90	95	100	105	115	125	145	155	175	200	225	275	325	375
H_1	mm	185	185	200	200	215	215	245	280	320	360	415	495	575	655
Ø C	mm	120	120	140	140	160	160	180	200	225	250	400	520	520	520
Hub	mm	9	9	13	13	21	19	28	32	36	52	56	73	80	110
Masse PN 25	kg	5,2	7,2	7,4	8,4	12,4	13,6	20	25	34	53	70	138	170	290
Mass PN 40	kg	5,2	7,2	7,4	8,4	12,4	13,6	20	25	34	53	70	148	183	327

Schieber (Herstellerangaben) nach DIN EN 13709 : 2010-10 (Auswahl) *slide valve*

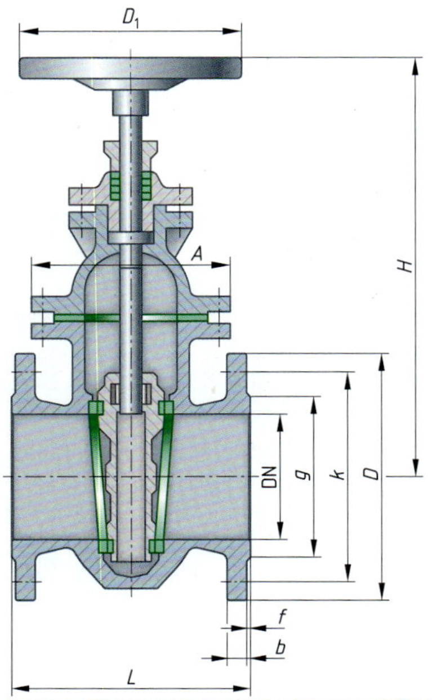

Druckbereiche	PN 10, PN 16
Nennweiten	DN 40 … 300 weitere Nennweiten auf Anfrage
Werkstoffe	EN-GJL-250 EN-JL 1040
Einsatzgebiete (Auszug)	Anlagenbau, Industrie, Kraftwerkstechnik, Schiffbau
Medien (Auszug)	Dämpfe, Gase, Flüssigkeiten

PN bar	DN	Baumaße in mm				Flanschanschlussmaße in mm						Masse kg
		L mm	*H* mm	*A* mm	D_1 mm	*D* mm	*k* mm	*b* mm	*g* mm	*f* mm	*n*×*d* mm	
10/16	40	240	290	180	200	150	110	18	88	3	4×18	18,0
	50	250	310	195	200	165	125	20	102	3	4×18	19,5
	65	270	365	225	250	185	145	20	122	3	4×18	30,0
	80	280	395	245	250	200	160	22	138	3	8×18	37,5
	100	300	425	280	315	220	180	24	158	3	8×18	52,0
	125	325	480	325	315	250	210	26	188	3	8×18	68,5
	150	350	520	350	315	285	240	26	212	3	8×22	84,5
16	200	400	620	405	400	340	295	30	268	3	12×22	141,5
	250	450	710	460	500	405	355	32	320	3	12×26	201,0
	300	500	760	520	500	460	410	32	378	4	12×26	280,5
10	200	400	625	410	400	340	295	26	268	3	8×22	142,5
	250	450	700	460	500	395	350	28	320	3	12×22	182,5
	300	500	790	535	500	445	400	28	370	4	12×22	273,0

Kugelhähne (Herstellerangaben) nach DIN EN 1983 : 2013-12 (Auswahl) *ball valves*

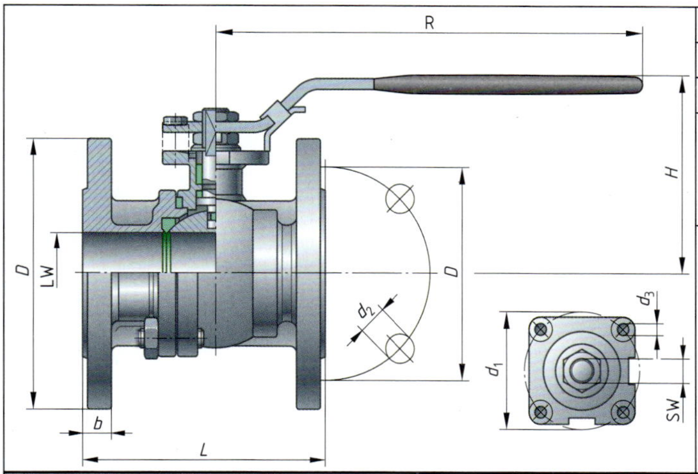

Druckbereiche	PN 16, PN 40
Nennweiten	DN 15 … DN 300
Werkstoffe	1.4408
Einsatzgebiete (Auszug)	Anlagenbau, Industrie, Kraftwerkstechnik, Schiffbau
Medien (Auszug)	Dämpfe, Gase, Flüssigkeiten

z = Anzahl der Flanschlöcher — **Maße in mm**

DN	LW mm	L mm	SW mm	H mm	R mm	d_1 mm	d_3 mm	PN16					PN40					Masse ≈ kg PN 16	Masse ≈ kg PN 40
								D mm	*z*	d_2 mm	*K* mm	*b* mm	*D* mm	*z*	d_2 mm	*K* mm	*b* mm		
15	15	115	6,5	66	165	42	M5	95	4	14	65	14	95	4	14	65	16	2,000	2,400
20	20	120	6,5	74	165	42	M5	105	4	14	75	16	105	4	14	85	18	3,700	3,100
25	25	125	8,0	87	200	50	M6	115	4	14	85	16	115	4	14	85	18	3,700	4,120
32	32	130	8,0	92	200	50	M6	140	4	18	100	16	140	4	18	100	18	5,020	5,600
40	38	140	9,5	105	250	70	M8	150	4	18	110	16	150	4	18	110	18	6,580	7,000
50	50	150	9,5	115	265	70	M8	165	4	18	125	18	165	4	18	125	20	8,800	9,680
65	64	170	17,0	152	390	102	M10	185	4	18	145	18	185	8	18	145	22	13,920	15,260
80	76	180	17,0	162	390	102	M10	200	8	18	160	20	200	8	18	160	24	17,580	19,260
100	100	190	17,0	179	390	102	M10	220	8	18	180	20	235	8	22	190	24	23,580	27,310
125	125	325	23,0	212	630	125	M12	250	8	18	210	22						61,700	
150	150	350	23,0	231	630	125	M12	285	8	22	240	22						72,500	
200	200	400	23,0	278	950	125	M12	340	12	22	295	24						100,500	
250	250	450	27,0	DN 250/300 Handgetriebe *gearoperation*		140	M16	405	12	26	355	26						158,150	
300	300	500	30,0			140	M16	460	12	26	410	28						213,150	

Absperrklappen (Herstellerangaben) nach DIN EN 593 : 2018-01 (Auswahl) *butterfly valves*

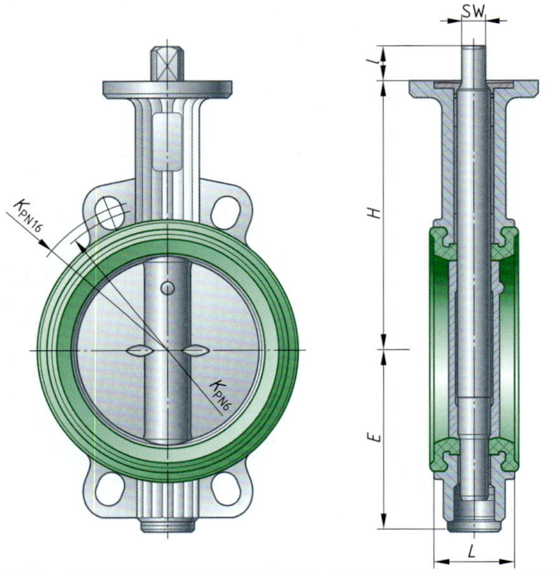

Druckbereiche	PN 6, PN 10, PN 16
Nennweiten	DN 25 … DN 600
Werkstoffe	EN-JS 1030
Einsatzgebiete (Auszug)	Anlagenbau, Industrie, Kraftwerkstechnik, Schiffbau
Medien (Auszug)	Kalt-, Warm- und Heißwasser, Trinkwasser, Brauchwasser

5

Abmessungen und Gewichte

DN	25	32	40	50	65	80	100	125	150	200	250	300	350	400	500	600
L in mm	33	33	33	43	46	46	52	56	56	60	68	78	78	102	127	154
H in mm	117	117	123	129	139	147	168	186	202	236	263	292	358	407	495	555
E in mm	58	58	66	69	81	100	109	124	140	167	203	232	257	298	356	418
l in mm	19	19	19	19	19	19	19	23	23	23	24	24	24	29	38	48
SW in mm	11	11	11	11	11	11	11	17	17	17	22	22	22	27	36	46
Masse in kg	1,3	1,3	1,6	2,2	2,7	3,4	4,4	6,4	7,9	11,8	21	30,4	46,8	72	132,8	217,3

5.4.4.2 Verteilerkonstruktion für Flanschenarmaturen

DIN EN 558-1/1,
DIN EN 558-1/14 PN 10/16 mit Rohren DIN EN 10220, Reihe 1 und DIN EN 10255

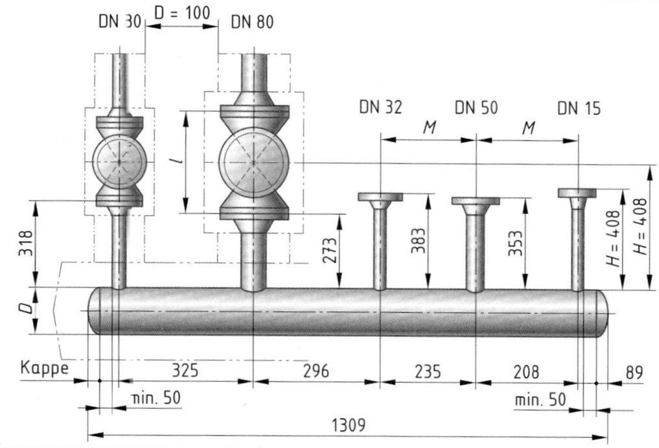

Berechnungsgrundlagen:
Verteilerdurchmesser:
$D \geq 1{,}2 \cdot DN_{max}$
Stutzenhöhe:
$h = H - l/2 - s_D$

Konstruktionsfolge:
1. Verteilerdurchmesser **D** festlegen (ggf. Fließgeschwindigkeit berücksichtigen)
2. Höhe **H** Verteileroberkante/Spindelmitte festlegen (Armaturenbauart berücksichtigen)
3. Stutzenhöhen **h** entnehmen
4. Stutzenmittenabstand **M** entnehmen

D:	Verteilerdurchmesser	in mm
DN_{max}:	Größte Stutzennennweite	
h:	Rohrstutzenhöhe	in mm
H:	Höhe Verteileroberkante/ Spindelmitte	
l:	Armaturenbaulänge	
s_D:	Dichtungsdicke (≥ 2 mm)	
l_D:	Abstand der Wärmedämmung (nach EnEV mit λ = 0,035 W/(m · K))	
M:	Stutzenmittenabstand	

Rohrstutzenhöhe *h* in mm

200	150	125	100	80	65	50	40	32	25	20	15	DN	H
248	308	348	373	393	403	433	448	458	468	473	483	**200**	**550**
	258	298	323	343	353	383	393	408	418	423	433	**150**	**500**
		273	298	318	328	358	373	383	393	398	408	**125**	**475**
			273	293	303	333	346	358	368	383	383	**100**	**450**
				243	253	283	298	308	318	328	338	**80**	**400**
					228	258	273	283	293	298	308	**65**	**375**
						233	248	258	268	273	283	**50**	**350**
							198	208	218	223	233	**40**	**300**
								183	193	199	209	**32**	**275**
									168	173	183	**25**	**250**
										123	133	**20**	**200**
											83	**15**	**150**

DN
DN 2 ≤ DN

15	161											
20	164	167										
25	178	180	194									
32	182	185	198	202								
40	193	195	209	213	225							
50	209	212	225	230	241	257						
65	234	237	250	254	265	282	306					
80	255	258	271	276	287	303	328	349				
100	285	287	301	305	316	333	357	378	408			
125	297	300	313	318	329	345	370	391	421	433		
150	310	313	326	331	342	358	383	404	434	446	459	
200	340	343	356	361	372	388	413	434	464	476	489	519
DN	**15**	**20**	**25**	**32**	**40**	**50**	**65**	**80**	**100**	**125**	**150**	**200**

Stutzenmittenabstand *M* in mm bei l_D = 100 mm

Verteilermaße: Verteiler mit Wärmedämmung, Ventilbaulänge nach DIN EN 558-1/1

Rohrstutzenhöhe h in mm													
200	150	125	100	80	65	50	40	32	25	20	15	DN	H
283	293	298	303	308	313	323	328	333	336	339	341	**200**	**400**
	268	273	278	283	288	298	303	308	311	313	316	**150**	**375**
		248	253	258	263	273	278	283	286	288	291	**125**	**350**
			228	233	238	248	253	258	261	263	266	**100**	**325**
				218	223	233	238	243	246	248	251	**80**	**300**
					198	208	213	218	221	223	226	**65**	**275**
						173	178	183	186	188	191	**50**	**250**
							153	158	161	163	166	**40**	**225**
								133	136	138	141	**32**	**200**
									111	113	116	**25**	**175**
										88	91	**20**	**150**
											66	**15**	**125**

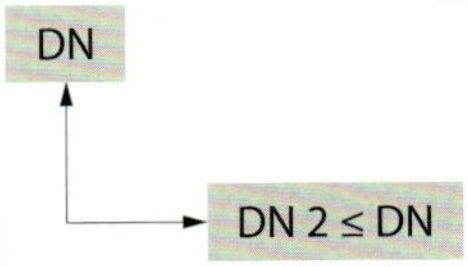

15	161											
20	164	167										
25	178	180	194									
32	182	185	198	202								
40	193	196	209	213	225							
50	209	212	225	230	241	257						
65	234	237	250	254	265	282	306					
80	255	258	271	276	287	303	328	349				
100	285	287	301	305	316	333	357	378	408			
125	297	300	313	318	329	345	370	391	421	433		
150	310	313	326	331	342	358	383	404	434	446	459	
200	340	343	356	361	372	388	413	434	464	476	489	519
DN	**15**	**20**	**25**	**32**	**40**	**50**	**65**	**80**	**100**	**125**	**150**	**200**
	Stutzenmittenabstand M in mm bei l_D = 80 mm											

Verteilermaße: Verteiler mit Wärmedämmung, Ventilbaulänge nach DIN EN 558-1/14

5.4.4.3 Hydraulische Weiche *hydraulic soft*

Wirkungsweise Hydraulische Weiche

bei Heizwasser		bei Kühlwasser	
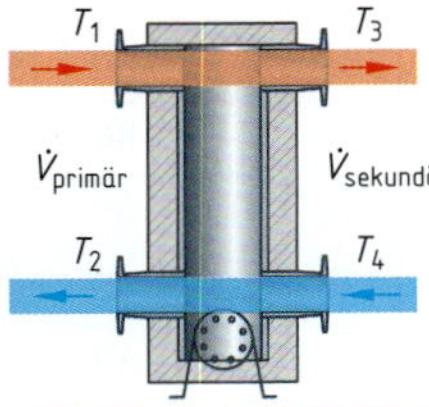	$\dot{V}_P = \dot{V}_s$ $T_1 = T_3$ $T_2 = T_4$ $\dot{Q}_P = \dot{Q}_s$	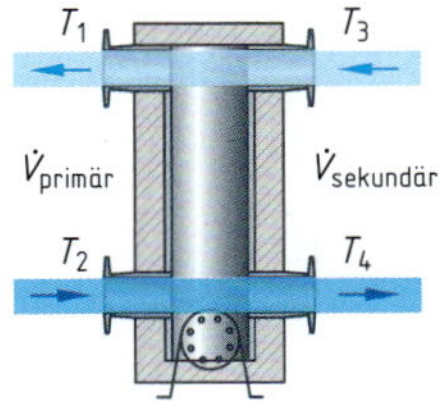	$\dot{V}_P = \dot{V}_s$ $T_1 = T_3$ $T_2 = T_4$ $\dot{Q}_P = \dot{Q}_s$
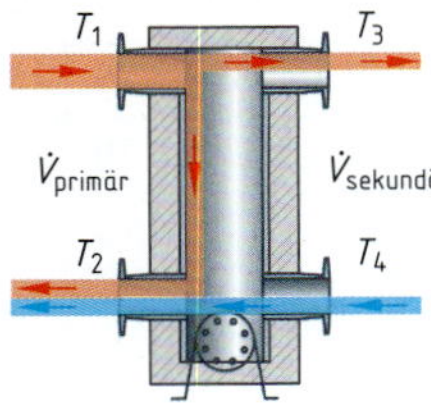	$\dot{V}_P = \dot{V}_s$ $T_1 = T_3$ $T_2 > T_4$ $\dot{Q}_P = \dot{Q}_s$	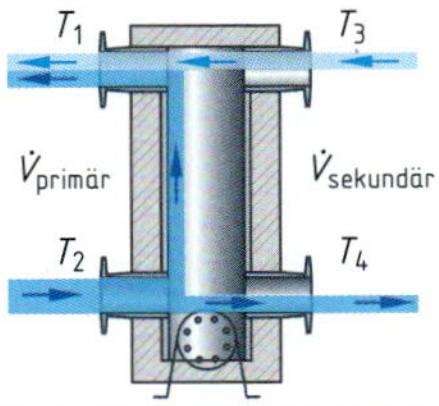	$\dot{V}_P > \dot{V}_s$ $T_1 = T_3$ $T_2 < T_4$ $\dot{Q}_P = \dot{Q}_s$
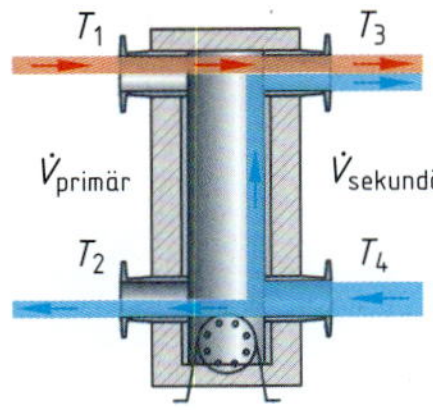	$\dot{V}_P < \dot{V}_s$ $T_1 > T_3$ $T_2 = T_4$ $\dot{Q}_P = \dot{Q}_s$	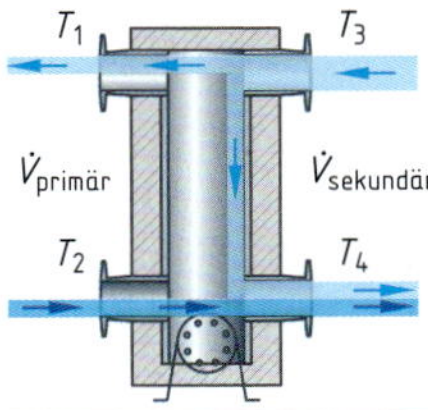	$\dot{V}_P < \dot{V}_s$ $T_1 < T_3$ $T_2 = T_4$ $\dot{Q}_P = \dot{Q}_s$

Bauformen Hydraulische Weiche (Firmenangaben)

Vorteile:

- keine hydraulische Beeinflussung zwischen Kessel- und Abnehmerkreis
- Entkopplung nicht benötigter Wärmeerzeuger
- Erhöhung der Wirtschaftlichkeit und der Lebensdauer der Anlage
- einsetzbar für Einkessel-, Mehrkessel- und Brennwertanlagen
- Wasserverteilung auch in kleinsten Leitungsbereichen

1. Kesselanlage vor Hydraulischer Weiche

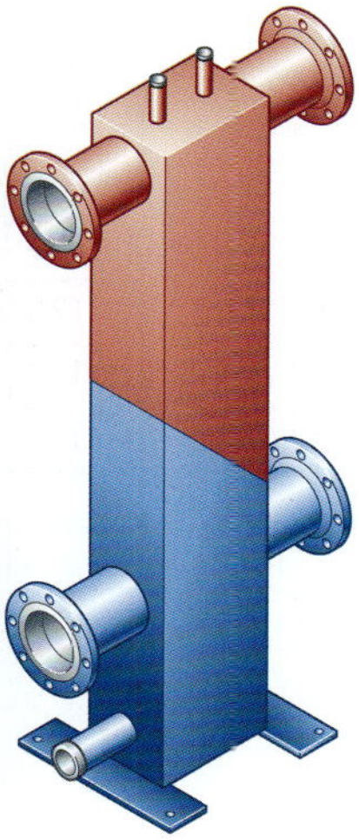

Weichen-kammer	Anschluss	Durchsatz bei Δt 20 K in m^3/h	Höhe in mm	Fertigisolierung nach GEG	
				Werkstoff	mm
80/80	1 ½″ AG	4	700	①	35
120/80	2″ AG	8	800	②	40
160/80	DN 65	10	1140	③/④	65/100
200/120	DN 80	18	1450	③/④	65/100
250/150	DN 100	27	1470	③/④	65/100
300/200	DN 125	43	1480	③/④	65/100
400/200	DN 150	57	1495	③/④	65/100
450/250	DN 200	85	1720	④	100
500/300	DN 200	110	1920	④	100
600/400	DN 250	170	2045	④	100
650/450	DN 300	235	2145	④	100
700/500	DN 350	300	2600	④	100

2. Anlage mit integrierter Luft- und Gasabscheidung durch Edelstahlkorb

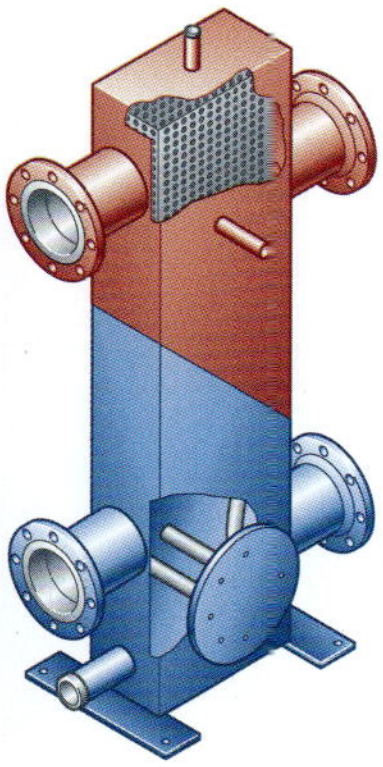

Weichen-kammer	Anschluss	Durchsatz bei Δt 20 K in m^3/h	Höhe in mm	Fertigisolierung nach GEG	
				Werkstoff	mm
80/80	1 ½″ AG	4	700	①	35
120/80	2″ AG	8	800	②	40
160/80	DN 65	10	1140	③/④	65/100
200/120	DN 80	18	1450	③/④	65/100
250/150	DN 100	27	1470	③/④	65/100
300/200	DN 125	43	1480	③/④	65/100
400/200	DN 150	57	1495	③/④	65/100
450/250	DN 200	85	1720	④	100
500/300	DN 200	110	1920	④	100
600/400	DN 250	170	2045	④	100
650/450	DN 300	235	2145	④	100
700/500	DN 350	300	2600	④	100

Legende für Fertigisolierung:
① Schwarzer EPP-Schaum
② PUR-Schaum im schwarzen Alu-Blechmantel
③ PUR-Schaum im Alu-Grobkornmantel
④ Mineralwolle im verzinkten Stahlblechmantel

5.5 Kunststoff-Rohrleitungssysteme – Druckrohre für Gas, Wasser und Trinkwasser

5.5.1 Kenngrößen und Bezeichnungen

Rohrkenngrößen für Kunststoffrohre von Trinkwasser und Gasanlagen nach ISO 4065 : 2018-01

	Gas- und Wasserversorgungsleitungen								Trinkwasserinstallation (nach W544)											
Werkstoff	**PVC-U[1)]**				**PE 80**		**PE 100**		**PVC-C**			**PP-R**			**PE-X**		**PB**			**Verbundrohre[2)]**
Rohrmaße nach DIN Güteanforderungen DIN	DIN EN 1452-2 und 8062 DIN EN 1452 und 8061				DIN EN 1555-2 und EN12202-2 DIN EN 1555-1 und EN12201-1				DIN EN ISO 15877-2 DIN EN ISO 15877-1			DIN EN ISO15874-2 DIN EN ISO 15874-1			DIN EN ISO 15875-2 DIN EN ISO 15875-1		DIN EN ISO 15876-2 DIN EN ISO 15876-1			
Rohrdurchmesser in mm	$d_a \leq 90$		$d_a \geq 90$																	
SDR	21	13,6	26	17	17,6	11	11	17	21	13,6	9	5	6	11	7,4	11	9	11	17	–
Rohrserienzahl S	10	6,3	12,5	8	8,3	5	5	8	10	6,3	4	2	2,5	5	3,2	5	4	5	8	–
PN	10	16	10	16	6	10	16	10	10	16	25	25	20	10	20	12,5	20	16	10	10
p_s bei 20 °C[3)]	10	16	–			12,5		8	10	16	25	32,4	25,7	12,9	20	12,5	22,8	18,1	11,4	
p_s bei 60 °C[3)]									4,5	7	11,4	16	12,7	6,4	12,8	8,1	15	11,9		

1) Minderungsfaktor f_T nach DIN EN ISO 1452-2 verwenden für Betriebstemperaturen von 25° … 45°
2) Nicht genormt
3) zul. Betriebsdruck in bar für eine Einsatzzeit von 50 Jahren

Wanddicken bei Kunststoffrohren nach ISO 4065 : 2018-01

$$s = \frac{d_a}{2 \cdot S + 1}$$

$$S = \frac{(d_a - s)}{2s}$$

$$SDR = 2S + 1 \approx \frac{d_a}{s}$$

s: Wanddicke in mm
d_a: Rohraußendurchmesser in mm
S: Rohrserienzahl
SDR: Durchmesser/Wanddickenverhältnis (**S**tandard **D**imension **R**atio)

Druck- und Temperaturbelastbarkeit[1)]

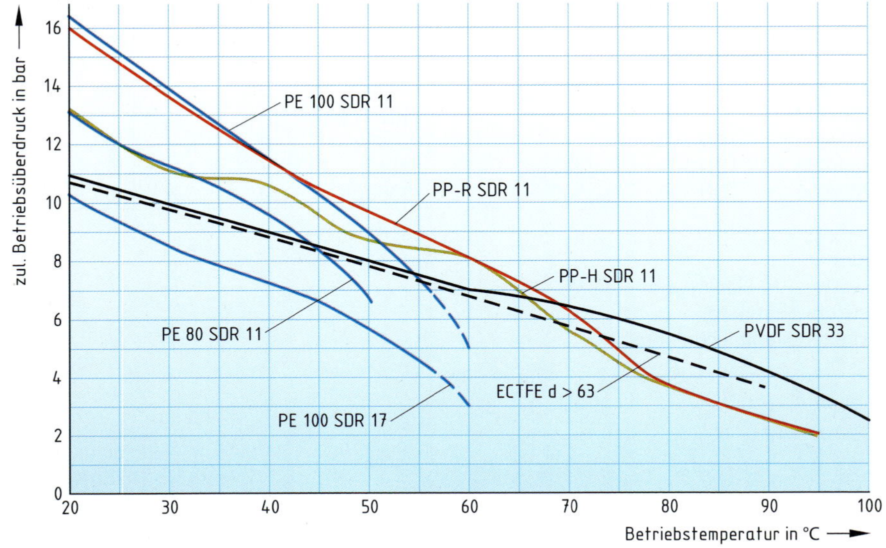

1) für Wasser und 25 Jahre Betriebsdauer

Auswahlkriterien für Rohrleitungssysteme

Kriterien der Produktauswahl

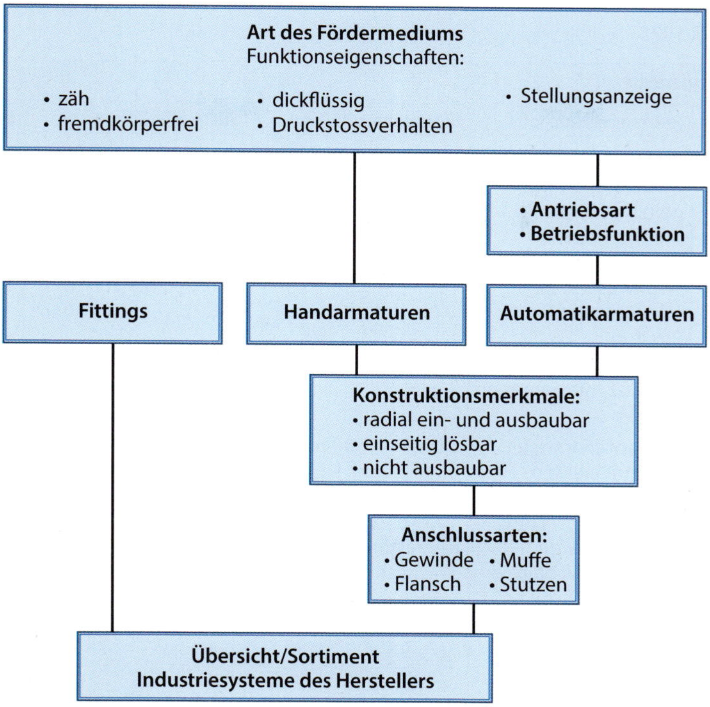

Teil 1 ▶ siehe Kap_5.pdf Hydraulische Auslegung (S. 1… 4)

Kennzeichnung von Kunststoffrohren nach DIN EN ISO 1452-2 : 2010-04, DVGW-W 544

Hersteller-kennzeichnung	DIN oder DIN EN-Nummer oder DVGW-Registriernummer	Rohrausführung (Werkstoff)	Abmessung $d_a \times s$	Rohrserie S oder SDR	Herstelldatum	Maschinennummer

5.5.2 Druckrohrsysteme aus Kunststoff

5.5.2.1 Druckrohrsysteme aus Polyethen (PE 100)

Rohre aus PE mit und ohne Schutzmantel (Herstellerangaben)nach DIN EN 12201, DIN EN 1555, DIN 8074/75, DVGW GW 335-A2, PAS 1075

Kennzeichnung und Einsatzbereiche				
Rohr	**Farbkennzeichnung**	**Dimensionen/Aufbau**	**SDR / Lieferlängen**	**Einsatzbereich**
Druckrohre ohne Schutzmantel				
PE 100 **Werkstoff:** **Polyethylen (MRS = 10 N/mm²)**	**Gasrohre:** orange-gelb, schwarz mit orange-gelben Streifen **Trinkwasser:** blau, schwarz mit blauen Streifen **Abwasser:** braun, schwarz mit braunen Streifen	**OD 25 – 1600 mm** Medienrohr, kalibriert und signiert aus PE-HD	**SDR 17,6 – 7,4** **Gerade Längen bis 12 m oder in Ringbunden bis 100 m**	Hausanschlussleitungen, Ver- und Entsorgungsleitungen, Transportleitungen
PE 100 RC **Werkstoff:** **Polyethylen (MRS = 10 N/mm²)**	**Gasrohre:** orange-gelb mit weißen Streifen, schwarz mit orange-gelben und weißen Streifen **Trinkwasser:** blau mit weißen Streifen, schwarz mit blauen und weißen Streifen **Abwasser:** braun, schwarz mit braunen Streifen, grün	**OD 25 – 1600 mm** Medienrohr, kalibriert und signiert, aus PE 100 RC (spannungsrissbeständig)	**SDR 17,6 – 7,4**	Hausanschlussleitungen, Ver- und Entsorgungsleitungen, Transportleitungen Grabenlose und sandbettfreie Verlegung möglich
Druckrohre mit Schutzmantel				
SLA **Werkstoff Medienrohr:** **Polyethylen (MRS = 10 N/mm²)**	**Trinkwasser:** Blau mit vier grünen Doppelstreifen **Abwasser:** braun mit vier grünen Doppelstreifen	**OD 25 – 1600 mm** Medienrohr, kalibriert und signiert, aus PE 100 RC (spannungsrissbeständig), metallische Permentationsschicht, Schutzmantel aus PEplus	**SDR 17,6 – 7,4**	Hausanschlussleitungen, Ver- und Entsorgungsleitungen, Transportleitungen, industrielle Leitungssysteme Die metallische Schutzschicht bietet permanenten Schutz sensibler Medien und der Umwelt Grabenlose und sandbettfreie Verlegung möglich
SLM **Werkstoff Medienrohr:** **Polyethylen (MRS = 10 N/mm²)**	**Gas:** gelb mit vier grünen Doppelstreifen **Trinkwasser:** blau mit vier grünen Doppelstreifen **Abwasser:** braun mit vier grünen Doppelstreifen	**OD 25 – 1600 mm** Medienrohr, kalibriert und signiert, aus PE 100 RC (spannungsrissbeständig), Schutzmantel aus PEplus	**SDR 17,6 – 7,4**	Hausanschlussleitungen, Ver- und Entsorgungsleitungen, Transportleitungen, industrielle Leitungssysteme Grabenlose und sandbettfreie Verlegung möglich

(Fortsetzung) Druckrohrsysteme aus Polyethen (PE 100)

Druckrohre mit Schutzmantel

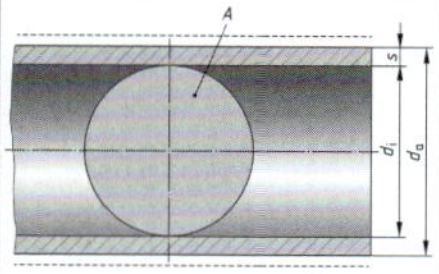

Rohrabmaße:
d_a/OD: Außendurchmesser in mm
s: Wanddicke (ohne Schutzmantel) in mm
d_i: Innendurchmesser in mm

A: freie Querschnittsfläche in cm^2
V': längenbezogener Rohrinhalt in dm^3/m
m': längenbezogene Masse in kg/m

Begriffe:
SDR (Standard Dimension Ratio): Durchmesser-Wanddicken-Verhältnis
MRS (Minimum Required Strength): Innendruckfestigkeit
RC (Raised Crack Resistantce): Erhöhte Rissbeständigkeit
MOP (Maximum Operating Pressure): PN
S (Rohrserienzahl): $S = (d_a - s)/2s$ nach ISO 4065:2018-01

Maße für Rohre aus PE 100

Rohr nach DIN EN 12201-2: 2013-12 (Wasser), DIN EN 1555-2 (Gas)				Rohrserie S 8 (SDR 17) Wasser PN 10 Gas PN (MOP) 4					Rohrserie S 5 (SDR 11) Wasser PN 16 Gas PN (MOP) 10				
DN	*da/OD PE 100/100RC* mm	*da/OD SLM* mm	*da/OD SLA* mm	*s* mm	*d_i* mm	*A* cm^2	*V'* dm^3/m	*m'* kg/m	*s* mm	*d_i* mm	*A* cm^2	*V'* dm^3/m	*m'* kg/m
25	32	34,3	34,9	1,9	28,2	6,25	0,63	0,198	3,0	24,0	4,52	0,45	0,282
32	40	42,6	43,4	2,4	35,2	9,73	0,97	0,299	3,7	32,6	8,35	0,84	0,434
40	50	52,8	53,6	3,0	44,0	15,21	1,52	0,458	4,6	40,8	13,07	1,31	0,673
50	63	66,1	66,8	3,8	55,4	24,11	2,41	0,728	5,8	51,4	20,75	2,08	1,06
65	75	78,3	79,0	4,5	66,0	34,21	3,42	1,03	6,8	61,2	29,42	2,94	1,48
80	90	93,6	94,3	5,4	79,2	49,27	4,92	1,47	8,2	73,6	42,54	4,25	2,14
100	110	114,2	115,0	6,6	96,8	73,59	7,36	2,19	10,0	90,0	63,62	6,36	3,18
100	125	129,5	130,3	7,4	110,2	95,38	9,54	2,79	11,4	102,2	82,03	8,20	4,12
125	140	145,0	145,7	8,3	123,4	119,60	11,96	3,50	12,7	114,6	103,15	10,32	5,13
150	160	165,6	166,4	9,5	141,0	156,15	15,62	4,57	14,6	130,8	134,37	13,44	6,74
150	180	188,7	188,7	10,7	158,6	197,56	19,76	5,77	16,4	147,2	170,18	17,02	8,51
200	200	208,8	208,8	11,9	176,2	243,84	24,38	7,12	18,2	163,6	210,21	21,02	10,5
200	225	234,1	234,1	13,4	198,2	308,53	30,85	9,03	20,5	184,0	265,90	26,59	13,3
250	250	259,3	259,3	14,8	220,4	381,52	38,15	11,1	22,7	204,6	328,78	32,88	16,3
250	280	289,6	289,6	16,6	246,8	478,39	47,84	13,9	25,4	229,2	412,59	41,26	20,5
300	315	324,9	324,9	18,7	277,6	605,24	60,52	17,6	28,6	257,8	521,98	52,20	25,9
350	355	368,4	368,4	21,1	312,8	768,46	76,85	22,4	32,2	290,6	663,26	66,33	32,9
400	400	410,6	410,6	23,7	352,6	976,46	97,65	28,3	36,3	327,4	841,87	84,19	41,7
500	450	Auf Anfrage möglich		26,7	396,6	1235,37	123,54	35,8	40,9	368,2	1064,77	106,48	52,8
500	500			29,7	440,6	1524,68	152,47	44,2	45,4	409,2	1315,11	131,51	65,2
600	560			33,2	493,6	1913,55	191,36	55,4	50,8	458,4	1650,36	165,04	81,7
600	630			37,4	555,2	2420,97	242,10	70,2	57,2	515,6	2087,93	208,80	103

Beim Verbinden (Verschweißen) von SLA-Rohren im Spiegelschweißverfahren, als auch mit E-Fittingen muss der Mantel, und die Aluminium Sperrschicht IMMER im Schweißbereich entfernt werden! Verschweißt wird IMMER nur auf dem drucktragenden PE100RC Kernrohr welches die genormten Außendurchmesser und Wandstärken aufweist (SDR 11 / SDR 17). Auf der Aluminium-Schicht funktioniert keine Verschweißung.
Beim Verbinden von SLM-Rohr mit E-Fittingen muss der Mantel zurückgeschnitten / im Schweißbereich entfernt werden, da auch hier IMMER nur auf dem drucktragenden PE100RC Kernrohr geschweißt werden kann. Beim Spiegelschweißverfahren KANN der SCHUTZMANTEL mitverschweißt werden (Schweißparameter beachten!!).

5.5.2.2 Druckrohre aus vernetztem Polyethylen (PE-X) nach DIN EN ISO 15875-2 : 2004-03

pressure pipes made of crosslinked polyethylene

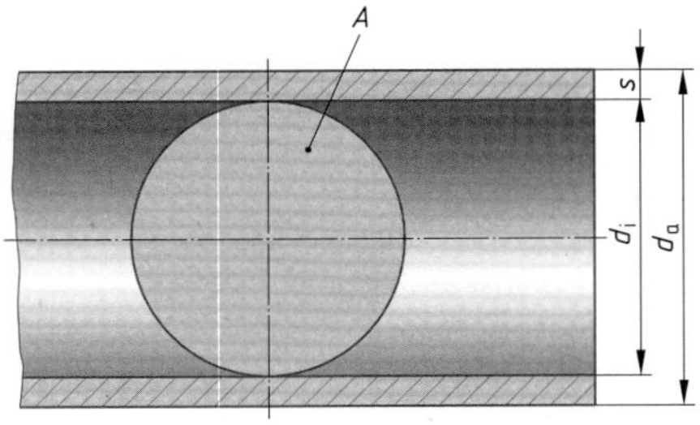

Rohrabmaße:

d_a:	Außendurchmesser	in mm
d_i:	Innendurchmesser	in mm
s:	Wanddicke	in mm
A:	lichter Querschnitt	in cm^2
m':	längenbezogene Masse	in kg/m
V':	längenbezogener Rohrinhalt	in dm^3/m
p_{zul}:	zulässiger Betriebsdruck	in bar
ϑ_{zul}:	zulässige Betriebstemperatur	in °C

Werkstoff: Vernetztes Polyethylen (PE-X); $\varrho = 0{,}94\ kg/dm^3$

Lieferart: gerade Längen bis 12 m oder Ringbunde bis 100 m (über 100 m mit Herstellerrücksprache)

Einsatz: Trinkwasser bis 70 °C und für Heizungsanlagen (Rohrserie S5, SDR11) nach DIN 4726 mit Sauerstoffsperrschicht

Einsatz	SDR	ϑ_{zul} in °C	p_{zul} in bar
Warmwasser (Klasse A)	11	60	6
	7,4	70	10
NT-Heizung	9	60	10
HT-Heizung (Klasse A)	11	80	6
	7,4	80	10

Kennzeichen	Vernetzungsart	min. Vernetzungsgrad	Werkstoffkurzzeichen
a	peroxidvernetzt	75 %	PE-Xa
b	silanvernetzt	65 %	PE-Xb
c	elektronenstrahlenvernetzt	60 %	PE-Xc
d	azovernetzt	60 %	PE-Xd

Rohre aus PE-X für Trinkwasser und Heizungsanlagen — DVGW W 544, EN ISO 15875-2 : 2004-03

Rohr		Rohrserie S 5, (SDR 11), PN 12,5[1)]				
DN	d_a mm	s mm	d_i mm	A cm^2	V' dm^3/m	m' kg/m
–	10	1,3	7,4	0,43	0,043	0,038
8	12	1,3	9,4	0,69	0,069	0,047
10	16	1,5	13,0	1,33	0,13	0,072
15	20	1,9	16,2	2,06	0,21	0,111
20	25	2,3	20,4	3,27	0,33	0,167
25	32	2,9	26,2	5,39	0,54	0,269
32	40	3,7	32,6	8,35	0,83	0,425
40	50	4,6	40,8	13,07	1,31	0,658
50	63	5,8	51,4	20,75	2,07	1,04
65	75	6,8	61,4	29,61	2,96	1,45
80	90	8,2	73,6	42,54	4,25	2,10
–	110	10,0	90,0	63,62	6,36	3,11
100	125	11,4	102,2	82,03	8,20	4,02
–	140	12,7	114,6	103,15	10,31	4,77
125	160	14,6	130,8	134,37	13,44	6,27

1) nach DIN 4726 mit Sauerstoffsperrschicht

Rohrserie S 4, (SDR 9), PN 16						
–	10	1,3	7,4	0,43	0,04	0,04
8	12	1,4	9,2	0,66	0,07	0,05
10	16	1,8	12,4	1,21	0,12	0,08
15	20	2,3	15,4	1,86	0,19	0,13
20	25	2,8	19,4	2,96	0,30	0,20
25	32	3,6	24,8	4,83	0,48	0,32
32	40	4,5	31,0	7,55	0,75	0,50
40	50	5,6	38,8	11,8	1,18	0,77
50	63	7,1	48,8	18,7	1,87	1,24
65	75	8,4	58,2	26,6	2,66	1,75
80	90	10,1	69,8	38,3	3,83	2,52
–	110	12,3	85,4	57,3	5,73	3,74
100	125	14,0	97,0	73,9	7,39	4,82
–	140	15,7	108,6	92,63	9,26	5,76
125	160	17,9	124,2	121,15	12,12	7,51
Rohrserie S 3,2; (SDR 7,4); PN 20						
–	10	1,4	7,2	0,41	0,04	0,04
8	12	1,7	8,6	0,58	0,06	0,06
10	16	2,2	11,6	1,06	0,11	0,10
15	20	2,8	14,4	1,63	0,16	0,15
20	25	3,5	18,0	2,54	0,25	0,24
25	32	4,4	23,2	4,23	0,42	0,38
32	40	5,5	29,0	6,61	0,66	0,59
40	50	6,9	36,2	10,3	1,03	0,93
50	63	8,6	45,8	16,5	1,65	1,45
65	75	10,3	54,4	23,2	2,32	2,07
80	90	12,3	65,4	33,6	3,36	2,96
–	110	15,1	79,8	50,0	5,00	4,44
100	125	17,1	90,8	64,8	6,48	5,71
–	140	19,2	101,6	81,07	8,11	6,85
125	160	21,9	116,2	106,05	11,60	8,93

Bezeichnung eines Druckrohrs für Trinkwasserinstallation aus PE-X peroxidvernetzt nach DIN EN ISO 15875 mit d_a = 32 mm, s = 4,4 mm, Rohrserie S 3,2 und Durchmesser/Wanddicken-Verhältnis SDR 7,4:

Rohr PE-Xa EN ISO 15875 – 32 × 4,4 – S 3,2 (SDR 7,4)

Druckrohre aus vernetztem Polyethylen (PE-MDX)

DIN 16895-2 : 2011-04

pressure pipes made of crosslinked polyethylene

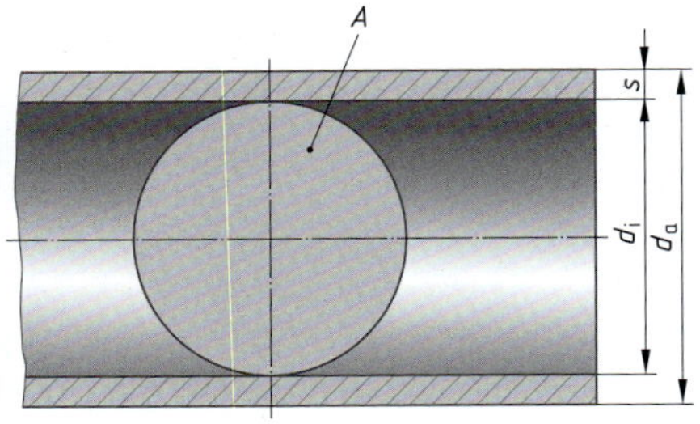

Rohrabmaße:

d_a:	Außendurchmesser	in mm
d_i:	Innendurchmesser	in mm
s:	Wanddicke	in mm
A:	lichter Querschnitt	in cm^2
m':	längenbezogene Masse	in kg/m
V':	längenbezogener Rohrinhalt	in dm^3/m

Werkstoff: Vernetztes Polyethylen mittlerer Dichte (PE-MDX); $\varrho = 0{,}935\ kg/dm^3$

Lieferart: Gerade Längen bis 12 m oder Ringbunde bis 100 m (über 100 m mit Herstellerrücksprache)

Einsatz: PE-X-Rohr

Rohre aus vernetztem Polyethylen mittlerer Dichte PE-MDX

Rohr		Rohrserie S4, (SDR 9), PN 12,5					Rohrserie S 2,5, (SDR 6), PN 20				
DN	d_a mm	s mm	d_i mm	A cm^2	V' dm^3/m	m' kg/m	s mm	d_i mm	A cm^2	V' dm^3/m	m' kg/m
–	10	–	–	–	–	–	1,8	6,4	0,32	0,032	0,047
8	12	1,8	8,4	0,55	0,055	0,058	2,0	8,0	0,50	0,050	0,063
10	16	1,8	12,4	1,21	0,121	0,082	2,7	10,6	0,88	0,088	0,112
15	20	2,3	15,4	1,86	0,186	0,130	3,4	13,2	1,37	0,137	0,176
20	25	2,8	19,4	2,96	0,296	0,196	4,2	16,6	2,16	0,216	0,272
25	32	3,6	24,8	4,83	0,483	0,320	5,4	21,6	3,66	0,366	0,444
32	40	4,5	31,0	7,55	0,755	0,498	6,7	26,6	5,56	0,556	0,686
40	50	5,6	38,8	11,82	1,182	0,771	8,4	33,2	8,66	0,866	1,070
50	63	7,0	49,0	18,86	1,886	1,210	10,5	42,0	13,85	1,385	1,690
65	75	8,4	58,2	26,60	2,660	1,730	12,5	50,0	19,63	1,963	2,390
80	90	10,0	70,0	38,48	3,848	2,770	15,0	60,0	28,27	2,827	3,430
–	110	12,3	75,4	44,65	4,465	3,700	18,4	73,2	42,08	4,208	5,150
100	125	13,9	97,2	74,20	7,420	4,740	20,9	83,2	54,37	5,437	6,600
–	140	15,6	108,8	92,97	9,297	5,950	23,4	93,2	73,20	7,320	8,320
125	160	17,8	124,4	121,54	12,154	7,760	26,7	106,6	89,25	8,925	10,840

Bezeichnung eines Druckrohres aus PE-MDXc nach DIN 16895, Rohrserie S 4 (SDR 9), $d_a = 32$ mm, $s = 3{,}6$ mm:

Rohr PE-MDXc 16895 – S 4 (SDR 9) – 32 × 3,6

Teil 3 ▶ siehe Kap_5.pdf Diagramm zur Biegeschenkelbestimmung für PE

Teil 8 ▶ siehe Kap_5.pdf Rohrschellenabstände für PE

5.5.2.3 Druck-Rohre aus Polypropylen PP-B 80 und PP-R 80 nach DIN 8077, W544, DIN EN ISO 15874-2 : 2013-06 *pipes made of polypropylene*

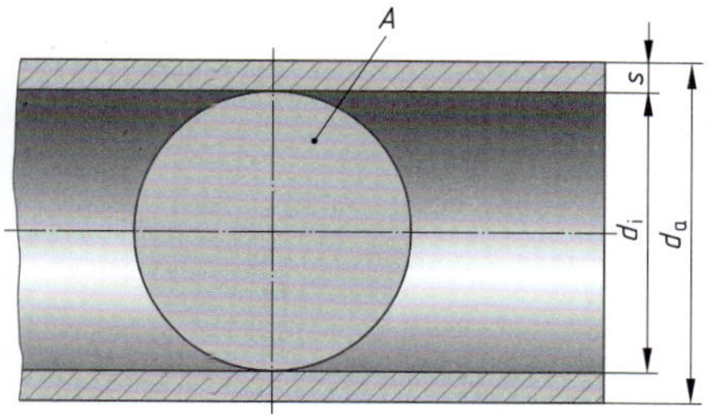

Rohrabmaße:

d_a: Außendurchmesser in mm
d_i: Innendurchmesser in mm
s: Wanddicke in mm
A: lichter Querschnitt in cm^2
m': längenbezogene Masse in kg/m
V': längenbezogener Rohrinhalt in dm^3/m

Werkstoff: Polypropylen **PP-H 100** (Homopolymer mit MSR = 10 N/mm^2, **PP-B 80** (Blockpolymer mit 8 N/mm^2), **PP-RCT** (Random-Copolymer für erhöhte Temperaturbeständigkeit)

Lieferart: In Ringbunden oder geraden Längen bis 12 m, über 12 m nach Vereinbarung

Einsatz: **PP-B** für Trinkwasser (PW) und Fußbodenheizung, **PP-R** für PW, PWC und Heizungsanlagen (ab Rohrserie S 2,5)

Qualitätsanforderungen: nach DIN EN 15874-1 : 2013-06

Rohr	PN 10, S 5 (SDR 11)[1]						PN 20, S 2,5 (SDR 6)						PN 25, S 2 (SDR 5)					
DN	d_a mm	s mm	d_i mm	A cm^2	V' dm^3/m	m' kg/m	d_a mm	s mm	d_i mm	A cm^2	V' dm^3/m	m' kg/m	d_a mm	s mm	d_i mm	A m^2	V' dm^3/m	m' kg/m
8	12	1,8	8,4	0,55	0,06	0,05	12	2,0	8,0	0,50	0,05	0,06	12	2,4	7,2	0,41	0,04	0,07
10	–	–	–	–	–	–	16	2,7	10,6	0,88	0,09	0,11	16	3,3	9,4	0,69	0,07	0,13
12	12	1,8	12,4	1,21	0,12	0,07	20	3,4	13,2	1,37	0,14	0,17	20	4,1	11,8	1,09	0,11	0,20
15	20	1,9	16,2	2,06	0,21	0,11	25	4,2	16,6	2,16	0,22	0,27	25	5,1	14,8	1,72	0,17	0,31
20	25	2,3	20,4	3,27	0,33	0,16	32	5,4	21,2	3,53	0,35	0,43	32	6,5	19,0	2,84	0,28	0,50
25	32	2,9	26,2	5,39	0,54	0,26	40	6,7	26,6	5,56	0,56	0,67	40	8,1	23,8	4,45	0,44	0,78
32	40	3,7	32,6	8,35	0,83	0,41	50	8,3	33,4	8,76	0,88	1,04	50	10,1	29,8	6,97	0,70	1,21
40	50	4,6	40,8	13,1	1,31	0,64	63	10,5	42,0	13,9	1,39	1,65	63	12,7	37,6	11,1	1,11	1,91
50	63	5,8	51,4	20,7	2,07	1,01	75	12,5	50,0	19,6	1,96	2,34	75	15,1	44,8	15,8	1,58	2,70
–	–	–	–	–	–	–	90	15,0	60,0	28,3	2,83	3,36	–	18,1	53,8	22,7	2,27	3,88
65	75	6,8	61,4	29,6	2,96	1,41	110	18,3	73,4	42,3	4,23	5,01	90	22,1	65,8	34,0	3,40	5,78
80	90	8,2	73,6	42,5	4,25	2,03	125	20,8	83,4	54,6	5,46	6,47	125	25,1	74,8	43,9	4,39	7,46
–	110	10,0	90,0	63,6	6,36	3,01	–	–	–	–	–	–	–	–	–	–	–	–
100	125	11,4	102,2	82,0	8,20	3,91	–	–	–	–	–	–	–	–	–	–	–	–

[1] Rohrserie nur für Trink- und Regenwasser einsetzbar

Bezeichnung eines Rohres aus Polypropylen (Randompolymer mit MSR = 8 N/mm^2), d_a = 32 mm, s = 2,9 mm und Rohrserie S5 oder (Durchmesser/Wanddickenverhältnis SDR 11)

Rohr PP-R 80 EN ISO 15874-2 – 32 × 2,9 – S5 (SDR 11)

Teil 4 ► siehe Kap_5.pdf Diagramm...

Teil 9 ► siehe Kap_5.pdf Rohrschellenabstände

5.5.2.4 Formteile für das Stumpfschweißen von Druckrohren aus PE und PP

DIN EN 12201-3 : 2013-01 und PP (Herstellerangaben)

Ausführung: Winkel 90°

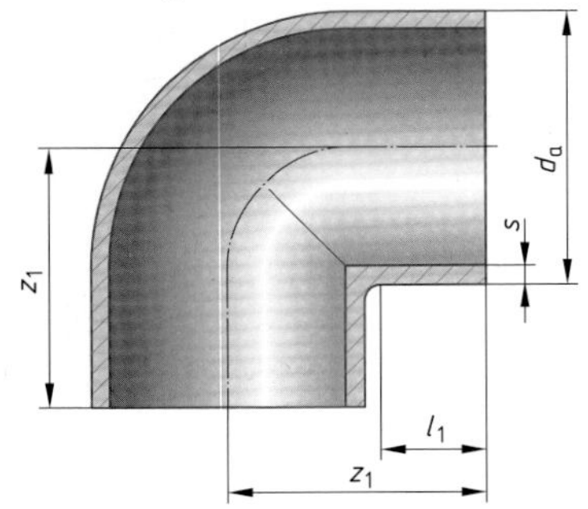

Winkel 45°

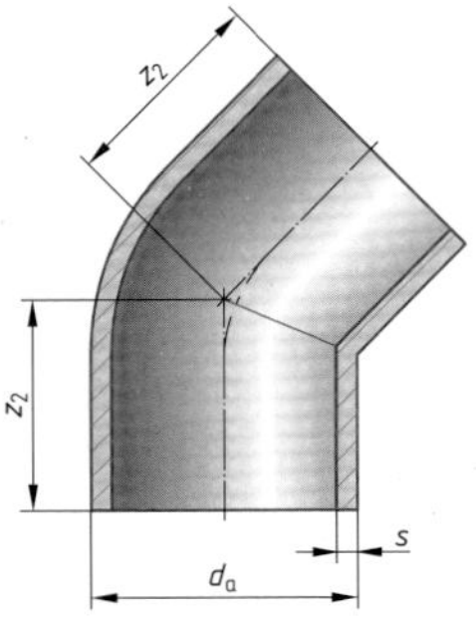

Bogen 90° (Typ A)

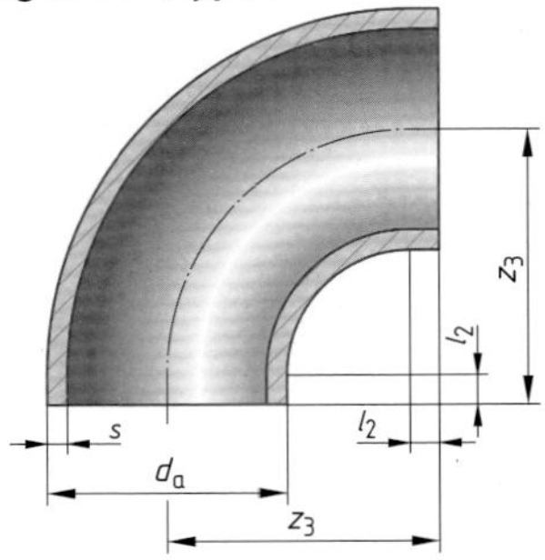

Ausführung: Bogen 90° (Typ B)

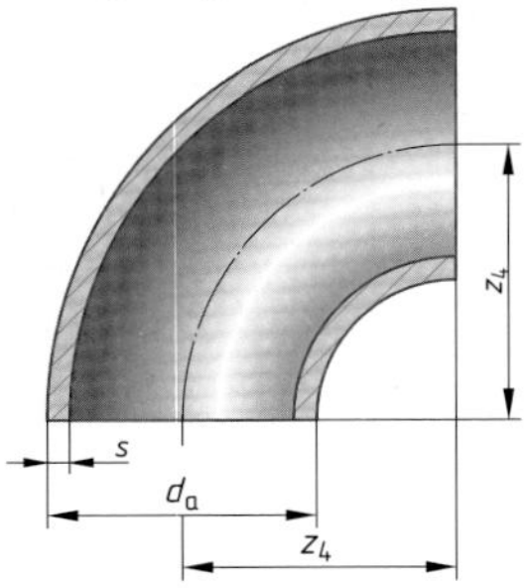

T-Stück

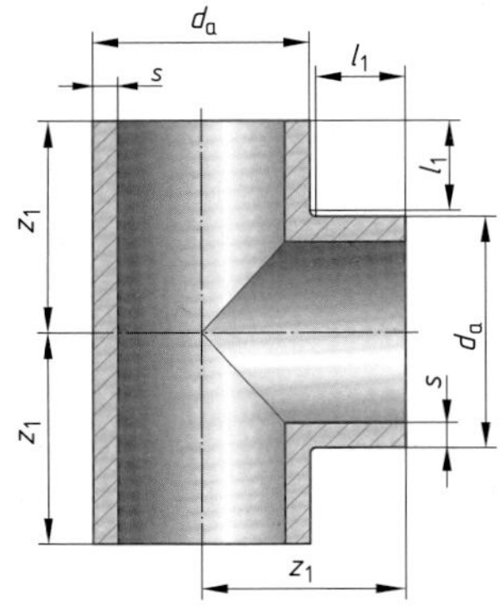

Kappe

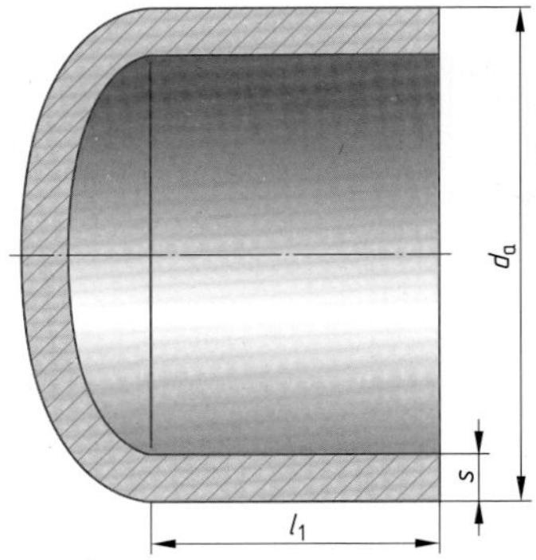

DN	d_a mm	l_1 mm	z_1 mm	l_2 mm	z_2 mm	z_3 mm	z_4 mm
15	20	5	20	2	14	21	19
20	25	6	25	3	17	26	23
25	32	8	32	4	22	34	30
32	40	10	40	5	26	43	38
40	50	12	50	5	33	53	48
50	63	16	63	5	41	66	61
65	75	19	75	6	49	78	72
80	90	22	90	6	57	93	87
–	110	28	110	8	70	115	107
100	125	32	125	8	79	130	122
125	160	40	145	8	95	165	157
150	180	45	155	8	100	184	176
200	225	55	220	10	140	231	–
200	250	60	220	10	156	256	–
250	280	70	250	10	175	286	–
300	315	80	275	10	198	261	–

Hinweis: Wanddicke *s* entsprechend der zugehörigen Rohrserie (R)

Ausführung: Reduzierstück

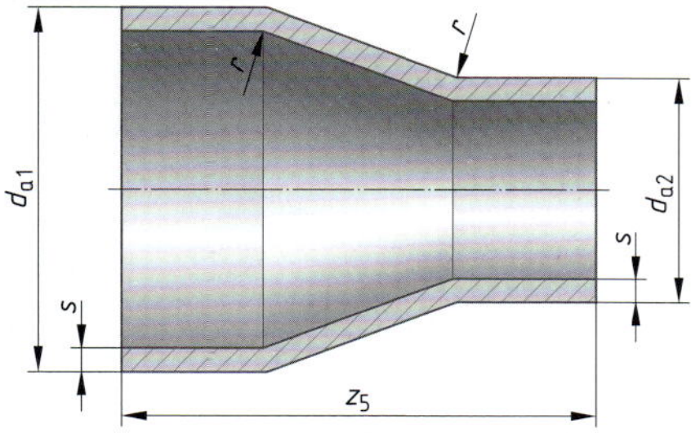

d_{a1} mm	d_{a2} mm	z_5 mm
25	20	30
32	20	30
32	25	30
40	20	40
40	25	40
40	32	40
50	25	50
50	32	50
50	40	50
63	32	60
63	40	60
63	50	60
75	40	65
75	50	65
75	63	65
90	50	75
90	63	75
90	75	75

d_{a1} mm	d_{a2} mm	z_5 mm
110	63	90
110	75	90
110	90	90
125	75	100
125	90	100
125	110	100
160	110	120
160	140	120
180	125	130
180	160	130
225	160	160
225	200	160
250	180	175
250	225	175
280	200	200
280	250	200
315	225	225
315	280	225

Rohrverschraubungen *pipe fittings*

Ausführung:

Rohrverschraubung V1 mit Stumpfschweißanschluss

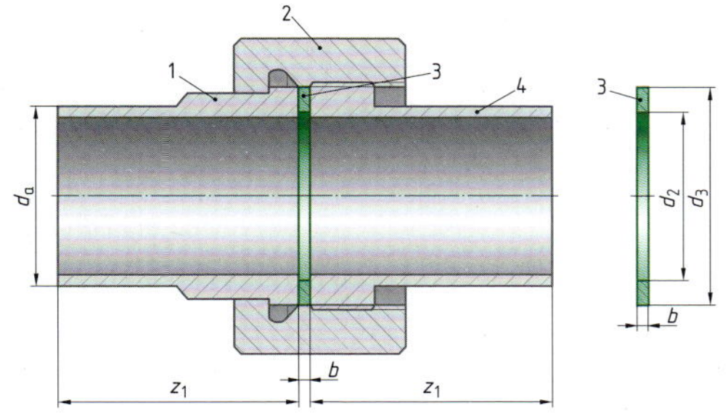

Rohrverschraubung V2 mit Stumpfschweißanschluss

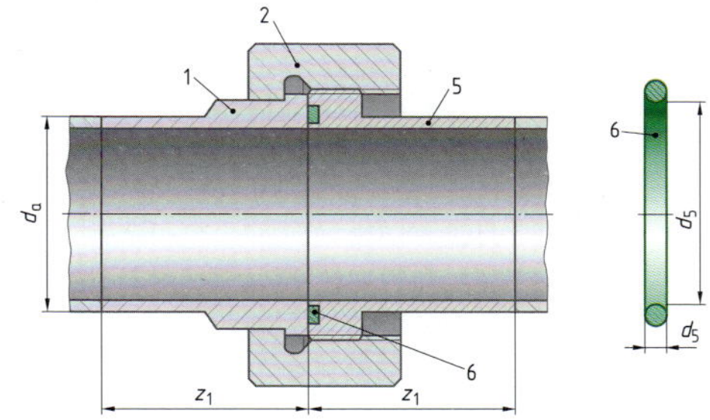

Rohrverschraubung V1I mit Innengewindeanschluss

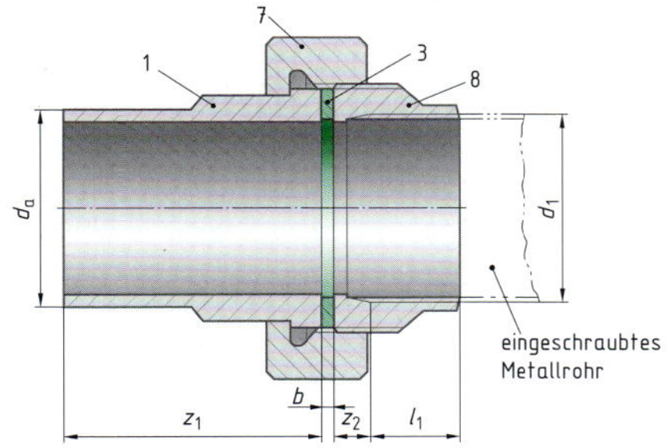

Rohrverschraubung V1A mit Außengewinde

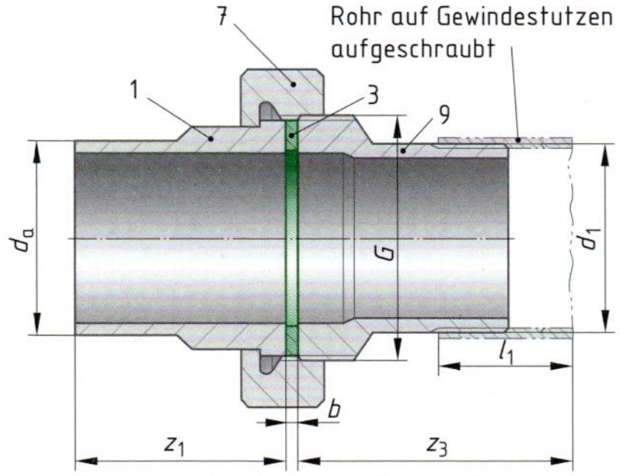

Einzelteile: 1: Bundbuchse, 2 und 7: Überwurfmutter, 3: Flachdichtung, 4,5 und 8: Gewindebuchse, 6: Runddichtung, 9: Gewindestutzen

Werkstoff: Einzelteile 7,8 und 9 wahlweise aus: EN-GJMW-450, CuZn40Pb2 oder G-CuSn5ZnPb

DN	d_a mm	d_1 inch	d_2 mm	d_3 mm	d_4 mm	d_5 mm	l_1 mm	b mm	z_1 mm	z_2 mm	z_3 mm	G inch
15	20	R ½	21	30	20,2	3,5	13,2	2	53	7	32	1
20	25	R ¾	27	38	28,2	3,5	14,5	2	56	8	49	1 ¼
25	32	R 1	32	44	32,9	3,5	16,8	2	59	9	53	1 ½
32	40	R1 ¼	42	55	40,6	5,3	19,1	2	62	9	54	2
40	50	R 1 ½	46	62	47,0	5,3	19,1	2	65	10	62	2 ¼
50	63	R 2	60	78	59,7	5,3	23,4	3	68	10	69	2 ¾
65	75	R 2 ½	75	97	–	–	26,7	3	71	11	74	3 ½
80	90	R 3	88	110	–	–	29,8	3	74	11	83	4

5.5.2.5 Formteile für das Muffenschweißen von Druckrohren aus PE und PP *molded fittings for socket welding*

Ausführung:

PE-HD Winkel 90° W3
PP Winkel 90° W1

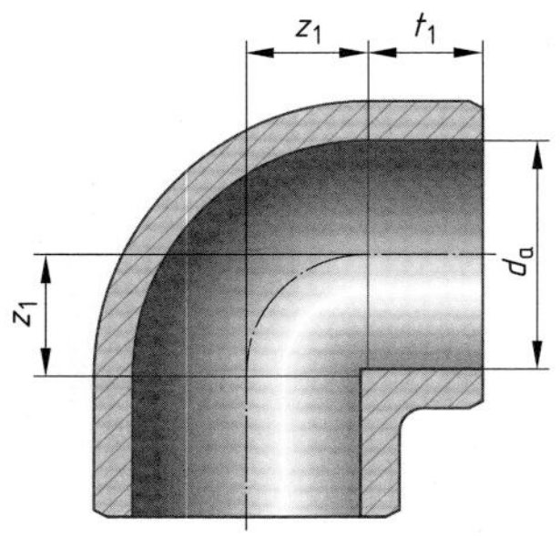

PE-HD Winkel 45° W4
PP Winkel 45° W2

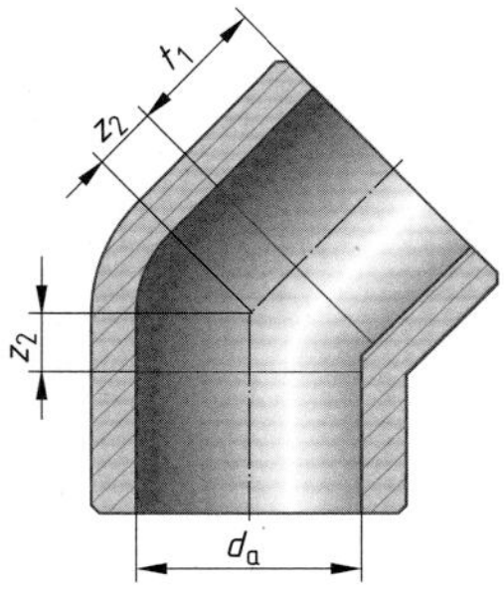

PE-HD Winkel 90° W3GI
PP Winkel 45° W1GI

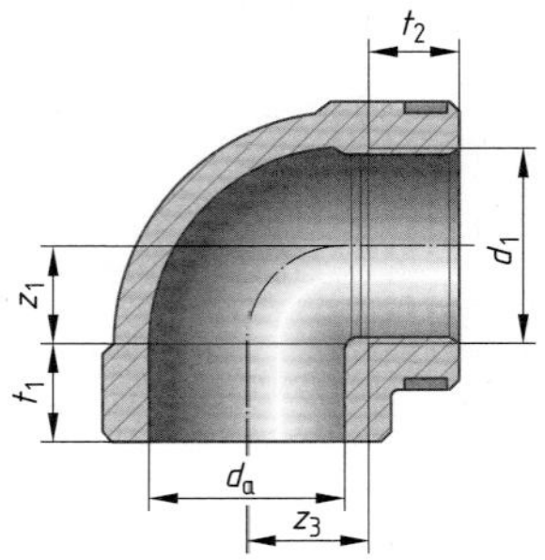

Ausführung:

PE-HD T-Stück T3
PP T-Stück T2

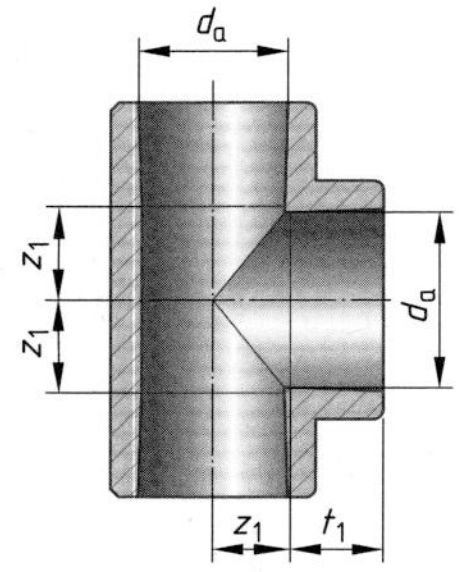

PE-HD T-Stück T3G
PP T-Stück T2G

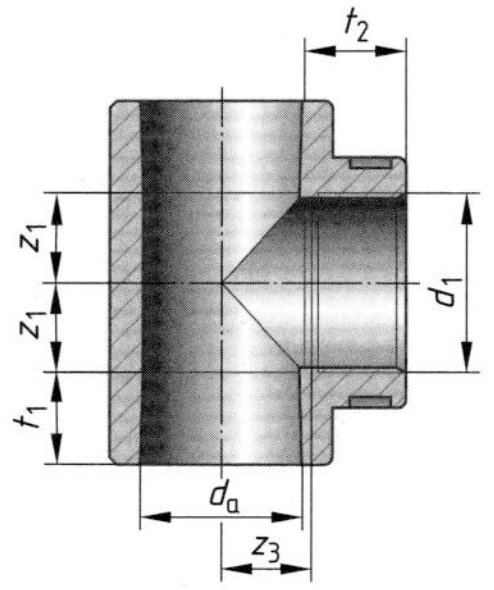

PE-HD Muffe M1
PP Muffe M1

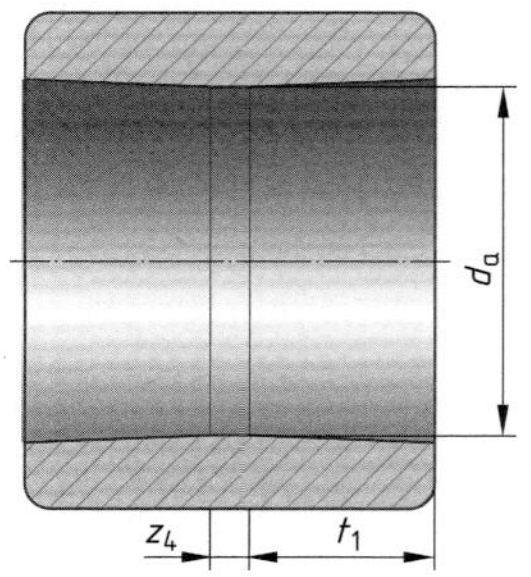

Ausführung:

PE-HD Muffe MGI
PP Muffe MGI

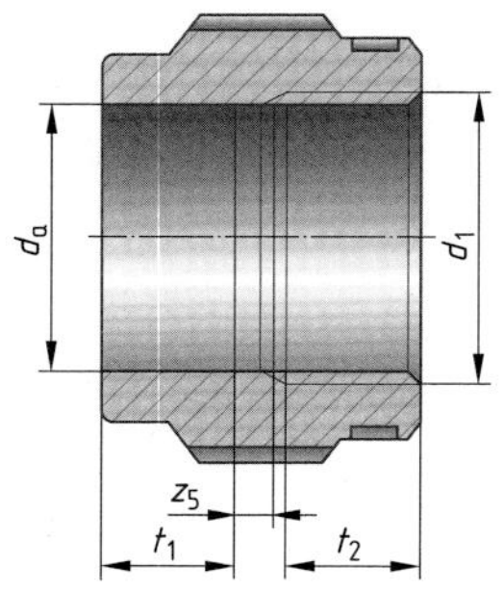

PE-HD Kappe K1
PP Kappe K1

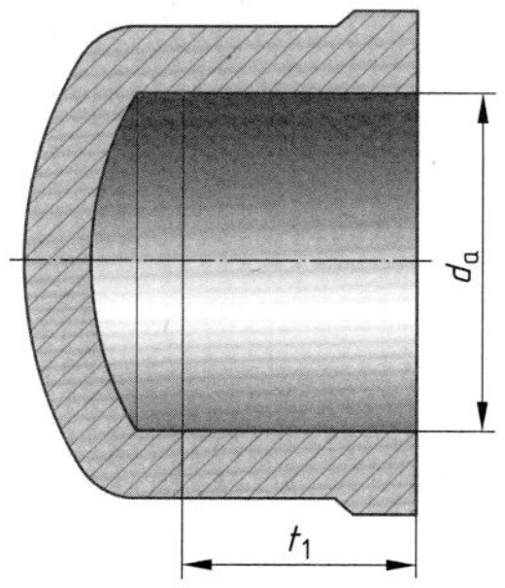

PE-HD Nippel reduziert NRGI
PP Nippel reduziert NRGI

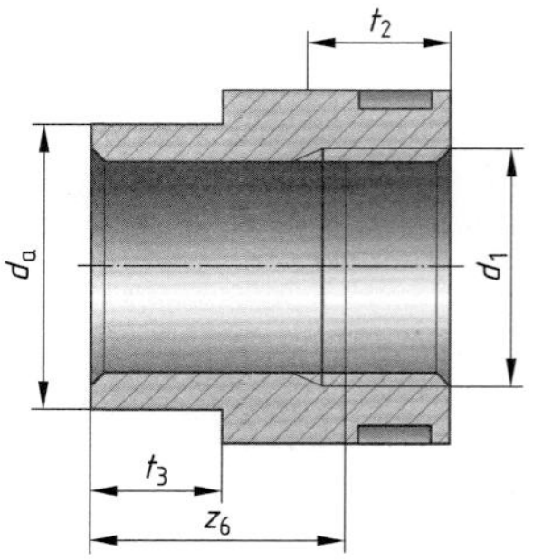

DN	d_a mm	d_1 inch	t_1[1)] mm		t_2 mm	t_3 mm	z_1 mm	z_2 mm	z_3 mm	z_4 mm	z_5 mm	z_6 mm
10	16	3/8	13		11,4	–	9	4,5	13	3	5	17
15	20	½	14,5		15	11	11	5	13	3	5	19
20	25	¾	16		16,3	12,5	13,5	6	16	3	5	21
25	32	1	18		19,1	14,6	17	7,5	19	3	5	24
32	40	1 ¼	20,5		21,4	17	21	9,5	23	3	5	28
40	50	–	23,5		–	20	26	11,5	–	3	–	–
50	63	–	27,5		–	–	32,5	14	–	3	–	–
			Typ A	Typ B	–	–	–	–	–	–	–	–
65	75	–	30	31	–	–	38,5	16,5	–	4	–	–
80	90	–	33	35,5	–	–	46	19,5	–	5	–	–
–	110	–	37	41,5	–	–	56	23,5	–	5	–	–
100	125	–	40	46	–	–	76,5	27	–	5	–	–

1) ab DN 65 gesonderte Einstecktiefen für t_1 (Typ A für ungeschälte und Typ B für geschälte Rohrenden)

Ausführung: **PE-HD** **Reduzierstück R4**
PP **Reduzierstück R1**

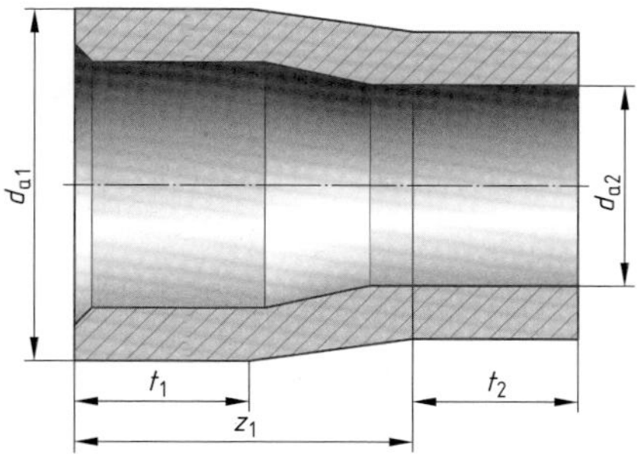

d_{a1} mm	d_{a2} mm	Typ A t_1[1) mm	Typ A t_2 mm	Typ A z_1 mm	Typ B t_1[1) mm	Typ B t_2 mm	Typ B z_1 mm
20	16	11	13,3	16	11	13,3	16
25	16	12,5	13,3	18,5	12,5	13,3	18,5
	20		14,5			14,5	
32	20	14,6	14,5	22,5	14,6	14,5	22,5
	25		16			16	
40	20	17	14,5	27	17	14,5	27
	25		16			16	
	32		18,1			18,1	
50	20	20	14,5	32,5	20	14,5	32,5
	25		16			16	
	32		18,1			18,1	
	40		20,5			20,5	
63	25	24	16	39,5	24	16	39,5
	32		18,1			18,1	
	40		20,5			20,5	
	50		23,5			23,5	
75	63	25	27,4	43,5	26	27,4	44,5
90	63	28	27,4	50,5	30,5	27,4	53
	75		30			31	
110	90	32	33	59,5	36,5	35,5	64
125	63	35	27,4	66	41	27,4	72
	75		30			31	
	90		33			35,5	

1) ab DN 65 gesonderte Einstecktiefen für t_1 (Typ A für ungeschälte und Typ B für geschälte Rohrenden)

5.5.2.6 Druckrohrsystem aus Polybuten (PB)

Druckrohre aus Polybuten (PB) (DIN 16969 : 2012-11) und DIN EN ISO 15876 : 2017-06

pressure pipes made of polybutene

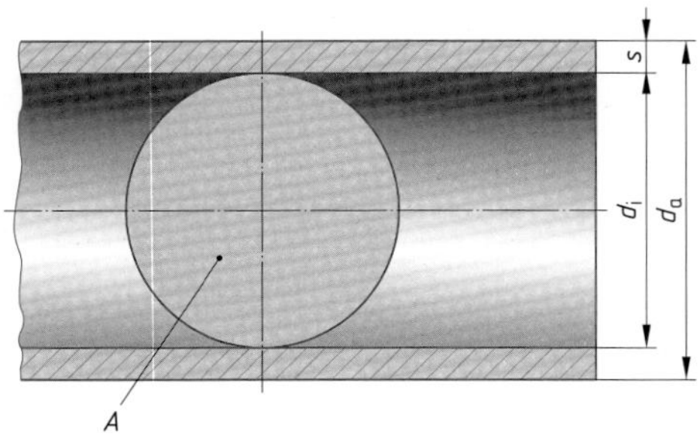

Rohrabmaße:

d_a:	Außendurchmesser	in mm
d_i:	Innendurchmesser	in mm
s:	Wanddicke	in mm
A:	lichter Querschnitt	in cm^2
m':	längenbezogene Masse	in kg/m
V':	längenbezogener Rohrinhalt	in dm^3/m

Werkstoff: Polybuten PB 125 (mit MRS = 12,5 N/mm^2)

Lieferart: Gerade Längen bis 12 m oder in Ringbunden

Einsatz: Für Trinkwasser bis 70 °C für Rohre der Klasse A und Heizungsanlagen nach DIN EN ISO 15876 bis 80°

Rohr		Rohrserie S8, SDR 17 (PN 10)					Rohrserie S 5, SDR 11 (PN 16)					Rohrserie S 4, SDR 9, (PN 20)				
DN	d_a mm	s mm	d_i mm	A cm^2	V′ dm^3/m	m′[1] kg/m	s mm	d_i mm	A cm^2	V′ dm^3/m	m′[1] kg/m	s mm	d_i mm	A cm^2	V′ dm^3/m	m′[1] kg/m
8	10	1,3	7,40	0,43	0,04	0,037	1,3	7,40	0,43	0,04	0,037	1,3	7,4	0,43	0,04	0,037
10	12	1,3	9,40	0,69	0,07	0,045	1,3	9,40	0,69	0,07	0,045	1,4	9,2	0,66	0,07	0,048
12	16	1,3	13,4	1,41	0,14	0,062	1,5	13,0	1,33	0,13	0,070	1,8	12,4	1,21	0,12	0,081
15	20	1,3	17,4	2,38	0,24	0,079	1,9	16,2	2,06	0,21	0,109	2,3	15,4	1,86	0,19	0,128
20	25	1,5	22,0	3,80	0,38	0,114	2,3	20,4	3,27	0,33	0,165	2,8	19,4	2,96	0,30	0,194
25	32	1,9	28,2	6,25	0,63	0,183	2,9	26,2	5,39	0,54	0,264	3,6	24,8	4,83	0,48	0,317
32	40	2,4	35,2	9,73	0,97	0,285	3,7	32,6	8,35	0,84	0,417	4,5	31,0	7,55	0,76	0,492
40	50	3,0	44,0	15,2	1,52	0,442	4,6	40,8	13,1	1,31	0,645	5,6	38,8	11,8	1,18	0,763
50	63	3,8	55,4	24,1	2,41	0,700	5,8	51,4	20,7	2,07	1,02	7,1	48,8	18,7	1,87	1,21
65	75	4,5	66,0	34,2	3,42	0,982	6,8	61,4	29,6	2,96	1,42	8,4	58,2	26,6	2,66	1,71
80	90	5,4	79,2	49,3	4,93	1,41	8,2	73,6	42,5	4,25	2,05	10,1	69,8	38,3	3,83	2,46
100	110	6,6	96,8	73,6	7,36	2,10	10,0	90,0	63,6	6,36	3,05	12,3	85,4	57,3	5,73	3,65
100	125	7,4	110,2	95,4	9,54	2,67	11,4	102,2	82,0	8,20	3,95	14,0	97,0	73,9	7,39	4,72
125	140	8,3	123,4	119,6	11,96	3,16	12,7	114,6	103,1	10,31	4,68	15,7	108,6	96,63	9,66	5,27
150	160	9,5	141	156,1	15,61	4,14	14,6	130,8	134,4	13,44	6,13	17,9	124,2	121,2	12,12	7,35

[1] Dichte $\varrho = 0{,}92\ kg/dm^3$

Bezeichnung eines Rohres nach DIN EN ISO 16969 mit einem Außendurchmesser d_a = 50 mm und einer Wanddicke s = 4,6 mm aus PB 125

Rohr ISO 16969 – 50 × 4,6 – PB 125

Formstücke für Heizelement-Muffenschweißen aus PB nach Herstellerangaben

fittings for heating element socket welding

Ausführung: Winkel 90°

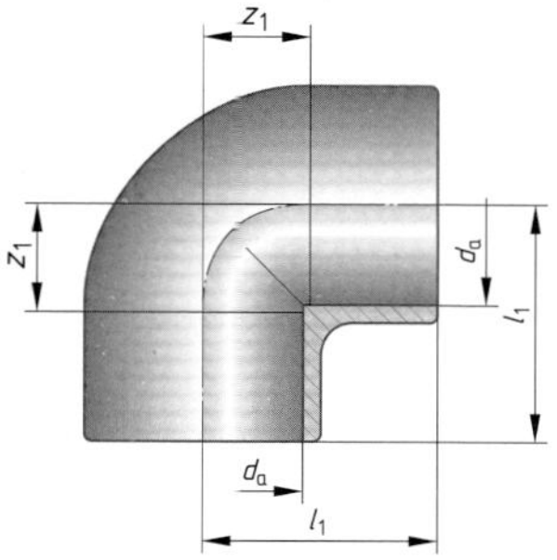

Winkel 90° I + A

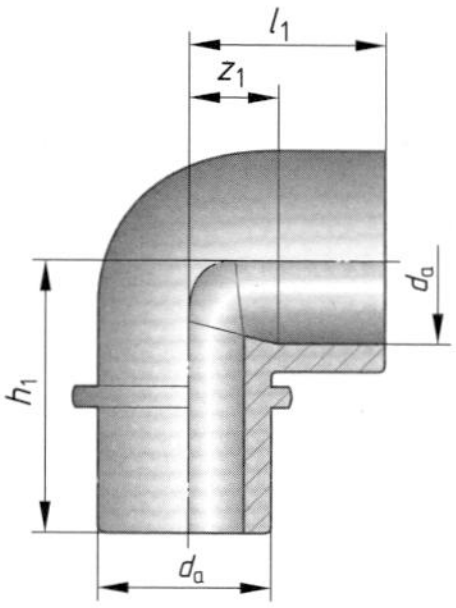

Winkel 45°

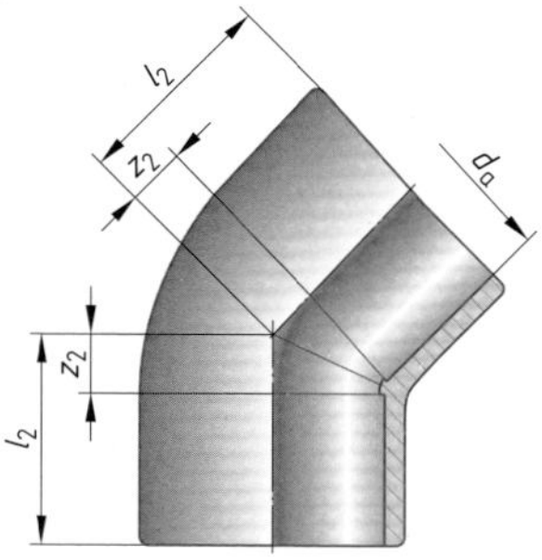

Ausführung: Winkel 45° I + A

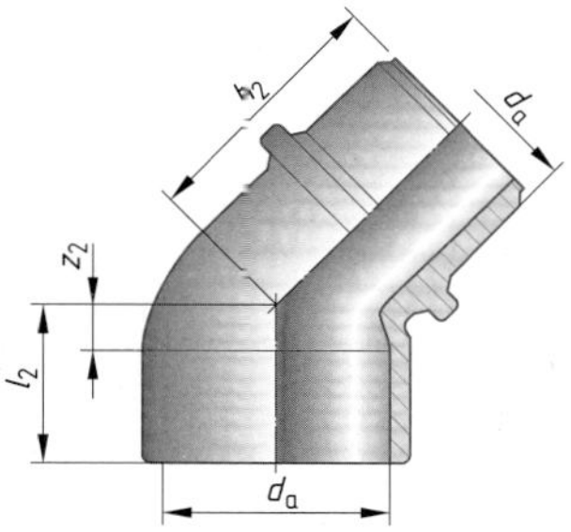

T-Stück egal

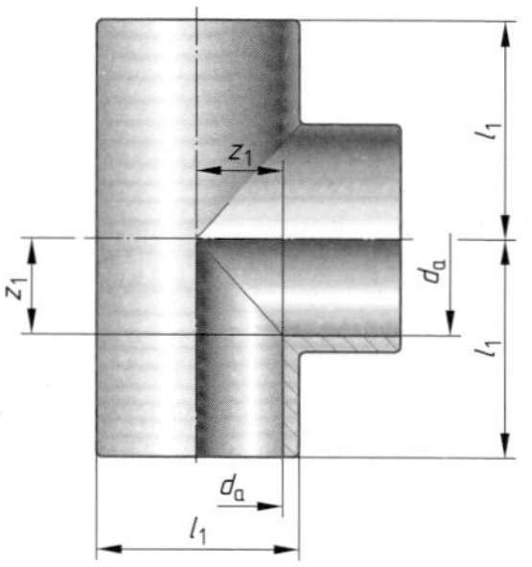

Muffe

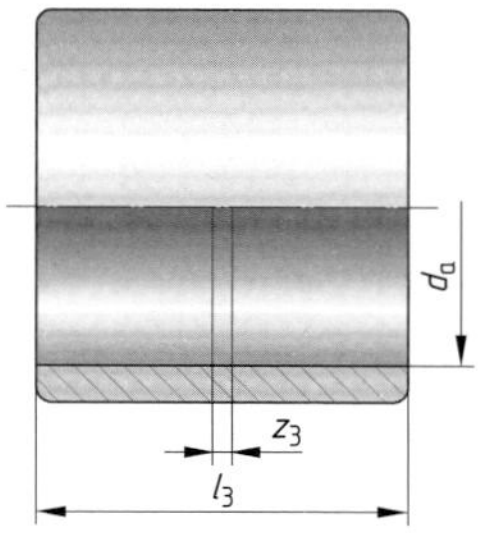

Ausführung: Kappe

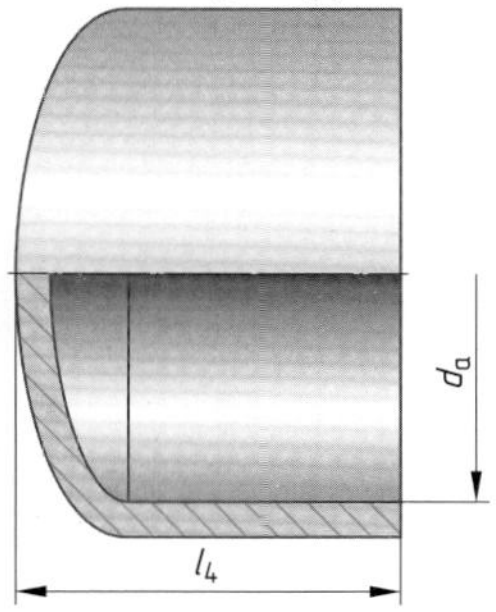

DN	d_a mm	l_1 mm	z_1 mm	h_1 mm	l_2 mm	z_2 mm	h_2 mm	l_3 mm	z_3 mm	l_4 mm
10	16	25	10	34	21	6	29	33	3	22
15	20	28	13	36	22	7	30	33	3	24
20	25	32	14	44	25	7	35	39	3	28
25	32	38	18	50	30	10	40	43	3	32
32	40	44	22	58	34	12	46	48	4	38
40	50	51	26	70	39	14	53	54	4	44
50	63	62	34	82	45	17	62	60	4	50
65	75	75	44	–	51	20	–	69	7	–
80	90	88	52	–	58	22	–	80	8	–
100	110	105	63	–	68	26	–	94	10	–

Ausführung: T-Stück reduziert

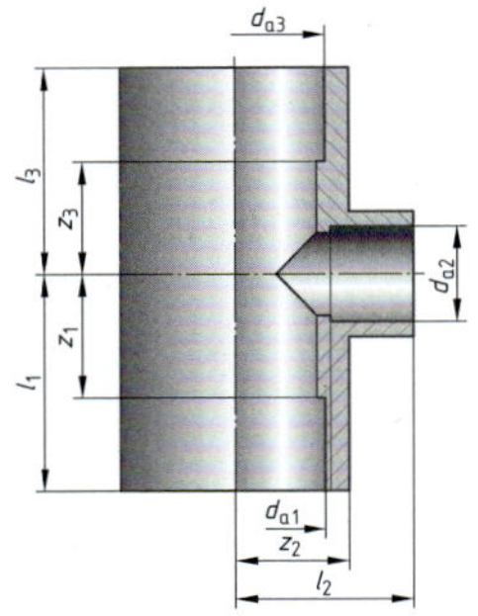

d_{a1} mm	d_{a2} mm	d_{a3} mm	l_1 mm	z_1 mm	l_2 mm	z_2 mm	l_3 mm	z_3 mm	l_4 mm	z_4 mm
20	16	20	28	13	28	13	28	13	30	15
20	20	16	28	13	28	13	28	13	–	–
25	16	25	32	14	32	17	32	14	33	18
25	20	25	32	14	32	17	32	14	33	18
25	25	20	32	14	32	14	32	17	–	–
32	16	32	38	18	38	23	38	18	–	–
32	20	32	38	18	38	23	38	18	–	–
32	25	32	38	18	38	20	38	18	40	22
40	16	40	44	22	44	29	44	22	–	–

Reduzierstück

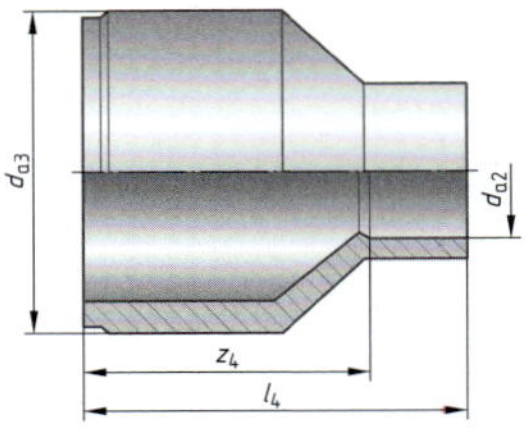

d_{a1} mm	d_{a2} mm	d_{a3} mm	l_1 mm	z_1 mm	l_2 mm	z_2 mm	l_3 mm	z_3 mm	l_4 mm	z_4 mm
40	25	40	44	22	44	26	44	22	42	24
40	32	40	44	22	44	24	44	22	42	22
50	16	50	51	26	51	36	51	26	–	–
50	25	50	51	26	51	33	51	26	55	37
50	32	50	51	26	51	31	51	26	55	35
63	16	63	62	34	62	47	62	34	–	–
63	25	63	62	34	62	44	62	34	58	40
63	32	63	62	34	62	42	62	34	58	38

Ausführung: Klemmverbindung Übergang mit Außengewinde

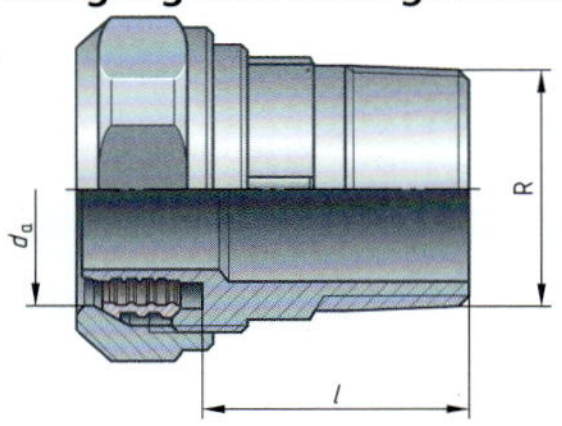

DN	d_a mm	l mm	z mm	Rp/R inch
20	25	35	7	¾
20	25	41	13	1
25	32	42	7	1

1) weitere Größen auf Nachfrage

Klemmverbindung Übergang mit Innengewinde

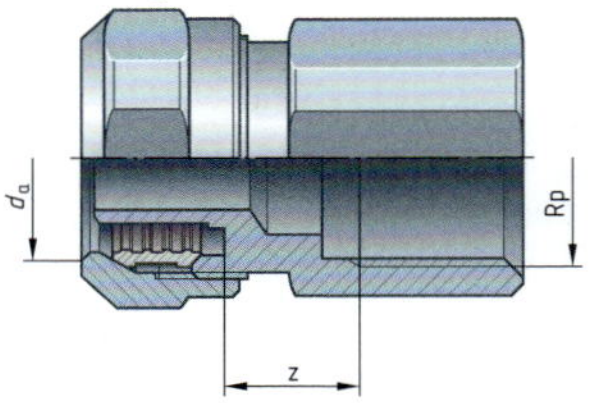

DN	d_a mm	l mm	z mm	Rp/R inch
32	40	44	7	1 ¼
40	50	47	7	1 ½
50	63	32	9	2[1]

Ausführung: Verschraubung Muffe – Muffe

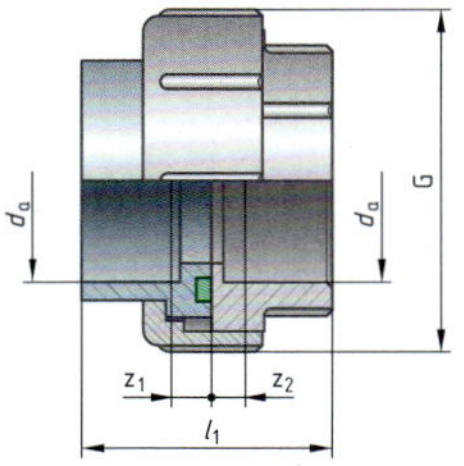

DN	d_a mm	l_1 mm	z_1 mm	l_2 mm	z_2 mm	z_3 mm	Rp inch	G inch
10	16	43	8	45	5	9	½	1
15	20	43	8	47	5	10	½	1 ¼
20	25	49	8	50	5	9	½	1 ½
25	32	53	8	53	5	8	1	2

Übergangsverschraubung Muffe – Innengewinde

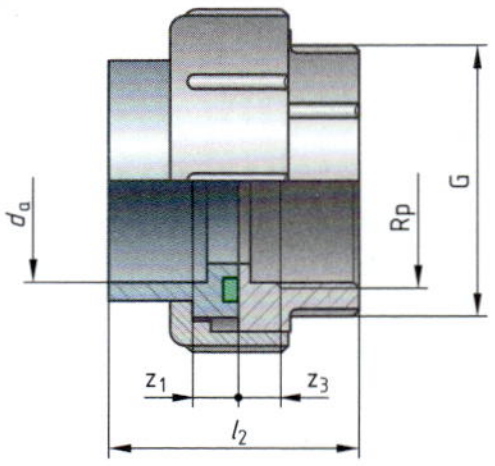

DN	d_a mm	l_1 mm	z_1 mm	l_2 mm	z_2 mm	z_3 mm	Rp inch	G inch
32	40	59	10	58	5	7	1 ½	2 ½
40	50	65	10	61	5	7	1 ½	2 ¾
50	63	71	10	66	5	5	2	3 ½

Ausführung:
Bundbuchse, flach

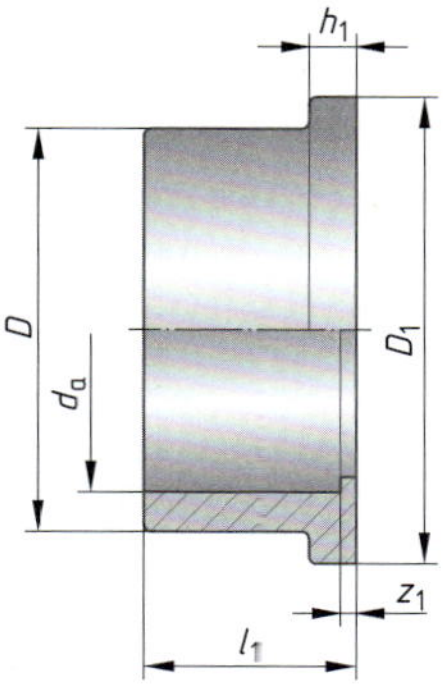

Bundbuchse mit Nut

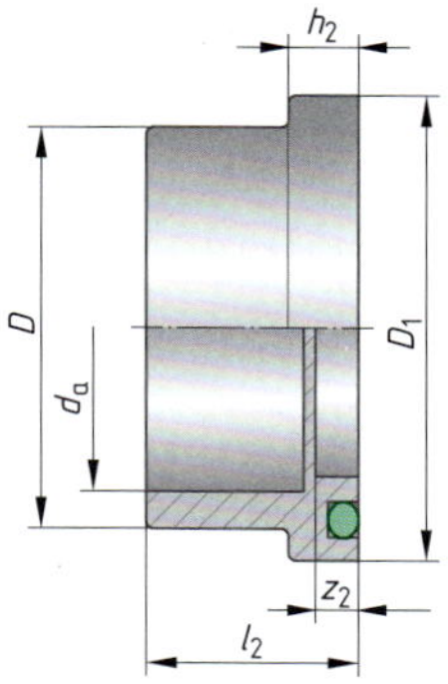

DN	d_a mm	D mm	D_1 mm	l_1 mm	z_1 mm	h_1 mm	l_2 mm	z_2 mm	h_2 mm
10	16	22	29	–	–	–	23	8	9
15	20	27	34	20	5	6	23	8	9
20	25	33	41	23	5	7	26	8	10
25	32	41	50	25	5	7	28	8	10
32	40	50	61	27	5	8	32	10	13
40	50	61	73	30	5	8	35	10	13
50	63	76	90	33	5	9	38	10	14
65	75	90	106	35	4	10	40	9	15
80	90	109	125	42	6	11	47	11	16
100	110	131	150	49	7	12	55	13	18

Ausführung:
Loser Flansch[1)]

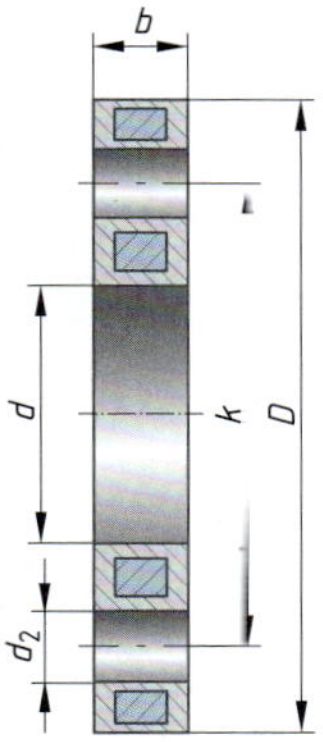

O-Ring[2)]

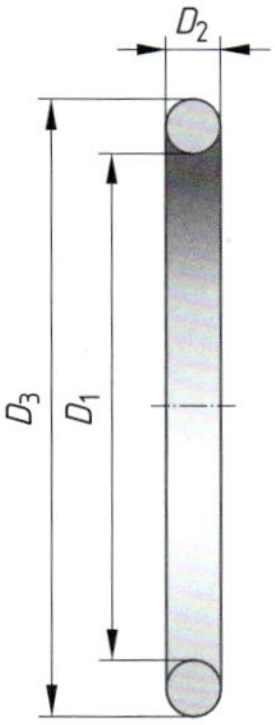

Flachdichtung[3)]

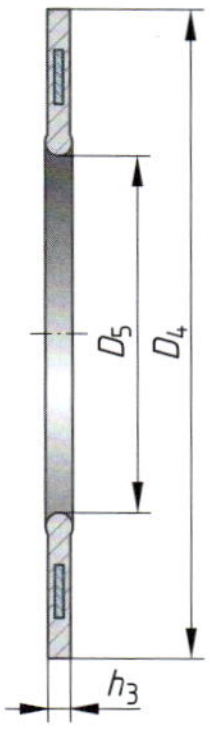

Ausführung einer Flanschverbindung

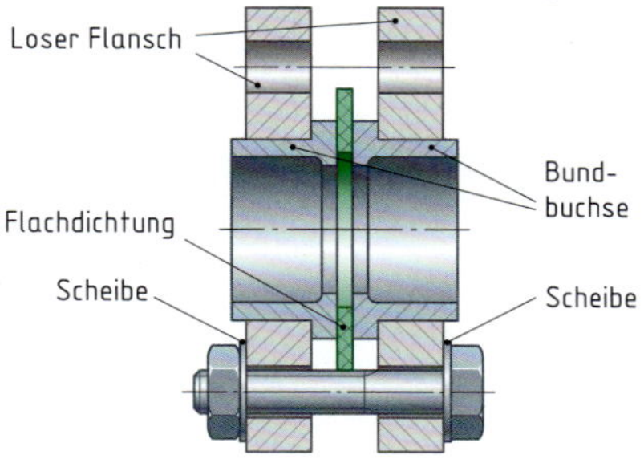

[1)] Loser Flansch aus Polypropylen (PP) mit Stahleinlage für Bundbuchsen
[2)] O-Ring aus EPMD
[3)] Flachdichtung aus EPMD mit Stahleinlage

DN	d_a mm	D mm	d mm	d_2 mm	k mm	b mm	D_1 mm	D_2 mm	D_3 mm	D_4 mm	D_5 mm	h_3 mm
15	20	95	28	14	65	12	23	3,53	31	51	20	4
20	25	105	34	14	75	12	–	–	–	61	22	4
25	32	115	42	14	85	16	36	3,53	43	71	28	4
32	40	140	51	18	100	16	44	5,34	55	82	40	4
40	50	150	62	18	110	18	53	5,34	64	92	46	4
50	63	165	78	18	125	18	69	5,34	80	107	58	5
65	75	185	92	18	145	18	82	5,34	93	127	69	5
80	90	200	110	18	160	20	101	5,34	112	142	84	5
100	110	220	133	18	180	20	120	6,99	134	162	104	6

5.5.2.7 Druckrohre aus chloriertem Polyvinylchlorid (PVC- C)

DIN EN ISO 15877-1 : 2011-03 und DIN 8079 : 2009-10

chlorinated polyvinyl chloride pressure pipes

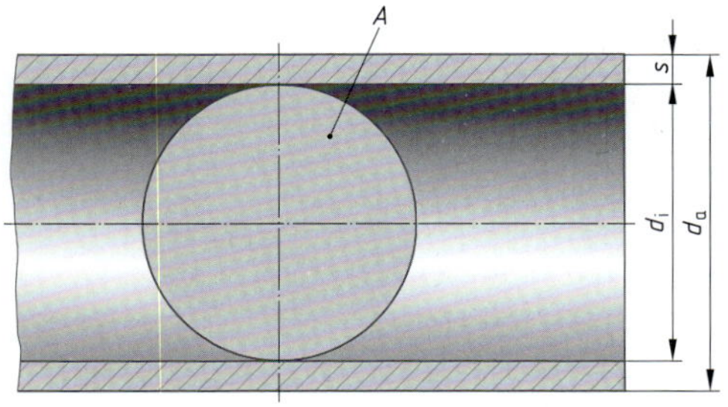

Rohrabmaße:

d_a:	Außendurchmesser	in mm
d_i:	Innendurchmesser	in mm
s:	Wanddicke	in mm
A:	lichter Querschnitt	in cm²
m':	längenbezogene Masse	in kg/m
V':	längenbezogener Rohrinhalt	in dm³/m

Werkstoff: Nachchloriertes Polyvinylchlorid (Zeitstand-Innendruckfestigkeit MRS = 25 N/mm² bei 20 °C und 50 Jahren Einsatzzeit)

Lieferart: Gerade Längen von 3,1 m, 3,5 m und 5 m oder in Ringbunde 50 m

Einsatz: Trinkwasser bis 70 °C

Rohr		Rohrserie S 10, SDR 21, (PN 10)					Rohrserie S 6,3, SDR 13,6, (PN 16)					Rohrserie S 4, SDR 9, (PN 25)				
DN	d_a mm	s mm	d_i mm	A cm²	V' dm³/m	m'[1] kg/m	s mm	d_i mm	A cm²	V' dm³/m	m'[1] kg/m	s mm	d_i mm	A cm²	V' dm³/m	m'[1] kg/m
12	16	–	–	–	–	–	1,2	13,6	1,45	0,15	0,100	1,8	12,4	1,21	0,12	0,136
15	20	–	–	–	–	–	1,5	22,0	3,80	0,38	0,151	2,3	15,4	1,86	0,19	0,217
20	25	1,5	22,0	3,80	0,38	0,193	1,9	21,2	3,53	0,35	0,234	2,8	19,4	2,96	0,30	0,326
25	32	1,5	29,0	6,61	0,66	0,251	2,4	27,2	5,81	0,58	0,379	3,6	24,8	4,83	0,48	0,534
32	40	1,9	36,2	10,29	1,03	0,388	3,0	34,0	9,08	0,91	0,582	4,5	31,0	7,55	0,76	0,83
40	50	2,4	45,2	16,05	1,61	0,611	3,7	42,6	14,25	1,43	0,896	5,6	38,8	11,80	1,18	1,29
50	63	3,0	57,0	25,52	2,55	0,946	4,7	53,6	22,56	2,26	1,430	7,1	48,8	18,70	1,87	2,05
65	75	3,5	68,0	36,32	3,63	1,32	5,6	63,8	31,97	3,30	2,020	8,4	58,2	26,60	2,66	2,88
80	90	4,3	81,4	52,04	5,20	1,93	6,7	76,6	46,08	4,61	2,880	10,1	69,8	38,26	3,83	4,15
100	110	5,3	99,4	77,60	7,76	2,89	8,1	93,8	69,19	6,91	4,270	12,3	85,4	57,30	5,73	6,16
100	125	6,0	113	100,3	10,03	3,70	9,2	106,6	89,25	8,93	5,50	14,0	97,0	73,90	7,39	7,94
150	160	7,7	144,6	164,2	16,42	6,06	11,8	136,4	146,12	14,61	8,98	17,9	124,2	121,15	12,1	13,0
150	180	8,5	163	208,7	20,87	7,53	13,3	153,4	184,82	18,48	11,4	20,1	139,8	153,50	15,35	16,4
250	250	11,9	226,2	401,9	40,19	14,6	18,4	213,2	357,00	35,70	21,8	27,9	194,2	296,2	29,62	31,6
300	315	15,0	285	637,9	63,79	23,1	23,2	286,6	566,63	56,66	34,7	–	–	–	–	–

[1] Dichte $\varrho = 1{,}55$ kg/dm³

Bezeichnung eines Rohres nach DIN 8079 mit einem Außendurchmesser $d_a = 40$ mm und einer Wanddicke $s = 3$ mm aus PVC-C

Rohr DIN 8079 – 40 × 3 – PVC-C

Teil 6, 7, 11 ▶ siehe Kap_5.pdf

Klebefittings aus PVC-C *adhesive fittings made of PVC-C*

Ausführung: Bogen 90° (R = 2 × d_a)

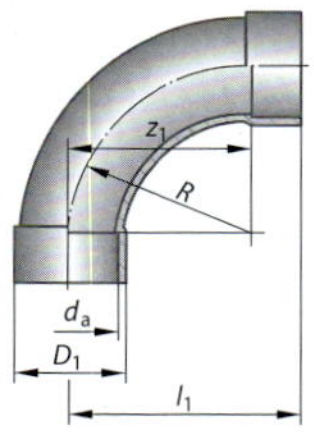

Winkel 90°

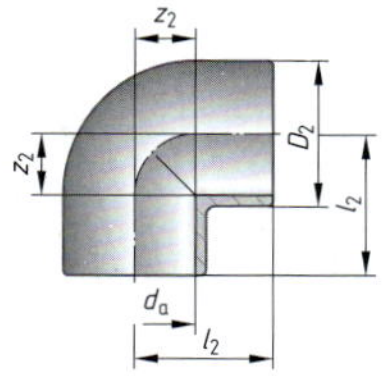

Winkel 45°

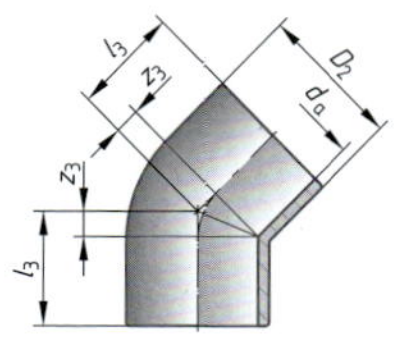

DN	d_a mm	l_1 mm	z_1 mm	l_2 mm	z_2 mm	l_3 mm	z_3 mm	D_1 mm	D_2 mm
10	16	–	–	23	9	19	5	–	21
15	20	58	40	27	11	21	5	27	25
20	25	71	50	33	14	25	6	35	31
25	32	88	64	39	17	30	8	38	40
32	40	109	80	47	21	36	10	54	49

DN	d_a mm	l_1 mm	z_1 mm	l_2 mm	z_2 mm	l_3 mm	z_3 mm	D_1 mm	D_2 mm
40	50	131	100	57	26	43	12	61	61
50	63	163	126	72	33	52	14	76	76
65	75	194	150	84	40	61	17	90	90
80	90	231	180	97	46	71	20	113	110
100	110	284	220	122	61	89	28	137	137

Ausführung: T-Stück 90°

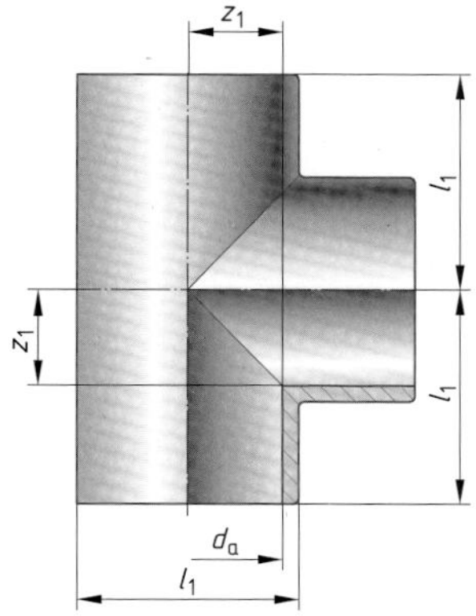

T-Abzweig 45°

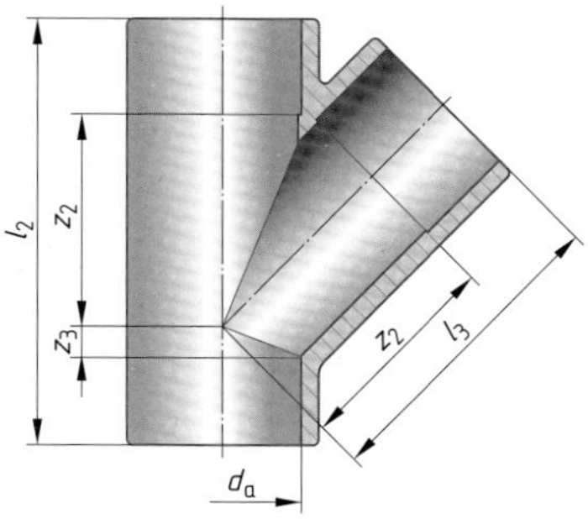

Muffe

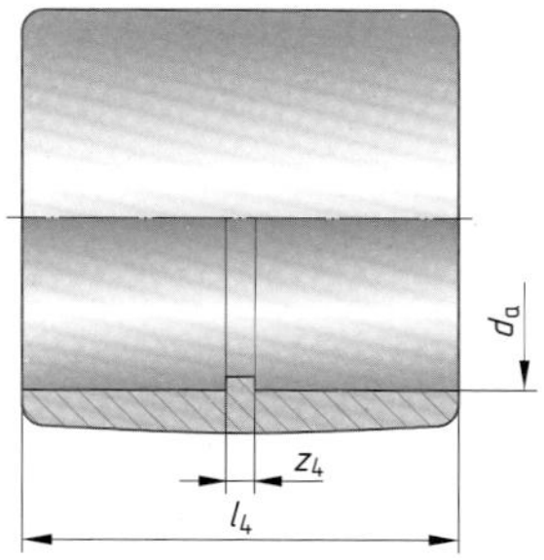

DN	d_a mm	l_1 mm	z_1 mm	l_2 mm	z_2 mm	l_3 mm	z_3 mm	l_4 mm	z_4 mm
10	16	23	9	–	–	–	–	31	3
15	20	27	11	68	30	46	6	35	3
20	25	33	14	83	36	55	9	41	3
25	32	39	17	99	45	67	10	47	3
32	40	47	21	118	56	82	10	55	3
40	50	57	26	140	66	97	12	65	3
50	63	72	34	175	85	123	14	79	3
65	75	84	41	207	101	145	18	92	4
80	90	97	46	245	122	173	20	107	5
100	110	116	55	298	149	210	27	132	5

Ausführung: T-Stück 90° (reduziert)

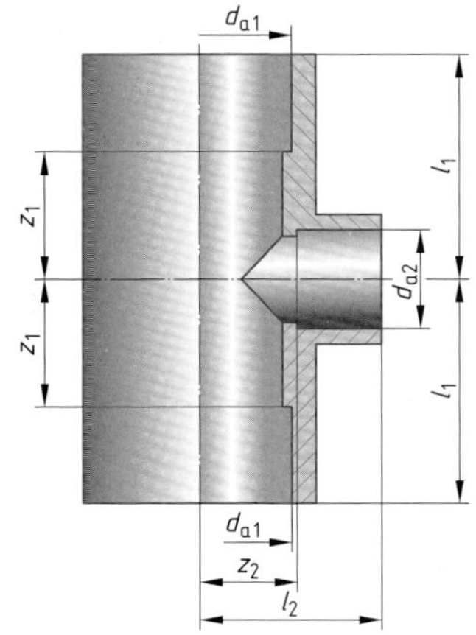

$d_{a1} \times d_{a2} \times d_{a1}$ mm	l_1 mm	z_1 mm	l_2 mm	z_2 mm
25 × 20 × 25	33	14	30	14
32 × 25 × 32	39	17	36	17
40 × 25 × 40	49	23	42	23
40 × 32 × 40	49	23	45	23
50 × 20 × 50	59	28	44	28
50 × 25 × 50	59	28	47	28
50 × 32 × 50	59	28	50	28
63 × 25 × 63	73	34	53	34
63 × 32 × 63	73	35	56	34
63 × 50 × 63	73	35	65	34
75 × 63 × 75	84	41	84	47
90 × 32 × 90	97	46	97	75
90 × 63 × 90	97	46	97	66
110 × 32 × 110	116	55	116	101
110 × 90 × 110	116	55	116	71

Ausführung: Reduzierstück (kurz)

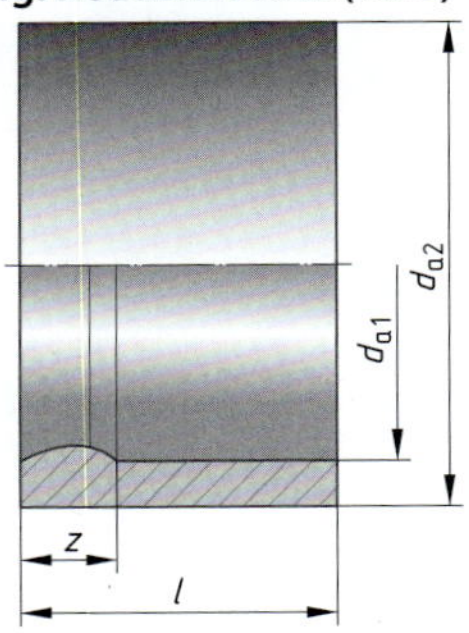

d_{a1} mm	d_{a2} mm	l mm	z mm
20	16	16	2
25	20	19	3
32	20	22	6
32	25	22	4
40	25	26	7
40	32	26	4
50	25	31	12
50	32	31	9
50	40	31	5
63	32	38	16
63	40	38	12
63	50	38	6
75	50	44	13
75	63	44	6
90	50	51	20
90	63	51	14
90	75	51	8
110	63	61	24
110	90	61	10

Ausführung: Reduzierstück (kurz)

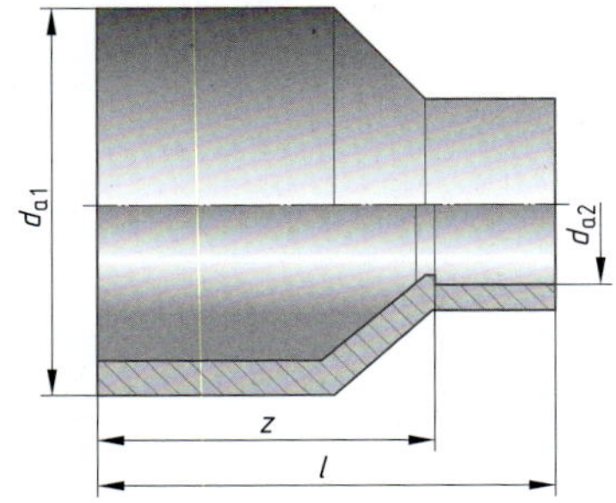

d_{a1} mm	d_{a2} mm	l mm	z mm
32	20	46	30
40	25	55	36
50	25	63	44
63	32	76	54
75	40	88	62
90	63	112	74

Ausführung: Muffe

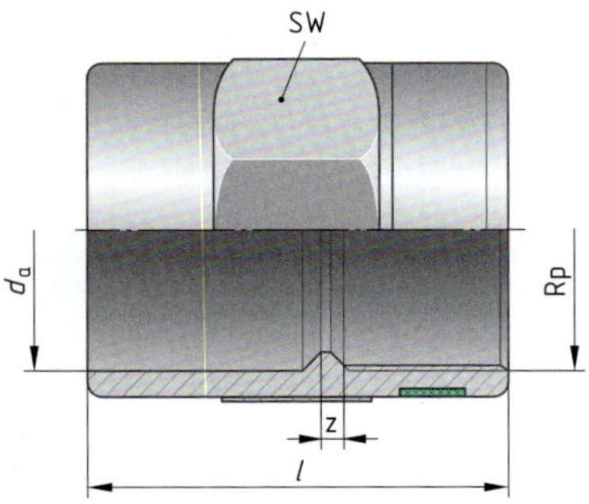

d_a mm	Rp inch	l mm	z mm	SW mm
20	½	35	4	32
25	¾	40	3	36
32	1	45	3	46
40	1 ¼	51	5	55
50	1 ½	59	7	65
63	2	69	7	80

Ausführung: Übergangs-Muffennippel

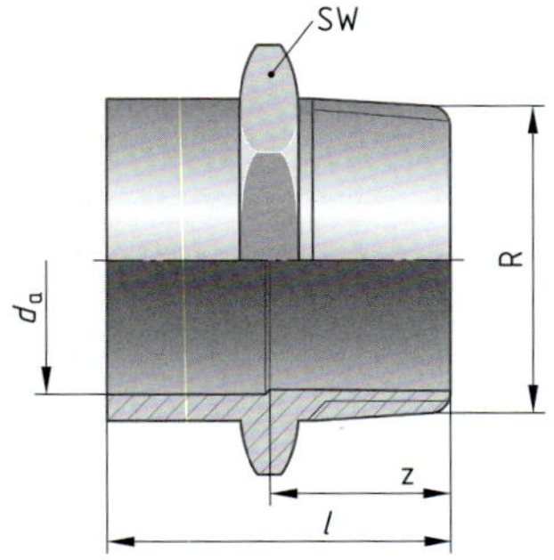

d_a mm	R inch	l mm	z mm	SW mm
16	½	42	28	32
20	¾	47	31	36
25	1	54	35	46
32	1 ¼	60	38	55
40	1 ½	66	40	65
50	2	78	47	80

Ausführung: Klebeverschraubung

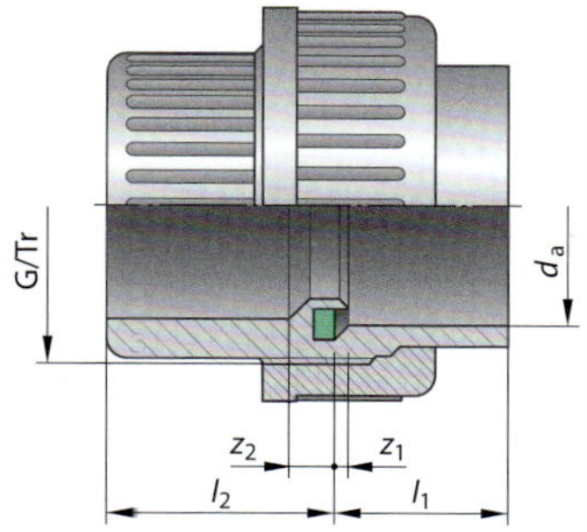

d_a mm	l_1 mm	z_1 mm	l_2 mm	z_2 mm	G in inch; Tr in mm
16	19	3	24	8	¾
20	21	3	26	9	1
25	24	3	29	9	1 ¼
32	27	3	33	9	1 ½
40	32	3	39	10	2
50	33	3	46	10	2 ¼
63	40	3	58	10	2 ¾
75	47	3	62	18	Tr 108 × 5
90	56	5	69	18	Tr 128 × 5
110	66	5	72	11	Tr 154 × 6

Teil 13, 14, 15, 16, 17 ▶ siehe Kap_5.pdf Klebelängen, aggressive Medien, Reiniger, Tangit-Kleber, Dytex, Abbindezeit, Trockenzeit

Kunststoffarmaturen aus PVC/PP nach Herstellerangaben *plastic fittings made of PVC/PP*

Teil 2 ▶ siehe Kap_5.pdf Auswahlkriterien für Handarmaturen

Armaturenabmessungen nach DIN EN ISO 16135 : 2019-12 aus PVC-U, PVC-C oder PP-H, Baulängen nach EN 558-1
Anschluss mit Klebemuffen oder Klebestutzen aus PVC, mit Gewindemuffe aus PVC/PP, mit Schweißmuffe aus PP/PE, mit Schweißstutzen aus PP/PE oder mit Stumpfschweißstutzen aus PP/PE

PVC-Kugelhahn mit Klebemuffen[1] *ball valve with adhesive sleeves*

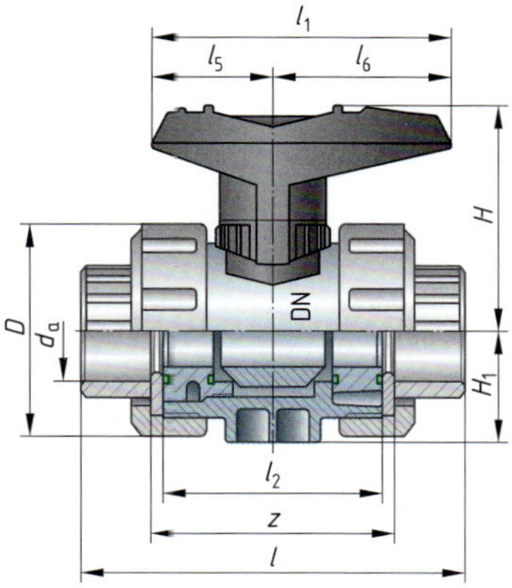

DN	d_a mm	D mm	H mm	H_1 mm	l mm	l_1 mm	l_2 mm	l_4 mm	l_5 mm	l_6 mm	z mm
10	16	50	57	27	92	77	56	25	32	45	64
15	20	50	57	27	95	77	56	25	32	45	64
20	25	58	67	30	110	97	65	25	39	58	72
25	32	68	73	36	123	97	71	25	39	58	79
32	40	84	90	44	146	128	85	45	54	74	94
40	50	97	97	51	157	128	89	45	54	74	95
50	63	124	116	64	183	152	101	45	66	87	107
65	75	166	149	85	233	270	136	70	64	206	144
80	90	200	161	105	254	270	141	70	64	206	151
100	110	238	178	123	301	320	164	120	64	256	174

PVC-Kugelhahn mit Klebestutzen[1]

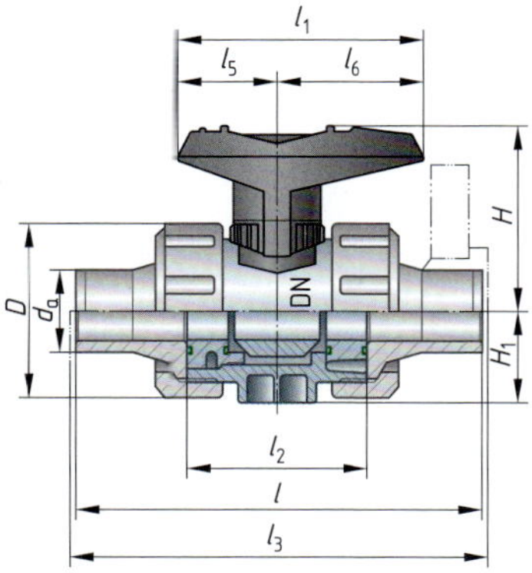

DN	d_a mm	D mm	H mm	H_1 mm	l mm	l_1 mm	l_2 mm	l_4 mm	l_5 mm	l_6 mm
10	16	50	57	27	114	77	56	130	32	45
15	20	50	57	27	124	77	56	130	32	45
20	25	58	67	30	144	97	65	150	39	58
25	32	68	73	36	154	97	71	160	39	58
32	40	84	90	44	174	128	85	180	54	74
40	50	97	97	51	194	128	89	200	54	74
50	63	124	116	64	224	152	101	230	66	87
65	75	166	149	85	284	270	136	290	64	206
80	90	200	161	105	300	270	141	310	64	206
100	110	238	178	123	340	320	164	350	64	256

[1] Kugeldichtung aus PTFE

PVC-Kugelhahn mit Gewindemuffen[1] *ball valve with female thread*

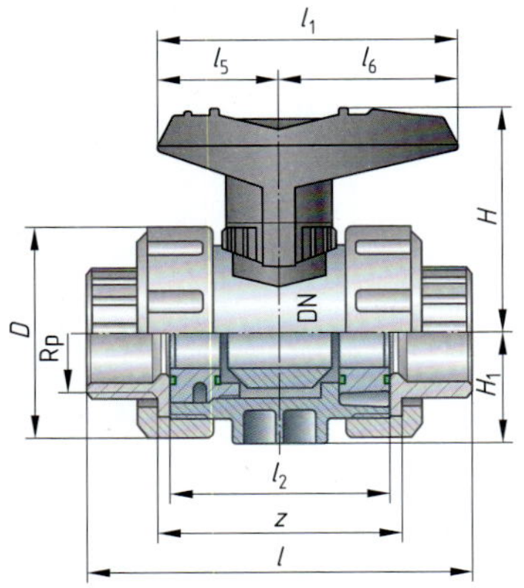

DN	Rp inch	*D* mm	*H* mm	H_1 mm	*l* mm	l_1 mm	l_2 mm	l_5 mm	l_6 mm	*z* mm
10	⅜	50	57	27	95	77	56	32	45	69
15	½	50	57	27	100	77	56	32	45	67
20	¾	58	67	30	114	97	65	39	58	78
25	1	68	73	36	127	97	71	39	58	85
32	1 ¼	84	90	44	146	128	85	54	74	100
40	1 ½	97	97	51	152	128	89	54	74	106
50	2	124	116	64	177	152	101	66	87	121
65	2 ½	166	149	85	233	270	136	64	206	144
80	3	200	161	105	254	270	141	64	206	151
100	4	238	178	123	301	320	164	64	256	174

[1] Kugeldichtung aus PTFE

PCV-Schrägsitzventil mit Klebestutzen[2] *angle seat valve with solvent socket*

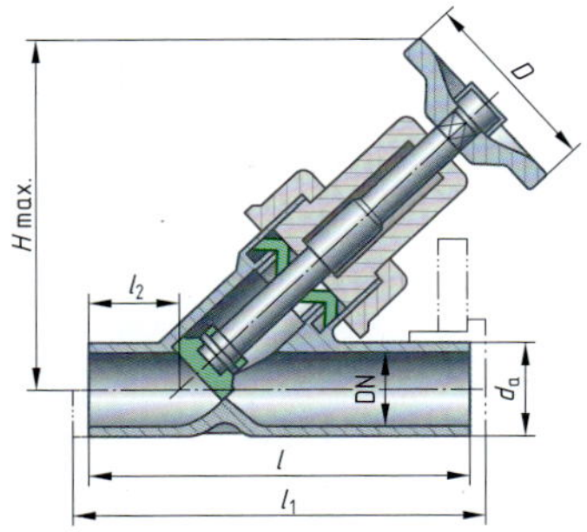

DN	d_a mm	*D* mm	*l* mm	l_1 mm	l_2 mm	$H_{max.}$ mm
10	16	50	114	120	24	105
15	20	63	124	130	28	126
20	25	63	144	150	37	140
25	32	80	154	160	37	166
32	40	80	174	180	44	191
40	50	100	194	200	48	233
50	63	100	224	230	60	264
65	75	160	284	290	74	335
80	90	200	300	310	85	390

[2] Ventilkegel aus PE oder PTFE

PVC-Schrägsitz-Rücksschlagventil mit Klebestutzen[3] *angle seat check valve with solvent socket*

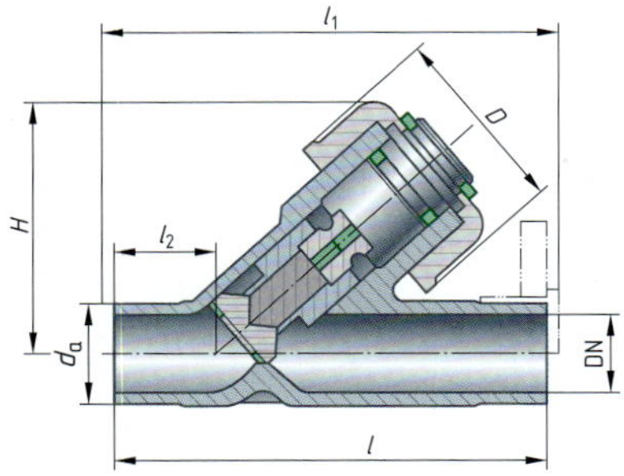

DN	d_a mm	*D* mm	*l* mm	l_1 mm	l_2 mm	*H* mm
10	16	39	114	120	24	58
15	20	43	124	130	28	65
20	25	47	144	150	37	75
25	32	56	154	160	37	90
32	40	64	174	180	44	102
40	50	82	194	200	48	123
50	63	95	224	230	60	144
65	75	92	284	290	74	186
80	90	104	300	310	85	204

[3] Ventilkegel aus EPDM oder FPM, für vertikalen und horizontalen Einbau geeignet, Dichtheit ab 2mWS

PVC-Kugelrückschlagventil mit Klebemuffen[4] *ball check valve with adhesive sleeves*

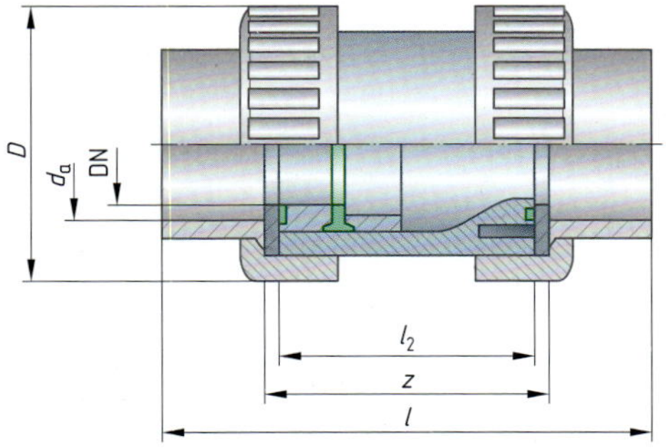

DN	d_a mm	*z* mm	*D* mm	*l* mm	l_2 mm
10	16	71	45	99	63
15	20	71	45	102	63
20	25	82	53	120	75
25	32	87	64	131	79
32	40	98	78	150	89
40	50	101	92	163	95
50	63	121	116	197	115

[4] Abdichtkugel aus EPMD oder FPM, Dichtheit ab 2 mWS

PVC-U Schmutzfänger mit Klebestutzen[5] *strainer with solvent socket*

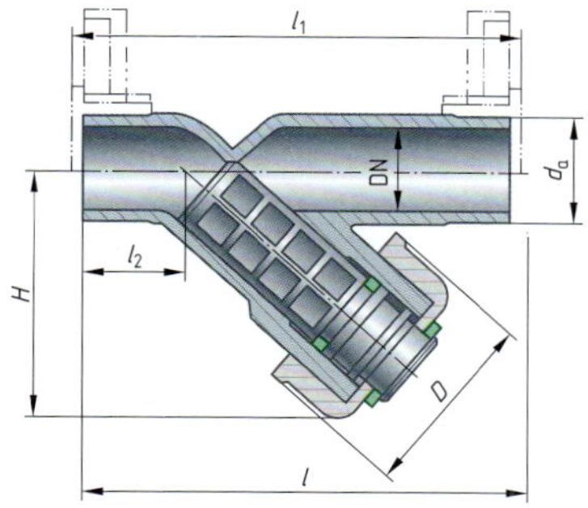

DN	d_a mm	D mm	l mm	l_1 mm	l_2 mm	H mm
15	20	43	124	130	28	65
20	25	47	144	150	37	76
25	32	56	154	160	37	90
32	40	64	174	180	44	104
40	50	82	194	200	48	124
50	63	95	224	230	60	148
65	75	106	284	290	74	188
80	90	120	300	310	85	205

[5] Bohrungen im Siebrohr mit d = 0,5; 0,8; 1; 1,4 und 2,2 mm lieferbar

Anschluss mit Klebemuffe aus PVC, mit Stumpfschweißstutzen aus PP/PE, mit Gewindemuffe aus PP oder PVC, mit Schweißstutzen aus PP/PE oder mit Schweißmuffe aus PP/PE

PP-H 3-Wege Kugelhahn mit Schweißmuffe[6] *3-way ball valve with socket weld*

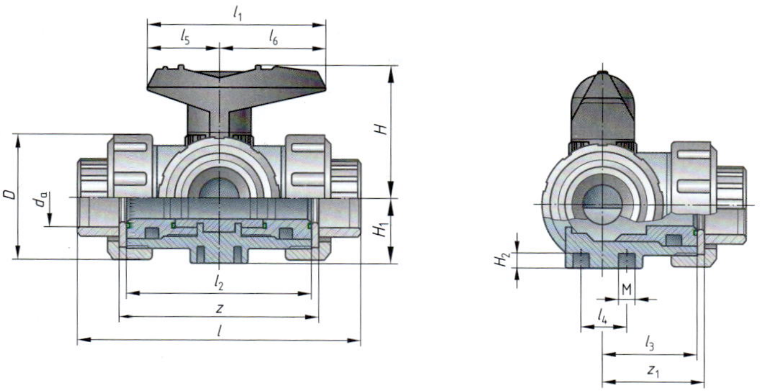

Schaltsymbole

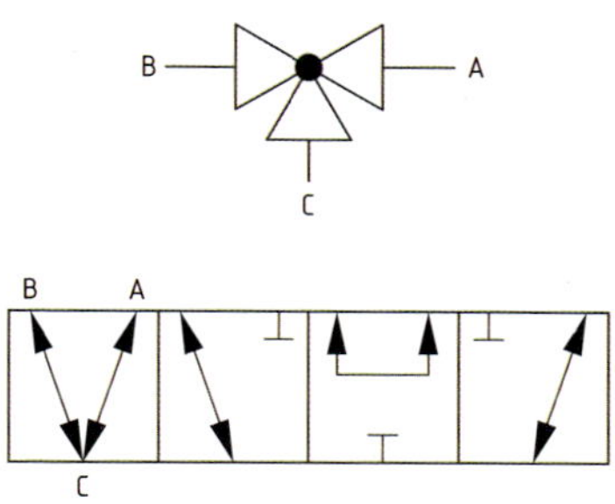

[6] Kugeldichtung aus PTFE, auch in PVC-C oder PP-H lieferbar, radialer Ein- und Ausbau

H: Oberkante Betätigungshebel bis Armaturenmitte
$H + H_1$: Armaturengesamthöhe
Hinweis: M für M6 bis DN 25, M8 bis DN 50

DN	d_a mm	D mm	l mm	l_1 mm	l_2 mm	l_3 mm	l_4 mm	l_5 mm	l_6 mm	H mm	H_1 mm	H_2 mm	z mm	z_1 mm
10	16	50	110	77	72	36	25	32	45	57	28	8	82	41
15	20	50	112	77	72	36	25	32	45	57	28	8	82	41
20	25	58	129	97	85	43	25	39	58	67	32	8	97	49
25	32	68	146	97	98	49	25	39	58	73	36	8	110	55
32	40	84	170	128	118	59	45	54	74	90	45	9	132	66
40	50	97	193	128	135	68	45	54	74	97	51	9	151	76
50	63	124	244	152	176	88	45	66	87	116	65	9	188	94

Anschluss mit Klebemuffe aus PVC, mit Stumpfschweißstutzen aus PP/PE, mit Gewindemuffe aus PP oder PVC, mit Schweißstutzen aus PP/PE oder mit Schweißmuffe aus PP/PE

PP-H Membranventil mit Schweißmuffen[7)] *diaphragm valve with weld ends*

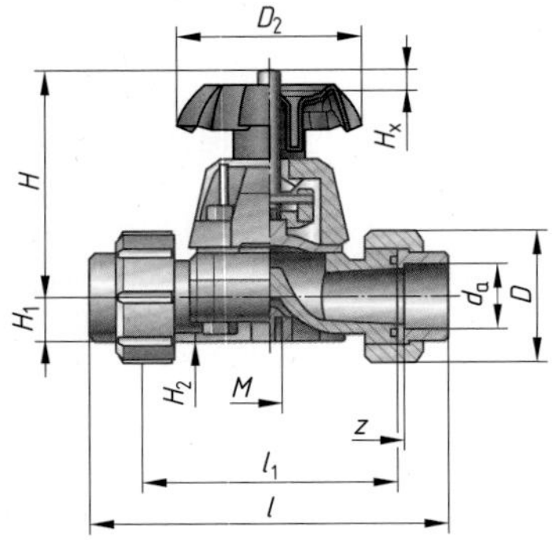

DN	d_a mm	D mm	D_2 mm	l mm	l_1 mm	l_2 mm	H mm	H_1 mm	H_2 mm	z mm	Hub = Hx mm
15	20	47	80	128	90	25	90	14	12	100	8
20	25	57	80	150	108	25	101	18	12	118	11
25	32	64	94	162	116	25	117	21	12	126	13
32	40	78	117	184	134	45	127	26	15	144	16
40	50	89	117	210	154	45	139	33	15	164	21
50	63	109	152	248	184	45	172	39	15	194	28

[7)] Dichtmembran aus EPMD, NBR oder FPM, auch lieferbar in PVC-C und PP-H, radialer Ein- und Ausbau

Hinweis: *M* steht für M6 bis DN 25 und M8 bis DN 50 mit Lochabstand l_2.

5.6 Schlauchleitungen *hose assemblies* DIN 20066 : 2021-06

5.6.1 Anwendungsbereiche (Herstellerangaben)

Auswahlkriterien	
	• DN, PN, Temperaturbereich • Bewegung (Art, Größe, Richtung) • Medium • Umgebungsbedingungen (Umwelt, Einbauraum) • Wärmedämmung

Werkstoffgruppe	**Schlauchart / Verstärkung**		**Werkstoff** [1]	**DN_{max}**	**p_{emax}** [2] **in bar**	**Temperaturbereich in °C**	**Einsatzgebiete** [3] **(Beispiele)**
Elastomere	Mit Cordgewebe		CIIR, CR, CSM, EPDM, NBR	100	25	−60 … +210	• Kaltwasser • Heißwasser • Dampf • Gas • Lebensmittel • Chemikalien • Mineralöle • Lösungsmittel • Druckluft • Hydraulik
	Mit Textilgewebe			150	25		
	Mit Stahldrahtgeflecht			50	60		
Thermoplaste	Folienwickelschlauch	Spirale, einlagig	PVC	500	0,01	−20 … +70	• wässrige Stoffe • Druckluft • Mineralöle • Kohlenwasserstoffe • Lösungsmittel • Chemikalien • Luft, Gase oder Dämpfe (mit Stäuben, Fasern oder Spänen)
		Spirale, mehrlagig	PTFE	500	0,02	−150 … +250	
		Spiralen nach DIN 13765	PVC, andere Thermoplaste und/oder PTFE	300	14	−30 … +80	
				100	14	−30 … +150	
	Innen glatt, leicht	Integrierte Spirale aus Hart-PVC	PVC	500	0,05	−20 *b* … +60	
		Integrierte Spirale aus Stahl		400	0,1		
	Innen glatt, schwer	ohne	PVC	100	2	−20 …+60	
		Integrierte Spirale aus Hart-PVC		100	4		
				300	1		
		Integrierte Spirale aus Stahl		150	2		
		Gewebeeinlage		50	5		
				100	4		
	glatt	ohne	PTFE	100	1	−200 … +260	
		Edelstahlumflechtung		50	10		
		Edelstahl-Wickelschlauch mit Umflechtung		100	12,5		
	gewellt	Ohne	PTFE	100	1		
		Spirale		100	1		
		Edelstahlumflechtung		100	10		
		Spirale und Umflechtung		100	10		
Metall	gewickelt ohne Dichtung		Stahl verzinkt/nichtrostender Stahl	500	0	600	• Schutzschläuche • Luft • Staub • Rauchgase • Späne • Schüttgüter • Granulat • Vakuumtechnik • Kältetechnik • Chemikalien
	gewickelt mit Dichtfaden			500	−1 … 1,5	120	
	gewellt ohne Geflecht			500	−1 … 20	600	
	gewellt mit Geflecht			500	−1 … 60		

[1] Überwiegend verwendete Werkstoffe
[2] Gilt bei maximaler Nennweite
[3] Herstellerangaben

5.6.2 Einbauhinweise für Schlauchleitungen nach DIN 20066 : 2021-06

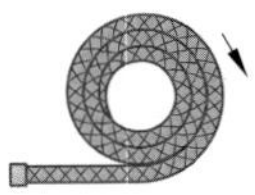	Abrollen (nicht abziehen).	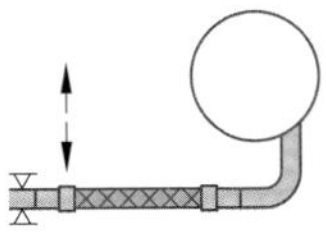	Schlauch senkrecht zur Bewegungsrichtung einbauen (nicht axial).
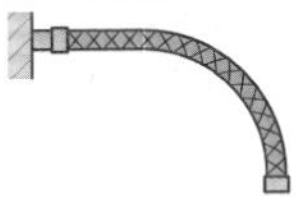	Torsionsfrei einbauen (nicht verdrehen).	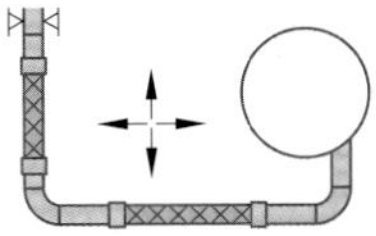	Bewegungen aus mehreren Richtungen durch Winkelleitungen aufnehmen.
	Einbaulänge bemessen (nicht zu kurz).	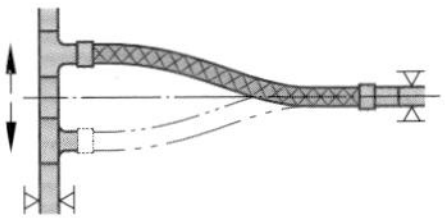	Mittig anordnen.
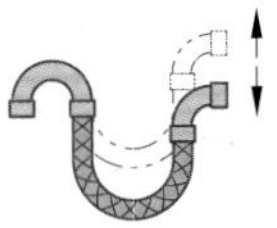	Rohrbogen als Umlenkung einbauen (nicht überbiegen).	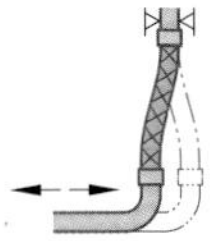	Einbau senkrecht zur Schlauchachse vorsehen.
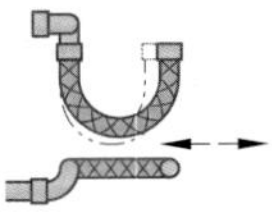	Nur in Einbauebene bewegen (nicht quer dazu).	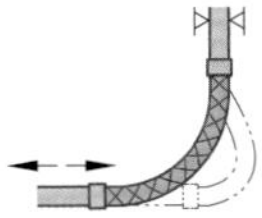	Einbau durch 90°-Bogen vorsehen.
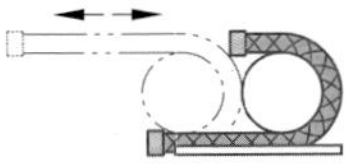	Durch Unterlage stützen (Abknicken durch Eigengewicht).	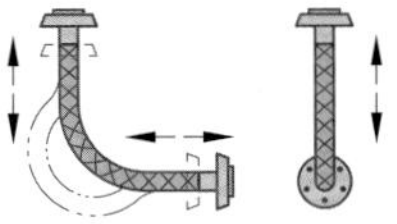	Bewegung nur in Biegeebene (torsionsfrei) aufnehmen.
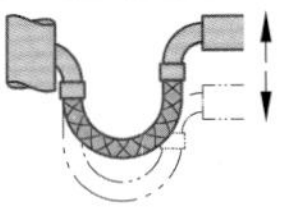	Bewegungsaufnahme durch U-förmigen Einbau.	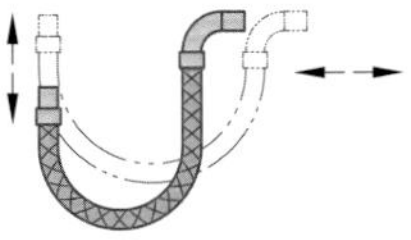	Durch Rohrbogen umlenken.
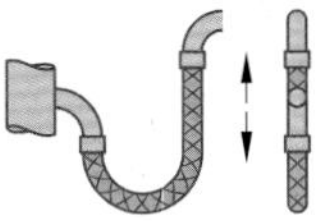	In einer Ebene anschließen (Versetzen vermeiden).	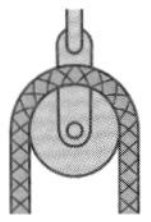	Schlauchsattel für Aufhängung vorsehen.
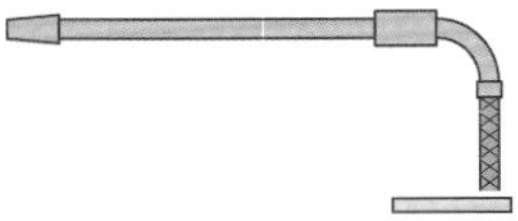	Starre Umlenkung am Schlauchende einbauen.	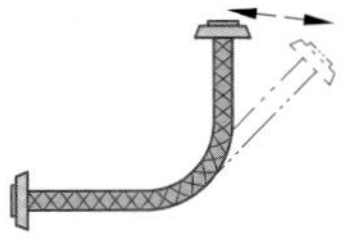	Torsionsfrei in Bewegungsebene biegen.

Achtung: Jede Schlauchleitung erfährt eine positive oder negative Längenänderung unter Druck. Dieser Wert kann einige Prozentpunkte der Ausgangslänge ausmachen. Die Längenänderung ist abhängig von der Schlauchart bzw. dessen Konstruktion und Werkstoff und muss besonders bei Schlauchleitungen mit geringen oder besonders großen Schlauchlängen berücksichtigt werden.

5.7 Drucklose Kunststoff-Rohrleitungssysteme für Entwässerung

Verwendungsbereiche für Kunststoff-Abwasserrohre **DIN 1986-4 : 2019-08 (Auszug)**

Werkstoff	Norm	Anschlüsse, Verbindungsleitung	Schmutzwasserfallleitung	Sammelleitung	Grundleitung		Lüftungsleitung	Regenwasserfallleitung im		Leitungen für Kondensate aus Feuerungsanlagen	Brandverhalten der Baustoffe nach DINEN 13501-1
					Unzugänglich in der Grundplatte	Im Erdreich		Gebäude	Freien		
PVC-U Rohr	DIN EN 1401-1	–	–[2]	–[2]	+	+[3]	–	–	–	+	B 1
PVC-U Rohr	DIN EN 1329-1 / DIN 19531-10	+	+	+	+	–	+	+	–	+	B 1
PVC-U, Regenfallleitung	DIN EN 12200-1	+	–	–	–	–	–	–	+[1]	–	B 1
PVC-U Rohr/ profiliert	DIN EN 13476	–	–	–	+	+	–	–	–	+	
PVC-C Rohr	DIN EN 1566-1	+	+	+	+	–	+	+	+[1]	+	B 1
PE-HD Rohr	DIN EN 1519-1	+	+	+	+	–	+	+	+	+	B 2
PE-HD Rohr	DIN EN 12666-1		–	–	+	+	–	–	–	+	–
PE-HD Rohr profiliert	DIN EN 13476	–	–	–	–	+	–	–	–	+	–
PP Rohr	DIN EN 1451-1	+	+	+	+	–	+	+	–	+	B 1
PP Rohr	DIN EN 1852-1	–	–	–	+	+	–	–	–	+	–
PP Rohr profiliert	DIN EN 13476	–	–	–	+	+	–	–	–	+	–
PP Rohr mineralverstärkt	DIN EN 14758-1	–	–	–	+	+	–	–	–	+	–
ABS Rohr	DIN EN 1455-1	+	+	+	+	–	+	+	–	+	B 2
SAN + PVC Rohr	Din En 1565-1	+	+	+	+	–	+	+	–	+	B 2
UP-GF Rohr geschleudert	DIN EN 14364	–	–		+	+	–	–	–	+	–
UP-GF Rohr gewickelt	DIN EN 14364	–	–	–	+	+	–	–	–	+	–
PRC (Polymerbeton)	DIN EN 14636-1	–	–	–	+	+	–	–	–	+	–

1) Nicht als Standrohr verwendbar
2) Darf als Fall- und Sammelleitung verwendet werden, sofern keine höheren Abwassertemperaturen als 45 °C zu erwarten sind.
3) Mindestens SN 4 nach DIN EN 1401-1

5.7.1 Begriffe und Kennwerte *plastic pipe systems for sewage*

Die Normreihen und Kenngrößen für Kunststoffrohre und Formstücke sind in der internationalen Norm ISO 4065 : 2018 festgelegt:

	Nennweite DN/OD (entspricht dem Außendurchmesser in mm ISO 4065 : 2018																
Normreihe	32	40	50	56	63	75	90	110	125	140	160	180	225	250	280	315	355	400
DN	Nennweite – Rohrgrößenbezeichnung für zusammenpassende Rohre und Formteile																	
DN-OD, DN_{OD}, d_n	Nennweite entspricht dem Außendurchmesser																	
DN-ID, DN_{ID}	Nennweite entspricht dem Innendurchmesser																	
e	Wanddicke (nach ISO)																	
SDR	$SDR = \frac{d_n}{e}$	Belastbarkeitsklasse (Standard Dimension Ratio) Kenngröße für die Druckbeständigkeit																
S	$S = \frac{d_n - e}{2 \cdot e}$	Rohrserie (pipe series) alternative Kenngröße für die Druckbeständigkeit																
SN	Steifigkeitsklasse – Kenngröße für die Ringsteifigkeit in kN/m_2																	

Anwendungskennzeichnung

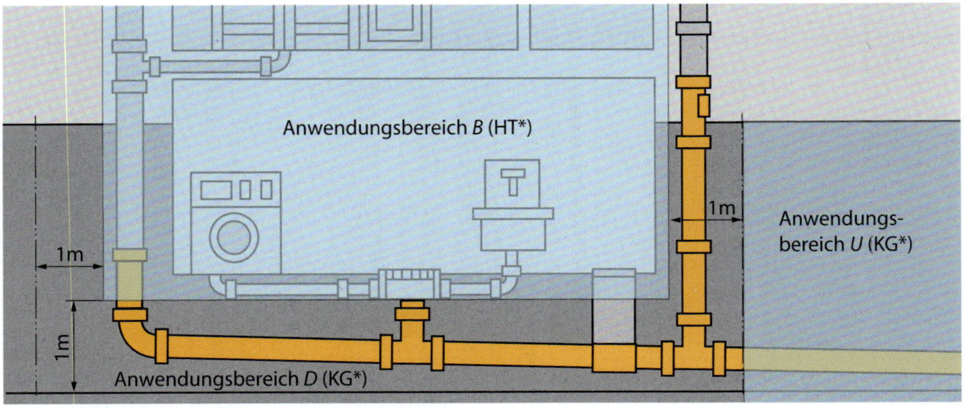

* veraltete Bezeichnung der Anwendungsgebiete

Kennzeichnung nach Werkstoffeigenschaften (alt)	
HT (grau*)	Hochtemperaturrohr, bis 95°C temperaturbeständig, geeignet für Gebäudeinstallation
KG (orangebraun*)	Kanalgrundrohr, sehr formstabil, deshalb für Erdverlegung außerhalb von Gebäuden geeignet, jedoch nur bis 40°C temperaturbeständig, nicht für Gebäudeinstallation zugelassen
KG 2000 (grün*)	Aus PP (Polypropylen) oder PP-MD (Polypropylen mit mineralischen Additiven) geeignet für private Grundstücks- und kommunalen Entwässerung wie beispielsweise für Schmutz- und Regenwasserkanäle im Straßen, hohe Temperaturbeständigkeit.
Schallschutzrohre (weiß*)	Kunststoffe mit mineralfaserverstärkter Außenschicht für erhöhte Schallschutzanforderungen (30 bzw. 20 dB).

* bevorzugte Farbe

Kennzeichnung nach Anwendungsgebieten (DIN EN 1519-1: 2019-07 und DIN EN 1852-1: 2018-03)	
B (Building)	Zugelassen für die Verlegung innerhalb von Gebäuden und außerhalb an Gebäudewänden.
D (Drainage)	Zuglassen für Erdverlegung bis 1m unterhalb und außerhalb eines Gebäudes.
U (Underground)	Zugelassen für Erdverlegung, mehr als 1 m von einem Gebäude entfernt.
BD	Zugelassen für die Anwendungsgebiete B und D.
UD	Zugelassen für die Anwendungsgebiete U und D.

Anwendungsgebiete und Fügeverfahren verschiedener Kunststoffe
(Zulasslungsbereiche der Herstller können sich können abweichen)

Werkstoff	Abkürzung	Anwendungsgebiet			Fügeverfahren		
		B	D	U	Steckmuffen	Schweißen	Kleben
Chloriertes Polyvinylchlorid	PCV-C	●	●	●	●	○	●
Polyvinylchlorid ohne Weichmacher	PVC-U	○ bis 45°C	●	○ ab SN 4	●	●	●
Polyvinylchlorid mineralverstärkt	PVC-U mineral	●	●		●	○	
Polyethylen	PE-HD (HT)	●	●		●	●	
Polyethylen	PE-HD (KG)		●	●	●	●	
Polyethylen – mineralverstärkt	PE-HD mineral	●	●		●		
Polypropylen	PP	●	●		●	●	
Polypropylen mineralverstärkt	PP-MD	●	●	●	●	●	
Acrylnitril-Butadien-Styrol /	ABS	●	●		●	○	●
Acrylnitril-Styrol-Acrylester	ASA	●	●		●	○	●

● geeignet ○ geeignet mit Einschränkungen

Kennzeichnung für das Brandverhalten der Abwasserrohre nach Baustoffklassen (Auswahl)

Kunststoff*	Hersteller	Kurzzeichen	DIN 4102-1	DIN EN 13501-1
Polypropylen	Ostendorf	PP oder PPH	B1 schwer entflammbar	
Chloriertes Polyvenylchlorid		PVC-C, PVC-U		
Polyethylen	Geberit	PE	B2 normal entflammbar	E
Polyetylen - mineralverstärkt	Geberit Silent-db20	PE-S2		E
	REHAU Raupiano plus	PP-MD		D-s3,d0
	Wavin Astalon	PP-AS		D-s3,d2
Polypropylen – mineralverstärkt - dreischichtigt	Poloplast	PP		D-s2,d1

Baustoffklassen nach DIN EN 13501:2016-12 s. Kapitel Brandschutz S. 646
* Brandverhalten muss vom Hersteller gewährleistet werden und kann durch Modifikationen abweichen

Bezeichnungen und Kurzzeichen für HT-/KG-Formstücke

Kurzzeichen		Benennung	Kurzzeichen		Benennung
HT	KG		HT	KG	
HTEM	KGEM	Rohr mit einseitiger Steck**m**uffe	HTR	KGR	Übergangsrohr (**R**eduzierung)
HTDM	KGDM	Rohr mit **D**oppel**m**uffe	HTPA	KG PA	**Pa**rallelabzweig
HTGL	KGGL	Rohr mit **gl**atten Enden	HTSP	KGSP	**Sp**rungrohr
HTB	KGB	**B**ogen	HTKB		**K**losett**b**ogen
HTEA	KGEA	**E**infach**a**bzweig	HTWB		**W**andklosett**b**ogen
HTDA	KGDA	**D**oppel**a**bzweig	HTRE	KGRE	**Re**inigungsrohr
HTED	KGED	**E**ckdo**p**pelabzweig	HTM	KGM	**M**uffenstopfen

Geeignete Kunsstoffe für HT-Abwasserrohre und Formstücke

Polyetylen		PE-HD	DIN EN 1519-1
Polyetylen mit mineraliscehn Additiven		PE-MD	DIN EN 14758-1
Polypropylen	Copolymerisat	PP	DIN EN 1451
	Monopolymerisat	PP-H	
Chloriertes Polyvinylchlorid		PVC-C	DIN EN 1566-1
Acrylnitril-Butadien-Styrol		ABS	DIN EN 1455-1

5.7.2 HT- Entwässerungssysteme aus Polyetylen (PE) mit glatten Enden DIN EN 1519-1 : 2019-07

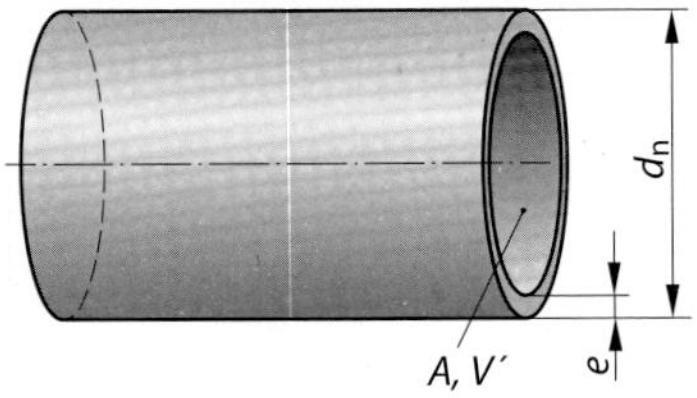

d_n:	Außendurchmesser	in mm
e:	Wanddicke	in mm
A:	freie Querschnittsfläche	in cm^2
V´:	länenbezogener Rohrinhalt*	in l/m
m´:	länenbezogene Rohrmasse*	in kg/m

* nach Herstellerangaben, weil nicht in der Norm festgelegt

Werkstoff	Polyetylen (PE -HD) normal entflammbar nach DIN 4101 (B2)
Dichte*	≈ 0,93 kg/dm^3
Längenausdehnungs-koeffizient*	$\approx 0{,}00015 \frac{1}{K}$ $\approx 0{,}15 \frac{mm}{m + K}$
Farbe	Vorzugsweise schwarz
Lieferlängen* in mm	5000, 6000
Anwendungsbereich-kennzeichnung*	B (innerhalb und außen am Gebäude) BD (einschließlich Erdverlegung inner-halb der Gebäudestruktur)

Ringsteifigkeitsklasse:	**SN 2**				**SN 4**			
Rohrreihe:	**S 16 / SDR 33**				**S 12,5 / SDR 24**			
Anwendungsbereich:	**B (HT)**				**BD (HT)**			
DN/OD (Auswahl) d_n mm	**e mm**	**A cm^2**	**V´ l/m**	**m´ kg/m**	**e mm**	**A cm^2**	**V´ l/m**	**m´ kg/m**
32	3,0	5,31	0,53	0,26	3,0	5,31	0,53	0,26
40	3,0	9,08	0,91	0,33	3,0	9,08	0,91	0,33
50	3,0	15,21	1,52	0,42	3,0	15,21	1,52	0,42
56	3,0	19,63	1,96	0,47	3,0	19,63	1,96	0,47
63	3,0	25,52	2,55	0,53	3,0	25,52	2,55	0,53
75	3,0	37,39	3,74	0,64	3,0	36,32	3,63	0,74
90	3,0	55,42	5,54	0,77	3,5	53,33	5,33	0,97
110	3,4	83,65	8,37	1,07	4,2	81,07	8,11	1,31
125	3,9	107,88	10,79	1,39	4,8	104,59	10,46	1,7
160	4,9	177,19	17,72	2,24	6,2	171,1	17,11	2,82
200	6,2	276,41	27,64	3,55	7,7	267,64	26,76	4,37
250	7,7	432,26	43,23	5,51	9,6	418,37	41,84	6,82
315	9,7	686,28	68,63	8,75	12,1	664,17	66,42	10,82

Bezeichnungsbeispiel für Rohre:
Rohr DN 90, Wanddicke 3,5 mm aus Polyethylen, zugelassen für Verlegung innerhalb von Gebäuden und außerhalb an Gebäudewänden, Rohrreihe 12,5:

Bezeichnung	**Norm**	**Maße**	**Werkstoff**	**Anwendung**	**Rohrserie**
Rohr	DIN EN 1519-1	DN/OD 90x3,5	PE	BD	S12,5

Bezeichnungsbeispiel für Formstücke:
Formstück mit Außendurchmesser 90 mm und 88,5°-Abzweig, reduziert auf 50 mm Außendurchmesser aus Polyethylen, zugelassen für die Verlegung innerhalb von Gebäuden, Mindestwanddicke 3,0 mm

Bezeichnung	**Norm**	**Maße**	**Werkstoff**	**Anwendung**	**Rohrserie**
Übergangsrohr	DIN EN 1519-1	DN/OD 90x50x3,5	PE	B	S16

Übergangsrohr (HTR) *joining piece htr*
Bezeichnungsbeispiel: Übergangsrohr (Reduzierstück) von 90 mm auf 50 mm Außendurchmesser aus Polyethylen, zugelassen für die Verlegung innerhalb von Gebäuden, Mindestwanddicke 3,0 mm

Bezeichnung	**Norm**	**Maße**	**Werkstoff**	**Anwendung**	**Rohrserie**
Übergangsrohr	DIN EN 1519-1	DN/OD 90x50x3,5	PE	B	S16

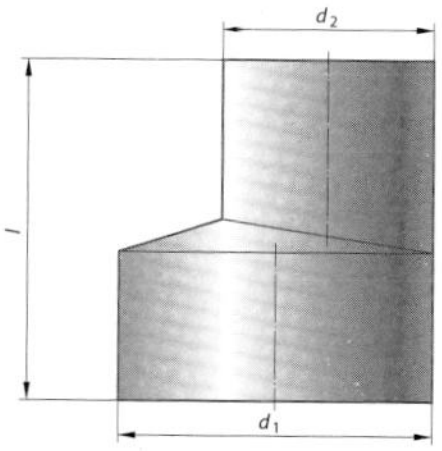

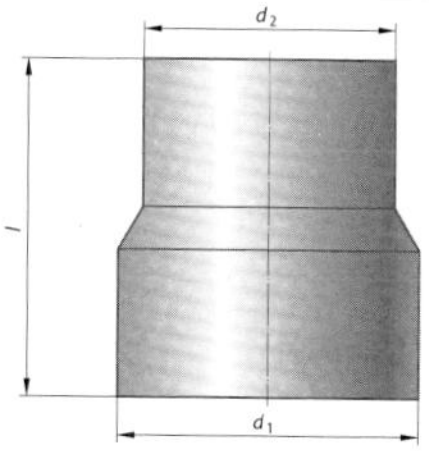

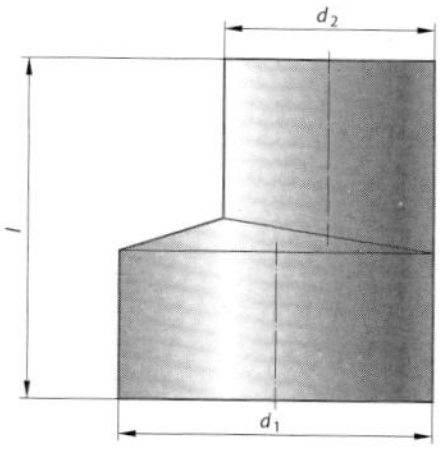

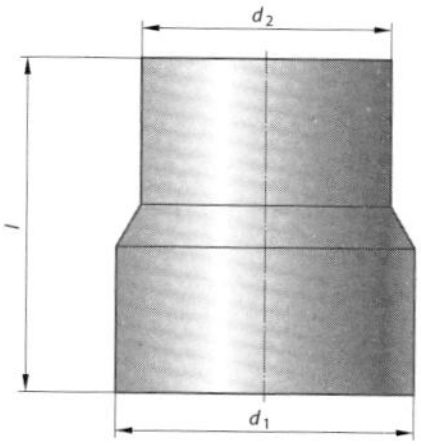

exzentrisch u. zentrisch			**exzentrisch**			**zentrisch**		
DN/OD		**l mm**	**DN/OD**		**l mm**	**DN/OD**		**l mm**
d_1	**d_2**		**d_1**	**d_2**		**d_1**	**d_2**	
50	40	80	200	110	335	200	110	149
56	40, 50		*200	125	335	*200	125	-
63	40, 50, 56		*200	160	260	*200	160	194
75	40, 50, 65, 63,		*250	160	-	*250	160	194
90	40, 50, 65, 63, 75		*250	200	290	*250	200	182
110	40, 50, 65, 63, 75, 90		*315	200	580	*315	200	230
125	50, 65, 63, 75, 90, 110		*315	250	340	*315	250	230
160	110, 125							

* nur für Stumpfschweißen geeignet

HT-Bögen (HTB)

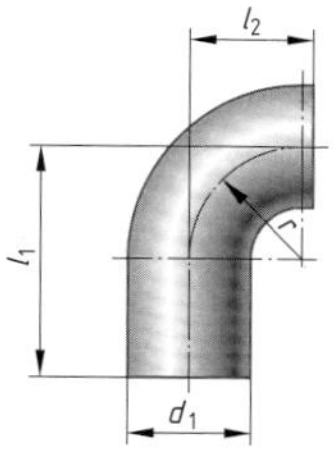

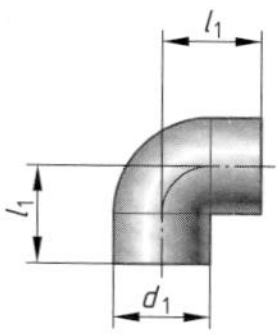

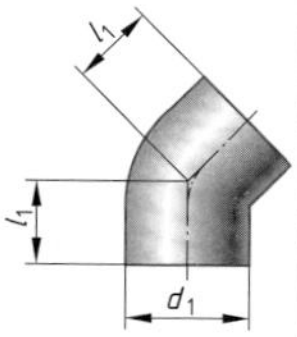

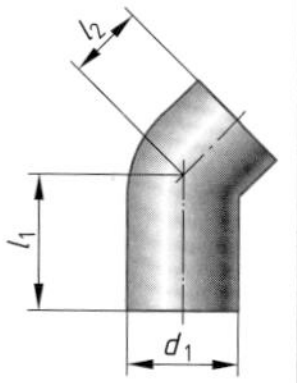

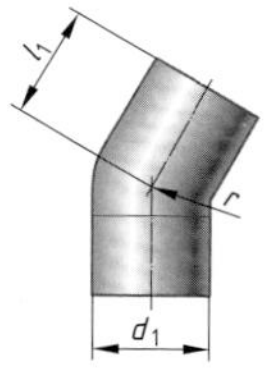

	90°		88,5°	45°	45°		30°	15°
***d_1* mm**	***l_1* mm**	***l_2* mm**	***l_1* mm**	***l_1* mm**	***l_1* mm**	***l_2* mm**	***l_1* mm**	***l_1* mm**
40	* 93	43	55	40				
50	* 103	53	60	45				
56	* 120	59	65	45				
63	* 130	66	70	50				
75	* 140	78	75	50	145	50		
90	* 155	93	80	55	150	55		
110	* 180	113	96	60	147	60	55	45
125	* 190	128	100	65			60	150
160	** 160		120	69			80	175
200	** 205		290	173			200	200
250	** 290		350	182			225	225
315	** 315		360	195			250	250

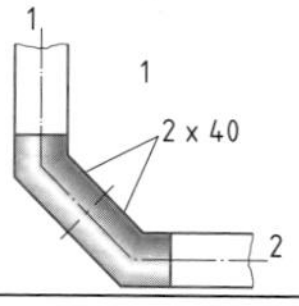

* Am langen Ende mit Elektromuffen verschweißbar
** Nur für Stumpfschweißung

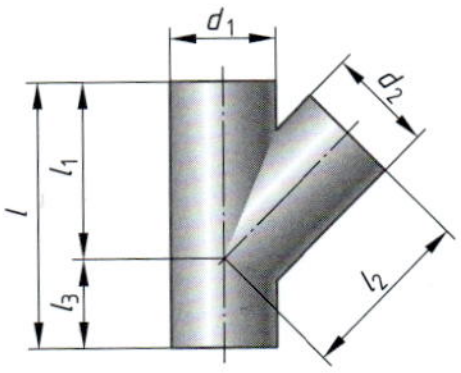

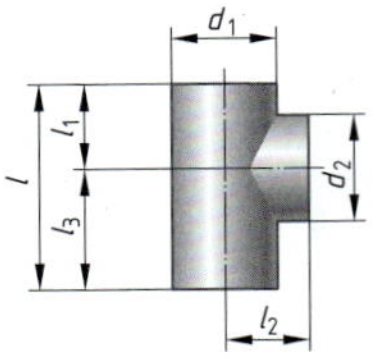

Abzweig 88,5°		PE		
DN/OD		l mm	l_1, l_2 mm	l_3 mm
d_1	d_2			
40	40	135	90	45
50	40, 50	165	110	55
56	40, 50, 56	180	120	60
63	40, 50, 56, 63	195	130	65
75	40, 50, 65, 63, 75	210	140	70
90	40, 50, 65, 63, 75, 90	240	160	80
110	40, 50, 65, 63, 75, 90, 110	270	180	90
125	40, 50, 65, 63, 75, 90, 110, 125	300	200	100
160	50, 65, 63, 75, 90, 110, 125, 160	375	250	125
200	50, 65, 63, 75, 90, 110, 125, 160,	540	360	180
200	200	555	375	180
250	75, 90, 110, 125, 160, 200	660	440	220
250	250	900	600	300
315	75, 90, 110, 125, 160, 200, 250, 300	840	560	280
315	315	950	610	340

Abzweig 55°		PE		
DN/OD		l mm	l_1, l_2 mm	L_3 mm
d_1	d_2			
40	40	130	55	75
50	40, 50	150	60	90
56	40, 50, 56	175	70	105
63	40, 50, 56, 63	175	70	105
75	40, 50, 65, 63, 75	175	70	105
90	40, 50, 65, 63, 75, 90	200	80	120
110	40, 50, 65, 63, 75, 90, 110	225	90	135
125	40, 50, 65, 63, 75, 90, 110, 125	250	100	150
160	50, 65, 63, 75, 90, 110, 125, 160	350	140	210
200	75, 90, 110, 125, 160,	360	180	180
200	200	360	180	180
250	110, 125, 160	440	220	220
250	200, 250	480	240	240
315	110, 125, 160, 200, 250, 300	560	280	280
315	315	560	280	280

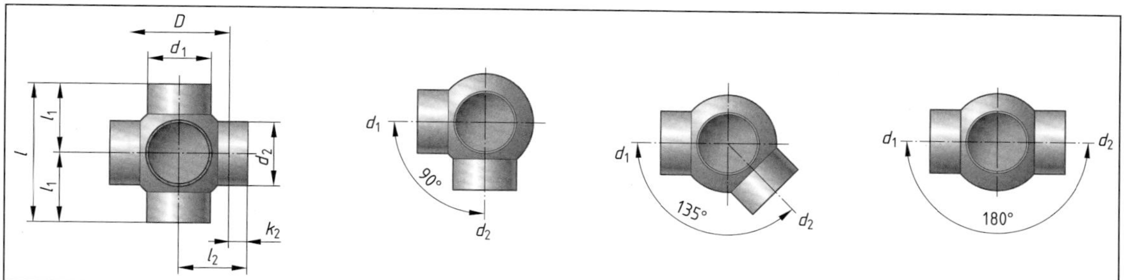

Kugelabzweig 88,5°
geschweißt – 90°

PE-HD

d_1/d_2 mm	l mm	l_1 mm	l_2 mm	D mm	d_1/d_2 mm	l mm	l_1 mm	l_2 mm	D mm
110/50	240	120	130	170	125/50	260	130	145	190
110/56	240	120	130	170	125/56	260	130	145	190
110/63	240	120	130	170	125/75	260	130	145	190
110/75	240	120	130	170	125/110	260	130	125	190
110/90	240	120	130	170	125/125	260	130	125	190
110/110	240	120	110	170					

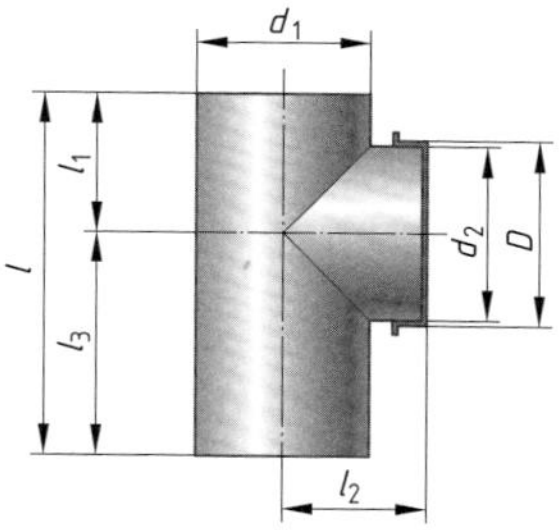

Reinigungsrohr 88,5°
mit Schraubverschluss

PE-HD
EPDM Dichtung

d_1/d_2 mm	D mm	l mm	l_1 mm	l_2 mm	l_3 mm	d_1/d_2 mm	D mm	l mm	l_1 mm	l_2 mm	l_3 mm
40/40	64	130	55	80	75	110/110	135	225	90	100	135
50/50	72	150	60	72	90	125/110	140	250	100	123	150
56/56	83	175	70	100	105	160/110	140	350	140	140	210
63/63	87	175	70	100	105	200/110	140	360	180	160	180
75/75	91	175	70	100	105	250/110	140	440	220	185	220
90/90	118	200	80	100	120	315/110	140	560	280	220	280

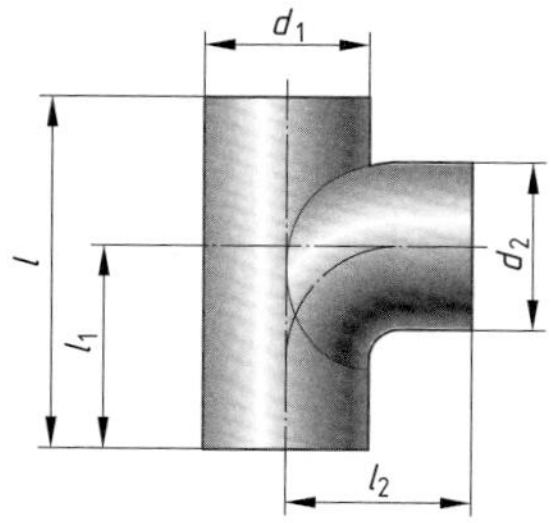

Bogen-Abzweig 88,5° PE-HD

d_1/d_2 mm	l mm	l_1 mm	l_2 mm
110/110	230	140	120

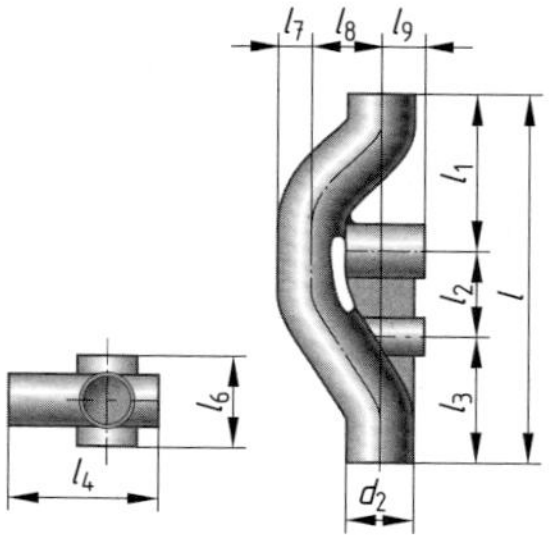

Mischformstück

PE-HD

d_1 mm	l mm	l_1 mm	l_2 mm	l_3 mm	l_4 mm	l_5 mm	l_6 mm	l_7 mm	l_8 mm	l_9 mm
110	750	320	170	260	275	90	180	55	130	90
160	715	320	160	235	310	100	200	75	125	110

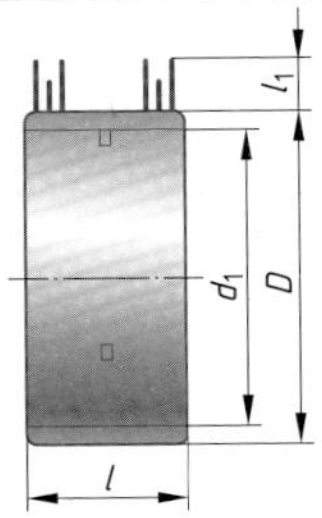

Elektroschweißmuffe PE-HD
Akafusion

d_1 mm	D mm	l mm	l_1 mm	System
40	52	54	22	5A/80s
50	62	54	22	5A/80s
56	68	54	22	5A/80s
63	75	54	22	5A/80s
75	87	54	22	5A/80s
90	102	56	22	5A/80s
110	122	58	22	5A/80s
125	137	66	22	5A/80s
160	172	66	22	5A/80s
200	233	175	31	220V/420s
250	283	175	31	220V/420s
315	349	175	31	220V/420s

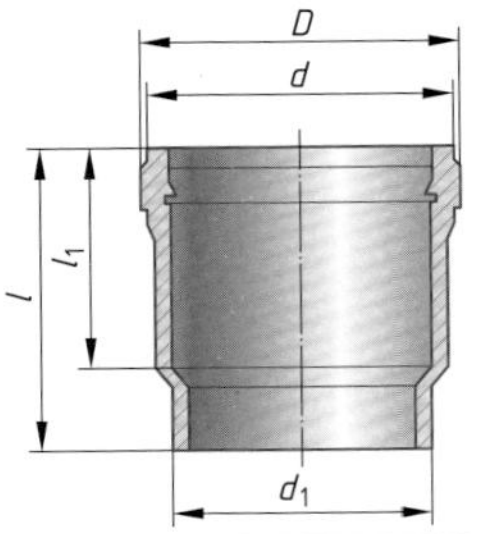

Steckmuffe PE-HD
mit Schutzkappe SBR Dichtung

d_1 mm	D mm	d mm	l mm	l_1 mm
40	53	41	73	54
50	67	51	75	54
56	72	57	80	54
63	84	64	93	69
75	96	76	95	69
90	110	91	95	69
110	131	111	95	69
125	150	126	94	70
160	190	162	130	105

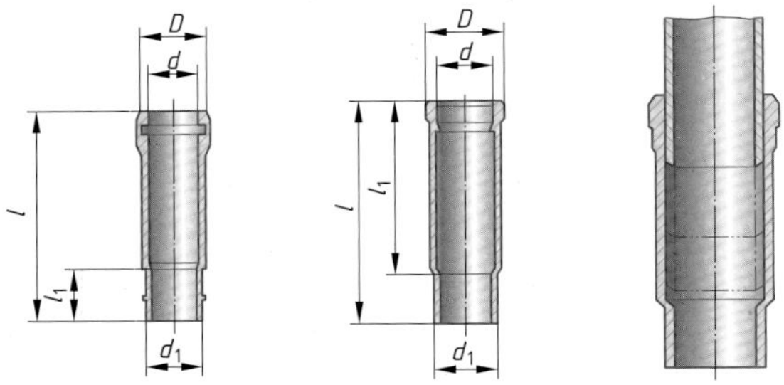

Ausdehnungsmuffe PE-HD
mit Schutzkappe SBR Dichtung

d_1 mm	Typ	D mm	d mm	l mm	l_1 mm	k_1 mm
40	B	58	41	172	135	
50	B	68	51	172	135	
56	B	74	57	172	135	
63	B	78	64	155	135	
75	A	100	76	256	75	35
90	A	116	91	256	75	35
110	A	137	112	256	75	35
125	A	153	127	256	75	35
160	A	189	162	265	75	35
200	B	230	202	310	230	
250	B	300	253	330	250	
315	B	370	319	360	270	

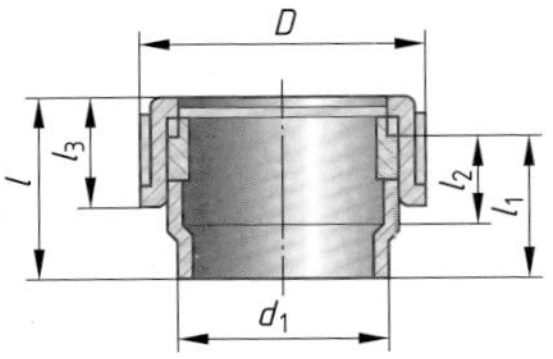

Verschraubung kurz PE-HD
komplett mit Gewindestutzen,
Überwurfmutter, Schleifring
und Dichtung EPDM Dichtung

d_1 mm	D mm	l mm	l_1 mm	l_2 mm	l_3 mm
40	66	71	56	32	33
50	76	71	56	32	33
56	82	71	56	32	35
63	89	76	61	37	42
75	103	81	65	37	44
90	122	92	75	45	48
110	148	97	80	49	62

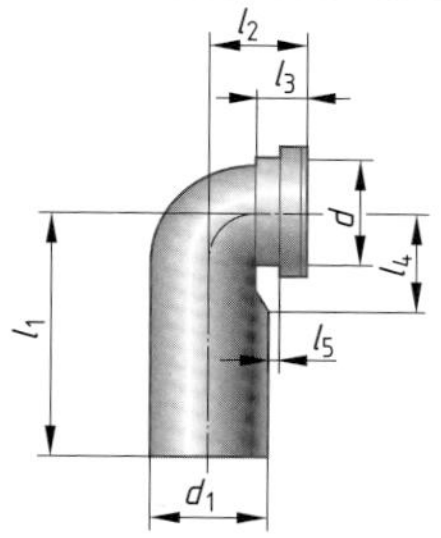

Wand-WC-Bogen 90° PE-HD
mit Schutzkappe SBR Dichtung

d_1/d mm	l_1 mm	l_2 mm	l_3 mm	l_4 mm	l_5 mm	k_1 mm
90/90	225	76	34	83	17	120
110/90	225	76	34	95	17	120
110/110	225	75	30	92	19	120

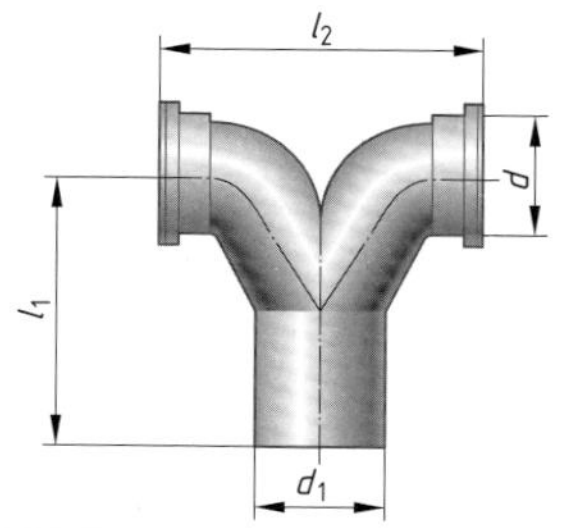

Wand-WC-Doppelbogen 90° PE-HD
(senkrecht) mit Schutzkappe

d_1/d mm	l_1 mm	l_2 mm	k_1 mm
110/90	225	275	80
110/110	185	270	60

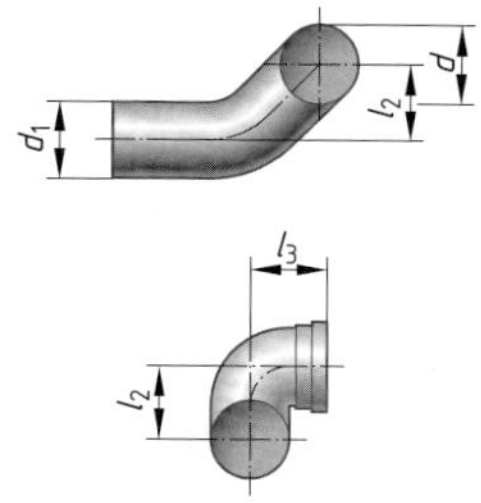

Wand-WC-Bogen 90° (waagerecht) rechts PE-HD
mit Schutzkappe SBR Dichtung

d_1/d mm	l_1 mm	l_2 mm	l_3 mm
90/90	300	100	75
110/90	350	100	75
110/110	350	100	75

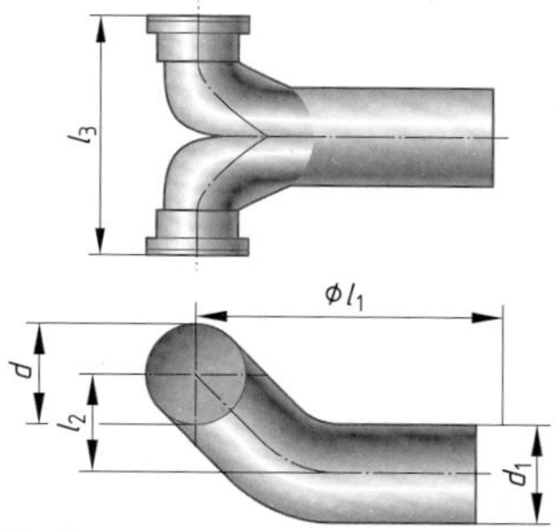

Wand-WC-Doppelbogen 90° (waagerecht) PE-HD
mit Schutzkappe

d_1/d mm	l_1 mm	l_2 mm	l_3 mm
110/90	360	100	275
110/110	360	100	270

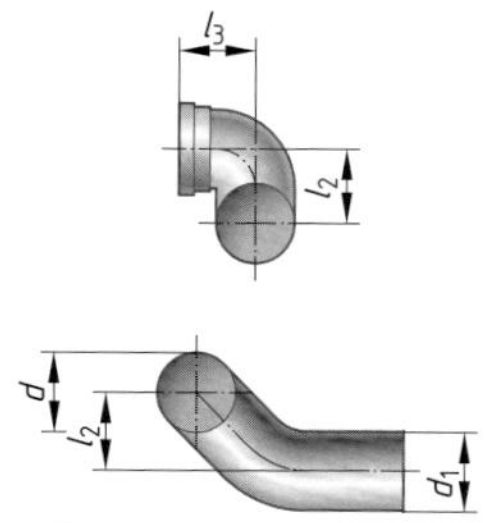

Wand-WC-Bogen 90° (waagerecht) links PE-HD
mit Schutzkappe SBR Dichtung

d_1/d mm	l_1 mm	l_2 mm	l_3 mm
90/90	300	100	75
110/90	350	100	75
110/110	350	100	75

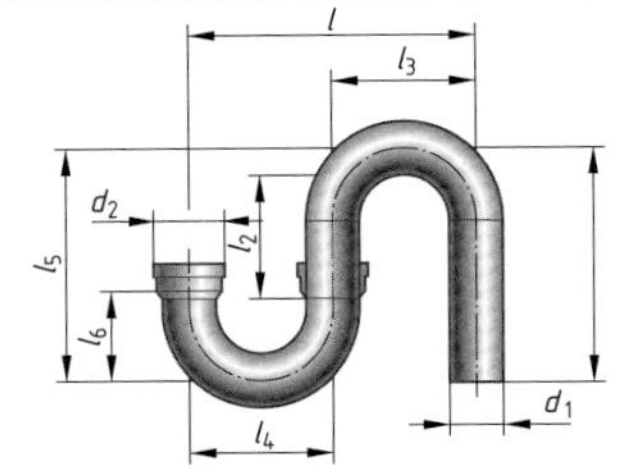

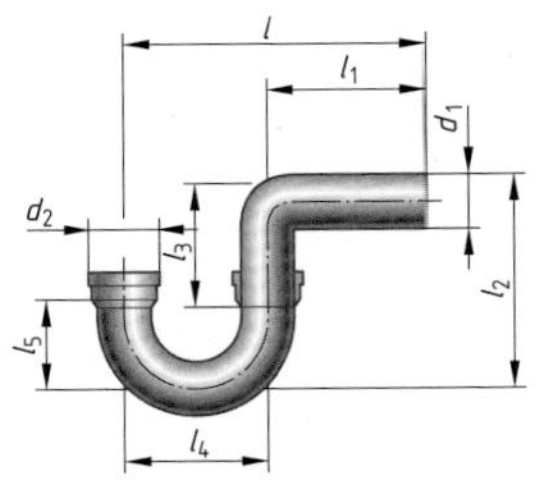

Siphon Einlauf/Auslauf senkrecht PE-HD SBR Dichtung							
d_1/d_2 mm	**l mm**	**l_1 mm**	**l_2 mm**	**l_3 mm**	**l_4 mm**	**l_5 mm**	**l_6 mm**
40/40	160	165	95	80	80	145	50
50/40	170	175	100	90	80	155	50
50/50	200	200	110	100	100	175	60
56/50	200	225	135	100	100	200	60
63/50	200	200	110	100	100	175	60
56/56	210	220	130	110	100	195	60
63/63	260	240	130	130	130	210	75
75/75	300	275	130	150	150	240	85

Siphon Einlauf senkrecht Auslauf waagerecht PE-HD SBR Dichtung						
d_1/d_2 mm	**l mm**	**l_1 mm**	**l_2 mm**	**l_3 mm**	**l_4 mm**	**l_5 mm**
40/40	172	92	145	95	80	50
50/40	184	104	155	100	80	50
50/50	204	104	180	115	100	60
63/50	218	118	185	120	100	60
56/56	232	132	200	135	100	60
63/63	262	132	210	130	130	75

5.7.3 HT-Entwässerungssysteme mit Steckmuffe aus Polypropylen (PP) mit angeformter Muffe (Auswahl)

DIN EN 1451-1 : 2018-10

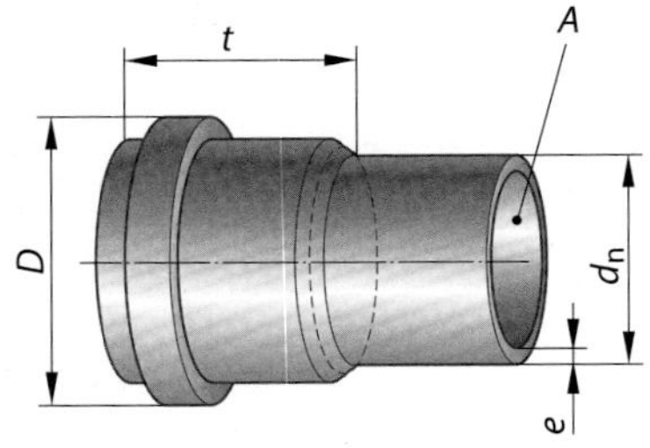

d_n:	Außendurchmesser	in mm
D:	Außerdurchmesser der Muffe	
t:	Einstecktiefe der Muffe	
e:	Wanddicke	in mm
A:	freie Querschnittsfläche	in cm^2
V':	längenbezogener Rohrinhalt*	in l/m
m':	längenbezogene Rohrmasse*	in kg/m

Werkstoff	Polypropylen (PP) schwer entflammbar nach DIN 4101 (B1)
Dichte*	≈ 0,91 kg/dm^3
Längenausdehnungs-koeffizient*	$\approx 0{,}00015\ \frac{1}{K}$ $\approx 0{,}15\ \frac{mm}{m \cdot K}$
Farben:	grau, schwarz oder weiß
Lieferlängen* im mm	150, 250, 500, 750, 1000, 1500, 2000, 3000
Dichtring	EPDM DIN EN 681-1
Anwendungsbereichskenn-zeichnung*	B (innerhalb und außen am Gebäude) BD (einschließlich Erdverlegung innerhalb der Gebäudestruktur

* nach Herstellerangaben, nicht in der Norm festgelegt

Ringsteifigkeitsklasse:			SN 2				SN 4			
Rohrreihe:			**S 20 / SDR 41**				**S 16 / SDR 33**			
Anwendungsbereich:			**B (HT)**				**BD (HT)**			
DN/OD) d_n mm	**Muffe N**		**e mm**	**A cm²**	**V′ l/m**	**m′ kg/m**	**e mm**	**A cm²**	**V′ l/m**	**m′ kg/m**
	D mm	**t mm**								
32	44	42	1,8	6,33	0,63	0,18	1,8	6,33	0,63	0,18
40	53	44	1,8	10,41	1,04	0,23	1,8	10,41	1,04	0,23
50	63	46	1,8	16,91	1,69	0,29	1,8	16,91	1,69	0,29
63		49	1,8	27,71	2,77	0,33	2,0	27,34	2,73	0,36
75	88	51	1,9	39,82	3,98	0,45	2,3	38,93	3,89	0,49
90	105	54	2,2	57,55	5,76	0,63	2,8	55,95	5,6	0,72
110	125	58	2,7	85,93	8,59	0,94	3,4	83,65	8,37	1,07
125	143	64	3,1	110,85	11,09	1,23	3,9	107,88	10,79	1,39
160	181	73	3,9	181,94	18,19	1,94	4,9	177,19	17,72	2,24
200		85	4,9	284,13	28,41	2,82	6,2	276,41	27,64	3,55
250		118	-	-	-	-	7,7	432,26	43,23	5,51
315		144	-	-	-		9,7	686,28	68,63	8,75

Bezeichnungsbeispiel: Rohr Nennweite 90, Wanddicke 2,2 mm aus Polypropylen, zugelassen für Verlegung innerhalb und außen am Gebäude, Rohrreihe S20.

Bezeichnung	Norm	Maße	Werkstoff	Anwendung	Rohrreihe
Rohr	DIN EN 1451-1	DN 90x2,2	PP-H	B	S 16

HT-Bogen mit Steckmuffe (HTB)

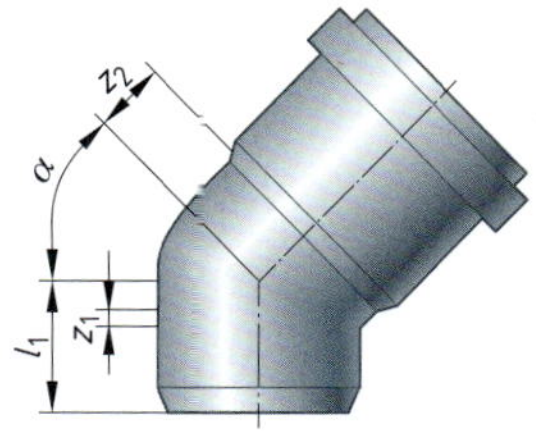

DN/OD	$\alpha = 15°$			$\alpha = 30°$			$\alpha = 45°$			$\alpha = 67°$			$\alpha = 87°$		
	z_1 mm	z_2 mm	l_1 mm	z_1 mm	z_2 mm	l_1 mm	z_1 mm	z_2 mm	l_1 mm	z_1 mm	z_2 mm	l_1 mm	z_1 mm	z_2 mm	l_1 mm
32	3	8	42	6	10	42	9	12	42	14	17	42	19	23	42
40	5	9	44	7	11	44	10	14	44	16	20	44	23	26	42
50	5	9	46	9	13	46	12	16	46	22	23	46	28	31	46
75	7	11	51	12	16	51	16	12	51	28	31	51	40	43	51
90	6	12	54	13	18	54	20	25	54	32	36	54	46	49	54
110	9	17	58	17	24	58	17	24	58	40	44	58	57	61	58
125	10	17	64	19	25	64	28	34	64	14	17	42	65	71	64
160	13	22	73	24	32	73	36	46	73	16	20	44	83	96	73

Bezeichnungsbeispiel für einen HT-Bogen DN/OD 40, $\alpha = 30°$:
Bogen EN1451 – HTB DN/OD 40 × 30

HT-Einfachabzweig *ht-simple branching*

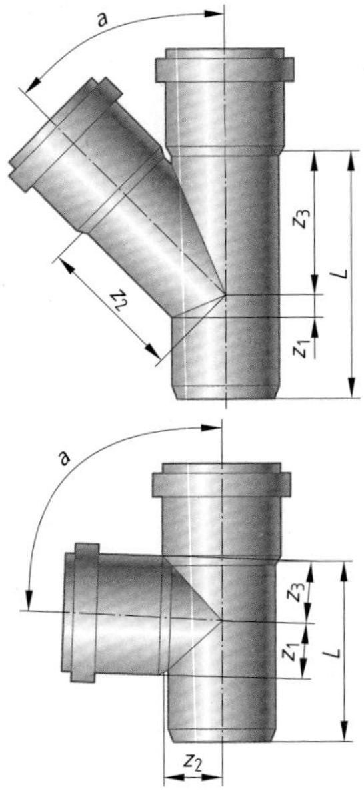

DN/OD	$\alpha = 45°$				$\alpha = 67°$				$\alpha = 87°$			
	z_1 mm	z_2 mm	z_3 mm	L mm	z_1 mm	z_2 mm	z_3 mm	L mm	z_1 mm	z_2 mm	z_3 mm	L mm
32/32	z_1	z_2	l_1	40	14	27	27	86	19	21	21	85
40/40	10	50	50	104	16	33	33	99	23	25	25	92
50/40	5	57	55	106	14	39	35	95	23	30	25	94
50/50	12	62	62	125	20	41	41	110	28	30	30	109
75/50	1	79	74	128	14	54	46	115	27	43	31	112
75/75	18	92	92	164	28	66	60	143	40	43	43	138
90/50	9	90	82	127					26	50	31	111
90/75	9	103	100	163					39	51	44	137
90/90	20	110	110	184					56	70	51	161
110/50	17	104	94	152	8	73	54	125	28	60	34	120
110/75	1	120	115	175	22	78	68	148	40	60	46	113
110/110	25	135	135	218	40	88	88	186	57	64	64	183
125/110	18	144	142	224					58	70	64	191
125/125	28	152	152	249					65	71	71	205
160/110	1	228	158	242					66	87	64	219
160/160	36	194	1944	309					83	91	91	253

Bezeichnungsbespiel für einen Abzweig DN/OD 110/50 mit einem Winkel von $\alpha = 45°$: **Abzweig EN1451 – HTEA DN/OD 110 × 50 × 45**

HT-Muffen

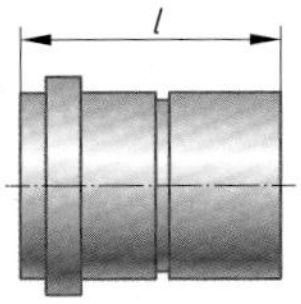

HTAM – Aufsteckmuffe

DN	l mm
50	116
75	96,5
110	123

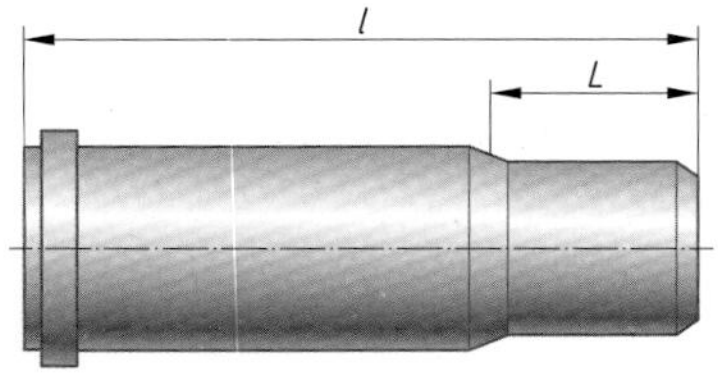

HTL – Langmuffe

DN	l mm	L mm
40	155	48
50	211	54
75	222	57
90	151	60
110	255	68

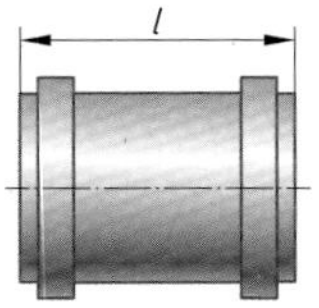

HTU-Überschiebemuffe

DN	l mm	DN	l mm
32	93	90	98
40	103	110	128
50	105	125	120
75	111	160	163

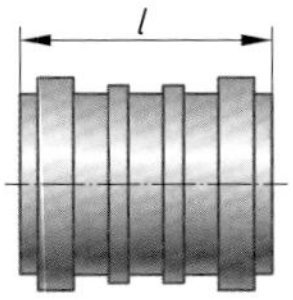

HTMM-Doppelmuffe

DN	l mm	DN	l mm
32	93	90	98
40	103	110	128
50	105	125	116
75	111	160	163

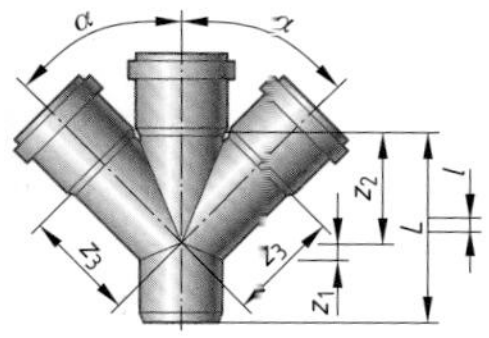

HTDA – Doppelabzweig

DN	α	z_1 mm	z_2 mm	z_3 mm	L mm
50/50/50	67 °C	20	41	41	107
75/75/75	67 °C	28	55	55	138
110/50/50	67 °C	8	73	73	121
110/110/110	67 °C	40	87	87	189
90/90/90	87 °C	46	51	51	151

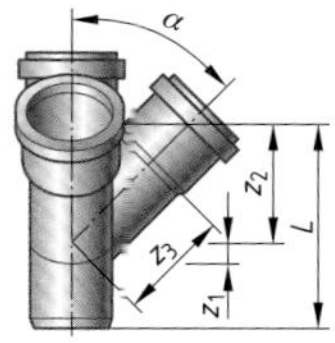

HTED – Eckabzweig

DN	α	z_1 mm	z_2 mm	z_3 mm	L mm
110/110/110	67 °C	40	86	86	148
90/90/90	–	79	72	60	–

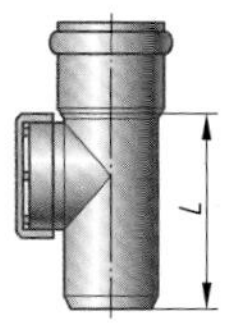

HTRE – Reinigungsrohr

DN	L mm
50	110
75	138
90	171

DN	L mm
110	179
125	191
160	203

5.7.4 KG-Entwässerungssysteme aus Polyvinylchlorid (PVC-U) mit angeformter Steckmuffe (Auswahl)

DIN EN 1401-1 : 2019-09

Rohre mit angeformter Steckmuffe aus PVC-U

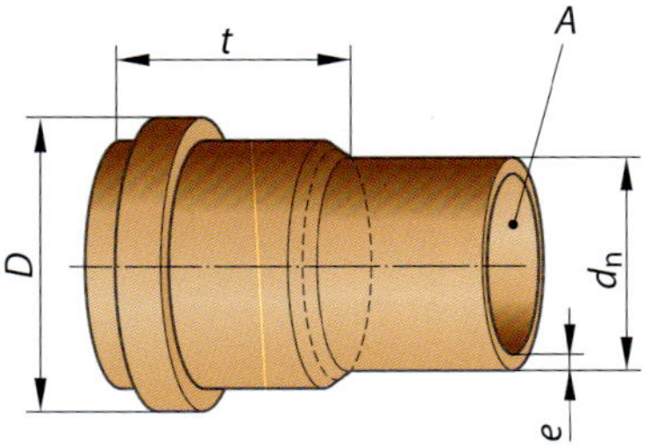

d_n:	Außendurchmesser	in mm
t:	Einstecktiefe der Muffe	in mm
e:	Wanddicke	in mm
A:	freie Querschnittsfläche	in cm^2
V':	längenbezogener Rohrinhalt*	in l/m
m':	längenbezogene Rohrmasse	in kg/m

* nach Herstellerangaben, nicht in der Norm festgelegt

Werkstoff	PVC-U schwer entflammbar nach DIN 1401 (B1)
Dichte*	≈ 1,4 kg/dm^3
Längenausdehnungs-koeffizient*	≈ 0,00008 $\frac{1}{K}$ ≈ 0,08 $\frac{mm}{m \cdot K}$
Farben*	orangebraun, grau
Lieferlängen im mm	500, 1000, 2000, 5000
Dichtring	EPDM DIN EN 681-1
Anwendungsbereichskenn-zeichnung*	D: Erdverlegung innerhalb der der Gebäudestruktur U: Erdverlegung außerhalb eins Gebäudes

Ringsteifigkeitsklasse:			**SN 4**				**SN 8**			
Rohrserie:			**SDR 41**				**SDR 34**			
Anwendungsbereich:			**DU (KG)**				**DU (KG)**			
DN/OD) d_n mm	**Muffe N D mm**	**t mm**	**e mm**	**A cm^2**	**V′ l/m**	**m′ kg/m**	**e mm**	**A cm^2**	**V′ l/m**	**m′ kg/m**
110	128	60	3,2	84,3	8,43	1,50	3,2	84,3	8,43	1,50
125	145	67	3,2	110,5	11,05	1,71	3,7	108,62	10,86	1,97
160	183	81	4,0	181,5	18,15	2,74	4,7	178,13	17,81	3,21
200	226	88	4,9	284,1	28,41	4,21	5,9	278,18	27,82	5,04
250	287	125	6,2	443,4	44,34	6,65	7,3	435,21	43,52	7,79
315	357	132	7,7	705,0	70,50	10,41	9,2	690,93	69,09	12,37
400	445	150	9,8	1136,5	113,65	16,82	11,7	1113,91	111,39	19,98
500	567	160	12,3	1775,0	177,50	26,38	14,6	1740,86	174,09	31,17

Bezeichnungsbeispiel: Rohr Nennweite 125, Wanddicke 3,2 mm aus Polyvinylchlorid, zugelassen für Erdverlegung mehr als 1m außerhalb eins Gebäudes und Erdverlegung innerhalb der der Gebäudestruktur, Rohrreihe SDR 41, Ringsteifigkeit 4 kN/m^2

Bezeichnung	**Norm**	**Maße**	**Rohrreihe**	**Werkstoff**	**Anwendung**	**Ringsteifigkeit**
Rohr	DIN EN 1401-1	DN 125x3,2	SDR 41	PVC-U	UD	SN4

Formstücke mit angeformter Steckmuffe aus PVC-U
Formstücke dürfen nicht gekürzt werden!

KG-Bogen mit Steckmuffe (KGB) (KGEM)

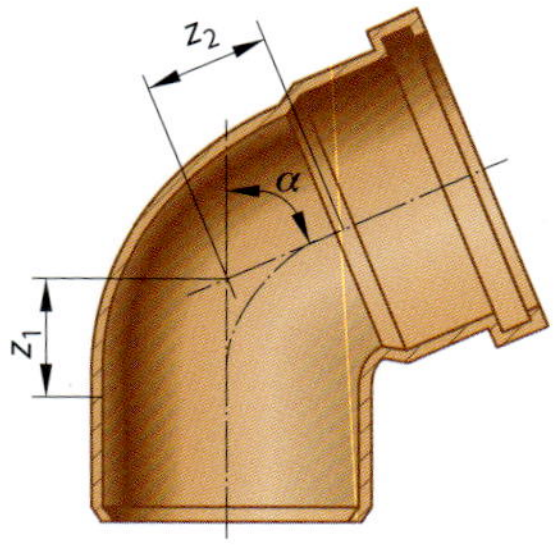

	α = 15°		**α = 30°**		**α = 45°**		**α = 67°**		**α = 87°**	
DN/OD	**z_1 mm**	**z_2 mm**	**z_1 mm**	**z_2 mm**	**z_1 mm**	**z_2 mm**	**z_1 mm**	**z_2 mm**	**z_1 mm**	**z_2 mm**
110	9	14	17	21	25	29	40	44	59	62
125	10	15	19	23	28	33	46	50	66	70
160	13	19	24	30	36	42	58	64	84	89
200	15	23	30	38	46	54	72	80	107	113
250	19	30	37	49	57	69	–	–	131	160
315	23	38	47	61	72	86	–	–	166	260
400	29	48	59	78	91	110	–	–	210	310
500	37	59	74	97	114	137	–	–	262	270

Einfachabzweige (KGEA) 45°/87°

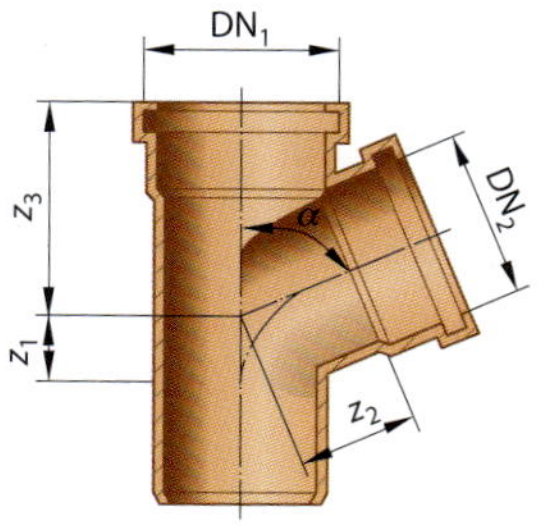

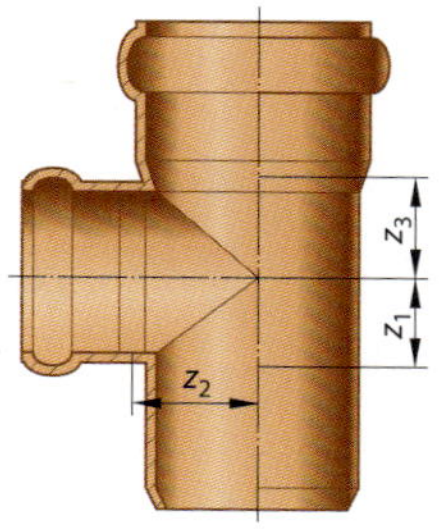

DN/OD	z_1 mm	z_2 mm	z_3 mm	z_1 mm	z_2 mm	z_3 mm
110/110	25	134	134	59	62	62
125/110	18	144	141	59	70	63
125/125	26	152	152	66	70	70
160/110	2	166	159	60	87	65
160/125	13	176	170	67	87	72
160/160	36	194	194	84	89	69
200/110	–14	197	182	61	106	67
200/125	–3	205	197	69	106	75
200/160	21	223	216	86	108	91
200/200	46	243	243	107	113	113
250/110	–37	288	206	64	160	130
250/125	–27	236	217	72	170	130
250/160	–3	254	241	88	165	135
250/200	24	274	268	107	160	160
250/250	20	265	292	131	160	180
315/110	–66	272	240	67	200	130
315/125	–56	279	251	–	–	–
315/160	–33	297	275	90	200	160
315/200	–5	313	302	110	170	180
315/250	26	344	335	134	220	210
315/315	72	378	378	166	260	220
400/110	–105	340	360	70	250	100
400/125	–94	400	400	–	–	–
400/160	–70	355	319	95	210	150
400/200	–43	375	346	114	230	200
400/250	–10	480	450	139	230	220
400/315	34	540	500	114	300	220
400/400	91	550	500	210	310	240
500/110	–150	440	435	–	–	–
500/160	–115	420	370	100	220	280
500/200	–88	470	510	–	–	–
500/250	–55	550	530	144	260	150
500/315	–11	560	583	175	330	300
500/400	47	580	550	216	267	226
500/500	114	650	680	262	270	270

Übergangsrohre und Muffen *transition pipes and sleeves*

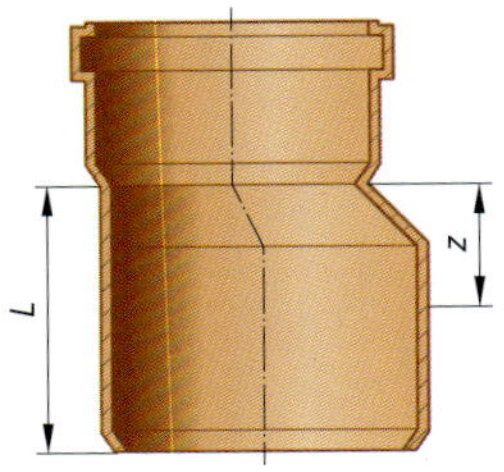

Übergangsrohr (KGR)

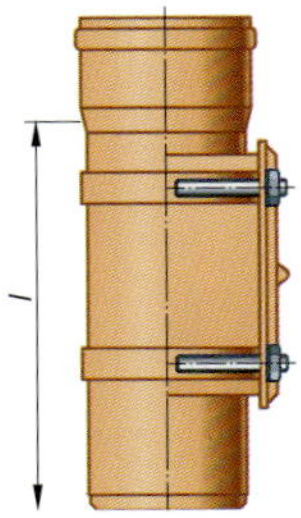

Reinigungsrohre (KGRE)

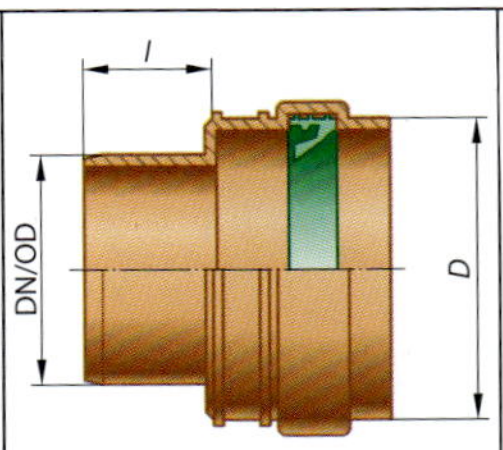

Anschluss an Steinzeugrohr- Spitzende (KGUS)

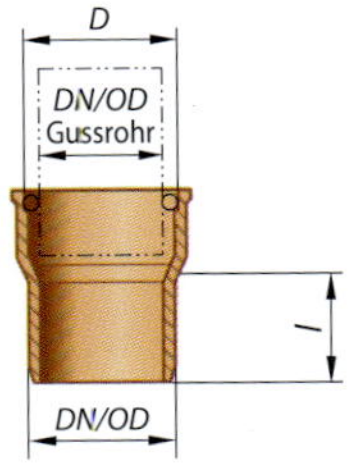

Anschluss an Gussrohr-Spitzende (KGUG)

Übergangsrohr (KGR)			Reinigungsrohre (KGRE)		Anschluss an Steinzeugrohr- Spitzende (KGUS)		Anschluss an Gussrohr-Spitzende (KGUG)	
DN/OD	***z*** **mm**	***l*** **mm**	**DN/OD**	***l*** **mm**	***D*** **mm**	***l*** **mm**	***D*** **mm**	***l*** **mm**
125/110	20	87	**110**	288	136	60	131	76
160/110	33	134	**125**	300	164	67	158	81
160/125	31	121,5	**160**	360	194	81	185	98
200/160	31	130	**200**	435	250	99	236	130
250/200	38	172	**250**		335	180		
315/250	50	194	**315**		390	225		
400/315	64	210						
500/400	76	254						

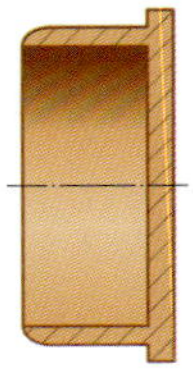

Muffenstopfen (KGM)

Doppelmuffe (KGMM)

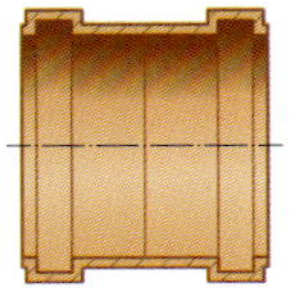

Überschiebemuffe (KGU)

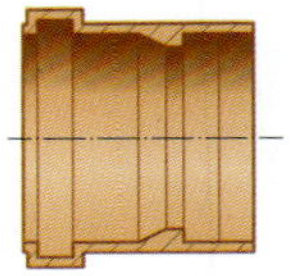

Aufklebemuffe (KGAM)

5.7.5 KG-Entwässerungssysteme aus Polypropylen mit Additiven (PP-MD) und angeformter Steckmuffe (Auswahl)

DIN EN 14758-1: 2012-05

Rohre mit angeformter Steckmuffe aus PP-HD (KG2000)

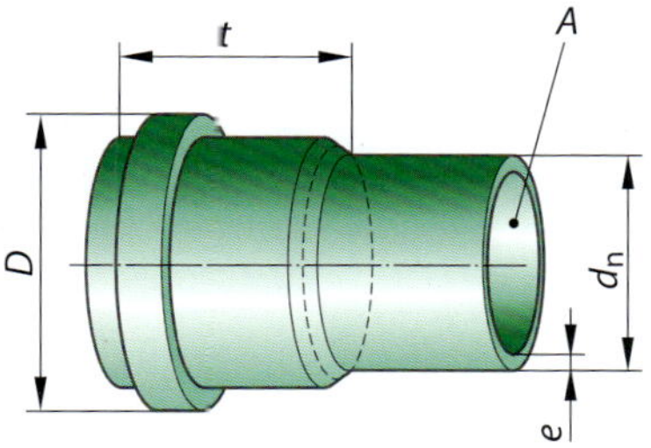

d_n:	Außendurchmesser	in mm
e:	Wanddicke	in mm
A:	freie Querschnittsfläche	in cm^2
V':	längenbezogener Rohrinhalt*	in l/m
m':	längenbezogene Rohrmasse	in kg/m

* nach Herstellerangaben, nicht in der Norm festgelegt

Werkstoff	PP-HD schwer entflammbar nach DIN 1401 (B1)
Dichte*	≈ 1,0 –1,4 kg/dm^3
Längenausdehnungs-koeffizient*	$\approx 0{,}00015\ \frac{1}{K}$ $\approx 0{,}07 - 0{,}12\ \frac{mm}{m \cdot K}$
Farben*	maigrün RAL6017
Lieferlängen im mm	500, 1000, 2000, 5000
Dichtring	EPDM DIN EN 681-1
Anwendungsbereichskenn-zeichnung*	D: Erdverlegung innerhalb der der Gebäudestruktur U: Erdverlegung außerhalb eines Gebäudes

Ringsteifigkeitsklasse:			**SN 10**			
Rohrserie:			**SDR 32**			
Anwendungsbereich:			**UD (KG)**			
DN/OD) d_n mm	**Muffe N**		**e mm**	**A cm^2**	**V′ l/m**	**m′ kg/m**
	D mm	**t mm**				
110	128	72	3,4	84	8,4	1,7
125	146	80	3,9	108	10,8	2,1
160	187	95	4,9	177	17,7	3,5
200	236	123	6,2	276	27,6	5,7
250	287	133	7,7	432	43,2	8,9
315	359	155	9,7	686	68,6	14,3
400	450	180	12,3	1107	110,7	26,4
500	572	205	15,3			

Bezeichnungsbeispiel: Rohr Nennweite 125, Wanddicke 3,9 mm aus Polypropylen mit mineralischen Additiven, zugelassen für Erdverlegung mehr als 1m außerhalb eins Gebäudes und Erdverlegung innerhalb der der Gebäudestruktur, Rohrreihe SDR 32, Ringsteifigkeit 10 kN/m^2

Bezeichnung	**Norm**	**Maße**	**Rohrreihe**	**Werkstoff**	**Anwendung**	**Ringsteifigkeit**
Rohr	DIN EN 14758-1	DN 125x3,9	SDR32	PP-MD	UD	SN10

Formstücke mit angeformter Steckmuffe aus PP-MD (SN10)
Formstücke dürfen nicht gekürzt werden!

KG-Bogen mit Steckmuffe (KGB) (KGEM)

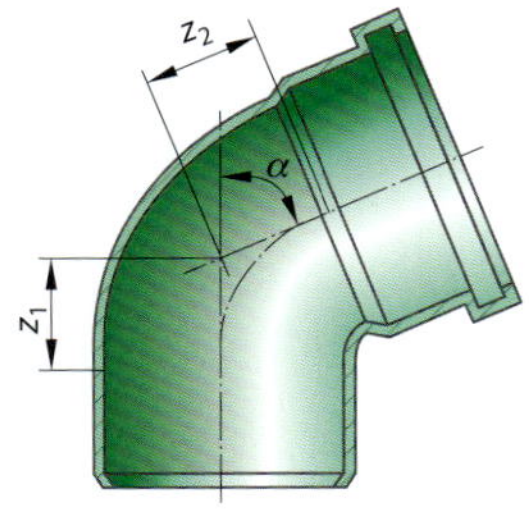

DN/OD	**$\alpha = 15°$**		**$\alpha = 30°$**		**$\alpha = 45°$**		**$\alpha = 67°$**		**$\alpha = 87°$**	
	z_1 mm	**z_2 mm**	**z_1 mm**	**z_2 mm**	**z_1 mm**	**z_2 mm**	**z_1 mm**	**z_2 mm**	**z_1 mm**	**z_2 mm**
110	9	16	17	23	26	29	41	47	59	65
125	10	19	19	27,5	29	36	44	54	66	72
160	24	19	24	34	37	45	56	69	84	91
200	15	31	29	46	46	57	–	–	–	–
250	23	44	–	–	59	77	–	–	–	–
315	28	56	–	–	73	98	–	–	–	–
400	29	67	–		92	120	–	–	–	–
500	67	183	101	217	138	254	––		––	

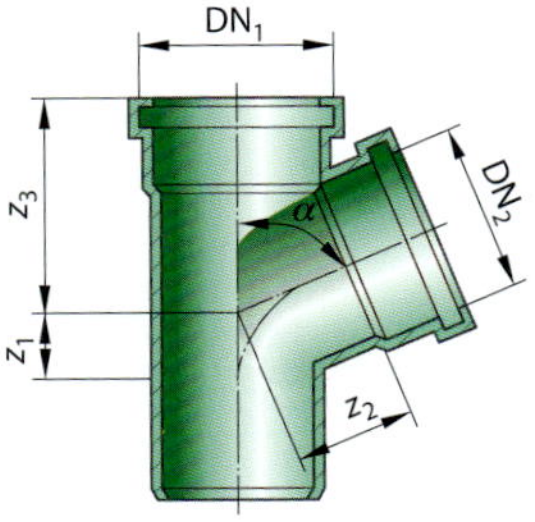

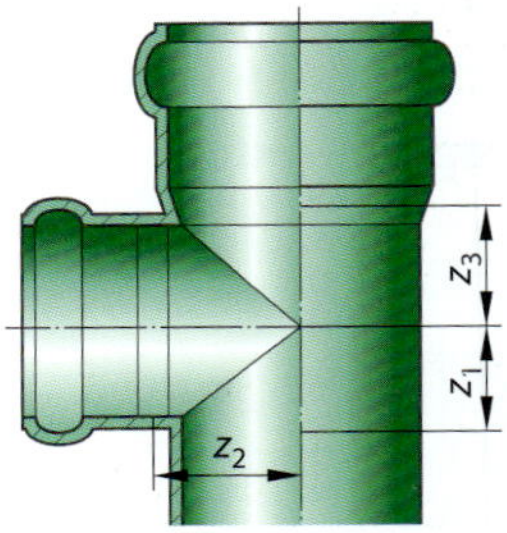

DN/OD	z_1 mm	z_2 mm	z_3 mm	z_1 mm	z_2 mm	z_3 mm
110/110	26	134	134	59	64	64
125/110	81	91	91	15	141	140
125/125	29	152	152	81	91	279
160/110	2	168	162			
160/125	10	179	175			
160/160	37	195	195			
200/160	19	221	221			
200/200	46	244	224			
250/160	57	258	311			
315/160	40	301	250			
315/200	72	325	393			
315/315	72	393	393			
400/160	82	394	526			
400/200	55	417	555			
400/400	78	683	683			

Übergangsrohre und Muffen *transition pipes and sleeves*

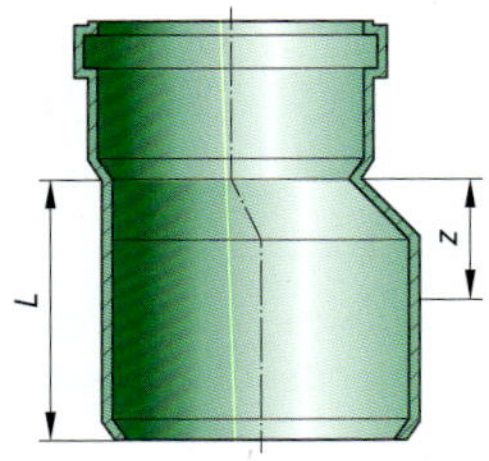

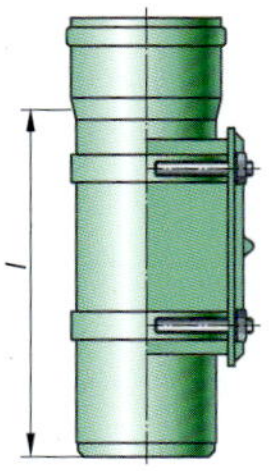

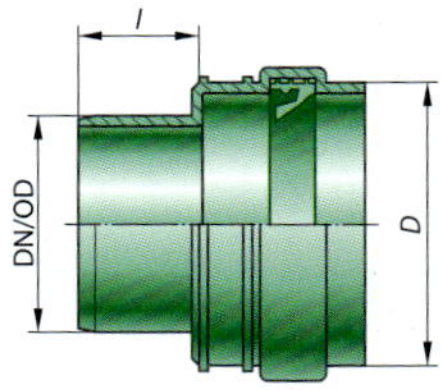

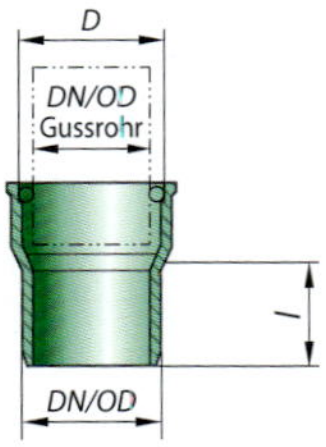

Übergangsrohr (KGR)			Reinigungsrohre (KGMM)		Anschluss an Steinzeugrohr-Spitzende (KGUS)		Anschlussan an Gussrohr-Spitzende (KGUG)	
DN/OD	**Z mm**	**l mm**	**DN/OD**	**l mm**	**D mm**	**l mm**	**D mm**	**l mm**
125/110	16	99	**110**	308	138	168	124	133
160/110	34	135	**125**	313	163	172	151	151
160/125	28	129	**160**	380	194	226	176	165
200/160	32	175	**200**	410				
250/200	49	181	**250**					
315/250	63	215	**315**					
400/315	91	271	**400**					
500/400	116	312	**500**					

Sonstige Formteile

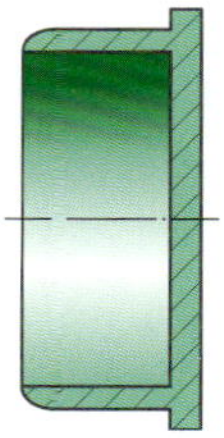	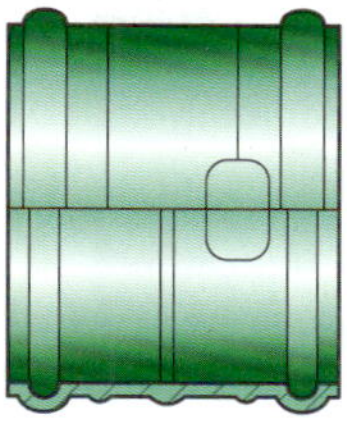	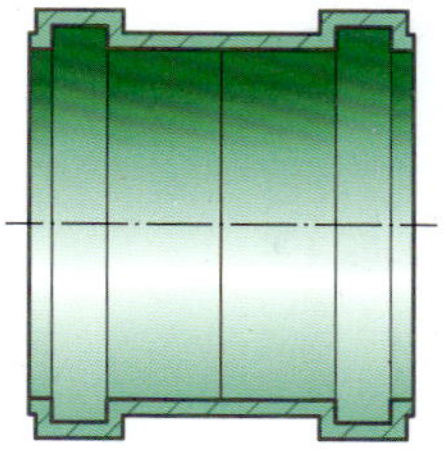	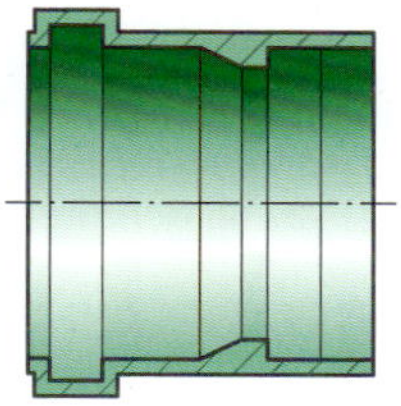
Muffenstopfen (KGM)	Doppelmuffe (KGMM)	Überschiebemuffe (KGU)	Aufklebemuffe (KGAM)

5.8 Feuerverzinktes Stahlrohr-Entwässserungssystem mit Steckmuffe

5.8.1 Rohrmaße

Benennung nach DIN EN 1123-2
Bezeichnung eines Stahlabflussrohrs (B 1) mit Normalmuffe (1 A) von Nennweite DN/ID 100 mit einer Baulänge l_1 = 1000 mm:
Rohr EN 1123-2 – B 1 – 1 A – 100 – 1000

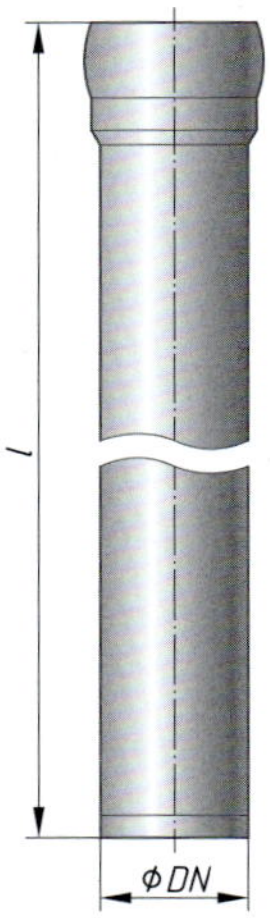

Form B1

Benennung nach DIN EN 1123-2
Bezeichnung eines Stahlabflussrohrs (B 2) mit Normalmuffe (1 A) von Nennweite DN/ID 100 mit einer Baulänge l_1 = 1000 mm:
Rohr EN 1123-2 – B 2 – 1 A – 100 – 1000

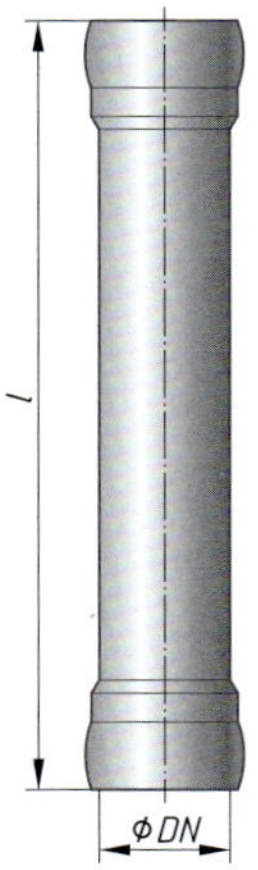

Form B2

Liefergrößen: DN 40 bis DN 200
Baulängen in mm Form B1: 250, 500, 750, 1000, 1500, 2000, 3000, 4000, von DN 70 – DN 150 bis 6000
Baulängen in mm Form B2: DN 40 – DN 80: l = 250; DN 40 – DN 125: l = 500;
DN 40 – DN 150: l = 750; alle DN l = 1000, 1500, 2000, 3000, 4000
Werkstoff: E195 nach DIN EN 10305 feuerverzinkt und innen beschichtet
Innenbeschichtung auf Basis 2K-Epoxid-Kombination

5.8.2 Muffenformen

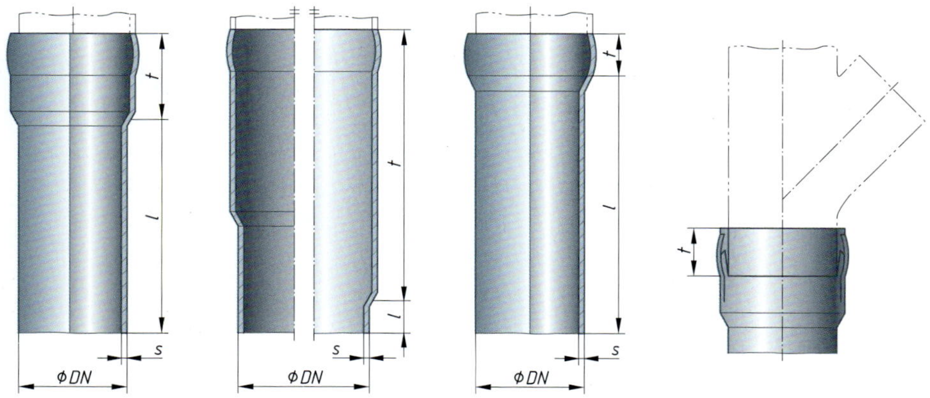

t: Einschubtiefe
l: Baulänge
s: Wanddicke

5.8.3 Formstücke – Bogen mit großem Radius

Bezeichnungsbeispiel:	Bogen	EN 1123-2	–	C 1	–	100	–	45	A
	Bezeichnung	Norm		Bogen m. großem Radius		DN		Winkel	Ausführung

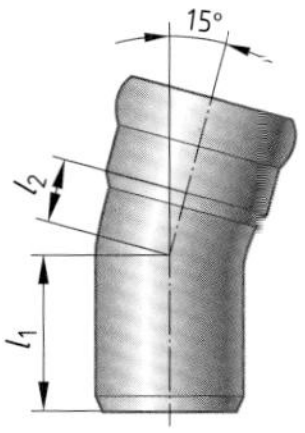

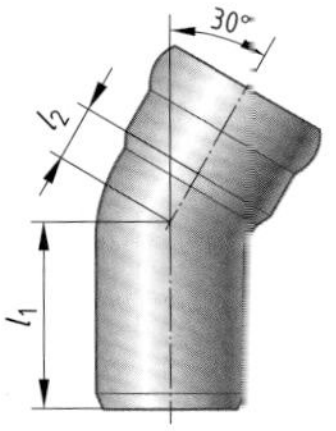

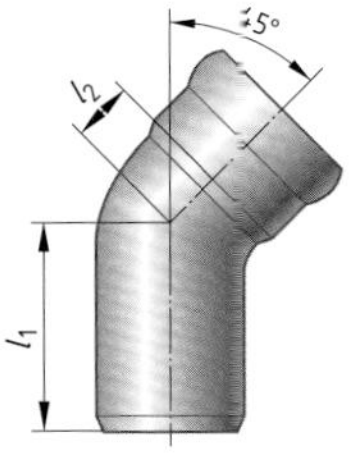

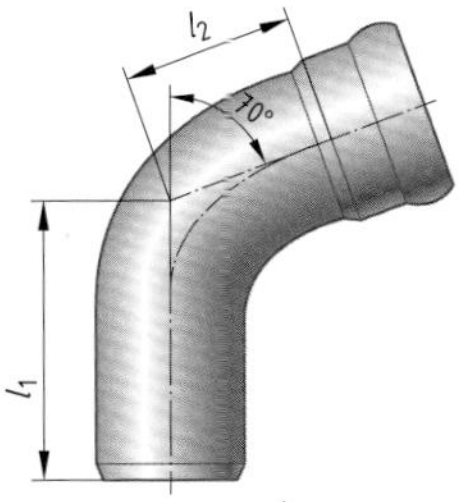

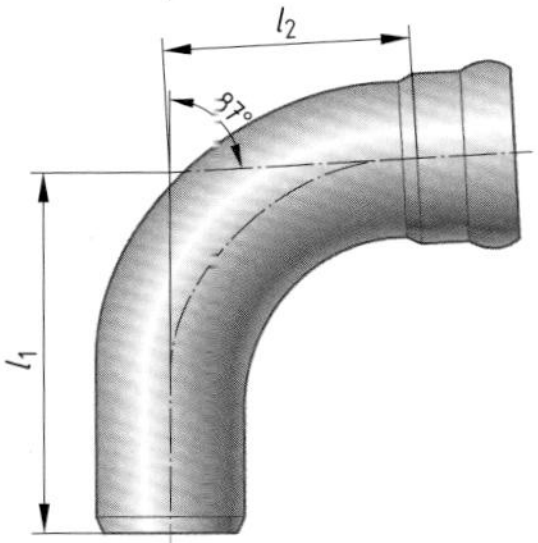

Nennweite DN	Abmessung	
	l_2 mm	l_1 mm
Winkel α: 15°		
DN 40	37	67
DN 50	53	81
DN 70	50	89
DN 80	25	85
DN 100	34	104
DN 125	37	112
DN 150	40	120
DN 200	45	165
Winkel α: 30°		
DN 40	46	76
DN 50	64	92
DN 70	66	105
DN 80	56	116
DN 100	44	114
DN 125	45	118
DN 150	61	148
DN 200	45	165
Winkel α: 45°		
DN 40	56	86
DN 50	76	104
DN 70	83	122
DN 80	72,5	132
DN 100	54	124
DN 125	58	131
DN 150	83	162
DN 200	166	270
Winkel α: 70°		
DN 40	75	105
DN 50	100	128
DN 70	118	157
DN 80	105	165
DN 100	74	144
DN 125	75	157
DN 150	125	205
DN 200	254	360
Winkel α: 87°		
DN 40	92	122
DN 50	120	148
DN 70	146	185
DN 80	134	194
DN 100	91	161
DN 125	97	179
DN 150	170	250
DN 200	330	435

Formstücke – Bogen mit kleinem Radius

Bezeichnungsbeispiel: Bogen (Bezeichnung) EN 1123-2 (Norm) – C 2 (Bogen m. großem Radius) – 125 (DN) – 45 (Winkel) B (Ausführung)

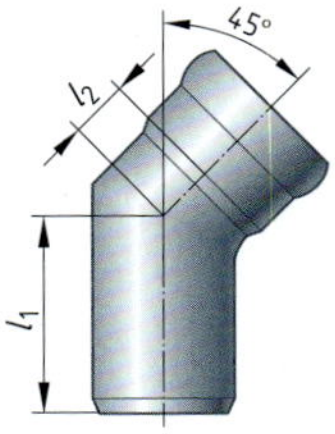

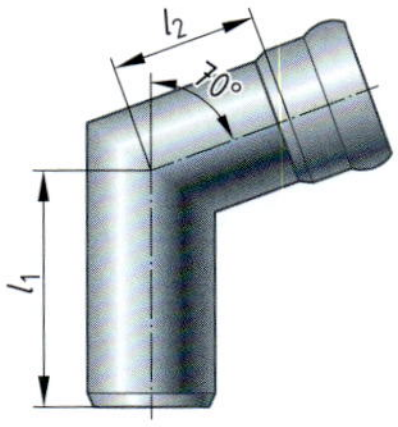

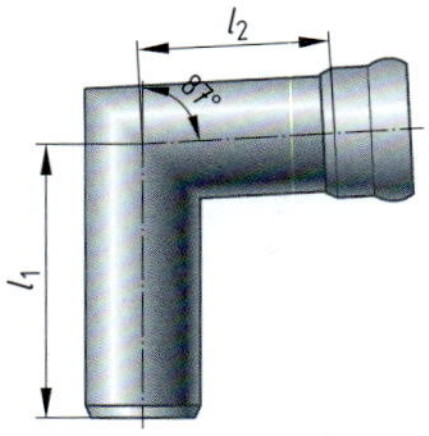

Nennweite DN	Abmessung	
	l_2 mm	l_1 mm
Winkel α: 45°		
DN 40	20	65
DN 50	24	79
DN 70	32	91
DN 80	40	105
Winkel α: 70°		
DN 50	35	89
DN 70	43	105
Winkel α: 87°		
DN 40	33	78
DN 50	44	98
DN 70	59	117
DN 80	72	137

Bogen mit Beruhigungsstrecke

Bezeichnungsbeispiel: Bogen EN 1123-2 – C 3 – 100 A	DN	α_1	α_2	r mm	l_1 mm	l_2 mm
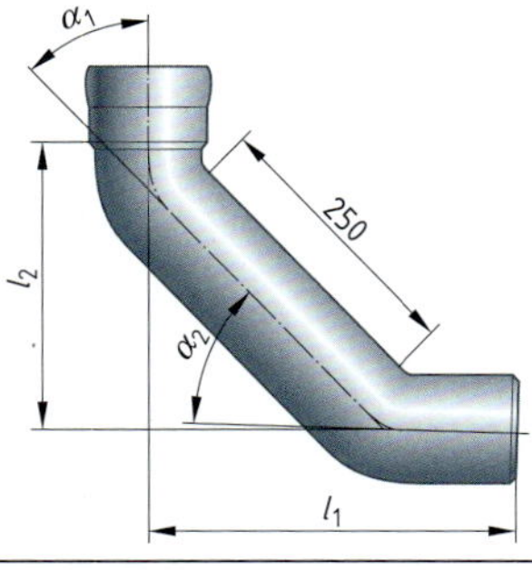	80	44°	44°	114,5	370	320
	100 (A)			70	337	269
	125 (B)			90	355	290

Sprungbogen *jump bow*

Bezeichnungsbeispiel: Sprungrohr EN 1123-2 – C 4 – 100 – 75 B	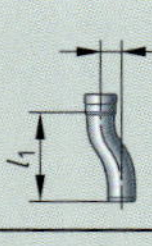	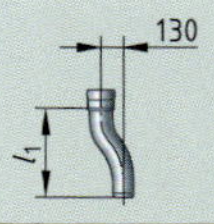	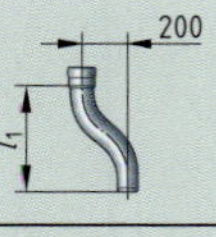
DN	l_1 mm	l_1 mm	l_1 mm
70	300	335	359
80	280	335	405
100	250	300	370
125	270	325	395

Abzweige *feeders*

Einfachabzweig Bezeichnungsbeispiel: **Abzweig EN 1123-2 – D 1 – 100 – 45A**	**Reduzierter Einfachabzweig** Bezeichnungsbeispiel: **Abzweig EN 1123-2 – D 11 – 100 – 50 – 45 A**
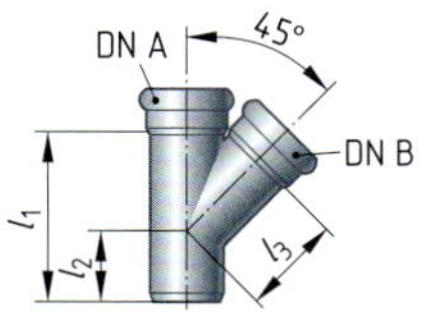	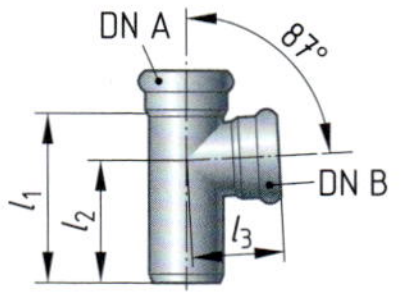

DN A	DN B	Einfachabzweig l_1 mm	l_2 mm	l_3 mm	Reduzierter Einfachabzweig l_1 mm	l_2 mm	l_3 mm
40	40	125	55	70	110	70	40
50	40	130	50	79	120	75	46
50	50	125	65	90	130	80	50
70	40	150	60	95	145	95	57
70	50	175	75	106	150	100	61
70	70	200	85	115	175	110	65
80	50	185	72	117	155	103	69
80	70	200	85	125	175	115	75
80	80	235	97	138	205	135	78
100	40	180	65	116	175	115	72
100	50	200	75	127	180	115	76
100	70	230	90	136	200	125	80
100	80	250	100	145	210	135	85
100	100	265	110	155	230	140	90
125	50	225	75	148	200	125	91
125	70	255	90	157	225	140	95
125	100	290	105	176	255	155	105
125	125	340	130	210	285	170	120
150	70	255	80	177	225	140	109
150	100	290	95	195	255	155	119
150	125	340	120	230	290	175	134
150	150	380	140	240	320	190	135

Reduzierter Doppelabzweige

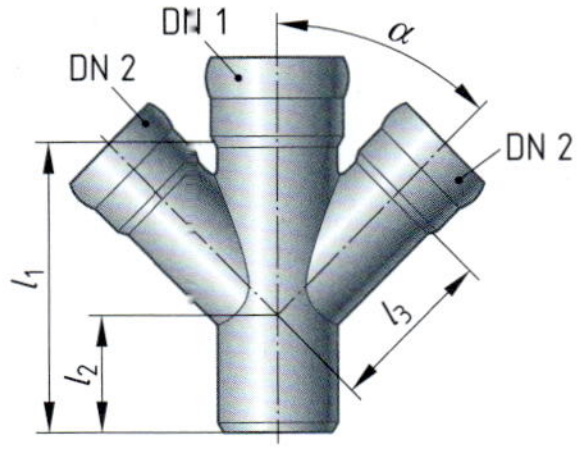

Bezeichnungsbeispiel: **Abzweig EN 1123-2 – D 21 – 100 – 80 – 45 A**

Nennweite DN		Ausführung	α = 45°			α = 70°			α = 87°		
DN 1	DN 2		l_1 mm	l_3 mm	l_2 mm	l_1 mm	l_3 mm	l_2 mm	l_1 mm	l_3 mm	l_2 mm
70	50	A	175	106	75	150	72	85	150	61	100
80	50	A	185	117	72	155	80	83	155	69	103
100	70	A	230	136	90	200	90	110	200	80	125
100	80	A	250	145	100	210	95	115	210	85	135
125	100	A	290	176	105	255	126	135	255	105	155
150	100	A	290	195	95	255	141	130	255	119	155
150	125	A	340	230	120	290	160	150	290	134	175
200	125	A	380	274	130	325	193	175	325	165	210
200	150	A	420	284	150	355	193	190	355	166	225

Reduzierter Eckdoppelabzweig

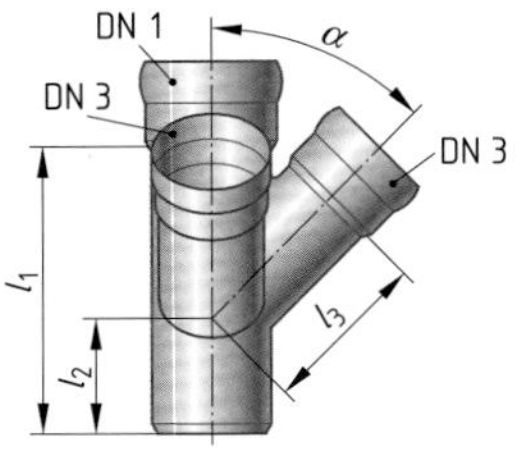

Bezeichnungsbeispiel: **Abzweig EN 1123-2 – D 31 – 100 – 80 – 80 – 45**

Nennweite DN			Ausführung	α = 45°			α = 70°			α = 87°		
DN	DN	DN 3		l_1 mm	l_3 mm	l_2 mm	l_1 mm	l_3 mm	l_2 mm	l_1 mm	l_3 mm	l_2 mm
70	50	50	A	175	106	75	150	72	85	150	61	100
80	50	50	A	185	117	72	155	80	83	155	69	103
100	70	70	A	230	136	90	200	90	110	200	80	125
100	80	80	A	250	145	100	210	95	115	210	85	135
125	100	100	A	290	176	105	255	126	135	255	105	155
150	100	100	A	290	195	95	255	141	130	255	119	155

WC-Anschlüsse *wc connections*

WC-Anschlussbogen für senkrechte Montage *WC connector for vertical mounting*

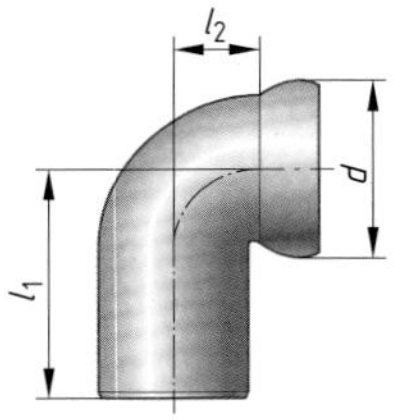

Bezeichnungsbeispiel: **WC-Anschlussbogen EN 1123-2 – E 6 – 100 A**

Nennweite DN	Ausführung		l_2 mm	d mm
80	A	140	69	102
100	A	250	60	124

WC-Anschlussbogen für senkrechte Montage

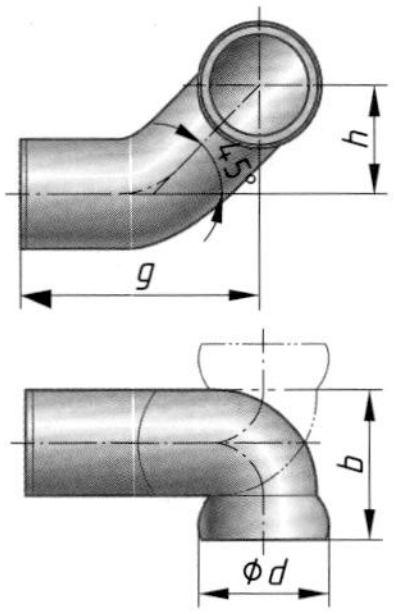

Bezeichnungsbeispiel: **WC-Bogen EN 1123-2 – E 8 – 80 A r/l**
(r = rechts; l = links)

Nennweite DN	Ausführung	h mm	g mm	d mm	b mm
80 80	A (rechts) A (links)	90	235	102	144,5
100 100	rechts links	100	225	124	142

WC-Anschluss – Form E 9

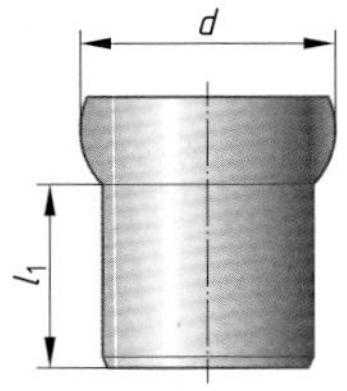

Bezeichnungsbeispiel: **WC-Anschluss EN 1123-2 – E 9 – 100**

Nennweite DN	l_1 mm	d mm
100	87	124

WC-Abzweig – Form E 10

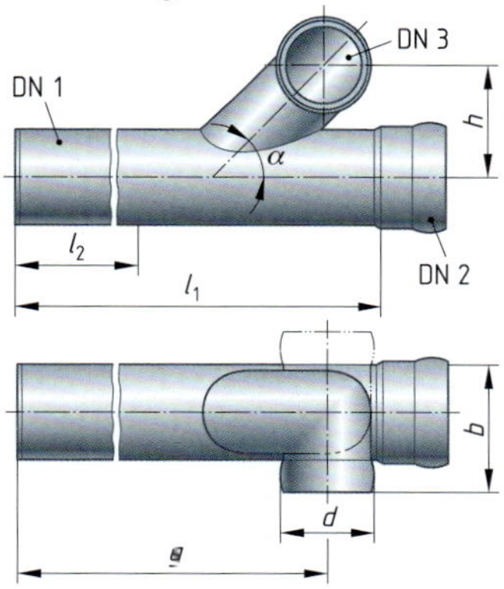

Bezeichnungsbeispiel: **WC-Abzweig EN 1123-2 – E 10 – 100 – 100 – 80**

Nennweiten			*h*	*g*	*d*	*b*	l_1	l_2	α
DN 1	**DN 2**	**DN 3**	**mm**	**mm**	**mm**	**mm**	**mm**	**mm**	
80	80	80	100	210	102	132	340	110	45°
100	100	80	120	500	102	135	560	380	45°
100	100	100	120	500	124	141	560	420	56°

Übergangsrohre *transition pipes*

Übergangsrohr (exzentrisch) – Form F 1

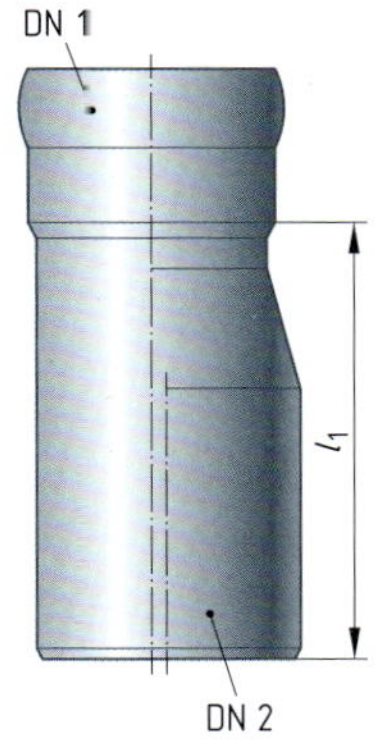

Bezeichnungsbeispiel: **Übergangsrohr EN 1123-2 – F 1 – 70 – 100 A**

Nennweite		Ausführung	l_1
DN 1	**DN 2**		**mm**
40	50	–	110
	70	A	150
50	70	–	140
	100	A	235
70	80	–	135
	100	A	195
	125	A	195
80	100	A	245
100	125	A	170
	150	A	245
125	150	A	177

Übergangsrohr (konzentrisch) – Form F 2

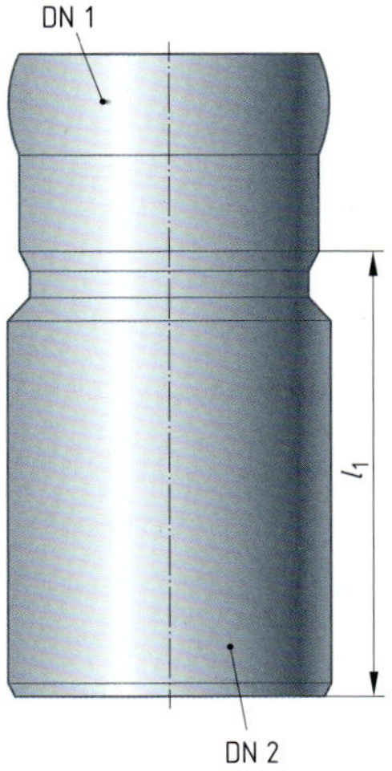

Bezeichnungsbeispiel: **Übergangsrohr EN 1123-2 – F 2 – 70 – 100 A**

Nennweite		Ausführung	l_1
DN 1	**DN 2**		**mm**
40	50	–	85
	70	–	120
50	70	–	110
	100	–	160
70	80	A	130
	100	–	140
	125	–	160
80	100	–	140
100	125	–	160
	150	–	170
125	150	–	150
	200	A	225
150	200	A	220
	250	–	300
200	250	–	280
	300	–	320

Muffen

Doppelmuffe – Form F 4

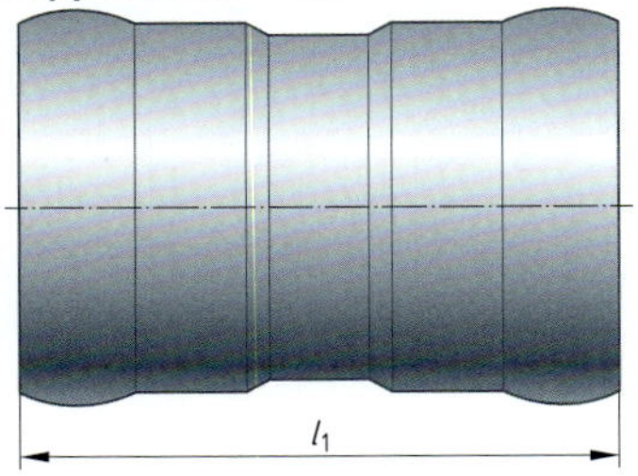

Bezeichnungsbeispiel: **Doppelmuffe EN 1123-2 – F 4 – 100**

Nennweite DN	l_1 mm
40	76
50	94
70	135
80	150
100	180
125	190
150	200
200	290

Einschiebmuffe mit Langmuffe – Form F 5

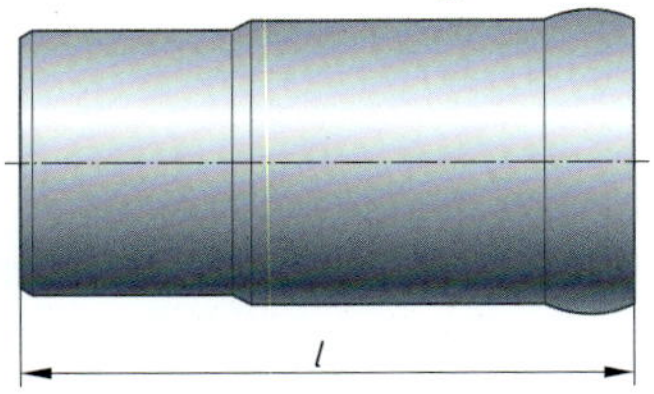

Bezeichnungsbeispiel: **Einschiebmuffe EN 1123-2 – F 5 – 2 A – 100**

Nennweite DN	l mm
40	120
50	150
70	190
80	210
100	240
125	260
150	285
200	400

Geruchverschlüsse *odor closures*

P-Geruchverschluss – Form G 1

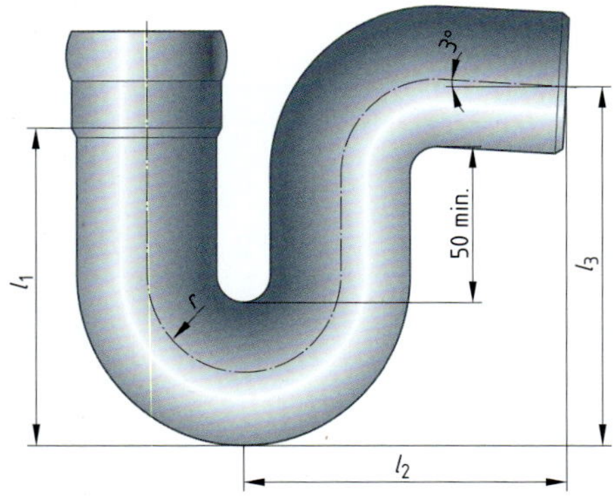

Bezeichnungsbeispiel:
Geruchverschluss EN 1123-2 – G 1 – 100 B

Nennweite DN	Ausführung	r mm	l_1 mm	l_2 mm	l_3 mm
70	B	50	190	170	203
80	–	82,5	215	247	225
100	B	70	240	234	245

S-Geruchverschluss – Form G 2

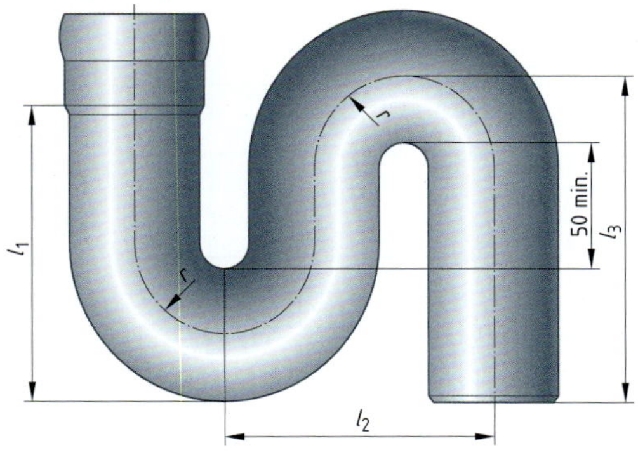

Bezeichnungsbeispiel:
Geruchverschluss EN 1123-2 – G 2 – 100 B

Nennweite DN	Ausführung	r mm	l_1 mm	l_2 mm	l_3 mm
70	B	50	190	150	120
100	B	70	240	200	165

Rohrbrücke (V-Geruchverschluss) – Form G 3

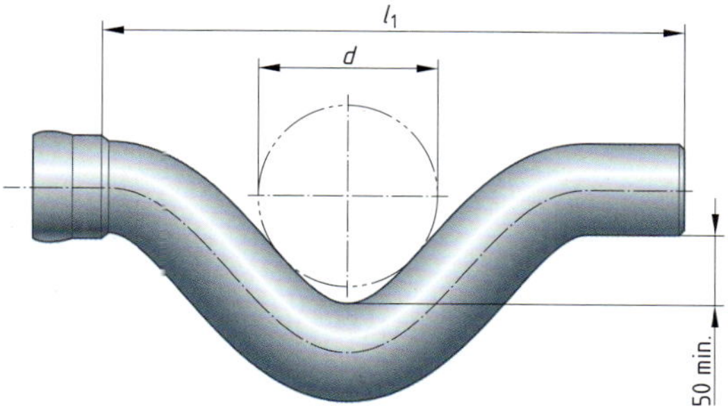

Bezeichnungsbeispiel:
Geruchverschluss EN 1123-2 – G 3 – 100 A

Nennweite DN	Ausführung	l_1 mm	d mm
50	–	430	115
70	–	576	170
100	A	620	210
125	A	790	215
150	–	885	245

Regenrohr-Geruchverschluss (Ausführung (A)) – Form G 4

rain pipe odor lock

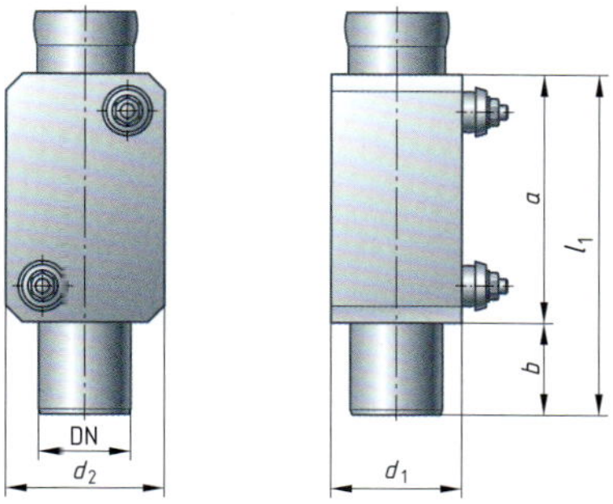

Bezeichnungsbeispiel:
Geruchverchluss EN 1123-2 – G 4 – 100

Nennweite DN/ID	l_1 mm	d_1 mm	d_2 mm	a	b mm
70	284	112	122	219	65
100	371	146	180	286	85
125	453	170	242	353	100

Regenrohr-Geruchverschluss – Form G 5

Bezeichnung eines Regenrohr-Geruchverschlusses (G 5) von Nennweite DN 100:
Geruchverschluss EN 1123-2 – G 5 – 100

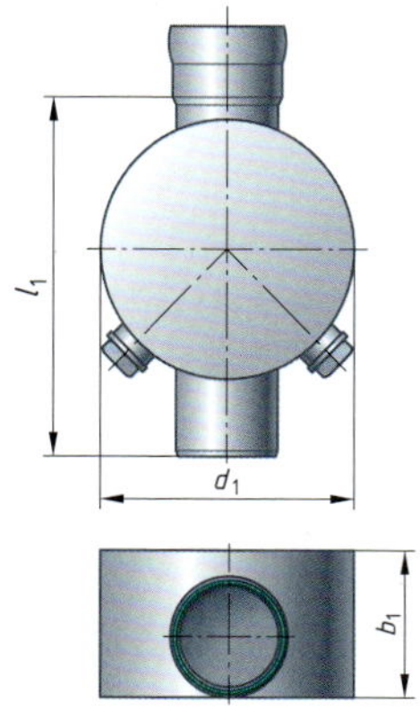

Nennweite DN	l_1 mm	d_1 mm	d inch	b_1 mm
70	300	216	R 1 ½	104
100	350	254	R 1 ½	144
125	405	304	R 1 ½	184

Reinigungsrohre *cleaning pipes*

Reinigungsrohr mit runder Reinigungsöffnung – Form H 1

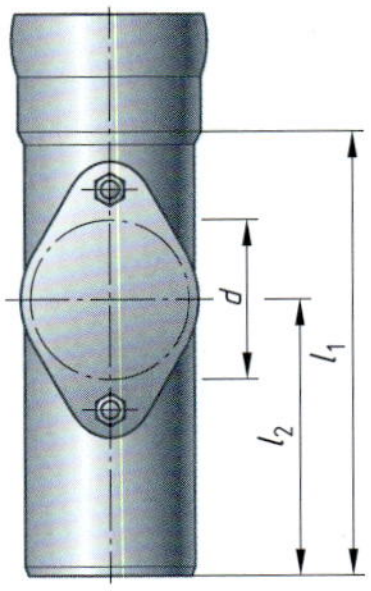

Bezeichnungsbeispiel: **Reinigungsrohr EN 123-2 – H1 – 100**

DN	d_{12} mm	l_1 mm	n mm
DN 40	36	125	80
DN 50	45	150	95
DN 70	61	200	125
DN 80	75	210	135
DN 100	95	265	165
DN 125	128	290	180
DN 150	128	320	190
DN 200	128	420	260

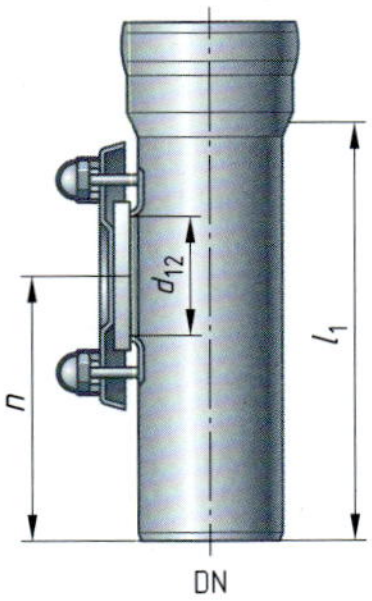

DN/ID	Ausführung	l_1	l_{16}	$d_{min.}$ mm
40	–	125	80	36
50	–	150	95	45
70	–	200	125	61
80	B	210	135	75
100	–	265	165	95
125	B	290	180	128
150	–	320	190	128
200	–	420	260	128

Reinigungsrohr mit rechteckiger Reinigungsöffnung – Form H 2 *cleaning pipe with a rectangular hole cleaning* bzw. mit ovaler Reinigungsöffnung – Form H 3

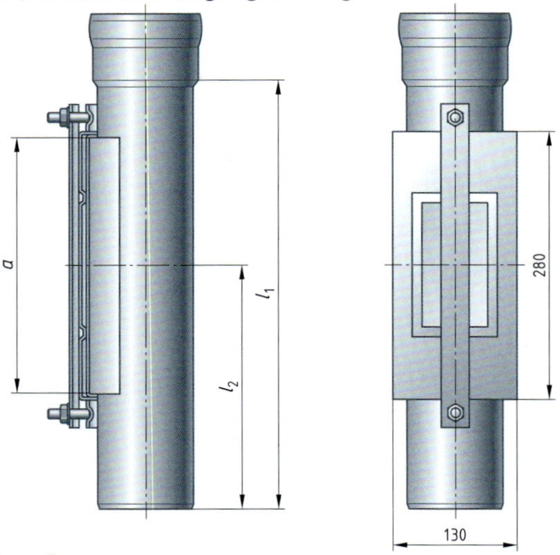

Form 2

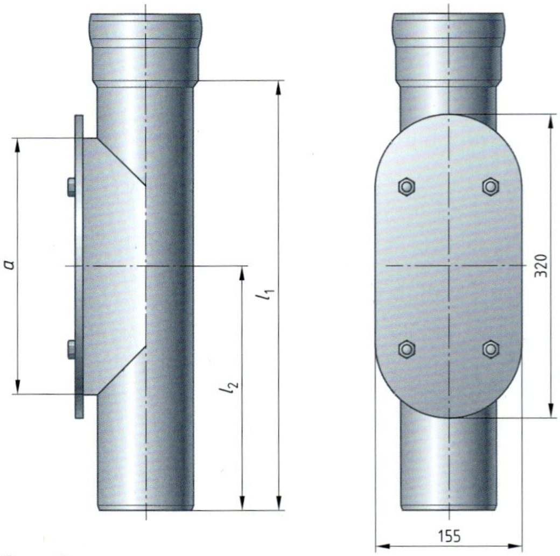

Form 3

Bezeichnungsbeispiel eines Reinigungsrohrs mit rechteckiger Reinigungsöffnung (H 2) von Nennweite DN100:
Reinigungsrohr EN 1123-2 – H 2 – 100

DN/ID	l_1 mm	l_2 mm	Lichte Weite *a* der Reinigungsöffnung min.
100	450	255	265 × 95
125	455	260	
150	460	265	
200	500	305	
250	550	340	
300	550	340	

5.9 Gusseiserne Rohrleitungssysteme ohne Muffe (SML)

5.9.1 Rohrmaße

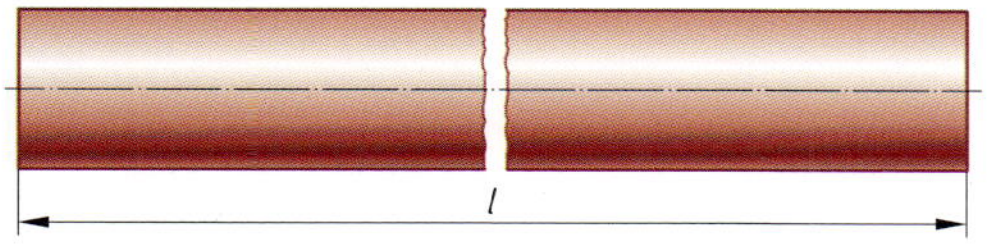

Muffenloses Abflussrohr
SML-Rohr DIN 19522 – 100 × 3000

5.9.2 Rohrbeschichtung

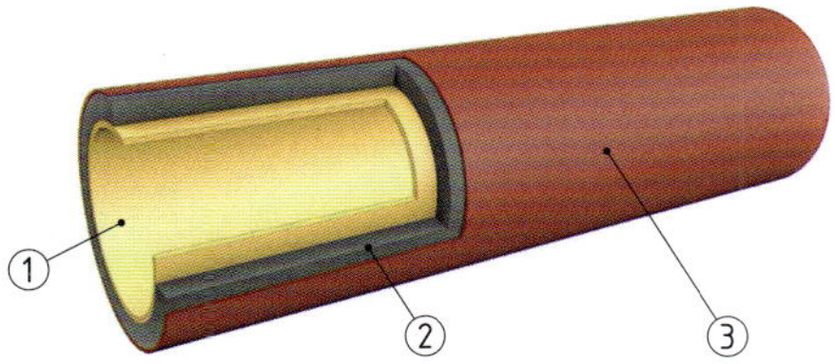

1 Epoxidharz-Innenbeschichtung
2 Grauguss nach DIN EN 1561 (EN-GJL)
3 Acryllack (rotbraun)

5.9.3 Maße

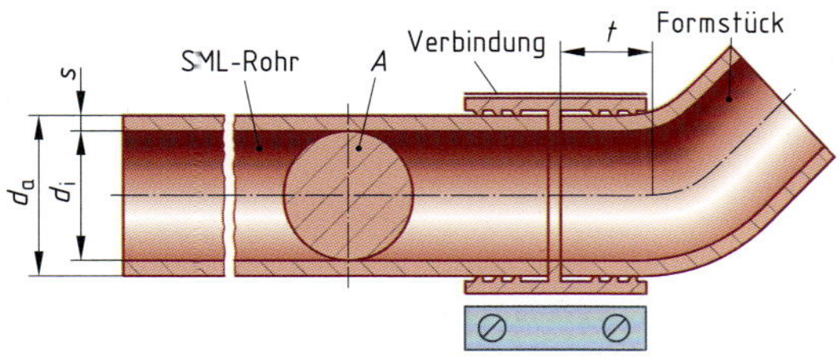

t: Einschublänge in mm

DN	d_a mm	s mm	t mm	d_i mm	A cm²	V' l/m	A_0' m²/m	m' kg/m
40	48	3,0	30	42	13,9	1,39	0,15	3,1
50	58	3,5	30	51	20,4	2,04	0,18	4,3
80	83	3,5	35	76	45,4	4,54	0,26	6,1
100	110	3,5	40	103	83,3	8,33	0,35	8,4
125	135	4,0	45	127	126,7	12,7	0,42	11,9
150	160	4,0	50	152	181,4	18,2	0,50	14,1
200	210	5,0	60	200	314,2	31,4	0,66	23,1

5.9.4 Formstücke für SML-Rohre

Reduzierstücke

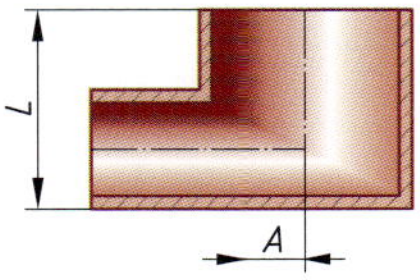

DN	A cm²	L mm
50 × 40	5	65
80 × 50	12,5	80
100 × 50	25	80
100 × 80	13,5	90
125 × 50	38,5	85
125 × 80	26	95
125 × 100	12,5	95
150 × 50	51	95
150 × 80	37,5	100
150 × 100	25	105
150 × 125	12,5	110
200 × 100	50	115
200 × 125	37,5	120
200 × 150	25	125

Fallrohrstütze (FS)

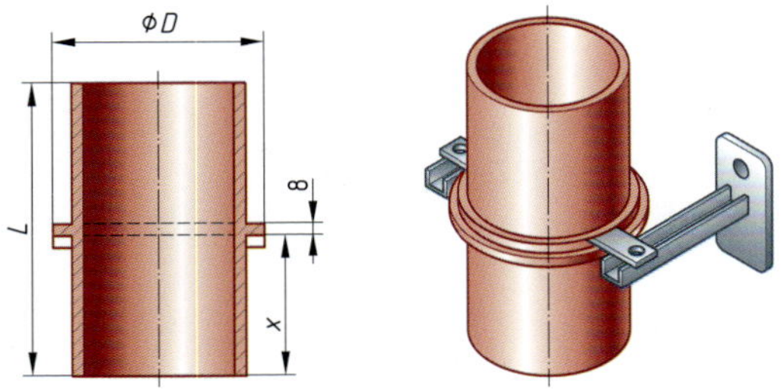

Bezeichnungsbeispiel:
SML-Fallrohrstütze DIN 19522 – 100 FS

DN	*D* mm	*x* mm	*L* mm
50	87	96	200
80	114	96	200
100	145	96	200
125	170	96	200
150	195	96	200
200	245	96	200

SML-Auflagerung

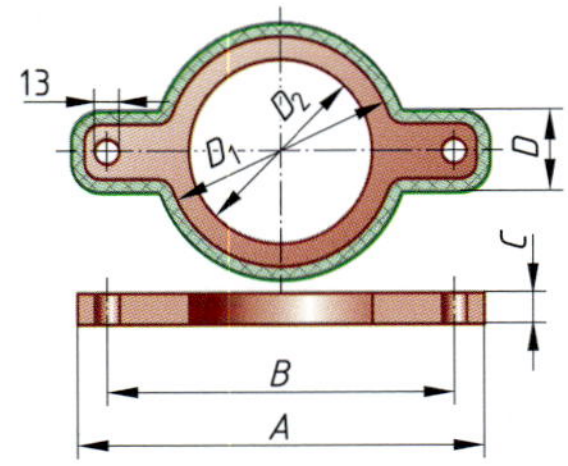

Auflagerungen einschl. Gummi für SMS-Fallrohrstützen (FS)

DN	D_2 mm	D_1 mm	*A* mm	*B* mm	*C* mm	*h* mm
50	61	93	193	148	25	33
80	86,5	120	214	166	31	32
100	115	147	250	202	28	33
125	138	171	275	225,5	28	33
150	163	199	301	253,5	30	33
200	215	250	360	310,5	30	36

Bögen

Bezeichnungsbeispiel:
SML-Bogen DIN 19522 – 100 – 88

	SML-Bogen 88°	SML-Bogen 68°	SML-Bogen 45°	SML-Bogen 30°	SML-Bogen 15°
	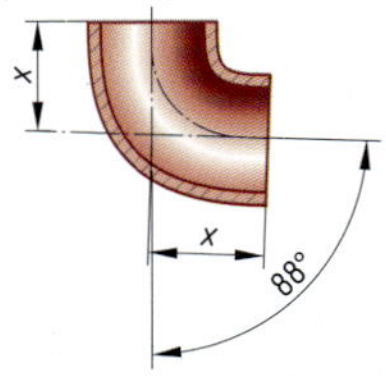	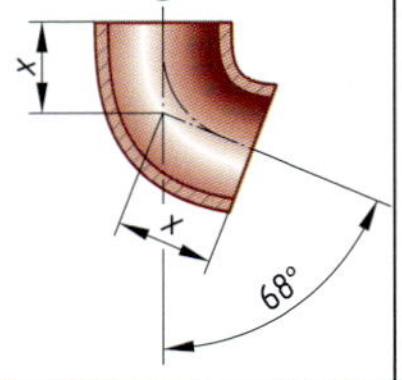	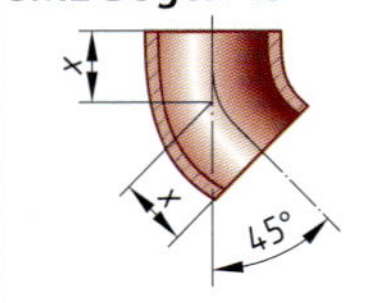	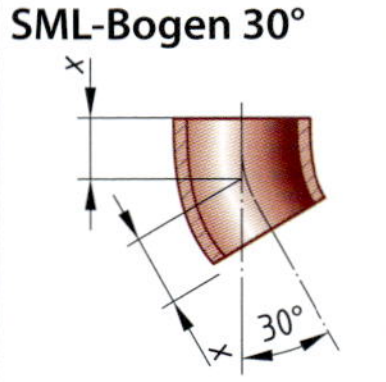	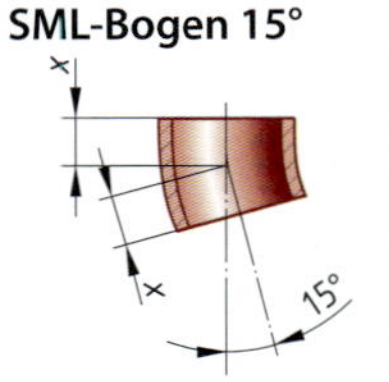
DN	***x* mm**	***x* mm**	***x* mm**	***x* mm**	***x* mm**
40	70	–	50	–	–
50	75	65	50	45	40
80	95	80	60	60	50
100	110	90	70	60	50
125	125	105	80	70	60
150	145	120	90	80	65
200	180	145	100	95	80

SML-Bogen 88° mit 250 mm langen Schenkeln (LB)

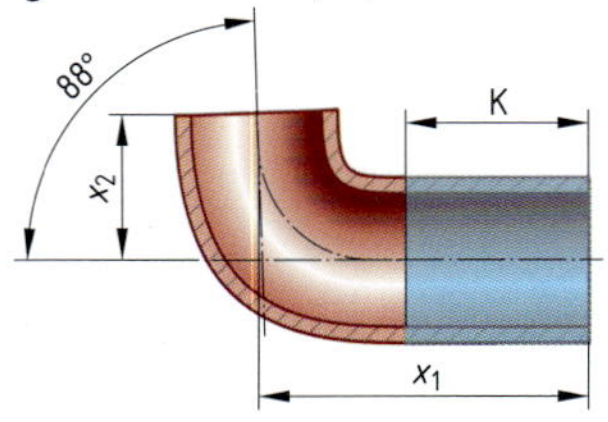

Bezeichnungsbeispiel:
SML-Bogen mit langem Schenkel DIN 19522 – 100 – 88 – LB

DN	x_1 mm	x_2 mm	K* mm
80	250	95	155
100	250	110	140

* Maß für die maximale Kürzung

SML-Bogen 45° mit 250 mm langen Schenkeln (LB)

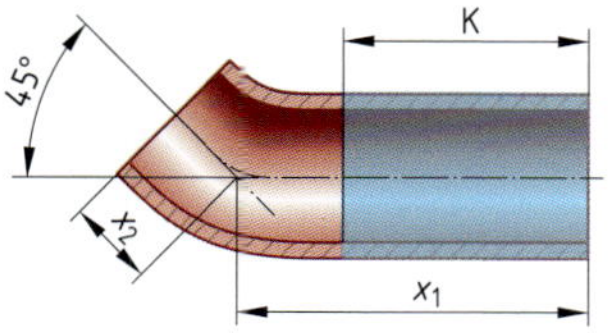

Bezeichnungsbeispiel:
SML-Bogen mit langem Schenkel DIN 19522 – 100 – 45 – LB

DN	x_1 mm	x_2 mm	K* mm
80	250	60	190
100	250	70	180

* Maß für die maximale Kürzung

SML-Doppelbogen 88° aus 2 Bogen 44° (DB)

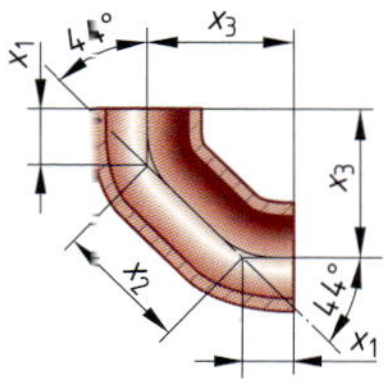

DB: Doppel-Bogen
LB: Bogen mit langem Schenkel

Bezeichnungsbeispiel:
SML-Doppelbogen DIN 19522 – 100 – 88 – DB

DN	x_1 mm	x_2 mm	x_3 mm
50	50	100	121
80	60	120	145
100	70	140	170
125	80	160	195
150	90	180	219

SML-Bogen 88° (BB) mit 250 mm Beruhigungsstrecke für den Übergang von Fallleitungen auf Verzugsleitungen nach DIN 1986-100

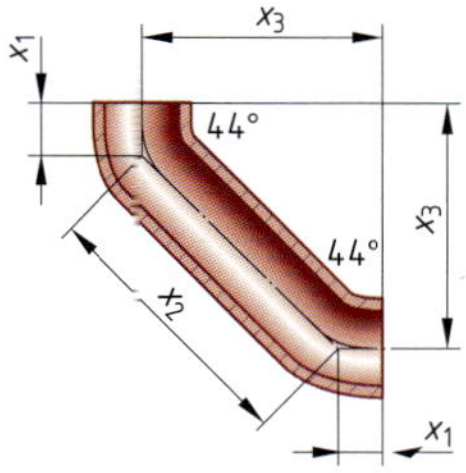

Bezeichnungsbeispiel:
SML-Bogen mit Beruhigungsstrecke DIN 19522 – 100 – 88 – BB

DN	x_1 mm	x_2 mm	x_3 mm
80	60	301	273
100	70	312	291
125	80	322	308
150	90	334	326

SML-Bogen 135° für Umlüftung (Umgehungsleitungen)

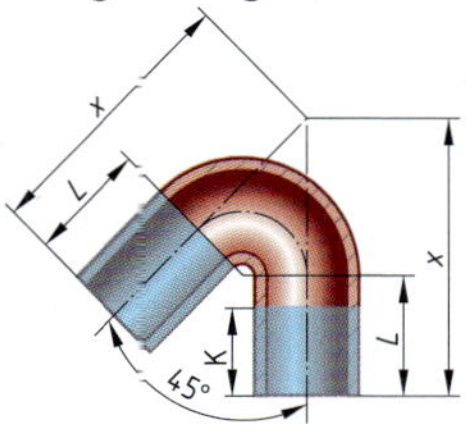

BB: Bogen mit Beruhigungsstrecke

Bezeichnungsbeispiel:
SML-Bogen für Umlüftung DIN 19522 – 100 – 135

DN	*x* mm	K* mm	*L* mm
100	312	100	150

* Maß für die maximale Kürzung

Sprungrohre

SML-Sprungrohre (SP)

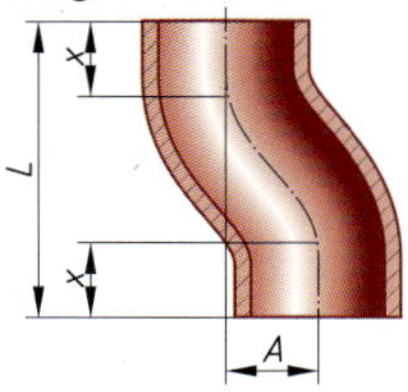

Bezeichnungsbeispiel:
SML-Sprungrohr DIN 19522 – 100 – 65 SP

DN	*x* mm	*A* mm	*L* mm
100	70	65	205
100	70	130	270
100	70	200	340

Abzweige

SML-Abzweige 45°

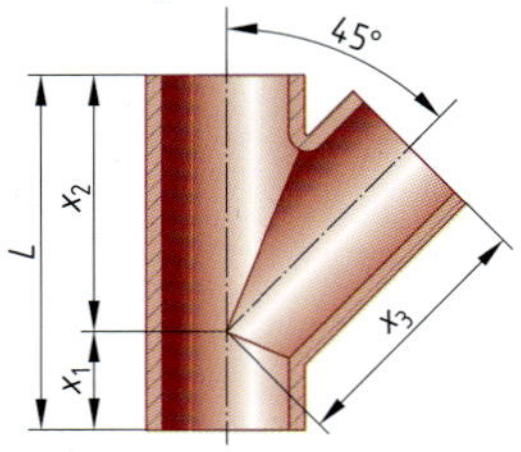

Bezeichnungsbeispiel:
SML-Abzweig DIN 19522 – 80 x 50 – 45

DN	x_1 mm	x_2 mm	x_3 mm	L mm
40 × 40	45	115	115	160
50 × 40	45	115	115	160
50 × 50	50	135	135	185
80 × 50	50	140	140	190
80 × 80	65	160	160	225
100 × 50	35	165	165	200
100 × 80	55	175	175	230
100 × 100	70	205	205	275
125 × 50	20	185	185	205
125 × 80	40	200	200	240
125 × 100	60	220	220	280
125 × 125	80	240	240	320
150 × 80	30	215	215	245
150 × 100	55	240	240	295
150 × 125	70	255	255	325
150 × 150	90	265	265	355
200 × 80	15	240	240	255
200 × 100	40	265	265	305
200 × 125	55	280	280	335
200 × 150	75	300	300	375
200 × 200	115	340	340	455

SML-Abzweige 88°
Einlaufwinkel 45°

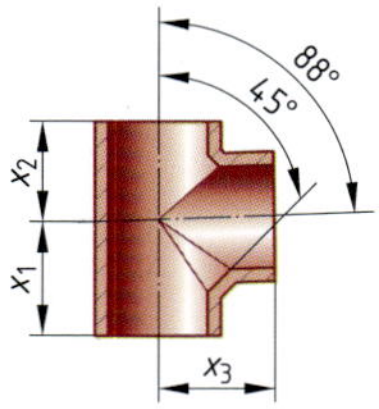

Bezeichnungsbeispiel:
SML-Abzweig DIN 19522 – 80 × 50 – 88

DN	x_1 mm	x_2 mm	x_3 mm	L mm
50 × 50	79	66	80	145
80 × 50	95	85	90	180
80 × 80	95	85	95	180
100 × 50	94	76	105	170
100 × 80	105	85	110	190
100 × 100	115	105	120	220
125 × 50	98	82	120	180
125 × 80	110	94	125	205
125 × 100	125	110	130	235
125 × 125	137	123	135	260
150 × 50	100	100	140	200
150 × 100	130	115	145	245
150 × 125	147	128	150	275
150 × 150	158	142	155	300
200 × 200	205	175	210	380

SML-Doppelabzweige 88°
Einlaufwinkel 45°

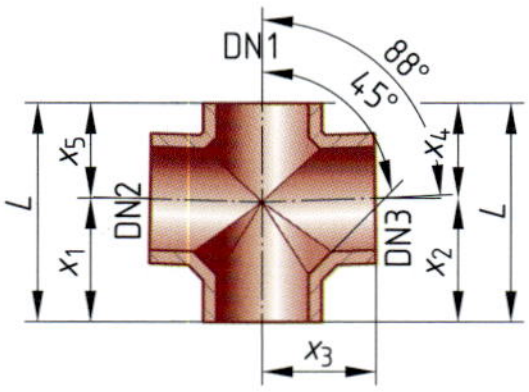

Bezeichnungsbeispiel:
SML-Doppelabzweig DIN 19522 – 150 × 100 – 88 D

DN1 × DN2 × DN3	x_1 mm	x_2 mm	x_3 mm	x_4 mm	x_5 mm	L mm
100 × 50 × 50	100 (94)	100 (94)	105	80 (76)	80 (76)	180 (170)
100 × 80 × 80	110	110	120	95	95	205
100 × 100 × 100	120 (115)	120 (115)	120 (115)	110 (105)	110 (105)	230 (220)
150 × 100 × 100	130	130	145	115	115	245

SML-Eckabzweige 88° (EA)
Einlaufwinkel 45°, Spreizwinkel 90°

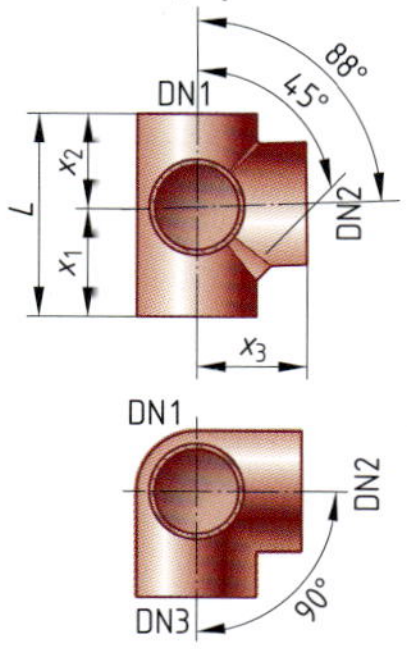

Bezeichnungsbeispiel:
SML-Eckabzweig DIN 19522 – 100 × 80 – 88 EA

DN1 × DN2 × DN3	x_1 mm	x_2 mm	x_3 mm	L mm
80 × 80 × 80	105	90	105	195
100 × 80 × 80	110	95	120	205
100 × 100 × 100	115	105	120 (115)	220
125 × 80 × 80	125	110	140	235
125 × 100 × 100	125	110	130	235
150 × 100 × 100	130	115	145	245

Parallelabzweig

SML-Parallelabzweige (P)

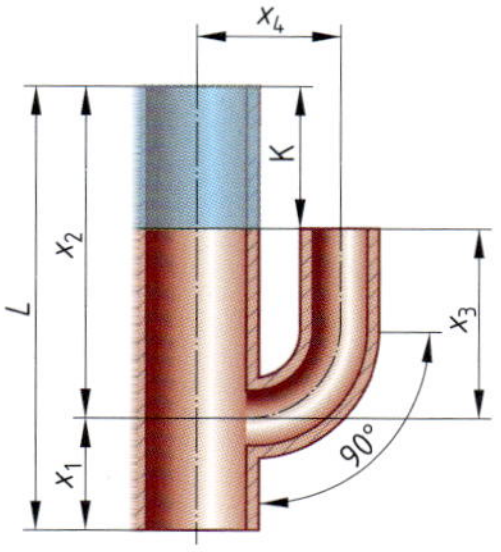

Bezeichnungsbeispiel:
SML-Parallelabzweig DIN 19522 – 100 × 80 P

DN	x_1 mm	x_2 mm	x_3 mm	x_4 mm	L mm	K* mm
100 × 80	100	300	175	125	400	125

* Maß für die maximale Kürzung

Reinigungsrohre und Enddeckel

SML-Reinigungsrohre für Fallleitungen mit runder Öffnung (RRrd)

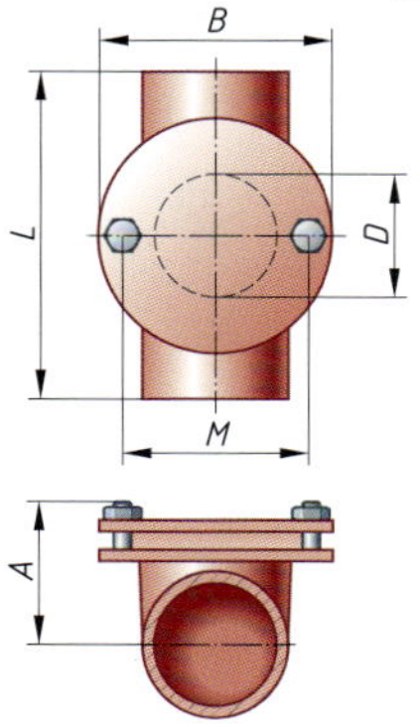

Bezeichnungsbeispiel:
SML-Reinigungsrohr DIN 19522 – 100 RRrd

DN	A mm	B mm	D mm	L mm
50	59	105	53	190
80	74	135	78	220
100	84	159	104	260

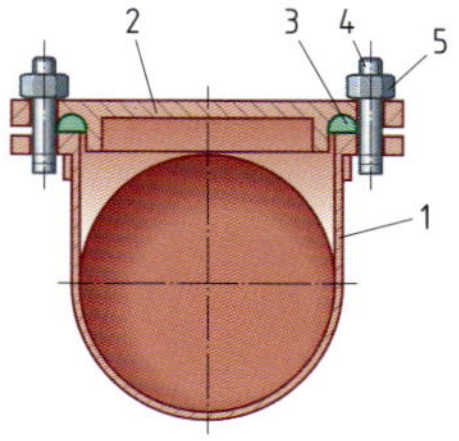

1 Gehäuse
2 Deckel
3 Dichtung
4 Hammerschraube M 10 x 35 oder M 10 x 40 DIN 186 - B Güte 4.6, verzinkt, blau passiviert
5 Sechskantmutter M 10 DIN EN 24034, Güte 4, verzinkt, blau passiviert

SML-Reinigungsrohre für Grund- und Fallleitungen mit rechteckiger Öffnung (RRrk)

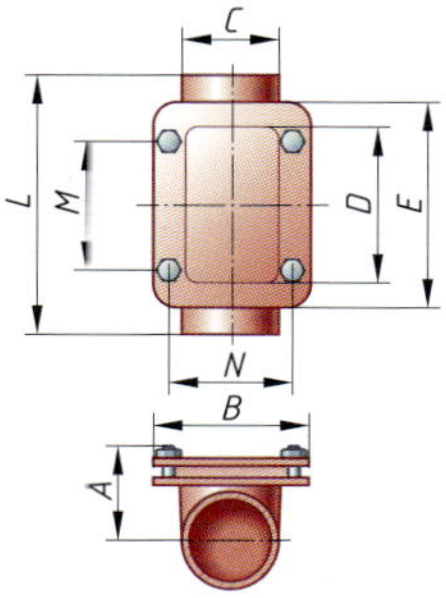

Bezeichnungsbeispiel:
SML-Reinigungsrohr DIN 19522 – 100 RRrk

DN	A mm	B mm	C mm	D mm	E mm	L mm	M mm	N mm
100	83	160	100	200	230	340	130	130
125	101	190	125	225	255	370	150	160
150	112	215	150	250	280	395	170	180
200	137	262	200	300	330	465 (485)	200	235
250	170	330	259	350	426	570 (540)	230	300

SML-Enddeckel (ED)

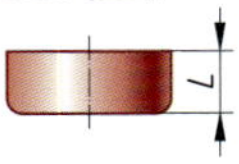

Bezeichnungsbeispiel:
SML-Enddeckel DIN 19522 – 100 ED

DN	*L* mm
50	30
80	35
100	40
125	45
150	50
200	60

Geruchverschluss (G)

Reinigungsverschlüsse – bei DN 50 bis DN 150 unten; bei DN 200 nur oben

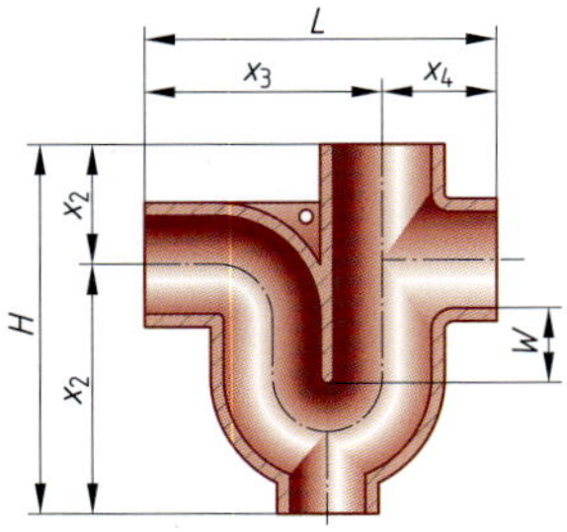

Bezeichnungsbeispiel:
SML-Geruchverschluss DIN 19522 – 100 – G

DN	*L* mm	*H* mm	x_1 mm	x_2 mm	x_3 mm	x_4 mm	*W* mm
50	190	250	182	68	122	68	60
80	265	285	190	95	170	95	80
100	325	392	282	110	215	110	100
125	390	446	316	130	260	130	100
150	470	493	348	145	325	145	100
200	600	600	420	180	400	200	100

Einbaubeispiele

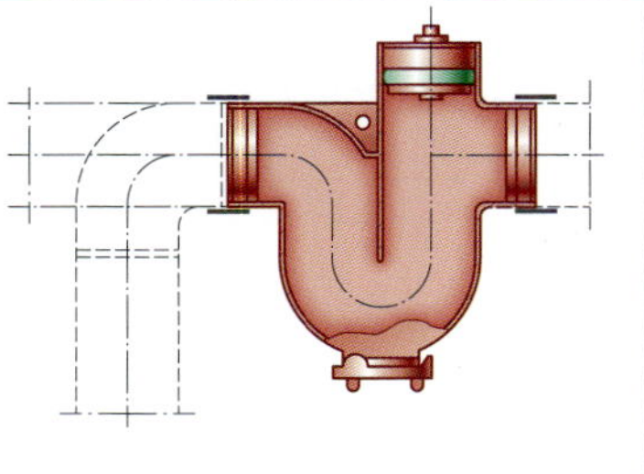

Horizontaler Zulauf

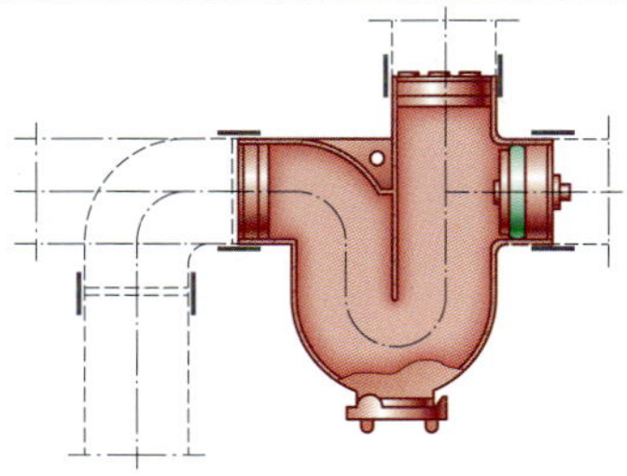

Vertikaler Zulauf

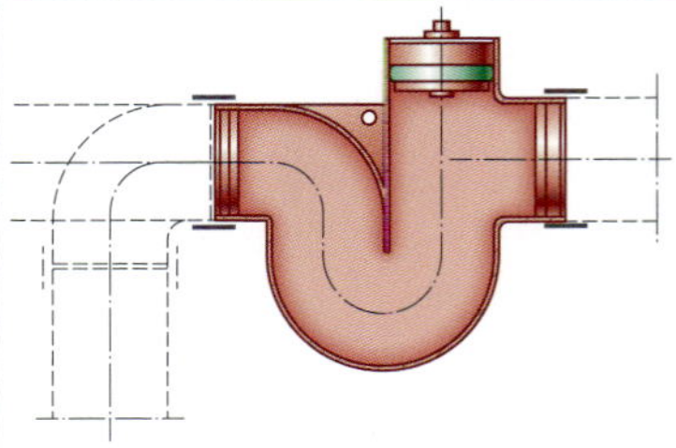

Ausführung DN 200

SML-Regenrohr-Geruchverschlüsse (RGV)

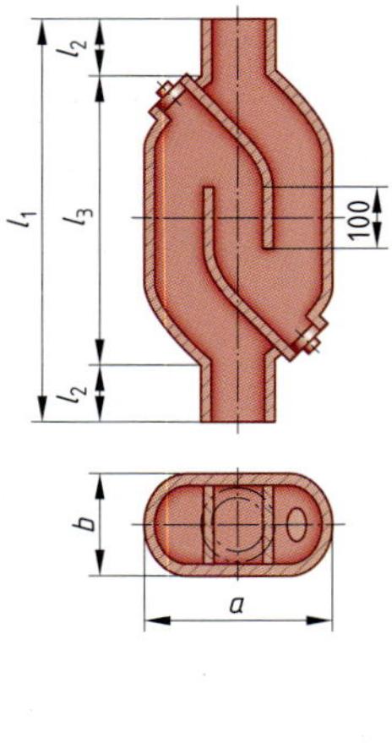

Bezeichnungsbeispiel:
SML-Regenrohrgeruchverschluss DIN 19522 – 100 – RGV

DN	*a* mm	*b* mm	l_1 mm	l_2 mm	l_3 mm
80	195	90	472	70	333
100	276	124	588	90	408
125	344	144	687	100	487
150	374	179	742	110	522

- 100 mm Verschlusshöhe
- Frostfreier Einbau erforderlich
- Anschluss für Regenfallleitungen, die an Mischwasserleitungen angeschlossen werden

Regenstandrohre mit Muffe (G)

Regenstandrohre mit Muffe

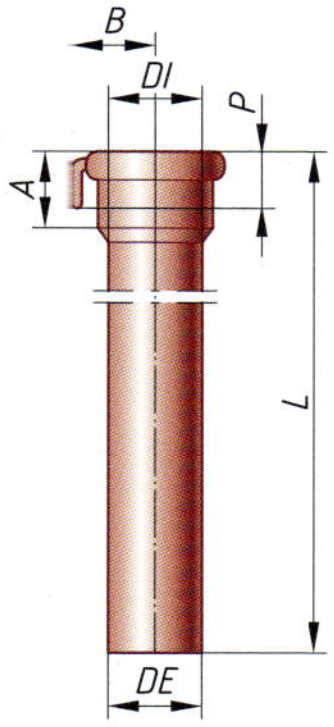

Bezeichnungsbeispiel:
SML-Regenstandrohr mit Muffe

Typ	DN	*DE* mm	*DI** mm	*L* mm	*B* mm	*A* mm	P** mm
rund	100	110	110	1000	85	81	45

* Anschließbarer Außendurchmesser. Die Rohre können mit sämtlichen Regenfallrohren aus Zink, Kupfer oder Kunststoff verbunden werden.
** Vorgesehene Einstecktiefe

WC-Anschluss

WC-Rohr DN 100

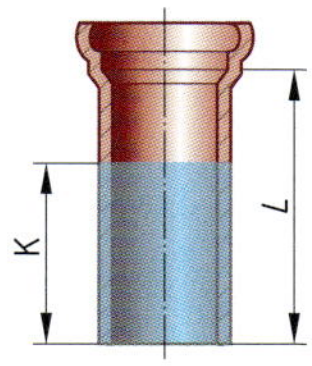

Bezeichnungsbeispiel:
SML-WC-Rohr

DN	Kunststoffrohr-anschluss DN	*L* mm	K* mm
100	100	225	170

* Maß für die maximale Kürzung

WC-Bogen, 90°

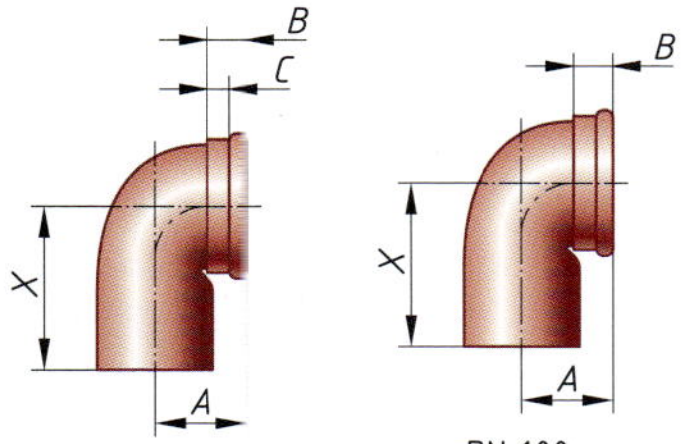

DN 80 DN 100

Bezeichnungsbeispiel:
SML-WC-Bogen

DN	Kunststoffrohr-anschluss DN	*X* mm	*A* mm	*B* mm	*C* mm
80	90	150	98	55	15
100	100	150	84	44	–

WC-Hosenrohr DN 100 – 90°
(nur für senkrechte Montage)

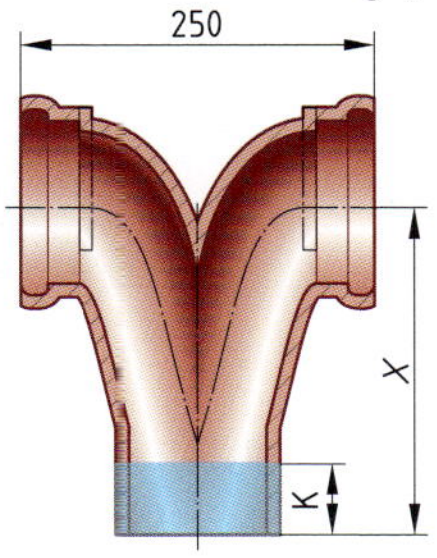

Bezeichnungsbeispiel:
SML-WC Hosenrohr

DN	Kunststoffrohr-anschluss DN	*X* mm	*A* mm	K* mm
100	100	225	250	50

* Maß für die maximale Kürzung

WC-Bogen, DN 100 versetzt, 90° für waagerechte Montage (WR) (WL)

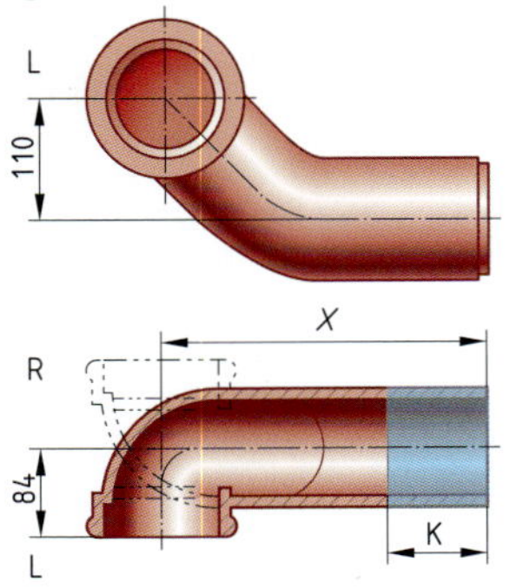

Bezeichnungsbeispiel:
SML-WC-Bogen Abgang versetzt

DN		Kunststoffrohr-anschluss DN	*X* mm	K* mm
100	R = rechte Ausführung	100	295	90
100	L = linke Ausführung	100	295	90

* Maß für die maximale Kürzung

WC-Hosenrohr, DN 100 versetzt, 90°, für waagerechte Montage (W)

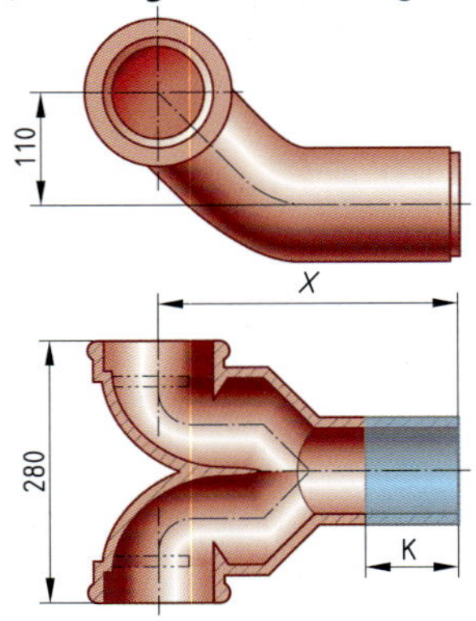

Bezeichnungsbeispiel:
SML-WC-Hosenrohr Abgänge versetzt

DN	Kunststoffrohr-anschluss DN	*X* mm	K* mm
100	100	295	90

* Maß für die maximale Kürzung

5.9.5 Rohrverbinder

Rapid Verbinder (nach Herstellerangaben)

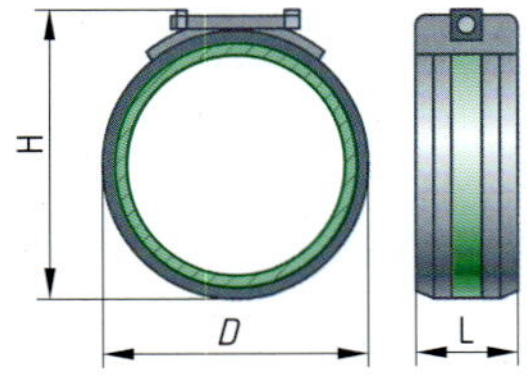

Rapid Norma Verbinder

DN	*D* mm	H mm	L mm
40	53	64	41
50	70	80	40
80	95	105	40
100	125	135	46
125	147	162	55
150	172	187	55
200	227	244	70

* ≈ Größtmaße nach der Montage

Einschraubenverbinder

Werkstoff Profilschelle:	W2, stabilisierter Chromstahl, 14510/11 nach DIN EN 10088
Werkstoff Verschlussteile:	Spannköpfe 1.4301 oder 1.4510/11 Schraube, Scheibe und Vierkantmutter Stahl oberflächengeschützt
Werkstoff Dichtmanschette:	EPDM. Für öl-, fett-, lösungsmittel- und benzinhaltige Abwässer NBR
Längskraftschlüssigkeit:	bis zu 0,5 bar
Schraubengröße:	Innensechskantschraube DN 40: M 5; DN 50 … 150: M 8; DN 200: M 10
Anzugsdrehmoment:	bis beide Spannköpfe zusammenstoßen

Connect-G Inox Verbinder für Erdreich, Außenbereich, Dachentwässerung

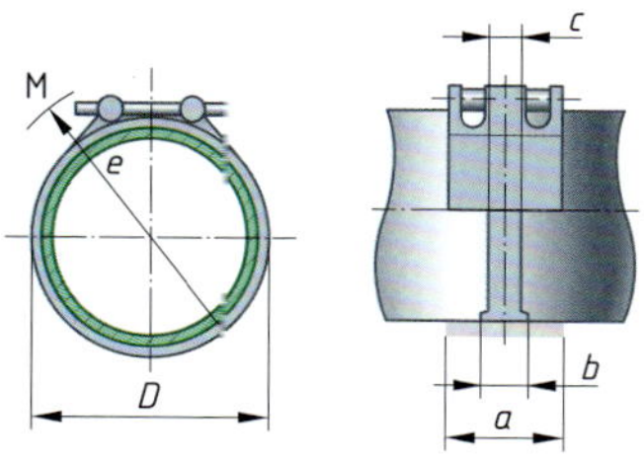

Connect-G Inox Verbinder

DN	*a* mm	*b* mm	*c* mm	*D* mm	*e* mm
50	78	29	17	85	105
80	98	40	25	105	125
100	98	40	25	130	150
125	115	50	35	165	195
150	115	50	35	185	215
200	140	67	35	240	270

* ≈ Größtmaße nach der Montage

Längskraftschlüssiger Verbinder für die Verlegung im Erdreich oder bei freier Bewitterung

Hinweis: Bei besonders aggressiven Böden kann ein zusätzlicher Korrosionsschutz erforderlich sein (z. B. Schrumpfschlauch).

Werkstoff Gehäuse:	Gehäuse 1.4571, Krallenring 1.4310
Werkstoff Verschlussteile:	Bolzen 1.4401, Schrauben 1.4404
Werkstoff Dichtmanchette:	EPDM
Längskraftschlüssigkeit:	DN 50 … 400: bis 10 bar: DN 500 bis 6 bar; DN 600 bis 4 bar
Schraubengröße:	DN 50: M 8; DN 80 … 100: M 10; DN 125 … 150: M 12; DN 200 … 600: M 16

Kombi Kralle bei erhöhten Innendruck

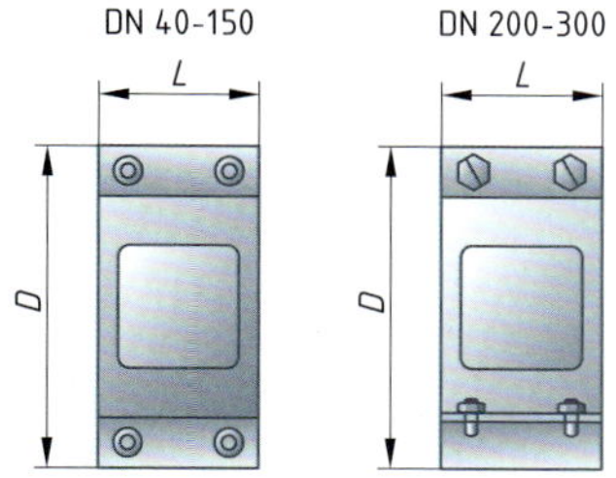

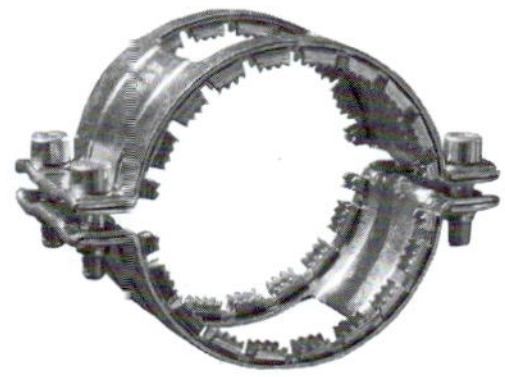

Kombi-Kralle

DN	*D* mm	*L* mm
40	104	66
50	125	74
80	154	74
100	180	84
125	209	97
150	233	97
200	287	111
250	367	130
300	419	130

Längskraftschlüssige Sicherungsschelle für alle Rapid- und CV-/CE-Verbinder

Material Gehäuse:	Stahl, verzinkt
Material Verschlussteile:	Stahl, verzinkt, gelb chromatiert, 8 μ 8.8
Material Dichtmanschette:	–
Längskraftschlüssigkeit:	DN 40 …100: bis 10 bar; DN 125 …150: bis 5 bar, DN 200 bis 3 bar; DN 250 … 300: bis 1 bar
Schraubengröße:	Zylinderkopfschrauben mit Innensechskant mit Unterlegscheiben; DN 40 … 80: M 8 × 30; DN 100 … 150: M 10 × 35; Sechskantschraube mit Unterlegscheiben und Sperrzahnmutter verzinkt; DN 200: M 10 × 30; DN 250 … 300: M12 × 30
Anzugsdrehmoment:	DN 40 … 80: 18–20 Nm; DN 100 … 125: 28–30 Nm; DN 150: 33–35 NM; DN 200: 40–50 Nm; DN 250 … 300: 50–55 Nm

SVE Verbinder für die Erdverlegung

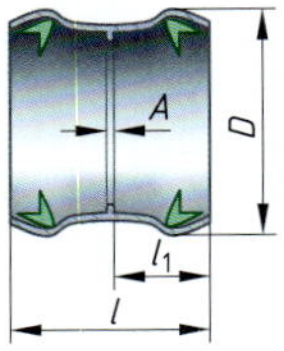

SVE Verbinder

DN	*D* mm	*L* mm	*L*₁ mm	*A* mm
50	77	60	29	2
80	103,5	65,5	32	2
100	134	82	39,5	3
125	161	103	50	3
150	186	103	50	3
200	238	114	55,5	3

Werkstoff: Polypropylen-CO
Material Verschlussteile: –
Material Dichtmanschette: Lippendichtungen NR-SBR
Längskraftschlüssigkeit: –
Schraubengröße: –

Konfix-Verbinder

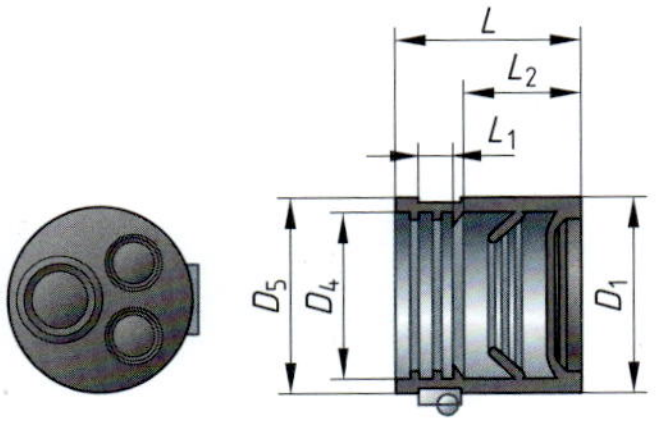

Konfix Multi Verbinder

DN	D_1 mm	D_2 mm	D_3 mm	L mm	L_1 mm	Einschubtiefe mm
100	134	108	116	90,5	35,5	40

Zum Anschluss von Rohren aus Fremdwerkstoffen an SML-Leitungen, bis zu drei Einzelanschlussleitungen
Zulassungsnummer: Z-42.5-240
Werkstoff: EPDM
Material Verschlussteile: Gehäuse und Schneckengewindeband aus Chromstahl 1.4016, Schraube aus Stahl verzinkt
Längskraftschlüssigkeit: –
Schraubengröße: Schneckenschraube SW7
Anzugsdrehmoment: 5,0 + 0,5 Nm

Fix-Verbinder

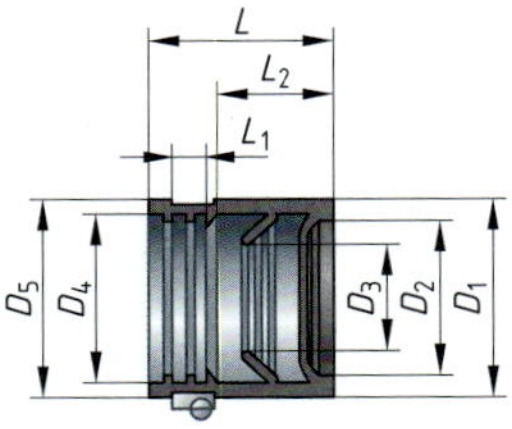

Fix Verbinder

DN	D_1 mm	D_2 mm	D_3 mm	D_4 mm	D_5 mm	L mm	L_1 mm	L_2 mm	∅ Anschluss
50	72	56	30	57	68	63	19	42	40 … 56
80	92	75	41	81	91	77	19	55	56 … 75
80*	108	90	41	81	93	88	19	60	75 … 90
100	128	110	78	108	118	95	21	65	104 … 110
125	145	125	90	132	145	103	21	75	125

* Anschluss DN 90 Kunststoff an DN 80 Guss ist nur bei WC-Anschlussbogen oder -Rohrzug zugelassen.

Zum Anschluss von Rohren aus PE-HD-PP an SML-Leitungen

Werkstoff: EPDM
Material Verschlussteile: W2, Schneckengewindeband und -gehäuse aus Chromstahl 1.4016, Schraube Chrom (VI)-frei
Längskraftschlüssigkeit: –
Schraubengröße: Kreuzschlitzschraube, Schlüsselweite 7
Anzugsdrehmoment: ca. 2 Nm
Einschubtiefen: DN 50: 42 mm; DN 80: 55–60 mm; DN 100: 65 mm; DN 125: 75 mm

Multiquick Verbinder

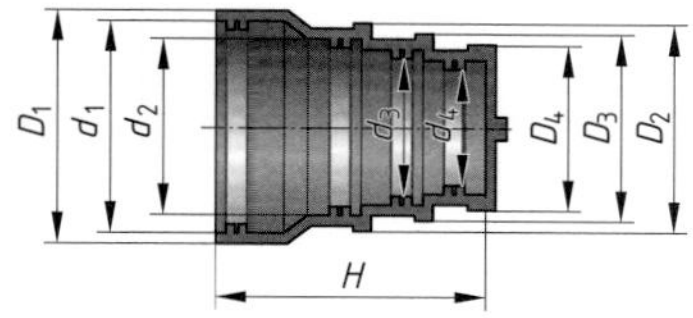

Multiquick Verbinder

DN	Ø D_1 mm	Ø D_2 mm	Ø D_3 mm	Ø D_4 mm	Ø d_1 mm	Ø d_2 mm	Ø d_3 mm	Ø d_4 mm	H mm
100 × 70	117	111	101	81	108	104	93	74	107

M

Werkstoff Verschlussteile:	Gehäuse und Schneckengewindeband aus Chromstahl 1.4016, Schraube aus Stahl verzinkt
Längskraftschlössigkeit:	–
Schraubengröße:	Schneckenschraube SW7
Anzugsdrehmoment:	5,0 + 0,5 Nm

6 Sanitärtechnik

6.1 Trinkwasseranlagen *drinking water systems*

6.1.1 Trinkwasser *potable water*

6.1.1.1 Trinkwasserverordnung 2011 (TrinkwV2001-Neufassung 2021) *drinking water ordinance*

Mikrobiologische Parameter, Anforderungen an Wasser für den menschlichen Gebrauch

Lfd. Nr.	Parameter	Grenzwert (Anzahl/100 ml)
1	Escherichia coli (E. coli)	0
2	Enterokokken	0
3	Coliforme Bakterien	0

Chemische Parameter, deren Konzentration sich im Verteilungsnetz einschließlich der Hausinstallation in der Regel nicht mehr erhöht

Lfd. Nr.	Parameter	Grenzwert mg/l
1	Acrylamid	0,0001
2	Benzol	0,001
3	Bor	1
4	Bromat	0,01
5	Chrom	0,05
6	Cyanid	0,05
7	1,2-Dichlorethan	0,003
8	Fluorid	1,5
9	Nitrat	50
10	Pflanzenschutzmittel und Biozidprodukte	0,0001
11	Pflanzenschutzmittel und Biozidprodukte insgesamt	0,0005
12	Quecksilber	0,001
13	Selen	0,01
14	Tetrachlorethen und Trichlorethen	0,01
15	Uran	0,01

Chemische Parameter, deren Konzentration im Verteilungsnetz einschließlich der Hausinstallation ansteigen kann

Lfd. Nr.	Parameter	Grenzwert mg/l
1	Antimon	0,005
2	Arsen	0,01
3	Benzo-(a)-pyren	0,00001
4	Blei	0,01
5	Cadmium	0,003
6	Epichlorhydrin	0,0001
7	Kupfer	2,0
8	Nickel	0,02
9	Nitrit	0,5
10	Polyzyklische aromatische Kohlenwasserstoffe	0,0001
11	Trihalogenmethane	0,05
12	Vinylchlorid	0,0005

Indikatorparameter

Lfd. Nr.	Parameter	Einheit, als	Grenzwert/Anforderung
1	Aluminium	mg/l	0,2
2	Ammonium	mg/l	0,5
3	Chlorid	mg/l	250
4	Clostridium perfringens (einschließlich Sporen)	Anzahl/100 ml	0
5	Coliforme Bakterien	Anzahl/100 ml	0
6	Eisen	mg/l	0,2
7	Färbung (spektraler Absorptionskoeffizient Hg 436 nm)	m^{-1}	0,5
8	Geruch	TON	3 bei 23 °C
9	Geschmack		für den Verbraucher annehmbar und ohne anormale Veränderung

Indikatorparameter (Fortsetzung)

Lfd. Nr.	Parameter	Einheit, als	Grenzwert/Anforderung
10	Koloniezahl bei 22 °C		ohne anormale Veränderung
11	Koloniezahl bei 36 °C		ohne anormale Veränderung
12	Elektrische Leitfähigkeit	µS/cm	2790 bei 25 °C
13	Mangan	mg/l	0,05
14	Natrium	mg/l	200
15	Organisch gebundener Kohlenstoff (TOC)		ohne anormale Veränderung
16	Oxidierbarkeit	mg/l O_2	5,0
17	Sulfat	mg/l	250
18	Trübung	nephelometrische Trübungseinheiten (NTU)	1,0
19	Wasserstoffionen-Konzentration	pH-Einheiten	≥ 6,5 und ≤ 9,5
20	Calcitlösekapazität	mg/l $CaCO_3$	5
20	Tritium	Bq/l	100
21	Gesamtrichtdosis für Radon-222, Tritium	mSv/Jahr	0,1

6.1.1.2 Wasserenthärtungsanlagen *water softening systems*

Enthärtung

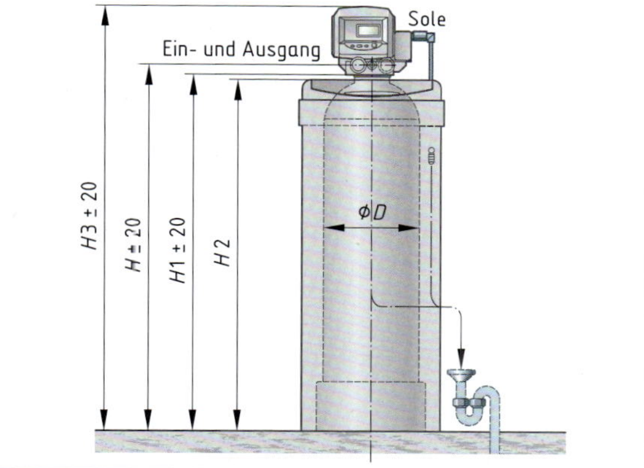

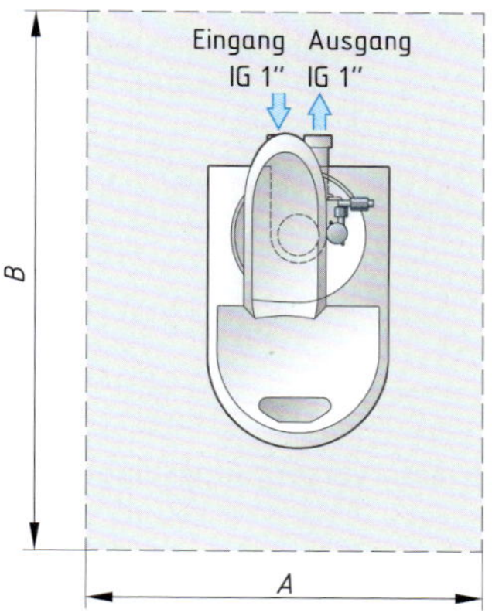

Größenangaben Enthärtungsanlagen in Abhängigkeit der Durchflussleistung $\dot{V}$ (Angaben in mm)

	ØD	**H**	**H_1**	**H_2**	**H_3**	**A**	**B**
$\dot{V} = 2\ m^3/h$	215	952	920	910	1109	800	1050
$\dot{V} = 3\ m^3/h$	260	952	920	910	1109	800	1050

Betriebsdaten Enthärtungsanlage (nach Herstellerangaben)

Modell JM	$\dot{V} = 2\ m^3/h$	$\dot{V} = 3\ m^3/h$
Max. Durchflussleistung in m^3/h	2	3
Kapazität bei optimaler Besalzung in $°dHxm^3$	60	100
Salzverbrauch bei optimaler Besalzung in kg/Regeneration	3,3	5,5
Mindestfließdruck in bar	3	3
Max. Betriebsdruck in bar	8	8
Ungefährer Druckverlust bei max. Durchfluss und 12 °C Wassertemperatur in bar	1,2	1,6
Rohranschluss IG Enthärtungsanlage in "	1	1
Max. Wassertemperatur in °C	38	38
Max. Umgebungstemperatur in °C	40	40
Salzlöse- und Vorratsbehälter in l	78	78
Harzfüllung in l	20	30
Elektr. Leistungsaufnahme Steuergerät in VA	5	5
Elektr. Anschlussspannung in VAC/Hz	230/50	230/50

6.1.1.3 Berechnung des Natriumgehaltes bei Enthärtung durch Ionenaustausch

sodium content in water softening by ion exchange

Berechnung des Natriumgehaltes

	°dH	Gesamthärte
–	°dH	Resthärte (eingestellter Wert)
=	°dH	Differenz der Wasserhärte
×	8,2 mg Na^+/l × °dH (Differenz der Wasserhärte) Na-Ionen-Austauschwert	
=	mg/l	Erhöhung des Natriumgehaltes durch Enthärtung
+	mg/l	im Rohwasser bereits vorhandenes Natrium (beim Wasserwerk erfragen)
=	mg/l	Gesamtnatriumgehalt im Mischwasser

6.1.1.4 Normenübersicht für die Planung und Ausführung von Trinkwasserinstallationen (TRWI*)

Europäische Grundlagennormen		Nationale Ergänzungsnormen
DIN EN 1717 Schutz des Trinkwassers		DIN 1988-100 Schutz des Trinkwassers
DIN EN 806	Teil 1: Allgemeines	–
	Teil 2: Planung	DIN 1988-200 Planung TRWI
	Teil 3: Berechnung	DIN 1988-300 Berechnung TRWI
	Teil 4: Installation	–
	Teil 5: Betrieb und Wartung	–
		DIN 1988-500 Druckerhöhung mit drehzahlgeregelten Pumpen
		DIN 1988-600 Feuerlöschanlagen
		DVGW W 551 Vermeidung Legionellenwachstum
		DVGW W 553 Bemessung Zirkulationssystem
		DVGW W 557 Reinigung und Desinfektion
		VDI/DVGW 6023 Hygiene in TW-Installationen

6.1.1.5 Trinkwasserversorgungsanlage nach DIN EN 806, DIN EN 1717 und DIN 1988 *drinking water plant*

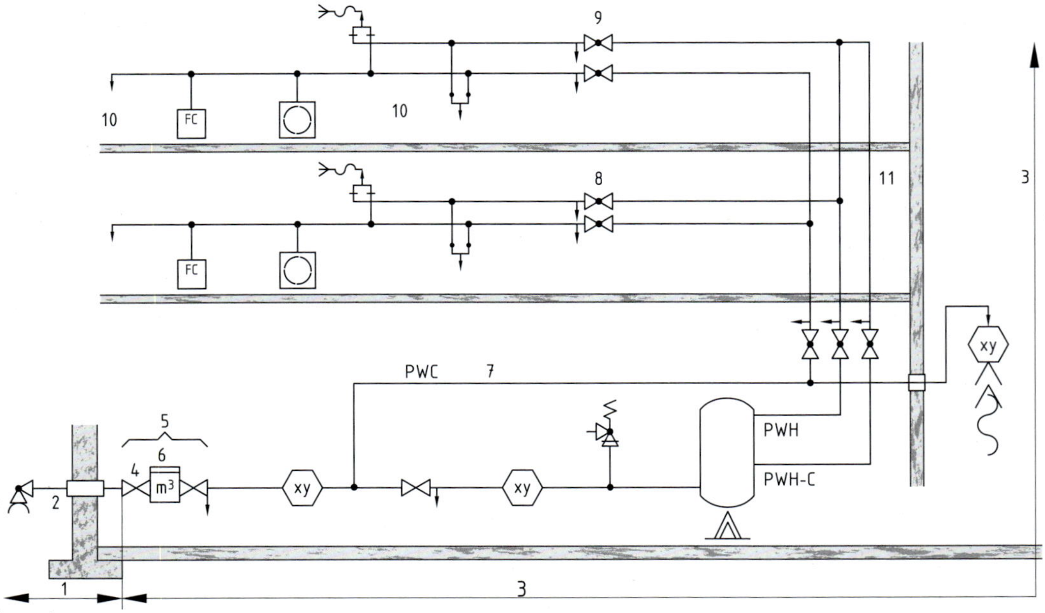

Legende

1 Anschlussleitung
2 Eintrittsstelle
3 Verbrauchsleitung
4 Hauptabsperrarmatur (HAE)
5 Wasserzähleranlage
6 Wasserzähler
7 Sammelzuleitung
8 Steigleitung
9 Stockwerksleitung
10 Einzelzuleitung
11 Zirkulationsleitung

* Technische Regeln Wasserinstallation – TRWI

6.1.1.6 Verlegung von Trinkwasser- und Abwasserleitungen im Erdreich

DIN 1988-100 : 2011-08

laying of drinking water and sewage pipes in the ground

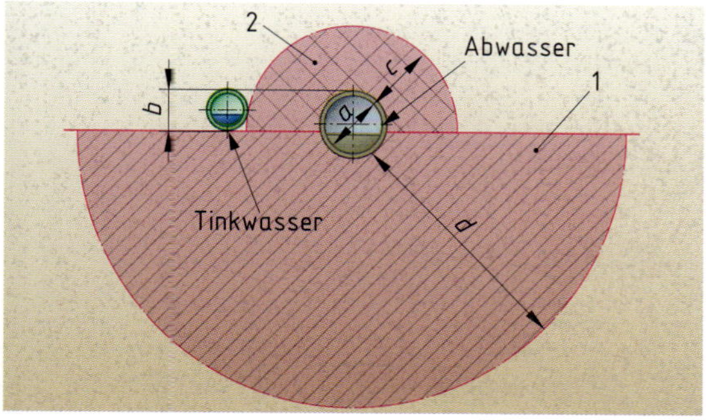

Legende

1 Bereich, in dem Trinkwasserleitungen nur mit besonderen Schutzmaßnahmen zulässig sind.
2 Bereich, in dem Trinkwasserleitungen nicht zulässig sind.
a Rohrdurchmesser der Grundstückentwässerungsleitung
b Rohraußendurchmesser der Trinkwasserleitung
c Mindestabstand 0,2 m
d Mindestabstand bei tiefer liegender Trinkwasserleitung 1 m

6.1.1.7 Betriebsbedingungen für Rohre und Rohrverbindungen *operating conditions for pipes and pipe joints*

	Betriebsüberdruck in bar	Temperatur in °C	jährliche Betriebsstunden in h/a
Kaltwasser	0 bis 10 schwankend	bis 25	8760
Warmwasser	0 bis 10 schwankend	bis 60	8710
		bis 85	50

6.1.1.8 Übersicht: Rohrwerkstoffe in der Trinkwasserinstallation und mögliche Fügeverfahren nach twin 9/02

overview: piping materials in potable water use and allow for joining

Rohrwerkstoff	Gängige Verbindungstechniken	Technische Regeln	
		Rohre	Rohrverbindungen
Schmelztauchverzinkte Eisenwerkstoffe (früher: Feuerverzinkter Stahl)	Gewindeverbindung, Klemmverbindung	DIN EN 10255 DIN EN 10240	DIN EN 10242
nichtrostender Stahl	Pressverbindung	DVGW W 541	DVGW W 534
Kupfer	Lötverbindung, Pressverbindung, Klemmverbindung, Steckverbindung	DIN EN 1057, DVGW GW 392	DIN EN 1254 DVGW GW 2, DVGW GW 6 DVGW GW 8, DVGW W 534
Innenverzinntes Kupfer	Pressverbindung, Steckverbindung	DIN EN 1057, DVGW GW 392	DIN EN 1254 DVGW GW 2, DVGW GW 6 DVGW GW 8, DVGW W 534
PE-X (vernetztes Polyethylen)	Klemmverbindung (Metall)	DIN 16892, DIN 16893 DVGW W 544	DVGW W 534
PP (Polypropylen)	Schweißverbindung	DIN 8077, DIN 8078 DVGW W 544	DIN 16962 DVGW W 534
PB (Polybuten)	Schweißverbindung, Klemmverbindung	DIN 16968, DIN 16969 DVGW W 544	DIN 16831 DVGW W 534
PVC-C (chloriertes Polyvinylchlorid)	Klebverbindung	DIN 8079, DIN 8080 DVGW W 544	DIN 16832 DVGW W 534
Verbundrohre[1] PE-MDX, PE-RT, PE-HD, PE-X, PB, PP — Al — PE-RT, PE-MDX, PE-X, PB, PP	Pressverbindung, Klemmverbindung, Steckverbindung	DVGW W 542	DVGW W 534

Anmerkung: Rohre aus PVC-U (weichmacherfreies Polyvinylchlorid), PE 63, PE 80 und PE 100 sind nur für Kaltwasser geeignet.

[1] Schichtaufbau von außen nach innen

Planungshinweise:
- Von der zu einer Feuerlösch- und Brandschutzanlage führenden Trinkwasserleitung abzweigende Leitungen müssen separat absperrbar sein.
- Werden Verteil- und Steigleitungen der Trinkwasser-Installation in brennbaren Materialien ausgeführt, so ist sicherzustellen, dass im Falle einer Löschwasserentnahme diese Leitungsteile durch automatisch schließende Armaturen abgesperrt werden.
- Metallische Rohrleitungen sind in den Potenzialausgleich einzubeziehen.
- Trinkwasserleitungen und Nichttrinkwasserleitungen sind nach DIN 2403 zu kennzeichnen.

6.1.1.9 Maximale Befestigungsabstände von Metallrohren (DIN EN 806-4 : 2010-06)

fixing point distances of metal pipes

Art der Rohrleitung	Nennweite des Rohres			Abstand für den horizontalen Rohrstrang[a] m	Abstand für den vertikalen Rohrstrang[a] m
	DN/OD[b] Kupfer	DN/OD Nichtrostender Stahl	DN		
Kupferrohre (EN 1057) und Rohre aus nichtrostendem Stahl (EN ISO 1127, EN 10312)	10	10	–	1,000	1,500
	12	12	–	1,200	1,800
	15	15	–	1,200	1,800
	22	20	–	1,800	2,400
	28	25	–	1,800	2,400
	35	32	–	2,400	3,000
	42	40	–	2,400	3,000
	54	50	–	2,700	3,600
	67	–	–	3,000	3,600
	76	80	–	3,000	3,600
	108	100	–	3,000	3,600
	133	–	–	3,600	4,200
Rohre aus duktilem Gusseisen nach EN 545	–	–	50	1,800	1,800
	–	–	80	2,700	2,700
	–	–	100	2,700	2,700
	–	–	150	3,600	3,600

[a] Aufgrund der unterschiedlichen Wanddicken und Härtegrade können die Abstände zwischen den Befestigungen für Kupferrohre in Abhängigkeit von den örtlich angewendeten Maßen schwanken.

[b] Diameter Nominal (Nomineller Rohrdurchmesser)/Outside Diameter (Rohr-Außendurchmesser d_a)

6.1.1.10 Befestigungsabstände von Kunststoff- und Verbundrohren

fixing point distances of plastic and composite pipes

Herstellerangaben

PVC-U-Rohre			PE-HD-Rohre			Verbundrohr PE-Al	
Außendurchmesser d_a mm	Befestigungsabstand bei 20 °C m	Befestigungsabstand bei 40 °C m	Außendurchmesser d_a mm	Befestigungsabstand bei 20 °C m	Befestigungsabstand bei 40 °C m	Außendurchmesser d_a mm	Befestigungsabstand m
–	–	–	–	–	–		
16	0,80	0,50	16	0,70	0,60	16	1,00
20	0,90	0,60	20	0,75	0,65	20	1,00
25	0,95	0,65	25	0,80	0,75	25	1,50
32	1,05	070	32	0,90	0,85	32	1,50
40	1,20	0,90	40	1,00	0,95	40	1,75
50	1,40	1,10	50	1,15	1,05	50	2,00
63	1,50	1,20	63	1,30	1,20	63	2,00
–	–	–	–	–	–		
75	1,65	1,35	75	1,40	1,30		
90	1,80	1,50	90	1,55	1,45		
110	2,00	1,70	110	1,70	1,60		
–	–	–	125	1,85	1,70		
140	2,25	1,95	140	1,95	1,80		
160	2,40	2,10	160	2,05	1,90		

6.1.1.11 Kompensation der Längenausdehnung (DIN EN 806-4 : 2010-06) *compensation of linear expansion*

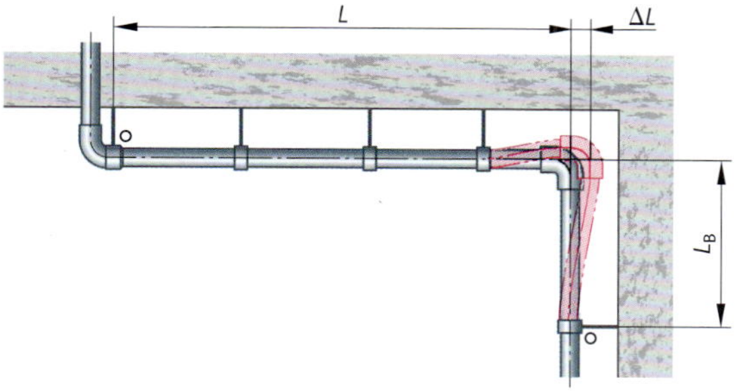

Legende
ΔL Längendifferenz
L Länge des Rohrabschnitts
L_B Länge des flexiblen Abzweigs
o Ankerpunkt

Die Länge L_B des flexiblen Abzweigs kann berechnet werden:

$$L_B = C \times \sqrt{d_a \cdot \Delta L}$$

Dabei ist
L_B: die Länge des flexiblen Abzweigs, in mm;
C: die Werkstoffkonstante nach Tabelle;
d_a: der Außendurchmesser, in mm;
ΔL: die erwärmungsbedingte Längenänderung in mm.

Werte für die Werkstoffkonstante C

Werkstoff	C
PE	27
PVC-U	34
PVC-C	34
PE-X	12
PP	20
PB	10
Mehrschichtsystem[a]	30

[a] Für einige Ausführungen von Mehrschichtverbundrohren gelten andere C-Werte. Der Hersteller der Mehrschichtverbundrohrsysteme gibt an, welcher C-Wert anzuwenden ist.

Kompensation mithilfe eines Dehnungsrohrbogens (DIN EN 806-4 : 2010-06) *compensation with expansion pipe bends*

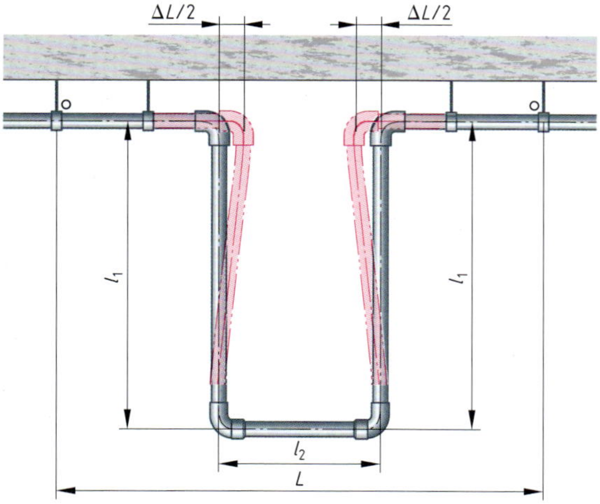

Die Länge L_B des flexiblen Abzweigs kann nach folgender Gleichung berechnet werden:

$$L_B = C \cdot \sqrt{d_a \times \frac{2 \cdot \Delta L}{2}} = 2 \cdot l_1 + l_2$$

Dabei ist
L_B: Länge des flexiblen Abzweigs in mm;
C: Werkstoffkonstante
d_a: Außendurchmesser in mm;
ΔL: lineare Wärmeausdehnung in mm;
l_1: Länge des Dehnungsrohrbogens in mm;
l_2: Breite des Dehnungsrohrbogens in mm.
Der Dehnungsrohrbogen ist vorzugsweise so zu bemessen, dass gilt: $l_2 = 0{,}5\ l_1$.

Legende
Siehe Erläuterungen zur Gleichung
L: Abstand zwischen festen Rohrhaltern
l_1: Länge des Dehnungsrohrbogens
l_2: Breite des Dehnungsrohrbogens
ΔL: lineare Wärmeausdehnung
o: Ankerpunkt

6.1.1.12 Leitungssysteme bei Stockwerksleitungen nach EN 806-4 : 2010-06

Konventionelles T-System

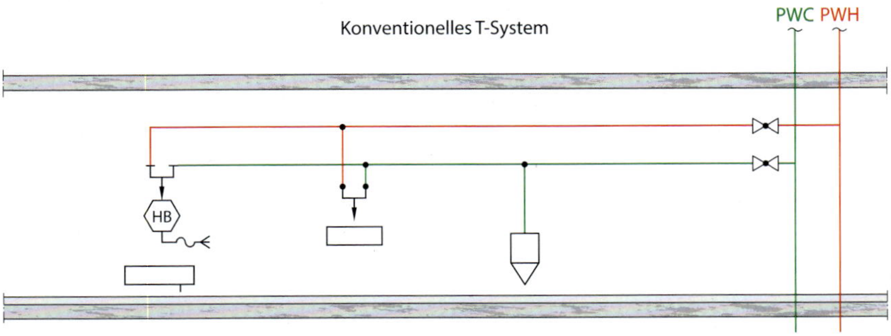

Einzelzuleitungssystem

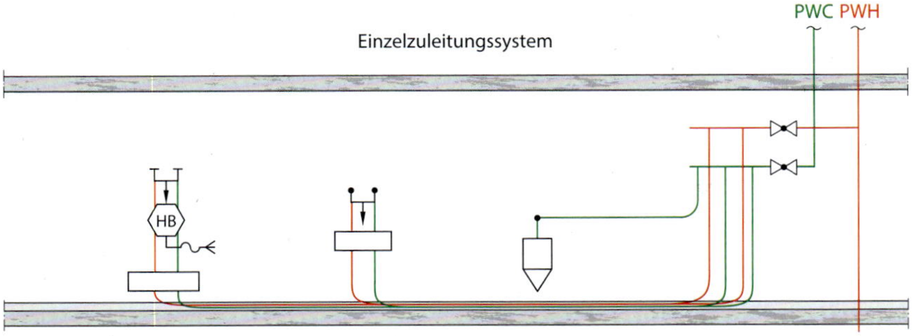

Doppelanschlusssystem

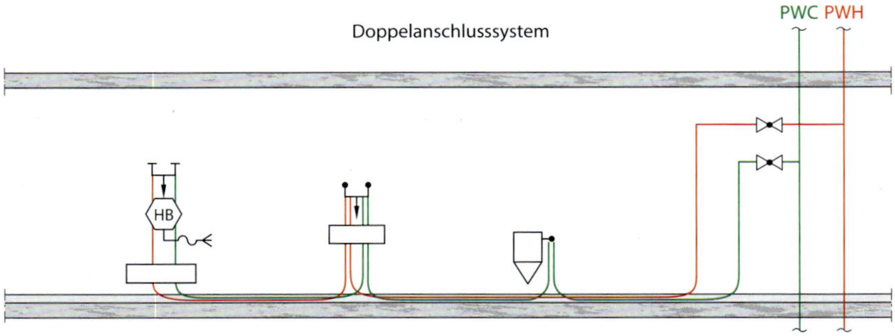

Ringleitungssystem

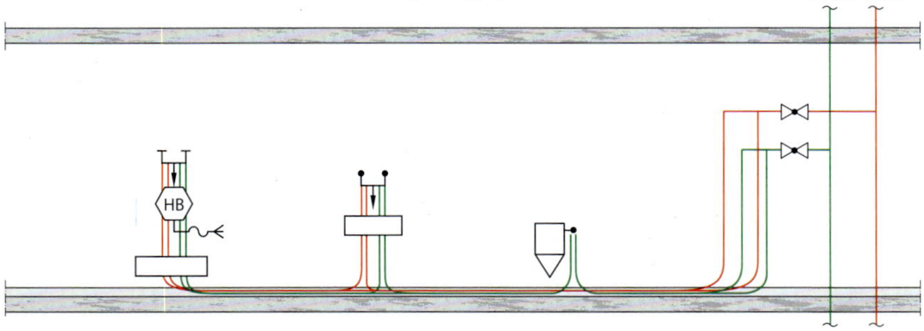

- PWC-Einzelleitungen sollen < 3 l Rohrvolumen geplant werden.
- 30 Sekunden nach dem öffnen des Ventils muss das kalte Trinkwasser eine Temperatur < 25° C haben.
- Selten genutzte Leitungen oder bei Frostgefahr müssen unmittelbar nach der Verteilungsleitung mit Absperr- und Entleerungseinrichtung versehen werden.
- Selten genutzte Ausgussbecken oder Außenzapfstellen (Gartenventile) sollten über eine Reihen- oder Ringleitung versorgt werden.
- PWH-Leitungen > 3 l Rohrvolumen müssen mit einer Zirkulationsanlage oder Temperaturhaltebändern (selbstregelnde) ausgestattet werden.

6.1.1.13 Berechnung der Rohrdurchmesser nach DIN 1988-300 : 2012-05 *pipe diameters*

1 Berechnungsdurchflüsse der Entnahmearmaturen ermitteln S. 173

2 Summendurchflüsse ermitteln und den Teilstrecken zuordnen S. 174

3 Spitzendurchfluss aus dem Summendurchfluss ermitteln S. 174

4 Verfügbare Druckdifferenz für Rohrreibung und Einzelwiderstände ermitteln S. 178 … 181

5 Geschätzten Anteil der verfügbaren Druckdifferenz für Einzelwiderstände abziehen und verfügbares Rohrreibungsdruckgefälle ermitteln S. 178 … 181

6 Rohrdurchmesser wählen und Rohrreibungsdruckgefälle sowie zugehörige rechnerische Fließgeschwindigkeit ermitteln S. 182

Differenzierter Berechnungsgang (D)

7 Druckverluste aus Einzelwiderständen über Verlustbeiwerte ermitteln

8 Gesamtdruckverlust aus Rohrreibung und Einzelwiderständen berechnen und mit der verfügbaren Druckdifferenz vergleichen

9 Gegebenenfalls mit geänderten Rohrdurchmessern nachrechnen

Vereinfachter Berechnungsgang (V)

7 Summe der Druckverluste aus Rohrreibung aller Teilstrecken berechnen und mit der dafür verfügbaren Druckdifferenz vergleichen S. 189

8 Gegebenenfalls mit geänderten Rohrdurchmessern nachrechnen S. 189

6.1.1.14 Ermittlung des verfügbaren Rohrreibungsdruckgefälles *Pipe pressure gradients*

Fließweg-/Strang-Nr. ____________				
Nr.	**Benennung**	**Bezeichnung**	**Wert**	**Einheit**
1	Mindestdruck nach dem Wasserzähler	$p_{min, WZ}$		hPa
2	Druckverlust aus geodätischem Höhenunterschied	Δp_{geo}		hPa
3	Druckverlust in Apparaten Wasserzähler	Δp_{WZ}		hPa
	Wohnungswasserzähler	Δp_{WZ}		hPa
	Filter	Δp_{FIL}		hPa
	Enthärtungsanlage	Δp_{EH}		hPa
	Dosieranlage	Δp_{DOS}		hPa
	Gruppen-Trinkwassererwärmer	Δp_{TE}		hPa
	weitere Apparate	Δp_{Ap}		hPa
	weitere Apparate	Δp_{Ap}		hPa
	weitere Apparate	Δp_{Ap}		hPa
4	Mindestfließdruck Entnahmearmatur: ____________	Δp_{minFl}		hPa
5	Summe der Druckverluste	$\Sigma\Delta p$		hPa
6	bei abgleichender Berechnung: Druckverlust aus Rohrreibung und Einzelwiderständen in bereits berechneten TS ____________ bis TS ____________	$\Sigma(l \cdot R + Z)$		hPa
7	verfügbar für Druckverluste aus Rohrreibung und Einzelwiderständen TS ____________ bis TS ____________	$\Sigma(l \cdot R + Z)_v$		hPa
8	geschätzter Anteil für Einzelwiderstände (40 %…60 % der verfügbaren Druckverluste aus Rohrreibung und Einzelwiderständen)	a		%
9	verfügbar für Druckverlust aus Rohrreibung	Δp_R		hPa
10	Leitungslänge	l_{Ges}		m
11	verfügbares Rohrreibungsdruckgefälle	R_V		hPa/m

6.1.1.15 Richtwerte für Mindestfließdruck und Berechnungsdurchfluss

reference data for minimum flow pressure and calculation of flow

DIN 1998-300/DIN EN 806-3

Entnahmestelle	DN	Fließdruck p_{MF} in mbar	Temperatur in °C	Liter je Vorgang	Zeit in s	Durchfluss	
						$\dot{V}_{RKW}$ in l/s	$\dot{V}_{RWW}$ in l/s
Ausgussanlage							
Auslaufventil	15	1000	10	6…10	–60	0,12	0,18
Mischbatterie	15	1000	40	6…10	–60	0,15	
Mischbatterie	20	1000				0,30	0,30
Brauseanlage							
Brausekopf	15	1000	38	60 90	300	0,15	0,15
Brausekopf	20	1000	38	–110	180	0,50	0,50
Brausekopf	25	1000	38	–160	180	0,70	0,70
Handbrause	15	1000	38	40…50	300	0,15	0,15
Seitenbrause	15	1000	38	10…15	180	0,05	0,05
Badewannenanlage							
Mischbatterie	15	1000	40	–140	500	0,15	0,15
Mischbatterie	20	1000	40	–250	250	0,50	0,50
Mischbatterie	25	1000	40	–650	300	1,00	1,00
WC-Becken und Urinale							
Druckspüler Urinal (manuell)	15	1000	10	6…7	8	0,3	
Druckspüler Urinal (elektronisch)	15	1000	10	6…8	8	0,3	
Druckspüler WC	20	1200	10	6…8	10	1,0	
Füllventil Spülkasten	15	500	10	6…9	70	0,13	
Sitzwaschbeckenanlage							
Mischbatterie	15	1000	38	10…15	90	0,07	0,07
Spülbeckenanlage							
Mischbatterie	15	1000	50…55	12…20	115	0,07	0,07
Mischbatterie	20	1000	50…55	36…50	75	0,30	0,30
Waschbeckenanlagen, Küchenspülen							
Auslaufventil	15	500	10	5	60	0,07	
Mischbatterie	15	1000	35	15	0	0,07	0,07
Reihenwaschanlagen							
Mischbatterie	15	1000	35	10…20	0	0,05	0,05
Brausebatterie	15	1000	38	60…90	0	0,15	0,15
Fußwaschbeckenanlage							
Mischbatterie	15	1000	35…40	25	400	0,07	0,07

Entnahmestelle	DN	Fließdruck p_{MF} in mbar	Temperatur in °C	Durchfluss	
				$\dot{V}_{RKW}$ in l/s	$\dot{V}_{RWW}$ in l/s
Auslaufventil ohne Strahlregler					
	15	500		0,30	[2]
	20	500		0,50	[2]
	25	500		1,00	[2]
Auslaufventil mit Strahlregler					
	15	1000		0,15	[2]
Gartensprengventil mit 10 m Schlauch und Sprenger					
	15	1500		0,30	
	20	1500		0,50	
	25	1500		1,00	
Geschirrspülmaschine nach EN 50242					
	15	500	10	0,07	
Waschmaschine nach EN 60456					
	15	500	10	0,15	
Elektrokochendwasserbereiter					
5 l Inhalt	15	1000	35…100	0,15	[3]
10…60 l Inhalt*	15	1000	35…100	0,25	[3]
Offener Elektro-/Gas-Speicher-Wassererwärmer					
5 l Inhalt	15	1000	45…85	0,08	
8 l Inhalt	15	1000	45…85	0,13	
10 l Inhalt	15	1000	45…85	0,16	
15 l Inhalt	15	1000	45…85	0,20	
30…120 l Inhalt	15	1000	45…85	0,30	
Geschlossener Elektro-/Gas-Speicher-WEW[4] [5]					
10…100 l Inhalt	15	200	60…80	[5]	
200…400 l Inhalt	25	200	60…80	[5]	
Elektro-Durchfluss-Wassererwärmer[4]					
thermisch geregelt[4]	15	500	30…55	0,15	
hydraulisch gesteuert	15	1000	30…60	0,18	
elektronisch gesteuert	15	500	30…55	0,17	
Gas-Durchfluss-/Kombi-Wasserheizer[6]					
$\dot{Q}_{NL} = 8{,}7\,kW$	15	800	30…60	0,07	
$\dot{Q}_{NL} = 17{,}4\,kW$	15	800	30…60	0,16	
$\dot{Q}_{NL} = 22{,}7\,kW$	15	1300	30…60	0,21	
$\dot{Q}_{NL} = 27{,}9\,kW$	15	1700	30…60	0,26	

[1] Volumenstrom für 1 Spülkopf 0,12 l/s; 1 Urinal 0,3 l/s
[2] Nur Kalt- oder Warmwasser.
[3] Bei voll geöffneter Drosselschraube.
[4] Kaltwasseranschluss mit Membransicherheitsventil.
[5] $\dot{V}$ nach den angeschlossenen Entnahmestellen.
[6] Die Druckverlustangaben sind ohne Druckverluste in Sicherheits- und Anschlussarmaturen, nachgeschalteten Leitungen und Entnahmearmaturen.

6.1.1.16 Berechnung des Summenvolumenstroms (Summendurchfluss) *calculation of the total volume flow*

$$\Sigma\dot{V}_R = \dot{V}_{R1} + \dot{V}_{R2} + \dot{V}_{R3} + \ldots + \dot{V}_{Rn}$$

Da nicht alle sanitären Einrichtungsgegenstände gleichzeitig genutzt werden, wird dem Summenvolumenstrom ein Spitzenvolumenstrom zugeordnet.

6.1.1.17 Spitzen- und Summenvolumenstrom *peak flow rate and total flow rate*

DIN 1988-300 : 2012-05

Für die in der Tabelle genannten Gebäudearten wird der Spitzendurchfluss im Geltungsbereich $0{,}2 \leq \sum \dot{V}_R \leq 500$ berechnet:

$$\dot{V}_S = a\left(\sum \dot{V}_R\right)^b - c$$

Dabei ist:

$\dot{V}_S$: Spitzendurchfluss

$\dot{V}_R$: Berechnungsdurchfluss (siehe Kap. 5.1.1.15)

a, b, c: Konstanten

Konstanten für den Spitzendurchfluss nach Gleichung

Gebäudetyp / Konstante	*a*	*b*	*c*
Wohngebäude	1,48	0,19	0,94
Bettenhaus im Krankenhaus	0,75	0,44	0,18
Hotel	0,70	0,48	0,13
Schule	0,91	0,31	0,38
Verwaltungsgebäude	0,91	0,31	0,38
Einrichtung für Betreutes Wohnen, Seniorenheim	1,48	0,19	0,94
Pflegeheim	1,40	0,14	0,92

6.1.1.18 Bezeichnungsbeispiel im Leitungsschema

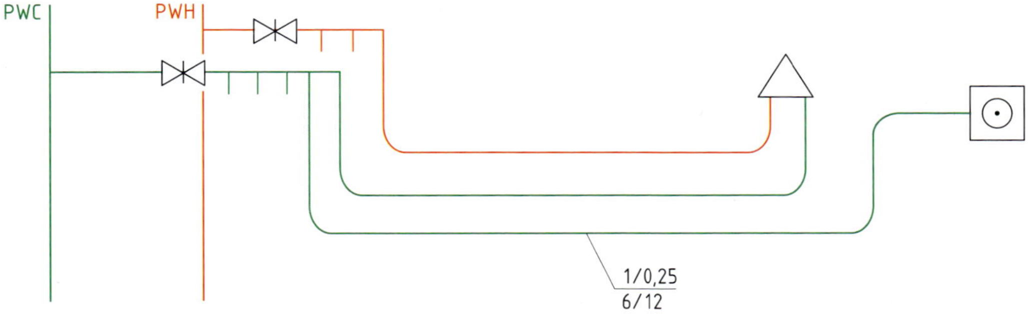

Bedeutung der Teilstreckenbezeichnung:

$$\frac{\text{Nr: der Teilstrecke / Berechnungsdurchfluss } \dot{V}_R \text{ in l/s}}{\text{Länge } l_{EZ} \text{ der Teilstrecke in m / Nennweite DN}}$$

6.1.1.19 Einbau Wasserzählergruppe *install water meters*

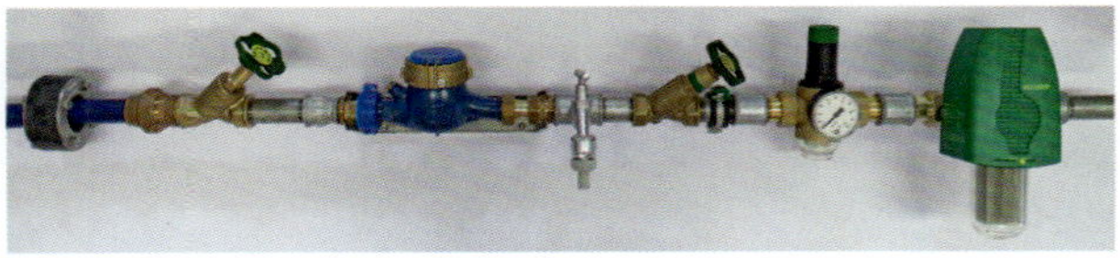

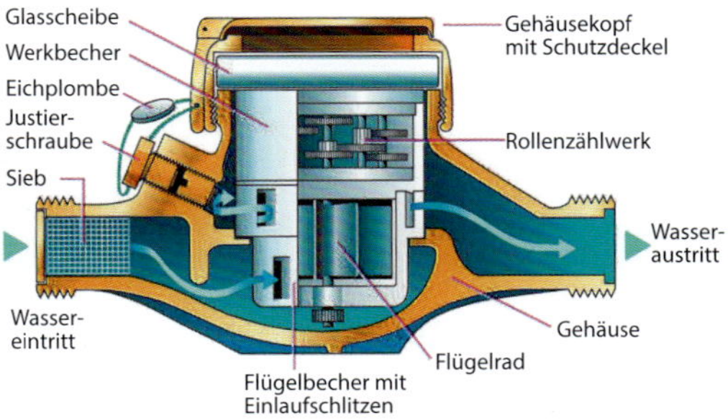

Aufbau eines Flügelrad-Wasserzählers

Wasserzähler Einbaumaße

Abmessungen		Maße	
		Volumetrische Zähler, Flügelrad-Wasserzähler	**Woltman-Zähler**
a	Mindestwandabstand (Distanz zwischen Wand und Rohrmitte)	Größte Nennweite der Anschlussleitung zuzüglich 200 mm[1)]	
b	Bodenabstand (Distanz zwischen Boden und Rohrmitte)	b_{min}: Größte Nennweite der Anschlussleitung zuzüglich 300 mm b_{max}: 1200 mm	
c	Mindestfreiraum vor der Wasserzähleranlage (bezogen auf Rohrmitte)	800 mm	Größte Nennweite der Anschlussleitung zuzüglich 1200 mm
d	Mindestfreiraum über der Wasserzähleranlage (bezogen auf Rohrmitte)	Größte Nennweite der Anschlussleitung zuzüglich 700 mm	
e	Mindestraumhöhe	Lichter Raum 1800 mm	

1) Bei der Verwendung von Wasserzählerbügeln darf dieser Abstand unterschritten werden.

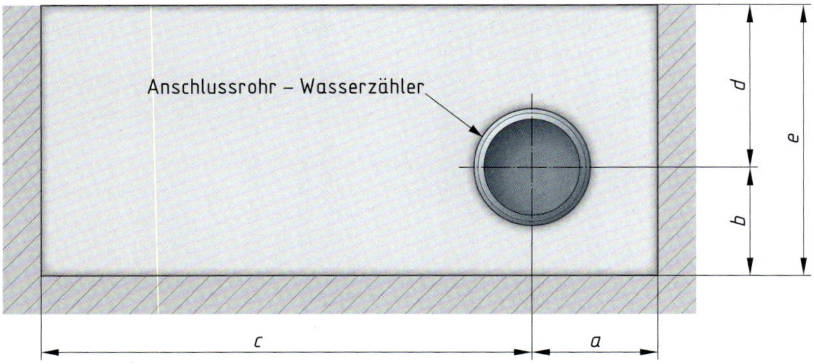

Wasserzähler Normwerte für Druckverluste

Zählerart	Nenndurchfluss $\dot{V}_n(Q_n)$ m3/h	Druckverlust Δp bei $\dot{V}_{max}(Q_{max})$ nach ISO 4064 mbar max.
Flügelradzähler	< 15	1000
Woltmann-Zähler senkrecht (WS)	≥ 15	600
Woltmann-Zähler parallel (WP)	≥ 15	300

Berechnung (DIN 1988-300: 2012-05)

Druckverlust im Wasserzähler bei Spitzendurchfluss $\dot{V}_s$:

$$\Delta p_{wz} = \Delta p_g \cdot \frac{\dot{V}_S^2}{\dot{V}_g^2}$$

Dabei ist:

Δp_{WZ}: Druckverlust des Wasserzählers
Δp_g: vom Hersteller angegebener Druckverlust des Wasserzählers für einen Betriebspunkt
$\dot{V}_s$: Spitzendurchfluss
$\dot{V}_g$: vom Hersteller angegebener Druchfluss im Wasserzähler für den Betriebspunkt

Anschlüsse von Wasserzählern
connections of water meters

DIN EN 14154-1 : 2005 + A2 : 2011-06

Zählerart			Nennweite DN	Nennvolumenstrom $\dot{V}_n$ in m³/h	Max. Volumenstrom $\dot{V}_{max}$ in m³/h
Flügelradzähler	Anschlussgewinde EN ISO 228-1 : 2000, Klasse B	G ¾ B	15	1,5	3
		G 1 B	20	2,5	5
		G 1 ¼ B	25	3,5	7
		G 1 ½ B	32	6	12
		G 2 B	40	10	20
Woltmannzähler	Flanschverbindungen		50	15	30
			80	40	80
			100	60	120
			150	150	300

Druckverluste (Flügelrad-Wasserzähler) nach Herstellerangaben *pressure losses of impeller water meters*

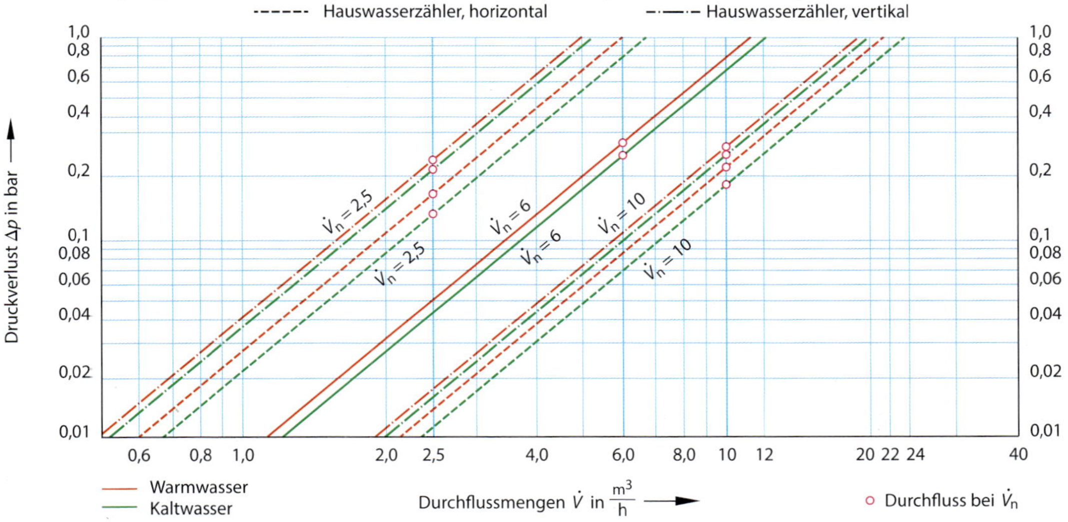

Flügelradzähler Ausführungen (Maße Herstellerangaben)

horizontal

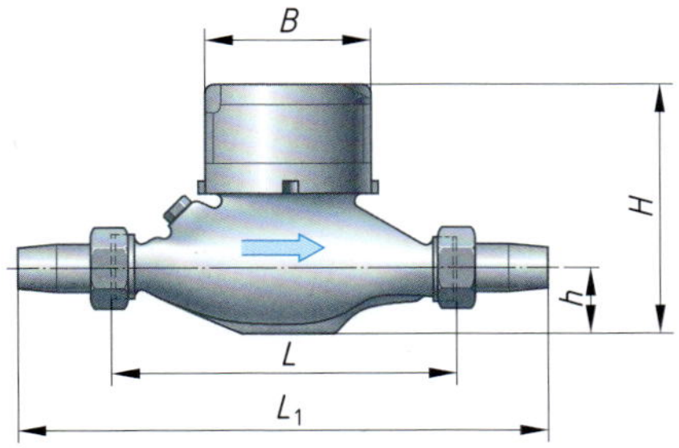

	DN 20	25	40
***L* in mm**	190	260	300
L_1 in mm	288	378	438
***H* in mm**	120	130	150
***h* in mm**	41	44	46
***B* in mm**	98	104	137

vertikal

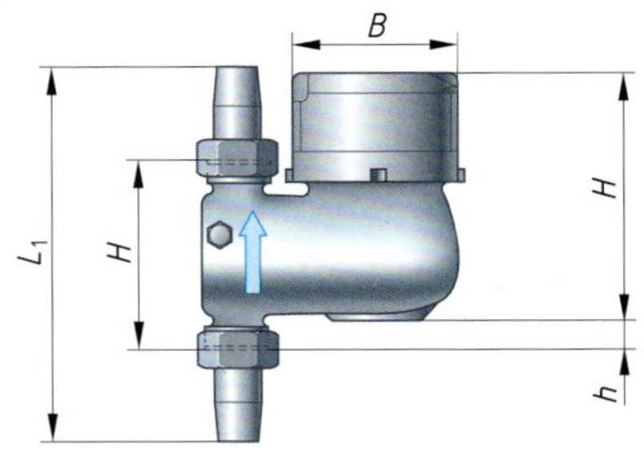

	DN 20	25	40
***L* in mm**	105	150	200
L_1 in mm	203	268	338
***H* in mm**	118	130	147
***h* in mm**	18	22	46
***B* in mm**	98	101	136

Druckverluste (Woltmannzähler) *pressure losses (Woltmann meter)*

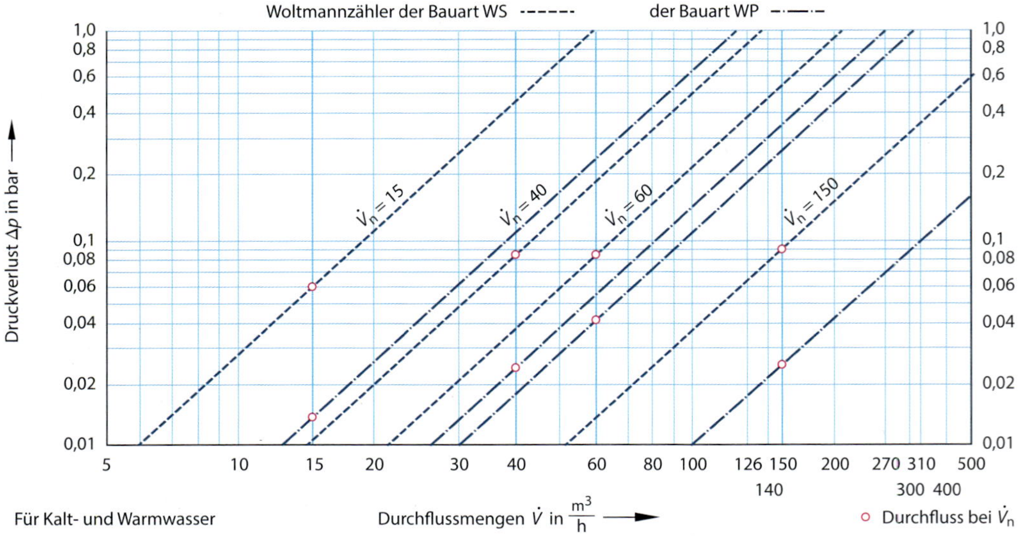

Maße (Woltmannzähler)

Maßbild 1: Bauart WS

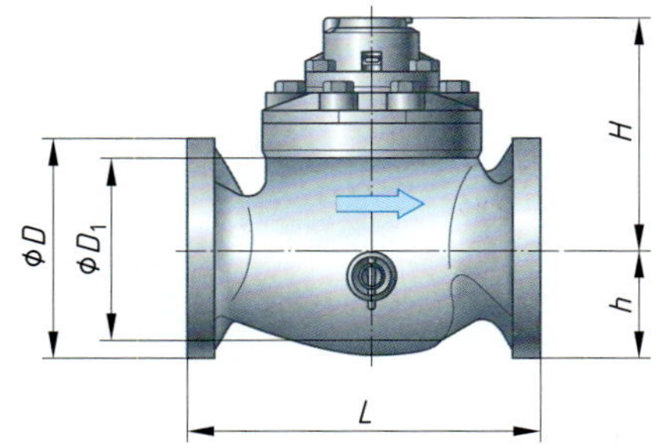

	DN 50	80	100
***L* in mm**	270	300	360
***H* in mm**	135	180	190
***h* in mm**	85	102	113
***D* in mm**	165	200	220
D_1 in mm	125	160	180

Maßbild 2: Bauart WP

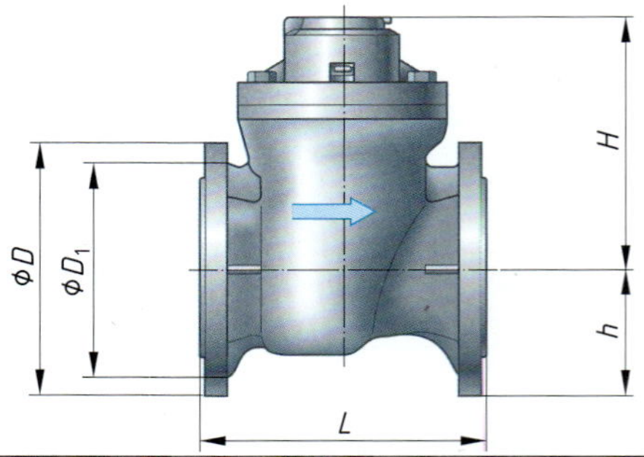

	DN 50	80	100
***L* in mm**	200	225	250
***H* in mm**	123	140	140
***h* in mm**	75	94	106
***D* in mm**	165	200	220
D_1 in mm	125	160	180

6.1.1.20 Maximale rechnerische Fließgeschwindigkeit beim zugeordneten Spitzendurchfluss

Leitungsabschnitt	Maximal rechnerische Fließgeschwindigkeit bei Fließdauer m/s	
	< 15 min	≥ 15 min
Anschlussleitungen	2	2
Verbrauchsleitungen: Teilstrecken mit druckverlustarmen Einzelwiderständen ($\varsigma < 2,5$)[1]	5	2
Teilstrecken mit höheren Verlustbeiwerten für die Einzelwiderstände ($\varsigma \geq 2,5$)[2]	2,5	2

[1] z. B. Kolbenschieber, Kugelhahn, Schrägsitzventile, Formstücke
[2] z. B. Geradsitzventil, Formstücke

6.1.1.21 Richtwerte für Druckverluste Δp_{TE} von Gruppen-Trinkwassererwärmern

DIN 1988-300 : 2012-05

Geräteart	Druckverlust Δp_{TE} hPa
Elektro-Durchfluss-Wassererwärmer hydraulisch gesteuert elektronisch gesteuert	 1000 800
Elektro- bzw. Gas-Speicher-Wassererwärmer Nennvolumen bis 80 l	200
Gas-Durchfluss-Wasserheizer und Gas-Kombi-Wasserheizer nach DIN EN 297, DIN EN 625	800

6.1.1.22 Wasserfilter (Herstellerangaben) *water filters*

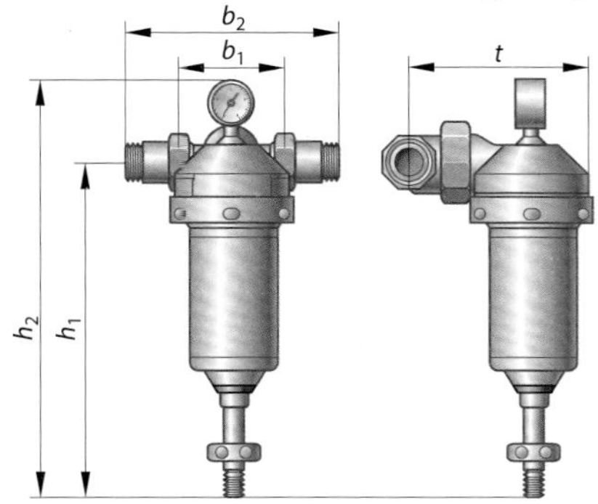

Anschlussgewinde DN	25	32
Anschlussgewinde Zoll	1	1 ¼
Durchfluss in m³/h (Δp = 0,2 bar)	6,0	7,6
Durchfluss in m³/h (Δp = 0,5 bar)	9,2	12
Maschenweite in µm	100	100
max. Betriebsdruck in bar	16	16
max. Betriebstemperatur in °C	30	30
b_1 in mm	110	110
b_2 in mm	206	226
h_1 in mm	352	352
h_2 in mm	438	438
t in mm	195	194
m in kg	5,7	5,9

6.1.1.23 Widerstandsbeiwerte für Form- und Verbindungsstücke aus Kupfer, Rotguss und nicht rostendem Stahl

Resistance coefficients for fittings and joints made of copper, bronze and stainless steel

DIN 1988-300 : 2012-05

Nr.	Einzelwiderstand	Kurzzeichen nach DVGW W 575	Graphisches Symbol 1), vereinfachte Darstellung	Widerstandsbeiwert ς										
				DN 12	DN 15	DN 20	DN 25	DN 32	DN 40	DN 50	DN 60	DN 65	DN 80	DN 100
				Rohraußendurchmesser d_a mm										
				15	18	22	28	35	42	54	64	76,1	88,9	108
1	T-Stück Abzweig Stromtrennung	TA	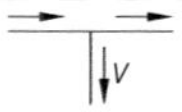	2,1	2,3	1,2	2,0	1,6	1,0	0,9	1,0	1,1	1,1	1,1
2	T-Stück Durchgang Stromtrennung	TD	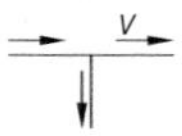	0,9	0,7	0,7	0,7	0,5	0,1	0,1	0,1	0,1	0,1	0,1
3	T-Stück Gegenlauf Stromtrennung	TG	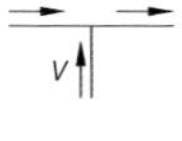	–0,1	0,0	0,1	0,3	0,6	–	0,9	1,0	1,1	1,1	1,1
4	T-Stück Abzweig Stromvereinigung	TVA		1,7	1,6	1,5	1,5	1,4	1,4	1,4	1,9	1,8	1,8	1,8
5	T-Stück Durchgang Stromvereinigung	TVD	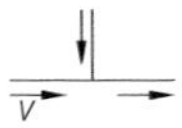	3,3	3,0	2,8	2,8	2,6	2,8	2,8	3,8	3,5	3,5	3,5
6	T-Stück Gegenlauf Stromvereinigung	TVG	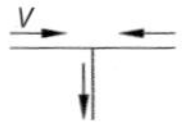	1,9	2,0	2,0	1,8	1,3	1,7	1,7	1,8	2,4	2,4	2,4

1) Das Formelzeichen v für Fließgeschwindigkeit gibt den Ort der maßgebenden Bezugsgeschwindigkeit im Form- und Verbindungsstück an.

6.1.1.23 Widerstandsbeiwerte für Form- und Verbindungsstücke aus Kupfer, Rotguss und nicht rostendem Stahl (Fortsetzung)

Nr.	Einzelwiderstand	Kurzzeichen nach DVGW W 575	Graphisches Symbol 1), vereinfachte Darstellung	Widerstandsbeiwert ς										
				DN 12	DN 15	DN 20	DN 25	DN 32	DN 40	DN 50	DN 60	DN 65	DN 80	DN 100
				Rohraußendurchmesser d_a mm										
				15	18	22	28	35	42	54	64	76,1	88,9	108
7	Winkel/Bogen 90°	W90	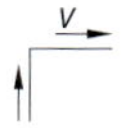	1,7	1,1	1,0	1,7	1,6	0,4	0,4	0,3	0,6	0,6	0,6
8	Winkel/Bogen 45°	W45	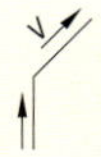	1,7	1,6	1,6	0,4	0,4	0,3	0,3	0,2	0,3	0,3	0,3
9	Reduktion	RED		–	2,1	1,6	1,6	1,6	0,1	0,1	0,1	0,1	0,1	0,1
10	Wandscheibe	WS	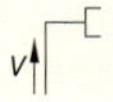	1,4	3,2	5,7	–	–	–	–	–	–	–	–
11	Doppelwandscheibe Durchgang	WSD		3,4	–	2,4	–	–	–	–	–	–	–	–
12	Doppelwandscheibe Abzweig	WSA	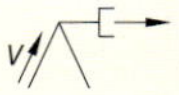	1,0	–	5,5	–	–	–	–	–	–	–	–
13	Verteiler	STV	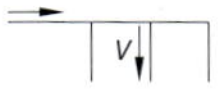	2,0	2,3	1,2	2,0	1,6	1,0	0,9	1,0	1,1	1,1	1,1
14	Kupplung/Muffe	K	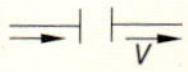	0,7	0,4	0,4	0,6	0,8	0,1	0,1	0,1	0,1	0,1	0,1

6.1.1.24 Widerstandsbeiwerte für Form- und Verbindungsstücke aus PP, PB und PVC nach DIN 1988-300:2012-05

Resistance coefficients for fittings and joints made of PP, PB and PVC

Nr.	Einzelwiderstand	Kurzzeichen nach DVGW W 575	Graphisches Symbol 1), vereinfachte Darstellung	Widerstandsbeiwert ς									
				DN 12	DN 15	DN 20	DN 25	DN 32	DN 40	DN 50	DN 65	DN 80	DN 100
				Rohraußendurchmesser d_a mm									
				16	20	25	32	40	50	63	75	90	110
1	T-Stück Abzweig Stromtrennung	TA	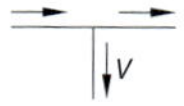	2,4	2,6	1,4	2,3	1,8	1,2	1,1	1,2	1,3	1,3
2	T-Stück Durchgang Stromtrennung	TD	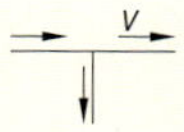	1,1	0,9	0,9	0,9	0,6	0,2	0,2	0,2	0,2	0,2
3	T-Stück Gegenlauf Stromtrennung	TG	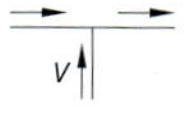	0,0	0,3	0,3	0,4	0,7	0,7	1,1	1,3	1,3	1,3
4	T-Stück Abzweig Stromvereingung	TVA	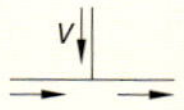	2,0	1,9	1,8	1,8	1,6	1,6	1,6	2,0	2,0	2,0
5	T-Stück Durchgang Stromvereinigung	TVD		3,8	3,5	3,2	3,2	3,0	3,2	3,2	4,0	4,0	4,0

1) Das Formelzeichen *v* für Fließgeschwindigkeit gibt den Ort der maßgebenden Bezugsgeschwindigkeit im Form- und Verbindungsstück an.

6.1.1.24 Widerstandsbeiwerte für Form- und Verbindungsstücke aus PP, PB und PVC nach DIN 1988-300 : 2012-05

(Fortsetzung)

Nr.	Einzelwiderstand	Kurzzeichen nach DVGW W 575	Graphisches Symbol [1], vereinfachte Darstellung	Widerstandsbeiwert ς									
				DN 12	DN 15	DN 20	DN 25	DN 32	DN 40	DN 50	DN 65	DN 80	DN 100
				Rohraußendurchmesser d_a mm									
				16	20	25	32	40	50	63	75	90	110
6	T-Stück Gegenlauf Stromvereinigung	TVG		2,2	2,3	2,3	2,0	1,6	1,9	1,9	2,7	2,7	2,7
7	Winkel/Bogen 90°	W90		2,0	1,3	1,2	2,0	1,9	0,5	0,5	0,7	0,7	0,7
8	Winkel/Bogen 45°	W45		2,0	1,9	1,9	0,5	0,5	0,4	0,4	0,4	0,4	0,4
9	Reduktion	RED	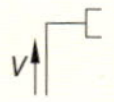	–	2,4	1,9	1,9	1,9	0,2	0,2	0,2	0,2	0,2
10	Wandscheibe	WS		1,6	3,7	–	–	–	–	–	–	–	–
11	Doppelwandscheibe Durchgang	WSD	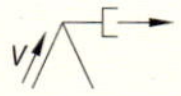	4,0	3,5	–	–	–	–	–	–	–	–
12	Doppelwandscheibe Abzweig	WSA	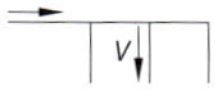	3,0	2,0	–	–	–	–	–	–	–	–
13	Verteiler	STV	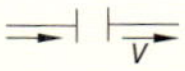	2,3	2,6	–	–	–	–	–	–	–	–
14	Kupplung/Muffe	K	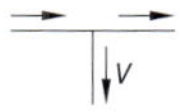	0,8	0,5	0,5	0,7	0,9	0,2	0,2	0,2	0,2	0,2

6.1.1.25 Widerstandsbeiwerte für Form- und Verbindungsstücke aus Metall-Kunststoff-Verbund und PE-X-Systemen nach DIN 1988-300 : 2012-05

Resistance coefficients for fittings and joints made of metal-plastic composite and PEX systems

Nr.	Einzelwiderstand	Kurzzeichen nach DVGW W 575	Graphisches Symbol [1], vereinfachte Darstellung	Widerstandsbeiwert ς									
				DN 12	DN 15	DN 20	DN 25	DN 32	DN 40	DN 50	DN 65	DN 80	DN 100
				Rohraußendurchmesser d_a mm									
				16	20	25	32	40	50	63	75	90	110
1	T-Stück Abzweig Stromtrennung	TA	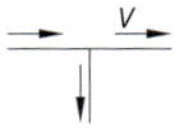	17,2	8,1	5,6	9,3	3,5	3,0	3,1	4,1	3,5	3,5
2	T-Stück Durchgang Stormtrennung	TD	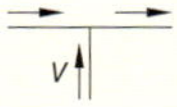	6,0	3,6	2,1	4,8	1,1	0,8	0,7	0,8	0,8	0,8
3	T-Stück Gegenlauf Stromtrennung	TG	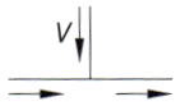	11,5	6,8	5,3	3,7	3,5	3,0	3,1	4,1	4,0	4,0
4	T-Stück Abzweig Stromvereingung	TVA	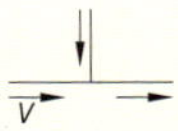	17,0	10,0	8,0	5,0	5,5	4,5	4,0	3,5	3,5	3,5

[1] Das Formelzeichen *v* für Fließgeschwindigkeit gibt den Ort der maßgebenden Bezugsgeschwindigkeit im Form- und Verbindungsstück an.

6.1.1.25 Widerstandsbeiwerte für Form- und Verbindungsstücke aus Metall-Kunststoff-Verbund und PEX-Systemen nach DIN 1988-300 : 2012-05

(Fortsetzung)

Nr.	Einzelwiderstand	Kurzzeichen nach DVGW W 575	Graphisches Symbol [1], vereinfachte Darstellung	Widerstandsbeiwert ς									
				DN 12	DN 15	DN 20	DN 25	DN 32	DN 40	DN 50	DN 65	DN 80	DN 100
				Rohraußendurchmesser d_a mm									
				16	20	25	32	40	50	63	75	90	110
5	T-Stück Durchgang Stromvereinigung	TVD	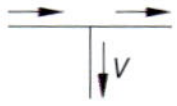	35,0	23,0	16,0	11,0	10,0	9,0	8,0	7,0	6,0	6,0
6	T-Stück Gegenlauf Stromvereinigung	TVG	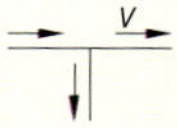	27,0	17,0	12,0	9,0	8,0	7,0	6,0	5,0	5,0	5,0
7	Winkel/Bogen 90°	W90	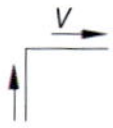	17,3	7,4	5,7	8,3	3,3	3,0	3,5	4,0	4,0	4,0
8	Winkel/Bogen 45°	W45		3,0	2,5	2,0	1,5	1,3	1,0	1,0	1,0	1,0	1,5
9	Reduktion	RED		3,1	2,6	2,0	1,0	0,6	1,3	0,3	0,5	0,4	0,4
10	Wandscheibe	WS		8,1	6,6	–	–	–	–	–	–	–	–
11	Doppelwandscheibe Durchgang	WSD		5,0	4,5	–	–	–	–	–	–	–	–
12	Doppelwandscheibe Abzweig	WSA		4,0	3,5	–	–	–	–	–	–	–	–
13	Verteiler	STV	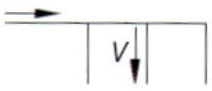	4,5	3,0	–	–	–	–	–	–	–	–
14	Kupplung/Muffe	K	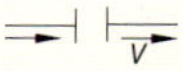	3,1	3,5	2,1	5,0	0,9	0,9	0,9	0,7	0,7	0,7

[1] Das Formelzeichen v für Fließgeschwindigkeit gibt den Ort der maßgebenden Bezugsgeschwindigkeit im Form- und Verbindungsstück an.

6.1.1.26 Widerstandsbeiwerte für Armaturen aus Rotguss und nicht rostendem Stahl nach DIN 1988-300 : 2012-05

Resistance coefficients for valves made of bronze and stainless steel

Nr.	Einzelwiderstand	Graphisches Symbol, vereinfachte Darstellung	Widerstandsbeiwert ς										
			DN 12	DN 15	DN 20	DN 25	DN 32	DN 40	DN 50	DN 60	DN 65	DN 80	DN 100
			Rohraußendurchmesser d_a mm										
			15	18	22	28	35	42	54	64	76,1	88,9	108
1	Absperrarmatur/Schrägsitzventil		2,5	2,0	2,0	2,0	2,0	2,5	2,5	3,0	3,0	3,5	3,5
2	Kugelhahn (Volldurchgang/reduzierter Durchgang)		0,3	0,3	0,3	0,3	0,3	0,3	0,3	–	–	–	–
3	Geradsitzventil (z. B. Unterputzventil)		7,0	7,0	7,0	7,0	–	–	–	–	–	–	–
4	Kolbenschieber		0,1	0,1	0,1	0,2	0,2	0,2	0,2	–	–	–	–
5	Absperrventil mit integriertem Rückflussverhinderer/KFR-Ventil	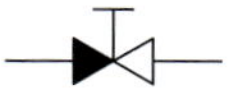	4,5	4,0	3,0	2,5	2,5	2,5	2,5	2,5	2,5	4,0	4,0
6	Rückflussverhinderer (Kartuscheneinsatz)		4,0	3,5	3,0	3,0	2,5	2,0	2,5	–	–	–	–

6.1.1.27 Rohrreibungsverluste *pipe friction losses*

Rohrreibungsverluste bei mittelschwerem Gewinderohr (DIN EN 10255) verzinkt

	DN 10		DN 15		DN 20		DN 25		DN 32		DN 40		DN 50		DN 65		DN 80	
$\dot{V}_s$ in l/s	*R* in mbar/m	*v* in m/s	*R* in mbar/m	*v* in m/s	*R* in mbar/m	*v* in m/s	*R* in mbar/m	*v* in m/s	*R* in mbar/m	*v* in m/s	*R* in mbar/m	*v* in m/s	*R* in mbar/m	*v* in m/s	*R* in mbar/m	*v* in m/s	*R* in mbar/m	*v* in m/s
0,07	6,3	0,6	1,8	0,3	0,4	0,2												
0,10	12,3	0,8	3,5	0,5	0,8	0,3	0,3	0,2	0,0	0,1	0,0	0,1						
0,20	46,2	1,6	12,9	1,0	2,8	0,5	0,9	0,3	0,2	0,2	0,1	0,1						
0,30	101,6	2,4	28,0	1,5	6,0	0,8	1,9	0,5	0,5	0,3	0,2	0,2	0,1	0,1				
0,40	178,3	3,3	43,8	2,0	10,3	1,1	3,2	0,7	0,8	0,4	0,4	0,3						
0,50	276,5	4,1	75,4	2,5	15,8	1,4	4,8	0,9	1,2	0,5	0,6	0,4	0,2	0,2	0,0	0,1	0,0	0,1
0,60	396,1	4,9	107,7	3,0	22,5	1,6	6,8	1,0	1,7	0,6	0,8	0,4						
0,75			166,9	3,7	34,6	2,0	10,5	1,3	2,5	0,7	1,1	0,5	0,4	0,3	0,1	0,2	0,0	0,1
0,85			213,5	4,2	44,2	2,3	13,4	1,4	3,2	0,8	1,5	0,6						
1,00			294,2	5,0	60,7	2,7	18,3	1,7	4,4	1,0	2,0	0,7	0,6	0,5	0,2	0,3	0,1	0,2
1,20					86,8	3,3	26,0	2,1	6,2	1,2	2,9	0,9	0,8	0,6	0,3	0,3	0,1	0,2
1,40					117,5	3,8	35,2	2,4	8,3	1,4	3,8	1,0	1,1	0,7	0,4	0,4	0,2	0,3
1,60					152,8	4,4	45,6	2,8	10,8	1,6	4,9	1,2	1,4	0,7	0,45	0,4	0,2	0,3
1,80					192,8	4,9	57,5	3,1	13,6	1,8	6,2	1,3	1,8	0,8	0,5	0,5	0,2	0,3
2,00					237,4	5,5	70,7	3,4	16,7	2,0	7,6	1,5	2,3	0,9	0,6	0,5	0,3	0,4
2,25							89,2	3,9	21,0	2,2	9,5	1,6	2,8	1,0	0,8	0,6	0,3	0,4
2,50							109,7	4,3	25,7	2,5	11,7	1,8	3,4	1,1	0,9	0,7	0,4	0,5
2,75							132,5	4,7	31,0	2,7	14,1	2,0	4,1	1,2	1,1	0,7	0,5	0,5
3,00							157,2	5,2	36,7	3,0	16,7	2,2	4,9	1,4	1,3	0,8	0,6	0,6
3,25									43,0	3,2	19,0	2,4	5,7	1,5	1,5	0,9	0,7	0,6
3,50									49,7	3,5	22,5	2,6	6,6	1,6	1,7	0,9	0,8	0,7
3,75									57,0	3,7	25,7	2,7	7,5	1,7	2,0	1,0	0,9	0,7
4,00									64,7	4,0	29,2	2,9	8,5	1,8	2,2	1,1	1,0	0,8
4,25									72,9	4,2	33,0	3,1	9,6	1,9	2,5	1,1	1,1	0,8
4,50									81,5	4,4	36,8	3,3	10,7	2,0	2,8	1,2	1,2	0,9
5,00									100,4	4,9	45,3	3,6	13,2	2,3	3,4	1,3	1,5	1,0
5,50											54,6	4,0	15,9	2,5	4,1	1,5	1,8	1,1
6,00											64,8	4,4	18,8	2,7	4,9	1,6	2,1	1,2
6,50											75,9	4,7	22,0	2,9	5,7	1,7	2,5	1,3
7,00											87,9	5,1	25,4	3,2	6,6	1,9	2,9	1,4
8,00													33,1	3,6	8,5	2,2	3,7	1,6
9,00													41,7	4,1	10,7	2,4	4,7	1,8
10,0													51,3	4,5	13,2	2,7	5,8	2,0
11,0													61,9	5,0	15,9	3,0	6,9	2,1
12,0															18,9	3,2	8,2	2,3
13,0															22,1	3,5	9,0	2,5
15,0															29,3	4,0	12,7	2,9
17,0															37,5	4,6	16,2	3,3
20,0																	22,3	3,9
22,0																	26,9	4,3
25,0																	34,7	4,9

Rohrreibungsverluste bei Kupferrohr (DIN EN 1057)

d × *s*	DN 10 12 × 1		DN 12 15 × 1		DN 15 18 × 1		DN 20 22 × 1		DN 25 28 × 1,5		DN 32 35 × 1,5		DN 40 42 × 1,5		DN 50 54 × 2		DN 60 64 × 2	
$\dot{V}_s$ in l/s	*R* in mbar/m	*v* in m/s	*R* in mbar/m	*v* in m/s	*R* in mbar/m	*v* in m/s	*R* in mbar/m	*v* in m/s	*R* in mbar/m	*v* in m/s	*R* in mbar/m	*v* in m/s	*R* in mbar/m	*v* in m/s	*R* in mbar/m	*v* in m/s	*R* in mbar/m	*v* in m/s
0,05	7,7	0,6	2,2	0,4	0,8	0,2	0,3	0,1	0,1	0,1								
0,07	13,7	0,9	4,0	0,5	1,5	0,3	0,5	0,2	0,2	0,1								
0,10	25,4	1,3	7,3	0,8	2,7	0,5	1,0	0,3	0,3	0,2								
0,20	85,5	2,5	24,5	1,5	9,1	1,0	3,2	0,6	1,1	0,4	0,3	0,2	0,1	0,2	0,0	0,1	0,0	0,1
0,30	175,2	3,8	49,9	2,3	18,5	1,5	6,4	1,0	2,2	0,6								
0,40	292,5	5,1	83,1	3,0	30,8	2,0	10,6	1,3	3,7	0,8	1,1	0,5	0,4	0,3	0,1	0,2	0,1	0,1
0,50			123,6	3,8	45,7	2,5	15,7	1,6	5,4	1,0								
0,60			171,1	4,5	63,2	3,0	21,7	1,9	7,5	1,2	2,3	0,7	0,9	0,5	0,3	0,3	0,1	0,2
0,80					105,6	4,0	36,2	2,5	12,4	1,6	3,8	1,0	1,5	0,7	0,5	0,4	0,2	0,3
1,00					157,4	5,0	53,9	3,2	18,5	2,0	5,7	1,2	2,2	0,8	0,7	0,5	0,3	0,4
1,20							74,7	3,8	25,6	2,4	7,8	1,5	3,1	1,0	0,9	0,6	0,4	0,4
1,40							98,4	4,5	33,7	2,9	10,3	1,7	4,0	1,2	1,2	0,7	0,5	0,5
1,60							125,1	5,1	42,8	3,3	13,1	2,0	5,1	1,3	1,6	0,8	0,6	0,6
1,80									52,8	3,7	16,2	2,2	6,3	1,5	1,9	0,9	0,8	0,6
2,00									63,9	4,1	19,5	2,5	7,6	1,7	2,3	1,0	1,0	0,7
2,20									75,8	4,5	23,1	2,7	9,0	1,8	2,7	1,1	1,1	0,8
2,40									88,7	4,9	27,0	3,0	10,5	2,0	3,2	1,2	1,3	0,8
2,60											31,2	3,2	12,1	2,2	3,7	1,3	1,5	0,9
2,80											35,7	3,5	13,8	2,3	4,2	1,4	1,8	1,0
3,00											40,4	3,7	15,6	2,5	4,7	1,5	2,0	1,1
3,20											45,3	4,0	17,5	2,7	5,3	1,6	2,2	1,1
3,40	**DN 65**		**DN 80**		**DN 100**						50,6	4,2	19,5	2,8	5,9	1,7	2,5	1,2
3,60	**76,1 × 2**		**88,9 × 2**		**106 × 2,5**						56,1	4,5	21,6	3,0	6,6	1,8	2,7	1,3
3,80	1,3	0,9	0,6	0,6	0,2	0,5					61,8	4,7	23,8	3,2	7,2	1,9	3,0	1,3
4,00	1,4	1,0	0,6	0,7	0,2	0,5					67,8	5,0	26,2	3,3	7,9	2,0	3,3	1,4
4,40	1,6	1,1	0,7	0,7	0,2	0,5							31,0	3,7	9,4	2,2	3,9	1,6
4,80	1,8	1,2	0,8	0,8	0,3	0,6							36,3	4,0	11,0	2,4	4,6	1,7
5,20	2,2	1,3	1,0	0,9	0,4	0,6							42,0	4,4	12,7	2,6	5,3	1,8
5,60	2,5	1,4	1,1	1,0	0,4	0,7							48,0	4,7	14,5	2,9	6,0	2,0
6,00	2,8	1,5	1,3	1,1	0,5	0,7							54,4	5,0	16,4	3,1	6,8	2,1
6,40	3,2	1,6	1,5	1,1	0,5	0,8									18,4	3,3	7,7	2,3
6,80	3,6	1,7	1,7	1,2	0,6	0,8									20,6	3,5	8,6	2,4
7,20	4,0	1,8	1,8	1,2	0,7	0,9									22,8	3,7	9,5	2,5
7,60	4,3	1,9	2,0	1,3	0,8	0,9									25,2	3,9	10,5	2,7
8,00	4,7	2,0	2,2	1,4	0,9	1,0									27,6	4,1	11,5	2,8
8,40	5,1	2,1	2,4	1,4	0,9	1,0									30,2	4,3	12,5	3,0
8,80	5,6	2,2	2,6	1,5	1,0	1,1									32,8	4,5	13,6	3,1
9,20	6,1	2,2	2,8	1,6	1,1	1,1									35,6	4,7	14,8	3,3
9,60	6,6	2,3	3,0	1,7	1,2	1,2									38,4	4,9	15,9	3,4
10,00	7,1	2,4	3,2	1,8	1,3	1,2									41,4	5,1	17,2	3,5
11,00	8,4	2,7	3,8	1,9	1,5	1,3											20,4	3,9
12,00	9,9	2,9	4,5	2,1	1,8	1,4											23,9	4,2
13,00	11,4	3,2	5,2	2,3	2,0	1,6											27,6	4,6
15,00	14,8	3,7	6,7	2,6	2,6	1,8												
17,00	18,5	4,2	8,4	3,0	3,3	2,0												
20,00	24,9	4,9	11,3	3,5	4,5	2,4												
25,00			17,0	4,4	6,7	3,0												
30,00					9,3	3,6												
35,00					12,3	4,2												

Rohrreibungsverluste bei nichtrostendem Stahlrohr nach DIN EN 10088-2 (DVGW-Arbeitsblatt GW 541)

	DN 10		DN 12		DN 15		DN 20		DN 25		DN 32		DN 40	
$\dot{V}_s$ in l/s	*R* in mbar/m	*v* in m/s	*R* in mbar/m	*v* in m/s	*R* in mbar/m	*v* in m/s	*R* in mbar/m	*v* in m/s	*R* in mbar/m	*v* in m/s	*R* in mbar/m	*v* in m/s	*R* in mbar/m	*v* in m/s
0,05	7,7	0,6	2,2	0,4	0,8	0,2	0,3	0,2	0,1	0,1				
0,10	25,4	1,3	7,3	0,8	2,7	0,5	1,0	0,3	0,3	0,2				
0,20	85,5	2,5	24,5	1,5	9,1	1,0	3,3	0,6	1,1	0,4	0,3	0,2	0,1	0,2
0,30	175,2	3,8	49,9	2,3	18,5	1,5	6,5	1,0	2,1	0,6				
0,40	292,5	5,1	83,1	3,0	30,8	2,0	10,8	1,3	3,6	0,8	1,1	0,5	0,4	0,3
0,50			123,6	3,8	45,7	2,5	16,0	1,6	5,3	1,0				
0,60			171,1	4,5	63,2	3,0	22,2	1,9	7,3	1,2	2,3	0,7	0,9	0,5
0,70			225,5	5,3	83,2	3,5	29,1	2,2	9,5	1,4				
0,80					105,6	4,0	37,0	2,5	12,0	1,6	3,8	1,0	1,5	0,7
0,90	DN 50				130,3	4,5	45,6	2,9	14,8	1,8				
1,00	0,7	0,5			157,4	5,0	55,1	3,2	17,9	2,0	5,7	1,2	2,2	0,8
1,10							65,3	3,5	21,2	2,2				
1,20	0,9	0,6					76,3	3,8	24,8	2,4	7,8	1,5	3,1	1,0
1,30							88,1	4,1	28,6	2,6				
1,40	1,2	0,7					100,6	4,5	32,7	2,9	10,3	1,7	4,0	1,2
1,50							113,9	4,8	37,0	3,1				
1,60	1,6	0,8					127,9	5,1	41,5	3,3	13,1	2,0	5,1	1,3
1,70									46,3	3,5				
1,80	1,9	0,9							51,2	3,7	16,2	2,2	6,3	1,5
1,90									56,5	3,9				
2,00	2,3	1,0							62,0	4,1	19,5	2,5	7,6	1,7
2,20	2,6	1,1							73,5	4,5	23,1	2,7	9,0	1,8
2,40	3,1	1,2							86,0	4,9	27,0	3,0	10,5	2,0
2,60	3,6	1,3									31,2	3,2	12,1	2,2
2,80	4,1	1,4									35,7	3,5	13,8	2,3
3,00	4,6	1,5									40,4	3,7	15,6	2,5
3,20	5,2	1,6									45,3	4,0	17,5	2,7
3,40	5,8	1,7									50,6	4,2	19,5	2,8
3,60	6,5	1,8									56,1	4,5	21,6	3,0
3,80	7,1	1,9									61,8	4,7	23,2	3,8
4,00	7,7	2,0									67,8	5,0	26,2	3,3
4,20	8,4	2,2									74,1	5,2	28,6	3,5
4,40	9,2	2,2											31,0	3,7
4,60	10,0	2,3											33,6	3,9
4,80	10,8	2,5											36,3	4,0
5,00	11,6	2,3											39,1	4,2
5,20	12,5	2,6											42,0	4,4
5,40	13,3	2,8											44,9	4,5
5,60	14,2	2,9											48,0	4,7
5,80	15,0	3,0											51,1	4,9
6,00	16,1	3,1											54,4	5,0
6,20	17,1	3,2												

Rohrreibungsverluste bei PVC-U-Rohr (DIN EN ISO 1452), PN 16 für $\vartheta = 10$ °C

	DN 10		DN 15		DN 20		DN 25		DN 32		DN 40		DN 50		DN 65		DN 80	
$\dot{V}_s$ in l/s	*R* in mbar/m	*v* in m/s	*R* in mbar/m	*v* in m/s	*R* in mbar/m	*v* in m/s	*R* in mbar/m	*v* in m/s	*R* in mbar/m	*v* in m/s	*R* in mbar/m	*v* in m/s	*R* in mbar/m	*v* in m/s	*R* in mbar/m	*v* in m/s	*R* in mbar/m	*v* in m/s
0,10	6,0	0,7	2,1	0,4	0,7	0,3	0,2	0,2	0,4	0,1	0,0	0,1						
0,20	20,2	1,4	7,0	0,9	2,4	0,6	0,7	0,3	0,3	0,2	0,1	0,1	0,0	0,1	0,0	0,1	0,0	0,1
0,30	41,6	2,1	14,2	1,3	4,9	0,8	1,5	0,5	0,5	0,3	0,2	0,2						
0,40	69,8	2,8	23,7	1,8	8,2	1,1	2,5	0,7	0,9	0,4	0,3	0,3						
0,50	104,4	3,4	35,4	2,2	12,2	1,4	3,7	0,9	1,3	0,6	0,4	0,4	0,1	0,2	0,1	0,2	0,0	0,1
0,60	145,5	4,1	49,1	2,6	16,9	1,7	5,1	1,0	1,8	0,7	0,6	0,4						
0,70	192,8	4,8	64,9	3,1	22,3	2,0	6,7	1,2	2,3	0,8	0,8	0,5	0,3	0,3	0,1	0,2	0,1	0,2
0,80			82,7	3,5	28,3	2,3	8,5	1,4	2,9	0,9	1,0	0,6						
0,90			102,5	4,0	35,0	2,5	10,5	1,5	3,6	1,0	1,2	0,6	0,4	0,4	0,2	0,3	0,1	0,2
1,00			124,2	4,4	42,3	2,8	12,7	1,7	4,3	1,1	1,5	0,7	0,5	0,4	0,2	0,3	0,1	0,2
1,20			173,5	5,3	58,9	3,4	17,6	2,1	6,0	1,3	2,0	0,8	0,7	0,6	0,3	0,4	0,1	0,3
1,40					78,1	4,0	23,2	2,4	7,9	1,5	2,7	1,0	0,9	0,7	0,4	0,4	0,1	0,3
1,60					99,7	4,5	29,6	2,8	10,0	1,8	3,4	1,1	1,1	0,7	0,5	0,5	0,2	0,4
1,80	**DN 100**						36,6	3,1	12,4	2,0	4,2	1,3	1,3	0,8	0,6	0,5	0,2	0,4
2,00	0,1	0,3					44,4	3,4	15,0	2,2	5,1	1,4	1,7	0,9	0,7	0,6	0,3	0,4
2,20							52,8	3,8	17,8	2,4	6,0	1,5	2,0	0,9	0,8	0,6	0,4	0,5
2,40							61,9	4,1	20,9	2,6	7,0	1,7	2,4	1,0	0,9	0,7	0,4	0,5
2,60							71,7	4,5	24,2	2,9	8,1	1,8	2,8	1,1	1,1	0,7	0,5	0,6
2,80							82,2	4,8	27,6	3,1	9,3	2,0	3,2	1,2	1,3	0,8	0,5	0,6
3,00	0,2	0,4					93,3	5,2	31,4	3,3	10,5	2,1	3,5	1,3	1,5	0,9	0,6	0,7
3,20									35,3	3,5	11,8	2,2	3,9	1,4	1,7	0,9	0,6	0,7
3,60	0,4	0,6							43,8	4,0	14,6	2,5	4,9	1,6	2,1	1,1	0,8	0,8
4,00	0,4	0,6							53,1	4,4	17,7	2,8	5,8	1,8	2,5	1,3	1,0	0,9
4,40	0,5	0,7							63,3	4,8	21,0	3,1	7,0	1,9	3,0	1,4	1,2	0,9
4,80	0,5	0,7									24,7	3,4	8,2	2,1	3,5	1,5	1,4	1,0
5,20	0,6	0,8									28,5	3,6	9,5	2,3	4,0	1,7	1,7	1,1
5,60	0,7	0,8									32,7	3,9	10,8	2,5	4,6	1,8	2,0	1,2
6,00	0,8	0,9									37,1	4,2	12,1	2,7	5,2	1,9	2,2	1,3
6,40	0,9	0,9									41,8	4,5	13,9	2,8	6,0	2,0	2,5	1,3
6,80	1,0	1,0									46,8	4,8	15,6	3,0	6,7	2,1	2,8	1,4
7,20	1,1	1,0									52,0	5,1	17,1	3,2	7,4	2,3	3,1	1,5
7,60	1,2	1,1											18,8	3,4	8,1	2,4	3,3	1,6
8,00	1,4	1,2											20,5	3,5	8,8	2,5	3,6	1,7
8,40	1,5	1,2											22,5	3,6	9,6	2,7	4,0	1,8
8,80	1,6	1,3											24,6	3,8	10,5	2,8	4,3	1,9
9,20	1,8	1,3											26,7	4,0	11,4	2,9	4,7	2,0
9,60	2,0	1,4											28,8	4,2	12,3	3,0	5,1	2,2
10,00	2,1	1,5											30,9	4,4	13,2	3,1	5,4	2,2
15,00	4,3	2,2													27,8	4,7	11,4	3,3
20,00	7,3	2,9															19,3	4,3
25,00	11,0	3,6																
30,00	15,3	4,4																

Rohrreibungsverluste bei PE-HD-Rohr (DIN 12201) für $\vartheta = 10°$ C

d_i	DN 15 16,0 mm		DN 20 20,4 mm		DN 25 26,0 mm		DN 32 32,6 mm		DN 40 40,8 mm		DN 50 51,4 mm		DN 65 61,2 mm		DN 80 73,6 mm		DN 100 102,2 mm	
$\dot{V}_s$ in l/s	*R* in mbar/m	*v* in m/s	*R* in mbar/m	*v* in m/s	*R* in mbar/m	*v* in m/s	*R* in mbar/m	*v* in m/s	*R* in mbar/m	*v* in m/s	*R* in mbar/m	*v* in m/s	*R* in mbar/m	*v* in m/s	*R* in mbar/m	*v* in m/s	*R* in mbar/m	*v* in m/s
0,1	2,8	0,5	0,9	0,3	0,3	0,2	0,1	0,1	0,0	0,1	0,0	0,0						
0,2	9,3	1,0	2,9	0,6	0,9	0,4	0,3	0,2	0,1	0,2	0,0	0,1						
0,3	19,0	1,5	5,9	0,9	1,9	0,6	0,6	0,4	0,2	0,2	0,1	0,1						
0,4	31,8	2,0	9,9	1,2	3,1	0,8	1,1	0,5	0,4	0,3	0,1	0,2						
0,5	47,4	2,5	14,7	1,5	4,5	0,9	1,6	0,6	0,5	0,4	0,2	0,2	0,0	0,2	0,0	0,1	0,0	0,1
0,6	65,9	3,0	20,3	1,8	6,3	1,1	2,1	0,7	0,7	0,5	0,2	0,3						
0,7	87,2	3,5	26,8	2,1	8,3	1,3	2,8	0,8	1,0	0,5	0,3	0,3						
0,8	111,1	4,0	34,1	2,4	10,6	1,5	3,6	1,0	1,2	0,6	0,4	0,4						
0,9	137,3	4,5	42,2	2,8	13,0	1,7	4,4	1,1	1,5	0,7	0,5	0,4	0,2	0,3				
1,0	167,1	5,0	51,0	3,1	15,8	1,9	5,3	1,2	1,8	0,8	0,6	0,5	0,3	0,3	0,1	0,2	0,0	0,1
1,2			71,1	3,7	21,9	2,3	7,3	1,4	2,5	0,9	0,8	0,6	0,4	0,4	0,1	0,2		
1,4			94,2	4,3	28,9	2,6	9,7	1,7	3,3	1,1	1,1	0,7	0,4	0,4	0,2	0,3		
1,6			120,4	4,9	36,8	3,0	12,3	1,9	4,2	1,2	1,4	0,8	0,5	0,5	0,2	0,4		
1,8					43,3	3,3	15,2	2,2	5,1	1,4	1,7	0,9	0,7	0,6	0,3	0,4		
2,0					52,8	3,7	18,4	2,4	6,2	1,5	2,0	1,0	0,9	0,7	0,4	0,5	0,1	0,2
2,2					65,8	4,1	21,9	2,6	7,4	1,7	2,4	1,1	1,0	0,7	0,4	0,5		
2,4					77,2	4,5	25,6	2,9	8,6	1,8	2,8	1,2	1,2	0,8	0,5	0,6	0,1	0,2
2,6					89,5	4,9	29,6	3,1	10,0	2,0	3,3	1,3	1,4	0,8	0,5	0,6	0,2	0,3
2,8							33,9	3,4	11,4	2,1	3,7	1,3	1,6	0,9	0,6	0,6	0,2	0,3
3,0							38,5	3,6	12,9	2,3	4,2	1,4	1,8	1,0	0,8	0,7	0,2	0,4
3,2							43,3	3,8	14,5	2,4	4,8	1,5	2,0	1,1	0,9	0,7	0,2	0,4
3,4							48,4	4,1	16,2	2,6	5,3	1,6	2,3	1,2	1,0	0,8	0,2	0,4
3,6							53,7	4,3	18,0	2,8	5,9	1,7	2,5	1,2	1,1	0,8	0,2	0,4
3,8							59,4	4,6	19,9	2,9	6,5	1,8	2,8	1,3	1,2	0,9	0,3	0,5
4,0							65,2	4,8	21,8	3,1	7,1	1,9	3,1	1,4	1,3	0,9	0,3	0,5
4,5									27,0	3,4	8,8	2,2	3,8	1,5	1,6	1,1	0,3	0,5
5,0									32,8	3,8	10,7	2,4	4,6	1,7	1,9	1,2	0,4	0,6
5,5									39,1	4,2	12,7	2,7	5,4	1,9	2,2	1,3	0,5	0,7
6,0									45,9	4,6	14,9	2,9	6,4	2,0	2,6	1,4	0,5	0,7
7,0											19,7	3,4	8,4	2,4	3,4	1,6	0,7	0,9
8,0											25,2	3,9	10,7	2,7	4,4	1,9	0,9	1,0
9,0											31,2	4,3	13,3	3,1	5,4	2,1	1,1	1,1
10,0											37,9	4,8	16,2	3,4	6,6	2,4	1,3	1,2
11,0													19,3	3,7	7,8	2,6	1,6	1,3
12,0													22,6	4,1	9,2	2,8	1,9	1,5
13,0													26,2	4,4	10,6	3,1	2,2	1,6
14,0													30,0	4,8	12,2	3,3	2,5	1,7
15,0													34,1	5,1	13,8	3,5	2,8	1,8
20,0															23,5	4,7	4,7	2,4
30,0																	10,0	3,7

Rohrreibungsverluste bei PE-HD/AL/PE-Xb-Verbundrohr (Herstellerangaben)

	DN 12		DN 15		DN 20		DN 25	
$\dot{V}_s$ in l/s	*R* in mbar/m	*v* in m/s	*R* in mbar/m	*v* in m/s	*R* in mbar/m	*v* in m/s	*R* in mbar/m	*v* in m/s
0,05	4,1	0,5	1,2	0,3	0,3	0,2	0,1	0,1
0,10	13,6	1,0	3,8	0,6	1,0	0,3	0,3	0,2
0,15	27,7	1,4	7,8	0,8	2,0	0,5	0,6	0,3
0,20	46,2	1,9	12,9	1,1	3,3	0,6	0,9	0,4
0,25	68,8	2,4	19,1	1,4	4,8	0,8	1,4	0,5
0,30	95,5	2,9	26,4	1,7	6,6	1,0	1,9	0,6
0,35	126,1	3,4	34,8	2,0	8,7	1,1	2,5	0,7
0,40	160,7	3,9	44,2	2,3	11,1	1,3	3,1	0,8
0,45	199,1	4,3	54,6	2,5	13,6	1,4	3,9	0,8
0,50	241,4	4,8	66,0	2,8	16,4	1,6	4,7	0,9
0,60	DN 32		91,9	3,4	22,8	1,9	6,4	1,1
0,70	2,7	0,8	121,6	4,0	30,0	2,2	8,5	1,3
0,80	3,4	0,9	155,2	4,5	38,2	2,5	10,8	1,5
0,90	4,2	1,1	DN 40		47,3	2,9	13,3	1,7
1,00	5,1	1,2	1,6	0,7	57,2	3,2	16,0	1,9
1,20	7,0	1,4	2,2	0,9	79,7	3,8	22,3	2,3
1,40	9,3	1,6	2,9	1,0	105,7	4,5	29,4	2,6
1,60	11,8	1,9	3,7	1,2	DN 50		37,5	3,0
1,80	14,6	2,1	4,6	1,3	1,3	0,8	46,5	3,4
2,00	17,7	2,3	5,5	1,4	1,6	0,9	56,3	3,8

	DN 25		DN 32		DN 40		DN 50	
$\dot{V}_s$ in l/s	*R* in mbar/m	*v* in m/s	*R* in mbar/m	*v* in m/s	*R* in mbar/m	*v* in m/s	*R* in mbar/m	*v* in m/s
2,20	67,1	4,1	21,0	2,6	6,5	1,6	2,0	1,0
2,40	78,7	4,5	24,6	2,8	7,6	1,7	2,3	1,0
2,60	91,1	4,9	28,4	3,0	8,8	1,9	2,6	1,1
2,80			32,6	3,3	10,1	2,0	3,0	1,2
3,00			36,9	3,5	11,4	2,2	3,4	1,3
3,20			41,6	3,7	12,9	2,3	3,8	1,4
3,40			46,4	4,0	14,4	2,5	4,3	1,5
3,60			51,6	4,2	15,9	2,6	4,7	1,6
3,80			57,0	4,4	17,6	2,7	5,2	1,7
4,00			62,6	4,7	19,3	2,9	5,7	1,7
4,20			68,5	4,9	21,1	3,0	6,2	1,8
4,40					23,0	3,2	6,8	1,9
4,70					25,9	3,4	7,6	2,1
5,00					29,0	3,6	8,5	2,2
5,50					34,5	4,0	10,2	2,4
6,00					40,5	4,3	11,9	2,6
6,50					47,0	4,7	13,8	2,8
7,00					53,9	5,1	15,8	3,1
8,00							20,1	3,5
9,00							25,0	3,9

Rohrreibungsverluste bei PE-X-Rohr DIN 16892 und DIN 16893

	DN 8		DN 12		DN 15		DN 20	
d_i	8,4 mm		11,6 mm		14,4 mm		18,0 mm	
0,01	1,2	0,2	0,3	0,1	0,1	0,1		
0,02	3,7	0,4	0,8	0,2	0,3	0,1	0,1	0,1
0,03	7,4	0,5	1,6	0,3	0,6	0,2	0,2	0,1
0,04	12,5	0,7	2,6	0,4	0,9	0,2	0,3	0,2
0,05	17,8	0,9	3,9	0,5	1,4	0,3	0,5	0,2
0,06	24,5	1,1	5,3	0,6	1,9	0,4	0,7	0,2
0,07	32,1	1,3	6,9	0,7	2,5	0,4	0,9	0,3
0,08	40,6	1,4	8,7	0,8	3,1	0,5	1,1	0,3
0,09	49,9	1,6	10,7	0,9	3,8	0,6	1,6	0,4
0,10	60,1	1,8	12,8	0,9	4,6	0,6	1,6	0,4
0,15	123,8	2,7	26,1	1,4	9,3	0,9	3,2	0,6
0,20	207,9	3,6	43,5	1,9	15,4	1,2	5,3	0,8
0,25	311,6	4,5	64,8	2,4	22,8	1,5	7,8	1,0
0,30	434,8	5,4	89,9	2,8	31,6	1,8	10,8	1,2
0,35	577,0	6,3	118,8	3,3	41,6	2,1	14,2	1,4
0,40	738,2	7,2	151,3	3,8	52,9	2,5	18,0	1,6
0,45			187,4	4,3	65,4	2,8	22,2	1,2
0,50			227,2	4,7	79,1	3,1	26,8	2,0
0,55			270,5	5,2	94,0	3,4	31,8	2,2
0,60			317,3	5,7	110,1	3,7	37,2	2,4
0,65			367,7	6,2	127,3	4,0	43,0	2,6
0,70					145,8	4,3	49,2	2,8
0,75					165,3	4,5	55,7	2,9
0,80					186,1	4,9	62,6	3,1
0,90					231,0	5,5	77,5	3,5
1,00					280,5	6,1	93,9	3,9
1,20							131,1	4,7

	DN 25		DN 32		DN 40		DN 50	
d_i	23,2 mm		29,0 mm		36,2 mm		45,6 mm	
0,10	0,5	0,2	0,2	0,2	0,1	0,1	0,0	0,1
0,20	1,6	0,5	0,5	0,3	0,2	0,2	0,1	0,1
0,30	3,2	0,7	1,1	0,5	0,4	0,3	0,1	0,2
0,40	5,3	0,9	1,8	0,6	0,6	0,4	0,2	0,2
0,50	7,9	1,2	2,7	0,8	0,9	0,5	0,3	0,3
0,60	10,9	1,4	3,7	0,9	1,3	0,6	0,4	0,4
0,70	14,4	1,7	4,9	1,1	1,7	0,7	0,6	0,4
0,80	18,3	1,9	6,2	1,2	2,2	0,8	0,7	0,5
0,90	22,6	2,1	7,7	1,4	2,7	0,9	0,9	0,6
1,00	27,3	2,4	9,3	1,5	3,2	1,0	1,1	0,6
1,20	38,0	2,8	12,9	1,8	4,4	1,2	1,5	0,7
1,40	50,3	3,3	17,0	2,1	5,8	1,4	1,9	0,9
1,60	64,2	3,8	21,7	2,4	7,4	1,6	2,4	1,0
1,80	79,6	4,3	26,8	2,7	9,2	1,7	3,0	1,1
2,00	96,5	4,7	32,5	1,0	11,1	1,9	3,6	1,2
2,20	115,0	5,2	38,6	3,3	13,2	2,1	4,3	1,3
2,40			45,3	3,6	15,4	2,3	5,0	1,5
2,60			52,4	3,9	17,8	2,5	5,8	1,6
2,80			60,1	4,2	20,4	2,7	6,7	1,7
3,00			68,2	4,5	23,1	2,9	7,5	1,8
3,20			76,8	4,8	26,0	3,1	8,5	2,0
3,40			85,8	5,1	29,0	3,3	9,5	2,1
3,60					32,2	3,5	10,5	2,2
3,80					35,6	3,7	11,6	2,3
4,00					39,1	3,9	12,7	2,4
5,00					58,9	4,9	19,1	3,1
7,00							35,3	4,3

Rohrreibungsverluste bei PP-R/AL und PP-R80-GF, PN 20 für ϑ = 20 °C (Herstellerangaben)

$d \times s$ d_i	16 × 2,2 11,6 mm		20 × 2,8 14,4 mm		25 × 3,5 18,0 mm		32 × 4,5 23,0 mm		40 × 5,6 28,8 mm		50 × 6,9 36,2 mm		63 × 8,7 45,6 mm		75 × 10,4 54,2 mm	
$\dot{V}_s$ in l/s	*R* in mbar/m	*v* in m/s	*R* in mbar/m	*v* in m/s	*R* in mbar/m	*v* in m/s	*R* in mbar/m	*v* in m/s	*R* in mbar/m	*v* in m/s	*R* in mbar/m	*v* in m/s	*R* in mbar/m	*v* in m/s	*R* in mbar/m	*v* in m/s
0,01	0,2	0,1	0,1	0,1	0,0	0,0										
0,02	0,5	0,2	0,2	0,1	0,1	0,1	0,0	0,1								
0,04	2,4	0,4	0,9	0,3	0,3	0,2	0,1	0,1	0,0	0,1						
0,06	4,9	0,6	1,8	0,4	0,6	0,2	0,2	0,1	0,1	0,1	0,0	0,1				
0,08	8,1	0,8	2,9	0,5	1,0	0,3	0,3	0,2	0,1	0,1	0,0	0,1				
0,10	12,0	1,0	4,3	0,6	1,5	0,4	0,5	0,2	0,2	0,2	0,1	0,1	0,0	0,1		
0,12	16,6	1,1	5,9	0,7	2,0	0,5	0,6	0,3	0,2	0,2	0,1	0,1	0,0	0,1	0,0	0,1
0,14	21,8	1,3	7,7	0,9	2,7	0,6	0,8	0,3	0,3	0,2	0,1	0,1	0,0	0,1	0,0	0,1
0,16	27,6	1,5	9,8	1,0	3,4	0,6	1,0	0,4	0,4	0,3	0,1	0,2	0,0	0,1	0,0	0,1
0,18	34,1	1,7	12,0	1,1	4,1	0,7	1,3	0,4	0,4	0,3	0,2	0,2	0,1	0,1	0,0	0,1
0,20	41,2	1,9	14,5	1,2	5,0	0,8	1,5	0,5	0,5	0,3	0,2	0,2	0,1	0,1	0,0	0,1
0,30	85,5	2,8	29,9	1,8	10,2	1,2	3,1	0,7	1,1	0,5	0,4	0,3	0,1	0,2	0,1	0,1
0,40	144,5	3,8	50,3	2,5	17,0	1,6	5,2	1,0	1,8	0,6	0,6	0,4	0,2	0,2	0,1	0,2
0,50	217,6	4,7	75,4	3,1	25,5	2,0	7,8	1,2	2,6	0,8	0,9	0,5	0,3	0,3	0,1	0,2
0,60	304,8	5,7	105,1	3,7	35,4	2,4	10,8	1,4	3,7	0,9	1,2	0,6	0,4	0,4	0,2	0,3
0,70	405,8	6,6	139,5	4,3	46,8	2,8	14,2	1,7	4,8	1,1	1,6	0,7	0,5	0,4	0,2	0,3
0,80			178,5	4,9	59,7	3,1	18,1	1,9	6,1	1,2	2,0	0,8	0,7	0,5	0,3	0,4
0,90			221,9	5,5	74,1	3,5	22,4	2,2	7,5	1,4	2,5	0,9	0,8	0,6	0,4	0,4
1,00			269,9	6,1	89,9	3,9	27,1	2,4	9,1	1,5	3,0	1,0	1,0	0,6	0,4	0,4
1,20					125,8	4,7	37,8	2,9	12,7	1,8	4,2	1,2	1,4	0,7	0,6	0,5
1,40	**90 × 12,5**		**110 × 15,1**		167,3	5,5	50,1	3,4	16,8	2,2	5,5	1,4	1,8	0,9	0,8	0,6
1,60	**65,0 mm**		**76,6 mm**		214,4	6,3	64,1	3,9	21,4	2,5	7,0	1,6	2,3	1,0	1,0	0,7
1,80	0,5	0,5	0,2	0,4			79,6	4,3	26,5	2,8	8,7	1,8	2,9	1,1	1,2	0,8
2,00	0,5	0,6	0,2	0,4			96,7	4,8	32,1	3,1	10,5	1,9	3,5	1,2	1,5	0,9
2,20	0,7	0,7	0,3	0,4			115,4	5,3	38,2	3,4	12,5	2,1	4,1	1,4	1,8	1,0
2,40	0,9	0,7	0,3	0,5			135,6	5,8	44,9	3,7	14,7	2,3	4,8	1,5	2,1	1,0
2,60	1,0	0,8	0,4	0,5			157,4	6,3	51,9	4,0	17,0	2,5	5,5	1,6	2,4	1,1
2,80	1,1	0,8	0,4	0,6			180,8	6,7	59,6	4,3	19,5	2,7	6,3	1,7	2,8	1,2
3,00	1,3	0,9	0,5	0,6					67,7	4,6	22,1	2,9	7,2	1,8	3,1	1,3
3,20	1,5	1,0	0,6	0,6					76,3	4,9	24,9	3,1	8,1	2,0	3,5	1,4
3,40	1,6	1,0	0,6	0,7					85,4	5,2	27,8	3,3	9,0	2,1	3,9	1,5
3,60	1,8	1,1	0,7	0,7					95,0	5,5	30,9	3,5	10,0	2,2	4,3	1,6
3,80	2,0	1,2	0,8	0,8					105,0	5,8	34,1	3,7	11,0	2,3	4,8	1,7
4,00	2,2	1,2	0,8	0,8					115,6	6,1	37,5	3,9	12,1	2,5	5,2	1,7
4,20	2,4	1,3	0,9	0,8					126,6	6,5	41,0	4,1	13,3	2,6	5,7	1,8
4,40	2,6	1,3	1,0	0,9					138,1	6,8	44,7	4,3	14,4	2,7	6,2	1,9
4,60	2,8	1,4	1,1	0,9							48,5	4,5	15,7	2,8	6,8	2,0
4,80	3,0	1,5	1,1	1,0							52,5	4,7	16,9	2,9	7,3	2,1
5,00	3,3	1,5	1,2	1,0							56,6	4,9	18,3	3,1	7,9	2,2
5,20	3,5	1,6	1,3	1,0							60,9	5,1	19,6	3,2	8,4	2,3
5,40	3,7	1,6	1,4	1,1							65,3	5,3	21,0	3,3	9,1	2,3
5,60	4,0	1,7	1,5	1,1							69,9	5,4	22,5	3,4	9,7	2,4
5,80	4,3	1,8	1,6	1,2							74,6	5,6	24,0	3,6	10,3	2,5
6,00	4,5	1,8	1,7	1,2							79,5	5,8	25,5	3,7	11,0	2,6
6,20	4,8	1,9	1,8	1,3							84,5	6,0	27,1	3,8	11,7	2,7
6,60	5,4	2,0	2,0	1,3							95,0	6,4	30,4	4,0	13,1	2,9
7,00	6,0	2,1	2,3	1,4							106,0	6,8	33,9	4,3	14,6	3,0
8,00	7,7	2,4	2,9	1,6									43,5	4,9	18,6	3,4
9,00	9,5	2,7	3,6	1,8									54,1	5,5	23,1	3,9
10,00	11,6	3,0	4,3	2,0									65,9	6,1	28,1	4,3

6.1.1.28 Beispiel zur Berechnung der kalten Trinkwasserleitung nach DIN 1988 ▶ siehe Kap_6.pdf

6.1.1.29 Planungsgrundlagen und Rohrdimensionierung nach DIN 806-3 : 2006

- Die Rohrdurchmesser für die Kalt- und Warmwasserverbrauchsleitungen in Wohngebäuden mit bis sechs Wohnungen können nach DIN EN 806-3 bestimmt werden, sofern der Versorgungsdruck ausreicht und die Hygiene sichergestellt ist.
- Anwendung für Kalt- sowie für Warmwasserleitungen gleich. Sie gilt nicht für Zirkulationsleitungen.
- Druckbedingungen: Ruhedruck an der Entnahmestelle max. 500 kPa (Ausnahme Außenzapfstellen: max. 1 000 kPa);
- Fließdruck an der Entnahmestelle min. 100 kPa. Wird ein höherer Fließdruck benötigt, ist das bei den Berechnungen zu berücksichtigen.
- Fließgeschwindigkeiten Sammelzuleitungen, Steigleitungen, Stockwerksleitungen max. 2,0 m/s; Einzelzuleitungen max. 4,0 m/s

Rohrdimensionierung

Der Volumenstrom von V = 0,1 l/s entspricht dem Belastungswert von einem LU (Loading unit):

V = 0,1 l/s = 1LU

Entnahmestellen	Entnahme-volumenstrom V_A [l/s]	Belastungswert
Waschbecken, -tisch; Bidet, Spülkasten	0,1	1
Küchenspüle, Waschmaschine, Geschirrspülmaschine, Ausgussbecken, Duschbrause	0,2	2
Druckspüler (Urinal)	0,3	3
Badewannenauslauf	0,4	4
Außenzapfstelle	0,5	5
Großküchenspüle DN 20, - Badewannenauslauf	0,8	8
Druckspüler DN 20	1,5	15

Belastungswerte für die Bemessung der Rohrinnendurchmesser nach DIN EN 806-3 : 2006-07

Kupferrohre										
Max. Belastungswert	*LU*	**1 2 3**	**3 4 6**	**10**	**20**	**50**	**165**	**430**	**1050**	**2100**
Größter Einzelwert	*LU*	2	4	5	6					
$d_a \times s$	mm	**12** × 1,0	**15** × 1,0	**18** × 1,0	**22** × 1,0	**28** × 1,5	**35** × 1,5	**42** × 1,5	**54** × 2	**76,1** × 2
d_i	mm	10,0	13,0	16,0	20,0	25	32	39	50	72,1
Max. Rohrlänge	m	20 7 5	15 9 7							

Rohre aus nichtrostendem Stahl									
Max. Belastungswert	*LU*	**3 4 6**	**10**	**20**	**50**	**165**	**430**	**1050**	**2100**
Größter Einzelwert	*LU*	4	5	8					
$d_a \times s$	mm	**12** × 1,0	**18** × 1,0	**22** × 1,0	**28** × 1,2	**35** × 1,5	**42** × 1,5	**54** × 1,5	**76,1** × 2
d_i	mm	13,0	16,0	19,6	25,6	32	39	51	72,1
Max. Rohrlänge	m	15 9 7							

PE-X-Rohre										
Max. Belastungswert	*LU*	1 2	3 4 5	8	16	35	100	350	700
Größter Einzelwert	*LU*		4	5	8				
$d_a \times s$	mm	**12** × 1,7	**16** × 2,2	**20** × 2,8	**25** × 3,5	**32** × 4,4	**40** × 5,5	**50** × 6,9	**63** × 8,6
d_i	mm	8,4	11,6	14,4	18,0	23,2	29	36,2	45,6
Max. Rohrlänge	m	13 4	9 5 4						

Feuerverzinkte Stahlrohre								
Max. Belastungswert	*LU*	6	16	40	160	300	600	1600
Größter Einzelwert	*LU*	4	15					
d_i	mm	16	21,6	27,2	35,9	41,8	53	68,8
Max. Rohrlänge	m	10	6					

6.1.1.30 Beispiel zur Berechnung der kalten Trinkwasserleitung nach DIN EN 806-3 ▶ siehe Kap_6.pdf

6.1.1.31 Spülen der Rohrleitung nach DIN EN 806-4 : 2010-06 *Pipeline rinsing* ▶ siehe Kap_6.pdf

Mit Wasser:

Zeitpunkt: Nach der Installation und Druckprüfung sowie unmittelbar vor der Inbetriebnahme

Medium: Filtriertes Trinkwasser (Filter nach DIN EN 13443-1)

Hinweise:
- Strahlregler, Siebe, Durchflussregler, Brauseköpfe müssen vor dem Spülvorgang ausgebaut werden.
- Abschnittsweises Spülen beginnend im untersten Stockwerk möglich.
- Alle Wartungsarmaturen (u. a. Eckventile) müssen voll geöffnet werden.
- Mindest-Fließgeschwindigkeit v_{min} = 2 m/s.
- Das Wasser im System muss während des Spülens 20-mal ausgetauscht werden (DIN EN 806-4).
- Es muss ein Spülprotokoll erstellt werden.

Innerhalb der Stockwerks- und Einzelzuleitung werden geschossweise nacheinander mindestens so viele Entnahmestellen, wie in der Tabelle aufgeführt, für mindestens 5 Minuten voll geöffnet.

Größte Nennweite der Verteilungsleitung DN im aktuellen Spülabschnitt	25	32	40	50	65	80	100
Mindestanzahl der zu öffnenden Entnahmestellen DN 15	2	4	6	8	12	18	28

Richtwerte für die Mindestanzahl der zu öffnenden Entnahmestellen bezogen auf die größte Nennweite der Verteilungsleitung.

Mit Wasser/Luft-Gemisch:

Zeitpunkt: Nach der Installation und Druckprüfung sowie unmittelbar vor der Inbetriebnahme

Medium:
- Filtriertes Trinkwasser (Filter nach DIN EN 13443-1)
- Luft muss ölfrei sein.

Hinweise:
- Strahlregler, Siebe, Durchflussregler, Brauseköpfe müssen vor dem Spülvorgang ausgebaut werden.
- Abschnittsweises Spülen beginnend im untersten Stockwerk möglich.
- Mindestfließgeschwindigkeit v_{min} = 0,5 m/s.
- Die Leitungslänge je Spülabschnitt darf 100 m nicht überschreiten.
- Der Spüleffekt muss durch periodisches öffnen und Schließen der Luft- und Wasserzufuhr verstärkt werden (Empfehlung: Offen-Intervall: 5 Sekunden, Geschlossen-Intervall weniger als 2 s)
- Spüldauer soll je laufenden Meter mind. 15 s betragen; je Entnahmestelle muss die Spüldauer mind. 2 min betragen.

Größte Nennweite der Rohrleitung im gespülten Abschnitt, DN	25	32	40	50	65	80	100
Mindestvolumenstrom bei vollständig gefülltem Rohrleitungsabschnitt, in l/min	15	25	38	59	100	151	236
Mindestanzahl der vollständig zu öffnenden Entnahmestellen mit DN 15 oder einer entsprechenden Querschnittsfläche	1	2	3	4	6	9	14

Mindestdurchfluss und Mindestanzahl von Entnahmestellen, die in Abhängigkeit vom größten Nenndurchmesser der Rohrleitungen im gespülten Abschnitt für den Spülvorgang zu öffnen sind (v_{min} = 0,5 m/s).

Spüleinrichtung mit Luft-Wasser-Gemisch *Rinsing with air-water mixture*

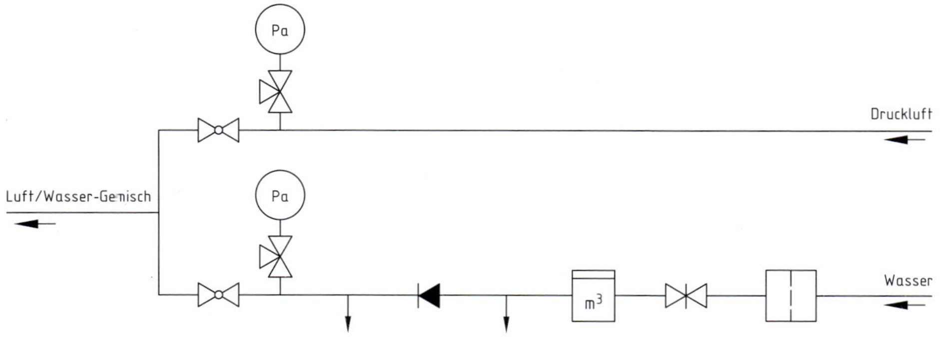

Spülfolge mit Luft-Wasser Gemisch *Rinsing sequence with air-water mixture* ▶ siehe Kap_6.pdf

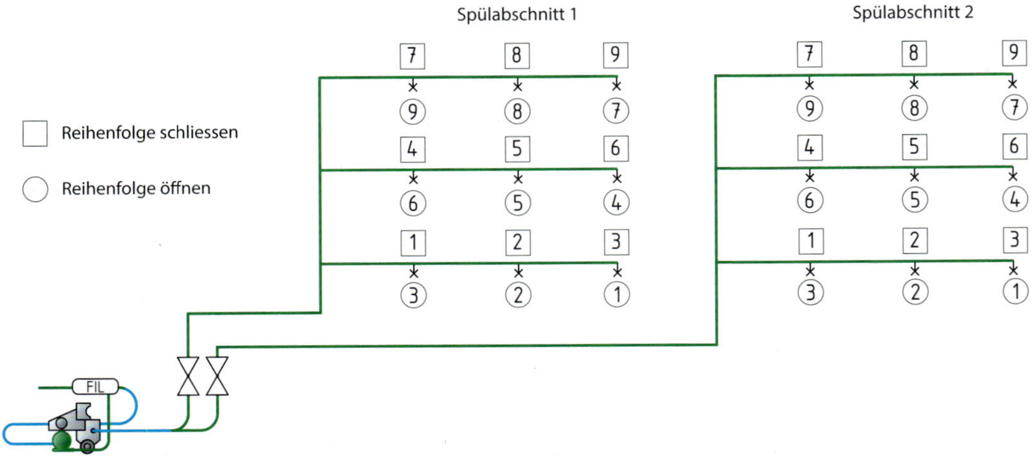

6.1.1.32 Dichtigkeitsprüfung von Trinkwasserleitungen (ZVSHK) *leak testing of drinking water pipes* in Anlehnung an DIN EN 806-4 Prüfverfahren B

Ohne Wasser	**Dichtheitsprüfung** • Dichtheitsprüfung bei 150 hPa (mbar) mit ölfreier Druckluft, Inertgas oder Formiergas. • Prüfzeit: ≤ 100 l ⇒ 120 Minuten; darüber hinaus je 100 l Volumen jeweils 20 Minuten länger. • Anzeigebereich des Manometers 1 mbar. • Dichtheitsprüfung beginnt mit Erreichen des Prüfdrucks unter Berücksichtigung des Temperaturausgleichs. **Belastungsprüfung** • Belastungsprüfung bei max. 0,3 MPa (3 bar) (aus Sicherheitsgründen) bis DN 50, darüber 0,1 MPa (1 bar). • Anzeigebereich des Manometers 100 hPa (0,1 bar). • Während der Prüfung Sichtkontrolle aller Rohrverbindungen. • Prüfzeit 10 Minuten.
Mit Wasser	**Allgemein** • Durchführung aus hygienischen und Korrosionsschutzgründen kurz vor der Inbetriebnahme. • Zu prüfende Leitung muss bereits gespült worden sein. • Die Füllung der Leitungen darf nur mit filtriertem Trinkwasser (keine Partikel ≥ 150 µm) erfolgen; Entlüftung der Rohrleitung sicherstellen. • Temperaturausgleich (Wartezeit 30 Minuten) ist erforderlich, wenn sich die Umgebungstemperatur und Füllwassertemperatur um min. 10 K unterscheiden; der Druck muss dann 10 Minuten gehalten werden. Danach ist die Dichtheitsprüfung vorzunehmen. • Leitungen mit Pressfittings (unverpresst undicht) müssen zunächst mit verfügbarem Versorgungsdruck von max. 0,6 MPa (6 bar) geprüft werden; der Druck muss 15 Minuten gehalten werden. Danach ist die Dichtheitsprüfung vorzunehmen. **Dichtheitsprüfung Metall-, Mehrschichtverbund- und PVC-Rohre** • Prüfdruck min. **1,1-Faches** des zulässigen Betriebsüberdrucks, min. 1,1 MPa (11 bar); Prüfzeit beträgt 30 Minuten. • Undichtheiten dürfen nicht feststellbar sein. **Dichtheitsprüfung Kunststoffrohre aus PP, PE, PE-X und PB sowie damit kombinierte Installationen aus Metall- und Mehrschichtverbundrohren** • Prüfdruck min. **1,1-Faches** des zulässigen Betriebsüberdrucks, min. 1,1 MPa (11 bar); Prüfzeit beträgt 30 Minuten. • Absenkung des Prüfdruckes auf 0,5-fachen Prüfdruck (bei 1,1 MPa (11 bar) auf 0,55 MPa (5,5 bar), weitere Prüfzeit 120 Minuten). • Undichtheiten dürfen nicht feststellbar sein.

Druckprobenprotokolle ▶ siehe Kap_6.pdf

6.1.1.33 Druckerhöhungsanlage nach DIN 1988-500 : 2021-05 *Pressure boosting system*

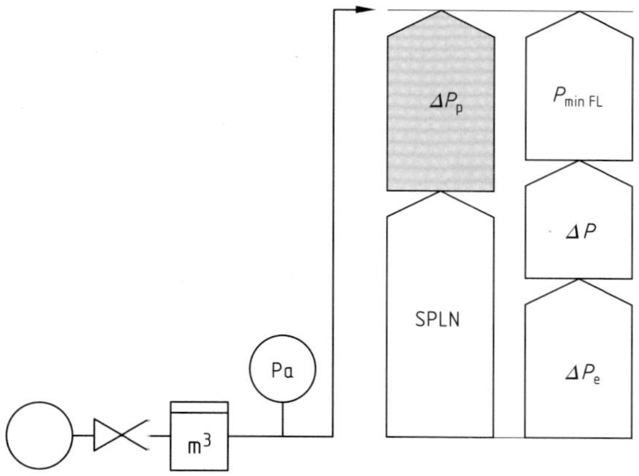

Fließdruck p_{FL}: Angezeigter Druck an einer Messstelle in der Trinkwasser-Installation während einer Wasserentnahme.

Mindestfließdruck $p_{min\ FL}$: erforderlicher statischer Druck an der Anschlussstelle einer Wasserentnahmearmatur bei ihrem Entnahmearmaturendurchfluss.

Förderdruck Δp_p: Differenz zwischen dem Druck an der Enddruckseite der Pumpen einer Druckerhöhungsanlage und dem Druck unmittelbar vor den Pumpen der Druckerhöhungsanlage bei einem bestimmten Förderstrom.

Druckverlust Δp: Druckdifferenz zwischen zwei Punkten in der Trinkwasser-Installation, hervorgerufen durch Rohrreibung und Einzelwiderstände.

Druckverlust aus geodätischem Höhenunterschied Δp_e: Produkt aus geodätischem Höhenunterschied, Erdbeschleunigung und Dichte des Wassers.

Mindest-Versorgungsdruck *SPLN*: in der Anschlussleitung der niedrigste Fließdruck an der Übergabestelle, wie er während einer Zeit hohen Verbrauchs vom Wasserversorgungsunternehmen angegeben wird.

Ausführungsarten

Ausführungsart A

Das Gebäude wird unmittelbar mit dem öffentlichen Wasserdruck versorgt, nur erforderliche Bereiche werden über eine Druckerhöhungsanlage versorgt.

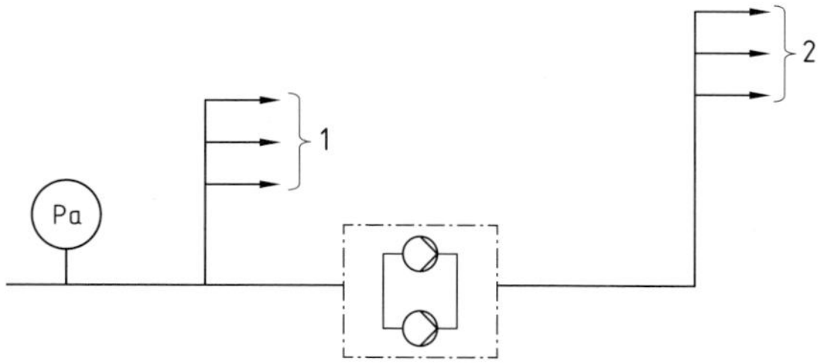

Legende
1 Druckzone 1 (Normalzone)
2 Druckzone 2

Ausführungsart B

Einbau mehrerer Druckerhöhungsanlagen, so dass jeder Druckzone eine eigene Druckerhöhungsanlage zugeordnet werden kann.

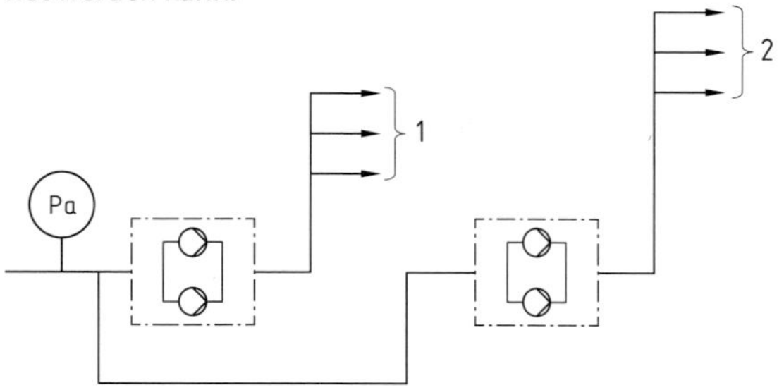

Legende
1 Druckzone 1
2 Druckzone 2

Ausführungsart C

Eine Druckerhöhungsanlage mit einem zentralen Druckminderer für jeweils eine Druckzone.

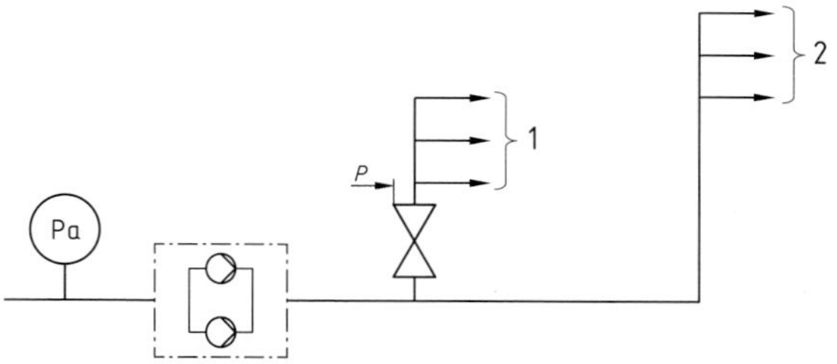

Legende
1 Druckzone 1
2 Druckzone 2

Ausführungsart D

Eine Druckerhöhungsanlage mit dezentralen Druckminderern an den Abzweigen.

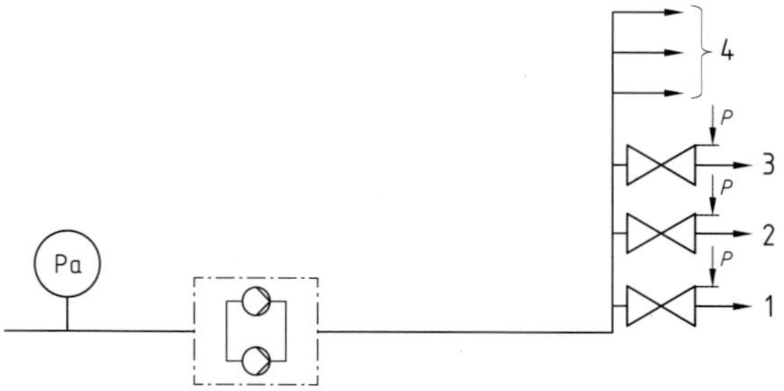

Legende
1 Druckzone 1
2 Druckzone 2
3 Druckzone 3
4 Druckzone 4

Anschlussarten

Anschlussarten
- Druckerhöhungsanlagen können unmittelbar oder mittelbar angeschlossen werden.
- Aus trinkwasserhygienischen und energetischen Gründen ist der unmittelbare Anschluss dem mittelbaren Anschluss vorzuziehen.

Direkter (unmittelbarer) Anschluss	Indirekter (mittelbarer) Anschluss
Der unmittelbare Anschluss ist der direkte Einbau der Druckerhöhungsanlage in die Rohrleitung zur Bildung eines geschlossenen Systems. Der anstehende Versorgungsdruck zur Druckerhöhungsanlage wird mit übernommen, eine geringere Antriebsenergie ist erforderlich.	Beim mittelbaren Anschluss ist der Druckerhöhungspumpe ein offener Vorbehälter „offen zur Atmosphäre" mit freiem Auslauf als Bestandteil der Druckerhöhungsanlage vorgeschaltet. Der mittelbare Anschluss ist erforderlich, wenn z. B. • der Mindest-Versorgungsdruck *SPLN* < 100 kPa ist, • bei maximaler Entnahme durch die Druckerhöhungsanlage unter Berücksichtigung vorgeschalteter Wasserentnahmen der erforderliche Mindestfließdruck $p_{\text{min Fl}}$ unterschritten wird oder • ein kurzzeitiger Zwischenbedarf abzudecken ist.

Inspektion und Wartung

Druckerhöhungsanlagen unterliegen der Inspektions- und Wartungspflicht sowie den Wartungsanweisungen der Hersteller.

Maßnahme	Durchzuführende Aufgaben	Zeitspanne
Inspektion	• Visuelle Kontrolle auf Zustand, Dichtheit und Manometerstände • Zustand der Kompensatoren • Kontrolle der Steuer- und Regelgüte der Pumpen und der Laufruhe • Kontrolle der Wassertemperatur vor und hinter der Druckerhöhungsanlage • Kontrolle des Zustandes des Aufstellraumes	6 Monate
Wartung	• Prüfen der Funktion der Druckwächter-, -regler, Wassermangelsicherung und der elektrischen Schalteinrichtungen • Kontrolle des Motorschutzschalters und des thermischen Motorschutzes • Prüfen und Reinigung der Vorbehälter von innen • Funktionsprüfung bei Teil- und Spitzenentnahmen • Prüfen des Vordruckes des Druckbehälters • Funktionsprüfung der Absperreinrichtungen und Rückflussverhinderer	1 Jahr

Ermittlung des Förderdrucks ▶ siehe Kap_6.pdf

6.1.2 Sicherheitsarmaturen *safety valves*

6.1.2.1 Sicherheitsventile in der Trinkwasserinstallation *safety valves in the drinking water system*

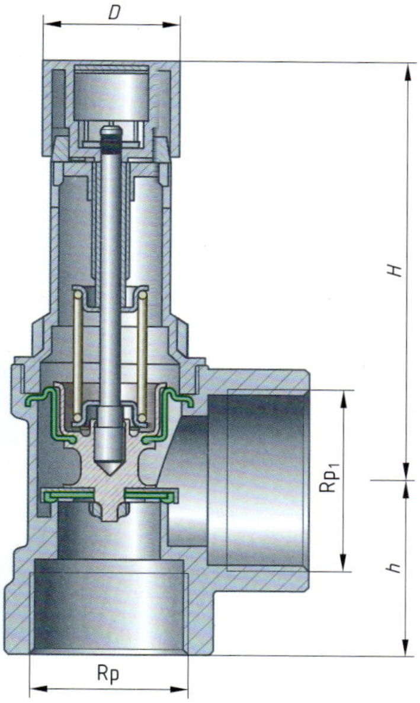

- Sicherheitsventile verhindern Betriebsüberdrücke in Anlagen und Apparaten.
- Sicherheitsventile müssen DIN 1988, DIN EN 806 und TRD 721 entsprechen.
- Sicherheitsventile müssen in die PWC-Leitung eingebaut werden.
- Zwischen Sicherheitsventil und Wassererwärmer darf sich keine Absperrarmatur befinden.
- Der max. Druck in PWC-Leitung muss min. 20 % unter dem Ansprechdruck des SV liegen; liegt er darüber, so ist ein Druckminderer einzubauen.
- Inspektion: alle 6 Monate durch Betreiber/Installateur (DIN EN 806-5 : 2012-04).
- Wartung: Überprüfung des Sicherheitsventils: den Anlüftgriff in Pfeilrichtung drehen, bis ein Knacken zu hören ist. Anschließend muss das Ventil dicht geschlossen sein. Tropft das Ventil ständig, liegt meistens eine Verschmutzung vor. Die Reinigung von Ventilsitz und -dichtung kann nach Abschrauben des Oberteils erfolgen.

6.1.2.2 Nennweite Sicherheitsventile für geschlossene TWE (DIN 1988-200 : 2012-05, Herstellerangaben)

Nennweite		DN 15	DN 20	DN 25	DN 32	DN 40	DN 50
Baumaße	Rp	Rp ½″	Rp ¾″	Rp 1″	Rp 1 ¼″	Rp 1 ½″	Rp 2″
	Rp_1	Rp ¾″	Rp 1″	Rp 1 ¼″	Rp 1 ½″	Rp 2″	Rp 2 ½″
	H (mm)	50	52	79	110	176	195
	h (mm)	28	34	40	46	55	66
	D (mm)	31	31	49	51	75	75
Inhalt des TWE	l	bis 200	201 … 1000	1001 … 5000	über 5001		
Beheizungsleistung (max.)	kW	75	150	250			
Ansprechdruck	bar	max. Abblasevolumenstrom $\dot{V}$ in m³/h					
	4	2,8	3	9,5	14,3	19,2	27,7
	4,5	3	3,2	10,1	15,1	20,4	29,3
	5	3,1	3,4	10,6	16	21,5	30,9
	5,5	3,3	3,6	11,1	16,1	22,5	32,4
	6	3,4	3,7	11,6	17,5	41,2	50,9
	7	3,7	4	12,6	18,9	44,5	54,9
	8	4	4,3	13,4	20,2	47,6	58,7
	9	4,2	4,6	14,3	21,4	50,5	62,3
	10	4,4	4,8	15	22,6	53,2	65,7

6.1.2.3 Ansprechdruck (Auswahl) *set pressure*

Zulässiger Betriebsüberdruck des TWE in bar	Ansprechdruck des SV in bar	Max. *p* in PWC in bar
6	6	4,8
8	8	6,4
10	10	8

6.1.2.4 Thermische Ablaufsicherung (DIN EN 14597 : 2015-02) *running thermal fuse*

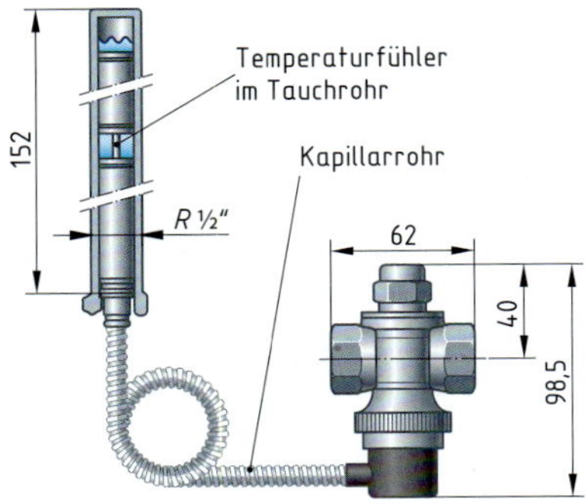

- Thermische Ablaufsicherung DIN EN 14597 temperaturabhängiges Regel- und Steuerverhalten, Typ Th
- Schutz einer Anlage vor unzulässig hohen Betriebstemperaturen

Technische Daten

Leistungen der Heizungsanlagen	max. 100 kW
Öffnungstemperatur	95 °C
Leistung	2800 kg/h Wasser bei einem Druckabfall von Δp = 1 bar (Eingangsdruck 5 bar; Ausgangsdruck 4 bar)
Anschlussgröße	Rp ¾" (DIN EN 10226)
Betriebsdruck	max. 5bar
Tauchhülse	G ½" (ISO 228)

6.1.2.5 Einbausituation thermische Ablaufsicherung

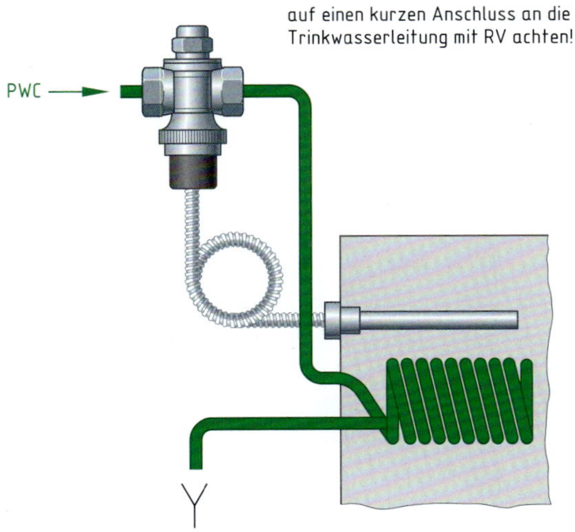

Einbau in die Kaltwasseranschlussleitung des Sicherheitswärmeübertragers (Kühlschlange)

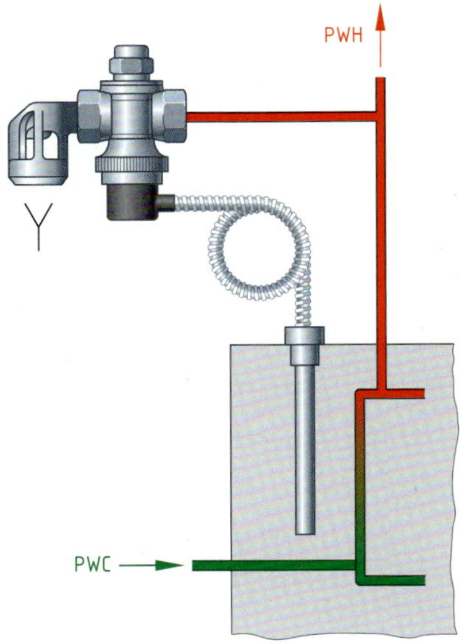

Einbau in den Warmwasserabgang des Trinkwasserwärmers

6.1.2.6 Inspektions- und Wartungshinweise nach DIN EN 806 und DIN 1988
inspection and maintenance instructions

Nr.	Anlagenbauteil und Einheit	Bezugs-dokument	Inspektion	Routinemäßige Wartung
1	Ungehinderter freier Auslauf (AA)	EN 13076	Halbjährlich	
2	Freier Auslauf mit nicht kreisförmigem Überlauf (uneingeschränkt) (AB)	EN 13077	Halbjährlich	
3	Freier Auslauf mit belüftetem Tauchrohr und Überlauf (AC)	EN 13078	Jährlich	
4	Freier Auslauf mit Injektor (AD)	EN 13079	Halbjährlich	
5	Freier Auslauf mit kreisförmigem Überlauf (eingeschränkt) (AF)	EN 14622	Jährlich	
6	Freier Auslauf mit kreisförmigem Überlauf mit Mindestdurchmesser (Nachweis durch Prüfung oder Messung) (AG)	EN 14623	Jährlich	
7	Systemtrenner (Rohrnetztrenner) mit kontrollierbarer druckreduzierter Zone (BA)	EN 12729	Halbjährlich	Jährlich

6.1.2.6 Inspektions- und Wartungshinweise nach DIN EN 806 und DIN 1988 (Fortsetzung)

Nr.	Anlagenbauteil und Einheit	Bezugs-dokument	Inspektion	Routinemäßige Wartung
8	Systemtrenner (Rohrnetztrenner) mit unterschiedlichen nicht kontrollierbaren Druckzonen (CA)	EN 14367	Halbjährlich	Jährlich
9	Rohrbelüfter in Durchgangform (DA)	EN 14451	Jährlich	Jährlich
10	Rohrunterbrecher mit Lufteintrittsöffnung und beweglichem Teil (DB)	EN 14452	Jährlich	
11	Rohrunterbrecher mit ständig geöffneten Lufteintrittsöffnungen (DC)	EN 14453	Halbjährlich	
12	Kontrollierbarer Rückflussverhinderer (EA)	EN 13959	Jährlich	Jährlich
13	Nicht kontrollierbarer Rückflussverhinderer (EB)		Jährlich	Austausch alle 10 Jahre
14	Kontrollierbarer Doppelrückflussverhinderer (EC)		Jährlich	Jährlich
15	Nicht kontrollierbarer Doppelrückflussverhinderer (ED)		Jährlich	Austausch alle 10 Jahre
16	Rohrtrenner, nicht durchflussgesteuert (GA)	EN 13433	Halbjährlich	Jährlich
17	Rohrtrenner, durchflussgesteuert (GB)	EN 13434	Halbjährlich	Jährlich
18	Schlauchanschluss mit Rückflussverhinderer (HA)	EN 14454	Jährlich	Jährlich
19	Brauseschlauchanschluss mit Rohrbelüfter (HB)	EN 15096	Jährlich	Jährlich
20	Automatischer Umsteller (HC)	EN 14506	Jährlich	
21	Rohrbelüfter für Schlauchanschlüsse, kombiniert mit Rückflussverhinderer (HD)	EN 15096	Jährlich	Jährlich
22	Druckbeaufschlagter Belüfter (LA)	EN 14455	Jährlich	Jährlich
23	Druckbeaufschlagter Belüfter, kombiniert mit nachgeschaltetem Rückfluss-verhinderer (LB)		Jährlich	Jährlich
24	Hydraulische Sicherheitsgruppe	EN 1487	Monatlich	Jährlich
25	Sicherheitsgruppe für Expansionswasser	EN 1488	Monatlich	Jährlich
26	Sicherheitsventil	EN 1489	Monatlich	
27	Kombiniertes Druck-Temperaturventil	EN 1490	Monatlich	
28	Sicherheitsventil für Expansionswasser	EN 1491	Monatlich	
29	Druckminderer	EN 1567	Jährlich	Jährlich
30	Thermostatischer Mischer für Warmwasserbereiter	EN 15092	Halbjährlich	Jährlich
31	Druckerhöhungspumpe	EN 806-2 prEN 806-4	Jährlich	
32	Filter, rückspülbar (80 µm bis 150 µm)	EN 13443-1	Mindestens halbjährlich	
33	Filter, nicht rückspülbar (80 µm bis 150 µm)	EN 13443-1	Mindestens halbjährlich	
34	Filter (< 80 µm)	EN 13443-2	Mindestens halbjährlich	
35	Dosiersystem	EN 14812 prEN 15848	Alle 2 Monate	Mindestens halbjährlich
36	Enthärter	EN 14743	Alle 2 Monate	Mindestens halbjährlich
37	Elektrolytische Dosierungsanlage mit Aluminiumanoden	EN 14095	Alle 2 Monate	Mindestens halbjährlich
38	Filter mit aktiven Substanzen	EN 14898	Alle 2 Monate	Mindestens halbjährlich
39	Membranfilteranlage	EN 14652	Alle 2 Monate	Mindestens halbjährlich
40	Gerät mit Quecksilberdampf-Niederdruckstrahlern	EN 14897	Alle 2 Monate	Mindestens halbjährlich
41	Nitratentfernungsanlage	EN 15219	Alle 2 Monate	Mindestens halbJährlich
42	Wassererwärmer	EN 12897	Alle 2 Monate	Jährlich
43	Leitungsanlage	EN 806-2 prEN 806-4	Jährlich	
44	Wasserzähler, kalt	MID [1]	Jährlich	Alle 6 Jahre
45	Wasserzähler, warm	MID [2]	Jährlich	Alle 5 Jahre
46	Brandschutzeinrichtungen	EN 806-2 prEN 806-4	Nationale Bestimmungen	

6.1.2.7 Druckminderer *pressure reducer*

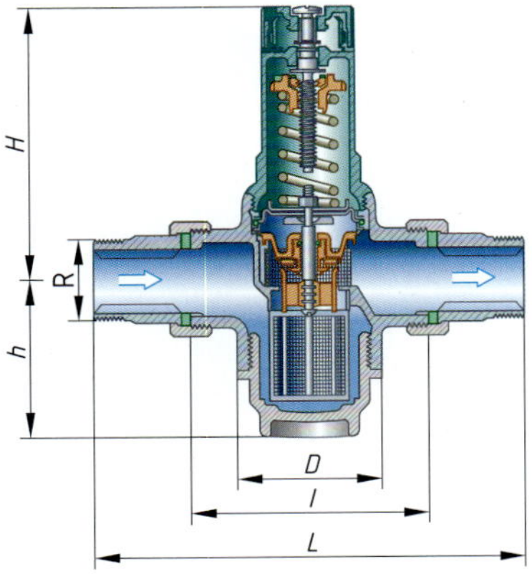

Einbauhinweise

- Einbau in waagrechte Rohrleitung mit Siebtasse nach unten.
- Absperrventile vorsehen.
- Absicherung der nachgeschalteten Anlage durch ein Sicherheitsventil (Einbau nach dem Druckminderer).
- Der Einbauort muss frostsicher und gut zugänglich sein.
- Manometer gut beobachtbar.
- Verschmutzungsgrad bei Klarsicht-Siebtasse gut beobachtbar.
- Vereinfacht Wartung und Reinigung.
- Bei Hauswasserinstallationen bei denen ein hohes Maß an Schutz vor Verschmutzungen erforderlich ist, sollte vor dem Druckminderer ein Feinfilter eingebaut werden.
- Beruhigungsstrecke von 5xDN hinter Druckminderer vorsehen (Entsprechend DIN EN 806-2 : 2005-06).
- Einbaupflicht ab 75 % des Ansprechdruckes des SV.
- Einstelldruck 20 % kleiner als der Ansprechdruck des SV.

Anschlussgröße		**R**	**½″**	**¾″**	**1″**	**1 ¼″**	**1 ½″**	**2″**
Nennweite		DN	15	20	25	32	40	50
Baumaße	mm	*L*	140	160	180	200	225	255
		l	80	90	100	105	130	140
		H	89	89	111	111	173	173
		h	58	58	64	64	126	126
		D	54	54	61	61	82	82
k_{VS}-Wert	m^3/h		2,4	3,1	5,8	5,9	12,6	12,0

Durchflussdiagramm

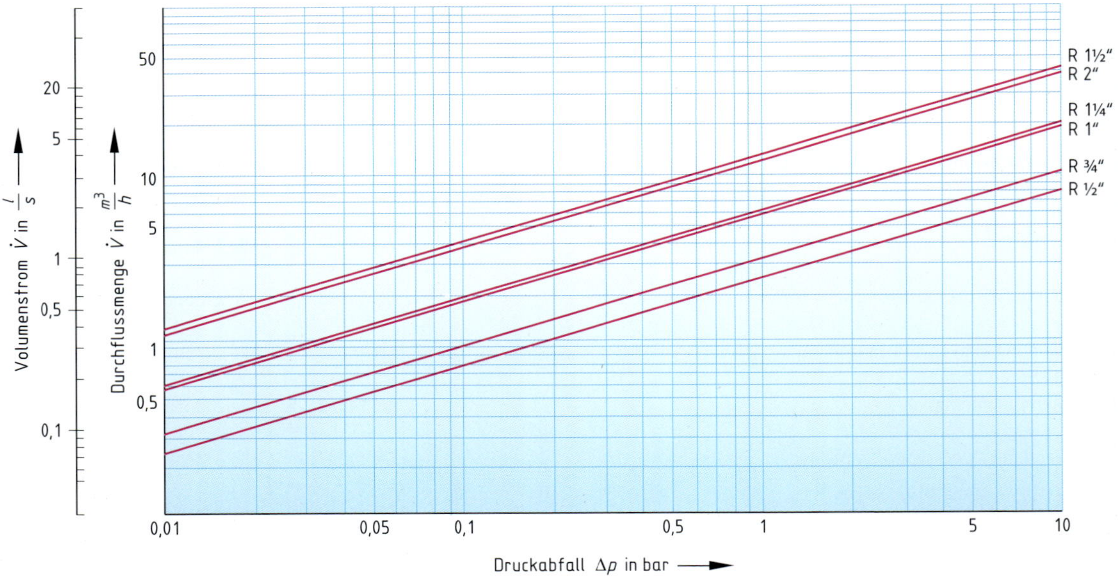

6.1.2.8 Membran-Druckausdehnungsgefäß für Trinkwasserleitungen bei Einsatz von geschlossenen Speicherwassererwärmern *Diaphragm expansion tank for potable water for the use of closed storage water heaters*

Aufgaben:
Wasserersparnis: Sicherheitsventil tropft nicht
Anlagensicherheit: Druckspitzen werden gedämpft

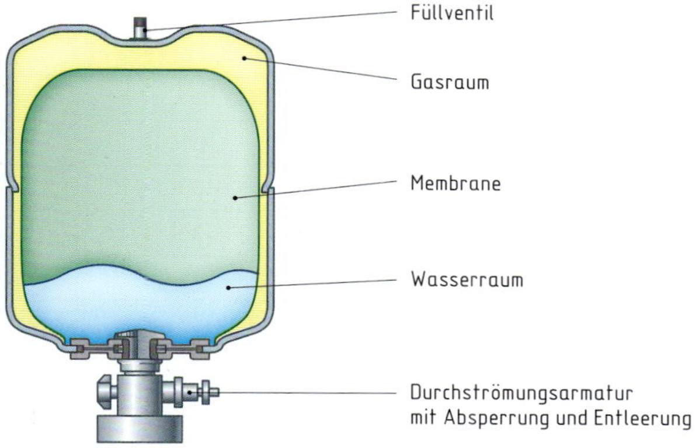

Wartung
- jährliche Überprüfung des Druckminderers
- jährliche Überprüfung des Gasvordruckes
- jährliche Überprüfung der Dichtheit
- jährliche Prüfung des äußeren Zustandes auf Korrosion

Durchströmungsarmatur

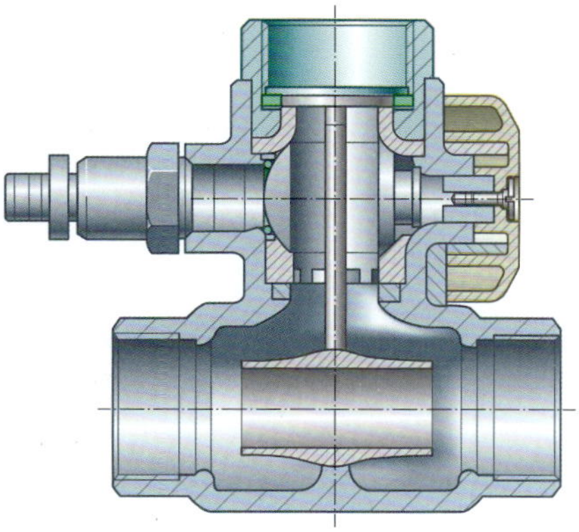

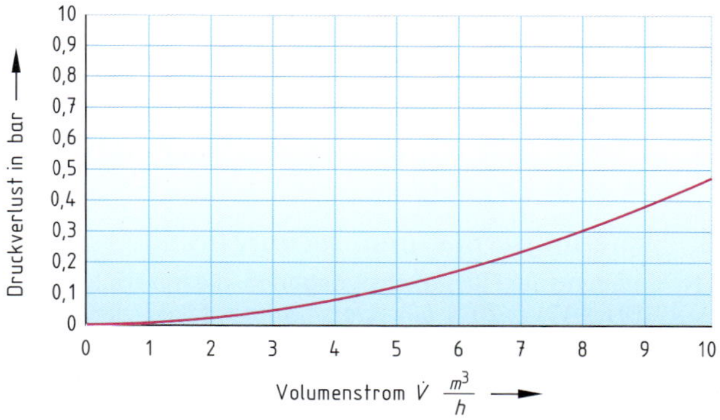

Einbauposition

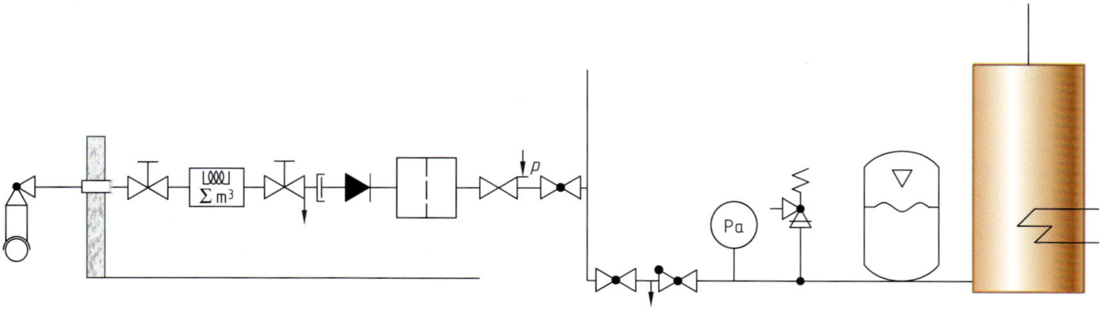

Rechnerische Auslegung nach DIN 4807-5 : 1997-03

Trinkwassererwärmerinhalt	V_{Sp}	in l
Nennvolumen des MAG-W	V_n	in l
Ansprechdruck Sicherheitsventil	p_{SV}	= 6,0 oder 10,0 bar
Arbeitsdruckdifferenz	d_{pA}	= 20 % von p_{SV} in bar
Anlagenenddruck ($p_e = p_{SV} - d_{pA}$)	p_e	= 4,8 oder 8,0 bar
Vordruck im MAG-W	p_o	= p_a – 0,2 in bar
Anfangsdruck p_a (Ruhedruck hinter dem Druckminderer)	p_a	in bar
Kaltwassertemperatur	t_{PWC}	= 10 °C konstant
Warmwassertemperatur	t_{PWH}	= 60 °C konstant
Ausdehnung des Wassers	n	= 1,67 %

Tabellarische Bestimmung des Nennvolumens nach DIN 4807-5 : 1997-03

MAG-W Nennvolumen in l			**8**		**12**		**18**		**25**	
Druckwerte in bar		p_{SV}	6,0	10,0	6,0	10,0	6,0	10,0	6,0	10,0
		p_e	4,8	8,0	4,8	8,0	4,8	8,0	4,8	8,0
p_a	p_o	**Trinkwassererwärmervolumen V_{sp} in l**								
3,0	2,8		141	253	212	379	318	569	441	790
3,5	3,3		103	229	154	343	231	515	362	715
4,0	3,8		63	204	95	307	143	460	198	639
4,5	4,3		24	180	35	269	54	404	75	561
5,0	4,8		–	154	–	232	–	347	–	479
5,5	5,3		–	129	–	193	–	290	–	403
6,0	5,8		–	103	–	155	–	233	–	323

6.1.3 Sicherungsarmaturen *security fittings*

6.1.3.1 Einteilung der Flüssigkeitskategorien, die mit Trinkwasser in Berührung kommen oder kommen könnten (DIN EN 1717 : 2011-08) *Classification of fluid categories that may come into contact with drinking water*

Kategorie 1	Wasser für den menschlichen Gebrauch, das direkt aus einer Trinkwasser-Installation entnommen wird.
Kategorie 2	Flüssigkeit, die keine Gefährdung der menschlichen Gesundheit darstellt. Flüssigkeiten, die für den menschlichen Gebrauch geeignet sind, einschließlich Wasser aus einer Trinkwasser-Installation, das eine Veränderung in Geschmack, Geruch, Farbe oder Temperatur (Erwärmung oder Abkühlung) aufweisen kann.
Kategorie 3	Flüssigkeit, die eine Gesundheitsgefährdung für Menschen durch die Anwesenheit einer oder mehrerer weniger giftiger Stoffe darstellt[1].
Kategorie 4	Flüssigkeit, die eine Gesundheitsgefährdung für Menschen durch die Anwesenheit einer oder mehrerer giftiger oder besonders giftiger Stoffe oder einer oder mehrerer radioaktiver, mutagener oder kanzerogener Substanzen darstellt.
Kategorie 5	Flüssigkeit, die eine Gesundheitsgefährdung für Menschen durch die Anwesenheit von mikrobiellen oder viruellen Erregern übertragbarer Krankheiten darstellt.

[1] Die Abgrenzung zwischen Kategorie 3 und Kategorie 4 ist *LD*50 = 200 mg/kg Körpergewicht gemäß EU-Dokument 93/21 EEC vom 27. April 1993.

6.1.3.2 Übersicht zur Bestimmung der Flüssigkeitskategorie für den erforderlichen Schutz (DIN EN 1717 : 2011-08)

Index to determine the fluid category for the necessary protection

1	Wasser für den menschlichen Gebrauch	Kategorie
1.1	Trinkwasser	1
1.2	Wasser unter hohem Druck	1
1.3	Stagnationswasser[1]	2
1.4	Gekühltes Wasser	2
1.5	Heißes Wasser im Sanitärbereich	2
1.6	Dampf (in Kontakt mit Lebensmitteln, frei von Additiven)	2
1.7	Behandeltes Trinkwasser[2]	2
2	**Wasser mit Additiven oder in Kontakt mit flüssigen oder festen Stoffen, andere als die der Kategorie 1**	**Kategorie**
2.1	Enthärtetes Wasser nicht zum menschlichen Gebrauch bestimmt	3/4 [3]
2.2	Wasser + Korrosionsschutzmittel nicht für den menschlichen Gebrauch bestimmt	3/4 [4]
2.3	Wasser + Frostschutzmittel	3/4 [4]
2.4	Wasser + Algecide	3/4 [4]
2.5	Trinkwasser + flüssige Lebensmittel (Fruchtsaft, Kaffee, Alkoholfreies, Suppen)	2
2.6	Trinkwasser + feste Lebensmittel	2
2.7	Trinkwasser + alkoholische Getränke	2
2.8	Wasser + Waschmittel	3/4 [4]
2.9	Wasser + oberflächenaktive Stoffe	3/4 [4]
2.10	Wasser + Desinfektionsmittel nicht für den menschlichen Gebrauch bestimmt	3/4 [4]
2.11	Wasser und Detergentien	3/4 [4]
2.12	Wasser + Kühlmittel	3/4 [4]
3	**Trinkwasser für anderen Gebrauch**	**Kategorie**
3.1	Kochen von Lebensmitteln	2
3.2	Waschen von Früchten und Gemüse (Lebensmittel-Betriebe)	3/5 [4]
3.3	Vorwaschen und Waschen von Geschirr und Küchengeräten	5
3.4	Spülwasser für Geschirr und Küchengeräte	3
3.5	Heizungswasser ohne Additive	3
3.6	Abwasser	5
3.7	Wasser aus Körperreinigung	5
3.8	Spülkastenwasser	3
3.9	WC-Wasser	5
3.10	Wasser für Tiertränken	5
3.11	Schwimmbeckenwasser	5
3.12	Waschmaschinenwasser	5
3.13	Steriles Wasser	2
3.14	Demineralisiertes Wasser	2

[1] Manche Stoffe können das Risiko erhöhen (Temperatur, Werkstoffe, …).
[2] Behandeltes Trinkwasser innerhalb von Gebäuden (ausgenommen das Gerät).
[3] Die Abgrenzung zwischen Kategorie 3 und Kategorie 4 ist prinzipiell LD50 = 200 mg/kg Körpergewicht gemäß EU-Richtlinie 93/21/EEG vom 27. April 1993.
[4] Kategorie 5 für das Vorwasch- und Waschwasser, Kategorie 3 für das Spülwasser.

6.1.3.3 Sicherungseinrichtungen und zugeordnete Flüssigkeitskategorien (DIN EN 1717 : 2011-08)

		Flüssigkeitskategorie				
	Sicherungseinrichtung	1	2	3	4	5
AA	Ungehinderter freier Auslauf	*	•	•	•	•
AB	Freier Auslauf mit nicht kreisförmigem Überlauf (uneingeschränkt)	*	•	•	•	•
AC	Freier Auslauf mit belüftetem Tauchrohr und Überlauf	*	•	•	–	–
AD	Freier Auslauf mit Injektor	*	•	•	•	•
AF	Freier Auslauf mit kreisförmigem Überlauf (eingeschränkt)	*	•	•	•	–
AG	Freier Auslauf mit Überlauf durch Versuch mit Unterdruckprüfung bestätigt	*	•	•	–	–
BA	Rohrnetztrenner (Systemtrenner) mit kontrollierbarer Mitteldruckzone	•	•	•	•	–
CA	Rohrtrenner mit unterschiedlichen, nicht kontrollierbaren Druckzonen	•	•	•	–	–
DA	Rohrbelüfter in Durchflussform	○	○	○	–	–
DB	Rohrunterbrecher mit beweglichen Teilen	○	○	○	○	–
DC	Rohrunterbrecher mit ständiger Verbindung zur Atmosphäre	○	○	○	○	○
EA	Kontrollierbarer Rückflussverhinderer	•	•	–	–	–
HB	Nicht kontrollierbarer Rückflussverhinderer	Nur für bestimmten häuslichen Gebrauch				
EC	Kontrollierbarer Doppelrückflussverhinderer	•	•	–	–	–
ED	Nicht kontrollierbarer Doppelrückflussverhinderer	Nur für bestimmten häuslichen Gebrauch				
GA	Rohrtrenner, nicht durchflussgesteuert	•	•	•	–	–
GB	Rohrtrenner, durchflussgesteuert	•	•	•	•	–
HA	Schlauchanschluss mit Rückflussverhinderer	•	•	○	–	–
HB	Rohrbelüfter für Schlauchanschlüsse	○	○	–	–	–
HC	Automatischer Umsteller	Nur für bestimmten häuslichen Gebrauch				
HD	Rohrbelüfter für Schlauchanschlüsse, kombiniert mit Rückflussverhinderer (Sicherungskombination)	•	•	○	–	–
LA	Druckbeaufschlagter Belüfter	○	○	–	–	–
LB	Druckbeaufschlagter Belüfter, kombiniert mit nachgeschaltetem Rückflussverhinderer	•	•	○	–	–

Allgemeine Bemerkungen:
Einrichtungen mit atmosphärischer Belüftung (z. B. AA, BA, CA, GA, GB …) dürfen nicht eingebaut werden, wenn die Gefahr einer Überflutung besteht.

- • deckt das Risiko ab
- ○ deckt das Risiko nur ab wenn $p = p_{amb}$
- – deckt das Risiko nicht ab
- * trifft nicht zu

6.1.3.4 Auswahl von Sicherungseinrichtungen für den häuslichen und nicht-häuslichen Bereich nach DIN 1988-100 : 2011-08

Nr.	Entnahmestelle, Apparat	Sicherungseinrichtung • deckt das Risiko ab, ○: deckt das Risiko nur ab, wenn $p = p_{amb}$ am Einbauort; –: deckt das Risiko nicht ab																						
		AA	AB	AD	DC	AF	BA	DB	GB	AC	AG	CA	DA	GA	HA	HD	LB	EA	EC	HB	LA	EB	ED	HC
	Symbol																							
1	Aktivkohlefilter bei chemischen Apparaten	•	•	•	○	–	–	–	–	–	–	–	–	–	–	–	–	–	–	–	–	–	–	–
2	Badelifter	•	•	•	○	–	–	–	–	–	–	–	–	–	–	–	–	–	–	–	–	–	–	–
3	Badewanneneinlauf unmittelbar unterhalb des Wannenrandes häuslicher Bereich[a d]	•	•	•	○	–	•	○	•	–	–	•[b]	○	•	○	○	○	–	–	–	–	–	–	–
4	Badewanneneinlauf mit integrierter Absicherungsarmatur unterhalb des Wannenrandes häuslicher Bereich[d]	•	•	•	○	•	•	○	•	–	–	–	–	–	–	–	–	–	–	–	–	–	–	–
5	Badewanneneinlauf unterhalb des Wannenrandes nichthäuslicher Bereich	•	•	•	○	–	–	–	–	–	–	–	–	–	–	–	–	–	–	–	–	–	–	–
6	Behälterbefüllung, z. B. Tankwagen	•	•	•	○	–	–	–	–	–	–	–	–	–	–	–	–	–	–	–	–	–	–	–
7	Beregnungsanlage, Überfluranlage	•	•	•	○	•	•	○	•	•	•	•[b]	○	•	○	○	–	–	–	–	–	–	–	–
8	Beregnungsanlage, Unterfluranlage	•	•	•	–	–	–	–	–	–	–	–	–	–	–	–	–	–	–	–	–	–	–	–
9	Chemikalienzumischvorrichtung z. B. Desinfektionsmittel, usw.	•	•	•	○	•	•	○	•	–	–	–	–	–	–	–	–	–	–	–	–	–	–	–
10	Chemischer Reinigungsapparat	•	•	•	○	•	•	○	•	–	–	–	–	–	–	–	–	–	–	–	–	–	–	–
11	Dialysegerät ohne Desinfektion (siehe Nr. 14)	•	•	•	○	–	–	–	–	–	–	–	–	–	–	–	–	–	–	–	–	–	–	–
12	Druckerei, Reproduktionsbetrieb, fotografischer Betrieb	•	•	•	○	•	•	○	•	–	–	–	–	–	–	–	–	–	–	–	–	–	–	–
13	Enthärtungs- und Entsäuerungsanlagen Regeneration ohne Säuren und Basen	•	•	•	○	•	•	○	•	•	•	•[b]	○	•	○	○	○	–	–	–	–	–	–	–
14	Enthärtungs- und Entsäuerungsanlagen Regeneration mit Säuren und Basen	•	•	•	○	•	•	○	•	–	–	–	–	–	–	–	–	–	–	–	–	–	–	–
15	Enthärtungs- und Entsäuerungsanlagen Desinfektion mit Formalin o.Ä. zur Dialyse	•	•	•	○	•	•	○	•	–	–	–	–	–	–	–	–	–	–	–	–	–	–	–
16	Entkarbonisierung vor Getränkebereitern und Klarspülern gewerblicher Spülmaschinen mit garantierter regelmäßiger Herstellerwartung	•	•	•	○	•	•	○	•	–	•	•[b]	○	•	○	○	○	•	•	–	–	•[c]	•[c]	–

6.1.3.4 Auswahl von Sicherungseinrichtungen für den häuslichen und nicht-häuslichen Bereich nach DIN 1988-100 : 2011-08 (Fortsetzung)

Nr.	Entnahmestelle, Apparat	Sicherungseinrichtung ● deckt das Risiko ab, ○: deckt das Risiko nur ab, wenn $p = p_{amb}$ am Einbauort; –: deckt das Risiko nicht ab																						
		AA	AB	AD	DC	AF	BA	DB	GB	AC	AG	CA	DA	GA	HA	HD	LB	EA	EC	HB	LA	EB	ED	HC
	Symbol																							
17	Entnahmearmatur mit Schlauchverschraubung im häuslichen Bereich (Gartenventil)[a]	●	●	●	○	●	●	○	●	●	●	●[b]	○	●	○	○	○	–	–	–	–	–	–	–
18	Feinfilter < 80 µm	●	●	●	○	–	–	–	–	–	–	–	–	–	–	–	–	–	–	–	–	–	–	–
19	Feuerlöschanlagen	Siehe DIN 1988-600																						
20	Filmentwicklungs-maschine	●	●	●	○	●	●	○	●	–	–	–	–	–	–	–	–	–	–	–	–	–	–	–
21	Fischbecken	●	●	●	○	–	–	–	–	–	–	–	–	–	–	–	–	–	–	–	–	–	–	–
22	Fleisch- und fischverar-beitende Maschinen	●	●	●	○	–	–	–	–	–	–	–	–	–	–	–	–	–	–	–	–	–	–	–
23	Frisörsalon, Rückwärts-waschanlage[a]	●	●	●	○	●	●	○	●	●	●	●[b]	○	●	●	●	●	●	●	○	○	●	●	○
24	Galvanische Anlagen	●	●	●	–	–	–	–	–	–	–	–	–	–	–	–	–	–	–	–	–	–	–	–
25	Gasentwickler (z.B. C_2H_2)	●	●	●	○	●	●	○	●	–	–	–	–	–	–	–	–	–	–	–	–	–	–	–
26	Geschirrspülbrause mit Rückholfeder	●	●	●	○	–	–	–	–	–	–	–	–	–	–	–	–	–	–	–	–	–	–	–
27	Getränkeautomat ohne Zugabe von Kohlensäu-re, z. B. Kaffee, Säfte	●	●	●	○	●	●	○	●	●	●	●[b]	○	●	●	●	●	●	●	–	–	–	–	–
28	Gläserspüleinrichtung	●	●	●	○	–	–	–	–	–	–	–	–	–	–	–	–	–	–	–	–	–	–	–
29	Großkochgeräte, Wasserbäder, Kochkes-sel, Heißumluftgeräte	●	●	●	○	–	–	–	–	–	–	–	–	–	–	–	–	–	–	–	–	–	–	–
30	Großkochgeräte, Koch-kessel mit automatischer Wasserfüllung für den Dampfraum oder Rückkühleinrichtungen Heißluftdämpfer, Druckgarautomat	●	●	●	○	●	●	○	●	●	●	●[b]	○	●	●	●	●	●	●	–	–	–	–	–
31	Heizungsfülleinrichtung, Wasser ohne Inhibitoren	●	●	●	○	●	●	○	●	●	●	●[b]	○	●	○	○	○	–	–	–	–	–	–	–
32	Heizungsfülleinrichtung, Wasser mit Inhibitoren	●	●	●	○	●	●	○	●	–	–	–	–	–	–	–	–	–	–	–	–	–	–	–
33	Hochdruckreiniger mit/ ohne Chemikalienzugabe	●	●	●	○	●	●	○	●	–	–	–	–	–	–	–	–	–	–	–	–	–	–	–
34	Kartoffelschälmaschine	●	●	●	○	–	–	–	–	–	–	–	–	–	–	–	–	–	–	–	–	–	–	–
35	Kartoffelstärke-Abschei-der	●	●	●	○	–	–	–	–	–	–	–	–	–	–	–	–	–	–	–	–	–	–	–
36	Keimfreies Wasser, Herstellung mit Desinfektion	●	●	●	○	●	●	○	●	–	–	–	–	–	–	–	–	–	–	–	–	–	–	–
37	Kleinstwasserbehand-lungsgeräte, z. B. Umkehrosmose	●	●	●	○	–	–	–	–	–	–	–	–	–	–	–	–	–	–	–	–	–	–	–
38	Kühlkreisläufe, Kühl-türme	●	●	●	–	–	–	–	–	–	–	–	–	–	–	–	–	–	–	–	–	–	–	–

6.1.3.4 Auswahl von Sicherungseinrichtungen für den häuslichen und nicht-häuslichen Bereich nach DIN 1988-100 : 2011-08 (Fortsetzung)

Nr.	Entnahmestelle, Apparat	Sicherungseinrichtung • deckt das Risiko ab, ○: deckt das Risiko nur ab, wenn $p = p_{amb}$ am Einbauort; –: deckt das Risiko nicht ab																						
		AA	AB	AD	DC	AF	BA	DB	GB	AC	AG	CA	DA	GA	HA	HD	LB	EA	EC	HB	LA	EB	ED	HC
	Symbol																							
39	Labortische, chemisches Labor	•	•	•	○	•	•	○	•	–	–	–	–	–	–	–	–	–	–	–	–	–	–	–
40	Labortische, bakteriologisches Labor	•	•	•	○	–	–	–	–	–	–	–	–	–	–	–	–	–	–	–	–	–	–	–
41	Medizinische Einrichtungen	•	•	•	○	–	–	–	–	–	–	–	–	–	–	–	–	–	–	–	–	–	–	–
42	Melkmaschinen, Spülautomat mit Desinfektionsmittelzugabe	•	•	•	○	•	•	○	•	–	–	–	–	–	–	–	–	–	–	–	–	–	–	–
43	Regenwassernutzung	•	•	•	○	–	–	–	–	–	–	–	–	–	–	–	–	–	–	–	–	–	–	–
44	Reinigungsgeräte für Getränkeleitungen in Gaststätten	•	•	•	○	•	•	○	–	•	•	•[b]	○	–	–	–	–	–	–	–	–	–	–	–
45	Röntgenapparat, Kühlung	•	•	•	○	•	•	○	•	•	•	•[b]	○	•	•	•	•	•	•	–	–	–	–	–
46	Schlauchbrause an Bade- und Duschwanne, Waschtisch im häuslichen Bereich[a]	•	•	•	○	•	•	○	•	•	•	•[b]	○	•	•	•	•	•	•	○	○	•	•	•
47	Schlauchbrause an Bade- und Duschwanne im nicht-häuslichen Bereich (z. B. Krankenhaus)	•	•	•	○	–	–	–	–	–	–	–	–	–	–	–	–	–	–	–	–	–	–	–
48	Schlauchbrause in der Küche, häusl. Bereich[a]	•	•	•	○	•	•	○	•	•	•	•[b]	○	•	•	•	•	•	•	–	–	•	•	–
49	Schwimm-/Badebecken, Füllen u. Nachfüllen	•	•	•	○	–	–	–	–	–	–	–	–	–	–	–	–	–	–	–	–	–	–	–
50	Schwimm- und Badebecken, mit Aufbereitung und Desinfektion	•	•	•	○	•	•	○	•	–	–	–	–	–	–	–	–	–	–	–	–	–	–	–
51	Spühlvorrichtung und Reinigungsgerät für Abwasserleitungen	•	•	•	○	–	–	–	–	–	–	–	–	–	–	–	–	–	–	–	–	–	–	–
52	Sterilisatoren für desinfiziertes, verpacktes Material	•	•	•	○	•	•	○	•	•	•	•[b]	○	•	○	○	○	–	–	–	–	–	–	–
53	Sterilisatoren für kanzerogenes Material	•	•	•	○	•	•	○	•	–	–	–	–	–	–	–	–	–	–	–	–	–	–	–
54	Sterilisatoren für Labor- und Dampfdesinfektion	•	•	•	○	–	–	–	–	–	–	–	–	–	–	–	–	–	–	–	–	–	–	–
55	Stiefelwaschanlage	•	•	•	○	•	•	○	•	–	–	–	–	–	–	–	–	–	–	–	–	–	–	–
56	Umkehrosmoseanlagen im Dead-end-Betrieb	•	•	•	○	–	–	–	–	–	–	–	–	–	–	–	–	–	–	–	–	–	–	–
57	Umkehrosmoseanlagen im Cross-flow-Betrieb	•	•	•	○	•	•	○	•	–	–	–	–	–	–	–	–	–	–	–	–	–	–	–
58	Unterwassermassageanlagen	•	•	•	○	–	–	–	–	–	–	–	–	–	–	–	–	–	–	–	–	–	–	–
59	Viehtränkebecken	•	•	•	○	–	–	–	–	–	–	–	–	–	–	–	–	–	–	–	–	–	–	–

6.1.3.4 Auswahl von Sicherungseinrichtungen für den häuslichen und nicht-häuslichen Bereich nach DIN 1988-100 : 2011-08 (Fortsetzung)

Nr.	Entnahmestelle, Apparat	Sicherungseinrichtung ● deckt das Risiko ab, ○: deckt das Risiko nur ab, wenn $p = p_{amb}$ am Einbauort; –: deckt das Risiko nicht ab																						
		AA	AB	AD	DC	AF	BA	DB	GB	AC	AG	CA	DA	GA	HA	HD	LB	EA	EC	HB	LA	EB	ED	HC
	Symbol																							
60	WC-Becken, Urinal, Bidet	●	●	●	○	–	–	–	–	–	–	–	–	–	–	–	–	–	–	–	–	–	–	–
61	WC-Reinigungsspritze/-brause	●	●	●	○	–	–	–	–	–	–	–	–	–	–	–	–	–	–	–	–	–	–	–
62	Zahnarztausrüstung, Füllwasser für Mundspülung	●	●	●	–	–	–	–	–	–	–	–	–	–	–	–	–	–	–	–	–	–	–	–
63	Zahnarztausrüstung, Reinigungsbecken	●	●	●	–	–	–	–	–	–	–	–	–	–	–	–	–	–	–	–	–	–	–	–
64	Zahnarztausrüstung, Instrumente, Werkzeuge	●	●	●	–	–	–	–	–	–	–	–	–	–	–	–	–	–	–	–	–	–	–	–
65	Zahnarztbehandlungsstuhl, Gesamtanlage	●	●	●	○	–	–	–	–	–	–	–	–	–	–	–	–	–	–	–	–	–	–	–

[a] Risikoverminderung nach DIN EN 1717:2011-08, Tabelle 3
[b] mit positivem Druckgefälle (DVGW W 570-2)
[c] Austauschzyklus des Rückflussverhinderers spätestens alle 5 Jahre
[d] Die Sicherungseinrichtung muss integraler Bestandteil der Fülleinrichtung oder der Armatur sein

6.1.3.5 Rückflussverhinderer DIN EN 13959 : 2005-01/Herstellerangaben *backflow stopper*

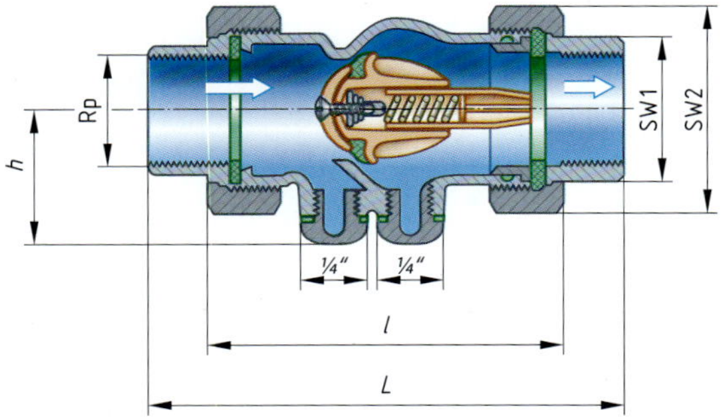

Nennweite (DN)	Maximale Betriebs-temperatur	Maximaler Betriebsdruck	Einbau
DN ≤ 50	65 °C + 90 °C, 1 h	1000 kPa (10 bar)	in beliebiger Stellung
DN > 50	65 °C	1000 kPa (10 bar)	nur in horizontaler Stellung

Typ EA
Öffnungsdruck: 0,05 bar

Typen von Rückflussverhinderern

EA mit Prüföffnung 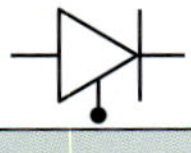

EB ohne Prüföffnung 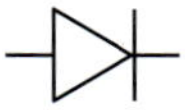

EC mit Prüföffnung 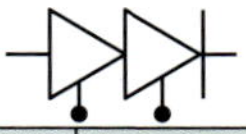

ED ohne Prüföffnung 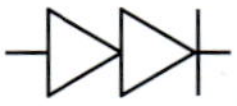

Anschlussgröße	Rp	½″*	¾″	1″	1 ¼″	1 ½″	2″
DN		15	20	25	32	40	50
Baumaße mm	*L*	106	120	139	161	171	201
	l	60	72	85	95	103	125
	h	34	34	40	45	47	57
	SW 1	24	30	38	46	52	66
	SW 2	37	46	52	64	76	88
Prüf- und Entleerungsschraube	R	¼″*	¼″	¼″	¼″	¼″	¼″
k_{VS}-Wert	m^3/h	4,5	9,1	17,0	28,0	38,0	60,0
Nennvolumenstrom $\dot{V}$ bei $\Delta p = 0,15$ bar	m^3/h	2,3	3,1	7,7	10,8	15,5	25,2

* Nur Prüfschraube

Durchflussdiagramm

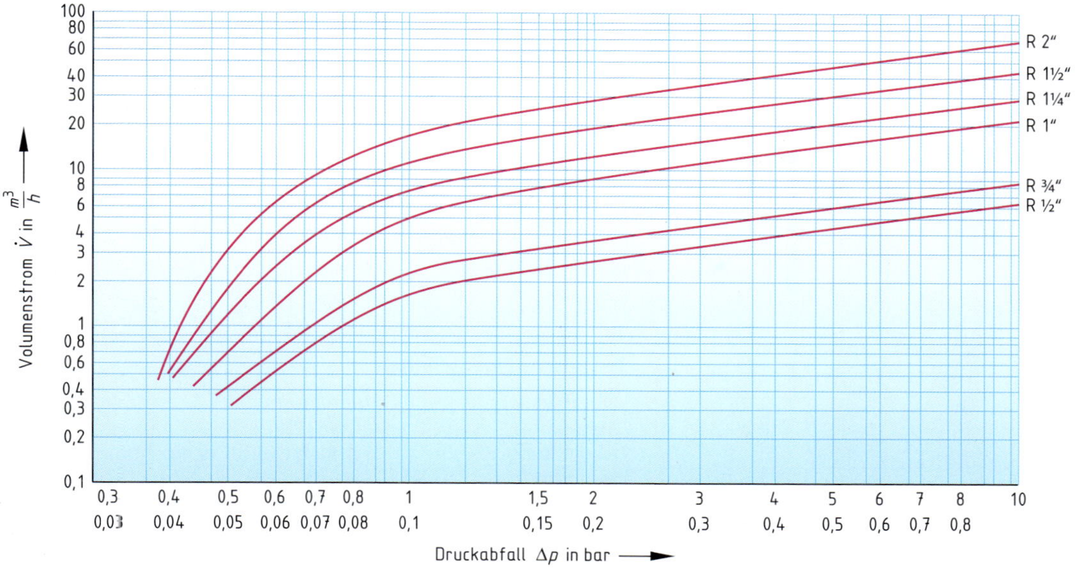

6.1.3.6 Rückspülbarer Filter mit Druckminderer *back-flushing filters with pressure reducer*

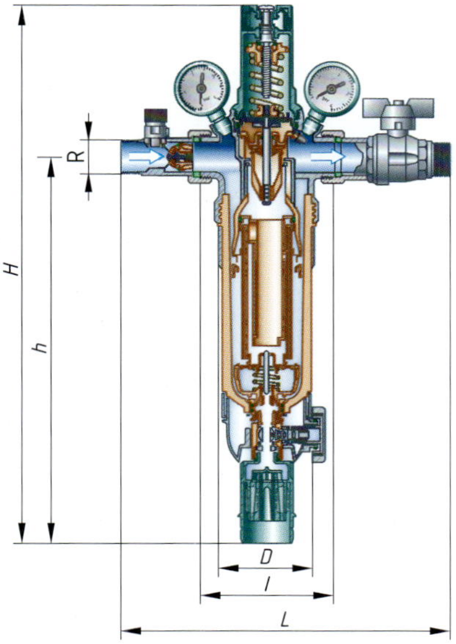

Einsatzgrenzen

Vordruck:	16 bar bei Klarsicht-Filtertassen
	25 bar bei Rotguss-Filtertassen
Hinterdruck:	1,5 … 6 bar

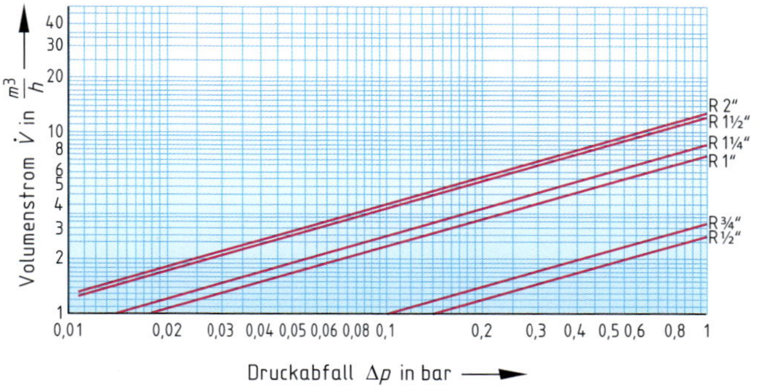

Anschlussdaten (Herstellerangaben)

Anschlussgröße	**R**	½″	¾″	**1″**	**1¼″**	**1½″**	**2″**
Nennweite	DN	15	20	25	32	40	50
Baumaße mm	*L*	255	268	305	327	370	408
	l	110	110	130	130	150	150
	H	439	439	493	493	590	590
	h	350	350	353	353	417	417
	D	97	97	97	97	120	120
k_{VS}-Wert m³/h		2,7	3,2	7,6	8,9	12,6	13,0

6.1.3.7 Rohrbelüfter HB DIN EN 1717 : 2011-08 (Herstellerangaben) *tube aerator*

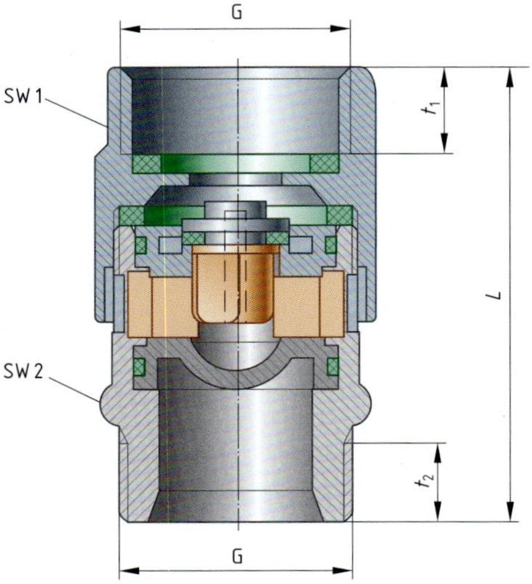

Maße

Nennweite	DN	DN15-½	DN20-¾	DN25-1
Anschlussgewinde nach DIN-ISO 228 G1	G	½	¾	1
t_1	mm	7	10	8
t_2	mm	10	9	12
L	mm	48	52	59
SW1 6-kt./8-kt.*	mm	25	30	38*
SW2 6-kt.	mm	28	28	38

Technische Eigenschaften

Oberfläche	verchromt
Material	CW617N
Abdichtung	O-Ring (NBR)/Flachdichtung (EPDM)
Nenndruck	PN 10
Temperaturbeständigkeit	bis 90 °C
Medium	Trinkwasser
Normen	DIN EN 1717

6.1.3.8 Rohrbelüfter HD DIN EN 1717 : 2011-08 (Herstellerangaben)

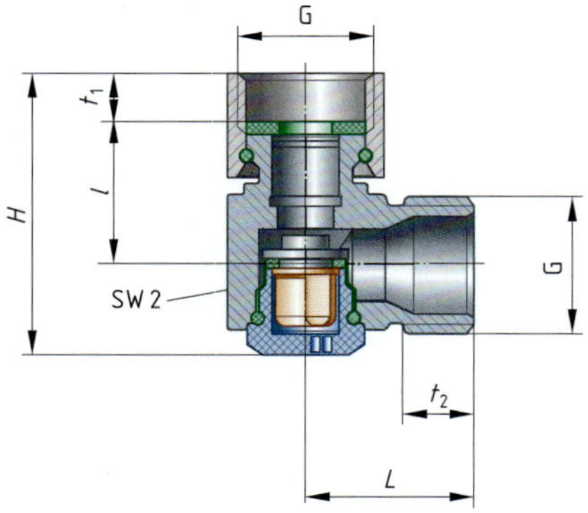

Maße

Nennweite	DN	DN15-½
Anschlussgewinde nach DIN-ISO 228 G	G	½
t_1	mm	7,5
t_2	mm	11
l	mm	22
L	mm	26
H	mm	43,5
SW 6-kt.	mm	24

Technische Eigenschaften

Oberfläche	verchromt
Material	CW 617 N
Abdichtung	O-Ring (NBR)/Dichtung (EPDM)
Nenngröße	DN 15
Nenndruck	PN 10
Temperaturbeständigkeit	90 °C
Medium	Trinkwasser
Normen	DIN EN 1717

6.1.3.9 Rohrunterbrecher DB (Herstellerangaben) *pipe interrupter*

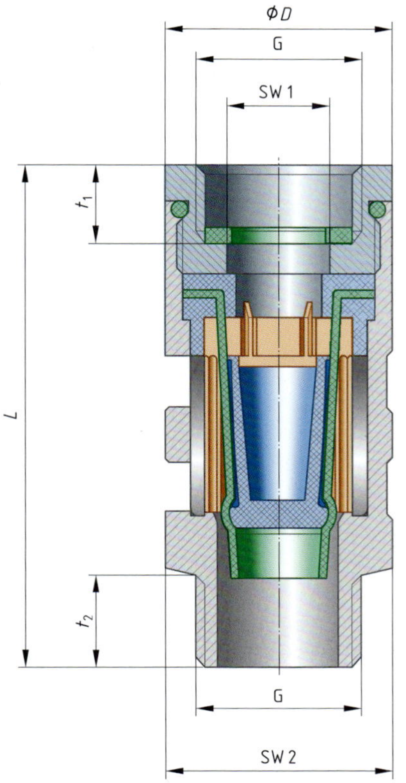

Maße

Nennweite	DN	DN15-½
Anschlussgewinde nach DIN-ISO 228 G	G	½
t_1	mm	10
t_2	mm	12
L	mm	64,5
$ØD$	mm	29
SW1 6-kt.	mm	13
SW2 2-Fl.	mm	27

Technische Eigenschaften

Oberfläche	verchromt
Material	CW617N
Abdichtung	O-Ring (NBR)/Flachdichtung (EPDM)
Nenngröße	DN15-½
Nenndruck	PN 10
Temperaturbeständigkeit	90 °C
Medium	Trinkwasser
Normen	DIN EN 1717

Rohrunterbrecher DC

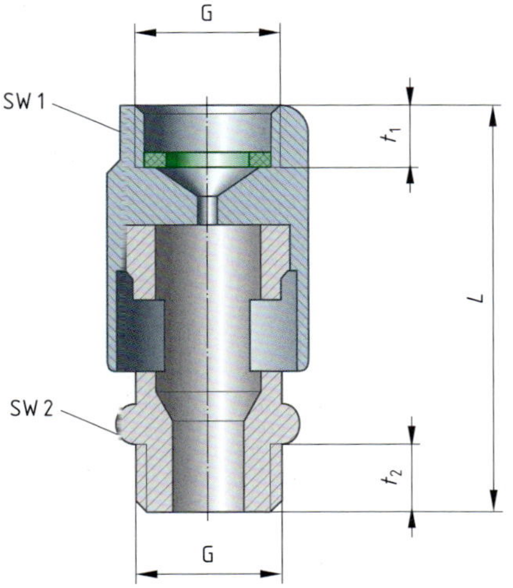

Maße

Nennweite	DN	DN15-½	DN20-¾
Anschlussgewinde nach DIN-ISO 228 G	G	½	¾
t_1	mm	9	12
t_2	mm	10	13
L	mm	58	65
SW1 2-Fl.	mm	25	30
SW2 6-kt.	mm	24	28

Technische Eigenschaften

Oberfläche	verchromt
Material	CW617N
Abdichtung	Dichtung (EPDM)
Nenngröße	siehe Tabelle
Nenndruck	PN 10
Temperaturbeständigkeit	90 °C
Medium	Trinkwasser
Normen	DIN EN 1717

6.1.3.10 Rohrnetztrenner mit kontrollierbarer Mitteldruckzone BA *pipe network disconnector*

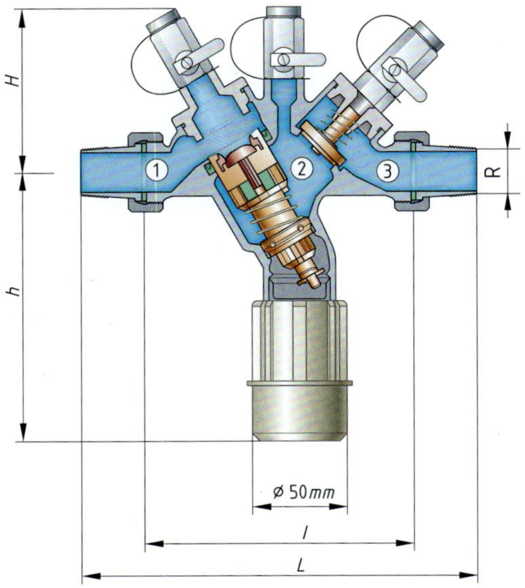

Funktion

Rohrnetztrenner (Systemtrenner) vom Typ BA sind in 3 Druckzonen unterteilt. In Zone ① ist der Druck höher als in Zone ② und dort wieder höher als in Zone ③. An Zone ② ist ein Ablassventil angeschlossen, welches spätestens dann öffnet, wenn der Differenzdruck zwischen Zone ① und ② auf 0,14 bar abgesunken ist. Das Wasser aus Zone ② strömt ins Freie.

Absicherung bis Flüssigkeitskategorie 4 (EN 1717)

Anschlussgröße	**R**	**½″**	**¾″**	**1″**	**1 ¼″**	**1 ½″**	**2″**
Nennweite	DN	15	20	25	32	40	50
Baumaße mm	*L*	195	208	225	315	315	345
	l	135	140	146	220	220	230
	H	80	80	80	284	284	284
	h	138	138	138	162	162	162

Durchflussdiagramm

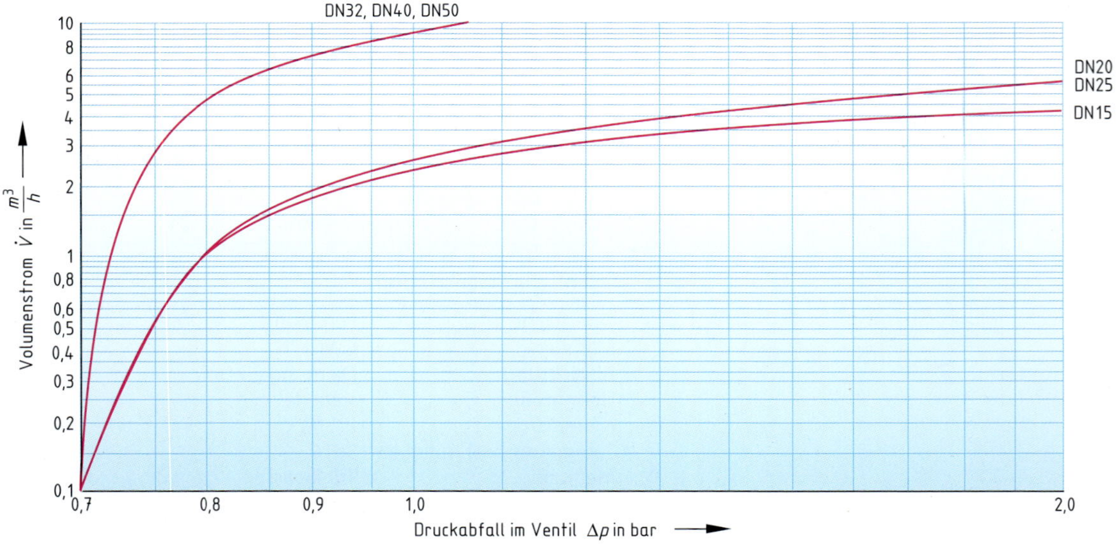

Rohrtrenner mit unterschiedlichen, nicht kontrollierbaren Druckzonen CA

Rohrtrenner CA *(Backflow Preventer)*

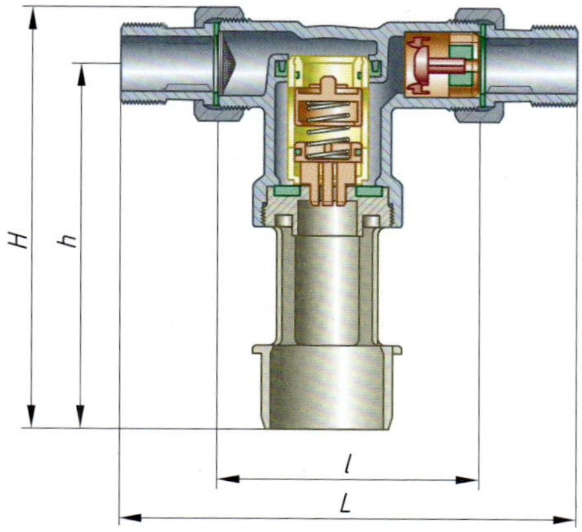

Absicherung von Trinkwasseranlagen gegen Rückdrücken, Rückfließen und Rücksaugen. Abgesichert werden Flüssigkeiten bis einschließlich Flüssigkeitskategorie 3 nach DIN EN 1717.

Medium	Wasser
Flüssigkeitskategorie (EN1717)	Kategorie 3
Werkstoff Ventilkörper	entzinkungsbeständiges Messing
Rohranschluss	Außengewinde
Max. Mediumstemp.	65 °C
Stat. Druck	PN10
Min. Eingangsdruck	1,5 bar
Einbaulage	horizontal

Anschlussgröße		**R**	½″	¾″
Masse		ca. g	510	700
Baumaße	mm	*L*	145	155
		l	84	87
		H	138	142
		h	121	121
Spitzenvolumenstrom bei Δp = 1,0 bar		m³/h	0,7	0,7

6.1.3.11 Rohrtrenner, nicht durchflussgesteuert GA *pipe disconnector*

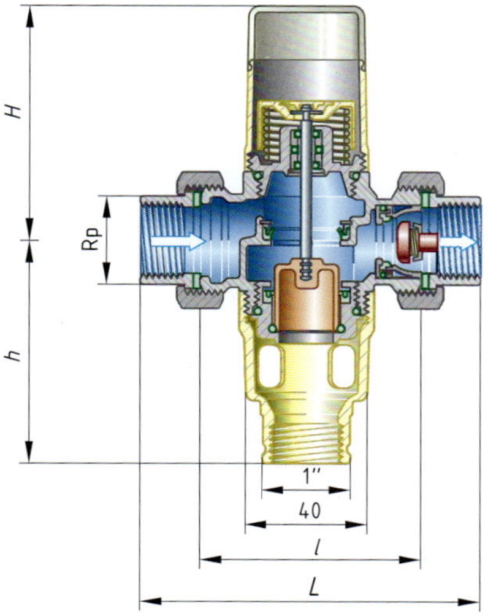

Sicherungsarmatur entsprechend der DIN EN 1717
Aufgabe: Rückdrücken, Rückfließen und Rücksaugen von Nichttrinkwasser in das öffentliche Versorgungsnetz zu verhindern.
Rohrtrenner können zur Absicherung bis einschließlich Flüssigkeitskategorie 3 verwendet werden.

Technische Daten

Medium	Kaltwasser
Max. Eingangsdruck	16,0 bar
Einbaulage	Waagrecht mit Federhaube nach oben
Max. Betriebstemperatur	40 °C
Ansprechdruck wahlweise	0,5, 1,0, 1,5 oder 2,0 bar
Mindesteingangsdruck = Ansprechdruck + 1,0 bar	
Anschlussgröße	½″ … 2″

Anschlussgröße		**R**	½″	¾″	1″	1 ¼″	1 ½″	2″
Nennweite		DN	15	20	25	32	40	50
Baumaße	mm	*L*	151	153	159	216	228	241
		l	105	105	105	150	160	165
		H	105	107	107	162	161	154
		h	124	122	122	157	158	165
Nennvolumenstrom bei Δp = 0,3 bar		m^3/h	2,5	3,3	4,5	7	10	15
k_{VS}-Wert		m^3/h	4,5	6	8	13	18	27
ξ-Wert		–	4	7	10	13	12,5	14
Ansprechdruck		bar	wahlweise 0,5, 1,0, 1,5, oder 2,0					

Durchflussdiagramm

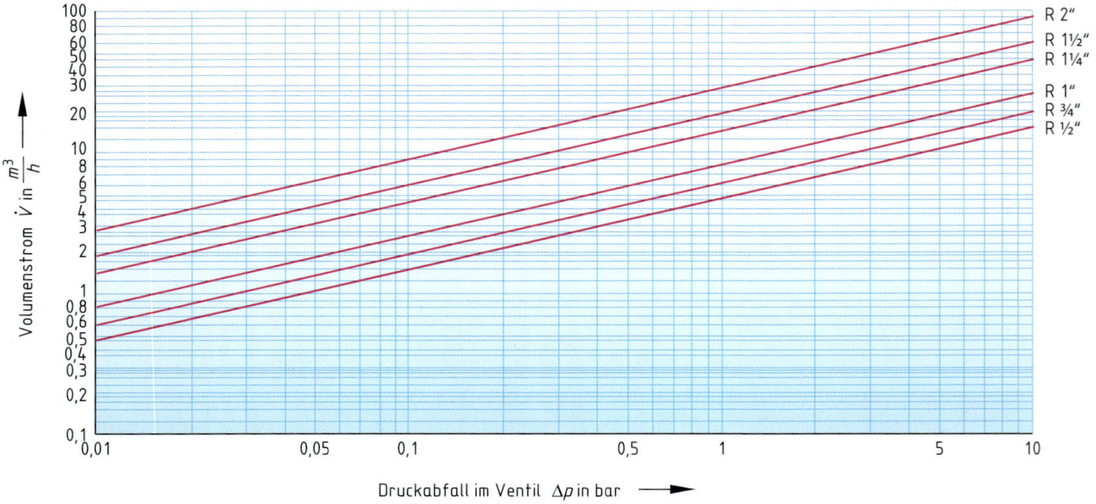

6.1.3.12 Rohrtrenner, nicht durchflussgesteuert GB

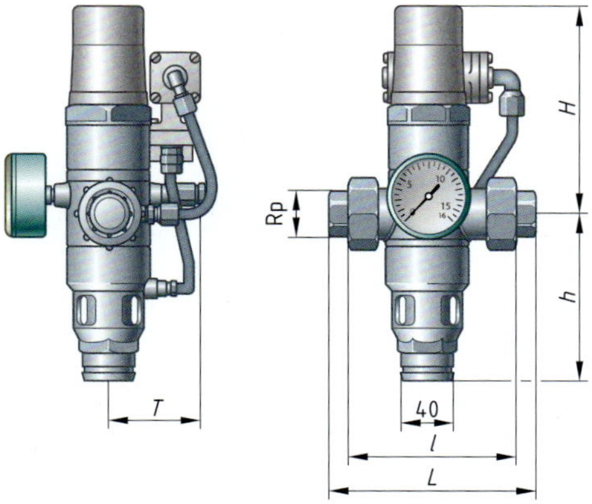

Rohrtrenner dieses Typs werden als Sicherungsarmatur entsprechend der EN 1717 eingesetzt. Ihre Aufgabe ist es, ein Rückdrücken, Rückfließen und Rücksaugen von Nichttrinkwasser in das öffentliche Versorgungsnetz zu verhindern. Rohrtrenner dieses Typs können zur Absicherung bis einschließlich Flüssigkeitskategorie 4 verwendet werden. Rohrtrenner vom Typ GB sind Sicherungsarmaturen, die immer in Trennstellung stehen.

Bei Wasserentnahme in der nachgeschalteten Anlage steigt der Differenzdruck im Rohrtrenner an.Übersteigt der Differenzdruck 0,5 bar, so erfolgt die hydraulische Umsteuerung des Steuerventils, und der Rohrtrenner schaltet auf Durchflussstellung. Nach Beendigung der Wasserentnahme schaltet der Wirkdruckgeber das hydraulische Steuerventil wieder um, was bewirkt, dass der Rohrtrenner in Trennstellung geht.

Technische Daten

Medium	Kaltwasser
max. Eingangsdruck	16,0 bar
Einbaulage	Waagrecht mit Federhaube nach oben
Max. Betriebstemperatur	40 °C
Mindesteingangsdruck	1,5 bar
Mindestdurchflussmenge	1,0 l/min
Anschlussgröße	½″ … 2″

Anschlussgröße	**R**	**½″**	**¾″**	**1″**	**1 ¼″**	**1 ½″**	**2″**
Nennweite	DN	15	20	25	32	40	50
Baumaße mm	*L*	151	153	159	216	228	241
	l	105	105	105	150	160	165
	H	153	155	155	232	231	224
	h	125	123	123	155	159	166
	T	76	80	80	93	93	98
Nennvolumenstrom bei Δp = 0,8 bar	m^3/h	2,2	3,1	3,6	8,9	12,5	14,3
k_{VS}-Wert	m^3/h	2,5	3,5	4,0	10,0	14,0	16,0
ξ-Wert	–	13,0	20,9	39,0	16,8	20,9	39,0

Durchflussdiagramm

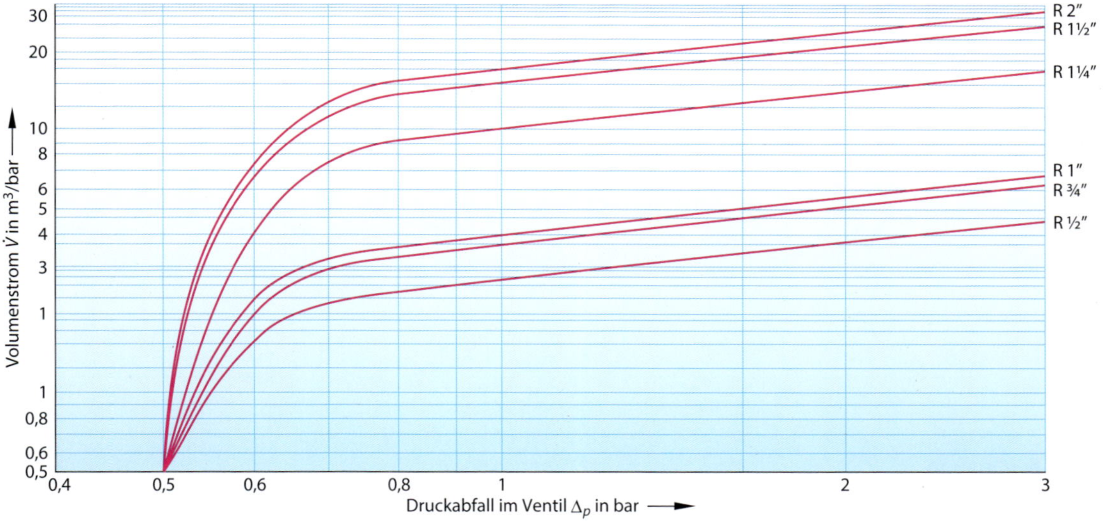

6.1.3.13 Frostsichere Außenarmatur (Herstellerangaben) *frost-proof outside fitting*

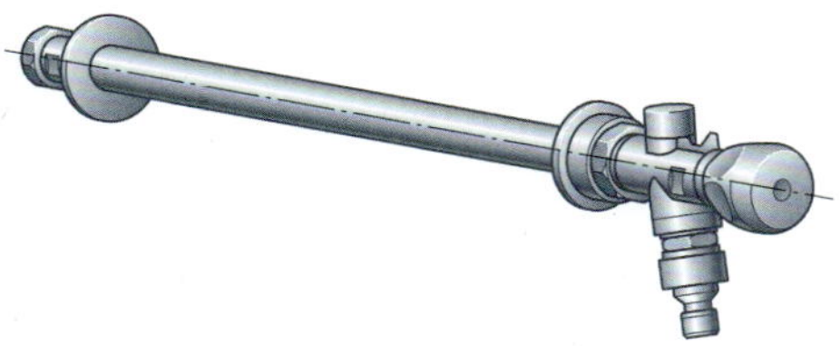

- Integrierter Rückflussverhinderer und Rohrbelüfter nach DIN EN 1717, Typ HD
- Frostsichere Konstruktion
- Variable Einbaulänge 150 … 450 mm, bzw. 150 … 580 mm
- Absperrventil im frostfreien Bereich
- Dichtungen aus EPDM

Technische Daten

Medium	Wasser
Einsatzbereich	–30 °C … 60 °C
Betriebsdruck	max. 10 bar (PN 10)
k_{VS}-Wert	2,1 m^3/h

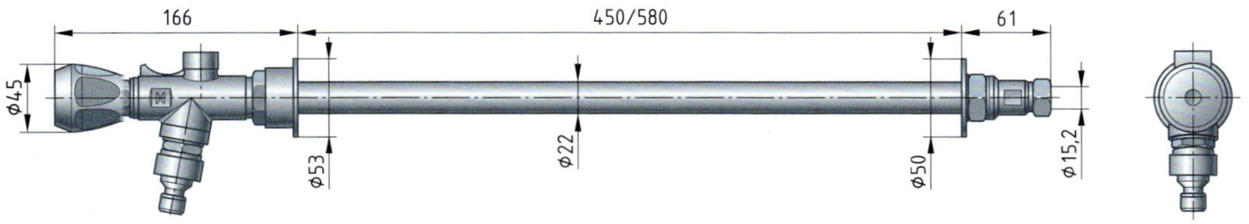

6.1.4 Warmwasserbedarf *amount of heat required*

6.1.4.1 Trinkwassererwärmer *water heaters*

Übersicht

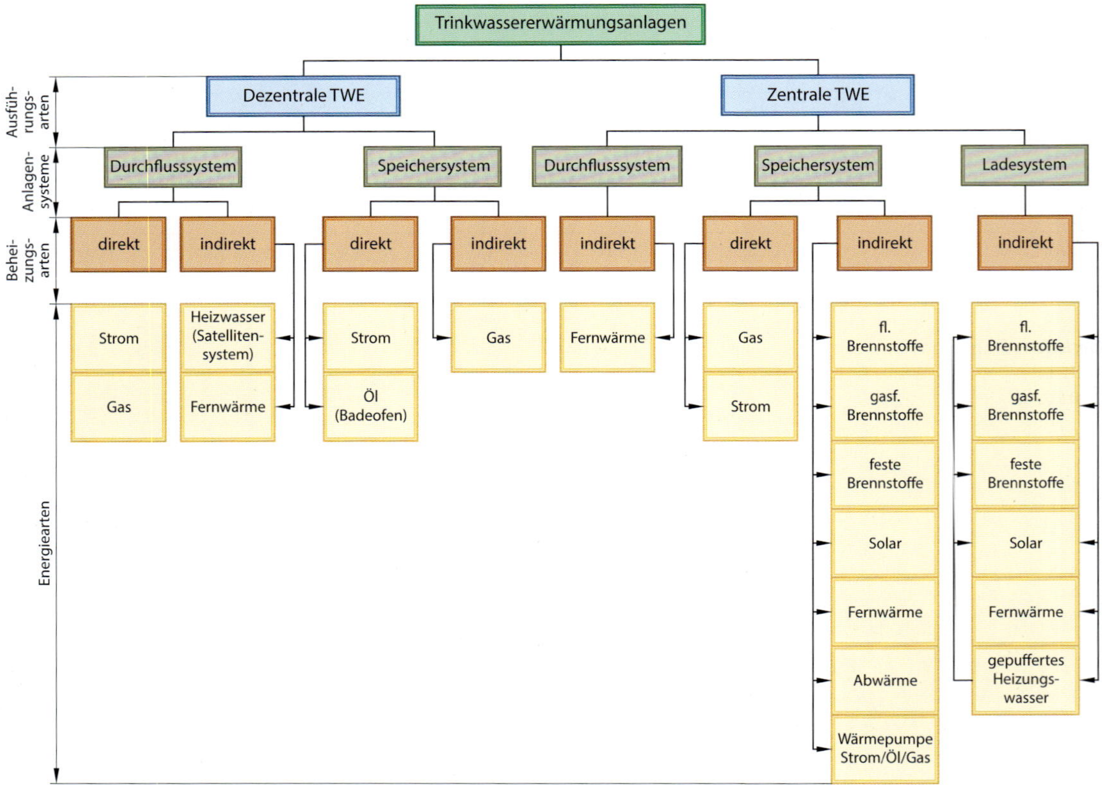

Art der Erwärmung

Durchflusswassererwärmer DWE	Speicherwassererwärmer SWE
Trink- oder Brauchwasser wird während der Entnahme erwärmt.	Trink- oder Brauchwasser wird vor der Entnahme erwärmt und zur Verwendung bevorratet.

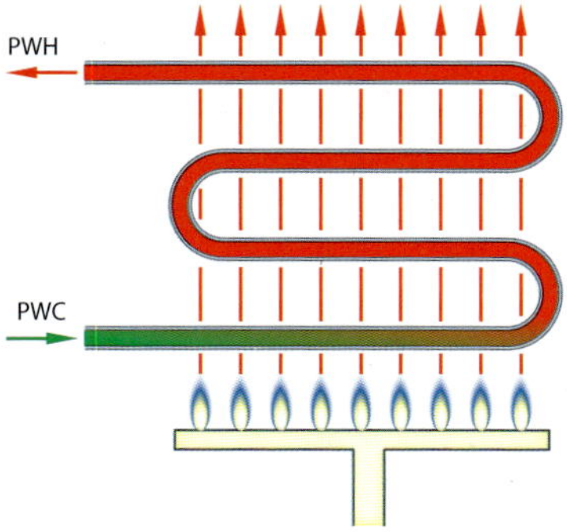

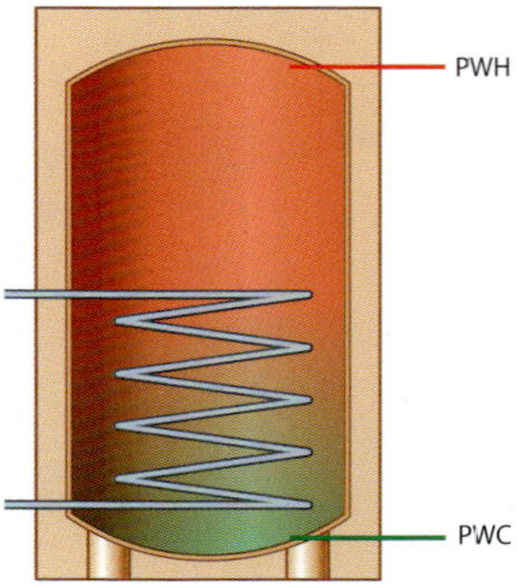

Bauarten

Offene Wassererwärmer stehen mit der Atmosphäre unmittelbar in Verbindung.	**Geschlossene** Wassererwärmer stehen mit der Atmosphäre nicht in Verbindung.

Größe

Gruppe I	Gruppe II
SWE: $p \cdot V < 300$ und $\dot{Q} < 10$ kW DWE: $V \leq 15$ l und $\dot{Q} < 10$ kW	alle übrigen Anlagen

Art der Beheizung

Unmittelbar (direkt)	Mittelbar (indirekt) beheizt durch Heizwasser und Wasserdampf (TRD beachten)
a) feste, flüssige oder gasförmige Brennstoffe b) Abgase c) elektrische Energie	a) mit Heiztemperaturen bis 100 °C b) mit Heiztemperaturen von 100 °C bis 110 °C c) mit Heiztemperaturen über 110 °C

6.1.4.2 Sanitäre Ausstattung von Wohnungen *Sanitary equipment of apartments* DIN 4708-2 : 1994-04

	Nr.	Vorhandene Ausstattung	Bei Bedarfsermittlung anzurechnen
Wohnungen mit Normalausstattung	1 1.1 1.2	Bad: 1 Badewanne oder 1 Brausekabine mit/ohne Mischbatterie und Normalbrause 1 Waschtisch	 1 Badewanne (nach Tabelle Zapfstellenbedarf) bleibt unberücksichtigt
	2 2.1	Küche: 1 Küchenspüle	 bleibt unberücksichtigt
Wohnungen mit Komfortausstattung	1 1.1 1.2 1.3 1.4	Bad: 1 Badewanne[1] 1 Brausekabine[1] 1 Waschtisch[1] 1 Bidet	 wie vorhanden nach Tabelle Zapfstellenbedarf wie vorhanden nach Tabelle Zapfstellenbedarf, wenn von der Anordnung eine gleichzeitige Benutzung möglich ist bleibt unberücksichtigt bleibt unberücksichtigt
	2 2.1	Küche: 1 Küchenspüle	 bleibt unberücksichtigt
	3 3.1 3.2 3.3 3.4	Gästezimmer: Badewanne oder Brausekabine Waschtisch Bidet	 wie vorhanden nach Tabelle Zapfstellenbedarf mit 50 % des Zapfstellenbedarfes[2] wie vorhanden nach Tabelle Zapfstellenbedarf mit 100 % des Zapfstellenbedarfes mit 100 % des Zapfstellenbedarfes[3] mit 100 % des Zapfstellenbedarfes[3]

[1] Größe abweichend von der Normalausstattung

[2] Soweit keine Badewanne vorhanden ist, wird wie bei der Normalausstattung anstatt einer Brausekabine eine Badewanne (siehe Tabelle Zapfstellenbedarf) angesetzt, es sei denn, der Zapfstellenbedarf der Brausekabine übersteigt den der Badewanne (z. B. Luxusbrause). Sind mehrere unterschiedliche Brausekabinen vorhanden, wird für die Brausekabine mit dem höchsten Zapfstellenbedarf mindestens eine Badewanne angesetzt.

[3] Soweit dem Gästezimmer keine Badewanne oder Brausekabine zugeordnet ist

Definition Einheitswohnung

Die Summe des Wärmebedarfs für erwärmtes Wasser aller zu versorgender Wohnungen wird in Einheitswohnungen umgerechnet.

Merkmale sind:

Raumzahl r	= 4
Belegungszahl p	= 3,5 (3 bis 4) Personen
Zapfstellenbedarf w_v	= 5820 Wh/Entnahme für ein Wannenbad

Belegungszahlen von Wohnungen als Richtwerte

Raumzahl r	Belegungszahl p
1	2,0[1]
1 ½[2]	2,0
2	2,0
2 ½	2,3
3	2,7
3 ½	3,1
4	**3,5**
4 ½	3,9
5	4,3
5 ½	4,6
6	5,0
6 ½	5,4
7	5,6

6.1.4.3 Zapfstellenbedarf w_v für erwärmtes Wasser in Wh *Taps demand for heated water* DIN 4708-2 : 1994-04

lfd. Nr.	Benennung der Zapfstelle bzw. der sanitären Ausstattung	Kurzzeichen	Entnahmemenge V_E je Benutzung[7] l	Zapfstellenbedarf w_v Entnahme Wh
1	Badewanne	NB 1	140	5820
2	Badewanne	NB 2	160	6510
3	Kleinraum-Wanne und Stufenwanne	KB	120	4890
4	Großraum-Wanne (1800 mm × 750 mm)	GB	200	8720
5	Brausekabine[8] mit Mischbatterie und Sparbrause	BRS	40[6]	1630
6	Brausekabine[8] mit Mischbatterie und Normalbrause[9]	BRN	90[6]	3660
7	Brausekabine mit Mischbatterie und Luxusbrause[10]	BRL	180[6]	7320
8	Waschtisch	WT	17	700
9	Bidet	BD	20	810
10	Handwaschbecken	HT	9	350
11	Spüle für Küchen	SP	30	1160

[6] Entspricht einer Benutzungszeit von 6 Minuten
[7] Bei Badewannen gleichzeitig Nutzinhalt
[8] Nur zu berücksichtigen, wenn Badewanne und Brausekabine räumlich getrennt sind, d. h. eine gleichzeitige Benutzung möglich ist
[9] Arrnaturen-Durchflussklasse A nach DIN EN 200
[10] Armaturen-Durchflussklasse C nach DIN EN 200

6.1.4.4 Berechnung der Bedarfskennzahl N ► siehe Kap_6.pdf

6.1.4.5 Wärmemengenbedarf für Warmwasser *Amount of heat required for hot water*

Wärmemengenbedarf pro Duschvorgang nach Dauer der Zapfbedingungen

Warmwasser-Zapfrate	Warmwasseraustrittstemperatur	Mittlerer Wärmemengenbedarf pro Duschvorgang mit einer Dauer von				
		4 min	5 min	6 min	7 min	10 min
l/min	°C	Wh	Wh	Wh	Wh	Wh
8	35	930	1165	1395	1630	2325
	40	1155	1395	1675	1955	2790
	45	1305	1630	1955	2280	3255
10	55	1165	1455	1745	2035	2910
	40	1395	1745	2095	2440	3490
	45	1630	2035	2440	2850	4070
12	35	1395	1745	2095	2440	3490
	40	1675	2095	2510	2930	4185
	45	19S5	2440	2930	3420	4885

Mittlerer Wärmemengenbedarf pro Duschvorgang bei unterschiedlichen Benutzungszeiten und Warmwasser-Zapfbedingungen

Mittlerer Warmwasser- und Wärmemengenbedarf verschiedener Verbraucher

Verbraucher	Warmwasserbedarf l	Bezugsgröße	Warmwasseraustrittstemperatur °C	Mittlerer Wärmemengenbedarf Wh
Duschen				
– Sportler	25	je Dusche	60	1075
– Fabrikarbeit schwach schmutzend	30	je Dusche	60	1290
– Fabrikarbeit stark schmutzend	40	je Dusche	60	1720
Baden				
– Normale Wannen	75	je Bad	60	3225
– Groß-Wannen	100	je Bad	60	4300
– Hydrotherapie-Wannen	200	je Bad	60	8600
– Großraum-Wannen	200	je Bad	60	8600

Mittlerer Warmwasser- und Wärmemengenbedarf verschiedener Verbraucher (Fortsetzung)

Verbraucher	Warmwasserbedarf l	Bezugsgröße	Warmwasseraustrittstemperatur °C	Mittlerer Wärmemengenbedarf Wh
Einfamilienwohnhaus				
– einfacher Standard	40	je Person und Tag	60	1720
– mittlerer Standard	50	je Person und Tag	60	2150
– gehobener Standard	60	je Person und Tag	60	2580
Mehrfamilienwohnhaus				
– sozialer Wohnungsbau	30	je Person und Tag	60	1290
– allgemeiner Wohnungsbau	40	je Person und Tag	60	1720
– gehobener Wohnungsbau	50	je Person und Tag	60	2150
Hotels, Apartmenthäuser				
– einfach	40	je Bett und Tag	60	1720
– 2. Klasse	50	je Bett und Tag	60	2150
– 1. Klasse	80	je Bett und Tag	60	3440
Schulen				
– ohne Duschanlagen	5 … 15	je Schüler und Tag	45	195 … 580
– mit Duschanlagen	30 … 50	je Schüler und Tag	45	1160 … 1935
Kasernen	30 … 50	je Person und Tag	45	1160 … 1935
Hallenbäder				
– öffentlich	40	je Benutzer	60	1720
– privat	20	je Benutzer	60	860
Saunaanlagen				
– öffentlich	70	je Benutzer	60	3010
– privat	35	je Benutzer	60	1500
Sportzentren	22 … 35	je Dusche	45	1305 … 2035
Fitness-Studios	40	je Benutzer	60	1720
Medizinische Bäder	200 … 400	je Patient und Tag	45	7740 … 15480
Krankenhäuser				
– mit einfachen medizinischen Einrichtungen	60	je Bett und Tag	60	2580
– mit durchschnittlichen medizinischen Einrichtungen	80	je Bett und Tag	60	3440
– mit umfangreichen medizinischen Einrichtungen	120	je Bett und Tag	60	5160
Bürogebäude	10 … 40	je Person und Tag	45	390 … 1550
Kaufhäuser	10 … 40	je Beschäftigter und Tag	45	390 … 1550
Speiserestaurant, Gaststätten				
für Vorbereitung und	4	je Essen	60	170 … 190
zeitversetzt für Spülen	4	je Essen	60…65	170 … 190

Mittlerer Warmwasser- und Wärmemengenbedarf verschiedener Verbraucher (Fortsetzung)

Verbraucher	Warmwasserbedarf l	Bezugsgröße	Warmwasseraustrittstemperatur °C	Mittlerer Wärmemengenbedarf Wh
Bäckereien				
Teigbereitung, Maschinen- und Gerätereinigung	50	je m^2 Backfläche und Tag	60	2150
Betriebsreinigung	1	je m^2 Betriebsfläche	60	45
Körperpflege (Duschen und Händewaschen)	40	je Beschäftigter und Tag	60	1720
Fleischereien				
Kochen, Maschinen- und Gerätereinigung	80	je Schwein und Woche	60	3440
Betriebsreinigung	2	je m^2 Betriebsfläche	60	90
Körperpflege (Duschen und Händewaschen)	40	je Beschäftigter und Tag	60	1720
Friseurbetriebe				
Herrensalon	40 … 60	je Arbeitsplatz und Tag	60	1720 … 2580
Damensalon	100 … 120	je Arbeitsplatz und Tag	60	4300 … 5160
Betriebsreinigung	1	je m^2 Betriebsfläche	60	45

Richtwerte für den mittleren Warmwasser- und Wärmemengenbedarf verschiedener Verbraucher — Angaben nach Feurich

6.1.4.6 Anschlussarten von Trinkwassererwärmern (TWE) — DIN 1988-200 : 2012-05

Connection types of drinking water heaters

Offene Trinkwassererwärmer, unmittelbar beheizt, Auslauf stets offen

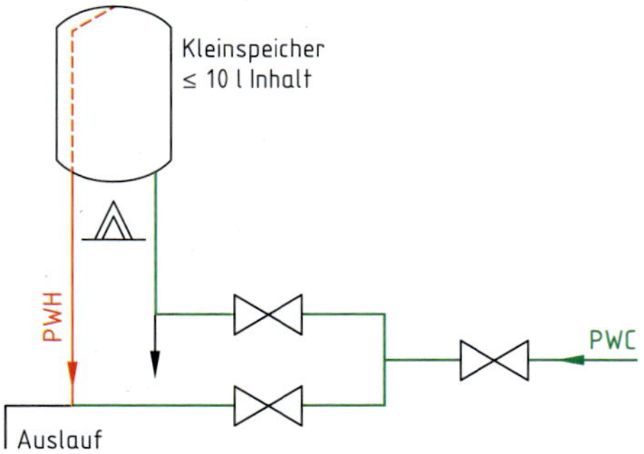

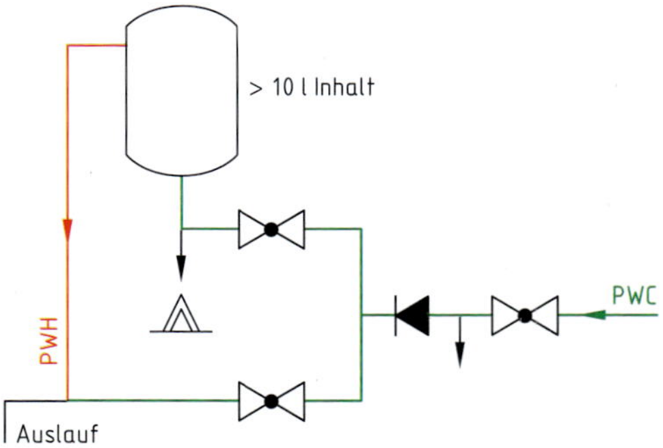

Geschlossene Trinkwassererwärmer, direkt (unmittelbar) beheizt über 10 l

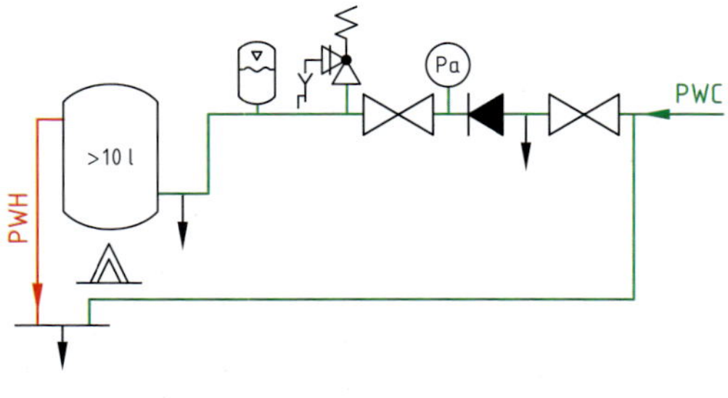

Geschlossene Trinkwassererwärmer (Speicherwassererwärmer) über 10 l, indirekt (mittelbar) beheizt

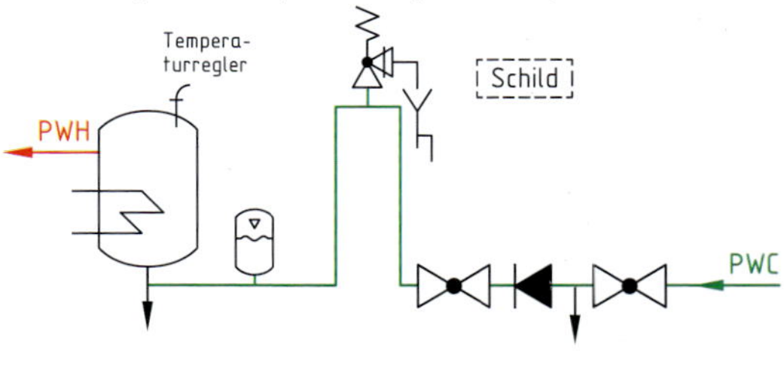

Geschlossener TWE, mittelbar mit Zwischenmedium beheizt (Durchfluss-Wassererwärmer) über 10 l

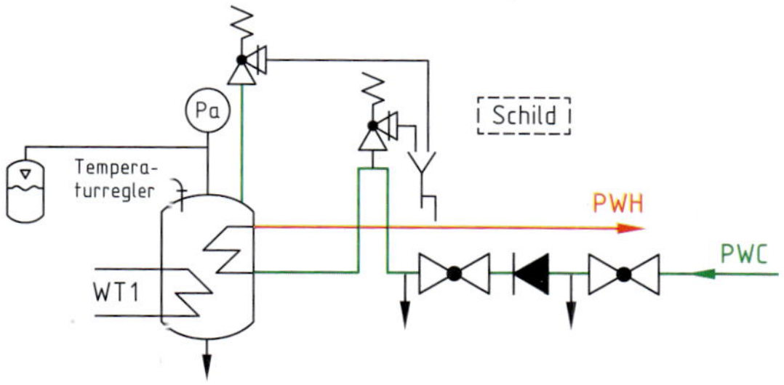

Geschlossener TWE, mittelbar mit Zwischenmedium beheizt (Speicher-Wassererwärmer) über 10 l

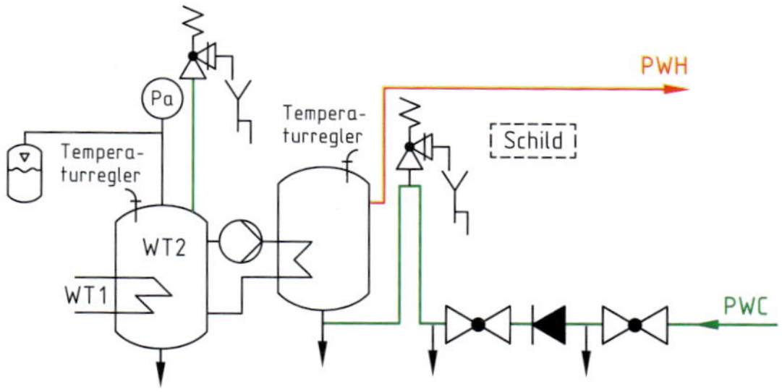

6.1.4.7 Mischer (Maße Herstellerangaben) *mixer*

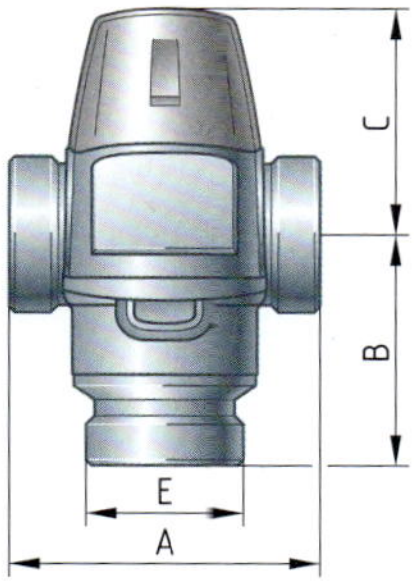

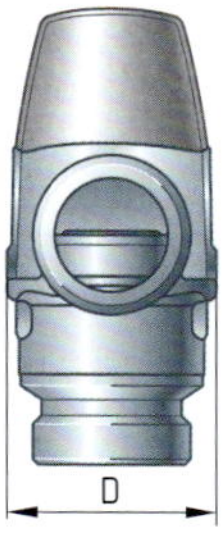

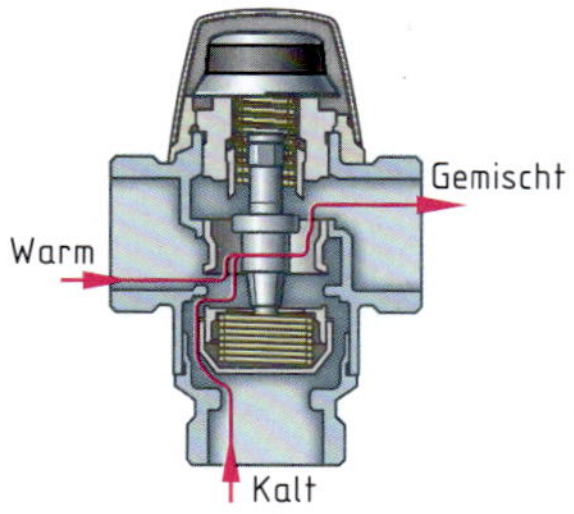

Serie VTS522, Außengewinde

Temperatur bereich	k_{vs}*	Anschluss *E*	Maß			
			A	*B*	*C*	*D*
45 … 65 °C	3,2	G 1	84	62	60	56
	3,5	G 1 ¼				
50 … 75 °C	3,2	G 1	84	62	60	56
	3,5	G ¼				

* k_{vs}-Wert in m³/h bei einem Druckabfall von 1 bar.

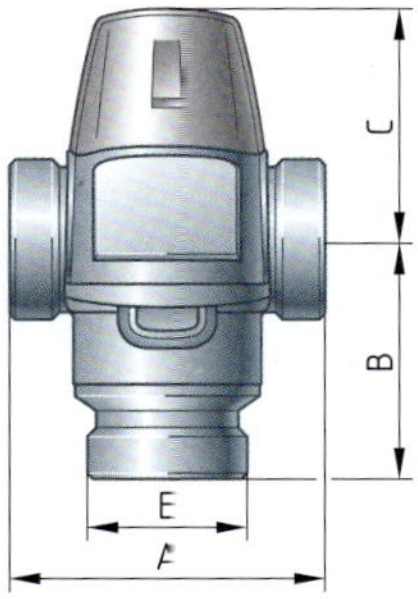

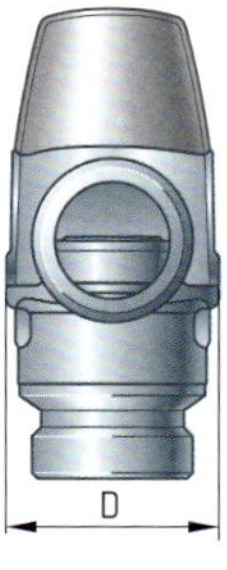

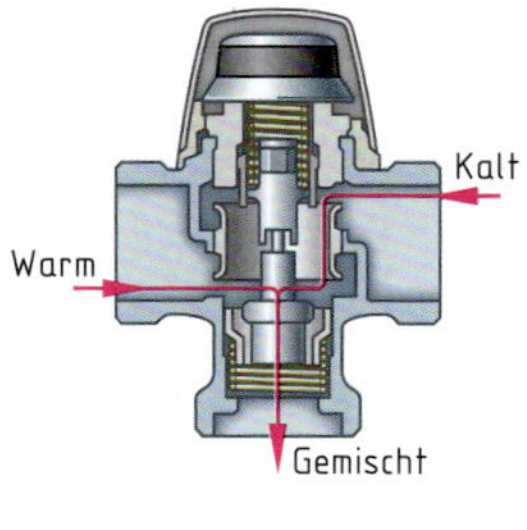

Serie VTS522, Außengewinde

Temperatur bereich	k_{vs}*	Anschluss *E*	Maß			
			A	*B*	*C*	*D*
45 … 65 °C	3,2	G 1	84	50	60	56
	3,5	G 1 ¼				
50 … 75 °C	3,2	G 1	84	50	60	56
	3,5	G ¼				

* k_{vs}-Wert im m³/h bei einem Druckabfall von 1 bar.

Einsatzgebiete

- in Warmwassererwärmern zur Verbrühungssicherheit
- Flussanordnung

SYMMETRISCH 	Warm- und Kaltwasseranschluss stehen sich gegenüber, der Mischwasseranschluss befindet sich in der Mitte
ASYMMETRISCH 	Warmanschluss befindet sich neben dem Ventil, gegenüber dem Mischwasseranschluss. Der Kaltwasseranschluss befindet sich unten.

Dimensionierung von Brauchwasseranwendungen

Die Mischautomaten für Trinkwasseranwendungen können je nach der Anzahl Wohnungen im Haus bzw. Duschen im Sportzentrum dimensioniert werden.

Empfohlene k_{vs}-Werte

k_{vs}	Typischer Haushalt[1]	Duschen[2]	Duschkopf[3]
1,2 ... 1,3	1	2	2
1,5 ... 1,6	2	3	2
2,2 ... 2,5	4	5	3
3,0 ... 3,2	5	6	4
3,4 ... 3,6	6	7	5

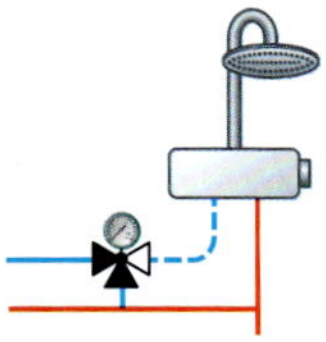

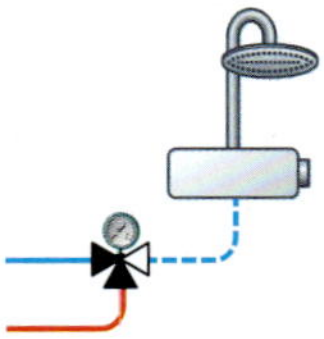

[1] Ein typischer Haushalt besteht aus Badewanne. Dusche, Küchenspüle und Waschbecken mit einer aus einer Wahrscheinlichkeitskurve berechneten Durchflussmenge und einem Zuflussdruck von >300 kPa [3 bar).

[2] Duschen in beispielsweise Sportzentren, d. h. Zufuhr von verbrühungssicherem Warmwasser zum Duschmischer mit einem Zuflussdruck von > 300 kPa [3 bar].

[3] Duschen in beispielsweise Sportzentren, d. h. Zufuhr von verbrühungssicherem Mischwasser zum Duschkopf mit einem Zuflussdruck von > 300 kPa [3 bar].

Leistungsdiagramm

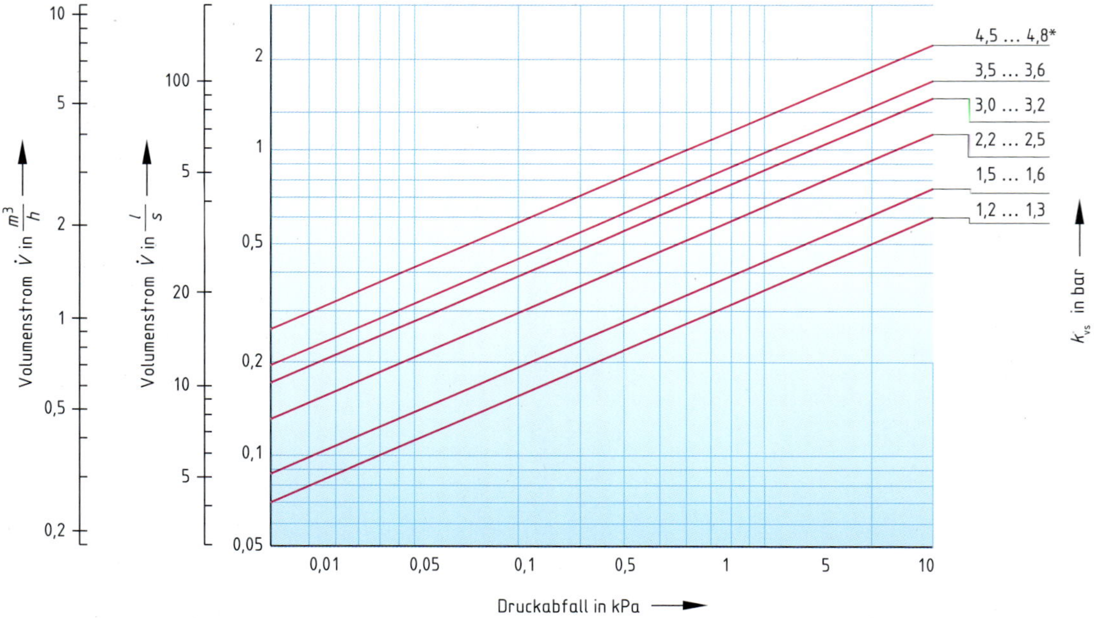

* Nur Flächenheizungen wie beispielsweise Fußbodenheizung oder Wandheizung

6.1.5 Montagezubehör *mounting accessories*

6.1.5.1 Auslegerkonsole für Rohr- und Kanalhalterung *Cantilever arm mount for pipe and channel*

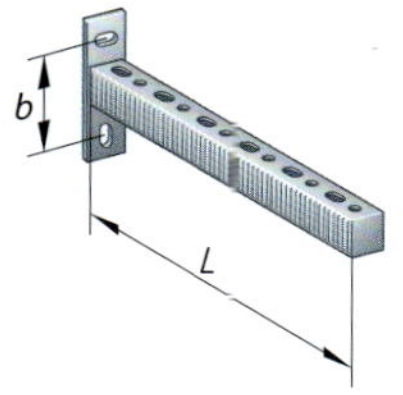

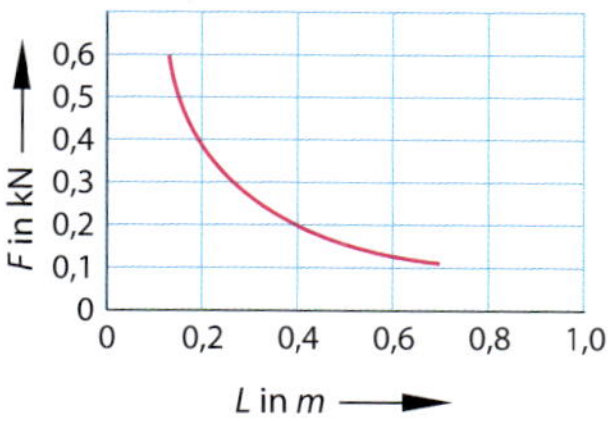

Typ	*L* in mm	*b* in mm	Langloch in mm	*m* in kg
27/27… 200	200	64	10 × 15	0,23
27/27… 250	250	64	10 × 15	0,27
27/27… 300	300	64	10 × 15	0,30
27/27… 500	500	64	10 × 15	0,44

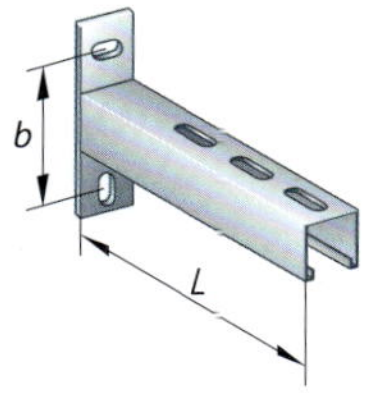

Typ	*L* in mm	Wandplatte in mm	*b* in mm	*m* in kg
CC 41/41-200	196	134 × 40 × 8	100	0,79
CC 41/41-260	258	134 × 40 × 8	100	0,90
CC 41/41-320	321	134 × 40 × 8	100	0,90
CC 41/41-445	446	134 × 40 × 8	100	1,27
CC 41/41-570	571	134 × 40 × 8	100	1,80
CC 41/41-820	821	134 × 40 × 8	100	2,00
CC 41/41-1010	1008	134 × 40 × 8	100	2,87

* Beim Einsatz in Verbindung mit Gleitelementen ist eine Querausstrebung zur Aufnahme der Kräfte in Achsrichtung des Rohres zwingend erforderlich. Bei Auskraglängen > 500 mm ist eine Abstrebung bzw. Unterstützung zu empfehlen.

6.1.5.2 Befestigungen von Rohrleitungen *Fixings of pipework*

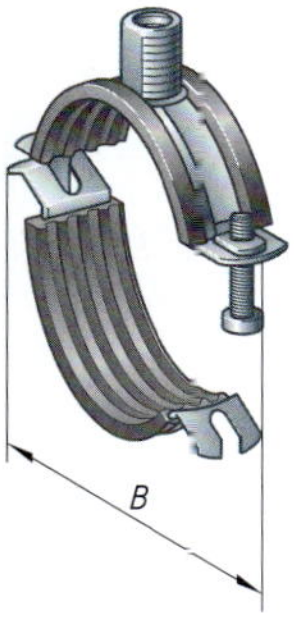

Rohrschelle: Stahl, galvanisch verzinkt
Schalldämmeinlage: SBR/EPDM, schwarz

Zweiteilige Gelenkrohrschelle mit Schnellverschluss zur Montage von Rohranlagen in der gesamten Gebäudetechnik. Geeignet für Decken-, Boden- und Wandmontage und zur schallentkoppelten Rohrbefestigung auch bei Schallschutzanforderungen nach DIN 4109.

Spannbereich in mm	max. zul. Last (Zug) in kN
12… 80	0,65
83… 90	1,00
108… 125	1,20
127… 170	1,65

Spannbereich in mm	DN	Material in mm	*B* in mm	*m* in kg
12 … 20	¼″ … ⅜″	20 × 1,5	55	0,06
21 … 27	½″ … ¾″	20 × 1,5	61	0,07
28 … 35	1″	20 × 1,5	71	0,07
38 … 45	1 ¼″	20 × 1,5	82	0,09
48 … 56	1 ½″	20 × 1,5	93	0,09
57 … 63	2″	20 × 1,5	104	0,11
64 … 71		20 × 1,5	112	0,12
73 … 80	2 ½″	20 × 1,5	121	0,13
83 … 90	3″	25 × 2,0	141	0,22
108 … 114	4″	30 × 2,0	170	0,33
116 … 125		30 × 2,0	179	0,36
127 … 135		30 × 2,0	190	0,38
140 … 146	5″	30 × 2,0	205	0,40
159 … 170	6″	30 × 2,0	230	0,46

Rohrschellen *pipe clamps*

(Auszug) DIN 3567 : 1963-08

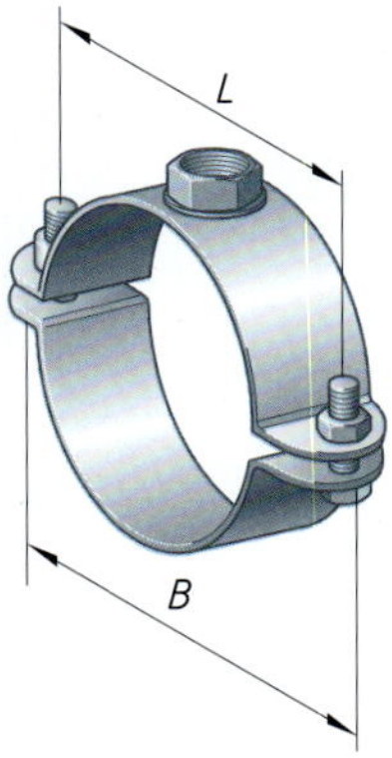

Stahl, galvanisch verzinkt

Spannbereich in mm	max. zul. Belastung (Zug)
15 … 72	4,0 kN
76 … 129	5,0 kN

Spannbereich in mm	DN	Material in mm	Gewinde-anschluss	*L* in mm	*B* in mm	*m* in kg
15 … 19	3/8″	25 × 3	M10	42	64	0,12
20 … 24	1/2″	25 × 3	M10	47	69	0,13
25 … 30	3/4″	25 × 3	M10	53	75	0,13
31 … 35	1″	30 × 3	M10	58	80	0,16
40 … 45	1 1/4″	30 × 3	M10	68	90	0,19
48 … 53	1 1/2″	30 × 3	M10	76	98	0,20
54 … 59		30 × 3	M10	82	104	0,22
60 … 65	2″	30 × 3	M10	88	110	0,22
67 … 72		30 × 3	M10	95	117	0,24
76 … 81	2 1/2″	30 × 3	M10	114	141	0,30
82 … 87		30 × 3	M10	120	147	0,33
88 … 93	3″	30 × 3	M10	126	153	0,34
102 … 108		30 × 3	M10	141	168	0,38
110 … 116	4″	30 × 3	M10	149	176	0,38

Rohrschelle aus Edelstahl X2CrNiMo17-12-2 bzw. 1.4404

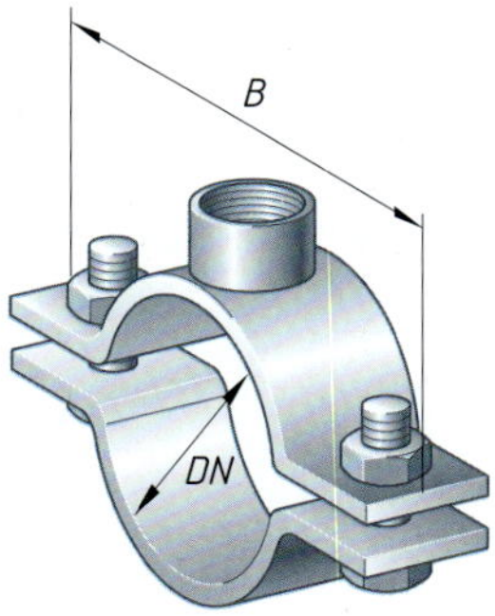

Typ	Material *b* × *s* in mm	Spann-schrauben	*B* in mm	für Rohr DN
21	30 × 5	M10 × 35	83	15
27	30 × 5	M10 × 35	92	20
34	30 × 5	M10 × 35	100	25
43	30 × 5	M10 × 35	111	32
49	30 × 5	M10 × 35	117	40
61	40 × 5	M12 × 40	139	50
77	40 × 5	M12 × 40	156	65
89	40 × 5	M12 × 40	168	80
115	50 × 5	M12 × 40	194	100

Gelenkschelle für Kunststoffrohre *joint pipe clamp*

Spannbereich in mm	max. zul. Last (Zug)
16 … 50	0,65 kN

Zweiteilige Gelenkrohrschelle mit Schnellverschluss zur Montage von Kunststoffrohren.

Kunststoffrohr	Material *b* × *s* in mm	Gewindeanschluss	*B* in mm	*m* in kg
16	20 × 1,5	M10/M8	55	0,06
20	20 × 1,5	M10/M8	61	0,07
25	20 × 1,5	M10/M8	61	0,07
32	20 × 1,5	M10/M8	71	0,07
40	20 × 1,5	M16/M10/M8	82	0,09
50	20 × 1,5	M16/M10/M8	93	0,10

Kälteschelle *cold pipe clamp*

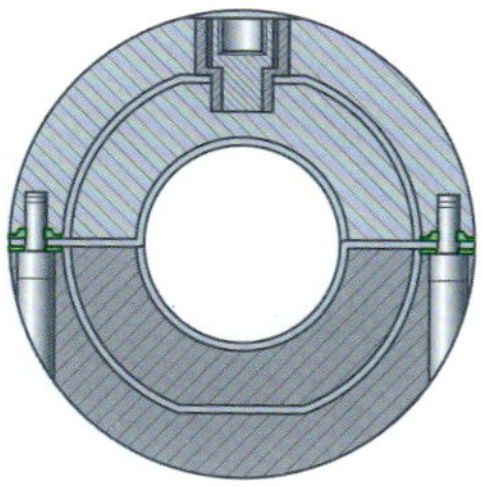

Gedämmte Rohrschelle aus PUR-Hartschaum für Kälte- und Kaltwasseranlagen. Zweiteiliger Polyurethan-Integralschaum mit eingeschäumten Stahlbügeln mit innenliegenden Verbindungslaschen.

Technische Daten

Dämmkörper:	PUR-Schaum (250 kg/m^3, B2)
Druckfestigkeit:	bei statischer Belastung: 0,6 N/mm^2
Diffusionswiderstand:	μ = 2500 nach DIN 52615
	λ = 0,041 W/m · K bei 10 °C
	λ = 0,044 W/m · K bei 40 °C
Temperaturbeständigkeit:	von –160 °C … + 130 °C

Typ	Rohr D_a DN	Dämmdicke in mm	Schellenbreite in mm	Aufhängung	*m* in kg	max. Belastung in kN
21/30	21	30	40	½″/M10/M8	0,18	0,26
27/30	27	30	40	½″/M10/M8	0,18	0,32
33/30	33	30	40	½″/M10/M8	0,19	0,40
42/30	42	30	40	½″/M10/M8	0,20	0,51
48/30	48	30	40	½″/M10/M8	0,20	0,58
60/30	60	30	40	½″/M10/M8	0,29	0,72
76/30	76	30	50	½″/M10/M8	0,41	1,37
89/30	89	30	50	½″/M10/M8	0,46	1,60
114/40	114	40	60	½″/M10/M8	1,03	2,74

Rundstah bügel *round steel bracket*

(Auszug) DIN 3570 : 1968-10

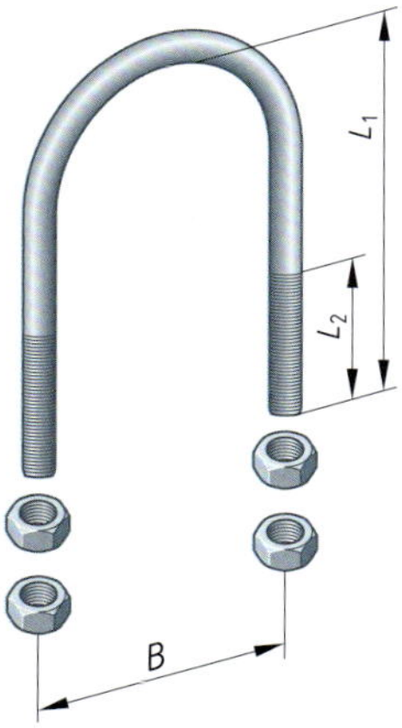

Technische Daten
Material: Stahl

DN	*B* in mm	L_1 in mm	L_2 in mm	Gewinde	*m* in kg
¾″	40	60	40	M10	0,12
1″	48	66	40	M10	0,12
1 ¼″	56	76	50	M10	0,14
1 ½″	62	82	50	M10	0,14
2″	76	97	50	M12	0,23
2 ½″	94	113	50	M12	0,26
3″	106	126	50	M12	0,29
4″	136	155	60	M16	0,63

Flachstahlbügel *flat steel bracket*

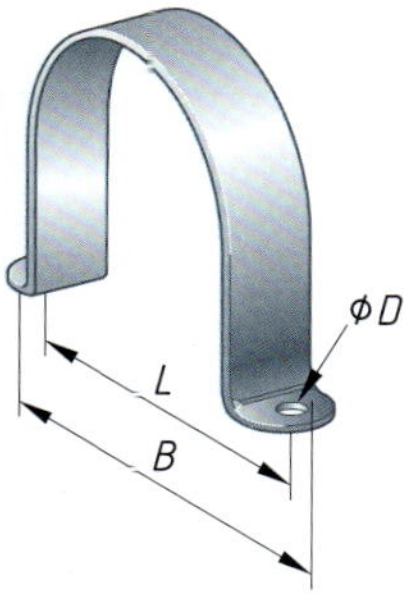

Typ	für Rohr	Material in mm	*B* in mm	*L* in mm	*ØD* in mm	*m* in kg
18	⅜″	30 × 2,5	69	49	9	0,09
22	½″	30 × 2,5	73	53	9	0,05
28	¾″	30 × 2,5	79	59	9	0,06
34	1″	30 × 2,5	85	65	9	0,07
43	1 ¼″	30 × 2,5	94	74	9	0,08
49	1 ½″	30 × 2,5	100	80	9	0,11
61	2″	30 × 2,5	112	92	9	0,13
77	2 ½″	30 × 2,5	128	108	9	0,16
90	3″	30 × 2,5	141	121	9	0,16
115	4″	40 × 3,0	183	155	13	0,31

Industrie-Rohrschelle *industrial pipe clamp*

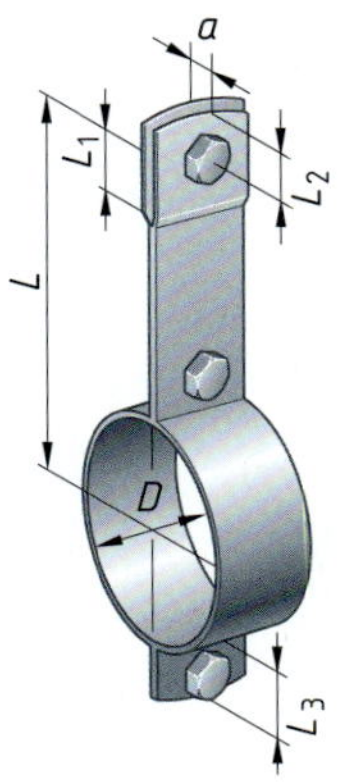

Industrie-Rohrschelle in Anlehnung an DIN 3567 Form C für Pendelaufhängung
Material: Stahl, galvanisch verzinkt

DN	max. zul. Last
15 … 32	10 kN
40 … 200	15 kN

DN	D in mm	$b \times s$ in mm	L in mm	a in mm	L_1 in mm	L_2 in mm	L_3 in mm
15	22	25 × 3	81	7	22	17	25
20	27	25 × 3	84	7	22	17	25
25	34	25 × 3	87	7	22	17	25
32	43	25 × 3	92	7	22	17	25
40	50	40 × 3	95	7	22	17	25
50	62	40 × 3	111	7	22	17	25
65	78	40 × 3	134	7	22	17	25
80	91	40 × 3	156	7	22	17	30
100	116	40 × 4	188	7	22	17	30
125	148	40 × 4	204	7	22	17	30
150	173	40 × 4	217	7	22	17	30
200	225	40 × 4	243	7	22	17	30

Schellen Zubehörübersicht

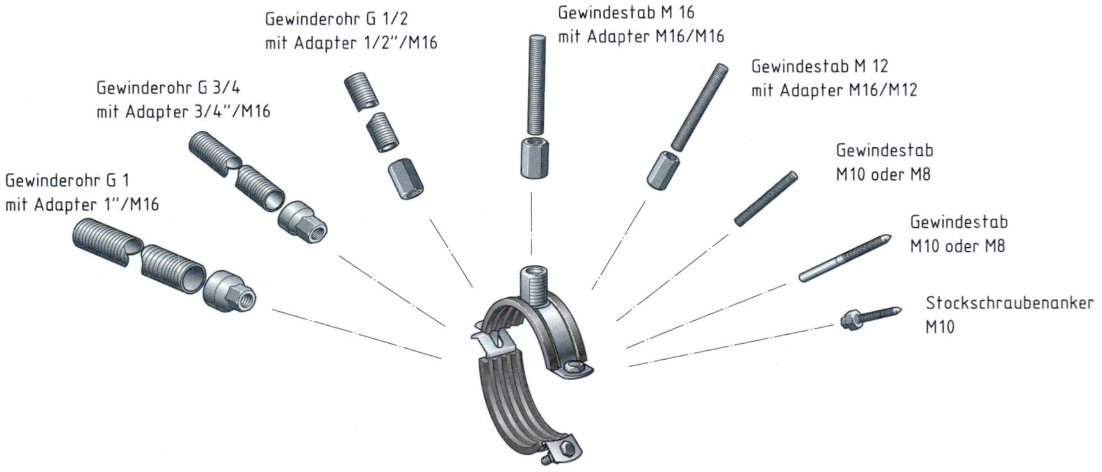

Adapter

Form A

Form B

Typ	Form	Länge in mm	Schlüsselweite SW in mm
M16/M10	A	35	19
M16/M12	A	35	19
M16/M16	A	30	19
⅜″/M16	A	35	19
½″/M10	A	35	24
½″/M12	A	35	24
½″/M16	A	40	24
½″/⅜″	A	35	24
½″/½″	A	35	24

Typ	Form	Länge in mm	Schlüsselweite SW in mm
¾″/M10	A	35	32
¾″/M12	A	35	32
¾″/M16	A	35	32
1″/M10	B	40	22
1″/M12	B	40	22
1″/M16	B	40	22
1″/⅜″	B	40	22
1″/½″	B	40	27

Ringschraube *ring screw*

DIN 580 : 2010-09

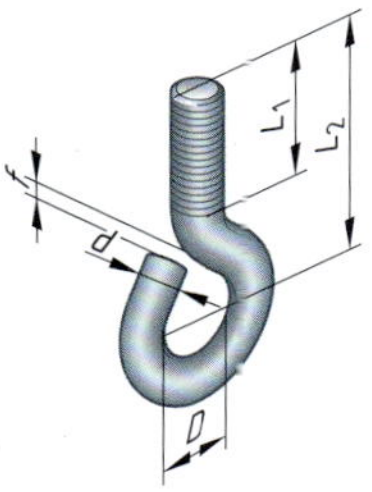

max. zul. Belastung: 15 kN
Material: Stahl, Oberfläche Schwarz

Typ	*d* in mm	*D* in mm	L_2 in mm	L_1 in mm	*f* in mm
M12 × 40	10	30	75	40	10
M16 × 40	14	30	79	40	10

Gewindereduktion *reduction thread*

Typ	Innengewinde in mm	Außengewinde in mm	Gesamtlänge in mm
16/10	M10 × 13	M16 × 13	13,0
16/12	M12 × 13	M16 × 13	13,0

Rohrschlaufe *pipe loop*

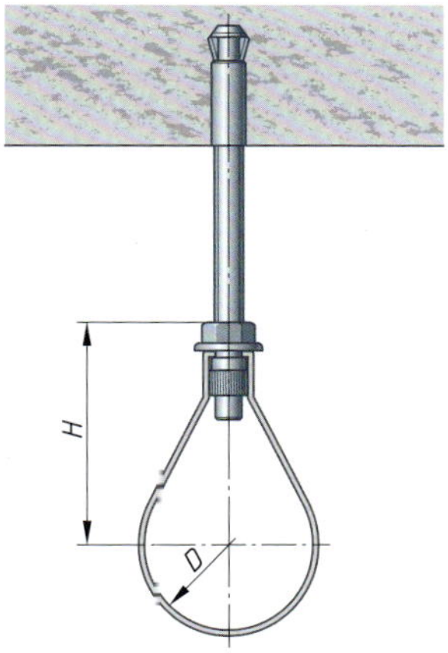

Für Rohranlagen im stationären Feuerschutz, vorwiegend aus
Material: Stahl, bandverzinkt nach DIN EN 10327

DN	Anschluss	*D* in mm	*H* in mm	*m* in kg
1″	M8	34	65	0,05
1 ¼″	M8	43	65	0,05
1 ½″	M8	49	70	0,06
2″	M8	61	79	0,06
2 ½″	M10	77	98	0,14
3″	M10	90	113	0,16
4″	M10	115	142	0,19

Gewindestab *threaded rod*

Typ	Länge in mm	*m* in kg
M10/40	40	0,02
M10/70	70	0,03
M10/110	110	0,05
M10/1000	1000	0,49
M12/70	70	0,05
M12/110	110	0,07
M12/200	200	0,14
M12/500	500	0,35
M16/1000	1000	1,30

Gewinderohr *threaded pipe*

Typ	Länge	*m* in kg/m
G ½	2 m	1,02
G ¾	2 m	2,01
G 1	2 m	2,71

Grundplatte *base plate*

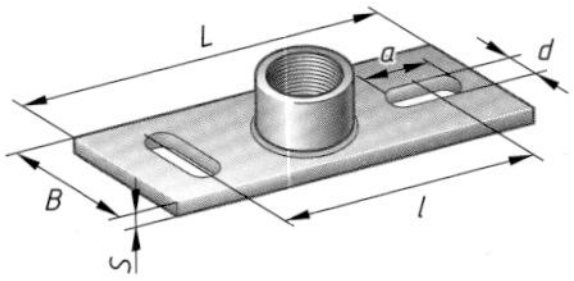

Ausführung/Typ	Zug in kN	zul. Biegemoment* in Nm	max. Hebelarm in mm
M8	3,0	8,8	150
M10	3,0	17,2	200
M12	3,0	29,6	300
M16	4,5	70,3	300
R ½″	4,5	95,0	350
R ¾″	6,2	180,0	450

* Begrenzung durch Grundplatte oder Belastbarkeit des Gewindestabes oder Gewinderohres. $\sigma_{zul} \leq 160\ N/mm^2$ $f_{zul} < 5$ mm

Lüftungsschelle *ventilation clamp*

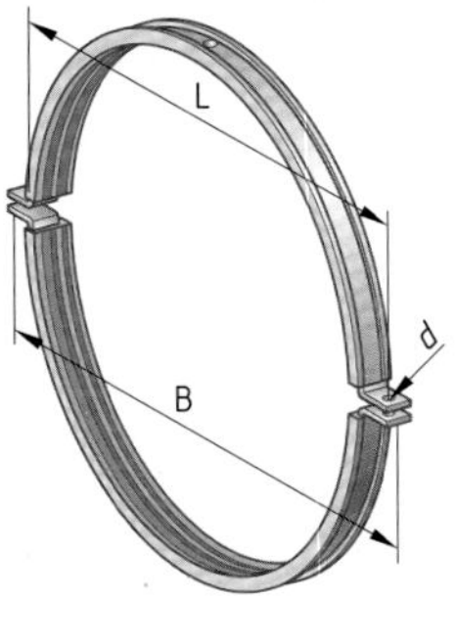

Rohrschelle zur Befestigung von Wickelfalzrohren nach DIN 24145 für Lüftungsanlagen im Industriebereich. Geeignet für schallentkoppelte Rohrbefestigung auch bei Schallschutzanforderungen nach DIN 4109.

Technische Daten

Material:	Stahl, bandverzinkt nach DIN EN 10327
Schalldämmeinlage:	SBR/EPDM, schwarz
Temperaturbereich:	–50 °C bis +110 °C
Typ	zul. Nutzlast
560…900	1,5 kN
1000…1250	2,5 kN

Typ/DN	Material in mm	*B* in mm	*L* in mm	*d* in mm	*m* in kg
560	30 × 2,5	630	604	12,5	1,30
600	30 × 2,5	672	646	12,5	1,40
630	30 × 2,5	702	676	12,5	1,46
710	30 × 2,5	782	756	12,5	1,64
800	30 × 2,5	872	846	12,5	1,84
900	30 × 2,5	972	946	12,5	2,06
1000	40 × 3,0	1076	1050	12,5	3,51
1120	40 × 3,0	1196	1170	12,5	3,92
1250	40 × 3,0	1325	1299	12,5	4,36

6.1.5.3 Ausführung von Schlitzen im Mauerwerk *Execution of slots in the masonry*

Ohne Nachweis zulässige Tiefen vertikaler Schlitze und Aussparungen im Mauerwerk (DIN EN 1996-1-1/NA : 2019-12)

1	2	3	4	5	6	7
Wanddicke mm	Nachträglich hergestellte Schlitze und Aussparungen[c]		Mit der Errichtung des Mauerwerks hergestellte Schlitze und Aussparungen im gemauerten Verband			
	maximale Tiefe[a] $t_{ch,v}$ mm	maximale Breite (Einzelschlitz)[b] mm	Verbleibende Mindestwanddicke mm	maximale Breite[c] mm	Mindestabstand der Schlitze und Aussparungen	
					von Öffnungen	untereinander
115…149	10	100	–	–	≥ 2fache Schlitzbreite bzw. ≥ 240 mm	≥ Schlitzbreite
150…174	20	100	–	–		
175…199	30	100	115	260		
200…239	30	125	115	300		
240…299	30	150	115	385		
300…364	30	200	175	385		
≥ 365	30	200	240	385		

[a] Schlitze, die bis maximal 1 m über den Fußboden reichen, dürfen bei Wanddicken ≥ 240 mm bis 80 mm Tiefe und 120 mm Breite ausgeführt werden.
[b] Die Gesamtbreite von Schlitzen nach Spalte 3 und Spalte 5 darf je 2m Wandlänge die Maße in Spalte 5 nicht überschreiten. Bei geringeren Wandlängen als 2 m sind die Werte in Spalte 5 proportional zur Wandlänge zu verringern.
[c] Abstand der Schlitze und Aussparungen von Öffnungen ≥ 115 mm.

Hinweise
Vertikale Schlitze und Aussparungen sind auch dann ohne Nachweis zulässig, wenn die Querschnittsschwächung, bezogen auf 1 m Wandlänge, nicht mehr als 6 % beträgt und die Wand nicht drei- oder vierseitig gehalten gerechnet ist. Hierbei müssen eine Restwanddicke nach Spalte 5 und ein Mindestabstand nach Spalte 6 eingehalten werden.

Ohne Nachweis zulässige Tiefen horizontaler und schräger Schlitze im Mauerwerk

Wanddicke mm	Maximale Schlitztiefe $t_{ch,h}$ [1)] mm	
	Unbeschränkte Länge	Länge ≤ 1250 mm [2)]
115 … 149	–	–
150 … 174	–	0 [3)]
175 … 239	0 [3)]	25
240 … 299	15 [3)]	25
300 … 364	20 [3)]	30
über 365	20 [3)]	30

1) Horizontale und schräge Schlitze sind nur zulässig in einem Bereich ≤ 0,4 m ober- oder unterhalb der Rohdecke sowie jeweils an einer Wandseite. Sie sind nicht zulässig bei Langlochziegeln.
2) Mindestabstand in Längsrichtung von Öffnungen ≥ 490 mm, vom nächsten Horizontalschlitz zweifache Schlitzlänge.
3) Die Tiefe darf um 10 mm erhöht werden, wenn Werkzeuge verwendet werden, mit denen die Tiefe genau eingehalten werden kann. Bei Verwendung solcher Werkzeuge dürfen auch in Wänden ≥ 240 mm gegenüberliegende Schlitze mit jeweils 10 mm Tiefe ausgeführt werden.

6.2 Abwasser *sewage*

6.2.1 Entwässerungsanlagen *drainage systems*

Geltungsbereiche der Abwassernormung

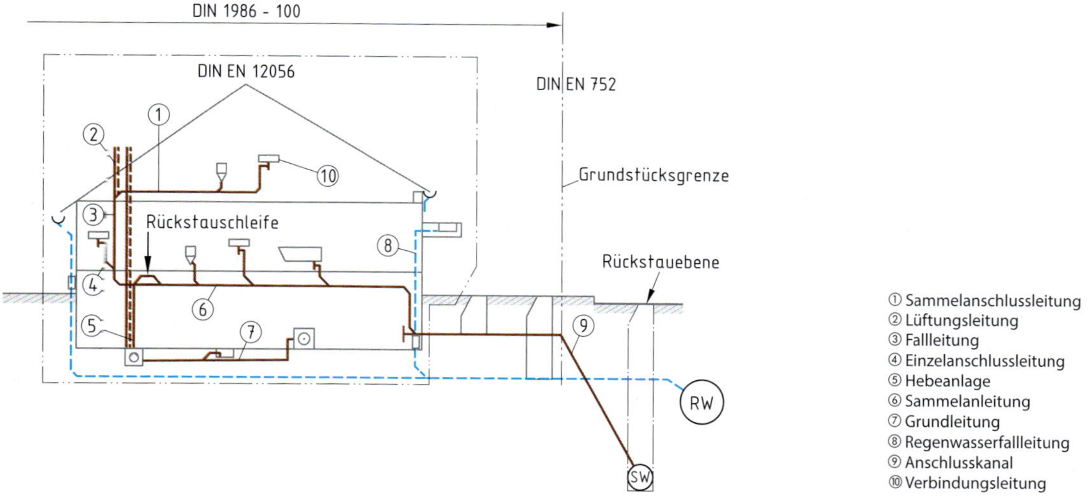

In Deutschland sind Entwässerungsanlagen für die Schmutzwasserableitung entsprechend dem Systemtyp I nach DIN EN 12056-2 und DIN 1986-100 zu planen, herzustellen und zu betreiben.

Unterscheidung Trenn-/Mischsystem

Mischsystem *mixing system*

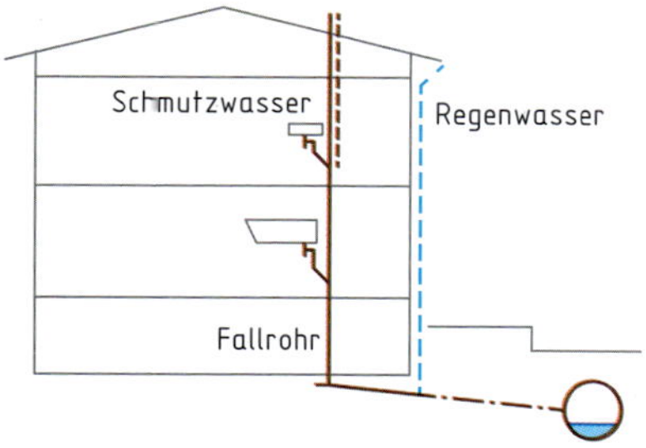

Trennsystem *separation system*

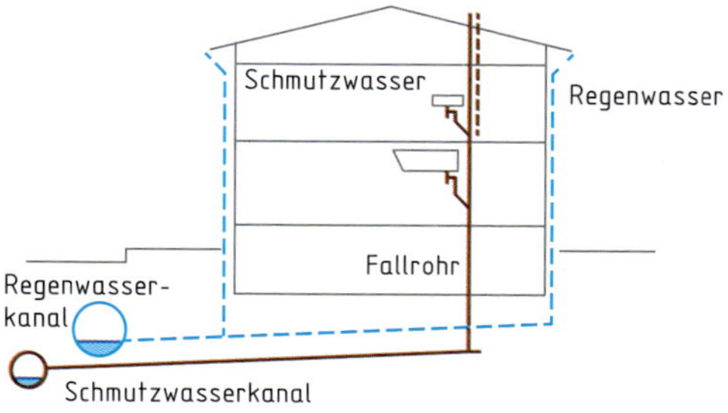

Zusammenführung von Schmutzwasser- und Regenwasserleitungen

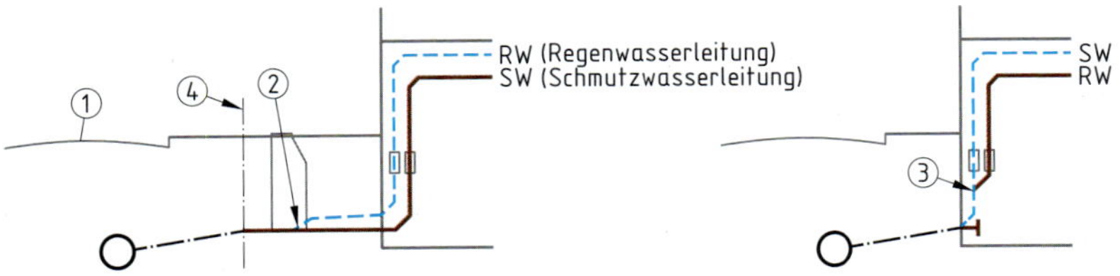

Legende

1 Straße
2 DIN EN 12056-1; Zusammenführung von Schmutz- und Regenwasserleitungen nur außerhalb vom Gebäude zulässig (möglichst nahe am Anschlusskanal)
3 DIN 1986-100; Zusammenführung von Schmutz- und Regenwasserleitungen bei Grenzbebauung
4 Grundstücksgrenze
RW (Regenwasserleitung)
SW (Schmutzwasserleitung)

Werkstoffe Abwasserrohre und Formstücke nach DIN 1986-4 : 2019-08

1	2	3	4	5	6	7	8	9	10	11	12
Werkstoff/ Konstruktion	**DIN-Norm oder bauaufsichtliche Zulassung[a]**	**Anschluss-/ Verbindungsleitung**	**SW-Fallleitung**	**Sammelleitung**	**Grundleitung[e]**		**Lüftungsleitung**	**Regenwasserfallleitung im**		**Leitungen für Kondensate aus Feuerungsanlagen**	**Brandverhalten der Baustoffe nach DIN EN 13501-1**
					unzugänglich in der Grundplatte	**im Erdreich**		**Gebäude**	**Freien**		
Steinzeugrohr	DIN EN 295-1	+	+	+	+	+	+	+	+	+	A 1 nicht brennbar
Betonrohr, Stahlbetonrohr Typ 2	DIN EN 1916 mit DIN V 1201[a]	–	–	–	+	+	–	–	–	–[c]	A 1 nicht brennbar
Faserzementrohr	DIN EN 12763	+	+	+	–	–	+	+	+	–[c]	A 2 nicht brennbar
Faserzementrohr	DIN EN 588-1	–	–	–	+	+	–	–	+	–[c]	A 2 nicht brennbar
Blechrohre (Zink, Kupfer, Aluminium, verz. Stahl)	DIN EN 612	–	–	–	–	–	–	–	+[f]	–	A 1 nicht brennbar
Gusseisernes Rohr ohne Muffe (SML)	DIN EN 877 mit DIN 19522	+	+	+	+	+[d]	+	+	+	–[c]	A 1 nicht brennbar
Stahlrohr	DIN EN 1123-1 DIN EN 1123-2	+	+	+	+	+[b]	+	+	+	–[c]	A 1 nicht brennbar
Rohr aus nicht rostendem Stahl	DIN EN 1124-1 DIN EN 1124-2 DIN EN 1124-3	+	+	+	+	+[b]	+	+	+	+	A 1 nicht brennbar
PVC-U	DIN EN 1401-1	–	–[g]	–[g]	+	+[h]	–	+	–	+	B 1 schwer entflammbar
PVC-U	DIN EN 1329-1 mit DIN 19534-3	+	+	+	+	–	+	+	–	+	B 1 schwer entflammbar
PVC-U Regenfallleitung	DIN EN 12200-1	–	–	–	–	–	–	–	+[f]	–	B 1 schwer entflammbar
PVC-C	DIN EN 1566-1	+	+	+	+	–	+	+	+[f]	+	B 1 schwer entflammbar
PE-HD	DIN EN 1519-1	+	+	+	+	–	+	+	+	+	B 2 normal entflammbar
PP	DIN EN 1852-1	–	–	–	+	+	–	–	–	+	–
PP profiliert	DIN EN 13476-1 DIN EN 13476-2 DIN EN 13476-3	–	–	–	+	+	–	–	–	+	–
PP	DIN EN 1451-1	+	+	+	+	–	+	+	–	+	B 1 schwer entflammbar
PP mineralverstärkt	DIN EN 14758-1	–	–	–	+	+	–	–	+	–	–
ABS	DIN EN 1455-1	+	+	+	+	–	+	+	–	+	B 2 normal entflammbar

Bedeutung der Zeichen: + darf verwendet werden – nicht zu verwenden bzw. nicht zutreffend

a Typ 2 Anwendung für Misch- und Schmutzwasserkanäle.
b Rohre und Formstücke sind außen mit einem Korrosionsschutz nach DIN 30670 zu versehen. Bauseitig aufgebrachter Korrosionsschutz muss DIN 30672-1 und -2 entsprechen.
c Dart für Leitungen verwendet werden, in denen planmäßig eine Verdünnung durch anderes Abwasser entsprechend der Regelungen in DIN 1986-100 in Verbindung mit DWA-A 251 stattfindet. Andernfalls sind diese Rohre mit einer Sonderbeschichtung zu versehen.
d Mit geeigneter Außenbeschichtung nach DIN EN 877 für die Erdverlegung.
e Bei Wechsel der Muffenmaße innerhalb einer Abwasserleitung müssen Übergangsstücke verwendet werden. Sind diese nicht verfügbar, ist ein Schacht anzuordnen.
f Nicht als Standrohr verwendbar. Norm b Tabelle 2
g Darf als Fall- und Sammelleitung verwendet werden, sofern keine höheren Abwassertemperaturen als 45°C zu erwarten sind.
h Mindestens SN 4 nach DIN EN 1401-1.

Anlageneinteilung

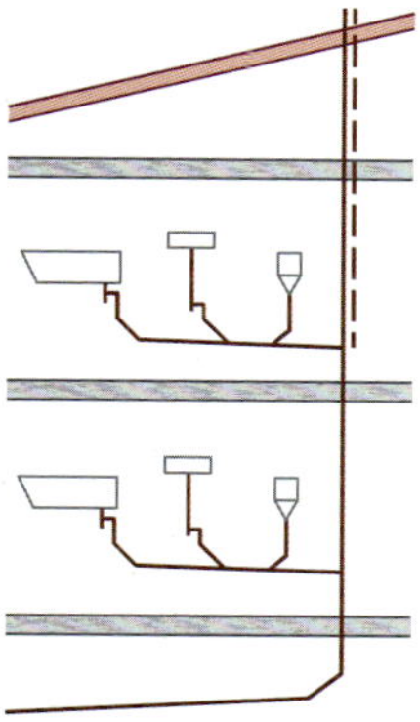

System I Einzelfallleitungsanlage mit teilbefüllten Anschlussleitungen

- **Fallleitung**: einzelne **Schmutzwasserfallleitung** mit teilbefüllten Anschlussleitungen
- **Füllungsgrad**: 0,5 (50 %)
- **Unbelüftete Einzel-Anschlussleitung:** max. 4 m, drei 90°-Bögen (Anschlussbogen nicht eingeschlossen); Mindestgefälle 1 %; Δh zwischen Anschluss an Objekt und Rohrsohle max. 1 m
- **Belüftetet Einzel-Anschlussleitung:** max. 10 m; Mindestgefälle 0,5 %, Δh zwischen Anschluss an Objekt und Rohrsohle max. 3 m
- **Unbelüftete Sammel-Anschlussleitung:** max. 4 m bis DN 70, ab DN 80 max. 10 m, drei 90°-Bögen (Anschlussbogen nicht eingeschlossen); Mindestgefälle 1 %; Δh zwischen Anschluss an Objekt und Rohrsohle max. 1 m
- **Belüftetet Sammel-Anschlussleitung:** max. 10 m; Mindestgefälle: 0,5 %, Δh zwischen Anschluss an Objekt und Rohrsohle max. 3 m

Füllungsgrad *filling degree of effluent*

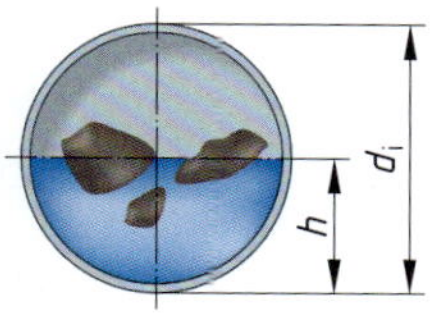

Füllungsgrad 0,5 von Entwässerungsleitungen innerhalb des Gebäudes:
Füllungsgrad = h/d = 0,5: gute Schwemmwirkung
Füllungsgrad < 0,5: zu geringe Schwemmwirkung
Füllungsgrad > 0,5: Gefahr der Vollflülung und Absaugen von Geruchverschlüssen
Ausnahme: Hinter der Einleitung eines Volumenstroms aus einer Abwasserhebeanlage kann die Sammelleitung für einen Füllungsgrad von h/d_i = 0,7 bemessen werden.

Rohr-Nennweiten nach DIN EN 12056

Nennweite	Mindestinnendurchmesser
DN	$d_{i\,min}$ mm
30	26
40	34
50	44
56	49
60	56
70	68
80	75
90	79
100	96
125	113
150	146

Anordnung von Übergängen in liegenden Leitungen *Arrangement of transitions in horizontal pipelines*

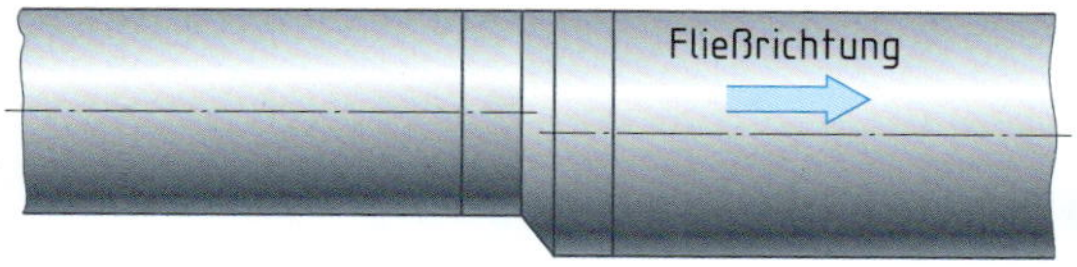

Scheitelgleich bei Anschlussleitungen

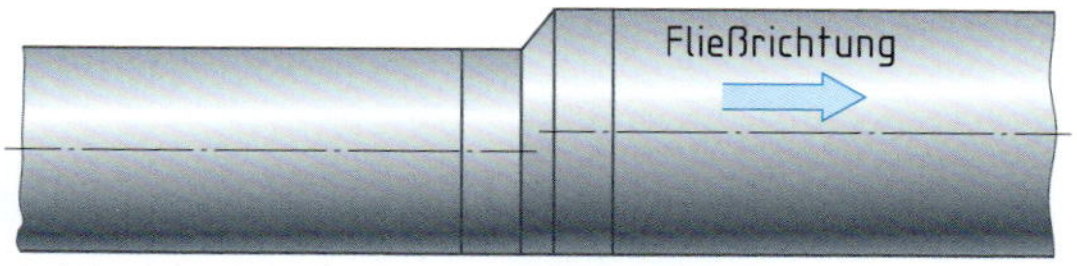

Sohlengleich bei Sammel-/Grundleitungen

Mindestgefälle *minimum gradient*

Leitungsbereich	**Gefälle (min.)**	**Normung**
Unbelüftete Anschlussleitungen	1 %	DIN 1986-100/DIN EN 12056-2
Belüftete Anschlussleitungen	0,5 %	DIN 1986-100/DIN EN 12056-2
Grund- und Sammelleitungen	0,5 %	DIN 1986-100/DIN EN 12056-2

Geruchverschlüsse *odor-locks*

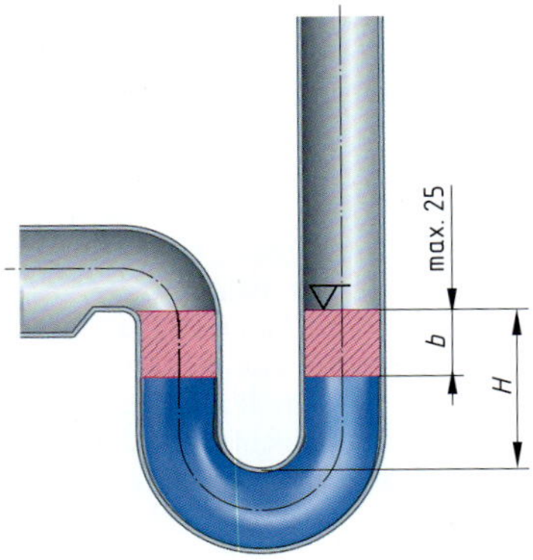

- Jede Ablaufstelle ist mit einem Geruchverschluss zu versehen.
- Durch den Abflussvorgang verursachte Sperrwasserverlust darf die Geruchverschlusshöhe (b) um nicht mehr als 25 mm reduzieren.
- Das Sperrwasser darf weder durch Unterdruck abgesaugt noch durch Überdruck herausgedrückt werden.
- Für Schmutzwasser- und Mischwasserleitungen sollte keine größere Nennweite als nach dieser Norm errechnet verwendet werden.
- H für Schmutzwasserabläufe min. 50 mm
- H für Regenwasserabläufe min. 100 mm

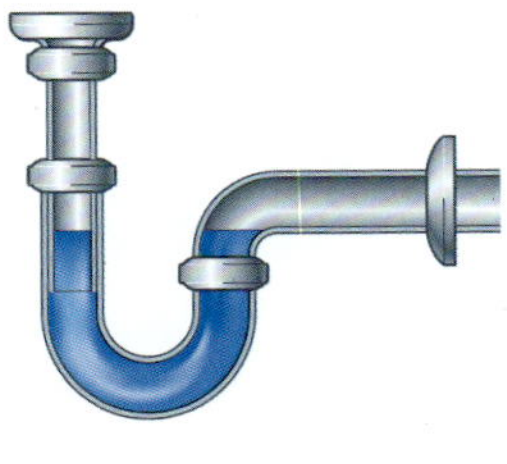
Röhrengeruchverschluss

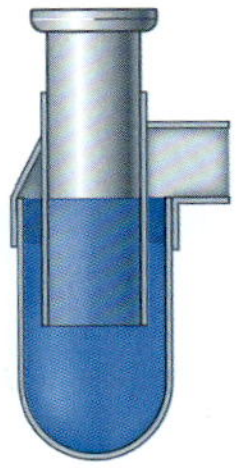
Flaschengeruchverschluss

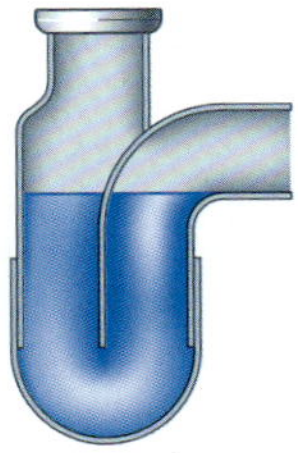
Tauchwandgeruchverschluss

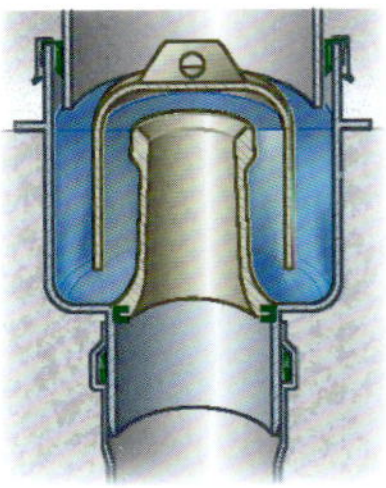
Glockengeruchverschluss

Vermeidung von Fremdeinspülung für WC, Bade- und Duschwannen

DIN 1986-100 : 2016-09

Der Höhenunterschied *h* muss mindestens die Anschlussweite DN des Rohres sein. (*h* Höhenunterschied zwischen Wasserspiegel im Geruchverschluss und Sohle der Anschlussleitung am Fallleitungsabzweig)

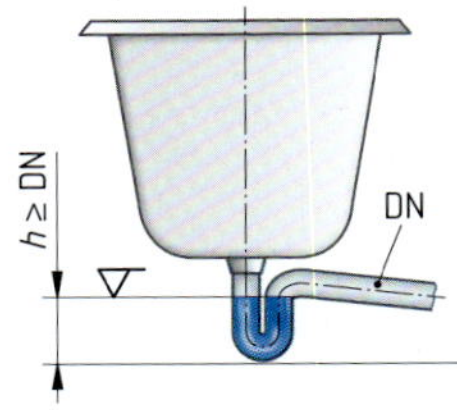

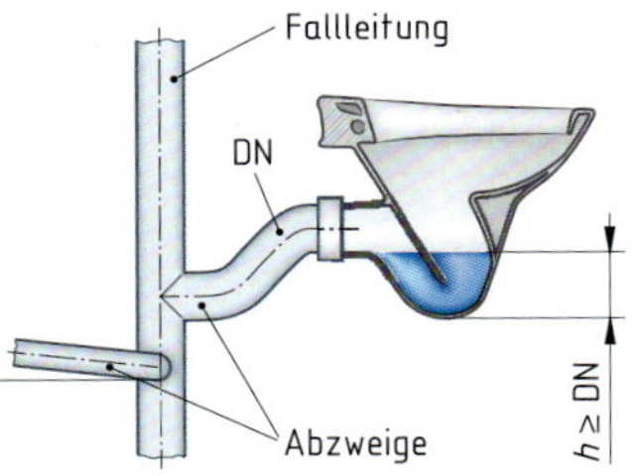

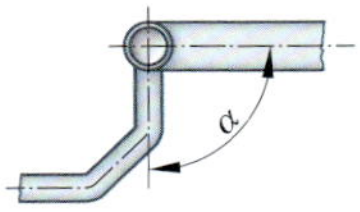

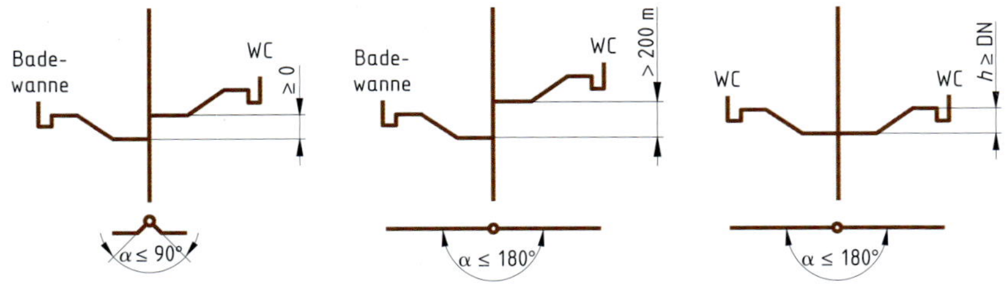

Begriffsdefinition für Einzel- und Sammelanschlussleitungen

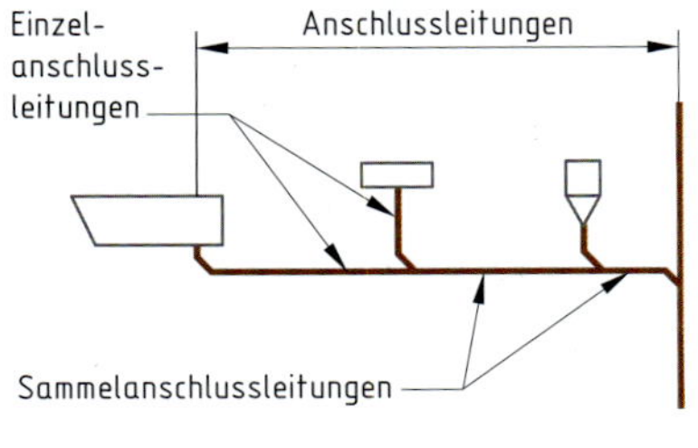

Planung Einzelanschlussleitungen

DIN EN 12056-2 : 2001-01

Anwendungsgrenzen	System I	
	unbelüftet	belüftet
maximale Rohrlänge (l)	4,0 m	10 m
maximale Anzahl von 90°-Bogen	3*	keine Begrenzung
maximale Absturzhöhe (*H*) (mit 45° oder mehr Neigung)	1,0 m	3,0 m
Mindestgefälle	1 %	0,5 %

* Anschlussbogen nicht eingeschlossen

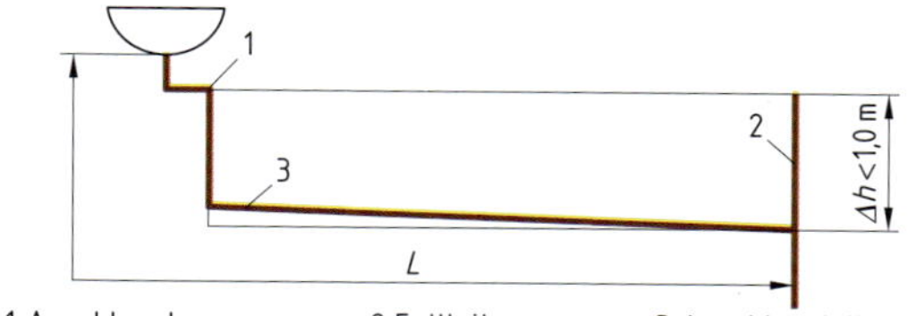

Zulässiger Schmutzwasserabfluss Anschlussleitungen

DIN EN 12056-2 : 2001-01

Unbelüftet	
$\dot{V}_{max}$ (l/s)	System I DN
0,40	nicht erlaubt
0,50	40
0,80	50
1,00	60
1,50	70
2,00	80 (keine Klosetts)
2,25	90 (max. 2 WC und ein 90°-Bogen)
2,50	100

Belüftet	
$\dot{V}_{max}$ (l/s)	System I DN
0,60	nicht erlaubt
0,75	50/40
1,50	60/40
2,25	70/50
3,00	80/50 (kein WC)
3,40	90/60 (max. 2 WC und ein 90°-Bogen)
3,75	100/60

Anschlusswerte und Nennweite von belüfteten und unbelüfteten Einzelanschlussleitungen

Terminal values and the nominal size of vented and unvented single connection lines

DIN EN 12056-2 : 2001-01

Entwässerungsgegenstand	Anschlusswert *DU* l/s	Einzelanschlussleitung
Waschbecken, Bidet	0,5	DN 40
Dusche ohne Stöpsel	0,6	DN 50
Dusche mit Stöpsel	0,8	DN 50
Einzelurinal mit Spülkasten	0,8	DN 50
Einzelurinal mit Druckspüler	0,5	DN 50
Standurinal	0,2	DN 50
Urinal ohne Wasserspülung	0,1	DN 50
Badewanne	0,8	DN 50
Küchenspüle und Geschirrspülmaschine mit gemeinsamen Geruchverschluss	0,8	DN 50
Küchenspüle, Ausgussbecken	0,8	DN 50
Geschirrspüler	0,8	DN 50
Waschmaschine bis 6 kg	0,8	DN 50
Waschmaschine bis 12 kg	1,5	DN 56/60
WC mit 4,0/4.5 Liter Spülkasten	1,8	DN 80/DN 90
WC mit 6,0 Liter Spülkasten/Druckspüler	2,0	DN 80 bis DN 100
WC mit 9,0 Liter Spülkasten/Druckspüler	2,5	DN 100
Bodenablauf DN 50	0,8	DN 50
Bodenablauf DN 70	1,5	DN 70
Bodenablauf DN 100	2,0	DN 100

Sammelanschlussleitung *collecting connection pipe*

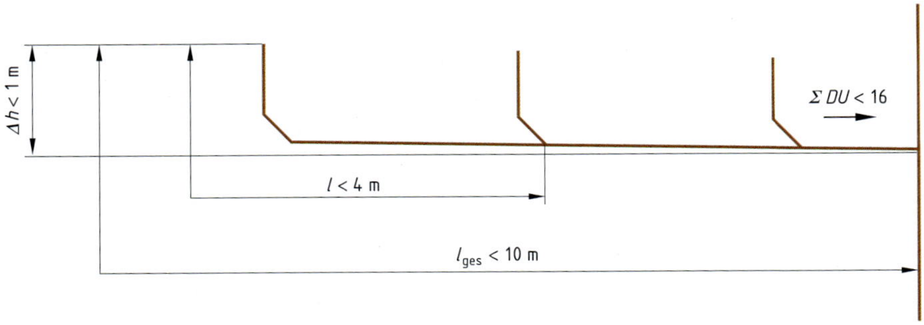

Mindestgefälle für unbelüftete Sammelanschlussleitungen beträgt 1 cm/m

Bemessung von unbelüfteten Sammelanschlussleitungen

DN	$d_{i,min}$ mm	$K = 0{,}5$	$K = 0{,}7$	$K = 1{,}0$	max. Rohrlänge m
		ΣDU l/s			
50	44	1,0	1,0	0,8	4,0
56/60	49/56	2,0	2,0	1,0	4,0
70[1)]	68	9,0	4,6	2,2	4,0
80	75	13,0[2)]	8,0[2)]	4,0	10,0
90	79	13,0[2)]	10,0[2)]	5,0	10,0
100	96	16,0	12,0	6,4	10,0

1) Keine Klosetts.
2) Maximal zwei Klosetts.

Berechnung des Schmutzwasserabflusses *sewage discharge*

$$\dot{V}_{ww} = K\sqrt{\Sigma DU}$$

Dabei ist
- $\dot{V}_{ww}$ der Schmutzwasserabfluss, in Liter je Sekunde (l/s);
- K die Abflusskennzahl;
- ΣDU die Summe der Anschlusswerte

Abflusskennzahlen (K)

Gebäudeart und Benutzung	K
Unregelmäßige Benutzung, z.B. in Wohnhäusern, Altersheimen, Pensionen, Büros	0,5
Regelmäßige Benutzung, z.B. in Krankenhäusern, Schulen, Restaurants, Hotels	0,7
Häufige Benutzung, z.B. in öffentlichen Toiletten und/oder Duschen	1,0

Schmutzwasserabflusswerte Q_{WW};

Summe der Anschlusswerte ΣDU	K 0,5	K 0,7	K 1,0
	$\dot{V}_{ww}$ l/s		
10	1,6	2,2	3,2
12	1,7	2,4	3,5
14	1,9	2,6	3,7
16	2,0	2,8	4,0
18	2,1	3,0	4,2
20	2,2	3,1	4,5
25	2,5	3,5	5,0
30	2,7	3,8	5,5
35	3,0	4,1	5,9
40	3,2	4,4	6,3
45	3,4	4,7	6,7
50	3,5	4,9	7,1
60	3,9	5,4	7,7
70	4,2	5,9	8,4
80	4,5	6,3	8,9
90	4,7	6,6	9,5
100	5,0	7,0	10,0

Bemessungsbeispiele für Einzel- und Sammelanschlussleitungen in Wohngebäuden

DIN 1986-100 : 2016-12

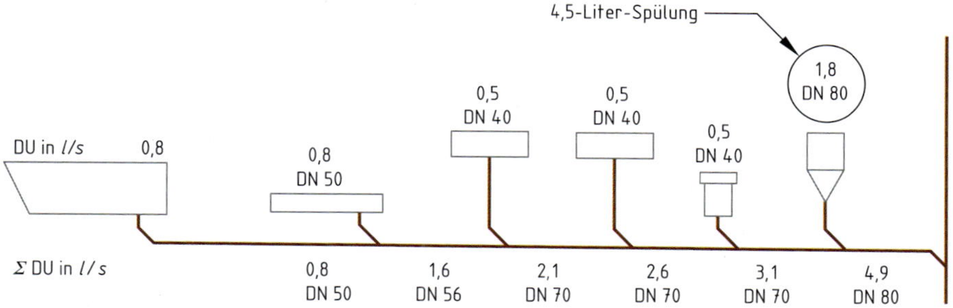

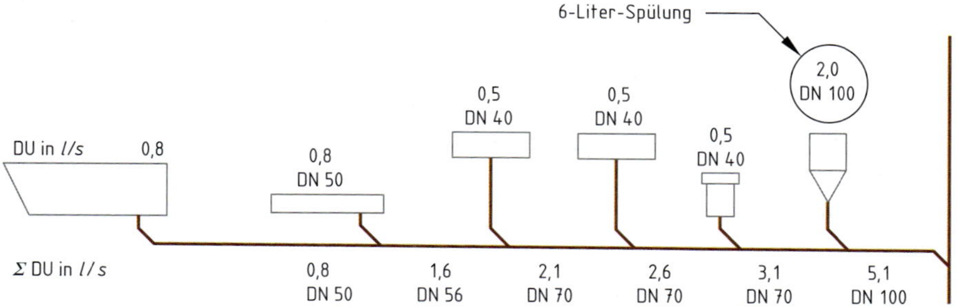

Schmutzwasserfallleitungen *Sewage discharge fall down pipe*

DIN 1986-100 : 2016-12

Schmutzwasserfallleitungen mit Hauptlüftung

DN	$\dot{V}_{max}$ (l/s)	
	Abzweige ohne Innenradius	Abzweige mit Innenradius
60[c]	0,5	0,7
70	1,5	2,0
80[a, b]	2,0	2,6
90[a, b]	2,7	3,5
100	4,0	5,2
125	5,8	7,6
150	9,5	12,4
200	16,0	21,0

[a] Ergänzend zu DIN EN 12056-2 : 2001-01. Tabellen 11 und 12 darf die Nennweite für Fallleitungen im System I bei Verwendung von Klosettanlagen mit 4,0 l bis 6,0 l Spülwasservolumen mindestens DN 80 betragen.
[b] Mindestnennweite bei Anschluss von Klosetts.
[c] Nennweite nach DIN EN 12056-2 in Deutschland jedoch nicht gebräuchlich.

Schmutzwasserfallleitungen mit Nebenlüftung

Zulässiger Schmutzwasserabfluss ($\dot{V}_{max}$) und Nennweite (DN)

Schmutzwasserfallleitung mit Hauptlüftung	Nebenlüftung	System I $\dot{V}_{max}$ (l/s)	
DN	DN	Abzweige	Abzweige mit Innenradius
60[c]	50	0,7	0,9
70	50	2,0	2,6
80[a, b]	50	2,6	3,4
90[a, b]	50	3,5	4,6
100	50	5,6	7,3
125	70	12,4	10,0
150	80	14,1	18,3
200	100	21,0	27,3

[a] Ergänzend zu DIN EN 12056-2 : 2001-01, Tabellen 11 und 12 darf die Nennweite für Fallleitungen im System I bei Verwendung von Klosettanlagen mit 4,0 l bis 6,0 l Spülwasservolumen mindestens DN 80 betragen.
[b] Mindestnennweite bei Anschluss von Klosetts.
[c] Nennweite nach DINEN 12056-2, in Deutschland jedoch nicht gebräuchlich.

Abzweig 88° ohne und mit 45° Einlaufwinkel

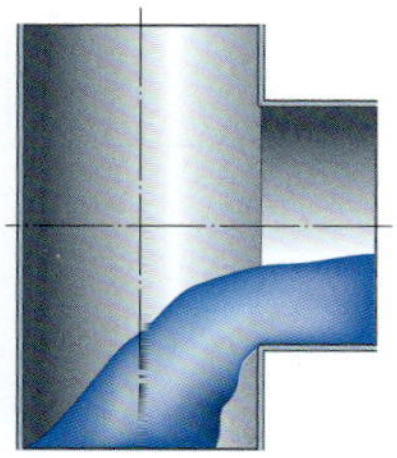

Abzweig 88°

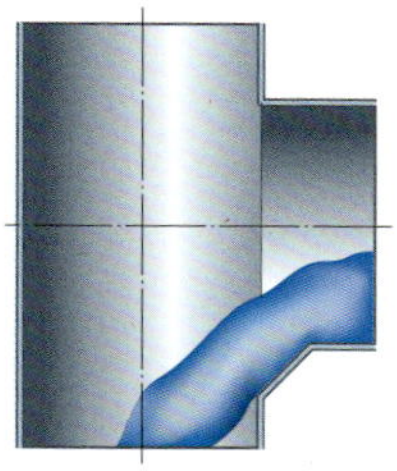

Abzweig 88° mit 45° Einlaufwinkel

Ausführungsarten für Umlenkungen in Grund- und Sammelleitungen für Fallleitungen bis 10 m (DIN 1986-100 : 2016-12)

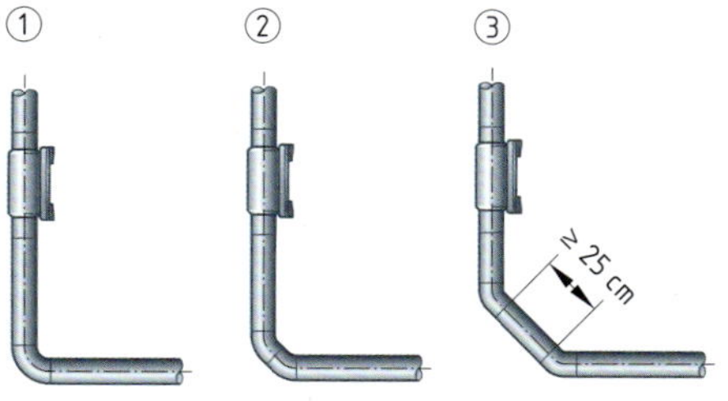

Strömungs- und Druckverhältnisse im Fallrohr (DIN 1986-100 : 2016-12)

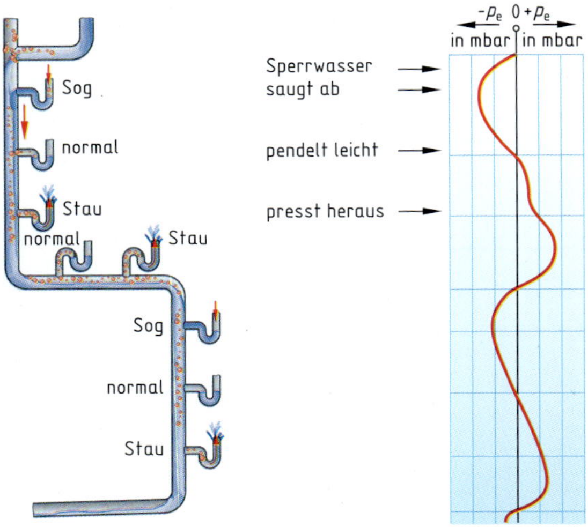

Abflussvermögen von Sammel- und Grundleitungen bei einem Füllungsgrad von $h/d_i = 0{,}5$ nach DIN 1986-100 : 2016-12

Gefälle	DN 90 $d_i = 79$ mm		DN 100 $d_i = 96$ mm		DN 125 $d_i = 113$ mm		DN 150 $d_i = 146$ mm	
J	$\dot{V}$	v	$\dot{V}$	v	$\dot{V}$	v	$\dot{V}$	v
cm/m	l/s	m/s	l/s	m/s	l/s	m/s	l/s	m/s
0,50			1,8	0,5	2,7	0,5	5,4	0,6
1,00	1,5	0,6	2,5	0,7	3,9	0,8	7,7	0,9
1,50	1,8	0,7	3,1	0,8	4,7	0,9	9,4	1,1
2,00	2,1	0,9	3,5	1,0	5,5	1,1	10,9	1,3
2,50	2,4	1,0	4,0	1,1	6,1	1,2	12,2	1,5
3,00	2,6	1,1	4,4	1,2	6,7	1,3	13,3	1,6
3,50	2,8	1,1	4,7	1,3	7,3	1,5	14,4	1,7
4,00	3,0	1,2	5,0	1,4	7,8	1,6	15,4	1,8
4,50	3,2	1,3	5,3	1,5	8,3	1,6	16,3	2,0
5,00	3,3	1,4	5,6	1,6	8,7	1,7	17,2	2,1

Abflussvermögen von Sammel- und Grundleitungen bei einem Füllungsgrad von $h/d_i = 0{,}7$ nach DIN 1986-100 : 2016-12

Gefälle	DN 90 $d_i = 79$ mm		DN 100 $d_i = 96$ mm		DN 125 $d_i = 113$ mm		DN 150 $d_i = 146$ mm	
J	$\dot{V}$	v	$\dot{V}$	v	$\dot{V}$	v	$\dot{V}$	v
cm/m	l/s	m/s	l/s	m/s	l/s	m/s	l/s	m/s
0,50	1,7	0,5	2,9	0,5	4,6	0,6	9,0	0,7
1,00	2,5	0,7	4,2	0,8	6,5	0,9	12,8	1,0
1,50	3,1	0,8	5,1	1,0	7,9	1,1	15,7	1,3
2,00	3,5	1,0	5,9	1,1	9,2	1,2	18,2	1,5
2,50	4,0	1,1	6,7	1,2	10,3	1,4	20,3	1,6
3,00	4,3	1,2	7,3	1,3	11,3	1,5	22,3	1,8
3,50	4,7	1,3	7,9	1,5	12,2	1,6	24,1	1,9
4,00	5,0	1,4	8,4	1,6	13,0	1,7	25,8	2,1
4,50	5,3	1,5	8,9	1,7	13,8	1,8	27,3	2,2
5,00	5,6	1,5	9,4	1,7	14,6	1,9	28,8	2,3

Berechnungsbeispiel: Bemessung der Fallleitung und der Sammelleitung

DIN EN 12056-2 : 2001-01 und DIN 1986-100 : 2016-12

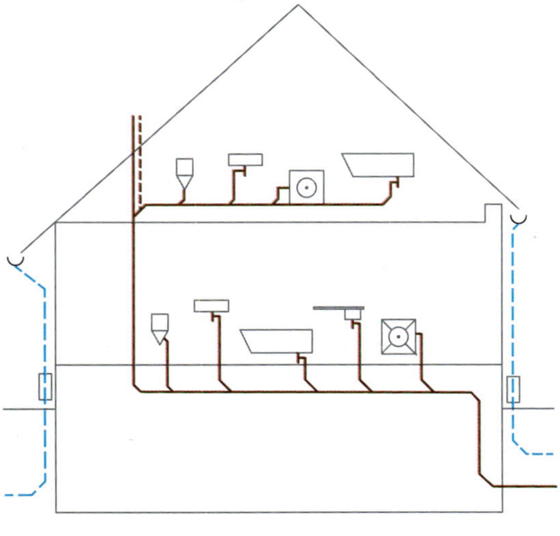

Anschlusswerte:	System I
Abflusskennzahl (K):	0,5 (eckiger Abzweig)
Schmutzwasserfallleitung:	1
Sammelleitung:	1 (Gefälle = 1 %, Füllungsgrad = 0,5)

1. Bemessung der Fallleitung

Summe der Anschlusswerte (ΣDU) Dachgeschoss

Entwässerungsgegenstand	Anzahl	*DU* (siehe Tabelle Seite 433)	ΣDU
WC (9 Liter)	1	2,5	2,5
Waschtisch	1	0,5	0,5
Badewanne	1	0,8	0,8
Waschmaschine (6 kg)	1	0,8	0,8
		Summe	4,6

$\dot{V}_{ww} = K\sqrt{\Sigma DU}$

$\dot{V}_{ww} = 0,5\ \sqrt{4,6} = 1,07\ \text{l/s}$

Die Nennweite der Fallleitung beträgt wegen des Anschlusses des Klosetts (9 Liter) = DN 100 (Tabelle Seite 433); bei der Verwendung von Spülkästen von 4 bis 6 Liter wäre DN 80 möglich!

2. Bemessung der Sammelleitung

Entwässerungsgegenstand	Anzahl	*DU* (siehe Tabelle Seite 434)	ΣDU
WC (9 Liter)	2	2,5	5
Waschtisch	2	0,5	1
Badewanne	2	0,8	1,6
Küchenspüle	1	0,8	0,8
Geschirrspüler	1	0,8	0,8
Waschmaschine (6 kg)	1	0,8	0,8
		Summe	10,0

$\dot{V}_{ww} = K\sqrt{\Sigma DU}$

$\dot{V}_{ww} = 0,5\ \sqrt{4,6} = 1,58\ \text{l/s}$

Die Nennweite der Sammelleitung beträgt DN 100 (Tabelle Seite 434) bei einem Mindestgefälle von 0,5%.

Lüftungssysteme nach DIN 1986-100 : 2016-09

Einzel-/Sammel-Hauptlüftung		Umgehungsleitung (Nebenlüftung)	
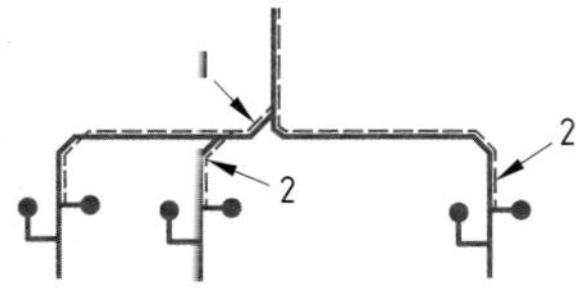 1 Sammel-Hauptlüftung 2 Einzel-Hauptlüftung	Querschnitt einer Sammel-Hauptlüftung muss min. so groß sein wie die Hälfte der Summe der Einzelquerschnitte der Einzel-Hauptlüftungen. Die Nennweite der Sammel-Hauptlüftung muss jedoch, ausgenommen bei Einfamilienhäusern, mindestens eine Nennweite größer als die größte Nennweite der zugehörigen Einzel-Hauptlüftung sein.	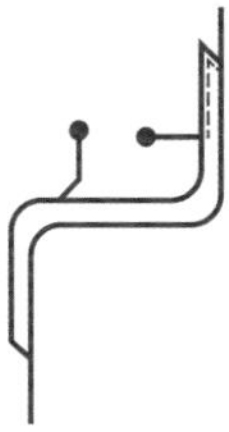	Die Umgehungsleitung ist in der gleichen Nennweite wie die Fallleitung, jedoch höchstens in DN 100, auszuführen. In einer Umgehungsleitung dürfen keine Belüftungsventile eingesetzt werden.

Umlüftungsleitung	
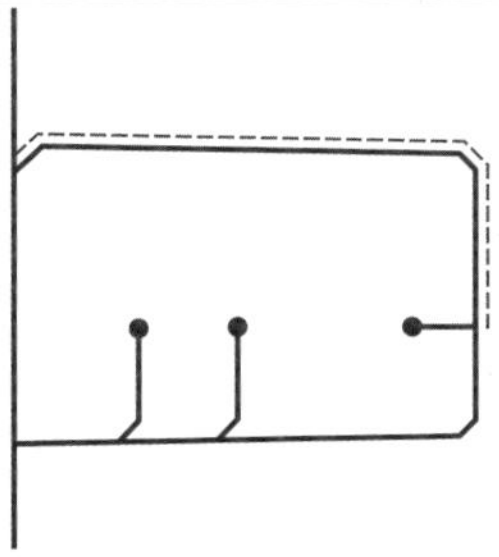	Die Umlüftungsleitung ist in der gleichen Nennweite auszuführen wie die damit belüftete Sammelanschlussleitung an der Einmündung in die Fallleitung, ausreichend ist mindestens DN 70.

Direkte und indirekte Nebenlüftung

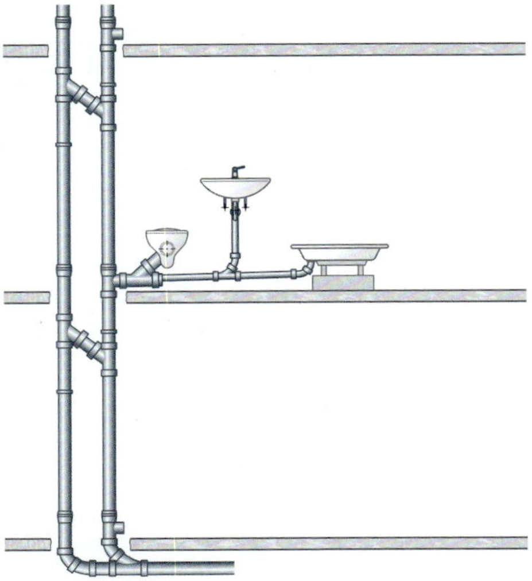

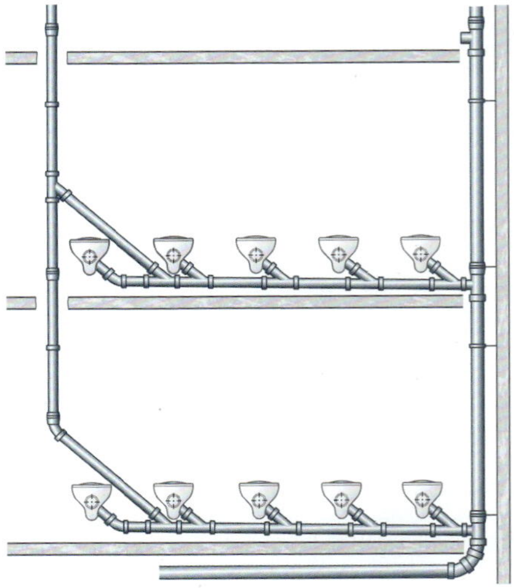

Dachausführung von Lüftungsleitungen

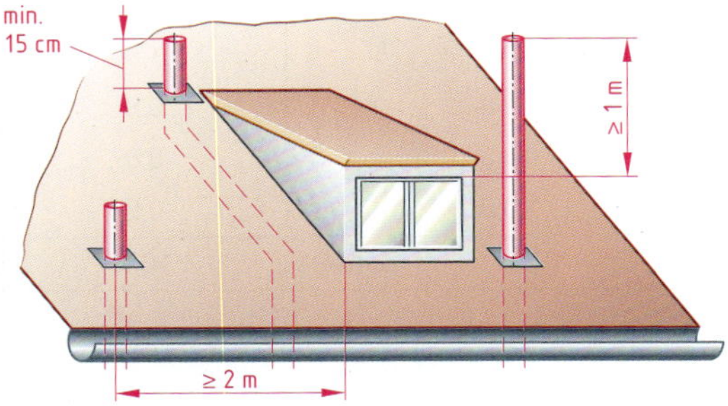

Belüftungsventile nach DIN EN 12380 : 2003-03 und DIN 1986-100 : 2016-12 *Ventilation valves*

- In Ein- oder Zweifamilienhäusern können Belüftungsventile als Ersatz von Hauptlüftungsleitungen eingesetzt werden, wenn mindestens eine Fallleitung (mit der größten Nennweite) über Dach geführt wird.
- Belüftungsventile können als Ersatz von Umlüftungsleitungen und indirekte Nebenlüftungen eingesetzt werden.
- Belüftungsventile sind so zu installieren, dass sie im Falle eines Defekts ohne bauliche Maßnahmen ausgetauscht werden können. Für ausreichenden Luftzutritt ist zu sorgen.
- In rückstaugefhrdeten Bereichen und für die Lüftung von Behältern, z. B. Hebeanlagen, dürfen keine Belüftungsventile eingesetzt werden.
- In rückstaugefährdeten Bereichen können Sanitärobjekte, die durch eine Hebeanlage abgesichert sind, über Belüftungsventile belüftet werden.

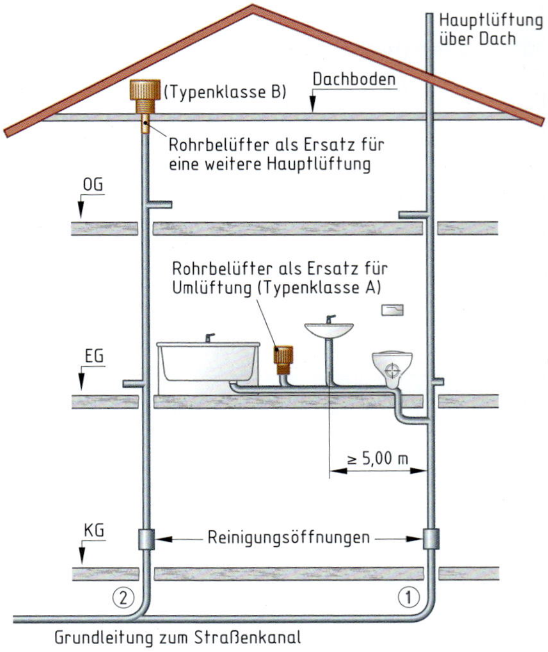

Ermittlung der minimalen Luftmenge für Belüftungsventile in Anschlussleitungen

$\dot{V}_a = 1 \cdot \dot{V}_{tot}$

$\dot{V}_a$ = Minimale Luftmenge in Litern je Sekunde (l/s)

$\dot{V}_{tot}$ = Gesamtschmutzwasserabfluss in Litern je Sekunde (l/s)

Ermittlung der minimalen Luftmenge für Belüftungsventile für Fallleitungen

$\dot{V}_a \geq 8 \cdot \dot{V}_{tot}$

Betriebsbedingungen und Bezeichnung von Belüftungsventilen

Bestimmungsfaktor	Bereich/Position	Bezeichnung
Einbaulage Unterhalb der Fließebene[a] der Anschlussleitung der angeschlossenen Entwsserungsgegenstände einsetzbar, d. h. dass die Ventile auch unterhalb des Ablaufventils (z. B. Waschtisch) eingebaut werden können.	Ja	**A**
	Nein	**B**
Temperatur	−20 °C bis + 60 °C	**I**
	0 °C bis + 60 °C	**II**
	0 °C bis + 20 °C	**III**

[a] Fließebene im Sinne des Begriffes „Rückstauebene" nach DIN EN 12380.

ANMERKUNG
Ventile der Bezeichnung I sind für einen Einsatz vorgesehen, dessen Umgebungstemperatur am Einbauort (z. B. unbeheizter Dachboden) tagelang unter dem Gefrierpunkt liegen kann.

Funktionsprinzip eines Belüftungsventils

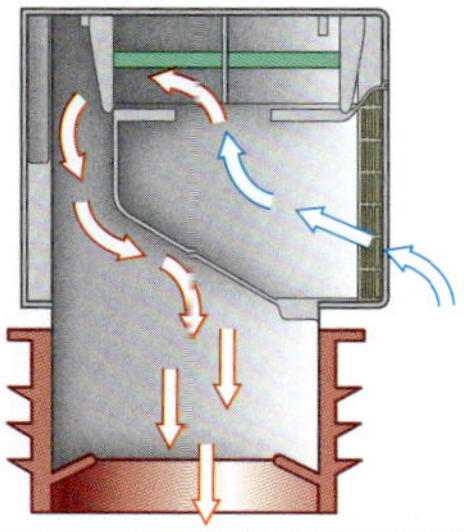	Bei Unterdruck im Rohrsystem öffnet das Belüftungsventil und die einströmende Luft bewirkt den Druckausgleich.	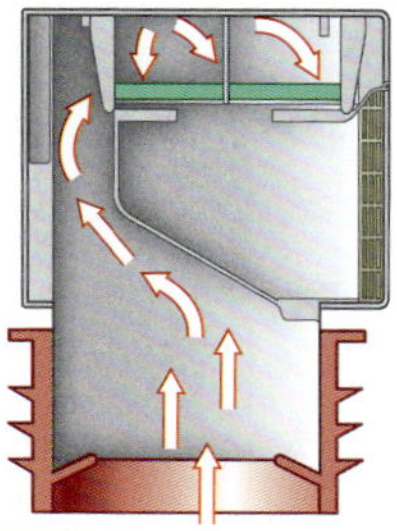	Bei Überdruck im System dichtet das Belüftungsventil ab. Es können keine Kanalgase austreten.

6.2.2 Rückstauverschlüsse *backwater valves*

Einsatzgebiete

Rückstauverschlüsse dürfen nur verwendet werden wenn:

- Gefälle zum Kanal besteht;
- die Räume von untergeordneter Nutzung sind, d. h., dass keine wesentlichen Sachwerte oder die Gesundheit der Bewohner bei Überflutung der Räume beeinträchtigt werden;
- der Benutzerkreis klein ist und diesem ein WC oberhalb der Rückstauebene zur Verfügung steht und
- bei Rückstau auf die Benutzung der Ablaufstelle verzichtet werden kann.

Typen von Rückstauverschlüssen nach DIN EN 13564-1 : 2002-10

Rückstauverschlüsse werden aufgrund ihrer Bauweise und ihres vorgesehenen Einsatzes in verschiedene Typen eingeteilt:

Typ	Einsatzbereich	Temperaturbeständigkeit	Selbsttätiger Verschluss	Notverschluss	Abwasser	Produktbeispiele
0:	horizontalen Leitungen mit nur einem selbsttätigen Verschluss.	bis 75 °C	1	0	fäkalienfrei	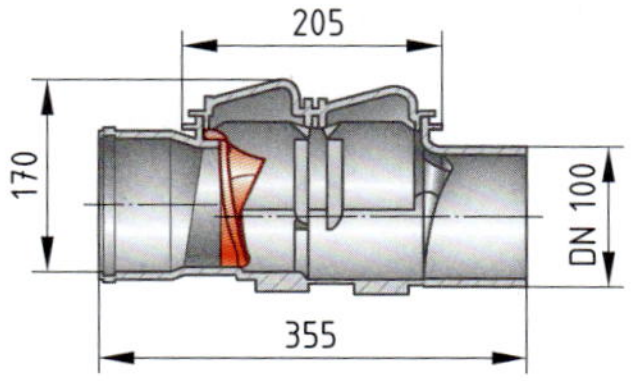
Als Endstück einer Abwasserleitung verhindern Sie das Eindringen von Rückstau und Ungeziefer (z. B. Ratten) in die Abwasserleitung.						

Typen von Rückstauverschlüssen nach DIN EN 13564-1 : 2002-10 (Fortsetzung)

Typ	Einsatzbereich	Temperaturbeständigkeit	Selbsttätiger Verschluss	Notverschluss	Abwasser	Produktbeispiele
1:	In horizontalen Leitungen mit einem selbsttätigen Verschluss sowie einem Notverschluss, wobei dieser Notverschluss mit dem selbsttätigen Verschluss kombiniert sein darf.	bis 75 °C	1	1*	fäkalienfrei	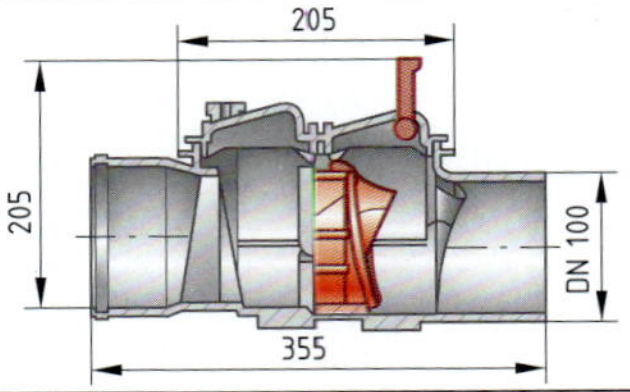
2:	In horizontalen Leitungen mit zwei selbsttätigen Verschlüssen und einem Notverschluss, wobei dieser Notverschluss mit einem der beiden selbsttätigen Verschlüsse kombiniert sein darf.	bis 75 °C	2	1*	fäkalienfrei	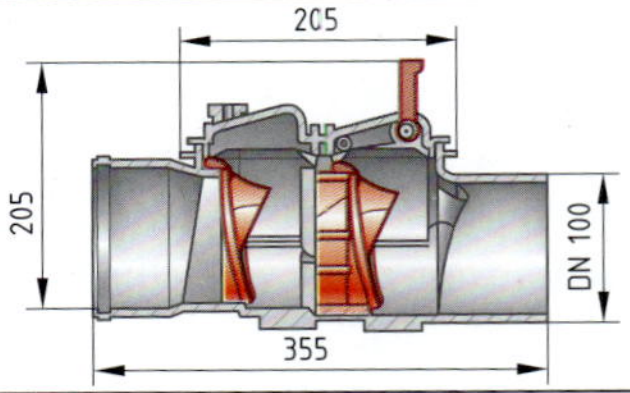
3:	In horizontalen Leitungen mit einem durch Fremdenergie (elektrisch, pneumatisch oder andere) betriebenen selbsttätigen Verschluss und einem Notverschluss, der unabhängig vom selbsttätigen Verschluss ist.	bis 75 °C	1 (elektrisch, pneumatisch)	1	fäkalienfrei/ fäkalienhaltig	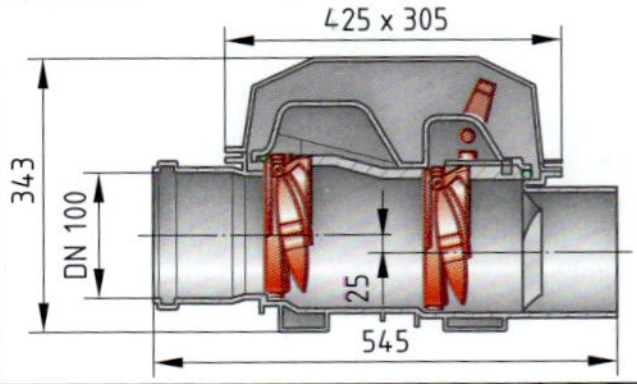
5:	Rückstauverschluss, der in Ablaufgarnituren oder Bodenabläufen eingebaut ist, mit zwei selbsttätigen Verschlüssen und einem Notverschluss, wobei dieser Notverschluss mit einem der beiden selbsttätigen Verschlüsse kombiniert sein darf.	bis 93 °C	2	1*	fäkalienfrei	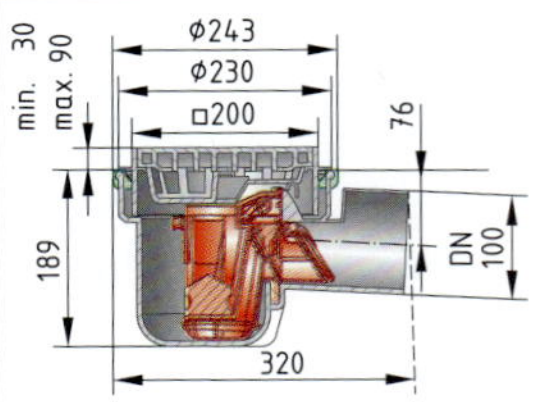
Auch für Leichtflüssigkeitssperren bei entsprechender Ausrüstung einsetzbar.						

* Notverschluss kann mit selbsttätigem Verschluss kombiniert werden.

6.2.3 Hebeanlagen *sewage pump systems*

Fäkalienhebeanlage nach DIN EN 12050-1 : 2015-05

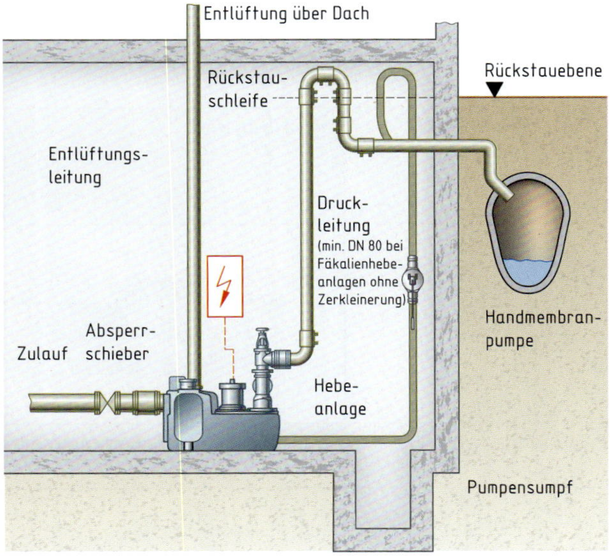

- Arbeitsbreite/-höhe von 60 cm bei allen zu bedienenden und zu wartenden Teile sind im Aufstellraum der Hebeanlage einzuhalten.
- Der Aufstellraum muss ausreichend beleuchtet und gut be- und entlüftet sein.
- Fäkalienhebeanlagen müssen über Dach entlüftet werden. Die Lüftungsleitung darf in die Haupt- bzw. Sekundärlüftung eingeführt werden.
- Alle Rohrleitungen sind so zu verlegen, dass diese von alleine leer laufen können.
- Auftriebssichere Befestigung der Hebeanlage
- bei Fäkalienhebeanlagen nach EN 12050-1 ist ein Pumpensumpf anzuordnen.

Abwasserhebeanlagen für fäkalienfreies Abwasser

drain water lifting system for faecal-free wastewater

DIN EN 12050-2 : 2015-05

Abwasserhebeanlagen für fäkalienfreies Abwasser

- Mindestnennweite für Druckleitung DN 32

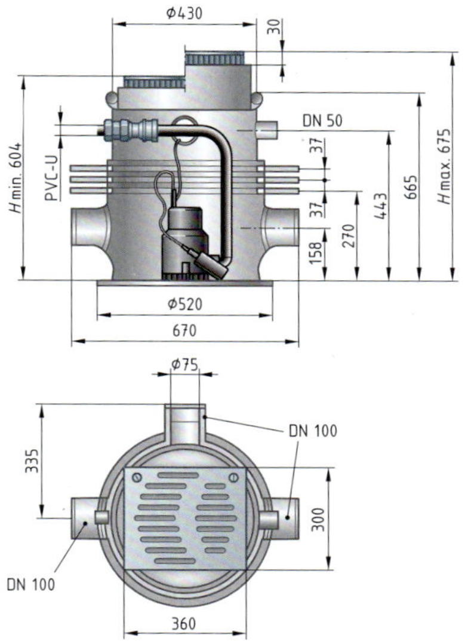

Abwasserhebeanlagen zur begrenzten Verwendung nach EN 12050-3 : 2015-08

Abwasserhebeanlagen zur begrenzten Verwendung

- ohne Fäkalienzerteilung: Mindestnennweite für Druckleitung DN 25.
- mit Fäkalienzerteilung: Mindestnennweite für Druckleitung DN 20.
- Einsatz nur, wenn der Benutzerkreis klein ist und oberhalb der Rückstauebene ein weiteres WC zur Verfügung steht.
- Zusätzlich zu dem WC darf höchstens ein Handwaschbecken, eine Dusche und ein Bidet angeschlossen werden.
- Alle Entwässerungsgegenstände müssen sich in demselben Raum befinden.

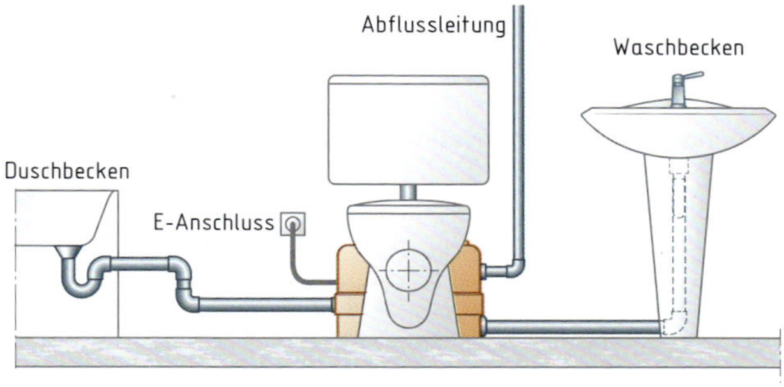

Berechnung der Förderhöhe

$H_{ges} = H_{geo} + H_V$

mit

$H_V = H_{V,A} + H_{V,R}$

H_{ges} = Gesamtförderhöhe in Meter

H_{geo} = statische Förderhöhe (statischer Anteil des Anlagenwiderstandes) in Meter

H_V = Druckhöhenverlust (dynamischer Anteil des Anlagenwiderstandes) in Meter

$H_{V,A}$ = Druckhöhenverlust in Armaturen und Formstücken in Meter

$H_{V,R}$ = druckseitige Rohrleitungsverluste in Meter.

$$H_{V,A} = \sum \zeta \frac{v^2}{2g}$$

$H_{V,A}$ = Druckhöhenverlust in Armaturen und Formstücken in Meter nach Tabelle

ζ = Einzelwiderstände nach Tabelle

v = Strömungsgeschwindigkeit in m/s

g = Erdbeschleunigung 9,81 m/s^2

$H_{V,R} = \Sigma(H_{V,j} \times l)$

$H_{V,j}$ = Druckhöhenverlust bezogen auf die Rohrlänge (dimensionslos)

l = Rohrleitungslänge in Meter

Verlustbeiwerte ζ für Armaturen und Formstücke

Art des Einzelwiderstandes	ζ
Absperrschieber *)	0,5
Rückflussverhinderer *)	2,2
Bogen 90°	0,5
Bogen 45°	0,3
Freier Auslauf	1,0
T-Stück 45° Durchgang bei Stromvereinigung	0,3
T-Stück 90° Durchgang bei Stromvereinigung	0,5
T-Stück 45° Abzweig bei Stromvereinigung	0,6
T-Stück 90° Abzweig bei Stromvereinigung	1,0
T-Stück 90° Gegenlauf	1,3
Querschnittserweiterung	0,3

*) Es sollten vorzugsweise Herstellerangaben verwendet werden.

Druckverluste durch Armaturen und Formstücke nach DIN EN 12056-4 : 2001-01

pressure losses through valves and fittings

v m/s	Verlustbeiwert ζ												
	0,4	0,6	0,8	1,0	1,2	1,4	1,6	1,8	2,0	2,5	3,0	3,5	4,0
	Druckhöhenverluste $H_{V,A}$ m												
0,7	0,010	0,015	0,02	0,025	0,029	0,034	0,039	0,044	0,049	0,061	0,074	0,086	0,098
0,8	0,013	0,019	0,026	0,032	0,038	0,045	0,051	0,058	0,064	0,080	0,096	0,112	0,128
0,9	0,016	0,024	0,032	0,041	0,049	0,057	0,065	0,073	0,081	0,101	0,122	0,142	0,162
1,0	0,02	0,030	0,040	0,050	0,060	0,070	0,080	0,090	0,100	0,125	0,150	0,175	0,200
1,1	0,024	0,036	0,048	0,061	0,073	0,085	0,097	0,109	0,121	0,151	0,182	0,212	0,242
1,2	0,029	0,043	0,058	0,072	0,086	0,101	0,115	0,130	0,144	0,180	0,216	0,252	0,288
1,3	0,034	0,051	0,068	0,085	0,101	0,118	0,135	0,152	0,169	0,211	0,254	0,296	0,338
1,4	0,039	0,059	0,078	0,098	0,118	0,137	0,157	0,176	0,196	0,245	0,294	0,343	0,392
1,5	0,045	0,068	0,090	0,113	0,135	0,158	0,180	0,203	0,225	0,281	0,338	0,394	0,450
1,6	0,051	0,077	0,102	0,128	0,154	0,179	0,205	0,230	0,256	0,320	0,384	0,448	0,512
1,7	0,058	0,087	0,116	0,145	0,173	0,202	0,231	0,260	0,289	0,361	0,434	0,506	0,578
1,8	0,065	0,097	0,130	0,162	0,194	0,227	0,259	0,292	0,324	0,405	0,486	0,567	0,648
1,9	0,072	0,108	0,144	0,181	0,217	0,253	0,289	0,325	0,361	0,451	0,542	0,632	0,722
2,0	0,080	0,120	0,160	0,200	0,240	0,280	0,320	0,360	0,400	0,500	0,600	0,700	0,800
2,1	0,088	0,132	0,176	0,221	0,265	0,309	0,353	0,397	0,441	0,551	0,662	0,772	0,882
2,2	0,097	0,145	0,194	0,242	0,290	0,339	0,387	0,436	0,484	0,605	0,726	0,847	0,968
2,3	0,106	0,159	0,212	0,265	0,317	0,370	0,423	0,476	0,529	0,661	0,794	0,926	1,058
2,4	0,115	0,173	0,230	0,288	0,346	0,403	0,461	0,518	0,576	0,720	0,864	1,008	1,152
2,5	0,125	0,188	0,250	0,313	0,375	0,438	0,500	0,563	0,625	0,781	0,938	1,094	1,250

Ermittlung der Druckhöhenverluste nach DIN EN 12056-4 : 2001-01 *pressure height losses*

► siehe Kap_6.pdf

Druckhöhenverluste (dimensionslos) $H_{V,j}$ in geraden Rohrleitungen nach DIN EN 12056-4 : 2001-01

$\dot{V}$ m³/h	DN 60 $d_1 = 60{,}0$ mm		DN 70 $d_1 = 70{,}0$ mm		DN 80 $d_1 = 80{,}0$ mm		DN 90 $d_1 = 90{,}0$ mm		DN 100 $d_1 = 100{,}0$ mm		DN 125 $d_1 = 125{,}0$ mm	
	$H_{V,j}$	v m/s	$H_{V,j}$	v m/s	$H_{V,j}$	v m/s	$H_{V,j}$	v m/s	$H_{V,j}$	v m/s	$H_{V,j}$	v m/s
11,0	0,003	1,1	0,014	0,8	–	–	–	–	–	–	–	–
12,0	0,035	1,2	0,016	0,9	–	–	–	–	–	–	–	–
13,0	0,041	1,3	0,019	0,9	0,090	0,7	–	–	–	–	–	–
14,0	0,048	1,4	0,022	1,0	0,011	0,8	–	–	–	–	–	–
15,0	0,055	1,5	0,025	1,1	0,012	0,8	–	–	–	–	–	–
16,0	0,062	1,6	0,028	1,2	0,014	0,9	–	–	–	–	–	–
17,0	0,070	1,7	0,031	1,2	0,016	0,9	0,009	0,7	–	–	–	–
18,0	0,078	1,8	0,035	1,3	0,018	1,0	0,01	0,8	–	–	–	–
20,0	0,096	2,0	0,043	1,4	0,022	1,1	0,012	0,9	0,007	0,7	–	–
30,0	–	–	0,095	2,2	0,048	1,7	0,026	1,3	0,015	1,1	–	–
40,0	–	–	–	–	0,084	2,2	0,045	1,7	0,026	1,4	0,008	0,9
50,0	–	–	–	–	–	–	0,070	2,2	0,041	1,8	0,013	1,1
60,0	–	–	–	–	–	–	–	–	0,058	2,1	0,018	1,4
70,0	–	–	–	–	–	–	–	–	–	–	0,025	1,6
80,0	–	–	–	–	–	–	–	–	–	–	0,032	1,8

$\dot{V}$ m³/h	DN 20 $d_1 = 20{,}0$ mm		DN 25 $d_1 = 25{,}0$ mm		DN 32 $d_1 = 32{,}0$ mm		DN 40 $d_1 = 40{,}0$ mm		DN 50 $d_1 = 50{,}0$ mm		DN 60 $d_1 = 60{,}0$ mm	
	$H_{v,j}$	v m/s	$H_{v,j}$	v m/s	$H_{v,j}$	v m/s	$H_{v,j}$	v m/s	$H_{v,j}$	v m/s	$H_{v,j}$	v m/s
1,0	0,087	0,9	–	–	–	–	–	–	–	–	–	–
1,2	0,124	1,1	0,039	0,7	–	–	–	–	–	–	–	–
1,4	0,167	1,2	0,052	0,8	–	–	–	–	–	–	–	–
1,6	0,216	1,4	0,067	0,9	–	–	–	–	–	–	–	–
1,8	0,272	1,6	0,085	1,0	–	–	–	–	–	–	–	–
2,0	0,334	1,8	0,104	1,1	0,029	0,7	–	–	–	–	–	–
2,2	0,403	1,9	0,125	1,2	0,035	0,8	–	–	–	–	–	–
2,4	0,478	2,1	0,148	1,4	0,041	0,8	–	–	–	–	–	–
2,6	0,559	2,3	0,173	1,5	0,048	0,9	–	–	–	–	–	–
2,8	–	–	0,200	1,6	0,055	1,0	–	–	–	–	–	–
3,0	–	–	0,228	1,7	0,063	1,0	0,020	0,7	–	–	–	–
3,2	–	–	0,259	1,8	0,071	1,1	0,022	0,7	–	–	–	–
3,4	–	–	0,292	1,9	0,080	1,2	0,025	0,8	–	–	–	–
3,6	–	–	0,327	2,0	0,090	1,2	0,028	0,8	–	–	–	–
3,8	–	–	0,363	2,2	0,100	1,3	0,031	0,8	–	–	–	–
4,0	–	–	0,402	2,3	0,110	1,4	0,034	0,9	–	–	–	–
4,2	–	–	–	–	0,121	1,5	0,038	0,9	–	–	–	–
4,4	–	–	–	–	0,132	1,5	0,041	1,0	–	–	–	–
4,6	–	–	–	–	0,144	1,6	0,045	1,0	0,014	0,7	–	–
4,8	–	–	–	–	0,157	1,7	0,049	1,1	0,015	0,7	–	–
5,0	–	–	–	–	0,170	1,7	0,053	1,1	0,017	0,7	–	–
5,2	–	–	–	–	0,184	1,8	0,057	1,1	0,018	0,7	–	–
5,4	–	–	–	–	0,198	1,9	0,062	1,2	0,019	0,8	–	–
5,6	–	–	–	–	0,212	1,9	0,066	1,2	0,021	0,8	–	–
5,8	–	–	–	–	0,228	2,0	0,071	1,3	0,022	0,8	–	–
6,0	–	–	–	–	0,243	2,1	0,076	1,3	0,024	0,8	–	–
6,2	–	–	–	–	0,259	2,1	0,081	1,4	0,025	0,9	–	–
6,4	–	–	–	–	0,276	2,2	0,086	1,4	0,027	0,9	–	–
6,6	–	–	–	–	0,293	2,3	0,091	1,5	0,029	0,9	–	–
6,8	–	–	–	–	0,311	2,3	0,097	1,5	0,030	1,0	0,012	0,7
7,0	–	–	–	–	–	–	0,102	1,5	0,032	1,0	0,013	0,7
7,2	–	–	–	–	–	–	0,108	1,6	0,034	1,0	0,013	0,7
7,4	–	–	–	–	–	–	0,114	1,6	0,036	1,0	0,014	0,7
7,6	–	–	–	–	–	–	0,120	1,7	0,038	1,1	0,015	0,7
7,8	–	–	–	–	–	–	0,126	1,7	0,040	1,1	0,015	0,8
8,0	–	–	–	–	–	–	0,133	1,8	0,042	1,1	0,016	0,8
8,2	–	–			–	–	0,139	1,8	0,044	1,2	0,017	0,8
8,4	–	–	–	–	–	–	0,146	1,9	0,046	1,2	0,018	0,8
8,6	–	–	–	–	–	–	0,153	1,9	0,048	1,2	0,019	0,8
8,8	–	–	–	–	–	–	0,160	1,9	0,050	1,2	0,019	0,9
9,0	–	–	–	–	–	–	0,167	2,0	0,052	1,3	0,02	0,9
9,2	–	–	–	–	–	–	0,175	2,0	0,054	1,3	0,021	0,9
9,4	–	–	–	–	–	–	0,182	2,1	0,057	1,3	0,022	0,9
9,6	–	–	–	–	–	–	0,190	2,1	0,059	1,4	0,023	0,9
9,8	–	–	–	–	–	–	0,198	2,2	0,062	1,4	0,024	1,0
10,0	–	–	–	–	–	–	0,206	2,2	0,064	1,4	0,025	1,0

Inbetriebnahme

Zur Inbetriebnahme ist ein Probelauf mit Wasser über mindestens zwei Schaltspiele erforderlich. Während des Probelaufs ist ein Trockenlauf zu vermeiden. Vor, während bzw. nach diesem Probelauf sind zu prüfen:	• die elektrische Absicherung der Abwasserhebeanlage • die Drehrichtung des Motors; • die Schieber (Betätigung, Offenstellung, Dichtheit); • Dichtheit der Anlage, Armaturen und Leitungen; • Prüfung der Betriebsspannung und Frequenz; • Funktionsprüfung des Rückflussverhinderers; • Störmeldeeinrichtung; • Befestigung der Druckleitung; • Motorschutzschalter; Prüfung durch kurzzeitiges Ausschrauben einzelner Sicherungen • Funktionsprüfung der eventuell installierten Handpumpe.
Die Inbetriebnahme muss schriftlich protokolliert werden, wobei wesentliche Daten, wie z.B. die Einstellung des Motorschutzschalters und des Standes des Betriebsstundenzählers, zu vermerken sind.	

Inspektion

Abwasserhebeanlagen sollten monatlich einmal vom Betreiber durch Beobachtung von mindestens zwei Schaltzyklen auf Betriebsfähigkeit geprüft werden.

Wartung

Zeitabstände	• 1/4 Jahr bei Anlagen in gewerblichen Betrieben • 1/2 Jahr bei Anlagen in Mehrfamilienhäusern • 1 Jahr bei Anlagen in Einfamilienhäusern
Tätigkeiten	• Prüfen der Verbindungsstellen auf Dichtheit • Betätigen der Schieber, Prüfen auf leichten Gang und Dichtheit • Öffnen und Reinigen des Rückflussverhinderers • Reinigen der Fördereinrichtung und des unmittelbar angeschlossenen Leitungsbereichs; Prüfen des Laufrades und der Lagerung • Innenreinigung des Behälters bei Bedarf • Sichtkontrolle des elektrischen Teils der Anlage • Sichtkontrolle des Zustandes des Sammelbehälters • Alle zwei Jahre Anlage mit Wasser durchspülen
Über die Wartung ist ein Protokoll anzufertigen mit Angabe aller durchgeführten Arbeiten und der wesentlichen Daten. Soweit Mängel festgestellt werden, die nicht behoben werden können, sind diese dem Anlagenbetreiber von dem die Wartung durchführenden Fachkundigen sofort schriftlich gegen Quittung zu melden.	

6.2.4 Neutralisierung von Kondensaten bei Brennwertgeräten nach ATV-DVWK-A 251

neutralization of condensate in condensing boilers

Zu beachtende Regelwerke:

- Arbeitsblatt ATV-DVWK-A 251 „Kondensate aus Brennwertkesseln" (ATV-DVWK-Regelwerk – Deutsche Vereinigung für Wasserwirtschaft, Abwasser und Abfall e.V.)
- DVGW-VP 114 „Neutralisationseinrichtungen für Gasfeuerstätten; Anforderungen und Prüfung".

Neutralisierung von Kondensaten bei Brennwertgeräten nach ATV-DVWK-A 251

Nennwärmeleistung	Neutralisation für Feuerungsanlagen ist erforderlich		
	Gas	Heizöl DIN 51603-1 schwefelarm	Heizöl DIN 51603-1
< 25 kW	nein [1), 2)]	nein [1), 2)]	ja
25 bis 200 kW	nein [1), 2), 3)]	nein [1), 2), 3)]	ja
größer 200 kW	ja	ja	ja

Eine Neutralisation ist erforderlich:
1) bei Ableitung des häuslichen Abwassers in Kleinkläranlagen,
2) bei Gebäuden und Grundstücken, deren Entwässerungsleitungen nicht beständig gegen Kondensate sind,
3) bei Gebäuden, die die Bedingungen der ausreichenden Vermischung (min. das 20fache Volumen) von häuslichen Abwässern mit der zu erwartenden Kondensatmenge nicht erfüllen.

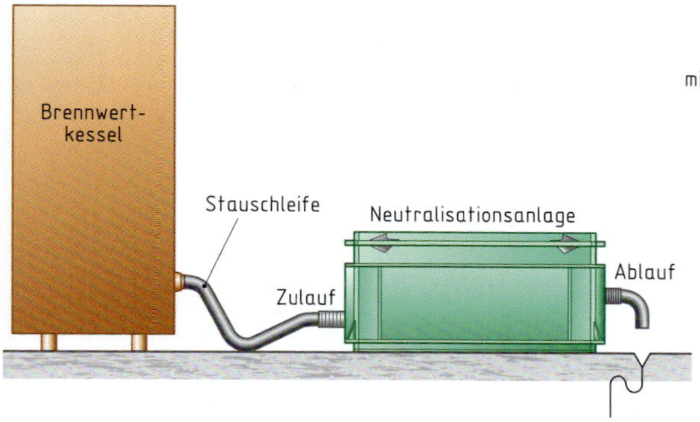

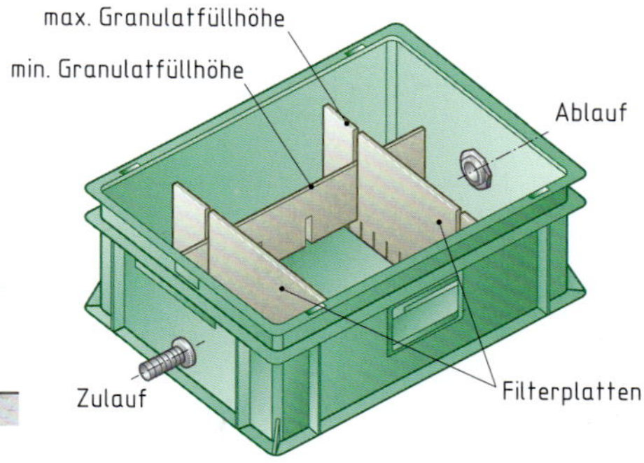

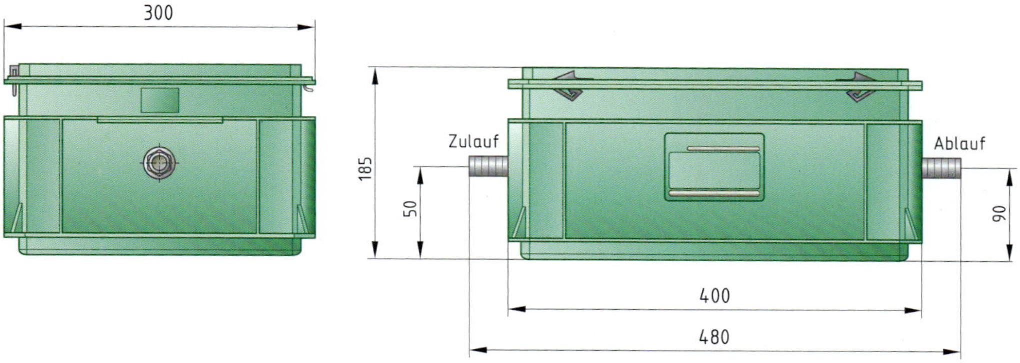

Produktbeispiel

6.2.5 Abscheideranlagen *seperators*

Einteilung

Fettabscheider
DIN EN 1825
DIN 4040-100

Leichtflüssigkeiten
DIN EN 858
DIN 1999-100

Stärkeabscheider
keine bestehende Produktnormung
DIN 1986-100

Einsatzgebiete von Fettabscheidern *grease traps*

Fettabscheider sind überall dort vorzusehen, wo fetthaltige Abwässer anfallen:

- Küchenbetriebe und Großküchen, z. B. Gaststätten, Hotels, Autobahnraststätten, Kantinen;
- Metzgereien
- Herstellungsbetriebe von Margarine und Speiseölen

Eingesetzte Materialien

Abscheideranlagen dürfen hergestellt werden aus:

- unbewehrtem Beton, faserverstärktem Beton, Stahlbeton;
- metallenen Werkstoffen: Gusseisen, nichtrostendem Stahl, Stahl;
- Kunststoffen: Glasfaserverstärkten Kunststoffen, Polyethylen;
- Steinzeug.

Einbauort

Fettabscheider sind vorzugsweise wegen der Geruchsemissionen außerhalb von Gebäuden aufzustellen.

Anforderungen an die Zuleitung

- Kurze Zuflussleitungen zum Fettabscheider
- Umgebungstemperatur darf nicht zu niedrig sein, ggf. Leitungen dämmen
- Mindestgefälle der Rohrleitungen: 2 cm/m

Aufbau eines Fettabscheiders

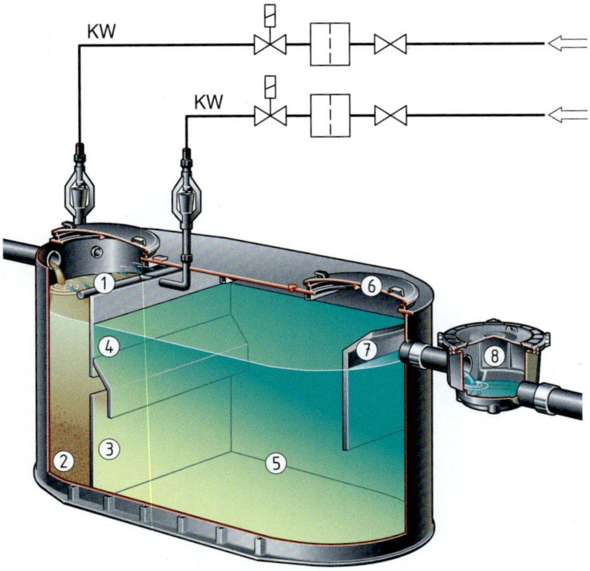

① Prallwand
② Schlammfang
③ Trennwand
④ Tauchwand
⑤ Fettabscheideraum
⑥ Schauglas
⑦ Tauchwand
⑧ Probeentnahmeeinrichtung

Nenngröße *NS 4, Fließrichtung rechts*

Bestimmung der Größe

Die Wahl der Nenngröße erfolgt nach der Art und Menge des zu behandelnden Schmutzwassers. Zu berücksichtigen sind:

- der maximale Schmutzwasserabfluss;
- die maximale Temperatur des Schmutzwassers;
- die Dichte der abzuscheidenden Fette/Öle;
- der Einfluss der Spül- und Reinigungsmittel.

Bevorzugte Nenngrößen (NS) für Abscheideranlagen für Fette sind: 1, 2, 4, 7, 10, 15, 20 und 25.

Abscheideranlagen sind nach folgender Gleichung zu ermitteln (DIN EN 1825-2):

$$NS = \dot{V}_S \cdot f_t \cdot f_d \cdot f_r$$

Dabei ist
NS: berechnete Nenngröße des Abscheiders
$\dot{V}_S$: maximale Schmutzwasserabfluss, in Liter je Sekunde
f_t: Erschwernisfaktor in Abhängigkeit von der Temperatur im Zufluss
f_d: Dichtefaktor für die maßgebenden Fette/Öle
f_r: Erschwernisfaktor für den Einfluss von Spül- und Reinigungsmitteln

Berechnungsverfahren für $\dot{V}_S$ für gewerbliche Küchen nach DIN EN 1825-2 : 2002-05

$$\dot{V}_S = \frac{V_M \cdot F \cdot M_M}{t}$$

V_M: betriebsspezifische Schmutzwassermenge je warmer Essensportion in Liter
F: Stoßbelastungsfaktor in Abhängigkeit von den Betriebsbedingungen
M_M: monatlicher Mittelwert der täglich produzierten warmen Essensportionen
t: Beaufschlagungsdauer der Abscheideranlage in Sekunden

Betriebsarten (gewerbliche) Küchenbetriebe	V_M (Liter)	F
Hotelküche	100	5
Spezialitätenrestaurant	50	8,5
Werksküche / Mensa *(Systemgastronomie, Fast-Food-Restaurants)*	5	20
Krankenhäuser *(Küchenbetriebe von Kliniken oder Heimen)*	20	13
Ganztagesgroßküche *(Kasernen- oder Truppenküchen)*	10	22

Temperaturfaktor f_t

Temperatur des Schmutzwassers am Einlauf °C	Temperaturfaktor f_t
≤ 60	1,0
Ständig oder gelegentlich > 60	1,3

Dichtefaktor f_d

Einsatzbedingungen	Dichtefaktor
Dichten ≤ 0,94 g/cm³: Schmutzwasser aus Küchen, Schlacht- und Fleisch- sowie Fischverarbeitungsbetrieben	$f_d = 1.0$
Dichten von Fetten/Ölen > 0,94 g/cm³	$f_d = 1,5$

Erschwernisfaktor f_r für den Einfluss von Spül- und Reinigungsmitteln

Anwendung von Spül- und Reinigungsmitteln	Erschwernisfaktor f_r
Keine Anwendung	1,0
Gelegentliche oder ständige Anwendung	1,3
Sonderfälle z. B. Krankenhäuser	$\geq 1,5$

Beaufschlagungsdauer *t* in Stunden für Fettabscheider

Art des Küchenbetriebes	Beaufschlagungsdauer *t* in Stunden
Restaurant	7 … 8 bei Ganztagsbetrieb
Werksküche/Mensa	3 … 4 bei normalem Mittagstisch
	4 … 5 bei einem 2-Schichtbetrieb
Hotel	8 … 10 bei Restaurant mit Frühstück, Mittag- und Abendessen (Einzelfallprüfung)
Krankenhaus	4 … 5
Ganztagsküche	6 Einzelfallprüfung

Mindestnennweiten der Rohre der Ein- und Ausläufe nach EN 1825-1 : 2004-12

Nenngröße	DN_{min} [1)]
Bis einschließlich *NS* 4	100
Über *NS* 4 bis einschließlich *NS* 7	125
Über *NS* 7 bis einschließlich *NS* 10	150
Über *NS* 10 bis einschließlich *NS* 25	200

1) Die Nennweite kann sich entweder auf den Rohrinnen- oder -außendurchmesser beziehen.

Be- und Entlüftung von Fettabscheidern

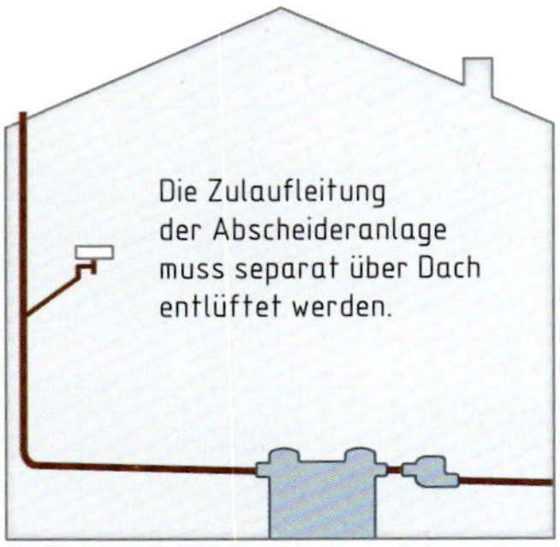

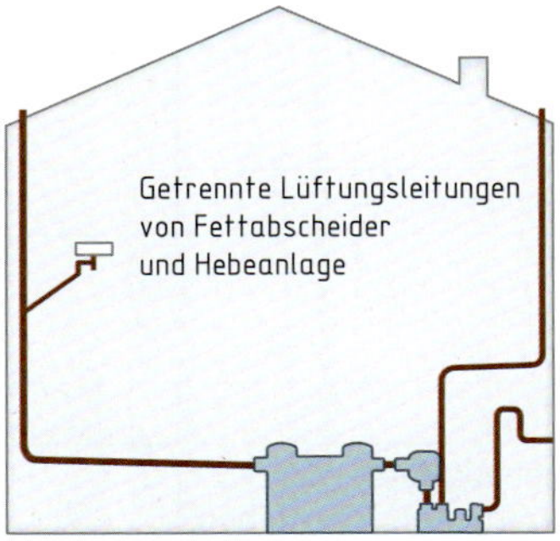

- Hat die Zulaufleitung oberhalb der Abscheideranlage für Fette auf einer Länge von über 10 m keine gesondert entlüftete Anschlussleitung, so ist die Zulaufleitung so nah wie möglich an der Abscheideranlage mit einer zusätzlichen Lüftungsleitung zu versehen.

Einsatzgebiete von Ölabscheidern *oil traps*

- Behandeln von Schmutzwasser (gewerbliches Abwasser) aus industriellen Prozessen oder aus Fahrzeugwaschanlagen.
- Reinigung von ölverschmutzten Teilen oder aus anderer Herkunft wie z.B. Tankstellen-Abfüllpunkten.
- Behandeln von ölverschmutztem Regenwasser (Regenabfluss) von undurchlässigen Flächen wie z. B. Parkplätzen, Straßen, Werkhöfen.
- Zurückhalten von unkontrolliert auslaufender Leichtflüssigkeit zum Schutz der umgebenden Flächen.

Auslegungskriterien von Ölabscheidern

Folgende Kriterien sind für der Planung von Leichtflüssigkeitsabscheidern zu berücksichtigen:

- maximaler Regenabfluss
- maximaler Schmutzwasserabfluss (gewerbliches Abwasser)
- Dichte der Leichtflüssigkeit
- Vorhandensein von Substanzen, die den Abscheidevorgang erschweren können (z. B. Detergentien. Das sind Stoffe, die die Oberflächenspannung von Flüssigkeiten herabsetzen).

Nenngrößen

Bevorzugte Nenngrößen für Abscheideranlagen für Leichtflüssigkeiten sind: 1, 5, 3, 6, 10, 15, 20, 30, 40, 50, 65, 80, 100, 125, 150, 200, 300, 400 und 500.

Mindestnennweite der Rohre nach DIN EN 858-1 : 2005-02

Nenngröße			DN_{min} [1]
bis einschließlich NS 3			100
über *NS* 3	bis einschließlich	*NS* 6	125
über *NS* 6	bis einschließlich	*NS* 10	150
über *NS* 10	bis einschließlich	*NS* 20	200
über *NS* 20	bis einschließlich	*NS* 30	250
über *NS* 30	bis einschließlich	*NS* 100	300
über *NS* 100			400

[1] Die Nennweite kann sich entweder auf den Rohrinnen- oder -außendurchmesser beziehen.

Komponenten von Abscheideranlagen

Komponenten	Zeichen
Schlammfang	S
Abscheider Klasse II	II, II b (Abscheider mit Bypass)
Abscheider Klasse I	I, I b (Abscheider mit Bypass)
Probenahmeschacht	P

Abscheider der Klasse I erbringen einen besseren Abscheidegrad als Abscheider der Klasse II.
Abscheider mit Bypass sind nicht geeignet für u. a. Tankstellen. Ihr Einsatz muss beschränkt bleiben auf Fälle, bei denen es bei starkem Regen nicht zu starken Verunreinigungen durch Leichtflüssigkeiten kommen kann.

Schmutzwasserbemessung nach DIN EN 858-2 : 2003-10

$$\dot{V}_s = \dot{V}_{s1} + \dot{V}_{s2} + \dot{V}_{s3} + ...$$

Dabei ist

$\dot{V}_{s1}$: Schmutzwasser von Auslaufventilen, in l/s

$\dot{V}_{s2}$: Schmutzwasser von Autowaschanlagen, in l/s
Bei Hochdruck-Fahrzeugwaschanlagen ist ein Schmutzwasserabfluss $\dot{V}_{s2}$ von 2 l/s anzusetzen

$\dot{V}_{s3}$: Schmutzwasser von Hochdruckreinigungsgeräten, in l/s;
erster Hochdruckreiniger mindestens $\dot{V}_{s3}$ = 2 l/s, für jedes weitere gerat $\dot{V}_{s3}$ = 1 l/s;
wird ein Hochdruckreinigungsgerät zusammen mit einer automatischen Fahrzeugwaschanlage betrieben, ist für dieses Gerät ein Schmutzwasserabfluss $\dot{V}_{s3}$ von 1 l/s anzusetzen.

Berechnung der Nenngröße des Ölabscheiders nach DIN EN 858-2 : 2003-10

$$NS = (\dot{V}_r + f_x \cdot \dot{V}_s)\, f_d$$

Dabei ist

NS: Nenngröße des Abscheiders

$\dot{V}_r$: maximaler Regenabfluss, in l/s

$\dot{V}_s$: maximaler Schmutzwasserabfluss, in l/s

f_d: Dichtefaktor für die maßgebende Leichtflüssigkeit

f_X: Erschwernisfaktor in Abhängigkeit von der Art des Abflusses

Abflusswerte von Auslaufventilen nach DIN EN 858-2 : 2003-10

Auslaufventile					
Nennweite	Ventilabflusswert $\dot{V}_{s1}$ [1)] in l/s				
	1. Ventil	2. Ventil	3. Ventil	4. Ventil	5. Ventil und jedes weitere Ventil
DN 15	0,5	0,5	0,35	0,25	0,1
DN 20	1,0	1,0	0,7	0,5	0,2
DN 25	1,7	1,7	1,2	0,85	0,3

1) Werte gelten für Versorgungsdrücke von etwa 4 bar bis 5 bar.

Beispiel zur Berechnung von $\dot{V}_{s1}$ für 1 Ventil DN 15, 1 Ventil DN 20 und 2 Ventile DN 25:
1. Ventil DN 25 = 1,7 l/s;
2. Ventil DN 25 = 1,7 l/s;
3. Ventil DN 20 = 0,7 l/s;
4. Ventil DN 15 = 0,25 l/s; $\dot{V}_{s1}$ = 4,35 l/s

Mindesterschwernisfaktoren f_x nach DIN EN 858-2 : 2003-10

Einsatzzweck	f_x
ölverschmutztem Regenwasser (Regenabfluss) von undurchlässigen Flächen	0
unkontrolliert auslaufende Leichtflüssigkeit	1
Schmutzwasser aus industriellen Prozessen (Fahrzeugwaschanlagen, Tankstellenabfüllpunkte)	2

Dichtefaktoren f_d nach DIN EN 858-2 : 2003-10

Dichte ϱ in g/cm³	bis 0,85	über 0,85 bis 0,90	über 0,90 bis 0,95
Zusammensetzung	Dichtefaktor f_d		
S-II-P	1	2	3
S-I-P	1 [1)]	1,5 [1)]	2 [1)]
S-II-I-P	1 [2)]	1 [2)]	1 [2)]

1) Bei Abscheidern der Klasse I, die nur durch Schwerkraftabscheidung wirken, ist der Dichtefaktor f_d für Abscheider der Klasse II anzusetzen.
2) Bei Abscheidern der Klassen I und II.

Schlammfangvolumen nach DIN EN 858-2 : 2003-10

Erwarteter Schlammanfall für, zum Beispiel		Mindestschlammfangvolumen, l
Keiner	• Kondensat	kein Schlammfang erforderlich
Gering	• Prozessabwasser mit definierten geringen Schlammmengen • alle Regenauffangflächen, auf denen nur geringe Mengen an Schmutz durch Straßenverkehr oder Ähnliches anfällt, z. B. Auffangtassen auf Tankfeldem und überdachten Tankstellen	$\frac{100 \cdot NS}{f_d}$ [1]
Mittel	• Tankstellen, Pkw-Wäsche von Hand, Teilewäsche • Omnibus-Waschstände • Abwasser aus Reparaturwerkstätten, Fahrzeugabstellflächen • Kraftwerke, Maschinenbaubetriebe	$\frac{200 \cdot NS}{f_d}$ [2]
Groß	• Waschplätze für Baustellenfahrzeuge, Baumaschinen, landwirtschaftliche Maschinen • Lkw-Waschstände	$\frac{300 \cdot NS}{f_d}$ [2]
	• automatische Fahrzeugwaschanlagen, z. B. Portalwaschanlagen, Waschstraßen	$\frac{300 \cdot NS}{f_d}$ [3]

1) Nicht für Abscheider größer als oder gleich *NS* 10, ausgenommen überdachte Parkflächen
2) Mindestschlammfangvolumen 600 l
3) Mindestschlammfangvolumen 5000 l

Abscheider: Betrieb, Kontrolle und Wartung nach DIN EN 858-2 : 2003-10

Alle Teile, die regelmäßig zu warten sind, müssen jederzeit zugänglich sein. Eine Wartung der Anlage ist mindestens alle sechs Monate durch Sachkundige durchzuführen. Die Wartung ist entsprechend den Anweisungen des Herstellers auszuführen und muss mindestens die folgenden Punkte umfassen:

a) Schlammfang:
   - Ermittlung des Schlammvolumens

b) Abscheider:
   - Messen der Leichtflüssigkeitsschichtdicke
   - Überprüfen der Funktion der selbsttätigen Verschlusseinrichtung
   - Überprüfen des Koaleszenzeinsatzes auf Durchlässigkeit, wenn die Wasserstände vor und hinter dem Koaleszenzeinstatz deutliche Abweichungen aufweisen
   - Überprüfen der Funktion der Warneinrichtung

c) Probenahmeschacht:
   - Reinigen der Ablaufrinne.

Leichtflüssigkeit und Schlamm sind nach Erfordernis zu entnehmen. Vor Inbetriebnahme sind Schlammfang und Abscheider mit Frischwasser wieder aufzufüllen.

ANMERKUNG: Die Entleerung wird empfohlen, wenn die Hälfte des Schlammfangvolumens oder 80% der Speichermenge des Abscheiders erreicht sind.
Muss in Ausnahmefällen in einen Abscheider eingestiegen werden, so ist er vollständig zu leeren und gründlich zu lüften.
Die Unfallverhütungsvorschriften und die Vorschriften zum Umgang mit gefährlichen Stoffen müssen beachtet werden.
In Abständen von höchstens fünf Jahren müssen Abscheideranlagen einer Generalinspektion unterzogen werden, die folgende Punkte umfasst:

- Dichtheit der Anlage
- baulicher Zustand
- innere Beschichtungen, soweit vorhanden
- Zustand der Einbauteile
- Zustand der elektrischen Einrichtungen und Anlagen
- Überprüfen der Tarierung der selbsttätigen Verschlusseinrichtung, z. B. Schwimmkörper.

Aufzeichnungen über Reinigung und Wartung müssen aufbewahrt und den Behörden auf Verlangen zur Verfügung gestellt werden. Sie müssen Aussagen zu speziellen Ereignissen (z. B. Reparaturen, Unfälle) enthalten.

6.2.6 Dachentwässerung *roof drainage*

Bezeichnung einzelner Dachelemente

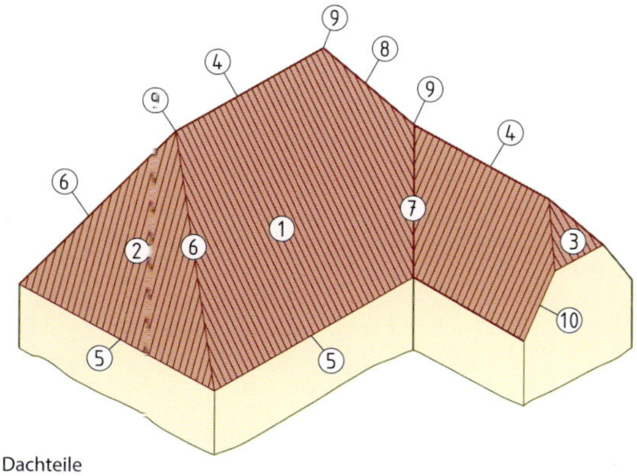

Dachteile

Die Dachteile haben je nach ihrer Lage besondere Bezeichnungen:

1. Hauptdachfläche
2. Walmdachfläche
3. Krüppelwalm
4. First
5. Traufe
6. Grat
7. Kehle
8. Verfallgrat
9. Anfallspunkt
10. Ortgang (Giebelkante)

Ausgewählte Dachformen *shapes of roofs*

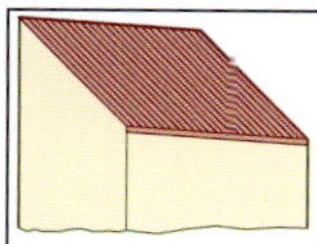 Pultdach	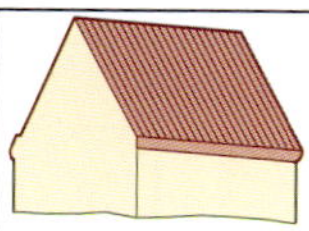 Satteldach	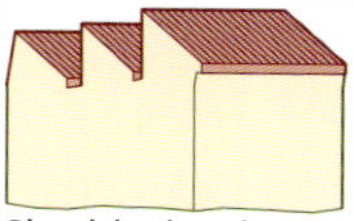 Sheddach oder Sägedach	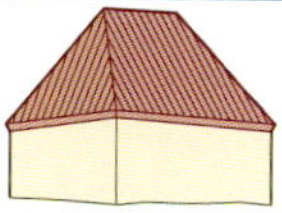 Walmdach	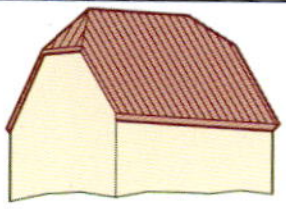 Krüppelwalmdach
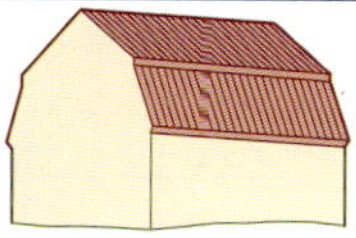 Mansarddach	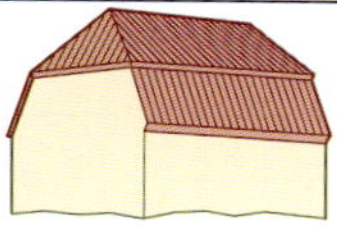 Mansardwalmdach	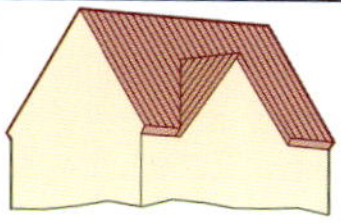 Zwerchdach		

Gaubenübersicht (Auswahl)

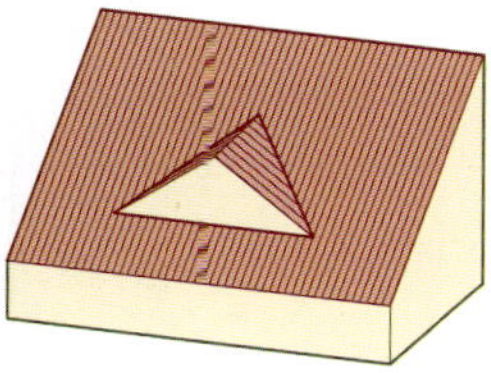

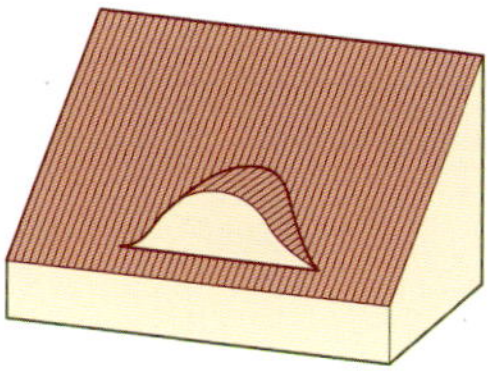

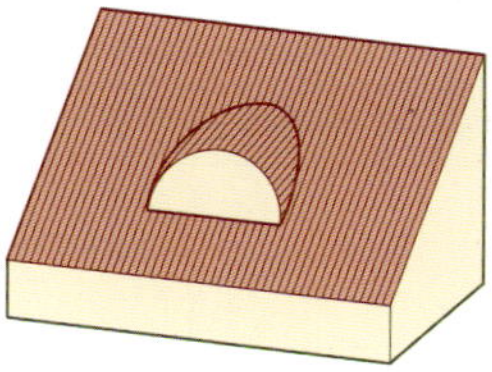

Kehlformen, Kehlschar

Kehlblech: Standard [1]	**mit Stehfalz**	**mit Ziegelauflage**	**in vertiefter Ausführung**
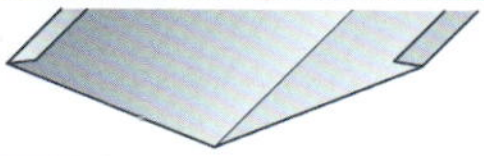	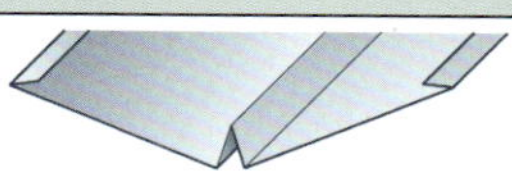	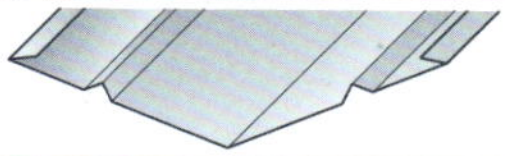	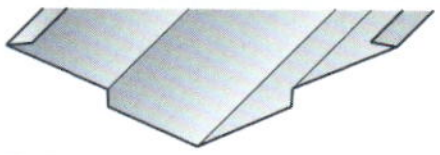
Dachneigung: > 30° greift weit unter Ziegel	unterschiedlich Falz vermeidet Überspülung	gering gute Wasserführung (Falz)	< 7° Fassung von großen $\dot{V}$
Kehlschar mit einfachem Falz	**Kehlschar mit Zusatzfalz**	**zweiseitig umgelegt doppelt eingefalzte Dachscharen**	**vertiefte Kehlrinne, konische Scharen bis Rinne** [2]
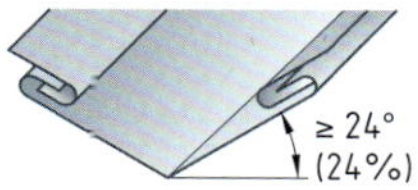	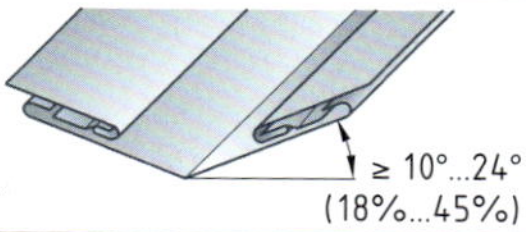	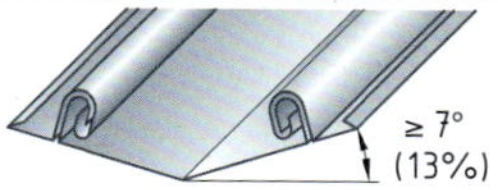	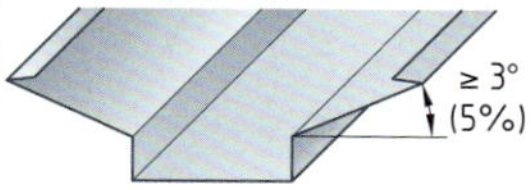

[1] Metallkehlen auf beiden Seiten mit Wasserfalz ausführen. Metallkehlen müssen vollflächig aufliegen.
[2] Aufgabe wie Kastenrinne; Rinne muss gleichen Querschnitt wie Kastenrinne und Notüberlauf haben.

Werkstoffe und Blechformate

Bezeichnung	Tafelformat in mm
Zinkblech (Titanzink) nach DIN EN 988 und DIN EN 501	z. B. 0,7 × 1000 × 2000
Kupferblech DIN EN 1172 (allgemein) DIN EN 504 (Bauklempnerei)	z. B. 1,0 × 1000 × 2000
verzinktes Stahlblech nach DIN EN 10346	z. B. 1,0 × 1000 × 2000
Nichtrostendes Stahlblech u. a. DIN EN 10088-2	z. B. 0,7 × 1000 × 2000
Aluminiumbleche DIN EN 485-1	z. B. 1,0 × 1000 × 2000

Einstellungen von Dachrinnen *gutters*

Einteilung nach der Form

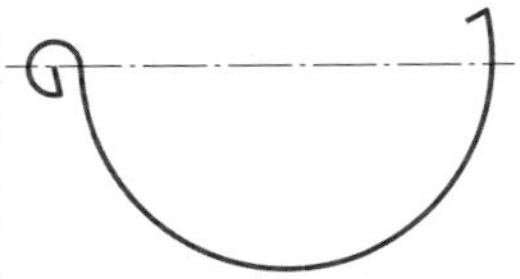
Halbrundrinne

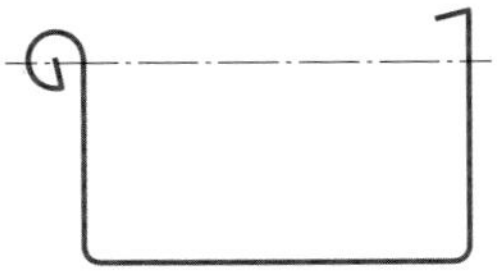
Kastenrinne

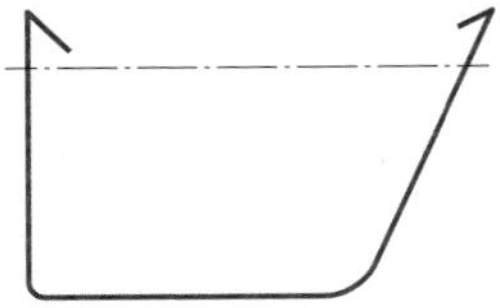
Trapezrinne

Einteilung nach der Lage am Bau

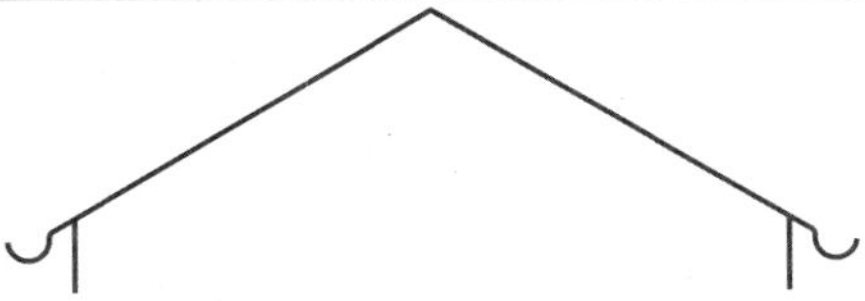
Außen liegende Rinne

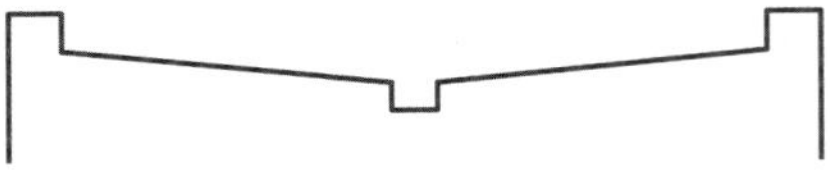
Innen liegende Rinne

Einteilung nach der Anbringung

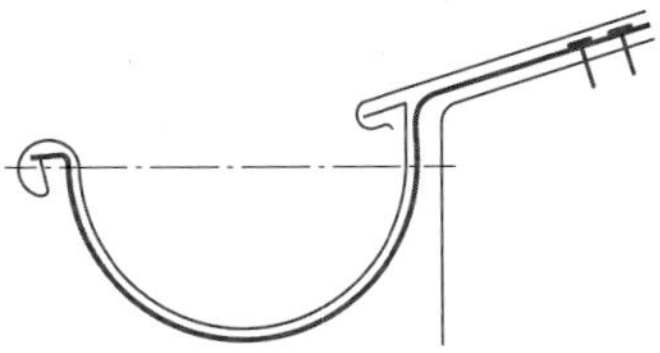
Hängerinne

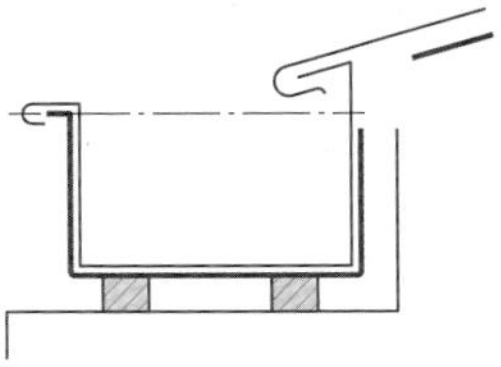
Standrinne

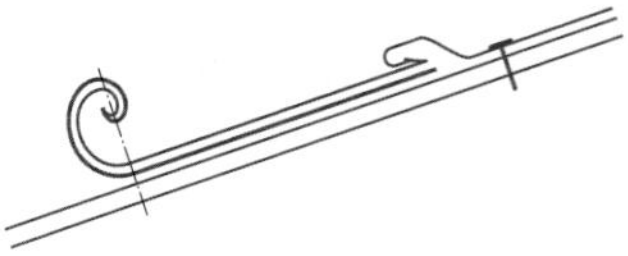
Liegerinne

Einteilung nach der baulichen Situation

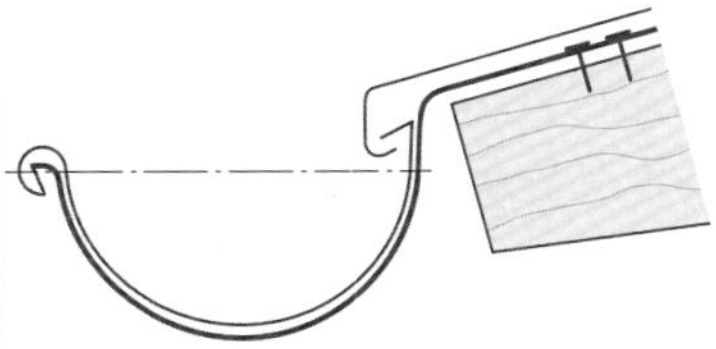
Vorgehängte Rinne

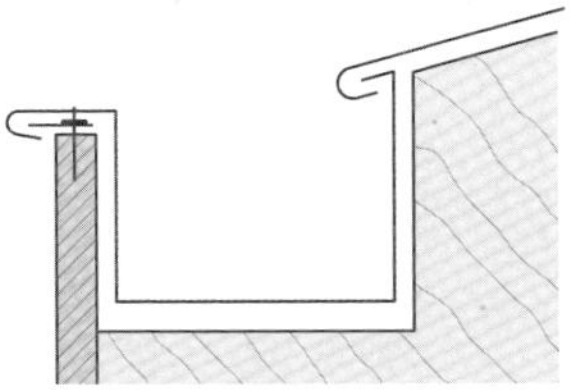
Attikarinne

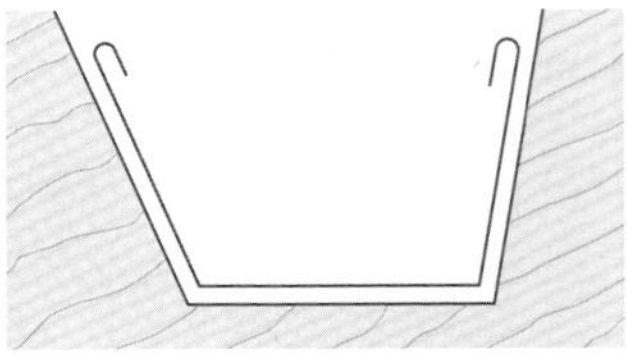
Eingelegte Rinne

Rinnenbezeichnungen

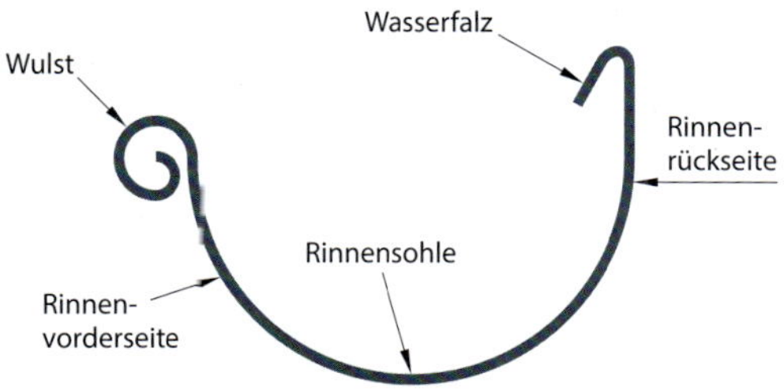

Notüberlauf

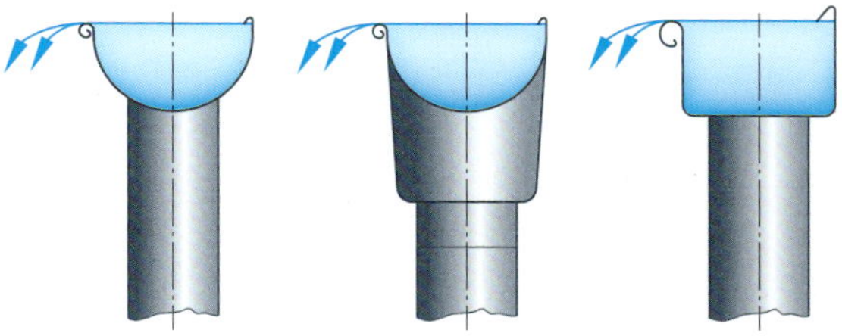

Befestigung einer vorgehängten Dachrinne

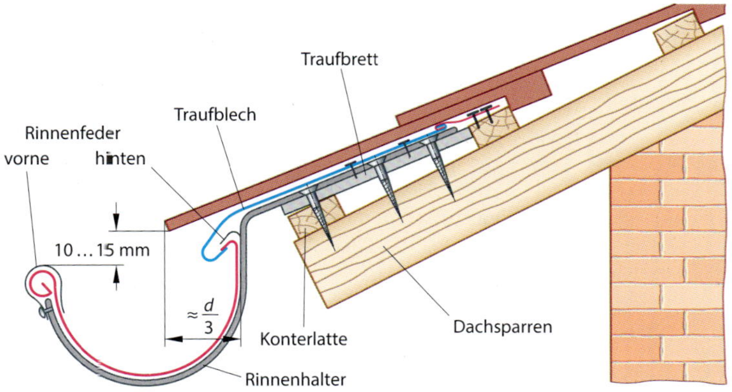

Maße von halbrunden Rinnen nach DIN 1986-100 : 2016-09

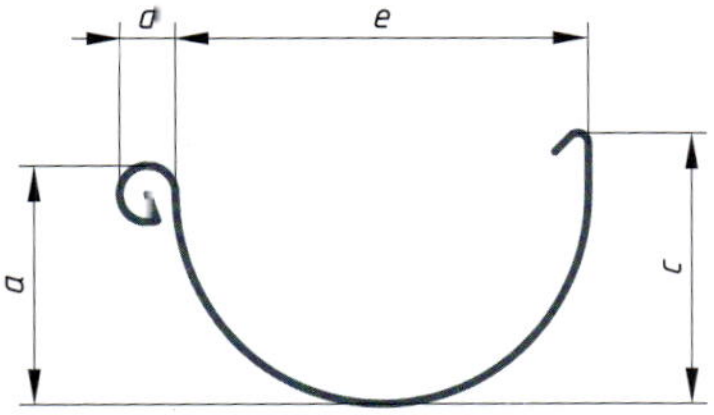

Maße von kastenförmigen Rinnen nach DIN 1986-100 : 2016-09

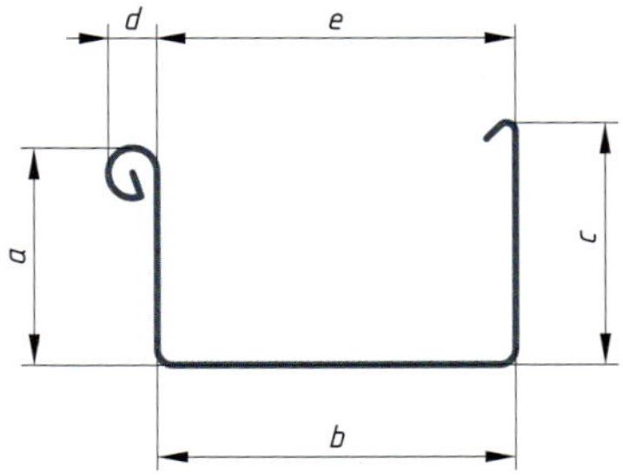

Maße von halbrunden Rinnen

Nennmaß mm	*d* mm	*e* mm	*A* mm²	*c* − *a* mm	*a* = *W* mm
200	16,0	80,0	3069	8,0	48,0
250	18,0	105,0	5256	10,0	62,0
280	18,0	127,0	7347	11,0	72,5
333	20,0	153,0	10567	11,0	86,5
400	22,0	192,0	16363	11,0	107,0
500	22,0	250,0	27004	21,0	136,0

A: durchströmte Querschnittsfläche der gefüllten Rinne
W: Sollwassertiefe

Maße von kastenförmigen Rinnen

Nennmaß mm	*a* mm	*b* mm	*d* mm	*c* − *a* mm	*A* mm²	*a* = *W* mm
200	42,0	70,0	16,0	8,0	2940	42,0
250	55,0	85,0	18,0	10,0	4675	55,0
333	75,0	120,0	20,0	10,0	9000	75,0
400	90,0	150,0	22,0	10,0	13500	90,0
500	110,0	200,0	22,0	20,0	22000	110,0

Ablaufverhalten bei zylindrischem bzw. konischem Stutzen

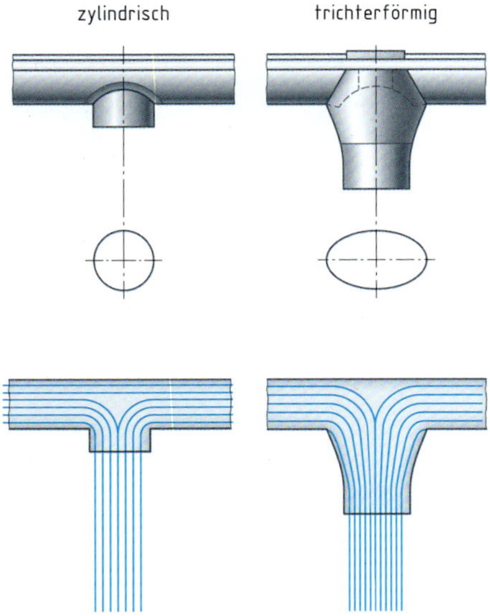

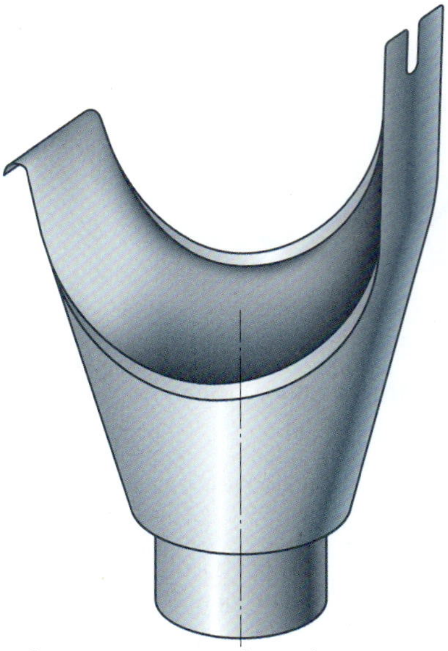

Einhängestutzen gerade, oval

Rinnenhalter

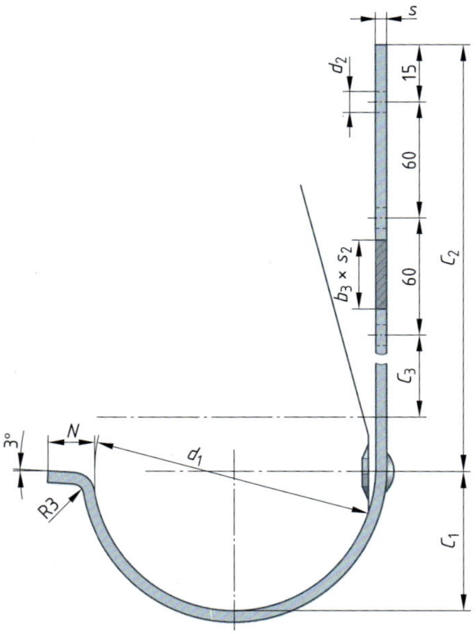

Genormte, halbrunde Rinnenhalter nach den Fachregeln des Klempnerhandwerks

DIN EN 612 : 2005-04 und DIN EN 1462 : 2004-12

Nenngröße	Maße für c_1 in mm (± 3 mm)	Maße $b_3 \times s_2$ in mm für steigende Beanspruchungen			
		Reihe 1	Reihe 2	Reihe 3	Reihe 4
200	230 / 270	25 × 4	25 × 4	24 × 4	–
250	280 / 330	25 × 4	30 × 4	25 × 6	–
	410 / 500	25 × 4	–	–	–
280	290 / 350	30 × 4	30 × 5	25 × 6	25 × 8
	390 / 480	30 × 4	–	–	–
333	300 / 370	30 × 5	25 × 6	40 × 5	30 × 8
	450	30 × 5	–	–	–
400	340 / 430	30 × 5	40 × 5	25 × 8	30 × 8
	410	30 × 5	–	–	–
500	375 / 515	40 × 5	40 × 5	30 × 8	30 × 8

Tragfähigkeit von Rinnenhaltern **DIN EN 1462 : 2004-12**
Klassen der Tragfähigkeit

Anwendung	Prüfkraft (N)	Klasse der Tragfähigkeit
Rinnenhalter für hohe Belastung	750	H
Rinnenhalter für leichte Belastung	500	L
Rinnenhalter für Dachrinnen mit einer oberen Öffnungsweite unter 80 mm	–	O

Korrosionswiderstand von Rinnenhaltern DIN EN 1462 : 2004-12

Rinnenhalter müssen aus korrosionsbeständigem Werkstoff gefertigt sein, wobei zu berücksichtigen ist, ob sie in aggressiver Umgebung (Klasse A – durch Industrie verschmutzte Umgebung oder Küstennähe) oder unter milderen Bedingungen (Klasse B) eingesetzt werden; siehe Tabelle

Klassen des Korrosionswiderstandes

Werkstoff des Erzeugnisses	Klasse des Korrosionswiderstandes
Nicht rostender Stahl, Kupfer, gewalztes Aluminium oder Aluminum-Knetlegierungen oder Weichstahl mit Überzug bzw. Beschichtung	A
Gegossenes Aluminium nach DIN EN 1706 mit einem Korrosionswiderstand der Klassen A bis C	A
Gegossenes Aluminium nach DIN EN 1706 mit Beschichtung	A
PVC-U nach EN 607	A
Unbeschichtetes gegossenes Aluminium nach EN 1706 mit einem Korrosionswiderstand der Klasse D	B
Weichstahl nach EN 10025 oder EN 10111 mit Beschichtung nach 5.1 c) oder feuerverzinkter bzw. schmelztauchveredelter Weichstahl nach DIN EN 10142, DIN EN 10236, DIN EN 10237 oder DIN EN 10215	B

Verbindung von Dachrinnenstutzen mit dem Regenfallrohr

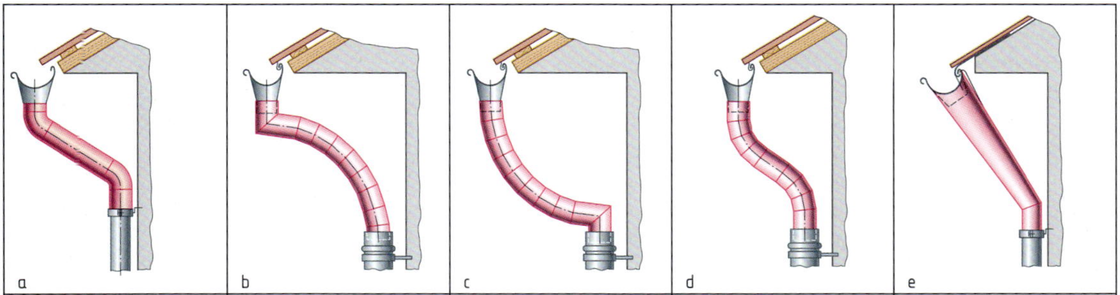

a	b	c	d	e
Zylindrisches Schrägrohr	Schweizer Bogen als Innenbogen	Schweizer Bogen als Außenbogen	Schwanenhals	Konisches Schrägrohr

Abflussvermögen von liegenden Entwässerungsleitungen bei einem Füllungsgrad von $h/d_i = 0{,}7$ bzw. von Fallleitungen mit einer Fallleitungsverziehung $\alpha < 10°$. Bei einem Fallleitungsverzug unter $\alpha < 10°$ muss die Fallleitung bemessen werden wie eine liegende mit einem Füllungsgrad von $h/d_i = 0{,}7$.

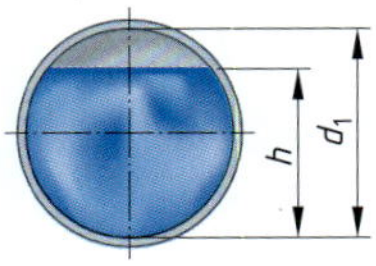

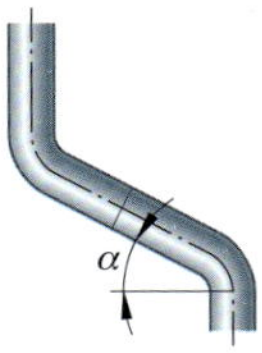

$\alpha > 10°$

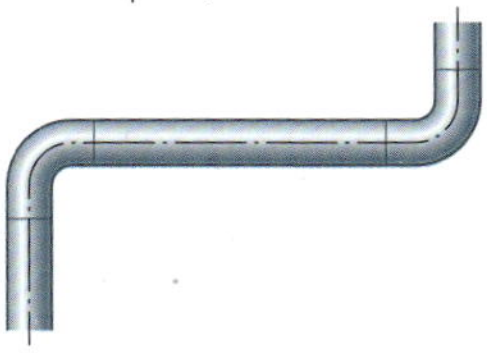

$\alpha < 10°$

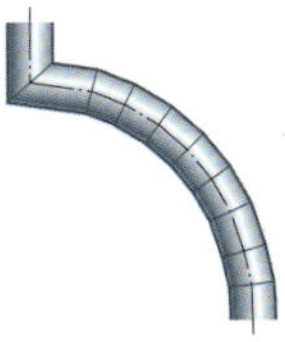

$\alpha < 10°$

Gefälle		$d_i = 60$		$d_i = 80$		$d_i = 100$		$d_i = 120$		$d_i = 150$	
I	Winkel	$\dot{V}$	v	$\dot{V}$	v	$\dot{V}$	v	$\dot{V}$	v	$\dot{V}$	v
cm/m		l/s	m/s	l/s	m/s	l/s	m/s	l/s	m/s	l/s	m/s
0,5	0,29	0,8	0,4	1,8	0,5	3,3	0,6	5,4	0,6	9,7	0,7
0,6	0,34	0,9	0,4	2,0	0,5	3,6	0,6	5,9	0,7	10,6	0,8
0,7	0,40	1,0	0,5	2,1	0,6	3,9	0,7	6,3	0,8	11,5	0,9
0,8	0,46	1,1	0,5	2,3	0,6	4,2	0,7	6,8	0,8	12,3	0,9
0,9	0,52	1,1	0,5	2,4	0,6	4,4	0,8	7,2	0,9	13,1	1,0
1,0	0,57	1,2	0,6	2,6	0,7	4,7	0,8	7,6	0,9	13,8	1,0
1,1	0,63	1,2	0,6	2,7	0,7	4,9	0,8	8,0	0,9	14,5	1,1
1,2	0,69	1,3	0,6	2,8	0,8	5,1	0,9	8,3	1,0	15,1	1,1
1,3	0,74	1,4	0,6	2,9	0,8	5,3	0,9	8,7	1,0	15,7	1,2
1,4	0,80	1,4	0,7	3,0	0,8	5,5	0,9	9,0	1,1	16,3	1,2
1,5	0,86	1,5	0,7	3,2	0,8	5,7	1,0	9,3	1,1	16,9	1,3
1,6	0,92	1,5	0,7	3,3	0,9	5,9	1,0	9,6	1,1	17,5	1,3
1,7	0,97	1,6	0,7	3,4	0,9	6,1	1,0	9,9	1,2	18,0	1,4
1,8	1,03	1,6	0,8	3,5	0,9	6,3	1,1	10,2	1,2	18,5	1,4
1,9	1,09	1,6	0,8	3,6	0,9	6,5	1,1	10,5	1,2	19,0	1,4
2,0	1,15	1,7	0,8	3,7	1,0	6,6	1,1	10,8	1,3	19,5	1,5
3,0	1,72	2,1	1,0	4,5	1,2	8,1	1,4	13,2	1,6	24,0	1,8
4,0	2,29	2,4	1,1	5,2	1,4	9,4	1,6	15,3	1,8	27,7	2,1
5,0	2,86	2,7	1,3	5,8	1,5	10,5	1,8	17,1	2,0	31,0	2,3
6,0	3,43	2,9	1,4	6,4	1,7	11,5	2,0	18,7	2,2	33,9	2,6
8,0	4,57	3,4	1,6	7,3	2,0	13,3	2,3	21,7	2,6	39,2	3,0
10,0	5,71	3,8	1,8	8,2	2,2	14,9	2,5	24,2	2,9	43,9	3,3

Abflussvermögen von runden Fallleitungen DIN 1986-100 : 2016-09

	Fallleitung	mit Rinneneinhangstutzen	ohne Einlauftrichter
	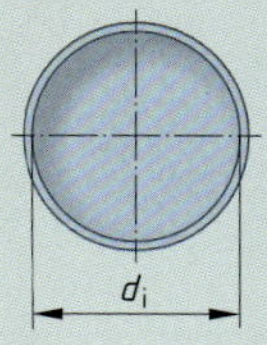	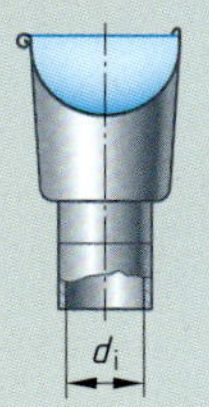	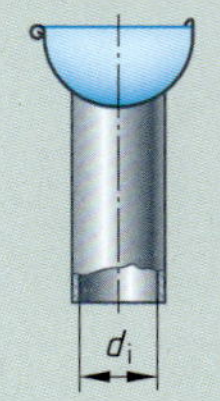
Rinne Nennmaß	d_i mm	$\dot{V}$ l/s	$\dot{V}$ l/s
250	60	1,8	1,5
250	80	2,2	2,0
280	80	3,0	2,6
280	100	3,3	3,0
333	80	5,0	4,0
333	100	5,3	4,5
400	100	9,0	6,8
400	120	9,3	7,4
500	100	–	10,5
500	120	–	12,0
500	150	–	14,5

Abflussvermögen von rechteckigen Fallleitungen

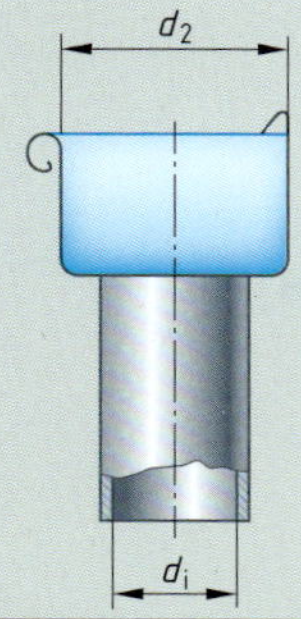			**runde Fallleitung ohne Einlauftrichter** 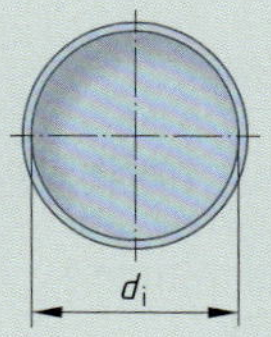	**quadratische Fallleitung ohne Einlauftrichter** 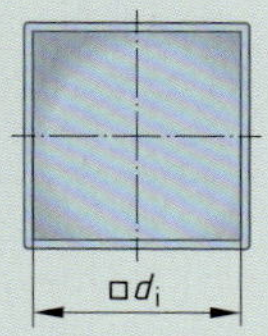
kastenförmige Rinne		**Fallleitung ohne Einlauftrichter**		
Nennmaß	d_2	d_i	$\dot V$	$\dot V$
	mm	**mm**	**l/s**	**l/s**
250	85	60	0,7	1,3
250	85	80	1,1	1,8
333	120	80	1,4	2,8
333	120	100	2,2	3,5
400	150	100	2,8	4,6
400	150	120	3,7	5,5
500	200	120	4,4	7,4
500	200	150	5,9	9,3

Berechnung des Regenwasserabflusses

$$\dot V = r_{D,T} \cdot C \cdot A \cdot \frac{1}{10\,000}$$

hierin bedeuten:

$\dot V$ Regenwasserabfluss in l/s

$r_{D,T}$ Berechnungsregenspende in l/(s · ha)

C Abflussbeiwert

$C = 1,0$ für alle nicht wasserspeichernden Dachflächen, unabhängig von der Neigung des Daches

A im Grundriss projizierte Niederschlagsfläche in m²

Anmerkung: Der Einfluss des Windes wird in der Regel nicht berücksichtigt. Bei großen senkrechten Fassadenflächen und zu erwartendem Schlagregen sollte die wirksame Dachfläche nach DIN EN 12056-3 Abschnitt 4.3 ermittelt werden.

Bemessung von Notentwässerung

$$\dot V_{Not} = (r_{5,100} - r_{5,2} \cdot C) \cdot \frac{A}{10\,000} \text{ in l/s}$$

hierin bedeuten:

$\dot V_{Not}$ Abfluss über Notüberläufe mit freiem Auslauf auf das Grundstück

$r_{5,100}$ Jahrhundertregenereignis in l/(s · ha), als Fünfminutenregenspende, die einmal in 100 Jahren erwartet werden muss.

Berechnung der wirksamen Dachfläche A

$$A = L_R \cdot B_R$$

A: wirksame Dachfläche in m²

L_R: Trauflänge in m

B_R: horizontale Projektion der Dachtiefe von der Traufe bis zum First in m

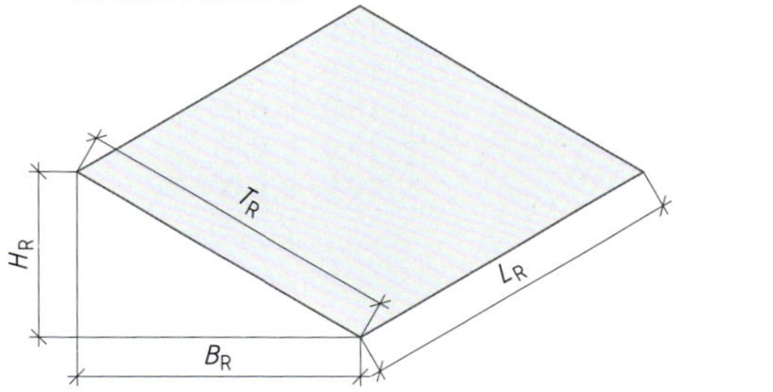

Abflussbeiwerte C zur Ermittlung des Regenwasserabflusses DIN 1986-100 : 2016-09

Nr.	Art der Flächen	Abflussbeiwert *C*
1	Wasserundurchlässige Flächen, z. B.	
	• Dachflächen	1,0
	• Betonflächen	1,0
	• Rampen	1,0
	• befestigte Flächen mit Fugendichtung	1,0
	• Schwarzdecken (Asphalt)	1,0
	• Pflaster mit Fugenverguss	1,0
	• Kiesschüttdächer	0,8
	• begrünte Dachflächen	
	• Extensivbegrünung (> 5°)	0,7
	• Intensivbegrünung, ab 30 cm Aufbaudicke (≤ 5°)	0,2
	• Extensivbegrünung ab 10 cm Aufbaudicke (≤ 5°)	0,4
	• Extensivbegrünung unter 10 cm Aufbaudicke (≤ 5°)	0,5
2	Teildurchlässige und schwach ableitende Flächen, z. B.	
	• Betonsteinpflaster, in Sand oder Schlacke verlegt, Flächen mit Platten	0,9
	• Flächen mit Pflaster, mit Fugenanteil > 15%, z. B. 10 cm × 10 cm und kleiner	0,6
	• wassergebundene Flächen	0,5
	• Kinderspielplätze mit Teilbefestigungen	
	• Sportflächen mit Dränung	0,3
	• Kunststoff-Flächen, Kunststoffrasen	0,6
	• Tennenflächen	0,4
	• Rasenflächen	0,3
3	Parkanlagen, Rasenflächen, Gärten	
	• flaches Gelände	0,2
	• steiles Gelände	0,3

Bemessung von vorgehängten und innen liegenden Rinnen (halbrund)

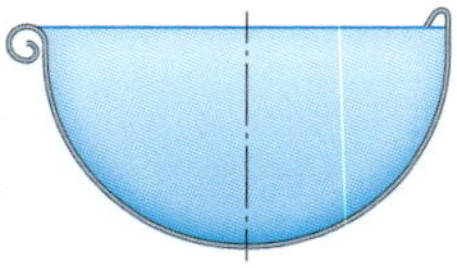

L	Nennmaß 250					Nennmaß 280				
	$\dot{V}$	anschließbare Dachfläche bei einer Regenspende *r* in l/(s · ha)				$\dot{V}$	anschließbare Dachfläche bei einer Regenspende *r* in l/(s · ha)			
		250	300	350	400		250	300	350	400
m	l/s	m^2	m^2	m^2	m^2	l/s	m^2	m^2	m^2	m^2
5,0	**1,07**	43	36	31	27	**1,65**	66	55	47	41
6,0	**1,05**	42	35	30	26	**1,62**	65	54	46	41
7,0	**1,03**	41	34	29	26	**1,59**	64	53	46	40
8,0	**1,01**	40	34	29	25	**1,57**	63	52	45	39
9,0	**0,99**	39	33	28	25	**1,54**	62	51	44	38
10,0	**0,97**	39	32	28	24	**1,51**	60	50	43	38
11,0	**0,95**	38	32	27	24	**1,49**	59	50	42	37
12,0	**0,93**	37	31	27	23	**1,46**	58	49	42	36
13,0	**0,91**	36	30	26	23	**1,44**	57	48	41	36
14,0	**0,89**	36	30	25	22	**1,41**	56	47	40	35
15,0	**0,88**	35	29	25	22	**1,39**	55	46	40	35
16,0	**0,86**	34	29	25	21	**1,36**	55	45	39	34
17,0	**0,84**	34	28	24	21	**1,34**	54	45	38	34
18,0	**0,83**	33	28	24	21	**1,32**	53	44	38	33
19,0	**0,81**	33	27	23	20	**1,30**	52	43	37	33
20,0	**0,80**	32	27	23	20	**1,28**	51	43	37	32

Abflussvermögen von **halbrunden Rinnen** (Gefälle $I = 0$) und daran anschließbare Niederschlagsflächen bei unterschiedlichen Regenspenden *r* in l/(s · ha) und $C = 1,0$

L	Nennmaß 333					Nennmaß 400					Nennmaß 500				
	$\dot{V}$	anschließbare Dachfläche bei einer Regenspende *r* in l/(s · ha)				$\dot{V}$	anschließbare Dachfläche bei einer Regenspende *r* in l/(s · ha)				$\dot{V}$	anschließbare Dachfläche bei einer Regenspende *r* in l/(s · ha)			
		250	300	350	400		250	300	350	400		250	300	350	400
m	l/s	m²	m²	m²	m²	l/s	m²	m²	m²	m²	l/s	m²	m²	m²	m²
5,0	**2,64**	106	88	75	66	**4,63**	185	154	132	116	**8,66**	346	289	247	217
6,0	**2,60**	104	87	74	65	**4,58**	183	153	131	115	**8,66**	346	289	247	217
7,0	**2,56**	102	85	73	64	**4,51**	181	150	129	113	**8,64**	346	288	247	216
8,0	**2,52**	101	84	72	63	**4,46**	178	149	127	111	**8,53**	341	284	244	213
9,0	**2,49**	99	83	71	62	**4,41**	176	147	126	110	**8,43**	337	281	241	211
10,0	**2,45**	98	82	70	61	**4,35**	174	145	124	109	**8,35**	334	278	239	209
11,0	**2,41**	97	80	69	60	**4,30**	172	143	123	108	**8,27**	331	276	236	207
12,0	**2,38**	95	79	68	59	**4,25**	170	142	121	106	**8,20**	328	273	234	205
13,0	**2,34**	94	78	67	59	**4,20**	168	140	120	105	**8,12**	325	271	232	203
14,0	**2,31**	92	77	66	58	**4,15**	166	138	119	104	**8,04**	322	268	230	201
15,0	**2,28**	91	76	65	57	**4,10**	164	137	117	103	**7,97**	319	266	228	199
16,0	**2,24**	90	75	64	56	**4,05**	162	135	116	101	**7,89**	316	263	225	197
17,0	**2,21**	89	74	63	55	**4,00**	160	133	114	100	**7,82**	313	261	223	195
18,0	**2,18**	87	73	62	55	**3,96**	158	132	113	99	**7,75**	310	258	221	194
19,0	**2,15**	86	72	61	54	**3,91**	157	130	112	98	**7,67**	307	256	219	192
20,0	**2,12**	85	71	61	53	**3,87**	155	129	111	97	**7,60**	304	253	217	190

Abflussvermögen von **halbrunden Rinnen** (Gefälle $l = 0$) und daran anschließbare Niederschlagsflächen bei unterschiedlichen Regenspenden *r* in l/(s · ha) und C = 1,0

Bemessung von vorgehängten und innen liegenden Rinnen (kastenförmig)

L	Nennmaß 250					Nennmaß 333				
	$\dot{V}$	anschließbare Dachfläche bei einer Regenspende *r* in l/(s · ha)				$\dot{V}$	anschließbare Dachfläche bei einer Regenspende *r* in l/(s · ha)			
		250	300	350	400		250	300	350	400
m	l/s	m²	m²	m²	m²	l/s	m²	m²	m²	m²
5,0	1,02	41	34	29	26	**2,38**	95	79	68	59
6,0	1,00	40	33	29	25	**2,33**	93	78	67	58
7,0	0,98	39	33	28	24	**2,30**	92	77	66	57
8,0	0,96	38	32	27	24	**2,26**	90	75	64	56
9,0	0,93	37	31	27	23	**2,22**	89	74	63	55
10,0	0,91	37	30	26	23	**2,18**	87	73	62	55
11,0	0,89	36	30	26	22	**2,14**	86	71	61	54
12,0	0,87	35	29	25	22	**2,11**	84	70	60	53
13,0	0,85	34	23	24	21	**2,07**	83	69	59	52
14,0	0,84	33	23	24	21	**2,04**	82	68	58	51
15,0	0,82	33	27	23	20	**2,01**	80	67	57	50
16,0	0,80	32	27	23	20	**1,97**	79	66	56	49
17,0	0,79	31	26	22	20	**1,94**	78	65	56	49
18,0	0,77	31	26	22	19	**1,91**	77	64	55	48
19,0	0,76	30	25	22	19	**1,88**	75	63	54	47
20,0	0,74	30	25	21	19	**1,85**	74	62	53	46

Abflussvermögen von **kastenförmigen Rinnen** (Gefälle $l = 0$) und daran anschließbare Niederschlagsflächen bei unterschiedlichen Regenspenden *r* in l/(s · ha) und $C = 1,0$

L	$\dot{V}$	Nennmaß 400: anschließbare Dachfläche bei einer Regenspende r in l/(s · ha)				$\dot{V}$	Nennmaß 500: anschließbare Dachfläche bei einer Regenspende r in l/(s · ha)			
		250	300	350	400		250	300	350	400
m	l/s	m²	m²	m²	m²	l/s	m²	m²	m²	m²
5,0	**3,96**	158	132	113	99	**7,23**	289	241	206	181
6,0	**3,90**	156	130	112	98	**7,15**	286	238	204	179
7,0	**3,85**	154	128	110	96	**7,06**	282	235	202	177
8,0	**3,79**	152	126	108	95	**6,98**	279	233	199	174
9,0	**3,74**	150	125	107	93	**6,90**	276	230	197	172
10,0	**3,69**	147	123	105	92	**6,82**	273	227	195	170
11,0	**3,63**	145	121	104	91	**6,74**	269	225	192	168
12,0	**3,58**	143	119	102	90	**6,66**	266	222	190	166
13,0	**3,53**	141	118	101	88	**6,58**	263	219	188	165
14,0	**3,48**	139	116	100	87	**6,50**	260	217	186	163
15,0	**3,44**	137	115	98	86	**6,43**	257	214	184	161
16,0	**3,39**	136	113	97	85	**6,36**	254	212	182	159
17,0	**3,34**	134	111	96	84	**6,28**	251	209	180	157
18,0	**3,30**	132	110	94	82	**6,21**	249	207	178	155
19,0	**3,25**	130	108	93	81	**6,14**	246	205	176	154
20,0	**3,21**	128	107	92	80	**6,07**	243	202	174	152

Abflussvermögen von **kastenförmigen Rinnen** (Gefälle $I = 0$) und daran anschließbare Niederschlagsflächen bei unterschiedlichen Regenspenden r in l/(s · ha) und $C = 1{,}0$

Entwässerung von Flachdächern

Freispiegelentwässerung
- kleine Dachflächen (pro Ablauf < 150 m²)
- hoher Platzbedarf
- Kurze Sammelleitung
- Füllungsgrad max. 0,7 (h/d)

Unterdruckentwässerung
- große Dachflächen (pro Ablauf > 150 m²)
- bei langen Sammelleitungen
- ausreichender Höhenunterschied (4,2 m zwischen Dach und Grundleitung) hohe Selbstreinigungskraft

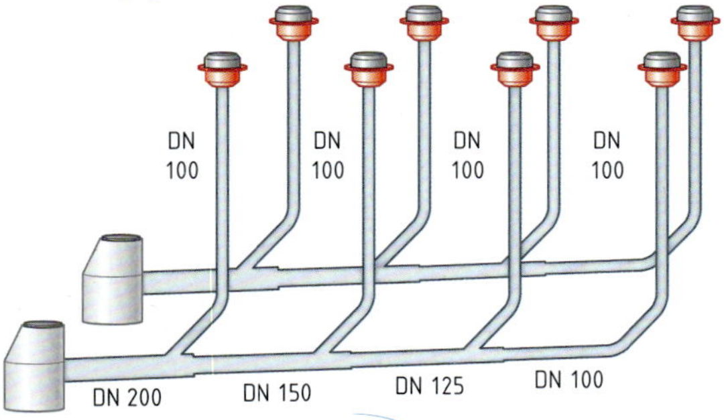

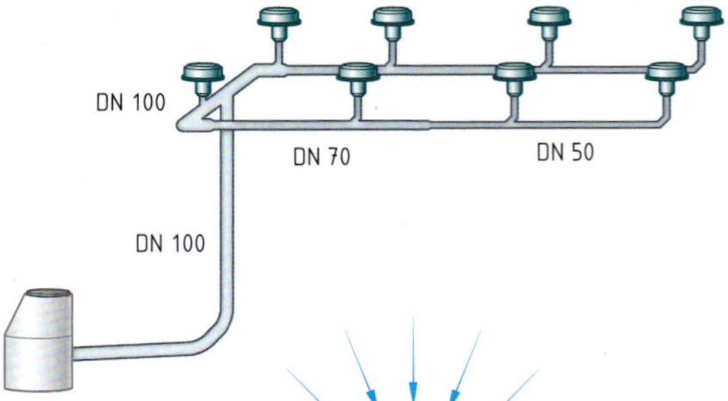

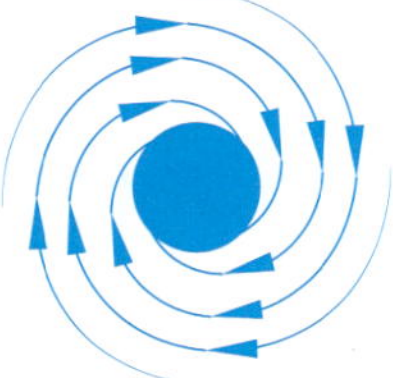

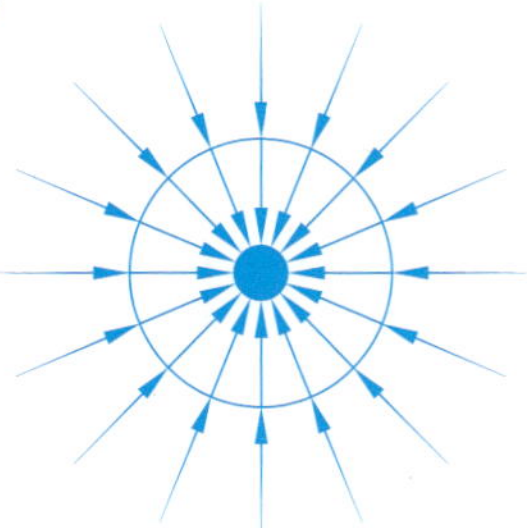

Regenwasserabfluss über Notentwässerung (zusätzliche Regenentwässerung über Notab- oder Notüberläufe **mit freiem Auslauf auf das Grundstück)**

Hauptablaufsystem

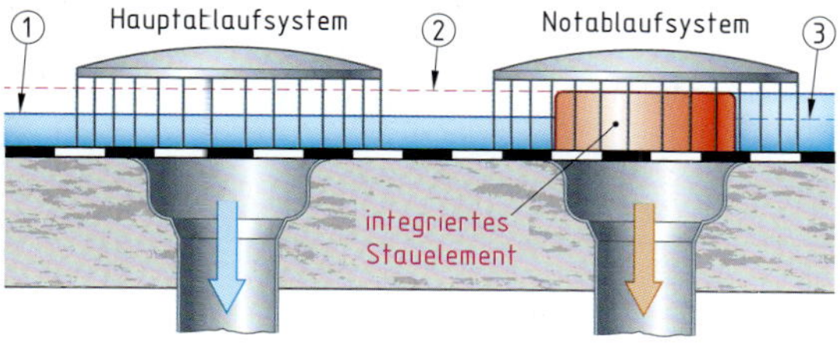

1 Max. zul. Wasserhöhe
2 Max. zul. Wasserhöhe auf dem Dach
3 Anstauhöhe durch Stauelemente

Wasserspeier

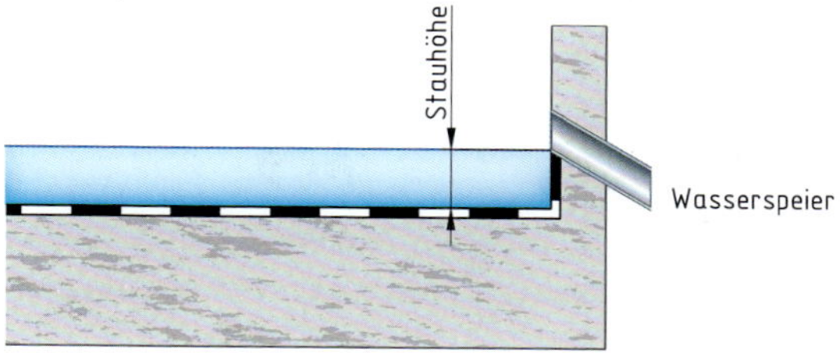

Regenspenden in Deutschland

DIN 1986-100 : 2016-09

Ort	Dachflächen bzw. Flächen		Grundstücksflächen					
	Regendauer $D = 5$ min		Regendauer $D = 5$ min		Regendauer $D = 10$ min		Regendauer $D = 15$ min	
	Bemessung	Notentwässerung	Bemessung	Überflutungsprüfung	Bemessung	Überflutungsprüfung	Bemessung	Überflutungsprüfung
	$r_{(5,5)}$	$r_{(5,100)}$	$r_{(5,2)}$	$r_{(5,30)}$	$r_{(10,2)}$	$r_{(10,30)}$	$r_{(15,2)}$	$r_{(15,30)}$
	l/(s · ha)	l/(s · ha)	l/(s · ha)	l/(s · ha)	l/(s · ha)	l/(s · ha)	l/(s · ha)	l/(s · ha)
Aachen	252	462	187	377	148	273	125	223
Aschaffenburg	307	567	227	462	172	324	141	259
Augsburg	339	648	245	524	183	353	149	277
Bamberg	317	566	240	466	183	340	149	277
Berlin	371	668	281	549	210	391	170	314
Bielefeld	285	533	209	433	163	315	137	257
Bocholt	217	350	176	296	141	228	118	190
Braunschweig	307	568	227	463	175	337	145	275
Bremen	205	304	175	265	144	220	123	192
Bremerhaven	274	498	206	408	154	282	125	223
Chemnitz	346	597	270	496	205	365	167	298
Cottbus	286	536	210	435	161	302	133	241
Dortmund	303	526	234	436	176	306	143	244
Dresden	323	602	238	490	181	345	149	277
Duisburg	268	457	210	381	160	265	131	210
Düsseldorf	316	607	226	490	174	343	145	275
Eisenach	293	529	221	434	171	317	141	259
Erfurt	255	459	192	377	150	274	125	223
Frankfurt/Main	329	601	246	492	184	346	149	277
Göttingen	316	570	239	468	188	354	157	295
Halle/Saale	313	567	235	465	175	325	141	259
Hamburg	266	463	206	384	161	290	133	241
Hannover	328	652	229	522	162	321	128	240
Heidelberg	355	634	270	522	201	370	162	296
Hildesheim	293	529	221	434	171	317	141	259
Ingolstadt	269	460	211	383	166	291	138	242
Kaiserslautern	345	636	256	519	193	368	157	295
Karlsruhe	337	603	256	496	187	348	149	277
Kassel	302	568	221	461	173	336	145	275
Kiel	239	426	182	350	140	246	115	197
Köln	312	610	221	490	169	342	140	274
Leipzig	365	682	268	554	193	375	153	293

Regenspenden in Deutschland (Fortsetzung)

Ort	Dachflächen bzw. Flächen		Grundstücksflächen					
	Regendauer $D = 5$ min		Regendauer $D = 5$ min		Regendauer $D = 10$ min		Regendauer $D = 15$ min	
	Bemessung	Notentwässerung	Bemessung	Überflutungsprüfung	Bemessung	Überflutungsprüfung	Bemessung	Überflutungsprüfung
	$r_{(5,5)}$	$r_{(5,100)}$	$r_{(5,2)}$	$r_{(5,30)}$	$r_{(10,2)}$	$r_{(10,30)}$	$r_{(15,2)}$	$r_{(15,30)}$
	l/(s · ha)	l/(s · ha)	l/(s · ha)	l/(s · ha)	l/(s · ha)	l/(s · ha)	l/(s · ha)	l/(s · ha)
Lübeck	293	552	214	448	156	291	125	223
Magdeburg	308	583	224	472	165	312	133	241
Mainz	285	533	209	433	163	315	137	257
Mannheim	309	533	241	443	187	335	154	278
München	353	633	267	520	206	383	170	314
Nürnberg	317	566	240	466	183	340	149	277
Osnabrück	337	641	244	519	188	379	156	310
Regensburg	303	570	222	463	167	323	137	257
Rostock	230	388	182	325	145	248	122	207
Saarbrücken	260	462	199	381	158	289	133	241
Schwerin	286	496	222	411	175	313	146	260
Stuttgart	446	858	320	693	235	468	190	366
Ulm	316	563	240	464	180	326	146	260
Würzburg	314	569	236	467	178	339	145	275
Zwickau	361	671	267	546	202	389	165	312

Inspektions- und Wartungsarbeiten nach DIN 1986-3 : 2004-11

Nr.	Anlagenteil	Maßnahme	Durchführung	Zeitspanne
1	Abwasserleitungen, Lüftungsleitungen und Verbindungsstellen	Inspektion	Visuelles Prüfen aller sichtbaren Leitungen auf Zustand, Dichtheit, Befestigung und Außenkorrosion.	1 Jahr
2	Absperreinrichtungen, Schieber	Inspektion	Prüfen auf Zustand und äußerliche Korrosion.	1 Monat
		Wartung	Prüfen auf Funktion und Dichtheit.	6 Monate
3	Reinigungsverschlüsse, Reinigungsöffnungen	Inspektion	Visuelles Prüfen auf Dichtheit, Befestigung und Zugänglichkeit. Wird der Verschluss geöffnet, ist beim Wiederverschließen auf richtige Lage und Sauberkeit der Dichtflächen und genügenden Anzug von Verschluss- oder Deckelbefestigung zu achten, damit die Wasser- und Geruchsdichtheit beim Verschließen wieder hergestellt wird.	1 Jahr
4	Schächte	Inspektion, gegebenenfalls Wartung	Visuelles Prüfen auf Zustand, Dichtheit, Sauberkeit, Zugänglichkeit und Beschädigungen sowie Kontrolle der Steigeisen.	1 Jahr
5	Inspektionsöffnungen	Inspektion	Prüfen auf Zustand, Sauberkeit und Zugänglichkeit.	1 Jahr
6	Abläufe	Inspektion, gegebenenfalls Wartung	Prüfen auf ungehinderten Ein- und Ablauf auch etwaiger Seiteneinläufe und Dichtheit. Reinigung von Schmutzfängen und Öffnungen in den Einlaufrosten, besonders bei Hof- und Kellerabläufen.	6 Monate oder nach Bedarf in geringeren Zeitspannen
7	Dachabläufe und Notüberläufe	Inspektion, gegebenenfalls Wartung	Prüfen auf ungehinderten Ein- und Ablauf auch der Notüberläufe. Reinigung der Schmutzfänge und Einlaufroste, gegebenenfalls Funktionskontrolle der Beheizung. Bei Dachabläufen für das Druckentwässerungssystem ist auf korrekten Sitz der Funktionsteile zu achten. Fehlende oder defekte Teile sind zu ersetzen.	6 Monate, insbesondere im Herbst
8	Dachrinnen/Regenwasserfallleitungen	Inspektion	Prüfen auf ordnungsgemäßen Zustand, Sauberkeit, gegebenenfalls Beheizung und Schutzanstrich.	6 Monate, insbesondere im Herbst
		Wartung	Kontrolle der Dehnungs- und Längenausgleicher, Reinigung der Rinnen, Kehlen, Traufen und Laubfänge.	
9	Be- und Entlüftungsöffnungen (über Dach)	Inspektion, Wartung	Prüfen auf freien Querschnitt und Kontrolle der Einbindung in die Dachfläche, gegebenenfalls Reinigung.	1 Jahr

6.2.7 Kläranlagen *sewage treatment plants*

Kleinkläranlagen *small sewage treatment plants* **nach DIN 4261-1 : 2010-10**

Mechanische Behandlung des im Trennverfahren erfassten häuslichen Schmutzwassers

Zweikammergrube

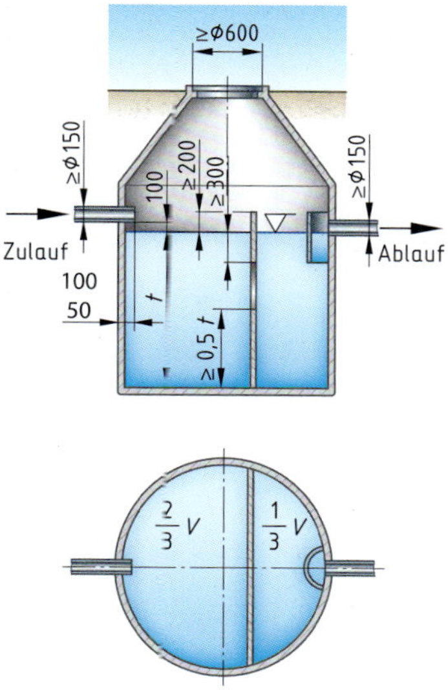

Dreikammergrube

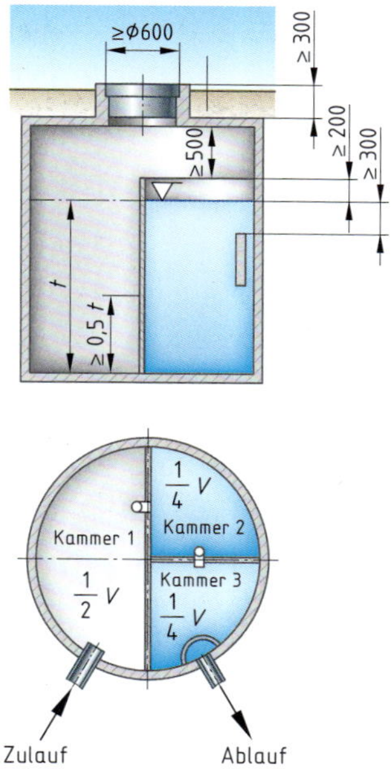

Wassertiefe *t* von Absetz- und Ausfaulgruben

Gesamtnutzvolumen der Grube in m³	Wassertiefe t_{max} m
2 bis 4	2
über 4 bis 10	2, 5
über 10 bis 50	3
über 50	4, 5

Sickergraben *blind drain* **nach DIN 4261-1 : 2010-10**

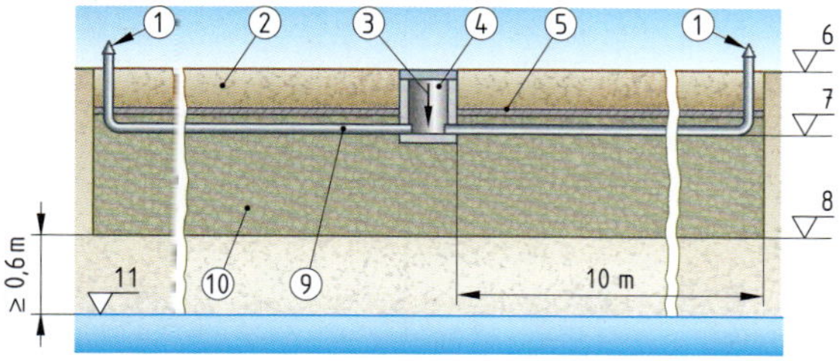

Legende
1 Belüftung
2 Auffüllung
3 Zulauf
4 Verteilerschacht mit Sohle
5 Trennschicht
6 Geländeoberfläche
7 Rohrsohle
8 Grabensohle
9 Vollsickerrohr
10 Kies
11 höchster Grundwasserstand (HGW)

[a] Kies 2/8 mm, doppelt gewaschen
[b] Vollsickerrohr ≥ DN 100 nach DIN 4262-1 (Typ R2)
[c] 0,1 m Grobsand oder Flies

Sickergrube *pit drainage* **nach DIN 4261-1 2010-10**

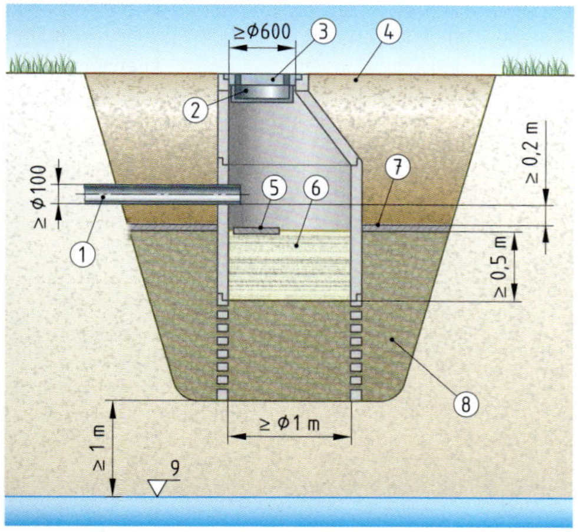

Legende
1 Zulauf
2 Schmutzfänger
3 Deckel mit Lüftungsöffnungen
4 Verfüllung
5 Prallplatte
6 Sand
7 Trennschicht
8 Kies
9 höchster Grundwasserstand (HGW)

[a] 0,1 m Grobsand oder Flies
[b] Kies 2/8 mm, doppelt gewaschen

6.3 Sanitäre Planung *sanitation planning*

6.3.1 Stell- und Bewegungsflächen nach VDI 6000 Blatt 1 : 2018-09

	1	2	3	4	5	6	7	8	9	10	11	12	13	14	15
1	**Alle Maße in cm**														
2	**Sanitäre Ausstattungs-gegenstände**	**Einzelwaschbecken**	**Doppelwaschbecken**	**Einbauwaschtisch mit einem Becken**	**Einbauwaschtisch mit zwei Becken**	**Handwaschbecken**	**Sitzwaschbecken**	**Klosettbecken, Spülung vor der Wand**	**Klosettbecken, Spülung für Wandeinbau**	**Urinalbecken**	**Duschwanne**	**Badewanne**	**Waschmaschine, Trockner**	**Ausgussbecken**	**Spühle (Einfach-/Doppel-)**
3	Kurz-bezeichnung	WB	DWB	EWT	EDWT	HWB	SWB	WCa	WCu	UB	DU	BW	WMTR	AB	SP
4	**Maße von sanitären Ausstattungsgegenständen**														
5	Breite (b)	60	120	70	140	45	40	40	40	40	80	170	60	50	90 120
6	Tiefe (t)	55	55	60	60	35	60	75	60	40	80	75	60	40	60
7	**Min. Bewegungsflächen**														
8	Breite (b)	90	150	90	150	70	80	80	80	60	80 70[a]	90	90	80	90 120
9	Tiefe (t)	55	55	55	55	45	60	60	60	60	75	75	90	55	120
10	**Bei gegenüberliegender Anordnung von sanitären Ausstattungsgegenständen ist ein Abstand von 75 cm vorzusehen.**														
11	Montagehöhe[b] über Fertig-fußboden	85 90	85 90	85 90	85 90	85 90	42[c]	42[c]	42[c]	65				65	85 92
12	**Min. seitliche Abstände a zu anderen sanitären Ausstattungsgegenständen, Wänden und Stellflächen**														
13	WB						25	20	20	20	20	20	20		
14	DWB						25	20	20	20	20	20	20		
15	EWT						25	20	20	20	15	15	20		
16	HWB						25	20	20	20	20	20	20		
17	SWB	25	25	25	25	25		25	25	25	25	25	25		
18	WCa/WCu	20	20	20	20	20	25			20	20	20	20		
19	UR	20	20	20	20	20	25	20	20		20	20	20		
20	DU	20	20	15	15	20	25	20	20	20			3		
21	BW	20	20	15	15	20	25	20	20	20			3		
22	WM/TR	20	20	15	15	20	25	20	20	20	3	3			
23	Wand	20	20			20	25	20 25[d]	20 25[d]	20 25[d]			20		
24	Türbereich	Abstand zu Türöffnungen/Türlaibungen mind. 10 cm													

[a] bei Eckeinstieg
[b] kindgerechte Montagehöhen sind gesondert zu betrachten
[c] Oberkante Keramik bei wandhängender Ausführung
[d] bei Wänden auf beiden Seiten

Anordnungsbeispiel mit Mindestabständen nach VDI

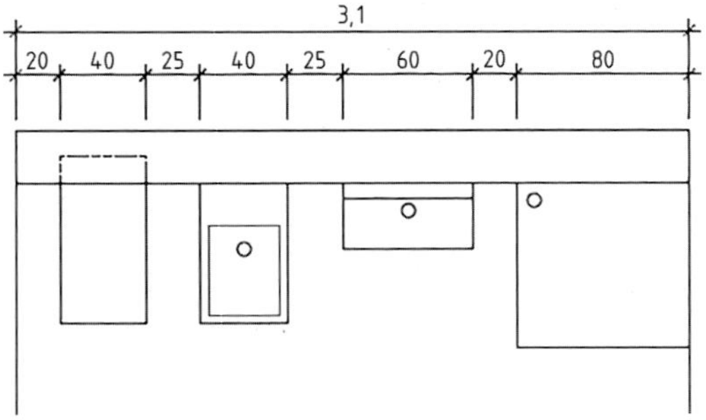

6.3.2 Barrierefreie Badplanung *barrier-free bathroom planning*

6.3.2.1 Bewegungsflächen nach DIN 18040-1 : 2010-01, DIN 18040-2 : 2011-09

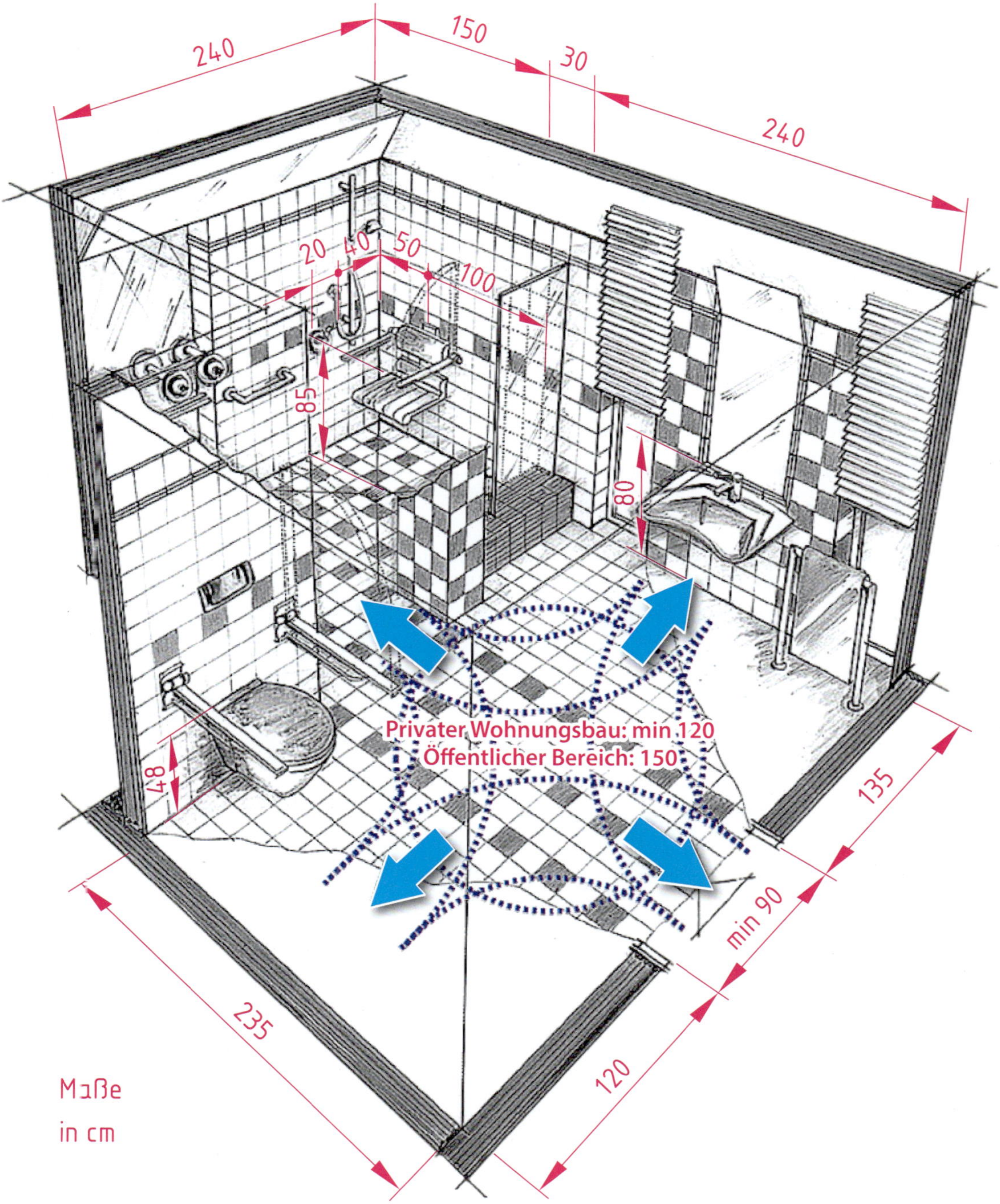

Maße und Bewegungsflächen am WC nach DIN 18040

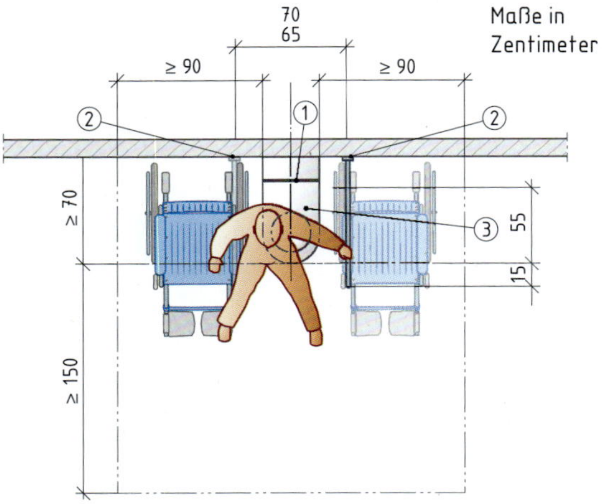

1 Rückenstütze
2 Stützklappgriffe
3 WC-Becken

Bewegungsräume und Beinfreiheit am Waschtisch nach DIN 18040 für öffentliche Räume- und Wohnungen

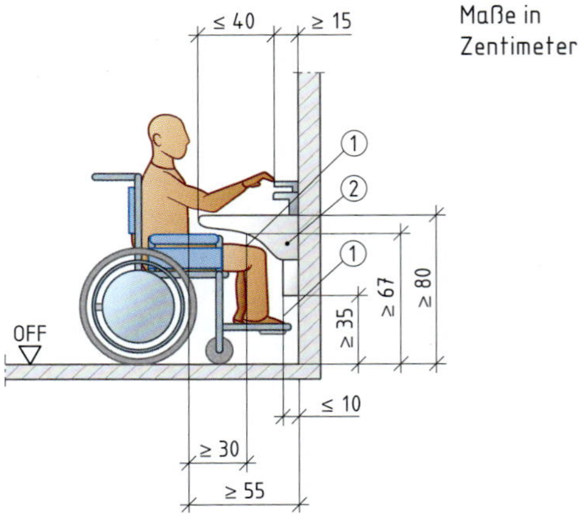

Legende
1 Beinfreiraum im Bereich der Knie
2 Bau-, Ausrüstungs- oder Ausstattungselement
3 Beinfreiraum im Bereich der Füße

Hinweise:
EN 18040-1: Das WC-Becken muss beidseitig anfahrbar sein, erforderlich hierfür ist eine Bewegungsfläche mit einer Tiefe von min. 70 cm sowie einer Breite von min. 90 cm. Ein WC-Becken kann auch einseitig anfahrbar sein, wenn die freie Wählbarkeit der gewünschten Anfahrseite auf technischer oder räumlicher Weise möglich ist.
EN 18040-2: WC-Becken kann einseitig anfahrbar sein.

Anordnung von Stützklappgriffen und Rückenstützen nach DIN 18040-2 : 2011-09: Privater Wohnungsbau

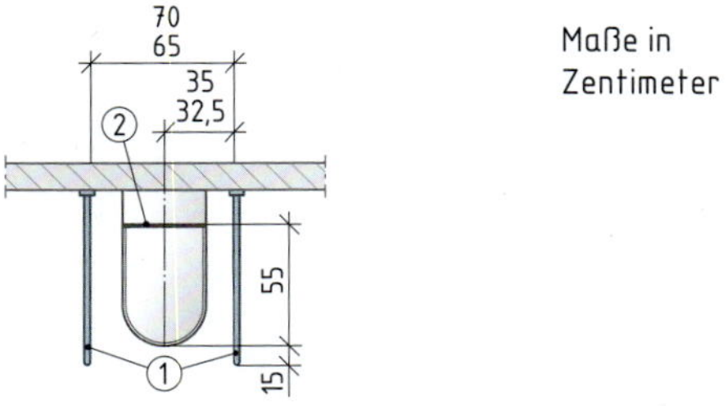

1 Stützklappgriff
2 Rückenstütze

Bewegungsflächen und mögliche Überlagerungen nach DIN 18040-2 : 2011-09: Privater Wohnungsbau

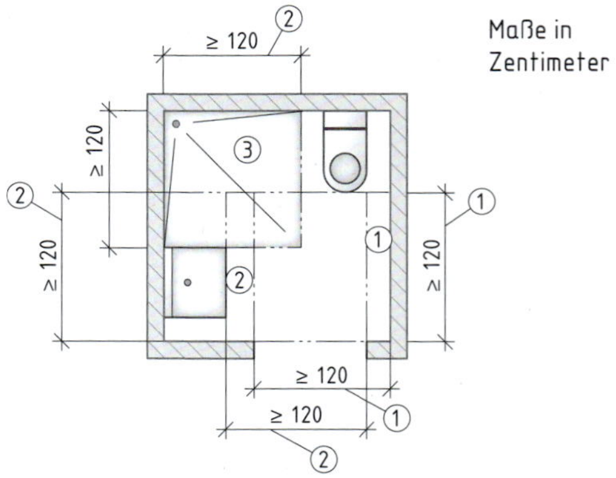

1 Bewegungsfläche vor dem WC-Becken
2 Bewegungsfläche vor dem Waschtisch
3 Bewegungsfläche im Duschplatz

Bewegungsflächen und mögliche Überlagerungen für Rollstuhlfahrer nach DIN 18040-2 : 2011-09: Privater Wohnungsbau

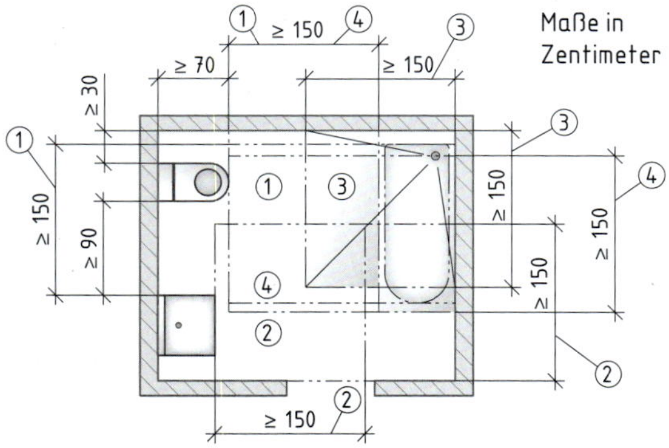

1 Bewegungsfläche vor dem WC-Becken
2 Bewegungsfläche vor dem Waschtisch
3 Bewegungsfläche im Duschplatz
4 Bewegungsfläche vor der Badewanne, falls diese vorhanden

6.3.3 Sanitäre Objekte *sanitary objects*

6.3.3.1 Klosettanlage *lavatory*

Anschlussmaße Klosettbecken wandhängend nach DIN EN 33 : 2019-07 mit aufgesetztem Spülkasten
Wall-mounted toilet bowl connection dimensions with cistern

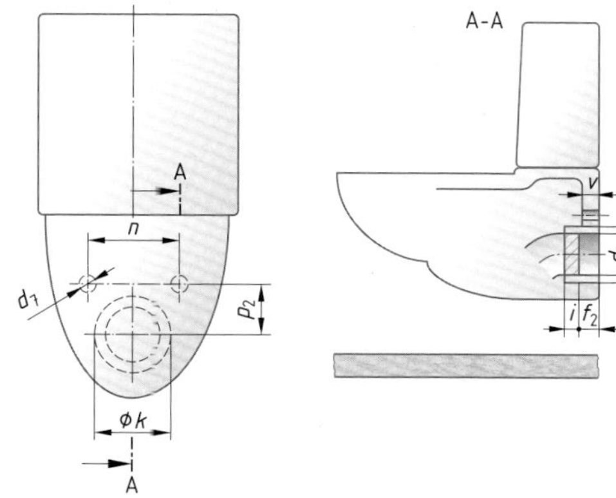

d_5: 102 mm
d_7: 25 mm
f_2: ≥ 15 mm
k: ≥ 150 mm
i: ≥ 40 mm
n: 180 mm (Typ A); 230 mm (Typ B)
P_2: 100 mm
v: ≤ 75 mm

Anschluss- und Befestigungsmaße wandhängend nach DIN EN 33 : 2019-07 mit freiem Zulauf
Connection and wall-mounted mounting dimensions with independent water supply

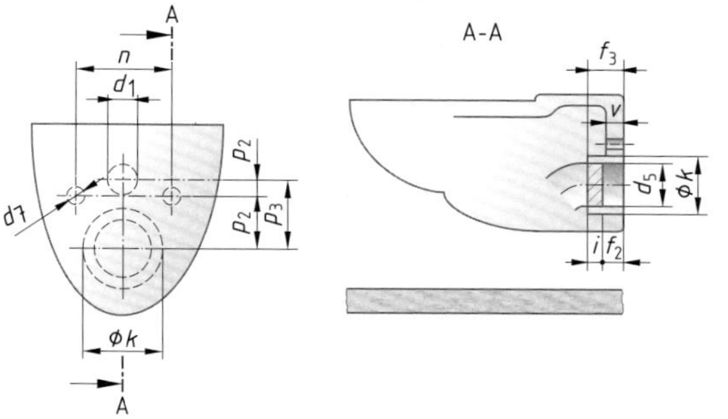

d_1: 55 mm
d_5: 102 mm
d_7: 25 mm
f_2: ≥ 15 mm
f_3: ≥ 15 mm
k: ≥ 150 mm
i: ≥ 40 mm
n: 180 mm (Typ A); 230 mm (Typ B)
P_1: 35 mm
P_2: 100 mm
P_3: 135 mm
v: ≤ 75 mm

Produktbeispiel

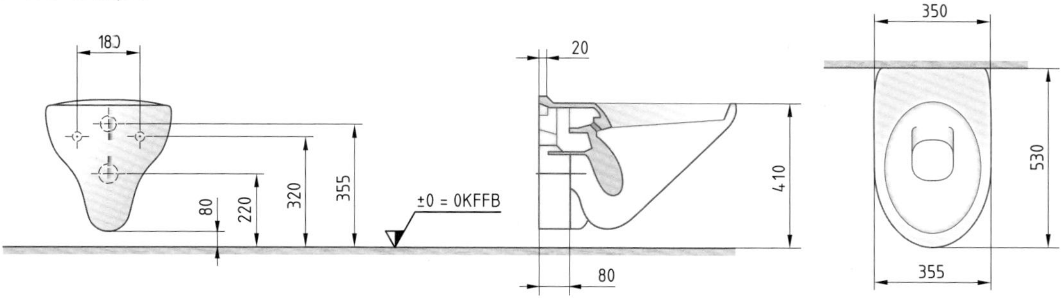

Stand-WCs mit aufgesetztem Spülkasten nach DIN EN 33 : 2019-07: Anschlussmaße
Stand-WC with cistern: mounting dimensions

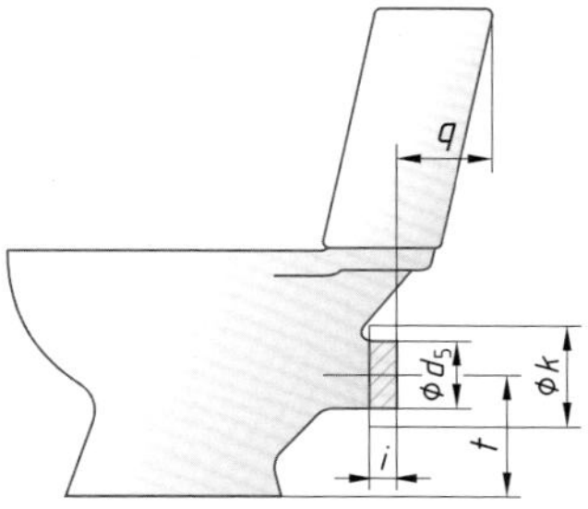

WC-Becken mit Abgang waagrecht
WC pan with horizontal outlet

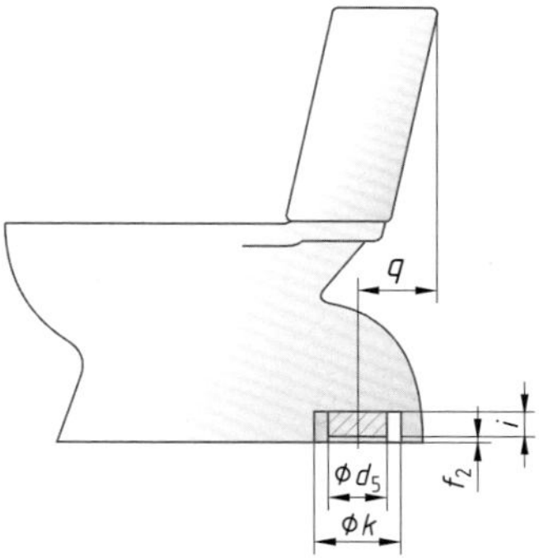

WC-Becken mit Abgang senkrecht verdeckt
WC pan with concealed vertical outlet

i: ≥ 40 mm *t*: 180 mm *q*: 140 mm $Ød_5$: 102 mm *Øk*: ≥ 150 mm

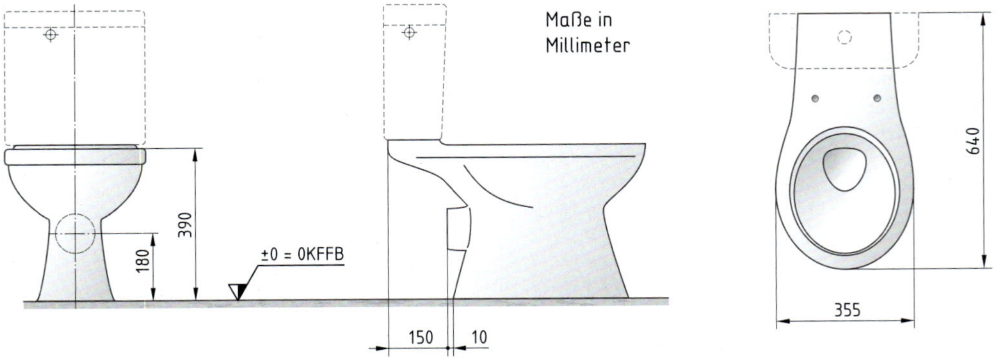

Tiefspül-Kombination, 6 l, bodenstehend DIN EN 33

Bodenstehende Klosettbecken mit freiem Zulauf nach DIN EN 33 : 2019-07: Anschluss- und Befestigungsmaße
Pedestal WC pans with independent water supply: connection and mounting dimensions

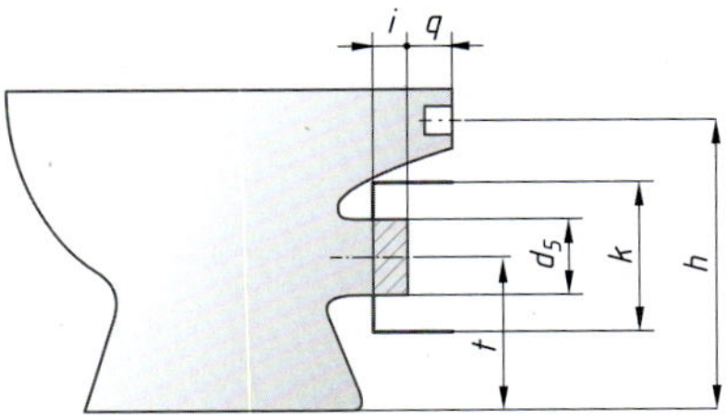

d_5: 102 mm
k: ≥ 150 mm
i: ≥ 40 mm
q: 40 mm
t: 180 mm
h: 345 mm

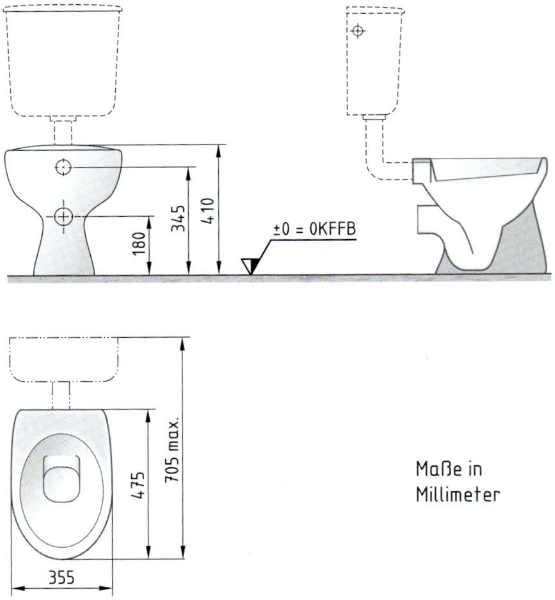

Tiefspül-WC, 4,5 l/6 l, bodenstehend, DIN EN 33

Beckenformen *toilet-bowl shapes*

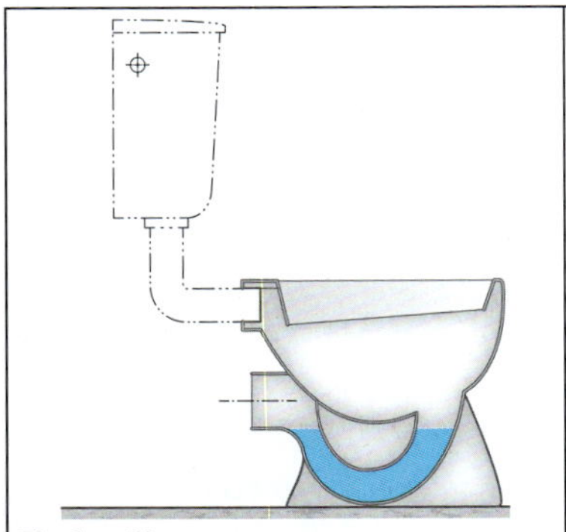

Flachspüler

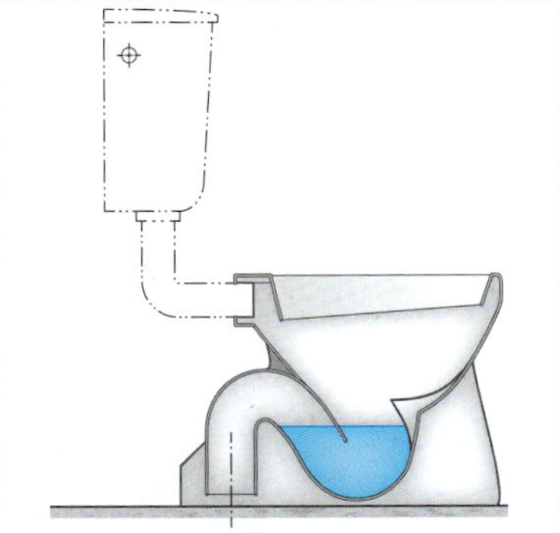

Kaskadenkloset (Zungenklosett)

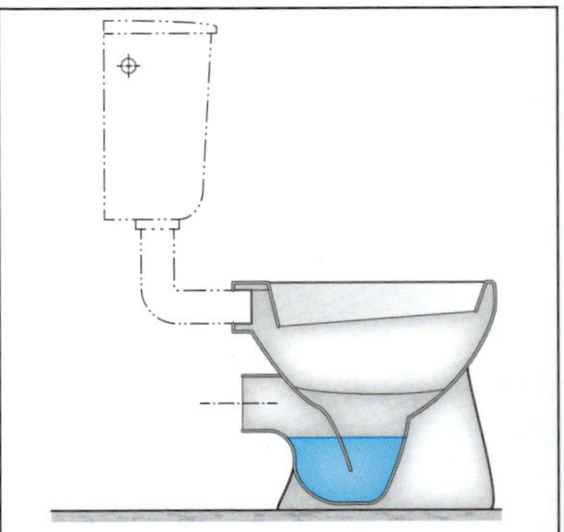

Tiefspüler

Spülkasten nach DIN EN 14055 : 2018-12: Einteilung *cistern*

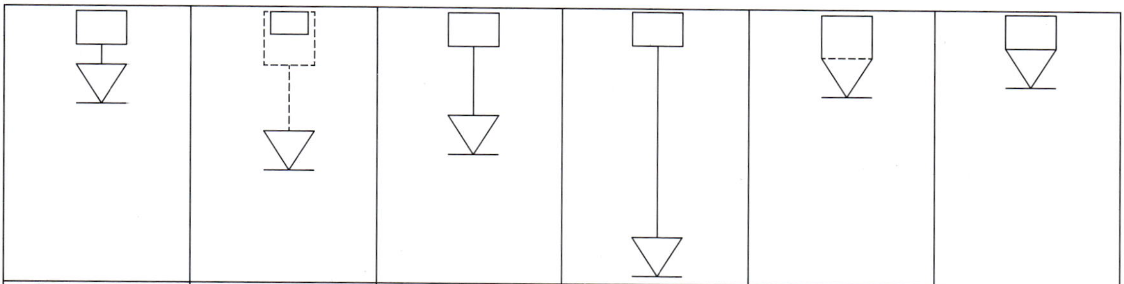

tiefhängender, frei kombinierbarer Aufputz-Spülkasten	frei kombinierbarer Wandeinbau-Spülkasten	halbhochhängender, frei kombinierbarer Aufputz-Spülkasten	Hochhängender, frei kombinierbarer Aufputz-Spülkasten	angeformter Spülkasten (Einstückanlage)	aufgesetzter Spülkasten (WC-Kombination)

Bezeichnung

Funktionszuverlässigkeit des Ablaufventils
Geräuschverhalten
Spülwasservolumen und optionaler Mindestdruck des Füllventils
Klasse
Nummer der Norm

EN 14055 – CL1 (oder 2 oder 3) – (X/Y) – NL I (oder II) – VR I (oder II)
WL – DA

Dichtheit
Dauerhaftigkeit

Spülwasservolumen *flush water*

DIN EN 14055 : 2018-12

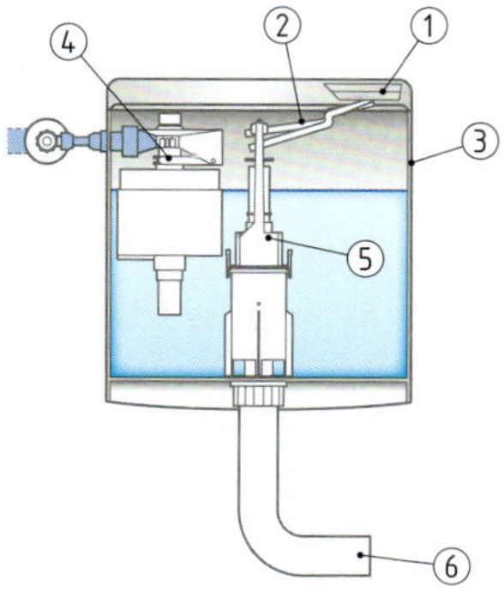

1 Deckel mit Taste
2 Betätigungshebel
3 Gehäuse
4 Füllventil
5 Heberglocke
6 Spülbogen

Spülwasser-Nennvolumen l	Spülwasservolumen l			
	Vollspülung		Spar-(Zweimengen-)Spülung	
	Minimum	Maximum	Minimum	Maximum
9,0	8,5	9,0	3,0	4,5[a]
7,0	7,0	7,5	3,0	4,0[a]
6,0	6,0	6,5	3,0	4,0[a]
5,0	4,5	5,5	3,0	4,0[a]
4,0	4,0	4,5	2,0	3,0[a]

[a] Gilt für die Zweimengen-Spülung.

Klassen nach DIN EN 14055 : 2018-12

CL 1	Klasse 1: Spülkästen für WC-Becken für festgelegte Spülwasservolumina
CL 2	Klasse 2: Spülkästen für WC-Becken, vorgesehen für WC-Anlagen mit einem Spülwasservolumen ≤ 6 l
CL 3	Klasse 3: Klasse-1-Spülkasten, vorgesehen für Urinale für ein Spülwasservolumen ≤ 5 l und einen Spülstrom von 0,4 l/s bis 0,6 l/s

Maße (Feurich/DIN EN 14055)

Anlagenart	Einbauhöhe	Abstand Spülkastenboden bis		Spülvolumen l	Spülstrom l/s	p_{Fl} bar	Füllzeit s
		OK Becken	OK FFB				
Flach-/ Kaskaden-/ Tiefspüler	aufgesetzt	0		4 . . . 9 l	2	≥ 0,5	30 . . . 60
	tiefhängend	500			2		
	hochhängend	≥ 1500			1,4		
Absaugklosett	aufgesetzt	0		6 . . . 15	2		
	tiefhängend	500			2		
Urinalanlage	hoch		500. . .1500	< 5	0,4 . . . 0,6	≤ 1	

Maße: Aufputzspülkasten, tiefhängende Montage (Produktbeispiel)

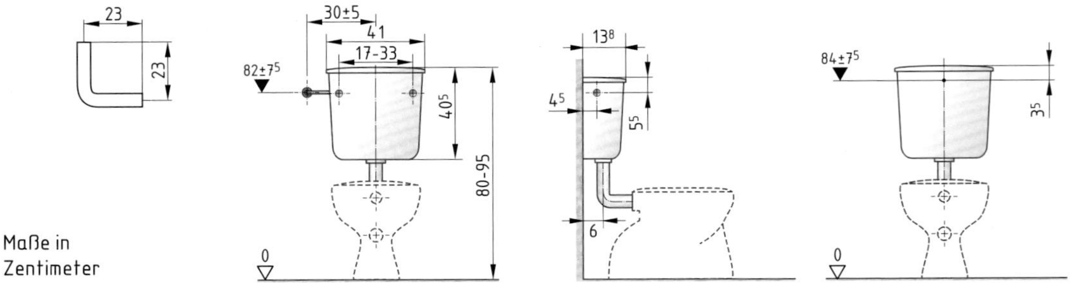

Maße: Aufputzspülkasten, halbhohe Montage (Produktbeispiel)

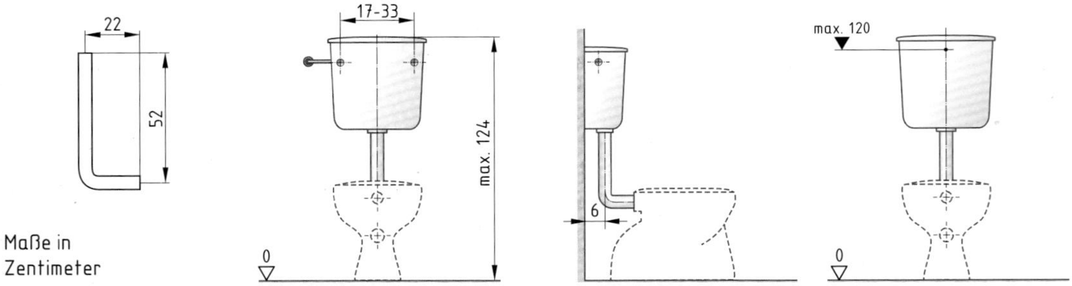

Maße: Aufputzspülkasten, hohe Montage (Produktbeispiel)

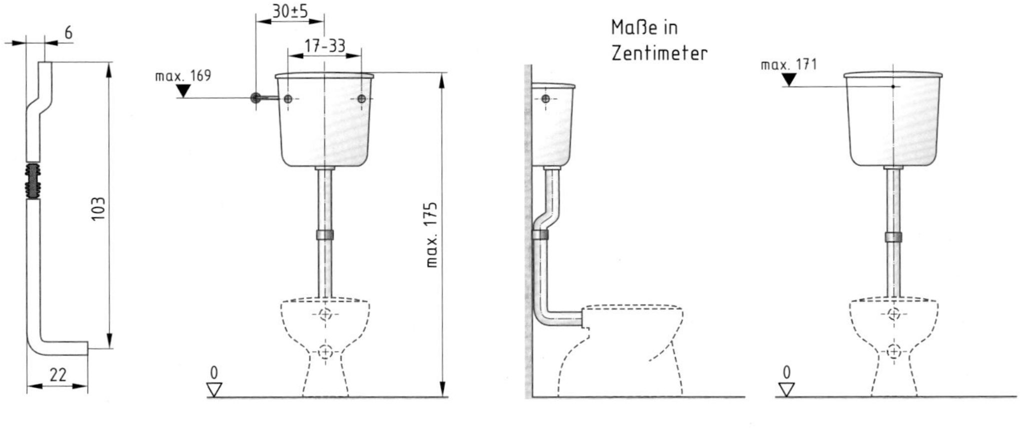

6.3.3.2 Bidet *bidet*

Nutzung des Sitzwaschbeckens (Bidet)

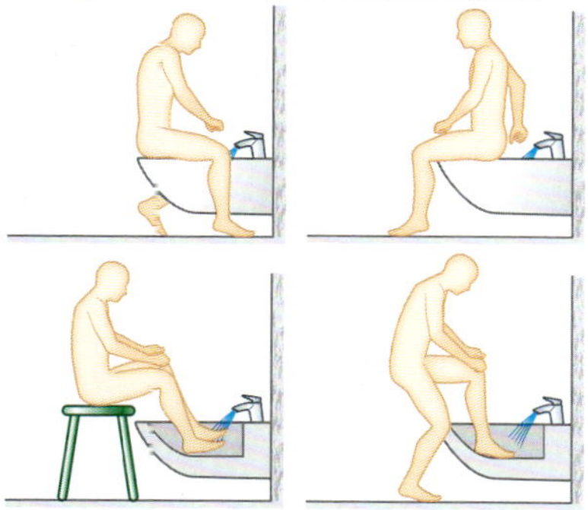

Montagehöhe (nach Feurich)

380 ... 400 mm	Bidets für Fußbodenbefestigung
400 ± 10 mm	Bidets für Wandbefestigung
430 ± 10 mm	Bidets für Wandbefestigung für Erwachsene
480 ... 550 mm	Bidets für Benutzung durch Behinderte mit Hüftleiden oder Rollstuhlbenutzer

Wandhängende Sitzwaschbecken nach DIN EN 35 : 2014-07

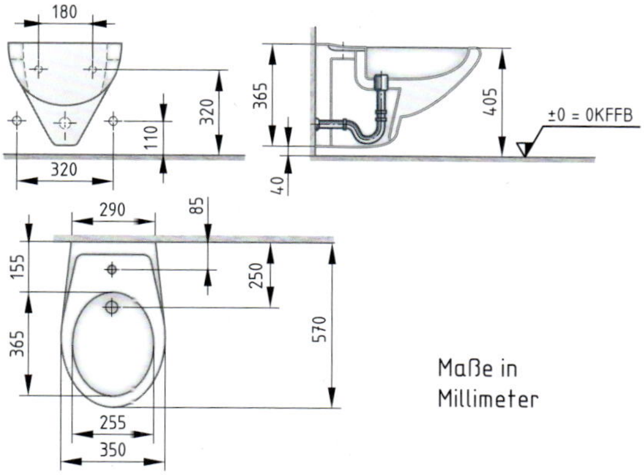

Bodenstehendes Sitzwaschbecken nach DIN EN 35 : 2014-07

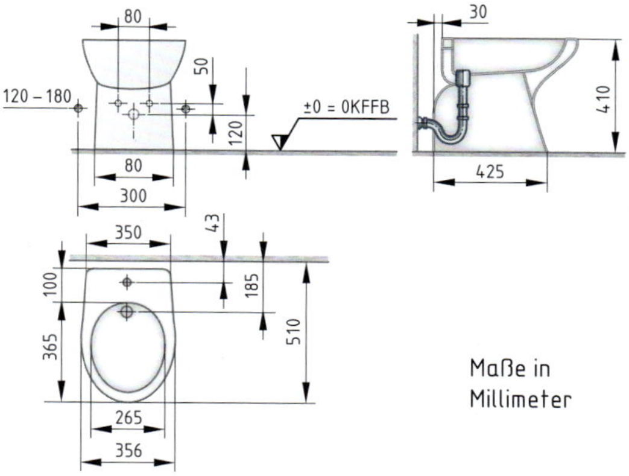

6.3.3.3 Urinal *urinary*

Typeneinteilung (DIN EN 13407 : 2018-12)

Typ	Bauart
I	Absaugeurinal mit Spülrand und mit angeformtem oder mit einem vom Hersteller vorgegebenen zugehörigen Geruchverschluss.
II	Verdrängungsurinal mit oder ohne Spülrand und mit angeformtem oder mit einem vom Hersteller vorgegebenen zugehörigen Geruchverschluss.
III	Verdrängungsurinal mit oder ohne Spülrand und ohne zugehörigen Geruchverschluss.
IV	Urinal des Typs I, II oder III mit einer vom Hersteller vorgegebenen zugehörigen Spüleinrichtung.

Montagemaße

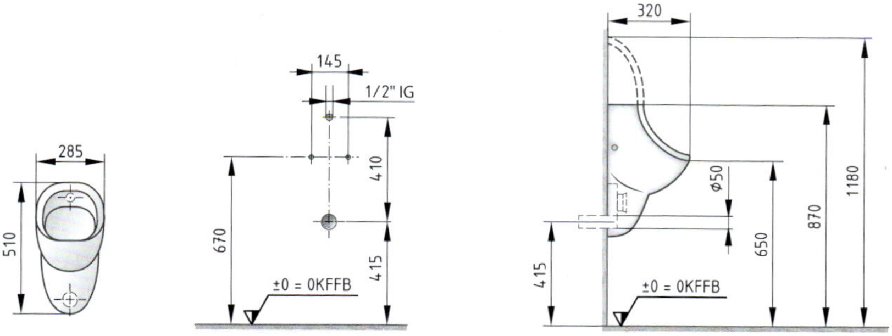

Maße in Millimeter

Montagemaße nach Herstellerangaben

Montagehöhe nach Feurich

650 mm	Erwachsene und Kinder ab 14 Jahre
570 ... 620 mm	Kinder von 11 bis 14 Jahre
520 ... 530 mm	Kinder von 8 bis 11 Jahre
470 ... 510 mm	Kinder von 6 bis 8 Jahre

Druckspüler für WC und Urinal nach DIN EN 12541 : 2003-03 *flush valve for toilet and urinal*

Einsatzbedingungen

Empfohlener Fließdruckbereich für einwandfreien Betrieb	Urinal WC DN 15 WC DN 20	0,1 MPa ≤ p ≤ 0,4 MPa (1 bar ≤ p ≤ 4 bar)
	WC DN 25	0,08 MPa ≤ p ≤ 0,25 MPa (0,8 bar ≤ p ≤ 2,5 bar)
	WC DN 32	0,08 MPa ≤ p ≤ 0,2 MPa (0,8 bar ≤ p ≤ 2 bar)
max. Ruhedruck		1 MPa (10 bar)
Wassertemperatur		≤ 25°C

WC-Druckspüler nach DIN EN 12541 Produktbeispiel

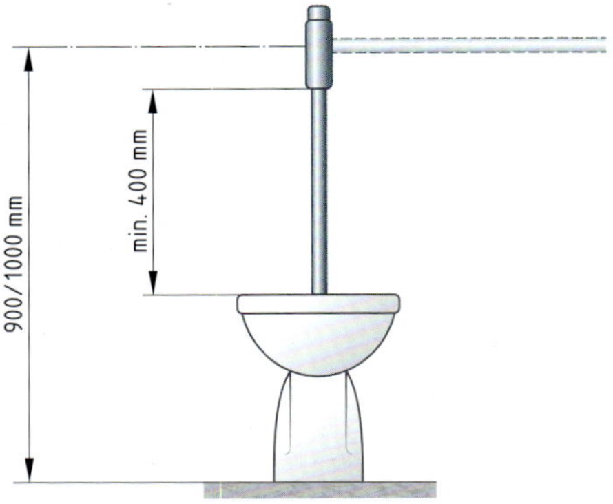

Maße in Millimeter

Produktmaße

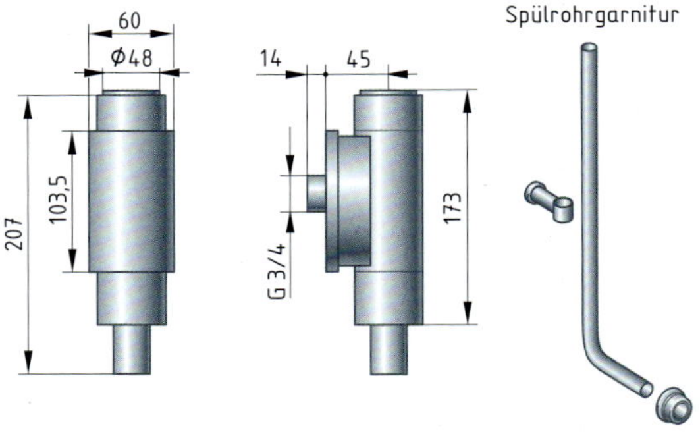

Opto-/radar-elektronische Spülauslösungen

a

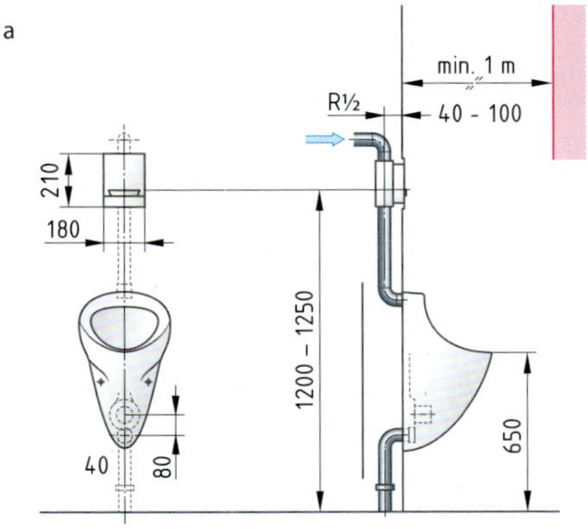

Maße in Millimeter

Wandurinal
a) mit batterie-betriebener opto-elektronischer Urinalspülarmatur

b

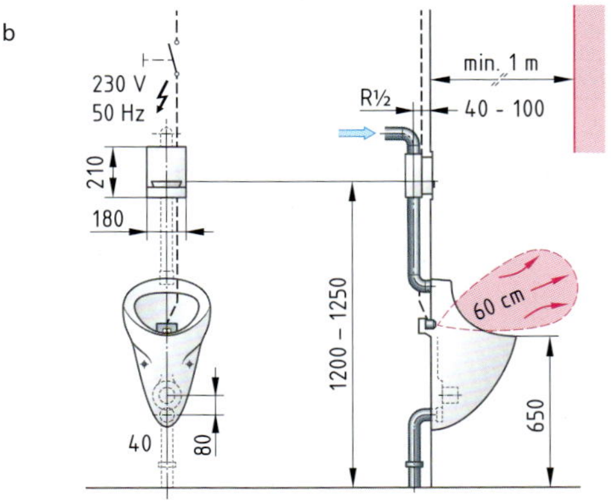

Wandurinal
b) mit radar-elektronischer Urinalspülarmatur für 230 V/50 Hz Netzspannung

6.3.3.4 Badewannen/Duschwannen *bath/shower trays*

Einbauvarianten

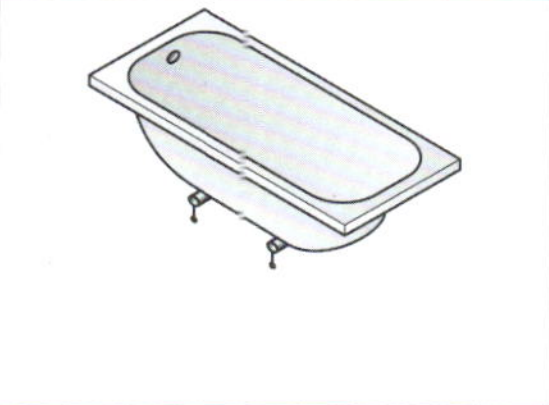	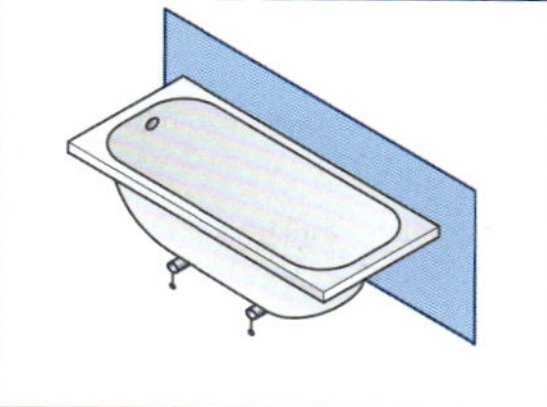	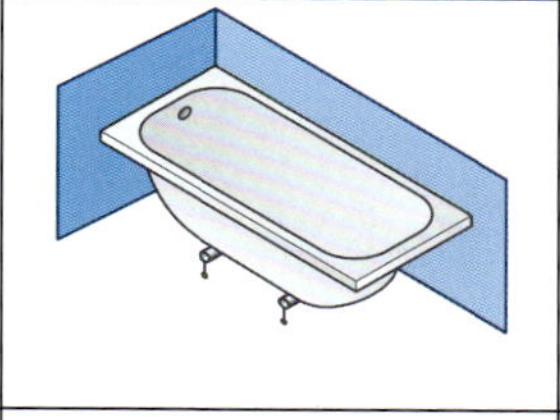	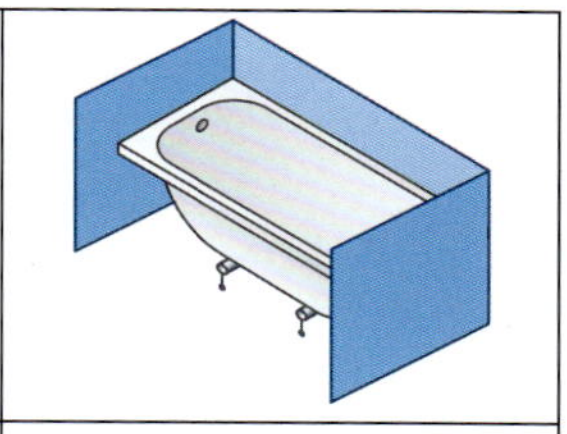
freistehend	an einer Wand befestigt	an zwei Wänden befestigt	an drei Wänden befestigt

Badewanne freistehend

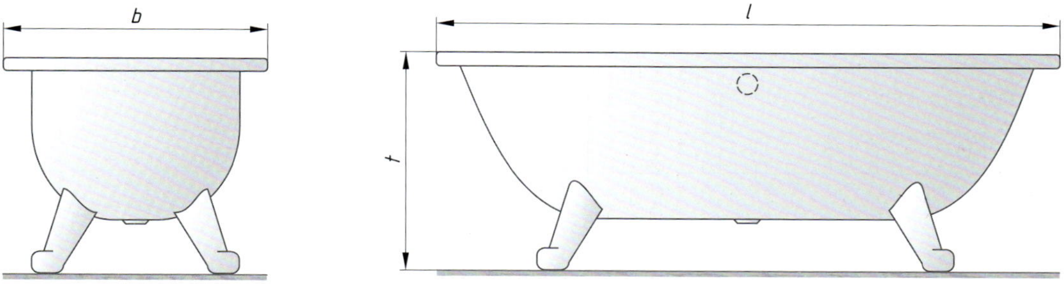

Länge in cm	Breite in cm	Tiefe in cm	Volumen in Liter
168	73	55	139
170	75	55	132
180	80	55	164
185	85	55	164

Rechteckwanne

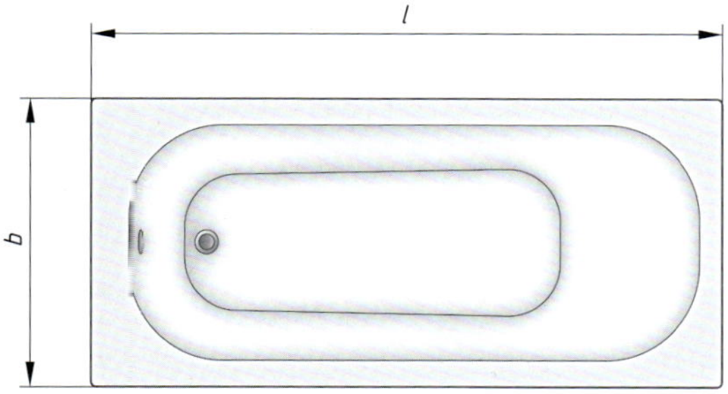

Länge in cm	Breite in cm	Tiefe in cm	Volumen in Liter
170	75	45	139
180	70	45	140
180	75	45	140
180	80	45	150

Ovalwanne

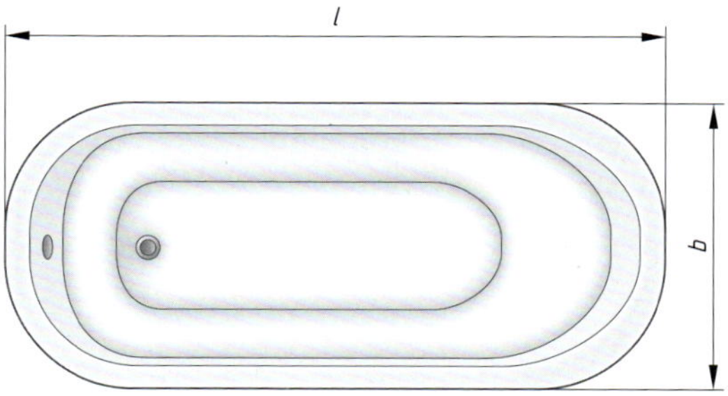

Länge in cm	Breite in cm	Tiefe in cm	Volumen in Liter
185	85	45	182
185	85	42	191
185	85	45	170
195	85	45	190

Eckwanne

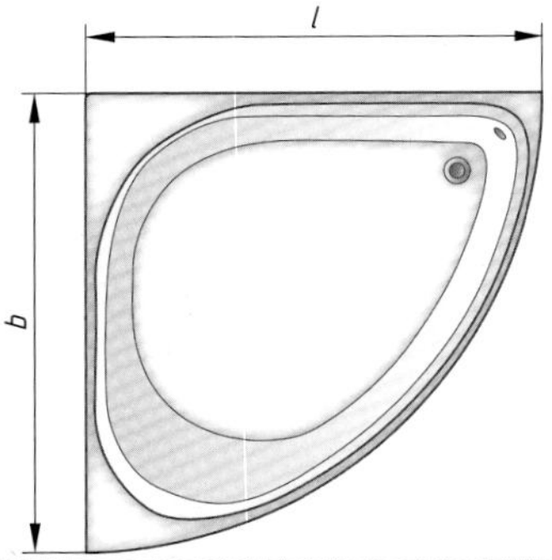

Länge in cm	Breite in cm	Tiefe in cm	Volumen in Liter
140	140	45	267
148	148	42	185
153	153	42	191
160	113	45	174

Sechs- bzw. Achteckwannen

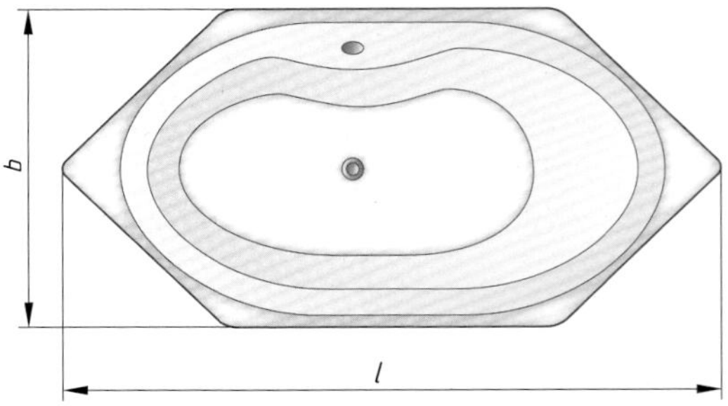

Länge in cm	Breite in cm	Tiefe in cm	Volumen in Liter
160	70	42	116
180	80	42	164
190	90	45	165
210	80	42	164

Rechteck–Dusche

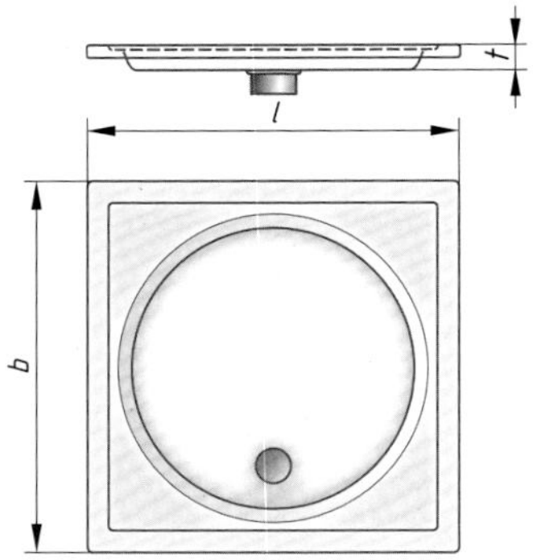

Länge in cm	Breite in cm	Tiefe in cm	Ø Ablaufloch in cm
70	70	3,5	90
90	90	75	90
100	100	15	52
150	150	3,5	90

Eck-Duschwanne

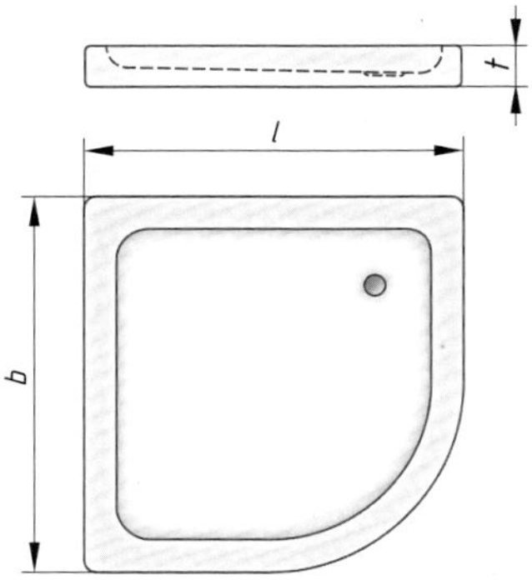

Länge in cm	Breite in cm	Tiefe in cm	Ø Ablaufloch in cm
75	90	6,5	90
90	90	75	90
100	100	15	52
150	150	3,5	90

6.3.3.5 Waschtisch *basin*

Waschbecken *sink*

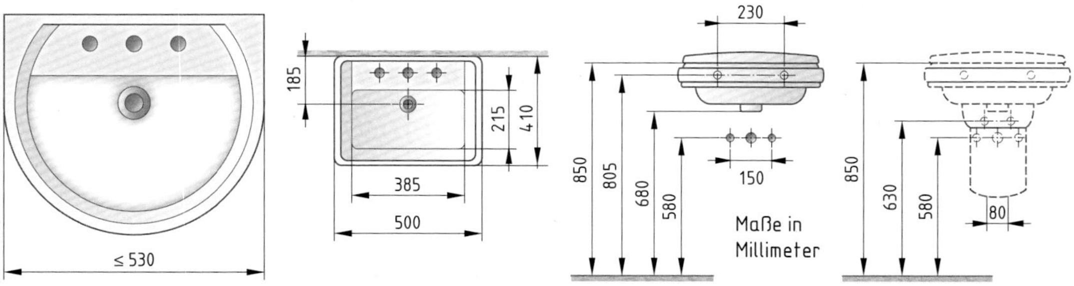

Waschtisch

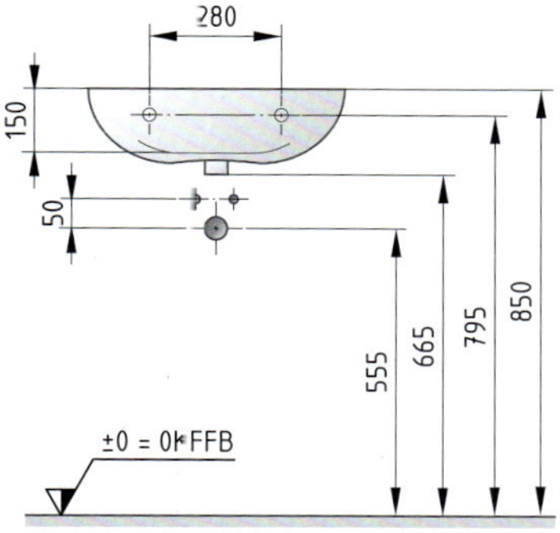

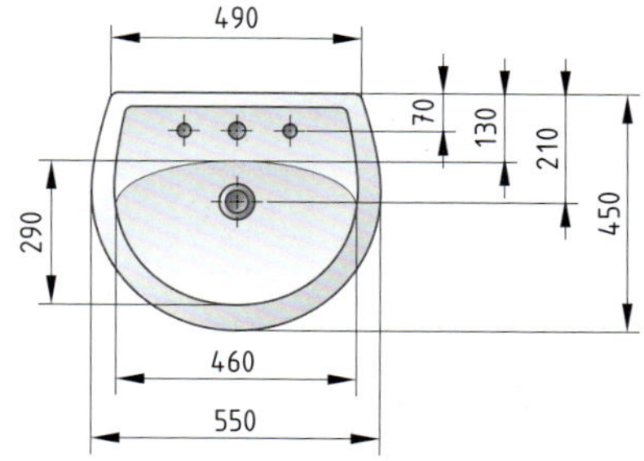

Maße in Millimeter

Montagehöhe von Waschtischen nach Feurich

850 mm	Erwachsene und Kinder ab 13 Jahre
800 ... 820 mm	Behinderte alte Menschen
825 mm	Rollstuhlbenutzer
650 ... 750 mm	Kinder von 6 bis 12 Jahre
550 ... 600 mm	Kinder von 3 bis 6 Jahre

Bodenstehende Waschtische: Anschlussmaße nach DIN EN 31 : 2014-07

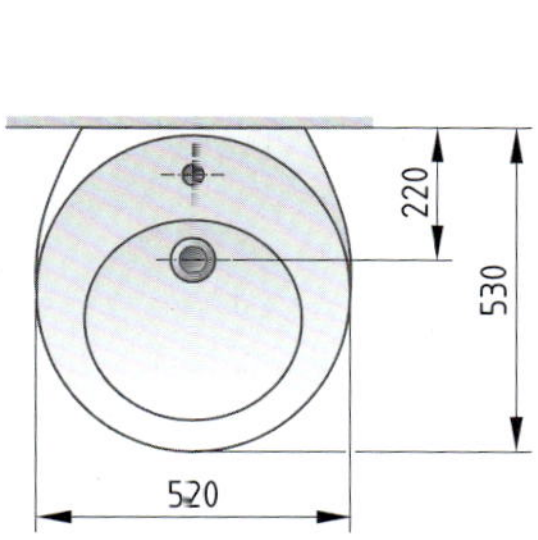

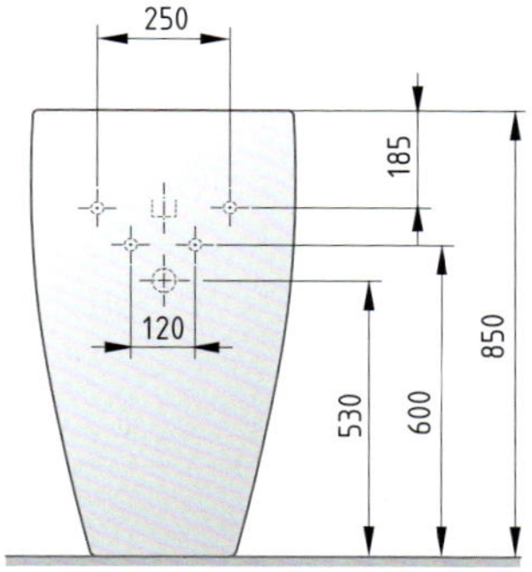

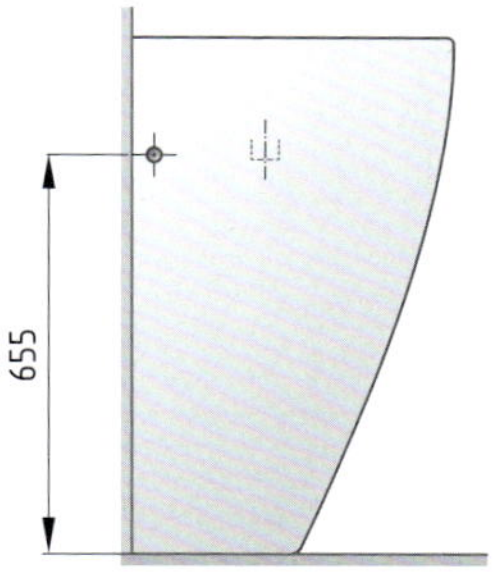

Maße in Millimeter

6.3.4 Fliesengerechte Installation *just install tile*

Anschlüsse im Fliesenraster

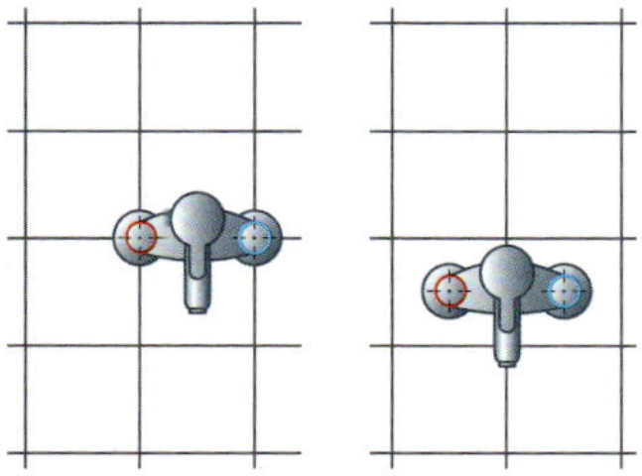

a) Im Fugenkreuz oder in Fliesenmitte sind der Idealfall

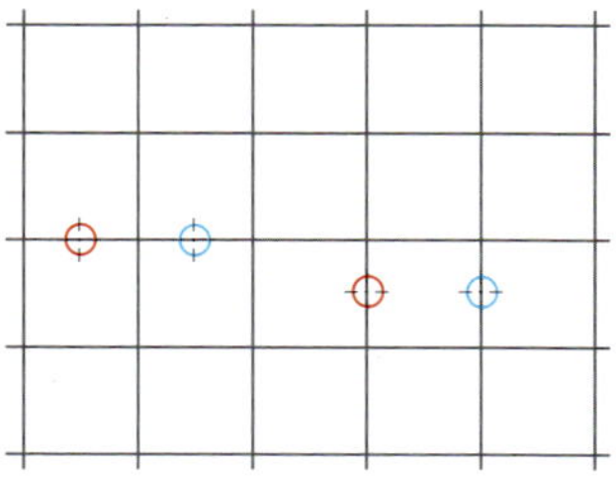

b) In Mitte waagerechter oder senkrechter Fuge

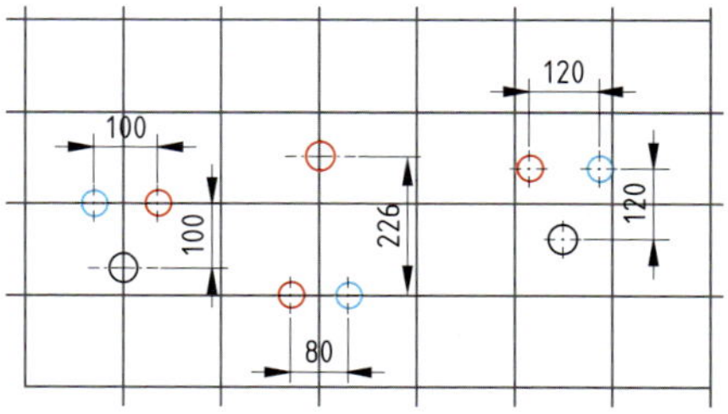

c) Symmetrisch zur Fuge oder Fliesenmitte bei vom Raster abweichenden Anschlussmaßen

Wandansicht im Fliesenraster

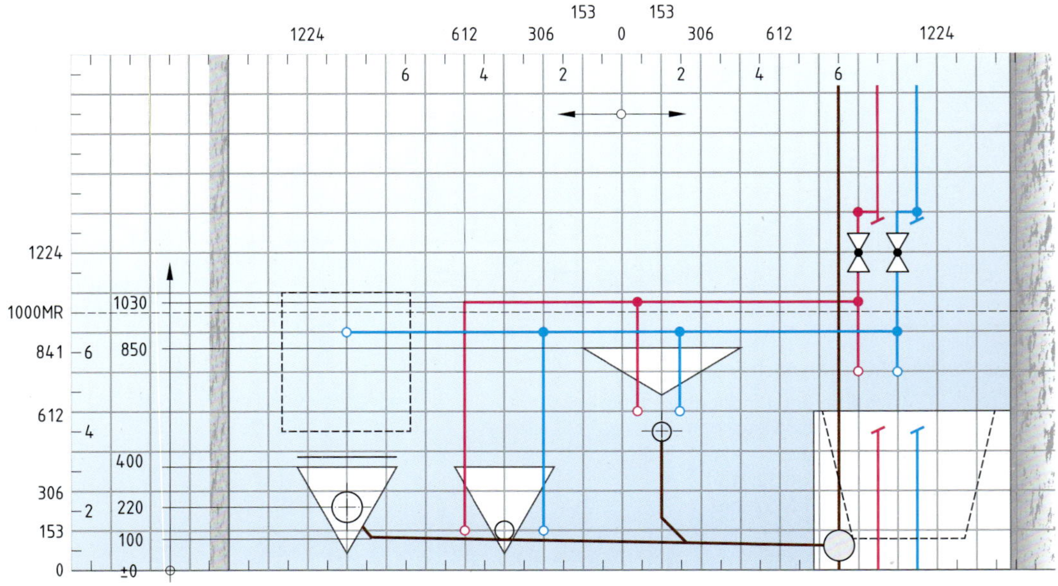

Fliesenformate und Fliesengrößen (Auswahl)

Format	Größe in mm	Format	Größe in mm
5 × 5	50 × 50	6,5 × 20	65 × 198
7,5 × 7,5	73 × 73	10 × 20	98 × 198
10 × 10	98 × 98	15 × 17,5	148 × 173
11 × 11	108 × 108	15 × 20	148 × 198
12,5 × 12,5	122 × 122	17,5 × 20	173 × 198
15 × 15	150 × 150	20 × 25	198 × 248
20 × 20	198 × 198	20 × 25	200 × 250
30 × 30	298 × 298	20 × 30	198 × 298

 Fliese: 108 × 108 mm Fuge: 2 mm Raster: 110 × 110 mm	 Fliese: 150 × 150 mm Fuge: 3 mm Raster: 153 × 153 mm	 Fliese: 200 × 200 mm Fuge: 3 mm Raster: 203 × 203 mm

Anordnungsbeispiele

Beispiel

Zwischen Waschtisch und Bidet ist der Achsabstand mit 750 mm angegeben.
Welcher Abstand ist für 200 mm breite Fliesen bei 3 mm Fugenbreite zu wählen?

Lösung 1:

Fliesen 4 × 200 mm = 800 mm
Fugen 4 × 3 mm = 12 mm

Achsabstand = 812 mm

Lösung 2 (bei beengten Raumverhältnissen):

Fliesen $3\frac{1}{2}$ × 200 mm = 700 mm
Fugen $3\frac{1}{2}$ × 3 mm = 10 mm

Achsabstand = 710 mm

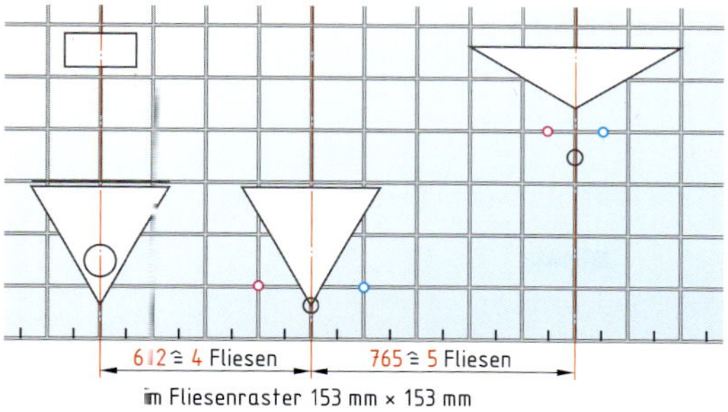

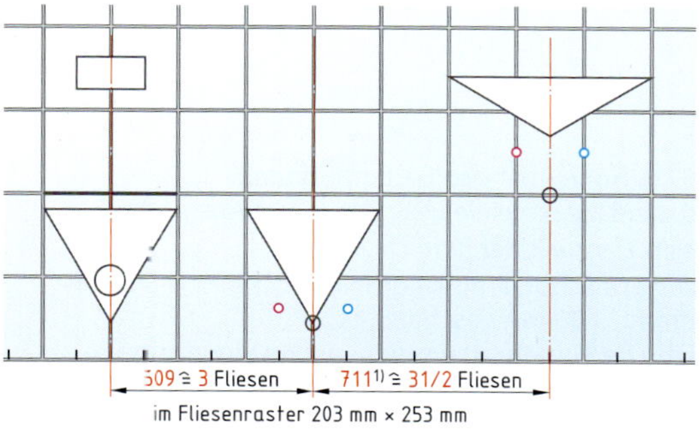

[1] bei beengten Raumverhältnissen, sonst 812 mm ≘ 4 Fliesen

6.3.5 Elektrische Schutzbereiche *electrical protection areas*

6.3.5.1 Einteilung der Schutzbereiche nach DIN VDE 0100-701 : 2018-09

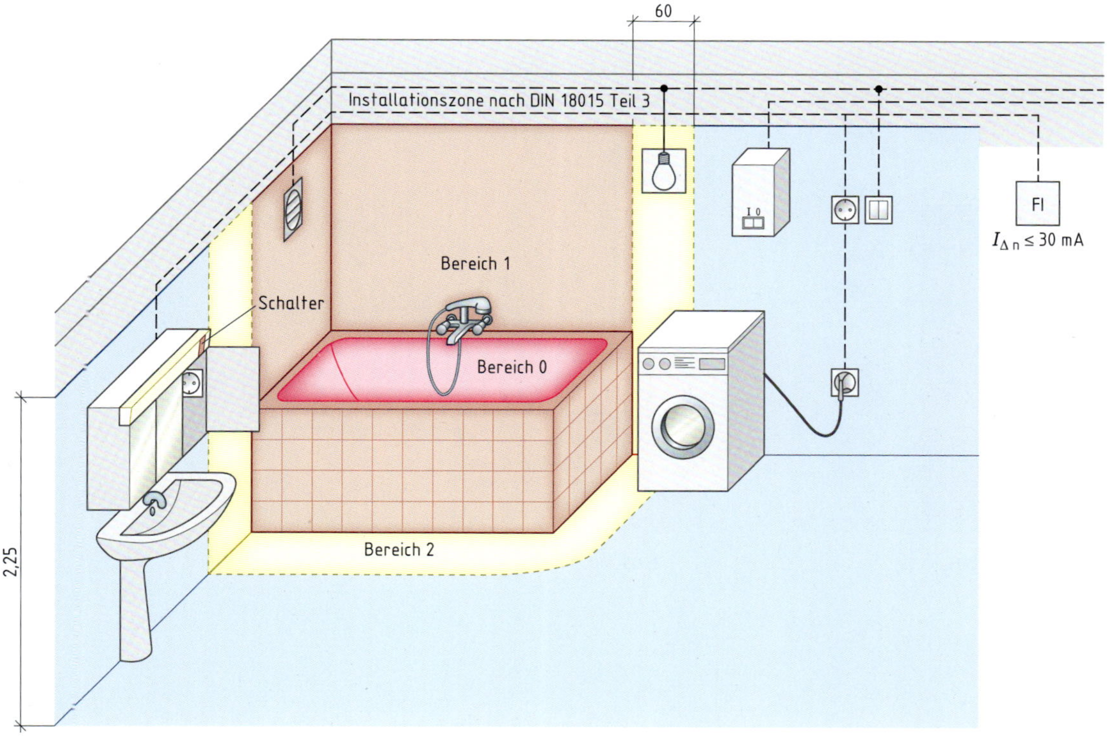

Schutzbereich 0:
Der Bereich 0 entspricht dem Inneren der Bade- oder Duschwanne. (Bei Duschen ohne Wanne entfällt der Bereich 0)

Schutzbereich 1:
Der Bereich 1 ist begrenzt

a) durch den Fertigfußboden und die waagerechte Fläche in 225 cm Höhe über dem Fertigfußboden.
b) durch die senkrechte Fläche
  - an den Außenkanten der Bade- oder Duschwannen.
  - bei gemauerten Wannen an den Innenkanten der Bade- oder Duschwannen.
  - bei Duschen ohne Wanne mit einem Abstand von 120 cm vom Mittelpunkt der festen Wasseraustrittsstelle an der Wand oder an der Decke.

Zum Bereich 1 gehört auch der Bereich unter Bade- oder Duschwannen bis zu deren Aufstellfläche, unabhängig davon, ob dieser Teil zugänglich ist oder nicht.

Schutzbereich 2:
Der Bereich 2 ist begrenzt

a) durch den Fertigfußboden und die waagerechte Fläche in 225 cm Höhe über den Fertigfußboden.
b) durch die senkrechte Fläche an der Grenze des Bereichs 1 und die dazu parallele Fläche in 60 cm Abstand.

Bei Duschen ohne Wanne mit dem auf 120 cm vergrößerten Bereich 1 entfällt der Bereich 2.

- Abluftventilatoren mit 230 V im Bereich 1 zulässig, wenn mindestens Schutzart IPX4 erfüllt und mit RCD (Fehlerstrom-Schutzeinrichtung) mit einem Bemessungsdifferenzstrom $I_{\Delta N} \leq 30$ mA geschützt ist.
- Leitfähige Rohrleitungen, die in Räume mit Badewanne oder Dusche eingeführt werden, sind in einem zusätzlichen Potentialausgleich einzubeziehen. Hiervon ausgenommen sind kunststoffummantelte metallene Rohre (Verbundrohre).
- Leitfähige Badewannen und Duschen müssen nicht an den Potentialausgleich angeschlossen werden.

6.3.5.2 Schutzbereiche Badewanne/Dusche nach DIN VDE 0100-701 : 2018-09

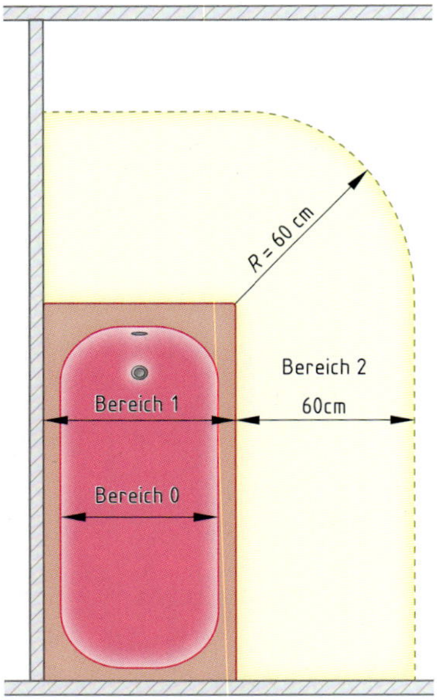

Draufsicht: Badewanne

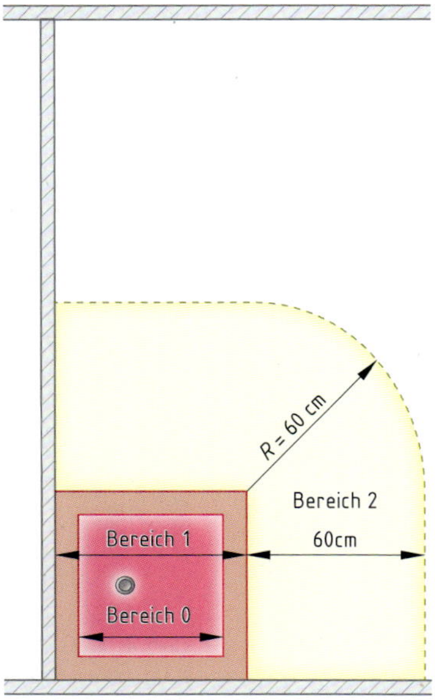

Dusche

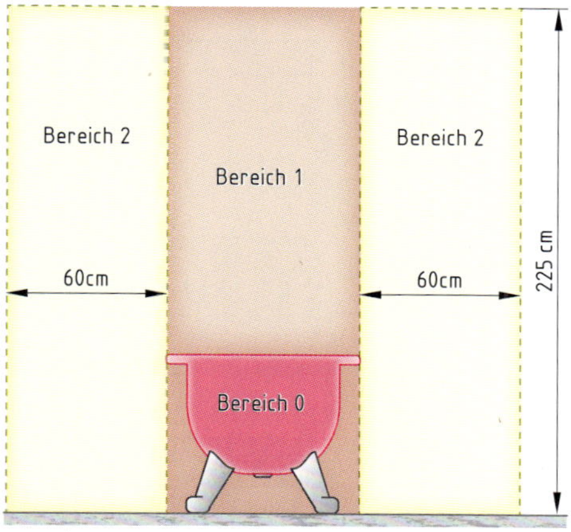

Ansicht

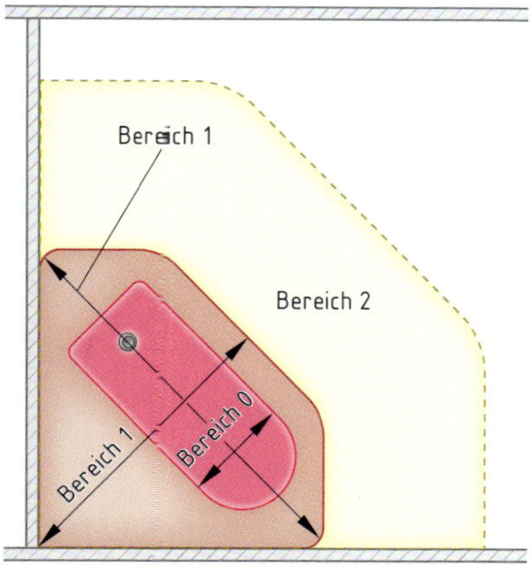

Zuordnung der Bereiche bei modernen Badewannenformen

Eingrenzung der Schutzbereiche nach DIN VDE 0100-701 : 2018-09

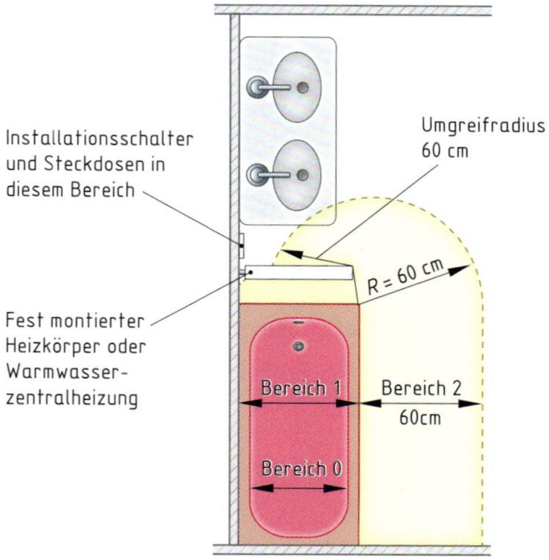

IP-Schutzarten von Betriebsmitteln in Räumen mit Wanne oder Dusche

Bereich	Wohnbereich, Hotelzimmer	Öffentliche Bäder, Sportanlagen
0	IP X7	IP X7
1	IP X4	IP X5
2	IP X4	IP X5

6.3.6 Vorwandtechnologie *pretext installation* VDI 6000 Blatt 1

Einsatzmöglichkeiten

a) Ein- und Ausmauern

b) Vormauern

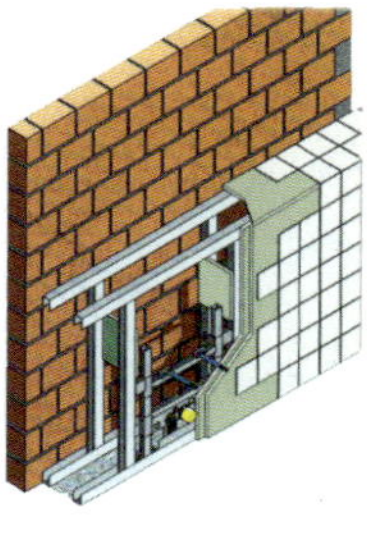

c) Trockenausbau mit Montageelementen

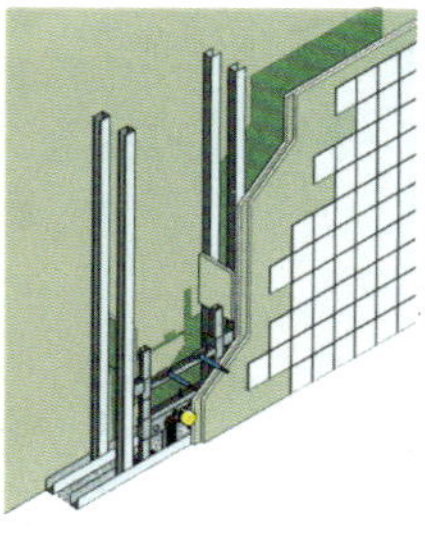

d) Trockenbau (Ständerwand)

Mindestwandtiefen bei der Installation von WC/Bidet – Herstellerinformationen beachten

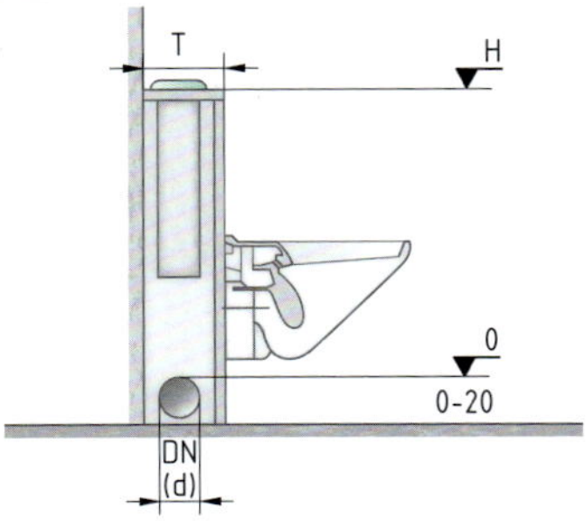

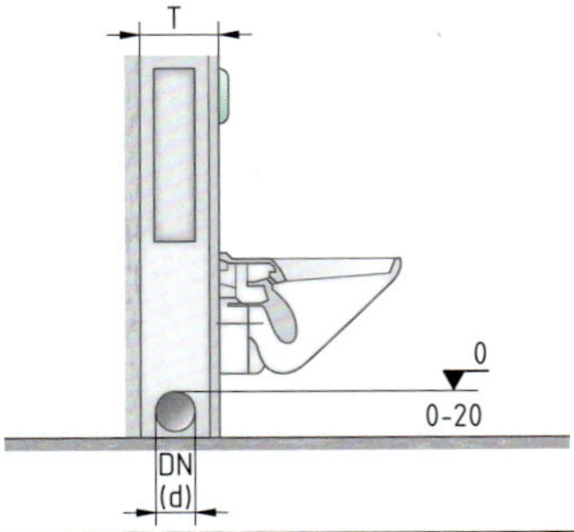

	T			H	T		
WC-Elemente	**DN 50 (d 56 cm)**	**DN 90 (d 90 cm)**	**DN 100 (d 110 cm)**	**min. cm**	**DN 50 (d 56 cm)**	**DN 90 (d 90 cm)**	**DN 100 (d 100 cm)**
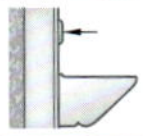	–	16,5	19,5	114	–	21,5	23,5
	–	21	21	86/100	–	23,5	23,5
 Bidet	18	19	20	90	20	21,5	23,5

6.3.7 Schallschutz *soundproofing*

Schallquellen in der Hausinstallation

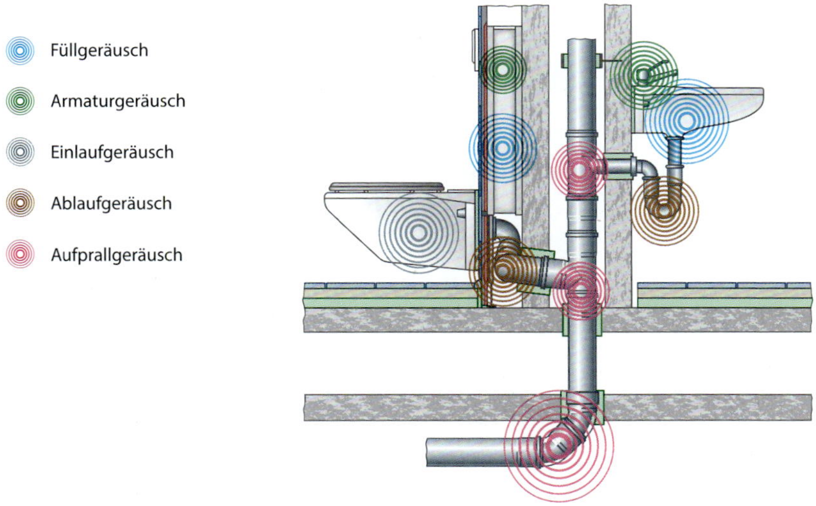

Schallschutzanforderungen

Werte für die zulässigen Schalldruckpegel in schutzbedürftigen Räumen von Geräuschen aus haustechnischen Anlagen und Gewerbebetrieben (DIN 4109-1: 2018-01)

Spalte	1	2	3
Zeile	Geräuschquelle	Art der schutzbedürftigen Räume	
		Wohn- und Schlafräume	Unterrichts- und Arbeitsräume
		Kennzeichnender Schalldruckpegel dB(A)	
1	Sanitärtechnik/Wasserinstallationen (Wasserversorgungs- und Abwasseranlagen gemeinsam)	≤ 30[a, b, c]	≤ 35[a, b, c]
2	Sonstige haustechnische Anlagen	≤ 30	≤ 35
3	Betriebe tags 6 bis 22 Uhr	≤ 45	≤ 45[c]
4	Betriebe nachts 22 bis 6 Uhr	≤ 45	≤ 45[c]

[a] Einzelne, kurzzeitige Spitzen, die beim Betätigen der Armaturen und Geräte nach Tabelle 6 (Öffnen, Schließen, Umstellen, Unterbrechen u. a.) entstehen, sind z. Z. nicht zu berücksichtigen.

[b] Voraussetzungen zur Erfüllung des zulässigen Schalldruckpegels:
- Die Ausführungsunterlagen müssen die Anforderungen des Schallschutzes berücksichtigen, d. h. zu den Bauteilen müssen die erforderlichen Schallschutznachweise vorliegen;
- außerdem muss die verantwortliche Bauleitung benannt und zu einer Teilnahme vor Verschließen bzw. Bekleiden der Installation hinzugezogen werden.

[c] Abweichend von DIN EN ISO 10052: 2010-10 6.3.3, wird auf Messung in der lautesten Raumecke verzichtet (siehe DIN 4109-4)

Armaturengruppen (DIN 4109-1 : 2016-07)

Spalte	1	2	3
Zeile		Armaturengeräuschpegel L_{ap} für kennzeichnenden Fließdruck oder Durchfluss nach DIN EN ISO 3822 Teil 1 bis Teil 4[2]	Armaturengruppe
1 2 3 4 5 6	Auslaufarmaturen Geräteanschluss-Armaturen Druckspüler Spülkästen Durchflusswassererwärmer Durchgangsarmaturen, wie – Absperrrventile, – Eckventile, – Rückflussverhinderer	≤ 20 dB(A)[1]	I
7 8 9	Drosselarmaturen, wie – Vordrosseln, – Eckventile Druckverminderer Brausen	≤ 30 dB(A)[1]	II
10	Auslaufvorrichtungen, die direkt an die Auslaufarmatur angeschlossen werden, wie – Stahlregler, – Durchflussbegrenzer,	≤ 15 dB(A)	I
	– Kugelgelenke, – Rohrbelüfter – Rückflussverhinderer	≤ 25 dB(A)	II

[1] Geräuschspitzen, die beim Betätigen der Armaturen entstehen (Öffnen, Schließen, Umstellen, Unterbrechen u.a.), werden bei der Prüfung nach DIN EN ISO 3822-1 bis DIN EN ISO 3822-4 im Allgemeinen nicht erfasst. Der A-bewertete Schallpegel dieser Geräusche, gemessen mit der Zeitbewertung FAST wird erst dann zur Bewertung herangezogen, wenn es die Messverfahren nach einer nationalen oder Europäischen Norm zulassen.

[2] Dieser Wert darf bei dem in DIN EN ISO 3822-1 bis DIN EN ISO 3822-4 für die einzelnen Armaturen genannten oberen Fließdruck von 0,5 MPa oder Durchfluss Q1 um bis zu 5 dB überschritten werden.

Hinweise zur Schalldämmung (DIN 4109-36)

- Vermeidung von Schallbrücken
- Reduzierung des Fließdruckes durch Druckminderer
- Bauakustisch günstige Grundrissplanung (z.B. keine Befestigung von Abwasserleitungen an den Wänden von schutzbedürftigen Räumen)
- Körperschallgedämmte Verlegung der Leitungen bzw. Befestigung von sanitären Objekten
- Vermeidung starker Richtungsänderungen
- Einsatz der Vorwandinstallation

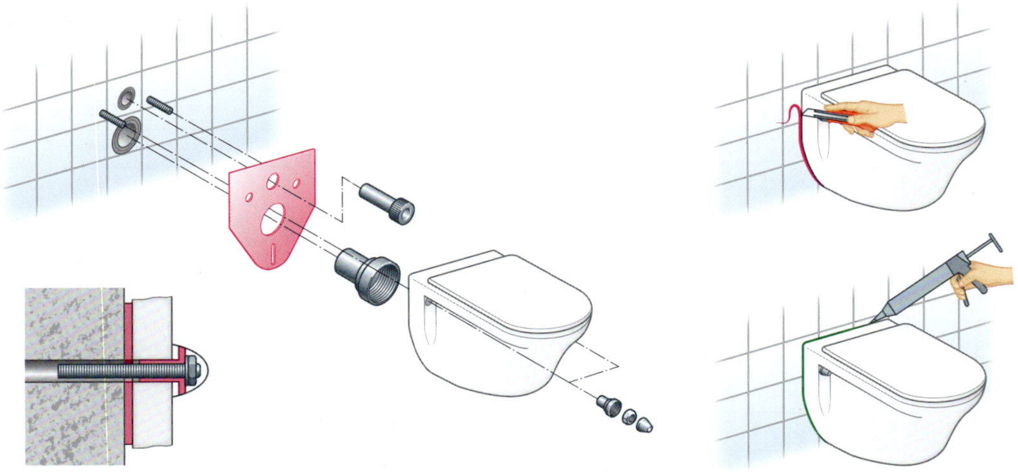

Schallschutzset für Wand-WC und Bidet

7 Gastechnik

7.1 Gaskenn- und Anschlusswerte

7.1.1 Ideales und reales Verhalten von Erdgas

Gasvolumen im Normzustand p_n; ϑ_n

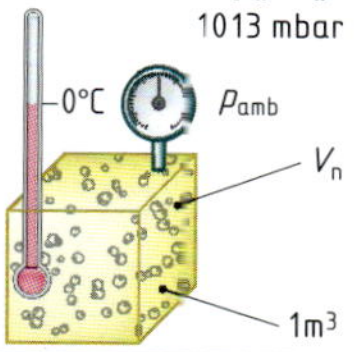

$$V_n = Z \cdot V_B$$

oder:

$$V_n = \frac{m}{\varrho_{G,n}}$$

V_n:	Normgasvolumen	in m³
Z:	Zustandszahl	
V_B:	Gasvolumen bei Betriebszustand	in m³
m:	Masse des Gases	in kg
$\varrho_{G,n}$:	Dichte des Gases im Normzustand	in kg/m³
p_n =	1013,25 mbar	
ϑ_n =	273,15k = 0°C	

Betriebszustand und Zustandszahl

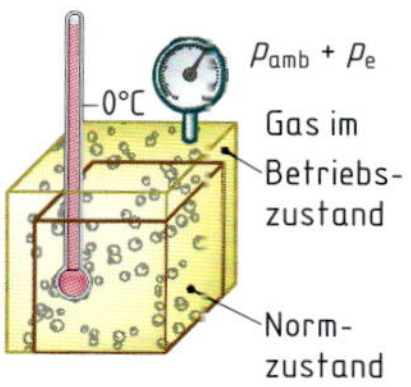

$$Z = \frac{273{,}15\,K}{273{,}15\,K + \vartheta} \cdot \frac{p_{amb} + p_e - \varphi \cdot p_s}{1013{,}25\,\text{hPa}} \cdot \frac{1}{K}$$

Näherungsweise gilt:

$$K \approx 1 - \left(\frac{p_{abs}}{450\,\text{kPa}}\right) \text{ für Erdgas}$$

bis 70 mbar und einer Temperatur bei ca. 12°C

Erdgas nach TRGI hat eine Restfeuchte von $p = 0$

Z:	Zustandszahl	
ϑ:	Temperatur im Betriebszustand	in °C
p_{amb}:	Luftdruck	in hPa (mbar)
p_e:	effektiver Gasdruck (Erdgas: $p_{eff} \approx 20$ mbar)	in hPa (mbar)
φ:	relative Feuchte des Gases (trocken: $\varphi = 0{,}0$)	
p_S:	Sättigungsdruck der Feuchte	in hPa (mbar)
K:	Kompressibilitätszahl (im Normzustand ist K bis 1 bar = 1)	

Kompressibilitätszahl K für Erdgas L und H nach DVGW G 260 und DVGW G 486

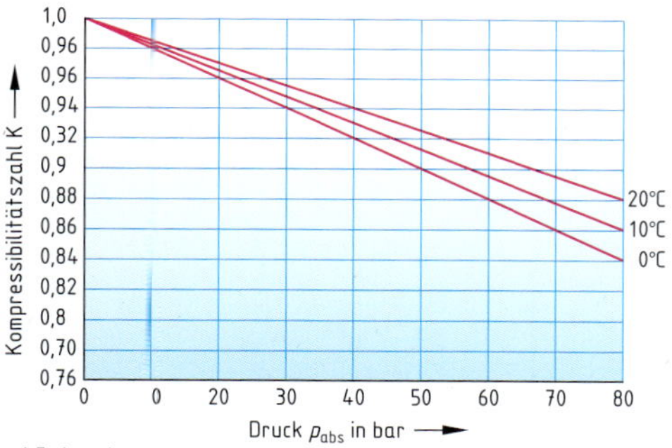

a) Erdgas L

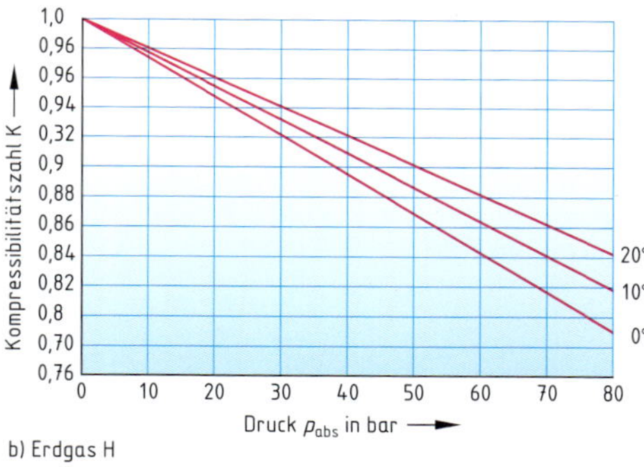

b) Erdgas H

7.1.2 Teildruck des Wasserdampfes und absolute Feuchtigkeit von gesättigten Gasen

Teildruck des Wasserdampfes p_S und absolute Feuchtigkeit ϱ_S in gesättigten Gasen

ϑ °C	p_s 100 kPa	ϱ_s kg/m³	ϑ °C	p_s 100 kPa	ϱ_s kg/m³	ϑ °C	p_s 100 kPa	ϱ_s kg/m³	ϑ °C	p_s 100 kPa	ϱ_s kg/m³
−20	0,001039	0,000884	7	0,010021	0,007756	24	0,029856	0,021804	52	0,136305	0,091210
−18	0,001249	0,001061	8	0,010730	0,008276	25	0,031697	0,023073	54	0,150215	0,099931
−16	0,001507	0,001270	9	0,011483	0,008825	26	0,033637	0,024404	56	0,165322	0,109344
−14	0,001812	0,001515	10	0,012282	0,009407	27	0,035679	0,025801	58	0,181704	0,119492
−12	0,002173	0,001804	11	0,013129	0,010021	28	0,037828	0,027266	60	0,199458	0,130418
−10	0,002599	0,002141	12	0,014028	0,010670	29	0,040089	0,028802	62	0,218664	0,142170
−8	0,003100	0,002534	13	0,014981	0,011355	30	0,042467	0,030412	64	0,239421	0,154795
−6	0,003687	0,002992	14	0,015989	0,012078	32	0,047592	0,033864	66	0,261827	0,168344
−4	0,004375	0,003523	15	0,017057	0,012840	34	0,053247	0,037647	68	0,285986	0,182869
−2	0,005177	0,004139	16	0,018188	0,013644	36	0,059475	0,041785	70	0,312006	0,198423
0	0,006112	0,004851	17	0,019383	0,014491	38	0,066324	0,046306	72	0,340001	0,215063
1	0,006571	0,005196	18	0,020647	0,015384	40	0,073844	0,051237	74	0,370088	0,232846
2	0,007060	0,005563	19	0,021982	0,016324	42	0,082090	0,056608	76	0,402389	0,251832
3	0,007581	0,005952	20	0,023392	0,017313	44	0,091118	0,062451	78	0,437031	0,272083
4	0,008135	0,006365	21	0,024881	0,018353	46	0,100988	0,068797	80	0,474147	0,293663
5	0,008726	0,006802	22	0,026452	0,019447	48	0,111764	0,075682	90	0,701824	0,423882
6	0,009354	0,007265	23	0,028109	0,020596	50	0,123513	0,083140	100	1,014180	0,598136

7.1.3 Gasfamilien nach DVGW G 260

Gasfamilien nach DVGW G 260 (2021-09) bei Normdruck (p_n = 1013,25 hPa) und Normtemperatur (T_n = 0 °C) (Auszug)

Gasfamilien	1 Gasfamilien S Wasserstoffreiche Gase		2 Gasfamilien N(atur) Methanreiche Gase Zündgrenze: 6 ... 36% Volumenprozent		3 Gasfamilien F(lüssig) Flüssiggase Zündgrenze: 2 ... 11% Volumenprozent	
	Gruppe A	Gruppe B	Gruppe L	Gruppe H	Propan C_3H_8	Propan-Butan C_3H_8–C_4H_{10}
	Stadtgas[1)]	Ferngas	Erdgas L	Erdgas H		
Wobbe-Index kWh/m³ kWh/kg	6,4–7,8 –	7,8–9,3 –	10,5–13,0 –	12,8–15,7 –	45,7 22,6	53,8 25,75
Brennwert H_s kWh/m³ kWh/kg	4,6–5,5 –	5,0–5,9 –	8,4–13,1 –		26,26 14,0	37,2 13,8
Relative Dichte d_n	0,40–0,60	0,33–0,55	0,55–0,70		1,56	2,09
Anschlussdruck p_{an} in hPa (mbar)	8		20		50	
Zündgeschwindigkeit v in cm/s	70		41	43	42	39
theor. Luftbedarf m³/m³ m³/kg	3,65 –	4,2 –	8,4 –	9,9 –	23,9 12,1	31 12

[1)] Stadtgase werden zur Zeit nicht mehr in Deutschland verteilt.

7.1.4 Gasbeschaffenheit nach DVGW G 260 und Prüfgase nach DIN EN 437

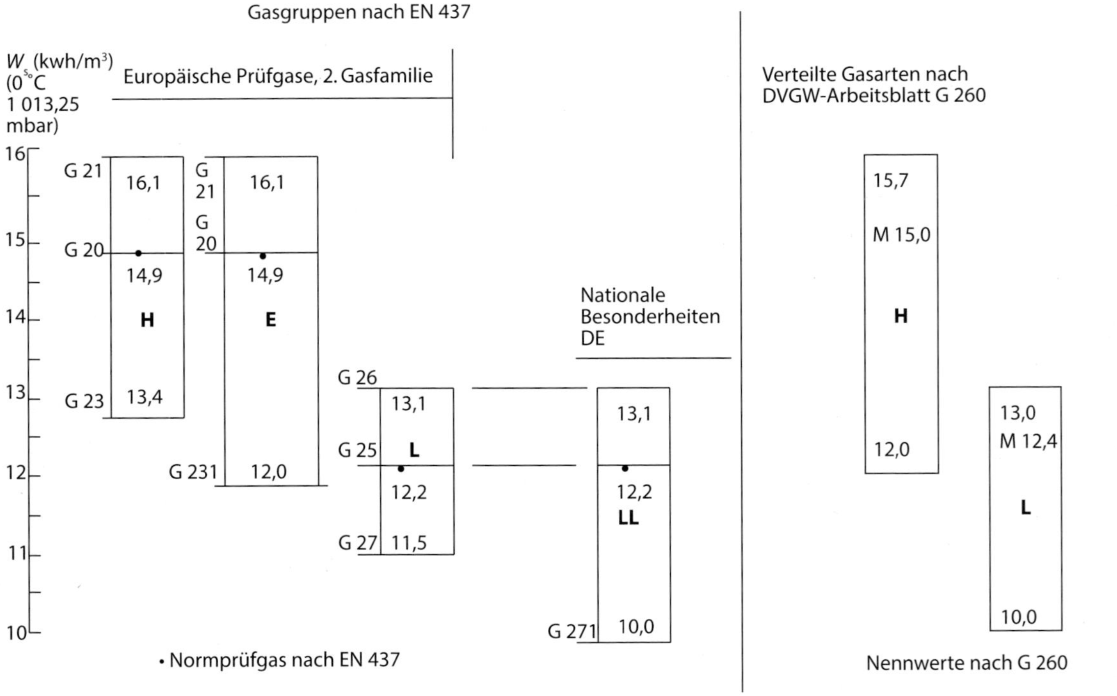

7.1.5 Betriebsheizwert, Betriebsbrennwert, Betriebsdruck

Umrechnung Heizwert – Betriebsheizwert

Formel		Formelzeichen	Erklärung
Betriebsheizwert	$H_{i,B} = \frac{H_i \cdot p_B \cdot T_n}{p_n \cdot T_B}$	$H_{i,B}$	Betriebsheizwert in $\frac{kWh}{m^3}$
		$H_{s,B}$	Betriebsbrennwert in $\frac{kWh}{m^3}$
Betriebsbrennwert	$H_{s,B} = \frac{H_s \cdot p_B \cdot T_n}{p_n \cdot T_B}$	H_i	Heizwert in $\frac{kWh}{m^3}$
		H_s	Brennwert in $\frac{kWh}{m^3}$
		T_n	Normbezugstemperatur = 273,15 K
		p_n	Normbezugsdruck = 1013,25 hPa (mbar)
Betriebsdruck	$p_B = p_{amb} + p_e$	T_B	Betriebstemperatur in K = Gastemperatur am Gaszähler in K
		$\vartheta_{B,\theta}$	Betriebstemperatur in °C
Betriebstemperatur in Kelvin	$T_B = \vartheta_B + 273{,}15K$	p_B	Druck bei Betriebsbedingungen in hPa (mbar)
		p_{amb}	Atmosphärendruck in mbar (hPa)
		p_e	Überdruck am Gaszähler in mbar (hPa)

7.1.6 Wärmemenge, Wärmeleistung, Anschlusswert, Wirkungsgrad

Formel		Formelzeichen	Erklärung
Gasförmige Brennstoffe	$Q = V \cdot H_{i,B}$	Q	Wärmemenge in kWh
		V	Volumen des Brennstoffes in m³ bzw. l
	$Q = V \cdot H_{s,B}$	H_i	Heizwert in $\frac{kWh}{kg}$, $\frac{kWh}{l}$
		H_s	Brennwert in $\frac{kWh}{kg}$, $\frac{kWh}{l}$
		$H_{i,B}$	Betriebsheizwert in $\frac{kWh}{m^3}$
		$H_{s,B}$	Betriebsbrennwert in $\frac{kWh}{m^3}$
Anschlusswert	$\dot{V}_A = \frac{\dot{Q}_{NB}}{H_{iB}}$	$\dot{V}_A$	Anschlusswert in m³/h
Einstellwert	$\dot{V}_E = \frac{\Phi_{NB} \cdot 1000 \frac{l}{m^3}}{H_{i,B} \cdot 60 \frac{min}{h}}$	$\dot{V}_E$	Einstellwert in m³/h
Wirkungsgrad	$\eta = \frac{\Phi_{NL}}{\Phi_{NB}}$	η	Wirkungsgrad
		Φ_{NB}	Nennwärmebelastung in kW
		Φ_{NL}	Nennwärmeleistung in kW
			$\dot{Q}_{NB} = \Phi_{NB}$
			$\dot{Q}_{NL} = \Phi_{NL}$

7.1.7 Relative Dichte und Wobbe-Index

Formel		Formelzeichen	Erklärung
Relative Dichte	$d = \frac{\rho_{nGas}}{\rho_{nLuft}}$	d ρ_{nGas} ρ_{nLuft}	relative Dichte Dichte von Gas im Normzustand Dichte von Luft im Normzustand
Wobbeindex	$W_{S,n} = \frac{H_{S,n}}{\sqrt{d}}$ $W_{I,n} = \frac{H_{I,n}}{\sqrt{d}}$	W H d I S n	Wobbeindex in kWh/m³ Heizwert in kWh/m³ relative Dichte unterer lat. inferior „unterer" oberer lat. superior „oberer" Normzustand (1013, 25 hPa (mbar); 0°C)

Brennwert in Abhängigkeit vom Wobbe-Index nach TRGI 2018

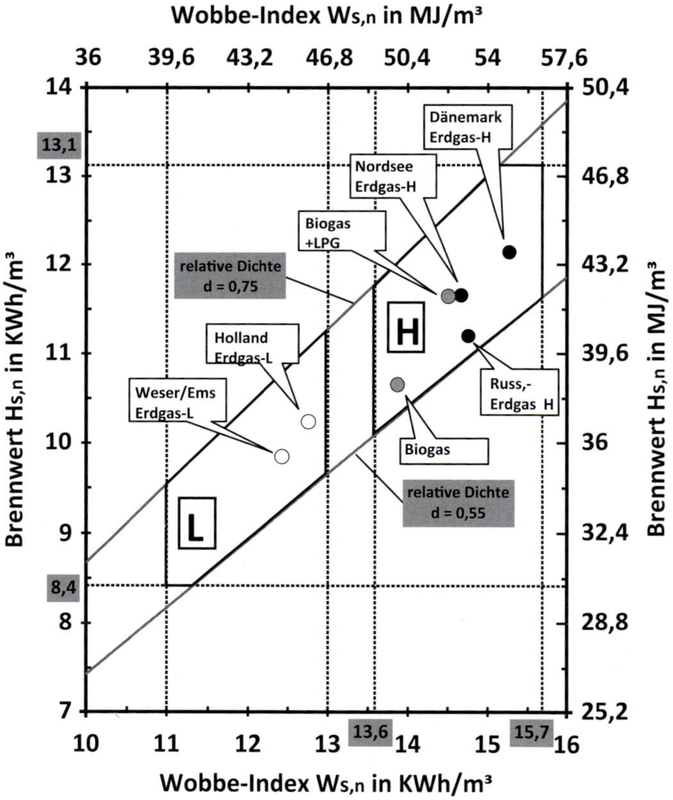

7.1.8 Luftbedarf

Brennstoff	L_{min} in $\frac{m^3}{m^3}$	CO_{2max} in %
Erdgas LL	8,4	11,8
Erdgas E	9,8	12,0
Propan	23,8	13,8
Butan	30,9	14,1

L_{min}: Pro Kubikmeter Brennstoff zugeführte Mindest-Luftmenge (Luftüberschuss = 0)

7.2 Gasleitungswerkstoffe und Befestigung

7.2.1 Einsatzbereiche für Rohre nach DVGW-TRGI 2018

Werkstoffe	Norm	Betriebsdruck bis 100 mbar	Betriebsdruck 100 mbar bis 1 bar	Freiverlegte Außenleitung	Erdverlegte Außenleitung	Innenleitung	Gasgeräteanschlussleitung
Stahlrohre	DIN EN 10255 DIN EN ISO 3183 DIN EN 10216-1 DIN EN 10217-1	X	X	X	X	X	X
Rohre aus nicht rostendem Stahl	DVGW GW 541 (A)	X	X	X	X	X	X
Wellrohrleitung aus nicht rostendem Stahl	DIN EN 15266 DVGW G 5616 (P)	X			X[1]	X	X
Präzisionsstahlrohr	DIN EN 10305-1 bis 3	X	X			X	X
Kupferrohre	DIN EN 1057	X	X	X	X	X	X
Mehrschicht-Verbundrohre	DVGW VP 632	X			X[1]	X	X
Kunststoffrohre aus PE-X_a PE-X_b, PE-X_c	DVGW GW 335-A3 (A) DVGW VP 640 (P)	X			X[1]	X	X
Kunststoffrohre PE80, PE100	DVGW GW 335-A2 (A)	X	X		X		
Kunststoffrohre PE-X_b, PE-X_c	DVGW VP 640	X	X		X		
Gasschlauchleitungen	DIN 16617	X	X			X[2]	X
Gasschlauchleitungen	DIN 3384 DIN 3383-1 DIN 3383-2 DIN EN 14800	X					X

[1] nur zum Anschluss von Gasgeräten zur Verwendung im Freien
[2] zum Axialausgleich

7.2.2 Richtwerte für Befestigungsabstände horizontal verlegter Leitungen

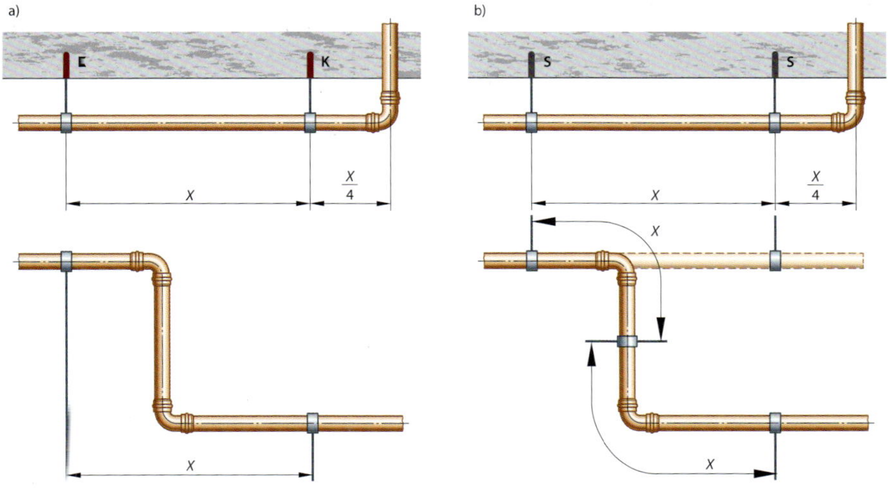

- Befestigung mit Kunststoffdübel (K)
  zulässig bei zug- und schubfester Rohrverbindung (bis 650°)
  je nach baulicher Situation und räumlicher Zuordnung
- Beispiel: gepresste Kupferleitung

- Befestigung mit Stahldübel (S)
  zulässig bei nichtzug- und schubfester Rohrverbindung (bis 650°)
- Beispiel: hartgelötete Kupferleitung

Befestigungsabstände metallener Leitungen

Nennweite DN	Außendurchmesser d_a mm	Befestigungsabstand x m
–	15	1,25
15	18	1,50
20	22	2,00
25	28	2,25
32	35	2,75
40	42	3,00
50	54	3,50
–	64	4,00
65	76,1	4,25
80	88,9	4,75
100	108	5,00

Befestigungsabstände Mehrschichtverbundrohr (Herstellerangaben)

Außendurchmesser d_a mm	Befestigungsabstand m
14	1,00
16	1,00
20	1,15
25	1,30
32	1,50
40	1,80
50	2,00
63	2,00

7.2.3 Hauseinführungen *house gas launches*

Mehrspartenhauseinführung

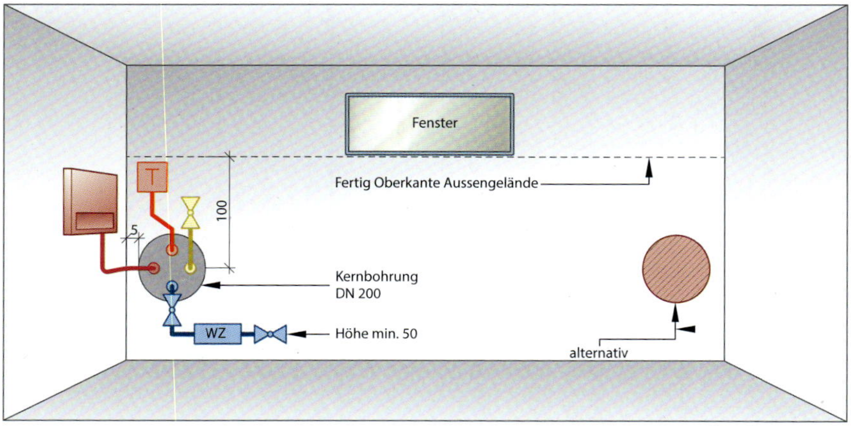

alle Maßangaben in cm

Wichtige Informationen:
Falls die Kernbohrung DN 200 bauseits erstellt werden sollte, muss diese unter Einhaltung der vorliegenden Maße erfolgen.

Einzelhauseinführung

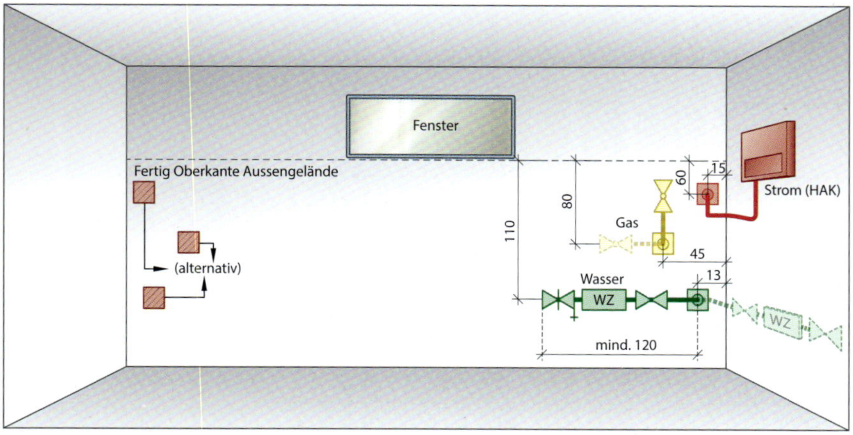

alle Maßangaben in cm

Wichtige Information:
Falls die Kernbohrungen DN 100 bauseits erstellt werden, müssen diese unter Einhaltung der vorliegenden Maße erfolgen.

Schutzrohre für die Hauseinführung bei nicht unterkellerten Gebäuden

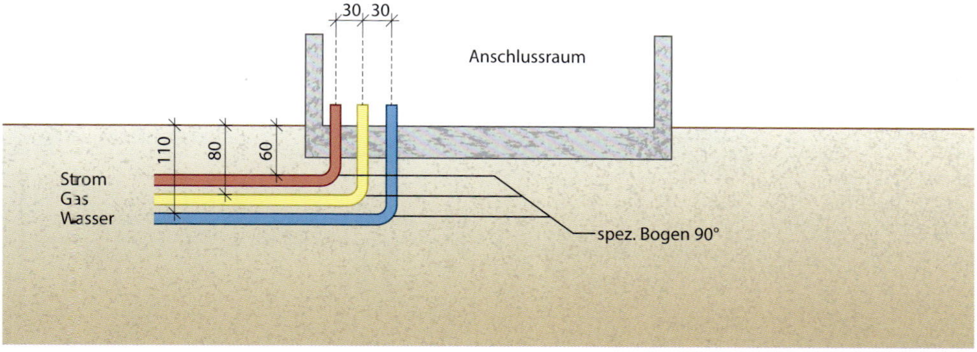

alle Maßangaben in cm

Draufsicht Anschlussraum

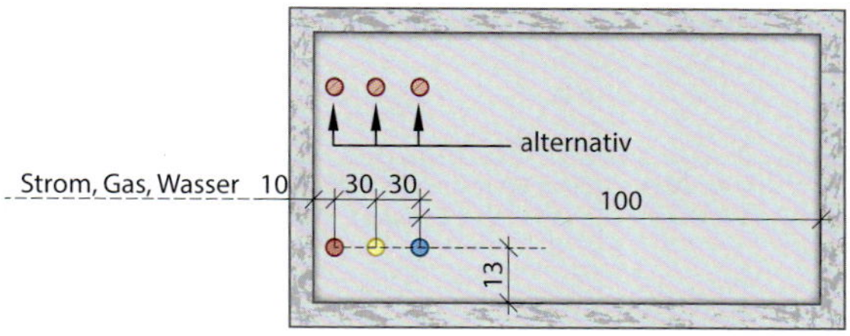

Wichtige Information:
Die Durchmesser der Schutzrohre richtet sich nach den Dimensionen der Hausanschlussleitungen.

7.2.4 Versorgung mehrerer Gebäude durch einen Netzanschluss

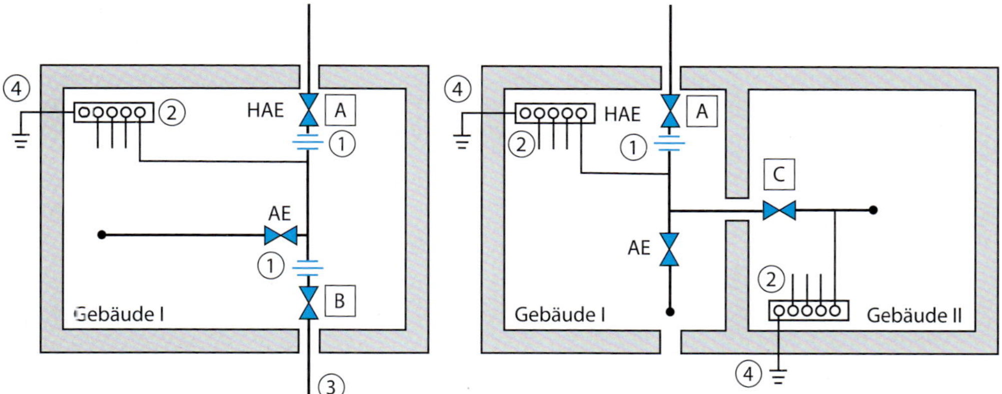

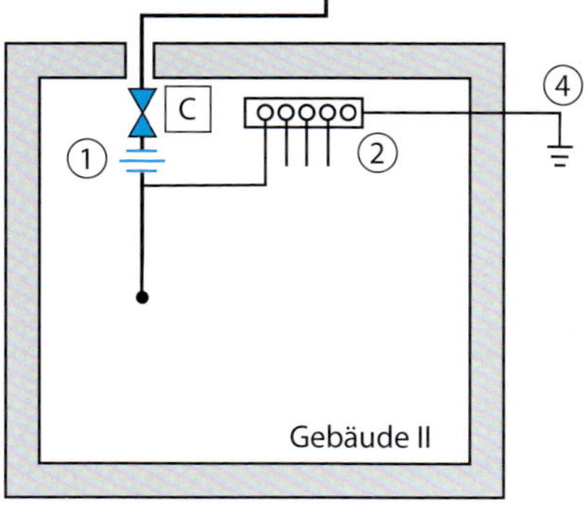

Schild **A**	Gas-Hauptabsperreinrichung sperrt Gebäude I und Gebäude II ab
Schild **B**	Gas-Absperreinrichung sperrt Gebäude II ab
Schild **C**	Gasversorgung erfolgt aus Gebäude I

①	Isolierstück, Ausführung GT, DIN 3389
②	Haupterdungsschiene (DIN VDE 0100-540)
③	erdverlegte Außenleitung
④	Fundamenterder (DIN 18014)

7.2.5 Brandschutzanforderungen ab Gebäudeklasse 3

Ausführungsbeispiele

Durchführungsart MLAR	**F 30 F 60 F 90 Massivwand/ Deckenkonstruktionen**	**F 30 F 60 F 90 Metall-/Holzständerwand**	**F 30 F 60 F 90 Schachtwand mit Aufdoppelung aus Feuerschutzplatten**
Nichtbrennbare Rohrleitungen (R) mit mineralischem Restverschluss (M/G)	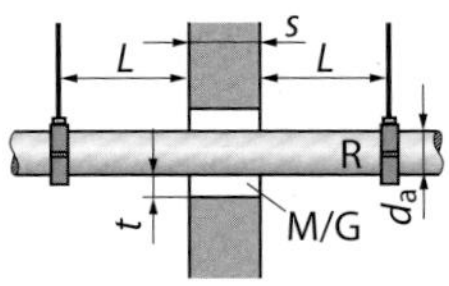	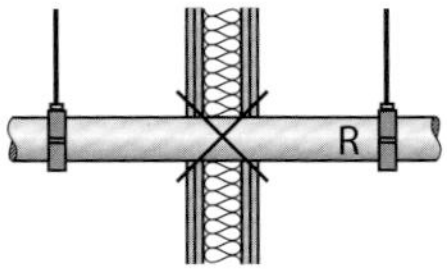	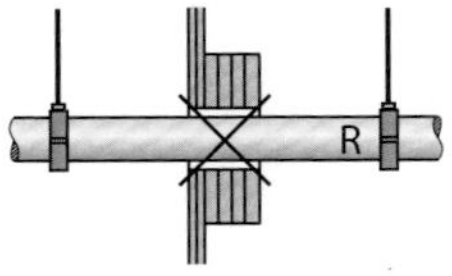
Nichtbrennbare Rohrleitungen (R) mit Mineralwollstopfung, Schmelzpunkt > 1000°C (ML) oder mit im Brandfall aufschäumenden Baustoffen (BA)	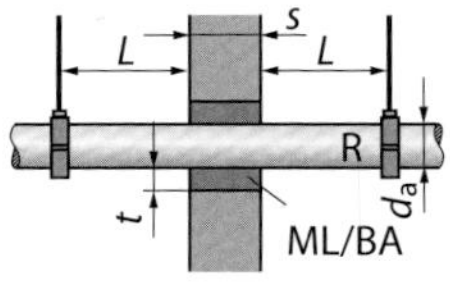	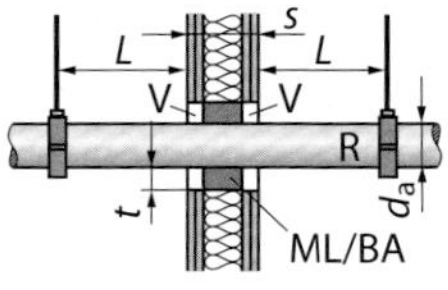	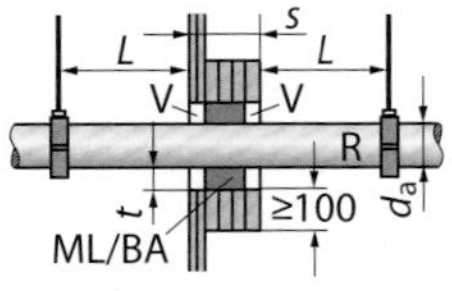
Nichtbrennbare Rohrleitungen (R) mit Mineralwollschale/-matte, Schmelzpunkt > 1000°C (MS) in der Baustoffklasse A1/A2	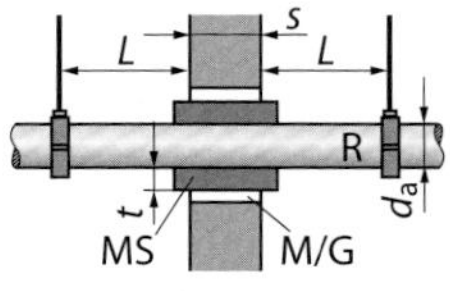	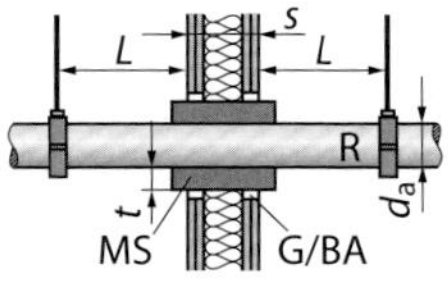	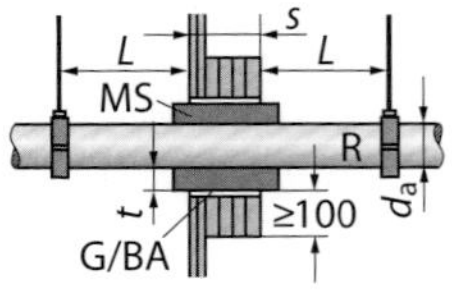
Nichtbrennbare Rohrleitungen (R) mit nichtbrennbaren Hüllrohr (H)	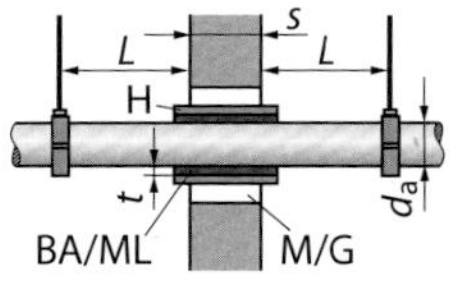	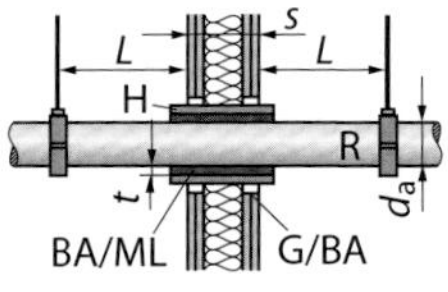	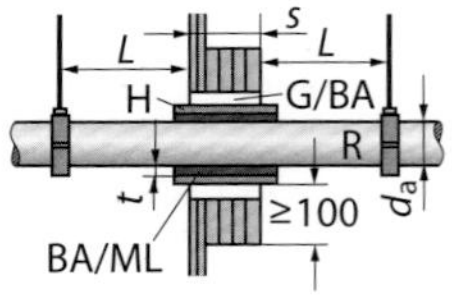

s = Mindestabschottungsdicke im Bereich der Leitungsdurchführung (F ≥ 60 mm, F ≥ 70 mm, F 90 ≥ 80 mm, siehe MLAR)

R = Rohrdurchmesser nichtbrennbar, $d_a \leq 160$ mm, z. B. Stahl, Edelstahl, Kupfer, Wellrohre Kupfer-Rohre mit einer bis 2 mm dicken brennbaren werkseitigen Ummantelung. Als Korrosionsschutz ist eine brennbare PE-Folie bzw. ein Farbanstrich bis 0,5 mm Dicke oder eine werkseitige brennbare Ummantelung (Brandschutzklasse B1) bis zu 2 mm zulässig (3 mm für größere Durchmesser als Abweichung möglich).

L = Die Rohrbefestigung erfolgt gemäß TRGI 5.3.4.2. Die Rohrhalterung muss aus nichtbrennbaren Baustoffen, z. B. Stahl verzinkt, bestehen. Schallschutzeinlagen aus brennbaren Baustoffen sind zulässig.

M = Verschluss des Restspaltes mit nichtbrennbaren mineralischen formstabilen Mörteln/Beton.

t = Maximale Spaltbreite

- Für gestopfte Mineralwolle (ML) $t \leq 50$ mm und im Brandfall aufschäumende Baustoffe (BA) $t \leq 15$ mm
- Für Mörtel (M) und Gipsverschlüsse (G) t = unbegrenzt, wenn der Statik der Wand dies zulässt.

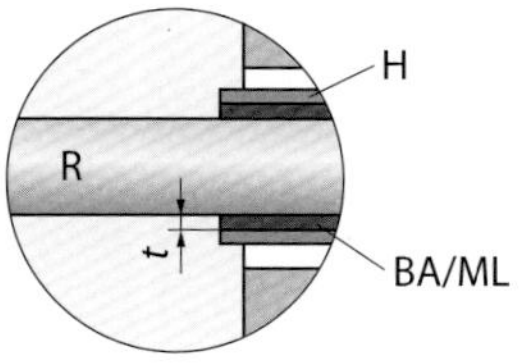

G = Verschluss des Restspaltes mit Gipsergussmassen

BA = Verschluss der Restspaltes mit im Brandfall aufschäumenden Baustoffen.

ML = Mineralwolle lose gestopft (handfest mit ca. 90 kg/m^3). Bei Bedarf mit einer stirnseitigen Beschichtung eines im Brandfall aufschäumenden Baustoffes, z. B. Kabelbeschichtung/Brandschutzsilikon zur Sicherung der losen Mineralwollstopfung oder Verspachtelung in Beplankungsdicke (V).

MS = Durchgängige Mineralwollschale als brandschutztechnisch wirksame Dämmung, Schmelzpunkt > 1000°C, in Kombination als Wärme- und Schallschutzdämmung, ohne Dickenbegrenzung, Raumgewicht > 90 kg/m^3. Die Mineralwolle soll beidseitig vom Bauteil 10 mm überstehen.

H = Verlegung der medienführenden Rohrleitungen (R) innerhalb eines nichtbrennbaren Hüllrohres (H) aus Stahl/Edelstahl. Das Hüllrohr soll beidseitig vom Bauteil min. 10 mm überstehen. Der Spalt zwischen Hüllrohr (H) und dem Rohr (R) muss mit im Brandfall aufschäumenden Baustoffen (BA) oder loser Mineralwolle (ML) in der Mindestabschottungsdicke (*s*) und unter Beachtung der maximalen Spaltbreite (*t*) verschlossen werden.

Schematische Ausführungsbeispiele von Gasrohrdurchführungen (Leitungen aus nichtbrennbaren Brennstoffen) d_a < 160 mm nach den baurechtlich eingeführten Leitungsanlagen-Richtlinien der Länder

7.2.6 Abstandsregeln für Gasleitungen

Beschreibung	Kombinationsbeispiele	
Abstände zwischen nichtbrennbaren Rohrleitungen (R)	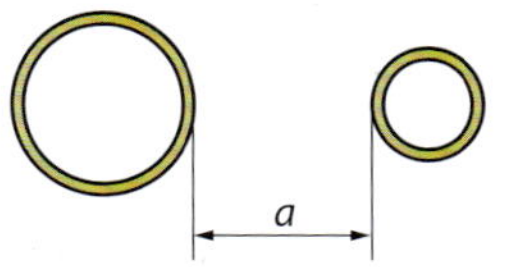 *a* ≥1 x *d* des größten Außendurchmessers der Rohrleitungen (R)	Gasleitung zur Gasleitung oder Nichtbrennbare Rohrleitung zur Gasleitung
Diese Abstandsempfehlung gegenüber Feuerschutzabschlüssen und anderen Einbauten ergibt sich aus den allgemeinen bauaufsichtlichen Verwendbarkeitsnachweisen des DIBt	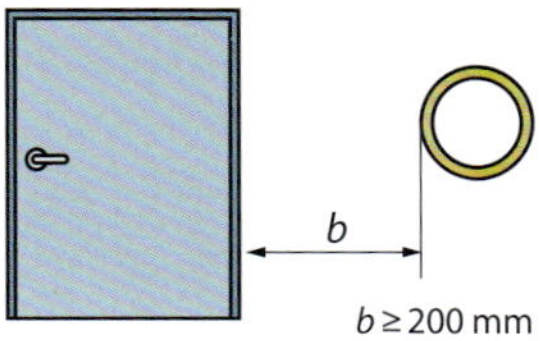 *b* ≥ 200 mm	Feuerschutzabschluss (T 30/60/90, T 30-/60-/90-RS) zur Gasleitung
Sollten in den allgemeinen bauaufsichtlichen Verwendbarkeitsnachweisen größere Mindestabstände „c" gefordert werden, dann sind diese abweichend zur MLAR/LAR, Abschnitt 4.1.3 zwingend einzuhalten	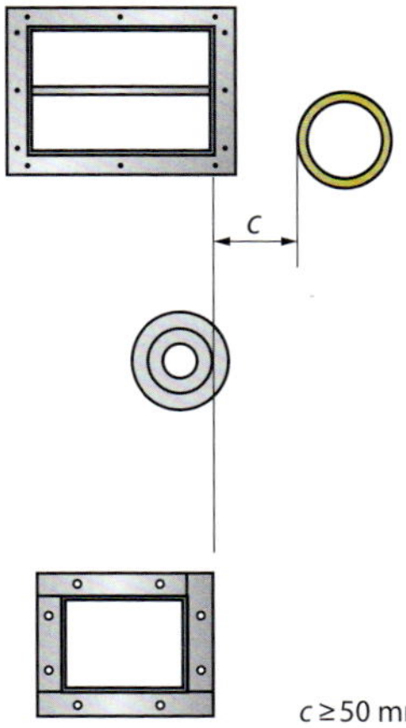 *c* ≥ 50 mm	Rohrleitungsabschottung (R 30/60/90 bzw. EI 30/60/90) zur Gasleitung • Gasleitungsrohre (R) • Brandschutztechnische Abschottung (ML/BA/MS/BD/H) • Restverschluss wahlweise (M/G) Installationskanal (I 30/60/90, E 30/60/90, L 30/60/90) zur Gasleitung

7.3 Gasarmaturen *gas fitting*

Schema einer Kundengasanlage (Ausschnitt)

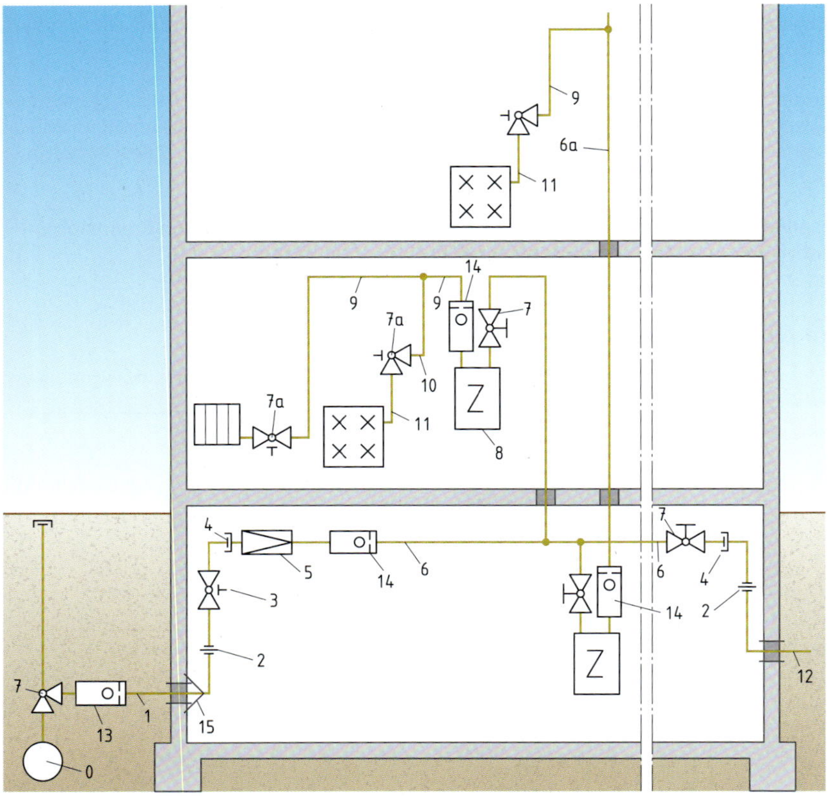

0 Versorgungsleitung
1 Hausanschlussleitung
2 Isolierstück [1]
3 Hauptabsperreinrichtung (HAE) (thermisch auslösende HAE)
4 lösbare Verbindung
5 Gasdruck-Regelgerät [2]
6 Verteilungsleitung (VTL) (führt zu den Gaszählern)
6a VTL (Steigleitung)
7 Absperreinrichtung (AE)
7a Geräteabsperreinrichtung mit integrierter thermisch auslösender AE unmittelbar vor den Gasgeräten
8 Gaszähler
9 Verbrauchsleitung (VBL)
9a VBL (Steigleitung)
10 Abzweigleitung
11 Geräteanschlussleitung
12 Außenleitung (frei verlegt oder erdverlegt)
13 Gas-Strömungswächter (GS)
14 Gasströmungswächter bei mehreren Zählern notwendig, mit angepasstem Schließwert
15 Auszugssicherung

[1] nur erforderlich, wenn Gas vom Versorger über eine metallene Leitung ins Haus kommt
[2] ggf. mit integriertem Gas-Strömungswächter (GS) mit angepasstem Schließwert

Isolierstück
insulating joints

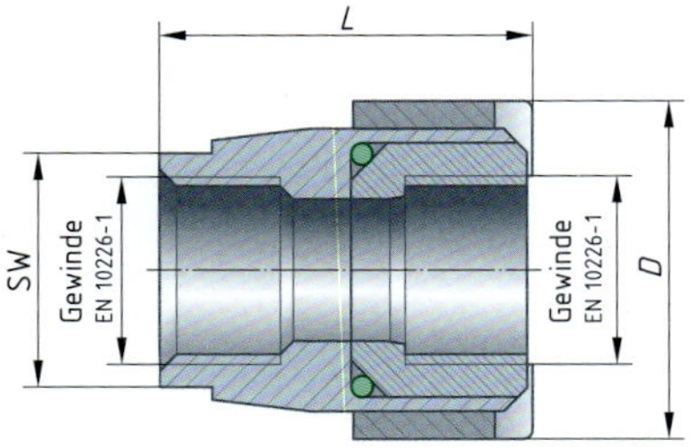

Gaskugelhahn-Durchgang
gas ball valve-passage

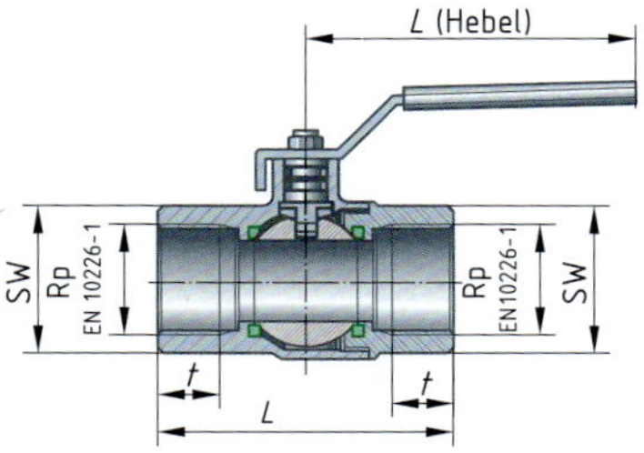

Thermisch auslösende Absperreinrichtung
thermally-activated device

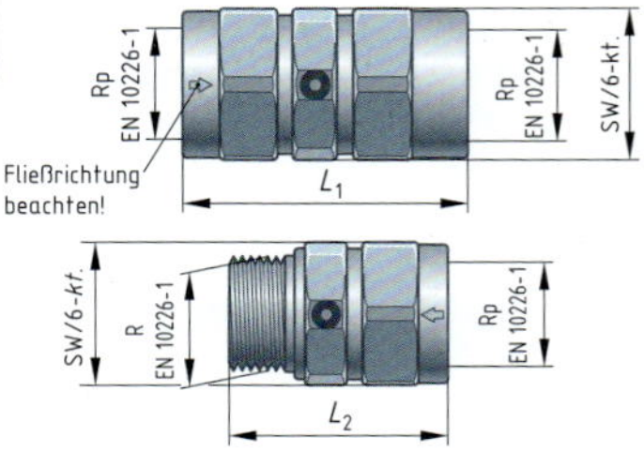

Nenn-weite	Standard Außen-/Innengewinde					Standard Innen-/Innengewinde					Standard Außengewinde			
DN	*L* mm	*D* mm	SW mm	Außen-gewinde inch	Innen-gewinde inch	Rp inch	*t* mm	*L* mm	L_H mm	SW mm	R/Rp inch	L_1 mm	L_2 mm	SW mm
15	58	49	36	½	½	½	15	75	93	26	½	60	40	27
20	58	49	36	¾	¾	¾	16,3	79,5	93	32	¾	71	49	32
25	68	62	46	1	1	1	19,1	90	100	41	1	79	56	41
32	78	88	55	1	1	1 ¼	21,4	113	100	50	1 ¼	90	90	50
40	78	88	60	1	1	1 ½	21,4	132	130	55	1 ½	90	90	60
50	87	111	70	2	2	2	25,7	140	130	70	2	100	110	70

Kugelhahn in Eckform *ball valve, angle type*

für Zweirohr-Gaszähler *for two pipe gas meters*

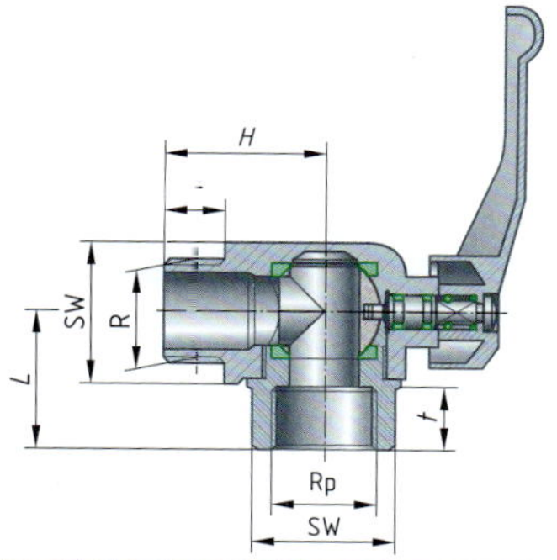

für Einrohr-Gaszähler *for one pipe meters*

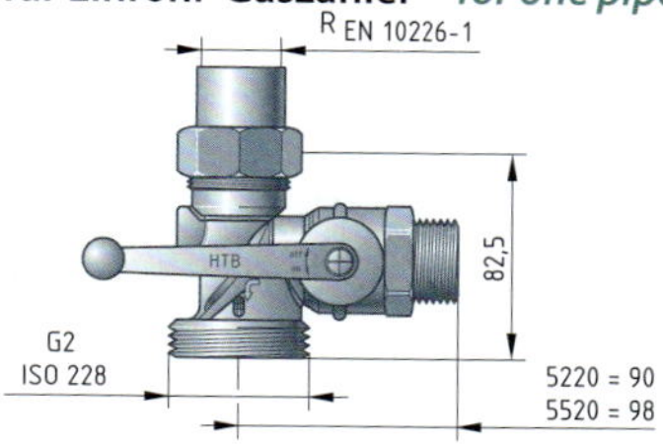

Nennweite	DN	20	25	32	40	50
Anschlussgewinde nach DIN EN 10226-1	R	¾	1	1 ¼	1 ½	2
Anschlussgewinde nach DIN EN 10226-1	Rp	¾	1	1 ¼	1 ½	2
t	mm	16,3	19,1	21,4	21,4	25,7
SW	mm	32	41	50	55	70
H	mm	42	51	59	65	74
L(5210/5210.10)	mm	34	39	46	51	60
L(5510)	mm	44	56	–	–	–

Montageset *mounting kit*

für Zweirohrgaszähler

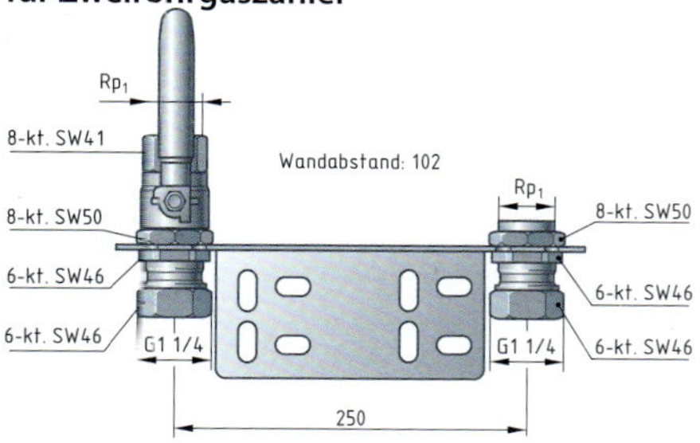

für Einrohrgaszähler

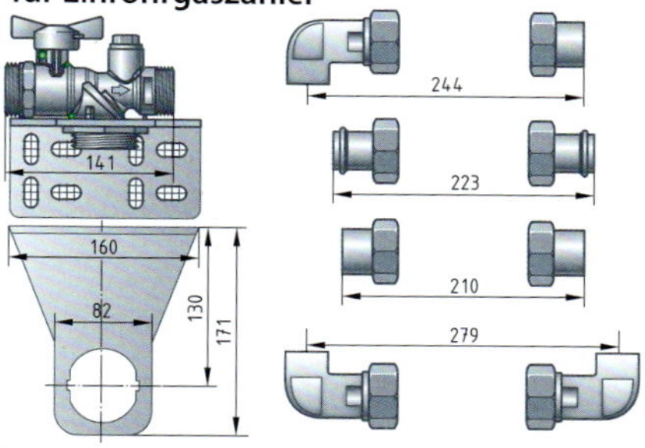

Gasgeräte-Anschlusskugelhahn Port *ball valve for gas appliances*

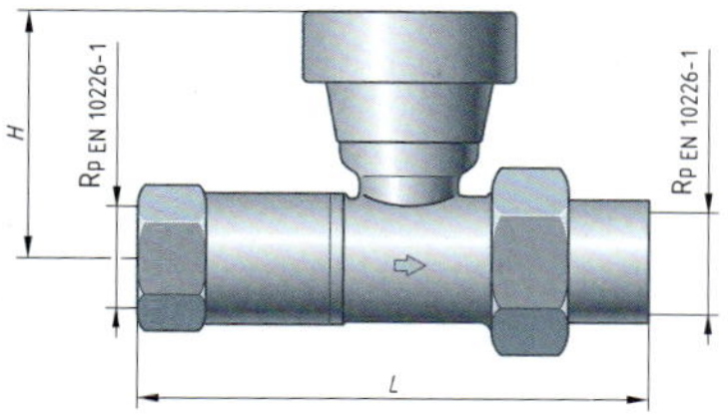

Nennweite	DN	15	20	25
Anschlussgewinde nach DIN EN 10226-1	Rp	½	¾	1
L	mm	95,5	109	135
H	mm	57	60	63

Balgengaszähler *bellows gas meters* (Einrohr- und Zweirohrzähler)

DIN EN 1359 : 1999-05

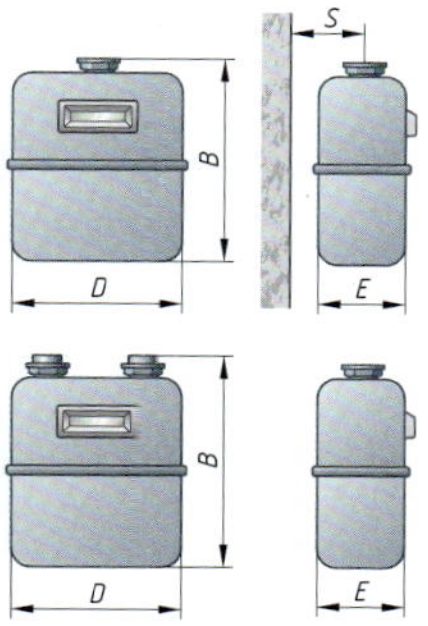

Zählergröße	Φ_B [1] in kW	Maße in mm				Anschlüssse			
						Einrohrzähler		Zweirohrzähler	
		B	*D*	*E*	*S*	Zähler	Rohrleitung	Zähler	Rohrleitung
G 4	60	300	270	300	130	2″	1″	¾″	¾″
G 6	100	370	270	320	130	2″	1″	1 ¼″	1 ¼″
G 16	250	450	425	340	170	2 ¾″	1 ½″	1 ½″	1 ½″
G 25	400	550	475	460	200	Flansch DN 50	2″	2″	2″

[1] max. Wärmebelastung der nachgeschalteten Gasgeräte

Gasströmungswächter, farbliche Kennzeichnung

Typen Gasströmungswächter

			GS-Nennwert	Farbe	Nenndurchfluss $\dot{V}_N$ in m³/h (Luft)
M	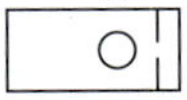 M	15 bis 100 hPa (mbar) $f_{Smin} = 1{,}3$, $f_{Smax} = 1{,}8$ inst. Prüfung bei $1{,}15 \times \dot{V}_N$ $\Delta p \leq 0{,}5$ hPa (mbar)	GS 2,5	gelb	2,0
			GS 4	braun	3,2
			GS 6	grün	4,8
			GS 10	rot	8,0
			GS 16	orange	12,8
			GS-Nennwert	Farbe	Nenndurchfluss $\dot{V}_N$ in m³/h (Luft)
K	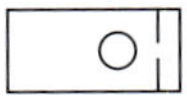 K	15 bis 100 hPa (mbar) $f_{Smin} = 1{,}3$, $f_{Smax} = 1{,}45$ inst. Prüfung bei $1{,}15 \times \dot{V}_N$ $\Delta p \leq 0{,}5$ hPa (mbar)	GS 1,6	weiß	1,3
			GS 2,5	gelb	2,0
			GS 4	braun	3,2
			GS 6	grün	4,8
			GS 10	rot	8,0
			GS 16	orange	12,8

f_S: Der Schließfaktor ist das Verhältnis von Schließdurchfluss zum Nenndurchfluss $f_S = \dot{V}_S / \dot{V}_N$
$\dot{V}_S$: Der Schließdurchfluss ist der Durchfluss bei dem der GS schließt.
$\dot{V}_N$: Der Nenndurchfluss ist der vom Hersteller angegebene Durchfluss.
$\dot{V}_S$: und $\dot{V}_N$ werden in m³/h Luft (15 °C, 1013 hPa (mbar)) bei 20 hPa (mbar) Prüfdruck angegeben.
Δp: maximaler Druckverlust in mbar
Inst. Prüfung: Luftvolumenstrom bei Prüfung des Schließverhaltens

Bauformen/Bestellbeispiele/Druckverluste von Gasströmungswächtern

Nenndurchfluss

Nennweite	DN 15 (1/2″)	DN 20 (3/4″)	DN 25 (1″)	DN 32 (1 1/4″)	DN 40 (1 1/2″)	DN 50 (2″)
$\dot{V}_{Ges}$ in m³/h Erdgas	2,5	1,6/2,5/4	1,6/2,5/4/6	10	16	16

Druckverlust

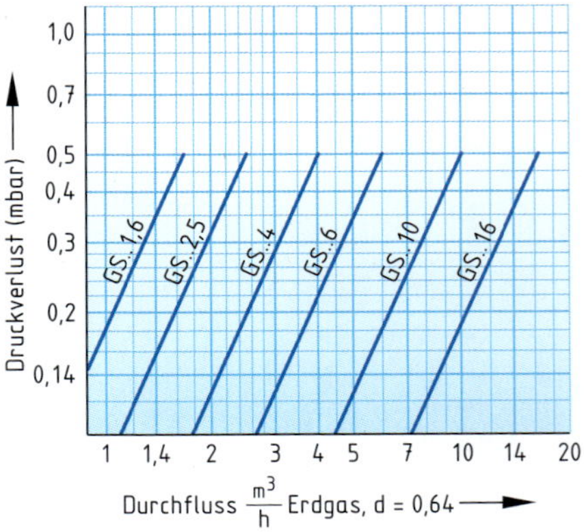

Schließfaktor

Schließfaktor	Typ nach VP305-1	Einbaulage	Bauform
$f_{Smax} = 1{,}45$	Typ K	waagerecht senkrecht nach oben senkrecht nach unten	GS..H..S/GS..H..H GS20H..T/GS25H..T GS20H..D/GS25H..D
$f_{Smax} = 1{,}8$	Typ M	senkrecht nach oben	GS..H..S

Bauform

Bauform	GS..H..AI.	GS..H..IA.	GS..HT..AI. mit thermisch auslösender Absperreinrichtung SENTRY GT
	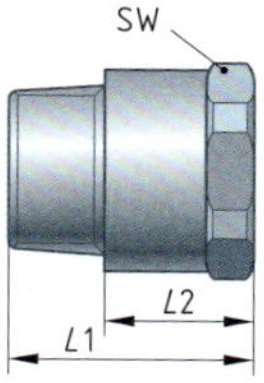	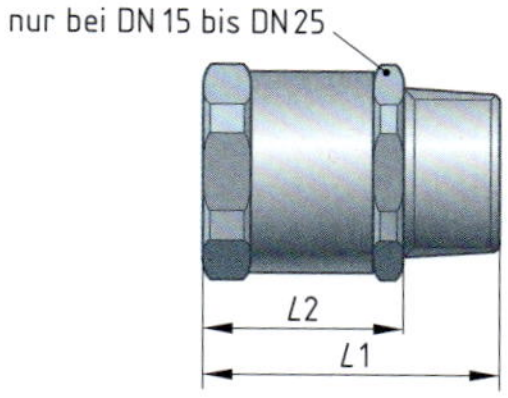	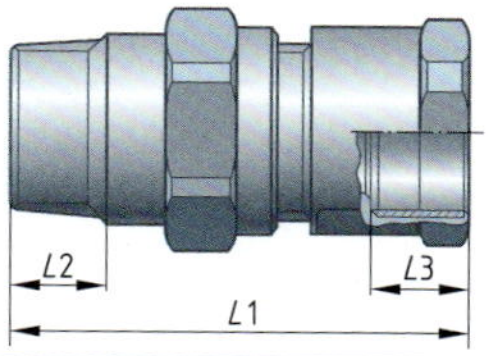
Anschlussgröße	DN 15, DN 20, DN 25, DN 32, DN 40, DN 50		DN 20, DN 25
	1/2″, 3/4″, 1″, 1 1/4″, 1 1/2″, 2″		3/4″, 1″
Gaseingang	Außengewinde A	Innengewinde I	Außengewinde A
Gasausgang	Innengewinde I	Außengewinde A	Innengewinde I

Abmessungen

DN	Gewinde nach DIN EN 10226-1 (ISO 7-1)		SW	Bauform GS..H..AI		Bauform GS..H..IA		Bauform GS..HT..AI		
	außen	innen		L1	L2	L1	L2	L1	L2	L3
15	R ½	Rp ½	27	55	40	53	38	–	–	–
20	R ¾	Rp ¾	32	47	31	54	38	ca. 79	16,3	16,5
25	R 1	Rp 1	41	50	31	56	37	ca. 91	19,1	19,3
32	R 1 ¼	Rp 1 ¼	46	70	46	70	46	–	–	–
40	R 1 ½	Rp 1 ½	50	78	54	78	54	–	–	–
50	R 2	Rp 2	65	82	54	82	54	–	–	–

Beispiel für den Bestellcode: Gasströmungswächter SENTRY GS

SENTRY GS [25] [H] [H] [4] [AI] [S]

Nennweite
DN15, 20, 25, 32, 40, 50

Betriebsdruckbereich
15 hPa - 100 hPa

Gehäuseausführung
H: GS
T: GS mit TAE

Nenndurchfluss V_{Gas} Erdgas
siehe Tabelle

Anschluss Gaseingang - Gasausgang
AI: Außengewinde - Innengewinde
IA: Innengewinde - Außengewinde
(andere Anschlüsse auf Anfrage)

Nennweite
S: waagerecht oder senkrecht nach oben (Standard)
H: waagerecht
T: senkrecht nach oben (DN20, DN25)
D: senkrecht nach unten (DN20, DN25)

7.4 Bemessen von Gasinnenleitungen

7.4.1 Mindestnennweiten von Gasströmungswächtern (bei GS K bis max. 10m Berechnungslänge)

GS	ein Gasgerät	mehrere Gasgeräte	Kupfer Edelst.	Stahlrohr	Wellrohr	Geräteanschlussarmatur
	$\dot{Q}_{NB}$ [kW]	$\dot{Q}_{SB}$ [kW]	d_a	DN	DN	DN
2,5	bis 17	bis 21				
4	18–27	22–34				
6	28–41	35–51	18	20	20	15
10	42–68	52–86	22	20	25	20
10	69–110	87–138	28	25	32	25

7.4.2 Druckverlust Gasströmungswächter

Δp_{GS}	GS 2,5	GS 4	GS 6	GS 10	GS 16
Pa	$\dot{Q}$ in kW				
10	10	17	25	43	68
15	12	20	30	50	81
20	14	23	34	57	92
25	15	25	38	63	102
30	17	27	41	69	110
35	18	29	44	74	119
40	19	31	47	79	126
45	20	33	50	83	134
50	21	34	51	86	138

7.4.3 Druckverlust Balgengaszähler (Zählergruppe)

Δp_{ZG}	G 2,5	G 4	G 6	G 10	G 16
Pa	$\dot{Q}$ in kW				
30	5	8	10	17	25
35	10	14	18	30	44
40	13	18	23	39	57
45	15	21	28	47	68
50	17	24	32	53	77
55	19	27	35	59	85
60	21	29	38	64	92
65	22	31	41	69	99
70	24	33	44	73	106
75	25	35	46	77	112

Δp_{ZG}	G 2,5	G 4	G 6	G 10	G 16
Pa	$\dot{Q}$ in kW				
80	26	37	49	81	118
85	28	39	51	85	123
90	29	40	53	89	128
95	30	42	55	92	134
100	31	43	57	96	138
105	32	45	59	99	143
110	33	46	61	102	148
115	34	48	63	105	152

7.4.4 Druckverluste von Gasgeräteanschlussarmatur mit thermisch auslösende Einrichtung (TAE)

Eckform (E)							
Δp_{GA}	GSD[1,2]	DN 15	DN 20	DN 25	DN 32	DN 40	DN 50
Pa	$\dot{Q}$ in kW						
5	3	7	12	20	37	58	75
10	4	9	15	26	48	75	96
15	5	11	18	31	57	89	114
20		12	21	36	64	100	130
25	6	14	23	40	71	111	143
30		15	25	43	77	121	156
35	7	16	27	46	83	130	167
40		17	29	49	89	138	178
45	8	18	31	52	94	146	188
50		19	32	55	98	154	198
55	9	20	34	57	103	161	207
60		21	35	60	107	168	216
65		22	37	62	112	174	225
70	10		38	64	116	181	233
75		23	39	67	120	187	241
80	11	24	41	69	124	193	248
90		26	44	74	133	207	267
100	12	27	46	78	139	218	280
110	13	28	48	81	146	228	293

[1] GSD = Gassteckdose
[2] GSD mit ½"-Anschluss (entspricht DN 12 nach DIN EN 15069)

Durchgangsform D[1]						
Δp_{GA}	DN 15	DN 20	DN 25	DN 32	DN 40	DN 50
Pa	$\dot{Q}$ in kW					
5	10	21	33	56	83	135
10	13	27	43	73	108	175
15	16	32	51	86	127	207
20	18	36	58	97	144	235
25	20	40	64	108	160	259
30	21	44	69	117	173	282
35	23	47	74	126	186	303
40	25	50	79	134	198	322
45	26	53	84	141	210	341
50	27	55	88	149	220	358
55	29	58	92	156	231	375
60	30	60	96	162	240	391
65	31	63	100	169	250	406
70	32	65	103	175	259	421
75	33	67	107	181	268	435
80	34	69	110	186	276	449
85	35	71	114	192	285	463
90	36	73	117	197	293	476

[1] gilt auch für separate TAE

7.4.5 Druckverluste von Gasgeräteanschlussarmatur ohne TAE

Eckform (E)						
Δp_{AE}	DN 15	DN 20	DN 25	DN 32	DN 40	DN 50
Pa	$\dot{Q}$ in kW					
5	10	18	29	53	82	106
10	13	23	38	68	106	137
15	16	27	45	81	126	162
20	18	31	51	92	143	184
25	20	34	56	101	158	203
30	21	37	61	110	172	221
35	23	39	66	118	184	237
40	25	42	70	126	196	252
45	26	44	74	133	207	267
50	27	47	78	140	218	280

Durchgangsform D						
Δp_{AE}	DN 15	DN 20	DN 25	DN 32	DN 40	DN 50
Pa	$\dot{Q}$ in kW					
5	15	29	47	79	118	191
10	19	38	61	103	152	247
15	22	45	72	121	180	292
20	25	51	82	138	204	331
25	28	56	90	152	225	366
30	31	61	98	165	245	398
35	33	66	105	178	263	428
40	35	70	112	189	280	455
45	37	74	119	200	296	482
50	39	78	125	210	312	506

7.4.6 Rohrdruckgefälle Kupfer- und Edelstahlrohr

Δp_{ZG}	d_a 15	18	22	28	35	42	54	64	76,1	89,9
Pa/m	$\dot{Q}$ in kW									
0.4			4	10	20	36	71	118	196	305
0.6			6	13	26	45	91	150	245	385
0.8		3	8	15	31	54	107	177	290	455
1.0		4	9	18	35	61	122	200	330	515
1.2		5	10	19	39	68	134	220	365	570
1.4		6	11	21	42	74	146	240	395	615
1.6	3		12	23	46	79	157	255	425	665
1.8		7	13	24	49	85	168	275	455	705
2.0	4		14	27	53	92	183	300	495	770
2.5	5	8	16	31	61	105	205	340	560	870
3.0		9	18	34	67	116	225	375	615	960
3.5	6	10	20	37	73	126	245	405	670	1040
4.0		11	22	40	80	138	270	445	730	1140
5	7	13	25	46	91	157	305	505	830	1290
6	8	14	27	51	100	173	340	555	915	1420
7	9	16	30	55	109	188	365	600	990	1540
8		17	32	59	117	200	395	645	1060	1650
9	10	18	34	63	125	215	420	690	1130	1750
10	**11**	**20**	**37**	**69**	**136**	**230**	**455**	**750**	**1230**	**1900**
12	12	22	41	76	150	255	500	820	1350	2090
14	13	24	45	83	163	275	545	890	1460	2270
16	14	26	48	89	175	300	585	955	1570	2430
18	15	28	51	95	186	315	625	1020	1670	2590
20	16	29	54	101	197	335	660	1080	1760	2740

7.4.7 Rohrdruckgefälle Stahlrohr

DIN EN 10255 mittlere Reihe

R	DN 15	20	25	32	40	50	60	80
Pa/m	$\dot{Q}$ in kW							
0.4		6	12	27	41	80	164	250
0.6		8	15	34	52	100	205	315
0.8	3	9	18	40	61	118	240	370
1.0	4	11	21	46	70	134	270	420
1.2	5	12	23	50	76	147	300	460
1.4		13	25	54	83	159	320	500
1.6	6	14	27	58	89	171	345	535
1.8		15	29	62	95	182	365	570
2.0	7	16	31	68	103	197	400	615
2.5	8	18	35	77	116	220	450	695
3.0	9	20	39	84	128	240	490	760
3.5		22	42	91	138	260	530	820
4.0	10	24	46	100	151	285	580	895
5	12	28	52	112	170	325	655	1010
6	13	30	57	123	187	355	715	1100
7	14	33	62	133	200	380	775	1190
8	15	35	67	143	215	410	825	1270
9	16	37	71	152	225	435	875	1350
10	**17**	**41**	**77**	**164**	**245**	**470**	**950**	**1460**
12	19	45	84	180	270	515	1030	1590
14	21	48	91	194	290	555	1110	1720
16	22	52	97	205	310	590	1190	1830
18	24	55	104	220	330	630	1260	1940
20	25	58	109	230	350	660	1330	2050

7.4.8 Rohrdruckgefälle Wellrohr

Δp_{ZG}	DN 15	20	25	32	40	50
Pa/m	$\dot{Q}$ in kW					
0.4		3	8	16	29	53
0.6		5	10	20	36	66
0.8		6	12	23	42	77
1.0	3	7	13	26	47	86
1.2		8	14	28	52	94
1.4	4		16	31	56	101
1.6		9	17	33	60	108
1.8		10	18	35	63	115
2.0	5	11	19	38	68	124
2.5		12	22	42	77	139
3.0	6	13	24	46	84	151
3.5		14	26	50	90	163
4.0	7	15	28	54	98	177
5	8	17	32	61	110	199
6	9	19	34	67	120	215
7		21	37	72	129	230
8	10	22	40	77	138	245
9	11	23	42	81	146	260
10	12	25	45	87	157	280
12	13	28	50	95	171	305
14	14	30	53	103	184	330
16	15	32	57	109	197	350
18	16	34	60	116	205	370
20	17	36	64	122	215	390

7.4.9 Längenzuschlag für Formteile

d_a DN	bis 28 bis 25	35 32	42 40	54 50
T-Abzweig l_{TA} in m	0,7	1	1,5	2
90°-Winkel l_W in m	0,3	0,5	0,7	1

7.4.10 Bemessung von **Einzelzuleitungen** aus Kupfer und Edelstahl

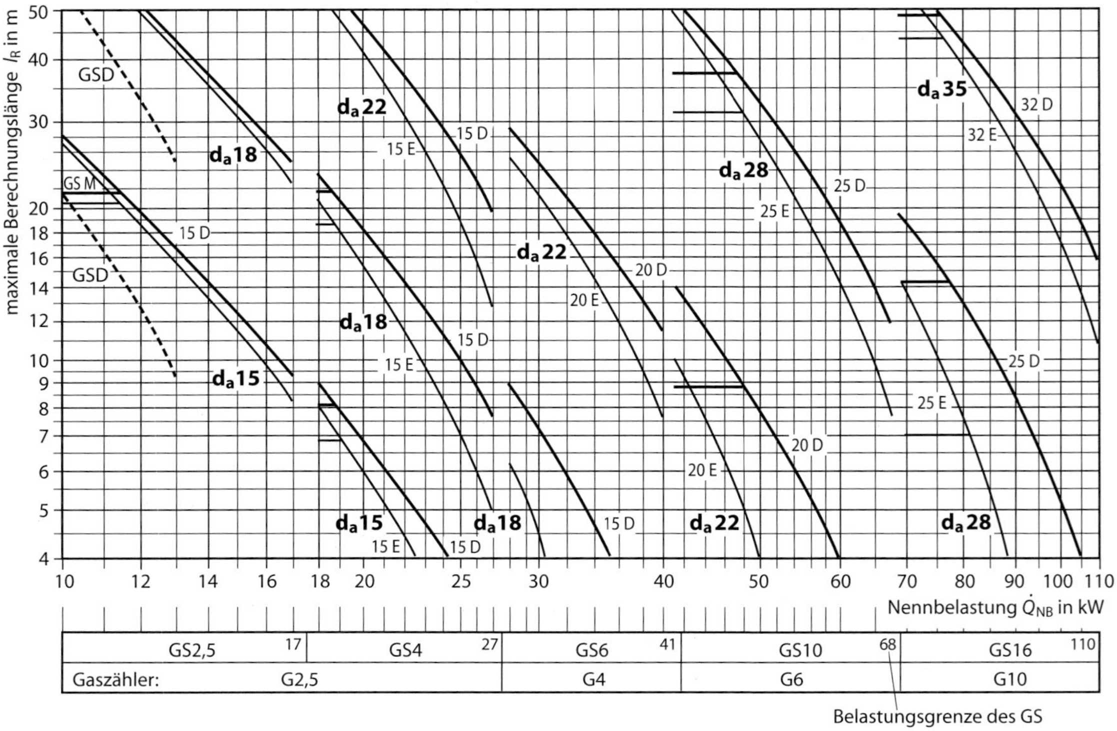

7.4.11 Bemessung von **Einzelzuleitungen** aus mittelschweren Stahlrohr nach DIN EN 10255

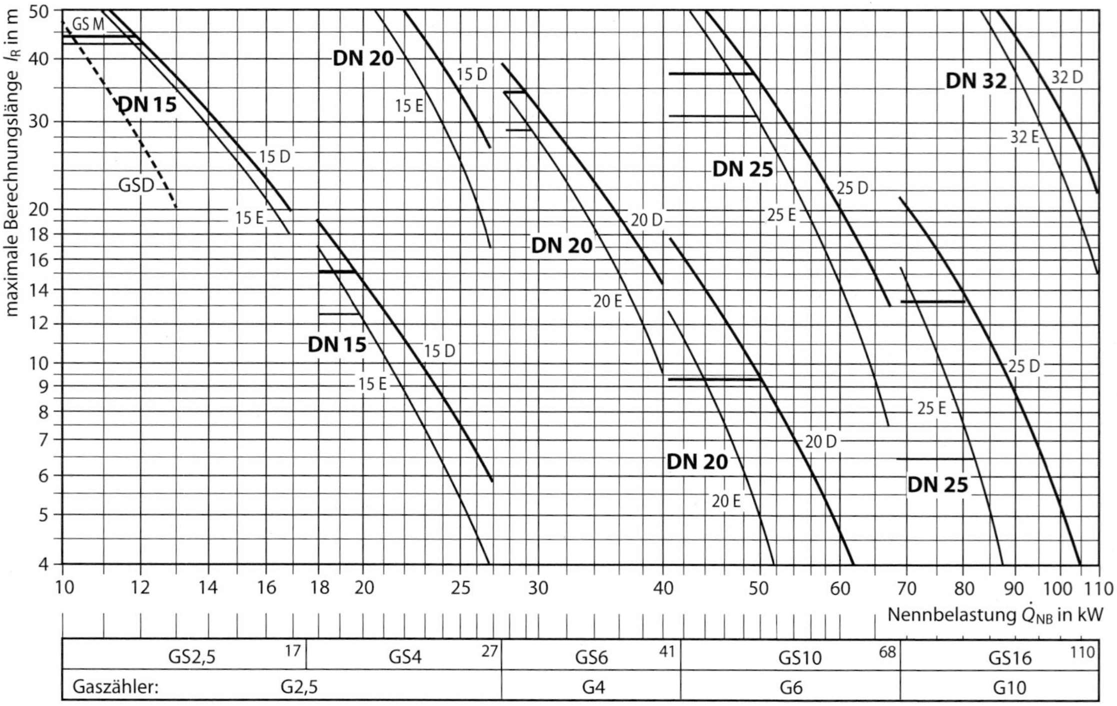

7.4.12 Bemessung von **Einzelzuleitungen** aus Wellrohr

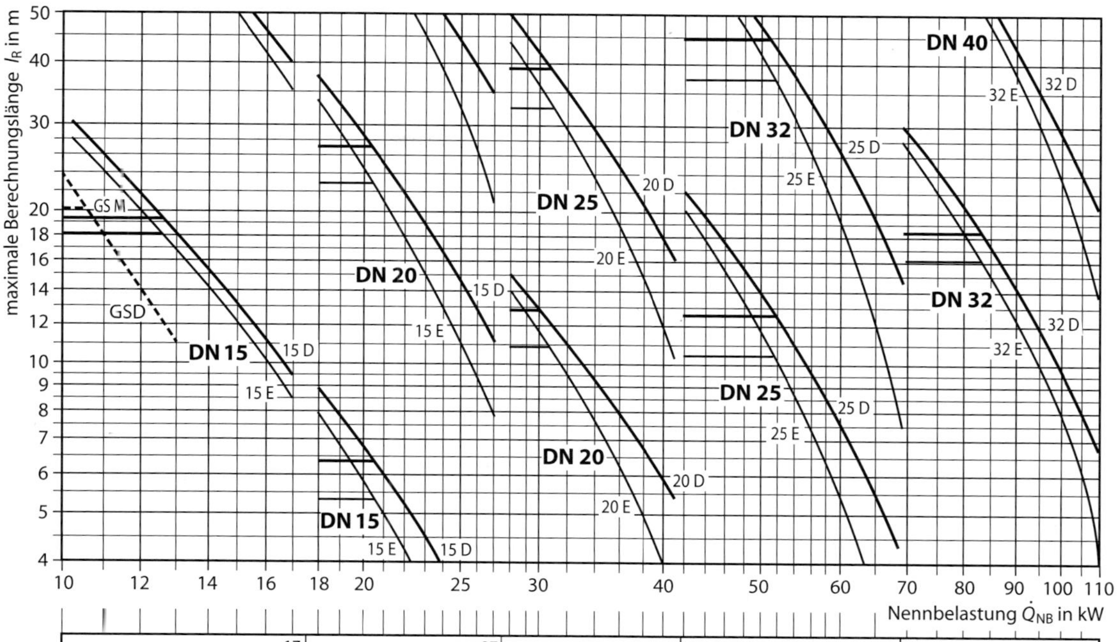

GS2,5 17	GS4 27	GS6 41	GS10 68	GS16 110
Gaszähler: G2,5		G4	G6	G10

7.4.13 Protokoll über die Durchführung der Belastungs- und Dichtheitsprüfung

Bauvorhaben:

Auftraggeber vertreten durch:

Auftragnehmer vertreten durch:

Der max. Betriebsdruck in hPa:

Die Gasleitung wurde ☐ als Gesamtleitung ☐ in ____ Teilabschnitten geprüft

Prüfmedium ☐ Luft ☐ Stickstoff ☐ ....

Alle Leitungen sind mit metallenen Stopfen, Kappen, Steckscheiben oder Blindflanschen verschlossen.

Gasinstallation ≤ 100 hPa (Niederdruck)

1. Belastungsprüfung
1.1 Armaturen
☐ ausgebaut
☐ eingebaut (Nenndruck ≥ Prüfdruck)
1.2 ☐ Prüfdruck 0,1 MPa
1.3 ☐ Prüfzeit 10 Minuten
1.4 ☐ Prüfdruck während der Prüfzeit nicht gefallen

2. Dichtheitsprüfung
2.1 ☐ Die Armaturen sind eingebaut.
2.2 ☐ Prüfdruck 150 hPa
2.3 ☐ Prüfzeit nach Tabelle
2.4 ☐ Prüfdruck während der Prüfzeit nicht gefallen
2.5 Die Anlage ist dicht.

Leitungsvolumen	Anpassungszeit	mind. Prüfdauer
☐ < 100 l	10 min	10 min
☐ ≥ 100 l < 200 l	30 min	20 min
☐ ≥ 200 l	60 min	30 min

Gasinstallation > 100 hPa ≤ 0,1 MPa (Mitteldruck)

1. Kombinierte Belastungs- und Dichtheitsprüfung
1.1 ☐ Armaturen sind eingebaut (Nenndruck ≥ Prüfdruck)
1.2 ☐ Prüfdruck 0,3 MPa
1.3 ☐ Temperaturausgleich ca. 3 Stunden
1.4 ☐ Prüfzeit ≥ 2 Stunden
1.5 ☐ Prüfdruck während der Prüfzeit nicht gefallen
1.6 ☐ Die Anlage ist dicht.

Ort/Datum

Firmenstempel/Unterschrift des Prüfers

7.5 Aufstellen von Gasgeräten

7.5.1 Einteilung der Gasgeräte *classification of gas appliances*

Gasgeräte Typ A:	Raumluft abhängig	ohne Abgasanlage
Gasgeräte Typ B:	Raumluft abhängig	mit Abgasanlage
Gasgeräte Typ C:	Raumluft unabhängig	mit Abgasanlage

7.5.2 Aufstellbedingungen für Gasgeräte Typ A: *Installation conditions for gas appliances type A*

- **Für Gas-Haushalts-Kochgeräte**
  $\Phi_{NB} \leq 11$ kW $\Rightarrow V_R \geq 15$ m³ und Türe oder Fenster, das ins Freie geöffnet werden kann.

  Φ_{NB} = Nennwärmebelastung in kW
  V_R = Raumvolumen in m³
  (Abweichungen des Raumvolumens nach Landesbauordnung möglich)

- **Für Gas-Durchlaufwasserheizer und Gas-Raumheizungen**
  Maschinelle Lüftungsanlage $\dot{V} \geq 30$ m³/h je kW Gesamtnennleistung $\sum \Phi_{NL}$
  $\dot{V}$ = Luftvolumenstrom in m³/h
  $\sum \Phi_{NL}$ = Gesamtnennleistung in kW
  oder
  besondere Sicherheitseinrichtung die den CO Gehalt ≤ 30 ppm

7.5.3 Aufstellbedingungen für Gasgeräten Typ B: ($\Phi_{NL} \leq 35$ KW)

Mit Strömungssicherung (B_1, B_4) gilt Schutzziel 1 und Schutzziel 2. Für alle anderen Gasgeräten Typ B (**$\Phi_{NL} \leq 35$ KW**) gilt nur Schutzziel 2.

Schutzziel 1: Sicheres Betriebsverhalten im Anfahrzustand für raumluftabhängige Gasgeräte mit Strömungssicherung bei kurzzeitigem Gasaustritt.

RLV = Raum-Leistungs-Verhältnis
RLV ≥ 1m³/kW
Bedeutet:

1 kW Nennwärmeleistung muss ein Raumvolumen von 1m³ gegenüberstehen.

RLV ≥ 1m³/kW
oder
2 benachbarte Räume, die durch zwei Öffnungen mit je 150 cm² miteinander verbunden sind.

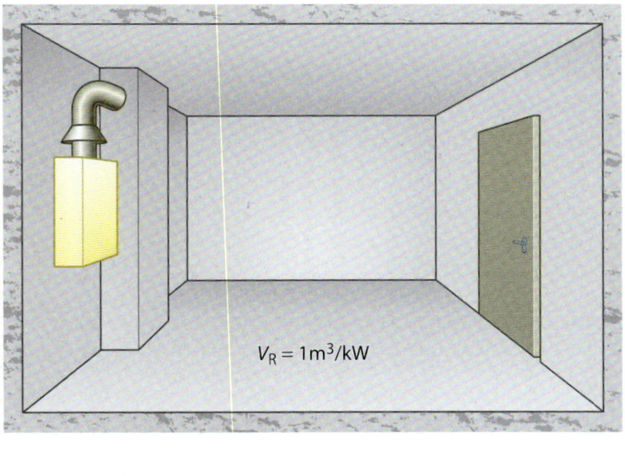

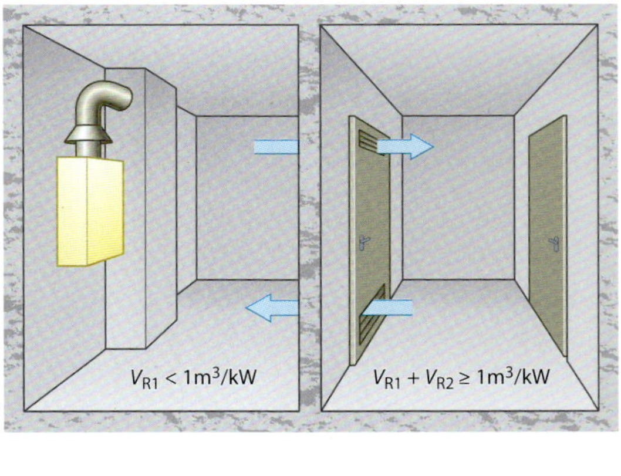

Schutzziel 2: Sicherung der Verbrennungsluftversorgung für alle raumluftabhängigen Gasgeräte

Der Verbrennungsluftbedarf q_{Bed} ist zu berechnen:

$$q_{Bed} = \Sigma \dot{Q}_{NL} \cdot 1{,}6 \frac{m^3}{h}$$

$\Sigma \dot{Q}_{NL}$ = Gesamtnennleistung

Unmittelbarer Raumluftverbund: Sicherstellung der Verbrennungsluftversorgung mit Verbrennungsluftöffnung (siehe Darstellung) oder mit umlaufender Dichtung und un-/gekürztem Türblatt

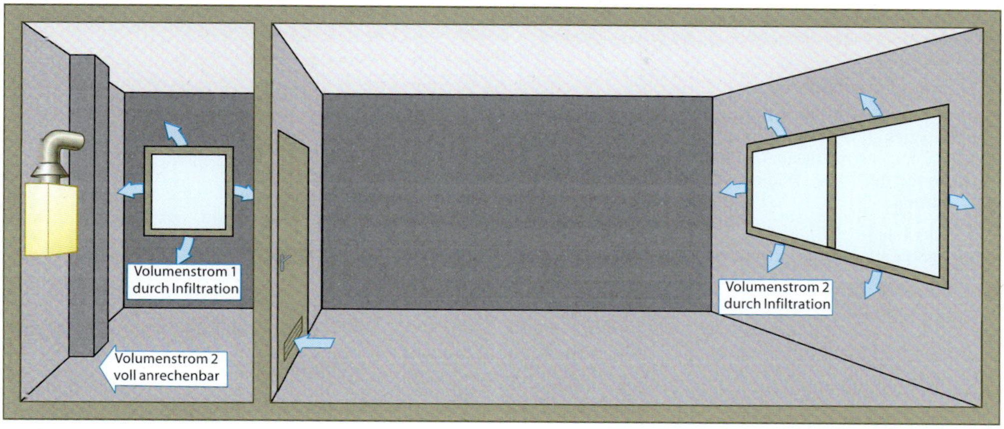

Mittelbarer Raumluftverbund: Sicherstellung der Verbrennungsluftversorgung zwischen Verbrennungsluftraum und Verbundraum mit Verbrennungsluftöffnung (siehe Darstellung) oder mit umlaufender Dichtung und un-/gekürztem Türblatt.

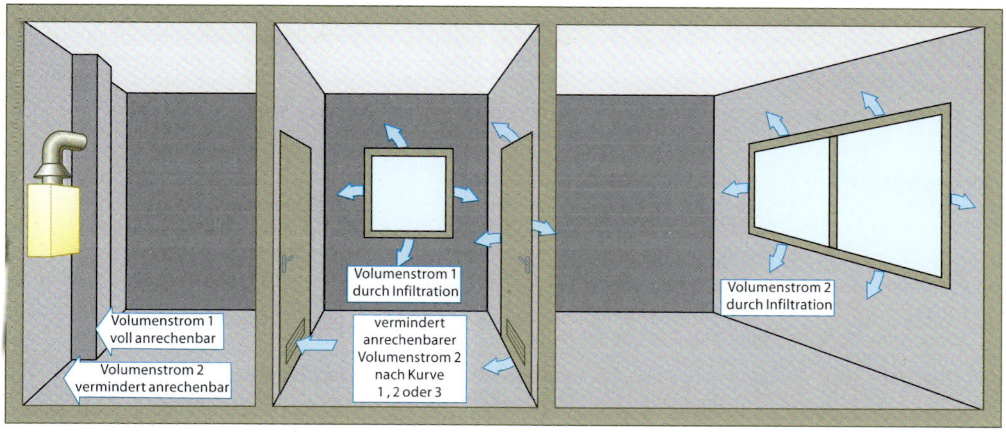

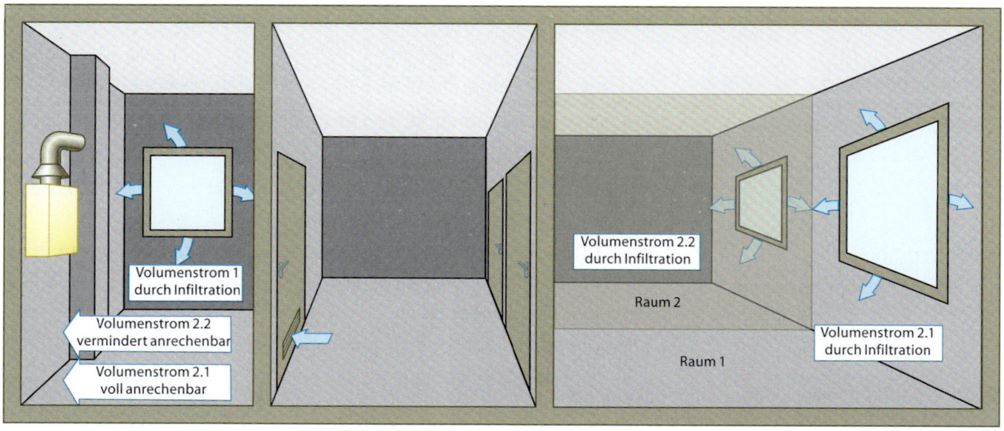

Ermittlung des anrechenbaren Verbrennungsluftvolumenstroms q_{VLanr} in bei einem gemessenen n_{50}-Wert

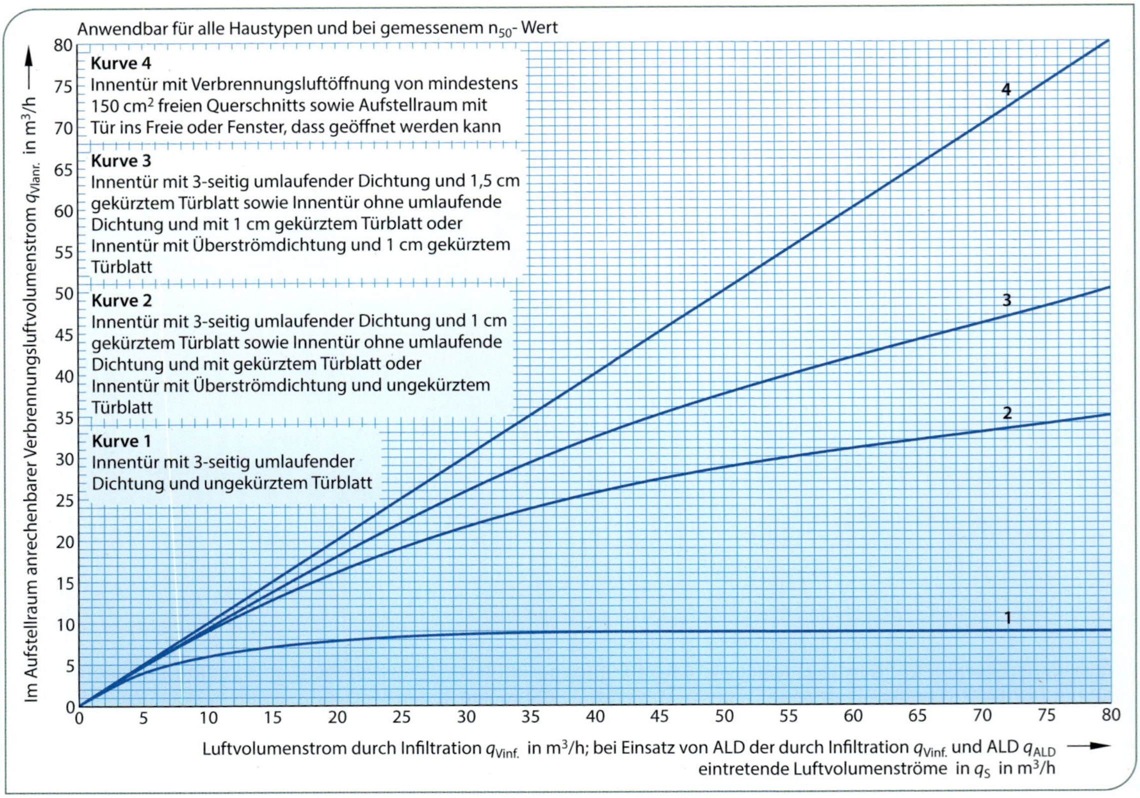

7.5.4 Sicherstellung der Verbrennungsluftversorgung – Vorgehen

(1) Voraussetzung

$q_{VL,anr} \geq q_{Bed}$ in $\frac{m^3}{h}$

$q_{VL,anr}$ = anrechenbarer Verbrennungsluftvolmenstrom in $\frac{m^3}{h}$

$q_{Bed} = \Sigma\, \dot{Q}_{NL} \cdot 1{,}6$ in $\frac{m^3}{h}$

(2) Berechnung der Verbrennungsluftversorgung durch Infiltration und Außenluftdurchlässe (ALD) bis 50kW

$q_{v,inf} = V_R \times f_{wirk.komp.} \times n_{50} \times 0{,}1857$

$n = f_{wirk.komp.} \times n_{50} \times 0{,}1857$

$q_{v,inf} = V_R \times n$ in $\frac{m^3}{h}$

$q_s = q_{v,inf} + z + q_{ALD}$ in $\frac{m^3}{h}$

$q_{v,inf}$ = Luftvolumenstrom durch Infiltration in $\frac{m^3}{h}$

$f_{wirk.komp.}$ = Korrekturfaktor (eingeschossige Wohnung/Nutzungseinheit = 0,7; mehrgeschossige Wohnung/Nutzungseinheit = 0,8)

V_R = Raumvolumen (mit Tür/Fenster ins Freie) in m³

n = Luftwechselrate in $\frac{1}{m^3}$

n_{50} = Messwert des Luftwechsels (LW) bei 50 Pa in $\frac{1}{m^3}$ oder Auslegungswert nach Tabelle Seite 503 oben

q_s = Summe des einströmenden Luftvolumens durch Infiltration und Außenluftdurchlässe (ALD) in $\frac{m^3}{h}$

z = Anzahl der ALD

q_{ALD} = Herstellerangabe des Luftvolumenstroms bei einem Differenzdruck von 4Pa in $\frac{m^3}{h}$

Tabelle

Bemerkungen/Kriterien für Zuordnung	Ausiegungswert n_{50}	Wohnung/Nutzungseinheit[a] eingeschossig		Wohnung/Nutzungseinheit[a] mehrgeschossig	
		Korrekturfaktor $f_{wirk.komp}$ 0,7	Errechnete Luftwechselrate n in 1/h	Korrekturfaktor $f_{wirk.komp}$ 0,8	Errechnete Luftwechselrate n in 1/h
Ventilatorgestützte Lüftung[b] in ab 2002 errichteten Ein- und Mehrfamilienhäusern	1,0	Haustyp 1	0,13	Haustyp 2	0,15
Freie Lüftung[c] in ab 2002[d] errichteten Ein- und Mehrfamilienhäusern Freie Lüftung in vor 2002 errichteten Mehrfamilienhäusern mit wesentlichen Änderungen[e] der Luftdurchlässigkeit der Gebäudehülle	1,5	Haustyp 3	0,19	Haustyp 4	0,22
Freie Lüftung in vor 2002 errichteten Einfamilienhäusern mit wesentlichen Änderungen der Luftdurchlässigkeit der Gebäudehülle[d]	2,0	Haustyp 5	0,26	Haustyp 6	0,3
Freie Lüftung in vor 2002 errichteten Ein- und Mehrfamilienhäusern ohne wesentliche Änderungen[e] der Luftdurchlässigkeit der Gebäudehülle	3	Haustyp 7	0,4[f]	Haustyp 7	0,4[f]

[a] Eingeschossig / mehrgeschossig ist die Geschosszahl innerhalb der Wohnung/Nutzungseinheit, z. B. Wohnung in einer Etage eines Mehrfamilienhauses = eingeschossig; Wohnung über 2 Etagen eines Mehrfamilienhauses = mehrgeschossig
[b] Z. B. kontrollierte Be- und Entlüftung mittels eines oder mehrerer Ventilatoren
[c] Lüftung über Undichtheiten in der Gebäudehülle, z. B. Fensterfugen
[d] D. h. nach EnEV 2002 und folgende errichtete Gebäude
[e] Eine wesentliche Änderung der Luftdurchlässigkeit der Gebäudehülle liegt z. B. vor, wenn
– in einer Nutzungseinheit mehr als ⅓ der vorhandenen Fenster ausgetauscht wurde oder
– in einem Einfamilienhaus mehr als ⅓ der vorhandenen Fenster ausgetauscht oder mehr als ⅓ der Dachfläche abgedichtet wurde.
[f] Entspricht der bisherigen 4 m³/kW-Regel.

Formblatt zur Ermittlung der ausreichenden Verbrennungsluftversorgung von raumluftabhängigen Feuerstätten bis Nennleistung im Verbrennungsluftverbund unter Anwendung von Diagramm Seite 504 bzw. Tabellen XYZ der TRGI

Objekt:									Messwert (wenn vorhanden)			Kennwerte der Nutzungseinheit (TRGI 2018)								
Datum:									n_{50}-Wert gemessen			$F_{wirk.komp}$		n_{50}-Auslegungswert			Haustyp		errechneter Luftwechsel in 1/h	
Ist-Zustand									Schutzziel 1			Schutzziel 2								
Raum			Verbrennungslufträume (VLR)[1)]			Feuerstätte(n)			min.1 m³ je kW			Werte aus Diagramm Bild 1, S. 504 oder Tabelle Bild 1, S. 506		Änderung	Werte aus Diagramm Bild 1, S. 504 oder Tabelle Bild 1, S. 506		Vom Hersteller angegebener Luftvolumenstrom bei 4 Pa in m³/h			
Spalte	1	2	3	4	5	6	7	8	9	10	11	12	13	14	15	16	17	18	19	20
Nr. des Raumes laut Skizze	Nutzung	Raumvolumen (VR)	bei Berechnung der Infiltration[2)]	Angenommenes Raumvolumen bei Nutzung Tabelle XX[3)]	Luftvolumenstrom durch Infiltration	Verwendungszweck/Art	Nennleistung bzw. fiktive Leistung	Verbrennungsluftbedarf	RLV[4)] nur Aufstellraum	Raumvolumen Aufstellraum und Nebenraum	RVL[4)] für Aufstellraum und Nebenraum	Kurve nach TRGI	Anrechenbarer Verbrennungsluftvolumenstrom bei Kurve aus Spalte 12	Maßnahme an der Tür des Raumes zur Verbesserung des Luftdurchlasses	Neue Kurve nach Maßnahme aus Spalte 14	Anrechenbarer Verbrennungsluftvolumenstrom bei Kurve aus Spalte 15	Anzahl ALD	Luftvolumenstrom ALD	Summe Luftvolumenstrom Spalte 5 + Spalte 18	Anrechenbarer Verbrennungsluftvolumenstrom bei Kurve aus Spalte 15[5)]
Maßeinheit		m³	m³	m³	m³/h		kW	m³/h		m³			m³/h			m³/h		m³/h	m³/h	m³/h
I																				
II																				
III																				
IV																				
V																				
VI																				
VII																				
Σ	×					×			×			×		×	×					

1) VLR sind Räume mit Tür oder Fenster ins Freie das geöffnet werden kann; 2) gleiches Volumen wie Spalte 2; 3) ist das Raumvolumen des zu berechnenden Raumes in Bild 1, nächste Seite für den betrachteten Haustyp nicht enthalten, wird der Wert für das nächst kleinere Raumvolumen verwendet – dieses Raumvolumen ist in Spalte 4 einzutragen; 4) Raum-Leistungs-Verhältnis (RVL) = Raumvolumen durch Leistung; 5) steht in Spalte 15 keine Kurve (wurde also an der vorhandenen Tür dieses Raumes keine Änderung vorgenommen) gilt die Kurve aus Spalte 12

Tabelle A Anrechenbarer Verbrennungsluftvolumenstrom in Abhängigkeit vom Haustyp[a]

Eingeschossige Wohnung / Nutzungseinheit			Mehrgeschossige Wohnung / Nutzungseinheit			Referenzwert nach TRGI 2018	Anrechenbarer Verbrennungsluftvolumenstrom $q_{Vl,anr}$ [m³/h]					
Ventilatorgestützte Lüftung in ab 2002 errichteten EFH/MFH	freie Lüftung in vor 2002 errichteten EFH/MFH oder – in vor 2002 errichteten MFH mit wesentlicher Änderung der Luftdurchlässigkeit	freie Lüftung in vor 2002 errichteten EFH mit wesentlicher Änderung der Luftdurchlässigkeit	Ventilatorgestützte Lüftung in ab 2002 errichteten EFH/MFH	freie Lüftung – in ab 2002 errichteten EFH/MFH oder – in vor 2002 errichteten MFH mit wesentlicher Änderung der Luftdurchlässigkeit	Freie Lüftung in vor 2002 errichteten EFH mit wesentlicher Änderung der Luftdurchlässigkeit	Freie Lüftung in vor 2002 EFH/MFH ohne wesentliche Änderungen der Luftdurchlässigkeit	Aufstellraum mit Tür ins Freie oder Fenster, das geöffnet werden kann sowie Innentür mit Verbrennungsluftöffnung von mind. 150 cm² freien Querschnittes	Innentür ohne umlaufende Dichtung oder mit Überströmdichtung		Innentür mit 3-seitig umlaufender Dichtung		
$n_{50} = 1{,}0$	$n_{50} = 1{,}5$	$n_{50} = 2{,}0$	$n_{50} = 1{,}0$	$n_{50} = 1{,}5$	$n_{50} = 2{,}0$	$n_{50} = 3{,}0$	Verbrennungs-Luftvolumenstrom durch Infiltration					
$f_{wirk.komp.} = 0{,}7$			$f_{wirk.komp.} = 0{,}8$			$f_{wirk.komp.} = 0{,}7$						
$n = 0{,}13\ h^{-1}$	$n = 0{,}19\ h^{-1}$	$n = 0{,}26\ h^{-1}$	$n = 0{,}15\ h^{-1}$	$n = 0{,}22\ h^{-1}$	$n = 0{,}3\ h^{-1}$	$n = 0{,}4\ h^{-1}$	Kurve 4	Kurve 2	Kurve 3	Kurve 1	Kurve 2	Kurve 3
Haustyp 1 Raumvolumen [m³]	Haustyp 3 Raumvolumen [m³]	Haustyp 5 Raumvolumen [m³]	Haustyp 2 Raumvolumen [m³]	Haustyp 4 Raumvolumen [m³]	Haustyp 6 Raumvolumen [m³]	Haustyp 7 Raumvolumen [m³]	[m³/h]	Türblatt ungekürzt	Türblatt 1,0 cm gekürzt	Türblatt ungekürzt	Türblatt 1,0 cm gekürzt	Türblatt 1,5 cm gekürzt
6	4	3	5	4	3	2	0,8	0,8	0,8	0,8	0,8	0,8
12	8	6	11	7	5	4	1,6	1,4	1,4	1,4	1,4	1,4
18	13	9	16	11	8	6	2,4	2,2	2,2	2,2	2,2	2,2
25	17	12	21	15	11	8	3,2	3,0	3,0	2,7	3,0	3,0
31	21	15	27	18	13	10	4	3,8	3,8	3,4	3,8	3,8
37	25	18	32	22	16	12	4,8	4,5	4,6	3,7	4,5	4,6
43	29	22	37	25	19	14	5,6	5,1	5,3	4,2	5,1	5,3
49	34	25	43	29	21	16	6,4	5,9	6,1	4,5	5,9	6,1
55	38	28	48	33	24	18	7,2	6,6	6,9	5,0	6,6	6,9
62	42	31	53	36	27	20	8	7,4	7,5	5,3	7,4	7,5
68	46	34	49	40	29	22	8,8	8,0	8,3	5,6	8,0	8,3
74	51	37	64	44	32	24	9,6	8,6	9,1	5,8	8,6	9,1
80	55	40	69	47	35	26	10,4	9,3	9,8	6,1	9,3	9,8
86	59	43	75	51	37	28	11,2	9,9	10,6	6,2	9,9	10,6
92	63	46	80	55	40	30	12	10,6	11,4	6,6	10,6	11,4
98	67	49	85	58	43	32	12,8	11,2	12,0	6,7	11,2	12,0
105	72	52	91	62	45	34	13,6	11,7	12,6	6,9	11,7	12,6
111	76	55	96	65	48	36	14,4	12,3	13,4	7,0	12,3	13,4
117	80	58	101	69	51	38	15,2	13,0	14,1	7,0	13,0	14,1
123	84	62	107	73	53	40	16	13,6	14,9	7,2	13,6	14,9
129	88	65	112	76	56	42	16,8	14,1	15,5	7,4	14,1	15,5
135	93	68	117	80	59	44	17,6	14,6	16,2	7,5	14,6	16,2
142	97	71	123	84	61	46	18,4	15,0	17,0	7,5	15,0	17,0
148	101	74	128	87	64	48	19,2	15,7	17,6	7,7	15,7	17,6
154	105	77	133	91	67	50	20	16,2	18,2	7,7	16,2	18,2
160	109	80	139	95	69	52	20,8	16,6	18,9	7,8	16,6	18,9
166	114	83	144	98	72	54	21,6	17,1	19,5	7,8	17,1	19,5
172	118	86	149	102	75	56	22,4	17,6	20,0	8,0	17,6	20,0
178	122	89	155	105	77	58	23,2	18,1	20,8	8,0	18,1	20,8
185	126	92	160	109	80	60	24	18,6	21,4	8,2	18,6	21,4
191	131	95	165	113	83	62	24,8	19,0	22,1	8,2	19,0	22,1
197	135	98	171	116	85	64	25,6	19,4	22,7	8,2	19,4	22,7
203	139	102	176	120	88	66	26,4	19,8	23,4	8,2	19,8	23,4
209	143	105	181	124	91	68	27,2	20,3	23,8	8,3	20,3	23,8
215	147	108	187	127	93	70	28	20,6	24,5	8,3	20,6	24,5

[a] ist das Raumvolumen des zu berechnenden Raumes in der Tabelle für den betrachteten Haustyp nicht enthalten, ist der Wert für das nächstkleiere Raumvolumen zu verwenden. Der anrechenbare Verbrennungsluftvolumenstrom kann auch durch Interpolation ermittelt werden.

Fortsetzung Tabelle 9–3 Anrechenbarer Verbrennungsluftvolumenstrom in Abhängigkeit vom Haustyp

Eingeschossige Wohnung / Nutzungseinheit			Mehrgeschossige Wohnung / Nutzungseinheit			Referenzwert nach TRGI 2018	Anrechenbarer Verbrennungsvolumenstrom $q_{VL,anr}$ [m³/h]					
Ventilatorgestützte Lüftung in ab 2002 errichteten EFH/MFH	freie Lüftung in vor 2002 errichteten EFH/MFH oder – in vor 2002 errichteten MFH mit wesentlicher Änderung der Luftdurchlässigkeit	freie Lüftung in vor 2002 errichteten EFH mit wesentlicher Änderung der Luftdurchlässigkeit	Ventilatorgestützte Lüftung in ab 2002 errichteten EFH/MFH	freie Lüftung – in ab 2002 errichteten EFH/MFH oder – in vor 2002 errichteten MFH mit wesentlicher Änderung der Luftdurchlässigkeit	Freie Lüftung in vor 2002 errichteten EFH mit wesentlicher Änderung der Luftdurchlässigkeit	Freie Lüftung in vor 2002 EFH/MFH ohne wesentliche Änderungen der Luftdurchlässigkeit	Aufstellraum mit Tür ins Freie oder Fenster, das geöffnet werden kann sowie Innentür mit Verbrennungsluftöffnung von mind. 150 cm² freien Querschnittes	Innentür ohne umlaufende Dichtung oder mit Überströmdichtung		Innentür mit 3-seitig umlaufender Dichtung		
$n_{50} = 1{,}0$	$n_{50} = 1{,}5$	$n_{50} = 2{,}0$	$n_{50} = 1{,}0$	$n_{50} = 1{,}5$	$n_{50} = 2{,}0$	$n_{50} = 3{,}0$	Verbrennungs-Luftvolumenstrom durch Infiltration					
$f_{wirk.komp.} = 0{,}7$			$f_{wirk.komp.} = 0{,}8$			$f_{wirk.komp.} = 0{,}7$						
$n = 0{,}13\ h^{-1}$	$n = 0{,}19\ h^{-1}$	$n = 0{,}26\ h^{-1}$	$n = 0{,}15\ h^{-1}$	$n = 0{,}22\ h^{-1}$	$n = 0{,}3\ h^{-1}$	$n = 0{,}4\ h^{-1}$	Kurve 4	Kurve 2	Kurve 3	Kurve 1	Kurve 2	Kurve 3
Haustyp 1 Raumvolumen [m³]	Haustyp 3 Raumvolumen [m³]	Haustyp 5 Raumvolumen [m³]	Haustyp 2 Raumvolumen [m³]	Haustyp 4 Raumvolumen [m³]	Haustyp 6 Raumvolumen [m³]	Haustyp 7 Raumvolumen [m³]	[m³/h]	Türblatt ungekürzt	Türblatt 1,0 cm gekürzt	Türblatt ungekürzt	Türblatt 1,0 cm gekürzt	Türblatt 1,5 cm gekürzt
222	152	111	192	131	96	72	28,8	21,1	25,1	8.3	21,1	25,1
228	156	114	197	135	99	74	29,6	21,4	25,6	8.5	21,4	25,6
234	160	117	203	138	101	76	30,4	21,8	26,2	8.5	21,8	26,2
240	164	120	208	142	104	78	31,2	22,2	26,7	8.5	22,2	26,7
246	168	123	213	145	107	80	32	22,6	27,4	8.5	22,6	27,4
252	173	126	219	149	109	82	32,8	22,9	27,8	8.5	22,9	27,8
258	177	129	224	153	112	84	33,6	23,2	28,3	8.6	23,2	28,3
265	181	132	229	156	115	86	34,4	23,5	29,0	8.6	23,5	29,0
271	185	135	235	160	117	88	35,2	23,8	29,4	8.6	23,8	29,4
277	189	138	240	164	120	90	36	24,2	29,9	8.6	24,2	29,9
283	194	142	245	167	123	92	36,8	24,6	30,4	8.6	24,5	30,4
289	196	145	251	171	125	94	37,6	24,8	31,0	8.6	24,8	31,0
295	202	148	256	175	128	96	38,4	25,1	31,5	8.6	25,1	31,5
302	206	151	261	178	131	98	39,2	25,4	32,0	8.8	25,4	32,0
308	211	154	267	182	133	100	40	25,8	32,5	8.8	25,8	32,5
314	215	157	272	185	136	102	40,8	25,9	33,0	8.8	25,9	33,0
320	219	160	277	189	139	104	41,6	26,2	33,3	8.8	26,2	33,3
326	223	163	283	193	141	106	42,4	26,6	33,8	8.8	26,6	33,8
332	227	166	288	196	144	108	43,2	26,9	34,2	8.8	26,9	34,2
338	232	169	293	200	147	110	44	27,0	34,7	8.8	27,0	34,7
345	236	172	299	204	149	112	44,8	27,4	35,2	8.8	27,4	35,2
351	240	175	304	207	152	114	45,6	27,6	35,5	8.8	27,5	35,5
357	244	178	309	211	155	116	46,4	27,8	36,0	9.0	27,8	36,0
363	248	182	315	215	157	118	47,2	28,0	36,3	9.0	28,0	36,3
369	253	185	320	218	160	120	48	28,3	36,8	9.0	28,3	36,8
375	257	188	325	222	163	122	48,8	28,5	37,1	9.0	28,5	37,1
382	261	191	331	225	165	124	49,6	28,6	37,6	9.0	28,6	37,6
388	265	194	336	229	168	126	50,4	29,0	37,9	9.0	29,0	37,9
394	269	197	341	233	171	128	51,2	29,1	38,4	9.0	29,1	38,4
400	274	200	347	236	173	130	52	29,3	38,7	9.0	29,3	38,7
406	278	203	352	240	176	132	52,8	29,6	39,0	9.0	29,6	39,0
412	282	206	357	244	179	134	53,6	29,8	39,5	9.0	29,8	39,5
418	286	209	363	247	181	136	54,4	29,9	39,8	9.0	29,9	39,8
425	291	212	368	251	184	138	55,2	30,1	40,2	9.0	30,1	40,2
431	295	215	373	255	187	140	58	30,2	40,5	9.0	30,2	40,5

Fortsetzung Anrechenbarer Verbrennungsluftvolumenstrom in Abhängigkeit vom Haustyp

Eingeschossige Wohnung / Nutzungseinheit			Mehrgeschossige Wohnung / Nutzungseinheit			Referenzwert nach TRGI 2018	Anrechenbarer Verbrennungsvolumenstrom $q_{VL,anr}$ [m³/h]					
Ventilatorgestützte Lüftung in ab 2002 errichteten EFH/MFH	freie Lüftung in vor 2002 errichteten EFH/MFH oder – in vor 2002 errichteten MFH mit wesentlicher Änderung der Luftdurchlässigkeit	freie Lüftung in vor 2002 errichteten EFH mit wesentlicher Änderung der Luftdurchlässigkeit	Ventilatorgestützte Lüftung in ab 2002 errichteten EFH/MFH	freie Lüftung – in ab 2002 errichteten EFH/MFH oder – in vor 2002 errichteten MFH mit wesentlicher Änderung der Luftdurchlässigkeit	Freie Lüftung in vor 2002 errichteten EFH mit wesentlicher Änderung der Luftdurchlässigkeit	Freie Lüftung in vor 2002 EFH/MFH ohne wesentliche Änderungen der Luftdurchlässigkeit	Aufstellraum mit Tür ins Freie oder Fenster, das geöffnet werden kann sowie Innentür mit Verbrennungsluftöffnung von mind. 150 cm² freien Querschnittes	Innentür ohne umlaufende Dichtung oder mit Überströmdichtung		Innentür mit 3-seitig umlaufender Dichtung		
$n_{50} = 1{,}0$	$n_{50} = 1{,}5$	$n_{50} = 2{,}0$	$n_{50} = 1{,}0$	$n_{50} = 1{,}5$	$n_{50} = 2{,}0$	$n_{50} = 3{,}0$	Verbrennungs-Luftvolumenstrom durch Infiltration					
$f_{wirk.komp.} = 0{,}7$			$f_{wirk.komp.} = 0{,}8$			$f_{wirk.komp.} = 0{,}7$						
$n = 0{,}13\ h^{-1}$	$n = 0{,}19\ h^{-1}$	$n = 0{,}26\ h^{-1}$	$n = 0{,}15\ h^{-1}$	$n = 0{,}22\ h^{-1}$	$n = 0{,}3\ h^{-1}$	$n = 0{,}4\ h^{-1}$	Kurve 4	Kurve 2	Kurve 3	Kurve 1	Kurve 2	Kurve 3
Haustyp 1 Raumvolumen [m³]	Haustyp 3 Raumvolumen [m³]	Haustyp 5 Raumvolumen [m³]	Haustyp 2 Raumvolumen [m³]	Haustyp 4 Raumvolumen [m³]	Haustyp 6 Raumvolumen [m³]	Haustyp 7 Raumvolumen [m³]	[m³/h]	Türblatt ungekürzt	Türblatt 1,0 cm gekürzt	Türblatt ungekürzt	Türblatt 1,0 cm gekürzt	Türblatt 1,5 cm gekürzt
437	299	218	379	258	189	142	56,8	30,4	40,8	9,0	30,4	40,8
443	303	222	384	262	192	144	57,6	30,6	41,1	9,0	30,6	41,1
449	307	225	389	265	195	146	58,4	30,7	41,4	9,0	30,7	41,4
455	312	228	395	269	197	148	59,2	30,9	41,8	9,0	30,9	41,8
462	316	231	400	273	200	150	60	31,0	42,1	9,0	31,0	42,1
468	320	234	405	276	203	152	60,8	31,2	42,4	9,0	31,2	42,4
474	324	237	411	280	205	154	61,6	31,4	42,7	9,0	31,4	42,7
480	328	240	416	284	208	156	62,4	31,5	43,0	9,0	31,5	43,0
486	333	243	421	287	211	158	63,2	31,7	43,4	9,0	31,7	43,4
492	337	246	427	291	213	160	64	31,8	43,7	9,0	31,8	43,7
498	341	249	432	295	216	162	64,8	32,0	44,0	9,0	32,0	44,0
505	345	252	437	298	219	164	65,6	32,2	44,3	9,0	32,2	44,3
511	349	255	443	302	221	166	66,4	32,3	44,6	9,0	32,3	44,6
517	354	258	448	305	224	168	67,2	32,5	45,0	9,0	32,5	45,0
523	358	262	453	309	227	170	68	32,6	45,3	9,0	32,6	45,3
529	362	265	459	313	229	172	68,8	32,8	45,6	9,0	32,8	45,6
535	366	268	464	316	232	174	69,6	33,0	45,9	9,0	33,0	45,9
542	371	271	469	320	235	176	70,4	33,1	46,2	9,0	33,1	46,2
548	375	274	475	324	237	178	71,2	33,3	46,6	9,0	33,3	46,6
554	379	277	480	327	240	180	72	33,4	46,9	9,0	33,4	46,9
560	383	280	485	331	243	182	72,8	33,6	47,2	9,0	33,6	47,2
566	387	283	491	335	245	184	73,6	33,8	47,5	9,0	33,8	47,5
572	392	286	496	338	248	186	74,4	33,9	47,8	9,0	33,9	47,8
578	396	289	501	342	251	188	75,2	34,1	48,2	9,0	34,1	48,2
585	400	292	507	345	253	190	76	34,2	48,5	9,0	34,2	48,5
591	404	295	512	349	256	192	76,8	34,4	48,8	9,0	34,4	48,8
597	408	298	517	353	259	194	77,6	34,6	49,1	9,0	34,6	49,1
603	413	302	523	356	261	196	78,4	34,7	49,4	9,0	34,7	49,4
609	417	305	528	360	264	198	79,2	34,9	49,8	9,0	34,9	49,8
615	421	308	533	364	267	200	80	35,0	50,1	9,0	35,0	50,1

7.6 Abgasführung

Mündungsausführung der Abgasleitung aus brennbaren Baustoffen

konzentrischer Anordnung der Schächte

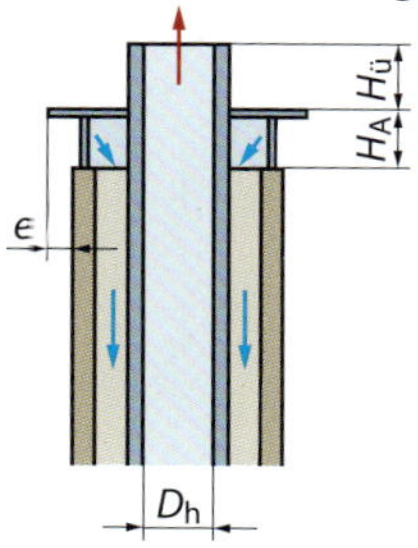

$H_ü \geq D_h$

$H_A \geq 5/8\ D_h$, mind. jedoch $H_A \geq 10$ cm

0 cm $\leq e \leq$ 8 cm

Höhe der Abgasmündung über Dach bei Gasgeräten Typ B

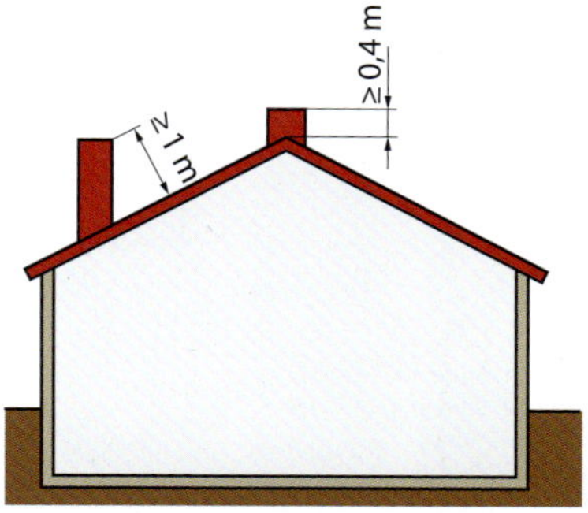

$H_ü$ – Überstand des Abgasschachtes über der Abströmplatte
H_A – Abstand der Abströmplatte zur Mündung des Luftschachtes
D_h – Hydraulischer Durchmesser des Abgasrohres
e – Überstand der Abströmplatte über Schacht

7.7 Flüssiggasanlagen

7.7.1 Eigenschaften von Flüssiggas

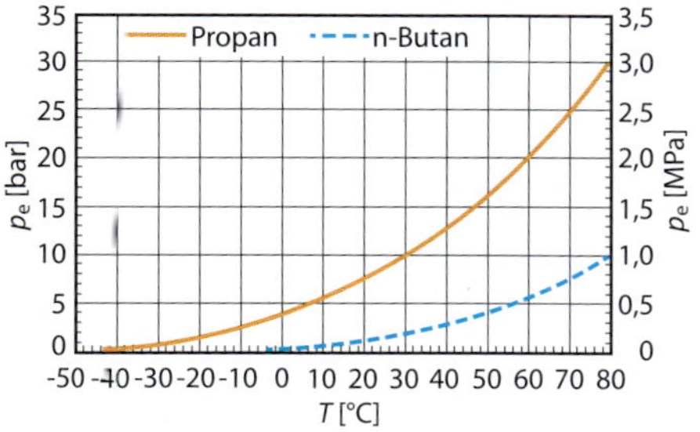

7.7.2 Flüssiggasanlage mit Flaschen *LPG system with bottles*

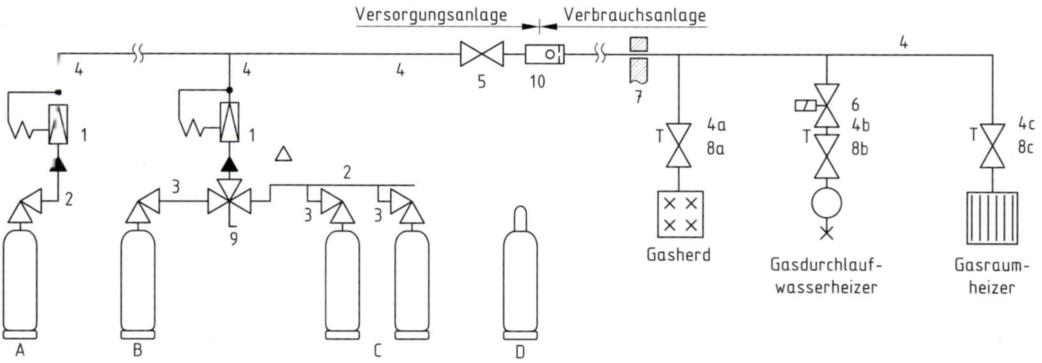

Legende

1 Druckregelgerät mit vorgeschaltenem SAV und nachgeschaltetem PRV
2 Mitteldruck-Rohrleitung
3 Schlauchleitung
4 Niederdruck-Rohrleitung
5 Hauptabsperreinrichtung
6 Magnetventil – stromlos geschlossen (optional)
7 Hauseinführung
8 Geräteabsperrarmatur mit thermisch auslösender Absperreinrichtung (TAE)
9 Umschaltarmatur
10 Gasströmungswächter
A Einflaschenanlage; Regleranschluss direkt am Flaschenventil
B Zweiflaschenanlage (2. Flasche nicht abgebildet)
C Mehrflaschenanlage (2. Flaschegruppe nicht abgebildet)
D Vorratsflasche
B+C können entweder als Betriebs- oder Reserveflasche geschaltet sein

7.7.3 Flüssiggasanlage mit Flüssiggasbehältern DVFG-TRF 2021

LPG system with LPG tanks

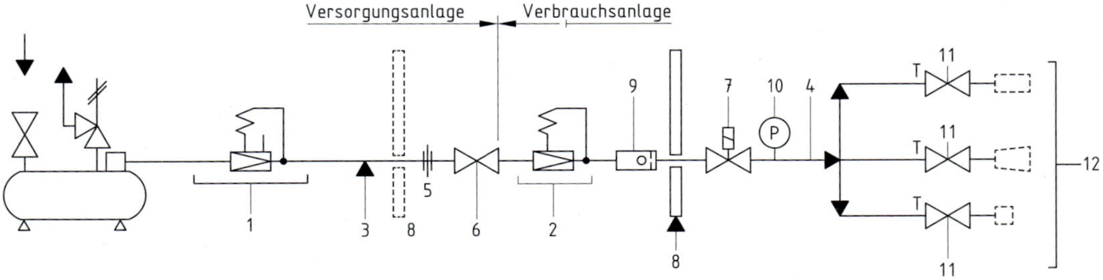

Legende

1 Druckregelgerät 1. Stufe mit SAV/PRV
2 Druckregelgerät 2. Stufe mit SAV/PRV
3 Mitteldruck-Rohrleitung
4 Niederdruck-Rohrleitung
5 Isolierstück
6 Hauptabsperreinrichtung
7 Magnetventil – stromlos geschlossen (optional)
8 Hauseinführung
9 Gasströmungswächter
10 Manometer
11 Geräteabsperrarmatur mit thermisch auslösender Absperreinrichtung (TAE)
12 Gasgeräte

Ausrüstungsteile (Armaturen) an Flüssiggasbehältern: Übersicht

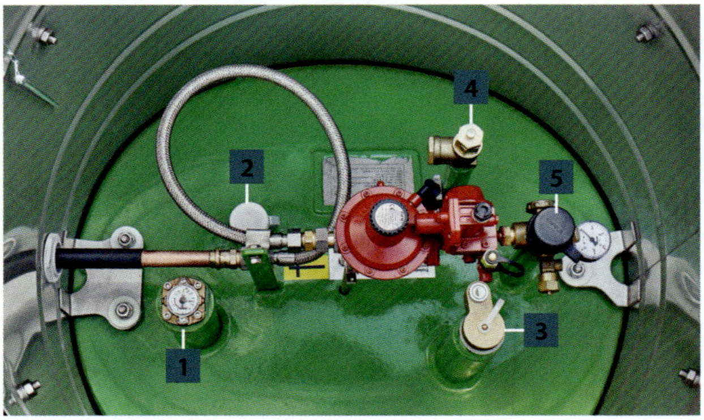

1 Inhaltsanzeiger 2 Sicherheitsventil 3 Fullventil 4 Flussigentrahmeventil 5 Gasentnahmeventil mit Uberfullsicherung

Beispiel für die Ausführung der Grundplatte bei der oberirdischen Aufstellung von Flüssiggasbehältern im Freien

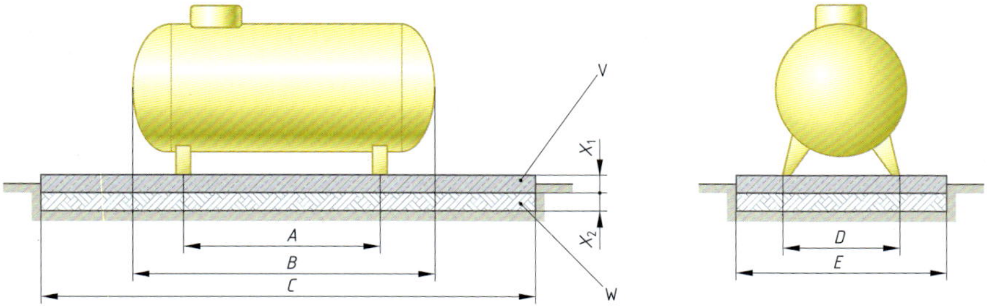

Nenninhalt l	A mm	B mm	C mm	D mm	E mm	Behälter-Gewicht kg
1775	1550 ± 50	2475	3000	850	1200	440
2700	1500 ± 50	2460	3000	950	1400	640
4850	2000	4255	4800	950	1400	1050
6400	3500	5500	6400	950	1400	1170

Legende

V: Beton mindestens nach Güteklasse B_n 150 mit einer Lage Baustahlgewebematerial Q 131
W: Schüttmaterial: Schotter, Sand, Asche je nach Bodenverhältnissen und Frostgefährdung
X_1: Höhe der Betonplatte mindestens 200 mm
X_2: Höhe des Schüttmaterials mindestens 250 mm

Beispiel für die Ausführung halboberirdischer Flüssiggasbehälter

Bedingung: Untere Hälfte ist in die Erde eingelagert

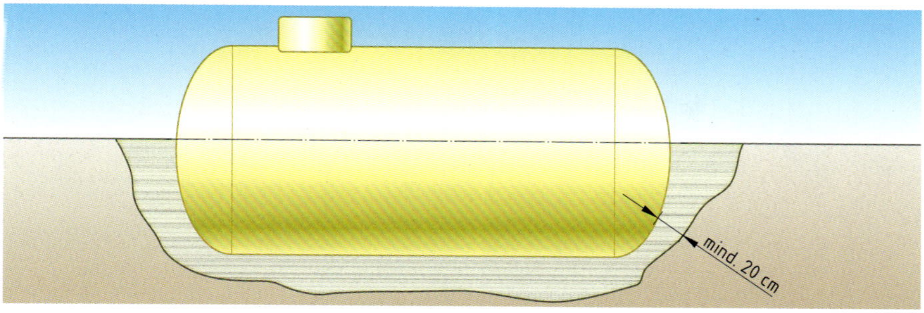

Explosion- und Brandschutzbereiche bei verschiedenen Aufstellbedingungen von Flüssiggasanlagen

Zone 1: Bereiche, in denen damit zu rechnen ist, dass eine gefährliche, explosionsfähige Atmosphäre durch ein Gemisch aus Gasen, Nebeln oder Dämpfen **gelegentlich** auftritt. Sie muss jederzeit von Zündquellen (nicht ex-geschützte elektrische Anschlüsse oder Geräte) freigehalten werden.
Zone 2: Bereiche, in denen damit zu rechnen ist, dass eine gefährliche, explosionsfähige Atmosphäre durch ein Gemisch aus Gasen, Nebeln oder Dämpfen **selten und/oder kurzzeitig** auftritt. Sie muss während des Befüllvorgangs von Zündquellen freigehalten werden.

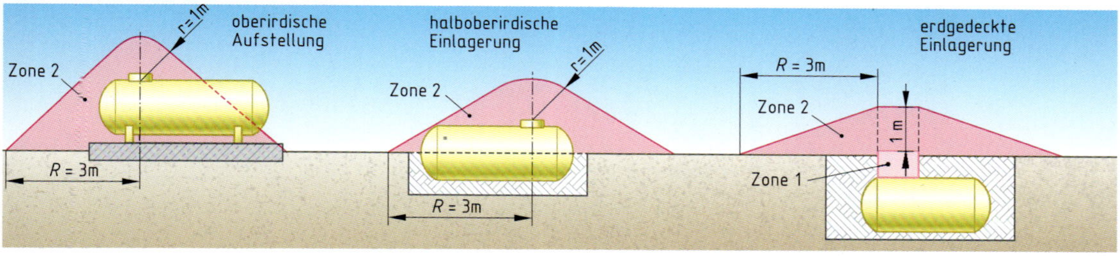

Aufstellung im Raum

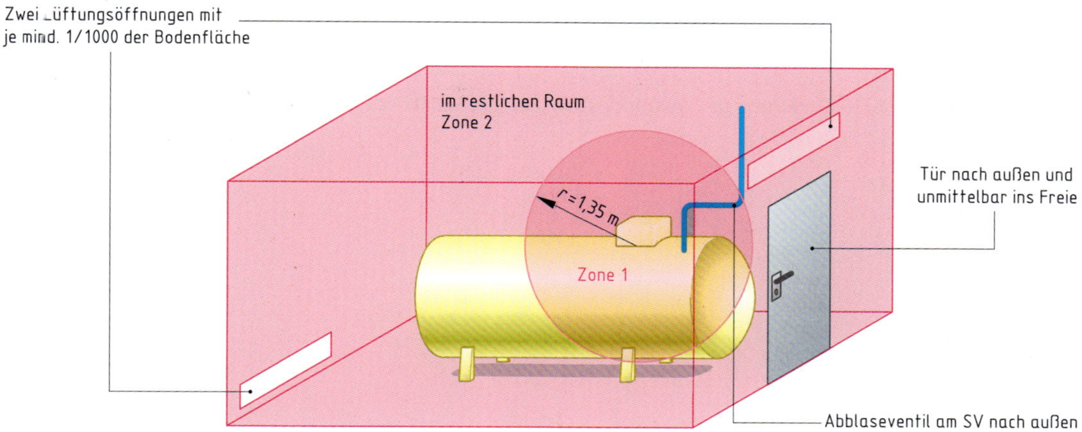

Einschränkungen der Explosion- und Brandschutzbereiche bei verschiedenen Aufstellbedingungen von Flüssiggasanlagen.

Bemerkung: Schutzwand errichten, wenn das nebenstehende Gerät/Einrichtung nicht explosionsgeschützt ist.

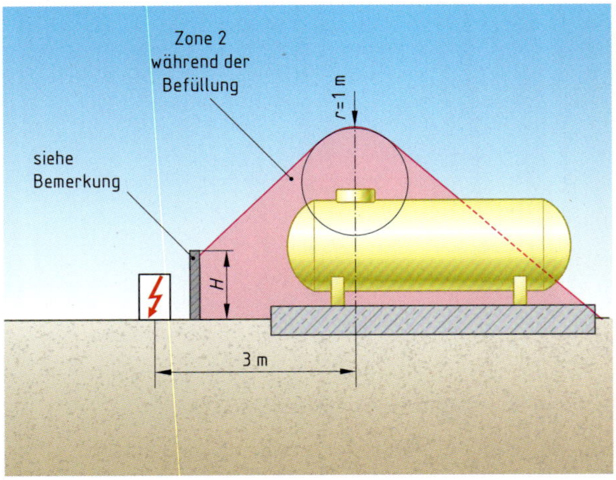

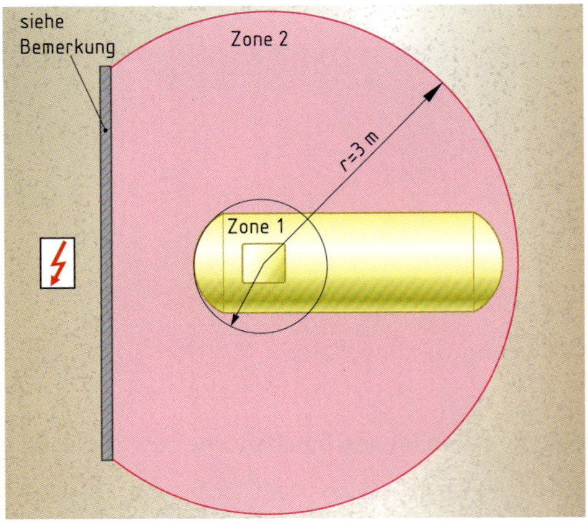

halboberirdische Einlagerung

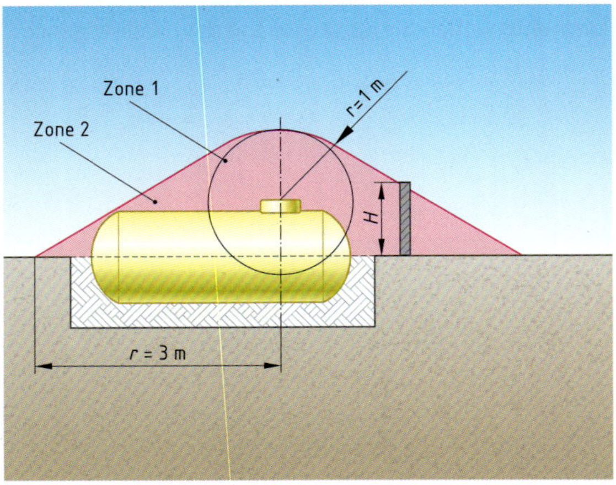

erdgedeckte Einlagerung

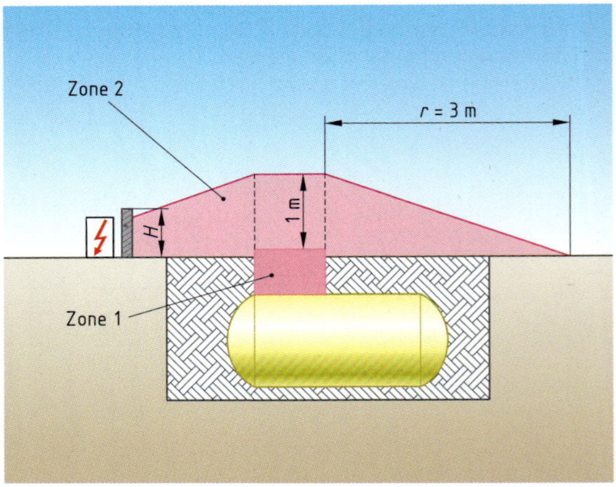

Bauliche Maßnamen zur Reduzierung des Abstandes zu Kanälen, Schächten, Öffnungen

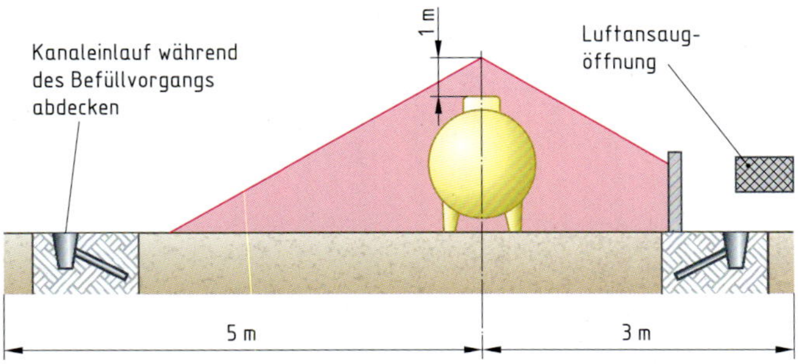

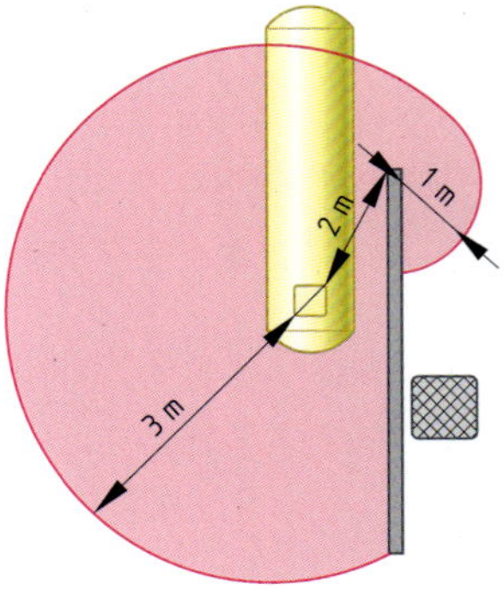

Zusätzliche Maßnahmen bei Gelände mit Gefälle

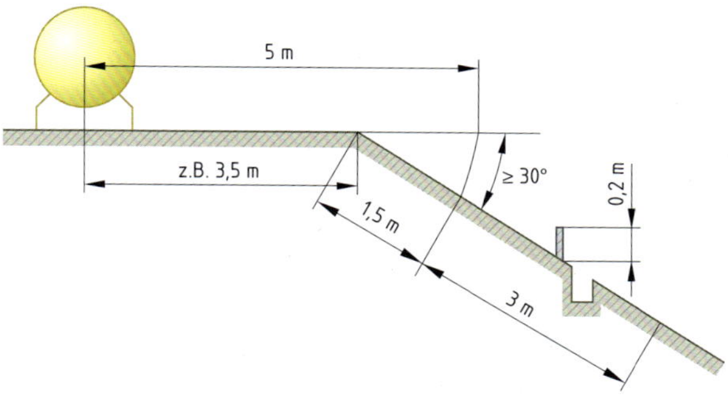

Aufstellung bei einem Dachüberstand von mehr als 0,5 m

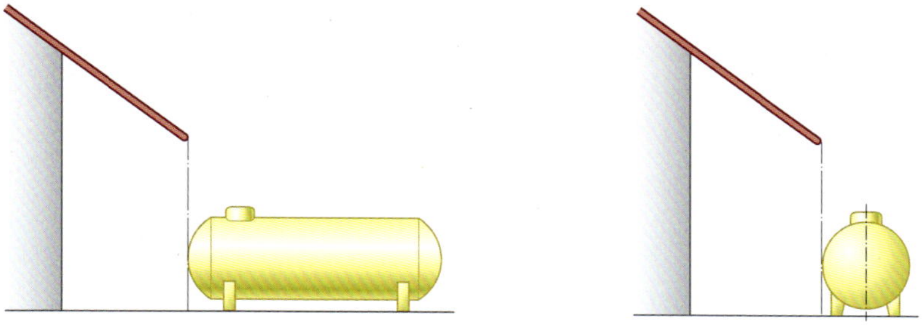

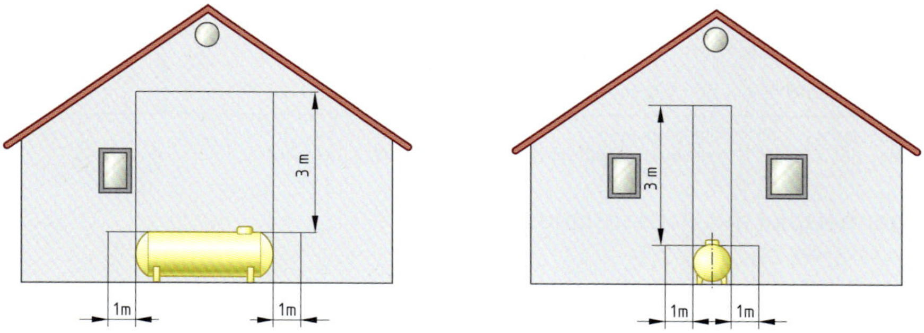

7.7.4 Brandschutz *fire protection*

Abstände von Flüssiggasbehältern zu Brandlasten

Breite der Brandlast in m	≤4	5	6	7	8	9	10	11	12	13	14	15
Abstand des Flüssiggasbehälters zur Brandlast in m	5	6,4	7,2	8,0	8,7	9,5	10,2	10,9	11,6	12,3	12,9	13,6

Schutzwand vor Brandlasten

Beispiel für die Bestimmung der Breite für eine Schutzwand

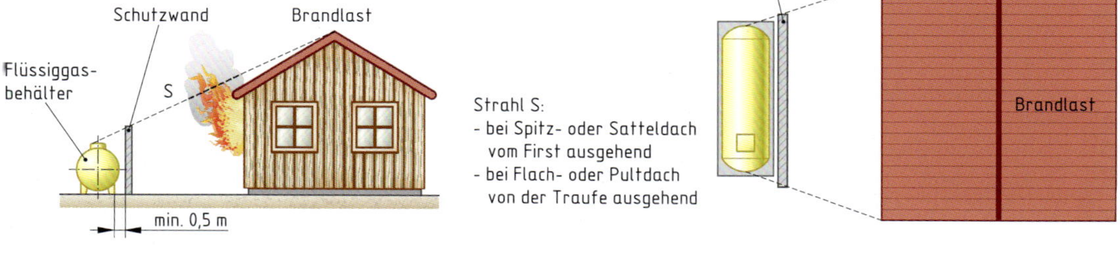

Explosionsgefährdeter Bereich für Mehrflaschenanlagen

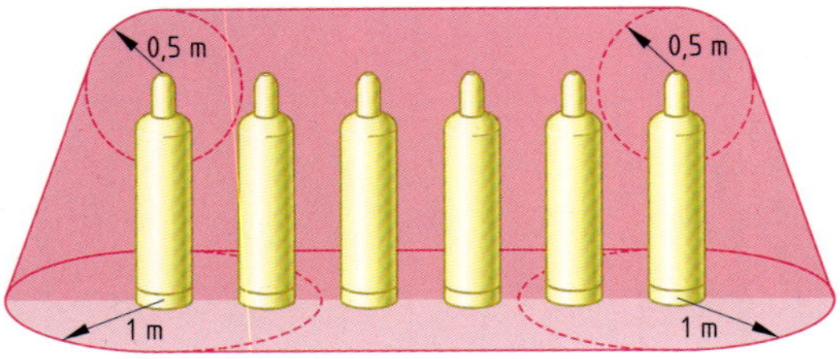

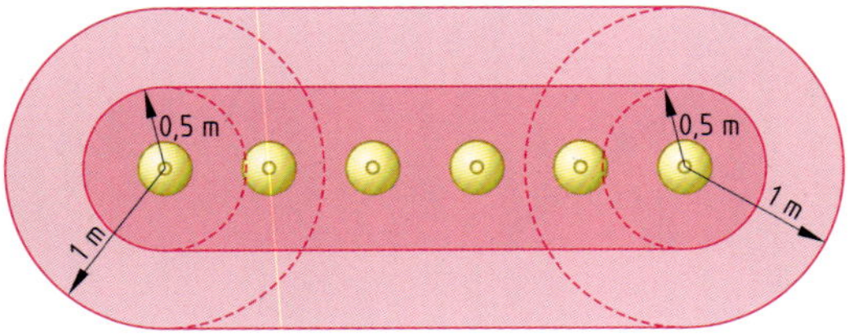

Explosionsgefährdeter Bereich für Flaschenschränke

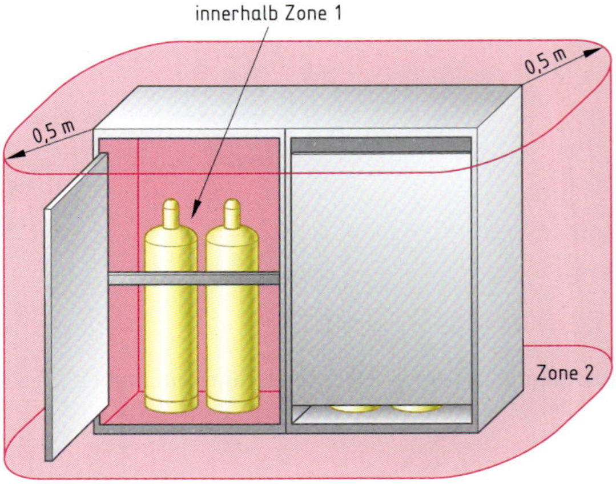

Mindestabstände von Flüssiggasbehältern zu Wärmequellen

Wärmestrahlungsquellen	Mindestabstände ohne Strahlungsschutz in cm	Mindestabstände mit Strahlungsschutz[a] in cm
von Heizgeräten, Feuerstätten und ähnlichen Wärmequellen	70	30
von Heizkörpern[b]	50	10
von Gasherden und ähnlichen Wärmequellen	30	10

[a] aus nichtbrennbarem Material, z. B. ein Strahlungsschutzblech
[b] Bei Vorlauftemperaturen von unter 60° C ist ein Abstand von 10 cm ohne Strahlungsschutz ausreichend.

7.7.5 Anlagenbeispiel mit Hausanschlusskasten

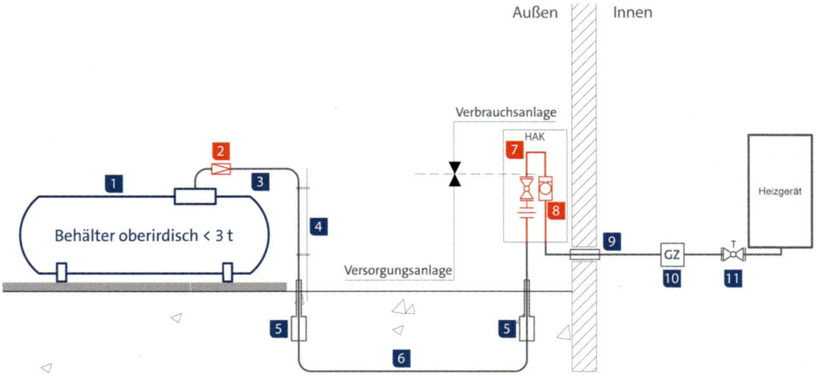

1 Flüssiggaslagerbehälter oberirdisch
2 Gasdruckregelgerät 12kg/h 50mbar + Pressverschr. ¾" KN-AGx22
3 Rohrleitung Kupfer
4 Rohrstütze zur festen Halterung für 3 (bauseits)
5 Übergangsstück PE d32/Cu d22 (Achtung: PE-Teil vollständig im Erdreich – Markierung beachten)
6 Rohrleitung PE-Xa
7 HAK (AB1) ¾" KN-ÜMx1"IG, AP, DN20, ISO/KH/PRÜF
8 Gasströmungswächter Typ K, Vgas 1,6/2,5/4,0/6,0 (Einbau direkt in 1"-Verschraubung von 7 ohne lösbare Verbindung, Einbaulage "D")
9 Wanddurchführung
10 Gaszähler
11 Geräteabsperreinrichtung mit TAE

Mindestmaße einer handwerklich hergestellten Hauseinführung von Flüssiggasleitungen

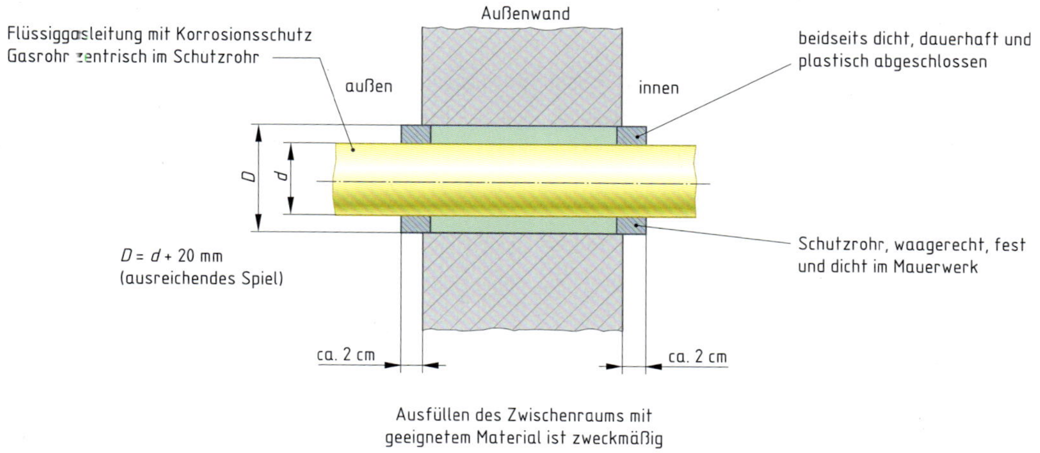

7.7.6 Tabellen zur Rohrweiten-Bestimmung von Flüssiggasanlagen

$f_G = 1$ Rohrdruckgefälle

7.7.6.1 Kupfer- und Edelstahlrohr

$f_G = 1$

R	l_F	d_a 8	10	12	15	18	22	28	35
Pa/m	m	Φ_{NB} in kW							
0.6	–		0.7	1.8	4.6	8.3	16	29	57
0.8	–		1.0	2,4	5.5	9.9	18	34	67
1.0	350	0.4	1.2	3.0	6.3	11	21	39	76
1.2	290		1.4	3.5	6.9	12	23	43	84
1.4	250	0.5	1.7	3.6	7.6	14	25	46	91
1.6	220		1.9	3.9	8.2	15	27	50	98
1.8	195	0.6	2.1	4.2	9.0	16	29	53	105
2.0	175	0.7	2.5	4.6	9.5	17	32	58	114
2.5	140	0.9	2.8	5.2	11	19	36	66	129
3.0	116	1.1	3.1	5.8	12	21	39	73	142
3.5	100	1.3	3.3	6.3	13	23	43	79	155
4.0	87	1.5	3.6	6.8	14	25	46	85	166
4.5	77	1.7	3.9	7.2	15	27	49	90	177
5.0	70	1.9	4.2	7.9	16	29	53	98	192
6	58	2.1	4.7	9.0	18	32	59	108	210
7	50	2.2	5.1	9.5	20	35	64	117	230
8	43	2.4	5.5	10	21	37	69	126	245
9	38	2.6	5.9	11	23	40	73	134	260
10	35	2.8	6.4	12	25	43	80	146	285
12	29	3.1	7.1	13	27	48	88	161	310
14	25	3.4	7.7	14	29	52	95	174	340
16	21	3.7	8.3	15	32	56	102	187	360
18	19	4.0	9.0	16	34	59	109	199	385
20	17	4.3	9.6	18	37	65	118	215	420
25	14	4.9	11	20	42	73	134	245	475
30	11	5.5	12	22	46	81	148	270	
35	10	5.9	13	24	50	88	160	290	
40	8	6.5	15	27	55	96	176		
50	7	7.4	17	30	62	109	199		

7.7.6.2 Stahlrohr

DIN EN 10255 mittlere Reihe

R	l_F	DN 8	DN 10	DN 15	DN 20	DN 25	DN 32
Pa/m	m	Φ_{NB} in kW					
0.6	–	1.0	4.3	7.5	18	33	71
0.8	–	1.4	4.4	9.0	21	39	83
1.0	350	1.7	5.0	10	23	44	94
1.2	290	2.0	5.5	11	26	48	103
1.4	250	2.3	6.0	12	28	52	111
1.6	220	2.7	6.5	13	30	56	119
1.8	195	3.0	6.9	14	32	59	127
2.0	175	3.0	7.5	15	34	64	137
2.5	140	3.1	8.5	17	39	73	154
3.0	116	3.4	9.0	19	42	79	169
3.5	100	3.7	10	20	46	86	182
4.0	87	4.0	11	22	49	92	195
4.5	77	4.3	12	23	52	97	205
5.0	70	4.6	13	25	56	105	220
6	58	5.1	14	27	62	115	240
7	50	5.5	15	29	66	124	260
8	43	5.9	16	31	71	133	280
9	38	6.3	17	33	75	141	295
10	35	6.8	18	36	81	152	320
12	29	7.5	20	39	89	166	350
14	25	8.1	22	42	96	179	375
16	21	8.7	23	45	103	192	400
18	19	9.0	24	48	109	200	425
20	17	10	26	52	118	215	460
25	14	11	30	58	132	245	515
30	11	12	33	64	144	265	565
35	10	13	35	69	155	285	605
40	8	15	38	75	169	310	660
50	7	16	43	84	189	350	

7.7.6.3 Präzisionsstahlrohr

$f_G = 1$

R	l_F	8 × 1	10 × 1	12 × 1,5	15 × 1,5	18 × 1,5	22 × 1,5	28 × 2	35 × 2
Pa/m	m	Φ_{NB} in kW							
0.6	–		0.7	1.8	3.8	6.5	13	24	49
0.8	–		1.0	2.4	4.2	7.7	15	29	58
1.0	350	0.4	1.2	3.0	4.7	9.0	17	32	65
1.2	290		1.4	3.5	5.2	10	19	36	72
1.4	250	0.5	1.7	3.5	5.6	11	20	39	78
1.6	220		1.9	3.6	6.1		22	41	83
1.8	195	0.6	2.1	3.9	6.5	12	23	44	88
2.0	175	0.7	2.5	4.2	7.0	13	25	48	96
2.5	140	0.9	2.8	4.8	8.0	15	29	54	108
3.0	116	1.1	2.8	5.3	9.0	16	31	59	118
3.5	100	1.3	3.1	5.7	9.5	18	34	64	128
4.0	87	1.5	3.3	6.2	10	19	36	68	137
4.5	77	1.7	3.5	6.6	11	20	39	73	146
5.0	70	1.9	3.8	7.1	12	22	42	79	158
6	58	2.1	4.2	7.8	13	24	46	86	172
7	50	2.1	4.6	8.5	14	26	49	93	186
8	43	2.2	4.9	9.0	15	28	53	100	199
9	38	2.3	5.2	10	16	30	56	106	210
10	35	2.5	5.7	11	17	32	61	114	225
12	29	2.8	6.2	12	19	35	67	125	245
14	25	3.0	6.7	13	21	38	72	135	265
16	21	3.2	7.2	13	22	40	77	144	285
18	19	3.4	7.7	14	23	43	82	153	300
20	17	3.7	8.3	15	25	46	88	166	325
25	14	4.2	9.0	17	29	52	99	186	365
30	11	4.6	10	19	31	57	108	200	400
35	10	5.0	11	21	34	62	117	215	430
40	8	5.5	12	22	37	67	127	235	470
50	7	6.2	14	25	41	76	143	265	

7.7.6.4 PE-Rohr SDR11

$f_G = 1$

R	l_F	20 × 1,9	25 × 2,3	32 × 2,9	40 × 3,7	50 × 4,6	63 × 5,8
Pa/m	m	Φ_{NB} in kW					
0.6	–	8	16	33	60	111	205
0.8	–	10	19	39	71	130	245
1.0	350	12	22	44	80	148	275
1.2	290	13	24	49	88	163	305
1.4	250	14	27	53	96	177	330
1.6	220	15	29	57	103	190	355
1.8	195	16	31	61	110	200	375
2.0	175	18	33	66	120	220	410
2.5	140	20	38	75	136	250	465
3.0	116	22	42	82	150	275	510
3.5	100	24	45	90	162	295	555
4.0	87	26	49	96	174	320	595
4.5	77	28	52	103	186	340	635
5.0	70	30	56	111	200	370	685
6	58	33	62	123	220	405	755
7	50	36	67	133	240	440	820
8	43	39	72	143	255	470	880
9	38	41	77	152	275	500	935
10	35	45	84	165	295	545	
12	29	49	92	182	325	600	
14	25	53	100	197	355	650	
16	21	57	107	210	380	695	
18	19	61	115	225	405	740	
20	17	67	125	245	440	805	
25	14	76	141	275	495		
30	11	83	155	305			
35	10	90	168	330			
40	8	99	184				
50	7	112	205				

* Gleichzeitigkeitsbedingung: alle angeschlossenen Geräte laufen gleichzeitig und in Volllast

7.7.6.5 Formteilzuschlag

	d_a	bis 28	35	
	DN	bis 25	32	
T-Stück 90°- Abgang	l_{TA} in m	0,7	1,0	(T-Durchgang $l_{TD} = 0$)
90° Bogen	l_W in m	0,3	0,5	Kupfer-, Edelstahl- und Stahlrohr
90° Winkel	l_W in m	0,7	1,0	Präzisionsstahl- und PE-Rohr

7.7.6.6 GS-Auswahl und Mindestnennweite

GS K	ein Gasgerät Φ_{NB} in kW	mehrere Gasgeräte $\sum\Phi_{NB}$ in kW	Mindestnennweite		
			Cu, Edelstahl d_a	Präzisionsstahlrohr	Stahlrohr DN
GS **1,6**	bis 18	bis 25	12	12 × 1	10
GS **2,5**	19–28	26–40	15	15 × 1,5	10
GS **4**	29–45	41–64	15	18 × 1,5	15
GS **6**	46–67	65–96	18	22 × 1,5	20
GS **10**	68–112	97–160	22	28 × 2	25

bei GS 10 ist Eckhahn DN 15 nicht zulässig

8 Heizungstechnik

8.1 Normheizlast nach DIN EN 12831 : 2017-04 *standard heating load*

8.1.1 Berechnungsverfahren für einen beheizten Raum bzw. ein Gebäude

DIN EN 12831 – gültig in Verbindung mit dem nationalen Anhang DIN/TS 12831-1: 2020-04
Bestimmung der Normheizlast Φ_{HL} in Abhängigkeit von der Normaußentemperatur θ_e für den jeweiligen Ort

- Bestimmung der maximal notwendigen Heizleistung in kW
- Dimensionierung der Kesselanlage
- Heizflächenauslegung für Einzelräume

Gebäudeenergiegesetz (GEG)
Bewertung des Energiebedarfes über den Zeitraum eines Jahres für ein gesamtes Gebäude; Bestimmung des Jahresheizenergiebedarfs und des entsprechenden Primärenergiebedarfs

- Bestimmung der Jahresarbeit in kWh/a
- mögliche Begrenzung des Jahresprimärenergiebedarfes

Nach DIN EN 12831 Bbl. 1 : 2008-07 Absatz 3.9 wird das vereinfachte Berechnungsverfahren in Deutschland nicht angewendet.

Übersicht zum Berechnungsverfahren der Normheizlast nach DIN EN 12831 : 2017-04

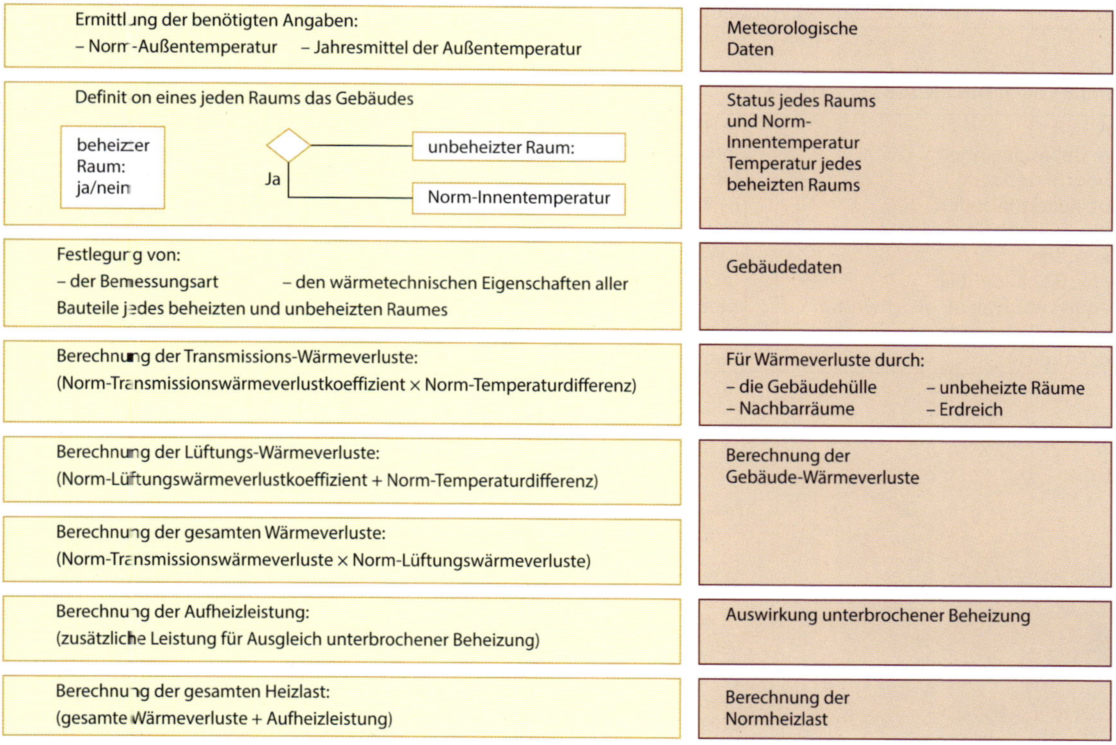

Formelzeichen und Einheiten nach DIN EN 12831 : 2017-04

Formelzeichen	Bezeichnung	Einheit
a, b, c, f	verschiedene Korrekturfaktoren	–
A	Fläche	m²
B′	Parameter	m
c_p	spezifische Wärmekapazität bei konstantem Druck	Wh/(kg · K)
d	Dicke	m
e_1	Abschirmungs-Koeffizienten	–
e_k, e_1	Korrekturfaktoren für die Außenflächen	–
G_w	Korrekturfaktor für den Wärmeübergang an das Grundwasser	–
h	Wärmeübergangs-Koeffizient an Oberflächen von Bauteilen	W/(m² · K)
H	Wärmestrom-Koeffizient, Wärmeverlust-Koeffizient	W/K
l	Länge	m
n	externe Luftwechselrate	h^{-1}

Formelzeichen und Einheiten nach DIN EN 12831 : 2017-04 (Fortsetzung)

Formelzeichen	Bezeichnung	Einheit
n_{50}	Luftwechselrate bei 50 Pa Differenzdruck zwischen Außen- und Innenseite des Gebäudes	h^{-1}
P	Umfang der Bodenplatte	m
Q	Wärmemenge, Energiemenge	J
T	thermodynamische Temperatur (Kelvintemperatur)	K
U	Wärmedurchgangs-Koeffizient	$W/(m^2 \cdot K)$
v	Windgeschwindigkeit	m/s
V	Volumen	m^3
$\dot{V}$	Luftvolumenstrom	m^3/s
ε	Höhenkorrekturfaktor	–
Φ	Wärmefluss (Heizleistung)	W
Φ_{HL}	Heizlast	W
η	Wirkungsgrad	%
λ	Wärmeleitfähigkeit	$W/(m \cdot K)$
θ	Temperatur in °C	°C
ϱ	Dichte der Luft bei int, i	kg/m^3
ψ	längenbezogener Wärmedurchgangs-Koeffizient	$W/(m \cdot K)$

Indizes nach DIN EN 12831 : 2017-04

A: Luft	h: Höhe	o: betrieblich, operativ
A: Gebäudeeinheit	int: innen	r: durchschnittliche Strahlung
bdg. B: Gebäude	inf: Infiltration Zuluft	RH: Wiederaufheizen
bf: Kellerfußboden	i, j: beheizter Raum	su: Zufuhr
bw. Kellerwand	k: Bauteil	T: Transmission
e: außen	l: Wärmebrücke	tb: Gebäudetyp
env: Gebäudehülle	m: Jahresmittel	u: unbeheizter Raum
equiv: Äquivalent, gleichwertig	mech: mechanisch	V: Lüftung
ex: Abluft, Fortluft	min: Minimum	$\Delta\theta$: höhere Innentemperatur
g: Erdreich	nat: natürlich	w: Wasser, Fenster/Mauer

Wärmestromkoeffizienten *H* in W/K eines Raumes

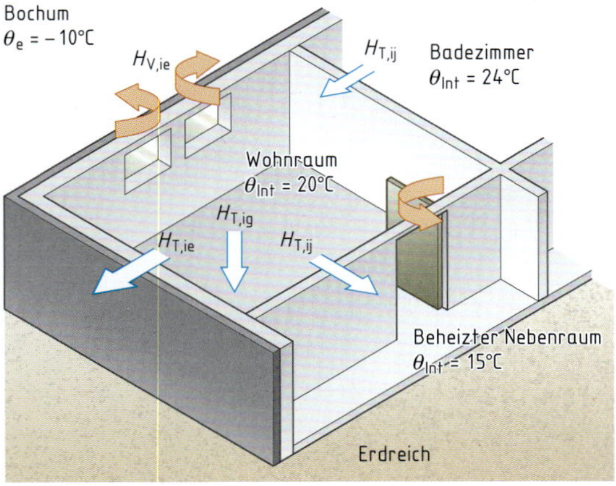

Maße am Gebäude zur Bestimmung der Normheizlast nach DIN EN 12831 : 2017-04

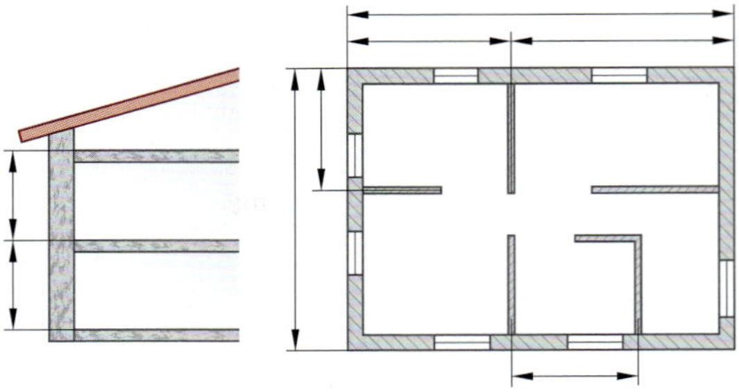

Die Bemaßung der Bauteile erfolgt in m nach folgenden Grundlagen:

- Längen/Breiten äußere Abmessungen
- Zwischenlänge jeweils halbe Innenwanddicke
- Höhe Geschosshöhen (FFb–FFb) (die Dicke der Kellerdecke wird nicht berücksichtigt)
- Fenster/Türen Mauerwerksöffnungen
- Raumvolumen anhand der lichten Innenmaße

8.1.2 Formblatt G1 ▶ siehe Kap_8.pdf

Formblatt G1 – Allgemeine Gebäudedaten

Projekt-Nr./Bezeichnung	

GEBÄUDEDATEN	Datum Seite G1

KENNGRÖSSEN

Gebäude/Luftdichtheit der Gebäudehülle
☐ Kategorie Ia (nach GEG mit raumlufttechnischer Anlage)
☐ Kategorie Ib (nach GEG ohne raumlufttechnischer Anlage)
☐ Kategorie 2 (mit mittlerer Dichtigkeit) A_{G1}
☐ Kategorie 3 (mit wenig Dichtigkeit)
☐ Kategorie 4 (mit hoher Undichtigkeit)

Gebäudelage
☐ gute Abschirmung B_{G1}
☐ moderate Abschirmung
☐ keine Abschirmung

Wirksame Gebäudemasse*
☐ leicht
☐ mittelschwer/schwer

C_{G1} **Bezogene Werte* (gemäß:______________)**
C_{wirk} ______ Wh/(m³ · K) oder C_{wirk} ______ Wh/(K)
H_{Abs} ______ W/K τ ______ h

* Nur ausfüllen, wenn eine Außentemperaturkorrektur vorgenommen werden soll und/oder Wiederaufheizleistungen vorgesehen sind. Pauschal nach 3.6.4 Beiblatt oder Wert aus Rechenverfahren nach GEG oder genauer Berechnung.

TEMPERATUREN

Außentemperatur F_{G1} θ'_e ______ °C
Außentemperaturkorrektur C_{G1} $\Delta\theta_e$ ______ K
Norm-Außentemperatur D_{G1} θ_e ______ °C

Jahresmittel der Außentemperatur $\theta_{m,e}$ ______ °C
Innentemperatur nach E_{G1}
☐ Norm G_{G1} ☐ Vereinbarung s. Formblatt V

ABMESSUNGEN

Breite b_{Geb} ______ m
Länge l_{Geb} ______ m
Grundfläche A_{Geb} ______ m²

Geschossanzahl N ______ –
Gebäudehöhe h_{Geb} ______ m

ERDREICH

Tiefe der Bodenplatte* H_{G1} z ______ m
Erdreich berührter Umfang* I_{G1} P ______ m
Parameter* J_{G1} B' ______ m
* Werte können raumweise abweichen

Grundwassertiefe T ______ m
Faktor Einfluss Grundwasser G_w ______ – K_{G1}
Faktor periodische Schwankung f_{g1} ______ – L_{G1}

LÜFTUNG

Luftdichtheit der Gebäudehülle n_{50} ______ h⁻¹
Gleichzeitig wirksamer Lüftungswärmeanteil ζ_v ______ – M_{G1}
Wärmebereitstellungsgrad (WRG-System Herstellerangabe oder Grenzwert) η_{WRG} ______ – N_{G1}

ZUSATZ-AUFHEIZLEISTUNG

☐ keine Berechnung
☐ Berechnung aufgrund Nutzungsprofil (Beiblatt 3.6.3) O_{G1}
Absenkzeit t_{Abs} ______ h
Wiederaufheizzeit t_{RH} ______ h
Luftwechsel (in Absenkzeit) n_{Abs} ______ h^{-1}

☐ Berechnung aufgrund Temperaturabfall (Beiblatt 3.6.4) P_{G1}
Innentemperaturabfall $\Delta\theta_{RH}$ ______ K
Wiederaufheizzeit t_{RH} ______ h
Luftwechsel (in Absenkzeit) n_{Abs} ______ h^{-1}
Wiederaufheizfaktor f_{RH} ______ **W/m²**

A G1

Luftwechsel n_{50} in 1/h bei 50 Pa Druckdifferenz nach DIN EN 12831 : 2017-04

Kategorie	Richtwerte für die Luftdichtheit bei 50 Pa	Bemessungswerte n_{50} h^{-1}
Ia	Nach GEG errichtete Gebäude mit raumlufttechnischen Anlagen (auch Wohnungslüftungsanlagen)	1,5
Ib	Nach GEG errichtete Gebäude ohne raumlufttechnische Anlagen	3
II	Nicht nach GEG errichtete Gebäude mit mittlerer Dichtheit	4
III	Fälle, die nicht den v. g. Kategorien entsprechen z. B. Wohngebäude im Bestand (wenig dicht)	6
IV	Vorhandensein offensichtlicher Undichtheiten, wie z. B. offene Fugen in der Luftdichtheitsschicht oder der wärmeübertragenden Umfassungsfläche (sehr undicht)	10

B G1

Abschirmungskoeffizient *e* nach DIN EN 12831 : 2017-04

Abschirmungsklasse	*e*		
	beheizter Raum mit		
	keiner dem Wind ausgesetzten Fläche bzw. Fassade	einer dem Wind ausgesetzten Fläche bzw. Fassade	mehr als einer dem Wind ausgesetzten Fläche bzw. Fassade
keine Abschirmung (z. B. Gebäude im windreichen Gegenden, Hochhäuser in Stadtzentren)	0	0,03	0,05
moderate Abschirmung (z. B. Gebäude im Freien, umgeben von Bäumen bzw. anderen Gebäuden, Vorstädte)	0	0,02	0,03
gute Abschirmung (z. B. Gebäude mittlerer Höhe in Stadtzentren, Gebäude in bewaldeten Regionen)	0	0,01	0,02

C G1

Außentemperaturkorrektur $\Delta\theta_e$ in Abhängigkeit der thermischen Zeitkonstante des Gebäudes

Gebäudezeitkonstante τ in h	Außentemperaturkorrektur $\Delta\theta_e$ in K
<100	0
100 bis 140	+1
141 bis 210	+2
211 bis 280	+3
>280	+4

Die **Zeitkonstante** τ in h ermittelt wie folgt:

$$\tau = \frac{C_{wirk}}{H_{Abs}}$$

Dabei ist

C_{wirk}: wirksame Wärmespeicherfähigkeit in Wh/K

H_{Abs}: Wärmeverlustkoeffizient ($H_T + H_V$) des Gebäudes oder des Raumes in der Absenkphase in W/K.

Der **Wärmeverlustkoeffizient** H_{Abs} wird nach folgender Beziehung berechnet:

$$H_{Abs} = H_T + 0{,}34 \cdot V \cdot n_{Abs}$$

Dabei ist

H_{Abs}: Wärmeverlustkoeffizient in der Absenkphase in W/K

H_T: Transmissionswärmeverlustkoeffizient in W/K — H_T siehe Formblatt G3

V: Netto-Raum- bzw. Gebäudevolumen in m³ — $V = 0{,}76 \cdot V_e$, mit V_e Gebäudevolumen in m³

n_{Abs}: Außenluftwechsel während der Absenkzeit in h^{-1} — $n_{Abs} = 0{,}1$ 1/h bei geschlossenen Fenstern

Die **wirksame Wärmespeicherfähigkeit** C_{wirk} wird näherungsweise wie folgt angegeben:

- leichte Gebäudemasse (abgehängte Decken und aufgeständerte Böden, Wände in Leichtbauweise)

$$C_{wirk} = 15\ \text{Wh/(m}^3\cdot\text{K)} \cdot V_e$$

- mittelschwere bzw. schwere Gebäudemasse (Betondecken und -böden mit Wänden in Leichtbauweise bzw. Mauerwerk/Beton)

$$C_{wirk} = 50\ \text{Wh/(m}^3\cdot\text{K)} \cdot V_e$$

Dabei ist

V_e: Brutto-Raum- bzw. Gebäudevolumen in m³.

8

Normaußentemperaturen für Städte, Klimazonenübersicht und Jahresmittel der Außentemperaturen $\theta_{m,e}$ in Deutschland

D_{G1} E_{G1}

Ort	Klimazone nach DIN 4710	Außentemperatur $\theta'e$	Jahresmittel der Außentemperatur $\theta'_{m,e}$
Aachen	5	−12	8,1
Annaberg-Buchholz	11	−16	3
Aue	10	−16	6,3
Augsburg	13	−14	7,9
Baden-Baden	12	−12	10,2
Bamberg	13	−16	7,9
Bayreuth	13	−16	7,9
Berchtesgaden	15	−16	6,8
Berlin	4	−14	9,5
Bochum	5	−10	8,1
Braunschweig	3	−14	8,5
Bremen	3	−12	8,5
Cottbus	4	−16	9,5
Cuxhaven	1	−10	9
Dresden	4	−14	9,5
Düsseldorf	5	−10	8,1
Ebingen (Albstadt)	14	−18	6,8
Emden	1	−10	9
Erfurt	9	−14	7,9
Essen	5	−10	8,1
Feldberg/ Schwarzwald	11	−18	3
Flensburg	3	−10	8,5
Frankfurt/ Main	12	−12	10,2
Frankfurt/ Oder	4	−16	9,5
Freiburg i.Br.	12	−12	10,2
Fulda	7	−14	8,8
Garmisch-Partenkirchen	15	−18	6,8
Görlitz	9	−16	7,9
Göttingen	7	−16	8,8
Hamburg	3	−12	8,5
Hannover	3	−14	8,5
Jena	9	−14	7,9
Karlsruhe	12	−12	10,2
Kassel	7	−12	8,8
Kiel	2	−10	8,4
Koblenz	5	−12	8,1

Ort	Klimazone nach DIN 4710	Außentemperatur $\theta'e$	Jahresmittel der Außentemperatur $\theta'_{m,e}$
Köln	5	−10	8,1
Leipzig	4	−14	8,7
Lindau/ Bodensee	13	−12	7,9
Lübeck	2	−10	8,4
Magdeburg	4	−14	9,5
Mainz	12	−12	10,2
Mannheim	12	−12	10,2
München	13	−16	7,9
Neubrandenburg	4	−14	9,5
Nordhausen	9	−14	7,9
Nürnberg	13	−16	7,9
Oberstdorf	15	−20	6,8
Oberwiesenthal	11	−18	3
Osnabrück	5	−12	8,1
Passau	13	−14	7,9
Plauen	10	−16	6,3
Recklinghausen	5	−10	8,1
Regensburg	13	−16	7,9
Rostock	2	−10	8,4
Saarbrücken	6	−12	6,8
Schwenningen/Neckar	8	−16	6
Schwerin	4	−12	9,5
Sigmaringen	14	−14	6,8
Stendal	4	−14	9,5
Stralsund	2	−10	8,4
Straubing	11	−18	3
Stuttgart	12	−12	10,2
Trier	7	−10	8,8
Tuttlingen	11	−16	3
Uelzen	4	−14	9,5
Ulm	13	−14	7,9
Villingen/ Schwarzwald	8	−16	6
Wesel	5	−10	8,1
Wittenberg	4	−14	9,5
Wittenberge	4	−14	9,5
Wuppertal	6	−12	6,8
Würzburg	13	−12	7,9
Zwickau	9	−14	7,9

G1

Außentemperatur unter Berücksichtigung der Außentemperaturkorrektur $\Delta\theta_e$ (siehe C_{G1}:)

G1

Innentemperaturen nach Norm oder nach Vereinbarung (siehe Formblatt V1 C_{V1}:)

G1 I_{G1} J_{G1}

***z*: Wert für die Tiefe der Bodenplatte unter Erdreich**

$B' = \frac{A_G}{0{,}5 \cdot P}$ in m

Dabei ist

A$_G$: Fläche der Bodenplatte in Quadratmeter (m²). Für die Berechnung eines gesamten Gebäudes ist A_G die gesamte Grundfläche. Für die Berechnung eines Gebäudeteils (z. B. eine Gebäudeeinheit in einer Häuserreihe) ist A_G die Grundfläche der Gebäudeeinheit;

P: Umfang der jeweiligen Bodenplatte in Meter (m). Für die Berechnung eines gesamten Gebäudes ist *P* der Gesamtumfang des Gebäudes. Für die Berechnung eines Gebäudeteils (z. B. eine Gebäudeeinheit in einer Häuserreihe) beinhaltet *P* nur die Längen der Außenwände, die den jeweiligen beheizten Raum von der äußeren Umgebung trennen.

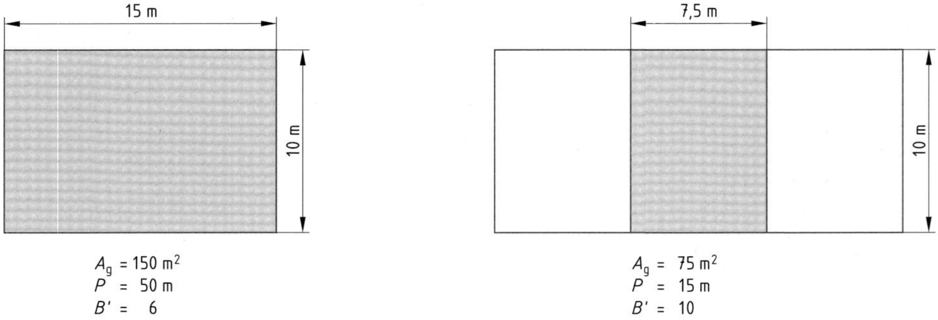

Für $U_{Boden} \geq 0{,}50$ W/m² K ist der Wert *B'* raumweise zu bestimmen

K_{G1}

Korrekturfaktor für die jährliche Schwankung der Außentemperatur f_{g1} = 1,45

L_{G1}

Korrekturfaktor für den Einfluss des Grundwassers :

Abstand Grundwasserspiegel zur Fundamentplatte $T \geq 3$ m $G_W = 1{,}00$
Abstand Grundwasserspiegel zur Fundamentplatte $T < 3$ m $G_W = 1{,}15$

M_{G1}

Luftwechselzahl n_{50} bei einer Druckdifferenz von 50 Pa

Kategorie	Richtwerte für Luftdichtheit bei 50 Pa	Bemessungswerte n_{50} h^{-1}
Ia	Nach GEG errichtete Gebäude mit raumlufttechnischen Anlagen (auch Wohnungslüftungsanlagen)	1,5
Ib	Nach GEG errichtete Gebäude ohne raumlufttechnische Anlagen	3
II	Nicht nach GEG errichtete Gebäude mit mittlerer Dichtheit	4
III	Fälle, die nicht den v. g. Kategorien entsprechen, z. B. Wohngebäude im Bestand (wenig dicht)	6
IV	Vorhandensein offensichtlicher Undichtheiten, wie z. B. offene Fugen in der Luftdichtheitsschicht oder der wärmeübertragenden Umfassungsfläche (sehr undicht)	10

N_{G1}

Gleichzeitig wirksamer Lüftungswärmeanteil ζ:

Normalfall	$\zeta = 0{,}5$
Halle oder Gebäude mit einem Raum	$\zeta = 1{,}0$

Wird ein Wärmerückgewinnungssystem verwendet: Eintrag Wirkungsgrad η_{WRG}

Wiederaufheizfaktor f_{RH} für Nichtnutzungszeiten 8 h und 14 h

f_{RH} W/m²											
Nichtnutzungszeit 8 h (Wohnen)						14 h (Büro o. Ä.) Nichtnutzungszeit					
Absenkzeit t_{Abs} h	Wiederaufheizzeit t_{RH} h	Luftwechsel n_{Abs} während der Absenkung[a] h⁻¹								Wiederaufheizzeit t_{Abs} h	Absenkzeit t_{RH} h
		0,1		0,5		0,1		0,5			
		Gebäudemasse[b]									
		l	s	l	s	l	s	l	s		
7,5	0,5	63	16	74	26	88	38	91	56	0,5	13,5
7	1	34	10	43	16	50	29	50	43	1	13
6	2	14	3	21	8	28	18	28	29	2	12
5	3	5	0	10	2	17	12	18	21	3	11
4	4	0	0	3	0	11	7	12	15	4	10
2	6	0	0	0	0	3	1	5	5	6	8
						0	0	0	0	12	2

a Ein Luftwechsel n_{Abs} von 0,1 h⁻¹ während der Absenkzeit ist mit geschlossenen Fenstern und Türen in dieser Zeit gleichzusetzen.
b Gebäudemasse: l = leicht; s = mittelschwer/schwer

Nach DIN EN 832 gilt für den Innentemperaturabfall:

$$\Delta\theta_{RH} = (\theta_{int,i} - \theta'_e) \cdot \left(1 - e^{-\frac{t_{Abs}}{\tau}}\right)$$

Dabei ist

$\Delta\theta_{RH}$: Innentemperaturabfall nach der Absenkphase, in K;
$\theta_{int,i}$: Norm-Innentemperatur, in °C (nach Tabelle 3 bzw. Vereinbarung)
θ'_e: Außentemperatur während der Absenkphase (nach Tabelle 1 bzw. Vereinbarung)
t_{Abs}: Absenkzeit, in h (zeitliches Nutzungsprofil)
τ: Gebäude- bzw. Raumzeitkonstante, in h. siehe C_{G1}

Wiederaufheizfaktoren f_{RH} bei Vorgabe des Innentemperaturabfalls für einen Außenluftwechsel in der Wiederaufheizphase $n = 0{,}1$ h⁻¹ (geschlossene Fenster und Türen)

Wiederaufheizzeit t_{RH} h	f_{RH} W/m²									
	Angenommener Innentemperaturabfall $\Delta\theta_{RH}$ während der Absenkung K									
	1		2		3		4		5	
	Gebäudemasse[a]									
	l	s	l	s	l	s	l	s	l	s
0,5	12	12	27	28	39	44	50	60	–	–
1	8	8	18	21	26	34	33	48	–	–
2	5	5	10	15	15	25	20	35	43	85
3	3	3	7	12	9	20	14	29	33	75
4	2	2	5	10	7	18	10	26	28	72

[a] Gebäudemasse l = leicht; s = mittelschwer/schwer

Wiederaufheizfaktoren f_{RH} bei Vorgabe des Innentemperaturabfalls für einen Außenluftwechsel in der Wiederaufheizphase $n = 0{,}5\ h^{-1}$

Wieder-aufheiz-zeit t_{RH} h	f_{RH} W/m²									
	Angenommener Innentemperaturabfall $\Delta\theta_{RH}$ während der Absenkung K									
	1		2		3		4		5	
	Gebäudemasse[a]									
	l	s	l	s	l	s	l	s	l	s
0,5	14	18	29	35	44	53	58	69	–	–
1	10	14	21	28	32	43	41	56	–	–
2	7	11	13	22	21	33	28	43	47	94
3	5	10	10	19	15	27	21	37	37	84
4	4	9	8	17	13	25	17	34	31	76

[a] Gebäudemasse: l = leicht; s = mittelschwer/schwer

8.1.3 Formblatt V1 ▶ siehe Kap_8.pdf

Formblatt V1 – Vereinbarungen der Raumtemperaturen, Luftwechsel und Wiederaufheizzeiten

Projekt-Nr./Bezeichnung	

VEREINBARUNGEN			Datum		Seite V1
		Sortierung nach	☐ Geschoss		☐ Wohneinheit
GS/WE A_{V1}	Raum-Nr./Name B_{V1}	Innen-temperatur C_{V1} θ_{nt}	Mindest-Luftwechsel D_{V1} n_{min}	nur ausfüllen, wenn Zusatz-Aufheizleistungen vereinbart wurden	
				Absenkzeit E_{V1} t_{Abs}	Wieder-aufheizzeit t_{RH} F_{V1}
		°C	h^{-1}	h	h

Bezeichnung und Nummerierung der Räume (Beispiel)

Geschoss/Wohneinheit (A_{V1})	Raumnummer (B_{V1})	Name
0	3	Küche
1	12	Arbeitszimmer

C_{V1} **Norminnentemperaturen nach DIN EN 12831 : 2017-04**

lfd. Nr.	Raumart	Norm-Innentemperatur θ_{int} °C
1	Wohn- und Schlafräume	+20
2	Büroräume, Sitzungszimmer, Ausstellungsräume, Haupttreppenräume, Schalterhallen	+20
3	Hotelzimmer	+20
4	Verkaufsräume und Läden allgemein	+20
5	Unterrichtsräume allgemein	+20
6	Theater und Konzerträume	+20
7	Bade- und Duschräume, Bäder, Umkleideräume, Untersuchungszimmer (generell jede Nutzung für den unbekleideten Bereich)	+24
8	WC-Räume	+20
9	Beheizte Nebenräume (Flure, Treppenhäuser)	+15

(D_V1) **Mindestluftwechselzahl nach DIN EN 12831 : 2017-04**

Raumart[a]	n_{min} h^{-1}
Daueraufenthaltsräume wie z.B. Wohn- und Schlafräume, Büros u. ä. (Standardfall)	0,5
Küche ≤ 20 m^3	1,0
Küche ≥ 20 m^3	0,5
WC oder Badezimmer mit Fenster	0,5
Nebenräume, innenliegende Räume	0,0

[a] Innenliegende Daueraufenthaltsräume, Bäder und Toilettenräume sind mit Lüftungsanlagen zu rechnen.

(E_V1) (F_V1)

Absenkzeiten und Wiederaufheizzeiten siehe (O_G1)

8.1.4 Formblatt R ▶ siehe Kap_8.pdf

Formblatt R – Raumweise Berechnung der Norm-Heizlast und Auslegungs-Heizleistung

Projekt-Nr./Bezeichnung		
RAUM-HEIZLAST	Datum	Seite R

Wohneinheit	**Geschoss:**			**Raum-Nr./-Name** (A_R)			
Innentemperatur (A_R)	θ_{int}	______	°C	**Infiltration**			
Mindest-Luftwechsel (A_R)	n_{min}	______	h^{-1}	Luftdichtheit	n_{50} (C_R)	______	h^{-1}
Abmessungen				Koeffizient Abschirmklasse	e (D_R)	______	–
Raumbreite	b_R	______	m	Höhe über Erdreich	h (E_R)	______	m
Raumlänge	l_R	______	m	Höhen-Korrekturfaktor	ε	______	–
Raumfläche	A_R	______	m^2	**Mechanische Belüftung** (XX_R)			
Geschosshöhe	h_G	______	m	Zuluft-Volumenstrom	$\dot{V}_{su}$	______	m^3/h
Deckendicke	d	______	m	– Temperatur	θ_{su}	______	°C
Raumhöhe	h_R	______	m	– Korrekturfaktor	$f_{v,su}$	______	–
Raumvolumen	V_R	______	m^3	Abluft-Volumenstrom	$\dot{V}_{ex}$	______	m^3/h
Erdreich				Überströmung Nachbarräume	$\dot{V}_{mech.inf,ij}$	______	m^3/h
Tiefe unter Erdreich (B_R)	z	______	m	– Temperatur	$\theta_{mech.inf,ij}$	______	°C
Erdreich berührter Umfang	P	______	m	– Korrekturfaktor	$f_{v,mech.inf,ij}$	______	–
B'-Wert ☐ raumweise	B'	______	m	mech. Infiltration von außen	$\dot{V}_{mech.inf,e}$	______	m^3/h

1	2	3	4	5	6	7	8	9	10	11	12	13	14	15	16
Orientierung	Bauteil	Anzahl	Breite	Länge/Höhe	Bruttofläche	Abzugsfläche	Nettofläche	grenzt an	angrenzende Temperatur	Korrektur-Faktoren	U-Wert	Korrekturwert Wärmebrücke	Korrigierter U-Wert	Wärmeverlust-Koeffizient	Transmissions-Wärmeverlust
		n	b	l/h	A_{Brutto}	A_{Abzug}	A_{Netto}	e/u g/ij	θ_u/θ_j	e/b_u f_{g2}/f_{ij}	U	ΔU_{WB}	$U_{c/equiv}$	H_T	Φ_T
			m		m^2				°C		W/(m^2K)			W/K	W
(F_R)	(G_R)								(H_R)		(I_R)		(J_R)	(K_R)	(M_R)

TRANSMISSIONSWÄRMEVERLUST	H_T/Φ_T	L_R	N_R
Mindest-Luftvolumenstrom	$\dot{V}_{min}$	______ m³/h	______
aus natürlicher Infiltration	$\dot{V}_{inf}$	O_R ______ m³/h	______
aus mechanischem Zuluftvolumenstrom	$\dot{V}_{au} \cdot f_{V,su}$	XXX_R ______ m³/h	______
aus mech. infiltriertem Volumenstrom	$\dot{V}_{mech.inf.e} + \dot{V}_{mech.inf.ij} \cdot f_{V,mech.inf.ij}$	______ m³/h	______
thermisch wirksamer Luftvolumenstrom	$\dot{V}_{therm}$	P_R ______ m³/h	
LÜFTUNGSWÄRMEVERLUST	H_V/Φ_V		Q_R
NORM-HEIZLAST	Φ_{HL}	W/m² W/m³	R_R
ZUSATZ-AUFHEIZLEISTUNG	Φ_{RH}	f_{RH} = W/m²	S_R
AUSLEGUNGS-HEIZLEISTUNG	$\Phi_{HL, Auslg}$	T_R	

A_R **Bezeichnung und Berechnung für jeden einzelnen Raum nach** A_{V1} B_{V1} C_{V1} D_{V1} Formblatt V1

B_R siehe Formblatt G1 H_{G1} I_{G1} J_{G1}

C_R siehe Formblatt G1 A_{G1}

Abschirmkoeffizient e für verschiedene Gebäudestandorte

D_R

Abschirmungsklasse	e beheizter Raum mit keiner dem Wind ausgesetzten Fläche bzw. Fassade	e beheizter Raum mit einer dem Wind ausgesetzten Fläche bzw. Fassade	e beheizter Raum mit mehr als einer dem Wind ausgesetzten Fläche bzw. Fassade
keine Abschirmung (z. B. Gebäude in windreichen Gegenden, Hochhäuser in Stadtzentren)	0	0,03	0,05
moderate Abschirmung (z. B. Gebäude im Freien, umgeben von Bäumen bzw. anderen Gebäuden, Vorstädte)	0	0,02	0,03
gute Abschirmung (z. B. Gebäude mittlerer Höhe in Stadtzentren, Gebäude in bewaldeten Regionen)	0	0,01	0,02

Höhenkorrekturfaktor ε nach Lage des Raums über Erdreichniveau *h* in m

E_R

Höhe des beheizten Raumes über dem Erdreichniveau (Raummitte bis Erdreichniveau) m	Höhenkorrekturfaktor ε_i
0 bis 10[a]	1,0
> 10 bis 20	1,2
>20 bis 30	1,5
>30 bis 40	1,7
>40 bis 50	2,0
>50 bis 60	2,1
>60 bis 70	2,3
>70 bis 80	2,4
>80 bis 90	2,6
>90 bis 100	2,8

[a] Die Höhe 10 m kann bei Wohngebäuden generell für alle Häuser mit max. 4 beheizten Geschossen über Erdreich eingesetzt werden.

XX_R **Nur auszufüllen, wenn eine mechanische Lüftung eingebaut ist:**

Luftmengenplan (Beispiele) O_R

Raum	Zuluft m³/h	Überströmluft m³/h	Abluft m³/h	Infiltration nach DIN EN 12831 m³/h
Wohnzimmer	45,8	45,8	–	4,7
Bad EG	–	39,2	39,2	0,9
WC EG	–	21,8	21,8	0,3

Berechnung der Zulufttemperatur

Die Zulufttemperatur berechnet sich

$$\theta_{su} = \eta_{WRG} \cdot (\theta_{ex} - \theta_e) + \theta_{e'}$$

aus dem Wärmebereitstellungsgrad η_{WRG} des Wärmerückgewinnungssystems.

Berechnung der mittleren Ablufttemperatur

Die Ablufttemperatur θ_{ex} wird aus der Mischtemperatur der einzelnen Abluftvolumenströme berechnet. Diese berechnet sich als arithmetisches Mittel zu

$$\theta_{ex,m} = \frac{\sum_i V_{ex,i} \cdot \theta_{int,i}}{\sum_i V_{ex,i}}$$

Berechnung der thermisch wirksamen Zuluftvolumenströme

Die zuvor ermittelte Zulufttemperatur gilt einheitlich für alle zu belüftenden Räume. Der Korrekturfaktor berechnet sich zu

$$f_{V,su,i} = \frac{\theta_{int,i} - \theta_{su,i}}{\theta_{int,i} - \theta_e}$$

Korrekturfaktor zur Temperaturänderung durch nachströmende Luft aus Nachbarräumen

$$f_{V,mech,inf,ij} = \frac{\theta_{int,i} - \theta_{int,j}}{\theta_{int,i} - \theta_{int,e}}$$

Himmelsrichtung in 45° Schritten bzw. H = horizontal

G_R

Als Kurzbezeichnung der einzelnen Bauteile sind folgende Abkürzungen zu verwenden:

AF	Außenfenster	DE	Decke
AT	Außentür	FB	Fußboden
AW	Außenwand	IF	Innenfenster
DF	Dachfenster	IT	Innentür
DA	Dach	IW	Innenwand

H_R

Der witterungsbedingte Korrekturfaktor *e* für Außenflächen (AF; AT; AW; DF; DA) beträgt immer *e* = 1.

e: Fläche grenzt an Außenluft (external)
u: Fläche grenzt an einen unbeheizten Nachbarraum (unheated space)
g: Fläche grenzt an Erdreich (ground)
ij: Fläche grenzt an einen beheizten Nachbarraum (j)

Für Erdreich berührte Bauteile wird der Temperatur-Reduktionsfaktor f_{g2} bestimmt:

f_{g2}: Reduktionsfaktor für die Temperaturdifferenz, zwischen Norm-Außentemperatur und dem Jahresmittel der Außentemperatur, der seinerseits wie folgt ermittelt wird:

$$f_{g2} = \frac{\theta_{int,i} - \theta_{m,e}}{\theta_{int,i} - \theta_e}$$

Für den Fall, dass die Temperatur der angrenzenden Räume nicht bekannt ist, kann statt des Eintrags der Temperatur der Korrekturfaktor b_u direkt eingetragen werden.

Temperatur-Korrekturfaktor b_u für unbeheizte Nachbarräume

Unbeheizter Raum			b_u
Nachbarräume			
ohne Außenwände (z. B. innenliegende Flure)			0,1
mit einer Außenwand, ohne äußere Türen			0,4
mit einer Außenwand, mit äußeren Türen			0,5
mit zwei Außenwänden, ohne äußere Türen			0,5
mit zwei Außenwänden, mit äußeren Türen			0,6
mit 3 Außenwänden (auch außenliegende Treppenräume)			0,8
Heizungsaufstellraum (Heizraum)			0,2
Kellerräume			
ohne Fenster/äußere Türen			0,4
mit Fenster/äußere Türen			0,5
Innenliegende Treppenräume			
Annahme: $\frac{\sum H_{T,iu}}{\sum H_{T,ue}} = 3,0$	**Gebäudehöhe in m**	**Geschoss**	
	≤ 20	EG und KG	0,45
		1. OG	0,30
		über 1. OG	0,25
	> 20	EG und KG	0,65
		1. OG	0,45
		2. OG	0,35
		3. und 4. OG	0,30
		5. bis 7. OG	0,30
		über 7. OG	0,25

Temperatur-Korrekturfaktor b_u für unbeheizte Nachbarräume (Fortsetzung)

Unbeheizter Raum			b_u
Geschlossene Dachräume			
	Wärmedurchgangskoeffizient U W/(m² · K)		
Dachaußenfläche	nach außen U_{ue}	zu beheizten Räumen U_{iu}	
undicht ($n = 2{,}5\ h^{-1}$)	5	1,25 0,60	0,85 0,90
	2,5	1,25 0,60	0,80 0,90
dicht ($n = 0{,}5\ h^{-1}$)	5	1,25 0,60	0,85 0,90
	2,5	1,25 0,60	0,75 0,85
	1,0	1,25 0,60	0,55 0,70
	0,5	1,25 0,60	0,50 0,65
	0,25	1,25 0,60	0,40 0,60
Aufgeständerter Boden Boden über einem Kriechraum			0,8

U-Werte der Einzelbauteile siehe Kapitel 8.1.7 Wärmedurchgang

Für alle Bauteile der wärmeübertragenden Gebäudehülle (DA, AW, AF, AT, FB an Erdreich) ist ein Wärmebrückenzuschlag ΔU_{WB} zu berücksichtigen.

Wärmebrücken	ΔU_{WB} in W/(m · K)
ohne bauseitige Berücksichtigung von Wärmebrücken	0,10
mit bauseitiger Ausführung der Bauteilanschlüsse nach DIN 4108, Beiblatt 2	0,05

Für alle Bauteile (außer an Erdreich grenzenden FB) gilt: $U_{c/equiv} = U + \Delta U_{WB}$

Für an Erdreich grenzenden FB ist $U_{c/equiv}$ folgenden Tabellen zu entnehmen:

B'-Wert m	$U_{equiv,bf}$ (für $z = 0$ m) W/m² · K				
	keine Dämmung	U_{Boden} = 2,0 W/(m² · K)	U_{Boden} = 1,0 W/(m² · K)	U_{Boden} = 0,5 W/(m² · K)	U_{Boden} = 0,25 W/(m² · K)
2	1,30	0,77	0,55	0,33	0,17
4	0,88	0,59	0,45	0,30	0,17
6	0,68	0,48	0,38	0,27	0,17
8	0,55	0,41	0,33	0,25	0,16
10	0,47	0,36	0,30	0,23	0,15
12	0,41	0,32	0,27	0,21	0,14
14	0,37	0,29	0,24	0,19	0,14
16	0,33	0,26	0,22	0,18	0,13
18	0,31	0,24	0,21	0,17	0,12
20	0,28	0,22	0,19	0,16	0,12

B'-Wert m	$U_{equiv, bf}$ (für $z = 1{,}5$ m) W/(m²·K)				
	keine Dämmung	U_{Boden} = 2,0 W/(m²·K)	U_{Boden} = 1,0 W/(m²·K)	U_{Boden} = 0,5 W/(m²·K)	U_{Boden} = 0,25 W/(m²·K)
2	0,86	0,58	0,44	0,28	0,16
4	0,64	0,48	0,38	0,26	0,16
6	0,52	0,40	0,33	0,25	0,15
8	0,44	0,35	0,29	0,23	0,15
10	0,38	0,31	0,26	0,21	0,14
12	0,34	0,28	0,24	0,19	0,14
14	0,30	0,25	0,22	0,18	0,13
16	0,28	0,23	0,20	0,17	0,12
18	0,25	0,22	0,19	0,16	0,12
20	0,24	0,20	0,18	0,15	0,11

B'-Wert m	$U_{equiv, bf}$ (für $z = 3{,}0$ m) W/(m²·K)				
	keine Dämmung	U_{Boden} = 2,0 W/(m²·K)	U_{Boden} = 1,0 W/(m²·K)	U_{Boden} = 0,5 W/(m²·K)	U_{Boden} = 0,25 W/(m²·K)
2	0,63	0,46	0,35	0,24	0,14
4	0,51	0,40	0,33	0,24	0,14
6	0,43	0,35	0,29	0,22	0,14
8	0,37	0,31	0,26	0,21	0,14
10	0,32	0,27	0,24	0,19	0,13
12	0,29	0,25	0,22	0,18	0,13
14	0,26	0,23	0,20	0,17	0,12
16	0,24	0,21	0,19	0,16	0,12
18	0,22	0,20	0,18	0,15	0,11
20	-0,21	0,18	0,16	0,14	0,11

Korrigierter *U*-Wert für an Erdreich grenzenden FB; Tiefe unter Erdreich *z* in m und B' in m, siehe B_R

Berechnung der Wärmeverlustkoeffizienten H_T in W/K:

$$H_T = A_{Netto} \cdot e \cdot U_{c/equiv}$$

statt *e* können die Korrekturfaktoren b_u, f_{g2}, f_{ij} verwendet werden, siehe I_R

$U_{c/equiv}$ siehe J_R

ΣH_T

Berechnung des Transmissionswärmeverlust Φ_T in W

$$\Phi_T = H_T \cdot (\theta_{int} - \theta_e)$$

θ_{int} siehe A_R

θ_e oder eine andere angrenzende Temperatur, siehe H_R

$\Sigma \Phi_T$

1. $\dot{V}_{min}$ Mindest-Luftvolumenstrom in m³/h nach Mindest-Luftwechsel n_{min} in 1/h

   $\dot{V}_{min} = n_{min} \cdot V_{Raum}$ in m³/h

2. $\dot{V}_{inf}$ Volumenstrom aus natürlicher Infiltration in m³/h

   $\dot{V}_{inf,i} = 2 \cdot V_i \cdot n_{50} \cdot e_i \cdot \varepsilon_i$

C_R Dabei ist

n_{50}: Luftwechselrate je Stunde (h⁻¹), aufgrund einer Druckdifferenz von 50 Pa zwischen dem Inneren und Äußeren des Gebäudes unter Berücksichtigung der Lufteinlässe;

D_R

e_i: Koeffizient für Abschirmung;

ε_i: Höhenkorrekturfaktor, welcher die Zunahme der Windgeschwindigkeit mit der Höhe des Raumes über dem Boden berücksichtigt.

E_R

3. $\dot{V}$ Volumenstrom (nur wenn eine mechanische Belüftung vorhanden ist)

   XXX_R

   $\dot{V} = \dot{V}_{inf} + \dot{V}_{SU} \cdot f_{V,SU} + \dot{V}_{mech,inf} \cdot f_{V,mech,inf}$

$\dot{V}_{inf}$ Volumenstrom durch natürliche Infiltration in $\frac{m^3}{h}$ siehe XX_R

$\dot{V}_{SU}$: mechanischer Zuluftvolumenstrom in $\frac{m^3}{h}$; Korrekturfaktor

$\dot{V}_{mech,inf}$: mechanisch infiltrierter Volumenstrom in $\frac{m^3}{h}$; Korrekturfaktor

$f_{V,SU}$: Korrekturfaktor

$f_{V,mech,inf}$: Korrekturfaktor

P_R

aus den Berechnungen O_R 1., 2. oder 3. wird der Max.-Wert genommen:

$$\dot{V}_{therm} = \dot{V}_{max1,2,oder3} \text{ in m}^3/\text{h}$$

Lüftungswärmeverlustkoeffizient $H_{V,i}$ in W/K

$$H_{V,i} = 0{,}34 \frac{kJ}{m^3 \cdot K} \cdot \dot{V}_{therm}$$

Q_R mit der Temperaturdifferenz $(\theta_{int} - \theta_e)$

$$\Phi_V = H_V \cdot (\theta_{int} - \theta_e) \text{ in W}$$

R_R Normheizlast Φ_{HL} in W:

$$\Phi_{HL} = \Phi_T + \Phi_V$$

S_R Zusatz-Aufheizleistung: Formblatt G1 P_{G1}

T_R Auslegungs-Heizleistung

$$\Phi_{HL,\,Ausl} = \Phi_T + \Phi_V + \Phi_{RH}$$

8.1.5 Formblatt G2 ▶ siehe Kap_8.pdf

In diesem Formblatt werden alle Ergebnisse für die Raumheizlast der Einzelräume nach Formblatt R als Gebäudesumme zusammengefasst:

Formblatt G2 – Zusammenfassung der berechneten Räume

Projekt-Nr./Bezeichnung	
RAUMLISTE	Datum Seite G 2
	Sortierung nach ☐ Geschoss ☐ Wohneinheit

Raum-Nr./-Name	$\Phi_{T,e}$	Φ_T	$\Phi_{V,\,min}$	$\Phi_{V,\,inf}$	$\Phi_{V,\,su}$	$\Phi_{V,\,m,\,inf}$	Φ_{HL}	Φ_{RH}	$\Phi_{HL,\,Ausl}$
A_{G2}	B_{G2}	C_{G2}	D_{G2}	E_{G2}		XX_{G2}	F_{G2}	G_{G2}	H_{G2}
Summen für Gebäude	$\Sigma\Phi_{T,e}$		$\Sigma\Phi_{V,\,min}$	$\Sigma\Phi_{W,\,inf}$	XX			$\Sigma\Phi_{RH}$	

A_{G2} siehe Formblatt R: Raumbezeichnung, Norminnentemperatur, Raumfläche, Raumvolumen A_R

B_{G2} Summe der Transmissions-Wärmeverluste des bezeichneten Raumes für AW, AF, AT, FB (nur nach außen und unbeheizte Nachbarräume) $\Phi_{T,e}$ in W aus Formblatt R M_R

C_{G2} Summe aller Transmissions-Wärmeverluste des bezeichneten Raumes Φ_T, in W aus Formblatt R N_R

D_{G2} E_{G2}, bei maschineller Lüftung XX_{G2}

Lüftungswärmeverluste durch Mindest-Luftwechsel des bezeichneten Raumes $\Phi_{V,\,min}$ in W

Lüftungswärmeverluste aus natürlicher Infiltration des bezeichneten Raumes $\Phi_{V,\,inf}$ in W

aus Formblatt R O_R P_R

Bei Räumen ohne maschinelle Belüftung ergibt die Addition des Transmissionswärmeverlustes mit dem Maximum aus minimalem bzw. natürlich infiltriertem Lüftungswärmeverlust die Norm-Heizlast. Bei Räumen mit maschineller Belüftung ergibt die Addition des Transmissionswärmeverlustes mit den einzelnen Anteilen der natürlichen Infiltration, Zuluft und mechanischer Infiltration die Norm-Heizlast.

F_{G2} Normheizlast des bezeichneten Raumes Φ_{HL} in W aus Formblatt R R_R

G_{G2} Zusatzaufheizleistung des bezeichneten Raumes Φ_{RH} in W aus Formblatt R S_R

H_{G2} Auslegungsheizleistung des bezeichneten Raumes $\Phi_{HL,\,Auslg}$ in W aus Formblatt R T_R

8.1.6 Formblatt G3 ► siehe Kap_8.pdf

Formblatt G3 – Ermittlung der Norm-Heizlast des Gebäudes

Projekt-Nr./Bezeichnung		
GEBÄUDEZUSAMMENSTELLUNG	Datum	Seite G 3
WÄRMEVERLUST-KOEFFIZIENTEN		**W/K**
Transmissionswärmeverlust-Koeffizient	$\Sigma H_{T,e}$	______ A_{G3}
Lüftungswärmeverlust-Koeffizient	ΣH_V	______ B_{G3}
Gebäude-Wärmeverlust-Koeffizient	H_{Geb}	C_{G3} ______
WÄRMEVERLUSTE		**W**
Transmissionswärmeverluste (nach außen)	$\Phi_{T,Geb}$	______ D_{G3}
Lüftungswärmeverluste		
Mindest-Luftvolumenstrom	$\Phi_{V,min,Geb} = 0{,}5 \cdot \Sigma\Phi_{V,min}$	______ E_{G3}
aus natürlicher Infiltration	$\Phi_{V,inf,Geb} = \zeta \cdot \Sigma\Phi_{V,inf}$	F_{G3} ______
aus mechanischem Zuluftvolumenstrom	$\Phi_{V,au,Geb}$	______
aus mech. infiltriertem Volumenstrom	$\Phi_{V,mech,inf,Geb}$	XX_{G3} ______
Lüftungswärmeverluste	$\Phi_{V,Geb}$	______ G_{G3}
NORM-GEBÄUDEHEIZLAST	$\Phi_{HL,Geb}$ ______ H_{G3}	**W**
ZUSATZ-AUFHEIZLEISTUNG	$\Phi_{RH,Geb}$ ______ I_{G3}	**W**
AUSLEGUNGS-HEIZLEISTUNG	$\Phi_{Ausleg,Geb}$ ______ J_{G3}	**W**
Auslegung Heizleistung für Wärmepumpen = Norm-Gebäudeheizlast (Formblatt G3 H_{G3}) + Zusatz-Aufheizleistungen für Wärmepumpen	$\Phi_{Ausleg,WP}$ ______ L_{G3}	**W**
BEZOGENE WERTE		
Heizlast/beheizte Gebäudefläche	$A_{N,Geb}$ ______ m^2	$\Phi_{HL,Geb}/A_{N,Geb}$ ______ W/m^2
Heizlast/beheiztes Gebäudevolumen	$V_{N,Geb}$ ______ m^3	$\Phi_{HL,Geb}/V_{N,Geb}$ ______ W/m^3 K_{G3}
wärmeübertragende Umfassungsfläche	A ______ m^2	
spez. Transmissionswärmeverlust-Koeffizient	H_T	______ **$W/(m^2 \cdot K)$**

A_{G3}: $\Sigma H_{T,e} = \frac{\Sigma\Phi_{T,e}}{(\theta_{int} - \theta_e)}$ in W/K ; $\Sigma\Phi_{T,e}$ aus Formblatt G2 $\Sigma\Phi_{T,e}$

B_{G3}: $\Sigma H_V = \frac{\Sigma\Phi_{V,min}}{(\theta_{int} - \theta_e)}$ in W/K ; $\Sigma\Phi_{V,min}$ aus Formblatt G2 $\Sigma\Phi_{V,min}$

C_{G3}: $H_{Geb} = \Sigma H_V + \Sigma H_{T,e}$ in W/K

D_{G3}: $\Sigma\Phi_{T,e}$ in W aus Formblatt G2 $\Sigma\Phi_{T,e}$

E_{G3}: $\Sigma\Phi_{V,min}$ in W aus Formblatt G2 $\Sigma\Phi_{V,min}$

F_{G3}: $\Phi_{V,inf,Geb} = \zeta \cdot \Sigma\Phi_{V,inf}$ in W

Gleichzeitigkeitsfaktor $\zeta = 0{,}5$

$\Sigma\Phi_{V,inf}$ in W aus Formblatt G2 $\Sigma\Phi_{W,inf}$

XX_{G3}: bei Vorhandensein einer mechanischen Lüftung:

$\Sigma\Phi_{V,su}$ in W aus Formblatt G2 $\Sigma\Phi_{SU}$

$\Sigma\Phi_{V,mech,inf}$ in W aus Formblatt G2 $\Sigma\Phi_{V,mech,inf}$

G_{G3}: Ohne mechanische Lüftung:
$\Phi_{V,Geb}$ in W Maximalwert aus F_{G3} oder E_{G3}

Bei Vorhandensein einer mechanischen Lüftung:

$\Phi_{V,Geb} = \Phi_{V,inf,Geb} + \Phi_{V,su,Geb} + \Phi_{V,mech:inf,Geb}$ in W

H_{G3}: $\Phi_{HL,Geb} = \Phi_{T,Geb} + \Phi_{V,Geb}$ in W

I_{G3}: $\Sigma\Phi_{RH}$ in W aus Formblatt G2 $\Sigma\Phi_{RH}$

$\Phi_{Ausleg,Geb} = \Phi_{HL,Geb} + \Phi_{RH,Geb}$ in W

J_{G3}: Informative Daten bezogen auf Gebäudenutzfläche / -nutzvolumen

K_{G3}: Spez. Transmissionswärmeverlustkoeffizient bezogen auf die wärmeübertragende Umfassungsfläche:

$$H'_T = \frac{\Phi_{T,Geb}}{A \cdot (\theta_{int} - \theta_e)} \text{ in } W/(m^2 \cdot K)$$

L_{G3}: Zusatz-Aufheizleistungen für Wärmepumpen durch

1. Durch Sperrzeiten des Energieversorgers für den Betrieb von Wärmepumpen
   Beispiel: Sperrzeit 4h/Tag Zusatz-Aufheizleistung 4h/24h = 17%
2. Für Warmwasserbereitung pro Person 200 W
   Beispiel: 4-Personen-Haushalt Zusatz-Aufheizleistung 800W

8.1.7 Wärmedurchgang *thermal conductivity*

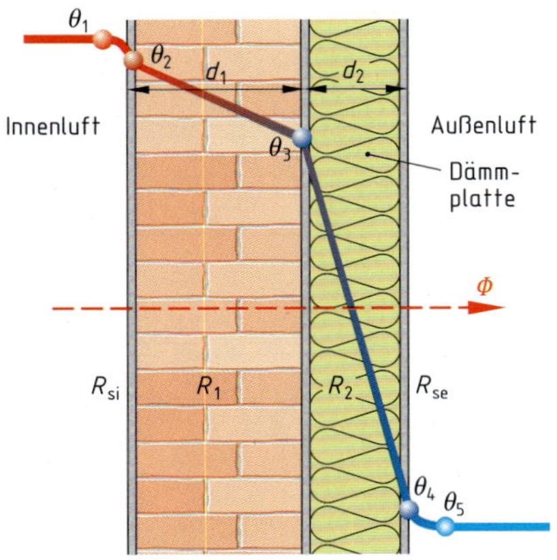

Wärmestrom durch eine mehrschichtige Wand

Wärmedurchgangszahl U in W/(m^2 · K)

$$U = \frac{1}{\frac{1}{\alpha_1} + \sum \frac{s}{\lambda} + \frac{1}{\alpha_2}}$$

Wärmedurchgangs-widerstand R in m^2 · K/W *heat transition coefficient*	$R = \frac{1}{U} = R_{\alpha 1} + \sum R_{\lambda} + R_{\alpha 2}$
Wärmeübergangs-widerstand R_{α} in m^2 · K/W *heat transfer resistance*	$R_{\alpha 1} = \frac{1}{\alpha_1}; R_{\alpha 2} = \frac{1}{\alpha_2}$
Wärmeleitwiderstand R_{λ} in m^2 · K/W *thermal conductibility resistance*	$R_{\lambda} = \frac{d}{\lambda}$

Wärmeübergangswiderstände (zwischen Luft und Bauteilen)

Baustoff-Code	Beschreibung	R_{si} oder R_{se} m^2 · K/W
41	Ruhende Luftschicht s = 40 mm	0,18
61	Wärmedurchgangswiderstand, innen (horizontaler Wärmestrom)	0,13
62	Wärmedurchgangswiderstand, außen (horizontaler Wärmestrom)	0,04
63	Wärmedurchgangswiderstand, innen (Wärmestrom von unten nach oben)	0,10
66	Wärmedurchgangswiderstand, innen (Wärmestrom von oben nach unten)	0,17

Wärmeleitfähigkeit λ verschiedender Stoffe

Metalle und Nichtmetalle	W/(m · K) bei 20 °C	Flüssige Stoffe	W/(m · K) bei 20 °C	Gasförmige Stoffe	W/(m · K) × 10^{-3} bei 0 °C
CuSn-Legierung	38	Benzin	0,13	Ammoniak	22
CuZn-Legierung	113	Benzol C_6H_6 (rein)	0,15	Acetylen	18
Dämmstoffe	0,03 ... 0,1	Ether (oder Äther)	0,18	Chlor	8,1
Glas	0,8	Glycerin	0,29	Kohlenmonoxid	23
Grauguss	58	Maschinenöl	0,18	Kohlendioxid	15
Holz	0,5 ... 0,8	Petroleum	0,13	Luft (trocken)	24,5
Konstantan	23,3	Quecksilber	10	Methan	30
Mauerwerk	0,5 ... 1,0	Wasser (destilliert)	0,6	Sauerstoff O_2	24
PVC	0,16			Stickstoff N_2	24
Stahl, unlegiert	50...60			Wasserstoff H_2	171
Stahl, rostbeständig	≈ 20			Wasserdampf (100 °C)	16

Wärmeleitfähigkeit von Baustoffen

Baustoff-Code	Beschreibung	λ W/(m · K)
1	Leichtziegel	0,8
2	Beton	1,75
11	Gips	0,35
13	Zementmörtel	1,15
21	Polystyrol	0,043
23	Steinwolle	0,042
24	Extrudiertes Polystyrol	0,037
25	Mineralische Faserdämmstoffe nach DIN 18165	0,041
31	Kies	0,7
32	Bitumen	0,23
41	Ruhende Luftschicht s = 40 mm	0
51	Holz	0,15
53	Metall-Legierung	0,12

Code: Bauteil	Code: Baustoff	Beschreibung	s m	λ W/(m · K)	R m² · K/W	U_k W/(m² · K)
Codes des Bauteils	**Bezeichnung des Bauteils**					
	Code	Bezeichnung der inneren laminaren Schicht			R_{si}	
	Code	Baustoffbezeichnung	s_1	λ_1	$R_1 = s_1/\lambda_1$	
	…	…	…	…	…	
	Code	Baustoffbezeichnung	s_n	λ_n	$R_n - s_n/\lambda_n$	
	Code	Bezeichnung der äußeren laminaren Schicht			R_{se}	
	Gesamtdicke und U_k		Σs_i		ΣR_i	$\Sigma \frac{1}{R_i}$
1	**Wärmegedämmte Außenwand**					
	61	Wärmedurchgangswiderstand, innen (horizontaler Wärmestrom)			0,13	
	11	Gips	0,010	0,350	0,03	
	21	Polystyrol	0,080	0,043	1,86	
	1	Leichtziegel	0,200	0,800	0,25	
	62	Wärmedurchgangswiderstand, außen (horizontaler Wärmestrom)			0,04	
	Gesamtdicke und U_k		**0,290**		**2,31**	**0,433**

Code: Bauteil	Code: Baustoff	Beschreibung	s m	λ W/(m · K)	R m² · K/W	U_k W/(m² · K)
15	**Innere Tür**					
	61	Wärmedurchgangswiderstand, innen (horizontaler Wärmestrom)			0,13	
	51	Holz	0,040	0,150	0,27	
	61	Wärmedurchgangswiderstand, innen (horizontaler Wärmestrom)			0,13	
	Gesamtdicke und U_k		**0,040**		**0,53**	**1,899**
16	**Erdgeschossdecke**					
	63	Wärmedurchgangswiderstand, innen (Wärmestrom von unten nach oben)			0,1	
	11	Gips	0,010	0,350	0,03	
	23	Steinwolle	0,080	0,042	1,90	
	63	Wärmedurchgangswiderstand, innen (Wärmestrom von unten nach oben)			0,10	
	Gesamtdicke und U_k		**0,090**		**2,13**	**0,469**
17	**Kellerdecke**					
	66	Wärmedurchgangswiderstand, innen (Wärmestrom von oben nach unten)			0,17	
	2	Beton	0,030	1,750	0,02	
	24	Extrudiertes Polystyrol	0,060	0,037	1,62	
	2	Beton	0,180	1,750	0,10	
	66	Wärmedurchgangswiderstand, innen (Wärmestrom von oben nach unten)			0,17	
	Gesamtdicke und U_k		**0,270**		**2,08**	**0,480**
20	**Fenster**					
	Gesamtdicke und U_k		–		–	**2,100**
21	**Äußere Tür**					
	61	Wärmedurchgangswiderstand, innen (horizontaler Wärmestrom)			0,13	
	51	Holz	0,060	0,150	0,40	
	62	Wärmedurchgangswiderstand, außen (horizontaler Wärmestrom)			0,04	
	Gesamtdicke und U_k		**0,060**		**0,57**	**1,754**

Der U-Wert eines Fensters setzt sich aus 3 Teilen zusammen (nach DIN EN10077 : 2000-11):
1. Rahmen U_f
2. Verglasung U_g und
3. Glasrandzone ψ

$$U\text{-Wert des Fensters} = \frac{\left|\underset{\text{Fläche} \cdot U\text{-Wert}}{\text{Rahmen}}\right| + \left|\underset{\text{Fläche} \cdot U\text{-Wert}}{\text{Verglasung}}\right| + \left|\underset{\text{Länge} \cdot \psi\text{-Wert}}{\text{Glasrand}}\right|}{\textit{Fenster-Gesamtfläche}}$$

kurz: $$U_w = \frac{A_f \cdot U_f + A_g \cdot U_g + l_g \cdot \psi}{A_w}$$

Bezeichnung		**Einheit**
Fenstergröße	A_w	m^2
Rahmenfläche	A_f	m^2
Verglasungsfläche	A_g	m^2
Glasrandlänge	l_g	m
U-Wert Rahmen	U_f	$W/(m^2 \cdot K)$
U-Wert Verglasung	U_g	$W/(m^2 \cdot K)$
Psi-Wert längenbezogener Wärmedurchgangskoeffizient Glas-Abstandhalter-Verbundes	ψ	$W/(m \cdot K)$

Systeme	**Kunststoff-(Alu-)**	**Kunststoff-(Alu-)**	**Holz-Alu**	**Holz-Alu**	**Holz-Alu PASSIV**
	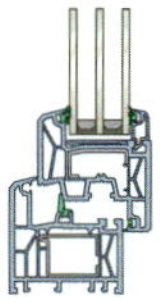	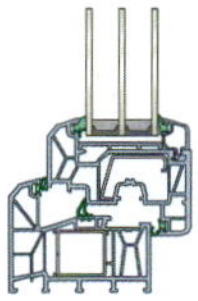	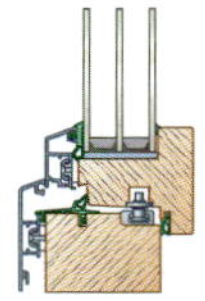	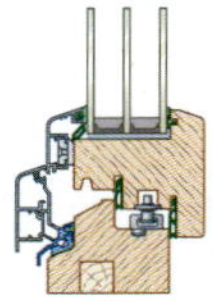	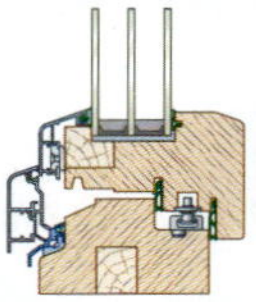
Wärmedämmung					
U-Wert Verglasung U_g	0,7	0,6	0,6	0,5	0,5
U-Wert Rahmen U_f	1,3	1,0	1,22	1,16	0,77
Glasrandverbund PSI	0,040	0,040	0,039	0,037	0,030
g-Wert	0,50	0,50	0,50	0,52	0,52
U-Wert U_w (Prüffenster 123 × 148)	0,82	0,82	0,87	0,80	0,66

Beispiel-Fenster: U_w in $W/(m^2 \cdot K)$ nach Herstellerangaben (Fenstergröße 1230 mm × 1480 mm)

Anforderungen an U-Werte nach GEG

Ausführung des Referenzgebäudes

Bauteil/System	**Referenzausführung/Wert (Maßeinheit)**	
	Eigenschaft	
Außenwand, Geschossdecke gegen Außenluft	Wärmedurchgangskoeffizient	$U = 0{,}28\ W/(m^2 \cdot K)$
Außenwand gegen Erdreich, Bodenplatte, Wände und Decken zu unbeheizten Räumen	Wärmedurchgangskoeffizient	$U = 0{,}35\ W/(m^2 \cdot K)$
Dach, oberste Geschossdecke, Wände zu Abseiten	Wärmedurchgangskoeffizient	$U = 0{,}20\ W/(m^2 \cdot K)$

	Referenzausführung/Wert (Maßeinheit)	
Fenster, Fenstertüren	Wärmedurchgangskoeffizient	$U_w = 1{,}30\ W/(m^2 \cdot K)$
	Gesamtenergiedurchlassgrad der Verglasung	$g^{\perp} = 0{,}60$
Dachflächenfenster	Wärmedurchgangskoeffizient	$U_w = 1{,}40\ W/(m^2 \cdot K)$
	Gesamtenergiedurchlassgrad der Verglasung	$g^{\perp} = 0{,}60$
Lichtkuppeln	Wärmedurchgangskoeffizient	$U_w = 2{,}70\ W/(m^2 \cdot K)$
	Gesamtenergiedurchlassgrad der Verglasung	$g^{\perp} = 0{,}64$
Außentüren	Wärmedurchgangskoeffizient	$U = 1{,}80\ W/(m^2 \cdot K)$

8.2 Wärmeerzeuger *heat generator*

8.2.1 Verbrennungsprozesse *Combustion processes*

Die Verbrennungsberechnungen flüssiger und fester Brennstoffe werden nach der Elementaranalyse der Brennstoffe durchgeführt. Für die Berechnung benötigt man das Atomgewicht der brennbaren Elemente.

Grundlegende chemische Reaktionen bei Verbrennungsprozessen (Beispiele)

$C + O_2 \rightarrow CO_2$
$2\,CO + O_2 \rightarrow 2\,CO_2$
$2\,H_2 + O_2 \rightarrow 2\,H_2O$
$N_2 + O_2 \rightarrow 2\,NO$
$S + O_2 \rightarrow SO_2$
$CH_4 + 2\,O_2 \rightarrow CO_2 + 2\,H_2O$
$C_2H_4 + 3\,O_2 \rightarrow 2\,CO_2 + 2\,H_2O$
$C_{10}H_{20} + 15\,O_2 \rightarrow 10\,CO_2 + 10\,H_2O$

Beispiel

Verbrennung von Kohlenstoff

Chemische Gleichung	C	+	O_2	⇒	CO_2
Elemente	Kohlenstoff	+	Sauerstoff	⇒	Kohlendioxid
Molmassen in kg/kmol	$1 \cdot (12)$	+	$1 \cdot (2 \cdot 16)$	⇒	$1 \cdot (12 + 2 \cdot 16) = 44$
Massengleichung	12 kg	+	32 kg	⇒	44 kg
Massen pro kg Brennstoff	1 kg	+	2,67 kg	⇒	3,67 kg

Verbrennung von Wasserstoff

Chemische Gleichung	**H_2**	+	**$0{,}5\ O_2$**	⇒	**H_2O**
Elemente	Wasserstoff	+	Sauerstoff	⇒	Wasserdampf
Molmassen in kg/kmol	$1 \cdot (2 \cdot 1)$	+	$0{,}5 \cdot (2 \cdot 16)$	⇒	$1 \cdot (2 \cdot 1 + 16) = 18$

Luftbedarf, Abgasvolumen und Abgaszusammensetzung bei der stöchiometrischen Verbrennung fossiler Brennstoffe

CO_2- und O_2-Gehalt im Abgas für ausgewählte Brennstoffe (nach Bunte-Dreieck)

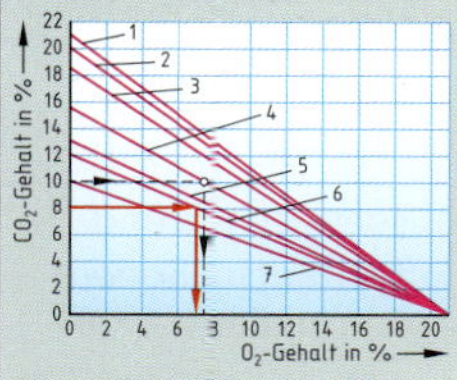

1 Kohlenstoff $CO_{2max} = 21$ %
2 Holz 20 %
3 Steinkohle 18,5 %
4 Heizöl 15,5 %
5 Stadtgas 13 %
6 Erdgas 12 %
7 Koksofengas 10 %

Beispiel für Erdgas
$CO_2 \approx 8\,\% \rightarrow O_2 \approx 7\,\%$

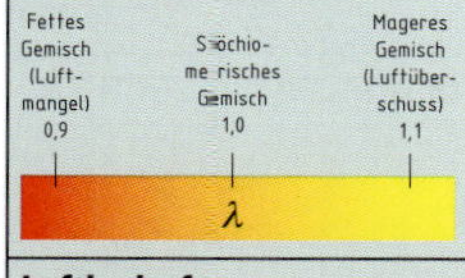

$$\lambda = \frac{m_{L_{tats}}}{m_{L_{st}}}$$

Näherungsberechnung über CO_2-Gehalt im Abgas

$$\lambda = \frac{CO_{2max}}{CO_2}$$

Näherungsberechnung über O_2-Gehalt im Abgas

$$\lambda = \frac{O_2}{21 - O_2} + 1$$

$$\lambda = \frac{L_{tats}}{L_{min}}$$

$$n = (\lambda - 1) \cdot 100\ \%$$

λ:	Luftzahl/Luftverhältniszahl	
$m_{L_{tats}}$:	tatsächliche Luftmasse	in kg
$m_{L_{st}}$:	stöchiometrisch mind. notwendige Luftmasse	in kg
CO_{2max}:	max. CO_2-Gehalt im Abgas	in Vol. %
CO_2:	gemessener CO_2-Gehalt	in Vol. %
O_2:	gemessener O_2-Gehalt im Abgas	in Vol. %
L_{tats}:	tatsächlicher Luftbedarf	in m^3/m^3; m^3/kg
L_{min}:	theoretischer Luftbedarf	in m^3/m^3; m^3/kg
n:	Luftüberschuss	in %

Luftbedarf	$L_\lambda = \lambda \cdot L_{min}$
Abgasvolumen	$V_\lambda = (\lambda - 1) \cdot L_{min} + V_{min}$

L_{tats}:	Luftbedarf	in m^3/kg
λ:	Luftzahl	
L_{min}:	Luftbedarf bei stöchiometrischer Verbrennung	in m^3/kg
V_λ:	tats. Abgasvolumen	in m^3/kg
V_{min}:	Abgasvolumen bei stöchiometrischer Verbrennung	in m^3/kg

	Stoff Anteil	Luftbedarf bei stöchiometrischer Verbrennung L_{min} in m^3/kg	Abgasvolumen bei stöchiometrischer Verbrennung V_{min} in m^3/kg	Abgasprodukt
Brennstoffanteil	C	8,89 m^3/kg C	1,87 m^3/kg	CO_2
	H	26,44 m^3/kg H	11,11 m^3/kg	H_2O
	S	3,32 m^3/kg S	0,68 m^3/kg	SO_2
	N		0,79 m^3/kg	N_2
	H_2O		1,24 m^3/kg H_2O	H_2O
Luftanteil	Luftfeuchte	$L_{min,\,feucht} = L_{min} \cdot (1 + x)$ $L_{\lambda,\,feucht} = L_{\lambda} \cdot (1 + x)$ x: Feuchtigkeitsanteil der Luft in $kg_{Wasserdampf}/kg_{Luft}$	$V_{min} = \lambda \cdot L_{min,\,feucht} \cdot x$	H_2O
	In der Regel werden beim Abgasvolumen die „trockenen" Mengen angegeben.			
	O_2		$V_{min} = 0{,}21 \cdot (\lambda - 1) \cdot L_{min}$	O_2
	N_2		$V_{min} = 0{,}79 \cdot \lambda \cdot L_{min}$	N_2

Wirkungen von Schadstoffen

	Schadstoff	Quelle	Wirkungen
Gase	Kohlenmonoxid (CO)  	unvollständige Verbrennungen von kohlenwasserstoffhaltigen Brennstoffen, bzw. deren Erhitzung	Unterbindet den Sauerstofftransport im Körper → Erstickungsgefahr
Gase	Kohlenstoffdioxid (CO_2)	Fossile Brennstoffe z. B. Kohle, organische Substanzen z. B. Holz	• Treibhauseffekt führt zu Klimaerwärmung. Verbrennungsabgase können bei hohem Aufkommen die Luft verdrängen → Erstickungsgefahr.
Gase	Schwefeloxide (SO_2, SO_3) und deren Säuren (H_2SO_3, H_2SO_4) 	schwefelhaltiges Erdöl	• Es entsteht saurer Regen durch Schwefelsäure, dadurch wird das Waldsterben beschleunigt. • Saurer Regen verursacht Schäden an Bauwerken. • Es entstehen giftige Dioxine und Furane, die das zentrale Nervensystem schädigen können.
Gase	Stickstoffoxide (NO_x)	Durch die Verbrennung von Brennstoffen wird Luftstickstoff eingebunden. Durch die Verbrennung von Benzin ohne Katalysator in Autoabgasen.	• Stickstoffe werden durch Regen ausgewaschen und es kommt zu vermehrtem Nährstoffeintrag im Boden. • Es entsteht Salpetersäure, die Schäden an Bauwerken verursacht. • Es entstehen Gasgemische mit wechselnden Anteilen, die von Stickstoffmonoxid (NO), Stickstoffdioxid (NO_2), Distickstofftrioxid (N_{203}) und Distickstofftetroxid (N_{204}), die giftig sind.
Gase	Kohlenwasserstoffe (C_mH_n)	Unvollständige Verbrennungen von kohlenwasserstoffhaltigen Brennstoffen, bzw. deren Erhitzen.	• Erzeugen Karzinogene, das ist eine Substanz, ein Organismus oder eine Strahlung, die Krebs erzeugen oder die Krebserzeugung fördern kann.
Säure	Salzsäure 	Vorwiegend aus PVC-Abbrand	Es entstehen giftige Dioxine und Furane, die das zentrale Nervensystem schädigen können.
Feststoffe	Schwermetalle	Durch Blei im Benzin, durch behandelte Hölzer	• Können zu Vergiftungen führen. • Erzeugen Karzinogene, das ist eine Substanz, ein Organismus oder eine Strahlung, die Krebs erzeugen oder die Krebserzeugung fördern kann.
Feststoffe	Feinstaub, Ruß, Flugasche	Verunreinigungen im festen Brennstoff	• Können allergieauslösend wirken, Atemwegserkrankungen auslösen und zu Kreislaufbeschwerden führen.

CO_2-Gehalt Abgas, theoretischer Luftbedarf, Luftzahl/Luftverhältniszahl, Abgasmenge, üblicher Luftüberschuss, Taupunkttemperatur

	Einheit	gasförmige Brennstoffe				flüssige Brennstoffe			feste Brennstoffe	
		Butan (C_4H_{10})	Propan (C_3H_8)	Erdgas LL	Erdgas E	Wasserstoff (H_2)	Benzin	Heizöl EL	Steinkohle	Holz
Abgas trocken CO_{2max}	Vol. %	14,1	13,8	11,8	12	0	15	15,5		20,2
Abgas feucht H_2O	Vol. %	15	15,5			34,7			18,3 ... 18,9	
L_{min}	m^3/kg	11,4	11,8	10	11,8	26,4	11,5	11,2	7,7 ... 8,3	4,1
λ_{max}		1,3	1,3	1,3	1,3	1,75	1,3	1,3	1,45	1,9
Abgasmenge V_{Af}	m^3/m^3 m^3/kg	33,4	25,8	9,4	10,9		10,7	10,2	7,9 ... 8,6	4,8
Abgasmenge V_{Atr}	m^3/m^3	28,44	21,8	7,7	8,9		12,3	11,8		
n	%	5 ... 30 je nach Brennerart				4 ... 75		10 ... 30	30 ... 70	50 ... 90
Taupunkttemperatur ϑ_T	°C	50,7	51,4	55,1	55,6			47		

Druck- und Temperaturangaben bei einer Abgasanlage (Schornstein) – Begriffe

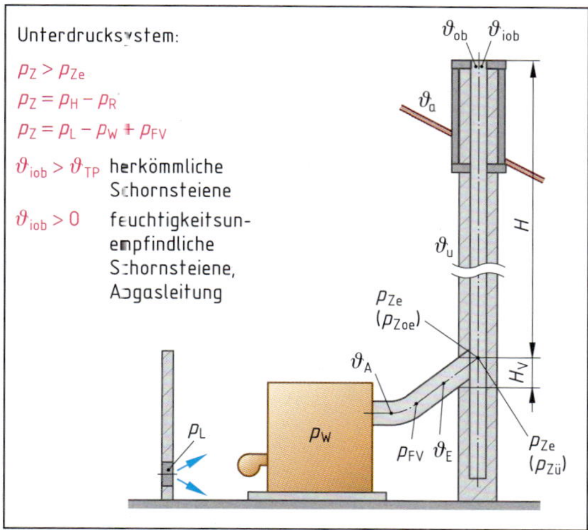

H	wirksame Schornsteinhöhe
H_V	wirksame Höhe des Verbindungsstückes
p_{FV}	notwendiger Förderdruck für Verbindungsstück
p_H	Ruhedruck des Schornsteins $= h \cdot g \cdot (\varrho_L - \varrho_R)$
p_L	notwendiger Förderdruck für die Zuluft
p_R	Widerstandsdruck im Schornstein
p_W	notwendiger Förderdruck für Wärmeerzeuger
p_Z	Unterdruck (negativer Überdruck) an der Abgaseinführung in den Schornstein bzw.
$p_{Zü}$	Überdruck an der Abgaseinführung ($\leq p_{Züe}$)
p_{Ze}	notwendiger Unterdruck an Abgaseinführung
$p_{Züe}$	max. nutzbarer Überdruck ($= p_W - p_L - p_{FV}$)
ϑ_{ob}	Abgastemperatur an der Schornsteinmündung
ϑ_{ob}	Innenwandtemperatur an Schornsteinmündung
ϑ_{Tp}	Wasserdampftaupunkttemperatur
ϑ_A	Abgastemperatur (ϑ_E desgl. an Sch.einmündung)
ϑ_U	Temperatur der Umgebungsluft im Gebäude
ϑ_a	Temperatur der Außenluft

Druckverhältnisse und Temperaturverlauf bei Abgasanlagen

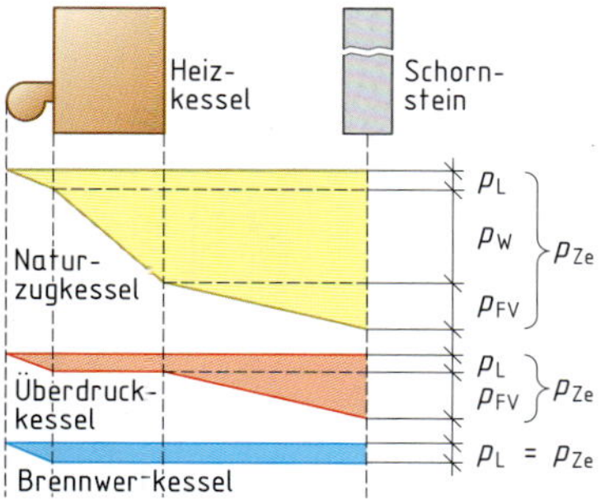

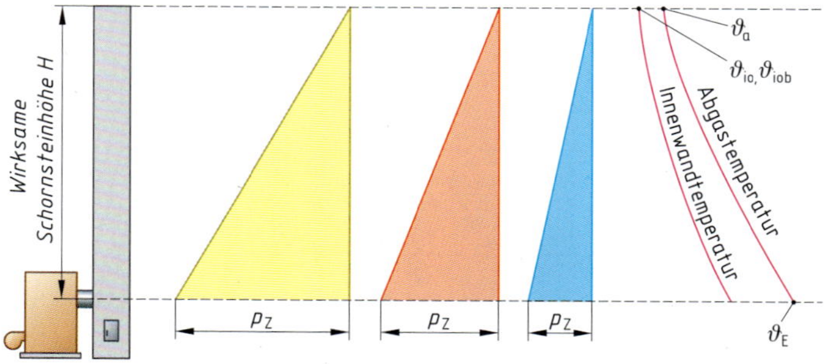

zu Dachaufbauten und Öffnungen, Mündungen von Abgasanlagen

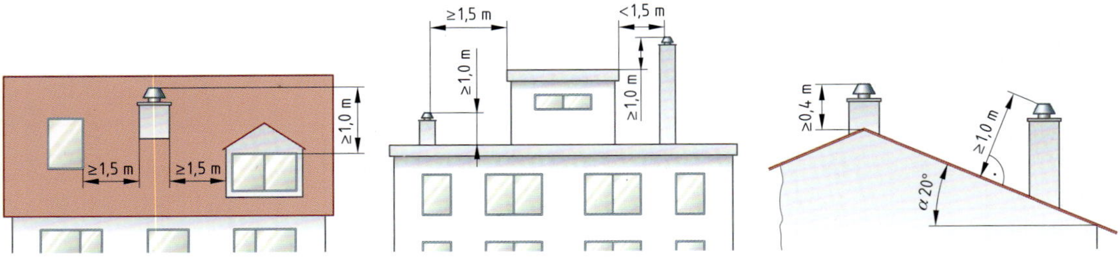

Bei einem zu großen Schornsteinquerschnitt ist eine Sanierung mit Hilfe eines Einsatzrohres (Edelstahl, Kunststoff, Keramik, Alu) notwendig.

Bemessung von Schornsteinen nach Herstellerangabe (Überschlägige Auswahl)

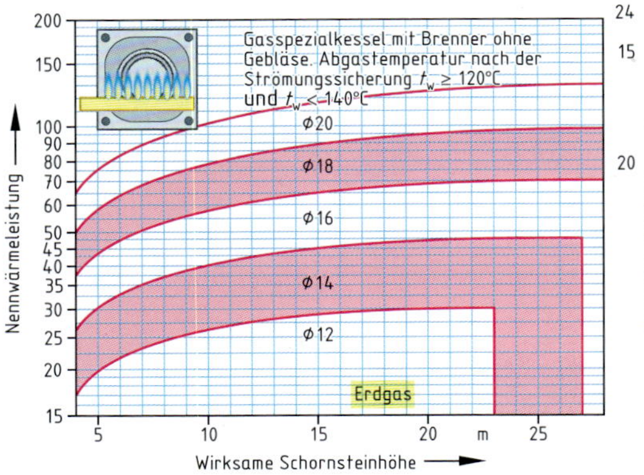

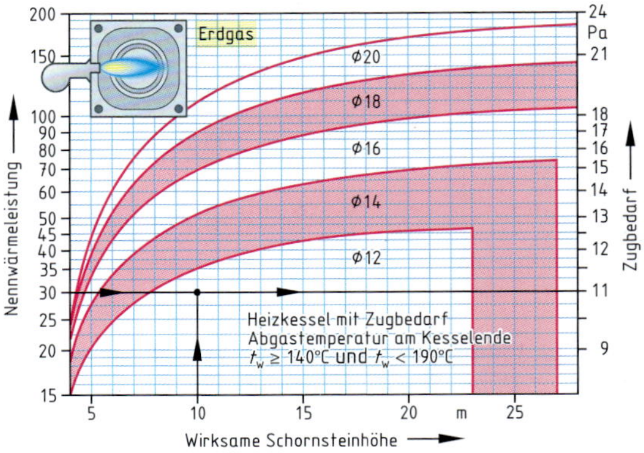

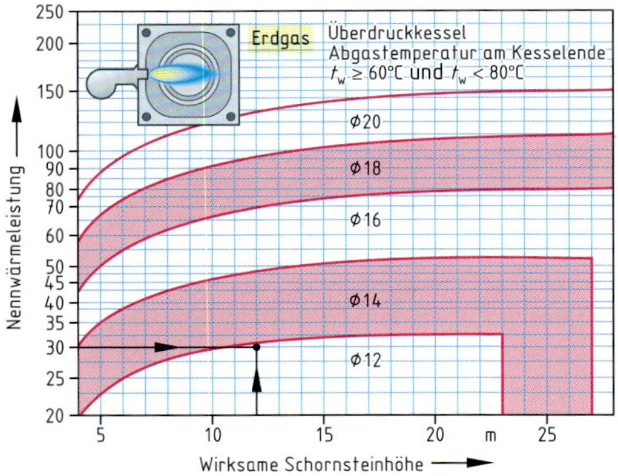

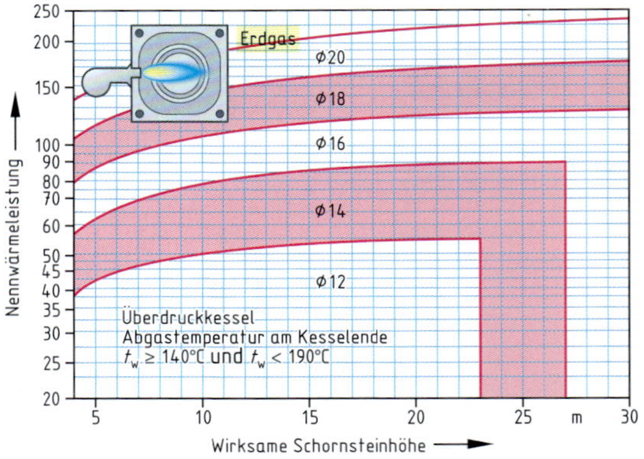

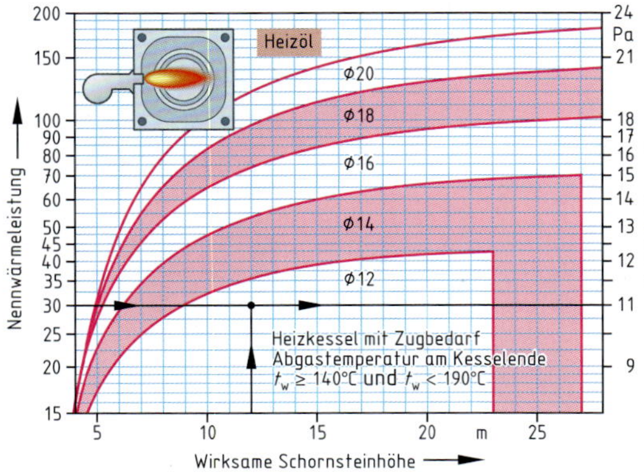

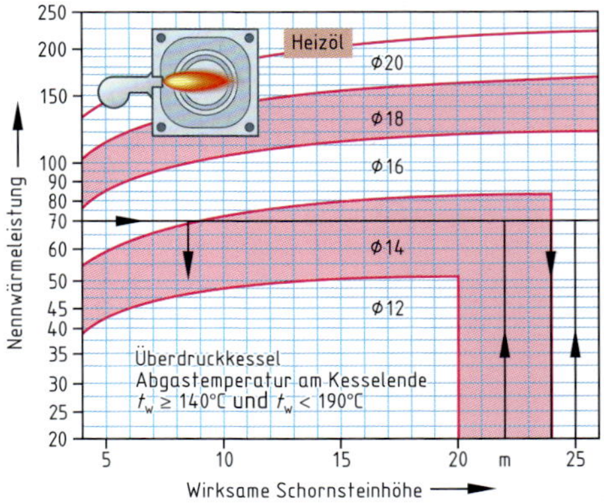

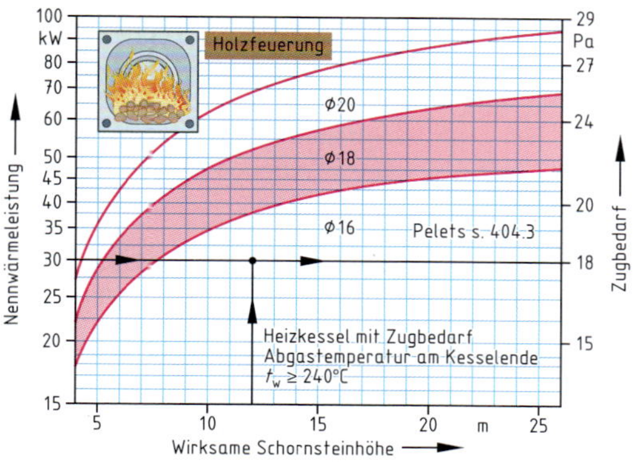

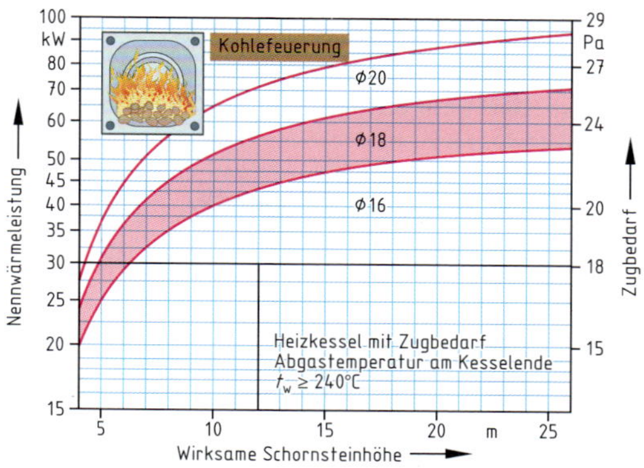

Wirtschaftlichkeit feuerungstechnischer Wärmeerzeuger *efficiency of flued appliances*

Feuerungstechnischer Wirkungsgrad (EN 303-2012: Bestimmung bei 80°C Vorlauftemperatur und 20° Spreizung)

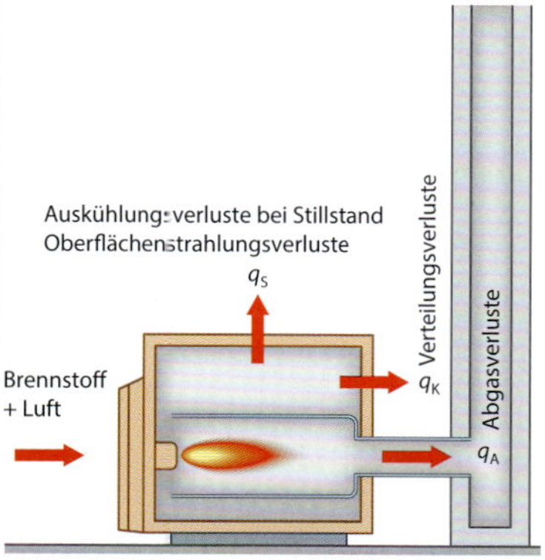

Feuerstätte	alt	neu
q_S	bis 20%	0,4 bis 1%

Tab. 1: Theoretische Kondenswassermenge

	Kondenswassermenge (theoretisch) in kg/m³ [1)]
Stadtgas	0,89
Erdgas LL	1,53
Erdgas E	1,63
Propan	3,37
Heizöl EL	0,88

[1)] bezogen auf die Brennstoffmenge

$$\eta_K = \frac{\dot{Q}_K}{\dot{Q}_F} = \frac{\left(\dot{Q}_F - \dot{Q}_A - \dot{Q}_S\right)}{\dot{Q}_F} = 100 - q_A - q_S$$

Bei Heizwertnutzung:

$$\eta_F = 100\,\% - q_A$$

Bei Brennwertnutzung:

$$\eta_K = 1 \cdot \frac{q_A + q_S}{100} + q_K$$

$$q_K = \frac{H_S - H_i}{H_i} \cdot \alpha$$

$$\alpha = \frac{\dot{V}_{\text{Kondenswassermenge (gemessen)}}}{\dot{V}_{\text{Kondenswassermenge (theor.) (siehe Tab. 1)}}}$$

$$q_A = (\theta_A - \theta_L) \cdot \left(\frac{A_1}{CO_2} + B\right)$$

$\dot{Q}_K$:	Kesselnennleistung in kW	
$\dot{Q}_F$:	Brennerleistung in kW	
$\dot{Q}_A$:	Abgasverluste in kW	
$\dot{Q}_S$:	Oberflächenverluste	
η_F:	feuerungstechnischer Wirkungsgrad	in %
q_A:	Abgasverluste	in %
η_K:	Geräte- bzw. Kesselwirkungsgrad	in %
q_S:	Abstrahlungsverluste	in %
η_{FB}:	feuerungstechnischer Wirkungsgrad bei Brennwertnutzung	in %
q_K:	Wärmegewinn durch Kondensation	in %
H_S:	Brennwert	in kWh/m³
H_i:	Heizwert	in kWh/m³
α:	Kondensatzahl (gibt das Verhältnis der tatsächlichen Kondensatmenge zur theoretisch möglichen an)	
θ_A:	Abgastemperatur	in °C
θ:	Lufttemperatur	in °C
A_1:	Brennstoffbeiwert nach 1. BImSchV	
B:	Brennstoffbeiwert nach 1. BImSchV	
CO_2:	Kohlendioxidgehalt nach CO_2-Messung in %	

Tab. 2: Brennstoffbeiwerte nach 1. BimSchV

	Heizöl EL	Erdgas	Stadtgas	Kokereigas	Flüssiggas und Flüssiggas-Luft-Gemisch
A_1	0,5	0,37	0,35	0,29	0,42
B	0,007	0,009	0,011	0,011	0,008

Jahreswirtschaftlichkeit von Kessel und Anlage *annual efficiency of boiler and heating installation*

Jahresnutzungsgrad des Kessels (Kesselnutzungsgrad)

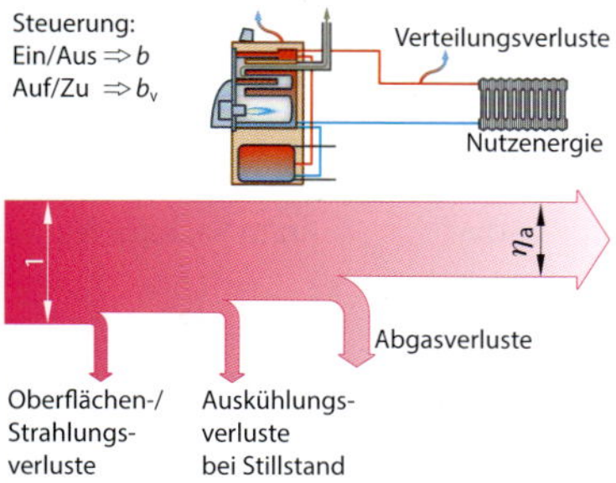

Heizkessel:

$$\eta_a = \frac{\eta_K}{\left(\frac{b}{b_v} - 1\right) \cdot q_B + 1}$$

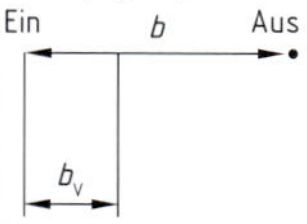

Heizungsanlage:

$$\eta_{a,Anl} = \eta_a \cdot \eta_V$$

$$\eta_{a,Anl} = \frac{\eta_K \cdot \eta_V}{\left(\frac{b}{b_v} - 1\right) \cdot q_B + 1}$$

$\eta_{a,Anl}$:	Jahresnutzungsgrad der Heizungsanlage als Dezimalwert
η_a:	Jahresnutzungsgrad des Heizkessels als Dezimalwert
η_V:	Verteilungsnutzungsgrad als Dezimalwert
η_K:	Kesselwirkungsgrad bei Nennlast als Dezimalwert
q_B:	Betriebsbereitschaftsverluste als Dezimalwert
b:	Betriebsbereitschaftszeit (Gesamteinschaltdauer der Kesselanlage in h/a)
b_v:	Jahresvollbenutzungsstunden in h/a

Jahreswirtschaftlichkeit von Kessel und Anlage *annual efficiency of boiler and heating installation* (Fortsetzung)

Verteilung von Warmwasser- und Heizungsbedarf über das Jahr

Jahreswärmebedarf für Kessel mit 20 kW Nennleistung

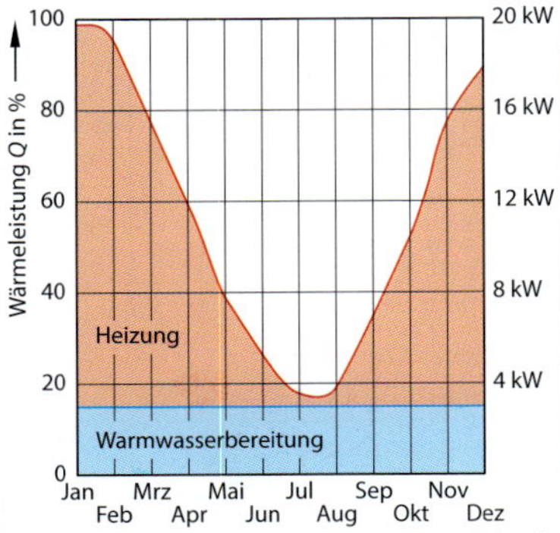

Beispielwerte für t_v Region Düsseldorf

Gebäudeart	Vollbenutzungsstunden (h/a)
Einfamilienhaus	2100
Mehrfamilienhaus	2000
Bürohaus	1700
Krankenhaus	2400
Schule, einschichtiger Betrieb	1100
Schule, mehrschichtiger Betrieb	1300

Energieverbrauch für Heizung und Warmwasser

$Q_a = Q_{aH} + Q_{aTW}$ oder

$Q_a = B_a \cdot H_i$

Energieverbrauch Warmwasser

$Q_{aW} = A_G \cdot q_{wb}$

DIN V 18559-10:2018-09	q_{wb}
Einfamilienhaus	12 kWh/m²a
Mehrfamilienhaus	16 kWh/m²a

Energieverbrauch Heizung

$Q_{aH} = Q_a - Q_{aTW}$ oder

$Q_{aH} = t_v \cdot \dot{Q}_{HGeb}$

Jährlicher Warmwasserbedarf über Wohnfläche

$$Q_{aTW} = \frac{Q_{TW/P}}{A_{EB/P}} \cdot A_{EB},\ Q_{aTW} = q_w \cdot A_{EB}$$

Jährlicher Warmwasserbedarf über Personenzahl

$Q_{aTW} = V_a \cdot c \cdot \Delta\vartheta$

$V_a = n \cdot 9 \ldots 40\,m^3/(Pers \cdot a) \cdot 40\,K$

- Q_a: Jahreswärmebedarf kWh/a
- Q_{aH}: Jahresgebäudewärmebedarf kWh/a
- Q_{aTW}: Jahreswärmebedarf für Trinkwasser kWh/a
- B_a: Menge Brennstoff l/a, m³/a, kg/a
- H_i: Heizwert kWh/m³, kWh/kg
- Q_{aW}: Energieverbrauch Warmwasser kWh/a
- A_G: Nettogrundfläche m²
- q_{wb}: Jahresenergieverbrauch kWh/m² · a
- t_v: Jahresvollbenutzungsstunden h/a
- $\dot{Q}_{HGeb}$: Gebäude-Norm-Heizlast kW
- $Q_{TW/P}$: Jährlicher Warmwasserbedarf/P kWh/a (Standardwert: 600 kWh/P · a)
- $A_{EB/P}$: Wohnfläche/P m² (Standardwert 35 m²/P)
- A_{EB}: Energiebezugsfläche m²
- q_w: jährlicher Warmwasserbedarf kWh/m² · a (Standardwert 17 kWh/m²a)
- V_a: jährlicher Warmwasserbedarf m³/a
- n: Anzahl Personen

Jahreswirtschaftlichkeit von Kessel und Anlage *annual efficiency of boiler and heating installation*

Jahresbrennstoffbedarf und Jahresnutzungsgrad von Heizanlagen

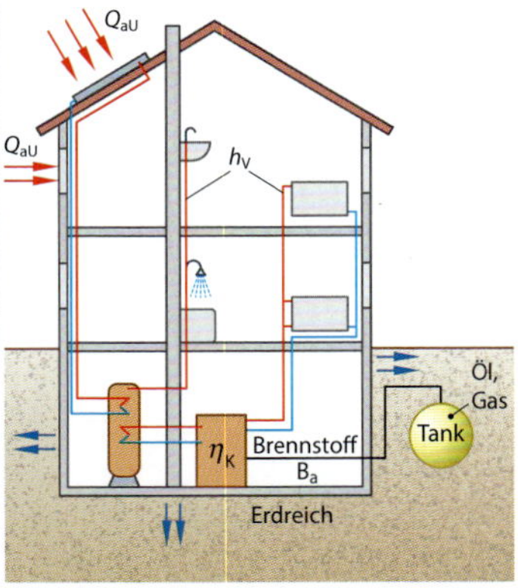

NT-Kessel

Brennstoff[1)]

fest/flüssig	gasförmig
$B_a = \dfrac{Q_a}{H_i \cdot \eta_{a,Anl}}$	$B_a = \dfrac{Q_a}{H_{i,B} \cdot \eta_{a,Anl}}$

$Q_a = Q_{aH} - Q_{aU}$[2)]

Brennwertkessel

Brennstoff[1)]

fest/flüssig	gasförmig
$B_a = \dfrac{Q_a}{H_s \cdot \eta_{a,Anl}}$	$B_a = \dfrac{Q_a}{H_{sB} \cdot \eta_{a,Anl}}$

$Q_a = Q_{aH} - Q_{aU}$[2)]

$\eta_{Anl} = \eta_{aKessel} \cdot \eta_V \cdot \eta_A$

- B_a: Jahresbrennstoffbedarf m³/a
- Q_a: Jahreswärmebedarf kWh/a
- Q_{aH}: Jahresgebäudewärmebedarf kWh/a
- Q_{aU}: Jahreswärmegewinn aus der Umwelt kWh/a
- H_i: Heizwert kWh/m³
- $H_{i,B}$: Betriebsheizwert kWh/m³
- H_s: Brennwert kWh/m³
- H_{sB}: Betriebsbrennwert kWh/m³
- η_{Anl}: Jahresnutzungsgrad der Anlage
- $\eta_{aKessel}$: Jahresnutzungsgrad des Kessels

Auswahl

- η_V: Verteilungsnutzungsgrad 0,93…0,96
- η_A: Übergabenutzungsgrad

Kesselbauart	Leistung in KW	Gas	Öl
NT-Kessel mit Brenner ohne Gebläse	≤ 50	0,91	–
NT-Kesssel mit Gebläse		0,92	0,90

Jahresbrennstoffkosten

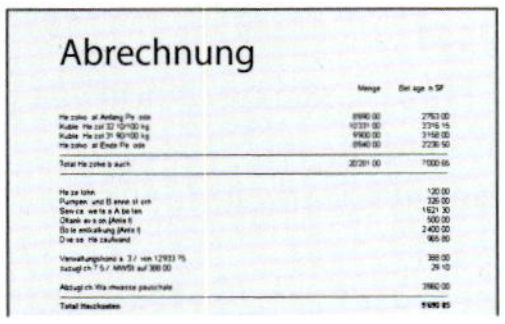

Verbrauchsabhängige Abrechnung

$K_a = B_a \cdot k$

- K_a: Jahresbrennstoffkosten in €/a
- B_a: Jahresbrennstoffbedarf in m³/a, kg/a, l/a
- k: Brennstoff- bzw. Energiepreis in €/m³, €/kg, €/l

1) Hinweis: Berechnung ohne Trinkwasser
2) wenn messbar

Heizwerte für Brennholz

Wassergehalt in %		0	5	10	15	20	25	30	35	40	45	50	55	60
Baumart/Dichte	**Maßeinheit**	**Heizwert in kWh**												
Fichte	kg	5,20	4,91	4,61	4,32	4,02	3,73	3,44	3,14	2,85	2,55	2,26	1,97	1,67
379 kg TM/fm	fm	1971	1957	1942	1925	1906	1885	1860	1832	1799	1760	1713	1656	1584
	rm	1380	1370	1360	1348	1334	1319	1302	1282	1259	1232	1199	1159	1109
	Srm	788	783	777	770	763	754	744	733	720	704	685	662	634
Kiefer	kg	5,20	4,91	4,61	4,32	4,02	3,73	3,44	3,14	2,85	2,55	2,26	1,97	1,67
431 kg TM/fm	fm	2241	2226	2209	2189	2168	2144	2116	2083	2046	2001	1948	1883	1802
	rm	1569	1558	1546	1533	1518	1500	1481	1458	1432	1401	1364	1318	1261
	Srm	896	890	883	876	867	857	846	833	818	801	779	753	721
Buche	kg	5,00	4,72	4,43	4,15	3,86	3,58	3,30	3,01	2,73	2,44	2,16	1,88	1,59
558 kg TM/fm	fm	2790	2770	2748	2723	2685	2664	2627	2586	2537	2480	2411	2326	2221
	rm	1953	1939	1923	1906	1887	1864	1839	1810	1776	1736	1687	1628	1555
	Srm	1116	1108	1099	1089	1078	1065	1051	1034	1015	992	964	930	888
Eiche	kg	5,00	4,72	4,43	4,15	3,86	3,58	3,30	3,01	2,73	2,44	2,16	1,88	1,59
571 kg TM/fm	fm	2855	2835	2812	2786	2758	2726	2689	2646	2596	2537	2467	2380	2273
	rm	1999	1984	1968	1951	1931	1908	1882	1852	1817	1776	1727	1666	1591
	Srm	1142	1134	1125	1115	1103	1090	1075	1058	1038	1015	987	952	909
Pappel	kg	5,00	4,72	4,43	4,15	3,86	3,58	3,30	3,01	2,73	2,44	2,16	1,88	1,59
353 kg TM/fm	fm	1765	1752	1738	1723	1705	1685	1662	1636	1605	1569	1525	1472	1405
	rm	1236	1227	1217	1206	1193	1179	1163	1145	1123	1098	1067	1030	983
	Srm	706	701	695	689	682	674	665	654	642	627	610	589	562

Abk.: TM Trockenmasse, fm Festmeter, rm Raummeter (gestapelt), Srm Schüttraummeter

8.2.2 Ölfeuerungsanlagen *oil combustion plants*

8.2.2.1 Heizöl *heating oil*

Anforderungen an Heizöl EL nach DIN 51603-1: 2011-09

Eigenschaften	Einheit	Anforderungen	
		min	**max**
Dichte bei 15 °C	kg/m³		860
Brennwert Heizwert	MJ/kg MJ/kg	45,4 (12,6 kW h/kg) 42,6 (11,8 kW h/kg)	
Flammpunkt	°C	55	
Kinematische Viskosität bei 20 °C	mm²/s		6,00
Cloud Point	°C		3
Cold Filter Plugging Point (Temperaturgrenzwert der Filtrierbarkeit) bei Cloud Point = 3 °C bei Cloud Point = 2 °C bei Cloud Point ≤ 1 °C	°C °C °C		–12 –11 –10
Koksrückstand von 10% Dest. -Rückstand	%		0,3
Schwefelgehalt für Heizöl EL-1-Standard	mg/kg	> 50	1 000
Schwefelgehalt für Heizöl EL-1-schwefelarm	mg/kg		50
Sicherstellung der Schmierfähigkeit bei Heizöl EL-1-schwefelarm	µm		460
Wassergehalt Gesamtverschmutzung Asche	mg/kg mg/kg %		200 24 0,01

Cloud Point: Der CP ist die Temperatur, bei der ein blankes, flüssiges Produkt unter festgelegten Prüfbedingungen durch Ausscheidung von Paraffinkristallen trüb oder wolkig wird.

Cold Filter Plugging Point: Die Temperatur, bei der ein Prüffilter unter definierten Bedingungen durch ausgefallene Paraffine verstopft, wird als CFPP bezeichnet. Die Grenzwerte für den CFPP sind in Abhängigkeit vom CP festgelegt.

Heizölsorten im Überblick

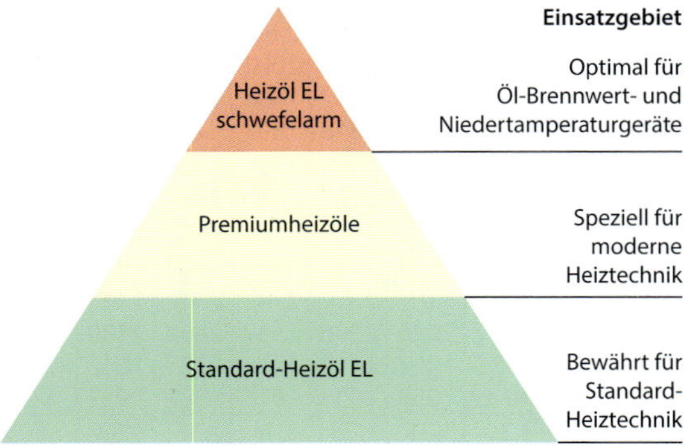

Einstufung von Heizöl gemäß Betriebssicherheitsverordnung und Gefahrstoffverordnung

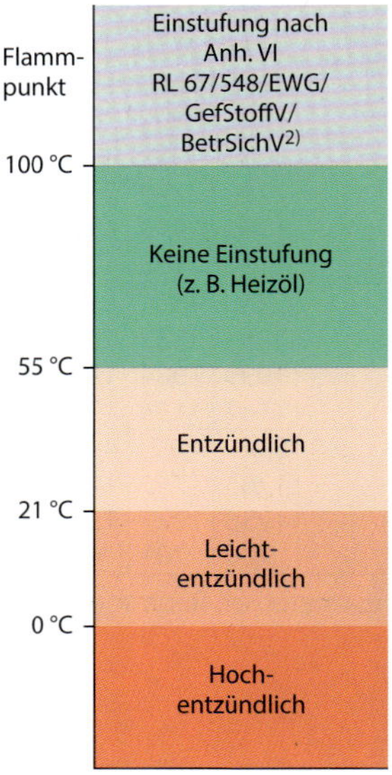

1) **Bisher Gefahrenklassen AI bis AIII:** nicht in Wasser lösliche Flüssigkeiten **Gefahrenklasse B:** in Wasser lösliche Flüssigkeiten

2) **Jetzt Keine Einstufung:** Flammpunkt > 55 °C **Entzündlich:** 21 °C < Flammpunkt < 55 °C **Leichtentzündlich:** 0 °C < Flammpunkt < 21 °C **Hochentzündlich:** Flammpunkt < 0 °C

Qualitätsmerkmale von Heizöl *Quality characteristics of fuel oil*

	Heizöl EL Standard	**Heizöl EL schwefelarm**	**Spez. additiviert Heizöl EL Standard/ Heizöl EL schwefelarm**
Qualitätsbrennstoff mit festgelegten Anforderungen	✓	✓	✓
Erfüllung der Anforderungen der DIN 51603-1 für Heizöl EL	✓	✓	✓
Erfüllung der Anforderungen der DIN 51603-1 für Heizöl EL schwefelarm	–	✓	–/✓
Additive zur Verbesserung/ Einstellung des Kälteverhaltens, Zugabe in Raffinerie	✓	✓	✓
Spezielle Additivpakete zur Verbesserung der Stabilität, Geruchsüberdecker	–	✓	(Meist Dosierung am Tankwagen)
Einleitung von Kondensaten aus Öl-Brennwertgeräten: Neutralisation erforderlich	Häufig (je nach kommunaler Abwassersatzung)	Regelungen wie bei Erdgas.	Häufig (je nach kommunaler Abwassersatzung)/Regelungen wie bei Erdgas.
Flächendeckende Verfügbarkeit	✓	✓	(Spezialqualitäten werden unter verschiedenen Markennamen angeboten).
Bemerkungen	–	Zusätzlich zu den Vorteilen der „Spezialqualität" verringerte Bildung von NT-Korrosionsprodukten und Ablagerungen. Brennwertkessel, die nur für diesen Brennstoff geeignet sind, werden angeboten.	Von vielen Geräteherstellern empfohlen, insbesondere wegen der nachweislich verbesserten Stabilität. Besonders geeignet für moderne Systeme mit kleinen Leistungen und kleinen Düsenquerschnitten sowie bei langen Lagerzeiten des Heizöls.

8.2.2.2 Verbrennung von Heizöl *combustion of fuel oil*

Emissionen der Ölfeuerung

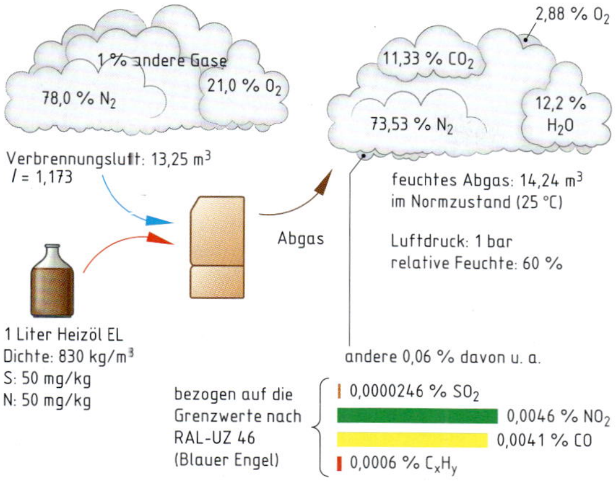

Der Abgasverlust kann nach einer der folgenden Formeln näherungsweise berechnet werden:

$$q_A = (T_A - T_L) \cdot \left(\frac{0{,}50}{CO_2} + 0{,}007 \right)$$

$$q_A = T_A - T_L \cdot \left(\frac{0{,}68}{21 - O_2} + 0{,}007 \right)$$

q_A: Abgasverlust in %
T_A: gemessene Abgastemperatur in °C
T_L: gemessene Verbrennungslufttemperatur in °C
[CO_2]: gemessener Volumengehalt an Kohlendioxid im Abgas in %
[O_2]: gemessener Volumengehalt an Sauerstoff im Abgas in %

Feuerungstechnischer Wirkungsgrad bei Öl- und Gasverbrennung

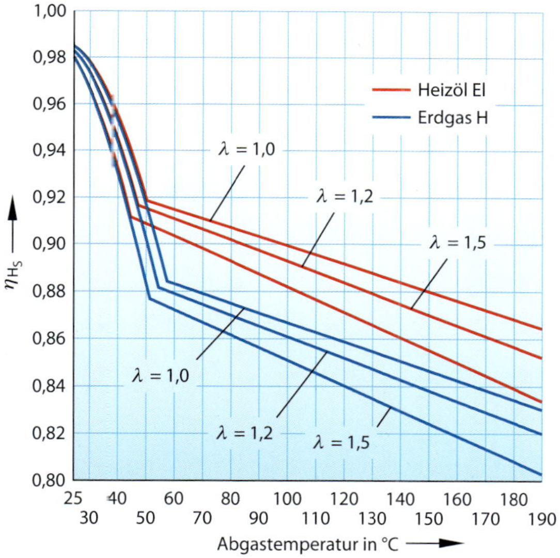

Grenzwerte für Abgasverluste bei Ölfeuerungsanlage nach BImSchV

Nennwärmeleistung des Heizgerätes (Kessel oder Therme) in Kilowatt	Grenzwert für den Abgasverlust der bis 31.12.97 errichteten Anlagen	Grenzwert für den Abgasverlust aller ab 01.01.98 Anlagen, bis 2004 für alle Anlagen einzuhalten (siehe Übergangsfristen)
über 4 bis 25	12 %	11 %
über 25 bis 50	11 %	10 %
über 50	10 %	9 %

CO_2-Wert bei Öl-Heizungskesseln mit Gebläsebrenner

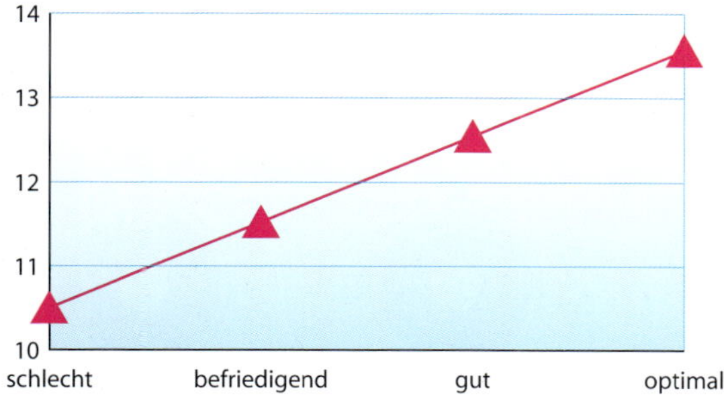

Bewertung der CO_2-Messwerte bei Gebläsebrennern in %

Stickstoffoxidemission bei Ölheizkesseln

Nach § 7 der Verordnung über Kleinfeuerungsanlagen (Bundes-Immissionsschutz-Verordnung) gilt seit 1988 die Forderung, dass die Emissionen an Stickstoffoxiden durch feuerungstechnische Maßnahmen nach dem Stand der Technik begrenzt werden. Für die neuen Bundesländer gilt als Stichtag der 03.10.1990. Öl-Feuerungsanlagen, die nach dem 01.01.1998 errichtet oder wesentlich geändert wurden, dürfen nur betrieben werden, wenn durch eine Bescheinigung des Herstellers der

- Gehalt der Abgase an Stickstoffoxiden 120 mg je Kilowattstunde zugeführter Brennstoffenergie nicht übersteigt. Als wesentliche Änderung gilt der Austausch des Kessels, des Kessels und des Brenners, nicht aber der des Brenners allein.

8

Öldüsen *oil jets*

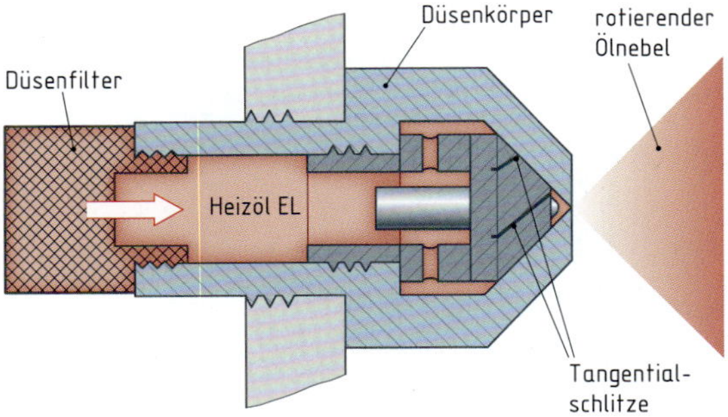

Kennzeichnung von Öldüsen

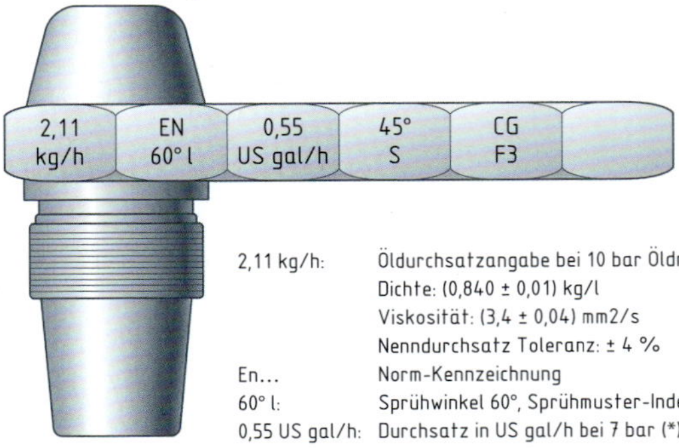

2,11 kg/h:	Öldurchsatzangabe bei 10 bar Öldruck Dichte: (0,840 ± 0,01) kg/l Viskosität: (3,4 ± 0,04) mm2/s Nenndurchsatz Toleranz: ± 4 %
En...	Norm-Kennzeichnung
60° l:	Sprühwinkel 60°, Sprühmuster-Index l
0,55 US gal/h:	Durchsatz in US gal/h bei 7 bar (*)
45° S:	Sprühwinkel und Düsentyp (*)
CG F3:	Interner Herstellercode (*)

(*): Alte Kennzeichnung

Sprühmuster von Öldüsen

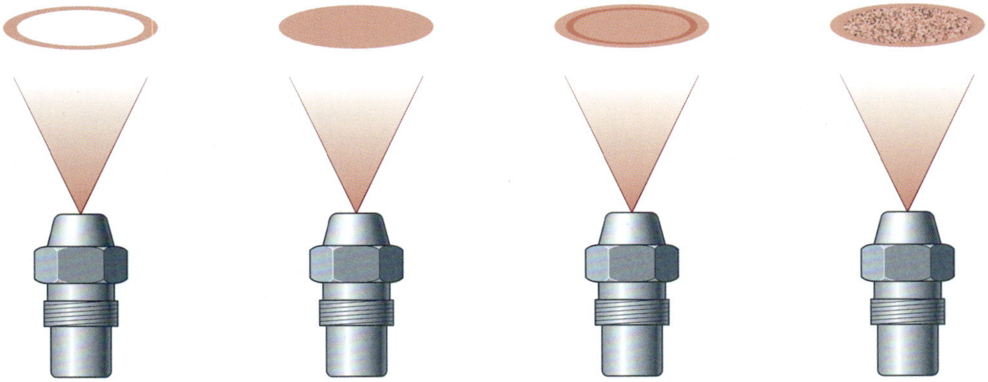

Hohlkegeldüsen   Vollkegeldüsen   Halbhohle Düsen   Hohlmuster-Düsen

Rußzahl *soot*

Anlage errichtet oder wesentlich geändert...	
bis 30.9.1988	ab 1.10.1988
2	1

Grenzwerte der Rußzahl bei Ölkesseln mit Gebläsebrenner und mehr als 11 kW

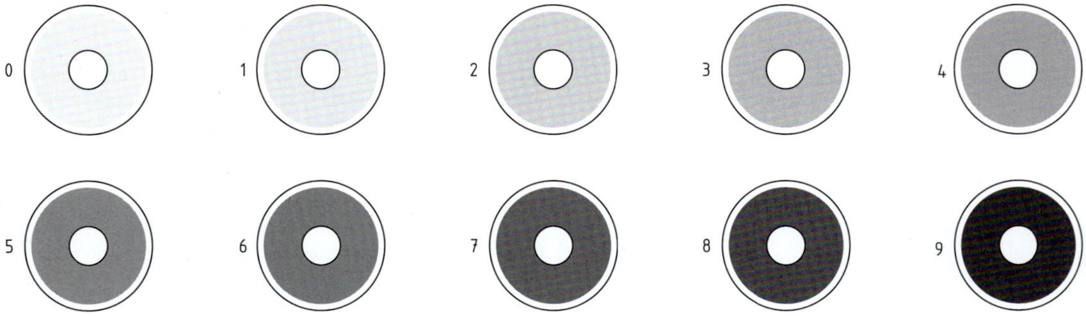

Bacharachskala zur Rußzahlbestimmung

8.2.2.3 Heizöllagerung *heating oil storage*

Prinzip und Komponenten einer Ölanlage

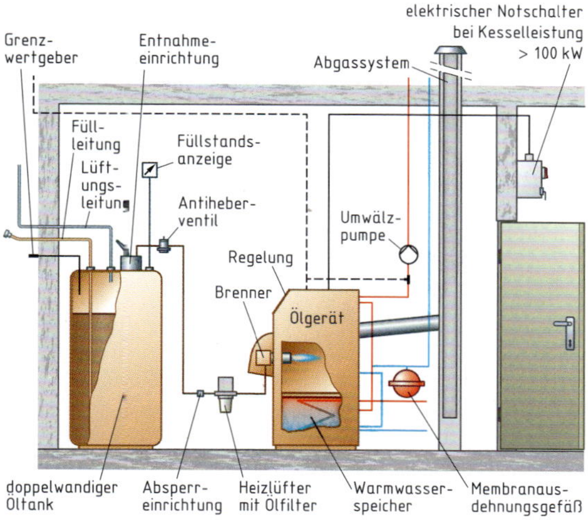

Oberirdische Lagerung bis 5000 Liter

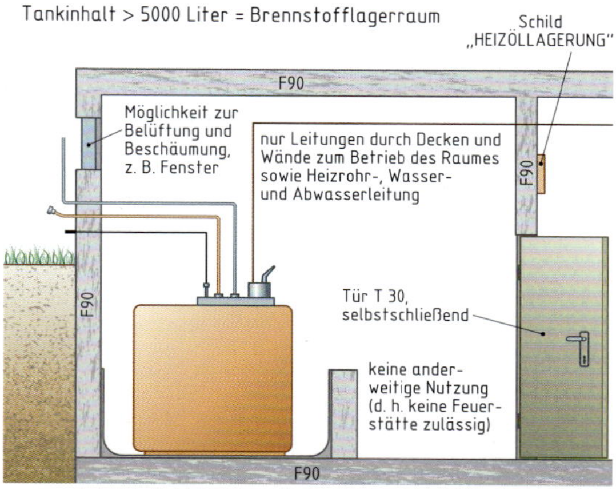

Oberirdische Lagerung ab 5000 Liter (Anforderung nach Muster-Feuerungs-Verordnung 2007)
Doppelwandiger Erdtank

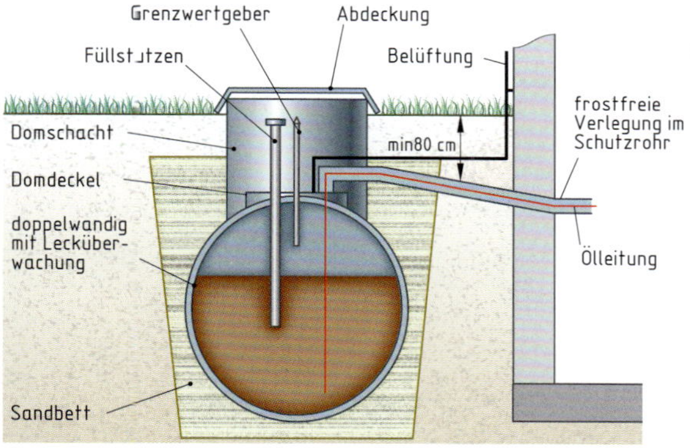

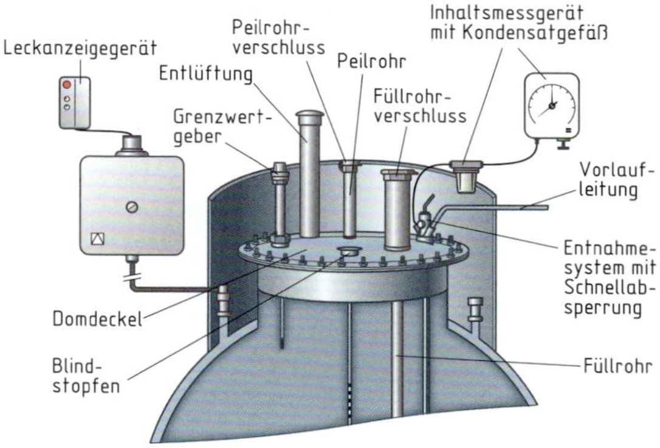

1. Leckanzeigegerät
2. Grenzwertgeber
3. Entlüftung
4. Domdeckel
5. Peilrohr
6. Peilrohrverschluss
7. Blindstopfen
8. Füllrohr
9. Füllrohrverschluss
10. Entnahmesystem mit Schnellabsperrung
11. Inhaltsmessgerät mit Kondensatgefäß
12. Vorlaufleitung

Dimensionierung von Ölleitungen
Einstrangsystem/Zweistrangsystem DIN 4755 : 2004-11

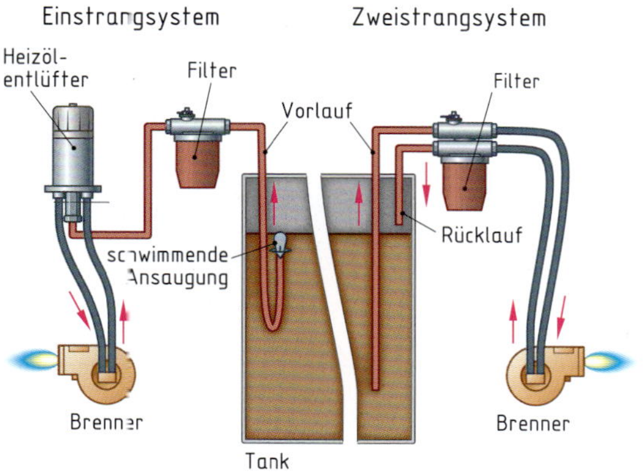

Stand der Technik ist das Einstrangsystem. Zweistrangsysteme sollten auf ein Einstrangsystem umgerüstet werden.

Anforderungen an Öl-Versorgungsleitungen

Leitungstyp	Empfohlene Fließgeschwindigkeit v in m/s	Öldurchfluss $\dot{V}$ in l/h
Saugleitungen a) im Saugbetrieb b) im Druckbetrieb	 0,2 bis 0,5 1,0 bis 1,5	Zweistrangsystem $\dot{V}$ ≈ Zahnradleistung der Ölbrennerpumpe (Herstellerangabe)
Rücklaufleitung	bis 1,5	Einstrangsystem $\dot{V}$ ≈ Feuerungsleistung in kW/10
Saugleitungsinnendurchmesser kleiner 4 mm sollten vermieden werden		

Prüfdrücke für Ölleitungen (bei Inbetriebnahme) DIN 4755 : 2004-11

Ölleitung	Arbeitsdruck p_o in bar	Prüfmedium	Prüfdruck p_T in bar	Bemerkungen
Druckleitung Rücklaufleitung	–0,6 bis p_B	Luft bzw. inertes Gas	$1{,}1 \cdot p_o$	Prüfdruck mindestens 5 bar
		Heizöl	$1{,}3 \cdot p_o$	
Saugleitung	–0,6 bis 0,5	Luft bzw. inertes Gas oder Heizöl	2	alternativ nur für Saugleitungen

Die Ölleitung gilt als dicht, wenn nach der Wartezeit von 10 Minuten für den Temperaturausgleich der Prüfdruck während der anschließenden Prüfzeit
- von 10 Minuten für oberirdische Verlegung,
- von 30 Minuten für unterirdische Verlegung

konstant bleibt.

8.2.3 Gasfeuerung *gas firing*

Kennwerte von Heizgasen im Normzustand nach DVGW-Arbeitsblatt G 260: 2021-09 *Characteristics of heating gas*

Kennwerte im Normzustand	Einheit	Heizgase			
		Erdgas L (LL)	Erdgas H(E)	Propan	Butan
Dichte ρ	kg/m³	0,829	0,783	2,010	2,709
relative Dichte d	–	0,641	0,605	1,554	2,095
Brennwert $H_{S,N}$	kWh/m³	9,774	11,449	28,095	37,252
Heizwert $H_{I,N}$	kWh/m³	8,819	10,337	25,866	34,405
Oberer Wobbeindex $W_{s,N}$	kWh/m³	12,208	14,715	22,534	25,736
Unterer Wobbeindex $W_{i,N}$	kWh/m³	11,016	13,287	20,746	23,768
Zündtemperatur	°C	640	640	510	490
Zündgrenze	Vol %	5…16,4	4,3…16,3	1,7…10,9	1,4…9,3
Luftbedarf L_{min}	m³/kg	8,4	9,8	23,8	30,9

relative Dichte

$$d = \frac{\varrho_{G,n}}{\varrho_{L,n}}$$

$\varrho_{G,n}$: Gasdichte im Normzustand
$\varrho_{L,n}$: Luftdichte im Normzustand

Wobbeindex (allg.)

$$W = \frac{H}{\sqrt{d}}$$

Zusammensetzung von Brenngasen (ca. Werte)

	Erdgas L (LL)	Erdgas H (E)	Propan	Butan
Methan CH_4	81 %	93 %		
Propan C_3H_8	1 %	1 %	99 %	
Schwere Kohlenwasserstoffe C_NH_M	3 %	4 %	1 %	100 %
Kohlendioxid CO_2	1 %	1 %		
Stickstoff N_2	14 %	1 %		

Gasgebläsebrenner mit Gasregelstrecke nach DIN EN 676: 2021-09

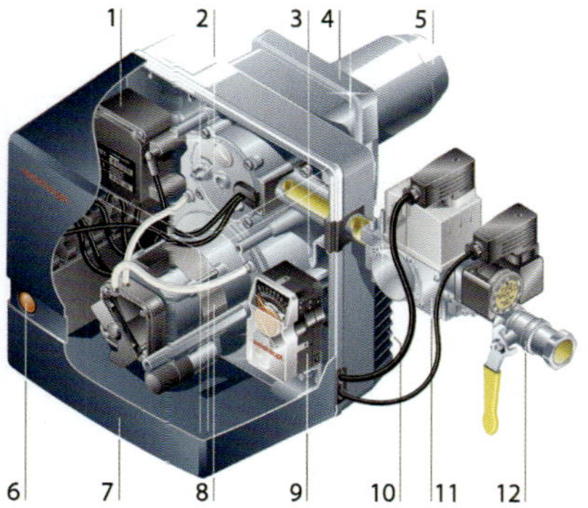

1 Elektronisches Zündgerät
2 Einstellschraube für Stauscheibe
3 Gebläserad
4 Brennerflansch
5 Flammkopf mit Mischeinrichtung
6 Digitaler Feuerungsmanager (W-FM 05)
7 Abdeckhaube
8 Brennermotor
9 Luftregelgehäuse mit Luftklappe (elektromotrischer Stellantrieb)
10 Ansauggehäuse (geräuschgedämmt)
11 Mehrfachstellgerät
12 Kugelhahn ohne TAE

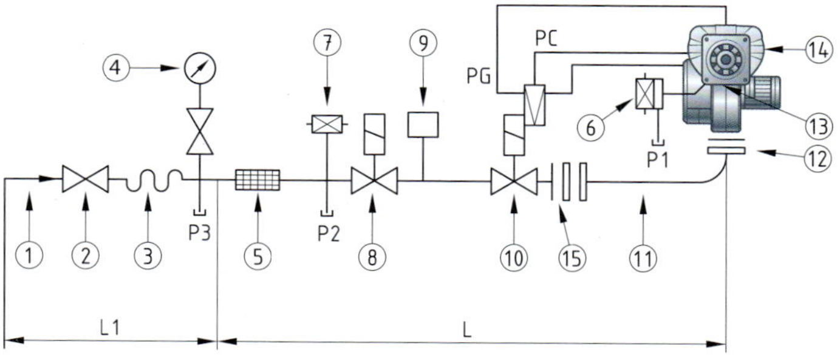

Zeichenerklärung
1 – Gaszufuhrleitung
2 – Handbetätigtes Ventil
3 – Kompensator
4 – Manometer mit Druckkopfhahn
5 – Filter
6 – HD-Gasdruckwächter
7 – ND-Gasdruckwächter
8 – Sicherheitsventil VS
9 – Dichtheitskontrolleinrichtung der Gasventile 8)–9). Nach EN 676 ist die Dichtheitsprüfung bei Brennern mit Höchstleistung über 1200 kW Pflicht.
10 – Regelventil Luft-/Gasverhältnis
11 – Passstück Armatur-Brenner
12 – Dichtung im Brennerlieferumfang
13 – Flansch für Gasarmatur
14 – Brenner
15 – Passstück Armatur-Brenner (nicht in Armatur DN 80)
P1 – Druck am Flammkopf
P2 – Druck nach dem Filter
P3 – Druck vor dem Filter
PA – Luftdruck
PC – Feuerraumdruck
PG – Gasdruck
L – Separat gelieferte Gasarmatur
L1 – Durch Installateur

Sicherheitszeiten nach DIN EN 676: 2021-09

Hauptbrenner	Direkte Zündung des Hauptbrenners bei voller Leistung		Direkte Zündung des Hauptbrenners bei verringerter Leistung		Direkte Zündung des Hauptbrenners bei verringerter Leistung mit unabhängiger Startgasversorgung		Zündung des Hauptbrenners durch einen unabhängigen Zündbrenner: Zündung des Zündbrenners		Zündung des Hauptbrenners durch einen unabhängigen Zündbrenner: Zündung des Hauptbrenners	
Leistung Φ_{NL} in kW	Leistung Φ_{NL} in kW	Sicherheitszeit t_s in s	Leistung Φ_{NL} in kW	Sicherheitszeit t_s in s	Leistung Φ_{NL} in kW	Sicherheitszeit t_s in s	Leistung Φ_{NL} in kW	Erste Sicherheitszeit t_s in s	Leistung Φ_{NL} in kW	Zweite Sicherheitszeit t_s in s
≤ 70	Φ_{NL}	5	Φ_{NL}	5	Φ_{NL}	5	≤ 0,1 Φ_{NL}	5	Φ_{NL}	5
>70 ≤ 120	Φ_{NL}	3	Φ_{NL}	3	Φ_{NL}	3	≤ Φ_{NL}	5	Φ_{NL}	3
>120	nicht zulässig		120 kW oder $t_s \cdot \Phi_s \leq 100$ (max. t_s = 3 s)				≤0,1 Φ_{NL}	3	120 kW oder $t_s \cdot \Phi_s \leq 150$ (max. t_s = 5 s)	

Φ_{NL}: maximale Wärmeleistung des Brenners in kW
Φ_s: maximale Startwärmeleistung, ausgedrückt in Prozent von Φ_{NL}
t_s: Sicherheitszeit in Sekunden
$\Phi = \dot{Q}$

Atmosphärischer Brenner mit Gasregelstrecke nach DIN EN 298: 2012-11, DIN EN 125: 2016-01

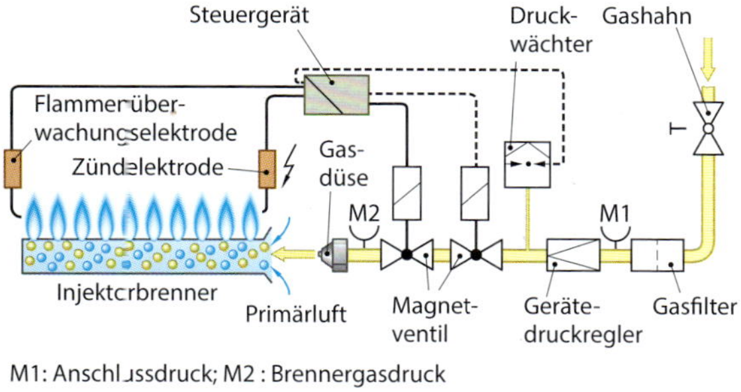

M1: Anschlussdruck; M2 : Brennergasdruck

Sicherheitszeiten nach DIN EN 298: 2012-11, DIN EN 125: 2016-01

Brenner-Wärmebelastung bzw. Startwärmeleistung in kW	mit Gasfeuerungsautomat nach DIN EN 298				mit Zündsicherung[1] nach DIN EN 125	
	max. Sicherheitszeit		Wiederzündung	Wiederanlauf	max. zul. Öffnungszeit in s	max. zul. Schließzeit in s
	bei Anlauf in s	im Betrieb in s				
≤ 120	15[1] 10	30[1] 10	zulässig		15	30
> 120… ≤ 350	15[1] 5	30[1] 5				
> 350	10[2] 5	5[2] 1	unzulässig		unzulässig	

[1] gilt für Brenner mit dauernd brennender Zünd- oder Startflamme
[2] gilt für Brenner mit langsam öffnendem Selbststellglied (Hauptventil)

Einstellung eines Gasheizkessels

Düsendrucktabelle

Nennwärmebelastung in kW	12,8	20,9	25,0	30,7	36,0
Wobbe-Index in kWh/m³	Düsendruck in mbar				
11,6	15,5	15,8	15,2	14,2	15,5
12,3	13,7	14,1	13,5	12,6	13,7
13,0	12,3	12,6	12,1	11,3	12,3
13,7	11,1	11,4	10,9	10,2	11,0
14,0	10,5	10,8	10,3	9,7	10,5
14,4	10,0	10,3	9,8	9,2	10,0
15,1	9,2	9,4	9,0	8,4	9,2

Gasdurchfluss

Gasart	Erdgase (Gruppe LL und E)									
erforderliche Wärmeleistung in kW	bei einem Betriebsheizwert $H_{i;B}$ in kWh/m³ (15 °C, 1013 mbar)									
	7,6	8,0	8,4	8,8	9,2	9,8	10,0	10,4	10,8	11,2
	entspr. einem Brennwert H_s in kWh/m³ (0°C, 1013 mbar)									
	8,9	9,3	9,9	10,3	10,8	11,2	11,7	12,2	12,7	13,1
	Einzustellender Gasdurchfluss $\dot{V}_E$ in l/min									
9,0	22	21	20	19	18	18	17	16	16	15
10,5	26	25	23	22	21	20	20	19	18	18
12,0	30	28	27	26	24	23	23	22	21	20
13,5	33	32	30	29	28	26	25	24	23	23
15,0	37	35	34	32	31	29	28	27	26	25
16,5	41	39	37	35	34	32	31	30	29	28
18,0	44	42	40	38	37	35	34	32	31	30
19,5	48	46	43	41	40	38	37	35	34	33
21,0	52	59	47	45	43	41	39	38	36	35
22,5	55	53	50	48	46	44	42	41	39	38
24,0	59	56	54	51	49	47	45	43	42	40
25,5	63	60	57	54	52	50	48	46	44	43
27,0	66	63	60	57	55	53	51	49	47	45
28,5	70	67	63	61	58	56	53	51	49	48
30,0	74	70	67	64	61	59	56	54	52	50

8.2.3.1 Brennwerttechnik *gas condensing technology*

Aufbau eines Gasbrennwertheizkessels (Prinzipdarstellung)

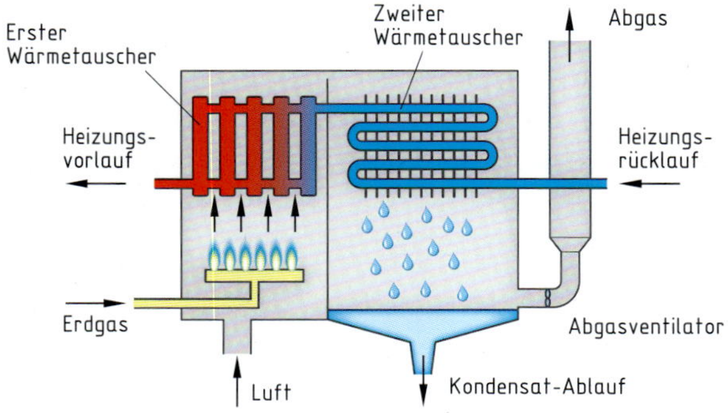

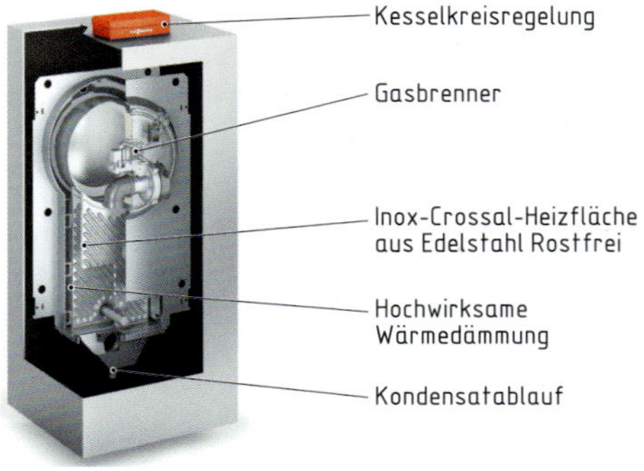

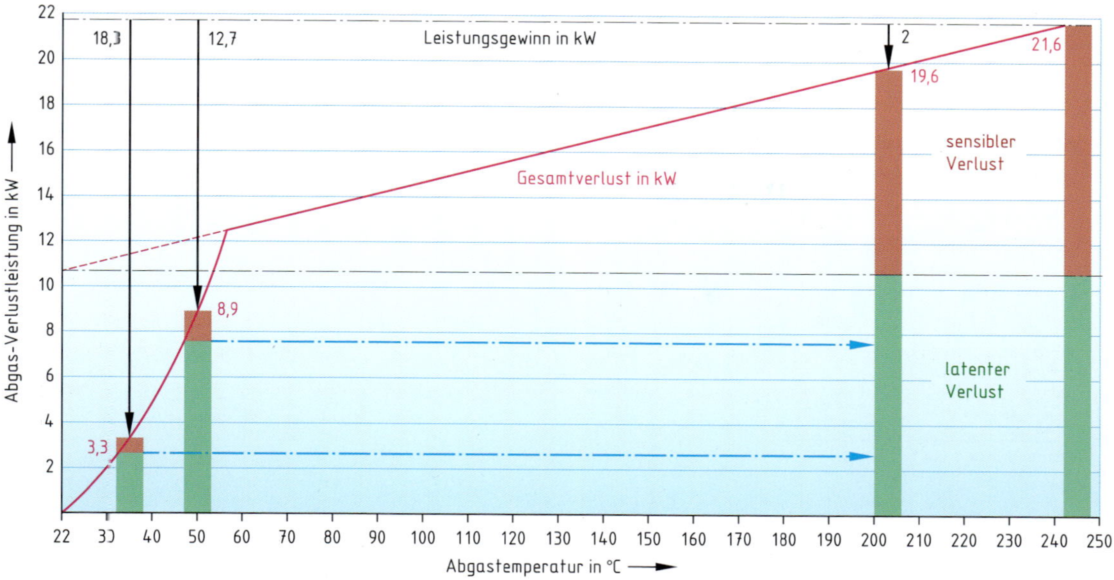

Abgasenergiebilanz einer Gasheizkesselanlage in Abhängigkeit zur Abgastemperatur (bezogen auf 100 kW Heizlast)

- Gesamtverluste = sensible Verluste + latente Verluste
- sensible Verluste: Abgasverluste aufgrund der Temperatur vom Abgas
- latente Verluste: Abgasverluste aufgrund der Verdampfungswärme für das Wasser im Abgas
- Leistungsgewinn: bezogen auf eine Abgastemperatur von 250 °C

Kondensatabführung nach Vorgabe der Abwassertechnischen Vereinigung (ATV-Merkblatt 251)

Kondensat aus Gasfeuerungsanlagen mit einer Nennleistung	Einleitung ohne Neutralisation
bis 25 kW	zulässig, jedoch nicht in Kleinkläranlagen
von 25 kW bis 200 kW	zulässig, wenn Werkstoffe säurebeständig sind
ab 200 kW	nicht zulässig
Ölfeuerung mit Heizöl EL	nicht zulässig

Kondensatanfall (theoretisch) 1,6 Liter Kondensat je m^3 verbranntem Erdgas H (≅ 0,14 l/kWh)

8.2.3.2 Abgastechnik Gasfeuerung *emission technology*

Abgasverluste bei Gasfeuerungsanlagen

Verbrennungswerte (Zusammensetzung) für Erdgas E

Luftzahl λ	–	1,0	1,1	1,2	1,3	1,4	1,5
Luftbedarf	m^3/m^3	9,90	10,89	11,88	12,87	13,86	14,85
Abgasvol.[1]	m^3/m^3	10,93 (8,89)	11,92 (9,88)	12,91 (10,87)	13,89 (11,86)	14,88 (12,85)	15,88 (13,84)
CO_2[1]	Vol.%	12,0 (9,8)	10,8 (8,9)	9,8 (8,2)	9,0 (7,7)	8,3 (7,1)	7,7 (6,7)
H_2O[1]	Vol.%	– (18,6)	– (17,1)	– (15,8)	– (14,6)	– (13,7)	– (12,8)
N_2[1]	Vol.%	88,0 (71,6)	87,1 (72,3)	86,4 (72,8)	85,7 (73,2)	85,2 (73,6)	84,8 (74,0)
O_2[1]	Vol.%	–	2,1 (1,7)	3,8 (3,2)	5,3 (4,5)	6,5 (5,6)	7,5 (6,5)

[1] Die Werte beziehen sich auf trockenes Abgas (Klammerwerte auf feuchtes Abgas).

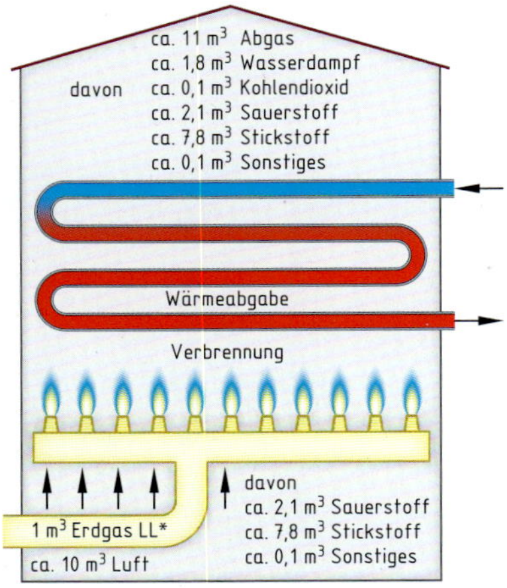

* im Normzustand

q_A: Abgasverluste in %
T_A: Abgastemperatur in °C
T_L: Verbrennungslufttemperatur in °C
CO_2: Volumengehalt an Kohlendioxid in %
O_2: Volumengehalt an Sauerstoff in %

Wirtschaftlichkeit feuerungstechnischer Wärmeerzeuger

Erdgas L (LL)	$q_A = (T_A - T_L) \cdot \left(\frac{0{,}37}{CO_2} + 0{,}009\right)$	$q_A = (T_A - T_L) \cdot \left(\frac{0{,}66}{21 - O_2} + 0{,}008\right)$
Erdgas H (E)	$q_A = (T_A - T_L) \cdot \left(\frac{0{,}37}{CO_2} + 0{,}009\right)$	$q_A = (T_A - T_L) \cdot \left(\frac{0{,}66}{21 - O_2} + 0{,}008\right)$
Propan	$q_A = (T_A - T_L) \cdot \left(\frac{0{,}42}{CO_2} + 0{,}008\right)$	$q_A = (T_A - T_L) \cdot \left(\frac{0{,}63}{21 - O_2} + 0{,}008\right)$
Butan	$q_A = (T_A - T_L) \cdot \left(\frac{0{,}42}{CO_2} + 0{,}008\right)$	$q_A = (T_A - T_L) \cdot \left(\frac{0{,}63}{21 - O_2} + 0{,}008\right)$

η_F: Feuerungstechnischer Wirkungsgrad in %
η_K: Geräte- bzw. Kesselwirkungsgrad in %
q_A: Abgasverluste in %
q_S: Abstrahlungsverluste in %
q_K: Wärmegewinn durch Kondensation in %
H_S: Brennwert in kWh/m³
H_i: Heizwert in kWh/m³
α: Kondensatzahl (Verhältnis von tatsächlichen Kondensatmenge zur theoretischen Kondensatmenge)
T_A: Abgastemperatur in °C

Bei Heizwertnutzung

$$\eta_F = 100\,\% - q_A$$
$$\eta_K = 100\,\% - q_A - q_S$$

Bei Brennwertnutzung

$$\eta_{FB} = 100\,\% - q_A + q_K$$
$$\eta_{KB} = 100\,\% - q_A - q_S + q_K$$
$$q_A = \frac{H_S - H_i}{H_i} \cdot \alpha \cdot 100\,\%$$

T_A	22	28	35	40	45	50	55
α	0,95	0,9	0,8	0,7	0,6	0,5	0,4

Mindestwirkungsgrad nach Vorgabe EG-Konformitätserklärung EU 92/42

Kesseltyp	**Nennwärmeleistung Φ_{NL} in kW**	**η_K bei Volllast Φ_{NL}**		**η_K bei Teillast $0{,}3 \cdot \Phi_{NL}$**		**Energieeffizienz**
		durchschn. Wassertemperatur in °C	**Wirkungsgrad in %**	**durchschn. Wassertemperatur in °C**	**Wirkungsgrad in %**	
Standardheizkessel	4…400	70	85,2…89,2	≥ 50	81,8…87,8	★
Niedertemperatur-Heizkessel einschl. Brennwertkessel für flüssige Brennstoffe	4…400	70	88,4…91,4	40	88,4…91,4	★★
Brennwertkessel	4…400	70	91,6…93,6	30	97,6…99,6	★★★

η_K Geräte- bzw. Kesselwirkungsgrad in %

Φ_{NL} Normheizlast des Heizkessels in kW

Höchstzulässige Abgasverluste für Gasfeuerungsanlagen nach BImSchV

Nennleistung in kW	Abgasverluste in %
< 4 bis 25 kW	11
< 25 bis 50 kW	10
über 50 kW	9

Höchstzulässige NO_x-Emissionen für Gasfeuerungsanlagen nach BImSchV

Nennleistung in kW	NO_x-Emissionen in mg/kWh
≤ 120	60
> 120 ≤ 400	80
> 400	120

Gasgeräte-Kennzeichnung/Typenschild

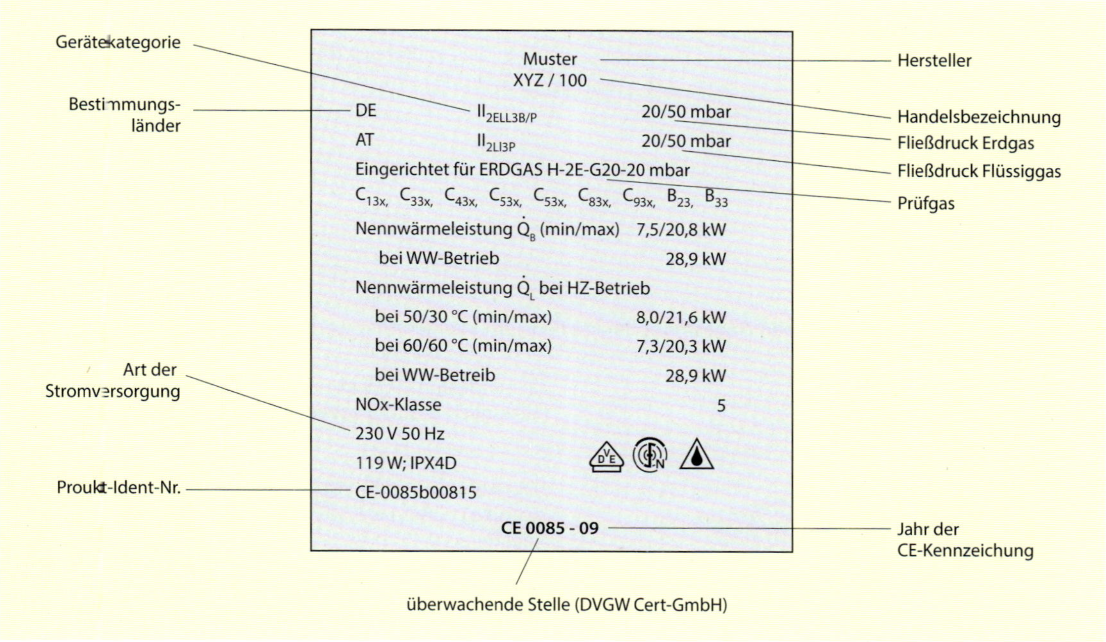

DE = Länderkennzeichnung (Bestimmungsland Deutschland)
II = Gerätekategorie II, geeignet für Gase von zwei Gasfamilien
2E = 2. Gasfamilie, Gruppe E (mit ausreichender Genauigkeit in etwa Erdgas H)
2LL = 2. Gasfamilie, Gruppe LL (mit ausreichender Genauigkeit in etwa Erdgas L)
3B/P = 3. Gasfamilie, Gruppe B/P (Butan, Propan und deren Gemische)
C_{13x} = Zuordnung nach Gasgerät Art (z. B. C = raumluftunabhängig, Index 13 x = Art der Abgasabführung)
H = Erdgas H nach DVGW G 260
G20 = Normprüfgas für Erdgas E 20 mbar

für Deutschland gilt die NO_x-Klasse 5 (Grenzwerte nach Tabelle)

Unzulässige Abgasmündungen für Gasgeräte Typ C

Die Leitungen für die Verbrennungsluftzuführung und Abgasabführung dürfen nicht münden:

- in Durchgängen und Durchfahrten
- in engen Traufgassen
- in Ecklagen von Innenhöfen, ausgenommen Gasgeräte Typ C_{12} und C_{13}
- in Innenhöfen insgesamt, wenn die Breite oder Länge des Hofes kleiner als die Höhe des höchsten angrenzenden Gebäudes ist
- in Luftschächten und Lichtschächten
- in Loggien und Laubengängen
- auf Balkonen
- unter auskragenden Bauteilen, die ein Abströmen der Abgase wesentlich behindern können
- in Schutzzonen nach der Verordnung über brennbare Flüssigkeiten und vergleichbare Bereiche, in den leicht entzündliche Stoffe oder explosionsfähige Stoffe verarbeitet, gelagert, hergestellt werden oder entstehen können (siehe auch „Richtlinien für elektrische Anlagen in explosionsgefährdeten Betriebsstätten")

Mindestabstände von einer einzelnen Abgasmündung zu Fenstern, die geöffnet werden können, oder Fassadentüren – bei der glatten Fassade

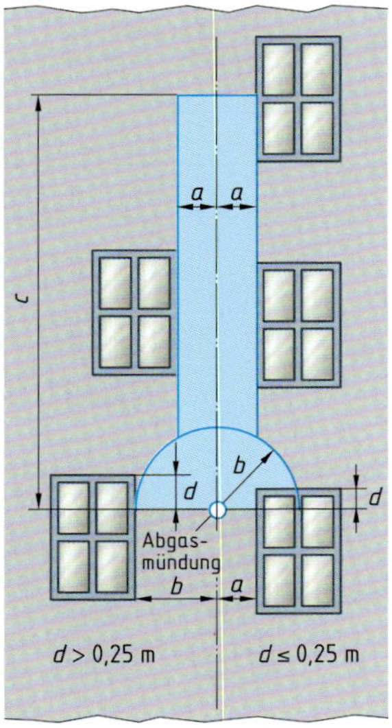

a: mindestens 0,5 m
b: mindestens 1 m
c: mindestens 5 m

Für den einzuhaltenden seitlichen Abstand der direkt benachbarten Fenster ist in Abhängigkeit von d das Maß a oder b heranzuziehen.
- Ist d größer als 0,25 m, so gilt der seitliche Abstand b.
- Ist d gleich oder kleiner als 0,25 m, so gilt der seitliche Abstand a.

In diesem Bereich dürfen keine Fenster oder Türen angeordnet sein.

Mindestabstände von einer einzelnen Abgasmündung zu Fenstern, die geöffnet werden können, oder Fassadentüren – bei Fassade mit Vorsprung

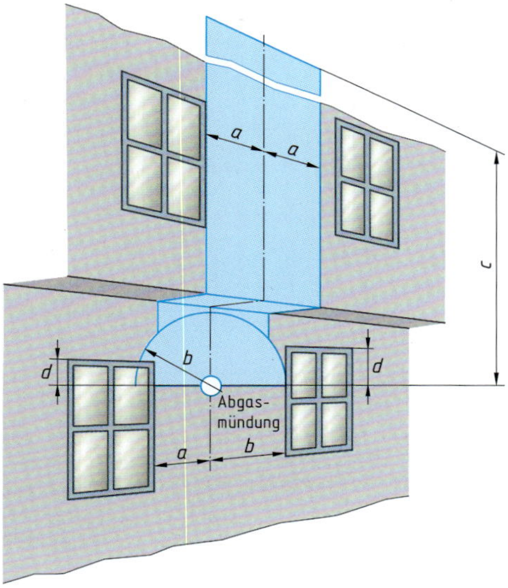

a: mindestens 0,75 m
bezüglich b und d sowie c, siehe Bild oben

Die Abgasmündung ist unzulässig, wenn z größer als 0,50 m oder y kleiner als 0,40 m ist.
Ist z kleiner oder gleich 0,10 m oder y größer als 5 m, so gilt die glatte Fassade (Bild oben).

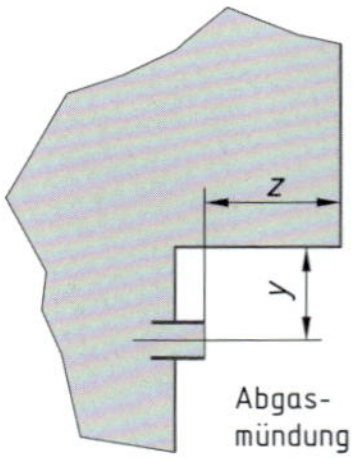

In diesem Bereich dürfen keine Fenster oder Türen angeordnet sein.

Mindestabstände von einer einzelnen Abgasmündung zu Fenstern, die geöffnet werden können, oder Fassadentüren – bei Fassaden in Ecklage.

Querfassade ohne Fenster

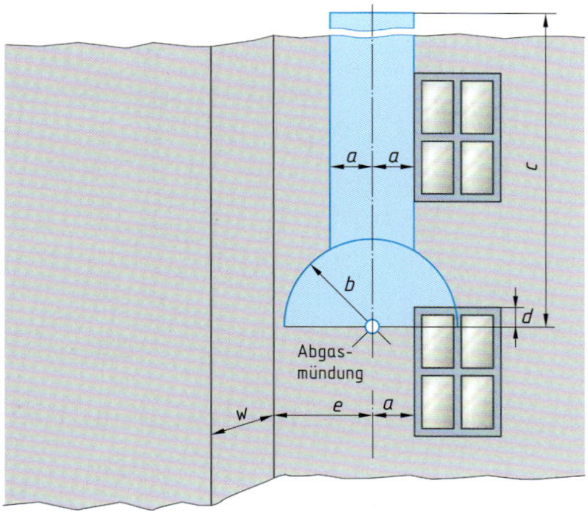

w: 0,5 m bis 1 m
- a: mindestens 0,5 m
- e: mindestens 0,5 m

w: größer 1 m
- a: mindestens 0,75 m
- e: mindestens 1 m

bezüglich b und d sowie c, siehe Seite 550 oben

Ist w kleiner als 0,5 m oder e größer als 5 m, so gilt die glatte Fassade (Bild Seite 550 oben).

In diesem Bereich dürfen keine Fenster oder Türen angeordnet sein.

Querfassade mit Fenster

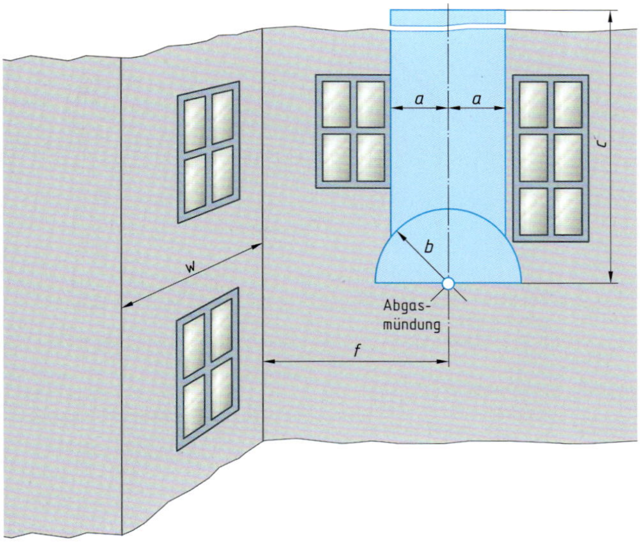

w: 0,5 m bis 1 m
- a: mindestens 0,5 m
- f: mindestens 2,5 m

w: größer 1 m
- a: mindestens 0,75 m
- f: mindestens 2,5 m

bezüglich b und d sowie c, siehe Seite 550 oben

Ist w kleiner als 0,5 m oder f größer als 5 m, so gilt die glatte Fassade (Bild Seite 550 oben).

In diesem Bereich dürfen keine Fenster oder Türen angeordnet sein.

Außerdem muss von der Abgasmündung ein Abstand e bzw. f zur Querfassade eingehalten werden.

Ausführungsbeispiele für die waagerechte und senkrechte Führung der Leitungen für die Verbrennungsluftzu- und Abgasführung über Dach für raumluftunabhängige Gasfeuerstätten mit Gebläse und einer Nennleistung kleiner 50 kW.

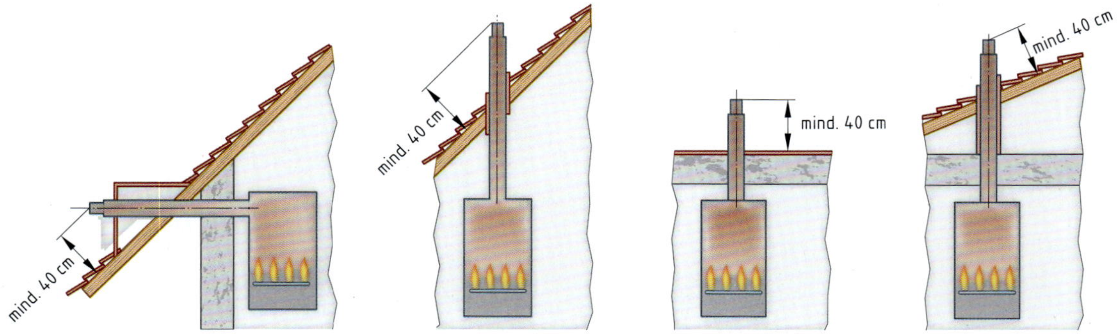

Ausführungsbeispiele für die waagerechte und senkrechte Führung der Leitungen für die Verbrennungsluftzu- und Abgasführung über Dach für raumluftunabhängige Gasfeuerstätten ohne Gebläse.

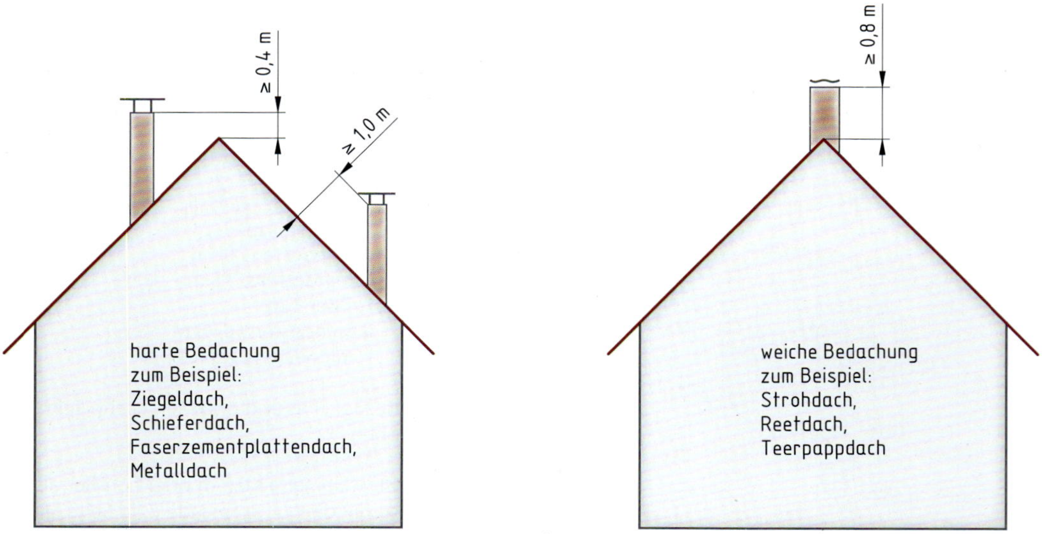

Schornsteinmündungen

8.3 Sicherheitstechnische Ausrüstung für Heizkessel nach DIN EN 12828 : 2014-07

Safety equipment for boilers

Übersicht: Einteilung von Wasserheizungsanlagen

Heißwasserheizung	DIN EN 12953	Höhere Vorlauftemperaturen als 105 °C	Kleine Rohrquerschnitte, kleine Raumheizflächen
Warmwasserheizung	DIN EN 12828	Warmwassertemperatur auf 105 °C begrenzt	Vorlauftemperatur von 90 °C und eine Rücklauftemperatur von 70 °C bei maximaler Leistung ausgelegt. Dampfbildung wird durch einen geringen Überdruck verhindert.
Niedertemperatur-Warmwasserheizungen	DIN EN 12828	Kesselwassertemperatur außentemperaturabhängig im Bereich von max. 80 °C bis min. 20 °C	größere Heizkörper oder Flächenheizungen Aus Gründen der Energieeinsparung werden sie heute bevorzugt verwendet.

Sicherheitstechnische Ausrüstung für Heizkessel ≤ 300 kW nach DIN EN 12828 : 2014-07

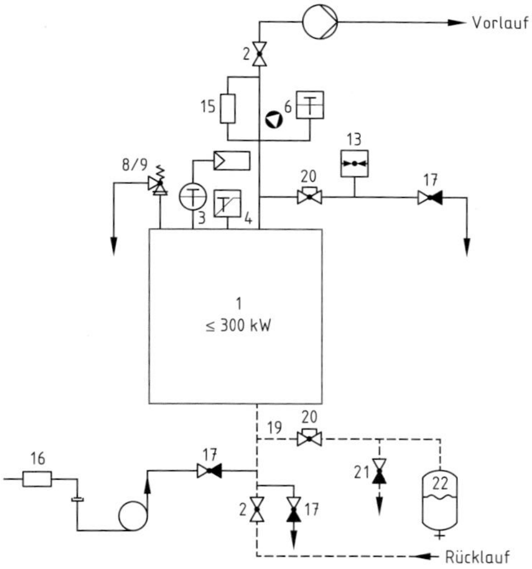

1 Wärmeerzeuger ≤ 300 KW
2 Absperrventil Vorlauf/Rücklauf
3 Temperaturregler TR
4 Sicherheitstemperaturbegrenzer STB
6 Temperaturmesseinrichtung
8 Membran-Sicherheitsventil MSV 2,5 / 3,0 bar
9 Hubfeder-Sicherheitsventil HFS ≥ 2,5 bar
13 Druckmessgerät
15 Wassermangelsicherung WMS.
Nicht erforderlich, wenn stattdessen ein Minimal-Druckbegrenzer oder ein Durchflussbegrenzer je Heizkessel vorgesehen sind. Alternativ Nachweis des Heizkesselherstellers auf Entfall der Wassermangelsicherung möglich.
16 Rückflussverhinderer
17 Kesselfüll- und Entleerungseinrichtung KFE
19 Ausdehnungsleitung
20 Absperrarmatur – gegen unbeabsichtiges Schließen gesichert, z. B. verplombtes Kappenventil
21 Entleerung vor MAG
22 Membran-Druckausdehnungsgefäß MAG (nach DIN EN 13831)

Sicherheitstechnische Ausrüstung für Heizkessel > 300 kW nach DIN EN 12828 : 2014-07

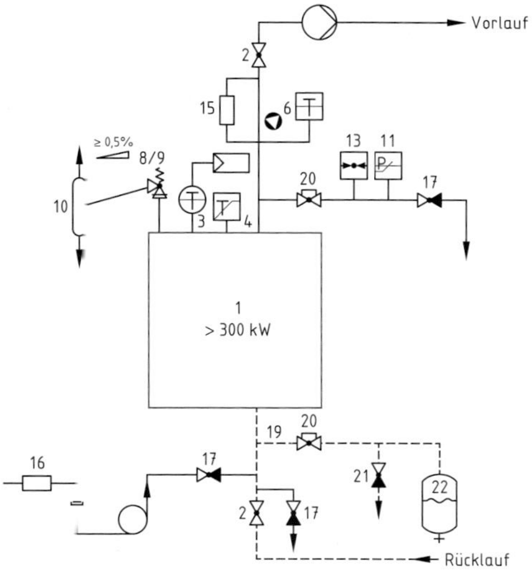

1 Wärmeerzeuger > 300 KW
2 Absperrventil Vorlauf/Rücklauf
3 Temperaturregler TR
4 Sicherheitstemperaturbegrenzer STB
6 Temperaturmesseinrichtung
8 Membran-Sicherheitsventil MSV 2,5 / 3,0 bar
9 Hubfeder-Sicherheitsventil HFS ≥ 2,5 bar
10 Entspannungstopf ET.
Nicht erforderlich wenn stattdessen ein Sicherheits-Temperaturbegrenzer Absicherung ≤ 110 °C und ein Maximal-Druckbegrenzer je Heizkessel zusätzlich vorgesehen ist.
11 Maximal-Druckbegrenzer
13 Druckmessgerät
15 Wassermangelsicherung WMS oder alternativ ein Minimaldruckbegrenzer
16 Rückflussverhinderer
17 Kesselfüll- und Entleerungseinrichtung KFE
19 Ausdehnungsleitung
20 Absperrarmatur – gegen unbeabsichtiges Schließen gesichert, z. B. verplombtes Kappenventil
21 Entleerung vor MAG
22 Membran-Druckausdehnungsgefäß MAG (nach DIN EN 13831)

Sicherheitstechnische Ausrüstung für Heizkessel nach DIN EN 12828 : 2014-07		
Ausrüstungsbauteil nach DIN EN 12828	**Einbauort** **Vorschriften**	**Aufgabe**
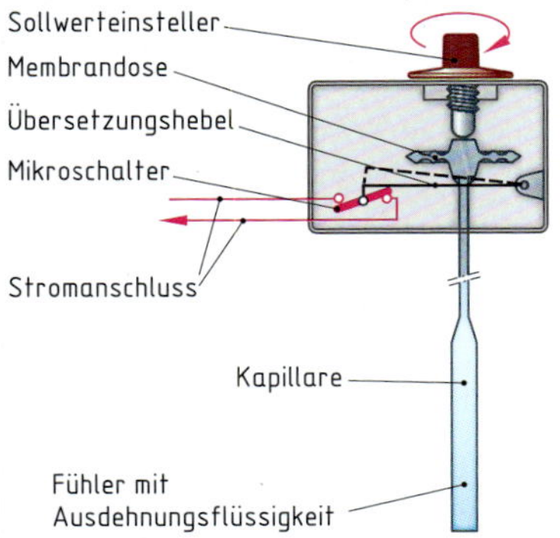 Zweipunkttemperaturregler	• an der wärmsten Stelle des Wärmeerzeugers WE • bei Inbetriebnahme und jährlich auf Funktion prüfen	• bei eingestellter Temperatur Beheizung abschalten und nach Abkühlung um ca. 5 K wieder einschalten • bei Betrieb einer zentralen Regelung muss die Einstellung auf „max" oder bei höchster Anlagentemperatur sein
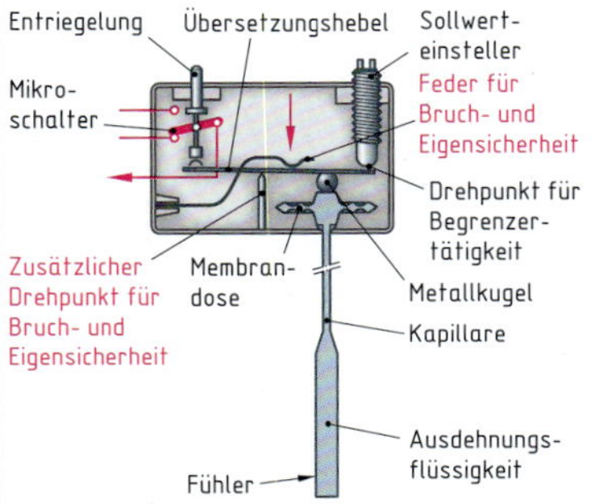 Sicherheitstemperaturbegrenzer	• an der wärmsten Stelle des Wärmeerzeugers WE • der Entriegelungsknopf darf nur mit Werkzeug zugänglich sein und nur von einem Fachmann entriegelt werden • der Grund des Abschaltens muss gefunden werden • bei Inbetriebnahme und jährlich auf Funktion prüfen	• bei Überschreiten der max. Anlagentemperatur die Beheizung abschalten und verriegeln • Einstellung 5 K unter max. Systemtemperatur
 Thermometer	• an der wärmsten Stelle des Wärmeerzeugers WE • max. Systemtemperatur markieren	Funktionsprüfung von Temperaturregler und Sicherheitstemperaturbegrenzer
 Manometer	• am Wärmeerzeuger WE oder nicht absperrbar zum WE in Vor- oder Rücklauf • Mindestdruck 0,3 bar (unterer Sollwert) über hydrostatischem Druck im kalten Zustand • Ansprechdruck des Sicherheitsventils markieren	• den Betriebsdruck anzeigen • unteren Sollwert beachten • die Funktion des Ausdehnungsgefäßes beim Aufheizen überprüfen
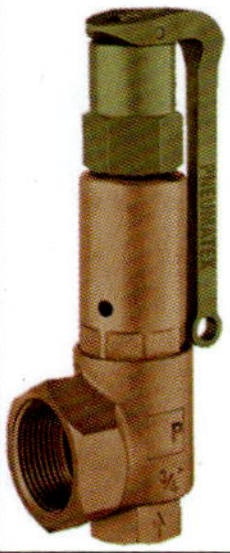 Sicherheitsventil	• an der höchsten Stelle des Wärmeerzeugers WE oder unmittelbar danach und unabsperrbar im Vorlauf • bei Inbetriebnahme und jährlich auf Funktion prüfen	• öffnet bei max. zulässigem Anlagendruck und lässt Wasser ab, dabei darf der Druck in der Anlage nicht über 0,5 bar ansteigen und muss bei Absenkung um 0,5 bar unter den Ansprechdruck wieder schließen

Sicherheitstechnische Ausrüstung für Heizkessel nach DIN EN 12828 : 2014-07 (Fortsetzung)		
Ausrüstungsbauteil nach DIN EN 12828	**Einbauort** **Vorschriften**	**Aufgabe**
 Abblaseleitung		• Die Abblaseleitung muss eine Nennweite größer als der Wasseranschluss ausgeführt werden. Wasser oder Dampf müssen für Menschen gefahrlos, sichtbar und offen in einen Abfluss (Trichter mit Syphon oder Waschbecken) geleitet werden. Die Leitung muss schallgedämpft befestigt sein. Es darf keine Winkelverschraubung eingebaut werden. Bei Einbau eines Trichters direkt am Ventil spricht man im Folgendem von einer Tropfleitung, die dann mit Gefälle zum Abfluss geführt wird
 Entspannungstopf	• Abblaseleitung des Sicherheitsventils	• Entspannungstöpfe sind nach DIN EN 12828 für Wärmeerzeuger mit einer Nennwärmeleistung > 300 kW und/oder in Anlagen > 100 °C vorgeschrieben. Sie werden in die Ausblaseleitung von Sicherheitsventilen eingebaut und dienen der Trennung von Dampf und Wasser. Am Tiefpunkt des Entspannungstopfes muss eine Wasserabflussleitung angeschlossen werden, die austretendes Heizungswasser gefahrlos und beobachtbar abführen kann. Die Ausblaseleitung für Dampf muss vom Hochpunkt des Entspannungstopfes ins Freie geführt werden.
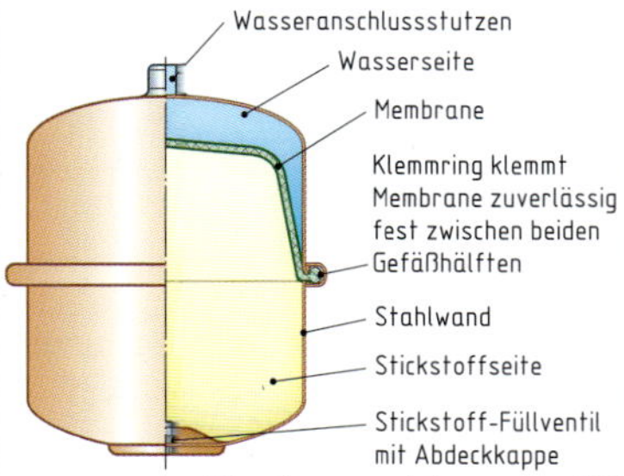 Membranausdehnungsgefäß	• am Wärmeerzeuger WE oder unabsperrbar im Vor- oder Rücklauf • Der Anschluss von oben ist sinnvoll, damit die Membrane nicht mit höherer Temperatur belastet wird und keine Luft in das Gefäß gelangt. Beim unteren Anschluss sollte eine Wärmedämmschleife eingebaut werden. • Der Vordruck muss vor der Montage eingestellt werden und jährlich überprüft werden.	• das Aufnehmen und wieder Abgeben des Ausdehnungswassers beim Aufheizen und Abkühlen des Heizungswassers
 Wassermangelsicherung mit Schwimmerschalter 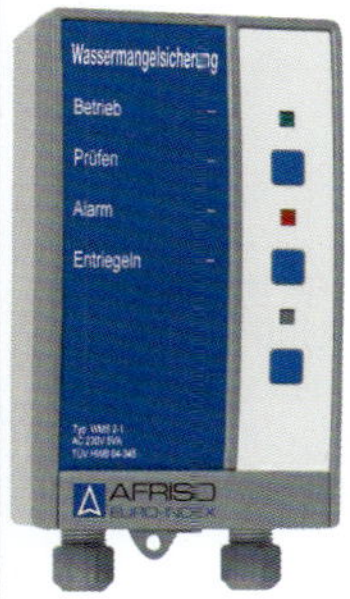 Elektronische Wassermangelsicherung	• unabsperrbar im Heizungsvorlauf	• Die Wassermangelsicherung schaltet die Heizkesselfeuerung bei sinkendem Wasserstand über einen Schwimmer aus. • Vorschrift für Anlagen mit einer Leistung > 300 kW • empfehlenswert für Dachheizzentralen • Alternativ Minimaldruckbegrenzer 

Auslegung von Membran-Ausdehnungsgefäßen nach DIN EN 12828: 2014-07

Anlagenwasserinhalt V_{System} in l	
$V_{System} = v \cdot \Phi_{NL}$	V_{System}: Wasserinhalt der Anlage in l v: Spezifischer Anlagenwasserinhalt in l/kW Φ_{NL}: Kesselnennwärmeleistung in kW

Ausdehnungsvolumen V_e in l	
$V_e = \frac{e \cdot V_{System}}{100}$	V_e: Ausdehnungsvolumen in l V_{System}: Wasserinhalt der Anlage in l e: Wasserausdehnung in %

Heizflächenart	spezifischer Wasserinhalt *v* in *l*/kW
Plattenheizkörper	ca. 9
Radiatoren (moderne Bauart)	ca. 11
Radiatoren in Schwerkraftanlagen	ca. 13
Fußbodenheizung	ca. 20
Konvektoren	ca. 5
Lüftungsgeräte	ca. 7,5

Prozentuale Ausdehnung *e* von Wasser gemäß DIN EN 12828: 2014-07

Maximale Überschwingtemperatur $\theta_ü$ in °C Die maximale Überschwingtemperatur $\theta_ü$ liegt üblicherweise 10 K über der eingestellten Temperatur am Sicherheitstemperaturbegrenzer	Wasserausdehnung *e* in %
30	0,66
40	0,93
50	1,29
60	1,71
70	2,22
80	2,81
90	3,47
100	4,21
110	5,03
120	5,93
130	6,90

Vordruck und Enddruck	der Vordruck p sollte mindestens 0,7 bar betragen überschlägig: $p = p_{st} + 0{,}3$ bar	p_{st}: statischer Druck in der Heizungsanlage in bar
Der maximale Auslegungs-Enddruck p_e sollte nicht höher gewählt werden als der Einstelldruck des Sicherheitsventils p_{SV} abzüglich der Schließdruckdifferenz, die von der Art des Sicherheitsventils abhängt. Empfohlen wird ein maximaler Auslegungs-Enddruck p_e, der um 0,5 bar unter dem Einstellüberdruck des Sicherheitsventils p_{SV} liegt.		

Nennvolumen	Für die Bestimmung des Nennvolumens $V_{exp,min}$ ist zusätzlich zum Ausdehnungsvolumen auch eine Mindestwasservorlage V_{WR} zu berücksichtigen.	
Da das Ausdehnungsgefäß durch das Gaspolster nicht zur Gänze gefüllt werden kann, muss der erforderliche Nenninhalt des Ausdehnungsgefäßes $V_{exp,min}$ größer sein als das Ausdehnungsvolumen V_e. Dies wird durch den Nutzfaktor f_N berücksichtigt.	$f_N = \frac{p_e + 1\,\text{bar}}{p_e + p}$	p_e: maximaler Auslegungs-Enddruck in bar p: Vordruck des Membranausdehnungsgefäßes in bar
• wenn $15\,l \cdot (1 - 0{,}2 \cdot f_N) \geq V_e$	$V_{exp,min} = \frac{V_e \cdot f_N}{1 - 0{,}2\,f_N}$ $V_{WR} = V_{exp,min} \cdot 0{,}2$	$V_{exp,min}$: Nennvolumen des Ausdehnungsgefäße in l V_e: Ausdehnungsvolumen in l f_N: Nutzfaktor V_{WR}: Wasservorlage in l

Nennvolumen	**Für die Bestimmung des Nennvolumens $V_{exp,min}$ ist zusätzlich zum Ausdehnungsvolumen auch eine Mindestwasservorlage V_{WR} zu berücksichtigen.**	
• wenn $15\,l \cdot (1 - 0{,}2 \cdot f_N) < V_e$	$V_{exp,\,min} = (V_e + V_{WR}) \cdot f_N$ $V_{WR} = V_{System} \cdot 0{,}005$	V_{WR}: Wasservorlage in l V_{System}: Wasserinhalt der Anlage in l $V_{exp,\,min}$: Nennvolumen des Ausdehnungsgefäßes in l V_e: Ausdehnungsvolumen in l f_N: Nutzfaktor

Nennvolumen handelsüblicher Ausdehnungsgefäße					
Nennvolumen V_{exp} in l	**Vordruck p in bar**	**Nennvolumen V_{exp} in l**	**Vordruck p in bar**		
8	0,8	120	1,3	2,3	3,3
12	0,8	180	1,3	2,3	3,3
25	1,0	250	1,3	2,3	3,3
35	1,0	330	1,3	2,3	3,3
50	1,0				
80	1,0				
100	1,0				

Mindestfülldruck	$p_{a,\,min} = \dfrac{V_{exp} \cdot (p - 1\,bar)}{V_{exp} - V_{WR}} - 1\,bar$	$p_{a,\,min}$: Mindestfülldruck im kalten Zustand der Anlage in bar V_{exp}: gewähltes Nennvolumen des Ausdehnungsgefäßes in l V_{WR}: Wasservorlage des Ausdehnungsgefäßes in l p: Vordruck des Membranausdehnungsgefäßes in bar
Maximalfülldruck	$p_{a,\,max} = \dfrac{p_e + 1\,bar}{1 + \dfrac{V_e \cdot (p_e + 1\,bar)}{V_{exp} \cdot (p_e + 1\,bar)}} - 1\,bar$	$p_{a,\,max}$: Maximalfülldruck im kalten Zustand der Anlage in bar V_{exp}: gewähltes Nennvolumen des Ausdehnungsgefäßes in l V_{WR}: Wasservorlage des Ausdehnungsgefäßes in l p_0: Vordruck des Membranausdehnungsgefäßes in bar p_e: Auslegungs-Enddruck der Anlage in bar
Der Fülldruck soll zwischen den errechneten Werten liegen.		

Auslegung: Sicherheitsventil, Abblaseleitung und Entspannungstopf nach DIN EN 12828: 2014-07

Größen und Nennweiten von Membran-Sicherheitsventilen (Ansprechdruck 2,5...3 bar)
Bemessung der Zu- und Ausblaseleitung, des Entspannungstopfes und der Wasserabflussleitung

Membran-Sicherheits-ventil (MSV)	Nennwärmeleistung in kW		50	100	200	350	600	900
	Nennweite DN		15	20	25	32	40	50
	Anschlussgewinde für die Zuleitung		½	¾	1	1 ¼	1 ½	2
	Anschlussgewinde für die Ausblaseleitung		¾	1	1 ¼	1 ½	2	2 ½
Art der Leitung	**Längen in m**	**Anzahl der Bögen**	**Mindestdurchmesser und Mindestnennweiten DN**					
Zuleitung	≤ 1	≤ 1	15	20	25	32	40	50
Ausblaseleitung ohne Entspannungstopf ET	≤ 2 ≤ 4	≤ 2 ≤ 3	20 25	25 32	32 40	40 50	50 65	65 80
Ausblaseleitung zwischen MSV und ET d_{21}	≤ 5	≤ 2	32	40	50	65	80	100
Ausblaseleitg. zwischen ET u. Ausblaseöffnung d_{22}	≤ 15	≤ 3	40	50	65	80	100	125
Entspannungstopf d_{30}	$\leq 1{,}7 \cdot d_{30}$	0	125	150	200	250	300	400
Wasserabflussleitung des ET d_{40}	–	–	32	40	50	65	80	100

8.4 Rohrnetzberechnung *pipe network calculation*

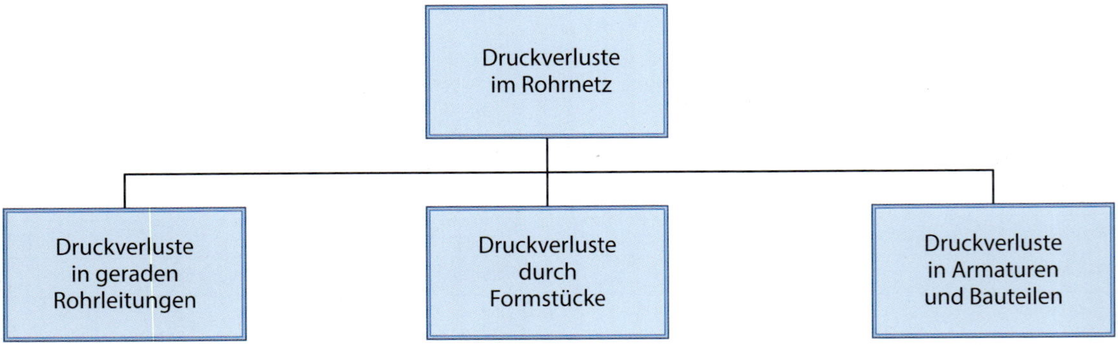

8.4.1 Druckverlust in Rohrleitungen *Pressure loss in pipes*

Druckverlust in geraden Rohrleitungen

$\Delta p_R = \frac{\lambda \cdot \varrho \cdot v^2}{d_i \cdot 2} \cdot l$ λ = 0;02 bis 0,05 (je nach Rohrart/-beschaffenheit)	Δp_R: Druckverlust durch Rohrreibung in Pa λ: Rohrreibungszahl ϱ: Dichte in kg/m³ v: Strömungsgeschwindigkeit in m/s d_i: Rohrinnendurchmesser in m l: Rohrlänge in m
$\Delta p_R = R \cdot l$	R: Druckgefälle in Pa/m

Gesamtdruckverlust in einem Rohrleitungssystem

$$\Delta p = \Delta p_R + Z = R \cdot l + \sum \zeta \cdot \frac{\varrho \cdot v^2}{2}$$

Δp	Gesamtdruckverlust	Pa, mbar
Δp_R	Druckverlust in geraden Rohrstrecken	Pa, mbar
Z	Druckverlust durch Einzelwiderstände in Formstücken und Armaturen	Pa, mbar
R	Druckgefälle	Pa/m, mbar/m
l	Rohrlänge	m
$\sum \zeta$	Summe der Widerstandsbeiwerte	–
ϱ	Dichte	kg/m³
v	Strömungsgeschwindigkeit	m/s

Empfohlene Fließgeschwindigkeiten in der Heizungsinstallation

Empfohlene Fließgeschwindigkeiten	
Leitungsabschnitt	**rechnerische Fließgeschwindigkeit in m/s**
Heizkörperanschlussleitung	≈ 0,5
Hauptleitung	≈ 1,0
Steigeleitung	≈ 1,0
in Ausnahmefällen bei Haupt- und Steigeleitung	bis 1,5

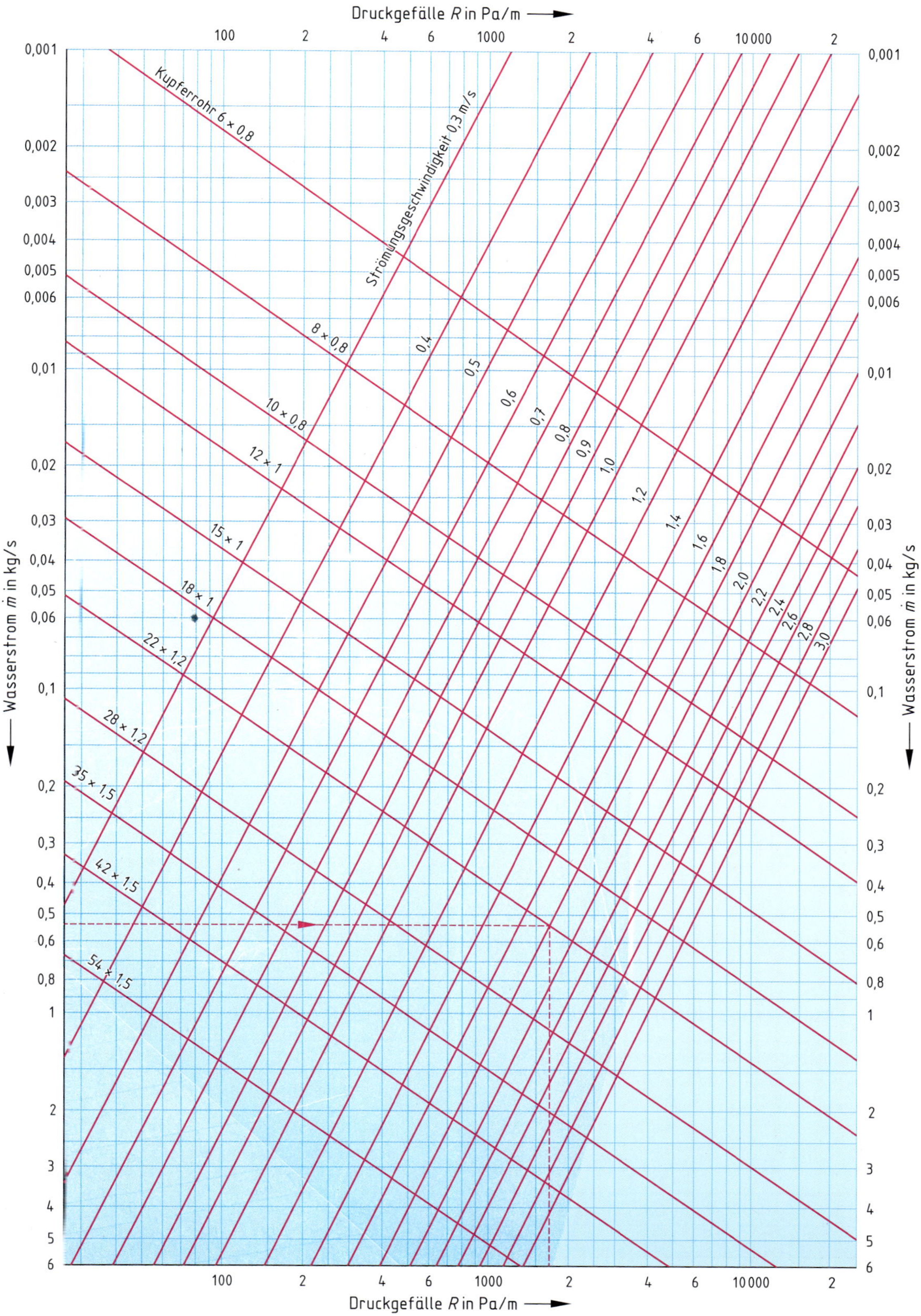

Rohrreibungsdiagramm für CU-Rohr ▶ siehe Kap_8.pdf

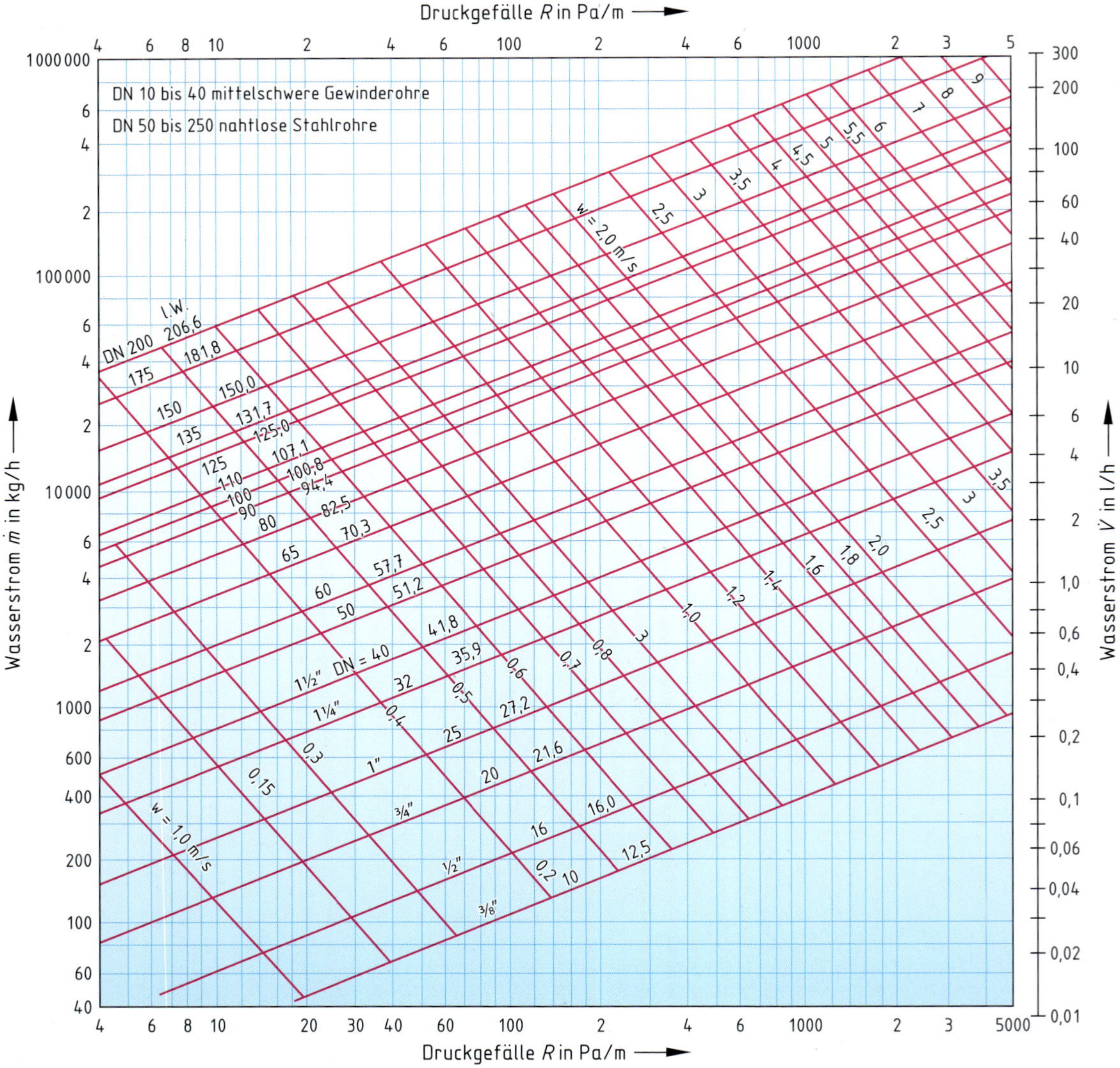

Rohrreibungsdiagramm für Stahlrohre ▶ siehe Kap_8.pdf

8.4.2 Druckverlust durch Formstücke *Pressure loss through fittings*

Druckverluste durch Einzelwiderstände	
$$\Delta p_\zeta = \frac{\zeta \cdot \varrho \cdot v^2}{2}$$	Δp_ζ: Druckverlust durch Einzelwiderstände in Pa ζ: Zetawert ϱ: Dichte in kg/m³ v: Strömungsgeschwindigkeit in m/s

	R/d				
	1,0	**2,0**	**4,0**	**6,0**	**10,0**
ζ_{glatt}	0,21	0,14	0,11	0,09	0,11
ζ_{rau}	0,51	0,30	0,23	0,18	0,20

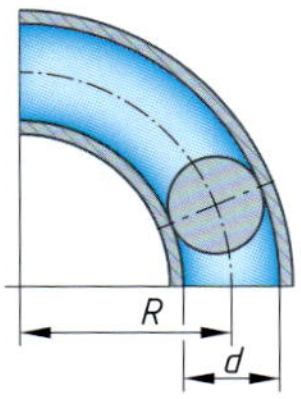

$$\zeta_{\alpha} = \zeta_{90°} \cdot \chi$$

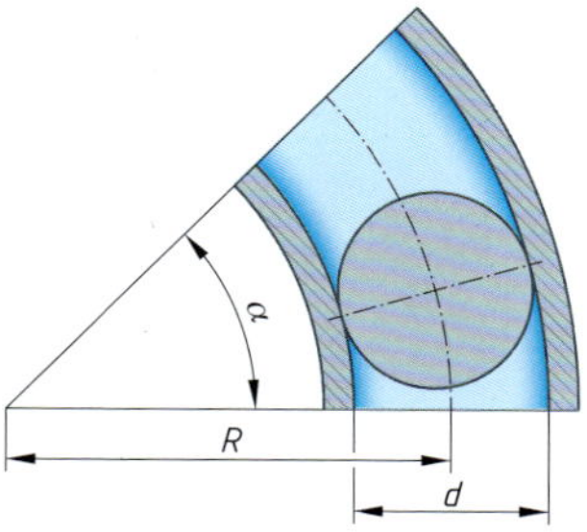

ζ_{α}: Zetawert bei Winkel α
$\zeta_{90°}$: Zetawert bei Winkel 90° siehe oben
x: Umrechnungsfaktor für Winkel α

Winkel α in °	30	45	60	75	90	105	120	135	150	180
Umrechnungsfaktor x	0,44	0,59	0,74	0,87	1,00	1,12	1,24	1,36	1,46	1,68

	d_2/d_1							
	1,3	**1,4**	**1,5**	**1,6**	**1,7**	**1,8**	**1,9**	**2**
α 8°	0,13	0,21	0,35	0,55	0,81	1,12	1,49	1,93
α 12°	0,19	0,28	0,44	0,68	1,00	1,40	1,88	2,44
α 16°	0,22	0,33	0,54	0,84	1,24	1,73	2,32	3,00
α 20°	0,24	0,39	0,67	1,07	1,58	2,22	2,97	3,84
α 24°	0,28	0,50	0,88	1,44	2,16	3,05	4,10	5,33

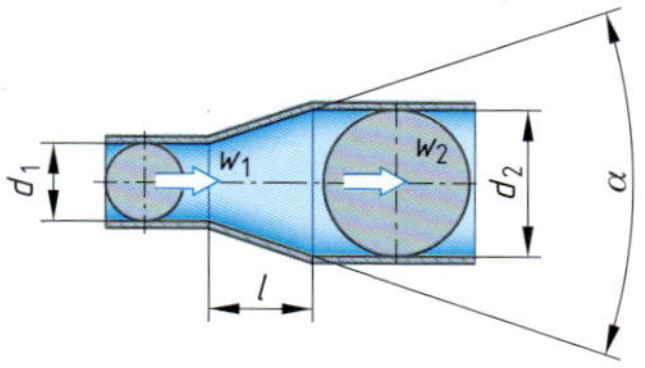

	d_2/d_1				
	1,2	**1,4**	**1,6**	**1,8**	**2**
α 4°	0,038	0,053	0,061	0,065	0,067
α 6°	0,025	0,035	0,041	0,044	0,045
α 8°	0,018	0,026	0,030	0,032	0,033
α 20°	0,007	0,010	0,012	0,013	0,013

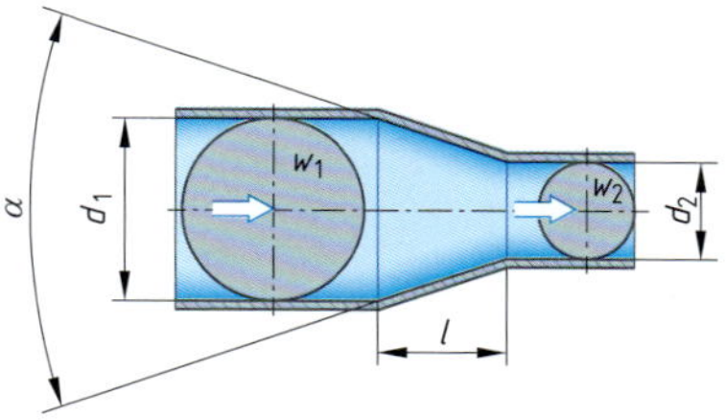

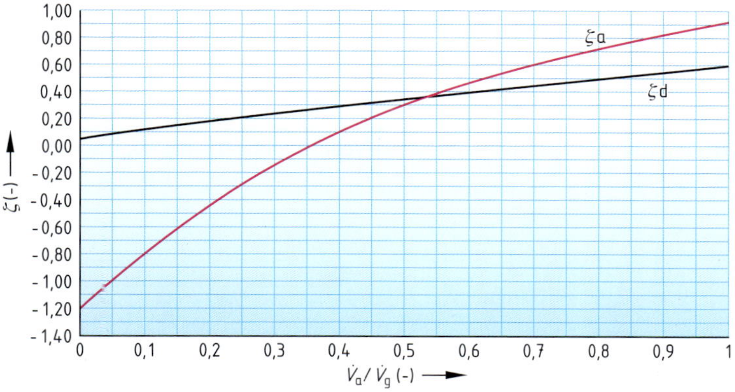

Volumenstromvereinigung gleiche Durchmesser

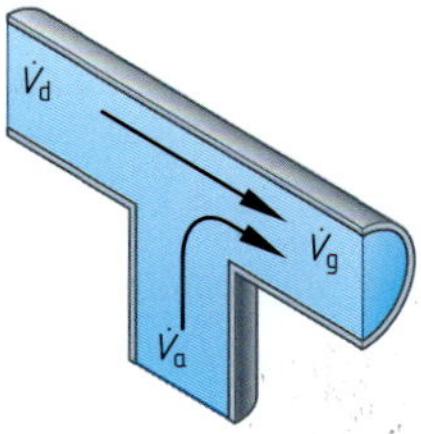

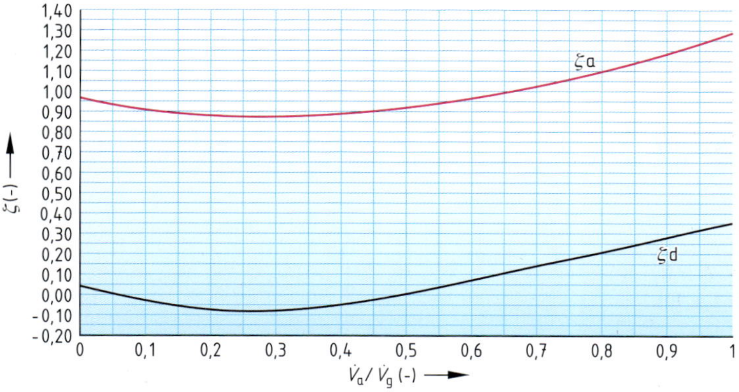

Volumenstromtrennung gleiche Durchmesser

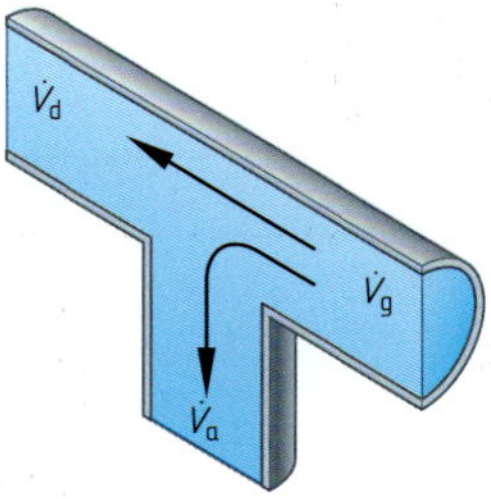

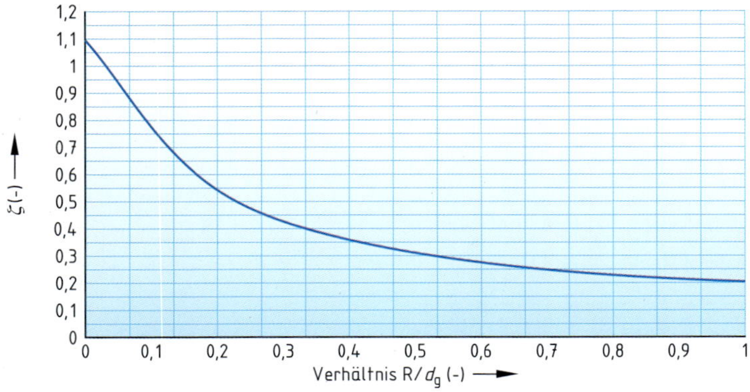

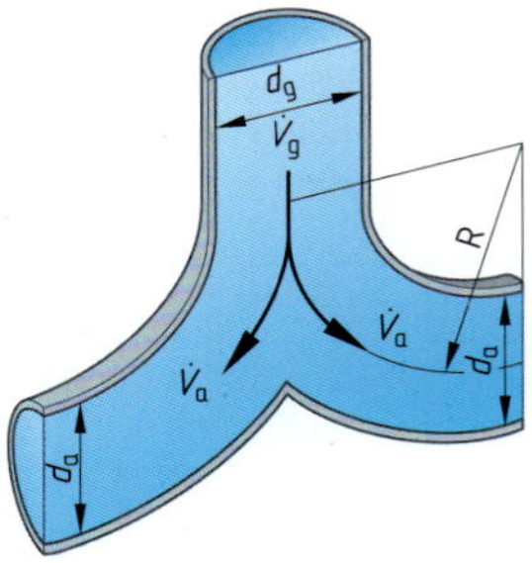

8.4.3 Heizungsarmaturen *heating fittings*

8.4.3.1 k_V-Wert von Heizungsarmaturen (Durchflussfaktor), Ventilautorität

k_V-Wert	Der k_V -Wert entspricht dem Wasserdurchfluss durch ein Ventil (in m³/h) bei einer Druckdifferenz von 1 bar und einer Wassertemperatur von 5 … 30 °C.	
k_{VS} -Wert	Der k_{VS} -Wert ist der k_V -Wert einer Ventilserie beim Hub $H = 100\,\%$ und wird in den Herstellerlisten angegeben.	
k_V-Wert bei Wasser	$k_v = \dot{V} \cdot \sqrt{\dfrac{1\,\text{bar} \cdot \varrho}{\Delta p_v \cdot 1000\,\text{kg/m}^3}}$ $\Delta p_v = \left(\dfrac{\dot{V}}{k_v}\right)^2 \cdot \dfrac{1\,\text{bar} \cdot \varrho}{1000\,\text{kg/m}^3}$	$\dot{V}$ Durchfluss in m³/h ϱ Dichte in kg/m³ Δp_v Druckverlust in bar k_V -Wert des Ventils in m³/h
Ventilautorität α	Damit das Stellglied (z.B. Thermostatventil) im Strömungskreis stabil regeln kann, benötigt es einen Druckverlustanteil vom Gesamtdruckverlust des Heizkreises. Dieser Anteil wird als Ventilautorität a bezeichnet.	
	$\alpha = \dfrac{\Delta p_v}{\Delta p}$ $\Delta p = \Delta p_R + \Delta p_v$	Δp_v Druckverlust im Ventil in mbar Δp Druckverlust im Heizkreis in mbar Δp_R Druckverluste in der Rohrleitung in mbar α Ventilautorität (ohne Einheit)
	Für ein stabiles Regelverhalten von Thermostatventilen soll die Ventilautorität $0{,}3 < \alpha > 0{,}7$ betragen.	

8.4.3.2 Kugelhähne *ball valves*

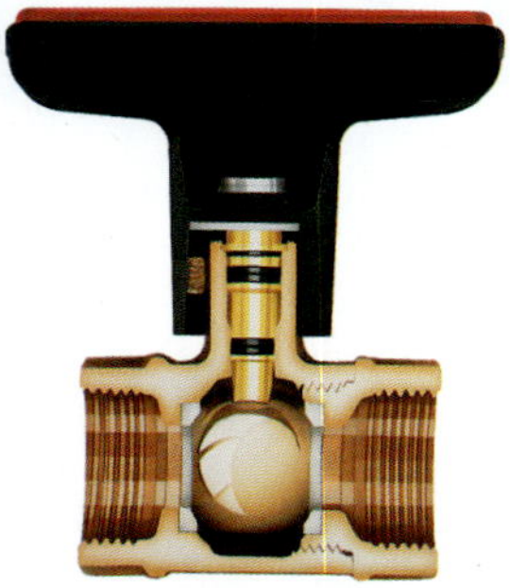

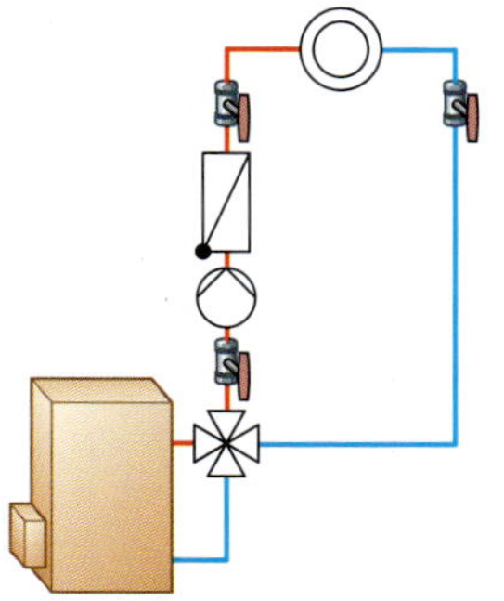

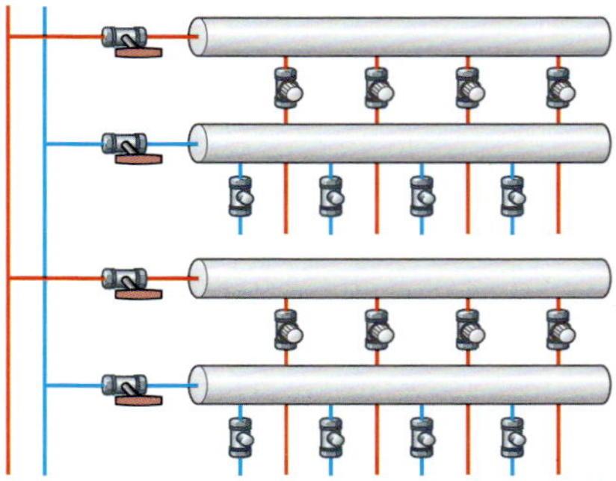

Abbildung	DN	k_{vs}-Wert in m³/h
mit Innengewinde 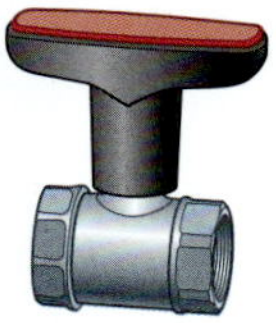	10 (Rp ⅜ × Rp ⅜)	6,0
	15 (Rp ½ × Rp ½)	6,0
	20 (Rp ¾ × Rp ¾)	14,0
	25 (Rp 1 × Rp 1)	25,0
	32 (Rp 1 ¼ × Rp 1 ¼)	42,0
	40 (Rp 1 ½ × Rp 1 ½)	65,0
	50 (Rp 2 × Rp 2)	100,0

Abbildung	DN	k_{vs}-Wert in m³/h
mit Pressanschluss 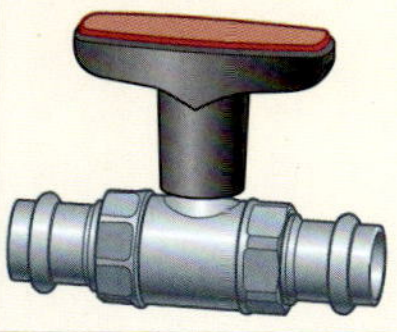	15 (15 mm × 15 mm) 20 (22 mm × 22 mm) 25 (28 mm × 28 mm) 32 (35 mm × 35 mm)	6,0 14,0 25,0 42,0

Anwendungsbeispiel und Bezeichnung

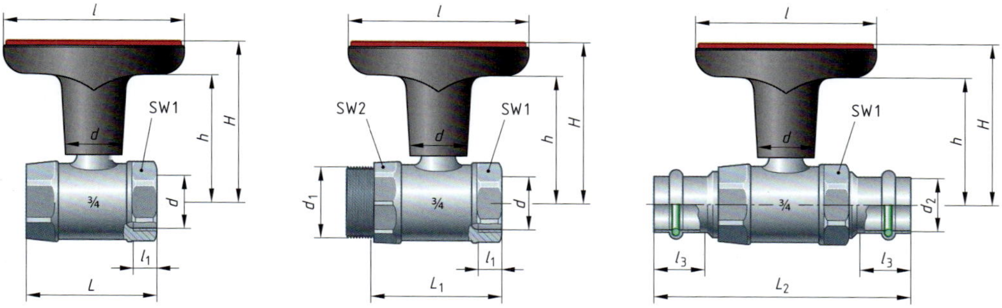

DN	*d*	*d*₁	*d*₂	*L*	*L*₁	*L*₂	*l*₃	*l*	*l*₁	*d*	*H*	*h*	SW1	SW2
10	Rp 3/8	–	–	56,0	–	–	–	81	10,0	26	69,0	54,0	27	–
15	Rp 1/2	G 3/4	15	56,0	64,5	110	22	81	10,0	26	69,0	54,0	27	29
20	Rp 3/4	G 1	22	58,5	69,0	115	23	81	11,0	26	72,0	55,5	32	35,5
25	Rp 1	G 1 1/4	28	67,5	78,5	129	23	81	13,0	26	74,5	58,0	39	44
32	Rp 1 1/4	G 1 1/2	35	76,5	89,5	139	25	81	13,5	26	78,0	61,5	50	51
40	Rp 1 1/2	–	–	87,5	–	–	–	120	14,5	32	111,5	92,0	55	–
50	Rp 2	–	–	101,5	–	–	–	120	15,5	32	116,5	97,0	70	–

Baumaße

Diagramm zur Bestimmung der Druckverluste von Kugelhähnen

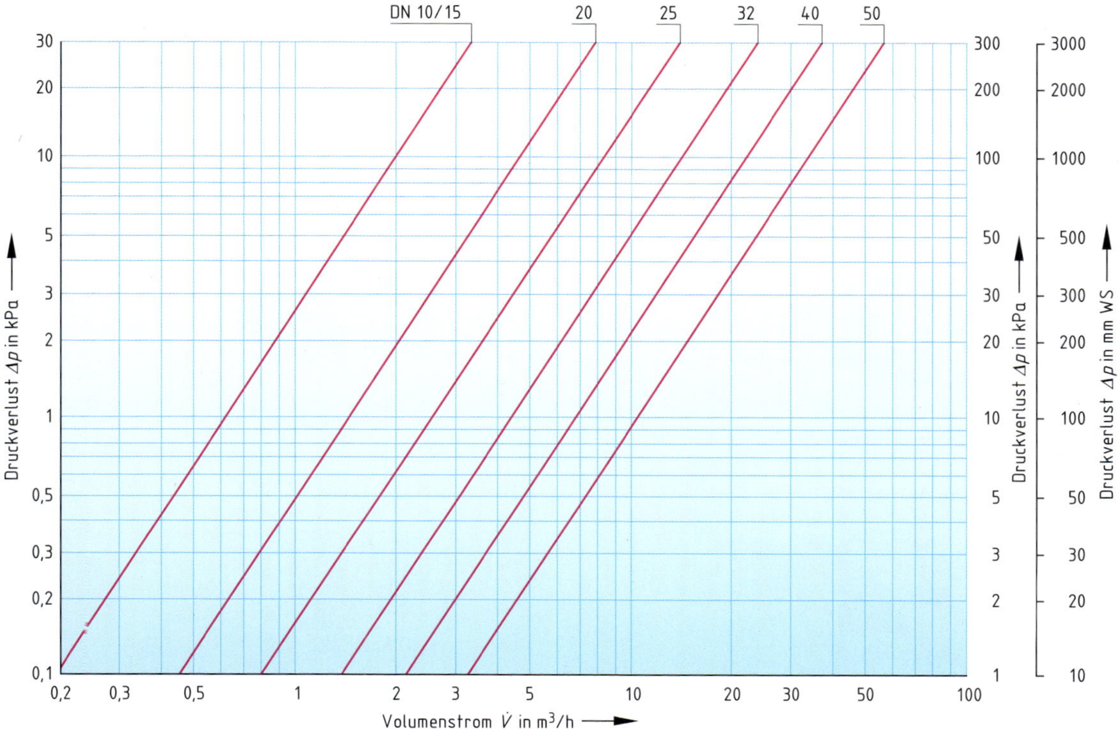

8.4.3.3 Thermostatventile (Standard) *thermostatic valve*

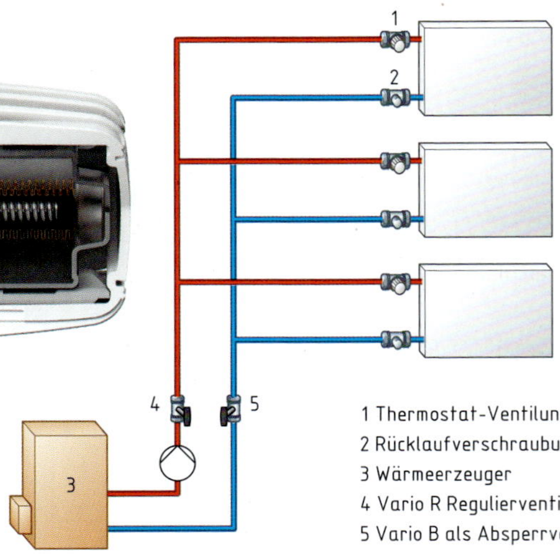

1 Thermostat-Ventilunterteil Standard
2 Rücklaufverschraubung Regulux
3 Wärmeerzeuger
4 Vario R Regulierventil
5 Vario B als Absperrventil

Aufbau und Anwendungsbeispiel

Eck

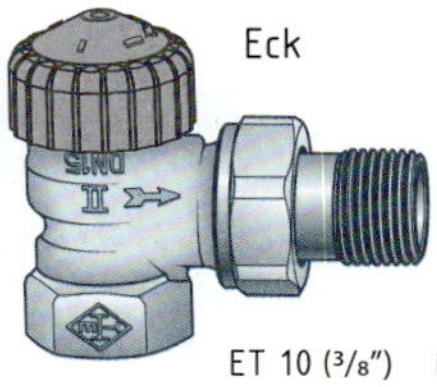

ET 10 (3/8") ET 25 (1")
ET 15 (1/2") ET 32 (1 1/4")
ET 20 (3/4")

Durchgang

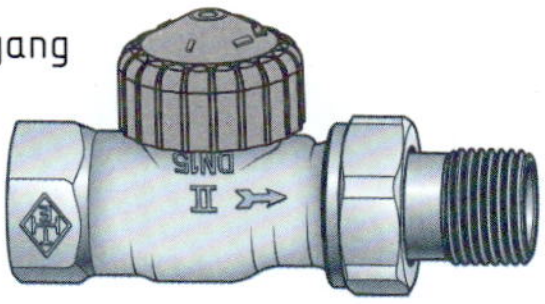

DT 10 (3/8") DT 25 (1")
DT 15 (1/2") DT 32 (1 1/4")
DT 20 (3/4")

Axial

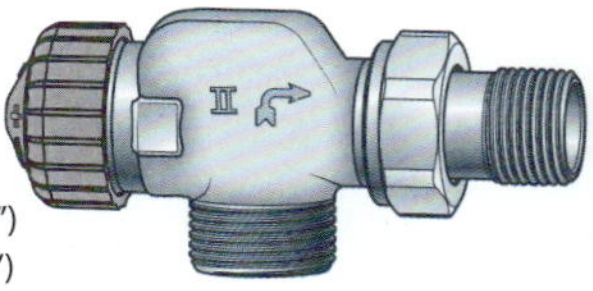

AT 10 (3/8")
AT 15 (1/2")

Winkeleck

WET 10 (3/8")
WET 15 (1/2")

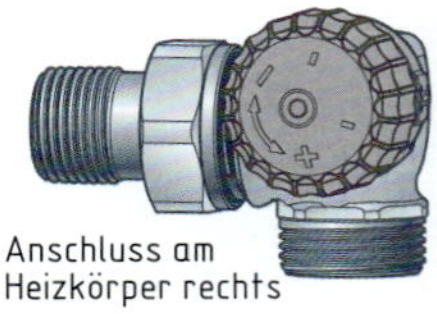

Anschluss am Heizkörper rechts

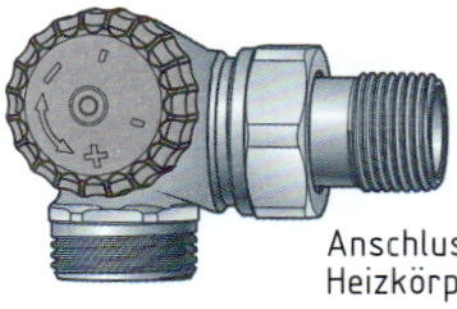

Anschluss am Heizkörper links

Eck

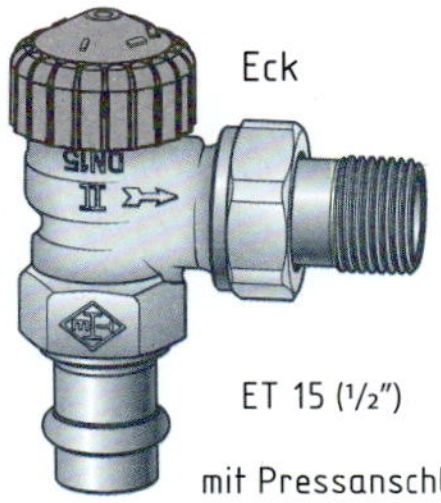

ET 15 (1/2")

mit Pressanschluss 15 mm

Durchgang

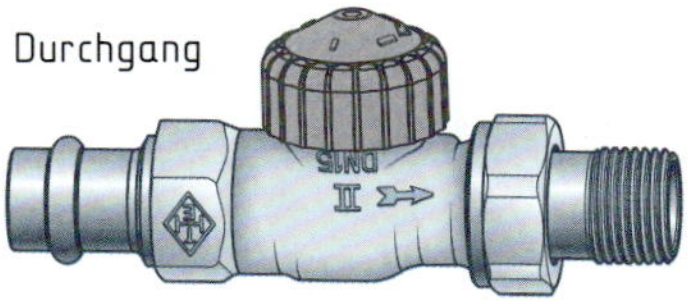

DT 15 (1/2")

mit Pressanschluss 15 mm

Bezeichnung

Thermostat-Ventilunterteile ET

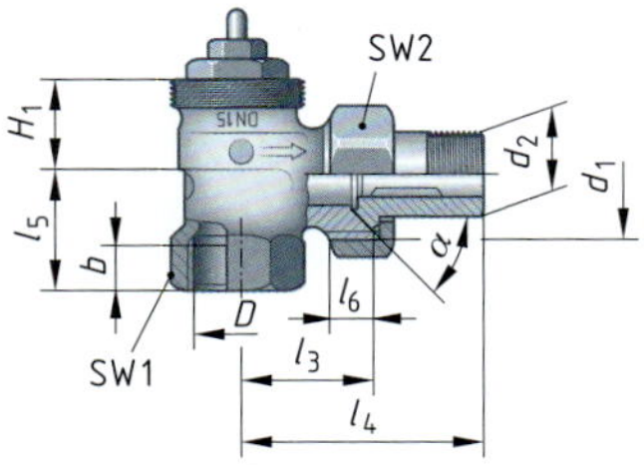

Thermostat-Ventilunterteile DT

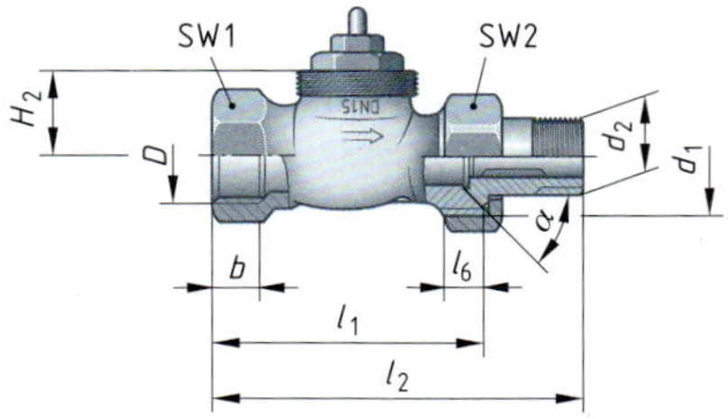

Thermostat-Ventilunterteile AT

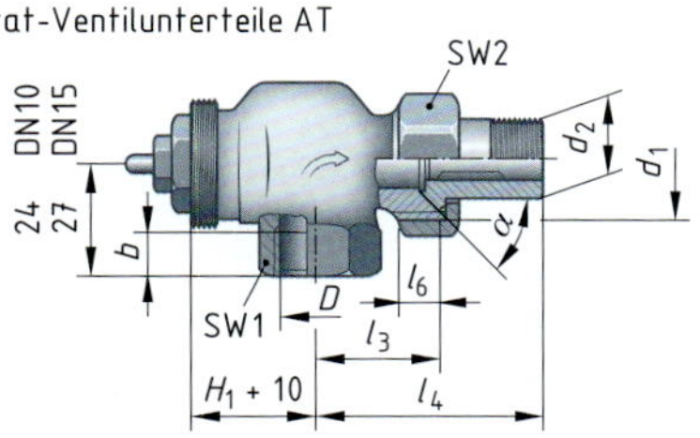

Thermostat-Ventilunterteile WET

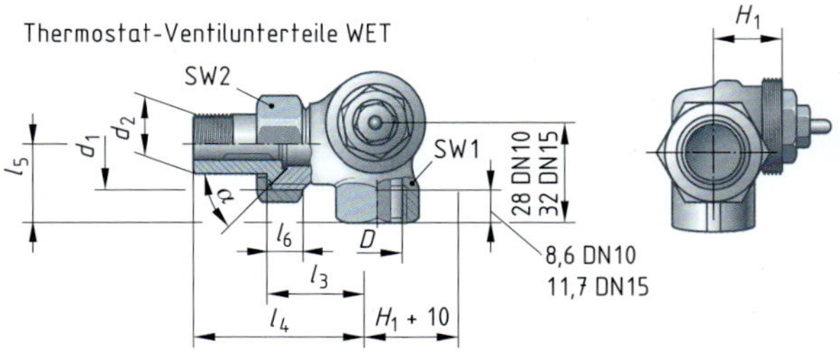

Thermostat-Ventilunterteile

DN	*D*	*b* min.	d_1	d_2	$l_1 \pm 2$	$l_2 \pm 2$	$l_3 \pm 1$	l_{4-} ± 1,5	l_{5-} ± 1,5	l_6 min	$\alpha \pm 10°$	Schlüsselweite SW1	SW2	H_1 −0,5	H_2 −0,5
10	Rp 3/8	10,1	G 5/6	R 3/8	59	85	26	52	22	6	70°	22	27	21,5	21,5
15	Rp 1/2	13,2	G 3/4	R 1/2	66	95	29	58	26	7		27	30	21,5	21,5
20	Rp 3/4	14,5	G 1	R 3/4	74	106	34	66	29	8		32	37	21,5	23,5
25	Rp 1	17	G 1 1/4	R 1	84	118	40	75	32,5	9		41	47	23	30,5
32	Rp 1 1/2	21	G 1 1/2	R 1 1/4	95	135	46	85	39	10		49	52	23	30,5

Baumaße

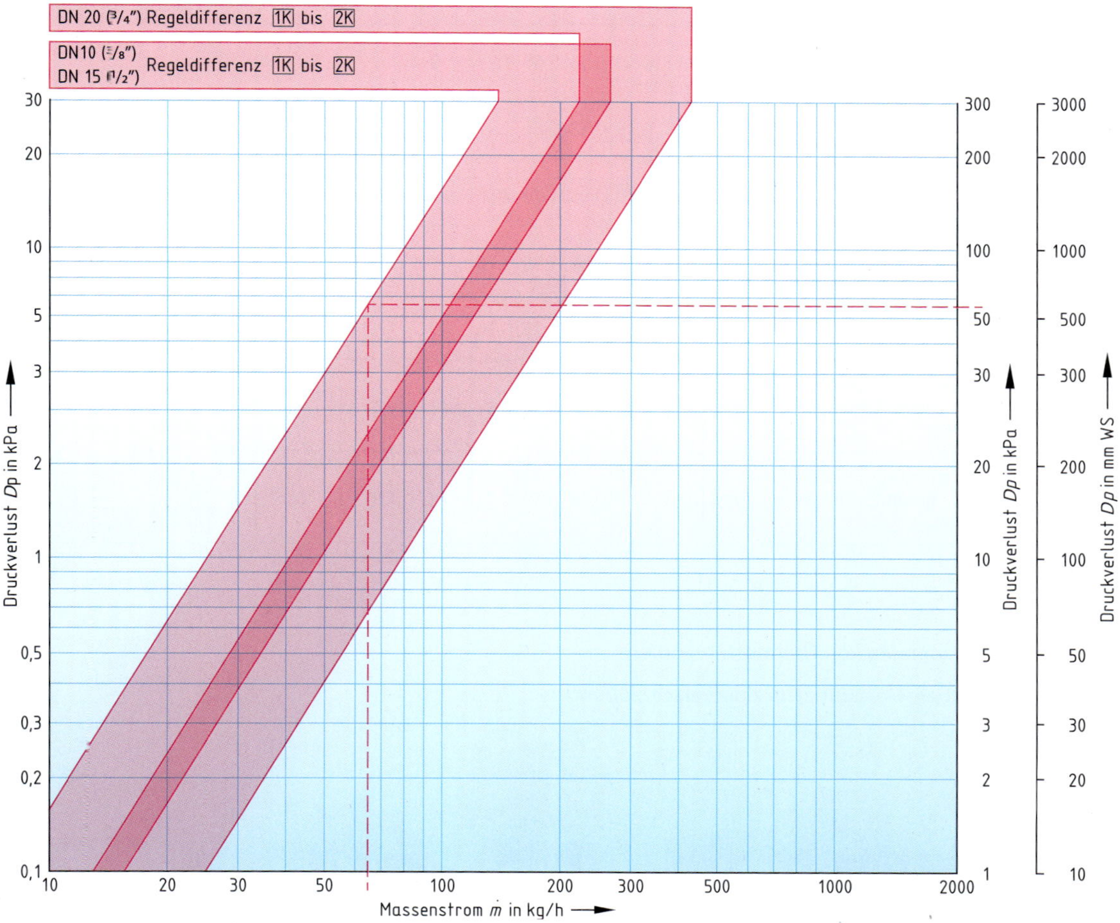

Thermostat-Ventilunterteile
Technische Daten
Standard

Ventilunterteil mit Thermostat-Kopf		k_v-Wert in m³/h					k_{vs}–Wert in m³/h		Zulässige Betriebstemperatur	Zulässiger Betriebsüberdruck	Zulässiger Differenzdruck, bei dem das Ventil noch geschlossen wird Δp (bar)		
		Regeldifferenz K					ET DT AT	WET	TB [2] in °C	PB in bar	Th-Kopf	EMO T/NC EMOtec/NC EMO 1/3 EMO OBB LON	EMO T/NO EMOtec/NO
		1,0	1,5	2,0	2,5	3,0							
DN 10 (3/8″)[1]	ET (Eck.) WET (Winkeleck) DT (Durchg.) AT (Axial)	0,25	0,37	0,49	0,58	0,66	1,25	1,10	120	10	1,00	3,50	3,50
DN 15 (1/2″)[1]	ET (Eck.) WET (Winkeleck) DT (Durchg.) AT (Axial)	0,25	0,37	0,49	0,58	0,66	1,35	1,15					
DN 20 (3/4″)	ET (Eck.) DT (Durchg.)	0,40	0,60	0,79	0,98	1,26	2,50		120	10	1,00	2,00	3,50
DN 25 (1″)	ET (Eck.) DT (Durchg.)	0,70	1,04	1,35	1,65	1,90	5,70		120	10	0,25	0,80	1,60
DN 32 (1 1/4″)	ET (Eck.) DT (Durchg.)	0,80	1,10	1,60	2,00	2,35	6,70		120	10	0,25	0,50	1,00
DN 10 (3/8″)	Daten mit kvs-Blende für mit [1] gekennzeichnete Ventile	0,22	0,29	0,33	0,36	0,38	0,41	0,41	120	10	1,00	3,50	3,50
DN 15 (1/2″)	Daten mit kvs-Blende für mit [1] gekennzeichnete Ventile	0,25	0,37	0,47	0,54	0,59	0,73	0,73	120	10			

[2] mit Bauschutzkappe oder Stellantrieb 100 °C, mit Verkleidung 90 °C, mit Pressanschluss 110 °C.
Technische Daten/Diagramm DN 10/DN 15 gelten auch für Thermostat-Ventilunterteile für umgekehrte Flussrichtung.
k_{VS}-Blenden Seite 24.

Druckverlustbestimmung von Thermostatventilen

8.4.3.4 Regulierbare Heizkörperrücklaufverschraubung

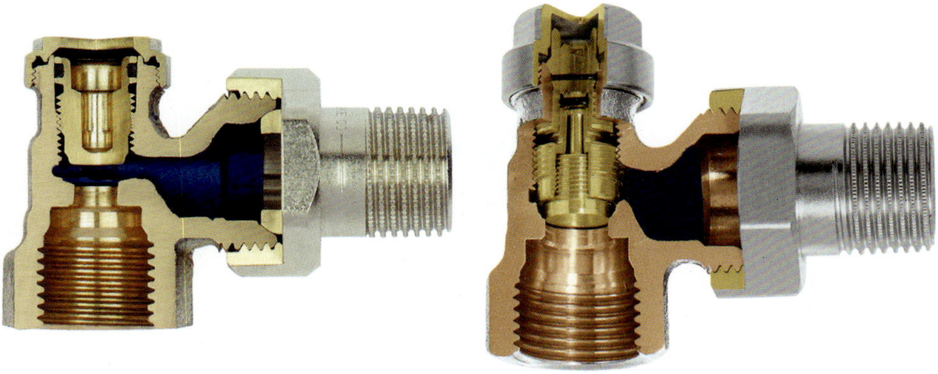

Aufbau (links regulierbar; rechts voreinstellbar, mit Entleerung)

Bauform	DN	k_{VS}-Wert in m³/h
Eck 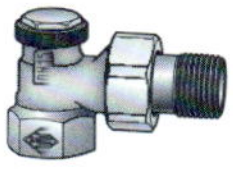	EAR 10 (⅜″) EAR 15 (½″) EAR 20 (¾″)	1,68 1,74 1,93
Durchgang 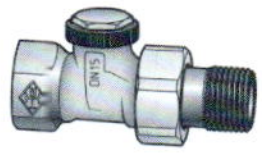	DAR 10 (⅜″) DAR 15 (½″) DAR 20 (¾″)	1,68 1,74 1,93
Durchgang 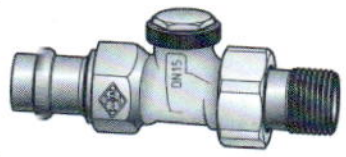 mit Press-anschluss 15 mm	DAR 15 (½″)	1,74
Eck 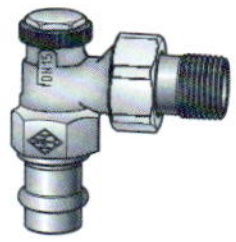 mit Press-anschluss 15 mm	EAR 15 (½″)	1,74

Bezeichnung

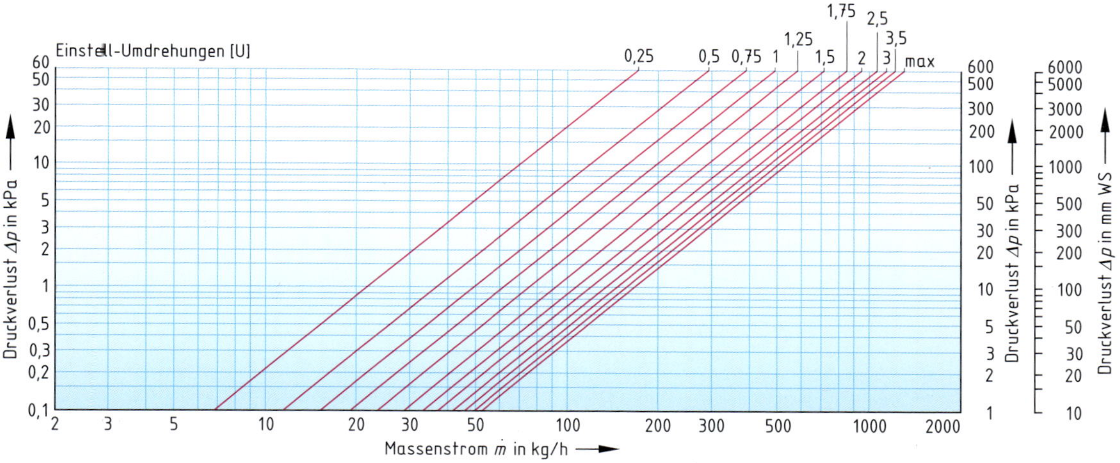

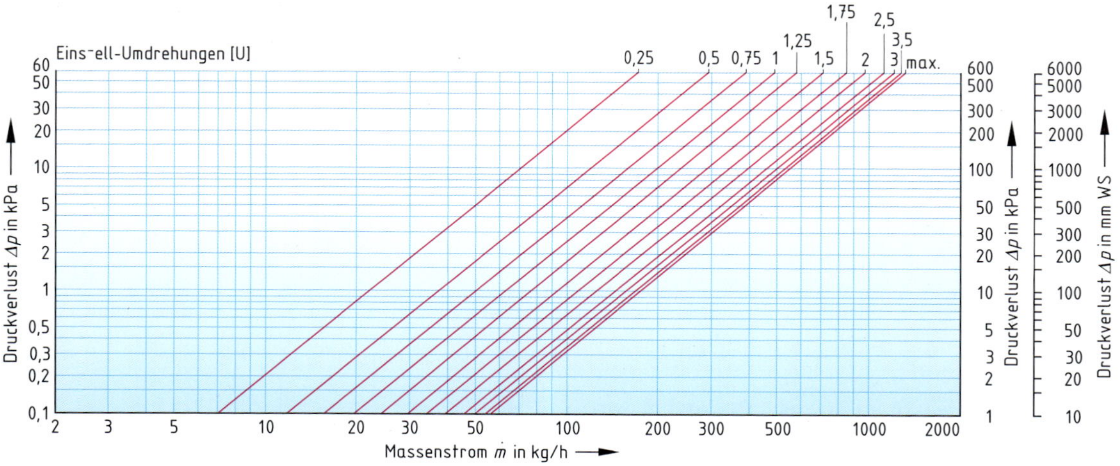

Druckverlustbestimmung regulierbarer Heizkörperrücklaufverschraubungen

Verschraubung	k_V-Wert in m³/h								k_{VS}-Wert in m³/h	ζ-Wert (offen)	Zulässige Betriebstemperatur T_B in °C	Zulässiger Betriebsüberdruck p_B in bar
	Einstell-Umdrehungen [U]											
	0,25	0,5	1	1,5	2	2,5	3	3,5				
DN 10 (⅜″) EAR, DAR	0,22	0,37	0,62	0,92	1,19	1,36	1,47	1,58	1,68	13,8		
DN 15 (½″) EAR, DAR	0,22	0,37	0,62	0,92	1,22	1,42	1,57	1,68	1,74	34,6	120	10
DN 20 (¾″) EAR, DAR	0,22	0,37	0,62	0,92	1,27	1,55	1,72	1,85	1,93	93,2		

*) bezogen auf Gewinderohr nach DIN DIN EN 10255

Eckform

Mit Innengewinde

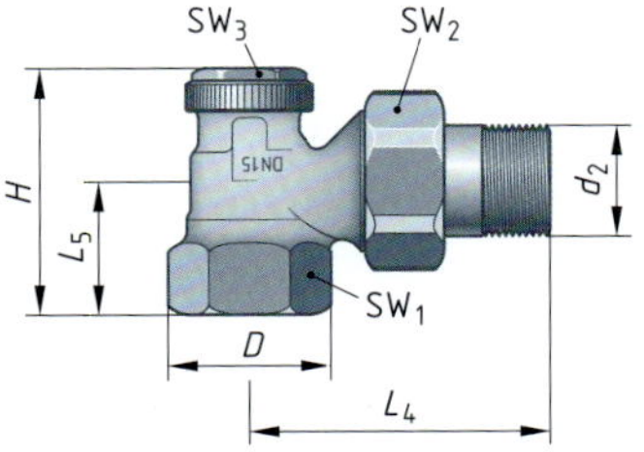

Durchgangsform

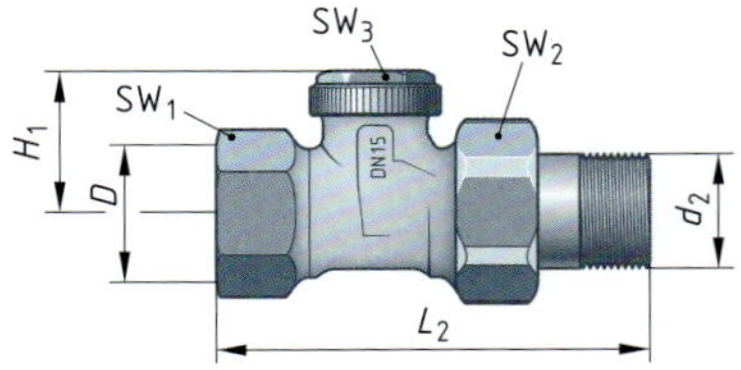

Mit Außengewinde

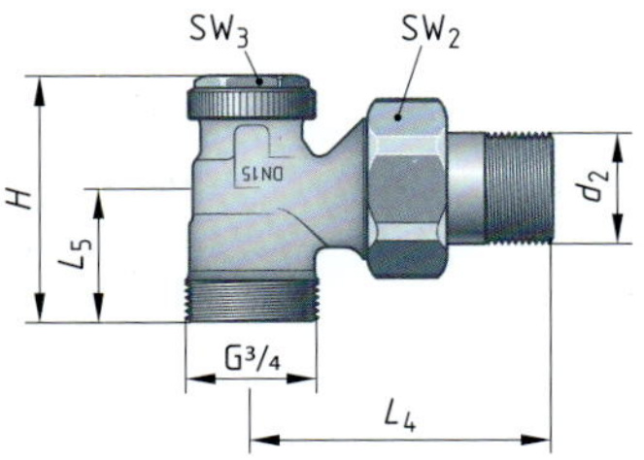

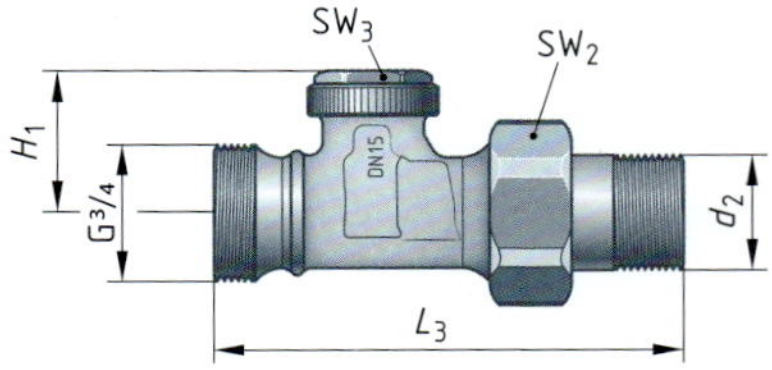

Mit Press-Anschluss

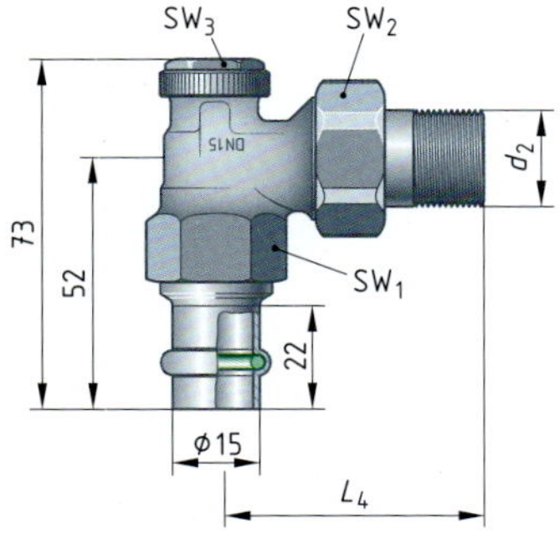

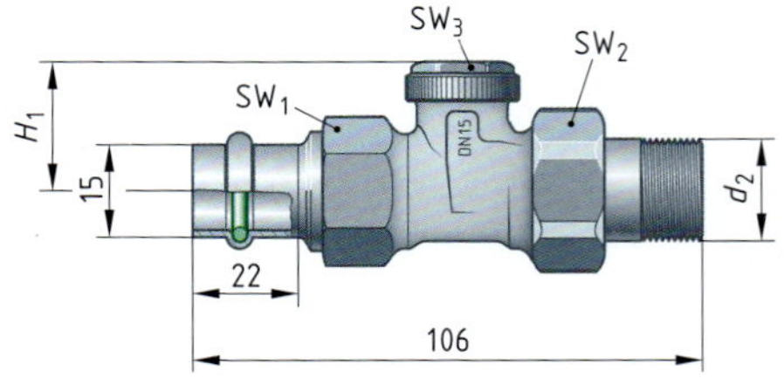

DN	D	d_2	L_2	L_3	L_4	L_5	H	H_1	Schlüsselweite		
									SW_1	SW_2	SW_3
10	Rp ⅜	R ⅜	75		52	22	43	26	22	27	19
15	Rp ½	R ½	80	88	58	26	47	26	27	30	19
20	Rp ¾	R ¾	90,5		65,5	28,5	49,5	26	32	37	19

8.4.3.5 Strangregulierventile

Einstellung des geplanten Druckverlustes:

1. Ventil ganz schließen
2. Ventil bis zur gewünschten Stellung (hier 2.3) öffnen
3. Mit einem Innensechskant die Innenspindel im Uhrzeigersinn bis zum Anschlag drehen
4. Voreinstellung erfolgt

Ventil geschlossen	Gewünschte Voreinstellung 2.3	Ventil voll geöffnet

Ventileinstellung (Beispiel):	$k_V = 10 \frac{\dot{V}}{\sqrt{\Delta p}}$	$\dot{V}$ in m³/h Δp in kPa

- geplanter Druckverlust im Strang $\Delta p = 10$ kPa
- geplanter Heizwasservolumenstrom $\dot{V} = 1{,}6$ m³/h
- $k_V = 5.06$
- Ventileinstellung 2.3 für ein Ventil DN25

Baumaße

Anzahl Umdr.	DN 10/09	DN 15/14	DN 20	DN 25	DN 32	DN 40	DN 50
0,5		0,127	0,511	0,60	1,14	1,75	2,56
1	0,090	0,212	0,757	1,03	1,90	3,30	4,20
1,5	0,137	0,314	1,19	2,10	3,10	4,60	7,20
2	0,260	0,571	1,90	3,62	4,66	6,10	11,7
2,5	0,480	0,877	2,80	5,30	7,10	8,80	16,2
3	0,826	1,38	3,87	6,90	9,50	12,6	21,5
3,5	1,26	1,98	4,75	8,00	11,8	16,0	26,5
4	1,47	2,52	5,70	8,70	14,2	19,2	33,0

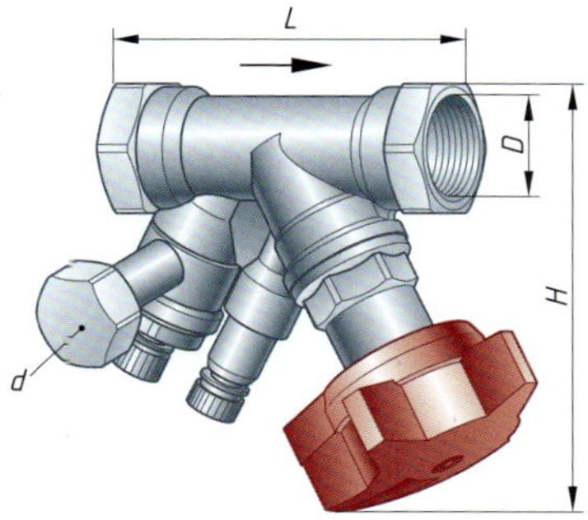

DN	*D*	*L*	*H*	k_{VS}
10	G ⅜	83	100	1,47
15	G ½	90	100	2,52
20	G ¾	97	100	5,70
25	G 1	110	105	8,70
32	G 1 ¼	124	110	14,2
40	G 1 ½	130	120	19,2
50	G 2	155	120	33,0
***d* = G ½**				

8.4.3.6 Mischer

4-Wege-Mischer *4-way mixers*

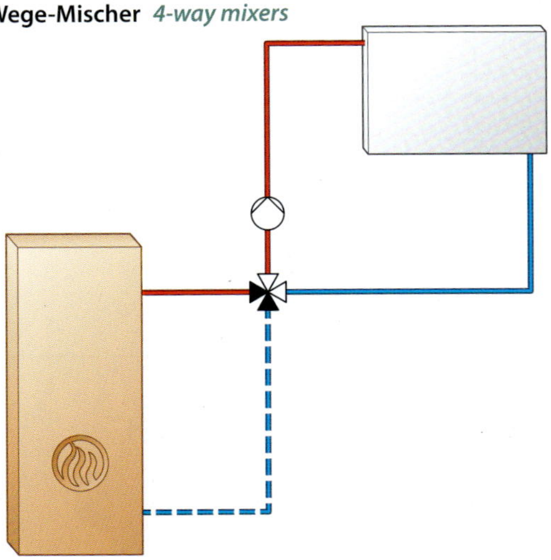

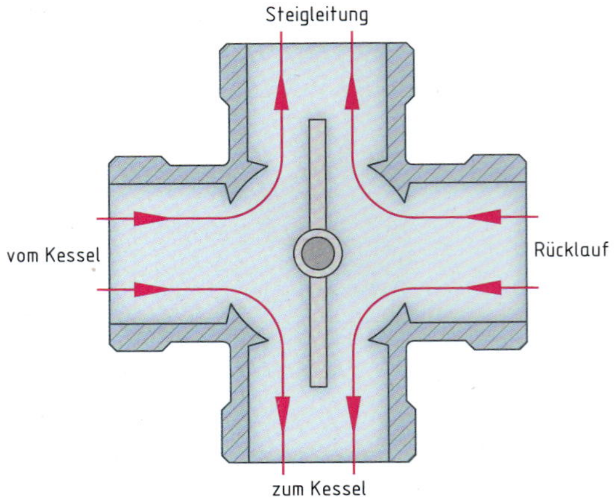

Aufbau und Anwendung

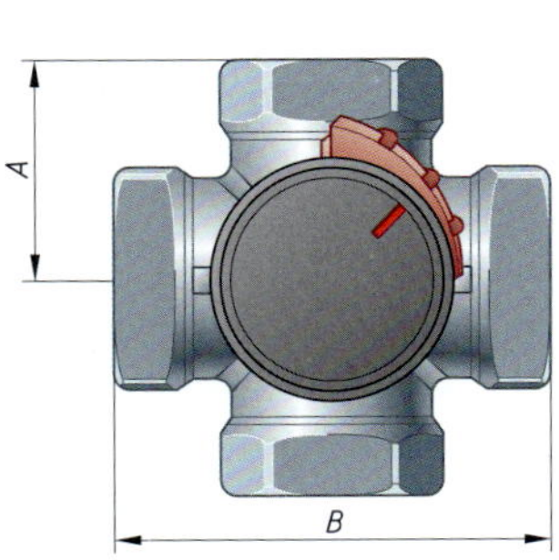

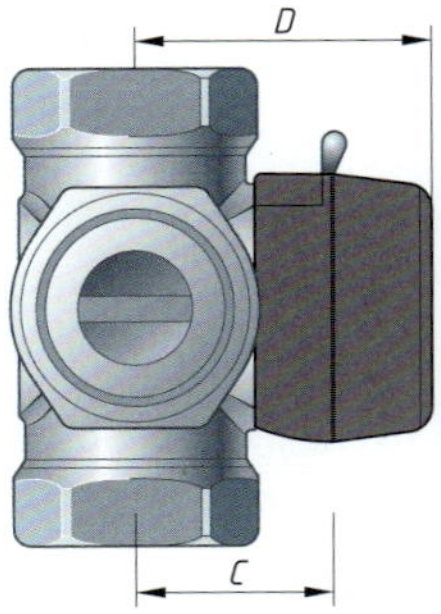

DN	k_{VS}	Anschluss	A	B	C	D	Masse kg
15	2,5	Rp ½″	36	72	32	50	0,40
20	4	Rp ¾″	36	72	32	50	0,52
	6,3						
25	10	Rp 1″	41	82	34	52	0,80

Baumaße

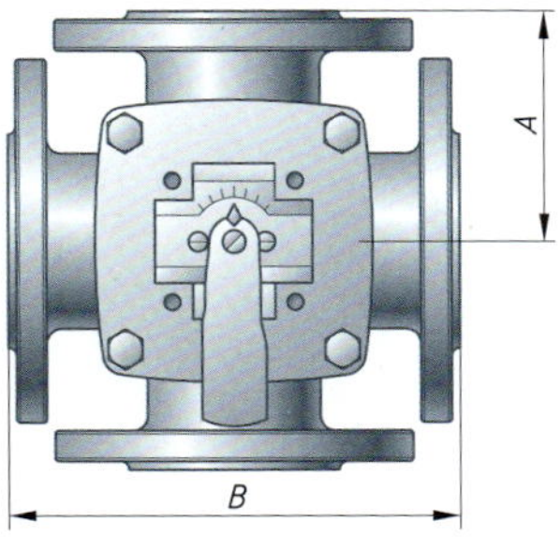

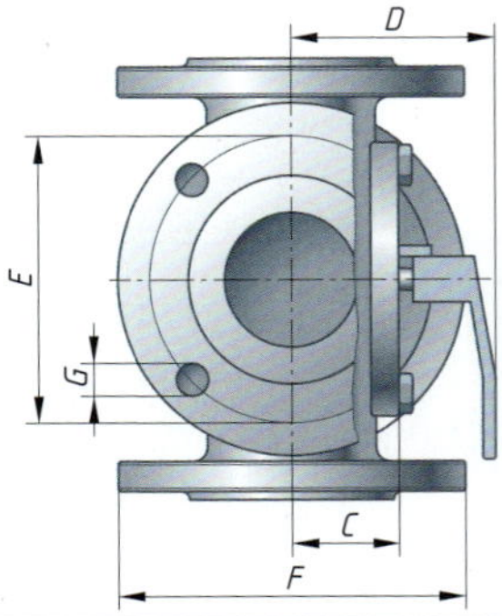

DN	k_{VS}	A	B	C	D	E	F	G	Masse kg
32	28	80	160	40	82	90	120	4 × 15	7,0
40	44	88	175	40	82	100	130	4 × 15	8,2
50	60	98	195	50	92	110	140	4 × 15	11,0
65	90	100	200	50	92	130	160	4 × 15	12,2
80	150	120	240	65	108	150	190	4 × 18	20,0
100	225	132	265	81	124	170	210	4 × 18	25,0
125	280	150	300	81	124	200	240	8 × 18	35,0
150	400	175	350	89	131	225	265	8 × 18	45,0

Baumaße

3-Wege-Mischer *3-way mixers*

Aufbau und Anwendung

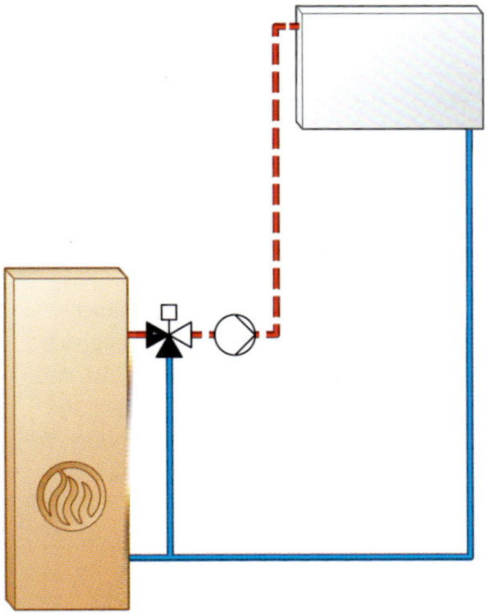

Mischen

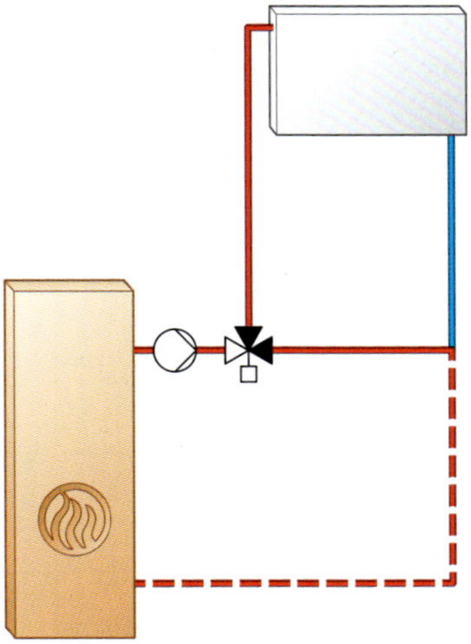

Umleiten

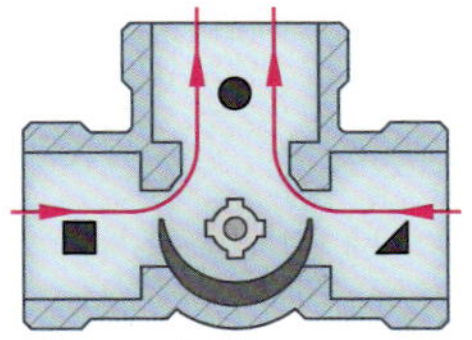

Mischen

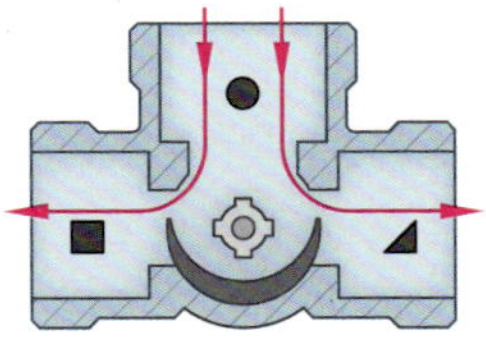

Umleiten

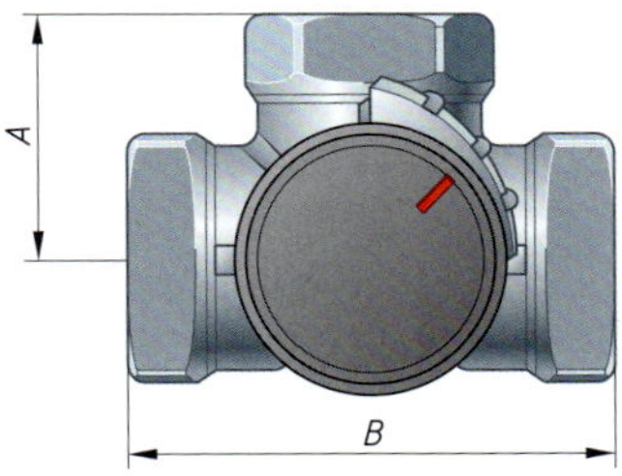

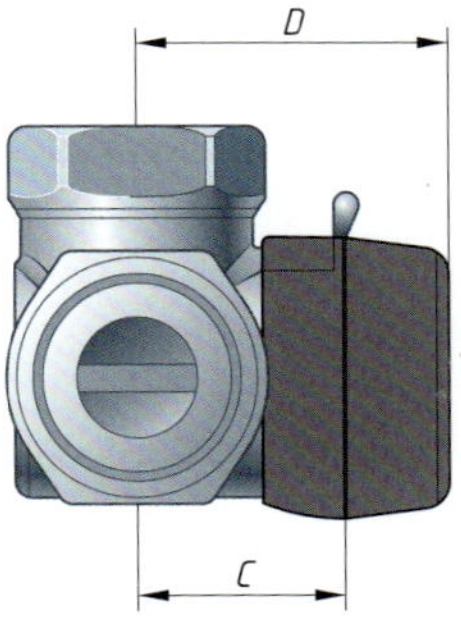

DN	k_{VS} □ · △	k_{VS} □ · ○	Anschluss	A	B	C	D	Masse in kg
20	13	8	Rp ¾″	36	72	32	50	0,43
25	17	10	Rp 1″	41	82	34	52	0,70
32	32	20	Rp 1 ¼″	47	94	37	55	0,95

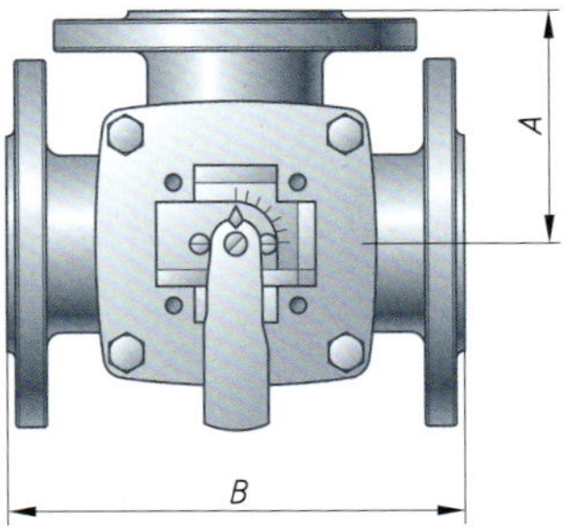

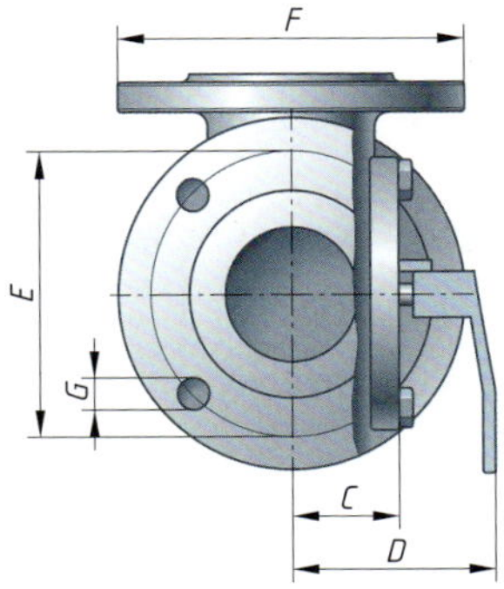

Baumaße 3-Wege-Mischer

DN	k_{VS}	A	B	C	D	E	F	G	Masse in kg
20	12	70	140	40	82	65	90	4 × 11,5	3,5
25	18	75	150	40	82	75	100	4 × 11,5	4,0
32	28	80	160	40	82	90	120	4 × 15	5,9
40	44	88	175	40	82	100	130	4 × 15	6,8
50	60	98	195	50	92	110	140	4 × 15	9,1
65	90	100	200	52	95	130	160	4 × 15	10,0

8.4.4 Rohrnetzberechnung und hydraulischer Abgleich nach DIN EN 14336 : 2005-01

▶ siehe Kap_8.pdf

Formblatt zur Rohrnetzberechnung

Rohrnetzberechnung für Anlage ______________________________
(Name) (Straße) (Ort)

Bearbeiter: ____________________ Datum: ________________ Blatt: ____________

Aus den Planungsunterlagen					**Druckverlust Rohrnetz**					**Druckverlust Stromkreis in Pa**	
1	2	3	4	5	6	7	8	9	10	11	12
Teil-strecke	Wärme-strom $\dot{Q}$	Heiz-wasser-massen-strom $\dot{m}$	Teil-strecken-länge L VL + RL	Rohrdurch-messer	R	$\boldsymbol{L \cdot R}$	v	$\Sigma\zeta$	$\boldsymbol{Z}$	$\boldsymbol{\Delta p_{ges} = \Sigma(l \cdot R + Z)}$ + evtl. Vorverbrauch + Δp Einbauten (Kess., Hkp., Würmez. u. a.) + Δp Thermost. Ventil + Δp Verschraubung	**Druck-abgleich** (z. B. Ver-schrau-bung, Ven-til u. a.)
Nr.	W	kg/h	m	DN oder d_a	Pa/m	Pa	m/s	–	Pa		
1											
2											
3											
4											

Der hydraulische Abgleich hat das Ziel, jedem Heizkörper die zur notwendigen Wärmeabgabe erforderliche Heizwassermenge bereitzustellen. Eine weitgehende Unabhängigkeit von den Verhältnissen in anderen Heizkörpern und Verteilleitungen bzw. dem wechselnden Bedarf der Nutzer ist dabei sicherzustellen.

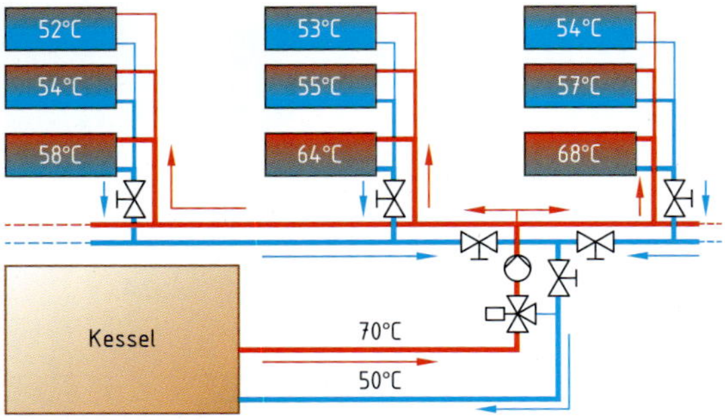

Nicht abgeglichenes System:
Fließgeräusche, hoher Pumpenstromverbrauch, Heizkörper werden nicht richtig warm.

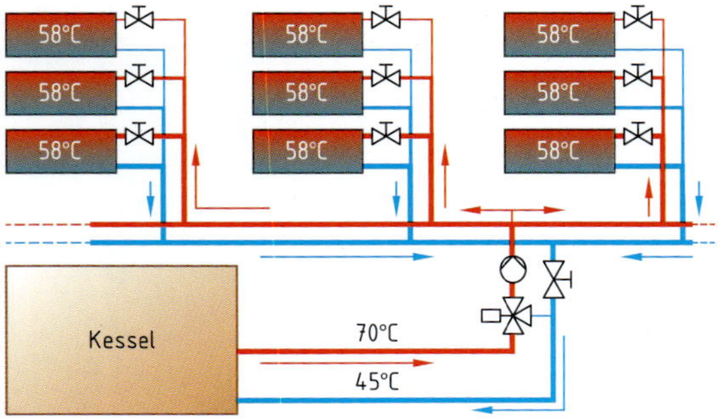

Abgeglichenes System:
Voraussetzung für einen ordentlichen hydraulischen Abgleich ist ein richtig dimensioniertes Rohrnetz, eine optimal dimensionierte Pumpe, die richtige Auswahl von voreinstellbaren Thermostatventilen und/oder absperrbaren Rücklaufverschraubungen.

… bei Neuanlage

Ermittlung des Wärmebedarfs

↓

Festlegung der Temperaturspreizung

↓

Auslegung der Heizflächen und des Volumenstroms nach dem errechneten Wärmebedarf

↓

Dimensionierung des Rohrnetzes mit $\Delta p = 20 \ldots 100$ pa/m

↓

Voreinstellungen mittels $\dot{V}$ und Δp festlegen. Planungswerte sollten zwischen 30 und 100 mbar liegen

↓

Rohrnetz optimiert, um den Pumpendruck möglichst unter dem maximalen Differenzdruck für Thermostatventile (100…200 mbar) zu halten

↓

Anordnung von dezentralen Differenzdruckreglern, sofern der Pumpen-Differenzdruck über dem max. Differenzdruck der TH-Ventile liegt

↓

Auswahl von drehzahlregelbaren Pumpen mit flachen Kennlinien für den Normalgebäudewärmebedarf, die bei Volumenstromänderung die Förderhöhen nur geringfügig ändern

↓

Voreinstellungen der Thermostatventile bzw. Rücklaufverschraubungen (RLV)

… bei Altanlage

Ermittlung des Wärmebedarfs

↓

Ermittlung der Temperaturspreizung

↓

Überprüfung der Heizflächen

↓

Ermittlung des Heizmittelvolumenstroms über

- vorhandene Wärmemengenzähler
- Umwälzpumpen mit entsprechender Anzeige

- Berechnungen

↓

Überprüfung des Rohrnetzes zur Ermittlung der Rohrreibungsverluste

↓

Berücksichtigung der Druckverluste von z. B.
- Ventilen
- Regelarmaturen
- Wärmemengenzähler
- Mischen

↓

Überprüfung und ggf. Anpassung der installierten Pumpenleistung hinsichtlich
- des Volumenstromes
- des Pumpendruckes

↓

Voreinstellungen der Thermostatventile bzw. Rücklaufverschraubungen (RLV)

8.4.5 Umwälzpumpen *circulation pumps*

Modellgesetze bei Drehzahländerung

Umwälzpumpen Forderung nach GEG		In Zentralheizungsanlagen ab 25 kW Nennleistung sind elektronische, selbstregulierende Pumpen einzubauen.
1. Modellgesetz $\frac{\dot{V}_1}{\dot{V}_2} = \frac{n_1}{n_2}$	$\dot{V}$: Fördervolumenstrom der Pumpe in m³/h n: Drehzahl der Pumpe in 1/min	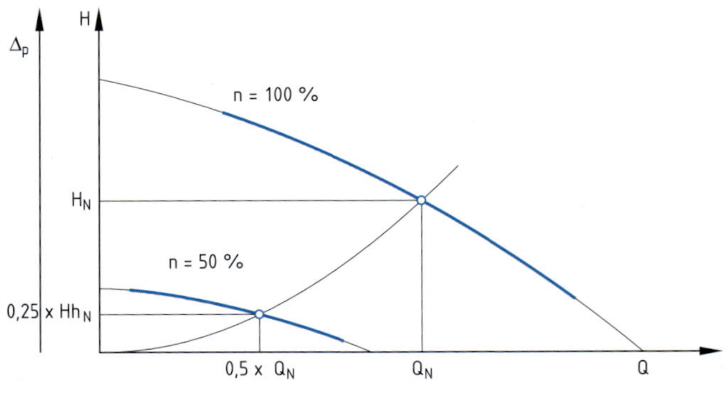
2. Modellgesetz $\frac{h_1}{h_2} = \left(\frac{n_1}{n_2}\right)^2$ $\frac{P_1}{P_2} = \left(\frac{n_1}{n_2}\right)^2$	h: Förderhöhe der Pumpe in m oder p Pumpendruck in bar, mbar	
3. Modellgesetz $\frac{P_1}{P_2} = \left(\frac{n_1}{n_2}\right)^3$	P: Leistungsbedarf der Pumpe in W	

Pumpendruck Δp in mbar (1 m= 100 mbar, 2 m = 200 mbar usw)

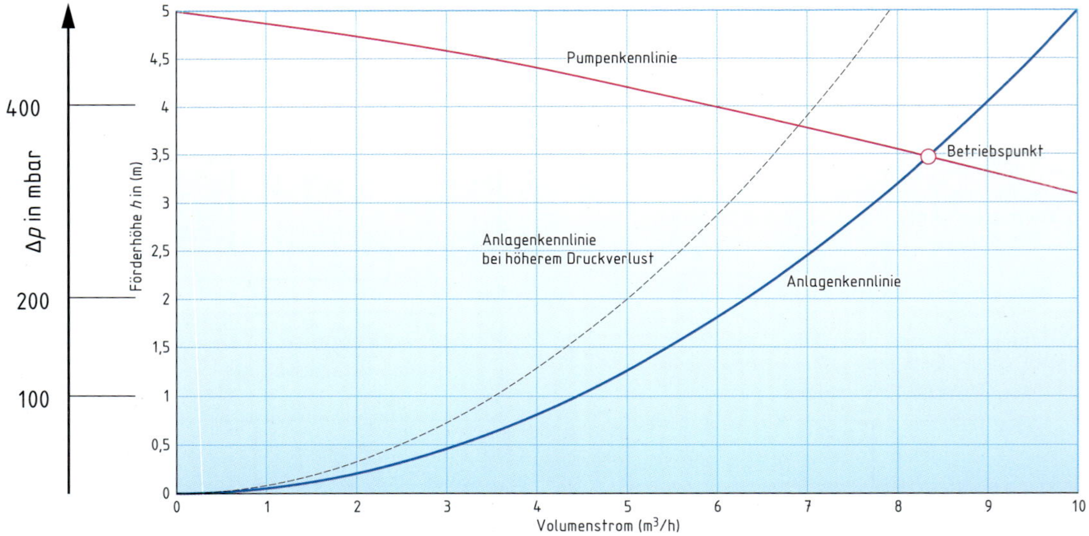

Bestimmung der Anlagenwiderstandskonstante

$$X = \frac{\Delta p}{\dot{V}^2}$$

X: Anlagenwiderstandskonstante in bar/(m³/h)²
Δp: Druckverlust in bar
$\dot{V}$: Durchflussmenge in m³/h

Die Anlagenkennlinie bestimmt sich aus der Widerstandsberechnung für Rohrleitungen.

Betriebspunkt

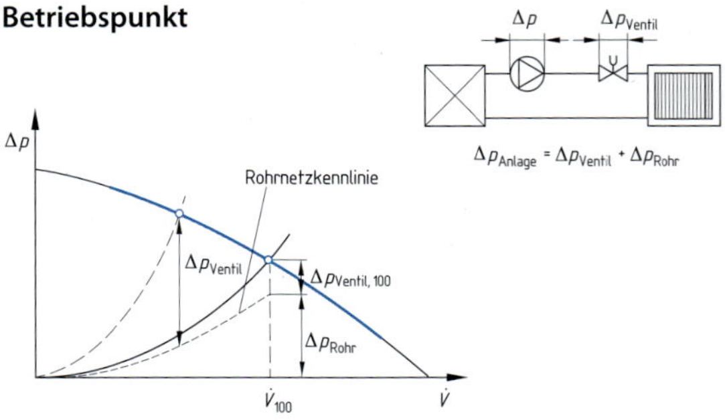

Änderung der Anlagenkennlinie durch Differenzdruckänderung am Thermostatventil

Δp_{V100}: Druckverluste (Förderhöhe) bei 100 % Ventilöffnung
$\dot{V}_N$: Nennvolumenstrom bei 100 % Wärmeleistung

Empfohlene Einbaulagen von Heizungsumwälzpumpen

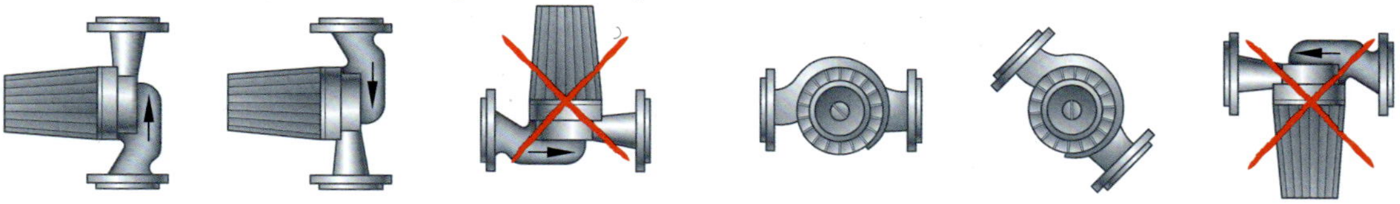

Elektronische Umwälzpumpe

Typenschlüssel

Beispiel:	**Stratos PICO 30/1-4**
Stratos	Hocheffizienzpumpe
PICO	(Verschraubungspumpe), elektronisch geregelt
30/	Anschluss-Nennweite
1–4	Nennförderhöhenbereich in m
130	Baulänge
RG	Rotgussgehäuse

Ausstattung/Funktion

Betriebsarten

- Δp–c für konstanten Differenzdruck
- Δp–v für variablen Differenzdruck

Gesamtkennlinienfeld

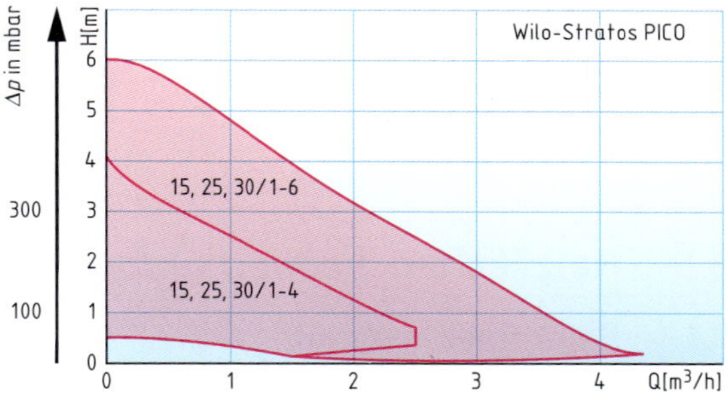

Kennlinien Δp–c

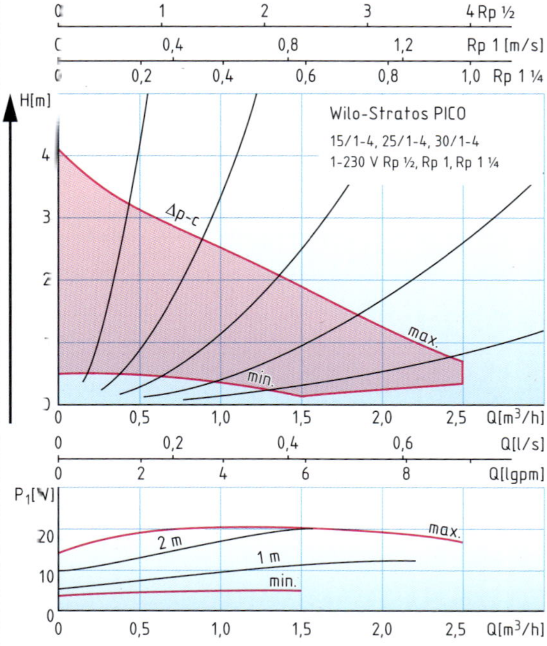

Kennlinien Δp–v

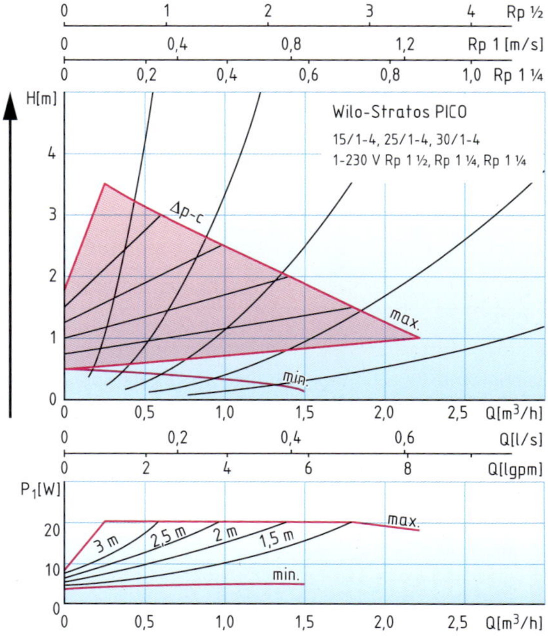

Stratos PICO Maßzeichnung und technische Daten (Herstellerangaben)

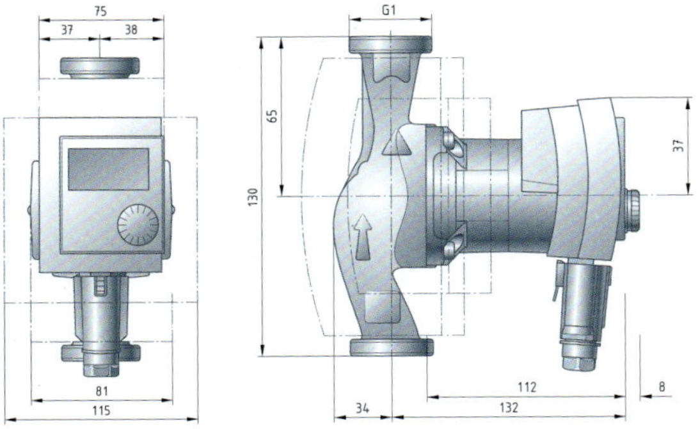

Typ	Förderstrom max. $\dot{V}_{max}$ in m³/h	Förder-höhe max. H_{max} in m	Rohrver-schrau-bung	Nenndruck p_N in bar	Baulänge l_0 in mm	Netzanschluss	Masse brutto m in kg
Stratos PICO 15/1-4	3	4	G ½	10	130	1 ~ 230 V, 50/60 Hz	1,8
Stratos PICO 15/1-6	4	6	G ½	10	130	1 ~ 230 V, 50/60 Hz	1,8
Stratos PICO 25/1-4	3	4	G 1	10	180	1 ~ 230 V, 50/60 Hz	2,3
Stratos PICO 25/1-4-130	3	4	G 1	10	130	1 ~ 230 V, 50/60 Hz	1,9
Stratos PICO 25/1-6	4	6	G 1	10	180	1 ~ 230 V, 50/60 Hz	2,2
Stratos PICO 25/1-6-130	4	6	G 1	10	130	1 ~ 230 V, 50/60 Hz	1,9
Stratos PICO 25/1-6-RG	4	6	G 1	10	180	1 ~ 230 V, 50/60 Hz	2,5
Stratos PICO 30/1-4	3	4	G 1 ¼	10	180	1 ~ 230 V, 50/60 Hz	2,2
Stratos PICO 30/1-6	4	6	G 1 ¼	10	180	1 ~ 230 V, 50/60 Hz	2,2

8.5 Heizflächen *heating surfaces*

8.5.1 Heizkörper *radiators*

Norm-Wärmeleistung	Mittlere logarithmische Übertemperatur
Die Norm-Wärmeleistung eines Heizkörpers wird nach EN 442 bei den Norm-Betriebstemperaturen 75/65/20 °C ermittelt. Die Umrechnung der Wärmeleistung auf andere Systemtemperaturen erfolgt auf Basis der Norm-Wärmeleistung nach EN 12831. Hinweis: In Herstellerunterlagen wird häufig *T* statt θ verwendet.	$\Delta\theta_m = \dfrac{\theta_V - \theta_R}{\ln\dfrac{\theta_V - \theta_L}{\theta_R - \theta_L}}$

$\Delta\theta$	mittlere logarithmische Übertemperatur	in K (für Normbedingungen 75/65/20 °C) $\Delta T_{m,n} = 49{,}83$ K
θ_V	Vorlauftemperatur	in °C
θ_R	Rücklauftemperatur	in °C
θ_L	Raumlufttemperatur	in °C
vereinfachte Berechnung: arithmetische Übertemperatur $\Delta\theta = \dfrac{\theta_V + \theta_R}{2} - \theta_L$ (für Normbedingungen 75/65/20 °C: $\Delta\theta_n = 50$ K)		

Die Wärmeleistung von Wärmeübertragern für andere Übertemperaturen ΔT als die Normübertemperatur $\Delta\theta_n = 50$ K wird mit folgender Gleichung bestimmt:

$$\Phi = \Phi_S \cdot \left(\frac{\dfrac{\theta_V - \theta_R}{\ln\dfrac{\theta_V - \theta_L}{\theta_R - \theta_L}}}{\Delta\theta_n} \right)^n$$

Φ, $\dot{Q}$	Wärmeleistung vom Wärmeübertrager bei beliebiger Übertemperatur	in W
Φ_S	Wärmeleistung vom Wärmeübertrager bei Normübertemperatur	in W
n	Heizflächenexponent	(–)
zur einfachen Berechnung $\Delta\theta_n = 50$ K		

θ_V	Vorlauftemperatur	60 °C
θ_R	Rücklauftemperatur	40 °C
θ_L	Raumlufttemperatur	24 °C
n	Heizflächenexponent	1,3

Beispiel für die Berechnung der Wärmeleistung Φ:
$\Phi_S = 1024$ W

$$\Delta\theta = \frac{60\ °C - 40\ °C}{\ln\left(\frac{60\ °C - 24\ °C}{40\ °C - 24\ °C}\right)} = 24{,}7\ K$$

$$\Phi = 1\,024\ W\left(\frac{24{,}7\ K}{50\ K}\right)^{1{,}30} = 1\,024\ W \cdot 0{,}40 = 409\ W$$

Verschiedene Heizflächenexponenten:
- Flachheizkörper: $n = 1{,}26 \ldots 1{,}33$
- Handtuchradiatoren: $n = 1{,}20 \ldots 1{,}30$
- Heizkörper nach DIN 4703: $n = 1{,}30$
- Konvektoren: $n = 1{,}30 \ldots 1{,}50$

Umrechnung der Norm-Wärmeleistung auf abweichende Systemtemperaturen mit Hilfe des Umrechnungsfaktors f aus der Tabelle auf Seite 578.

t_2		Rücklauftemperatur t_2 in °C																			
		60					55					50					45				
		Heizkörperexponent n																			
t_1 (Vorlauftemperatur t_1 in °C)	t_r (Lufttemperatur t_r in °C)	1,20	1,25	1,30	1,35	1,40	1,20	1,25	1,30	1,35	1,40	1,20	1,25	1,30	1,35	1,40	1,20	1,25	1,30	1,35	1,40
90	10	1,346	1,363	1,380	1,397	1,414	1,270	1,283	1,296	1,309	1,322	1,193	1,201	1,210	1,219	1,228	1,112	1,117	1,122	1,127	1,132
	15	1,218	1,228	1,238	1,248	1,259	1,142	1,149	1,155	1,162	1,168	1,064	1,067	1,070	1,073	1,075	0,983	0,982	0,981	0,981	0,980
	18	1,142	1,148	1,155	1,161	1,168	1,066	1,069	1,072	1,075	1,078	0,988	0,987	0,987	0,986	0,986	0,906	0,902	0,898	0,894	0,891
	20	1,092	1,096	1,100	1,104	1,108	1,016	1,017	1,017	1,018	1,019	0,937	0,935	0,932	0,930	0,927	0,854	0,849	0,843	0,838	0,832
	22	1,042	1,043	1,045	1,047	1,049	0,966	0,964	0,963	0,962	0,960	0,887	0,882	0,878	0,874	0,869	0,803	0,796	0,789	0,781	0,774
	24	0,992	0,992	0,991	0,991	0,991	0,916	0,913	0,909	0,906	0,903	0,836	0,830	0,824	0,818	0,812	0,752	0,743	0,734	0,726	0,717
85	10	1,291	1,305	1,319	1,333	1,347	1,218	1,228	1,238	1,248	1,259	1,142	1,149	1,155	1,162	1,168	1,064	1,067	1,070	1,073	1,075
	15	1,165	1,172	1,180	1,187	1,195	1,092	1,096	1,100	1,104	1,108	1,016	1,017	1,017	1,018	1,019	0,937	0,935	0,932	0,930	0,927
	18	1,090	1,094	1,098	1,102	1,105	1,017	1,017	1,018	1,019	1,020	0,941	0,939	0,936	0,934	0,931	0,862	0,856	0,851	0,846	0,840
	20	1,040	1,042	1,044	1,045	1,047	0,967	0,966	0,964	0,963	0,962	0,891	0,887	0,883	0,878	0,874	0,811	0,804	0,797	0,790	0,784
	22	0,991	0,991	0,990	0,990	0,989	0,918	0,915	0,911	0908	0,905	0,842	0,836	0,830	0,824	0,818	0,761	0,753	0,744	0,736	0,727
	24	0,942	0,940	0,937	0,935	0,933	0,869	0,864	0,859	0,854	0,849	0,792	0,785	0,777	0,770	0,762	0,711	0,701	0,691	0,682	0,672
80	10	1,236	1,247	1,258	1,269	1,280	1,165	1,172	1,180	1,187	1,195	1,092	1,096	1,100	1,104	1,108	1,016	1,017	1,017	1,018	1,019
	15	1,111	1,116	1,121	1,125	1,130	1,040	1,042	1,044	1,045	1,047	0,967	0,966	0,964	0,963	0,962	0,891	0,887	0,883	0,878	0,874
	18	1,037	1,038	1,040	1,041	1,043	0,966	0,965	0,964	0,962	0,961	0,893	0,889	0,885	0,881	0,877	0,817	0,810	0,803	0,797	0,790
	20	0,988	0,987	0,987	0,986	0,986	0,918	0,914	0,911	0,908	0,904	0,844	0,839	0,833	0,827	0,821	0,768	0,759	0,751	0,743	0,735
	22	0,939	0,937	0,934	0,932	0,930	0,869	0,864	0,859	0,854	0,849	0,796	0,788	0,781	0,773	0,766	0,719	0,709	0,699	0,690	0,680
	24	0,891	0,887	0,883	0,878	0,874	0,821	0,814	0,808	0,801	0,794	0,748	0,739	0,730	0,721	0,712	0,670	0,659	0,648	0,637	0,627
75	10	1,179	1,187	1,196	1,204	1,212	1,111	1,116	1,121	1,125	1,130	1,040	1,042	1,044	1,045	1,047	0,967	0,966	0,964	0,963	0,962
	15	1,056	1,058	1,061	1,063	1,066	0,988	0,987	0,987	0,986	0,986	0,918	0,914	0,911	0,908	0,904	0,844	0,839	0,833	0,827	0,821
	18	0,983	0,982	0,981	0,981	0,980	0,915	0,912	0,908	0,905	0,902	0,845	0,839	0,833	0,827	0,822	0,772	0,763	0,755	0,747	0,739
	20	0,935	0,932	0,929	0,927	0,924	0,867	0,862	0,857	0,852	0,847	0,797	0,789	0,782	0,775	0,767	0,723	0,714	0,704	0,695	0,685
	22	0,887	0,882	0,878	0,874	0,869	0,820	0,813	0,806	0,799	0,793	0,749	0,740	0,732	0,723	0,714	0,676	0,665	0,654	0,643	0,633
	24	0,839	0,833	0,827	0,821	0,815	0,772	0,764	0,756	0,748	0,7400	0,702	0,692	0,682	0,672	0,662	0,628	0,616	0,604	0,592	0,581
70	10	1,122	1,127	1,133	1,138	1,144	1,056	1,058	1,061	1,063	1,066	0,988	0,987	0,987	0,986	0,986	0,918	0,914	0,911	0,908	0,904
	15	1,000	1,000	1,000	1,000	1,000	0,935	0,932	0,939	0,927	0,924	0,867	0,862	0,857	0,852	0,847	0,797	0,789	0,782	0,775	0,767
	18	0,928	0,925	0,922	0,919	0,917	0,863	0,858	0,853	0,847	0,842	0,796	0,788	0,781	0,773	0,766	0,726	0,716	0,707	0,697	0,688
	20	0,880	0,876	0,871	0,867	0,862	0,816	0,809	0,802	0,795	0,789	0,749	0,740	0,731	0,722	0,713	0,678	0,668	0,657	0,646	0,636
	22	0,833	0,827	0,821	0,815	0,808	0,769	0,761	0,752	0,744	0,736	0,702	0,692	0,682	0,672	0,662	0,632	0,6200	0,608	0,596	0,585
	24	0,787	0,779	0,771	0,763	0,756	0,723	0,713	0,703	0,694	0,684	0,656	0,644	0,633	0,622	0,611	0,585	0,572	0,560	0,547	0,535
65	10	1,064	1,066	1,069	1,072	1,075	1,000	1,000	1,000	1,000	1,000	1,000	0,932	1,929	0,927	0,924	0,867	0,862	0,857	0,852	0,847
	15	0,943	0,941	0,939	0,936	0,934	0,880	0,876	0,871	0,867	0,862	0,816	0,809	0,802	0,795	0,789	0,749	0,740	0,731	0,722	0,713
	18	0,572	0,867	0,862	0,857	0,852	0,810	0,803	0,796	0,789	0,782	0,746	0,737	0,728	0,719	0,710	0,679	0,668	0,657	0,647	0,636
	20	0,825	0,818	0,812	0,805	0,799	0,763	0,7550	0,746	0,738	0,730	0,699	0,689	0,679	0,669	0,659	0,633	0,621	0,609	0,597	0,586
	22	0,779	0,770	0,762	0,755	0,747	0,717	0,707	0,698	0,688	0,679	0,654	0,642	0,631	0,620	0,609	0,587	0,574	0,561	0,549	0,537
	24	0,733	0,723	0,714	0,705	0,696	0,672	0,661	0,650	0,639	0,629	0,608	0,596	0,584	0,572	0,560	0,542	0,528	0,515	0,502	0,489
60	10						0,943	0,941	0,939	0,936	0,934	0,880	0,876	0,871	0,867	0,862	0,816	0,809	0,802	0,795	0,789
	15						0,825	0,818	0,812	0,805	0,799	0,763	0,755	0,746	0,738	0,730	0,699	0,689	0,679	0,669	0,659
	18						0,755	0,747	0,738	0,729	0,721	0,694	0,684	0,674	0,664	0,654	0,631	0,619	0,607	0,596	0,584
	20						0,710	0,700	0,690	0,680	0,670	0,649	0,638	0,626	0,615	0,604	0,586	0,573	0,560	0,548	0,536
	22						0,664	0,653	0,642	0,631	0,621	0,604	0,592	0,579	0,567	0,556	0,541	0,528	0,514	0,501	0,489
	24						0,620	0,607	0,595	0,584	0,572	0,560	0,546	0,533	0,521	0,508	0,497	0,483	0,469	0,455	0,442
55	10											0,825	0,818	0,812	0,805	0,799	0,763	0,755	0,746	0,738	0,730
	15											0,710	0,700	0,690	0,680	0,670	0,649	0,638	0,626	0,615	0,604
	18											0,642	0,630	0,619	0,607	0,596	0,582	0,569	0,556	0,544	0,532
	20											0,597	0,585	0,572	0,560	0,548	0,538	0,524	0,511	0,498	0,485
	22											0,553	0,540	0,527	0,514	0,501	0,494	0,480	0,466	0,453	0,440
	24											0,510	0,496	0,482	0,469	0,456	0,451	0,437	0,422	0,409	0,395

Für Vorlauftemperaturen über 90 °C muss f rechnerisch nach den angegebenen Formeln bestimmt werden.
Ein Plattenheizkörper Typ 20, 900 mm hoch, 1000 mm lang, Heizflächenexponent (S. 590) n = 1,30 hat bei Norm-Betriebstemperaturen (75/65/20) eine Norm-Wärmeleistung Φ_S = 1466 W. Für die Betriebstemperaturen 55/45/20 ist der Umrechnungsfaktor f = 0,511. Die Wärmeleistung des Heizkörpers beträgt $\Phi = \Phi_S \cdot f$ = 1466 W · 0,511 = 749 W.
Wird umgekehrt bei Betriebstemperaturen von 55/45/20 eine Wärmeleistung von Φ = 749 W benötigt, beträgt die Norm-Wärmeleistung für den auszuwählenden Heizkörper $\Phi_s = \frac{\Phi}{f} = \frac{749\ W}{0{,}511} = 1466\ W$

Guss- und Stahlradiatoren

	Bauhöhe in mm	Naben-abstand in mm	Bautiefe in mm	Norm-Wärmeleistung DIN 4703/EN 442			Heizfläche in m²/Gl.	Wasser-inhalte in Liter/Gl.	Masse in kg/Gl.
				75/60/ 20 °C Watt	70/55/ 20 °C Watt	55/45/ 20 °C Watt			
Gussradiatoren nach DIN EN 442-1: 2015-03									
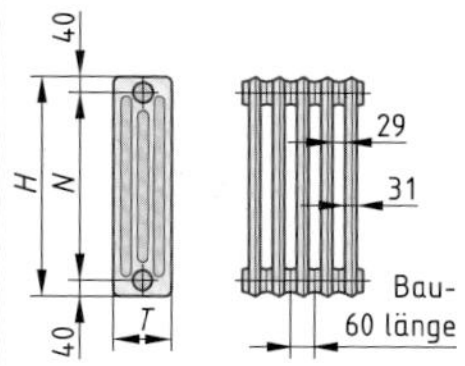	980	900	220	205	164	104	0,580	1,87	14,00
	980	900	160	163	130	83	0,440	1,52	9,90
	980	900	70	88	70	45	0,205	0,72	5,50
	680	600	160	111	89	56	0,313	1,13	6,86
	680	600	110	81	65	42	0,226	0,86	5,57
	580	500	220	122	98	62	0,345	1,30	7,50
	580	500	160	96	76	49	0,255	1,02	5,62
	580	500	110	72	58	37	0,180	0,78	4,46
	580	500	70	52	42	27	0,120	0,50	3,10
	430	350	220	97	78	49	0,255	1,11	5,91
	430	350	160	75	60	39	0,185	0,84	4,72
	430	350	110	55	44	28	0,128	0,65	3,60
	430	350	70	43	34	22	0,090	0,42	2,70
	280	200	250	75	60	38	0,185	0,99	4,90
	580/640	500	220	122	98	62	0,359	1,30	8,20
Stahlradiatoren nach DIN EN 442-1: 2015-03									
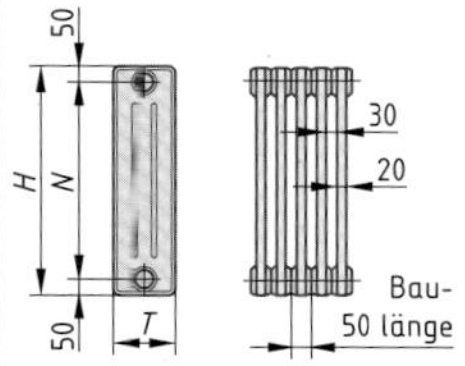	1000	900	220	150	120	76	0,480	2,300	4,367
	1000	900	160	115	92	58	0,345	1,742	3,275
	1000	900	110	86	69	44	0,240	1,208	2,250
	600	500	220	97	77	49	0,285	1,508	2,658
	600	500	160	73	59	38	0,205	1,158	1,892
	600	500	110	54	44	28	0,140	0,833	1,333
	450	350	220	76	61	39	0,210	1,250	1,983
	450	350	160	59	47	30	0,155	0,923	1,492
	300	200	250	62	49	31	0,160	1,075	1,525

Typbezeichnung für Flachheizkörper

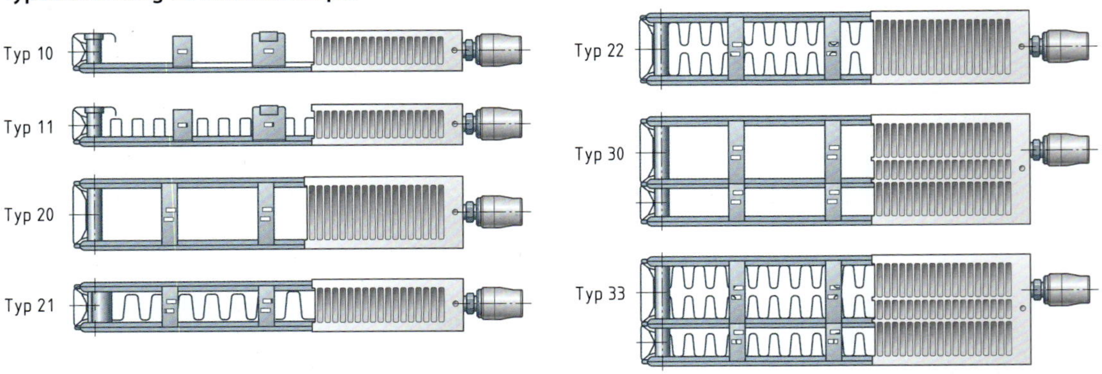

Wärmeleistung je m Heizkörperlänge

Höhe *H* mm	Naben-abstand *N* mm	Typ	Exponent n	Wärmeleistung[1] bei 75/65/20 °C W/m	 70/55/20 °C W/m	 55/45/20 °C W/m	Wasser-inhalt l/m	Masse kg/m
		10	1,31	341	273	173	2,1	6,9
		11	1,28	497	400	257	2,1	8,6
		20	1,28	578	465	298	4,2	12,6
300	250	21	1,30	715	574	365	4,1	13,9
		22	1,28	948	763	489	4,2	16,6
		30	1,29	813	654	418	6,3	19,0
		33	1,29	1336	1073	684	6,2	25,0
		10	1,29	442	355	227	2,6	9,2
		11	1,28	648	521	334	2,6	11,8
		20	1,28	739	595	382	5,3	16,5
400	350	21	1,30	909	729	464	5,2	18,8
		22	1,29	1208	970	620	5,2	22,5
		30	1,30	1031	828	528	7,9	24,9
		33	1,31	1696	1359	864	7,8	33,7
		10	1,27	540	435	280	3,2	11,4
		11	1,28	790	635	407	3,2	14,9
		20	1,27	893	720	463	6,4	20,4
500	450	21	1,31	1090	873	555	6,2	23,7
		22	1,30	1452	1164	741	6,3	28,2
		30	1,30	1239	993	631	9,5	31,0
		33	1,32	2033	1626	1030	9,4	42,2
		10	1,25	633	512	331	3,7	13,6
		11	1,28	924	743	475	3,7	17,9
		20	1,27	1042	841	542	7,5	24,2
600	550	21	1,31	1259	1009	641	7,3	28,4
		22	1,31	1682	1347	855	7,3	33,7
		30	1,31	1440	1152	731	11,1	36,8
		33	1,33	2351	1877	1184	11,0	50,6
		10	1,26	897	724	467	5,3	19,7
		11	1,29	1277	1026	656	5,3	26,1
		20	1,30	1466	1176	750	10,6	35,3
900	850	21	1,33	1709	1364	860	10,5	42,1
		22	1,33	2300	1836	1158	10,5	49,3
		30	1,33	2007	1603	1011	15,8	53,2
		33	1,33	3210	2561	1614	15,7	75,1

[1] Wärmeleistung 75/65/20 nach DIN EN 442

Bad-/Designheizkörper

(Herstellerangaben)

Legende:
BH: tatsächliche Bauhöhe
BL: tatsächliche Baulänge
BT: Bautiefe
E: Entlüftung
H: Abstand Befestigung zu Unterkante äußere Anschlussgewinde
H1: Rohrblock unten
H2: Rohrblock
L: Abstand der Bohrlöcher
NA1/NA2: Nabenabstand
VL/RL: Vor- oder Rücklauf

1) geeignete Verschraubungen

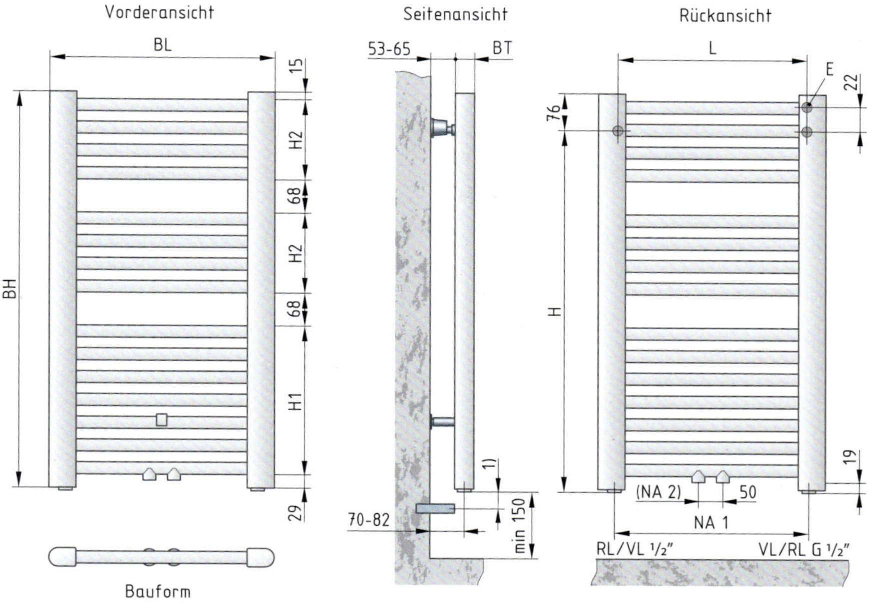

1) Abstand Unterkante Heizkörper zu Boden min. 150 mm. Nach optischen Gesichtspunkten sollte der Abstand der individuellen Raumsituation angepasst werden.

Technische Angaben											Wärmeleistung			
BH mm	BL mm	BT mm	NA1 mm	NA2 mm	H mm	L mm	H1 mm	H2 mm	Masse kg	Wasserinhalt L	E-Stab E-Set Watt	75/65–20 °C Watt	70/55–20 °C 55/45–20 °C Watt	70/55–24 °C 55/45–25 °C Watt
804	450	35	385	50	733	395	300	162	7,30	4,30	400 500	348	282 184	249 154
804	599	35	535	50	733	544	300	162	8,50	5,10	400 500	451	367 240	324 201
804	749	35	685	50	733	694	300	162	9,80	6,00	600 500	551	449 294	397 247
804	899	35	835	50	733	844	300	162	11,10	6,90	600 800	650	530 349	469 293
1172	450	35	385	50	1101	395	300	208	10,50	6,30	600 500	511	415 270	366 226
1172	599	35	535	50	1101	544	300	208	12,50	7,60	600 800	662	538 352	475 294
1172	749	35	685	50	1101	694	300	208	14,40	8,90	800 800	810	660 433	583 363
1172	899	35	835	50	1101	844	300	208	16,40	10,20	800 1100	955	779 513	690 430
1448	450	35	385	50	1377	395	438	254	12,90	7,80	600 500	631	512 334	452 279
1448	599	35	535	50	1377	544	438	254	15,30	9,40	800 800	817	664 435	587 363
1448	749	35	685	50	1377	694	438	254	17,80	11,00	1200 1100	1000	813 532	718 445
1448	899	35	835	50	1377	844	438	254	20,20	12,70	1200 1100	1179	962 634	852 532
1770	450	35	385	50	1699	395	438	254	15,70	9,50	800 800	767	623 407	550 340
1770	599	35	535	50	1699	544	438	254	18,60	11,40	1200 1100	993	808 530	715 444
1770	749	35	685	50	1699	694	438	254	21,60	13,40	1200 1100	1216	991 652	877 547
1770	899	35	835	50	1699	844	438	254	24,50	15,40	1200 1500	1433	1170 773	1037 649

E = Entlüftung G1/4" nach hinten, links

8.5.2 Fußbodenheizung *underfloor heating*

Dämmung bei Warmwasser-Fußbodenheizung nach GEG und DIN EN 1264: 2021-08

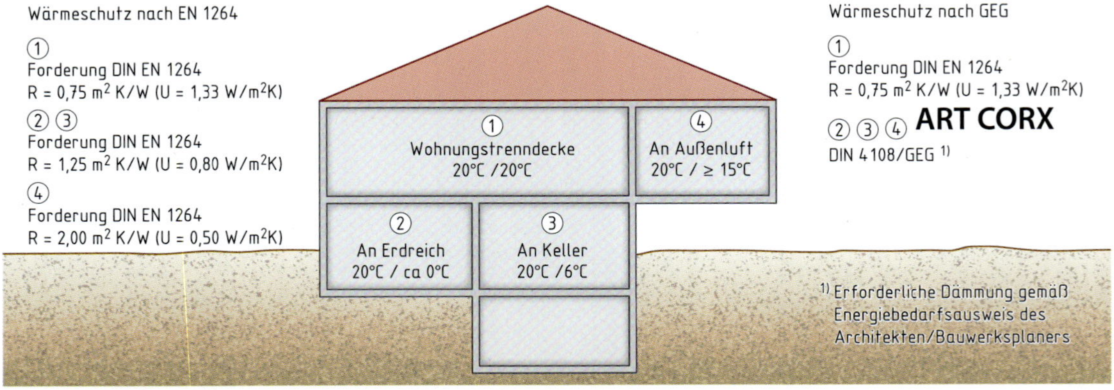

1 nach GEG	Wohnungstrenndecke über Räumen mit gleichartiger Nutzung (20 °C/20 °C) Forderung DIN EN 1264 $R = 0{,}75$ m² K/W ($U = 1{,}33$ W/m²K)	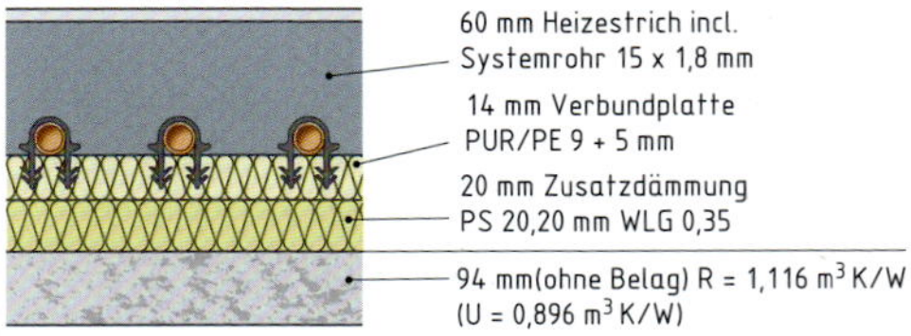 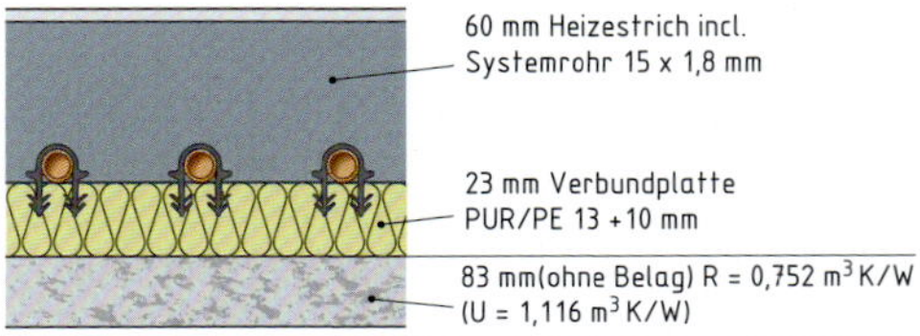
2 3 4 nach GEG	Für die Festlegung einer Dämmung auf dem Boden unter einer Fußbodenheizung gegen Erdreich, unbeheizte und eingeschränkt beheizte Räume ist der Energiebedarfsausweis des Gebäudes zu erstellen und zu prüfen.	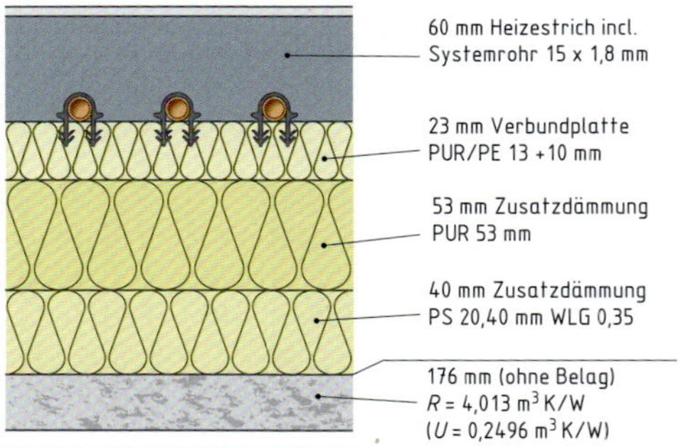 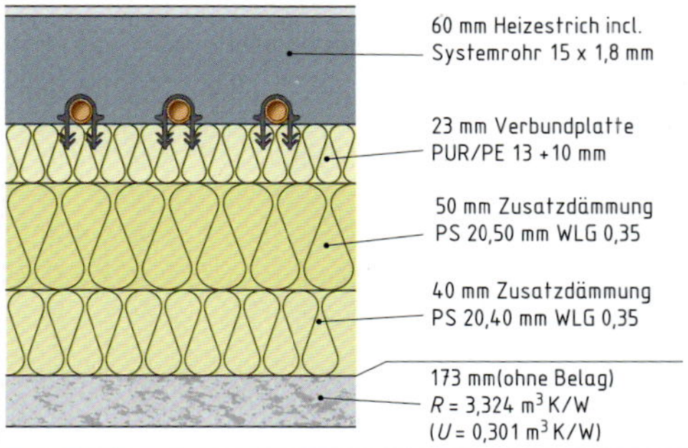

Maximale Oberflächentemperaturen nach DIN EN 1264: 2021-08

Aufenthaltszone	29 °C
Randzone	35 °C
Bäder	$\theta_{Raum} + 9$ °C = 33 °C (Norminnentemperatur 24 °C)

Auslegung der Fußbodenheizung

Basiskennlinie (systemunabhängig) zur Bestimmung der Wärmestromdichte

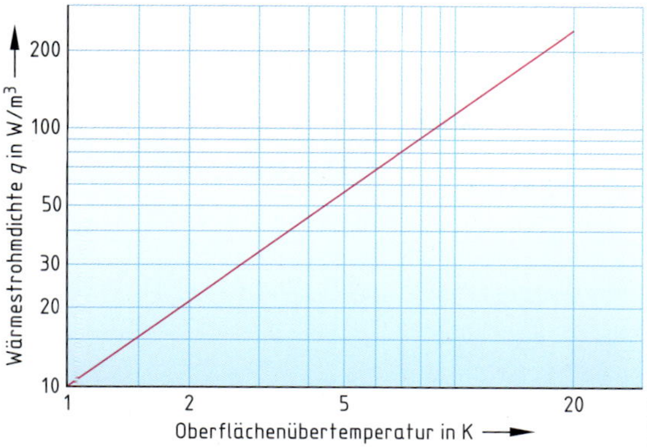

maximale Wärmestromdichte q (bei max. Oberflächentemperaturen):

Aufenthaltsbereich $q_{max} = 100$ W/m²

Randzonen $q_{max} = 175$ W/m²

$\Delta\theta_H = \theta_{FB} - \theta_I$

$\Delta\theta_H$: Oberflächenübertemperatur in K
θ_{FB}: Oberflächentemperatur in °C
θ_I: Raumtemperatur nach Norm in °C

Bei einer Welligkeit $W = 0$ (homogen erwärmte Heizfläche)

Der Temperaturunterschied zwischen maximaler und minimaler Oberflächentemperatur wird als Welligkeit W bezeichnet.

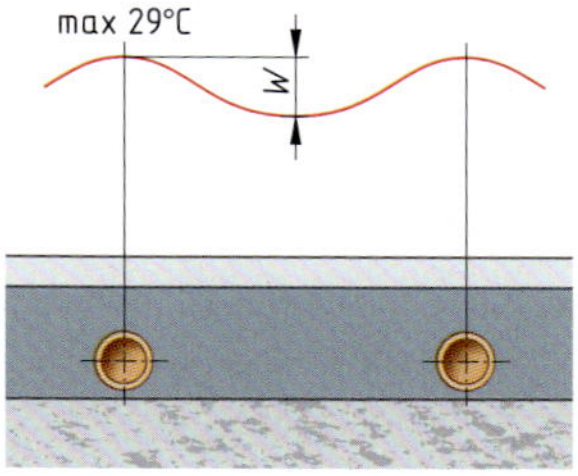

Große Rohrabstände – hohe Welligkeit
Tiefliegende Rohre – kleine Welligkeit

Gesamtwärmeübergangskoeffizient
$\alpha_{ges} = 11{,}1$ W/m²K

$q = \alpha_{ges} \cdot (\theta_{FB} - \theta\Delta)$
bei einer Raumtemperatur von 20 °C und einer Fußbodentemperatur von 27 °C erfolgt eine Wärmeabgabe von: $q = 11{,}1$ W/m²K · (27 °C – 20 °C) = 77,7 W/m²

Heizmittelübertemperatur

Die Heizmittelübertemperatur $\Delta\theta_H$ (mittlere Differenz zwischen Heizmitteltemperatur θ_M und Innentemperatur θ_1) wird gemäß DIN EN 1264 nach folgender Gleichung aus Vorlauftemperatur, Rücklauftemperatur und der Norm-Innentemperatur berechnet. Diese bestimmt bei konstantem Aufbau die Wärmestromdichte.

$$\Delta\theta_H = \frac{\theta_V - \theta_R}{\ln \dfrac{\theta_V - \theta_1}{\theta_R - \theta_1}}$$

$\Delta\theta_H$	= Heizmittelübertemperatur	in K
$\Delta\theta$	= Normspreizung (5 K)	in K
θ_1	= Norm-Innentemperatur	in °C
θ_M	= Heizmitteltemperatur	in °C
θ_R	= Rücklauftemperatur	in °C
θ_V	= Vorlauftemperatur	in °C

Eine hinreichend genaue Ermittlung der Heizmittelübertemperatur für eine Kurzplanung kann anhand dieser Gleichung erfolgen:
$\Delta\theta_H = \theta_M - \theta_1$
oder

$$\Delta\theta_H = \frac{\theta_V + \theta_R}{2} - \theta_1$$

Heizmitteltemperatur

Die Heizmitteltemperatur ist die mittlere Temperatur zwischen Vor- und Rücklauftemperatur.

$$\theta_M = \frac{\theta_V + \theta_R}{2}$$

Vorlauftemperatur

$$\theta_V = \theta_M + \frac{\Delta\theta}{2}$$

Normspreizung $\Delta\theta = 5$ K

Beispiel: Berechnung der notwendigen Vorlauftemperatur

Noppensystem, Estrichüberdeckung 45 mm, Verlegeabstand 75 mm, notwendige Wärmestromdichte $\dot{q} = 80$ W/m², Kunststoffbodenbelag $R_{\lambda,B} = 0{,}05$m² K/W (Gerade B), Raumtemperatur $\theta_i = 20$ °C

Bestimmt werden: Heizmittelübertemperatur $\Delta\theta_H = 16{,}5$ °C, Heizmitteltemperatur $\theta_M = 16{,}5$ °C + 20 °C = 36,5 °C, **Vorlauftemperatur** $\theta_V = 36{,}5$ °C + 2,5 °C = 39 °C (2,5 °C entspricht der halben Normspreizung von $\Delta\theta = 5$ K)

Ist die Vorlauftemperatur gegeben, so ist der umgekehrte Rechenweg erforderlich.

Wärmestromdichte in Fußbodenheizungen

Noppensystem (Heizrohr 16 × 2)
Rohrüberdeckung 45 mm Estrich

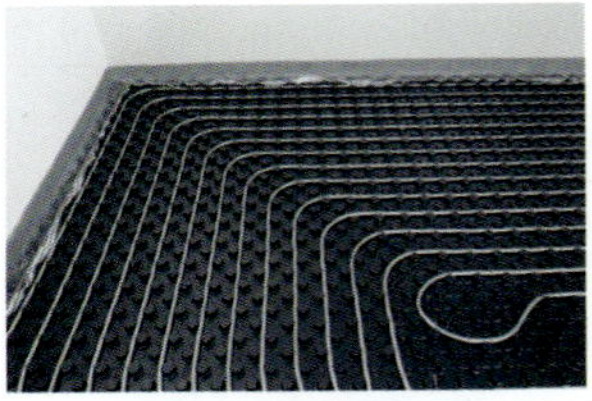

Verlegeabstand 75 mm

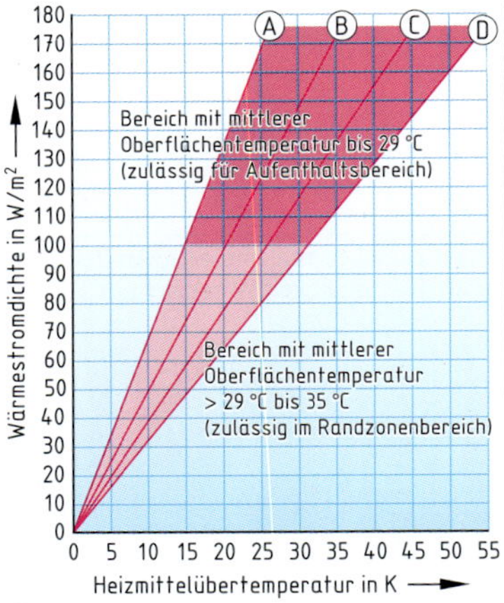

Ⓐ Bodenbelag Keramik $R_{\lambda B}$ = 0 m² K/W
Ⓑ Bodenbelag Kunststoff $R_{\lambda B}$ = 0,05 m² K/W
Ⓒ Bodenbelag Parkett/Teppich $R_{\lambda B}$ = 0,10 m² K/W
Ⓓ Bodenbelag Teppich $R_{\lambda B}$ = 0,15 m² K/W

Verlegeabstand 150 mm

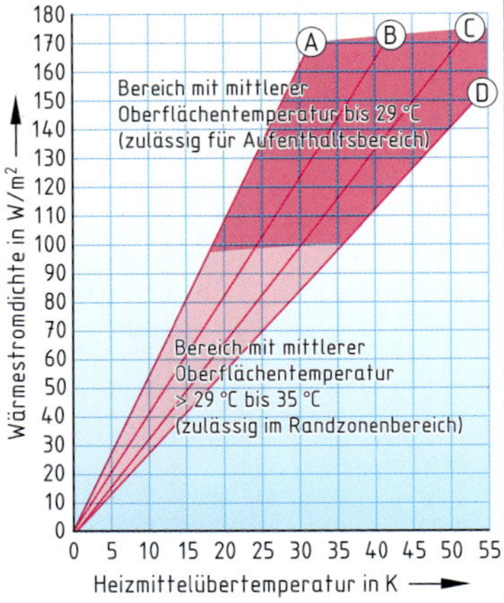

Ⓐ Bodenbelag Keramik $R_{\lambda B}$ = 0 m² K/W
Ⓑ Bodenbelag Kunststoff $R_{\lambda B}$ = 0,05 m² K/W
Ⓒ Bodenbelag Parkett/Teppich $R_{\lambda B}$ = 0,10 m² K/W
Ⓓ Bodenbelag Teppich $R_{\lambda B}$ = 0,15 m² K/W

Verlegeabstand 300 mm

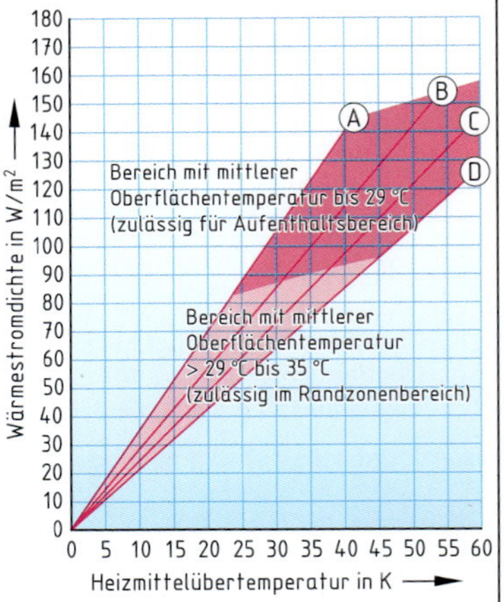

Ⓐ Bodenbelag Keramik $R_{\lambda B}$ = 0 m² K/W
Ⓑ Bodenbelag Kunststoff $R_{\lambda B}$ = 0,05 m² K/W
Ⓒ Bodenbelag Parkett/Teppich $R_{\lambda B}$ = 0,10 m² K/W
Ⓓ Bodenbelag Teppich $R_{\lambda B}$ = 0,15 m² K/W

Tackersystem (Heizrohr 16 × 2)
Rohrüberdeckung 45 mm Estrich

Verlegeabstand 100 mm

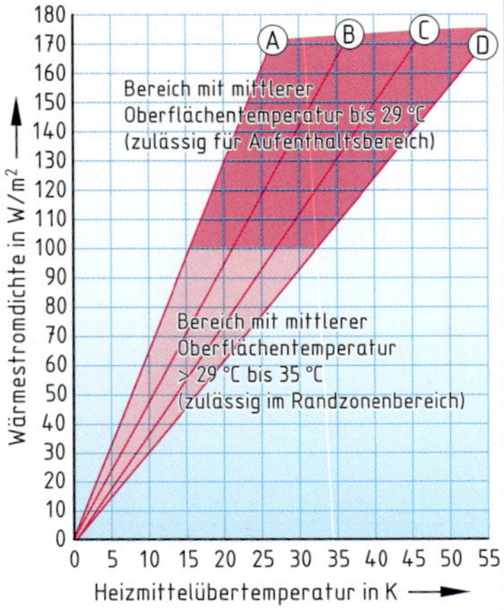

Ⓐ Bodenbelag Keramik $R_{\lambda B}$ = 0 m² K/W
Ⓑ Bodenbelag Kunststoff $R_{\lambda B}$ = 0,05 m² K/W
Ⓒ Bodenbelag Parkett/Teppich $R_{\lambda B}$ = 0,10 m² K/W
Ⓓ Bodenbelag Teppich $R_{\lambda B}$ = 0,15 m² K/W

Verlegeabstand 250 mm

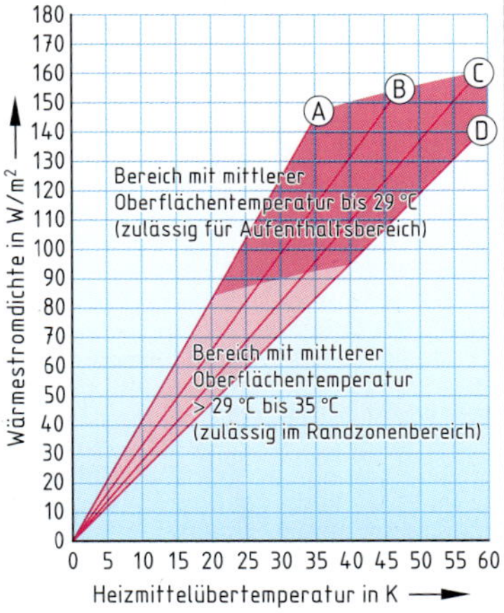

Ⓐ Bodenbelag Keramik $R_{\lambda B}$ = 0 m² K/W
Ⓑ Bodenbelag Kunststoff $R_{\lambda B}$ = 0,05 m² K/W
Ⓒ Bodenbelag Parkett/Teppich $R_{\lambda B}$ = 0,10 m² K/W
Ⓓ Bodenbelag Teppich $R_{\lambda B}$ = 0,15 m² K/W

Verlegeabstand 350 mm

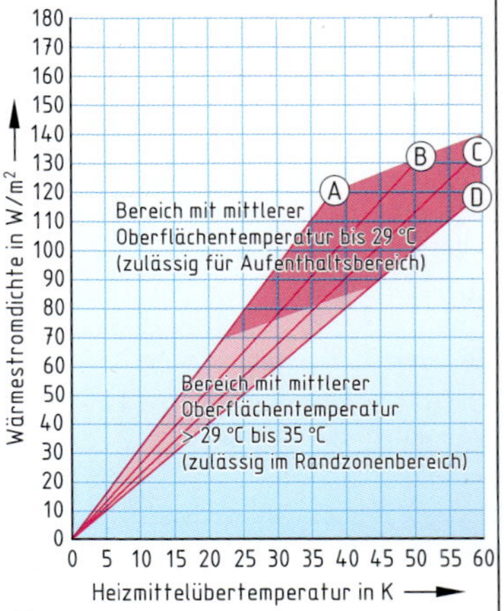

Ⓐ Bodenbelag Keramik $R_{\lambda B}$ = 0 m² K/W
Ⓑ Bodenbelag Kunststoff $R_{\lambda B}$ = 0,05 m² K/W
Ⓒ Bodenbelag Parkett/Teppich $R_{\lambda B}$ = 0,10 m² K/W
Ⓓ Bodenbelag Teppich $R_{\lambda B}$ = 0,15 m² K/W

Anordnung von Heizkreisen

	Günstige Heizkreisanordnung	Ungünstige Heizkreisanordnung
Heizkreisanordnung Ⓐ Dehnungsfuge Ⓑ Wendeschleife	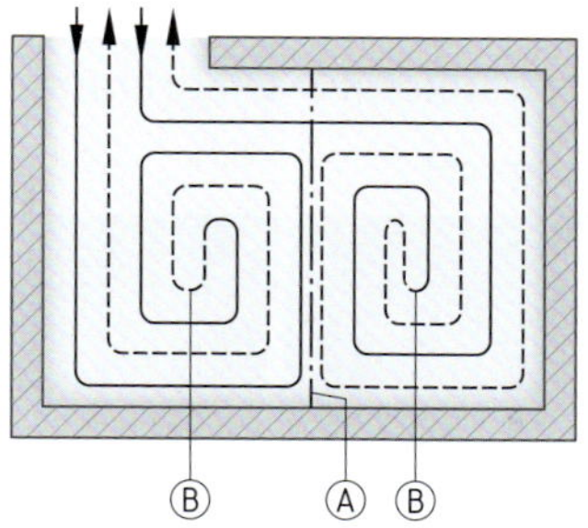	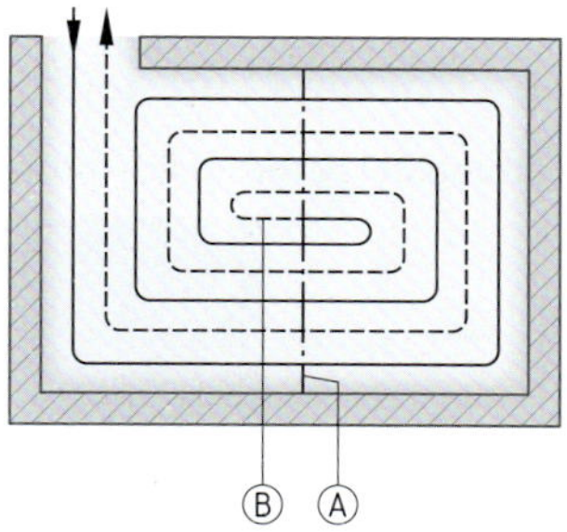
Randzone Ⓑ Wendeschleife Ⓒ Flächenheizkreis Ⓓ Randzonenheizkreis (separat) Ⓔ integrierte Randzone Ⓕ Fenster	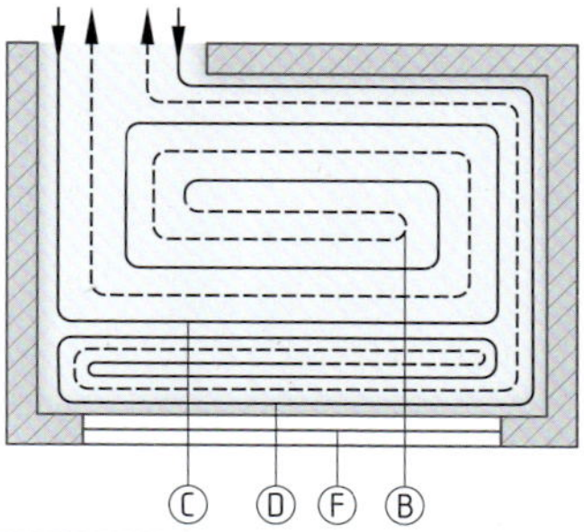	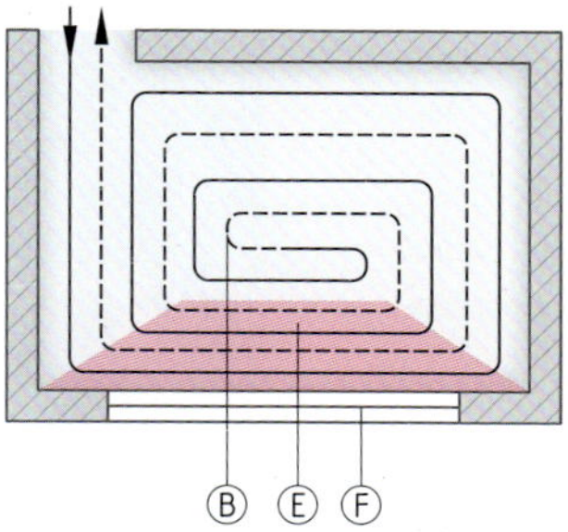
Vorschriften bei Inbetriebnahme	Vor dem Aufbringen des Estrichs ist eine Wasserdruckprobe nach DIN EN1264 durchzuführen und zu protokollieren. siehe Kap.8_pdf	Nach dem Abbinden des Estrichs ist eine Aufheizung nach DIN EN1264 durchzuführen und zu protokollieren. Dies gilt als Funktionsprüfung. siehe Kap.8_pdf

Max. zulässiger Feuchtegehalt des Estrichs in % (Messung mit einem μ-Gerät)

Bodenbelag	Zementestrich	Calciumsulfit-Estrich
Stein- und keramische Beläge (Dünnbettverfahren)	2,0	0,3
Stein- und keramische Beläge (Dickbettverfahren)	3,0	–
Textile Beläge – dampfdicht – dampfdurchlässig	 1,8 3,0	 0,3 1,0
Elastische Beläge	1,8	0,3
Parkett/Kork	1,8	0,3
Laminat	1,8	0,3

Der Estrich muss erneut aufgeheizt werden, wenn die erforderliche Restfeuchte für den gewählten Bodenbelag noch nicht erreicht ist.

Gemäß GEG ist auch bei Fußbodenheizungen eine raumweise Temperaturregelung vorgeschrieben.
Diese Regelung erfolgt über Stellventile im jeweiligen Heizkreis. Die witterungsgeführte Regelung bleibt erhalten.

9 Lüftungs- und Klimatechnik

9.1 Grundlagen

9.1.1 Trockene Luft, feuchte Luft, Mollier *h*-*x*-Diagramm

Schichtung der Atmosphäre mit Temperaturprofil

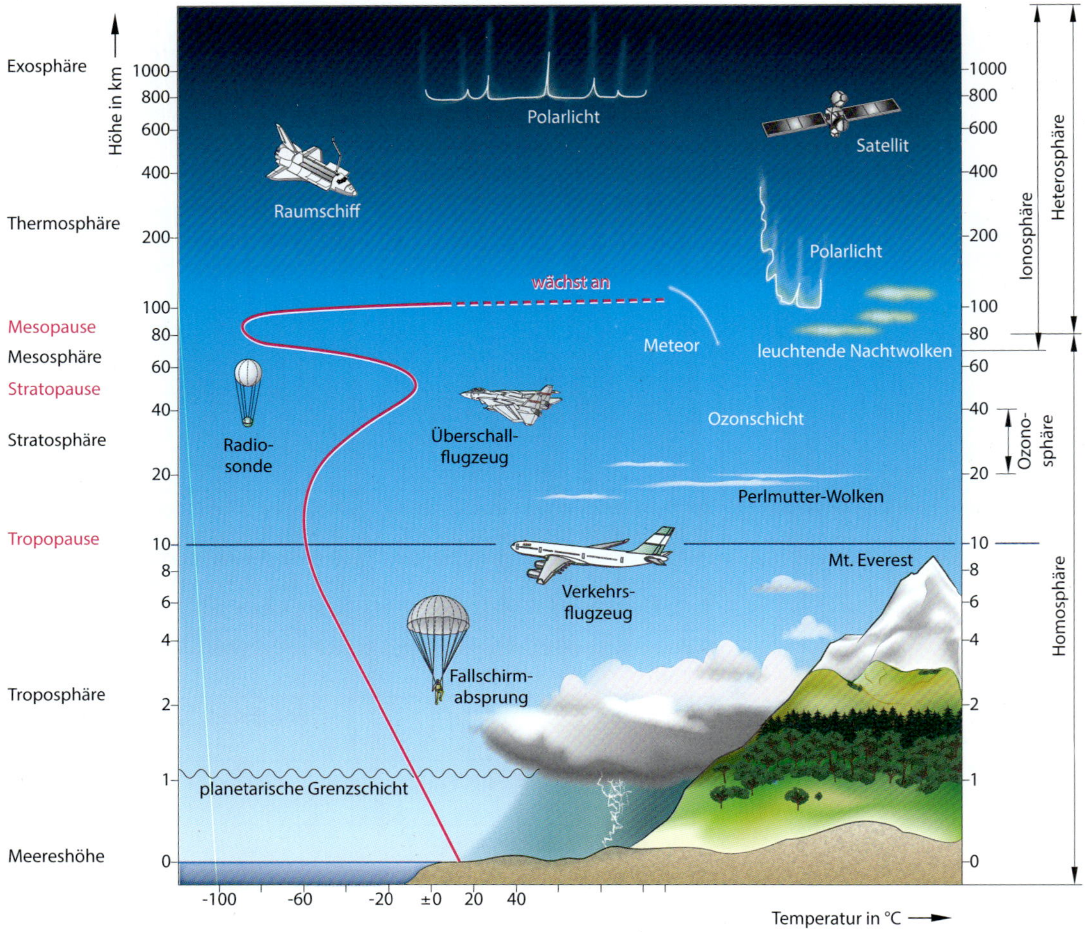

Abnahme des Luftdrucks und der Temperatur mit der Höhe (DIN ISO 2533 : 1979-12)

Höhe in km	0	0,5	1,0	2	3	4	6	8	10	15	20
Luftdruck in mbar	1013	955	899	795	701	616	472	356	264	120	55
Temperatur in °C	15	11,8	8,5	2,04	–4,5	–11	–24	–37	–50	–55	–55

Zusammensetzung trockener reiner Luft

Gas	Chem. Formel	Gew.-%	Vol.-%
Sauerstoff	O_2	23,01	20,93
Stickstoff	N_2	75,51	78,10
Argon	Ar	1,286	0,9325
Kohlendioxid	CO_2	0,04	0,03
Wasserstoff	H_2	0,001	0,001
Neon	Ne	0,0012	0,0018
Helium	He	0,00007	0,0005
Krypton	Kr	0,0003	0,0001
Xenon	Xe	0,00004	0,000009

Stoffwerte von trockener Luft (p = 1,013 bar)

Temperatur θ θ in °C	Spez. Wärmekapazität c_p in kJ/(kg · K)	Wh/(kg · K)	Dichte ϱ in kg/m³	Wärmeleitfähigkeit λ in W/(m · K)	Dynamische Viskosität η in 10^{-6} kg/(m · s)	Kinematische Viskosität ν in 10^{-6} m²/s
−150	1,0260	0,2850	2,7934	0,0116	8,63	3,09
−100	1,0091	0,2803	1,9803	0,0161	11,79	5,95
−50	1,0055	0,2793	1,5341	0,0203	14,65	9,55
−20	1,0062	0,3049	1,3952	0,0229	16,19	11,60
−10	1,0059	0,2794	1,3422	0,0236	16,70	12,44
0	1,0058	0,2793	1,2930	0,0243	17,20	13,30
10	1,0062	0,2795	1,2747	0,0250	17,70	13,89
20	1,0066	0,2796	1,2045	0,0257	18,19	15,10
30	1,0073	0,2798	1,1658	0,0264	18,66	16,01
40	1,0080	0,2800	1,1267	0,0271	19,12	16,97
50	1,0087	0,2802	1,0924	0,0278	19,58	17,92
60	1,0091	0,2803	1,0595	0,0285	20,03	18,91
70	1,0098	0,2805	1,0287	0,0292	20,48	19,91
80	1,0105	0,2807	0,9998	0,0299	20,93	20,93
90	1,0112	0,2809	0,9721	0,0307	21,37	21,98
100	1,0119	0,2811	0,9458	0,0314	21,81	23,06
150	1,0156	0,2821	0,8343	0,0350	23,92	28,70
200	1,0249	0,2847	0,7457	0,0386	25,84	34,65
300	1,0440	0,2900	0,6157	0,0453	29,47	47,86

Zustandsgrößen feuchter Luft

V: Volumen des Gasgemisches aus trockener Luft und Wasserdampf in m³
m_L: Masse der trockenen Luft in kg
m_F: Masse der feuchten Luft in kg
m_D: Masse des Wasserdampfes in kg
T: absolute Temperatur der feuchten Luft in K
p: Gesamtdruck der feuchten Luft in Pa
p_S: Sättigungsdruck in Pa
p_L: Partialdruck der trockenen Luft in Pa
p_D: Partialdruck des Wasserdampfes in Pa
Gaskonstante für trockene Luft: $R_L = 287{,}1$ J/(kg · K)
Gaskonstante für Wasserdampf: $R_D = 461{,}5$ J/(kg · K)
Feuchte Luft: $m_F = m_L + m_D$
Trockene Luft: $p_L \cdot V = m_L \cdot R_L T$ (Seite 30)
Wasserdampf: $p_D \cdot V = m_D \cdot R_D \cdot T$ (Seite 30)
Dalton'sches Gesetz: $p = p_L + p_D$
Relative Luftfeuchte: $\varphi = p_D/p_S \cdot 100\,\% = x/x_S \cdot 100\,\%$
Absolute Luftfeuchte: $x = m_D/m_L = 0{,}622 \cdot p_D/(p - p_D)$
Masse der feuchten Luft: $m_F = (1 + x)\,m_L$

Teildruck des Wasserdampfes bei Sättigung

ϑ	p_{DS}	ϑ	p_{DS}	ϑ	p_{DS}
−20,0 °C	1,029 mbar	20,0 °C	23,37 mbar	60,0 °C	199,2 mbar
−19,0 °C	1,133 mbar	21,0 °C	24,85 mbar	61,0 °C	208,6 mbar
−18,0 °C	1,247 mbar	22,0 °C	26,42 mbar	62,0 °C	218,0 mbar
−17,0 °C	1,369 mbar	23,0 °C	28,08 mbar	63,0 °C	228,5 mbar
−16,0 °C	1,504 mbar	24,0 °C	29,82 mbar	64,0 °C	239,1 mbar
−15,0 °C	1,651 mbar	25,0 °C	31,67 mbar	65,0 °C	250,1 mbar
−14,0 °C	1,809 mbar	26,0 °C	33,60 mbar	66,0 °C	261,5 mbar
−13,0 °C	1,981 mbar	27,0 °C	35,64 mbar	67,0 °C	273,3 mbar
−12,0 °C	2,169 mbar	28,0 °C	37,78 mbar	68,0 °C	285,6 mbar
−11,0 °C	2,373 mbar	29,0 °C	40,04 mbar	69,0 °C	298,3 mbar
−10,0 °C	2,594 mbar	30,0 °C	42,41 mbar	70,0 °C	311,6 mbar
−9,0 °C	2,833 mbar	31,0 °C	44,91 mbar	71,0 °C	325,3 mbar
−8,0 °C	3,095 mbar	32,0 °C	47,53 mbar	72,0 °C	339,6 mbar
−7,0 °C	3,376 mbar	33,0 °C	50,29 mbar	73,0 °C	354,3 mbar
−6,0 °C	3,681 mbar	34,0 °C	53,18 mbar	74,0 °C	369,6 mbar

Teildruck des Wasserdampfes bei Sättigung (Fortsetzung)

ϑ	p_{DS}	ϑ	p_{DS}	ϑ	p_{DS}
–5,0 °C	4,010 mbar	35,0 °C	56,22 mbar	75,0 °C	385,5 mbar
–4,0 °C	4,368 mbar	36,0 °C	59,40 mbar	76,0 °C	401,9 mbar
–3,0 °C	4,754 mbar	37,0 °C	62,74 mbar	77,0 °C	
–2,0 °C	5,172 mbar	38,0 °C	66,24 mbar	78,0 °C	436,5 mbar
–1,0 °C	5,621 mbar	39,0 °C	69,91 mbar	79,0 °C	
0,0 °C	6,108 mbar	40,0 °C	73,75 mbar	80,0 °C	473,6 mbar
1,0 °C	6,566 mbar	41,0 °C	77,77 mbar	81,0 °C	
2,0 °C	7,055 mbar	42,0 °C	81,98 mbar	82,0 °C	
3,0 °C	7,575 mbar	43,0 °C	86,39 mbar	83,0 °C	
4,0 °C	8,129 mbar	44,0 °C	91,00 mbar	84,0 °C	
5,0 °C	8,718 mbar	45,0 °C	95,82 mbar	85,0 °C	578,0 mbar
6,0 °C	9,345 mbar	46,0 °C	100,85 mbar	86,0 °C	
7,0 °C	10,012 mbar	47,0 °C	106,12 mbar	87,0 °C	
8,0 °C	10,721 mbar	48,0 °C	111,62 mbar	88,0 °C	
9,0 °C	11,473 mbar	49,0 °C	117,36 mbar	89,0 °C	
10,0 °C	12,271 mbar	50,0 °C	123,35 mbar	90,0 °C	701,1 mbar
11,0 °C	13,118 mbar	51,0 °C	128,60 mbar	91,0 °C	
12,0 °C	14,015 mbar	52,0 °C	136,13 mbar	92,0 °C	
13,0 °C	14,967 mbar	53,0 °C	142,93 mbar	93,0 °C	
14,0 °C	15,974 mbar	54,0 °C	150,02 mbar	94,0 °C	
15,0 °C	17,041 mbar	55,0 °C	157,41 mbar	95,0 °C	845,2 mbar
16,0 °C	18,168 mbar	56,0 °C	165,09 mbar		
17,0 °C	19,360 mbar	57,0 °C	173,12 mbar		
18,0 °C	20,630 mbar	58,0 °C	181,46 mbar		
19,0 °C	21,960 mbar	59,0 °C	190,15 mbar	100,0 °C	1013,3 mbar

Dampfdruckkurve für Wasser

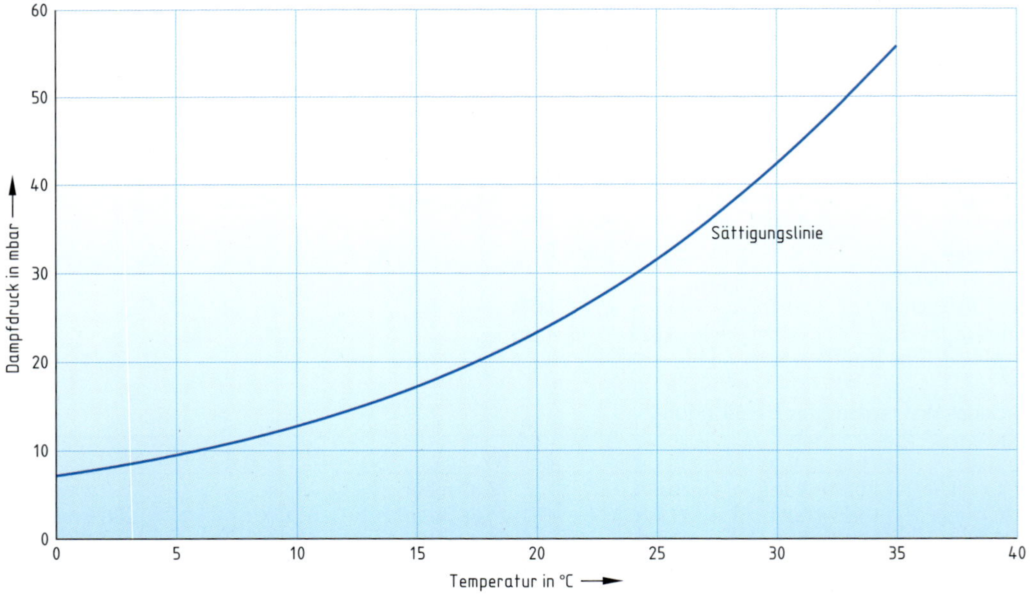

Absoluter Feuchtegehalt x_s bei Sättigung

θ in °C	**2**	**3**	**4**	**5**	**6**	**7**	**8**	**9**	**10**	**11**	**12**	**13**	**14**
x_s in g Wasserdampf/ kg trockene Luft	4,36	4,68	5,03	5,40	5,79	6,21	6,65	7,12	7,62	8,16	8,72	9,32	9,96
θ in °C	**15**	**16**	**17**	**18**	**19**	**20**	**21**	**22**	**23**	**24**	**25**	**26**	**27**
x_s in g Wasserdampf/ kg trockene Luft	10,64	11,36	12,12	12,92	13,78	14,68	15,64	16,65	17,73	18,86	20,06	21,33	22,67
θ in °C	**28**	**29**	**30**	**31**	**32**	**33**	**34**	**35**	**36**	**37**	**38**	**39**	**40**
x_s in g Wasserdampf/ kg trockene Luft	24,09	25,59	27,17	28,85	30,62	32,48	34,45	36,54	38,73	41,06	43,51	46,09	48,44

Mollier *h*-*x*-Diagramm für feuchte Luft ▶ siehe Kap_9.pdf

Der Wärmeinhalt von feuchter Luft ist in der Klimatechnik mit 0 kJ/kg bei einer Temperatur von 0 °C **und** einer absoluten Feuchte von 0 g_D/kg_L festgelegt!

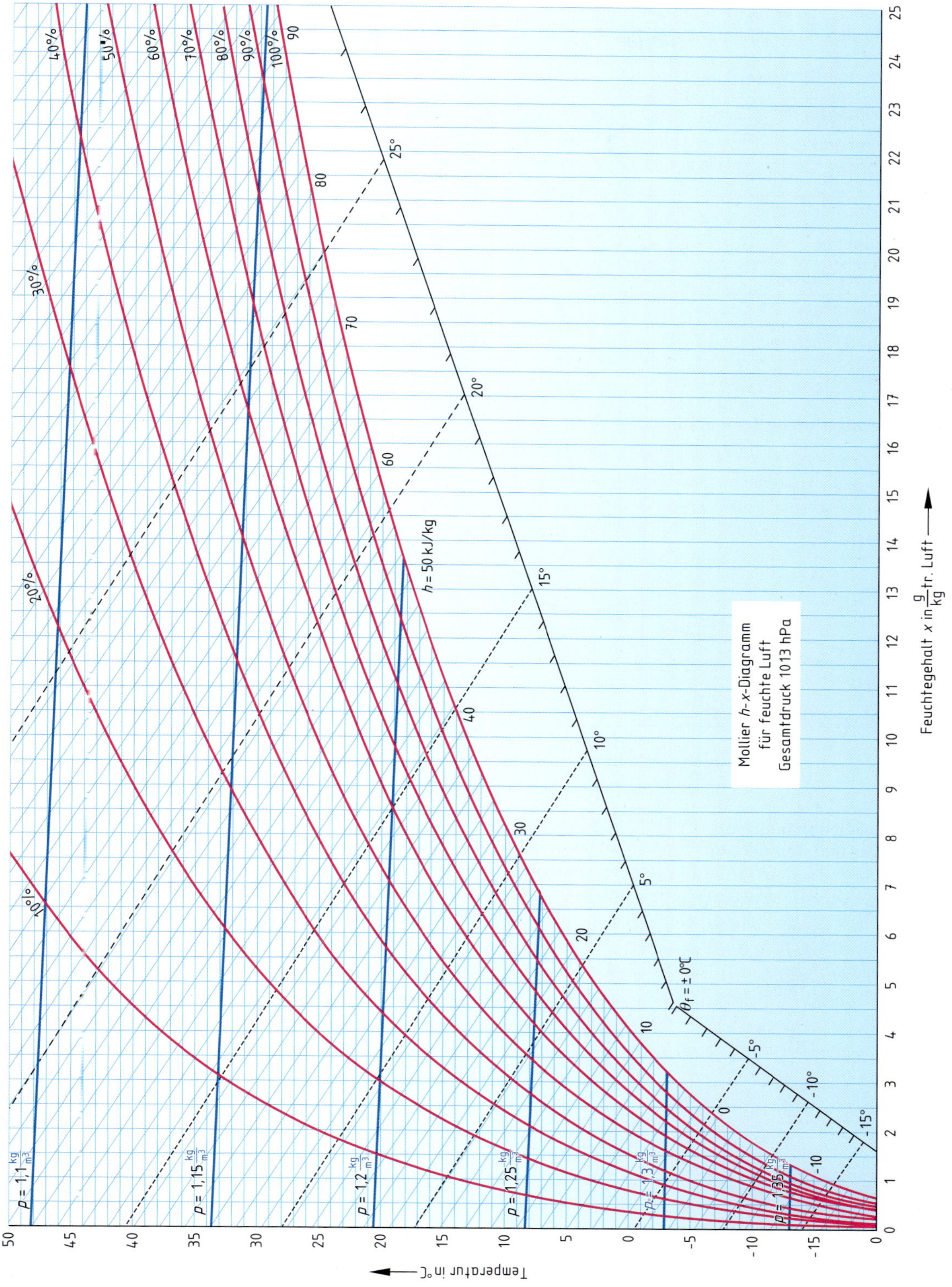

9.1.2 Aufgaben raumlufttechnischer Anlagen

- Regulierung der Raumluftfeuchtigkeit
- Regulierung der Raumlufttemperatur
- Erneuerung der verbrauchten Atemluft
- Abtransport von Geruchs- und Schadstoffen
- Zuluftförderung für Abluftanlagen, Abluftförderung für Zuluftanlagen (Schutzdruck)

Richtwerte für die Wasserdampfabgabe

Feuchtigkeitsabgabe von	Feuchtigkeitsmasse
Mensch, ruhend	40 g/h
Mensch, leichte Tätigkeit	90 g/h
Topfpflanze, mittelgroß	15 g/h
Waschmaschine	300 g/h
Wäsche, geschleudert	300 g/h
Wäsche, tropfnass	500 g/h
Kochen und Feuchtreinigung	1000 g/h
Duschbad	2400 g/h

Schimmelpilzkritische Temperatur

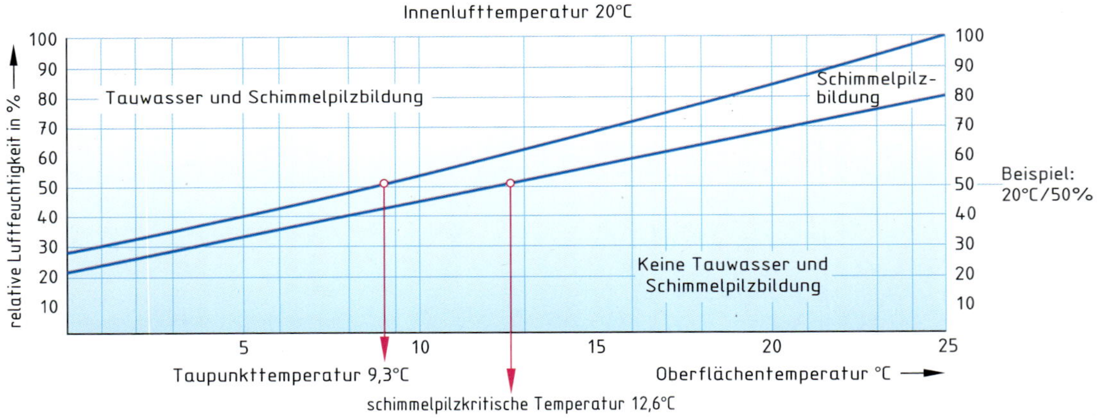

Behaglichkeit abhängig von Luftfeuchte und -temperatur

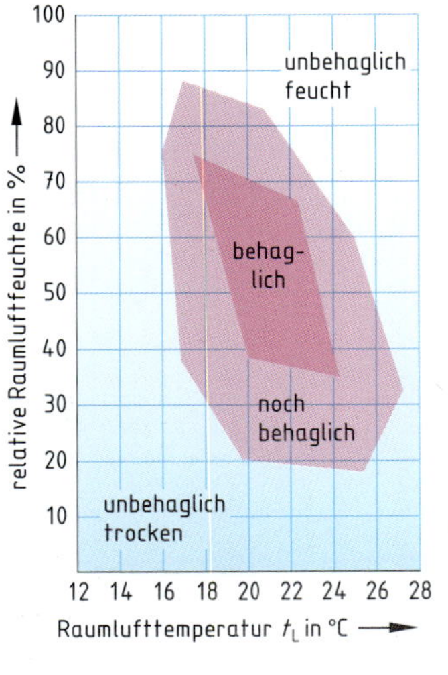

Behaglichkeit in Abhängigkeit von den umgebenden Wandtemperaturen

(Beispiel für eine Außentemp. $T = -10$ °C, ausgewählte U-Werte)

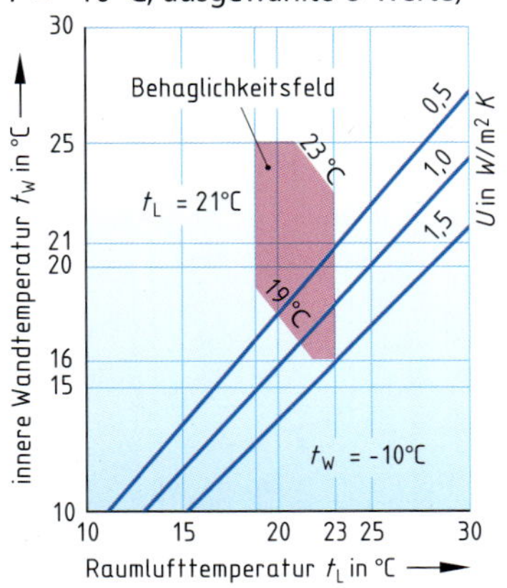

Behaglichkeit abhängig von der Luftgeschwindigkeit und der Lufttemperatur (Auslegungswerte nach DIN EN 16798: 2021-04)

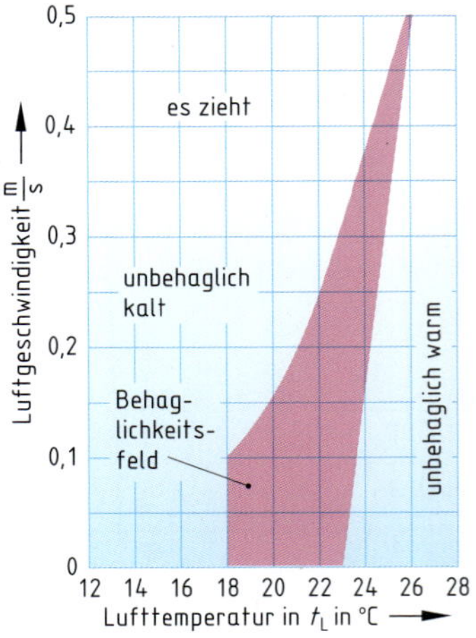

Wärmeproduktion abhängig von der Tätigkeit nach DIN EN 16798: 2021-04

Aktivität	gesamte abgegebene Wärme	sensible abgegebene Wärme
	W/Person	W/Person
Ruhig liegend	80	55
Entspannt sitzend	100	70
Sitzende Tätigkeit (Büro, Labor)	125	75
Stehend, leichte Tätigkeit (Laden, Labor)	170	85
Stehend, mittelschwere Tätigkeit (Maschinenarbeit)	210	105

Wärmeabgabe von Menschen nach VDI 2087 : 2008-04

links Anteil von Verdunstung, Konvektion, Strahlung
rechts Abhängigkeit von der Lufttemperatur (ruhende Luft)

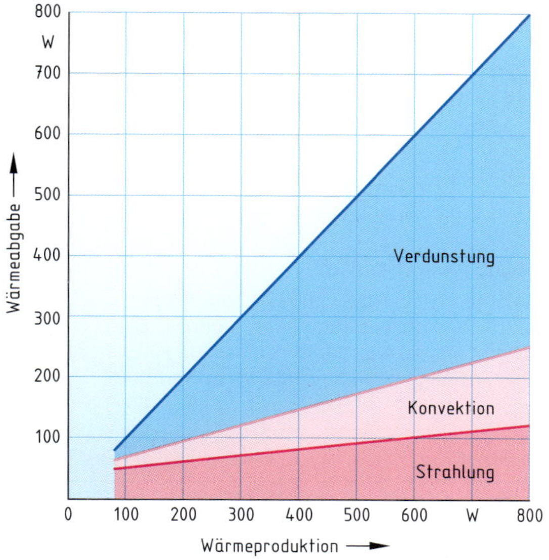

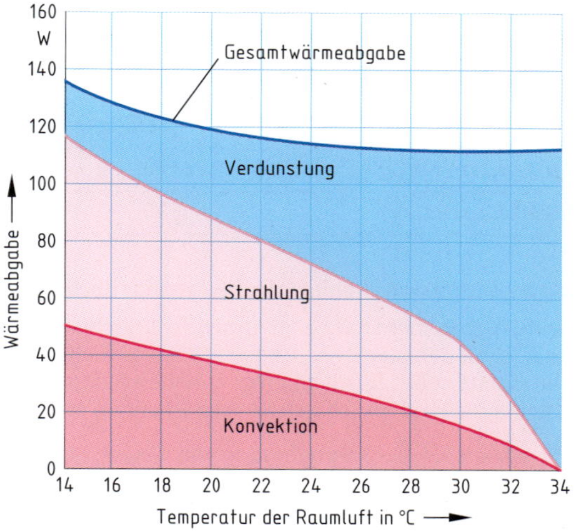

Bestimmung des Außenluftvolumenstroms nach PETTENKOFER (berücksichtigt die vom Menschen ausgeatmete Menge an CO_2 ($\dot{V}_{CO_2}$)

$$\dot{V}_{AUL} = \frac{\dot{V}_{CO_2}}{k_{CO_2,zul} - k_{CO_2,AUL}}$$

mit der CO_2-Konzentration der Außenluft:

$$k_{CO_2,AUL} = \frac{0{,}00035 \text{ m}^3 \text{ CO}_2}{\text{m}^3 \text{ Luft}}$$

$\dot{V}_{CO_2} = CO_2$-Abgabe in m^3/h

$$k_{CO_2,zul} = 1200 \text{ ppm} = \frac{1200 \text{ cm}^3 \text{ CO}_2}{\text{m}^3 \text{ Luft}}$$

CO_2-Abgabe von Menschen

Tätigkeit	CO_2-Abgabe in m^3/h pro Pers.
Grundumsatz	0,010 … 0,012
sitzende Tätigkeit	0,012 … 0,015
leichte Büroarbeit	0,019 … 0,024
mittelschwere Arbeit	0,033 … 0,043
sportliche Tätigkeit	0,055 … 0,070

Einteilung der Raumluftqualität nach DIN EN 16798: 2021-04

Kategorie	Beschreibung	zul. CO_2-Konzentration in ppm	mittl. Außenluftvolumenstrom in $m^3/h \cdot$ Pers.	
			Nichtraucherbereich	Raucherbereich
RAL 1	spezielle Raumluftqualität	350	72	144
RAL 2	hohe Raumluftqualität	500	45	90
RAL 3	mittlere Raumluftqualität	800	29	58
RAL 4	niedrige Raumluftqualität	1200	18	36

Bestimmung des Außenluftvolumenstroms (ODA) für größere Räume nach DIN EN 16798: 2021-04

Raumart	Raumbeispiel	personenbezogener AUL-Volumenstrom in m^3/h	flächenbezogener AUL-Volumenstrom in $m^3/m^2 \cdot h$
Arbeitsräume	Einzelbüro Großraumbüro	40 60	4 6
Versammlungsräume	Konzertsaal Theater Konferenzraum	20	10 bis 20
Unterrichtsräume	Lesesaal Unterrichtsraum	20 30	12 15
Räume mit Publikumsverkehr	Verkaufsraum Gaststätte	20 30	3 bis 12 8

Abluftvolumenstrom nach DIN EN 18017-3: 2020-05

fensterloser Raum	Mindestvolumenstrom in m^3/h	
	Betriebsdauer 12 h/Tag	Betriebsdauer beliebig
Bad (auch mit WC)	40	60
Toilettenraum	20	30

Bestimmung des Außenluftvolumenstroms nach dem Arbeitsplatzgrenzwert (AGW)

Der AGW einzelner Stoffe wird in den Technischen Regeln für Gefahrenstoffe TRGS : 2006-01 festgelegt.
Der AGW ist der Grenzwert für die zeitlich gewichtete durchschnittliche Konzentration eines Stoffes in der Luft am Arbeitsplatz in Bezug auf einen gegebenen Referenzzeitraum. Er gibt an, bei welcher Konzentration eines Stoffes akute oder chronisch schädliche Auswirkungen auf die Gesundheit im Allgemeinen nicht zu erwarten sind.

Schwellwert für die Wahrnehmung von Geruchsstoffen (Beispiele)

Geruchsstoff	Geruchsschwelle in ppm	Geruchsstoff	Geruchsschwelle in ppm
Aceton	450	Pyridin (in Tabak)	0,23
Benzol	300	Schwefelwasserstoff	0,18
Ammoniak	53	Ozon	0,05
Chlor	3,5	Buttersäure	0,000065
Schwefeldioxid	3,0	Moschus (künstl.)	0,0000034

Verunreinigungslast und Bewertung von Raumluft

Die Verunreinigungslast G in der Einheit 1 olf entspricht der einer erwachsenen Standardperson mit dem Hygienezustand von 0,7 Bädern pro Tag.	
Die Bewertung der empfundenen Luftqualität C in pol ist die Verunreinigungslast G = 1 olf bezogen auf einen Luftvolumenstrom $\dot{V} = 1$ l/s bei vollständiger Durchmischung der Raumluft	$C = \frac{G}{\dot{V}}$
Die Angabe der Einheit für C erfolgt in der Praxis in dezipol: $1 \text{ pol} = 10 \text{ dezipol} = \frac{1 \text{ olf}}{1 \frac{l}{s}}$	$\dot{V}_{AUL} = 10 \cdot \frac{G}{C - C_{AUL}}$

Empfundene Luftqualität nach DIN EN 16798: 2021-04

Empfundene Luftqualität *C* in dezipol		Unzufriedene Personen in %
Hoch	0,7	10
Mittel	1,4	20
niedrig	2,5	30

Verunreinigungslasten von Personen

Tätigkeit	Verunreinigungslast in olf
Grundumsatz	1
sitzende Tätigkeit	1
leichte Büroarbeit	1,5
mittelschwere Arbeit	2
sportliche Tätigkeit	2,5
Raucher beim Rauchen	25
Raucher im Durchschnitt	6

Verunreinigungslasten von Gebäuden ohne Personen

	Auf die Grundfläche des Raumes bezogene Verunreinigungslast	
	Mittelwert in olf/m²	Bereich in olf/m²
Büro	0,3	0,02 … 0,95
Klassenzimmer	0,3	0,12 … 0,54
Kindergarten	0,4	0,08 … 1,05
Versammlungsraum	0,5	0,13 … 1,32

Typische Außenluftqualitäten nach DIN EN 16798: 2021-04

Ort	Außenluftqualität C_{AUL} in dezipol
Gebirge, Meer	0,05
Städte mit hoher Außenluftqualität	0,1
Städte mit mittlerer Außenluftqualität	0,2
Städte mit geringer Außenluftqualität	0,5

Luftwechselzahl *LW* für verschiedene Räume (Erfahrungswerte) $LW = \frac{\dot{V}_{AUL}}{V_{Raum}}$

Raumart	Luftwechsel in 1/h	Raumart	Luftwechsel in 1/h
Ausstellungshalle	2 … 3	Labor	7 … 15
Arbeitsraum	3 … 7	Lackierraum	10 … 40
Batterieraum	4 … 6	Montagehalle	4 … 9
Bibliothek	4 … 6	Maschinenraum	10 … 40
Büroraum	3 … 6	Schwimmhalle	3 … 6
Callcenter (Telefondienst)	5 … 10	Speiseraum	6 … 8
Computerraum	10 … 40	Sporthalle	3 … 6
Duschraum	10 … 25	Schweißarbeitsraum	15 … 30
Flur	1 … 4	Tagungsraum	5 … 10
Garage	4 … 10	Toilette Büro	5 … 8
Garderobe	3 … 6	Toilette Fabrik	8 … 10
Gaststätte Nichtraucher	5 … 10	Toilette Schule	5 … 8
Gaststätte Raucher	6 … 12	Toilette öffentlich	10 … 15
Gewächshaus	3 … 5	Umkleideraum	6 … 10
Hörsaal	7 … 9	Verkaufsraum	4 … 8
Hotelzimmer	3 … 5	Versammlungsraum	5 … 10
Kantine	6 … 10	Wäscherei	10 … 15
Kino, Theater	4 … 6	Warenhaus, Kaufhaus	4 … 6
Kirche	2 … 4	Wartezimmer	4 … 6
Klassenraum	3 … 6	Werkhalle groß	2 … 3
Kopierraum	10 … 20	Werkhalle klein	2 … 4
Krankenzimmer	2 … 5	Werkstatt	3 … 6
Küche	8 … 25	Werkstatt mit Belastung	6 … 12

9.1.3 Luftarten *airs*

DIN EN 16798: 2021-04

Luftart	Definition	Kurzzeichen nach DIN 1946-6 : 2009-05	Kurzzeichen nach DIN EN 16798: 2021-04	Farbe
Außenluft	Geplante Luftmenge, die von außen in eine Anlage oder ohne Luftbehandlung direkt in einen Raum einströmt	AUL	ODA Outdoor Air	grün
Umluft	Abluft, die zu einem Luftbehandlungsgerät zurückkehrt	UML	RCA Recirculation Air	orange
Mischluft	Luft, die sich aus zwei oder mehreren Luftströmen zusammensetzt	MIL	MIA Mixed Air	Kodierung möglich
Zuluft	Luftstrom, der in einen Raum eintritt oder Luft, die aus der Anlage nach einer Behandlung in den Raum eintritt	ZUL	SUP Supply Air	Nach Anzahl der thermodynamischen Behandlungen: 0 grün 1 rot 2/3 blau 4 violett
Abluft	Luft, die den behandelten Raum verlässt	ABL	ETA Extract Air	gelb
Fortluft	Luftstrom, der in die Atmosphäre befördert wird	FOL	EHA Exhaust Air	braun

9.2 Bauteile Raumlufttechnischer Anlagen *Components of air-conditioning systems*

9.2.1 Filter *filters*

Unterscheidungsmerkmale von Schadstoffen

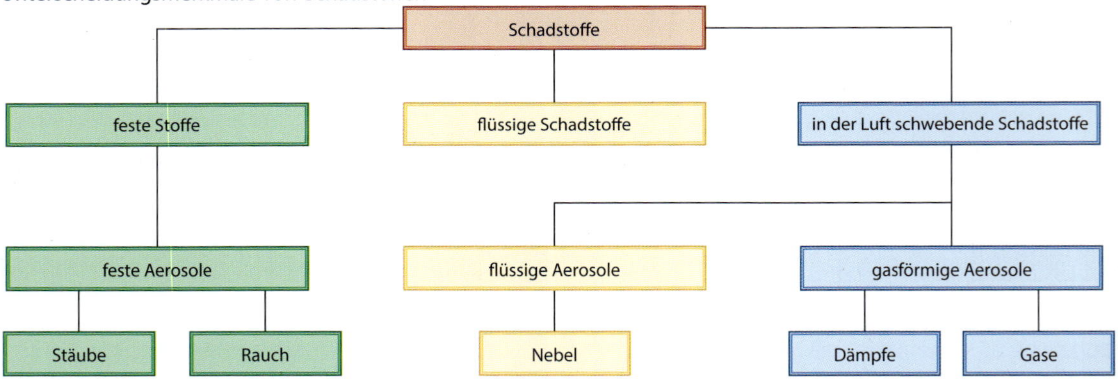

Partikelgröße einzelner Schadstoffe

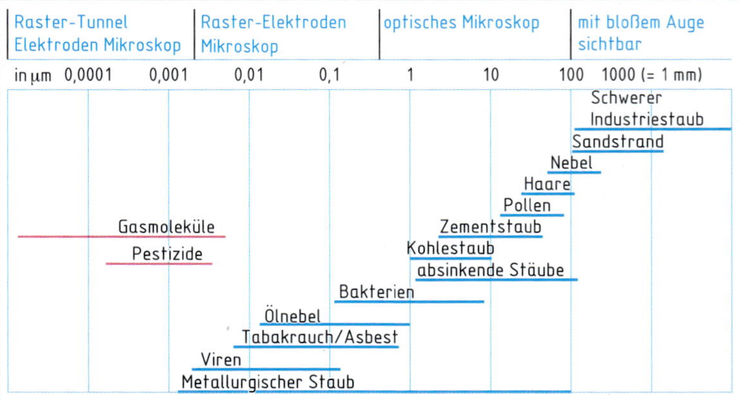

Durchschnittliche Absetzzeit bei unterschiedlicher Schadstoffgröße

Dargestellt wird, wie lange die Schadstoffpartikel – abhängig von ihrer Größe – in der Luft schweben, wenn die Anfangshöhe im Raum 1 m beträgt.

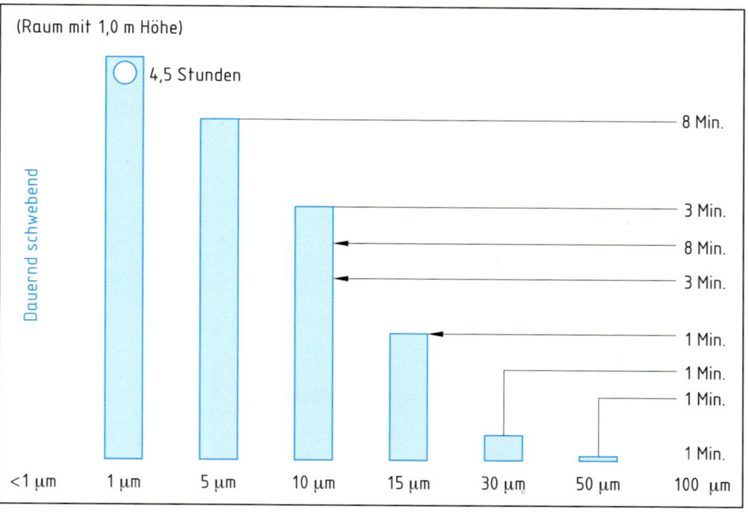

Filtergruppen nach DIN ISO 16890 2018-06

Die alten Filterklassen G1 – F9 werden ersetzt durch eine Bewertung nach Feinstaubgruppen mit unterschiedlicher Partikelgröße PM1, PM2,5 und PM10

Filtergruppe	Partikelverteilung (Mikrometer)	Kriterien
ISO PM1	0,3 < x < 1	minimale Effizienz > 50%
ISO PM2,5	0,3 < x < 2,5	minimale Effizienz > 50%
ISO PM10	0,3 < x < 10	minimale Effizienz > 50%
ISO Coarse	0,3 < x < 10	mittlere Effizienz < 50%
Minimal-Effizienz: Prüfung des (elektrostatisch) entladenen Filters Mittlere Effizienz: Prüfung des unbehandelten und entladenen Filters (gemittelte Messwerte)		

Filterklasse nach EN 779	Filtergruppe nach ISO 16890
G1 – G4	ISO Coarse (Grobstaub)
M5 -M6	ISO PM10
F7- F9	ISO PM2,5 oder ISO PM1

Vergleich EN 779 und ISO 16890 (nach Eurovent)

EN 779		ISO 16890 mittlere Effizienz in %	
Filterklassen	PM1	PM2,5	PM10
M 5	5–35	10–45	40–70
M 6	10–40	20–50	60–80
F 7	40–65	65–75	80–90
F 8	65–90	75–95	90–100
F 9	80–90	85–95	90–100

Filterklassen nach DIN EN 1822-1: 2011-01

HEPA (EPA)- Filter (High Efficiency Particulate Air Filter, Schwebstofffilter) Feinststaub, Schwebstoffe; Kleinstpartikel: z.B. Tabakqualm, Hausstaub, Pollen, Schimmel, Sporen

Filterklasse	Abscheidegrad in %	Filterklasse	Abscheidegrad in %
E10	> 85	U15	> 99,9995
E11	> 95	U16	> 99,99995
E12	> 99,5	U17	> 99,999995
H13	> 99,95		
H14	> 99,995		

Empfohlene Vorfilter

Filterklasse DIN EN 1822-1	Empfohlene Vorfilter
E10	Coarse/ PM2,5
E11	Coarse/ PM2,5
E12	Coarse/ PM2,5
H13	Coarse/ PM1
H14	Coarse/ PM1
U15	Coarse/ PM1/ E10
U16	Coarse/ PM1/ E11
U17	Coarse/ PM1/ E12

Richtwerte für Anfangs- und Enddruckdifferenzen

Filterart	Anfangsdruckdifferenz in Pa	Enddruckdifferenz in Pa
Grobstaubfilter	20 ... 60 Pa	200 ... 350 Pa
Feinstaubfilter	30 ... 150 Pa	300 ... 500 Pa
Schwebstofffilter	80 ... 300 Pa	800 ... 1500 Pa
mehrstufige Filter	300 ... 500 Pa	800 ... 1600 Pa

Hygienische Anforderungen an den Betrieb und die Instandhaltung nach VDI 6022 Blatt 3: 2011-07

- Hygienekontrolle: Sichtprüfung, orientierende mikrobiologische Prüfung, Dokumentation
- Hygieneinspektion nur durch qualifiziertes Fachpersonal: erweiterte Sichtprüfung auf Hygienemängel, mikrobiologische Untersuchung, Probenahme zur Bestimmung der Legionellenzahl, Abklatschprobe an Anlagenteilen

gesundheitliche Auswirkungen bei unterschiedlichen Filterklassen

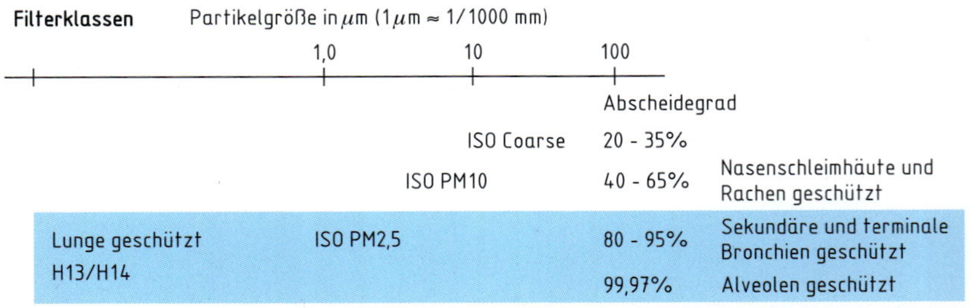

9.2.2 Ventilatoren *fans*

Übersicht: Bauarten von Ventilatoren

	Bauart	Schema	Anwendung	Lieferzahl φ	Druckzahl ψ
Axialventilatoren	Wandventilator	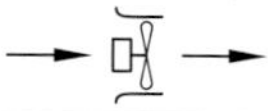	für Fenster- und Wandeinbau	0,1 … 0,25	0,05 … 0,1
	ohne Leitrad	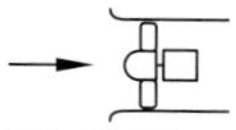	bei geringen Drücken	0,15 … 0,30	0,1 … 0,3
	mit Leitrad	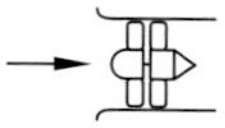	bei mittleren Drücken	0,3 … 0,6	0,3 … 0,6
	Gegenläufer	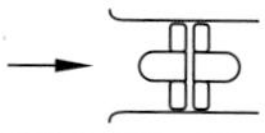	höchste Drücke, in Sonderfällen	0,2 … 0,8	1,0 … 3,0
Radialventilatoren	rückwärts gekrümmte Schaufeln		bei hohen Drücken und Wirkungsgraden	0,2 … 0,4	0,6 … 1,0
	gerade Schaufeln	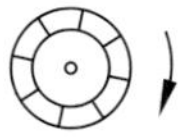	in Sonderfällen	0,3 … 0,6	1,0 … 2,0
	vorwärts gekrümmte Schaufeln	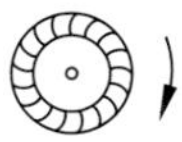	bei geringen Drücken und Wirkungsgraden	0,4 … 1,0	2,0 … 3,0
Querstromventilatoren		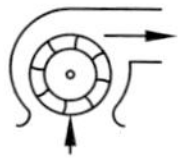	niedrige Drücke bei geringem Platzbedarf	1,0 … 2,0	2,5 … 4,0

Die Lieferzahl φ beschreibt das Verhältnis der tatsächlichen Fördermenge zur theoretisch möglichen Fördermenge	$\varphi = \dfrac{\dot{V}}{\pi \cdot \dfrac{d^2}{4} \cdot u}$ tatsächlich geförderter Luftvolumenstrom $\dot{V}$ in m³/h Laufradaußendurchmesser d in m Umfangsgeschwindigkeit $u = \pi \cdot d \cdot n$ in m/s Drehzahl n in 1/s
Die Druckzahl ψ des Ventilators ergibt sich aus dem Verhältnis der erzeugten Druckerhöhung bezogen auf den Staudruck der Umfangsgeschwindigkeit	$\psi = \dfrac{\Delta p}{\dfrac{\varrho}{2} \cdot u^2}$ Gesamtdruckerhöhung Δp in Pa Luftdichte ϱ in kg/m³ Umfangsgeschwindigkeit $u = \pi \cdot d \cdot n$ in m/s Drehzahl n in 1/s

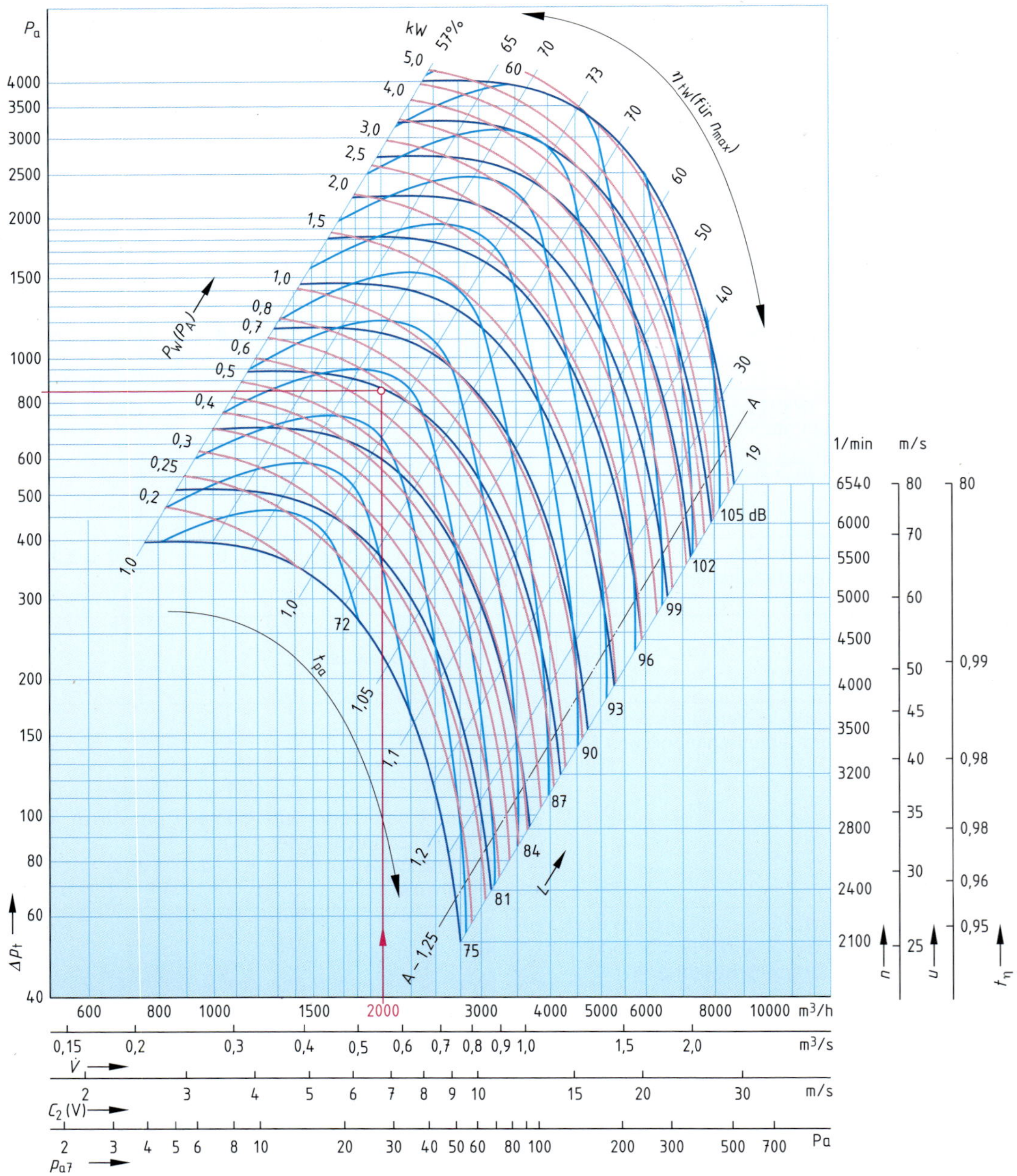

Beispiel für ein Ventilatorkennlinienfeld (hier: Radialventilator mit 225 mm Laufraddurchmesser)

▶ siehe Kap_9.pdf

Ablesebeispiel: Ventilatorkennfeld

Volumenstrom	$\dot{V} = 2000\ m^3/h$	Umfangsgeschwindigkeit des Ventilators	$u = 38\ m/s$
Pressung, Gesamtdruckerhöhung	$\Delta p = 850$ Pa	Wirkungsgrad bezogen auf die Totaldruckerhöhung bei n_{max}	$\eta_{tw} = 71{,}5\,\%$
Strömungsgeschwindigkeit am Ventilatoraustritt	$c_2 = 6{,}75$ m/s	Korrekturfaktor für den Wirkungsgrad	$f = 0{,}978$
Dynamischer Druck am Ventilatoraustritt	$p_{D2} = 27$ Pa	Antriebsleistung	$P_W = 0{,}68$ kW
Ventilatordrehzahl	$n = 3200$/min	Schalldruckpegel Austrittsseite	$L_{WA} = 80$ dB

Einteilung von Ventilatoren nach Druckerhöhung

	Gesamtdruckerhöhung Δp in Pa
Niederdruckventilatoren	… 700
Mitteldruckventilatoren	700 … 3000
Hochdruckventilatoren	3000 … 30000

Überschlägige Kühllastberechnung in Anlehnung an VDI 2078 ► siehe Kap_9.pdf

Zu beachten: Die Kühlleistung ist ausgelegt für eine Temperaturdifferenz zwischen Außen- und Innentemperatur von 6 … 8 K.

Liegt der Ventilatormotor innerhalb des Klimagerätes im Luftstrom, erwärmt sich die Luft

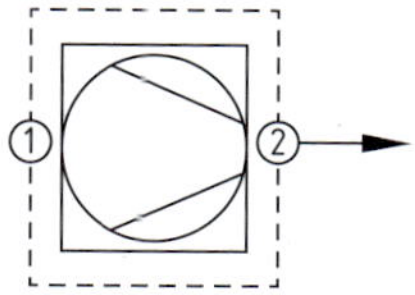

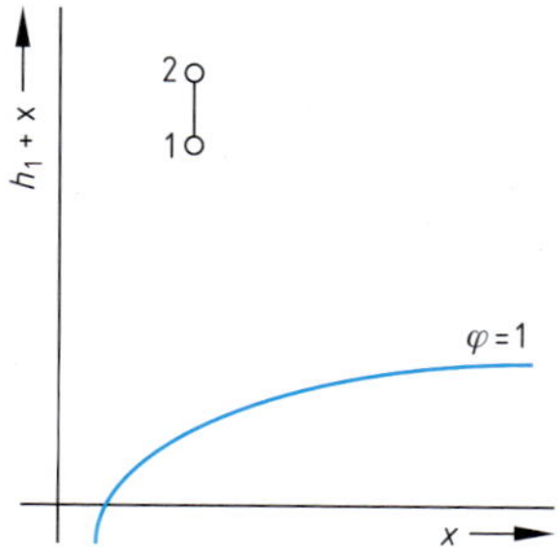

$P_W = \dot{m}_L \cdot (h_{1+x,2} - h_{1+x,1})$

P_W: Ventilatorantriebsleistung in kW
$\dot{m}_L$: Luftmassenstrom in kg/s
$(h_{1+x,2} - h_{1+x,1})$: Enthalpiedifferenz der Luft in kJ/kg

9.2.2.1 Lufterwärmer *heating coil*

Lufterwärmung durch ein Heizwasserregister

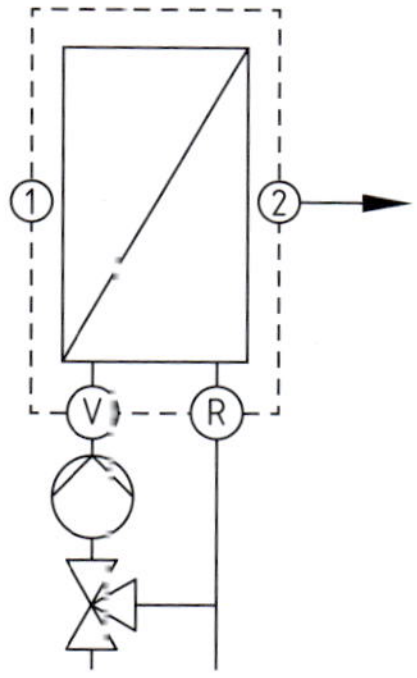

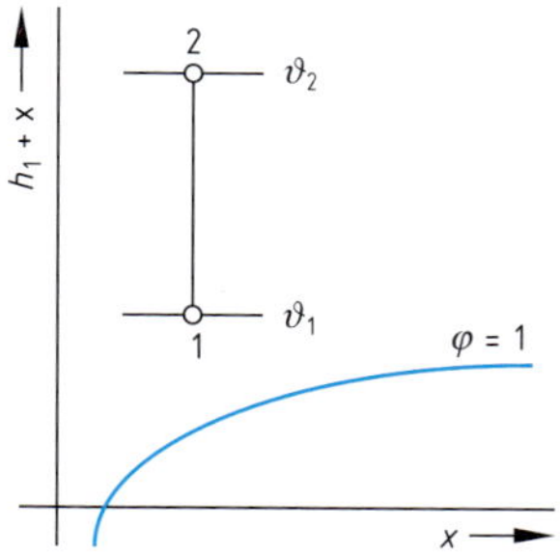

$\dot{m}_L$ = konst., x = konst.

$\dot{m}_L$: Luftmassenstrom in kg/s
x: Wasserdampfgehalt in g/kg

Heizleistung luftseitig Φ in kW

$\Phi = \dot{m}_L \cdot (h_{1+x,2} - h_{1+x,1})$

$(h_{1+x,2} - h_{1+x,1})$: Enthalpiedifferenz Lufterwärmerausgang/-eingang in kJ/kg

Heizleistung wasserseitig Φ in kW

$\Phi = \dot{m}_W \cdot c_W \cdot (\vartheta_V - \vartheta_R)$

$\dot{m}_W$: Heizwassermassenstrom in kg/s
c_W: spez. Wärmekapazität von Wasser in kJ/kg K
$(\vartheta_V - \vartheta_R)$: Vorlauf/Rücklauf-temperaturspreizung in K

9.2.2.2 Luftkühler *air cooler*

Ermittlung des Kühleraustrittzustands mit Hilfe der effektiven Kühleroberflächentemperatur $\vartheta_{e,\,eff}$

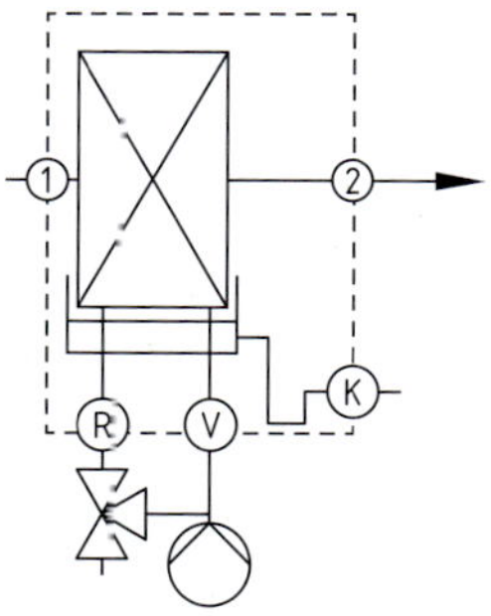

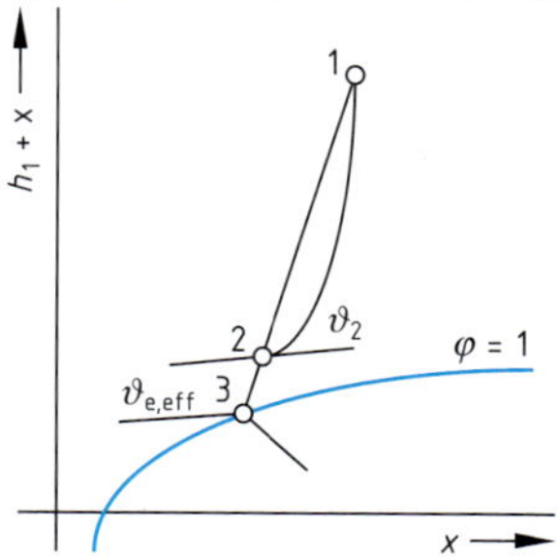

Kühlleistung Φ_k in kW

$\Phi_k = (h_{1+x,2} - h_{1+x,1}) \cdot \dot{m}_L$

$\dot{m}_L$: Luftmassenstrom in kg/s
$(h_{1+x,2} - h_{1+x,1})$: Enthalpiedifferenz Kühlerausgang/-eingang in kJ/kg

Massenstrom des kondensierenden Wassers $\dot{m}_k$ in kg/s

$\dot{m}_k = \dot{m}_L \cdot (x_1 - x_2)$

$(x_1 - x_2)$: Änderung des Dampfgehalts Kühlereintritt/-austritt in g/kg

9.2.2.3 Luftbefeuchter *humidifier*

Befeuchtung mit Dampf
am Randmaßstab ergibt sich die Richtung der Zustandsänderung:

$$h_D = \frac{\Delta h_{1+x}}{\Delta x}$$

Enthalpiewert für Sattdampf bei 100 °C: $h_D = 2676 \frac{kJ}{kg} = 743{,}3\ Wh/kg$

Die Zustandsänderung im Dampfbefeuchter verläuft annähernd isotherm!

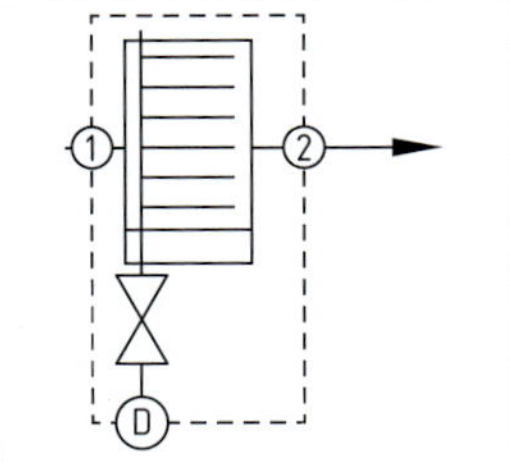

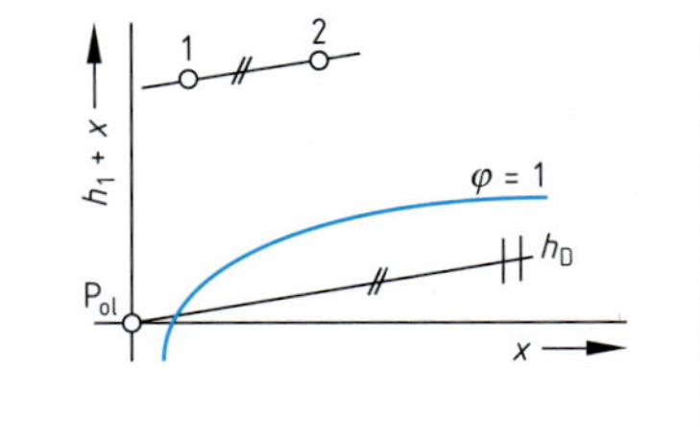

Massenstrom Dampf $\dot{m}_D$ in kg/s

$$\dot{m}_D = \dot{m}_L \cdot (x_2 - x_1)$$

$\dot{m}_L$: Luftmassenstrom in kg/s

$x_2 - x_1$: Änderung des Dampfgehalts Dampfbefeuchtereingang/-ausgang in g/kg

Düsenbefeuchtung (adiabater Luftwäscher)
maximal mögliche Befeuchtung im Schnittpunkt K

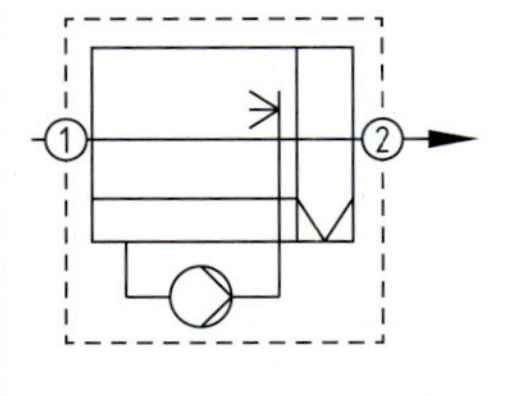

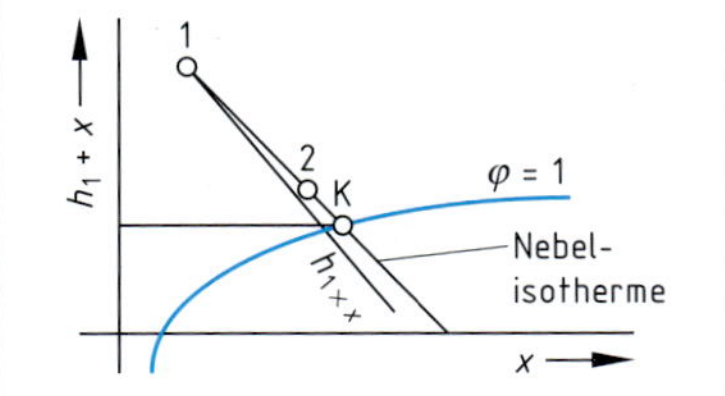

Zugeführter Wassermassenstrom $\dot{m}_W$ in kg/s

$$\dot{m}_W = \dot{m}_L \cdot (x_2 - x_1)$$

$\dot{m}_L$: Luftmassenstrom in kg/s

$x_2 - x_1$: Änderung des Dampfgehalts Luftwäschereingang/-ausgang in g/kg

9.2.2.4 Vereinfachtes Verfahren zur Kanalnetzberechnung *channel network calculation*

(zur Geräteauswahl nach Herstellerangaben)

▶ siehe Kap_9.pdf

9.2.2.5 Druckverluste von Wickelfalzrohren

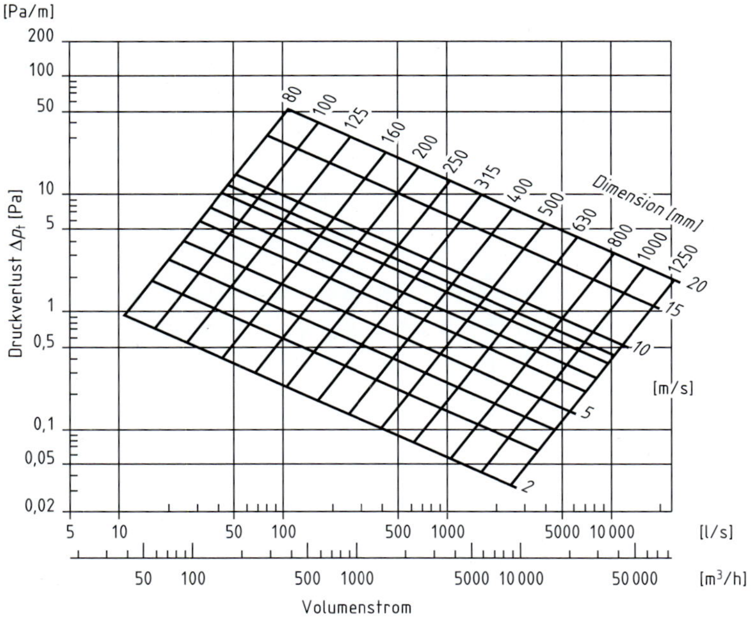

Druckverlustberechnung

Für die Druckverlustberechnung ist jeweils die Rohrleitung der ungünstigsten (meist der längsten) Leitung von der Außenluftansaugung bis zum entferntesten Zuluftventil und vom entferntesten Abluftventil bis zum Fortluftauslass mit allen darin enthaltenen Formstücken zu betrachten:

- Bestimmung der Rohrlängen mit gleichbleibenden Durchmessern entsprechend dem Volumenstrom
- Multiplikation der Rohrlänge mit dem vorgegebenen Druckverlust
- Bestimmung der Formstücke auf dem Leitungsabschnitt
- die Anzahl der Formstücke werden mit den Einzeldruckverlusten multipliziert
- Bestimmung der Einzeldruckverluste von Bauteilen nach Herstellerangaben (z. B. Wetterschutzgitter, Dachdurchlässe, Volumenstromregler …)

Beispiel: Druckverluste Zuluftleitung (incl. Außenluft)

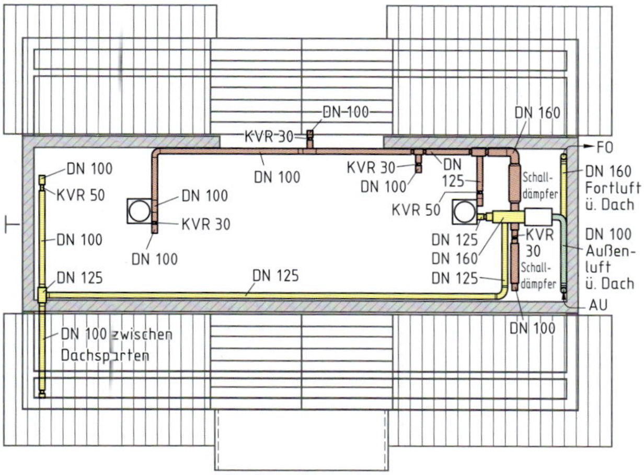

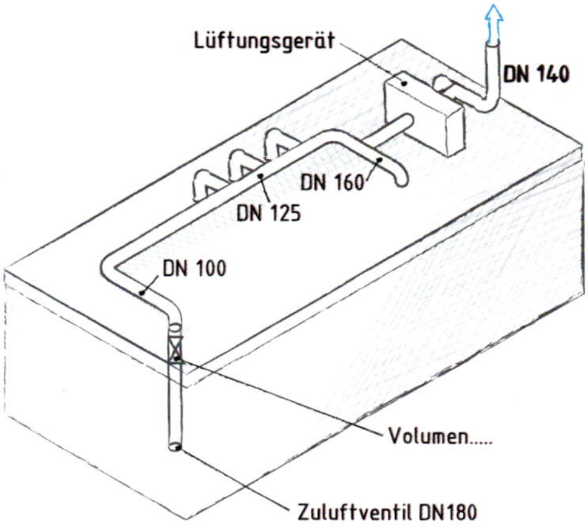

einfache Handskizze der Zuluftleitung (violett) incl. Außenluft (grün)

Wickelfalzrohr	Volumenstrom m³/h	Durchmesser mm	Druckverlust Pa/m Rohr	Rohrlänge m	Druckverlust Pa
	bis 80	100	1,56	7,5	11,7
	80–120	125	1,18	4	4,7
	120–210	160	0,86	4	3,4
Zuluftventile	**Volumenstrom m³/h**	**Durchmesser mm**	**Druckverlust Pa/Stück**	**Anzahl**	
	bis 40	DN 100	15	1	15
Formstücke					
Bogen 90°			2,7	4	10,8
Bogen 45°			1,1		
Abzweig 90° (T-Stück) Trennung			4,8	2	9,6
T-Stück, Durchgang			0,2	3	0,6
Erweiterung			1,1		
Reduzierung			2,7	2	5,4
Drosselklappe geöffnet			2,1		
Konstant-Volumenstromregler		lt. Hersteller	50	1	50
Dach-Luftansaugung		lt. Hersteller	5	1	5
				SUMME:	116

Druckverlustberechnung Zuluftleitung
Lüftungsgerät LW 200

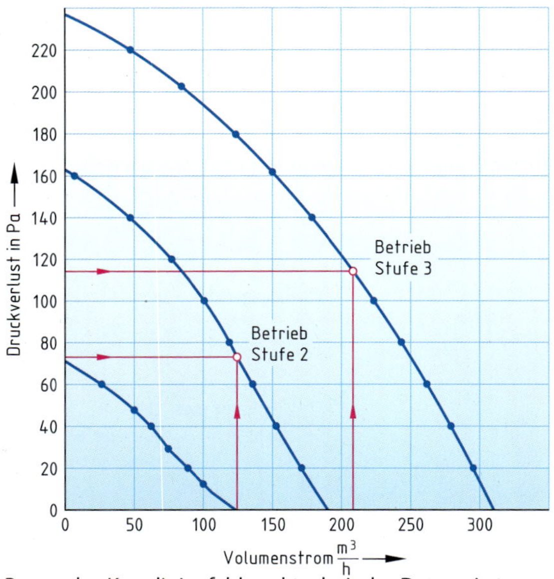

Passendes Kennlinienfeld und technische Daten eines Lüftungsgerätes

Breite	760 mm
Höhe	665 mm
Tiefe	442 mm
Gewicht	48 kg
Anschluss Kanal	DN 160
Kondensatanschluss	19 mm
Elektr. Anschluss	230~/50 Hz
Einsatzbereich	100–250 m³/h
Nennvolumenstrom	200 m³/h
Rückgewinnungsgrad gemäß Zulassung	70%
Leistungsaufnahme Stufe 1 – 2 – 3	44 – 66 – 96 W
Heizregister	
Heizleistung (70/50) Temperaturerhöhung ΔT	1600 W 23 K
Heizleistung (50/40) Temperaturerhöhung ΔT	830 W 12 K
Heizleistung (40/30) Temperaturerhöhung ΔT	625 W 9 K
Anschluss Heizregister	3/8″
Wasserseitiger Druckverlust	3,9 kPa

9.3 Lüftungssysteme *ventilation systems*

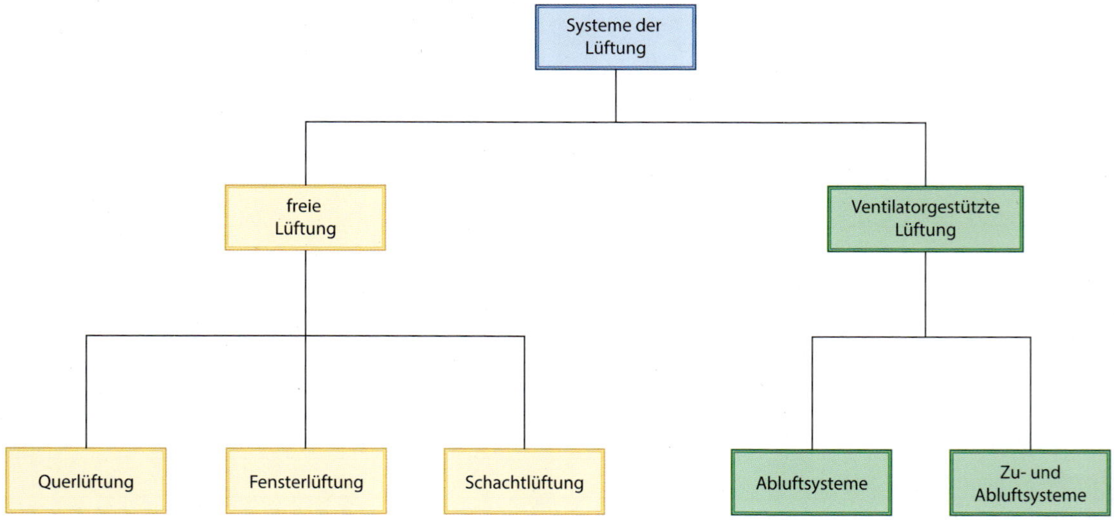

9.3.1 Freie Lüftung *free ventilation*

Freie Lüftungssysteme nach DIN EN 12792 : 2004-05		
Definition: Ausschließlich durch natürliche Kräfte ohne Hilfe von Ventilatoren verursachte Lüftung über Undichtigkeiten und Luftdurchlässe einschließlich offener Fenster.		
Querlüftung	Schachtlüftung	Fensterlüftung

Querlüftung nach DIN EN 12792 : 2004-05

Freie Lüftung, infolge des Differenzdrucks, der durch Winddruck auf die Gebäudeaußenflächen entsteht und bei der thermischer Auftrieb im Gebäude von geringer Bedeutung ist (in Folge von Undichtigkeiten am Gebäude (Wände, Dach, Fenster, Türen etc.)).

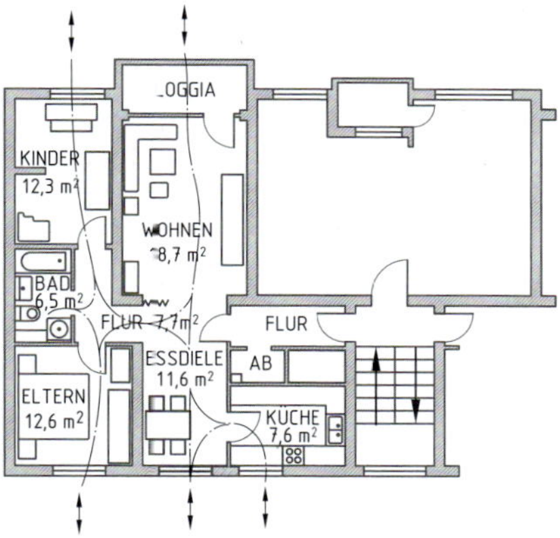

Querlüftung mit Innenbad

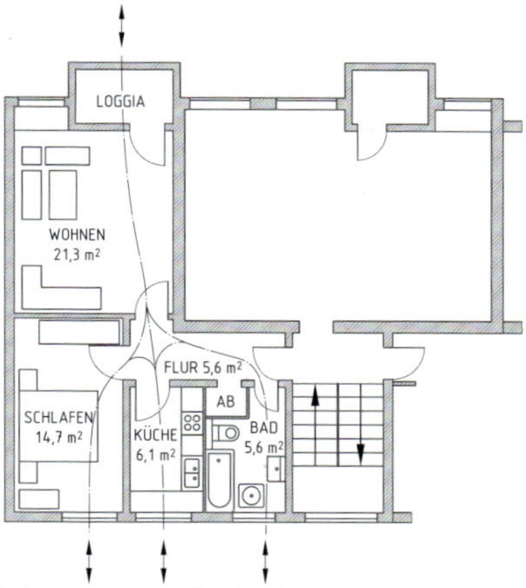

Querlüftung mit Außenbad

Schachtlüftung nach DIN EN 12792 : 2004-05

Freie (natürliche) Lüftung über eine vertikal eingebaute Luftleitung
Schachtaufsatz:
Luftdurchlass zum Aufbau auf eine Fortluftleitung (oder einen Lüftungsschacht) zur freien Lüftung, sodass durch Auftreten eines Überdruckes in Abhängigkeit von der Windgeschwindigkeit Umkehrströmungen vermieden werden und eine Überhöhung des Luftstroms erzielt werden kann.
Erforderlicher Schachtquerschnitt A:

$$A = \frac{\dot{V}}{w}$$

w: Geschwindigkeit im Schacht in $\frac{m}{s}$

$\dot{V}$: abzuführender Luftvolumenstrom (entsprechend der abzuführenden Belastung bzw. der Luftwechselrate)
Schachtlüftung ist wirkungslos, wenn die Raumlufttemperatur ϑ_R kleiner als die Außenlufttemperatur ϑ_{AU} ist und bei Windstille.

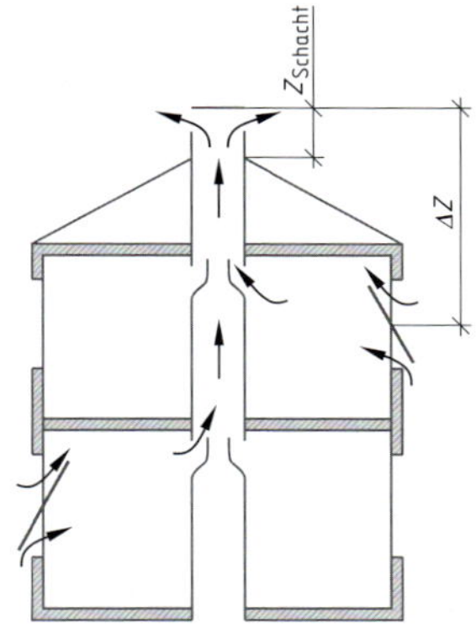

Schematische Darstellung der freien Schachtlüftung

Luftgeschwindigkeit w in m/s in Lüftungsschächten abhängig von der wirksamen Schachthöhe $\Delta z_{Schacht}$ und der Temperaturdifferenz $\vartheta_R - \vartheta_{AU}$

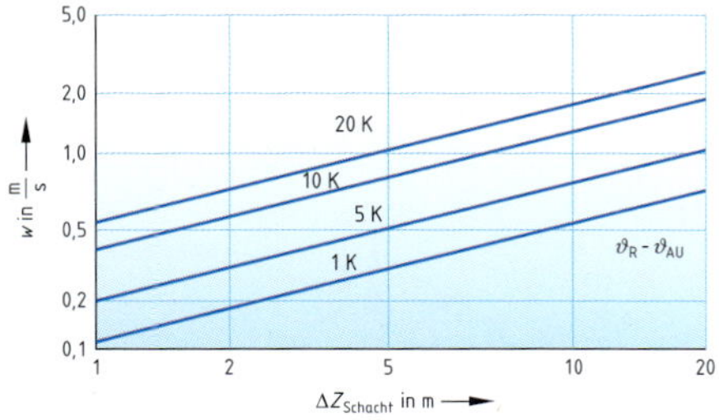

Die Unterdruckwirkung kann durch bauliche Lüftungsaufsätze verstärkt werden.
Prinzipskizze Meidinger Scheibe

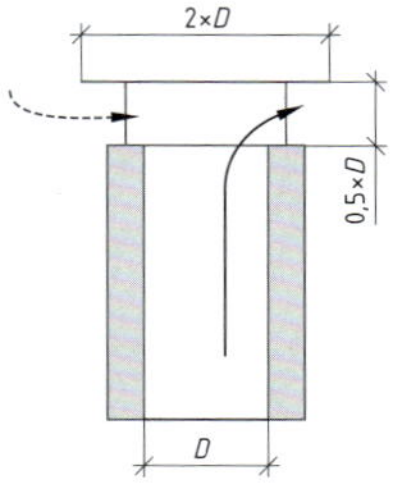

Fensterlüftung nach DIN EN 12792 : 2004-05

Fensterlüftung: freie Lüftung durch Öffnen der Fenster (maschinell oder manuell).		
Spaltlüftung	Stoßlüftung	Intensivlüftung
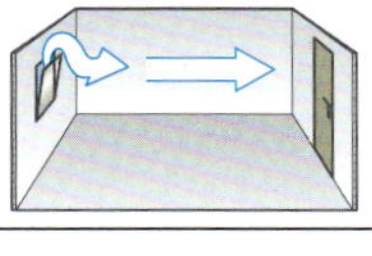	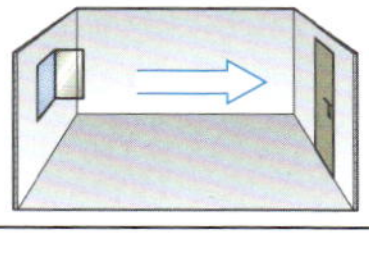	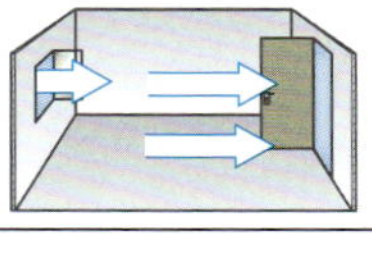

9.3.2 Ventilatorgestützte Lüftung *fan-assisted ventilation*

9.3.2.1 Abluftanlagen *exhaust air systems*

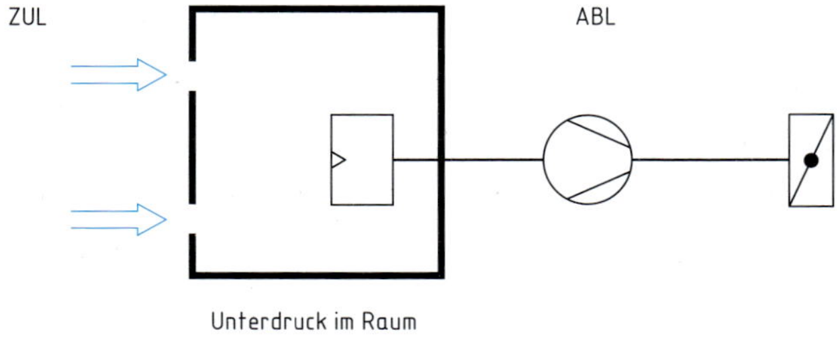

Unterdruck im Raum

Einzel- und Zentralabluftanlagen nach DIN 18017 : 2009-09

Einzelabluftanlage	Zentralabluftanlage
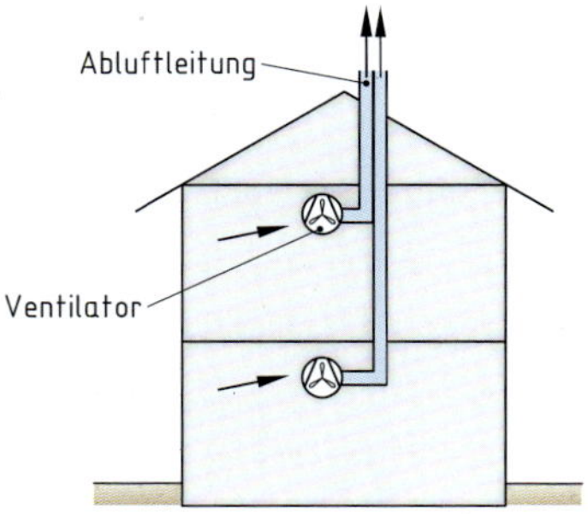 Eigene Abluftleitungen	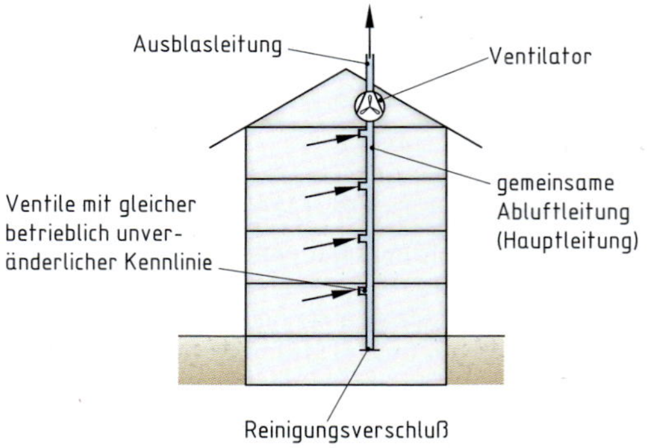 Nur gemeinsam veränderlicher Gesamtvolumenstrom
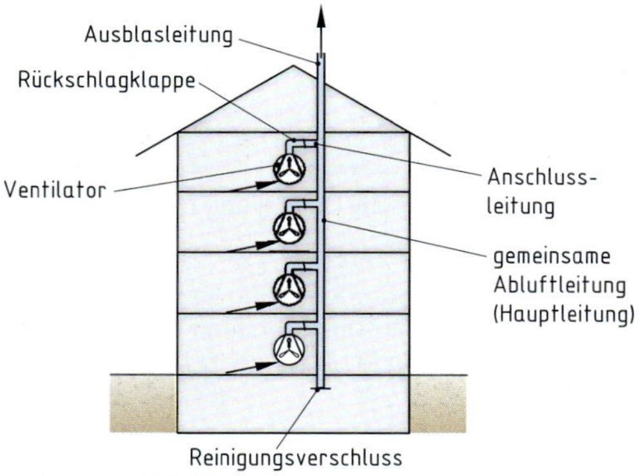 Gemeinsame Abluftleitung	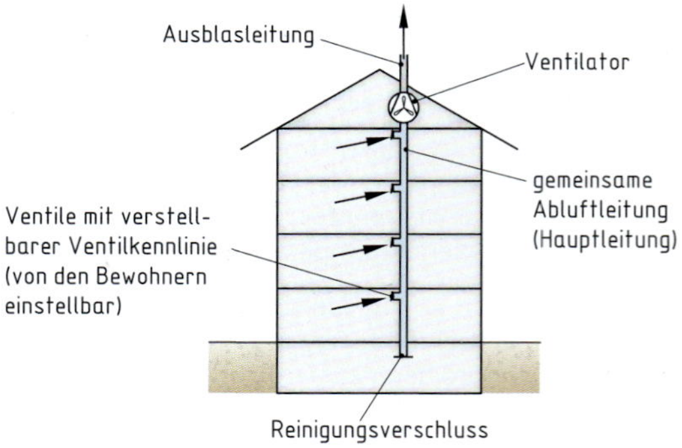 Wohnungsweise veränderlicher Volumenstrom
	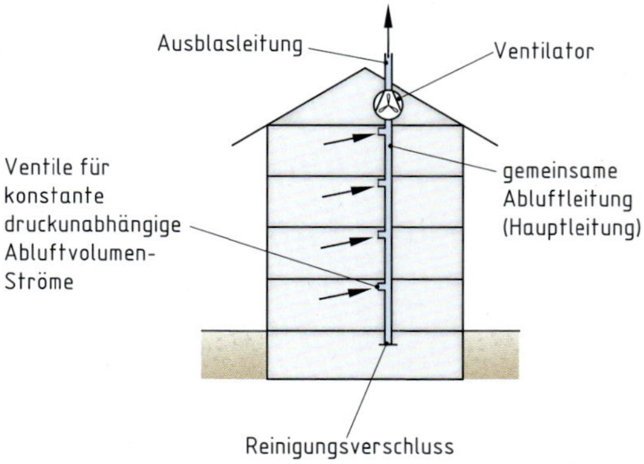 Unveränderlicher Volumenstrom

9.3.2.2 Belüftungsanlage *ventilation*

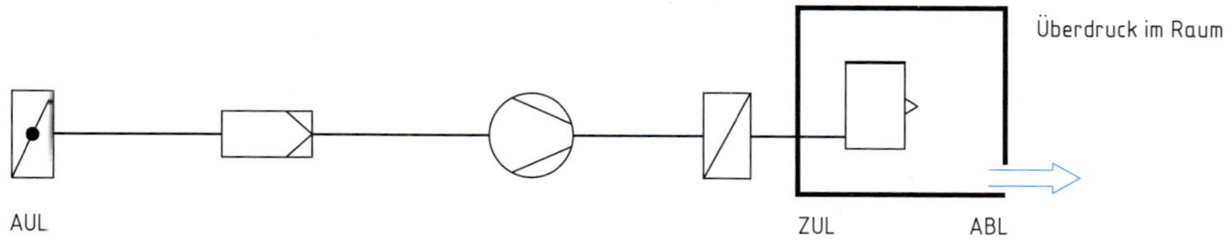

Überdruck im Raum

9.3.2.3 Kombinierte Be- und Entlüftungsanlage *Combined ventilation system*

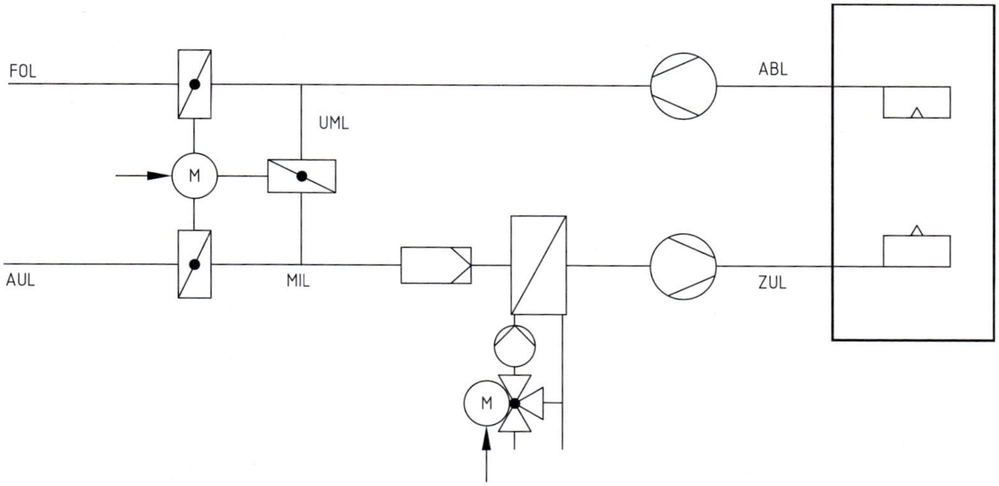

Druckverhältnisse im Raum

Unterdruck im Raum, wenn	$\dot{V}_{ZUL} < \dot{V}_{ABL}$
Überdruck im Raum, wenn	$\dot{V}_{ZUL} > \dot{V}_{ABL}$
Gleichdruck im Raum, wenn	$\dot{V}_{ZUL} = \dot{V}_{ABL}$

9.3.2.4 Klimaanlage *air conditioning*

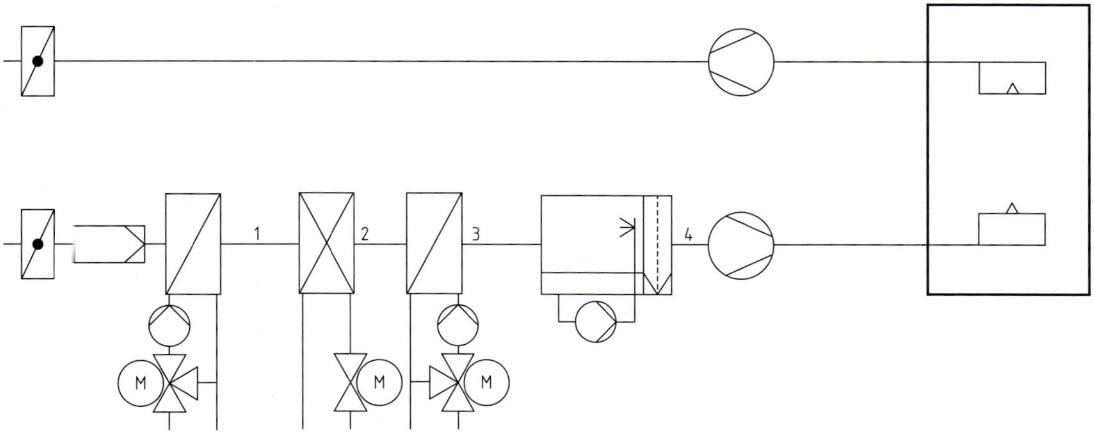

Beispiel einer Klimaanlage ohne Umluftanteil und ohne Wärmerückgewinnung

Darstellung der Luftbehandlungen im *h*-*x*-Diagramm

Sommerauslegungsfall:		Winterauslegungsfall:	
AUL,1–2	Luftkühlung	AUL–1,2	Luftvorerhitzer (Kühler aus)
2–3,4	Luftnacherhitzer	1,2–3	Luftnacherhitzer
3,4–ZUL	Erwärmung durch Ventilatormotor	3–4	Düsenbefeuchtung
		4–ZUL	Erwärmung durch Ventilatormotor

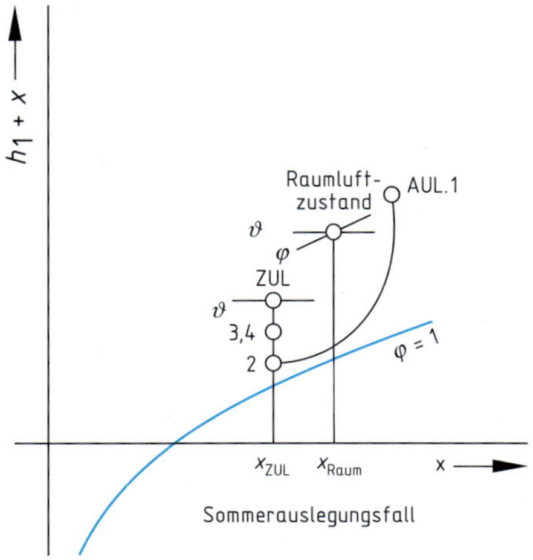

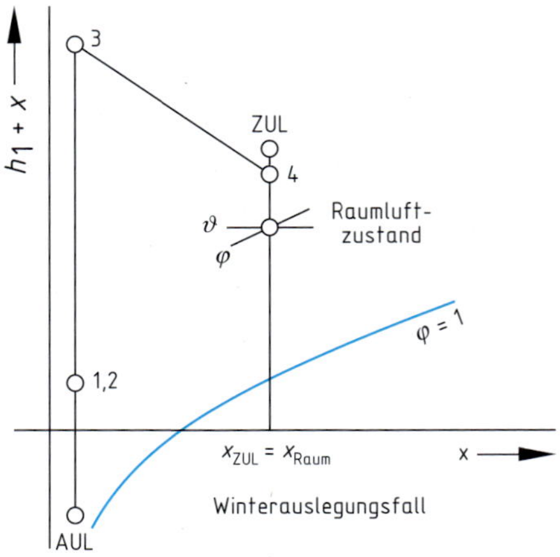

9.4 Wärmerückgewinnung (WRG) in Lüftungssystemen
Heat recovery in ventilation systems

Wärmerückgewinnung nach VDI 2071

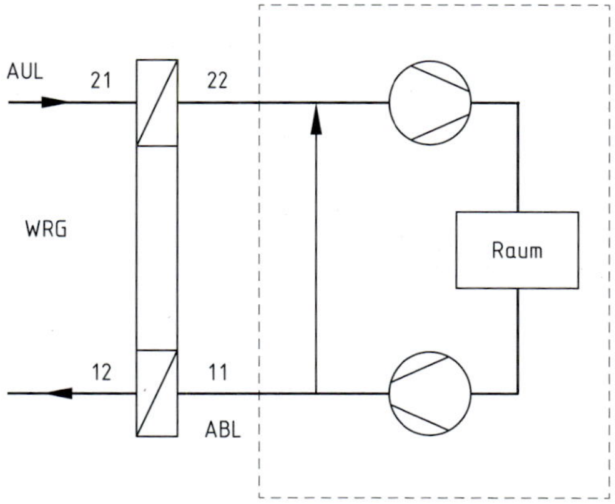

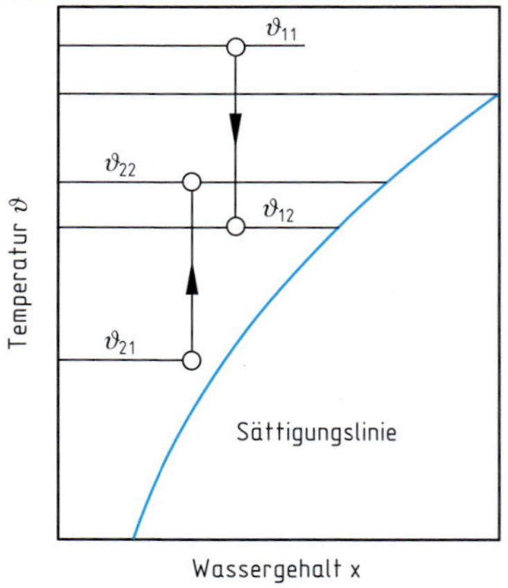

Die Rückwärmezahl Φ gibt den prozentuellen Grad der rückgewonnenen Wärme an:

$$\Phi = \frac{\vartheta_{22} - \vartheta_{21}}{\vartheta_{11} - \vartheta_{12}} \cdot 100\,\%$$

Die Rückfeuchtezahl ψ gibt den prozentuellen Grad der rückgewonnenen Luftfeuchte an und ist so ein Maß für die Enthalpie-Rückgewinnung aus der Abluft:

$$\psi = \frac{x_{22} - x_{21}}{x_{11} - x_{12}} \cdot 100\,\%$$

zu beachten: $\text{Index}_{\text{erste Ziffer. zweite Ziffer}}$

Erste Ziffer		Zweite Ziffer	
ABL	1	Eingang WRG	1
AUL	2	Ausgang WRG	2

WRG-System		Rück-wärmezahl	Rück-feuchtezahl	Eignung der WRG bei				
				Gerüchen	Keimen	Staub	Öl und Fett	Gasen
Rekuperative Systeme								
Plattenwärmeübertrager	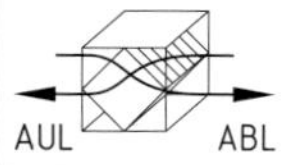	0,4 … 0,8	0	o	o	o	o	–
Regenerative Systeme								
Kreislaufverbundsystem durch Kompaktwärme-übertrager	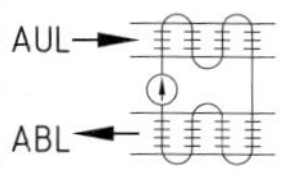	0,3 … 0,5	0	+	+	+	+	+
Kreislaufverbundsystem durch Gegenstrom-schichtwärmeübertrager	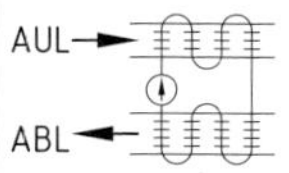	0,7 … 0,8	0	+	+	+	+	+
Wärmerohre (Kapillar-)	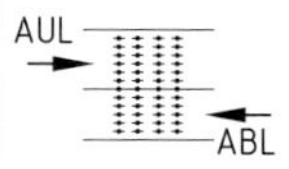	0,5 … 0,8	0	o	o	+	o	o
Regeneratoren								
Rotor	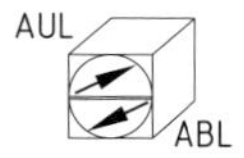	0,7 … 0,8	0,6 … 0,7	o	–	o	o	– –
Wärmepumpe								
Kompressor-Wärmepumpe	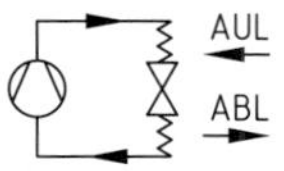	COP Bestimmung für den Kältekreislauf	0	+	+	+	+	+

(––) ungeeignet, (–) weniger geeignet, (o) nur mit Hilfe oder Sonderkonstruktion geeignet, (+) geeignet

9.5 Systeme zur Wohnungslüftung

Lüftungsformen nach DIN EN 1946-6 : 2019-12

Lüftung zum Feuchteschutz	$\dot{V}_{V,ges,FL}$	m^3/h	Nutzerunabhängige Lüftung (Minimalbetrieb) in Abhängigkeit vom Wärmeschutzniveau zur Vermeidung von Schimmelpilz- und Feuchteschäden
Reduzierte Lüftung	$\dot{V}_{V,ges,RL}$	m^3/h	Nutzerunabhängig Lüftung, die unter üblichen Nutzerbedingungen Mindestanforderungen an die Raumqualität erfüllt
Nennlüftung	$\dot{V}_{V,ges,NL}$	m^3/h	Notwendige Lüftung zur Gewährleistung des Bautenschutzes sowie der hygienischen und gesundheitlichen Erfordernisse bei planmäßiger Nutzung einer Nutzungseinheit
Intensivlüftung	$\dot{V}_{V,ges,IL}$	m^3/h	Zeitweilige notwendige erhöhte Lüftung zum Abbau von Lastspitzen (z.B. durch Öffnen der Fenster)
Infiltrationslüftung	$\dot{V}_{V,Inf}$	m^3/h	Außenluftvolumenstrom durch die Gebäudehülle (z.B.: Außenluftdurchlass ALD)
Abluftvolumenstrom	$\dot{V}_{V,ges,R}$	m^3/h	Abluft durch Ventilatorunterstützte Lüftung
Hinweis: Der Gesamtwert ges setzt sich aus der Summe einzelner Nutzungseinheiten NE zusammen			

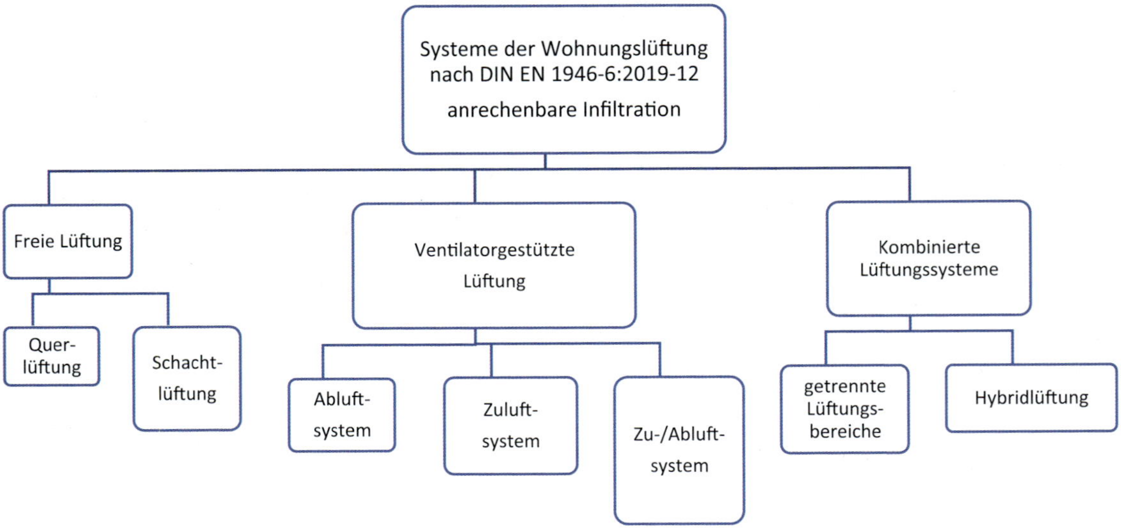

Mindestanforderung an Systeme der Wohnungslüftung nach DIN EN 1946-6 : 2019-12

Querlüftung	$\dot{V}_{\mathrm{V,ges,FL}}$
Schachtlüftung	$\dot{V}_{\mathrm{V,ges,FL}}$
Abluftsystem	$\dot{V}_{\mathrm{V,ges,NL}}$
Zuluftsystem	$\dot{V}_{\mathrm{V,ges,NL}}$
Zu-/Abluftsystem	$\dot{V}_{\mathrm{V,ges,NL}}$
Kombinierte Lüftungssysteme	unterschiedlich, je nach Geräte-Kombination

Lüftungskonzept: Nach DIN EN 1946-6 : 2019-12 gehört zur Erstellung des Lüftungskonzepts das Prüfen der Notwendigkeit lüftungstechnischer Maßnahmen sowie die Auswahl eines Lüftungssystems. Das Festlegen der Außenluftvolumenströme (mind. $\dot{V}_{\mathrm{V,ges,NL}}$) und die Dimensionierung der Lüftungssysteme sind nicht Bestandteil des Lüftungskonzepts. Eine lüftungstechnische Maßnahme ist notwendig, wenn:

$$\dot{V}_{\mathrm{V,ges,FL}} > \dot{V}_{\mathrm{V,Inf}}$$

$$\dot{V}_{\mathrm{V,Inf}} = e_z \cdot V_{NE} \cdot n_{50}$$

mit

$\dot{V}_{\mathrm{V,Inf}}$	Luftvolumenstrom durch Infiltration	m^3/h
e_z	Volumenstromkoeffizient	–
V_{NE}	Luftvolumen der Nutzungseinheit	m^3
n_{50}	Luftwechsel bei 50 Pa Differenzdruck	1/h

Volumenstromkoeffizient e_z (normale Lage, bis 15 m Gebäudehöhe)	**windschwach**	**windstark**
Eingeschossige Nutzungseinheit	0,04	0,08
Mehrgeschossige Nuztzungseinheit	0,06	0,09

Volumenstromkoeffizient e_z bei freier Lüftung

Lüftungssysteme			**Volumenstromkoeffizient e_z**
Ventilatorunterstützte Lüftung	Abluftsystem	ohne raumluftabhängige Feuerstätte	0,21
		mit raumluftabhängiger Feuerstätte	0,17
	Zuluftsystem		0,17
	Zu-/Abluftsystem		nicht benötigt

Volumenstromkoeffizient e_z bei Ventilatorunterstützter Lüftung

Luftwechsel n_{50} bei 50 Pa Differenzdruck

Kategorie		
A (Grenzwert für ventilatorgestützte Lüftung)	B (Grenzwert für freie Lüftung)	C (Bestand bei freier Lüftung)
1,0 1/h	1,5 1/h	4,5 1/h

Luftwechsel n_{50}

$$\dot{V}_{V,ges,FL} = f_{ws} \cdot (-0{,}02 \cdot A_{NE}^2 + 1{,}15 \cdot A_{NE} + 11)$$

mit

$\dot{V}_{V,ges,FL}$	Luftvolumenstrom zum Feuchteschutz	m^3/h
f_{ws}	Wärmeschutzkoeffizient	–
A_{NE}	Fläche der Nutzungseinheit	m^2

Wärmeschutzkoeffizient f_{ws}	**hoher Wärmeschutz**	**geringer Wärmeschutz**
geringe Belegung (> 40 m^2/Pers.)	0,2	0,3
hohe Belegung (< 40 m^2/Pers.)	0,3	0,4

Wärmeschutzkoeffizient f_{ws}

Mindestwerte für Luft-Volumenströme nach DIN EN 1946-6 : 2019-12

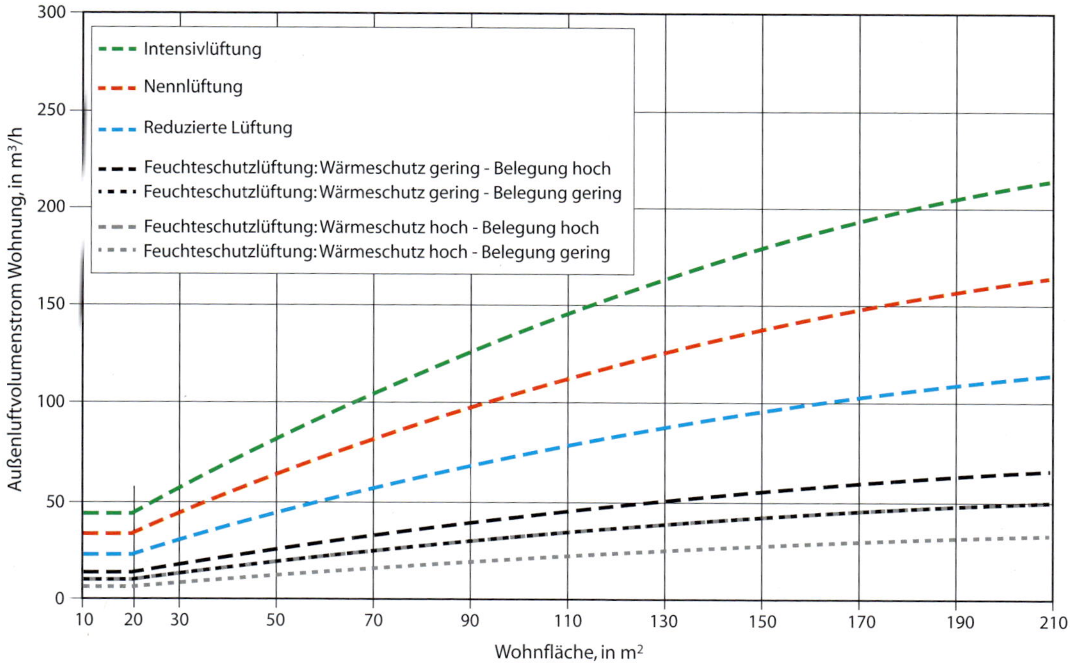

Ventilatorgestützte Lüftung: Ablaufsysteme

Abluftvolumenstrom $\dot{V}_{V,ges,R}$	**Nennlüftung in m³/h**
Hausarbeitsraum, Hobbyraum, WC	20
Küche, Kochnische, Bad mit und ohne WC, Duschraum	40
Sauna, Fitnessraum	40
Hinweis: Sind in einer Wohnung mehrere Feuchträume vorhanden, wird bei dem Gesamt-Nennluft-Volumenstrom $\dot{V}_{V,ges,NL}$ nur das Minimum aus der Summe der Abluftvolumenströme $\dot{V}_{V,ges,R}$ oder dem 1,2-fachen des Nennvolumenstroms der Nutzungseinheit1,2 $\cdot \dot{V}_{V,ges,NL}$ angerechnet.	

Gesamt-Abluftvolumenstrom bei Ventilatorgestützter Lüftung für einzelne Räume mit und ohne Fenster

Beispiel für die Kennzeichnung von Lüftungsgeräten nach EN 1946-6 : 2019-12

Kennzeichnung ZuAbS-Z-NE-WÜT-E-H-O

allgemein	**Beispiel**
Rückschlagklappen	ohne
Hygiene	besondere Raumluftqualität
Energienutzung	Energiesparender Betrieb
Wärmerückgewinnung	Wärmeübertragung
Anordnung Anlage	Nutzeinheit (WE Wohneinheit)
Anordnung Gerät	Zentralgerät
Lüftungssystem	Zuluft-, Abluftsystem

Kennzeichnung von Lüftungsgeräten

Hygienische Anforderungen für Ventilatorgestützte Lüftungssysteme

	Grundanforderung		**Hygieneanforderung**	
	Außenluft ODA	**Abluft ETA**	**Außenluft ODA**	**Abluft ETA**
Freie Lüftung	keine zusätzliche Anforderung		keine zusätzliche Anforderung	
Abluftsystem	ISO Coarse > 45%	ISO Coarse > 30%	ISO PM1 > 50%	ISO Coarse > 30%
Zuluftsystem	ISO Coarse > 45%	–	ISO PM1 > 50%	–
Zu-/Abluftsystem	ISO Coarse > 45%	ISO Coarse > 30%	ISO PM1 > 50%	ISO Coarse > 30%
Hinweis: Die Hygieneempfehlungen nach DIN EN 1946-6:2012-12 erfüllen die Anforderungen der VDI 6022 und der Filterklassifizierung nach DIN ISO 16890				

Fitteranforderung

10 Umwelttechnik

10.1 Umwelt- und ressourcenschonende Heizungssysteme *environmental and resource efficient heating*

10.1.1 Pellets *pellets*

Pellet-Qualität nach DIN EN ISO 17225-2: 2021-09

CO_2-Emissionen bei der Verbrennung von üblichen Brennstoffen für Heizungsanlagen (kg CO_2/kWh)

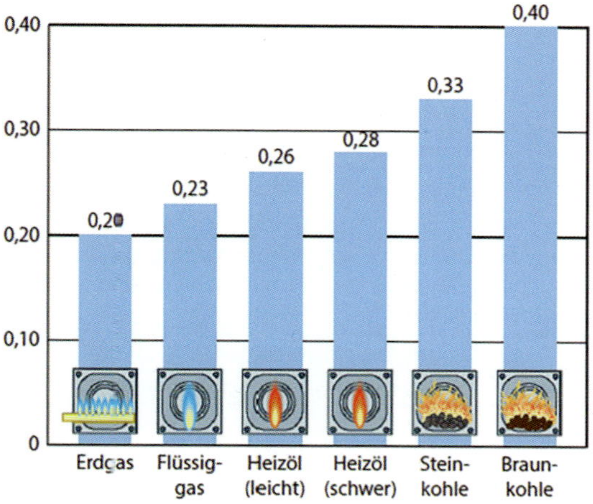

Kriterium	Einheit	ENplus-A1	ENplus-A2
Durchmesser	mm	6 (± 1)	6 (± 1)
Länge	mm	3,15 ≤ *L* ≤ 40[1]	3,15≤ *L* ≤ 40[1]
Schüttdichte	kg/m³	≥ 600	≤ 600
Heizwert	MJ/kg	≥16,5	≥16,5
Mechanische Festigkeit	Ma.-%	≥ 97,5[4]	≥97,5[4]
Feinanteil	Ma.-%	≤ 1[1]	≤ 1[3]
Aschegehalt	Ma.-%[2]	< 0,7	< 1,0
Wassergehalt	Ma.-%	≤ 10	≤ 10
Schwefelgehalt	Ma.-%[2]	< 0,05	< 0,05
Chlorgehalt	Ma.-%[2]	< 0,02	< 0,03
Kupfergehalt	mg/kg[2]	≤ 10	≤ 10
Stickstoffgehalt	Ma.-%[2]	< 0,3	< 0,5
Chromgehalt	mg/kg[2]	≤ 10	≤ 10
Arsengehalt	mg/kg[2]	≤ 1	≤ 1
Cadmiumgehalt	mg/kg[2]	≤ 0,5	≤ 0,5
Quecksilbergehalt	mg/kg[2]	≤ 0,1	≤ 0,1
Bleigehalt	mg/kg[2]	≤ 10	≤ 10
Nickelgehalt	mg/kg[2]	≤ 10	≤ 10
Zinkgehalt	mg/kg[2]	≤ 100	≤ 100

[1] maximal 5 % d. Pellets dürfen länger als 40 mm sein, max. Länge 45 mm
[2] im wasserfreien Zustand (wf)
[3] Partikel < 3,15 mm, Feinanteil an der letztmöglichen Stelle vor Übergabe der Ware bzw. beim Eintreffen von Sackware beim Endverbraucher. Beim Absacken ≤ 0,5 %. Pellets der Klasse EN-B dürfen nicht als Sackware verkauft werden.
[4] Bei Messungen mit dem Lignotester gilt der Grenzwert ≥ 97,7 Ma.-%

Verbrennung von Holzpellets

Art der Emissionen	Pellets	Vergleich mit anderen Brennstoffen
SO_2	Bei Verwertung von Restholz ca. 0,53 g/kWh	Heizöl 0,73 g/kWh Erdgas 0,18 g/kWh
CO_2	CO_2 neutral	Heizöl 346 g/kWh (Brennwerttechnik) Erdgas 297 g/kWh (Brennwerttechnik)
Feinstaub	8 mg pro MJ Wärmemenge 29 mg/kWh	Einzelöfen 150 mg/MJ (offener Kamin, Kachelofen) Stückholzkesseln ca. 90 mg/MJ

10.1.2 Wärmepumpe *heat pump*

Achtung: für Arbeiten an Kältemittel führende Anlagen gilt die Verordnung zum Schutz des Klimas durch Minderung der Emissionen fluorierter Treibhausgase: EU-F-Gas-Verordnung Nr. 517/2014	
Voraussetzungen nach EU-Verordnung Nr. 517/2014	Sachkundebescheinigung: z.B. Prüfung als Mechatroniker für Kältetechnik
	die für die Tätigkeiten an der Wärmepumpe/Kälteanlage erforderliche technische Ausstattung
	Beschäftigung in einem zertifizierten Betrieb

Verordnung (EU) Nr. 517/2014 über fluorierte Treibhausgase	
Durch die neuen Regelungen sollen die Emissionen fluorierter Treibhausgase (F-Gase) in der EU um 70 Millionen Tonnen CO_2-Äquivalent auf 35 Millionen Tonnen CO_2-Äquivalent bis zum Jahr 2030 gesenkt werden. Die Emissionsreduktion fluorierter Treibhausgase soll durch drei wesentliche Regelungsansätze erreicht werden.	
1	Einführung einer schrittweisen Beschränkung (Phase down) der am Markt verfügbaren Mengen an teilfluorierten Kohlenwasserstoffen (HFKW) bis zum Jahr 2030 auf ein Fünftel der heutigen Verkaufsmengen.
2	Erlass von Verwendungs- und Inverkehrbringungsverboten, wenn technisch machbare, klimafreundlichere Alternativen vorhanden sind.
3	Beibehaltung und Ergänzung der Regelungen zu Dichtheitsprüfungen, **Zertifizierung von Personal und Betrieben**, Entsorgung und Kennzeichnung.

Leistungszahl COP *coeffizient of performance* **nach DIN EN 14511 : 2019-07**	$\text{COP} = \dfrac{\text{abgegebene Heizwärmeleistung}}{\text{notwendigen Antriebsleistung für den Verdichter}}$
Die Leistungszahl ist ein Momentwert und sagt daher noch nichts über die tatsächlichen Verhältnisse, über ein ganzes Jahr betrachtet, aus.	
Die Jahresarbeitszahl JAZ β einer Wärmepumpe stellt das Verhältnis zwischen der abgegebenen Wärmeleistung zur aufgenommenen Leistung (Energie, Antriebsleistung) im Verlauf eines Jahres (Schwankungen durch unterschiedlichen Wärmebedarf aufgrund unterschiedlicher Außentemperaturen) dar.	
Jahresarbeitszahl β **nach VDI 4650-1 : 2020-06**	**Jahresarbeitszahl** $\beta = \dfrac{\text{nutzbare Wärmeenergie in kWh/a}}{\text{zugeführte elekt. Leistung in kWh/a}}$

Funktionsschema Wärmepumpe

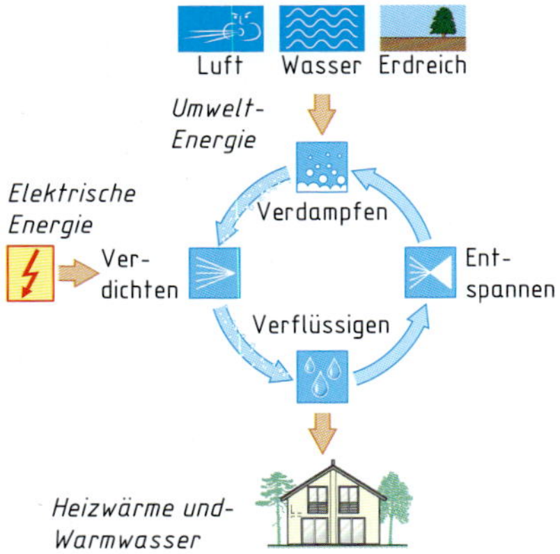

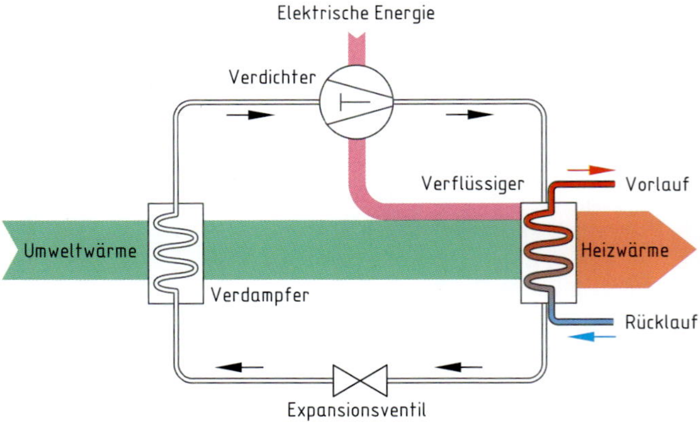

Übersicht verschiedener Wärmepumpensysteme

Darstellung		Merkmale
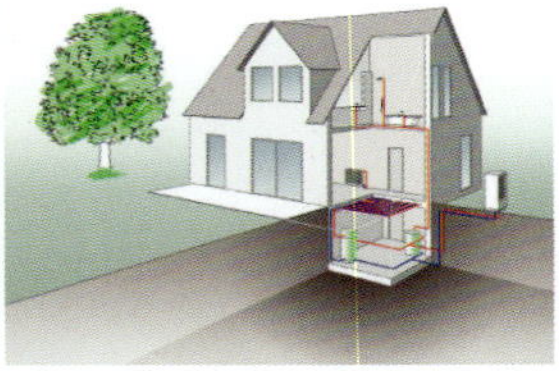	Außenluft (Luft/Wasser-Wärmepumpe) Bild: Wärmepumpe mit Kompaktaußeneinheit	• Große Temperaturschwankungen über das Jahr (−18 °C … + 30 °C) • Heizleistung bei tiefster Außentemperatur am kleinsten • Leistungszahl bei niedriger Außentemperatur am kleinsten • Abtauen des Verdampfers bei Außentemperaturen von −10 °C … +7 °C • Kleinere Jahresarbeitszahl im Vergleich zu Sole/Wasser- und Wasser/Wasser-WP • Einfache Installation der Wärmepumpe ohne Erdarbeiten • Keine Anforderungen an die Größe des Grundstücks • Keine behördlichen Genehmigungen erforderlich • Im Split-System kein Wasser/Sole im Außenbereich

Darstellung		Merkmale
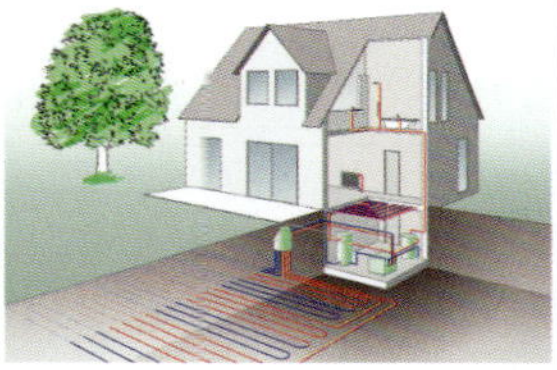	Erdreich (Sole/ Wasser-Wärmepumpe) Bild: (Erd) Flächenkollektor	• Geringe Temperaturschwankungen über das Jahr • Heizleistung über das Jahr nahezu konstant • Leistungszahl über die Außentemperaturen nahezu konstant • Kein Abtauen des Verdampfers erforderlich • Hohe Jahresarbeitszahl • Erdarbeiten bei der Installation der Wärmepumpe notwendig • Erdkollektor erfordert freie Grundstücksfläche, 1 … 2-faches der Wohnfläche • Erdwärmesonde anzeige- bzw. genehmigungspflichtig, beim Wasserwirtschaftsamt
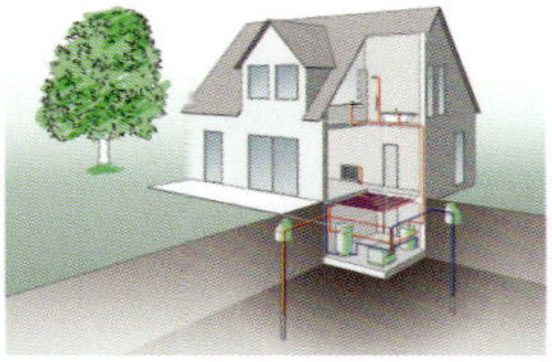	Grundwasser (Wasser/ Wasser-Wärmepumpe) Bild: Grundwasserwärmetauscher	• Geringe Temperaturschwankungen über das Jahr • Heizleistung über das Jahr nahezu konstant • Leistungszahl über die Außentemperaturen nahezu konstant • Kein Abtauen des Verdampfers erforderlich • Hohe Jahresarbeitszahl • Nutzung des Grundwassers erfordert einen Saug- sowie einen Schluckbrunnen • Grundwassernutzung ist genehmigungspflichtig, beim Wasserwirtschaftsamt
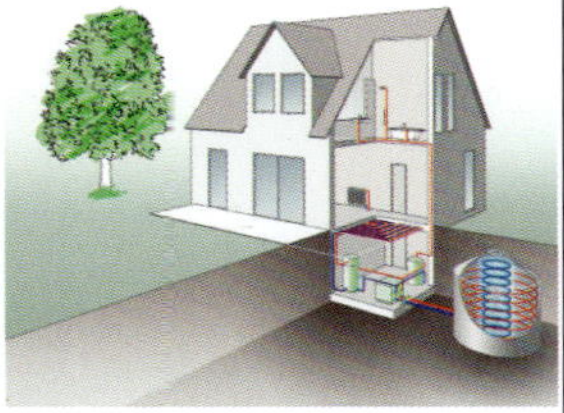	Die Wärme wird mit Hilfe einer Wärmepumpe entnommen Bild: Eisspeicher mit Aufladung (Eisschmelze) durch Solarkollektor oder Erdwärme	• Hohe Wärmespeicherkapazität, da die latente Wärme genutzt wird • Wegen des niedrigen Temperaturniveaus können vielfältigere und einfachere Wärmequellen zur Aufladung des Speichers genutzt werden (Erdwärme, einfache Solarkollektoren) • Bei stetiger Wärmeentnahme bleibt die Temperatur konstant bei 0 °C, sinkt also nicht weiter ab; stattdessen friert ein immer größerer Teil des Wassers ein • Hohe Leistungszahlen und Jahresarbeitszahlen im Eisspeicher-System, solange dieses bei 0 °C betrieben wird • Es besteht die Möglichkeit, dem Speicher im Sommer für die Klimatisierung eines Gebäudes Kälte zu entnehmen

Wärmepumpenprozess im Druck-Enthalpie-Diagramm (schematisch)

Berechnungsgrundlagen

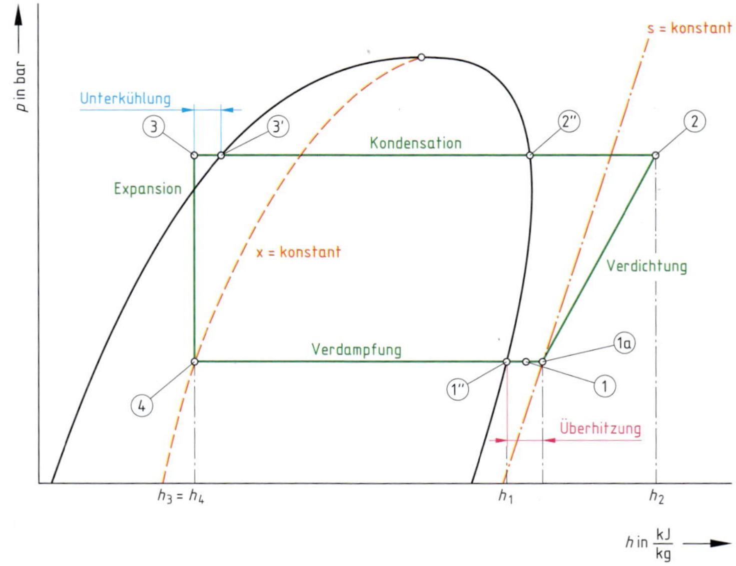

Kälteleistung	$\dot{Q}_e = \dot{m}_R \cdot q_e$ $\dot{m}_R \cdot (h_1 - h_4)$	$\dot{m}_R$: Kältemittelmassenstrom in $\frac{kg}{s}$ $\dot{Q}_e$: Kälteleistung in kW h_1, h_4: Enthalpie in kJ/kg q_e: spez. Verdampferwärme in kJ/kg
Kondensations-(Heiz-)Leistung	$\dot{Q}_c = \dot{m}_R \cdot q_c$ $\dot{m}_R \cdot (h_2 - h_3)$	$\dot{Q}_c$: Kondensationsleistung in kW q_e: spez. Kondensationswärme in kJ/kg h_2, h_3: Enthalpie in kJ/kg
Verdichterleistung	$Pv = \dot{m}_R \cdot w_V =$ $\dot{m}_R \cdot (h_2 - h_{1a})$	P_V: Verdichterleistung in kW $w_{Komp.}$: spez. Verdichterarbeit in kJ/kg
Leistungszahl Wärmepumpe	$COP = \frac{h_2 - h_3}{h_2 - h_1} = \frac{\dot{Q}_c}{P_V}$	

10.1.3 Fernwärme *district heating*

Hausstation mit indirektem Anschluss

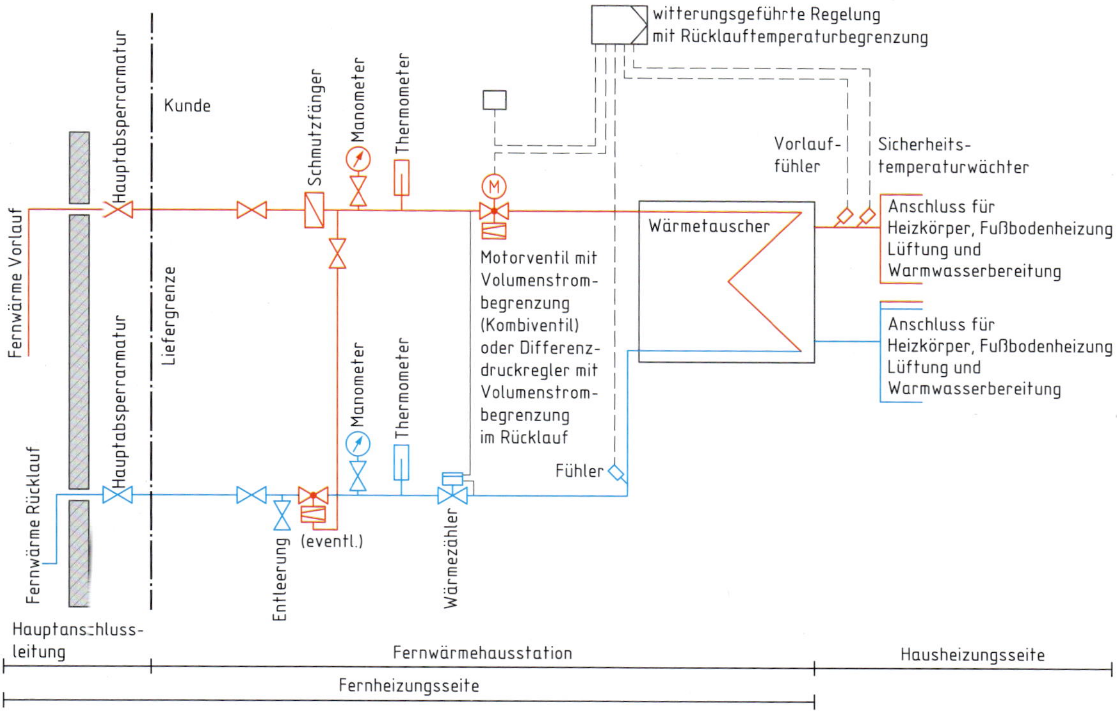

Die zu beachtenden (baulichen) Anforderungen an Fernwärme-Hausstationen regeln die Technischen Anschlussbedingungen (TAB) der einzelnen Wärmeversorgungsunternehmen (WVU).

- Die Lage und Abmessungen sind mit dem jeweiligen WVU abzustimmen (Richtmaße für Stationsräume nach DIN 18012).
- Der Raum muss verschließbar sein und sollte möglichst in der Nähe der Eintrittsstelle der Anschlussleitung liegen.
- Der Stationsraum und die technischen Einrichtungen müssen jederzeit ohne Schwierigkeiten für Mitarbeiter des WVU zugänglich sein.
- Die Zugangstür muss in Fluchtrichtung aufschlagen und mit einem geschlossenen Türblatt versehen sein. Außerdem ist durch eine Türschwelle oder Stationsraum von den anderen Räumlichkeiten so zu trennen, dass die beim Entleeren der Hausanlage geschützt sind (DIN 18012).
- Der Raum soll nicht neben oder unter Schlafräumen (dgl.) und nicht unmittelbar neben einem Treppenraum liegen. Der Stationsraum darf ferner mit anderen Räumen nicht in offener Verbindung stehen.
- Die einschlägigen Vorschriften für den Schall-, Brand- und Wärmeschutz sind zu beachten.
- Für Ein- und Zweifamilienhäuser ist kein besonderer Anschlussraum erforderlich.

Sicherheitstechnische Ausstattung für Fernwärmeübergabestation nach DIN4747 : 2020-11 (indirekter Anschluss)	
Netztemperatur ≤ 120 °C	Netztemperatur > 120 °C
Heizungsanlage mit Sicherheitstemperaturwächter STW	Heizungsanlage mit Sicherheitstemperaturwächter STW und Temperaturregler TR

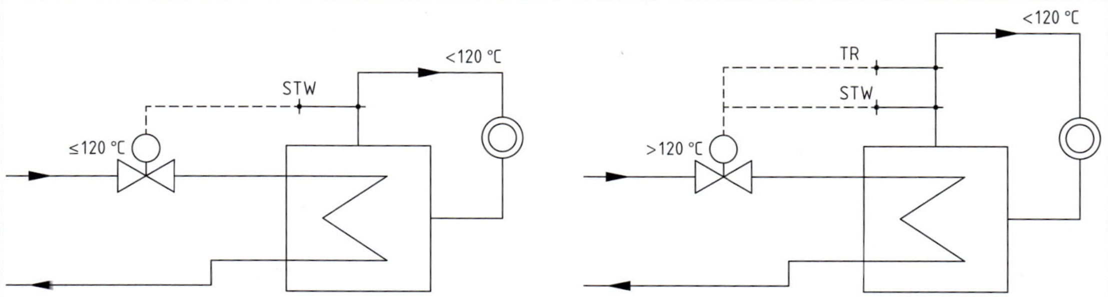

10.1.4 Blockheizkraftwerk *block cogeneration plant*

Kraft-Wärme-Kopplung (Blockheizkraftwerk)

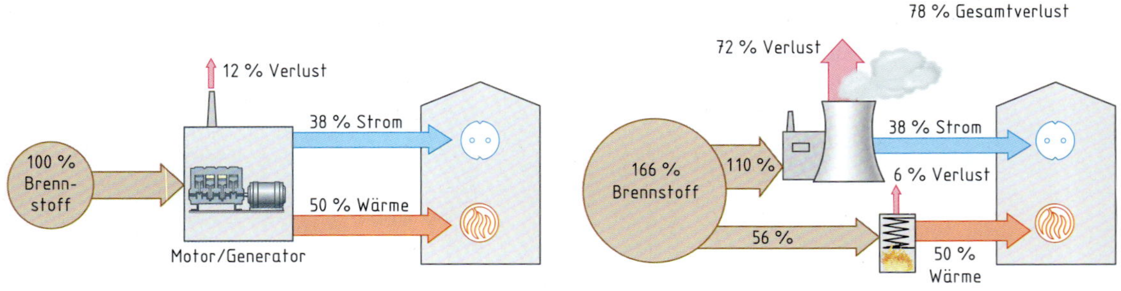

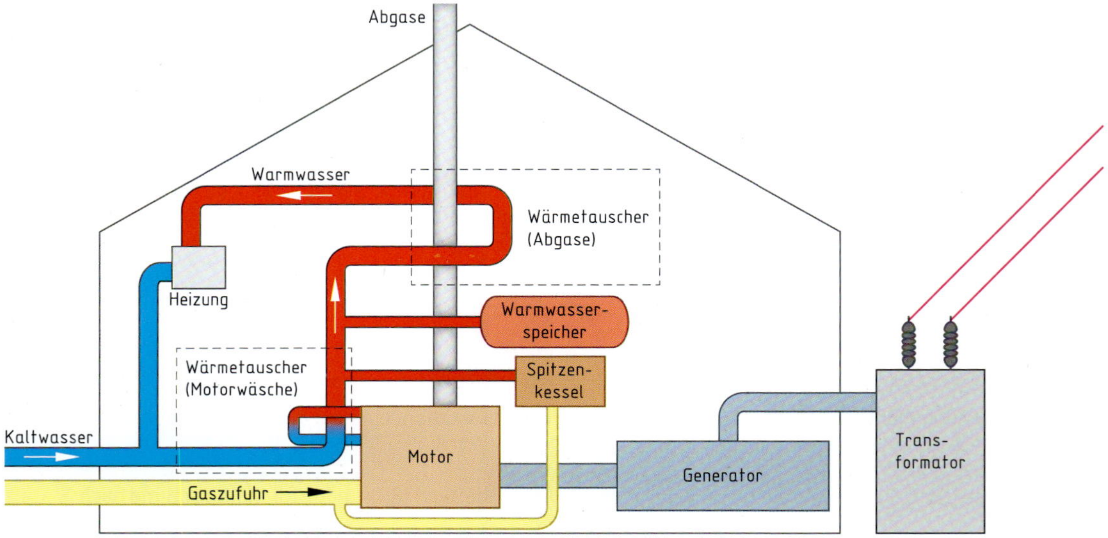

10.1.5 Solare Heizungsunterstützung und Trinkwassererwärmung *solar heating support and solar DHW heating*

Solarangebot und Wärmebedarf (Warmwasser, Heizung)

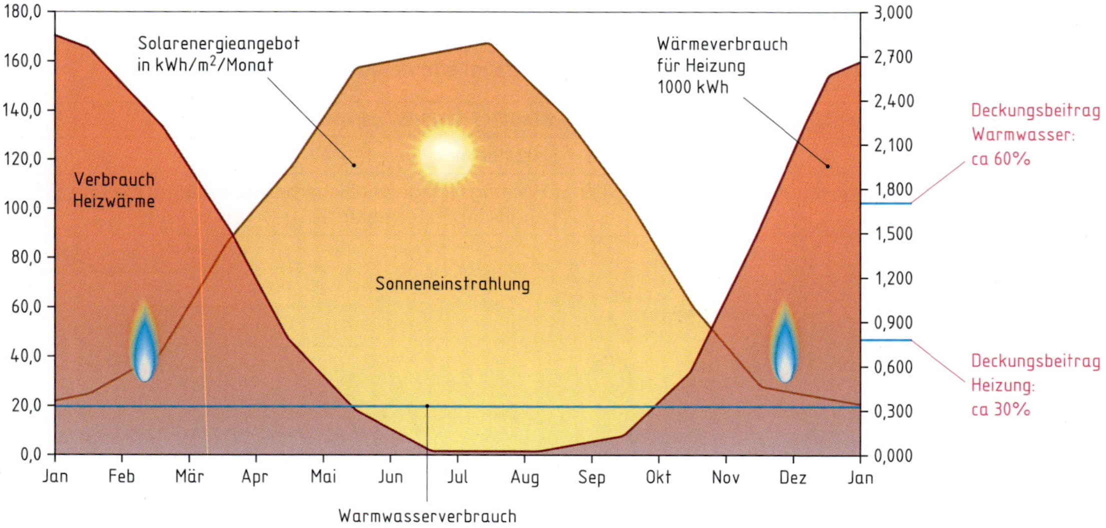

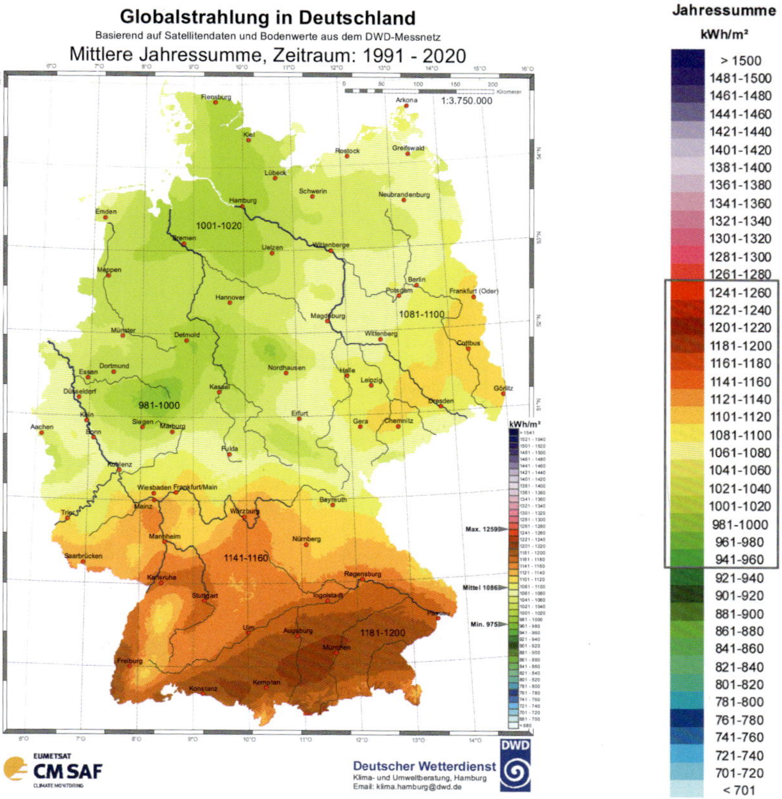

Durchschnittliche Sonneneinstrahlung in Deutschland

Übersicht: Anlagen mit solarer Heizungsunterstützung	
Zweispeicheranlage: Brauchwasserspeicher und Heizungspufferspeicher	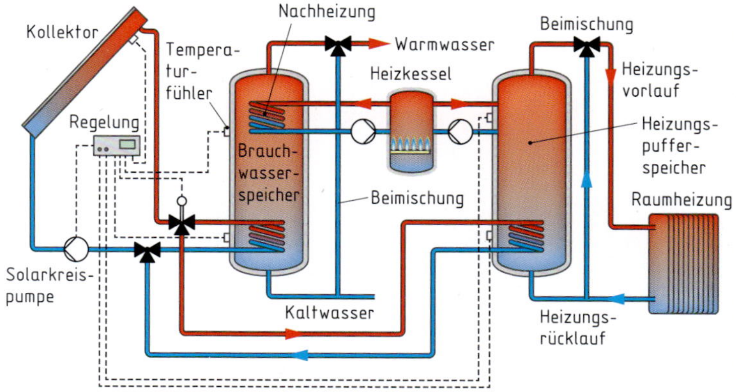
Einspeicher-Kombianlage	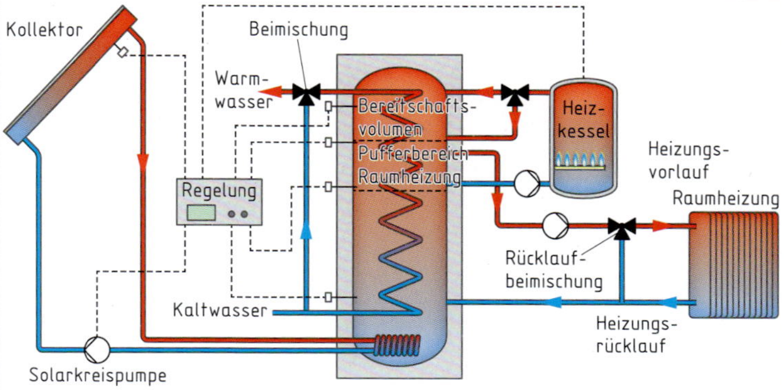

Übersicht: Anlagen mit solarer Heizungsunterstützung	
Kombianlage mit eingebautem Zusatzbrenner	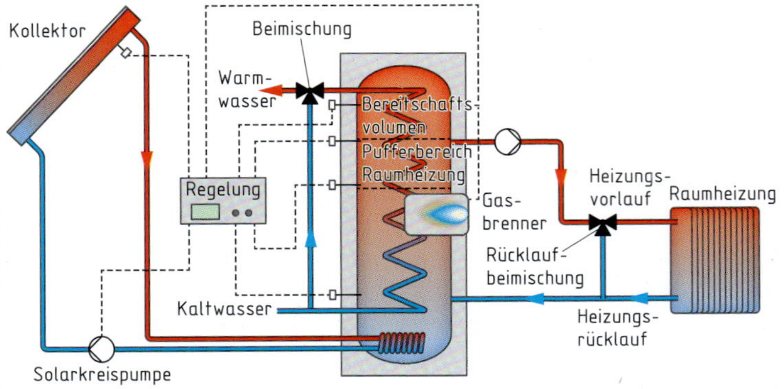
Kombianlage mit Rücklaufanhebung	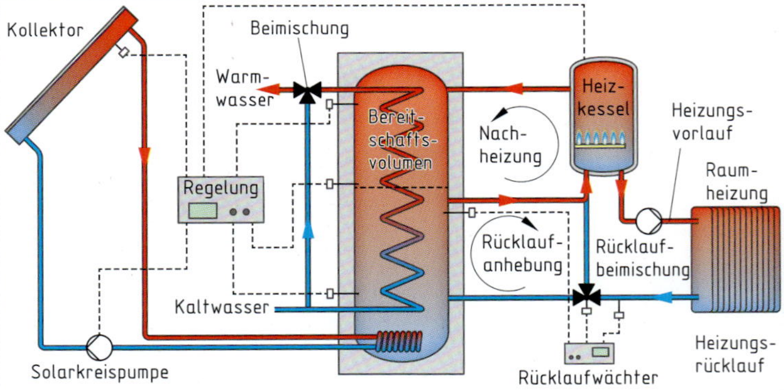

Wirkungsgrad

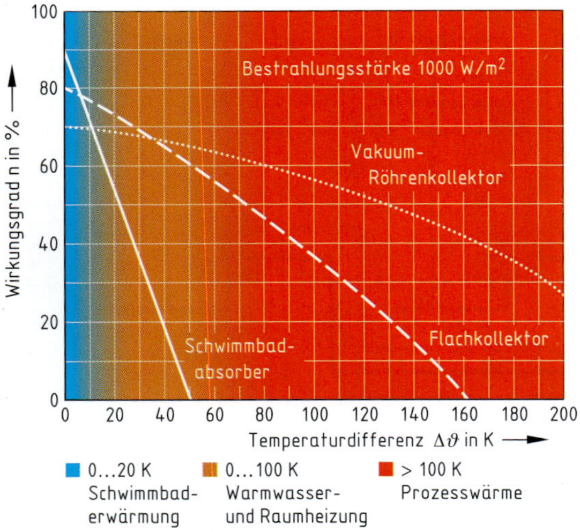

Dachneigung und Dachausrichtung (Azimutwinkel)

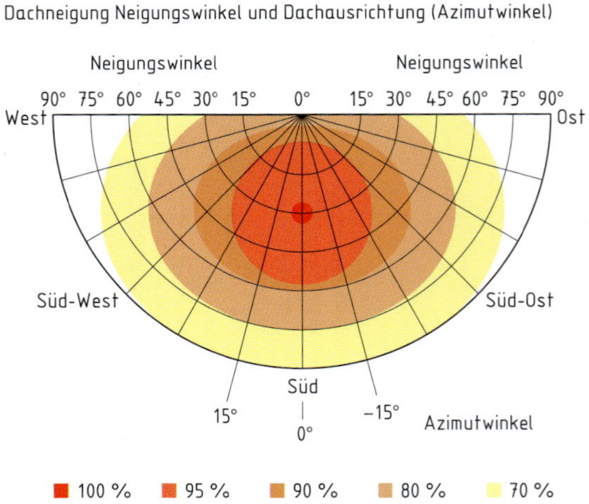

Kollektorfläche und Speichergröße (vereinfachte Speicher-Auslegung)

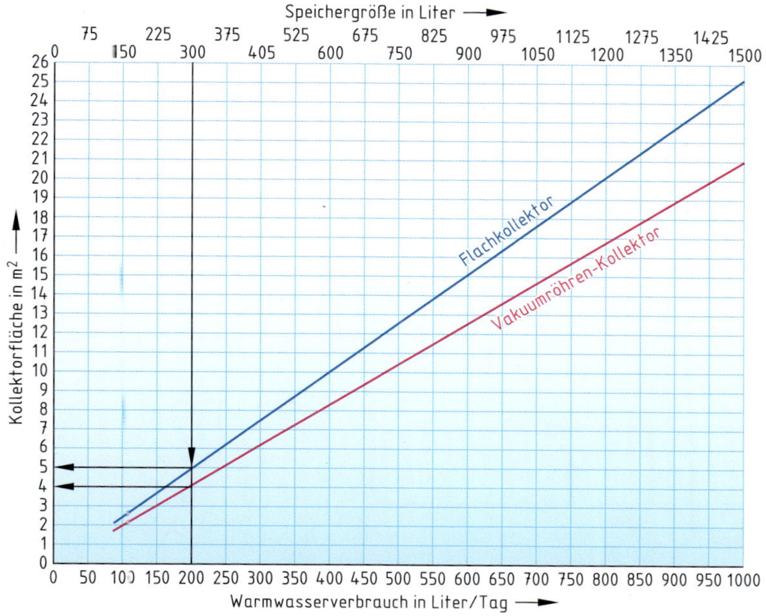

Solare Baugruppe

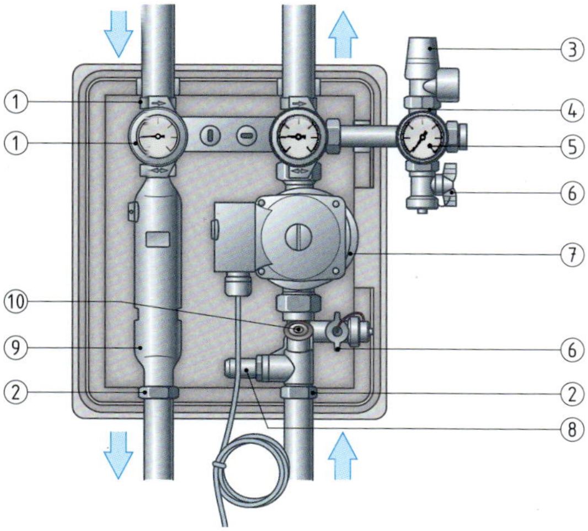

1 Kugelhahn mit Thermometer
2 Klemmringverschraubung
3 Sicherheitsventil
4 Manometer
5 Anschluss für Membranausdehnungsgefäß
6 FE-Hahn
7 Solarkreispumpe
8 Durchflussanzeiger
9 Luftabscheider (nicht bei 1-Strang-Stationen)
10 Regulier-/Absperrventil

Sicherheitsventil

Das Sicherheitsventil wird abhängig vom Anlagenfülldruck p_a aus der folgenden Tabelle bestimmt. Dabei wird bei Zwischenwerten jeweils das nächst größere Ventil gewählt.

Fülldruck p_a in bar	1,0	1,5	3,0	6,0
Nenndruck SV in bar	2,5	4,0	6,0	10,0

Anlagenenddruck p_e

Der Anlagenenddruck p_e sollte etwa 10 % unter dem Ansprechdruck des gewählten Sicherheitsventils liegen.

$p_e = 0{,}9 \cdot \text{Nenndruck SV}$

Mischer

Technische Daten

Druckstufe: PN 10
Betriebsdruck: 1.0 MPa (10 bar)
Differenzdruck: Mischen, max. 0.3 MPa (3 bar)
Mediumtemperatur: kontinuierlich max. 110 °C
vorübergehend max. 120 °C
Temperaturstabilität: ± 4 °C*
Anschluss: Außengewinde, ISO 228/1
Klemmfitting, EN 1254-2

* Gültig bei unverändertem Warm-/ Kaltwasserdruck. Mindestdurchflussrate 9 l/min. Mindesttemperaturunterschied zwischen Warmwassereingang und Mischwasserausgang 10 °C.

Material
Das Ventilgehäuse sowie übrige Metallteile mit Flüssigkeitskontakt: DZR
Messing CW602N, entzinkungsbeständig

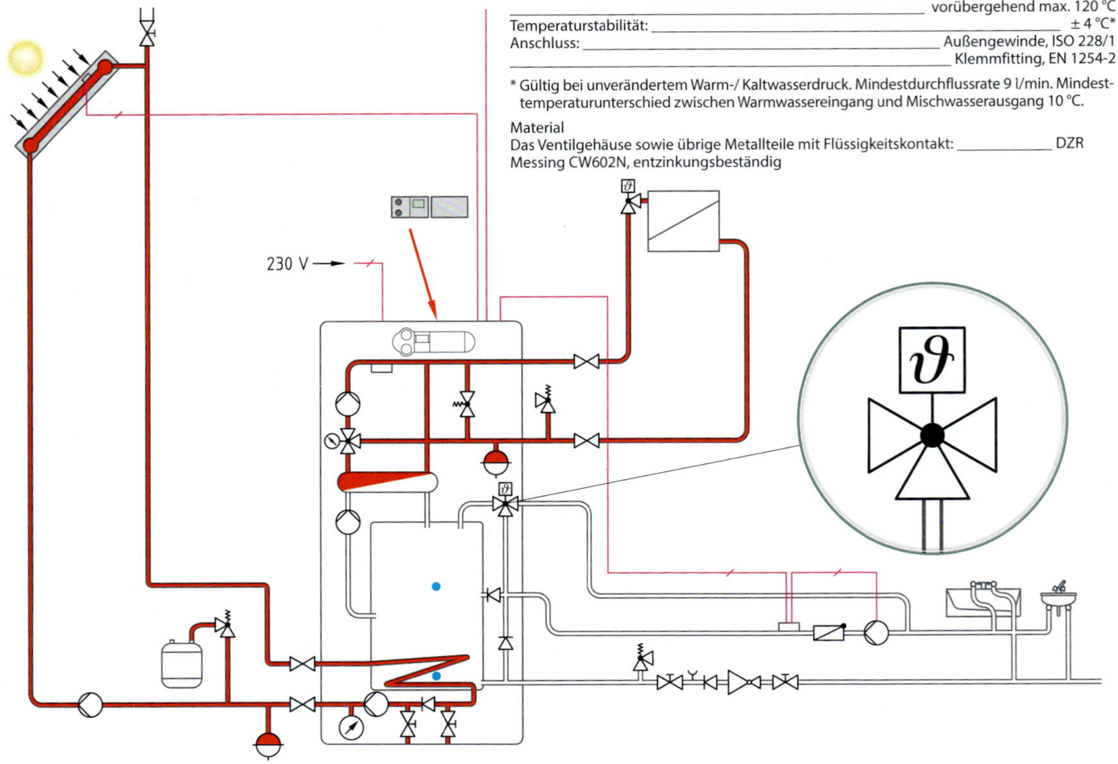

10.2 Gesetzliche Vorgaben

10.2.1 Gebäudeenergiegesetz (GEG 11.2020)

Entwicklungsgeschichte GEG

<table>
<tr><th colspan="3">Energieeinsparungsgesetz 1976</th></tr>
<tr><td colspan="2">WSchV 1977- 1995</td><td>HeizAnlV 1978- 1998</td></tr>
<tr><td colspan="2">U-Wert Vorgaben
Bilanzverfahren
Kennzahlen Heizwärmebedarf
Lüftungsanlagen</td><td>Regelung
Anforderung an Kessel
Dämmung der Rohre
Wartung</td></tr>
<tr><td colspan="3"></td></tr>
<tr><td>EnEV 2002</td><td colspan="2">Einführung Bilanzverfahren: Heizung, Warmwasser, Lüftung, Primärenergie</td></tr>
<tr><td>EnEV 2004</td><td colspan="2">Änderung der DIN: „Reparatur-Novelle“</td></tr>
<tr><td>EnEV 2007</td><td colspan="2">Umsetzung der EU-Gebäuderichtlinie, Energieausweis im Bestand, neues Bilanzverfahren für Nichtwohngebäude</td></tr>
<tr><td>EnEV 2009</td><td colspan="2">Absenkung der Grenzwerte um ca. 30 %, Einführung von Kontrollen, Verschärfung der Nachrüstpflichten</td></tr>
<tr><td>EnEV 2014</td><td>Umsetzung der novellierten EU-Gebäuderichtlinie, Absenkung des Prmärenergiebedarfs-Grenzwerts um 25 %, Einführung „EnEV-easy“</td><td>EEWärmeG 2009</td></tr>
<tr><td>GEG 2020</td><td colspan="2">Einhaltung energie- und klimapolitischer Ziele, Erhöhung des Anteils erneuerbarer Energien</td></tr>
</table>

Inhalte und Begriffsdefinitionen

Inhalte GEG 2020	Anforderungen an zu errichtende Gebäude • Jahres-Primärenergiebedarf und baulicher Wärmeschutz, Berechnungsgrundlagen • Nutzung erneuerbarer Energien
	bestehende Gebäude • Anforderungen • Nutzung erneuerbarer Energien
	Anlagen der Heizungs-, Kühl- und Raumlufttechnik sowie der Warmwasserversorgung • Aufrechterhaltung der energetischen Qualität • Einbau und Nachrüstung z.B Betriebsverbot für Heizkessel, Dämmung von Rohrleitungen und Armaturen • Energetische Inspektion von Klimaanlagen
	Energieausweis
	Finanzielle Förderung erneuerbarer Energien, Bußgelder, Übergangsvorschriften
Begriffsdefinitionen	„Energiebedarfsausweis" ein Energieausweis, der auf der Grundlage des berechneten Energiebedaris ausgestellt wird, „Energieverbrauchsausweis" ein Energieausweis, der auf der Grundlage des erfassten Energieverbrauchs ausgestellt wird, „Gesamtenergiebedarf" der nach Maßgabe dieses Gesetzes bestimmte Jahres-Primärenergiebedarf a) eines Wohngebäudes für Heizung, Warmwasserbereitung, Lüftung sowie Kühlung oder b) eines Nichtwohngebäudes für Heizung, Warmwasserbereitung, Lüftung, Kühlung sowie eingebaute Beleuchtung. „Geothermie" die dem Erdboden entnommene Wärme, „Heizkessel" ein aus Kessel und Brenner bestehender Wärmeerzeuger, der dazu dient, die durch die Verbrennung freigesetzte Wärme an einen Wärmeträger zu übertragen. „Jahres-Primärenergiebedarf" der jährliche Gesamtenergiebedarf eines Gebäudes, der zusätzlich zum Energiegehalt der eingesetzten Energieträger und von elektrischem Strom auch die vorgelagerten Prozessketten bei der Gewinnung, Umwandlung, Speicherung und Verteilung mittels Primärenergiefaktoren einbezieht. „Klimaanlage" die Gesamtheit aller zu einer gebäudetechnischen Anlage gehörenden Anlagenbestandteile, die für eine Raumluftbehandlung erforderlich sind, durch die die Temperatur geregelt wird, „Stromdirektheizung" ein Gerät zur direkten Erzeugung von Raumwärme durch Ausnutzung des elektrischen Widerstands auch in Verbindung mit Festkörper-Wärmespeichern. „Umweltwärme" die der Luft, dem Wasser oder der aus technischen Prozessen und baulichen Anlagen stammenden Abwasserströmen entnommene und technisch nutzbar gemachte Wärme oder Kälte mit Ausnahme der aus technischen Prozessen und baulichen Anlagen stammenden Abluftströmen entnommenen Wärme. „Wärme- und Kälteenergiebedarf" die Summe aus a) der zur Deckung des Wärmebedarfs für Heizung und Warmwasserbereitung jährlich benötigten Wärmemenge, einschließlich des thermischen Aufwands für Übergabe, Verteilung und Speicherung der Energiemenge und b) der zur Deckung des Kältebedarfs für Raumkühlung jährlich benötigten Kältemenge, einschließlich des thermischen Aufwands für Übergabe, Verteilung und Speicherung der Energiemenge, „Wohnfläche" die Fläche, die nach der Wohnflächenverordnung vom 25. November 2003 (BGBl. 1 S. 2346) oder auf der Grundlage anderer Rechtsvorschriften oder anerkannter Regeln der Technik zur Berechnung von Wohnßächen ermittelt worden ist. „Wohngebäude" ein Gebäude das nach seiner Zweckbestimmung überwiegend dem Wohnen dient, einschließlich von Wohn-, Alten- oder Pllegeheimen sowie ähnlicher Einrichtungen. Erneuerbare Energien im Sinne dieses Gesetzes ist oder sind 1. Geothermie, 2. Umweltwärme, 3. die technisch durch im unmittelbaren räumlichen Zusammenhang mit dem Gebäude stehenden Anlagen zur Erzeugung von Strom aus solarer Strahlungsenergie oder durch solarthermische Anlagen zur Wärme- oder Kälteerzeugung nutzbar gemachte Energie, 4. die technisch durch gebäudeintegrierte Windkraftanlagen zur Wärme- oder Kälteerzeugung nutzbar gemachte Energie, 5. die aus fester, flüssiger oder gasförmiger Biomasse erzeugte Wärme; die Abgrenzung erfolgt nach dem Aggregatzustand zum Zeitpunkt des Eintritts der Biomasse in den Wärmeerzeuger; oder 6. Kälte aus erneuerbaren Energien.

Jahres-Primärenergiebedarf und baulicher Wärmeschutz bei zu errichtenden Wohngebäuden

Jahres-Primärenergiebedarf:

Für das zu errichtende Wohngebäude und das Referenzgebäude ist der Jahres-Primärenergiebedarf nach DIN 18599: 09-2018 oder durch ein vereinfachtes Nachweisverfahren zu ermitteln. Der Jahres-Primärenergiebedarf für Heizung, Warmwasser, Lüftung und Kühlung darf das 0,75-fache des Wertes eines Referenzgebäudes nicht überschreiten.

Baulicher Wärmeschutz:

Ein Wohngebäude ist so zu errichten, dass der Höchstwert des spezifischen, auf die wärmeübertragende Umfassungsfläche bezogenen Transmissionswärmeverlust das 1,0-fache des Referenzgebäudes nicht überschreitet.

Technische Ausführung des Referenzgebäudes (Wohngebäude)

Nummer	Bauteile/Systeme	Referenzausführung/Wert (Maßeinheit)	
		Eigenschaft (zu den Nummern 1.1 bis 4)	
1.1	Außenwand (einschließlich Einbauten, wie Rollladenkästen), Geschossdecke gegen Außenluft	Wärmedurchgangskoeffizient	$U = 0{,}28\ \text{W}/(\text{m}^2 \cdot \text{K})$
1.2	Außenwand gegen Erdreich, Bodenplatte, Wände und Decken zu unbeheizten Räumen	Wärmedurchgangskoeffizient	$U = 0{,}35\ \text{W}/(\text{m}^2 \cdot \text{K})$
1.3	Dach, oberste Geschossdecke, Wände zu Abseiten	Wärmedurchgangskoeffizient	$U = 0{,}20\ \text{W}/(\text{m}^2 \cdot \text{K})$
1.4	Fenster, Fenstertüren	Wärmedurchgangskoeffizient	$U_W = 1{,}3\ \text{W}/(\text{m}^2 \cdot \text{K})$
		Gesamtenergiedurchlassgrad der Verglasung	Bei Berechnung nach • DIN V 4108-6: 2003-06: $g\perp = 0{,}60$ • DIN V 18599-2: 2018-09: $g = 0{,}60$
1.5	Dachflächenfenster, Glasdächer und Lichtbänder	Wärmedurchgangskoeffizient	$U_W = 1{,}4\ \text{W}/(\text{m}^2 \cdot \text{K})$
		Gesamtenergiedurchlassgrad der Verglasung	Bei Berechnung nach • DIN V 4108-6: 2003-06: $g\perp = 0{,}60$ • DIN V 18599-2: 2018-09: $g = 0{,}60$
1.6	Lichtkuppeln	Wärmedurchgangskoeffizient	$U_W = 2{,}7\ \text{W}/(\text{m}^2 \cdot \text{K})$
		Gesamtenergiedurchlassgrad der Verglasung	Bei Berechnung nach • DIN V 4108-6: 2003-06: $g\perp = 0{,}64$ • DIN V 18599-2: 2018-09: $g = 0{,}64$
1.7	Außentüren; Türen gegen unbeheizte Räume	Wärmedurchgangskoeffizient	$U = 1{,}8\ \text{W}/(\text{m}^2 \cdot \text{K})$
2	Bauteile nach den Nummern 1.1 bis 1.7	Wärmebrückenzuschlag	$\Delta U_W = 0{,}05\ \text{W}/(\text{m}^2 \cdot \text{K})$
3	Solare Wärmegewinne über opake Bauteile	wie das zu errichtende Gebäude	
4	Luftdichtheit der Gebäudehülle	Bemessungswert n_{50}	Bei Berechnung nach • DIN V 4108-6: 2003-06: mit Dichtheitsprüfung • DIN V 18599-2: 2018-09: nach Kategorie 1

Nummer	Bauteile/Systeme	Referenzausführung/Wert (Maßeinheit) Eigenschaft (zu den Nummern 1.1 bis 4)	
5	Sonnenschutzvorrichtung	keine Sonnenschutzvorrichtung	
6	Heizungsanlage	• Wärmeerzeugung durch Brennwertkessel (verbessert, bei der Berechnung nach § 20 Absatz 1 nach 1994), Erdgas. Aufstellung: – für Gebäude bis zu 500 m² Gebäudenutzfläche innerhalb der thermischen Hülle – für Gebäude mit mehr als 500 m² Gebäudenutzfläche außerhalb der thermischen Hülle • Auslegungstemperatur 55/45 °C, zentrales Verteilsystem innerhalb der wärmeübertragenden Umfassungsfläche, innen liegende Stränge und Anbindeleitungen, Standard-Leitungslängen nach DIN V 4701-10: 2003-08 Tabelle 5.3-2, Pumpe auf Bedarf ausgelegt (geregelt, Δp const) Rohrnetz ausschließlich statisch hydraulisch abgeglichen • Wärmeübergabe mit freien statischen Heizflächen, Anordnung an normaler Außenwand, Thermostatventile mit Proportionalbereich 1 K nach DIN V 4701-10: 2003-08 bzw. P-Regler (nicht zertifiziert) nach DIN V 18599-5: 2018-09	
7	Anlage zur Warmwasserbereitung	• zentrale Warmwasserbereitung • gemeinsame Wärmebereitung mit Heizungsanlage nach Nummer 6 • bei Berechnung nach § 20 Absatz 1: allgemeine Randbedingungen gemäß DIN V 18599-8: 2018-09 Tabelle 6. Solaranlage mit Flachkollektor nach 1998 sowie Speicher ausgelegt gemäß DIN V 18599-8: 2018-09 Abschnitt 6.4.3 • bei Berechnung nach § 20 Absatz 2: Solaranlage mit Flachkollektor zur ausschließlichen Trinkwassererwärmung entsprechend den Vorgaben nach DIN V 4701-10: 2003-08 Tabelle 5.1-10 mit Speicher. indirekt beheizt (stehend), gleiche Aufstellung wie Wänneerzeuger. – kleine Solaranlage bei $A_N \leq 500$ m² (bivalenter Solarspeicher – große Solaranlage bei $A_N > 500$ m² • Verteilsystem mit Zirkulation, innerhalb der wärmeübertragenden Umfassungsfläche, innen liegende stränge, gemeinsame Installationswand, Standard-Leitungslängen nach DIN V 4701-10: 2003-08 Tabelle 5.1-2	
8	Kühlung	keine Kühlung	
9	Lüftung	zentrale Abluftanlage, nicht bedarfsgeführt mit geregeltem DC-Ventilator, • DIN-V 18599-10: 2018-09: nutzungsbedingter Mindestaußenluftwechsel n_{Nutz}: 0.55 h⁻¹	
10	Gebäudeautomation	Klasse C nach DIN V 18599-11: 2018-09	

Weitere Informationen zum GEG ▶ siehe Kap_10.pdf

10.3 Rohrleitungsdämmung *piping insulation*

Einteilung von Dämmstoffen nach Materialien

Materialgruppe	Matten/Filze	Platten	Schüttungen
Mineralische Dämmstoffe	–	Perlite Schaumglas Kalzium-Silikat Mineralschaum	Perlite Glimmerschiefer Blähglas-Granulat
Mineralisch-Synthetische Dämmstoffe	Mineralfasern	Mineralfasern	Mineralfaserflocken
Synthetische Dämmstoffe	Polyester	Polystyrol (EPS/XPS) Polyurethan-Hartschaum (PUR)	–
Pflanzliche Dämmstoffe	Flachs Hanf Kokosfasern Baumwolle	Holzfasern Kork Schilf Zellulose	Zellulose Kork Baumwolle Holzspäne Holzfasern
Tierische Dämmstoffe	Schafwolle	–	Schafwolle

Vergleich der Wärmeleitfähigkeit von Dämmstoffen

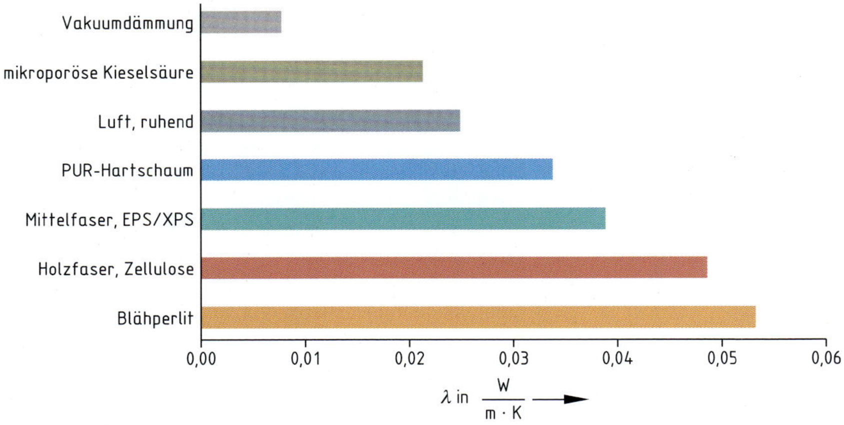

Bauaufsichtliche Bezeichnung	„Alt" Brandschacht Baustoffklasse nach DIN 4102-1	Euroklasse nach DIN EN 13501	Anforderungsniveau
nicht brennbar	A1	A1	kein Beitrag zum Brand
	A2	A2	vernachlässigbarer Beitrag zum Brand
schwer entflammbar	B1	B	sehr geringer Beitrag zum Brand
		C	geringer Beitrag zum Brand
normal entflammbar	B2	D	hinnehmbarer Beitrag zum Brand
		E	Hinnehmbares Brandverhalten
leicht entflammbar	B3	F	Keine Anforderungen

Bei dem Einsatz von Dämmstoffen ist eine genaue Auswahl entsprechend den brandschutztechnischen Bestimmungen notwendig (DIN EN 13501).

Das Brandverhalten wird nicht nur vom Dämmstoff selbst, sondern auch von evtl. Bindemitteln, Klebern, Flammschutzmitteln, Beschichtungen usw. positiv oder negativ beeinflusst.

Wärmedämmung von Wärmeverteilungs- und Warmwasserleitungen, Kälteverteilungs- und Kaltwasserleitungen sowie Armaturen nach GEG

Zeile	Art der Leitungen/Armaturen	Mindestdicke der Dämmschicht, bezogen auf eine Wärmeleitfähigkeit von 0,035 W/(m · K)
1	Innendurchmesser bis 22 mm	20 mm
2	Innendurchmesser über 22 mm bis 35 mm	30 mm
3	Innendurchmesser über 35 mm bis 100 mm	gleich Innendurchmesser
4	Innendurchmesser über 100 mm	100 mm
5	Leitungen und Armaturen nach den Zeilen 1 bis 4 in Wand- und Deckendurchbrüchen, im Kreuzungsbereich von Leitungen, an Leitungsverbindungsstellen, bei zentralen Leitungsnetzverteilern	1/2 der Anforderungen der Zeilen 1 bis 4
6	Leitungen von Zentralheizungen nach den Zeilen 1 bis 4, die nach dem 31. Januar 2002 in Bauteilen zwischen beheizten Räumen verschiedener Nutzer verlegt werden	1/2 der Anforderungen der Zeilen 1… 4
7	Leitungen nach Zeile 6 im Fußbodenaufbau	6 mm
8	Kälteverteilungs- und Kaltwasserleitungen sowie Armaturen von Raumlufttechnik- und Klimakältesystemen	6 mm

Soweit Wärmeverteilungs- und Warmwasserleitungen an Außenluft grenzen, sind diese mit dem Zweifachen der Mindestdicke nach Tabelle 1 Zeile 1 bis 4 zu dämmen.

Richtwerte für Schichtdicken zur Dämmung von Rohrleitungen für Trinkwasser kalt **DIN 1988-200 : 2012-05**

Einbausituation	Dämmschichtdicke bei $\lambda = 0{,}040$ W/(m · K)[1]
Rohrleitungen frei verlegt in nicht beheizten Räumen, Umgebungstemperatur ≤ 20 °C (nur Tauwasserschutz)	9 mm
Rohrleitungen verlegt in Rohrschächten, Bodenkanälen und abgehängten Decken. Umgebungstemperatur ≤ 25 °C	13 mm
Rohrleitungen verlegt, z. B. in Technikzentralen oder Medienkanälen und Schächten mit Wärmelasten und Umgebungstemperaturen ≥ 25 °C	Dämmung wie Warmwasserleitungen
Stockwerksleitungen und Einzelzuleitungen in Vorwandinstallationen	Rohr-in-Rohr oder 4 mm
Stockwerksleitungen und Einzelzuleitungen im Fußbodenaufbau (auch neben nichtzirkulierenden Trinkwasserleitungen warm)[2]	Rohr-in-Rohr oder 4 mm
Stockwerksleitungen und Einzelzuleitungen im Fußbodenaufbau neben warmgehenden zirkulierenden Rohrleitungen[2]	13 mm

[1] Für andere Wärmeleitfähigkeiten sind die Dämmschichtdicken entsprechend umzurechnen; Referenztemperatur für die angegebene Wärmeleitfäigkeit: 10 °C

[2] In Verbindung mit Fußbodenheizungen sind die Rohrleitungen für Trinkwasser kalt so zu verlegen

Heizung	**Mehrfamilienhaus/ Nichtwohngebäude mehrere Nutzer**	**Einfamilienhaus/ Nichtwohngebäude ein Nutzer**
Leitungen in unbeheizten Räumen und Kellerräumen	100 %	100 %
Leitungen in Außenwänden, in Außenbauteilen, zwischen einem unbeheizten und beheizten Raum, in Schächten und Kanälen	100 %	100 %
Verteilleitungen zur Versorgung mehrerer, unterschiedlicher Nutzer	100 %	Keine Anforderungen
Im Fußboden verlegte Leitungen auch HK-Anschlussleitungen gegen Erdreich/unbeheizte Räume	100 %	100 %
Leitungen und Armaturen in Wand- und Deckendurchbrüchen, im Kreuzungsbereich von Leitungen, an Leitungsverbindungsstellen, an zentralen Leitungsverteilern	50 %	50 %
Leitungen in Bauteilen, zwischen beheizten Räumen verschiedener Nutzer	50 %	Keine Anforderungen
Im Fußbodenaufbau verlegte Leitungen, zwischen beheizten Räumen verschiedener Nutzer	Siehe EnEV Zeile 7	Keine Anforderungen
Heizungsleitungen in beheizten Räumen oder in Bauteilen zwischen beheizten Räumen eines Nutzers und absperrbar	÷	Keine Anforderungen
Wärmeverteilleitungen, die direkt an Außenluft angrenzend verlegt sind	200 %	200 %

Dämmschichtdicken für Heizungsleitungen nach GEG		
Für Rohrleitungen sämtlicher Dimensionen, die im Fußbodenaufbau (unabhängig von ihrer dortigen Lage) zwischen beheizten Räumen verschiedener Nutzer verlegt sind, gelten die folgenden Dämmdicken		
Mindestdicke der Dämmschicht bezogen auf eine Wärmeleitfähigkeit bei 40 °C		
0,035 W/(m · K) für konzentrische Dämmung	0,040 W/(m · K) für konzentrische Dämmung	0,040 W/(m · K) für exzentrische/ asymmetrische Dämmung
6 mm	9 mm	Siehe allg. bauaufsichtliche Zulassung des Herstellers

Dämmvorgaben nach GEG

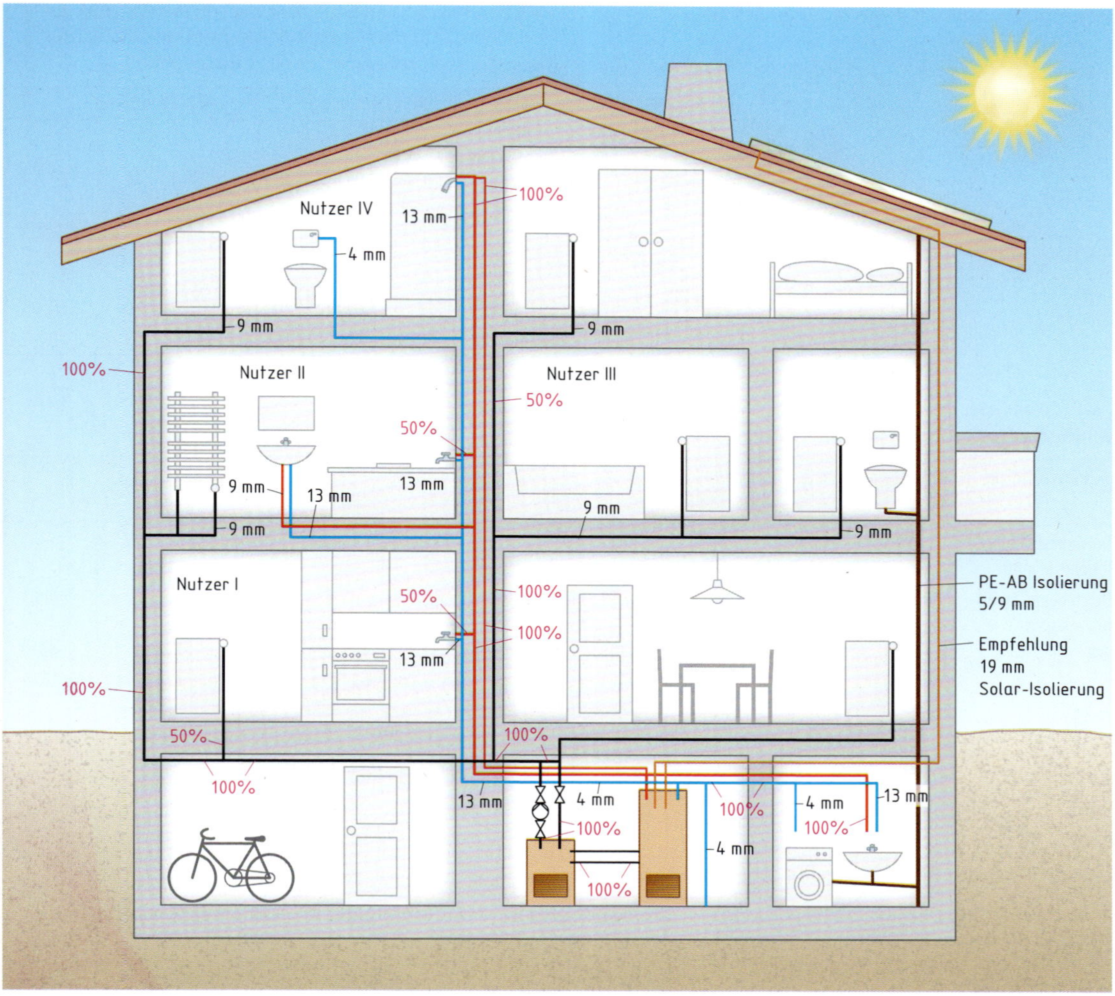

Empfohlene Abstände zwischen gedämmten Rohrleitungen

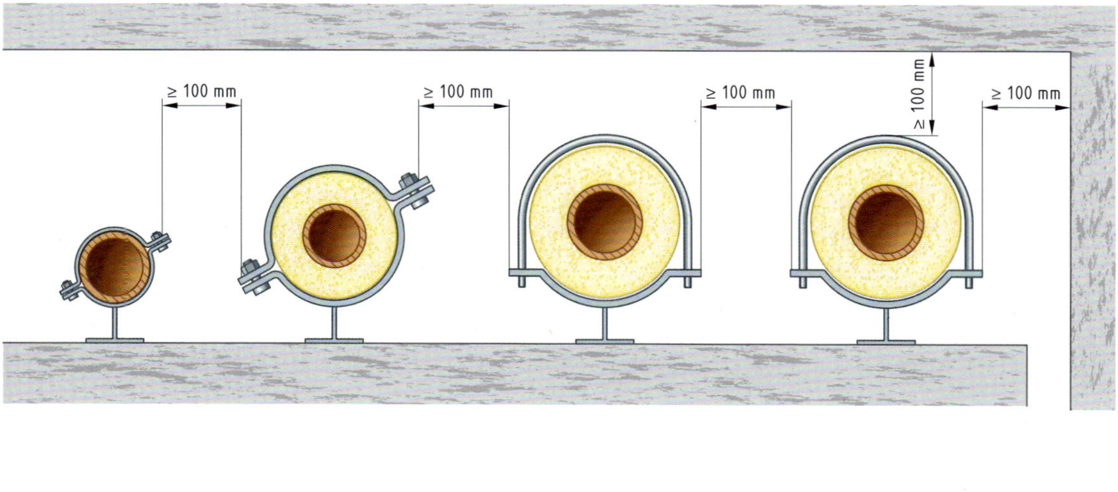

Dämmstoffe mit unterschiedlicher Wärmeleitfähigkeit im Vergleich

Bezugsgröße: 100 % Rohrdämmung nach GEG

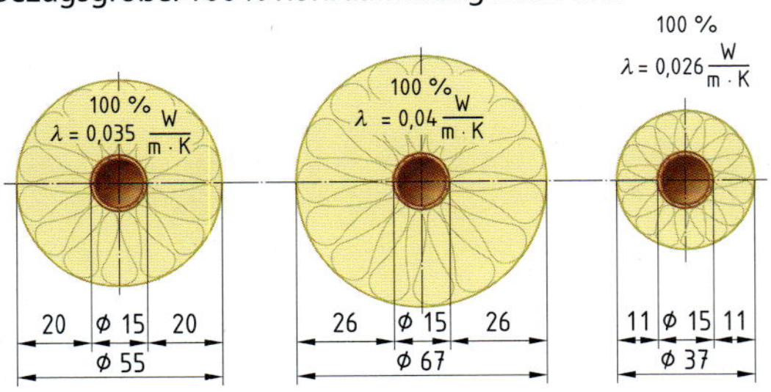

$\lambda = 0{,}035\ \frac{W}{m \cdot K}$ nach EnEV — $\lambda = 0{,}040\ \frac{W}{m \cdot K}$ — $\lambda = 0{,}026\ \frac{W}{m \cdot K}$

Wird mit Materialen gedämmt, die von der WLG 035 abweichen, sind die Mindestdicken der Dämmschichten gemäß nachstehender Tabelle umzurechnen.

Wärmeleitfähigkeiten λ $\frac{W}{m \cdot K}$	100 % Dämmung			50 % Dämmung		
	14 × 2	16 × 2	20 × 2	14 × 2	16 × 2	20 × 2
0,025	10	11	11	6	6	6
0,030	15	15	15	8	8	8
0,035	20	20	20	10	10	10
0,040	27	26	26	13	13	13

Mindestanforderungen and die Wärmedämmschichtdicken nach GEG

Dämmstoffdicke in mm ausgehend von $\lambda = 0{,}040$ W/(m · K)																				
	20 | **10**; **100 %** | **5 %**										**30** | **15**						**40** | **20**			
Durchmesser Kupferrohre in mm[1)]	10/12		13/15		16/18		19/22				25/28		32/35		–		39/42		–	
Durchmesser Stahlrohre in mm[2)]	12,6/17,2		–		–		(16,1/21,3)		21,7/26,9		27,3/33,7		–		36/42,4		–		40/48,3	
DN	**10**		**10**		**15**		**20 (15)**		**20**		**25**		**32**		**32**		**40**		**40**	
λ_0 in W/(m · K)	100	50	100	50	100	50	100	50	100	50	100	50	100	50	100	50	100	50	100	50
0,025	10[3)]	5	11	6	11	6	11	6	12	6	17	9	18	9	21	11	23	12	24	13
0,030	15	8	15	8	15	8	15	8	14	8	23	12	23	12	28	14	30	16	31	16
0,035	**20**	**10**	**20**	**10**	**20**	**10**	**20**	**10**	**20**	**10**	**30**	**15**	**30**	**15**	**36**	**17**	**39**	**20**	**40**	**20**
0,040	27[4)]	13	26	13	26	13	26	13	25	13[4)]	39	19	38	19	46	21	50	24	50	24
0,045	37[5)]	18	34	16	33	16	33	16	30	16[4)]	49	23	47[3)]	22	57	25	62	29	69	32

[1)] EN 1057; [2)] EN 10255; [3)] bei Stahlrohren: 1mm Zugabe; [4)] 1mm weniger; [5)] 3mm weniger

Umrechnung von Dämmschichtdicken in Abhängigkeit von der Wärmeleitfähigkeit (nach VDI 2055: 2008-09) für Angaben nach DIN 1988-200

Wärmeleitfähigkeit $\lambda_D = 0{,}040$ W/(m · K)	Anwendungsbereiche		
0,025	2,0	4,3	6,1
0,030	2,6	5,6	8,0
0,035	3,2	7,2	10,3
0,040	4	9	13
0,045	4,9	11,1	16,1
0,050	5,9	13,4	19,8
0,055	7,0	16,2	24,0
0,060	8,3	19,3	28,8

Taupunkttemperatur in Abhängigkeit von der Lufttemperatur und der relativen Luftfeuchte

Lufttemperatur θ_a in °C	Taupunkttemperatur der Luft in °C bei einer relativen Luftfeuchte ω in %						
	30	40	50	60	70	80	90
10	–6	–2,6	0	2,6	4,8	6,7	8,4
15	–2,2	1,5	4,7	7,3	9,6	11,6	13,4
20	1,9	6	9,3	12,0	14,4	16,4	18,3
25	6,2	10,5	13,9	16,7	19,1	21,3	23,2
30	10,5	14,9	18,4	21,4	23,9	26,1	28,2

Schutz vor Tauwasserbildung

10

10.4 Regenwassernutzung *rainwater harvesting*

Regenwasserbewirtschaftung **Ziel: Regenwasser möglichst lange im Gebiet halten und bewirtschaften**	
Regenwassernutzung	Regenwasserversickerung
Entsiegelung durch Schaffung wasserdurchlässiger Befestigung	Verdunstungsflächen schaffen
Nutzung von Gründächern	Naturnahe Rückhaltung und Ableitung von Regenwasser

130 Liter Wasserbedarf pro Person und Tag/Substitutionsmöglichkeit durch Regenwassernutzung

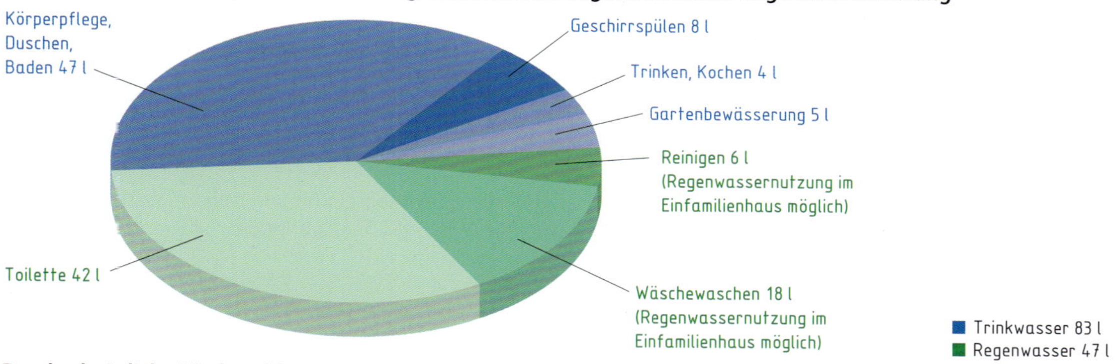

Durchschnittliche Niederschlagsmengen

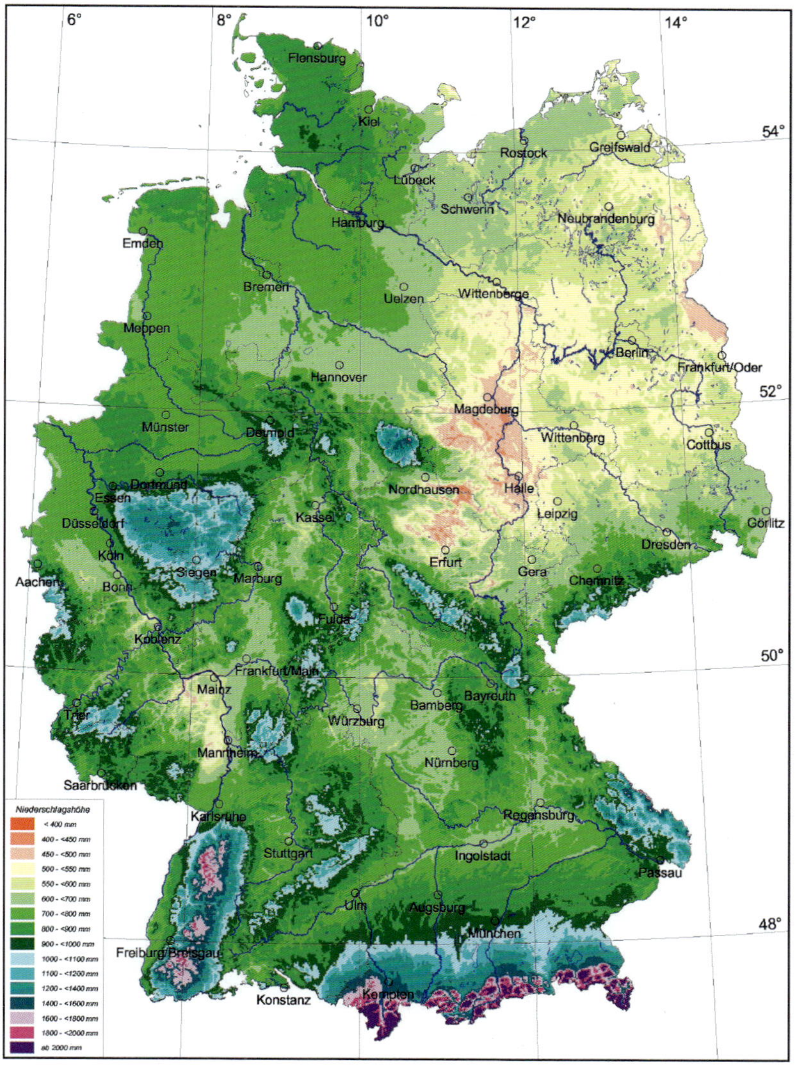

Mittlere jährliche Niederschlagshöhe
für den Zeitraum 1961–1990 in mm

Datenbasis: ca. 4500 Stationen (Werte geprüft)

DWD
Deutscher Wetterdienst
Klima- und Umweltberatung, Hamburg
Email: klima.hamburg@dwd.de

Alle Entnahmestellen von Regenwasser sind wie folgt zu kennzeichnen:

Kein Trinkwasser

- Regenwasser ist Betriebswasser.
- Es hat keine Trinkwasserqualität.
- Es darf nach DVGW W 555 nur für die Gartenbewässerung und Toilettenspülung verwendet werden.
- Gesundheitsbeeinträchtigung durch Bakterien (z. B. Pseudomonas aeroguinosa) möglich.
- Trinkwasser- und Regenwasserleitungen sind unterschiedlich zu kennzeichnen.
- Unmittelbar an der Trinkwasserhauseinführung bzw. am Wasserzähler ist folgender Hinweis nach DIN 1989-1 anzubringen:

> Achtung!
> In diesem Gebäude ist eine Regenwassernutzungsanlage installiert.
> Querverbindungen sind nicht zulässig.

Regenwassernutzungsanlage mit Außenspeicher

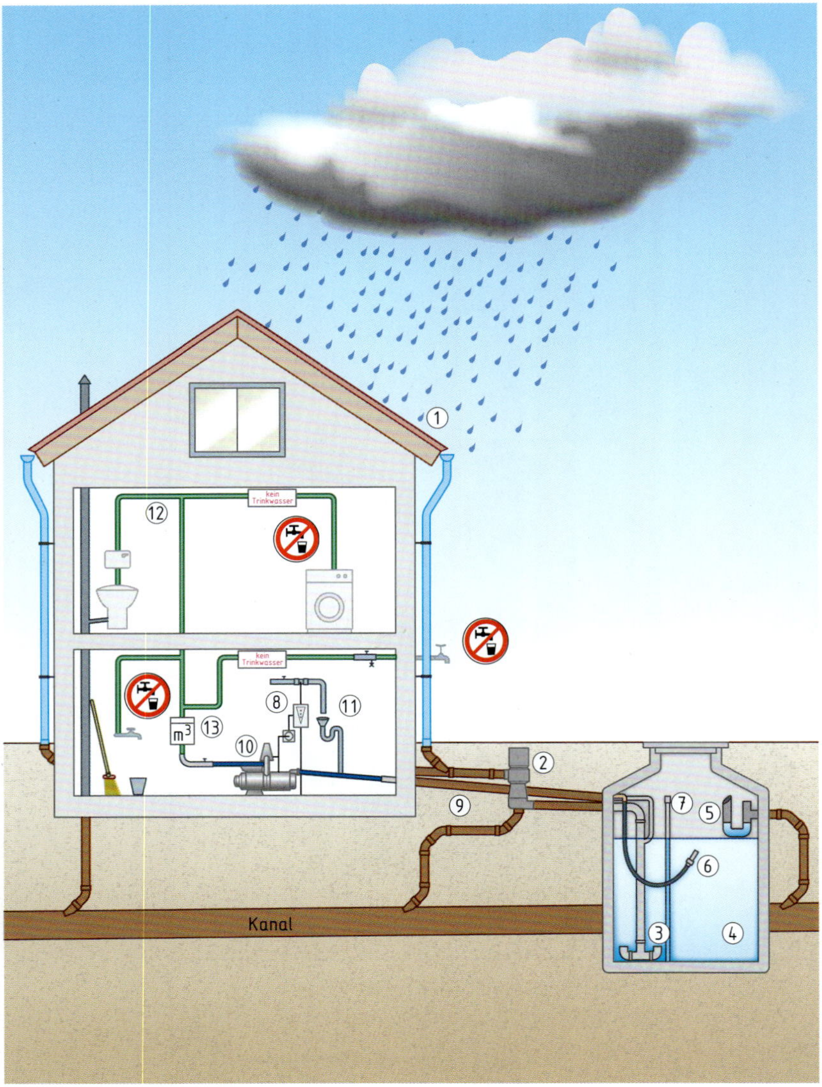

1 Auffangfläche
2 Filter vor dem Speicher
3 beruhigter Zulauf
4 Speicher
5 Überlauf mit Geruchsverschluss und Kleintierschutz
6 Saugleitung (schwimmende Entnahme)
7 Füllstandserfassung
8 Anlagensteuerung
9 Leerrohr
10 Hauswasserstation
11 Trinkwassernachspeisung, mit freiem Auslauf nach DIN 1988 (EN 806)/DIN EN 1717
12 Leitungsnetz + Entnahmestelle
13 Betriebswasserzähler

Regenwassernutzungsanlage mit innenliegendem Speicher nach DIN 1989-1 : 2002-04

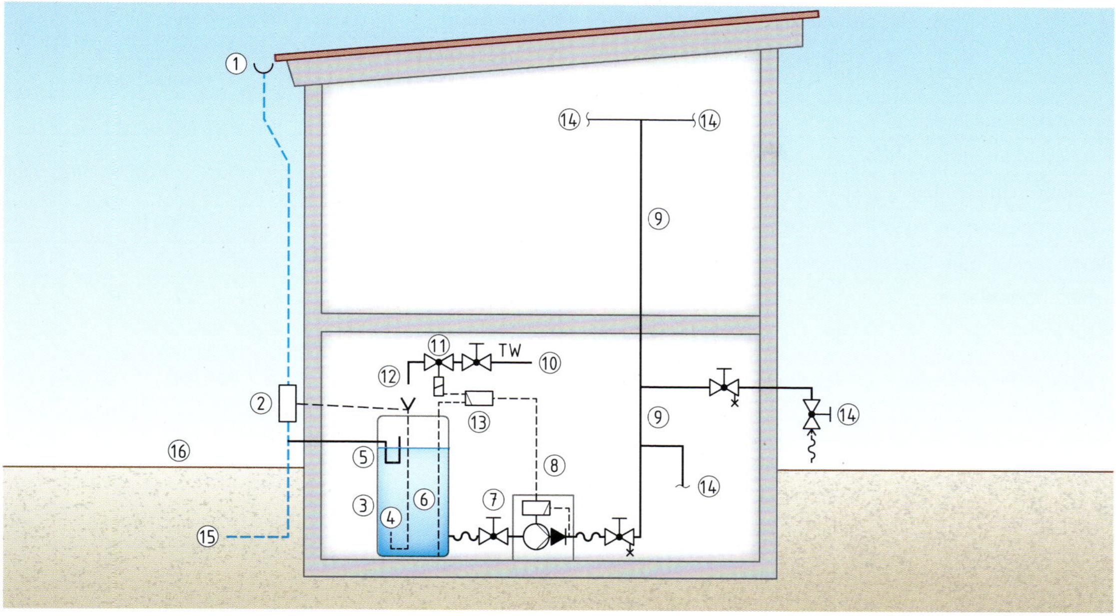

Legende

1 Dachrinne/Fallrohr
2 Filter
3 Regenwasserspeicher
4 beruhigter Zulauf
5 Überlauf mit Geruchsverschluss
6 Wasserstandserfassung
7 Entnahmeleitung
8 Betriebswasserpumpe
9 Betriebswasserleitung
10 Trinkwasserleitung
11 Magnetventil
12 freier Auslauf Typ AA oder Typ AB nach DIN EN 1717
13 Anlagensteuerung
14 Entnahmestellen
15 Versickerungsanlage/Kanalisation
16 Rückstauebene

Speicherdimensionierung nach DIN 1989-1 : 2002-4

Berechnung der speicherbaren Regenwassermenge

$E_R = A \cdot e \cdot h_N \cdot \eta_F$

E_R: Regenwasserertrag in Liter je Jahr (l/a)
A: Dachgrundfläche in m^2
h_N: Niederschlagshöhe in Liter je Quadratmeter (l/m^2) oder Millimeter (mm)
η_F: Filterwirkungsgrad (bei regelmäßiger Wartung $\eta_F = 0{,}9$)
e: Ertragsbeiwert

Ertragsbeiwerte

Beschaffenheit	Ertragsbeiwert *e*
geneigtes Hartdach[1)]	0,8
Flachdach unbekiest	0,8
Flachdach bekiest	0,6
Gründach intensiv	0,3
Gründach extensiv	0,5
Pflasterfläche/Verbundpflasterfläche	0,5
Asphaltbelag	0,8

[1)] Abweichungen je nach Saugfähigkeit und Rauheit

Ermittlung des jährlichen Betriebswasserbedarfs

DIN 1989-1 : 2002-04

Für die individuellen Berechnungen werden folgende Bedarfswerte angegeben:			
Verbraucher		personenbezogener Tagesbedarf	spezifischer Jahresbedarf
– Toiletten im Haushalt[1]		24 l/Person × Tag	–
– Toiletten im Bürobereich[1]		12 l/Person × Tag	–
– Toiletten in Schulen[1]		6 l/Person × Tag	–
– Gartenbewässerung je 1 m² Nutzgarten, Grünanlagen		–	60 l/m²
Bewässerung oder Beregnungsmengen, während der Vegetationszeit von April bis September			
– bei Sportanlagen	Gesamtmenge für 6 Monate	–	200 l/m²
– für Grünland bei leichtem Boden bei schwerem Boden	 Gesamtmenge für 6 Monate Gesamtmenge für 6 Monate	 – –	 100 l/m²... 200 l/m² 80 l/m²... 150 l/m²

[1] Bei Toiletten sollten grundsätzlich nur wassersparende Ausführungen angeschlossen werden, wie z. B. 6 l mit Zweimengen-Spülsystemen. Zur Erhöhung des Deckungsgrades können 4,5 l Toiletten bei entsprechenden hydraulischen Verhältnissen genutzt werden.

Anmerkung: Sollten Waschmaschinen angeschlossen werden, würde sich der personenbezogene Tagesbedarf um 10 Liter erhöhen.

$$BW_{Bedarf} = P_d \cdot n \cdot 365\,\frac{d}{a} + A \cdot BS$$

BW_{Bedarf}: Betriebswasserjahresbedarf in Liter
P_d: personenbezogener Tagesbedarf in Liter mal Tage $(l \cdot d)$
n: Anzahl der Personen
A: Bewässerungsfläche in m²
BS: spezifischer Jahresbedarf in $\frac{l}{m^2}$

Berechnung des Nutzvolumen des Regenwasserspeichers

Für die Bestimmung des Regenwasserspeichers wird der kleinere Wert von Regenwasserertrag E_R und Betriebswasserbedarf BW_{Bedarf} verwendet! Von diesem kleineren Wert werden 6 % als ausreichende Speichergröße angenommen.	
$V_N = E_R \cdot 0{,}06$ wenn $E_R < BW_{Bedarf}$	$V_N = BW_{Bedarf} \cdot 0{,}06$ wenn $BW_{Bedarf} < E_R$

Berechnungsformular zur Ermittlung des Regenwasserertrags ▶ siehe Kap_10.pdf

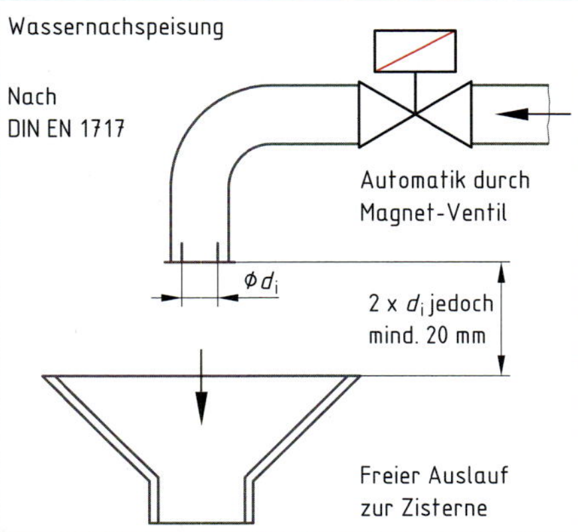

Schutzmaßnahmen des Trinkwassers

- Eine direkte Verbindung des Trinkwassersystems mit dem Regenwassersystem ist verboten.
- Nachspeisung von Trinkwasser nur mit Sicherheitseinrichtung AA (ungehinderter Freier Auslauf) oder Typ AB (Freier Auslauf mit nicht kreisförmigen Überlauf) nach DIN EN 1717.

Regenwasser-Entkeimung

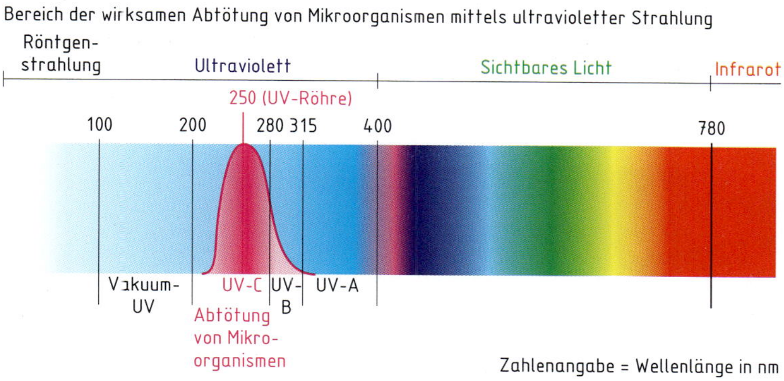

Quelle: Afriso

Filtertypen DIN 1989-2 : 2004-08

Filterart	Funktionsprinzip		
	Filter mit mechanischer Filtration und Sedimentation		Filter mit mechanischer Filtration
	großes Sedimentationsvolumen	kleines Sedimentationsvolumen	ohne Sedimentationsvolumen
mit Fremdstoffrückhalt	TYP A	TYP B	–
mit Fremdstoffableitung	TYP A	TYP B	TYP C

11.1 Umweltschutz *environment protection*

11.1.1 Übersicht Materialfluss und gesetzliche Regelungen

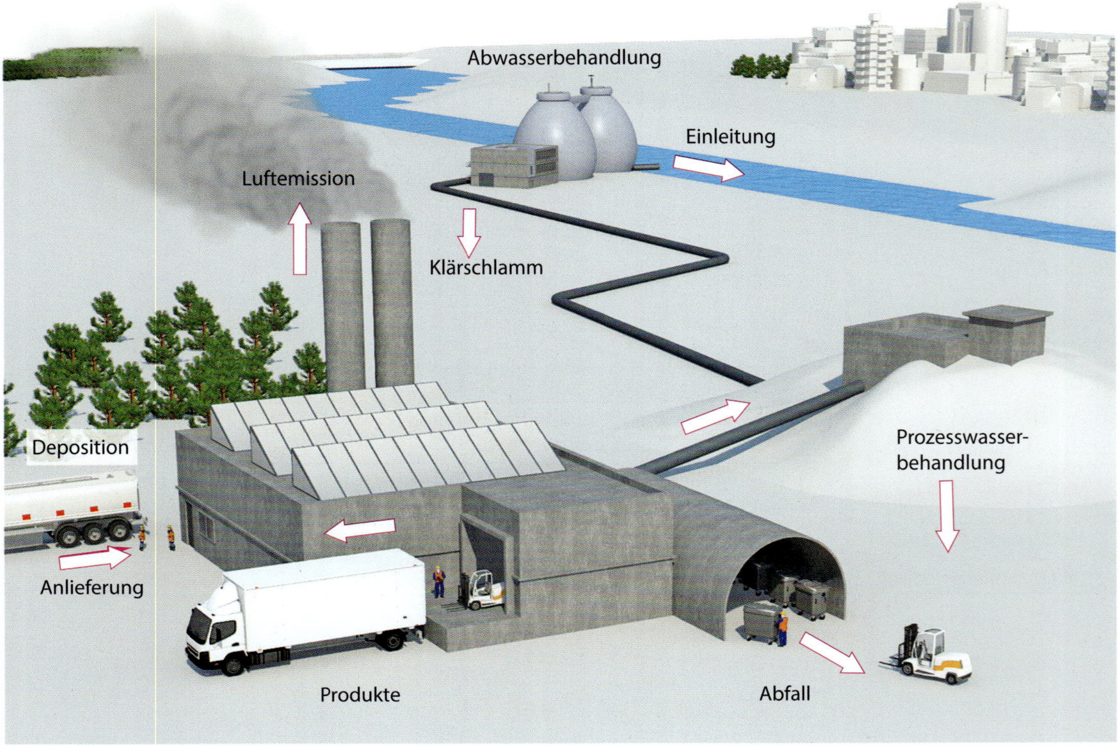

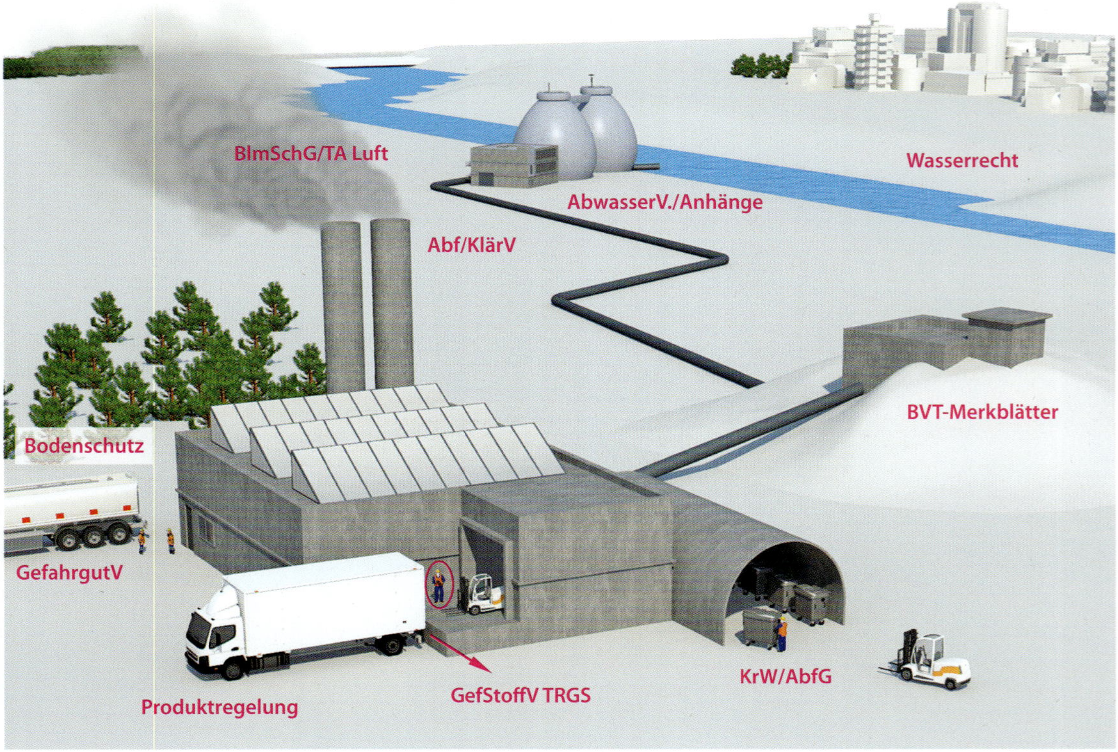

11.1.2 Abfallarten *environment protection*
(Auszug aus dem Europäischen Abfallverzeichnis – Abfallverzeichnis-Verordnung AVV: 2020-06)

Abfallschlüssel zur Ermittlung eines zugelassenen Entsorgungsbetriebes	**Abfallbezeichnung**	**Beispiele**
06 02 03*	Ammoniumhydroxid	z. B. Ammoniak aus Kälteanlagen (Salmiakgeist)
06 03 14	feste Salze und Lösungen mit Ausnahme derjenigen, die unter 06 03 11 und 06 03 13 fallen	z. B. Eisenchlorid, Eisensulfat (Grünsalz)
08 04 09*	Klebstoff- und Dichtmassenabfälle, die organische Lösemittel oder andere gefährliche Stoffe enthalten	z. B. nicht ausgehärtete Kitt- und Spachtelabfälle, Klebstoffe etc.
08 04 10	Klebstoff- und Dichtmassenabfälle mit Ausnahme derjenigen, die unter 08 04 09 fallen	s. o.
10 01 01	Rost- und Kesselasche, Schlacken und Kesselstaub mit Ausnahme von Kesselstaub, der unter 10 01 04 fällt	
11 01 05*	saure Beizlösungen	stark saure chemische Spülbäder, z. B. Salzsäurebeize
11 01 07*	alkalische Beizlösungen	Laugengemische, Brüniersalze
11 01 08*	Phosphatierschlämme	z. B. aus der Aluminium, Alkali-, Zinkphosphatierung
11 01 09*	Schlämme und Filterkuchen, die gefährliche Stoffe enthalten	cyanidhaltiger Schlamm ohne Cadmium, chrom (VI)-haltiger Schlamm; stark alkalische Spülbäder z. B. mit Wasserstoffperoxid nach cyanidischen Elektrolyten; Prozessbäder und Abwasser aus Standspülen und Vorspülkaskaden bzw. Spülbäder
11 01 10	Schlämme und Filterkuchen mit Ausnahme derjenigen, die unter 11 01 09 fallen	größter Abwasserstrom kupfer-, blei-, kobalt-, nickel-, zinn-, bzw. zinkhaltig kein Chrom (VI), Cadmium, Cyanid; z. B. auch wenn Cadmiumhydroxid im Schlamm enthalten ist; Eisenhydroxid, Aluminiumhydroxid (Konzentrate, Halbkonzentrate)
11 03 01*	cyanidhaltige Abfälle	cyanidhaltige Abfallsalze entstehen bei der Wärmebehandlung von Metalloberflächen
11 03 02*	andere Abfälle	s. o. Abfallsalze sind nitrat- oder nitrithaltig
12 01 01	Eisenfeil- und drehspäne	
12 01 02	Eisenstaub und -teile	Eisenschleifstaub
12 01 03	NE-Metallfeil und -drehspäne	z. B. Kupfer-, Zink-, Aluminium-, Bleispäne
12 01 04	NE-Metallstaub und -teilchen	
12 01 06*	halogenhaltige Bearbeitungsöle auf Mineralölbasis (außer Emulsionen und Lösungen)	Kühlschmierstoffe, CKW-haltig, die die Verschmelzung von Werkstück und Werkzeug verhindern sollen; Honöle, CKW-haltig
12 01 07*	halogenfreie Bearbeitungsöle auf Mineralölbasis (außer Emulsionen und Lösungen)	s. o. jedoch CKW-frei
12 01 08*	halogenhaltige Bearbeitungsemulsionen und -lösungen	Kühlschmierstoffe, CKW-haltig
12 01 09*	halogenfreie Bearbeitungsemulsionen und -lösungen	Kühlschmierstoffe, CKW-frei

Abfallschlüssel zur Ermittlung eines zugelassenen Entsorgungsbetriebes	**Abfallbezeichnung**	**Beispiele**
12 01 10*	synthetische Bearbeitungsöle	Kühlschmierstoffe
12 01 12*	gebrauchte Wachse und Fette	z. B. überlagerte Schmierfette
12 01 14*	Bearbeitungsschlämme, die gefährliche Stoffe enthalten	z. B. sonstige Galvanikschlämme, Erodierschlamm
12 01 16*	Strahlmittelabfälle, die gefährliche Stoffe enthalten	
12 01 17	Strahlmittelabfälle mit Ausnahme derjenigen, die unter 12 01 16 fallen	z. B. beim Entrosten von Stahlkonstruktionen bzw. Entfernen von Form-/Kernsandanhaftungen
12 01 20*	gebrauchte Hon- und Schleifmittel, die gefährliche Stoffe enthalten	metallhaltige Rückstände, die bei der Metallbearbeitung anfallen (ölhaltiger Schleifschlamm)
12 01 21	gebrauchte Hon- und Schleifmittel mit Ausnahme derjenigen, die unter 12 01 20 fallen	wie oben, jedoch ohne Öl
13 01 01*	Hydrauliköle, die PCB enthalten	
13 01 09*	chlorierte Hydrauliköle auf Mineralölbasis	
13 01 10*	nicht chlorierte Hydrauliköle auf Mineralölbasis	
13 01 13*	andere Hydrauliköle	
13 02 04*	chlorierte Maschinen-, Getriebe- und Schmieröle auf Mineralölbasis	
13 02 05*	nicht chlorierte Maschinen-, Getriebe- und Schmieröle auf Mineralölbasis	Altöl bekannter Herkunft
13 03 01*	Isolier- und Wärmeübertragungsöle, die PCB enthalten	
13 03 06*	chlorierte Isolier- und Wärmeübertragungsöle auf Mineralölbasis mit Ausnahme derjenigen, die unter 13 03 01 fallen	
13 03 07*	nicht chlorierte Isolier- und Wärmeübertragungsöle auf Mineralölbasis	
13 03 08*	synthetische Isolier- und Wärmeübertragungsöle	
13 03 10*	andere Isolier- und Wärmeübertragungsöle	Kühlflüssigkeit (Ethylenglykole)
13 05 02*	Schlämme aus Öl/Wasserabscheidern	Schlamm aus Öltrennanlagen
13 08 02	andere Emulsionen	„Kompressorenwasser"
14 06 02*	andere halogenierte Lösemittel und Lösemittelgemische	z. B. verbrauchte CKW-haltige Entfettungsbäder
14 06 03*	andere Lösemittel und Lösemittelgemische	z. B. aus der Kleinteilereinigung, verbrauchte Entfettungsbäder, CKW-frei
14 06 04*	Schlämme oder feste Abfälle, die halogenierte Lösemittel enthalten	z. B. Destillationsrückstände aus der Entfettung mit CKW
14 06 05*	Schlämme oder feste Abfälle, die andere Lösemittel enthalten	z. B. Destillationsrückstände aus der Entfettung ohne CKW
15 01 02	Verpackungen aus Kunststoff	Verpackungsschaum und -chips
15 01 04	Verpackungen aus Metall	entleerte Blechgebinde

Abfallschlüssel zur Ermittlung eines zugelassenen Entsorgungsbetriebes	**Abfallbezeichnung**	**Beispiele**
15 01 10*	Verpackungen, die Rückstände gefährlicher Stoffe enthalten oder durch gefährliche Stoffe verunreinigt sind	z. B. Fässer, Eimer, Dosen, Folien (Öl, Fett, Wachs, Lack)
15 02 02*	Aufsaug- und Filtermaterialien (einschließlich Ölfilter), Wischtücher und Schutzkleidung, die mit gefährlichen Stoffen verunreinigt sind	z. B. mit Metallstäuben beladene Filtereinsätze aus Absauganlagen, Tücher mit Beizen, Entfettungsmitteln verunreinigt; Kieselgur, Quarzkies bzw. Aktivkohlefilter; Putzlappen, Handschuhe, mit Fett oder Öl verunreinigt; gebrauchte Polierballen, lösemittelbeladene Filtereinsätze aus Absauganlagen
16 02 10*	gebrauchte Geräte, die PCB enthalten oder damit verunreinigt sind	z. B. Kondensatoren, Transformatoren
17 01 01	Beton	
17 01 02	Ziegel	
17 01 03	Fliesen, Ziegel und Keramik	
17 01 06*	Gemische aus oder getrennte Fraktionen von Beton, Ziegeln, Fliesen und Keramik, die gefährliche Stoffe enthalten	z. B. aus Kaminabriss
17 01 07	Gemische aus Beton, Ziegeln, Fliesen und Keramik mit Ausnahme derjenigen, die unter 17 01 06 fallen	
17 02 02	Glas	Fensterglas
17 02 03	Kunststoff	z. B. Armaturenteile, Einbauschränke etc.
17 02 04*	Glas, Kunststoff und Holz, die gefährliche Stoffe enthalten oder durch gefährliche Stoffe verunreinigt sind	z. B. Altfenster
17 02 08	Baustoffe auf Gipsbasis	
17 03 03*	Kohlenteer und teerhaltige Produkte	Dachpappe
17 04 01	Kupfer, Bronze, Messing	z. B. Kupferarmaturen
17 04 02	Aluminium	
17 04 03	Blei	z. B. Wasserrohre
17 04 04	Zink	
17 04 05	Eisen und Stahl	z. B. Heizkörper (Eisenschrott)
17 04 06	Zinn	
17 04 07	gemischte Metalle	
17 04 09*	Metallabfälle, die durch gefährliche Stoffe verunreinigt sind	z. B. flammschutzbehandelte Metallteile
17 04 11	Kabel	
17 06 01*	Dämmmaterial, das Asbest enthält	
17 06 04	Dämmmaterial mit Ausnahme desjenigen, das unter 17 06 01 fällt	z. B. Glaswolle (Mineralfaserabfälle), Styrol-Dämmplatten
17 06 05*	asbesthaltige Baustoffe	z. B. Fassadenplatten (Eternit, Kamelit)
19 08 06*	gesättigte oder verbrauchte Ionenaustauscherharze	a. d. Brauchwasseraufbereitung
19 08 13*	Schlämme, die gefährliche Stoffe aus einer anderen Behandlung von industriellem Abwasser enthalten	

* Sondermüll

11.1.3 Container- und Behältersysteme

Bezeichnung	Aussehen	Größe in m^3	Eigenschaften
Sonderabfallbehälter	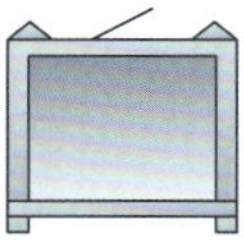	1 … 3	Spezialanfertigung für ölige und pastöse Stoffe
Big-Bags	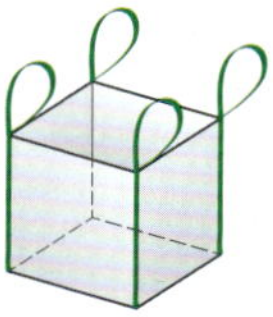	0,25 1,0 2,0	Kunststoffgewebe, sehr reißfest, wasser- und luftdicht verschließbar, auch für die Erfassung von staubenden Gütern, Tragkraft 1000 kg bei 1 m^3
Foliensäcke		1,0 … 2,5	Einsatz bei Rücknahmesystemen, geeignet für die Sammlung von Folien und Verpackungsmaterialien
Kleincontainer offen oder mit Deckel, Planen, Netz		0,5 … 2	sehr variabel einsetzbar, innerbetriebliche Logistik kleiner Mengen z. B. Bauschutt, Holz auch stapelbar befüllbar
Abrollbehälter offen oder mit Deckel, Plane, Netz	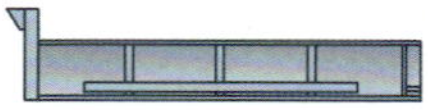	4,0 8,0 bis zu 40	befahrbar
Container geschlossen (z. B. Deckel, Plane, Netz)	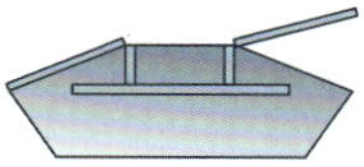	1,0 2,0 5,0 7,0 bis zu 40	Zum Schutze vor Fremdeinwürfen und Nässe, auch abschließbar
Absetzcontainer offen	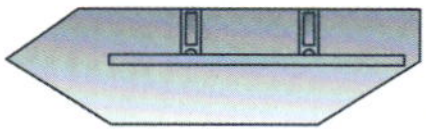	1,0 2,0 5,0 7,0 bis zu 40	Geeignet für schwere und sperrige Stoffe z. B. Holz, Bauschutt

11.2 Arbeitsschutz

11.2.1 Verbots-, Gebots-, Warn- und Hinweisbeschilderung

DIN 4844-2 : 2012-12,
DIN EN ISO 7010 : 2012-10

11.2.1.1 Verbotsbeschilderung *prohibitions*

Verbot

Rauchen verboten

Feuer, offenes Licht und Rauchen verboten

Fußgänger verboten

Mit Wasser löschen verboten

Kein Trinkwasser

Zutritt für Unbefugte verboten

Flurförderzeuge verboten

Berühren verboten

Nicht schalten

Nichts abstellen oder lagern

Betreten der Fläche verboten

Mobilfunk verboten

Essen und Trinken verboten

11.2.1.2 Gebotsbeschilderung *mandatory-signs*

Augenschutz benutzen

Schutzhelm benutzen

Gehörschutz benutzen

Atemschutz benutzen

Fußschutz benutzen

Handschutz benutzen

Schutzkleidung benutzen

Gesichtsschutz benutzen

Für Fußgänger

Vor Arbeit freischalten

11.2.1.3 Warnbeschilderung *danger signs*

Allgemeines Warnzeichen

Feuergefährliche Stoffe

Explosionsgefährliche Stoffe

Giftige Stoffe

Ätzende Stoffe

Radioaktive Stoffe oder ionisierende Strahlen

Schwebende Last

Flurförderzeug

Gefährliche elektrische Spannung

Laserstrahl

Brandfördernde Stoffe

Magnetisches Feld

Stolpergefahr

Kälte

Batterie

Explosionsgefährdete Atmosphäre

Heiße Oberfläche

Rutschgefahr

11.2.1.4 Rettungszeichen DIN ISO 23601 : 2010-12 *emergency signs*

E00 Standort

E001 Notausgang

Notausgang rechts
* nur in Verbindung mit E001

Notausgang unten
* nur in Verbindung mit E001

E003 Erste Hilfe

E004 Notruftelefon

E007 Sammelstelle

E009 Arzt

E010 Defibrillator

E011 Augenspüleinrichtung

E012 Notdusche

E013 Krankentrage

11.2.1.5 Brandschutzzeichen *fire safety signs*

F03 Löschschlauch

F04 Leiter

F05 Feuerlöscher

F06 Brandmeldetelefon

F07 Mittel u. Geräte zur Brand bekämpfung

F08 Brandmelder (manuell)

11.2.2 Gefahrstoffe *hazardous substances*

11.2.2.1 Gefahrensymbole und Gefahrenbezeichnung DIN 4844-2 : 2012-12

Kennzeichnung ab 2008	Beschreibung	Seit 2018 nicht mehr erlaubt
 GHS06	**Tödliche Vergiftung** Produkte können selbst in kleinen Mengen auf der Haut, durch Einatmen oder Verschlucken zu schweren oder gar tödlichen Vergiftungen föhren. Die meisten dieser Produkte sind Verbrauchern nur eingeschränkt zugänglich. Lassen Sie keinen direkten Kontakt zu.	 oder 
 GHS08	**Schwerer Gesundheitsschaden, bei Kindern möglicherweise mit Todesfolge** Produkte können schwere Gesundheitsschäden verursachen. Dieses Symbol warnt vor einer Gefährdung der Schwangerschaft, einer krebserzeugenden Wirkung und ähnlich schweren Gesundheitsrisiken. Produkte sind mit Vorsicht zu benutzen.	oder 
 GHS05	**Zerstörung von Haut oder Augen** Produkte können bereits nach kurzem Kontakt Hautflächen mit Narbenbildung schädigen oder in den Augen zu dauerhaften Sehstörungen führen. Schützen Sie beim Gebrauch Haut und Augen!	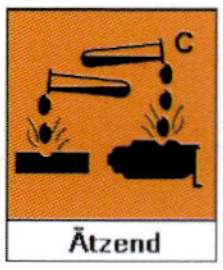 oder 
 GHS07	**Gesundheitsgefährdung** Vor allen Gefahren, die in kleinen Mengen nicht zum Tod oder einem schweren Gesundheitsschaden führen, wird so gewarnt. Hierzu gehört die Reizung der Haut oder die Auslösung einer Allergie. Das Symbol wird aber auch als Warnung vor anderen Gefahren, wie der Entzündbarkeit genutzt.	 oder 
 GHS09	**Gefährlich für Tiere und die Umwelt** Produkte können in der Umwelt kurz- oder langfristig Schäden verursachen. Sie können kleine Tiere (Wasserflöhe und Fische) töten oder auch längerfristig in der Umwelt schädlich wirken. Keinesfalls ins Abwasser oder den Hausmüll schütten!	
 GHS02	**Entzündet sich schnell** Produkte entzünden sich schnell in der Nähe von Hitze oder Flammen. Sprays mit dieser Kennzeichnung dürfen keineswegs auf heiße Oberflächen oder in der Nähe offener Flammen versprüht werden.	 oder 

11.3 Brandschutz *fire prevention*

11.3.1 Brandentstehung *brand genesis*

Voraussetzungen für alle Verbrennungsvorgänge

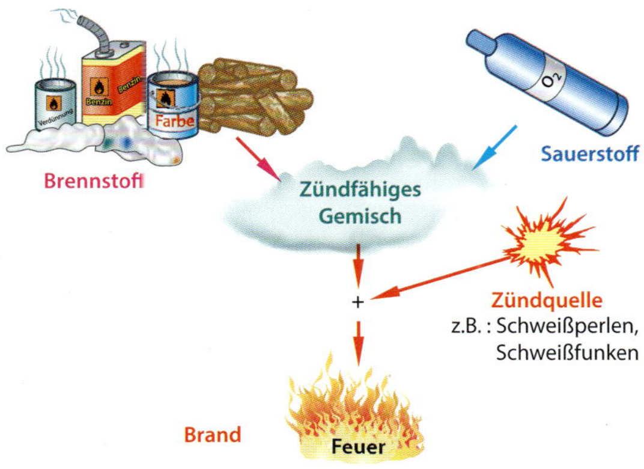

Darstellung der Explosionsgrenzen und Explosionspunkte an der Dampfdruckkurve

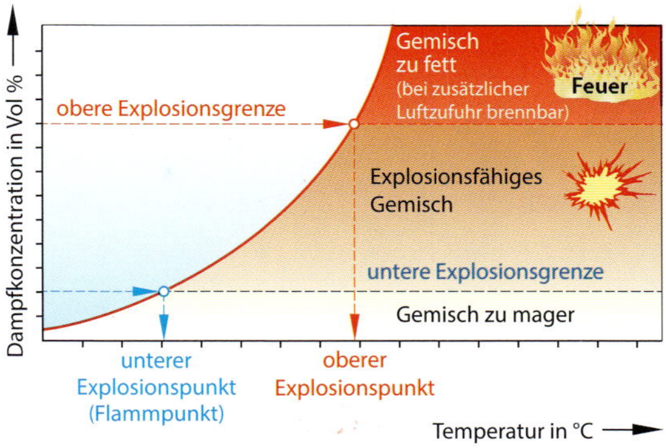

11.3.2 Vorbeugender Brandschutz und Brandschutzmaßnahmen *Fire prevention and fire safety measures*

Brandklassen nach DIN EN 2 : 2005-01 und geeignete Löschmittel *Fire classes and fire-extinguishing mediums*

Übersicht über den Anwendungsbereich der Löschmittel		
Brandklasse	**Art des brennbaren Stoffes**	**Geeignete Handfeuerlöscher**
	Brennbare feste Stoffe (außer Metalle) wie z. B. Holz, Kohle, Papier, Stroh, Textilien usw.	Pulverlöscher mit ABC-Löschpulver, Wasserlöscher, Schaumlöscher
	Brennbare flüssige Stoffe, z. B. Benzin, Fett, Lack, Öl, Teer, Verdünnung usw.	Kohlendioxidlöscher, Pulverlöscher mit • ABC-Löschpulver oder • BC-Löschpulver, Schaumlöscher
	Brennbare gasförmige Stoffe, insbesondere unter Druck ausströmende Gase wie z. B. Azetylen, Butan, Methan, Propan, Wasserstoff, Erd- und Stadtgas usw.	Pulverlöscher • mit ABC-Löschpulver oder • mit BC-Löschpulver
	Brennbare Metalle wie z. B. Aluminium, Kalium, Lithium, Magnesium, Natrium und deren Verbindungen	Pulverlöscher mit Metallbrandlöschpulver

Übersicht über den Anwendungsbereich der Löschmittel		
Brandklasse	**Art des brennbaren Stoffes**	**Geeignete Handfeuerlöscher**
E	Brandklasse wurde abgeschafft!!! Früher: Brände in Niederspannungsanlagen	Heutige Feuerlöscher dürfen alle in Niederspannungsanlagen eingesetzt werden
	Brennbare Speiseöle/-fette	Spezial-Fettbrandfeuerlöscher Bei Speiseöl- und Fettbränden wirkt das Löschmittel durch Verseifung der brennenden Flüssigkeit. Es bildet sich eine Sperrschicht, die die Zufuhr von Sauerstoff unterbindet. Gleichzeitig kühlt das Löschmittel das Speiseöl oder Speisefett unter die Selbstzündungstemperatur ab und verhindert ein erneutes Aufflammen des Brandes.

Brände verhüten ▶ siehe Kap_11.pdf

Darstellung einer Löschanlage mit offenen Düsen oder Sprinkleranlage mit unmittelbarem Anschluss – Löschwasserübergabe (LWU): Direktanschlussstation

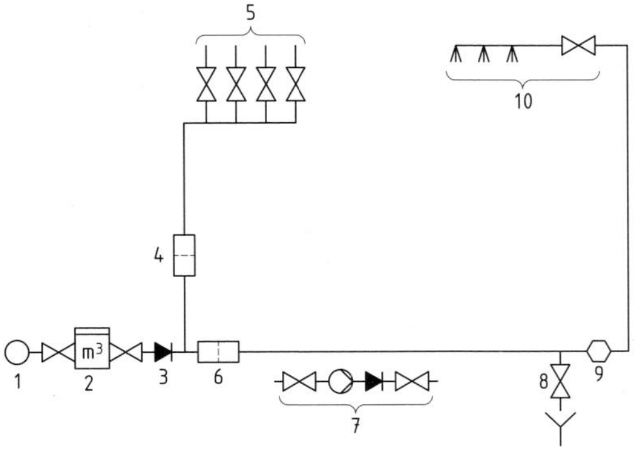

Legende

1 Hauptversorgungsleitung des öffentlichen Wasserversorgers
2 Wasserzähleranlage
3 Rückflussverhinderer
4 Mechanisch wirkender Filter
5 Ständige Trinkwasserverbraucher
6 Steinfänger
7 Druckerhöhungsanlage, optional
8 Automatische Spüleinrichtung
9 Direktanschlussstation
10 Löschanlage mit offenen Düsen und Sprühwasserventilstation oder Sprinkleranlage

Darstellung einer Löschanlage mit offenen Düsen oder Sprinkleranlage mit mittelbarem Anschluss – Löschwasserübergabe (LWU): Freier Auslauf

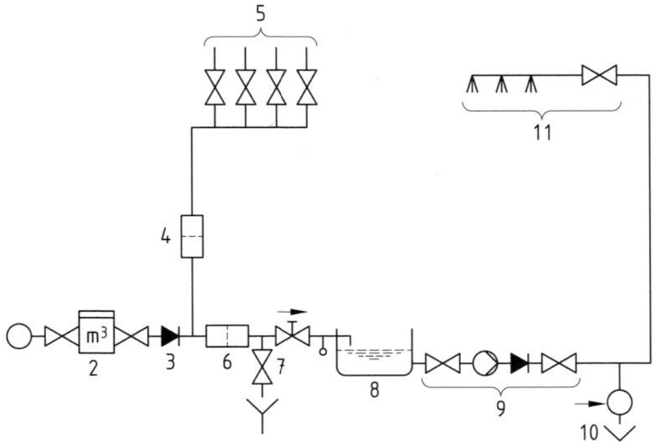

Legende

1 Hauptversorgungsleitung des öffentlichen Wasserversorgers
2 Wasserzähleranlage
3 Rückflussverhinderer
4 Mechanisch wirkender Filter
5 Ständige Trinkwasserverbraucher
6 Steinfänger
7 Automatische Spüleinrichtung
8 Vorlagebehälter mit freiem Auslauf, z. B. Typ AB nach DIN EN 1717
9 Druckerhöhungsanlage
10 Fremdwassereinspeisung
11 Löschanlage mit offenen Düsen und Sprühwasserventilstation oder Sprinkleranlage mit Alarmventilstation

Darstellung einer Löschanlage mit offenen Düsen mit unmittelbarem Anschluss – Löschwasserübergabe (LWU): Füll- und Entleerungsstation

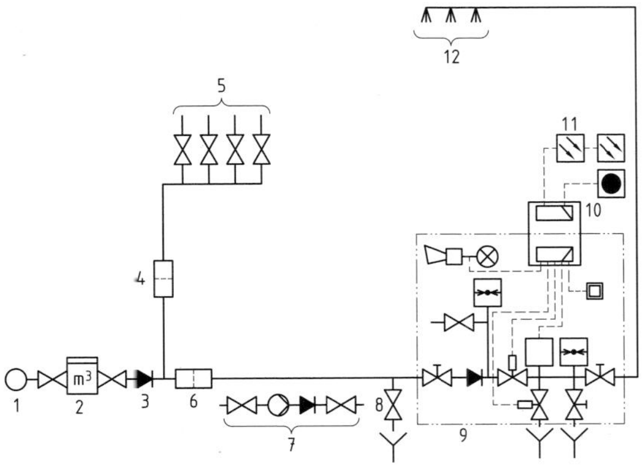

Legende

1 Hauptversorgungsleitung des öffentlichen Wasserversorgers
2 Wasserzähleranlage
3 Rückflussverhinderer
4 Mechanisch wirkender Filter
5 Ständige Trinkwasserverbraucher
6 Steinfänger
7 Druckerhöhungsanlage, optional streichen
8 Automatische Spüleinrichtung
9 Füll- und Entleerungsstation
10 Handfeuermelder
11 Automatischer Melder, z. B. optischer Rauchmelder
12 Löschanlage mit offenen Düsen

Darstellung einer Anlage mit Unter- und Überflurhydranten bei einem Löschwasserbedarf kleiner als dem Trinkwasserbedarf – Lschwasserübergabe (LWU): Unter- oder Überflurhydrant

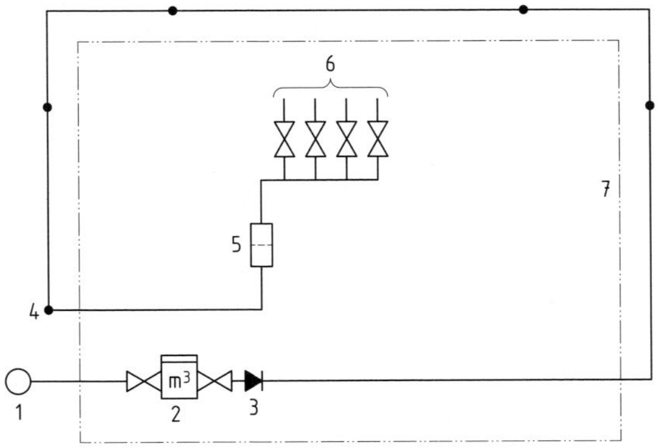

Legende

1 Hauptversorgungsleitung des öffentlichen Wasserversorgers
2 Wasserzähleranlage
3 Rückflussverhinderer
4 Hydrant, z. B. Unterflurhydrant
5 Mechanisch wirkender Filter
6 Ständige Trinkwasserverbraucher
7 Gebäude

Darstellung einer Anlage mit Unter- und Überflurhydranten mit unmittelbarem Anschluss – Löschwasser Übergabe (LWU): Füll- und Entleerungsstation

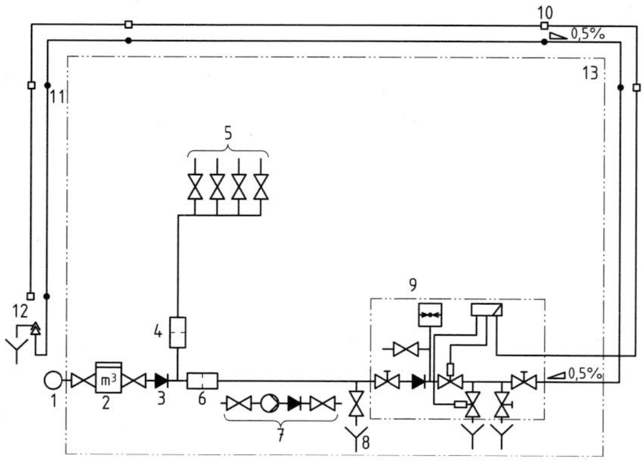

Legende
1 Hauptversorgungsleitung des öffentlichen Wasserversorgers
2 Wasserzähleranlage
3 Rückflussverhinderer
4 Mechanisch wirkender Filter
5 Ständige Trinkwasserverbraucher
6 Steinfänger
7 Druckerhöhungsanlage, optional
8 Automatische Spüleinrichtung
9 Füll- und Entleerungsstation
10 Grenztaster
11 Hydrant, z. B. Unterflurhydrant
12 Be- und Entlüftungsventil
13 Gebäude

Darstellung einer Anlage mit Unter- und Überflurhydranten mit mittelbarem Anschluss- Löschwasserübergabe (LWU): – Löschwasserübergabe (LWU): Freier Auslauf

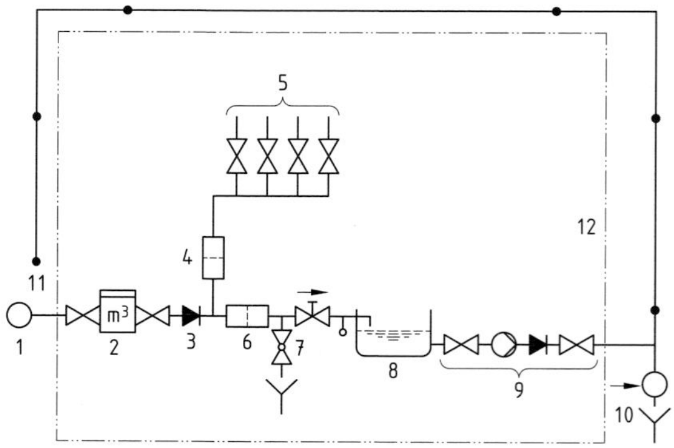

Legende
1 Hauptversorgungsleitung des öffentlichen Wasserversorgers
2 Wasserzähleranlage
3 Rückflussverhinderer
4 Mechanisch wirkender Filter
5 Ständige Trinkwasserverbraucher
6 Steinfänger
7 Automatische Spüleinrichtung
8 Vorlagebehlter mit freiem Auslauf, z. B. Typ AB nach DIN EN 1717
9 Druckerhöhungsanlage
10 Fremdwassereinspeisung
11 Hydrant, z. B. Unterflurhydrant
12 Gebäude

Klassifizierungskriterien nach DIN EN 13501 : 2016-12			
	Funktion	**Die Fähigkeit eines Bauteils**	**Anwendungsbereich**
R	Tragfähigkeit (Résistance)		
E	Raumabschluss (Étanchéité)	Einer Brandbeanspruchung von nur einer Seite zu widerstehen	
I	Isolation	Hitzebarriere Wärmedämmung unter Brandeinfluss	
W	Strahlung (Radiation)	Die auf der feuerabgewandten Seite gemessene Hitzestrahlung für gewisse Zeit zu widerstehen	
M	mechanisch	Mechanische Einwirkung auf Wände	
S	Rauchschutz (Smoke)	Begrenzung der Rauchdurchlässigkeit/Dichtheit	Rauchschutztüren, Lüftungsanlagen und -klappen
	z. B. S200 Rauchschutz 200 °C Prüftemperatur		
C	Selbstschließend (Closing)	Beim Auftreten von Feuer oder Rauch eine Öffnung automatisch zu schließen	Rauchschutztüren, Feuerschutzabschlüsse (inkl. Abschlüsse für Förderanlagen)
P		Aufrechterhaltung der Energieversorgung und Signalübermittlung	Elektrische Leitungsanlagen allgemein
I_1, I_2		Unterschiedliche Wärmedämmkriterien	Feuerschutzabschlüsse
200, 300 °C		Angaben der Temperaturbeanspruchung	Rauchschutztüren

Klassifizierungskriterien nach DIN EN 13501 : 2016-12			
	Funktion	**Die Fähigkeit eines Bauteils**	**Anwendungsbereich**
i (in) o (out)	z. B. i → o	Richtung der klassifizierten Feuerwiderstandsdauer	Nicht tragende Außenwände, Installationsschächte, Lüftungsanlagen und -klappen
a (above) b (below)	z. B. a → b oben nach unten a ↔ b von beiden Richtungen	Richtung der klassifizierten Feuerwiderstandsdauer	Unterdecken
f (full)		Beanspruchung durch volle Einheitstemperaturzeitkurve, Vollbrand	Doppelboden
v (vertical) h (horizontal)		Für vertikalen/horizontalen Einbau klassifiziert	Lüftungsleitungen/ -klappen

Brandparallelerscheinungen (s: smoke) (d: droplets)	s1: keine Sichtbehinderung durch Rauchentwicklung
	s2: Sichtbehinderung durch Rauchentwicklung
	s3: starke Sichtbehinderung durch Rauchentwicklung
	d0: kein brennendes Abtropfen oder Abfallen
	d1: brennendes Abtropfen oder Abfallen über max. 10 Sek. (in einem 10 Min. Test)
	d2: brennendes Abtropfen oder Abfallen mehr als 10 Sek. (in einem 10 Min. Test)

Feuerwiderstandsklassen nach DIN EN 13501 : 2016-12 (Bezeichnung nach alt DIN 4102)						
Bauaufsichtliche Benennung	**Tragende Bauteile ohne Raumabschluss**	**Tragende Bauteile mit Raumabschluss**	**Nicht tragende Innenwände**	**Nicht tragende Außenwände**	**Doppelböden**	**Selbstst. Unterdecken**
feuerhemmend	R 30	REI30	EI30	E 30 i → o EI 30 o → i	REI 30 ETK (f)	EI 30 a → b EI 30 b → a EI 30 a ↔ b
	F 30	F 30	F 30	W 30	F 30	F 30
	R 60	REI 60	EI60	E 60 i → o EI 60 o → i	REI 60 ETK (f)	EI 60 a → b EI 60 b → a EI 60 a ↔ b
	F 60	F 60	F 60	W 60	F 60	F 60
feuerbeständig	R 90	REI 90	EI 90	E 90 i → o EI 90 o → i	REI 90 ETK (f)	EI 90 a → b EI 90 b → a EI 90 a ↔ b
	F 90	F 90	F 90	W 90	F 90	F 90
Feuerwiderstandsdauer 120 min	R 120	REI 120				
	F 120	F 120				
Brandwand		REI-M 90	EI-M 90			

Feuerwiderstandsklassen nach DIN EN 13501 : 2016-12 Sonderbauteile (Bezeichnung nach alt DIN 4102)					
Bauaufsichtliche Benennung	**Feuerschutzabschlüsse (inkl. Förderanlagen) ohne Rauchschutz**	**Feuerschutzabschlüsse (inkl. Förderanlagen) mit Rauchschutz**	**Rauchschutztüren**	**Abschottungen elektr. Leitungen**	**Rohrabschottung**
feuerhemmend	EI_2 30-C	EI_2 30-CS_{200}		EI 30 EI 60	EI 30 EI 60
	T 30 T 60	T 30 RS T 60 RS		S 30 S 60	R 30 R 60
feuerbeständig	EI_2 90-C	EI_2 90-CS_{200}		EI 90	EI 90
	T 90	T 90 RS		S 90	R 90
Feuerwiderstandsdauer 120 min				EI 120	EI 120
				S 120	R 120
rauchdicht, selbstschließend			CS_{200}		
			RS		

Feuerwiderstandsklassen nach DIN EN 13501 : 2016-12 Sonderbauteile (Bezeichnung nach alt DIN 4102)					
Bauaufsichtliche Benennung	**Lüftungsleitungen**	**Klappen in Lüftungsleitungen**	**Installationsschächte und -kanäle**	**Elektr. Leitungsanlagen mit Funktionserhalt**	**Brandschutzverglasung**
feuerhemmend	EI 30 $(v_e h_o i \leftrightarrow o)$-S EI 60 $(v_e h_o i \leftrightarrow o)$-S	EI 30 $(v_e h_o i \leftrightarrow o)$-S EI 60 $(v_e h_o i \leftrightarrow o)$-S	EI 30 $(v_e h_o i \leftrightarrow o)$-S EI 60 $(v_e h_o i \leftrightarrow o)$-S	P 30 P 60	E 30 E 60
	L 30 L 30	K 30 K 60	I 30 I 60	E 30 E 60	G 30 G 60
feuerbeständig	EI 90 $(v_e h_o i \leftrightarrow o)$-S	EI 90 $(v_e h_o i \leftrightarrow o)$-S	EI 90 $(v_e h_o i \leftrightarrow o)$-S	P 90	EI 90
	L 90	K 90	I 90	E 90	G 90

Baustoffklassen nach DIN EN 13501 : 2016-12				
Bauaufsichtliche Benennung	**Zusatzanforderung: kein Rauch**	**Zusatzanforderung: kein brennendes Abfallen/Abtropfen**	**Klasse nach DIN EN 13501**	**Klasse nach alt DIN 4102**
nicht brennbar	×	×	A 1	A 1
	×	×	A 2 – s1 d0	A 2
schwer entflammbar	×	×	B, C – s1 d0	B 1
		×	B, C – s3 d0	
	×		B, C – s1 d2	
			B, C – s3 d2	
normal entflammbar		×	D – s3 d0 E	B 2
			D – s3 d2	
			E – d2	
leicht entflammbar			F	B 3

Anforderungen an Leitungsdurchführungen der Musterbauordnung (MBO 2002)

Gebäudeklassen / Bauteile	GK 1 (a+b)	GK 2	GK 3	GK 4	GK 5	Sonderbauten
OKF = Oberkante Fußboden von Aufenthaltsräumen ab Oberkante Erdreich	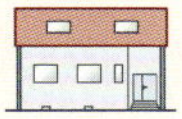 Freistehende Gebäude ≤ 7 m OKF (≤ 2 Nutzungseinheiten und insgesamt ≤ 400 m²)[1]	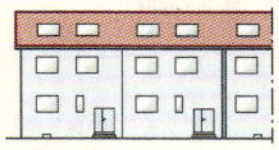 Gebäude ≤ 7 m OKF (≤ 2 Nutzungseinheiten und insgesamt ≤ 400 m²)[1]	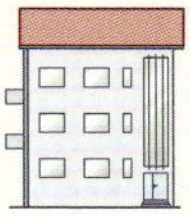 sonstige Gebäude ≤ 7 m OKF[1]	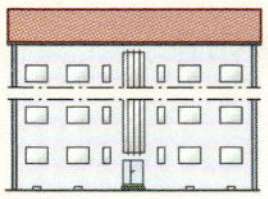 Gebäude ≤ 13 m OKF (Nutzungseinheiten mit jeweils nicht mehr als 400 m²)[1]	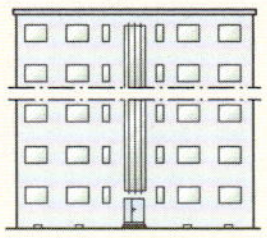 sonstige Gebäude ≤ 22 m OKF[1]	– Hotels – Versammlungsstätten – Sportstätten – Schulen – Krankenhäuser jeder Höhe und Hochhäuser ≥ 22 m OKF[3]
Bauteile in Kellergeschossen (Decken), MBO § 31 (2)	F 30	F 30	F 90	F 90	F 90	F 90/F 120[3]
Bauteile in Obergeschossen (Decken), MBO § 31 (1)	keine Anforderungen	F 30[2]	F 30[2]	F 60/F 90[2) 5)]	F 90[2]	F 90[2]
Raumabschließende Trennwände in Obergeschossen, z. B. Wohnungstrennwände bzw. Trennwände von Nutzungseinheiten, MBO § 29	keine Anforderungen	F 30	F 30	F 60/F 90[5]	F 90	F 90[3]
Wände von notwendigen Fluren und Ausgänge ins Freie, MBO § 36 (4)	keine Anforderungen	keine Anforderungen	F 30 Obergeschoss Keller F 30	F 30 Obergeschoss Keller F 90	F 30 Obergeschoss Keller F 90	F 30 Obergeschoss Keller F 90
Wände von notwendigen Treppenräumen, MBO § 35 (3)	keine Anforderungen	F 30-A	F 30-A	F 60/F 90-A[5]	F 90-A	F 90-A[3]
Gebäudetrennwände/Brandwände, MBO § 30	keine Anforderungen	F 60/F 90-AB[5]	F 60/F 90-AB[5]	F 60/F 90-AB[5]	F 90-A	F 90-A[3]

[1] Nach § 40 werden keine Anforderungen an die Abschottung von Leitungsanlagen, Installationsschächten, Kanälen und Leitungsanlagen innerhalb von Wohnungen und Nutzungseinheiten mit nicht mehr als 400 m² und nicht mehr als 2 Geschossen gestellt.

[2] Für Decken zu Dachräumen und Flachdächern gelten keine besonderen Anforderungen, wenn sich im Dachraum keine Aufenthaltsräume befinden.

[3] In Sonderbauten gelten differenzierte Anforderungen. Details sind den Sonderbauordnungen und dem spez. Brandschutzkonzept als Bestandteil der Baugenehmigung zu entnehmen.

[4] In Bayern, Hessen, Hamburg gelten F 30 Anforderungen für tragende Bauteile im Kellergeschoss. Leitungsabschottungen in F 30 Bauteilen mit Anforderungen an den Wärme-, Schall- und Brandschutz.

[5] Abschottungen für F 60 Bauteile sind zurzeit im Markt nicht verfügbar, deshalb Abschottungen für F 90 Bauteile einbauen.

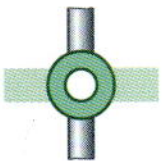
Leitungsdurchführungen mit Anforderungen an den Wärme- und Schallschutz

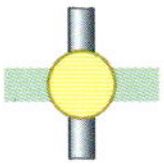
Leitungsabschottungen in F 30 Bauteilen mit Anforderungen an den Wärme-, Schall- und Brandschutz

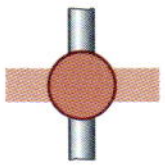
Leitungsabschottungen in F 60/ F 90/F 120 Bauteilen mit Anforderungen an den Wärme-, Schall- und Brandschutz

Leitungsanlagen in Flucht- und Rettungswegen

Brandlastenfreie Leitungsstraße bei offener Verlegung

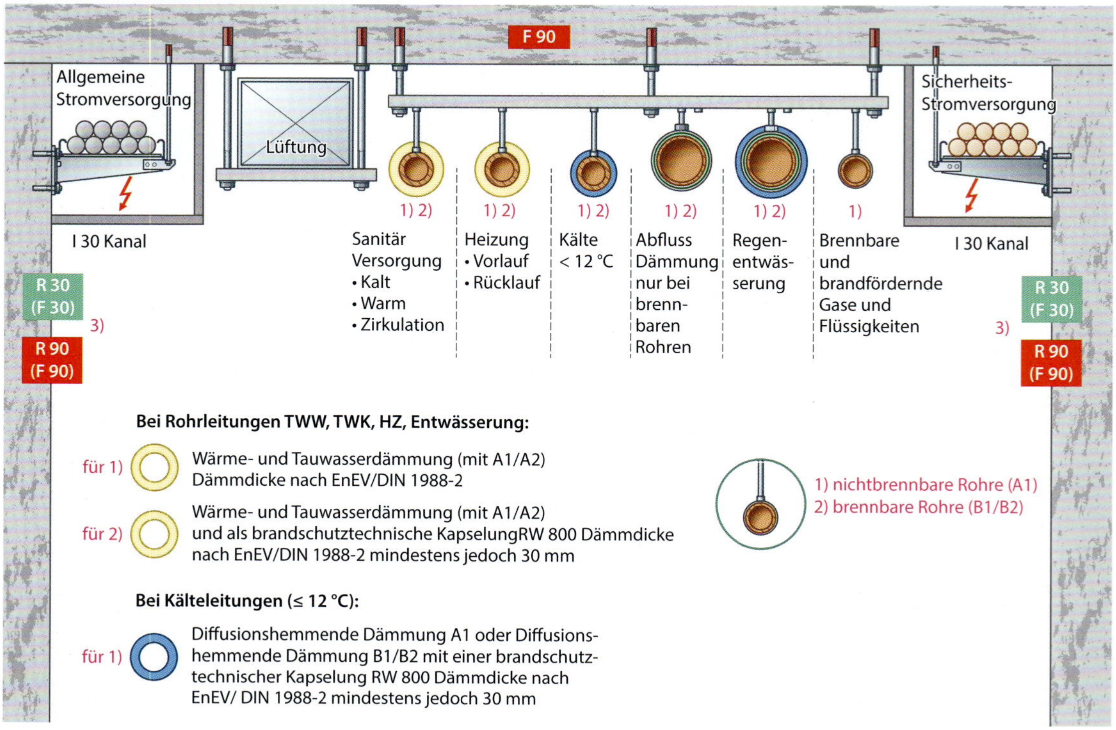

Leitungsstraßen oberhalb einer F 30 Unterdecke

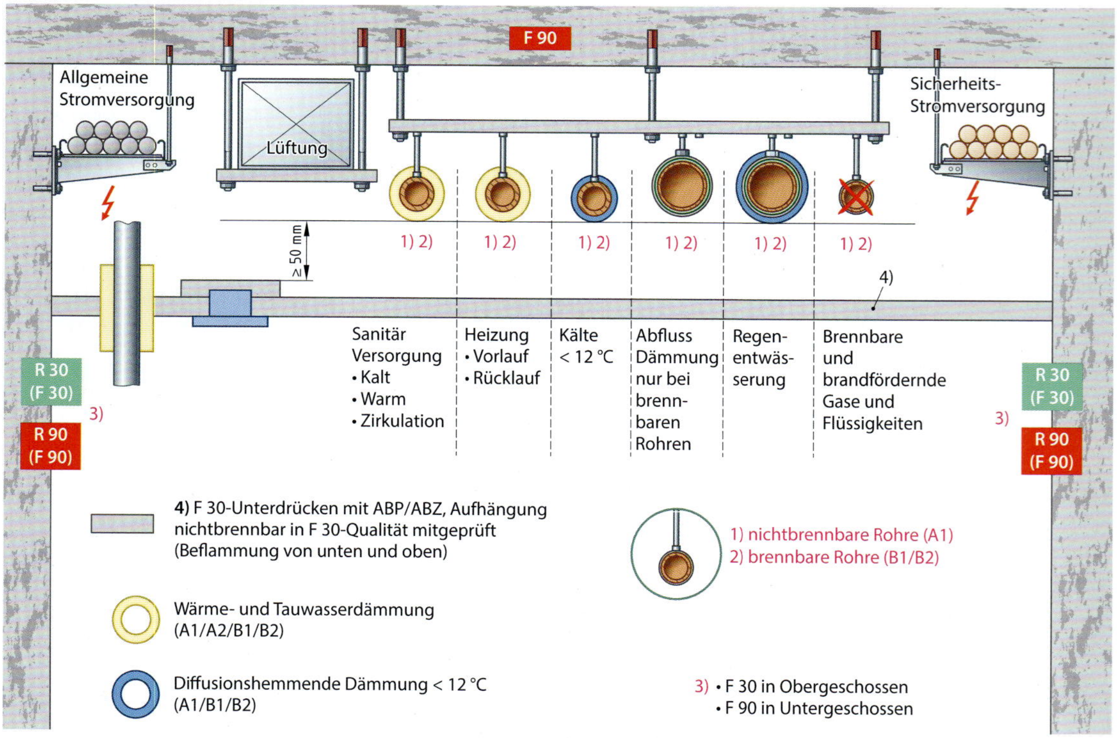

11.3.3 Sprinkleranlagen *sprinkler*

Sprinklerampullen in verschiedenen Farben mit Temperaturangaben

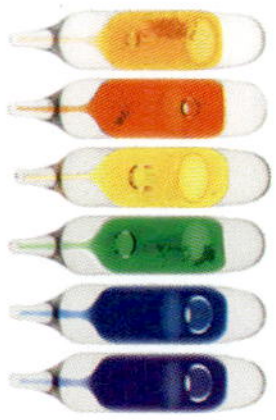

57 °C	Orange
68 °C	Rot
79 °C	Gelb
93 °C	Grün
141 °C	Blau
182 °C	Violett

Funktion:
Bei Erreichen der Auslösetemperatur der Sprinklerflüssigkeit zerplatzt das Sprinklergläschen, das Verschlusselement wird durch den Wasserdruck herausgedrückt und das Wasser strömt, durch den Sprühteller verteilt, auf den Brandherd. Die Auswahl erfolgt nach Ansprechtemperatur und der Wasserbeaufschlagung (*k*-Wert in mm/min) für unterschiedliche Modelle.

Funktionsskizze Sprinkler

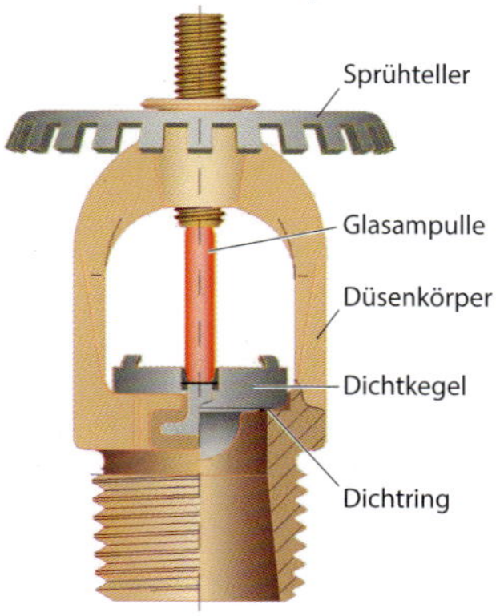

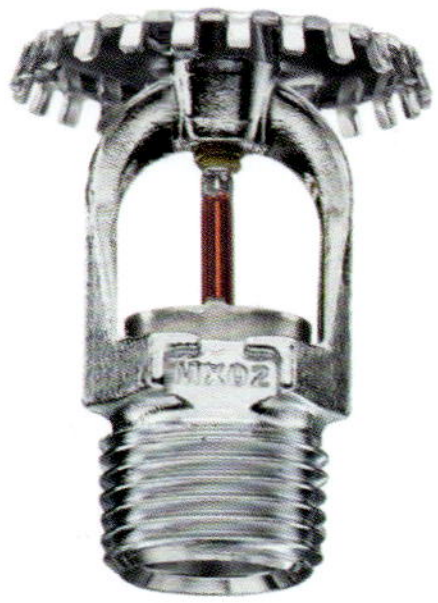

Schirmsprinkler SU, stehend
Standardsprinkler für Räume mit sichtbar verlegten Sprinkler-Rohrleitungen, z. B. in Werkhallen und Lagerräumen.
Anschlussgewinde: R 3/8",
k-Wert: 57; Anschlussgewinde: R 1/2".

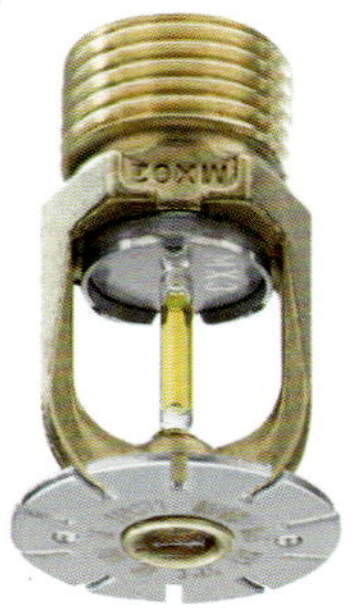

Flachschirmsprinkler FP, hängend
Insbesondere für Räume mit Rasterdecken, damit im Brandfall eine ausreichende Wurfweite gewährleistet ist.
Anschlussgewinde: R 3/8",
k-Wert: 57;
Anschlussgewinde: R 1/2".

Schirmsprinkler SP, hängend
Für Räume, in denen die Sprinkler-Rohrleitungen im Hohlraum über abgehängten Decken verlegt sind, z. B. in Warenhäusern und Büroetagen.
Anschlussgewinde: R 1/2".

Beispiele für Löschanlagen *extinguishing systems*

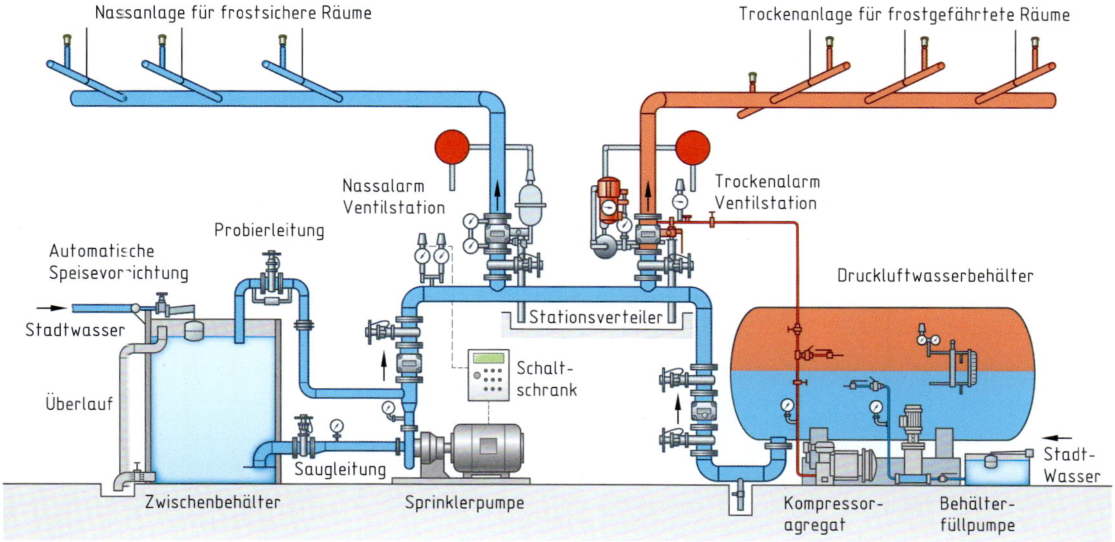

Sprinkleranlage: Funktionsschema

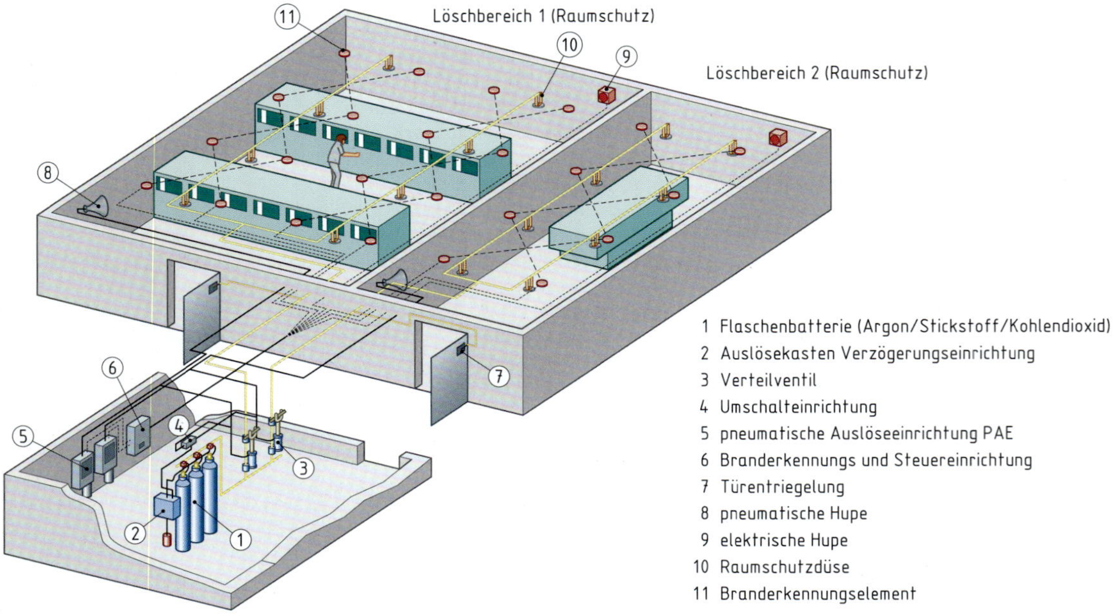

CO_2-, N2*- und Argon*-Hochdruckanlage
***N2 und Argon können mit bis zu 300 bar Betriebsdruck errichtet werden**
(Einsatzgebiet z. B. Serverräume, Bibliotheken)

Brandgefahrenklassen *fire danger classes*

Vor der Planung sind die Brandgefahrenklassen zur Bemessung der Sprinkleranlagen zu bestimmen. Eine wesentliche Rolle spielen Nutzung und Brandbelastung. Die durch Sprinkler zu schützenden Gebäude und Bereiche können eingeschätzt werden als

- kleine (Light Hazard – LH – bei nichtindustrieller Nutzung),
- mittlere (Ordinary Hazard – OH – bei Handel, industrieller Nutzung)
- oder hohe Brandgefahr (High Hazard Production – HHP – bei Produktionsrisiken und High Hazard Storage – HHS – bei Lagerrisiken).

Auslegung von Sprinkleranlagen nach DIN EN 12845 : 2020-11

Brandgefahr	Wasserbeaufschlagung mm/min	Wirkfläche m²	
		Nass- oder vorgesteuerte Anlage	Trocken- oder Nass-Trocken-Anlage
LH	2,25	84	Nicht zulässig Auslegung nach OH1
OH1	5,0	72	90
OH2	5,0	144	180
OH3	5,0	216	270
OH4	5,0	360	Nicht zulässig Auslegung nach HHP 1
HHP1	7,5	260	325
HHP2	10,0	260	325
HHP3	12,5	260	325
HHP4	Sprühwasser-Löschanlagen (siehe Anmerkung)		

Trinkwasserinstallation in Verbindung von Feuerlösch- und Brandschutzanlagen nach DIN 1988-600 : 2021-07

Löschwasserverteilsysteme *fire water distribution systems*

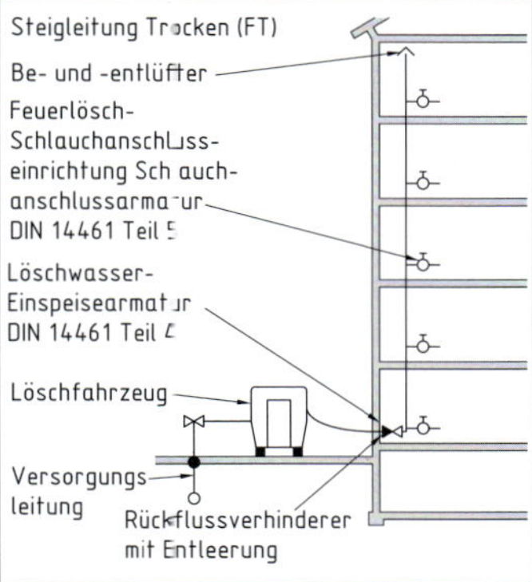

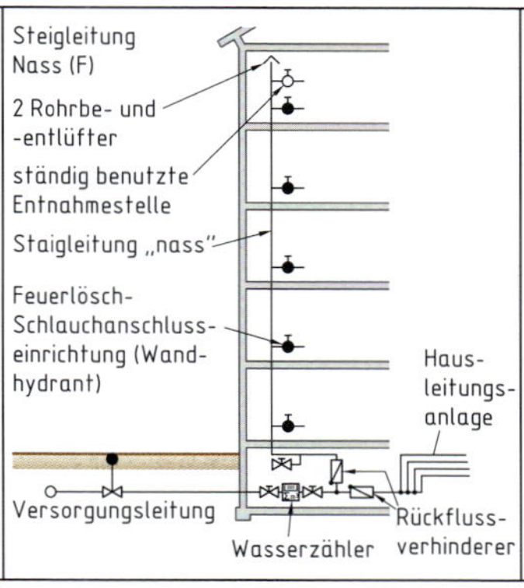

Wandhydrant für Nassleitungen, kombiniert mit Feuerlöscher und -melder

Zuordnungstabelle für zulässige Anschlussarten an der Löschwasserübergabe (LWÜ)

Anlagentyp / Übergabestelle	Anlagen mit zusätzlicher Einspeisung von Nichttrinkwasser	Löschwasseranlagen „nass" mit Wandhydrant Typ F, Typ S nach DIN 14462	Löschwasseranlagen „nass-trocken" mit Wandhydrant Typ F, Typ S nach DIN 14462	Trinkwasserinstallation mit Wandhydrant Typ S nach DIN 14462	Feuerlösch- und Brandschutzanlage mit offenen Düsen, z. B. nach DIN 14494, DIN 14495, DIN CEN/TS 14816, VdS 2109	Sprinkleranlage, z. B. nach DIN 14489, DIN EN 12845, VdS CEA 4001	Anlagen mit Unter- und Überflurhydranten
Freier Auslauf Typ AA, AB nach DIN EN 1717	x	x	x[b]	–	x	x	x
Füll- und Entleerungsstation nach DIN 14463-1	–	–	x[b]	–	–	–	x[b]
Füll- und Entleerungsstation nach DIN 14463-2	–	–	–	–	x[b]	–	–
Direktanschlussstation nach DIN 14464	–	–	–	–	x[a]	x[a]	–
Schlauchanschlussventil 1″ mit Sicherungseinrichtung nach DIN 14461-3	–	–	–	x[c]	–	–	–
Über- und Unterflurhydranten nach DIN EN 14339 und DIN EN 14384	–	–	–	–	–	–	x[c]

[a] Einschränkungen beachten
[b] Spitzenvolumenstrom in der Füllphase beachten
[c] Bei ausreichend durchflossenen Trinkwasserinstallationen geeignet

Rohrleitungsmaterialien in Trinkwasser-Installationen bis zur Übergabestelle

Rohrleitungsmaterial	Rohre nach	Verbindungstechniken	Fittings nach	Rohrverbindungen nach
Duktile Gussrohre	DIN EN 545 DIN EN 969	Flansch/Muffe		DIN 28601
Schmelztauch-verzinkte Eisenwerkstoffe	DIN EN 10255 in Verbindung mit DIN EN 10240	Gewindeverbindung Schweiß-/Flanschverbindung	DIN EN 10241 DIN EN 10242 DIN EN 1092-1	DIN EN 10226-1
		Klemmverbindung	DVGW W 534	DVGW W 534

Rohrleitungsmaterial	Rohre nach	Verbindungstechniken	Fittings nach	Rohrverbindungen nach
Nichtrostender Stahl	DVGW GW 541	Pressverbindung	DIN 2459	DVGW W 534
		Klemmverbindung	–	–
Kupfer und innenverzinntes Kupfer	DIN EN 1057 DIN EN 13349 DVGW GW 392 DVGW VP 652	Hartlötverbindung > 28 mm[a] Weichlötverbindung ≤ 28 mm	DIN EN 1254-1 DIN EN 1254-4 DIN EN 1254-5 DVGW GW 6 DVGW GW 8	DVGW GW 2
		Schweißverbindung[a]	DIN 2607 DIN EN 14640	DVGW GW 2
		Pressverbindung	DIN 2459 DVGW W 534	DVGW GW 2
		Klemmverbindung, metallisch dichtend	DIN EN 1254-2 DIN EN 1254-4 DVGW W 534	DVGW GW 2
		Steckverbindung	DVGW W 534	DVGW GW 2
		Pressverbindung	DVGW W 534	DVGW GW 2
Kupferrohre mit festhaftendem Kunststoffmantel	DVGW VP 652	Pressverbindung	DVGW W 534	DVGW W 534 DVGW VP 652

[a] Hartlöt- und Schweißverbindungen sind für innenverzinntes Kupfer nicht zulässig.

Planungshinweise:

- Von der zu einer Feuerlösch- und Brandschutzanlage führenden Trinkwasserleitung abzweigende Leitungen müssen separat absperrbar sein.
- Werden Verteil- und Steigleitungen der Trinkwasser-Installation in brennbaren Materialien ausgeführt, so ist sicherzustellen, dass im Falle einer Löschwasserentnahme diese Leitungsteile durch automatisch schließende Armaturen abgesperrt werden.
- Metallische Rohrleitungen sind in den Potenzialausgleich einzubeziehen.
- Trinkwasserleitungen und Nichttrinkwasserleitungen sind nach DIN 2403 zu kennzeichnen.

Darstellung einer Löschwasseranlage „nass" – Löschwasserübergabe (LWÜ): Freier Auslauf (DIN 1988-600 : 2021-07)

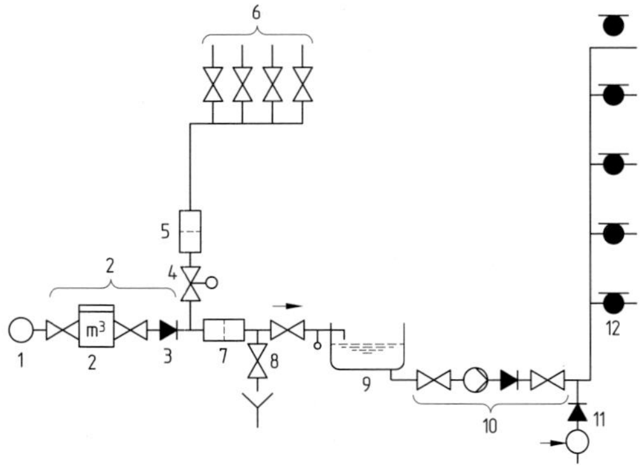

Legende

1 Hauptversorgungsleitung des öffentlichen Wasserversorgers
2 Wasserzähleranlage
3 Rückflussverhinderer
4 Mechanisch wirkender Filter
5 Ständige Trinkwasserverbraucher
6 Steinfänger
7 Automatische Spüleinrichtung
8 Vorlagebehälter mit freiem Auslauf, z. B. Typ AB nach DIN EN 1717
9 Druckerhöhungsanlage
10 Fremdwassereinspeisung, optional
11 Wandhydrant

Darstellung einer Löschwasseranlage „nass-trocken" mit mittelbarem Anschluss – Löschwasserübergabe (LWÜ): Freier Auslauf (DIN 1988-600 : 2021-07)

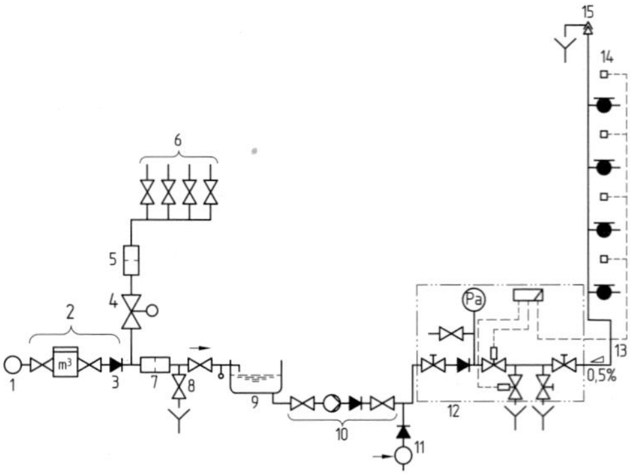

Legende

1 Hauptversorgungsleitung des öffentlichen Wasserversorgers
2 Wasserzähleranlage
3 Rückflussverhinderer
4 Mechanisch wirkender Filter
5 Ständige Trinkwasserverbraucher
6 Steinfänger
7 Automatische Spüleinrichtung
8 Vorlagebehälter mit freiem Auslauf, z. B. Typ AB nach DIN EN 1717
9 Druckerhöhungsanlage
10 Fremdwassereinspeisung, optional
11 Füll- und Entleerungsstation
12 Wandhydrant
13 Grenztaster für Schlauchanschlussventil
14 Be- und Entlüftungsventil

Darstellung einer Löschwasseranlage „nass-trocken" mit unmittelbarem Anschluss – Löschwasserübergabe (LWU): Füll- und Entleerungsstation

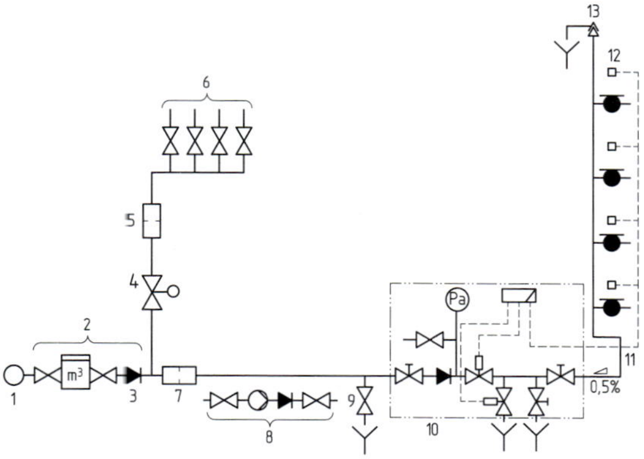

Legende
1 Hauptversorgungsleitung des öffentlichen Wasserversorgers
2 Wasserzähleranlage
3 Rückflussverhinderer
4 Mechanisch wirkender Filter
5 Ständige Trinkwasserverbraucher
6 Steinfänger
7 Druckerhöhungsanlage, optional
8 Automatische Spüleinrichtung
9 Füll- und Entleerungsstation
10 Wandhydrant
11 Grenztaster für Schlauchanschlussventil
12 Be- und Entlüftungsventil

Darstellung einer Trinkwasser-Installation mit Wandhydrant Typ S, bei einem Löschwasserbedarf kleiner als dem Trinkwasserbedarf – Löschwasserübergabe (LWU): Wandhydrant Typ S mit Sicherungskombination

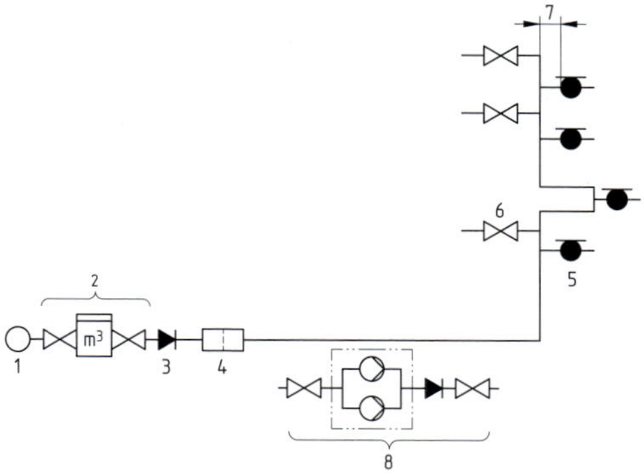

Legende
1 Hauptversorgungsleitung des öffentlichen Wasserversorgers
2 Wasserzähleranlage
3 Rückflussverhinderer
4 Mechanisch wirkender Filter
5 Druckerhöhungsanlage, optional
6 Ständige Trinkwasserverbraucher
7 Wandhydrant Typ S mit Sicherungskombination
8 a ≤ 10 DN und ≤ 1,5 l

11.4 Lärmschutz *noise protection*

▶ siehe Kap_11.pdf

11.4.1 Schallpegel *sound level*

Von der Hörschwelle bis zum Atmosphärendruck

Anzahl Hörschwellenmücken	Schallpegel	Beispiel		Wirkung
1	0 db (A)		Hörschwelle	?
1 000	30 db (A)		Bibliothek	bis 55 db (A) konzentriertes Arbeiten möglich
1 000 000	60 db (A)		Fernsehgerät	55 db (A) – Konzentrationsstörung möglich
1 000 000 000	90 db (A)		Schlagbohrer	85 db (A)
Eine Billion (10^{12})	120 db (A)		Düsentriebwerk	ab Dauerpegel 85 db (A) Gehörschaden möglich
Eine Billiarde (10^{15})	150 db (A)		Pistolenknall in Ohrnähe	137 db (C) – Knall- und Explosionstrauma ab 137 db (C_{Peak}) möglich
Eine Trillion (10^{18})	180 db (A)		Explosion	
	194 db (A)		p_{max} = 1 bar	

BG-Chemie

11.4.2 Schalltechnische Begriffe

dB (A)	Da das menschliche Ohr verschieden hohe Töne (Frequenzen) des gleichen Schallpegels verschieden stark empfindet, muss der Lärm mit Filtern bei bestimmten Frequenzen entsprechend gedämpft werden. Die Frequenzbewertungskurve mit Filter A berücksichtigt dies und gibt den subjektiven Gehöreindruck an. Ein Unterschied von 10 dB (A) entspricht etwa einer Verdoppelung (oder Halbierung) der empfundenen Lautstärke.
Dezibel (dB)	Genormte Einheit für den Schallpegel dargestellt auf logarithmischer Skala.
Frequenz	Anzahl der Schwingungen pro Sekunde. Einheit: 1 Hertz = 1 Hz = 1/s. Die Tonhöhe steigt mit der Frequenz. Frequenzbereich des menschlichen Hörens: 16 Hz … 20 000 Hz (altersabhängig).
Lärm	Unerwünschte, belästigende oder schmerzhafte Schallwellen; Schädigung ist abhängig von der Stärke, Dauer, Frequenz und Regelmäßigkeit der Einwirkung. Bei einem Lärmpegel von 85 dB (A) und mehr droht die Gefahr der unheilbaren Schwerhörigkeit.
Persönliche Schutzausrüstung (Schall)	Lassen sich Lärmbelastungen nicht vermeiden, ist geeigneter Gehörschutz auszuwählen. Unter dem Gehörschützer sind maximal zulässige Expositionswerte von 85 dB (A) einzuhalten.
Schallpegel	Schall entsteht durch mechanische Schwingungen. Er breitet sich in gasförmigen, flüssigen und festen Körpern aus.
Schallschutzstufen	Die Richtlinie VDI 4100 definiert drei Schallschutzstufen für die Beurteilung unterschiedlicher Qualitäten des baulichen Schallschutzes.

11.4.3 Lärmwirkung *noise effect*

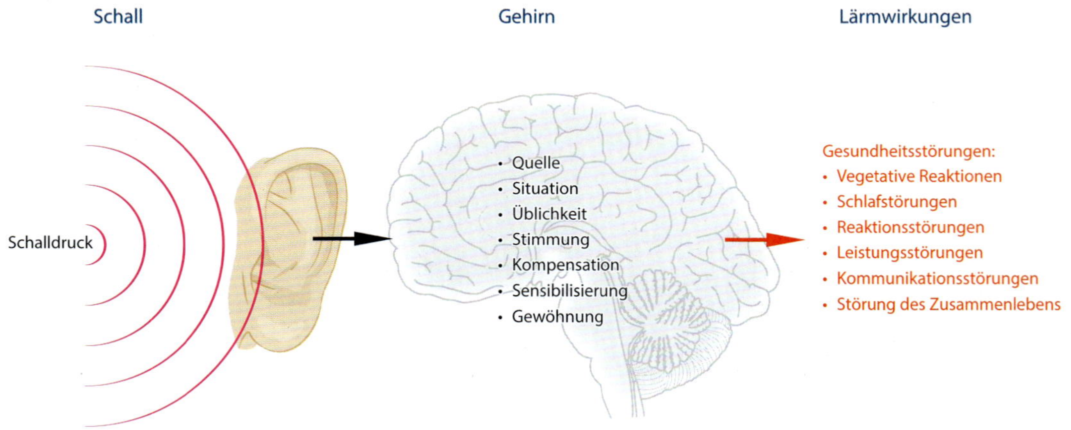

11.4.4 Lärmminderungsmöglichkeiten *noise reduction*

Maßnahme	**Beispiel**
Organisatorische Maßnahmen	• Zeitliche Verlegung • Lärmpausen • Räumliche Trennung von lauten und leisen Arbeitsplätzen
Geräuschminderung an der Lärmquelle	• Konstruktive Maßnahmen • Geräuscharme Maschinen • Geräuscharme Verfahren
Geräuschminderung auf dem Ausbreitungsweg	• Minderung der Luftschallübertragung (z. B. Kapseln, Schalldämpfer) • Minderung der Körperschallübertragung (z. B. Schwingungsdämpfer, Trennfugen)
Geräuschminderung am Arbeitsort	• Kabinen • Schallschutzschirme
Persönliche Schutzmaßnahmen	• Gehörschutzstöpsel • Kapselgehörschützer, • Otoplastiken, • Bügelstöpsel

11.4.5 Unfallverhütungsvorschriften für lärmerzeugende Betriebe

- Kennzeichnungspflicht (ab 90 dB (A))
- Ab 85 dB (A) müssen Schallschutzmittel benutzt werden
- Ab 80 dB (A) müssen Schallschutzmittel zur Verfügung stehen
- Vorsorgeuntersuchungen durch Fachärzte sind verpflichtend
- neue Arbeitsstätten müssen nach dem Stand der Technik lärmgemindert werden

11.4.6 Lärmgrenzwerte *noise limit values* nach Arbeitsstättenverordnung (VDI 2058, Blatt 3: 2014-08)

Grenzwert	Lärmbeurteilung	Tätigkeitsanforderungen	Praxisbeispiele
≤ 55 dB (A)	überwiegend geistigen Tätigkeiten	• *hohe Komplexität* • *schöpferisches Denken* • *Entscheidungsfindung* • *Problemlösungen*	• *Teilnahme z. B. an Verhandlungen, Prüfungen, Lehrtätigkeit in Unterrichtsräumen* • *wissenschaftliches Arbeiten (z. B. Abfassen von Texten) und Entwickeln von Programmen* • *Untersuchungen, Behandlungen und Operationen* • *technisch-wissenschaftliche Berechnungen* • *Dialogarbeiten an Datenprüf- und Datensichtgeräten* • *Entwerfen, Übersetzen, Diktieren von schwierigen Texten* • *Tätigkeiten in Funkräumen, Notrufzentralen*
≤ 70 dB (A)	einfache oder mechanisierte Büro- und vergleichbare Tätigkeiten	• *mittlere Komplexität* • *zeitliche Beschränkung* • *ähnlich wiederkehrende Aufgaben bzw. Arbeitsinhalte* • *befriedigende Sprach verständlichkeit*	• *Disponieren, Datenerfassen, Textverarbeitung* • *Arbeiten in Betriebsbüros und Laboratorien* • *Prüfen und Kontrollieren an hierfür eingerichteten Arbeitsplätzen, Arbeiten an Bildschirmgeräten* • *Bedienen von Beobachtungs-, Steuerungs- und Überwachungsanlagen in geschlossenen Messwarten und Prozessleitwarten* • *Verkaufen, Bedienen von Kunden, Tätigkeiten mit Publikumsverkehr* • *schwierige Feinmontagearbeiten*
≤ 85 dB (A)	Arbeitsplätze mit Beurteilungspegel ≤ 85 dB(A)	• *geringe Komplexität mit entsprechendem Schwierigkeitsgrad* • *durch wiederkehrende Arbeitsinhalte* • *Signalerkennbarkeit* • *Entscheidungsfindung anhand vorgegebener Alternativen*	• *handwerkliche Tätigkeiten (Anfertigen, Installieren)* • *Tätigkeiten an Fertigungsmaschinen, Vorrichtungen, Geräten* • *Warten, Instandsetzen und Reinigen technischer Einrichtungen* • *Arbeiten an Bearbeitungsmaschinen für Metall, Holz und dergleichen*

11.4.7 Schallschutzanforderungen nach DIN 4109-1 : 2018-01

11.4.7.1 Anforderungen an die Schalldämmung für Geschosshäuser mit Wohnungen und Arbeitsräumen

	Bauteile	Anforderung R'_w (Bau-Schalldämm-Maß) dB
Decken	Decken unter nutzbaren Dachräumen	≥ 53
	Wohnungstrenndecken	≥ 54
	Decken über Kellern, Hausfluren und Treppenräumen	≥ 52
	Decken unter Bad und WC	≥ 54
Wände	Wohnungstrennwände	≥ 53
	Treppenraumwände und Wände neben Hausfluren	≥ 52
	Schachtwände von Aufzugsanlagen	≥ 57

11.4.7.2 Maximal zulässige Schalldruckpegel in schutzbedürftigen Räumen (Wohn- und Schlafräumen), Anforderungen an Geräte und Armaturen

	Geräuschquellen	Maximal zulässiger Schalldruckpegel L_{AF}, Armaturengeräuschpegel L_{ap} dB
Anlagen	Sanitärtechnik/Wasserinstallation gemeinsam	≤ 30[1) 2) 3)]
	Sonstige hausinterne, fest installierte Schallquellen inkl. Garagenanlagen	≤ 30[4)]
	Fest installierte Schallquellen der Raumlufttechnik	≤ 30[1) 2) 3) 4)]
	Fest installierte Schallquellen von heiztechnischen Anlagen (Empfehlung nach DIN 4109-1, Anhang B)	≤ 30[1) 2) 3)]
Armaturen	Auslaufarmaturen	≤ 20[5)]
	Anschlussarmaturen	≤ 20[5)]
	Druckspüler	≤ 20[5)]
	Spülkästen	≤ 20[5)]
	Durchflusswassererwärmer	≤ 20[5)]
	Durchgangsarmaturen wie Absperrventile, Rückflussverhinderer, Sicherheitsgruppen, Filter	≤ 30[5)]
	Drosselarmaturen	≤ 30[5)]
	Druckminderer	≤ 30[5)]
	Duschköpfe	≤ 30[5)]
	Auslaufvorrichtungen, die direkt an die Auslaufarmatur angeschlossen werden, wie Strahlregler, Durchflussbegrenzer	≤ 15
	Auslaufvorrichtungen, die direkt an die Auslaufarmatur angeschlossen werden, wie Kugelgelenke, Rohrbelüfter, Rückflussverhinderer	≤ 25

1) Einzelne, kurzzeitige Geräuschspitzen, die beim Ein- und Ausschalten der Anlage auftreten, dürfen maximal 5 dB überschreiten
2) Voraussetzung zur Erfüllung des zulässigen Schalldruckpegel:
- Schallschutznachweise müssen vorliegen.
- Verantwortliche Bauleitung muss benannt und vor Fertigstellung der Installation hinzugezogen werden.

3) Auf eine Messung in der lautesten Raumecke wird verzichtet.
4) Es sind um 5 dB höhere Werte zulässig, sofern es sich um Dauergeräusche ohne auffällige Einzeltöne handelt.
5) Geräuschspitzen, die beim Betätigen der Armaturen entstehen, werden nicht erfasst.

Normen, Verordnungen, Vorschriften

Sachwortverzeichnis